洋酒品鉴宝典

洋酒品鉴宝典

［法］文森特·贾斯尼尔　著
伊恩·奥利瑞　摄
朱亚男　译

DK

伦敦，纽约
墨尔本，慕尼黑和德里
A Dorling Kindersley Book
www.dk.com

北京市版权局著作权合同登记图字：01-2009-5207号

策　　划：李荣强
责任编辑：李荣强

图书在版编目（CIP）数据

洋酒品鉴宝典/（法）贾斯尼尔著；朱亚男译. —北京：旅游教育出版社，2011.2
ISBN 978-7-5637-2049-1
Ⅰ. ①洋… Ⅱ. ①贾… ②朱… Ⅲ. ①酒—品鉴—外国
Ⅳ. ①TS262

中国版本图书馆CIP数据核字（2010）第179641号

洋酒品鉴宝典

［法］文森特·贾斯尼尔　著
朱亚男　译

项目策划：北京时尚博闻图书有限公司
网　　址：www.book.trends.com.cn
出版单位：旅游教育出版社
地　　址：北京市朝阳区定福庄南里1号
邮　　编：100024
发行电话：（010）65778403　65728372
65767462（传真）
本社网址：www.tepcb.com
E-mail：tepfx@163.com
印刷单位：北京华联印刷有限公司
经销单位：新华书店
开　　本：635×965　1/16
印　　张：31.25
字　　数：834千字
版　　次：2011年2月第1版
印　　次：2011年2月第1次印刷
定　　价：289.00元
（图书如有装订差错请与发行部联系）

目录

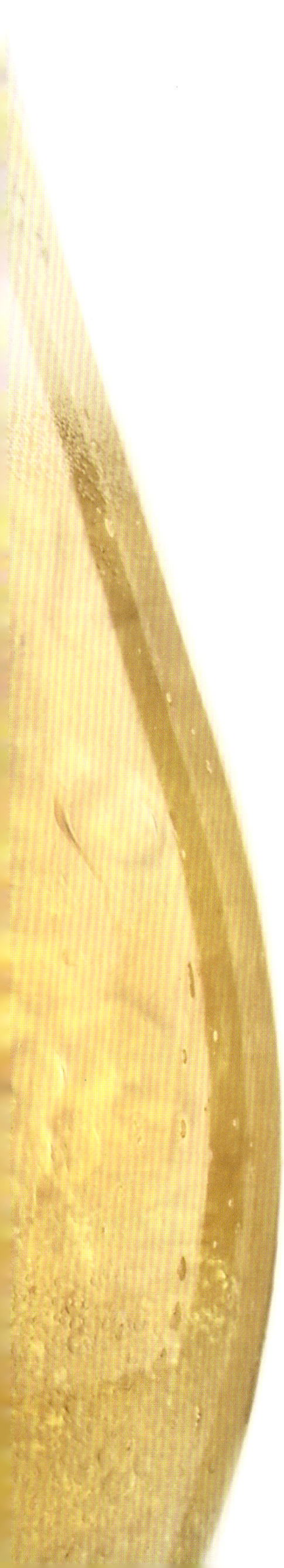

13 葡萄酒

153 烈性酒

269 利口酒

321 鸡尾酒

387 啤酒

485 苹果酒

序

几千年来，酒一直给世界带来愉悦的享受；如今，有葡萄酒、啤酒、烈性酒、利口酒、鸡尾酒供人们享用畅饮，种类之多，前所未有。尽管（也许正因为）酒的品种繁多，可我们却只品尝自己熟知和喜爱的那几种。我们由于酒类知识的缺乏，很容易造成花销上的浪费，或导致我们尴尬。这是一件既令人兴奋又为难的事情，因为酒的世界不仅千姿百态，而且探索发现的过程更是美妙诱人。撰写此书的目的，就是为您树立信心、增长知识，去大胆尝试——品尝、鉴赏更多种类的酒——因为，我深刻地感受到，应该让（特别希望有）更多甚至很少买酒的人享受其中的乐趣。

您也许会问，这本书涵盖面那么广——从波兰伏特加酒到阿拉斯加熏制啤酒，从波尔多葡萄酒到曼哈顿鸡尾酒，您怎敢斗胆下笔呢？当然，那是激情的力量。我在法国卢瓦尔河地区长大，在我很小的时候，葡萄酒的酿造过程就让我痴迷，当地葡萄种植者和葡萄酒酿造者的兢兢业业就让我敬佩。后来，我在世界各地的多家高级餐厅工作，担任侍酒师，与一些博学勤恳的专业人士接触，从中学到了很多有关烈酒、鸡尾酒和其他酒类的知识。迁居到伦敦后，我继续学习，并且迷恋上了最具英格兰特色的酒水——啤酒，简直难以自拔。

我最大的希望就是，通过这本书，用我对酒的激情感染您。也许书中的内容并不会让您成为酒品鉴赏的行家，但是也许会使您爱上酒。来，干杯吧！

Vincent Gasnier.

文森特·贾斯尼尔

引言

这本手册如朋似友，明了易懂，时而带点儿主观色彩，我希望无论您是在餐厅选择葡萄酒，还是为烧烤购买啤酒，它都能帮您在浩瀚的酒海中指明方向。

时尚利口酒 酒的世界从来不会一成不变。利口酒不再只是餐后饮用酒，很多年轻人就加入冰块畅享。

本书介绍了世界各地几百种不同的葡萄酒、啤酒、烈性酒、鸡尾酒和利口酒。可是，瞥一眼酒店里摆满酒品的货架，您就知道如今市场上酒的品牌各异，酿造商云集，林林总总几千种。书中不可能全部涉及。甚至像本书这样的开本，也只能有所筛选。希望我能做到不偏不倚，使书中内容不仅包括我尤为喜爱的酒，还包括那些令人增长见识的酒——那些您未曾想到，但会唤醒某些感官享受的酒。国际知名品牌的酒是酒业的重要组成部分，而且在市面上能买到，我也没有遗漏。

色泽、香气、味道

我品酒的方法很简单。无论酒杯里盛着什么酒，从大批量生产的啤酒，到有年份的波特酒，我总会问自己同样的问题：色、香、味如何呢？本书遵循了相同的原则。每种酒从色、香、味谈起，而后详细介绍其特点、背景，还有我个人的观点，像品质和饮用方式——与哪种食物搭配的看法、是餐前酒还是餐后酒等。我会适时列出最喜爱的酒单、最重要的酿造商。当然，这些都是一己之见，并非意味着其他的酒不好，不值得一尝。

我将对不同的酒根据其口味和特点归类介绍，如清淡柔和的葡萄酒、似奶油的深色啤酒、酸味浓重的鸡尾酒，这样分类很实用，反映出多数人如何在恰当的时刻选择最合适的酒品。各类酒归总到本书各章节，依次为葡萄酒、烈性酒、利口酒、鸡尾酒、啤酒和苹果酒。每章首先概述这种酒的历史、文化、酿造方法。我提出的选购、品尝、侍饮方法，可能不会让您一夜之间成为专家，但对您尽享每一种酒会大有裨益。

啤酒复兴 啤酒是新潮美酒！传统类型加上创新风格，有几百个品种，这让人们兴奋不已。人们逐渐配以食物饮用，或者与朋友一道细细品尝。

鸡尾酒 在过去的20年间，鸡尾酒拥有媚人的光环。时尚酒吧以及富于创新精神的调酒师将鸡尾酒调配推升为都市艺术。

“好酒未必价高——即使花费不多，也可以发现真正的佳酿。”

《洋酒品鉴宝典》阅读指南

酒的世界——特别是葡萄酒和上等烈性酒——奢华尊贵，甚至有点儿自命不凡。鉴酒家专业的用词、繁复的酒品分类，往往令人费解。本书并未回避这个问题。比如，书中介绍了XO干邑和VSOP干邑的差别、小麦啤酒和爱尔啤酒的区别、法国葡萄酒的分类。但这些不是本书的重点。已经有很多优秀图书专门讨论酒的技术术语——特别的年份、晦涩的葡萄酒品种、特定的酿造商等。我想知道的是：从超市或者特许经营的酒品商店能买到好喝的葡萄酒吗？喝腻了某品牌的啤酒，应该换哪一种尝尝？这种酒到底口味如何，是不是物有所值？要是喜欢桑塞尔（Sancerre）葡萄酒，会对其他什么葡萄酒感兴趣？我希望本书可以回答诸如此类的问题。如果我写的内容让您满意的话，您肯定想进一步了解多姿多彩的酒世界；您的鉴酒力会更强，您会更勇于购买，并且一定信心百倍地想去品尝更多的酒。总之，您会更喜爱酒。

果之精华 苹果酒充满清新的水果香味，风靡欧洲和美国。

时光荏苒

酒的世界集传统、创新和竞争于一身，不断推陈出新。每天都有新品问世，新品出现的速度甚至比淘汰的速度还快；酒的品牌更替、公司买卖频繁。

就我的经验，书中的某些内容在即将出版之际还准确无误，可到您阅读的时候，有些品牌可能已不复存在，或者更换了名称，而且有些将要推出的新品也很值得在书中提及，但并未提及。这些遗漏和错误难以避免，我只能对此深表歉意，而且也想提醒读者，这种变化的节奏恰恰令酒的世界愈加绚烂迷人。

全球的烈性酒 有些烈性酒成了国家的象征：俄罗斯的伏特加、法国的干邑、墨西哥的特基拉酒。如今，因为销售渠道畅通发达，在家门口就可以买到这些经典佳酿。

适度饮酒

我要指出最后一点，它非常重要。本书的内容真挚。无论做专业侍酒师，还是普通消费者，我在品尝葡萄酒、啤酒、烈性酒、利口酒和鸡尾酒时乐趣无限，书中字里行间流露着这份情怀。但我并非随心所欲，因为，如果饮酒不加节制，酒精会对身体、心理造成极大伤害。我建议您要审慎，不可酗酒；酒是用来品鉴、享用的。我的生活品味因适度饮酒而提升，相信您也可以。

传统 现代技术与经年陈酿相融合，提升享用品质。

葡萄酒

从葡萄到葡萄酒

摘串葡萄，而后如同变魔术一般，酿制成赏心悦目、种类无尽的葡萄酒，这真是人类最伟大的成就之一。

夏布利（Chablis）， 眼前一杯产自法国勃艮第（Burgundy）的清淡、柔和的夏布利，是最让我心动的情境之一。从古罗马时代开始，勃艮第一直种植葡萄树。

有趣的是，关于葡萄酒的故事层出不穷。葡萄酒的种类已经数不胜数，但总有新品问世。一方面在于技术的进步、生产工艺的改进；另一方面是培育出了葡萄新品种以及出现了土壤和气候条件独特的葡萄酒酿造新区。

人们不仅只是酿造和消费葡萄酒。在婚礼、生日聚会、圣诞节，我们举杯欢庆。当辛苦工作一天后，松弛身心，抑或在钟爱的餐厅放松时，我们也会喝杯葡萄酒。当然，酒是用来饮用的；不过，酒不光与享受、探索有关，最重要的是，它还与激情息息相关。

葡萄酒的历史

葡萄酒的渊源年代久远，无从查找。最早的葡萄酒酿造记录出现在古埃及墓穴绘画作品中，可以追溯到公元前4000年。我们从这些绘画作品了解到古埃及人用弯刀采收葡萄，放在柳条筐里，然后将葡萄倒入大木桶（合欢木制成）里，用脚踩压。

希腊人继承了这种葡萄酒酿造文化，并将其传播到地中海地区，尤其是意大利。公元前500年，罗马人把葡萄酒的酿造工艺引入西欧，特别是法国摩泽尔（Moselle）河谷地区、德国莱茵河河谷地区、奥地利多瑙河河谷地区，甚至还有英国。当时英国葡萄产量很低，专为罗马士兵每天定量提供一升葡萄酒。

公元5世纪，罗马衰落，修道士接管欧洲葡萄园，把葡萄栽培技术传播开来。

顶级品质 波尔多的很多甜葡萄酒在世界上品质一流、价格最高，比如这款约塞酒庄（Château Rieussec）的苏玳贵腐酒（Sauternes）。

“在过去的20年间，葡萄酒产业蒸蒸日上，学习（品尝）它的大好时光前所未有。”

纳帕谷（Napa Valley） 18世纪，传教士率先在加州种植葡萄，直到19世纪中叶，享有盛誉的酒乡纳帕谷才开始种植葡萄。

古老的葡萄采摘 这块石灰岩浮雕描绘了远在公元前1400年，古埃及人采摘葡萄的情景。

“人们享用葡萄酒的历史悠远绵长，至少可以追溯到古埃及。”

葡萄酒与仪式 在基督教仪式中，红葡萄酒象征着耶稣基督的鲜血。施坚信礼的教堂会众要呷一口这种圣杯里的红酒。

土地主人将大片土地交给修道院，标志着法国葡萄园开始出现。

12世纪，英国的亨利二世与法国亚奎丹的埃莱诺结秦晋之好，英国开始从波尔多进口葡萄酒，葡萄酒交易活跃起来。

16世纪，西班牙人把葡萄树带到南美洲种植。之后，欧洲葡萄又从南美洲来到北美洲，汇入当地土生土长的葡萄品种。

19世纪，灾难袭击欧洲。1847年，粉状霉菌席卷欧洲大陆的葡萄园，葡萄裂口，无法食用。紧接着，19世纪60年代，欧洲葡萄园遭受第二轮打击，当时偶然从北美传入的木虱破坏了欧洲葡萄园。这种害虫专吃葡萄根，最终，导致整株葡萄死掉。等到葡萄园园艺师查明虫害，找到解决办法（将欧洲葡萄嫁接到抗木虱的美洲葡萄根上），欧洲葡萄酒产业已经遭受重创。以法国为例，19世纪70年代，葡萄酒产量减少 3/4，几十年后产量才得以恢复。

现代酿酒工艺 加州纳帕谷作品一号酒庄（Opus One），同新大陆的许多酒庄一样，使用最先进的酿酒技术，生产出上好的葡萄酒。

品质保障

葡萄酒行业发展为举足轻重的经济活动后，葡萄酒生产者努力提高酒品质量，防止出现低劣的仿冒酒品。1855年，波尔多商会将该地区的葡萄酒按等级分类，价格依品质等级而定。1905年，法国政府通过第一部反欺诈法，这为《原产地名称监制法》（*Appellationd' Origine Contrôlée*）奠定了基础，法国葡萄酒按原产地分类的模式沿用至今。后来，意大利、德国、西班牙和美国引进了类似的命名监管模式。

现在，从欧洲到亚洲，从澳洲到美洲，只要有人烟的地方都酿造葡萄酒。即使最不可能种植葡萄的地方，也具备适宜的小气候——葡萄似乎并不挑剔生长环境——但是，如果该地区年平均气温低于10°C（50°F），就不能种植用于酿酒的葡萄。

葡萄酒的酿造过程

葡萄酒是经过发酵的葡萄汁。葡萄含有果糖和葡萄糖，剥去葡萄皮以后，果汁一经发酵，这些糖分就转化成酒精。发酵的整个过程，在酵母菌的作用下，自然而然地完成。酵母菌将糖分分解，释放能量，存活下来，这与我们消化食物维持生命是一个道理。不同之处在于，酵母菌分解产生了酒精。空气中存在着

人工采摘 上图为法国波尔多圣埃米利永（St-Emilion）人工采摘葡萄，人工采摘能够确保只有完全成熟的葡萄用于酿酒，同时，可使对果实的损伤降到最低。

酵母菌，有些葡萄酒酿造者依靠这种天然酵母菌进行发酵；不过，大多数酿造者使用特别培养的酵母菌，因为这样可以预先掌握酵母菌的活动情况，而且葡萄酒的浓度会更好。

当然，酿酒可没那么简单！首先，葡萄的品种超过 4 000 种，特性各异。只有十几种为酿酒的极品原料。主要用于酿造白葡萄酒的葡萄品种有：雷司令（Riesling）、霞多丽（Chardonnay）、长相思（Sauvignon Blanc）、赛美蓉（Sémillon Blanc）、白麝香（Muscat）、琼瑶浆（Gewürztraminer）、维尤拉（Viura）。主要用于酿造红葡萄酒的葡萄品种有：赤霞珠（Cabernet Sauvignon）、美乐（Merlot）、歌海娜（Grenache）、添普兰尼洛（Tempranillo）、西拉（Syrah 或者 Shiraz）、桑娇维塞（Sangiovese）、黑比诺（Pinot Noir）。

购买、享用葡萄酒需要学习的第一课是葡萄的特点，而不是产地、年份、酒庄，因为葡萄是决定葡萄酒品质的首要因素。

尽管葡萄品种具有各自的特点（比如长相思往往干而柔和），但地域（土壤、地势、气候）的影响不容忽视。例如，某一葡萄品种在温暖的气候条件下生长，果实带有桃味；而在凉爽的环境下生长，果实带有醋栗味。甚至葡萄生长在山坡上的位置、是否向阳、在河谷还是在海岸，都对葡萄酒的口味产生影响。一般来说，温暖的气候会使酿造的葡萄酒醇厚；而寒冷的气候会使葡萄酒清淡。

北半球通常在8月到11月间采摘葡萄（人工采摘或者机械采摘），南半球则在2月到5月间采摘。采用人工采摘，一是为了避免损伤葡萄果皮。比如，采摘用于酿造香槟的葡萄。二是由于山坡陡直或者其他地理条件限制不能进行机械采摘。

在酿酒厂，人们将葡萄去梗压榨成浆，经过巴氏杀菌，或者通过加入二氧化硫杀死野生酵母菌以及其他微生物，因为这些细菌会影响

新世界的葡萄 雷司令葡萄（见上图）是德国雷司令葡萄酒最驰名的原料，也非常适合在新西兰南岛凉爽的气候中生长，并且大获成功。

霞多丽 这一葡萄品种已经在世界各地成功种植。酿造出闻名天下的勃艮第白葡萄酒夏布利，有些加州、智利、澳大利亚、新西兰和南非的美味葡萄酒也以此为原料。

葡萄酒的酿造。

然后，葡萄开始发酵。通常，酿制红葡萄酒，葡萄皮、葡萄籽、葡萄汁要一起发酵；而酿制白葡萄酒，葡萄汁、葡萄皮、葡萄籽要分离，单独发酵。往葡萄汁中加入酵母，5至15天后，糖分转化为酒精，酵母死亡成渣，这时将葡萄酒中的残渣过滤——红葡萄酒还要连皮带籽过滤。红葡萄酒发酵时间越长，颜色越深，单宁越浓。如果发酵前快速除去葡萄皮，红葡萄也可用于酿制白葡萄酒（例如，多数香槟采用一些黑比诺为原料）。

多数葡萄酒放入木桶中储存培养，木桶一般由橡木制成，赋予葡萄酒特别的口感香气。氧气透过桶壁，柔化酒中粗糙的特质，如单宁（存在于红葡萄酒中）；同时水分和酒精挥发，浓缩酒中的酸性和果味。装瓶前，还需要混合葡萄酒（混合两个及以上葡萄品种所酿制的单品种葡萄基酒）、过滤（去除沉渣）、稳定（添加二氧化硫，抑制残留的酵母或者细菌繁殖）。

发酵 传统方法采用橡木桶发酵葡萄酒，下图为勃艮第路易亚都（Louis Jadot）酒厂的橡木桶。不过，现在很多酒厂使用不锈钢制成的大桶。

葡萄酒的培养成熟 很多葡萄美酒放入橡木桶中培养成熟（桶越小越好），为了提高葡萄酒的品质，人们还向其中添加香草、黄油。

葡萄酒的种类

葡萄酒的基本种类是佐餐葡萄酒、加强葡萄酒、起泡葡萄酒。佐餐葡萄酒最为普遍，也称为静止或者自然葡萄酒，其有三种基本颜色：白、红、桃红（浅粉色），口味从甜到很干不一，酒精含量从7%到15%不一。加强葡萄酒（如雪莉酒、波特酒、马德拉酒）添加了酒精，通常为白兰地，使酒精含度提高至14%到23%，颜色有白、琥珀、亮红、深红。起泡葡萄酒通常为白色，也有红色和桃红色，酒精含量与佐餐酒相当。

发现葡萄酒

人们常常比较旧世界（欧洲）和新世界（美洲、澳洲、南非等）的葡萄酒。两大世界都出产优质、普通的葡萄酒，所以一概而论就会有失公允。不过，一般来讲，新世界的葡萄酒果味浓、直接、张扬；旧世界的葡萄酒更朴实、更干，通常更清淡。在低端市场上，新世界的葡萄酒具有很强的价格优势，然而，在高端市场却不然。寻找您钟爱的葡萄酒，关键要听从鼻子和味蕾的判断。切记，每次失望之后，要始终坚信，下次一定会发现完美的葡萄酒——您一直期待的那一款。

“葡萄酒不一定价高就味美；有时，品尝的乐趣在于有佳人、知己相伴。”

庆祝　说到庆祝，还有什么比捧杯香槟更合适？喝葡萄酒最重要的一点就是享受——特别是和朋友在一起享受。

世界葡萄酒产区

葡萄酒一直是欧洲文化的重要组成部分，但近年来，世界各地都出产葡萄酒，涌现出了许多优质的新风格的葡萄酒和葡萄品种。最适宜种植葡萄的区域位于北纬30° ~50° 之间和南纬30° ~50° 之间。

西班牙

西班牙气候类别多样，因此葡萄酒的品种异常丰富。许多葡萄酒产地的季节性极端天气都受到山脉的影响，如里奥哈（Rioja）和纳瓦拉(Navarra)。下海湾地区(RiasBaixas)的葡萄酒因凉爽海风的作用而温润。雪莉酒产于西班牙南部炎热地区。

美国

美国葡萄酒的中心产区位于加州：这里气候温暖、阳光明媚，调节了海洋吹来的凉风和雾气。北部的俄勒冈州和华盛顿州正迅速成为主要的葡萄酒产区。美国东岸的纽约州和宾夕法尼亚州也出产优质葡萄酒。

智利

智利有些地区属于地中海式气候，而且全国都没有木虱虫害。正因为如此，智利葡萄酒产量增长迅猛。拉佩尔谷（Rapel Valley）的红葡萄酒品质最佳，而卡萨布兰卡谷（Casablanca Valley）出产优质白葡萄酒。

阿根廷

阿根廷葡萄酒的成功得益于马尔贝（Malbec）葡萄品种。在阿根廷，有大量资金、新技术支持这一品种。门多萨（Mendoza）地区气候绝佳：从安第斯山（Andes）吹来的凉风，降低了大陆炎热的高温。

法国

法国葡萄品种繁多，葡萄酒风格多样，酿造传统卓著。世界各地的葡萄酒酿造商纷纷仿效法国葡萄酒的风味，尽管他们的葡萄园位于地球另一端。香槟区（Champagne）、波尔多、勃艮第这三大产区各具特色。

德国

很多人认为德国以酿造甜葡萄酒为主，其实不然。很多上等干葡萄酒产自摩塞尔-萨尔-鲁尔（Mosel-Saar-Ruwer）、莱茵法兹（Rheinfalz）、莱茵黑森（Rheinhessen）。德国西南部土地肥沃，气候温和，生长着优秀葡萄品种，如雷司令和史伯特勃艮第（德国黑比诺，Spätburgunder）。

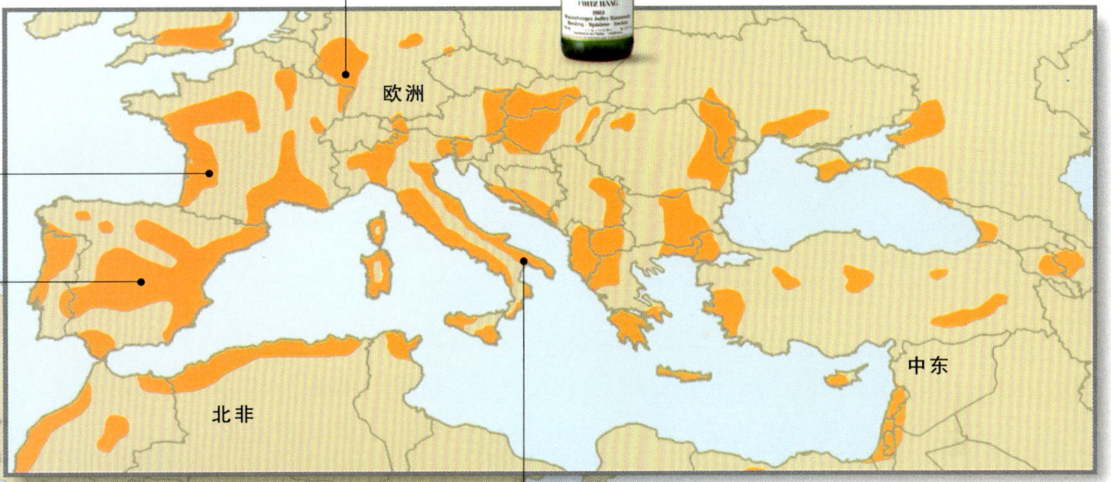

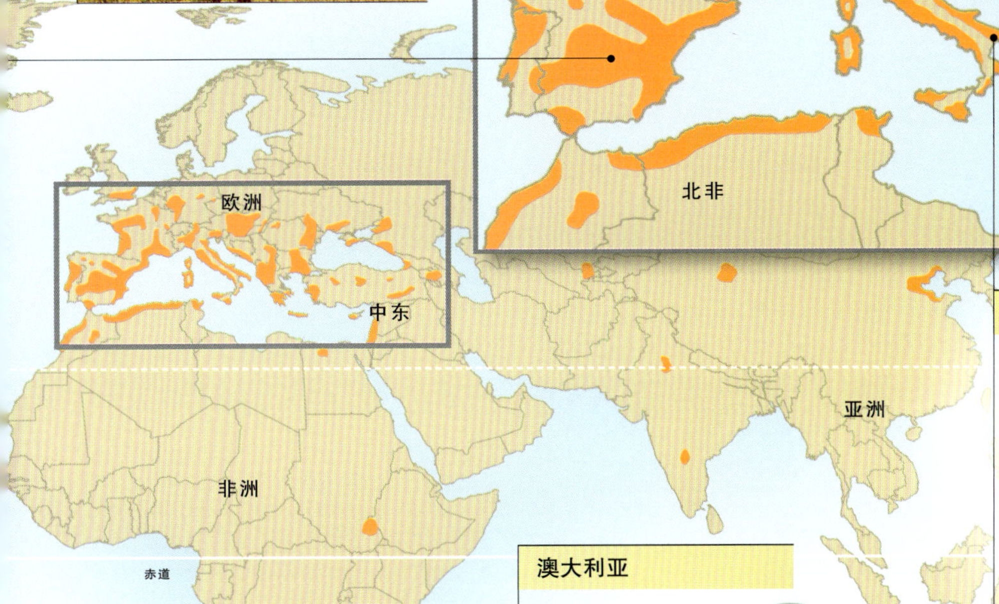

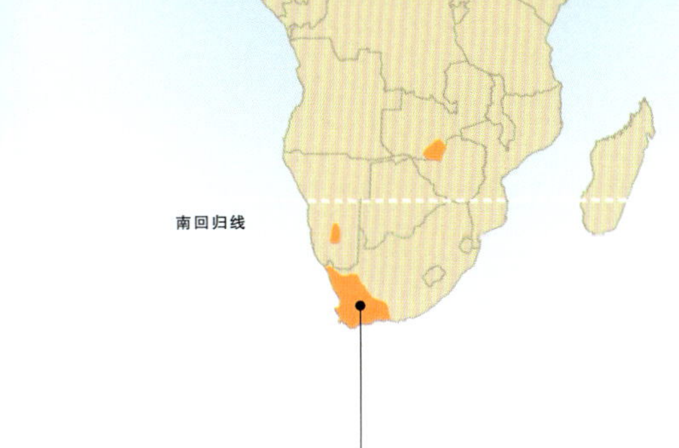

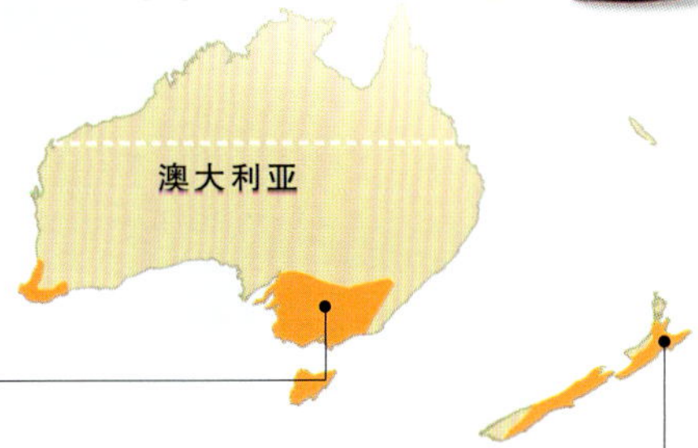

意大利

意大利有很多年代久远的葡萄园，而且酿造的葡萄酒种类繁多，口味出众。意大利经典的葡萄酒风格历史传统底蕴深厚，多样的气候条件对其影响颇大：北部阿尔卑斯山脉阿托阿迪（Alto Adige）和威尼托（Veneto）地区气候凉爽，南部布里亚（Puglia）和西西里岛（Sicilia）天气炎热。

澳大利亚

过去的15年间，澳大利亚已经发展成为新世界葡萄酒王国的一支生力军。葡萄品种也处于领先地位。葡萄酒主产区有：维多利亚、新南威尔士、南澳大利亚。

南非

南非葡萄酒在新世界的葡萄酒中名列前茅。有凉爽海风吹过的地区，葡萄酒品质最佳，斯泰伦博斯（Stellenbosch）和康斯坦莎（Constantia）即是如此。

新西兰

新西兰由于气候凉爽，所以葡萄酒倾向于欧洲葡萄酒风格。最重要的产区有：北岛东岸的霍克斯湾（Hawkes Bay）和吉斯伯恩（Gisborne）、北岛毗邻威灵顿的南部地区、南岛北部马尔堡（Marlborough）附近。

葡萄酒的选购和贮藏

多数人每周去超市采购，会顺便购买葡萄酒，或者去餐厅就餐时，根据酒单点上一瓶葡萄酒。价格本身并不能说明品质，但是看得懂酒标会大有帮助。

在过去的20年间，国际葡萄酒业蓬勃发展，从理论上讲，选购佳酿绝非易事。如果您腰缠万贯，可以聘请私人葡萄酒顾问，他能帮您把酒窖打理好。当然，有很多书籍、杂志、网站、俱乐部可以指导您选购美酒。可是，我们时常会发现自己面对商店里满墙的酒标，手足无措。解读酒标没那么简单，因为酒标类别多样，上面的信息量很大。酒标信息通常包括：酒庄或者酒厂名、原产国和原产区、类

解读酒标 一般来讲，上等葡萄酒酒标内容会比低等葡萄酒多，不过，要特别留意，有些酿造商想方设法通过酒标掩盖酒品的弱点。这两幅图是典型的法国白葡萄酒和澳大利亚红葡萄酒的酒标。

酿造商 声誉良好的酒庄是酒标中唯一最能体现葡萄酒品质的信息。

原产区 此款酒产自南澳大利亚某著名河谷。

品名 葡萄酒品名之后，是葡萄品种。

购买之前品尝 有些葡萄园会让您在购买之前品尝不同风格口味的葡萄酒。这是了解葡萄酒的最佳方式，不过，也要小心——在葡萄园品尝的口感总比回到家中好，而且运输成本会急剧增加。

年份 表明葡萄采收的年份。可以了解这一年是否为酿酒好年景。

原产国 表明此酒产自法国。

品名 这款葡萄酒以酿酒村庄（在勃艮第）名命名，但也可以是地区名。

分级 Appellation Chassagne-Montrachet Contrôlée 表明合乎AOC控制标准。Les Embrazées 是AOC的一个产区。1er Cru 指这款酒属于“一级酒”——品质最好。

酒精度 表明酒精含量。

酿造商 酿造商名称之上的内容说明，这款酒是在该酒庄灌装——佳酿的标志。

购买数量

如果为正餐或者品酒派对购买葡萄酒，我认为一瓶酒足够斟四大杯，通常每个人两杯红葡萄酒、两杯白葡萄酒。至于香槟酒，每瓶斟6杯，也是每人两杯。

型、酒精含量、灌装详情。还可能涵盖：葡萄园名称、用于酿酒的葡萄品种、年份（葡萄生长的年份）。可能还包含由原产国设定的葡萄酒品质等级。全球没有统一的分级标准，每个国家或者国家中的每个产区有各自的分级体系。

法国的葡萄酒

法国葡萄酒的最高等级是法定产区酒（AOC或者AC），40%的葡萄酒属于这一等级。如果看到酒标上的AOC字样，您就会知道酒产自某一特定产区，符合相应的品质标准。产区不同，AOC葡萄酒有附加的分级内容。比如，勃艮第产区的葡萄酒酒标上有特级（grand cru）和一级（premier cru）字样，分别代表葡萄酒的两个最高品质，而波尔多产区的葡萄酒分级有显著不同（见第109页表）。

第二个等级是优良地区酒（VDQS），只占葡萄酒总量的1%，绝大多数在法国本土消费。这类葡萄酒有希望升级成为AOC。第三个等级是地区餐酒（VdP），占法国葡萄酒产量的25%，酒标上有葡萄原产区名称。这一等级在1968年确立，当时是为了认可葡萄酒品质的改进确立的（见第96页）。这类葡萄酒通常口感还可以，而且有些非常好。最低的等级是日常餐酒（VdT），占总量的28%，几乎全部在法国消费。这类酒不适于保存，通常兑水饮用。

我们可以根据法国葡萄酒分级体系来判断酒的品质，这一体系中的最高等级和最低等级，最值得信赖。比起AOC酒，您可能更喜欢饮用中间两个等级的葡萄酒，优良地区酒和地区餐酒，所以不要太势利。我的建议是：首先确定您钟爱的葡萄酒风格，然后选择品质高的，看看您喜不喜欢，甚至可以注意差别。

意大利的葡萄酒

与法国葡萄酒类似，意大利葡萄酒也主要以产区划分。奇安蒂（Chianti）产自托斯卡纳（Tuscany）；巴罗洛（Barolo）、巴巴莱斯科（Barbaresco）产自皮尔蒙特（Piemonte）；苏瓦维（Soave）、阿玛罗尼（Amarone）、维波利（Valpolicella）产自意大利北部的威尼托（Veneto），等等。与法国一样，意大利葡萄酒按照品质分级，最低的等级是餐酒（VdT），然后是特定产区酒（IGT，相当于法国的地区餐酒）。再高一等级是产区控制酒（DOC），最高等级是产区控制保证酒（DOCG）——与法国AOC酒类似。同一产区，葡萄酒的品质也会差别很大，所以，我的方法就是寻找上好的酒庄，而不是过于相信分级。

收藏家的珍品 葡萄酒是一种很好的投资品。如果您购买葡萄酒用于收藏，最重要的一点就是知道它的原产地。要在专业葡萄酒拍卖会上购买，不听从劝告，私下购买风险很大。

产区和酒品

无论产区大小，世界各地的葡萄酒都与之相关联。在欧洲，产区被称为名称（appellations，比如波尔多和勃艮第）；在澳大利亚，产品被称为地理标志（Geographical Indications，GIs）。西澳大利亚玛格丽特河产区面积很小，但却出产极品葡萄酒，特别是赤霞珠葡萄酒和霞多丽葡萄酒（右图）。相反，标有东南澳大利亚（另一产区）的葡萄酒可能产自三大州的任意地方，品质自然无法预料。

玛格丽特河产区

西班牙和葡萄牙的葡萄酒

DO级西班牙葡萄酒，类似法国的AOC酒，出自著名产区，而且独立的标准委员会已经检验过其品质。值得注意的是，DO级酒有两种：一种是DOCa，为产自里奥哈（Rioja）和普里奥拉（Priorat）的上等葡萄酒；另一种是DO Pago，为单一葡萄园酿制的极品葡萄酒。VdlT（类似法国的地区餐酒VdP）是地区的优质酒，VdM为最基本的餐酒。西班牙的葡萄酒也依照在酒桶中的年限分类，时间最短的为新酿（joven），然后依次是陈酿（crianza）和珍藏（reseva），时间最长的是特级珍藏（gran reserva）。

葡萄牙葡萄酒沿袭了法国葡萄酒的分类标准。最高等级的葡萄酒为DOC，相当于法国的AOC酒。IPR指有希望晋升为DOC的葡萄酒。VR（相当于法国的地区餐酒VdP）指某些产区的地区葡萄酒。而VdM为普通餐酒。

软木塞和密封

人们使用软木塞密封酒瓶的历史已经有3 000年。拔出软木塞，闻一闻，是品尝葡萄酒的重要组成部分——特别是品赏上好葡萄酒。日常餐酒采用塑料塞和螺旋盖也不错，只是不如软木塞环保。

德国的葡萄酒

德国政府制定的葡萄酒分类标准比较复杂，包括四种基本等级。DT（Deutsche Tafelwein）为普通餐酒（不含著名的葡萄园）。Landwein酒产自17个认可产区，酒精度至少为5.5%。QbA酒产自13个认可产区，并且

葡萄品种的影响

葡萄品种决定了葡萄酒的特点，如香气、口感、结构。通常情况下，新世界的葡萄酒瓶上会标出所用的葡萄品种，而欧洲葡萄酒不总是这样。对比不同葡萄品种酿造的酒，可以发现葡萄品种对酒品的重要影响。

长相思/霞多丽

用长相思葡萄（左图）酿造的葡萄酒清淡、干、芳香，有柑橘味，口感清爽。而用霞多丽葡萄（右图）酿造的葡萄酒结构更复杂，所以更丰醇、更香滑。

佳美（Gamay）/赤霞珠

佳美葡萄（左图）多汁，因此用它酿造的葡萄酒清淡、充满活力、富有果味，宜提早饮用。赤霞珠葡萄（右图）皮厚、密实，所以用它酿制的葡萄酒浓烈、紧致、复杂。

白麝香/赛美蓉

白麝香（左图）果肉饱满、果汁香甜，为经典的香气浓郁型葡萄品种，用它可以酿造中等甜度的出色葡萄酒。赛美蓉（右图）葡萄与“贵腐”（Noble Rot）（见第141页）葡萄一起，可以成功酿造出极品甜葡萄酒。

只用某些葡萄品种酿制，酒精度至少为7.5%；只有85%的葡萄产自同一酒庄，这座酒庄的名称才出现在酒标上。QmP酒为最高等级，由特定产区的葡萄品种酿造，根据残留的糖分和甜度进行质检。

新世界的葡萄酒

新世界的葡萄酒酒标往往强调葡萄品种和产区品牌；酒瓶背面的酒标比欧洲葡萄酒的内容多——如葡萄园的具体地址、葡萄酒的存放过程。然而，因为新世界的葡萄酒缺乏独立的品质标准，因此与欧洲葡萄酒相比，对好的酿造商有所了解显得尤为重要。在新世界的葡萄酒瓶上，您也许会看到诸如“Reserve”和“Estate”的字样，分别代表着产自某一葡萄园的最高品质葡萄酒以及葡萄酒是在葡萄栽培的酒庄灌装。不过，这些字样通常使用得不是很严格，也难以保证品质。

年份葡萄酒

酒标中的年份（vintage）指葡萄生长的那一年——并不能说明酒的品质。好年份是指那一年，特定葡萄种植区的天气条件恰好适合酿出好酒。世界上有些地区气候稳定、可以预测——如澳大利亚、美国加州、法国的朗格多克（Languedoc）——年份之间没什么差别，但是其他地区的葡萄酒深受天气的影响。专业葡萄酒杂志和网站根据品质公布不同地区的年份排名表；这些排名表——连同专家点评——对购买高端价位的葡萄酒，特别是买来打算贮藏的人，大有帮助。不过，看年份排名表也要多加留意：当地的一场雹灾也许对河谷一侧的葡萄造成严重影响，但另一侧毫发未损。好的酿造商可以在“坏”年份酿出美酒，而差的酿造商在“好”年份依然举步维艰。所以，关键在于购买享有盛誉的酿造商的酒品。

西拉（Shiraz）葡萄 这一葡萄品种色深、味重，原产于法国罗纳河谷（Rhône Valley），如今也是澳大利亚和加州出色的浓郁果味葡萄酒原料。

葡萄酒的贮藏

一般而言，低价位和中等价位的葡萄酒应该在购买后一年或者（最多）两年内饮用完。如果选购葡萄酒贮藏，就需要认认真真做些调研或者征求专家的意见，并且只选最佳年份的上等葡萄酒——很神奇，所有昂贵的葡萄酒经年而更加醇厚芳香。

存放葡萄酒最理想的地方是酒窖（见下图），因为其湿度在70%左右，温度在12℃~18℃（54℉~64℉）之间。房间要暗要黑，不晃不震。如果在家存放，没有酒窖，那就把酒瓶卧倒放在酒架上（见右图）。用陶制的排水管做自制酒架也很合适。把酒架尽量放在低处凉爽又黑暗的位置，靠在朝北的墙边最为理想。用报纸将每瓶酒包起来，避免经常翻动。

葡萄酒的品尝和鉴赏

可能谁都饮用葡萄酒，但是品尝却是一门艺术。只有具有一定的经验、知识、技巧才能真正鉴赏葡萄酒这种独一无二的饮品，鉴别它复杂的风味、质地。

说到底，葡萄酒是用来品尝的。可是，如果您不喜欢某种葡萄酒，并不意味着这款酒不好。那样评判太主观，关键在于依照葡萄酒的色、香、味以及是否为特定风格的典范来更加系统地分析葡萄酒。葡萄酒的鉴赏能力——回忆、比较、归类口味和香气的能力—— 随经验的逐步丰富而不断提高，不过，这一切始于一套系统的品尝方法。

我总会首先选用壁薄无色的高脚杯，在品尝另一种葡萄酒之前，用清水仔细冲洗酒杯。把品尝的葡萄酒限定在同一风格或者同一地区会大有帮助，因为这有利于调整感官感受。最好在明亮、无强烈气味，如烟草味、油烟味的房间内品尝。我喜欢在上午，味蕾还没疲倦的时候品酒，我还喜欢在葡萄酒最佳适饮温度品尝（见第29页）。

如何品尝葡萄酒

1.对着白纸观察葡萄酒的色泽——观察酒的边缘，也要从上往下观察。
2.轻轻晃动酒杯，使酒与空气接触，发散出香气。
3.将酒杯边缘贴近鼻子，深吸气，分析酒香。
4.抿一小口含在口中，同时吸气——葡萄酒的品尝多为从喉咙后部感知香味。
5.把酒吐到桶里（如果您品尝几种酒），详细记录下酒的色、香、味。

1.在自然光下观察色泽（避免阳光直射）

2.轻轻晃动酒杯

3.分析香气

4.抿尝葡萄酒

5.记录品尝感受

品酒要点

色

好的葡萄酒鲜亮、悦目、清透——不可能混浊。有些葡萄酒，如葡萄牙的绿酒（Vinho Verde）、白麝香酒，边缘出现的小气泡是完全可以接受的，但是其他葡萄酒就不能有明显气泡。通常，色泽是酒体的重要指标——浅色的白葡萄酒和红葡萄酒一般质地清淡。白葡萄酒的经典色泽：干白为禾秆黄色；中等甜度的芳香白葡萄酒为金色；浓郁的甜白为深金色。红葡萄酒的色泽从石榴红到宝石红；浓度非常高的红葡萄酒可能为紫色甚至黑色。桃红葡萄酒几乎不是纯正的粉色，色泽从粉蓝到粉橙。

葡萄酒边缘的颜色是判断酒龄的重要标志。酒龄短的白葡萄酒边缘呈银色或者绿色，而酒龄越长，边缘越呈金色。酒龄短的红葡萄酒边缘为宝石红或者紫色，酒龄越长，边缘越会呈现出瓷砖红色。

干葡萄酒不能有糖渣，而且黏稠度要低。黏稠度随温度的变化而变化（温度越低，酒越稠），甚至会因酒杯的情况、酒杯的清洁度而不同。

香

优质葡萄酒的香气清新而没有酸腐味。酒香复杂多样，您也许能够分辨出来，但气味各不相同，有成千上万种，描绘出来极具主观色彩。不过可以大致分为几类。以下将介绍这些种类，同时列举出具有此种香气的一款葡萄酒。大致来讲，干白葡萄酒有着宜人的柑橘果味，散发出青草或者绿色水果的香气。浓烈一点儿的白葡萄酒有香草或者黄油的味道。比较清淡的红葡萄酒散发出红色水果的香气，比较厚重的红葡萄酒有着黑色水果香气。酒龄长的红葡萄酒会有皮革味、泥土味、烟草味、橡木味、香料味，甚至动物气味。酒龄短的葡萄酒香气充满活力，而酒龄长的香气陈醇、复杂。

水果味
佳美葡萄酒

动物味
酒龄长的勃艮第红葡萄酒

烟草味
波尔多葡萄酒

香料味
西拉葡萄酒

药草味
长相思葡萄酒

鲜花味
白麝香葡萄酒

林木味
霞多丽葡萄酒，里奥哈

蔬菜味
索缪尔葡萄酒，西侬

味

葡萄酒的口味众多，人们的认识各不相同，所以甚至难以想象有足够丰富的词汇来一一描述。不过，通过水果、酸性、酒精和单宁（红葡萄酒特有）——一种令口腔“涩涩”的物质，来源于葡萄皮和贮酒所用的橡木桶——相互间的协调平衡来评析葡萄酒口味很有帮助。如果干白葡萄酒酸性过高、甜红葡萄酒果酱味和单宁过重，就说明酒味不佳。

红葡萄酒酒味图
优质红葡萄酒的酸性、酒精、水果和单宁相互协调平衡。廉价葡萄酒缺乏高档次酒的复杂性。

白葡萄酒酒味图
优质白葡萄酒中水果/糖、酸性、酒精相互协调平衡。侍酒温度过低不仅会使味蕾麻木，还会改变酒的特征。

开瓶和侍酒

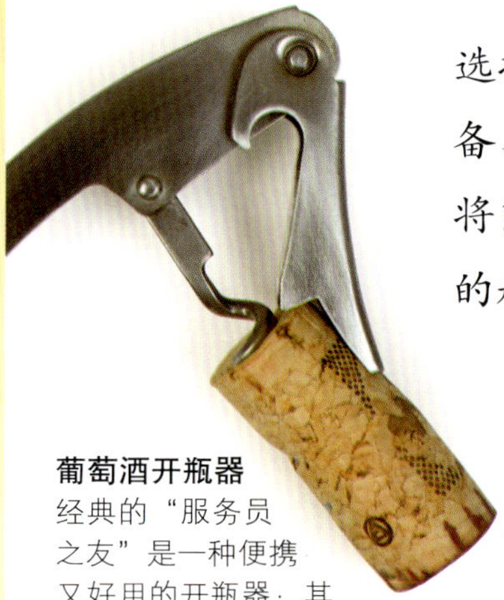

葡萄酒开瓶器
经典的“服务员之友”是一种便携又好用的开瓶器；其他款式的开瓶器数不胜数，包括带有特富龙涂层螺旋钻的，甚至还有用气压起木塞的。我的建议一直都是简简单单才好。

选择最合适的葡萄酒配餐、做好开瓶准备、嗅闻、斟杯、品尝、评赞，这一切将简单稀松的饮酒行为转变成兴味盎然的趣事。

在葡萄酒的最佳状态侍酒，只需提前做些准备。每种类型的葡萄酒都有最适宜饮用的温度，可以充分散发香气和风味（见第29页表），所以您可能需要将葡萄酒降温或者升温。最简便的方法就是把葡萄酒放在冰箱里，每十分钟能降低2ºC（4ºF）；相反，把酒从冰箱取出放在室温环境，也会以同样的速度升温。如果想快速降低酒温，只需将酒放在冰箱冷藏室或者冰桶，30分钟足矣。您也许希望购买冰镇套筒，因为它可以随意移动酒瓶；使用套筒也能让您在就餐期间保持酒温。不要用热炉架或者微波炉加热红葡萄酒；过热的葡萄酒味如止咳药水，如果酒温达到体温，就不要再品尝！可以在冰桶中加入温水来慢慢升高酒温。有些酒龄短、清淡的红酒，如黑比诺、博若莱（Beaujolais）、维波利或者卢瓦尔河谷的葡萄酒，侍酒前在冰箱放置30分钟即可。

很多人在侍酒前几小时打开瓶盖，让酒“呼吸”。这样做，起不到什么作用，因为与空气接触的酒量非常少。其实，只需将酒斟在比较大的酒杯里，稍微摇晃一下，就能释放酒香、酒味，同时柔化因酒龄短造成的单宁粗糙口感。把酒倒入醒酒器也能让酒液接触空气，

红葡萄酒的开瓶、醒酒和斟酒

在您计划侍斟优质红葡萄酒之前一天左右，把酒瓶直立放置，让沉淀物沉至瓶底。我做侍酒师时，首先向客人展示酒——说出酒名、酒庄名和年份。斟酒的时候，手握瓶肩部或者瓶底部——不要握瓶颈——而且不能晃瓶，因为一晃沉淀物就会浮上来。

1.用锋利的刀子切除封套，然后小心翼翼地取下。
2.平稳、轻轻地拔木塞：开瓶器的螺旋钻要放正，这样可以把木塞垂直拉出。不要直接拔木塞，要用开瓶器拔！用白色餐巾把瓶颈擦干净，然后往试酒杯里倒一点儿。
3.闻一闻，检查其是不是坏塞葡萄酒（见第31页）；坏塞酒的味道如同湿的脏袜子，要扔掉。
4.将试酒杯中的酒倒入玻璃醒酒器。
5.晃动醒酒器底部的酒，这样可以清除醒酒器中任何残留气味。将酒倒入您的试酒杯。
6.品尝葡萄酒，检查酒况。
7.如果您认可这种葡萄酒，就开始醒酒。沿醒酒器壁缓慢均匀地往下倒酒。将酒瓶放在点燃的蜡烛上方，约10厘米（4英寸）处，这样可以让您看清沉淀物到达酒瓶肩部。这时，停止倒酒。为了避免把沉淀物倒入醒酒器中，浪费一点儿葡萄酒在所难免。
8 将葡萄酒从醒酒器中倒入客人的酒杯里。按照礼节，应该从右侧斟酒，同时只斟至红酒杯的1/3处。

1.切除封套

4.将试酒杯中的酒倒入醒酒器

5.晃动醒酒器中的酒

理想的侍酒温度

温度对葡萄酒味影响巨大。酒液的温度可用酒温计测定，切记以下参考数值也有例外。比如，在侍斟便宜的葡萄酒时，温度低一些可以掩盖酒的瑕疵。

葡萄酒的种类	温度
清淡、柔和的白葡萄酒	39°F~43°F (4°C~6°C)
芳香、果汁般的白葡萄酒	43°F~46°F (6°C~8°C)
强劲、浓郁的白葡萄酒	50°F~54°F (10°C~12°C)
桃红葡萄酒	39°F~43°F (4°C~6°C)
水果味、充满活力的红葡萄酒	54°F~57°F (12°C~14°C)
成熟、滑润的红葡萄酒	61°F~64°F (16°C~18°C)
丰满、浓郁的红葡萄酒	64°F~68°F (18°C~20°C)
起泡葡萄酒	43°F~46°F (6°C~8°C)
甜葡萄酒和加强型葡萄酒	43°F~46°F (6°C~8°C)

杯中的酒量 这幅图展示了适宜的酒杯和酒量，从左至右依次是：起泡葡萄酒、红葡萄酒、甜葡萄酒和白葡萄酒。

2.用开瓶器开瓶

3.嗅闻试酒杯中的酒味

6.品尝葡萄酒

7.醒酒

8.侍酒和享用

但主要原因是将酒液与沉淀物分离。沉淀物多的葡萄酒才需要醒酒——特别是酒龄长（超过10年）、酒体强烈的红葡萄酒和波特酒。

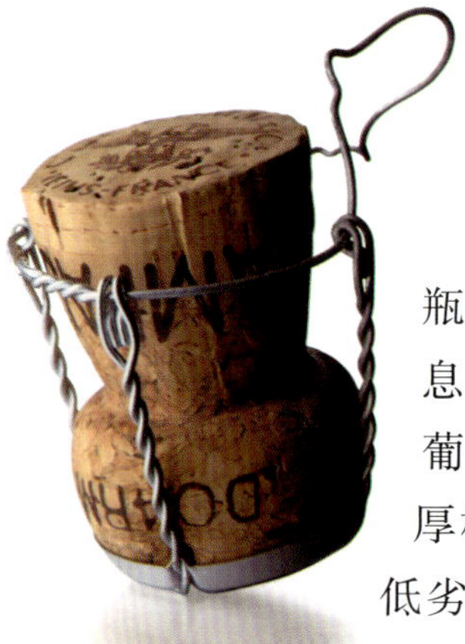

膨胀木塞 香槟酒木塞从酒瓶中一旦拔出，木塞颈就会膨胀——就别打算再推回去了。

配套用具

您不必将大把的钞票用在花哨的器具以及玻璃容器上。买把好的开瓶器很值得，因为不会让木塞碎裂——我最喜欢带平滑金属螺旋钻的开瓶器，不喜欢“螺丝钉”一样尖头的款式。很多开瓶器上配有锋利刀片，用来割木塞上端的封套，其实一把锋利的厨用短刀就能解决问题。您可以买些白色高质亚麻餐巾擦酒瓶、揩酒液——还能平添一份专业气息。玻璃器具要简洁、装饰少，以突出葡萄酒的色泽，同时玻璃壁要薄——厚杯从心理上让您感觉饮用的葡萄酒低劣粗糙。葡萄酒杯应该都带杯脚——如果您用平底无脚酒杯，手的热度会使葡萄酒升温。您可以买不同的酒杯饮用不同类型的葡萄酒，其实，四种酒杯即可：大碗形酒杯利于“大龄”红葡萄酒呼吸；小一些的郁金香形酒杯适宜白葡萄酒——容量小意味着葡萄酒没什么时间升温；又高又细的香槟笛形杯减少了酒液与空气的接触面，让气泡保持的时间更长；

开瓶和侍酒（香槟酒）

香槟酒装瓶压力相当于一个汽车轮胎的压力，所以开瓶时要格外小心。不要让瓶塞突然“砰”地弹出，除非您获得了汽车大奖赛的冠军——因为这样做既危险又浪费宝贵酒液。

1.用刀把锡箔封套从木塞以下的位置慢慢割开，然后轻轻取下。
2.大拇指按住木塞，转动六下金属丝圆环，松开金属丝圈。
3.紧紧握住木塞同时旋转瓶底，取下木塞。
4.把瓶颈擦拭干净。
5.将酒平稳倒入笛形酒杯，酒杯稍倾斜能控制不断增多的泡沫。

1.用锋利的刀子把封套割开取下

2.用拇指按住木塞，取下金属丝套

3.旋转酒瓶，不要转木塞

4.把瓶颈边缘擦净

5.缓缓倒酒

食物与葡萄酒的搭配

葡萄酒与食物的搭配没有严格的要求。陈规旧俗正在被世界饮食文化的传播和烹调方法的融汇所打破。下表仅仅是些建议，是我个人做侍酒师的经验之谈；如果您喜欢在吃柠檬比目鱼的时候，配以强劲、单宁味浓厚的红葡萄酒，那就尽情享用吧，祝福您！

○○○ 避免
●○○ 可以接受
●●○ 很好
●●● 非常好

食物风味	清淡、柔和的白葡萄酒	芳香、果汁般的白葡萄酒	强劲、浓郁的白葡萄酒	水果味、清爽的红葡萄酒	成熟、滑润的红葡萄酒	醇厚、浓郁的红葡萄酒
熏制的食物	●●●	●●●	○○○	●●●	●●○	○○○
辛辣的食物	●●●	●○○	○○○	●●○	●●○	○○○
偏咸的食物	●●●	○○○	○○○	●●○	○○○	○○○
味浓、奶油味的食物	●●○	●●●	○○○	●●●	○○○	○○○
清淡的鱼类和贝类	●●●	●●○	○○○	●●●	●○○	○○○
多肉的鱼	○○○	●●○	●●●	●●○	○○○	○○○
家禽	○○○	○○○	●●○	●●●	●●●	○○○
野味	○○○	○○○	○○○	○○○	●●○	●●●
红肉	○○○	○○○	○○○	●●●	●●●	●●○
炖制、蒸制的食物	○○○	○○○	○○○	○○○	●●○	●●●
硬质乳酪	○○○	○○○	●●●	○○○	●●●	●●○
蓝乳酪	○○○	●○○	●●○	●○○	○○○	○○○
软质奶油乳酪	●●●	○○○	○○○	●●○	●●○	●●○
烤鱼	○○○	●●●	●●○	●●●	●●○	○○○
烤肉	○○○	○○○	●●○	●●○	●●●	●●○
冷肉和熟肉	○○○	○○○	○○○	●●○	●●●	○○○
汤	●●○	○○○	○○○	●●○	○○○	○○○
蔬菜	○○○	●●○	○○○	○○○	●●○	○○○
意式面条和比萨饼	●●○	○○○	●●○	●○○	●●●	○○○
蛋类菜肴	○○○	●○○	○○○	●○○	○○○	○○○

短一些的高脚杯适宜甜葡萄酒、波特酒和雪莉酒。

葡萄酒的保存

一旦打开葡萄酒瓶，葡萄酒很快开始氧化，保质期最多不超过3天。为了减缓对葡萄酒的损坏速度，把木塞紧紧推入瓶口，并且把葡萄酒（甚至红葡萄酒）放在冰箱保存；不要忘记在侍酒前将葡萄酒升至适宜温度。专业的方法是将气体注入瓶中（或者制造真空），不过我不敢肯定这种方法一定比直接将酒瓶放入冰箱更好。

问题的诊断

为客人斟酒前，一定要先闻一闻、尝一尝。有时候，木塞腐坏，葡萄酒会有股难闻的湿霉味，味道随空气流动而加剧。应该把“坏塞”葡萄酒扔掉（如果在餐厅点的，要退回）。另一个问题是氧化：与空气过度接触会导致葡萄酒平淡倦怠，丧失果味。极度氧化会使葡萄酒尝起来像坚果味的雪莉酒。为了减缓氧化过程，葡萄酒酿造商通常会往葡萄酒中添加一种防腐剂——二氧化硫。这种化学剂使用不慎，会使葡萄酒口感“粗糙”，喉咙后端感觉最为明显，或者还会使葡萄酒有种臭鸡蛋味。

“新鲜、纯净、激爽。这些清爽的白葡萄酒在任何场合、任何时间饮用都完美无缺。”

清淡、柔和的白葡萄酒

清淡、柔和的白葡萄酒简介

从意大利的灰品诺（Pinot Grigio）到南非的白诗南（Chenin Blanc），上好的清淡、柔和的白葡萄酒品种繁多。最钟爱的酒品往往因个人口味而定——一款酒甚至可能勾起一段记忆、一份情怀。

品酒和侍酒

简介 这种酒新鲜、刺激，所以如果您偏爱甜味、希望酒中带有橡木味（像有些霞多丽酒）或者希望酒体丰满（像浓郁的红酒），可能不会对此感兴趣。

C 色 颜色从柠檬黄到淡金色，越浅，酒味越淡。如果酒中有淡淡的绿色，这说明酒龄短。

A 香 因葡萄酒原产地的关系，白葡萄酒的香气千差万别。总体来讲，其香气清幽，有梨香、苹果香、花香、柑橘香、药草香和矿石香。

T 味 干（无甜味）、柔和，酸性平衡协调，使得葡萄酒口味清爽。衡量葡萄酒品质的一个重要指标是回味，应该纯净、绵长。

选购和贮藏 避免购买价格最低的清淡白葡萄酒，这种酒往往在酿制过程中添加了过多的二氧化硫（为防止葡萄酒氧化），饮用后可能会头痛。尽量买酒龄最短的，而且要在6至12个月内饮用完。

侍酒建议 开瓶前把清淡柔和的白葡萄酒在冰箱中冷藏至少12小时，一定要为客人提供冷藏到位的酒品。

食物搭配 清淡柔和的白葡萄酒与海鲜搭配很合适，而且与西餐的第一道菜，尤其里面有海鲜的西餐，搭配起来绝佳。密斯卡得（Muscadet）和夏布利同鱼肉、熟肉一起饮用特别适宜；意大利风格的奥维多（Orvieto）和佛兰斯卡蒂（Frascati）与意式面条搭配很好。

柔和的苹果 清淡白葡萄酒的主要味道包括苹果味和柑橘味。

酿制清淡柔和白葡萄酒的葡萄品种（其中有阿里哥特（Aligoté）、棠比内洛（Trebbiano）、灰品诺）通常果肉饱满、皮薄。这种酒一般在比较凉爽的气候条件下或者在比较炎热的意大利、葡萄牙、多数新世界国家的凉爽山区酿造。果皮薄对于葡萄在霜冻之前早成熟非常必要。清淡白葡萄酒往往采用现代技术和不锈钢酒桶酿制，保留了特有的鲜味。清淡柔和白葡萄酒的品质因葡萄栽培、产区气候、土壤、年份不同而各异。品质最好、价格最高的清淡白葡萄酒极其新鲜，酸性、酒精和糖的平衡度极佳，融合了柑橘、矿石和苹果的香气，入口后留香，回味绵长。尽管价格不是很贵的白葡萄酒通常缺少这些特征，但是有些精心挑选的酒品也很新鲜、纯净，酸性独特，但不突出；隐隐约约有鲜花香或者梨香，回味中长。有些比较便宜的清淡白葡萄酒很适于搭配味浓、偏辣的食物。

干味和酸性

清淡柔和白葡萄酒的整体风格为中性、干——但并不是说淡而无味。尽管我们品尝清淡白葡萄酒，味蕾的第一反应是没有甜味，但是这种干的、没有甜味的感觉在硬腭升腾，很让人享受，千万不要把它与刺激辛辣味相混淆。上乘白葡萄酒的核心在酸性，其酸性恰到好处，因此口感清爽，不会产生酸味。总之，干白葡萄酒并非索然无味，反而趣味多多、充满活力。干白葡萄酒是用来饮用的（而非贮藏），因此特别适合宴会、友人聚会时一起享用。

泰国咖喱 葡萄牙的绿酒酸味浓、有冲劲，特别适合与辣味十足的泰餐搭配。

葡萄品种

以下葡萄品种最适宜酿制清淡、柔和的干葡萄酒。熟透的葡萄品性独特，散发着悦人的花香和柑橘香。典型的清淡、柔和葡萄品种包括：法国卢瓦尔河谷的密斯卡得和勃艮第的阿里哥特；意大利的灰品诺（Pinot Grigio）——在阿尔萨斯（Alsace）（见第45页）叫做Pinot Gris，酿造的葡萄酒果香馥郁——以及棠比内洛葡萄品种（在法国称为白玉霓，Ugni Blanc是具有泥土气息的苏瓦维葡萄酒和温润的佛兰斯卡蒂葡萄酒最重要的原料）。

葡萄名称	最佳产区	述评
霞多丽	法国：夏布利、马贡（Mâcon）；澳大利亚：塔斯曼尼亚（Tasmania）；奥地利	霞多丽葡萄，特别是在寒冷气候条件下培育的品种用途广泛，酿制的葡萄酒清爽，散发着矿石香、青苹果香、柑橘香和柚子香。在法国，霞多丽被用于酿制其中一款品质最高、经典又清淡的白葡萄酒——夏布利。
阿里哥特	法国：勃艮第（布哲隆（Bouzeron））；保加利亚；摩尔多瓦；乌克兰；罗马尼亚；俄罗斯	阿里哥特葡萄越来越受青睐，酿造的葡萄酒清淡、带有柠檬香气，是著名的勃艮第餐前酒基尔（Kir）（见第37页）的重要原料。
灰品诺	意大利：东北部（弗留利（Friuli））	灰品诺葡萄的意大利语是Pinot Grigio，法语是Pinot Gris。它生长在意大利，用于酿制干葡萄酒；虽然香气幽微，但是有柠檬酸性的清爽。
密斯卡得	法国：卢瓦尔河谷	密斯卡得是酿制干葡萄酒的葡萄品种，味道并不浓郁。在卢瓦尔河谷的西部大多数葡萄园，这一品种名为：勃艮第甜瓜（Melon de Bourgogne）。
卢尔奥（Loureiro）	葡萄牙：北部地区 西班牙：加利西亚（Galicia）	卢尔奥葡萄酿制的葡萄酒清淡，微微起泡、鲜爽、纯净，是葡萄牙绿酒的原料；在西班牙，与其他葡萄品种混合酿造成阿士拜萨斯（Rias Baixas）。
夏斯拉（Chasselas）	瑞士；法国：阿尔萨斯；德国；奥地利；罗马尼亚；匈牙利；智利	瑞士有些品质最好的白葡萄酒由这一品种酿制而成，其苹果香气和柑橘香气馥郁。
白诗南	南非；法国：卢瓦尔河谷［安茹（Anjou）—索缪尔］；美国：加州	南非的主要葡萄品种，当地把它称为斯蒂恩（Steen）。白诗南酿造的葡萄酒清淡、纤细，有苹果香和柑橘香。
白品诺（Pinot Blanc）	法国：阿尔萨斯；德国；奥地利；意大利：特兰蒂诺-阿尔托阿迪杰、弗留利、伦巴蒂（Lombardia）	白品诺酿制的葡萄酒没有橡木味；其具有品质最好的酒的果味，香芬而且平衡度好。
米勒瑟高（Müller-Thurgau）	德国：卢森堡；瑞士、斯洛文尼亚；新西兰	卢森堡称之为雷瓦内（Rivaner），这一葡萄品种的品质提升很快。由它配制的上乘酒品新鲜、芳香，颇具表现力。
罗迪提斯（Rhoditis）	希腊	果皮呈桃红色；常与其他葡萄品种混合使用；是希腊蕾契娜葡萄酒（Retsina）的基本原料。
西尔瓦内（Sylvaner）	法国：阿尔萨斯；意大利；奥地利；瑞士；德国	西尔瓦内就是阿尔萨斯的密斯卡得葡萄品种——干、如钢似铁、有柑橘香。
维尤拉	西班牙：里奥哈、纳瓦拉	维尤拉是西班牙北部种植最多的葡萄品种，用它酿制的葡萄酒有柑橘香、酸性平衡。
维蒂奇诺（Verdicchio）	意大利：马尔凯（Marches）	维蒂奇诺葡萄天然酸性很高，用它酿制的极品葡萄酒是耶丝城堡维蒂奇诺干白葡萄酒。
棠比内洛	意大利；法国；南非；西班牙	棠比内洛葡萄以其酸性而著称，甚至气候炎热也不例外，用它酿制的葡萄酒在世界市场越来越受瞩目。

法国

法国酿造出很多世界一流的清淡、柔和葡萄酒。我认为夏布利——产自勃艮第北部边远地区，没有橡木味的霞多丽干白葡萄酒——是品质最高的葡萄酒之一。其他一些产自卢瓦尔河谷和阿尔萨斯，所有这些葡萄酒都非常适宜与食物搭配——特别是鱼和贝类食物。

夏布利（CHABLIS）

C 色 浅浅的禾秆黄色，清透、鲜亮、清淡。

A 香 散发着花草香，幽淡而不浓烈。

T 味 有苹果味、柑橘味和矿石味，还夹杂着火石味或者钢铁味。

饮用时间 优质夏布利经年味更佳。特级葡萄酒可以贮藏的时间最久而且味道最好。小夏布利柑橘味更浓，但是酒质单薄，需在酒龄短时饮用。

夏布利非常值得信赖，一些产自勃艮第的夏布利很实惠。它非常适合与白色的鱼搭配，与牡蛎一起更是堪称经典。注意饮用温度不能过低，尽管最佳温度只有11°C（52°F）。

夏布利
Domaine Laroche

夏布利以其如钢似铁、味干的特性而著称。但是人们时常惊奇地发现，夏布利百分之百由霞多丽葡萄酿造。气候因素和土壤条件造就了它鲜明的特点。夏布利产自勃艮第最北端，距欧塞尔（Auxerre）很近，离香槟区（Champagne）也不远，火石土壤赋予它矿石、烟熏的特质。

夏布利葡萄酒分为四个等级。拥有夏布利名称的酒品许许多多，涵盖了夏布利小镇大多数葡萄园以及朝北、朝东葡萄园的酒品。小夏布利（Petit Chablis）为普通夏布利葡萄酒，产自土质和其他条件比较差的当地园区。七大特级葡萄酒（grand cru）——确实出类拔萃——全部产自小镇东北部一座面朝南和西的山坡上。一级葡萄酒（premier cru）也产自朝南和朝西的山坡上。不过，酒精度至少比特级葡萄酒低半度。

自古以来，夏布利的产量一直很容易受到春寒霜冻的影响。我最近一次造访这一地区是在10年前。当时，有60%的葡萄芽被冻死。悲惨啊！新技术已经解决了这一问题。如今，夜间喷洒系统发挥了作用，给葡萄嫩芽穿上“冰衣”，保护其免受严寒侵扰。

推荐酿造商

- Domaine Jean-Marc Brocard
- Domaine Laroche
- Domaine Vincent Dauvissat
- Domaine Defaix

密斯卡得（MUSCADET）

C 色 鲜亮，浅柠檬黄中略有一丝绿色。

A 香 酒龄短，散发着柠檬香、梨香、苹果香里夹杂着石灰味和矿石味。

T 味 清淡、优雅，有柠檬酸性和细小气泡。

密斯卡得产自法国西部，卢瓦尔河在那里汇入大海，那里受大西洋的影响，冬不寒夏不热。密斯卡得酒由同名葡萄酿制而成，这一葡萄品种也叫“勃艮第甜瓜”，因叶片形如甜瓜而得名。这种葡萄抗寒，所以从勃艮第被引入南特（Nantes）地区。我非常感激密斯卡得葡萄，依靠收获密斯卡得葡萄赚到的钱，我被抚养成人。密斯卡得葡萄酒的基本特点是清淡、爽口，应该在酒龄短时饮用。

密斯卡得
Châdeau du Cléray

其实，我也曾品尝过陈年的密斯卡得佳酿，里面有种悦人的烟熏味和微微的花香和菠萝香。在南特，这种葡萄酒因为残留糖分少，酒精度适中被称为“健康的葡萄酒”。

我认为，顶级密斯卡得葡萄酒产自塞夫勒-曼恩河（Sèvre-et-Maine）地区。这里的葡萄酒有矿石特质，口感滑润。如果您想品尝别样风味的高等级葡萄酒，就试试塞夫勒-曼恩河沉渣密斯卡得（Muscadet Sèvre-et-Maine Sur Lie）。“Sur Lie”不是产地名称，而是一种酿制工艺：发酵之后，残渣——死掉的酵母细胞、葡萄籽、果肉——沉淀到酒桶底部。这些沉淀物有着独特口味和香气，葡萄酒在上面（在法语里就是sur lie）与之浸泡，就有了残渣的特点，并产生细小气泡，同时它强化了葡萄酒的清新、柔和度和水果味。很多密斯卡得葡萄酒灌装在特别细长的酒瓶里售卖——您可以到葡萄酒行或者超市的货架上看一看、瞧一瞧。

食物搭配

牡蛎和海鲜 冷藏恰到好处的密斯卡得几乎适合跟所有的鱼搭配饮用。试着与牡蛎、奶油贻贝和烤沙丁鱼搭配。

推荐酿造商

- Châdeau du Cléray
- Châdeau la Perriere
- Châdeau de Geuline

波尔多干白葡萄酒（BORDEAUX BLANC SEC）

C 色 浅金色中略带一丝银色。透明度中等。

A 色 纯净、精致；散发着梨香、榅桲香、桃香和花香。

T 色 酸性清爽、和谐微妙，回味悠长。

很长一段时间波尔多红葡萄酒让波尔多白葡萄酒黯然失色，因为白葡萄酒往往半甜，硫黄味过浓，没什么特质。如今，新技术改变了这一局面，有些白葡萄酒确实物有所值。尝一尝由长相思葡萄酿制的柔和“两河之间”（Entre Deux Mers）干白葡萄酒或者贝尔热拉克AOC级葡萄酒：这一产区虽然往往与甜葡萄酒联系在一起，但是干白葡萄酒品质更高。

推荐酿造商

- Châdeau Montdoyen
- Châdeau Thieuley

阿里哥特（ALIGOTÉ）

C 色 从浅柠檬色到浅禾秆黄色，略带一丝银色。

A 香 散发着绿色水果香，如醋栗和柠檬，感觉还有坚果香。

T 味 干、纯净，有柑橘风味，直接，容易入口。

如果您对密斯卡得和夏布利有好感，可以尝尝这款酒。因为葡萄栽培和酿制价格便宜，所以阿里哥特葡萄酒非常实惠，随处都能买到。我认为上乘阿里哥特来自勃艮第产区［特别是夏隆内丘（Côte Chalonnaise）的布哲隆附近］，但是保加利亚、摩尔多瓦、罗马尼亚和加州都种植了这一葡萄品种。这种酒一定要干、柔和、清爽；与海鲜搭配，或者调配成基尔酒（见下图）。

推荐酿造商

- Hugues Goisot
- Domaine Guy Roulot

文化与传统

完美基尔 作为一款餐前酒，阿里哥特的确非同一般。与黑醋栗酒——一种黑醋栗利口酒（见第 287 页）调配，即成为勃艮第基尔酒。当然，您可以用任何一款干白葡萄酒调配成基尔酒，只是用阿里哥特这样的知名品牌，滋味更胜一筹。基尔酒得名于佳能·菲利克斯·基尔，他当时任第戎镇镇长，促进了餐前酒的推广。在特别场合，可以品尝一下皇家基尔（见第 380 页）——这种酒由香槟代替葡萄酒调配而成。

西尔瓦内（SYLVANER）

C 色 鲜亮，浅黄色略带一丝绿色。

A 香 散发着微妙的梨香、柠檬香、苹果香，还有幽幽的药草香和蜂蜡香。

T 味 简单但是极其清爽、轻快，回味悠长，有柑橘味。

这款酒有点儿像密斯卡得，不过风味更足。大约200年前，西尔瓦内葡萄从奥地利引入法国，如今在阿尔萨斯凉爽的气候条件下和平坦的土地上栽培。尽管最近几年这种葡萄酒的销售范围扩大了，但多数在法国本土消费。西尔瓦内葡萄酒口感鲜爽，有水果味，带点儿雷司令的特质，尽管没有雷司令那么雅致、醇厚。要在酒龄短时，作为餐前酒或者配以烤鱼饮用。

推荐酿造商

- Domaine Schaetzel
- Domaine Ostertag

白品诺（PINOT BLANC）

C 色 很浅的禾秆黄色，清透、清淡、诱人。

A 香 香气不浓郁，有种柔和的桃香、梨香和花香。

T 味 新鲜、爽口，有白色水果口味，回味有矿石味。

阿尔萨斯白品诺特点鲜明，常被称为“穷人的霞多丽”。新鲜、纯净，回味滑润，酒体居中，水果酸性恰好；酒龄短时饮用——酒龄在5年以内。购买时，认准酒标上的clos和réserve字样。

白品诺
Domaine Marcel Deiss

推荐酿造商

- Domaine Marcel Deiss
- Domaine Schaetzel

意大利

意大利顶级的一些葡萄酒当属清淡、柔和的白葡萄酒，特别是将几个葡萄品种混合酿制而成的白葡萄酒。苏瓦维和维蒂奇诺味道很干，与鱼类和海鲜类食物搭配绝佳。奥维多、佛兰斯卡蒂——罗马重要的酒品——滋味丰富，非常适合与意大利面搭配。灰品诺葡萄酒很精致，是霞多丽葡萄酒的最佳替代酒品。

灰品诺（PINOT GRIGIO）

色 浅柠檬黄色，略带一丝银灰色。

香 酒龄短、清新；带有绿色水果香、花香、淡淡的矿石香。

味 优雅，有一丝肉的质感，质地微妙；回味有柠檬味。

如果您喜欢夏布利的清淡，一定会爱上灰品诺。灰品诺比夏布利的口感更丰富（与酿造夏布利葡萄酒的霞多丽葡萄相比，灰品诺葡萄生长的区域更加暖和）；霞多丽典型的风味是苹果香和柠檬香，而灰品诺有梨香或者甜瓜香。尽管如此，两种葡萄酒同样清新、带有矿石味。

意大利灰品诺葡萄酒味干、清淡、酒龄短，来自美国俄勒冈州的灰品诺具有同样的特点。比较起来，法国阿尔萨斯的灰品诺葡萄酒比美国加州的同品种葡萄酒更丰满、果香更浓。

灰品诺
Mezzacorona

近年来，尽管灰品诺葡萄酒日益普及，生产规模不断扩大，但价格不断攀升。哎，可我觉得品质没什么提高。浓度是葡萄酒的关键要素——上好的灰品诺葡萄酒味美、柔和、酒体细致。品饮后有种兴奋愉悦感，而不仅仅是酒精的刺激感！

灰品诺被冰镇后口感最佳。装瓶两年之内饮用。灰品诺是聚会和品酒招待会的理想酒品；正餐时，它可与任何白色的鱼搭配。我喜欢与淋上白奶油酱汁的烤鳕鱼搭配。

推荐酿造商

- Mezzacorona
- Colli del Sori
- Beltrame

产区和酒品

灰色的葡萄 意大利语中grigio或者法语中的 gris 都是灰色的意思，指葡萄灰灰的颜色。尽管这个名字不起眼，但是用它酿造的酒却让人耳目一新。在美国，用灰色葡萄酿造的酒是最畅销的进口餐酒，超过了进口的美乐和霞多丽葡萄酒，价格是销量第二位的澳大利亚西拉葡萄酒的两倍。

苏瓦维（SOAVE）

色 禾秆黄色，偶尔有一点儿绿色。

香 散发着新鲜的绿色、柑橘水果香，夹杂着精致的杏仁香。

味 精致、清淡，有坚果滋味，回味有点儿苦。

苏瓦维是意大利最常见的干白葡萄酒，产自维罗纳东北部的同名小镇。苏瓦维这个名字，源于公元6世纪斯韦俾阿人入侵意大利以后出现的词汇 Svevi或者Suavi；与“suave”（意为“柔和”）一词毫不相干——以此为酒名，酒显得太过清淡、清新。有classico（为专有名词，说明是原产地的葡萄酒，而且通常品质最好）字样的葡萄酒产自苏瓦维镇北部和东部一片很小的山冈区域。

大多数苏瓦维葡萄酒由卡尔卡耐卡（Garganega）和棠比内洛两个葡萄品种混合酿造而成，有泥土的味道。如果再加入霞多丽葡萄，口感更加柔和。留意酒标上的“Superiore”字样——说明酒味更加强劲、酒龄更长。

苏瓦维非常适合与汤、炒蔬菜或者意大利面食搭配。要想突出意大利主题，侍饮时搭配海鲜意式扁面。小心——这种葡萄酒非常清淡，所以很容易不知不觉喝很多。

推荐酿造商

- Pieropan
- Anselmi

食物搭配

开胃菜 我喜欢与开胃菜搭配，饮用苏瓦维。把这款葡萄酒作为餐前酒与各式面包点心（bruschetta）搭配。

棠比内洛（TREBBIANO）

色 鲜亮的柠檬黄色带着一抹银色。

香 微妙，散发着绿色水果香，隐隐的杏仁香和白色花香。

味 干、清爽，酸性明显，酒精度平衡好。

棠比内洛葡萄是奇安蒂葡萄酒（见第97页）的基本原料，与其他葡萄品种混合酿造出很多美味的意大利白葡萄酒——这款葡萄没有特色风味，难以酿出单一葡萄品种的好酒。上乘棠比内洛葡萄酒产自意大利中部。尝一尝托斯卡纳棠比内洛、罗马涅棠比内洛、苏瓦维棠比内洛、黄棠比内洛和阿布索棠比内洛——可能是最有意思的一款酒。将葡萄酒冰镇后与调味米饭搭配饮用，味美可口。

推荐酿造商

- Valentini
- Thaulero

佛兰斯卡蒂（FRASCATI）

色 禾秆黄色，有时略带一丝绿色。

香 散发着柑橘水果香、鲜花香，还夹杂着一点儿熟透的梨香。

味 精致、柑橘味与酸性平衡佳。

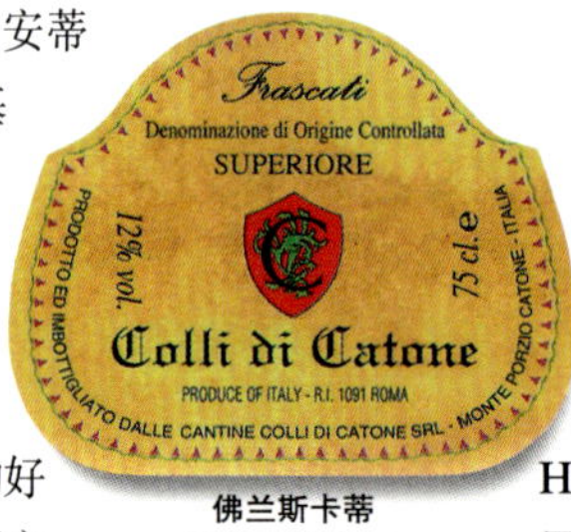

佛兰斯卡蒂
Colli di Catone

佛兰斯卡蒂葡萄酒灵活多变，容易入口，享誉世界。酿造该酒的葡萄产自风景秀丽、邻近罗马的阿尔宾火山（Albian Hills）山坡。它曾经是罗马人最钟爱的葡萄酒，后来意大利教会将其推广。佛兰斯卡蒂葡萄酒由多个葡萄品种混合酿造而成，其中包括棠比内洛葡萄，是夏日的最佳酒品，与任何清淡食物搭配均可。

推荐酿造商

- Colli di Catone
- Fontana Candida

维蒂奇诺（VERDICCHIO）

C 色 浅金色中银光闪闪，非常鲜亮。

A 香 清新、清淡；散发着青苹果香和柠檬香，还有微微的梨香和甜瓜香。

T 味 纯净；有杏仁味和梨味，很特别；回味中长。

葡萄牙绿酒，在意大利语中就是维蒂奇诺。维蒂奇诺葡萄生长在意大利中东部亚得里亚海沿岸马尔凯产区的安科纳（Ancona）。相对凉爽的沿海气候，使葡萄成熟速度减慢，因而酿造的葡萄酒具有干、柔和的特点。

维蒂奇诺 Monte Schiavo

最知名的维蒂奇诺葡萄酒，是来自耶丝城堡的维蒂奇诺 DOC 级葡萄酒。这里的葡萄酒有柠檬、酸橙的酸性和绵绵的白垩味——很像夏布利，但是更物超所值。如果耶丝城堡维蒂奇诺葡萄酒产自 DOC 级产区的历史最悠久的区域，则酒标上有 classico（经典）字样。

更小一些的、不太知名的玛特里卡维蒂奇诺（Verdicchio di Matelica）DOC 级葡萄酒产自更加温暖的内陆地区。这里的葡萄酒比耶丝城堡的葡萄酒酒体更重，质地更柔和，甜瓜味更浓。

所有这些葡萄酒都非常值得一尝。饮用时与白肉和白色的鱼搭配最佳。（甚至与清淡的蛋黄酱搭配，酒味也很好）。维蒂奇诺也非常适合与沙拉搭配——夏天的时候，尝试与柠檬拌洋蓟一起享用。

推荐酿造商

- Monte Schiavo
- Uman Ronchi
- Bucchi

奥维多（ORVIETO）

C 色 中等浓度的禾秆黄色，略带一点儿绿色。

A 香 细致；柔和的花香中透着迷人的果香和烤杏仁香。

T 味 新鲜、雅致；有柠檬的酸性，酒精度中等；回味中长。

“酒瓶中的意大利太阳”——至少 19 世纪意大利诗人加布里埃尔·邓楠遮（Gabriele d' Annunzio）这么认为。对我而言，没那么简单。这是一款要么惹您爱，要么招您恨的酒；我个人很喜欢，但我的很多客人意见正好相反，所以评价这款酒真有点儿难！

奥维多 Castello della Sala

奥维多产自翁布利亚（意大利中部），在这里取得了巨大成功，是该地区最重要的葡萄酒，由多个葡萄品种混合酿造而成。其在中世纪成为教皇的最爱。传说，19 世纪，教皇格雷戈里奥（Gregorio）十六世要求在他下葬前，将他的身体在奥维多酒中洗净（这位主教显然喜爱上帝的恩赐：他也是另一款势均力敌的佛兰斯卡蒂葡萄酒的捍卫者）。

购买这种葡萄酒的时候要留意酒标。酿造商赋予酒标“新意”，给最重要的奥维多干葡萄酒增加了半干或者半甜、中等甜度和甜三种类型。多花一点儿钱购买“经典奥维多葡萄酒”（Orvieto Classico）很值得。在酒龄短时饮用，可搭配任何西红柿意大利面食。

推荐酿造商

- Castello della Sala
- Luigi Bigi
- Barberani – Vallesanta

西班牙

大多数人对西班牙的美味红葡萄酒赞不绝口，如里奥哈、杜埃罗河岸（Ribera de Duero），其实西班牙也出产一些上好、精致、柠檬味的白葡萄酒。像维尤拉（Viura）一类的干白葡萄酒，品质很好，口感直接，容易入口，不是很复杂。

最重要的品种 如今，在西班牙北部里奥哈地区种植面积最广的葡萄品种就是维尤拉，因为它抗氧化能力强。

维尤拉（VIURA）

C 色 呈罕见的淡黄绿色，略带一点儿银色。

A 香 适度、微妙，散发着花香、酸橙香、坚果香。

T 味 干、酸性清爽，酒精度平衡和谐，回味中长。

多数人认为里奥哈是红葡萄酒，其实这里也出产白葡萄酒，而且开始享誉全球。在一定程度上，维尤拉葡萄［别名马卡贝奥（Macabeo）或马卡波（Maccabeu）］功不可没，用它酿造的葡萄酒品质不断提高，别有风味，散发着水果香和柑橘香。维尤拉葡萄，也是法国南部朗格多克-鲁西永（Roussillon）地区的重要葡萄品种。

最上乘的维尤拉葡萄酒清新、柔和；散发着浓郁的花香和明显的坚果香。尤维拉葡萄酒酸度低，酒精度中等。

将冰镇维尤拉与海鲜炒饭（paëlla）一起享用最佳。这款酒在酒龄短时品饮起来很有趣——是波尔多白葡萄酒和意大利白葡萄酒的替代酒品。如果您在超市货架看到了这款酒，为何不买回来尝一尝呢？

推荐酿造商

- Marques do Monistrol
- Marques de Riscal

葡萄牙

葡萄牙可能以杜奥（Dão）这样的日常红餐酒和驰名世界的加强型葡萄酒而著称。但是，没有甜味、微微起泡的“绿葡萄酒”或者葡萄牙绿酒也很值得关注，这款夏日酒品非常适合与亚洲香辣菜肴搭配。绿酒产自葡萄牙北部，该地区葡萄树的种植面积占全国的15%。

葡萄牙绿酒（VINHO VERDE）

C 色 鲜亮；独特的淡柠檬黄色中略带一点儿绿色。

A 香 酒龄短、清新、雅致；有绿色水果香、花香和淡淡的梨香。

T 味 干，舌头上有微微的气泡；清爽；回味中长。

葡萄牙曾经没有著名的白葡萄酒（倒是葡萄牙的波特酒很有名气）。但是，最近几年，葡萄牙绿酒的品质不断提升。如果让我把奖牌授予葡萄牙最好的白葡萄酒，那非葡萄牙绿酒莫属！绿酒产区位于葡萄牙北部，这里主要出产以柠檬或者禾秆黄色为特点的白葡萄酒。在酿造时葡萄还没成熟就被采摘下来，从而使酿造的葡萄酒酒精度低、新鲜、有果味。Vinho Verde这个酒名字面上的意思是“绿色的葡萄酒”——“绿色”并非指酒的颜色，而是指酒龄短、有活力。

该产区气候温和，冬春季节降水量充沛，所以葡萄吸收了很多水分，这使得酿造的葡萄酒酒精含量低。

最受欢迎的绿酒源自阿尔瓦利诺（Alvarinho）葡萄品种；属于半起泡葡萄酒，酒精度稍高，价格比该产区的其他葡萄酒贵，有刺痛的口感，与“沉渣”密斯卡得葡萄酒（见第37页）类似。在超市购买这款酒，要小心为妙；有些超市里的绿酒酒龄没那么短，所以没有令人神清气爽的新鲜度。我的建议是，这款酒酒龄越短饮用越好——在稍稍起泡而且非常新鲜的时候饮用。凭经验，夏季（饮用绿酒的最佳时节）应该饮用前一年的酒。酒瓶背面有一组数字，后面是斜线，最后就是日期。从日期可以看出葡萄酒装瓶的年份。如果有这样一组数字：349871/2004，说明葡萄酒的年份是2003年，2004年装瓶。

葡萄牙绿酒
Quinta da Aveleda

食物搭配

清淡、香辣的食物 葡萄牙绿酒新鲜，有刺痛的口感、清凉的气泡，与泰式鱼汤或者柠檬鸡肉搭配完美无缺。

推荐酿造商

- Quinta da Aveleda
- Quinta Altissimo
- Quinta de Tamariz

希腊

希腊炎热又干燥，为种植清淡、柔和的葡萄品种提供了理想的气候条件。希腊葡萄酒独树一帜，葡萄的酸性——柔和、清爽葡萄酒的关键——在炎热的环境中保留下来。

阿西尔提克（ASSYRTIKO）

C 色 通常为黄绿色，透明度中等。

A 香 雅致；散发着柠檬、青苹果、忍冬和矿石香。

T 味 有柠檬酸性，平衡度佳；回味清新。

阿西尔提克结构绝佳，有柑橘风味，常被人看做是希腊最好的白葡萄酒。它是法国和意大利干葡萄酒的替代酒品：当然，您可能会将阿尔萨斯的雷司令或者灰品诺葡萄酒与之相比较。

如今，阿西尔提克葡萄已经成为希腊首屈一指的葡萄品种，往往与爱琴海诸岛，特别是圣托里尼岛（Santorini）联系起来。据说，从公元前1600年起，这一葡萄品种就在圣托里尼岛种植，岛上肥沃的火山灰使葡萄带有特别的烟熏、火石味。不过，现在希腊各地都在种植阿西尔提克葡萄。这在很大程度上归功于它能够保持特有的风味，即使天气特别温暖，其高酸性也没有减低。葡萄的酸性很重要，因为对于阿西尔提克来说，高酸性可以使酒精度比较高，保持复杂质感和平衡度。

葡萄牙绿酒
Quinta da Aveleda

推荐酿造商

- Boutari
- Santorini Co-op
- Hatzidakis

食物搭配

羊乳酪沙拉 给自己来点儿具有希腊特色的风味：下面是熟透的圣女果和柔和、清新的黄瓜，上面是一块块浓浓的羊乳酪，再配以阿西尔提克葡萄酒——美味啊！

罗迪提斯（RHODITIS）

C 色 鲜亮；浅黄色中略带金色和黄色。

A 香 复杂，有菠萝香、柠檬香、刚割下的青草香和胡桃香。

T 味 雅致、平衡度好、微妙；回味绵长、有微微的树脂味。

罗迪提斯并非产自罗得岛，而是原产于伯罗奔尼撒；即使在希腊大陆南部炎热的气候条件下，依然保持了相当好的酸性。罗迪提斯葡萄酒果味、酸性非常和谐，是希腊品质最好的白葡萄酒之一。

过去，罗迪提斯葡萄酒只满足国内市场，而今，新一代的酿造商正在提升葡萄酒的品质，使得品评更加容易。尝试与烤鲷科海鱼或者鲻鱼配柠檬和橄榄油调味汁一起享用。

推荐酿造商

- Tsantalis
- Boutari

南非

南非的白葡萄酒品种繁多，这也反映出气候的多样性——沿海地区凉爽，其他很多地区炎热、干燥。白诗南葡萄原本是法国的葡萄品种，南非将其培育为本国的一个葡萄品种，如今种植面积最广，而且大获成功。

白诗南
Kanu

白诗南（CHENIN BLANC）

C 色 鲜亮；呈浅柠檬黄色，略带一点儿绿色。

A 香 酒龄短、怡悦，散发着绿色水果香和甜瓜香。

T 味 干、清新、结构好、平衡度佳、回味有花香。

1655年，白诗南葡萄从法国来到南非。在这里，人们常常称为“斯蒂恩”（Steen）。酒标上印着Chenin Blanc（白诗南）还是Steen（斯蒂恩），完全取决于酿造商。

白诗南是南非最多产的葡萄品种，极其多变，因此葡萄风格多样，很多酿造商把橡木桶发酵和熟化引入酿酒过程。当葡萄酒在橡木桶中熟化，酒液变得更丰满，呈现出深黄色，具有坚果滋味。可这并不是白诗南典型的特点，我认为并不适合葡萄酒。通常南非的白诗南葡萄酒风格清新、果味足。最奇妙的是，同时既有呛口味也有蜂蜜味。

总之，南非白诗南葡萄酒清淡、柔和，结构新鲜，物超所值。上好的白诗南容易入口。要购买特定产区的葡萄酒（普通的白诗南葡萄酒非常单薄、水分太多、酸性太高）——最好、最著名的是位于开普省的斯泰伦博斯。

白诗南葡萄酒是一款社交酒品，适合与朋友在聚会上享用。

推荐酿造商

- Kanu
- Ruitersvlei
- Fairview

产区和酒品

延伸到开普省 在风景如画的南非开普省（Cape）葡萄酒产区，白诗南葡萄的种植面积占1/3。葡萄酒的类型包括半干葡萄酒、甜葡萄酒、起泡葡萄酒和橡木陈酿葡萄酒。

德国

德国最驰名的葡萄酒是中度干白葡萄酒，尤其是上乘的雷司令。德国在开发葡萄新品种和嫁接方面一直处于领先地位。比如，米勒瑟高葡萄，其酿造的酒品味道更干，更加柔和。

米勒瑟高（MÜLLER-THURGAU）

C 色 通常为淡黄色，时而有微微的绿色。

A 香 散发着新鲜绿色水果和柑橘香、花香和杏仁香。

T 味 雅致、清淡，有时带有坚果味；回味微苦。

1882年，赫曼·米勒博士（Dr Hermann Müller，生于瑞士瑟高州，Thurgau）开发了米勒瑟高葡萄品种。他当初的想法，是把雷司令的特质与早熟的西尔瓦内相融合，现在，事实证明他的尝试催生出两种雷司令。

众所周知，米勒瑟高葡萄产量很高，因为成熟早，所以很耐寒，甚至在英格兰这样世界上最冷的葡萄酒产地也是如此。

很多米勒瑟高葡萄酿造的酒没有特色，如圣母之乳（Liebfraumilch）和尼尔斯坦纳（Niersteiner）葡萄酒，它们占据了德国葡萄酒大部分市场。这样的结果让人心伤，因为米勒瑟高葡萄有潜力酿造出酒体清淡（但不会过于清淡）、口感精雅、酸性柔和的干葡萄酒。我建议在享用具有德国特色的清淡午餐，如冷肉或者果馅奶酪卷和西红柿沙拉时，饮用米勒瑟高葡萄酒。

推荐酿造商

- Meersburger
- Rudolf Furst

瑞士

大多数瑞士葡萄酒都在国内消费饮用而非出口，所以，很多人根本不知道瑞士出产一些葡萄酒佳酿。最好的瑞士葡萄酒在风格和复杂性方面与法国的夏布利葡萄酒不相上下。

夏斯拉（CHASSELAS）

C 色 呈淡黄色，有微微的气泡，泛着银光。

A 色 酒龄短、清新、雅致；有淡淡的柠檬香。

T 味 干；质地具有表现力，平衡度和谐，迷人；回味悠长。

瑞士的夏斯拉葡萄酒原产地不同，酒名各异，包括芳丹（Fendant）、多林（Dorin）、古特德（Gutedel）、马泽米纳班卡（Marzemina Bianca）、普兰（Perlan）和维瑟古特德（Weisser Gutedel）。无论是什么酒名，夏斯拉葡萄酿造的酒品都非常清新、干、有水果香味、酸性低、酒精度高。最具特色、最雅致的葡萄酒多半产自日内瓦湖北岸沃州（Vaud）产区的拉沃（Lavaux）或者夏布莱（Chablais）两大葡萄园。

滑一天雪之后，选择一款夏斯拉葡萄酒来品尝，真是完美至极；作为餐前开胃酒也非常棒。夏日里，可以在用午餐时搭配烤对虾饮用。

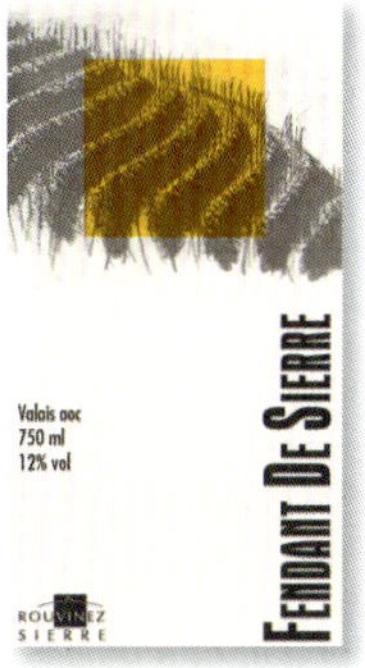

夏斯拉 Rouvinez

推荐酿造商

- Rouvinez
- Hammel

芳香、果汁般的白葡萄酒

“活力激扬，果味奇异，让人垂涎。这种白葡萄酒的奥妙在于香气不过于张扬，柠檬酸性精雅，回味绵长。”

芳香、果汁般的白葡萄酒简介

芳香、果汁般的白葡萄酒果味充盈、特点鲜明，从清新、青草味的酒品到馥郁、奇异的酒品，各不相同。即使您已经找到最爱的一款，我还是建议多去尝试——有待发现的佳酿很多。

品酒和侍酒

简介 芳香、果汁般的白葡萄酒比清淡、柔和的白葡萄酒更黏稠一些；白葡萄酒充满活力，平衡出色。

C 色 在很大程度上，由于酿造技术、葡萄品种的关系，其颜色从柠檬黄到浅金色不一。在酒龄短的葡萄酒中，时常会看到淡淡的绿色或者银色。

A 香 因为葡萄品种各具特色，所以酒品的香气多种多样——从长相思的柑橘、青草香，到白麝香的葡萄香气。

T 味 这种葡萄酒会让您回想起熟透的桃子——新鲜、多汁，让人垂涎。通常酸性佳，平衡了水果味，回味愉悦、悠长。

选购和贮藏 选购凉爽产区的酒品，因为那里成熟期长，果实能熟透。理想的葡萄酒新鲜、纯净，口感辛辣、强烈。除雷司令以外，通常不宜久放，最好在两年内饮用。

侍酒建议 这种酒的亮点在于水果香味。冷藏很关键：酒越凉，口感越清新。

食物搭配 与海鲜搭配绝佳。味道更干的葡萄酒与鱼和沙拉一起享用非常好；而更甜的葡萄酒与亚洲美食搭配非常好。凭经验，我认为，可以把原产地的葡萄酒搭配原产地的食物。比如，山羊奶酪与桑塞尔葡萄酒搭配，真是无与伦比。

对于芳香、果汁般的白葡萄酒，有一点非常重要，需要注意：“芳香”并不意味着甜。尽管有些葡萄酒可能含有甜香，这只说明葡萄酒的原料有熟透的葡萄果实，并不能以此衡量葡萄酒本身的甜度。芳香、果汁般的葡萄酒味道干、风格各异，这就像家庭中的成员——每个人都独一无二，可归根结底他们都有共同的纽带。

荔枝 奇特的水果使密斯卡得葡萄酒芳香扑鼻。

用于酿酒的葡萄品种、土壤、气候、栽培技术决定了葡萄酒的差异。比如，密斯卡得葡萄酒本身就具有芳香的特点；而意大利的嘉维的嘉维（Gavi de Gavi）因为酿造手段，才拥有了芳香的特点。与清淡、柔和的葡萄酒一样，低温酿造释放出芳香、果汁般葡萄酒的水果味，不锈钢酒桶的培养保持了葡萄酒的新鲜度。芳香、果汁般的葡萄酒通常产在凉爽、温和气候区。像法国东部的阿尔萨斯，新西兰南岛、西班牙的卢埃达（Rueda）山地，都具有酿造高品质葡萄酒的优越条件。

熏鲑鱼 激爽的长相思非常适合与清淡的熏鲑鱼搭配。

选择您心仪的葡萄酒

中等价位的芳香的、如同果汁般的葡萄酒相当清淡，但依然具有很多特点、表现不俗。虽然滋味和香气不重，或许不太明显，却有柠檬香味和花香，回味悦人、中长。掏钱越多，葡萄酒越有活力。上好的葡萄酒重量居中，质地纯净，果汁一般，滋味清新，特点全面，酒精度和酸性平衡绝佳。酒香浓郁、迷人——应该立即能吸引住您。当您闻尝到佳酿，就好像迈入一座倾心的香水专卖店。

葡萄品种

芳香的葡萄品种有两大经典：长相思和雷司令。在卢瓦尔河谷、新西兰的马尔堡地区、澳大利亚和南非，长相思葡萄可酿造出优质葡萄酒。雷司令（这是个例外，适宜陈酿）是阿尔萨斯、德国和奥地利的特色葡萄品种，最近几年澳大利亚和新西兰也开始栽培。其他葡萄品种，如阿尔巴利诺（Albariño）（西班牙）、大有前途的绿维特利纳（Grüner Veltliner）（奥地利），还有香气最浓郁的密斯卡得都可酿造出卓越的葡萄酒。

葡萄名称	最佳产区	述评
雷司令	澳大利亚：克雷儿谷（Clare Valley）；法国：阿尔萨斯；德国；奥地利	德国经典葡萄品种，具有馥郁花香和酸橙味的特质。雷司令葡萄酒表现卓绝、雅致；有火石味和烟熏味；因为酸性和果味平衡十分和谐，所以它是陈酿时间最长的葡萄酒之一。
长相思	法国；新西兰；澳大利亚；南非：帕尔（Paarl）、康斯坦莎	长相思葡萄酸度高、酒精度中等，有矿石香和柑橘香。在法国，这一重要的葡萄品种可以酿造出上好的桑塞尔葡萄酒和普依富美葡萄酒（Pouilly Fumé）。
绿维特利纳	西班牙：加利西亚（阿士拜萨斯）	阿尔巴利诺葡萄酿制的酒品芳香，像维欧尼一样充满桃味，如长相思一般清新；它是卢瓦尔河谷长相思葡萄的最佳替代品种。
绿维特利纳	奥地利：瓦豪（Wachau）	奥地利最重要的葡萄品种；酿造的葡萄酒世界一流，风格独特、雅致，散发着花香，有辛辣味，酒精度中等。
灰品诺	法国：阿尔萨斯 、卢瓦尔；新西兰；加拿大；德国；瑞士：瓦莱（Valais）	灰品诺酿制的葡萄酒好极了，颜色深浓，香气突出，水果味复杂，质地柔滑，口感平衡。
阿内斯（Arneis）	意大利：皮尔蒙特	阿内斯葡萄酒雅致、味干，有苹果、杏仁和柑橘的香味，酸性平衡。
多伦特斯（Torrontés）	阿根廷；西班牙：加利西亚	多伦特斯葡萄酒微妙、芳香，不太厚重，柔和的柠檬酸性突出了白麝香葡萄一样的香味。
维欧尼（Viognier）	法国：朗格多克	维欧尼馥郁芬芳，还有花香，但保持着纯净的酸性。夏日饮用，妙不可言。
维尔德贺（Verdejo）	西班牙：卢埃达	维尔德贺葡萄酒具有花香和柑橘香，还带着梨、桃和芒果的香味。
维蒙蒂诺（Vermentino）	法国：朗格多克、科西嘉（Corsica）	维蒙蒂诺葡萄酒，迷人，富有花香，酸性、果味和酒精度平衡和谐，越来越受青睐。
雷瓦内（Rivaner）	卢森堡	雷瓦内葡萄酒表现不俗，极为复杂、平衡。
罗柏拉（Robola）	希腊：塞法罗尼亚（Cephalonia）	罗柏拉是希腊最出色的葡萄品种，用它酿制的葡萄酒味干，结构如同果汁，富有柠檬、薄荷和鲜花的香味。
达得勒依（Len De L'elh）	法国：法国南部（加亚克）	达得勒依葡萄香气馥郁，有苹果、梨和柑橘香，但是缺乏自然酸性，酿造的葡萄酒质地松弛。
密斯卡得	法国：阿尔萨斯、罗纳河谷	白麝香馥郁芬芳、雅致，滋味丰富，有葡萄、异域水果、桃、杏和鲜花的香味。

法国

法国酿造的芳香的、果汁般的白葡萄酒种类繁多，品质卓越；法国白葡萄酒的主要产在法国中部地区，因为那里的气候条件可以让葡萄缓慢熟透，释放层次丰富的滋味和香气。这种葡萄酒酒体中等，经典产区分布在桑塞尔附近的卢瓦尔河谷上游地区以及法国东部的阿尔萨斯地区。

桑塞尔（SANCERRE）/普依富美（POUILLY FUMÉ）

C 色 从鲜亮的柠檬黄到浅黄色，略带一丝绿色。

A 香 酒龄短而芳香，散发着绿色水果、接骨木、柑橘和青草香。

T 味 口味强劲，酸性清爽持久，回味纯净悠长。

卢瓦尔河谷的皇后！如果您喜欢芳香、清爽，但又不张扬的葡萄酒，这一款最合适。

桑塞尔位于卢瓦尔河谷上游，虽然该地选用黑比诺葡萄酿造出一些上乘的桃红葡萄酒和清淡红葡萄酒，却以出产白葡萄酒而闻名遐迩。

就算酿造商彼此毗邻，葡萄酒的风格也大为不同，有的口感更加单薄、酸性清新，有的更加肥润、矿石味更浓。对我而言，最好的AOC级桑塞尔白葡萄酒并非产自桑塞尔本地，而是产自以下这些村庄：勃埃（Bué）、夏维诺（Chavignol）、门内特奥（Ménétréol）和维蒂耐（Verdigny）。购买时，认准酒标上的这些村庄名。

还有一些酒品被桑塞尔的盛名掩盖，力争——本来也应该——得到认可。有些品质卓越、物超所值。其中，最驰名的就是位于卢瓦尔河对岸，桑塞尔的近邻普依富美，这款酒矿石味和烟熏味更浓。

桑塞尔和普依富美均由长相思葡萄酿制而成——从馥郁的香味立即就能辨认出来。人们对它的气味描述多种多样：醋栗、荨麻、绿色水果、猫尿（毫不诱人）。最上乘的长相思葡萄酒，如桑塞尔的长相思葡萄

普依富美
Château de Tracy

酒龄短时饮用 卢瓦尔地区的长相思有时陈酿3~4年，这对酒质大有裨益，不过一般应在酒龄短时饮用，这样可以品尝到激爽的特点。

食物搭配

山羊奶酪 桑塞尔和普依富美葡萄酒非常适合与滑腻、咸香的山羊奶酪搭配。选择桑塞尔山羊奶酪更能保持地方风味。

酒，新鲜、激爽、充满活力。历史上，桑塞尔周边地区曾经采用夏拉斯鲜食葡萄酿制白葡萄酒，但到了20世纪七八十年代，选用长相思葡萄后更加成功——这促进了当地经济的发展。那里的土壤条件非常适宜这种经典的葡萄品种，当地人常称之为白富美（Blanc Fumé，意为烟熏白），因为那里的土壤富含矿物，由黏土、石灰石和火石构成。气候凉爽、温和，有利于长相思葡萄慢慢成熟，当地土壤的特点和微气候环境也使其释放出独特多样的风味。桑塞尔曾经享有世界长相思之都的美誉——如今，新西兰和南非的一些地区对此有争议！我个人还是觉得桑塞尔最棒——当然，这么说可能不公正，毕竟我在图尔（Touraine）长大成人。

我百分之百同意巴尔扎克的说法："图尔祥和、美丽、富饶，七大河谷流淌着清水与葡萄酒；谁不喜爱它，谁就羞愧难当。"

推荐酿造商

- Château de Tracy
- Domaine Alphonse Mellot
- Domaine Bernard Baudry
- Domaine Henri Bourgeois
- Domaine JC Chatelain
- Domaine Jean-Max Roger

阿尔萨斯白麝香（ALSACE MUSCAT）

C 色 呈淡黄色或者金黄色，带有一抹绿色。

A 香 散发着浓郁的花香、麝香和异域水果香气。

T 味 质地清淡、干；柠檬酸性突出了微妙、精致的口感。

人们往往把白麝香葡萄同奇异香气以及甜葡萄酒风味联系在一起。世界上没有几个地方能把白麝香葡萄酿制成口味复杂、醇厚的干葡萄酒，而阿尔萨斯就是其中之一，这要归功于凉爽的气候条件。阿尔萨斯白麝香同时既浓厚、诱人，又干而新鲜；其酒精度和酸性都很低，是餐前酒的首选——夏日，来上一盘芦笋，抿尝这款葡萄酒，妙不可言。

推荐酿造商

- Domaine Weinbach
- Domaine Rolly-Gassman

阿尔萨斯灰品诺

C 色 呈鲜亮的金黄色，带着一丝清晰的绿色。

A 香 香气复杂雅致，散发着蜜饯水果、杏和葡萄干的香气。

T 味 口感平衡，有些许辛辣味和橡木味，回味绵长。

孔得里约
Domaine Georges Vernay

品质最好的阿尔萨斯灰品诺葡萄酒浓厚、如蜜、芳香，可以和布里尼葡萄酒（见第60页）媲美。在一批充满活力的酿造商的带动下，灰品诺重新占据了阿尔萨斯葡萄酒市场的重要地位。灰品诺葡萄酒可以陈酿5~8年，具有辛辣、烟熏的丰富滋味。很适合与鱼和白肉搭配，不过，尝试与安康鱼或者热松露一起享用——如置身天堂！

推荐酿造商

- Marc Kreydenweiss
- Domaine Zind-Humbrecht

阿尔萨斯雷司令（ALSACE RIESLING）

C 色 呈鲜亮的黄色，略带一丝银色；从浅色到中等透明度。

A 香 非常浓郁；有柑橘香、异域水果香和矿石香。

T 味 滋味、质地丰厚，口感平衡、纯净。

雷司令是阿尔萨斯地区最雅致的葡萄品种。雷司令葡萄酒多种多样，既有世界一流、价格昂贵的特级葡萄酒，也有毫不出色的葡萄酒，既有口味极干、呛口的，也有浓郁、醇厚的。最好的葡萄酒很少在橡木桶中陈酿，而多数情况下是在酒瓶里陈酿的，这样可以培养火石酸性和浓郁果味，因此品质更佳。

阿尔萨斯雷司令
Domaine Ostertag

推荐酿造商

- Domaine Ostertag
- Trimbach

萨瓦鲁塞特（SAVOIE ROUSSETTE）

C 色 呈浅金黄色，略带一丝银色。

A 香 浓郁，有杏干、桃、熟透的梨和烤杏仁的香气。

T 味 醇厚、干；质地新鲜，有肉感，有微微的矿石味。

如果您到阿尔卑斯山游玩，一定要品尝这款葡萄酒，因为它是萨瓦最精美的白葡萄酒之一。由于地理位置和气候的关系，这种酒的产量有限，多数被当地人和口干舌燥的游客饮用。谁能责怪他们呢？这款酒的品质每年都在提升，是聚会时与干酪或者奶酪蛋奶酥搭配的完美饮品。

推荐酿造商

- Prieure St. Christophe
- Domaine Louis Magnin

朱朗松干酒/帕歇汉克（JURANÇON SEC）/（PACHERENC）

色 色浅，酒龄越长，颜色越深；金色中略带一丝绿色。

香 散发着桃香、菠萝香、柑橘香、杏仁香、鲜花香和矿石香。

味 浓厚；柠檬酸性突出；回味绵延不绝。

帕歇汉克 Château d' Aydie

朱朗松干酒（注意：朱朗松是甜葡萄酒）产自法国西南部，比利牛斯山的丘陵地带——波城；这种酒干、有矿石和烟熏味、肉质。它的近邻，产自马第宏地区的维克比勒帕歇汉克——既是风格上的近邻，也是地理位置上的近邻——虽然知名度比较低，但同样很有滋味。

我是朱朗松葡萄酒的忠实粉丝。朱朗松由波城附近出产的三种当地葡萄——大满胜、小满胜（Petit Manseng）、库尔布精心混合酿制。三种葡萄赋予了这种葡萄酒质地丰满的特点。帕歇汉克主要也是由这三种葡萄混合酿造的，另外还添加了鲁菲雅克、赛美蓉和苏维浓（Sauvignon）葡萄。两款干葡萄酒的风味十分相似，所以很难区分开来。

任何一款酒都要在葡萄收获后的两三年内饮用，侍酒时注意稍微冷藏（稍微冷藏足以将复杂的香味释放，冷藏过久会使果汁般的质地减弱）。

如果您想到户外找点儿感觉，必须要品尝这款酒。您还可以在您家的花园里边吃绿橄榄边品饮抑或跟鱼或者白肉搭配。

推荐酿造商

- Château d'Aydie (Laplace)
- Domaine Cauhape
- Château Castera

加亚克（GAILLAC）

色 淡色至中等透明度；金黄色中略带绿色。

香 雅致，散发着榅桲香、橙子皮香、新干草香、菠萝香、鲜花香和调料味。

味 优雅又有点儿油滑；酸性清爽，滋味复杂。

尽管加亚克是法国第一批法定葡萄酒产区，但在过去的10年间，这里又重新焕发了活力。葡萄酒产量几乎翻了一番，但大多被当地居民和鉴赏家消费！

加亚克产自位于法国西南部，图卢兹（Toulouse）西北绵延30英里（48公里）的塔恩河（Tarn River）沿岸。这款干白葡萄酒的主要原料是当地的葡萄品种：达得勒依（加斯科尼（Gascon）的方言，意为“视野之外”）、莫札克（Mauzac）以及当地培育的长相思和赛美蓉。

加亚克 Domaine Rotier

达得勒依缺乏自然的酸性，而且如果不精心培育或者气候条件糟糕，那么用它酿制的葡萄酒就很松弛、油腻、不够平衡。但是比较优质的葡萄酒特点全面、雅致、浓厚。用莫札克酿造的葡萄酒散发着花香、甜苹果味，略带柠檬的清爽感。

加亚克确实物超所值，而且，上好的酒品极其醇香。要在葡萄酒酒龄短时饮用（酒龄不超过5年），搭配熏制黑线鳕鱼沙拉或者安康鱼藏红花意式炒饭。

推荐酿造商

- Domaine Rotier
- Domaine des Tres-Cantous
- Domaine des Caussse-Marines

维欧尼（VIOGNIER）（朗格多克（LANGUEDOC））

色 鲜亮、清透；从黄色到浅金色。

香 浓郁，散发着菠萝香、桃核香和杏的香气。

味 肉味、强烈；酒精度、酸性平衡和谐；回味悠长纯净。

维欧尼 Les Perles de Méditerranée

维欧尼葡萄特点鲜明，花香浓郁，是罗纳北部著名的传统葡萄品种，最近几年，成为新世界特别是加州的传统葡萄品种。不过法国南部的朗格多克鲁西永也出产维欧尼葡萄酒，只是风格与罗纳和加州的大为不同；朗格多克鲁西永的葡萄酒更干，更清爽，质地更清淡，柑橘味更浓。尽管如此，维欧尼葡萄依然香味馥郁、结构新鲜，酒品深受现代酿造商和葡萄酒爱好者的推崇。

一直到20世纪80年代，维欧尼葡萄酒的需求量都持续下滑——主要原因在于罗纳地区的葡萄产量低。不过，我认为，新世界葡萄酒更加合理的价格以及人们对新世界葡萄酒的热情，帮助维欧尼走出低谷，使它恢复了独具特色、值得品尝的单一葡萄品种葡萄酒的地位。

果味雅致是朗格多克维欧尼葡萄酒的最大特点，所以这款酒应该在酒龄短时饮用。忙碌一天之后，您可以单独饮用此酒，以便放松身心。与美味的三文鱼搭配也很合适。

推荐酿造商

- Les Perles de Méditerranée
- Vignerons des Troi Terroirs
- Domaine Saint Hilaire

贝莱（BELLET）

色 色淡；柠檬黄略带一丝嫩绿色。

香 富有白色鲜花香、熟透的白色水果香和熟透的桃香。

味 圆润、精雅，柠檬酸度平衡，回味和谐。

几年之后，也许全球所有葡萄佳酿将会齐聚位于法国蓝色海岸（French Riviera）著名城市尼斯（Nice）的高级餐厅、酒店，供人们品尝。但是有多少人知道贝莱是尼斯本地的白葡萄酒呢？

贝莱葡萄酒产自尼斯附近面对阿尔卑斯山的山坡上；其新鲜、果味浓、芳香，以侯尔（Rolle）葡萄为主要原料——这一葡萄品种在凉爽的山坡气候条件下长势繁盛，赋予葡萄酒独特的花香和天然的柑橘酸性。

贝莱属于上乘的白葡萄酒，不过产量非常有限。可谓物以稀为贵，贝莱白葡萄酒既难求又昂贵。找到一瓶贝莱真是件难事——我甚至在尼斯机场都没找见！不过，这款酒很值得寻觅！祝您好运，寻找快乐！

推荐酿造商

- Clos St Vincent
- Château Bellet

食物搭配

海鲜和金枪鱼 如果您运气好，找到一瓶贝莱葡萄酒，一定要收存起来，与螃蟹或者龙虾搭配饮用，或者同尼斯沙拉一起品尝，味道更佳。

西班牙

像卢埃达、拉曼恰（La Mancha）这样的上好芳香白葡萄酒，产自西班牙腹地的高海拔地区——这里冬季寒冷、夏季炎热干燥，气候反差大。加利西亚大西洋海滨的西北部地区，气候凉爽，也出产口感复杂浓厚的葡萄酒。

产区和酒品

山巅上的葡萄园 与长相思葡萄一样，维尔德贺葡萄可以在高海拔地区熟透。卢埃达位于海拔3000英尺（900米）的高原上。这样的地理环境赋予葡萄酒清爽的酸性和细腻的香气。同时，尽管产量低，但品质又高又可靠。

卢埃达（RUEDA）

C 色 鲜亮；淡黄色，时而略带一丝绿色。

A 香 浓郁、滑润，带有花香、草香和柠檬香。

T 味 纯净、激爽；质地熟润、酸性柔和；回味悠长。

我们一想到西班牙葡萄酒，自然而然就想到红葡萄酒。不过，马德里（Madrid）西北部的小城卢埃达将其城名赋予了一款卓越的白葡萄酒。

杜罗河（Duero）流经卢埃达的很多葡萄园，影响了葡萄酒的风味，所以人们往往误认为卢埃达葡萄酒产自杜罗河。卢埃达葡萄酒必须在酒龄短时饮用——毕竟，香味清新是它最重要的特质。

卢埃达
Cuevas de Castilla

卢埃达主要由当地的葡萄品种维尔德贺酿制。一直到20世纪70年代，西班牙杜埃罗河谷的酿酒厂，特别是西班牙旧都瓦利亚多里（Valladolid）的酿酒厂，都以酿造类似雪莉酒的甜葡萄酒为主（时至今日，有些葡萄依然还在那里酿造）。不过，在淘汰旧设备、更换为不锈钢酿造新设备的过程中，酿酒厂认识到维尔德贺葡萄同样可以酿造出优质、清淡的干白葡萄酒。

我喜欢这款酒的风味，而且常常把它与桑塞尔或者灰品诺葡萄酒相提并论。其实，由于这款酒产量有限，我劝您尽快购买储藏。单独品饮或者与鱼，如用茴香和绿色蔬菜点缀的烤鲻鱼、或者煎海鲈鱼，搭配饮用这款酒。款待啊！

推荐酿造商

- Con Class de Cuevas de Castilla
- Bodegas Matarromera
- Jose Pariente

加利西亚（GALICIA）

C 色 鲜亮；淡黄色，泛着银光。

A 香 浓郁，散发着柑橘香和草本植物香；有绿色水果香和火石香。

T 味 特点全面；酸性清爽，回味悠长、有柠檬味。

加利西亚
Casal Caeiro

加利西亚可能是西班牙最偏僻的葡萄酒产区，隐藏在西班牙西北角，与葡萄牙从北到南接壤。有时，它被称为España Verde或者“绿色的西班牙”，并且涵盖有“世界尽头”之称的菲尼斯特雷（Finisterre）半岛。

加利西亚葡萄酒主要由本地葡萄品种阿尔巴利诺（在葡萄牙被称为阿尔瓦利诺，是葡萄牙绿酒的主要原料）酿制而成。用上乘阿尔巴利诺酿制的葡萄酒口味复杂，酸性与果味平衡，装瓶后酒质会提升（跟葡萄牙绿酒不同）。阿尔巴利诺葡萄树苗壮葱茏，因为这里濒临大西洋，降水量丰沛，气候湿润。

在加利西亚，阿士拜萨斯、里贝罗（Ribeiro）和萨克拉河岸（Ribeira Sacra）这三大产区占据葡萄酒产区的主导地位，所酿造的葡萄酒特别芳香、美味。我个人最喜爱的葡萄酒产自阿士拜萨斯（这个名字源自深海湾——阿士）。这里，阿尔巴利诺葡萄的种植面积超过总面积的90%。尽管产量有限，这些葡萄可以酿造出加利西亚品质最高、最受欢迎的葡萄酒（也因此价格最昂贵）。

阿士拜萨斯分为3个小产区：西海岸的瓦多萨尼（Val do Salnes）；往西与大西洋相连、向南与葡萄牙接壤的欧罗萨（O Rosal）；位于内陆邻近葡萄牙的康达多多提（Condado do Tea）。选购瓦多萨尼葡萄酒——阿尔巴利诺最为纯正的干白葡萄酒，多花一点儿钱也值得。

加利西亚
Martín Códax

里贝罗葡萄酒与阿士拜萨斯葡萄酒相似，都呈淡黄色，而且优雅、清新、清淡、酸性佳、气味芳香。

我认为，加利西亚葡萄酒从整体上来说最具芳香，是果汁般葡萄酒的代表。加利西亚葡萄酒一直不断带给我惊喜。现在应该将它推向世界市场。加利西亚的葡萄酒是必尝的酒品！

推荐酿造商

- Con Class de Cuevas de Castilla
- Bodegas Matarromera
- Jose Pariente
- Jose Pariente

拉曼恰（LA MANCHA）

C 色 浅色透明度；鲜亮的柠檬黄，略带一丝绿色。

A 香 精雅；散发着梨香、柠檬香、矿石香、蜂蜜香、鲜花花香和葡萄香。

T 味 口味纯净、酸性佳、酒精度中等；回味有苹果味。

拉曼恰，一个沉睡的巨人，是欧洲最大的单一葡萄酒产区。

拉曼恰酒由爱仁（Airén）葡萄酿制，这一葡萄品种特别适合在西班牙中部炎热、干燥的气候条件下生长。该产区的新酿造商为了保持葡萄的酸性和果味已经开始尽可能提早采摘葡萄。不锈钢低温酿造工艺使葡萄酒保持了芳香的特点。

这款酒朴实无华，酿制精良，价格不贵，与朋友烧烤、野餐时饮用，别有情趣。

推荐酿造商

- Finca Antigua
- Señora de Rosario

意大利

意大利多山的皮尔蒙特地区出产上好红葡萄酒巴罗洛、巴巴莱斯科，而阿内斯和嘉维的嘉维则是这里出产的上乘白葡萄酒。皮尔蒙特气候复杂，因而赋予葡萄酒醇厚、丰满的特点。在温暖的利古里亚（Liguria）海岸、撒丁岛（Sardegna或者Sardinia）、西西里岛（Sicilia 或者Sicily），用维蒙蒂诺葡萄酿制的葡萄酒酸性清爽。

阿内斯（ARNEIS）

色 呈禾秆黄色，映射着绿色或者淡琥珀色。

香 散发着草本植物香，还带有苹果香、梨香、柠檬香、桃香和杏仁香。

味 干，有清淡的柠檬酸性；回味悠长持久。

最近，人们对品质与巴罗洛、巴巴莱斯科红葡萄酒不相上下的白葡萄酒的需求量不断增加，阿内斯葡萄才免遭灭绝之灾——20世纪70年代早期，它差点销声匿迹。现在，阿内斯酿造的葡萄酒品质一流，风格与夏布利相近，只是果香更加浓郁，结构更优雅清爽。虽然有时酸性低，但有草香和坚果味（为柔化内比奥罗红葡萄酒的单宁和酸性，常常将阿内斯混合其中）。

最好的阿内斯葡萄酒名为罗埃洛阿内斯（Roero Arneis），产自位于皮尔蒙特（意大利西北部）、阿巴（Alba）北部的罗埃洛山地，不过，让人心伤的是，这种酒总是供不应求。虽然，阿内斯在澳大利亚的表现不俗，但这一葡萄品种在意大利以外的国家认知度并不够高。

阿内斯
Prunotto

阿内斯已经赢得了“白色巴罗洛”（Barolo Bianco）的雅号，不过阿内斯（arnies）这个词本意是“倔犟的小淘气”。因为这种葡萄皮娇嫩，葡萄梗和嫩芽容易断。

阿内斯葡萄酒最好在酒龄短时饮用——陈酿不具备应有的矿石香和酸性，而且往往没了风骨。这款酒特别适于夏日品饮。我认为与海鲈鱼连同新土豆和嫩韭葱搭配绝佳。

推荐酿造商
- Prunotto
- Azienda Agricola Negro
- Bruno Giacosa
- Carlo Deltetto

维蒙蒂诺（VERMENTINO）

色 鲜亮；呈禾秆黄色，泛着淡绿色。

香 微妙、芳香，富有花香，散发着迷迭香和鼠尾草香。

味 浓厚，有柠檬酸性和清爽感。

维蒙蒂诺原为意大利的葡萄品种，与优质的长相思相近，不过香气可能更加张扬，但其口味的复杂性方面略逊一筹。

最卓越的葡萄酒产自撒丁岛。酿造这种酒的葡萄早早地就被采摘下来，以确保其上好的酸性。最好的葡萄酒是加卢拉的维蒙蒂诺（20世纪90年代中期成为意大利最高等级DOCG葡萄酒）和阿尔盖罗的维蒙蒂诺。

在法国科西嘉岛同样也能找到维蒙蒂诺葡萄酒。

推荐酿造商
- Cantina Gallura
- Contini

嘉维的嘉维（GAVI DI GAVI）

色 鲜亮；呈柠檬黄色，带有一抹绿色。

香 浓度中等；散发着梨香、苹果香、柑橘香和烤杏仁香。

味 肉味口感；有熟润的桃味；平衡和谐，回味纯净、悠长。

我很喜欢这款含蓄的葡萄酒，它由生长在皮尔蒙特的科蒂斯（Cortese）葡萄酿造而成，已经成为上好的白葡萄酒之一。

嘉维产区狭长，“嘉维的嘉维”意指产自皮尔蒙特东南端靠近嘉维小城的葡萄酒。这款酒浓烈、激爽、清新、柔和、强劲。另一款嘉维的科蒂斯葡萄酒（Cortese di Gavi，产自产区内其他地方）往往更加单薄，呛口感更强。

在意大利的部分区域，产量已经变得比品质更加重要，皮尔蒙特也不例外。引进现代葡萄酒酿造技术以后，酿制出大量实惠、易饮的清爽白葡萄酒越来越容易，但是这些葡萄酒缺乏特质，酒体不丰满。选购嘉维葡萄酒，认准推荐的酿造商尤为关键，因为他们更加注重葡萄酒的品质而非产量。

嘉维葡萄酒不能在酒龄太短时饮用。生产之后两年饮用更好，因为此时葡萄酒更加丰醇、强劲，矿石滋味更浓。饮用嘉维葡萄酒，我会选择新鲜的西红柿沙拉、羊奶干酪和罗勒与之搭配，甚至还可以同金枪鱼意大利面搭配。

嘉维的嘉维
Broglia La Meirana

推荐酿造商
- Broglia La Meirana
- Fontanafredda
- Nicola Bergaglio

卢森堡

卢森堡这个小小的国家与德国摩塞尔谷（Mosel Valley）和法国阿尔萨斯相邻，所以拥有酿造葡萄佳酿的传统不足为奇。其经典葡萄品种雷瓦内可以酿制出清爽香氛的白葡萄酒。

雷瓦内（RIVANER）

色 透亮、柔和；淡柠檬黄色，略带一丝银色。

香 纯净；大体上为柑橘香和绿色水果香，比如苹果香；也有矿石香。

味 结构平衡、精雅、芳醇。

如果您喜欢芳香的夏布利，一定要品尝雷瓦内。这款葡萄酒将新鲜度、矿石味与更加浓郁、复杂的香气融合——十分特别！

雷瓦内葡萄在德国被称为米勒瑟高（Müller-Thurgau），是雷司令和西尔瓦内的杂交品种，在卢森堡种植面积最大。不过，由于这种葡萄酒主要在国内消费，最近几年其产量下滑，所以找到一瓶雷瓦内葡萄酒可能会颇费周折。

最上乘的雷瓦内葡萄酒独特、细腻，与任何海鲜搭配都非常合适，您甚至可以同苏格兰熏鲑鱼搭配——别具风味！

雷瓦内
Domaine Mathis Bastian

推荐酿造商
- Domaine Mathis Bastian
- Wormeldange

出类拔萃 德国的雷司令是世界顶级葡萄佳酿之一——而且通常特别划算。

德国

德国永远都会与雷司令葡萄联系在一起。雷司令葡萄生长在莱茵河畔及其最重要的支流摩塞尔河（Mosel）沿岸。雷司令芳香葡萄酒清新、果味香浓、异常复杂——与众所周知的圣母之乳（Liebfraumilch）有天壤之别。在德国比较温暖的区域，鲁兰德（Ruländer）葡萄大有前途，用其酿造的葡萄酒品质上乘。

雷司令
Fritz Haag

雷司令（RIESLING）

C 色 清透，呈鲜亮的浅禾秆色，略带一丝绿色。

A 香 香气浓郁复杂；散发着桃香、菠萝香、柑橘香、火石味和烟熏味。

T 味 和谐、深厚；极为细腻；酒龄短时浓烈；回味有矿石味。

雷司令无疑是德国最好的葡萄品种，用它可以酿制出一些世界一流、最永恒的白葡萄酒。

摩塞尔－萨尔－鲁尔是德国雷司令之都。它的葡萄酒酒精度低，色浅、清淡，如同果汁般，酸性和水果香味恰好，而且时常有微微的气泡。这里的板岩土壤赋予葡萄酒独特的滋味，从香浓的果味到泥土味或者火石味；而且人们可能还把酒的滋味形容成烟熏味，甚至陈酿后，有股汽油味。

莱茵高（Rheingau）产区（位于莱茵河东岸）的雷司令葡萄酒与摩塞尔的葡萄酒相比，质地更丰醇，更深厚，酒体更浓。这款酒要在酒龄短时饮用。

莱茵河西岸是纳赫（Nahe）产区。这里出产的雷司令，品质最高，纯清，水晶般澄澈，滋味丰富，从热情果、番石榴、杏、香草，到红色浆果和矿石味。

普法尔茨（Pfalz）位于德国西南部，与法国接壤，是除摩塞尔以外，名列第二的重要产区。这里出产的雷司令口感强劲，有明显的矿石味。

品饮雷司令要与冷肉或者海鲜搭配。我尤其喜爱与山羊奶酪沙拉搭配。

推荐酿造商

- Fritz Haag
- Carl Loewen
- Weingut Egon Müller-Scharzhof
- Reichsgraf von Kesselstatt

产区和酒品

摩塞尔河谷（MOSEL VALLEY） 摩塞尔－萨尔－鲁尔一半以上的地方都种植雷司令葡萄树，扮靓了摩塞尔河谷的山坡。尽管这里出产的葡萄酒品质高，但由于河谷陡险，酿造成本高，所以限制了产区的拓展。

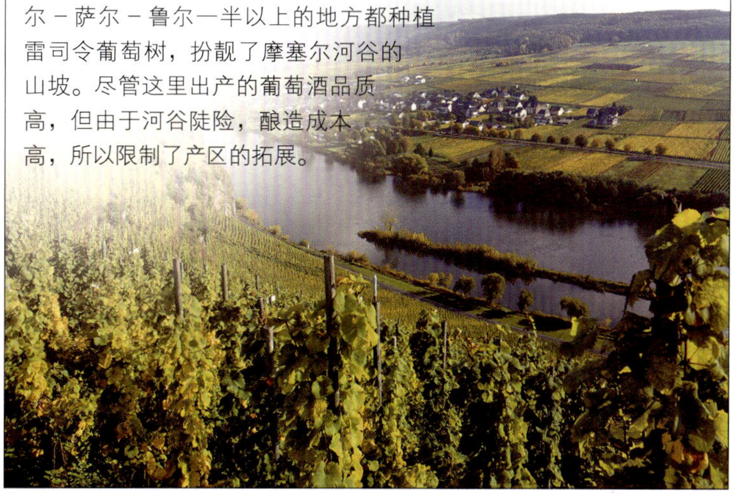

鲁兰德（RULÄNDER）

色 浅禾秆黄色，带有一抹柠檬色。

香 浓郁、丰满，散发着微微的金合欢和小苍兰的花香。

味 滑柔、和谐，回味有独特的辛辣味。

鲁兰德与灰品诺源自同一葡萄品种。鲁兰德酿造的葡萄酒品质很好，与德国其他葡萄酒相比，更加柔滑，没那么张扬；这种酒可以保存2~3年，而且会培养出异域风味和火石滋味。

鲁兰德主要种植在普法尔茨产区和巴登产区（在温暖的德国西南部），难以耕种的深层土壤使酿制的葡萄酒口味丰富、充满香气。如果坚持选购推荐酿造商的酒品，您肯定会发现一些上等的葡萄酒。

推荐酿造商

- R und C Scheider
- Weinhaus Heger

匈牙利

在出产低劣葡萄酒（卓越的托卡伊Tokaji甜葡萄酒除外）几年之后，匈牙利正在重塑形象。过去，福尔明（Furmint）葡萄用于与其他葡萄品种混合酿制托卡伊葡萄酒，而今，福尔明用于酿制上乘单品种葡萄酒。

福尔明（FURMINT）

色 浓浓的麦金色，略带一丝绿色。

香 明显；散发着柚子皮、矿石和热面包的香气。

味 浓厚和谐，酸性明显。

福尔明可能是因为同其他葡萄品种混合，酿制了杰出的托卡伊甜葡萄酒（见第146页），才广为人知。用福尔明单品种葡萄酿造而成的干白葡萄酒口感火辣，香气浓郁、强劲，醇厚，丰满，有苹果、柑橘水果和烟熏味。福尔明葡萄酒的特质在于自然的高酒精度（有时高达14%）、高酸性——因此，陈酿潜力巨大。把福尔明在小木桶中熟化最少两年很正常。熟化之后，葡萄酒有独特的辛辣香气，有微微的刺痛口感或者因为酸性浓郁而产生酸味。

福尔明
Crown Estates

尽管福尔明是匈牙利的主要葡萄品种，但有些上好的葡萄酒往往产自位于与匈牙利西部接壤的奥地利布尔艮兰（Burgenland）地区。福尔明葡萄酒在中欧的销售范围很广，品质最佳的酒品十分独特。您可以与上面建议的食物搭配饮用或者做餐前酒单独品饮。

食物搭配

熏鱼 将福尔明与熏虹鳟鱼便餐或者其他海鲜搭配饮用。这款葡萄酒与烤鸡肉或者猪肉或者意式蘑菇米饭搭配也很合适。

推荐酿造商

- Crown Estates
- Bataapati
- Chapel Hill

奥地利

奥地利出产一些上乘的芳香白葡萄酒，不过几乎不出口。注意选购绿维特利纳白葡萄酒，这款酒非常柔和、醇厚，在每一位侍酒师的葡萄酒名单中名列前茅。

绿维特利纳（GRÜNER VELTLINER）

色 浅禾秆黄色或者浅绿色，带有微微的银色。

香 复杂、微妙；散发着柑橘水果、白色鲜花和火石味。

味 干、精致、平衡，回味持久，有胡椒味。

绿维特利纳葡萄酒（常简写为绿维GV，在美国拼写为Groovy）细腻、精致、品质高，甚至与最上乘的勃艮第白葡萄酒不相上下。

这款葡萄酒清透，为浅禾秆黄色，口感干而清淡，香气独特浓烈，有多种水果、青草、调料的味道，有矿石味和酸性的特点，回味悠长。

绿维特利纳葡萄成熟晚，不适于在北欧寒冷地区种植。不过在中欧倒是枝繁叶茂，这里夏季更长，秋季比较温和。

因此，绿维特利纳成为奥地利的明星葡萄品种，几乎在所有的葡萄产区种植（绿维特利纳葡萄酒的产量占奥地利葡萄酒总产量的1/3还多）。最好的葡萄酒产自奥地利东北部产区。留意如下名字：坎普谷（Kamptal）以及多瑙河畔的瓦豪（Wachau）和克雷姆斯谷（Kremstal）。绿维特利纳葡萄酒在酒龄短时饮用最佳，虽然在酒瓶中陈酿后，高酸性的特质会保留一些。

福尔明
Crown Estates

绿维特利纳葡萄酒的名气越来越大，而且在奥地利之外的地方也能买到。现在有些世界顶级餐厅把它添加到酒单中，所以确实要留意这款酒。不过，您也需要留意价格：价格不菲，但是物有所值。

您可以单独饮用绿维特利纳葡萄酒，或者与清淡的肉食、鱼搭配，它非常适合聚会时享用。

推荐酿造商

- Weingut Dr Unger
- M & E Triebaumer
- Prager
- Roman Pfaffl

产区和酒品

品饮石头 有些人认为，饮用绿维特利纳葡萄酒如同饮用“液体石头”。“我们可以饮用石头，为什么要饮用水果？”奥地利人描述这款清凉、鲜爽的葡萄酒时如是说。葡萄酒中微微的矿石味和火石味来自土壤、气候和葡萄品种的相互作用。

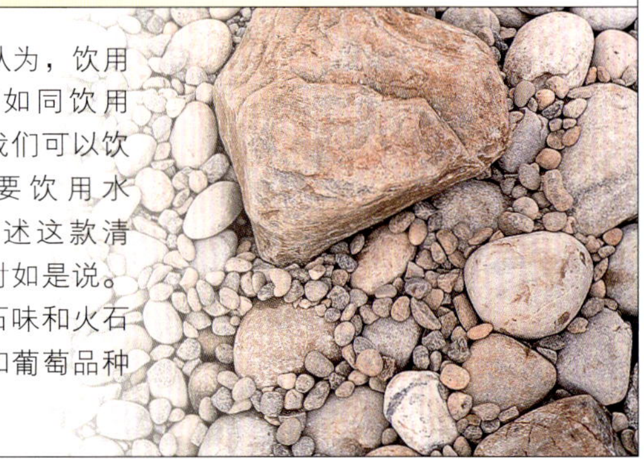

保加利亚

出人意料的是，保加利亚为世界上最大的葡萄酒酿造国之一。很多葡萄酒由外国葡萄品种酿制，不过，蒂米亚特（Dimiat）却是本土的葡萄品种之一，用它可以酿制出上好、芳香的葡萄酒。

蒂米亚特（DIMIAT）

色 鲜亮；呈深金色，边缘略带一丝银色。

香 香气浓郁、舒缓；散发着梨香、鲜花香、香料香和芒果香。

味 微妙，酒精度、果味和酸性平衡和谐；回味纯净。

蒂米亚特既酿造干葡萄酒，也酿制甜葡萄酒。蒂米亚特干葡萄酒口感不复杂，如果酿制出色的话，这款酒芳香、清新、浓烈，有多种香料味。

从保加利亚出口的大多数葡萄酒由霞多丽、美乐、赤霞珠葡萄酿制而成。不过，蒂米亚特非常具有地域性，是保加利亚土生土长的葡萄品种，葡萄皮呈铜色，主要种植在保加利亚东部和南部的黑海沿岸。

在葡萄酒生产年份的两年内饮用。它可替代意大利或者希腊白葡萄酒，搭配烤鱼或者沙拉。

蒂米亚特
Boyar Estates

推荐酿造商

- Boyar Estates Blueridge Winery
- Lambol
- Suhindol

希腊

很多产自希腊大陆或者爱琴海诸岛的葡萄酒很干，而且有时比较单薄，不过希腊其他地区的葡萄酒更加微妙、复杂。罗柏拉就属于后者，产自比较凉爽的伊奥尼亚群岛（Ionian islands）。

罗柏拉（ROBOLA）

色 呈柔和、鲜亮的金色，略带绿色。

香 复杂；散发着鲜花香、蜂蜜香、柠檬皮香和桃香。

味 丰醇适度，回味有矿石滋味。

罗柏拉葡萄起源于希腊凯法利尼亚伊奥尼亚岛的腹地，已经因用其酿制的葡萄酒的品质和数量大获成功。人们越来越认识到，这一葡萄品种有巨大潜力，可以酿造出细腻、芳香的葡萄酒。最上乘的罗柏拉葡萄酒酸性恰好，柠檬味突出。罗柏拉既可以在酒龄很短的时候饮用，也可以从葡萄采摘年份算起陈酿最多4年。冰镇后再侍酒，与鱿鱼、章鱼或者希腊沙拉搭配，这可以让它把您带到阳光明媚的希腊。

罗柏拉 Gentilini

推荐酿造商

- Gentilini
- Ktima Mercouri
- Kefalonian Wine Co-operative

英国

罗马人统治时期，英国酿造了大量葡萄酒，但是16世纪，开始从欧洲大陆进口葡萄酒以后，葡萄酒的酿制就绝迹了。最近这些年，采用葡萄新品种和杂交品种酿造的葡萄酒又取得了成功。

罗马酒神（BACCHUS）

色 鲜亮；呈浅柠檬黄色，带有一抹绿色。

香 酒龄短、浓郁、独特；散发着醋栗香、青苹果香和鲜花香。

味 单薄却精雅；酸性明显，清爽；酒精度适中。

用罗马酒神来命名葡萄再好不过了！

我记得我第一次饮用这款葡萄酒，没有人告诉我酒名。因为酒中的青草和柑橘滋味，我坚信那是一款长相思葡萄酒。然而，罗马酒神由两种德国葡萄品种—西尔瓦内和雷司令杂交而成。由于它们的果实成熟极早，因此，在英国凉爽的气候条件下，可以用它们酿造出高品质的葡萄酒。罗马酒神葡萄的种植面积在英国位列第四（排在米勒瑟高、白谢瓦尔Seyval Blanc、西尔瓦内之后）。

罗马酒神葡萄酿制的酒品纯净、激爽、芳香、有活力。上乘罗马酒神葡萄酒品质一流，而且绝对物超所值。直至20世纪中叶，英国还没有进行葡萄种植的商业化运作。所以英国葡萄酒属于新生事物。不过，在很大程度上，由于质量控制严格，品质在不断提升。

变化的风景 如今，英格兰有好几百座葡萄园，主要种植德国葡萄品种。

但是，购买英国葡萄酒一定要多留意酒标。酒标上有“英格兰”（English）字样，说明葡萄酒采用英格兰种植的葡萄酿制，质量受到严格监控。酒标上有“不列颠”（British）字样，说明葡萄酒由尚未发酵的进口葡萄汁酿造，监控起来更困难。

推荐酿造商

- Chapel Down
- New Wave Wines
- Sandhurst

新西兰

现在，新西兰位于世界葡萄酒酿造大国之列。这里气候凉爽、日照充足；这里的人富有开拓精神，这些推动了葡萄酒产业。马尔堡产区酿制出了世界顶级长相思葡萄酒，当然，这种说法尚有争议。新西兰南、北二岛还有其他一些优质葡萄酒产区。留意南岛的灰品诺葡萄酒——可以同阿尔萨斯的灰品诺媲美。

长相思（SAUVIGNON BLANC）

C 色 鲜艳、透亮；呈浅禾秆黄色，略带一丝绿色。

A 香 浓烈，散发着柑橘、甜瓜、醋栗、菠萝等多种水果香气。

T 味 干、熟润；酸性明显、平衡；回味纯净、无尽。

新西兰大多数长相思葡萄酒是在不锈钢桶中冷发酵的，这样可以培养其柔和度，保持葡萄的浓郁果味。这款酒风格与桑塞尔葡萄酒相近，不过果汁般的口感更“明显”；与桑塞尔相比，年份没那么重要。

新西兰的长相思葡萄酒已经确立了在新世界葡萄酒王国的旗舰地位——价格与美名并驾齐驱。在廉价葡萄酒里没有这款酒的身影，不过，值得多花一点儿钱。

长相思 Wither Hills

新西兰的长相思葡萄酒是法国长相思的强有力对手——确实如此！

长相思葡萄具有产区特色，因此新西兰北岛和南岛的葡萄酒有着鲜明的差别。北岛的葡萄酒（产自霍克斯湾、吉斯伯恩）往往成熟、丰满，有甜瓜和其他类似的水果味。南岛的葡萄酒（马尔堡和威灵顿）清淡、柔和，酸性更高，热情果、醋栗、柑橘和青草味浓。

推荐酿造商

- Wither Hills
- Villa Maria
- Cloudy Bay

产区和酒品

海滨沿岸的葡萄树 马尔堡产区在新西兰最令人赞不绝口。气候受到海洋影响，葡萄成熟期长，使得酿造的葡萄酒平衡和谐、品质高、芳香。

灰品诺（PINOT GRIS）

C 色 迷人的淡金色，反映出葡萄浓艳的颜色。

A 香 散发着蜂蜜香、苹果香、柠檬香、梨香、桃香、白色的鲜花香和矿石味。

T 味 肉味、复杂；质地熟润；回味悠长、芳香、纯净。

新西兰的灰品诺，是未经橡木桶熟化的霞多丽的现代替代酒品。灰品诺为黑比诺葡萄的变种，在法国阿尔萨斯知名度最高。如今，在新西兰南岛，尤其是马尔堡产区（位于东北部）和坎特伯雷（Canterbury）产区（位于东南部），灰品诺的种植面积不断增加。

灰品诺 Matakana Estate

灰品诺葡萄可能在所有白葡萄品种中，颜色最浓艳，用它酿制的葡萄酒呈金色，很漂亮，而且馥郁芳香。新西兰的灰品诺葡萄酒果味十足，但也有紧致的矿石或者石料特性，所以非常独特。

灰品诺偏爱比较凉爽的气候环境，这也说明为什么新西兰，尤其是南岛，比新世界其他地区种植这一葡萄品种更成功。南岛靠海，气候温和，所以该地区生产的葡萄酒比阿尔萨斯的灰品诺口感更加新鲜，同时还保持了葡萄黏稠的特点或者稍稍油滑的质地。

这是一款夏日佳酿，单独饮用极好，也可以与清淡的食物搭配，如西红柿和罗勒酱拌意大利宽面条或者寿司。

推荐酿造商

- Matakana Estate
- Morton Estate
- Seresin

南非

这里比较凉爽的地区，像位于西开普省（Western Cape）的帕尔、康斯坦莎，恰好适宜种植复杂的长相思——没有法国长相思那么酸涩，也不如新世界长相思那么强劲。

长相思（SAUVIGNON BLANC）

C 色 呈浅柠檬黄，略带一丝诱人的绿色。

A 香 优雅，富有表现力；散发着醋栗、青胡椒、菠萝和热情果的香气。

T 味 清爽，平衡；结构清淡；柑橘味稳定。

我特别喜爱新鲜、清健的南非长相思葡萄酒，它比法国的长相思更丰满、更美味，而且没有其他新世界产地的长相思那么张扬，应该说风格介于两者之间。如果您想品尝两大世界最好的葡萄酒，它可谓完美无缺！

长相思葡萄在帕尔、康斯坦莎产区长势繁茂，用它酿制的葡萄酒品质高，表现不俗——多亏大西洋，它使得这里气候凉爽。葡萄成熟时可以累积丰富的滋味，为葡萄酒增添浓度和酸性。这款酒作为餐前酒单独饮用绝佳，与各种鱼搭配也不错。

长相思 Buitenverwachting

推荐酿造商

- Buitenverwachting
- Klein Constantia Estate
- Vergelegen

澳大利亚

澳大利亚是世界葡萄酒中心之一，以出产颇受欢迎的红葡萄酒、霞多丽和赛美蓉白葡萄酒而著称。南澳大利亚特别是阿德莱德（Adelaide）附近的克雷儿谷也出产高品质雷司令，阿德莱德山（Adelaide Hills）周边出产上好的长相思。

雷司令
Pewsey Vale Vineyard

雷司令（RIESLING）

色 浅禾秆黄色，带有一抹银色和绿色。

香 浓郁、雅致，散发着石灰香、桃香、菠萝香和隐隐的烟熏味。

味 浓厚、丰醇；柑橘味和呛口的酸性突出；回味悠长。

如果您喜爱张扬的新西兰长相思葡萄酒，那么澳大利亚的雷司令一定让您喜出望外。

我一些朋友的原则就是不购买雷司令葡萄酒，可他们不知道自己错过了多少佳酿！世界各地的雷司令因为像德国圣母之乳这样令人作呕的甜葡萄酒以及其他东欧国家出产的雷司令葡萄酒，而声名大跌。

然而，现在应该全面了解、重新发现雷司令。雷司令这一葡萄品种品质卓越，已经在澳大利亚落脚安家，树立了新风格，而且已经做好准备与驰名世界的葡萄品种，如霞多丽和灰品诺，一决高下。

我特别钟爱产自克雷儿谷，风格如同果汁般的葡萄酒。克雷儿谷位于阿德莱德北部地区（在南澳大利亚州），这里很多酿酒厂受到德国和奥地利的影响。比如，1851年，杰西特（Jesuits）为逃避在奥地利的宗教和政治迫害来到这里，创立了这里历史最悠久的酿酒厂——七山酒窖（Sevenhill Cellars）——酿制他们自己的祭坛酒。而今，克雷儿谷的酒厂酿造出一些澳大利亚最上乘的雷司令葡萄酒；这种酒石灰和柑橘滋味足，绝对让您口水直流。在克雷儿小城（产区北部）附近，由于气候温暖，这里的葡萄酒强劲、圆润。在滑铁维尔（Watervale）（更靠南）周边更加凉爽的地区，葡萄酒柔和、浓烈、精雅。

最上乘的克雷儿雷司令葡萄酒激爽、芳香，如花绽放，可以陈酿10年或者更长时间。如果您能等那么久，会发现这款酒富有酸橙糖浆和奶油吐司滋味。

所以，大大方方品尝澳大利亚的雷司令吧！您不会失望的。

食物搭配

贝类 您应该感受一下澳大利亚的终极味道，饮用澳大利亚雷司令时搭配烧烤大虾（穿在烤肉叉上配以小胡瓜，好极了）；与螃蟹和其他海鲜，以及清淡的鸡肉沙拉或者培根搭配也很合适。

推荐酿造商

- Pewsey Vale Vineyard
- Knappstein
- Leasingham

长相思（SAUVIGNON BLANC）

色 浅禾秆黄色，略带一丝银色。

香 新鲜、刺激，散发着青草香、醋栗香、热带水果香和梨香。

味 滋味浓烈、复杂，回味鲜美、悠长。

一般而言，澳大利亚的长相思过于干醇，异域水果风味掩盖了——有时又减弱了——葡萄天然的清新感。

阿德莱德山产区（位于阿德莱德小城正东）的长相思葡萄酒是个例外，因为这里的气候在南澳大利亚所有葡萄种植区最为凉爽。如果气候过于温暖，长相思葡萄过于成熟，用它酿制的葡萄酒则通常口感油滑。阿德莱德山产区的大部分葡萄园位于海拔400米（1300公尺）以上，降水量居全州之首，刮寒冷、强烈的南风，这些条件非常适宜长相思葡萄生长。

最关键的是，气候条件使葡萄成熟期又长又凉爽，从而保持了葡萄激爽的新鲜度，因此用它酿造的葡萄酒散发着独特的青草香、柑橘水果香，口味强劲、柔和。

长相思
Shaw and Smith

总之，南澳大利亚这一地区的长相思葡萄酒非同凡响，而且我非常喜爱！我乐于单独饮用，不过您也可与食物搭配。与清淡的菜品，如烤白色的鱼、鳄梨沙拉、炒蔬菜一起享用很不错。

推荐酿造商

- Shaw and Smith
- Nepenthe Wines
- Stafford Ridge

阿根廷

阿根廷——沉睡的葡萄酒酿造巨人——正在培育自己的葡萄品种和风格。留意本土出产的多伦特斯。

多伦特斯（TORRONTÉS）

色 精纯的金黄色，透明度浅暗。

香 如花、奇异，香辛，散发着新鲜葡萄、荔枝和鲜花的香气。

味 激爽，充盈着香料味；酸性独特清爽。

TORRONTÉS
Etchart

“Torrontés”是个西班牙词汇，在英语中的意思是“急流”，所以这款葡萄酒亦是如此——它的香气四溢，让人一下子就想起白麝香：散发着柚子、荔枝还有阵阵花香。而它的滋味让我联想到长相思。

阿根廷干燥的气候非常适宜多伦特斯葡萄的栽培，用它酿制的葡萄酒酸性恰好，酒体轻盈。尽管如此，酿酒过程要谨慎，从而保持它的新鲜度和细致的果香，避免氧化。

多伦特斯葡萄可能是从西班牙西北部的加利西亚来到阿根廷的，尽管没有直接的证据将两地联系起来。无论如何，多伦特斯白葡萄酒已经确立了自己的地位，而且与阿根廷的马尔贝红葡萄酒一样，赢得了阿根廷人的尊崇。

多伦特斯葡萄酒清爽，虽不十分复杂，但让人感觉兴奋，是夏日的绝佳饮品。尝试与鲜嫩的绿色沙拉搭配或者与菜叶垫底的热食烤鸡肉便餐搭配。

推荐酿造商

- Etchart
- Santa Julia
- La Nature

Papillon

“精致、滑润、浓郁、味干；最上乘的酒品极其平衡和谐，与食物搭配享用非常理想。”

强烈、浓郁的白葡萄酒

强烈、浓郁的白葡萄酒简介

这种葡萄酒结构紧致、强烈，质地微妙，果味显著，以“时尚”的姿态——新世界的霞多丽和维欧尼以及经典的化身——出色的勃艮第白葡萄酒，吸引了数以百万的饮酒人士。

品酒和侍酒

简介 这种葡萄酒质地非常复杂，因此，几乎可以“吃”。上好的酒品回味纯净、新鲜，咽下去，口感鲜活、不油腻。

C 色 颜色越深，葡萄酒越强烈。颜色从浅金色到禾秆黄色，还涵盖深深的蜂蜜色，很诱人——双唇也会倍感愉悦。

A 香 通常香气清晰，富有表现力。从熟透的苹果香、杏香、桃香到菠萝香、芒果香，还有幽淡的烟熏香、热面包香和香草味。

T 味 往往回味悠长、滋味醇厚，酒精度（一般比其他风格的葡萄酒酒精度高）、酸性和果味非常平衡。

选购和贮藏 这种白葡萄酒有些可以陈酿。上好的（但价格不菲）蒙塔榭（Montrachet）和默尔索（Meursault）在饮用前可以存放10年甚至更长时间，酒味醇美。琼瑶浆和维欧尼这两款葡萄酒的果味和雅致质地最为关键，所以同霞多丽、赛美蓉和玛珊（Marsanne）葡萄酒相比，应该在酒龄更短时饮用。

侍酒建议 这种酒通常需要一点时间“说说话”——与空气接触。将酒倒入大酒杯，晃一晃，或者倒入醒酒器中进行氧化，如果您愿意，还可以再倒回酒瓶里。侍酒温度在8°C~12°C之间，不能过低，这样才能保持葡萄酒的肉质特点。

食物搭配 非常适合与精致的食物搭配，如龙虾、安康鱼或者海鲈鱼。与清淡的肉食搭配或者单独饮用，也非常出色。

熟透的杏 很多强劲、浓郁的白葡萄酒果香四溢。

强烈的白葡萄酒的确美味，如果您很富有，可以给自己买来天堂般的佳酿。上等的酒品精致、细腻、平衡、浓厚。广博、醇香、浓郁的味道绵绵不绝，让您爱不释口。可是，如果您手头不宽裕，也不必多虑，普通的强劲白葡萄酒——果味足，平衡度好，回味纯净，橡木味不太突出——也会让您心满意足。强烈的白葡萄酒通常结构紧致，入口油滑，这种口感要么源于葡萄品种——特别是玛珊或者赛美蓉葡萄——要么源于橡木桶的培养。

与其他葡萄品种相比，用于酿制强烈白葡萄酒的葡萄品种果实小，果皮厚，产量更低，果汁更少，但是用它酿造的葡萄酒更加强烈。这种白葡萄酒一般产自更加温暖的气候区——比如，西澳大利亚、加州和法国中南部——或者其他产区的温暖地带。强烈的白葡萄酒一般在橡木桶中陈酿。新橡木桶陈酿的葡萄酒比旧橡木桶陈酿的更丰满，熏烤过的橡木桶使葡萄酒的回味最丰醇——有时，过于丰醇。通常，熏烤橡木的时间越长，葡萄酒的林木味越突出。

鱼 搭配勃艮第，海鲈鱼滋鲜味美；但要避免油腻的鱼，因为与橡木桶陈酿的白葡萄酒不和谐。

品种和风格

强烈的白葡萄酒包含驰名世界的酒品。比如，一些最上乘的勃艮第葡萄酒——夏山-蒙塔榭（Chassagne- Montrachet）、布里尼-蒙塔榭、默尔索，等等——均由霞多丽葡萄酿制。南非和加州的新世界霞多丽正在与著名的勃艮第霞多丽竞争，这令法国十分头痛。其他值得关注的强烈的白葡萄酒包括：西澳大利亚或者猎人谷（Hunter Valley）的赛美蓉、阿尔萨斯的琼瑶浆、美国的维欧尼、卢瓦尔河谷酸涩的白诗南[比如萨文尼埃（Savennière）]、罗纳河谷的玛珊。

葡萄品种

这些葡萄品种非常适合酿制强烈、浓郁的白葡萄酒。用它们酿造的葡萄酒的特点在于结构、力度、重量与果味和酸度平衡和谐。葡萄酒通常在橡木桶中熟化，但不能掩盖葡萄酒的细腻特质。经典的葡萄品种是霞多丽和维欧尼：法国的风格醇厚、新世界的果味奔放。经典的品种还有主要产自澳大利亚的赛美蓉以及香辛的葡萄品种，像阿尔萨斯和新西兰的琼瑶浆、罗纳的玛珊。

葡萄名称	最佳产区	述评
霞多丽	法国：勃艮第；澳大利亚；智利：卡萨布兰卡；南非：斯泰伦博斯；美国：加州（纳帕谷、索诺玛、亚历山大谷(Alexander Valley)）	霞多丽是经典的强烈白葡萄品种；勃艮第出产的葡萄酒十分出色，如默尔索和蒙塔榭，而澳大利亚、南非和美国这些新世界的葡萄酒也非常卓越。
维欧尼	法国：罗纳谷、孔得里约；美国：加州（纳帕谷）	欧维尼是与霞多丽抗衡的主要葡萄品种，用它酿制的葡萄酒颇为强健有力，带有异域水果的香气，如芒果香、桃香、菠萝香。
赛美蓉	法国：波尔多、格拉芙（Graves）、贝萨克（Pessac）；澳大利亚：玛格丽特河（Margaret River）、猎人谷	澳大利亚赛美蓉酿制的白葡萄酒强健，异域水果风味更加诱人；而波尔多的更加含蓄，但极其醇厚。
玛珊	法国：罗纳；美国：加州圣塔巴巴拉（Santa Barbara）	玛珊口味格外复杂，属于世界最上乘的葡萄品种之一，在世界市场越来越受青睐。
白诗南	法国：卢瓦尔谷	白诗南葡萄也被称为“卢瓦尔河的皮诺”（Pineau de la Loire），适宜在更加温和的气候条件下生长，用它酿制的葡萄酒在酒龄短时比较酸涩。
琼瑶浆	法国：阿尔萨斯；新西兰；澳大利亚；加州	琼瑶浆酿制的白葡萄酒为半干型，有迷人的异域水果香味，如荔枝香，还有香辛的特点。
阿尔巴纳（Albana）	意大利：艾米利亚-罗马涅（Emilia-Romagna）	阿尔巴纳是艾米利亚-罗马涅区重要的葡萄品种，也是意大利最上乘的白葡萄之一，但是培育好并不容易。
白歌海娜（Grenache Blanc）	西班牙：普里奥拉、里奥哈；法国：罗纳、普罗旺斯（Provence）	顶级的白歌海娜油滑、细腻，果汁酸性浓，回味有坚果味。
萨瓦涅（Savagnin）	法国：汝拉（Jura）；德国匈牙利；奥地利	萨瓦涅酿制的葡萄酒很驰名，有坚果和柠檬味，而且有些酸涩，但是口味特别复杂醇厚。
枝分都（Zierfandler）	奥地利：维也纳；匈牙利（名为瑟分蒂（Cirfandli））	枝分都葡萄品种在世界市场越来越受欢迎。最上乘的枝分都葡萄酒都是与红基夫娜葡萄混合酿制而成的。
红基夫娜（Rotgipfler）	奥地利：维也纳产区	红基夫娜葡萄酿制的葡萄酒独具特色——酒体强烈、有香料味、充满特质。
尚伯格（Schonburger）	德国；英国	尚伯格葡萄品种浆果呈粉色，产量有限，但是酸度低，非常适宜凉爽的气候条件生长。
格雷切多（Grecchetto）	意大利：翁布利亚中部	格雷切多葡萄常用与其他品种混合酿酒；在酿制翁布里亚白葡萄酒，如奥维多、托加诺的过程中，越来越重要。
格雷克（Greco）	意大利：坎帕尼亚（Campania）、卡普里（Capri）、格拉维纳（Gravina）；希腊	用格雷克酿制的干白葡萄酒酒体强烈，尽管厚重，但很优雅。

法国

法国很多产区都能找到上乘的浓郁白葡萄酒。有些享誉世界的经典酒品，如布里尼－蒙塔榭和默尔索，为强烈的白葡萄酒，产自勃艮第的伯恩丘（Côte de Beaune）。许多AOC级的佳酿绵延罗纳河谷——卓绝的维欧尼葡萄酒孔得里约、醇厚的混合品种葡萄酒艾米达吉（Hermitage）、教皇新堡（Châteauneuf-du-Pape）。阿尔萨斯以琼瑶浆著称，而卢瓦尔河谷和多山的汝拉地区也出产上等的白葡萄酒。

伯恩丘（CÔTE DE BEAUNE）

C 色 浅禾秆黄色到深浅禾秆黄色，略带丝丝绿色和金色。

A 香 精雅，散发着苹果香、桃香、面包香、榛子香、蜂蜜香和矿石味。

T 味 圆润、精美；平衡和谐，回味持久清爽。

如果霞多丽葡萄只在世界上的一个地方酿造最上乘的葡萄酒，那就是位于勃艮第产区中心地带，伯恩小城周边不大的区域——伯恩丘。这里出产的主要的白葡萄酒有：默尔索、圣罗曼（St Romain）、圣欧班（St Aubin）、布里尼－蒙塔榭、夏山－蒙塔榭、阿乐斯－歌顿（Aloxe-Corton）。其中的三种葡萄酒让伯恩丘名扬天下。第一种是布里尼－蒙塔榭，用它可以酿制出世界上顶级的一些白葡萄酒。这种酒呈纯金色，略带一丝绿色，有着鲜明的矿石味，酒香浓郁复杂，散发着柑橘、苹果、蜂蜜和杏仁糖浆的香气；浓度、结构绝佳，回味无穷。

伯恩丘
Bernard Morey et Fils

第二种是夏山－蒙塔榭，用它酿造的酒酒品强劲有力，如钢似铁，带有水果风味；平衡和谐、浓郁、滑润，呈深金色，散发着熟透的水果香、忍冬香和榛子香。

最后一种为默尔索，用它酿造的酒酒品丰满、强烈、浓郁，口感纯净、清新，有柠檬酸性，回味悠长、醇厚、有水果滋味。最好的年份酒（夏山－蒙塔榭、布里尼－蒙塔榭也是如此）可以陈酿长达15年。

可是，我们不能忘记另一款绝佳的伯恩丘特级阿乐斯－歌顿葡萄酒——歌顿－查理曼（Corton Charlemagne）；这款葡萄酒呈中等金色，水晶般清透，散发着烤苹果香、坚果香、黄油香、柑橘水果香、菠萝香和蜂蜜香，口感丰满，如黄油，醇厚、强劲，果味和酸性平衡完美。这款酒至少陈酿5年再饮用；有些年份酒可以陈酿达25年之久。

推荐酿造商

- Bernard Morey et Fils
- Coche-Dury
- Chartron-Trebuchet
- Domaine Maillard
- J M Pillot

食物搭配

贝类 强烈、浓郁的伯恩丘霞多丽非常适合与海鲜搭配，如调制的龙虾、扇贝，与法国奶酪搭配也很好。

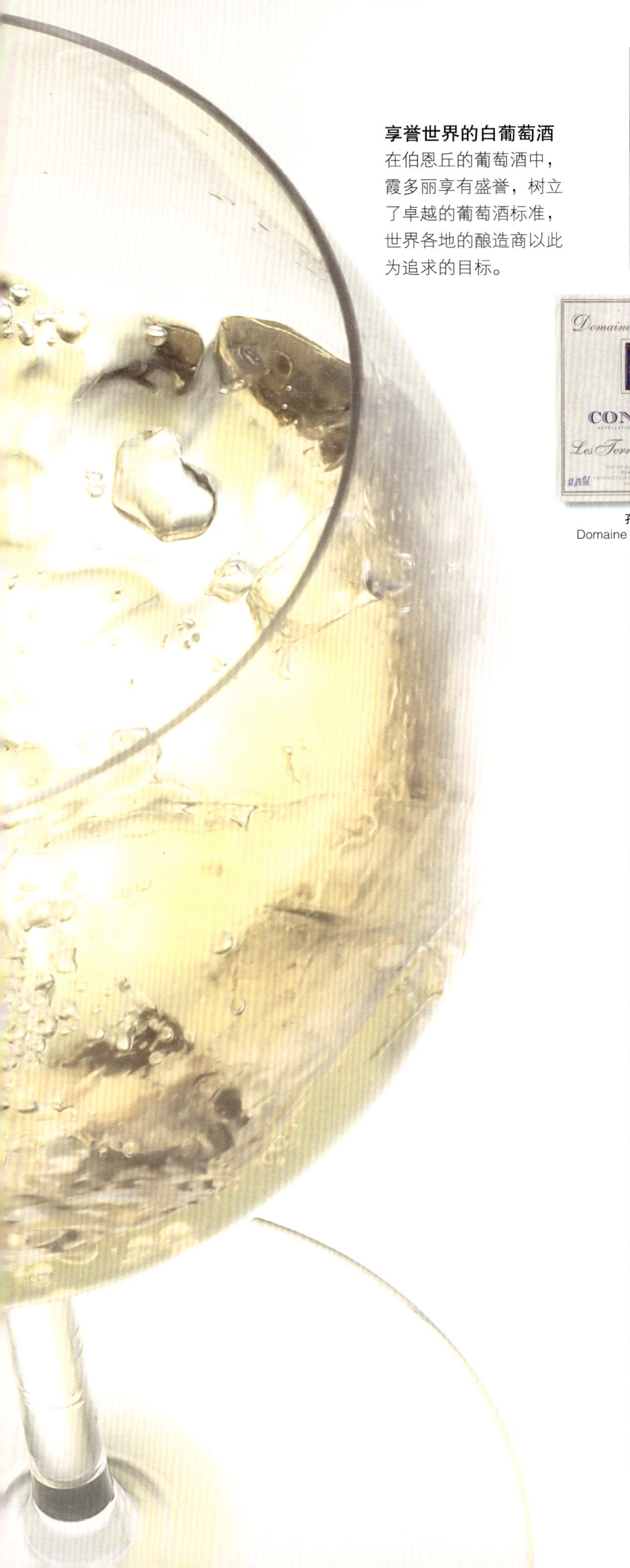

享誉世界的白葡萄酒
在伯恩丘的葡萄酒中，霞多丽享有盛誉，树立了卓越的葡萄酒标准，世界各地的酿造商以此为追求的目标。

孔得里约（CONDRIEU）

C 色 从浅金色到深金色，带有一抹银绿色。

A 香 独一无二；散发着杏香、芒果香、荔枝香、桃香、菠萝香和榛子香。

T 味 浓郁、上乘；有熟透的水果味，酸性清爽；回味绵延不绝。

孔得里约
Domaine Georges Vernay

它是罗纳河谷最上乘的白葡萄酒？我觉得是！

孔得里约只采用维欧尼葡萄酿制，虽浓郁，但平衡性很好，酸性新鲜，酒精度适中。它强烈、丰满，散发细致的花香，应在酒龄短时饮用。

这种葡萄酒价格昂贵，但作为最高水准"大联盟"级的白葡萄酒，物有所值。它可以与味道浓郁的海鲜搭配饮用。

推荐酿造商
- Domaine Georges Vernay
- Domaine Cheze

教皇新堡（CHÂTEAUNEUF-DU-PAPE）

C 色 鲜亮；淡金黄色，略带一丝浅绿色。

A 香 微妙；散发着异域水果、金合欢、蜂蜜、柑橘的香气。

T 味 圆润、似奶油；非常和谐深厚；回味悠长。

我们一提起罗纳河，往往只谈及那里的红葡萄酒。不过，这个产区广阔，所有风格、品质的葡萄酒都酿造——其中包括绝妙的白葡萄酒。教皇新堡是罗纳河南部的明星，以卓越的红葡萄酒而著称，也出产少量的新堡白葡萄酒（Châteauneuf Blanc）——我强力推荐您品尝。

法国人享用新堡白葡萄酒由来已久（当地人和鉴赏家喜欢把不可多得的精品留给自己！），不过，这种葡萄酒正在赢得世界其他国家的认可。新堡白葡萄酒品质超群，酒体丰满、强劲，土壤中的"布丁"石（鹅卵石）赋予它独一无二的风味。这些石头是冰河时期的产物，白天吸收太阳的热量，夜晚释放，从而加速了葡萄的成熟过程，同时还帮助土壤保持水分。

教皇新堡
Château de Beaucastel

您可在酒龄短时或者陈酿3~4年后饮用教皇新堡葡萄酒。好的年份酒还可以继续保存10年，以提升品质。侍酒温度很低，在8 ºC左右，与鹅肝、龙虾或者洛克福奶酪（Roquefort cheese）搭配。我认为，最好的教皇新堡无与伦比。

推荐酿造商
- Château de la Gardine
- Château de Beaucastel

艾米达吉（HERMITAGE）/克罗兹–艾米达吉（CROZES-HERMITAGE）

C 色 金黄色；泛着绿光到银光；中等至深色透明度。

A 香 熟润、奇异；散发着矿石、蜜瓜、鲜花、松木和榛子的香气。

T 味 纯净、丰满；有果汁酸性、回味精雅；有微微的香料和梨味。

艾米达吉是一座小山，位于罗纳河东岸；克罗兹是座村庄，被高原环抱。这片区域的葡萄酒是由强健的玛珊葡萄和胡珊葡萄混合酿制而成的，这提升了酒的细腻感和香气。玛珊酿制的葡萄酒酒体丰满，强烈，同时汲取了土壤的矿石风味。

有些艾米达吉葡萄酒陈酿后更美味，但是克罗兹–艾米达吉、艾米达吉要趁酒龄短、酸性低时饮用，您可以尝试与鱼或者白色的肉搭配。

推荐酿造商
- Domaine Alain Graillot
- Domaine Jean-Louis Chave

萨文尼埃（SAVENNIÈRE）

色 淡柠檬色，陈酿后为深金色；透明度佳。

香 持久而细致；散发着榅桲香、柑橘香、烟熏香、矿石味。

味 复杂、强劲；酸性新鲜；回味令人难以忘怀。

有些人可能会说我抱有偏见（这款酒来自毗邻我家的村庄），可我觉得萨文尼埃是卢瓦尔河谷最上乘的白葡萄酒之一，属于杰出的酒品，有着“令人惊叹”的品质。如果您喜欢摩塞尔雷司令（Mosel Riesling）的风格，我认为您会同意我的看法。

萨文尼埃产自卢瓦尔河流域的安茹产区。白诗南葡萄堪称这里的葡萄品种之王。在土壤条件、从遥远的大西洋吹来的微风的共同作用下，这里酿制出最高品质的葡萄酒。白诗南葡萄含糖量很高，所以萨文尼埃葡萄酒的酒精度非常协调。白诗南葡萄的自然酸性也很高，因此萨文尼埃葡萄酒陈酿后（至少7年）口味最佳。经年陈酿的上好萨文尼埃葡萄酒同时既有天鹅绒般的柔滑，也有花岗岩般的坚硬，融合了极干的特质和强劲的风味。葡萄酒与油滑的山羊奶酪、烤鳝鱼和鲭鱼搭配无与伦比。如果您想饮用类似的或者酒龄更短的葡萄酒，那就尝尝索缪尔白葡萄酒（Saumur Blanc）或者安茹白葡萄酒（Anjou Blanc），这两款酒均产自同一地区，有着萨文尼埃的矿石，但它们更加新鲜，可与美味的卢瓦尔河谷白色的鱼搭配。

萨文尼埃
Domaine du Closel

推荐酿造商

- Domaine du Closel (Clos du Papillon)
- Pierre Bise
- Clos Rougeard

汝拉萨瓦涅（JURA SAVAGNIN）

色 浅禾秆黄色，瓶内陈酿后呈金色。

香 清新、浓郁，充满特质，散发着柑橘、蜂蜜和干坚果的香气。

味 浓厚；酸性突出，酒精度中等，回味有坚果味。

萨瓦涅葡萄主要生长在法国东部多山的汝拉产区，以酿制成黄葡萄酒（vin jaune）最为出名，这是一种清淡的加强型葡萄酒，有点儿像雪莉酒。不过，萨瓦涅也酿制一些美味的甚至出色的干白葡萄酒。

萨瓦涅葡萄酒产量很低，有着独特的坚果香、柠檬香、桃香香，回味纯净。把萨瓦涅常和霞多丽混合，酿制的葡萄酒肉质稍强，酸性更低。不过，正因为萨瓦涅酸性突出、结构强劲，才使它成为现有的白葡萄酒中经年陈酿最久的一款。

有些葡萄酒行家认为萨瓦涅葡萄与琼瑶浆（见第59页）的祖先切米诺（Traminer）葡萄关系紧密。这两个葡萄品种有很多相似之处：萨瓦涅酸性平衡，干，但不像琼瑶浆那么香辛。不过，如果您喜爱琼瑶浆，基本上一定也会喜欢萨瓦涅。

可以将萨瓦涅作为餐前酒饮用，搭配橄榄增添滋味。用餐时，可以和浓厚的蘑菇酱汁烤鸡肉搭配。

汝拉萨瓦涅
Jacques Puffeney

推荐酿造商

- Jacques Puffeney
- Henri Maire
- Domaine Avie

阿尔萨斯琼瑶浆（ALSACE GEWÜRZTRAMINER）

色 从浅金色到琥珀色，带有一丝绿色。

香 充满了荔枝、菠萝、姜、白胡椒、烤杏仁、鲜花的香气。

味 强劲、丰满，有很强的爆发力；酸性悠长纯净。

琼瑶浆是法国东部阿尔萨斯出产的名品之一。这种葡萄很容易辨认，因为它的浆果呈粉色，花香、水果香、香料味独特、浓烈。葡萄酒圆润、丰醇、油滑、肉感，酸性低，酒精度高。品质高的琼瑶浆葡萄酒滋味在口中释放，回味纯净、清爽，持续时间极长。尽管如此，葡萄酒质地浓重、丰满。

要在葡萄酒酒龄短时饮用，虽然最好的葡萄酒陈酿长达15年后品质更佳。放心——品尝后，就不可能忘记！

推荐酿造商

- Leon Beyer
- Chateau d'Orchwihr
- Domaine Zind-Humbrecht

食物搭配

亚洲风味 琼瑶浆与香辛的食物，特别是亚洲的香辛食物搭配绝佳。您可以尝试与姜味猪肉盖浇饭一起饮用。琼瑶浆与浓郁的曼司特（Munster）奶酪搭配也很合适，奶酪和葡萄酒一样，也产自阿尔萨斯。

奥地利

虽然奥地利的葡萄酒往往在国内消费，但在世界葡萄酒的舞台上也占有一席之地。奥地利有很多特色鲜明的葡萄酒产区，其中包括维也纳周边地区，那里的白葡萄酒细腻、丰满。

枝分都（ZIERFANDLER）

色 深柠檬色，带有一抹金色。

香 独特、熟润；散发着菠萝香、香料香、胡桃香和苹果香气。

味 浓烈、紧致；酸性佳，酒精度平衡；回味辛辣。

枝分都是奥地利最著名的白葡萄品种之一，具有酿制出细腻、优雅、醇厚葡萄酒的潜质。

枝分都葡萄（在有些地区名为斯芭托Spätrot）的自然酸性很高，这就意味着其酿制的优质葡萄酒可以陈酿。

不过，枝分都常与另一成功的葡萄品种红基夫娜混合酿酒，酿出的葡萄酒强劲、特色鲜明。

我通常会建议枝分都葡萄酒与多肉的鱼，如金枪鱼、马林鱼或者任何白肉搭配。最健康的搭配，是与田野蘑菇和绿色蔬菜沙拉一起享用。

枝分都
Weingut Stadlmann

推荐酿造商

- Weingut Stadlmann
- Franz Kurz
- G Schellmann

西班牙

西班牙的里奥哈产区和佩尼德斯（Penedès）产区采用白加尔纳恰葡萄（Garnacha Blanca）酿制出浓郁、黄油般的白葡萄酒。温暖气候条件下的陈酿、橡木桶中的熟化以及精湛的酿酒工艺是确保品质的关键。

里奥哈（RIOJA）/ 佩尼德斯 /（PENEDÈS）

C 色 柔和的淡金黄色，带有一丝禾秆黄色。

A 香 非常纯净；散发着菠萝香、柠檬香、柚子香、胡桃香气；有微微的橡木辛香。

T 味 丰醇、浓郁，酸性和酒精度和谐；回味悠长，有坚果味。

里奥哈 López de Heredia

尽管西班牙的上好葡萄酒多为红葡萄酒，但也有一些非常美味的白葡萄佳酿，特别是用白加尔纳恰（在法国名为白歌海娜Grenache Blanc）葡萄酿造的酒品。白加尔纳恰葡萄是里奥哈白葡萄酒的原料，在很大程度上，也是西班牙东北部前景广阔的佩尼德斯产区白葡萄酒的原料。经过精心酿制，这款葡萄酒精致、微妙、丰满、蜡质，滋味浓郁，有香料、坚果、甜梨味和菠萝这样的异域水果风味，回味神怡，有柠檬味。您可以与西班牙传统小点心（tapas）搭配。

推荐酿造商

- López de Heredia
- Barbara Fores
- Torres

白加尔纳恰 在酿酒厂，工人们尽量不去触碰里奥哈的白葡萄，以防氧化。

意大利

意大利强劲的白葡萄酒虽然没有红葡萄酒出名，但特质突出，十分浓厚。最上好的酒品产自意大利南部，这里温暖的气候平添了葡萄酒丰醇的水果风味。

托福格雷克（GRECO DI TUFO）

C 色 鲜亮；淡禾秆黄色，经年陈酿后有一丝金色。

A 香 精雅；散发着柑橘、桃、蜂蜜、香料、榛子和矿石的香气。

T 味 酸性显著，酒精度平衡，质地紧致；回味纯净悠长。

托福格雷克干白葡萄酒强烈、醇厚，产自意大利南部坎帕尼亚区的托福村庄周边。格雷克指的是葡萄品种——这种水果灵活多变（也用于酿制甜葡萄酒），原产自希腊，因此而得名。

这款口味复杂的葡萄酒在酿制过程中集聚香味。葡萄采摘之后，进行压榨，并在低温下发酵，装瓶前还要在酒桶中放置3个月。

托福格雷克 Mastroberardino

托福格雷克葡萄酒有些酸涩，也不是太出名，但很值得品尝。与中国香辣菜肴或者地中海菜品搭配很合适。为了对坎帕尼亚表示忠诚，您可以尝试与意大利海鲜面搭配饮用。

推荐酿造商

- Mastroberardino
- Terredora
- D'Antiche Terra Vega

阿尔巴纳（ALBANA）

C 色 禾秆黄色，带有一抹银色；中等到浓厚透明度。

A 香 微妙、优雅；散发着水果、鼠尾草、鲜花、杏仁、青苹果的香气。

T 味 浓烈，但干而单薄；酸性显著，酒精度中等，回味辛辣。

阿尔巴纳葡萄香气浓郁，最好的酒品产自意大利北部艾米利亚－罗马涅区弗里尤利（Forlì）小镇。

阿尔巴纳葡萄容易受到病虫害的影响。比如，灰霉菌，染上这种菌类，果实腐烂，产生异味。以前，这就会限制优质葡萄酒的酿造。不过，阿尔巴纳葡萄潜力巨大。如果葡萄果实生长期水分充足，那么酿造的最优质葡萄酒滑润、柔和，有微微的坚果香。侍酒前要冷藏好。吃西班牙小点心或者胡姆斯豆泥（hummus）以及面包时，我特别喜欢搭配这款酒。

当然，所有的意大利葡萄酒都离不开浪浓的浪漫气息。公元前435年，在贝尔蒂诺罗（Bertinoro，位于弗里尤利南边）村庄，有人把盛放在陶罐里的阿尔巴纳葡萄酒献给狄奥多西皇帝（Emperor Theodosius）的女儿加拉普拉西迪（Galla Placidia）。她尝了一下，惊叹："葡萄酒应该盛放在金罐里饮用，而不是放在陶罐里！"说着，她把村庄命名为贝尔蒂诺罗，意思就是"用金器饮酒"。

阿尔巴纳 Fattoria Paradiso

推荐酿造商

- Fattoria Paradiso
- Commune Zerbina
- Commune di Fazenza

美国

如果您在寻找始终值得信赖的强烈白葡萄酒，就去加州吧。一年之中，这里多为晴朗的天气条件，再加上太平洋吹来的凉爽雾气，使得霞多丽葡萄酒，特别是旧金山北部和纳帕谷的霞多丽葡萄酒，平衡而卓绝。维欧尼葡萄也在加州享有盛誉。

霞多丽（CHARDONNAY）

C 色 金黄色，常带有一抹绿色。

A 香 复杂、浓郁；散发着杧果香、红苹果香；橡木桶陈酿后有吐司面包和香草的香气。

T 味 丰醇；滋味复杂，平衡极佳，质地油滑；回味纯净。

尽管霞多丽作为夏布利和勃艮第干白葡萄酒的原料已经有几百年的历史，但如今，仍吸引了新一代葡萄酒品饮者，他们把霞多丽与果味浓郁、柔滑、甜蜜的新世界葡萄酒，特别是产在美国西部、加州的葡萄酒联系在一起。霞多丽是加州最重要的葡萄品种。总共有一千多家酿造商生产各种各样的霞多丽葡萄酒。因此，葡萄酒的风格各异。加州的消费者真是眼花缭乱。有的加州霞多丽柔和、清新；有的油滑，带有奶油糖果和香草味，而且具有新橡木桶陈酿后的所有特征。当然，还有风格介于上述两者之间的。

霞多丽 Newton

您可能觉得，我这个法国人会对这些葡萄酒持否定态度。恰恰相反，上好的酒质已经把我征服，而且法国以外的葡萄酒产区酿制的霞多丽令人难以忘怀，让我欣喜不已。

我尤为喜爱加州北海岸（North Coast）产区（如均位于索诺玛县Sonama County的亚历山大谷、俄罗斯河谷Russian River Valley、白垩山Chalk Hill）的葡萄酒，丰满而油滑。不禁使我忆起默尔索霞多丽（见第60页）。

当然，还有其他很多葡萄酒也深深地吸引了我。卡耐罗斯（Carneros）就是其中之一，这款酒产区横越索诺玛县和纳帕县，与加州的其他葡萄酒比，柠檬酸性更加突出。口味精雅、细腻、浓厚，几乎独一无二（只有勃艮第著名的布里尼-蒙塔榭——见第60页——能与之相比）。除了加州，太平洋西北部、俄勒冈州和华盛顿州也出产卓越的葡萄酒。这里，气候更加寒冷，更加难以预料，因而葡萄栽培比较复杂。尽管如此，葡萄酒果味浓郁、自然，酸性活泼，平衡精雅。

枝分都 Weingut Stadlmann

几乎所有的场合都适合饮用新世界的霞多丽葡萄酒。可以作为餐前酒单独饮用，或者社交时饮用。与新鲜的蟹肉或者鲑鱼，与鸡肉、羊肉、类似西葫芦塔一类的素食，也非常美味。

推荐酿造商

- Newton
- Stags' Leap0
- Duckhorn Vineyards

维欧尼（VIOGNIER）/琼瑶浆（GEWÜRZTRAMINER）

C 色 中度的禾秆黄色，略带一丝银色。

A 香 芳香而酒龄短；散发着杏、桃、芒果、鲜花和香草的香气。

T 味 细致、和谐、平衡；新鲜、滋味充盈，回味完美。

维欧尼在20年前才来到加州。尽管如此（而且尽管维欧尼难以培育的名声在外），它的发展非常迅猛，具有浓厚、醇香的特质，甚至可以和加州的霞多丽媲美。

维欧尼酿制的葡萄酒浓郁、强烈，散发着香料、鲜花、杏、苹果和桃的香气，酸性和果味极其平衡。有些维欧尼在不锈钢大桶中发酵，从而赋予葡萄酒桃和杏的滋味。很多加州酿造商采用橡木桶陈酿，这就使葡萄酒有淡淡的香草味和香料味。

维欧尼 Kendall-Jackson

维欧尼让人想到琼瑶浆葡萄酒，琼瑶浆在加州也取得进展。琼瑶浆葡萄酒的差异很大，在加州比较温暖的区域，其细致，回味香甜，在比较凉爽的区域，其清新，有柑橘味。

维欧尼和琼瑶浆都非常适合与香辣的亚洲美食搭配。尝试与香辣豉汁牛肉或者鱼肉一起享用。有时，与口味适中或者较重的奶酪搭配，曼司特奶酪（Munster）或者绵羊奶酪（Pecorino），味道极佳。

推荐酿造商

- Kendall-Jackson
- Joseph Phelps
- Alderbrook

产区和酒品

薄雾笼罩的纳帕县 尽管纳帕县由北到南的距离只有48公里（30英里），葡萄园的数量却比加州其他县要多。这里土壤类型繁多，气候起伏不定。当然，纳帕县有些葡萄园的确存在微气候环境——特别是影响明显的小范围地区的气候条件。不过，在葡萄生长季节，纳帕县所有的地方，早晚通常寒冷、多雾。雾气可以使气候稳定——这对霞多丽这样的葡萄品种十分有利，因为这有助于葡萄保持新鲜的特质。

智利

智利葡萄酒几乎一直都是物超所值，而且强烈、浓郁的白葡萄酒品质与世界上其他同类葡萄酒不相上下。这里最重要的葡萄酒产区，位于安第斯山和太平洋之间的中央谷（Central Valley）。来自位于首都圣地亚哥以南产区的霞多丽葡萄酒最好，滋味平衡细腻。

霞多丽（CHARDONNAY）

色 特别鲜艳，呈黄绿色，带有一丝金色。

香 散发着柑橘、苹果、异域水果（比如菠萝）、黄油和香草的香气。

味 富有水果味，果味、酸度和酒精度平衡极佳。

选择智利的霞多丽，绝不会错。这种葡萄酒通常会在橡木桶中陈酿，物超所值，即使价格最低的酒品，也是经过精心酿制的，很少让人失望。

这在很大程度上是因为，智利赋予霞多丽葡萄完美的生长条件，中央谷产区尤为突出。白天充足的日照使果实成熟。夜晚，山中吹来的冷空气与海洋吹来的凉爽微风在谷地相遇，提高了葡萄的酸性，丰富了香味。因此，葡萄酒平衡极佳——果味熟润、酸性清爽怡人。

霞多丽
Errazuriz

推荐酿造商

- Errazuriz
- Casa Lapostolle
- Santa Rita (Medalla Real)

南非

南非的强烈白葡萄酒介于未经橡木桶陈酿、比较酸涩的欧洲风格和丰醇、黄油质的加州、澳大利亚风格之间。最上乘的酒品，无与伦比！我最喜爱的葡萄酒来自斯泰伦博斯、康斯坦莎附近凉爽的产区，那里海洋的影响使产区特色鲜明。

霞多丽（CHARDONNAY）

色 浅色透明度；金色，带有一点儿的绿色。

香 浓郁、复杂；散发着蜂蜜、柠檬、酸橙、烤苹果、香草、干橡木的香气。

味 细致而复杂，酸度佳，回味悠长。

南非最好的霞多丽葡萄，既有新世界葡萄的重量和浓度，又有旧世界葡萄的复杂感和矿石味。像罗伯逊（Robertson）这样的内陆产区，炎热、干燥，出产的葡萄酒有明显的澳大利亚风格；而像位于开普省康斯坦莎这样的产区，气候更加凉爽，出产的葡萄酒类似勃艮第的酒品。斯泰伦博斯位于开普敦以东50公里，有着优越的气候条件，是南非的"明星"葡萄酒产区。斯泰伦博斯周边的山脉和海洋带来的凉爽微风，平衡了葡萄的果味和酸性。

霞多丽
Simonsig

总之，南非霞多丽的所有价位的葡萄酒都很超值。非常适合与雅致的鱼搭配。

推荐酿造商

- Simonsig
- Jordan Wines
- Kanonkop

卡萨布兰卡霞多丽 康查伊托罗（Concha Y Toro）位于智利圣地亚哥的西北部，这里出产的霞多丽葡萄酒，让人不禁想起欧洲的酒品风格。如果您找到一瓶——或者任何一款卡萨布兰卡葡萄园的酒品——一定要买下来！绝不会让您失望。

澳大利亚

澳大利亚有很多产区，也有很多卓越的强烈、浓郁白葡萄酒。最好的酒品来自比较凉爽的产区，如南维多利亚、塔斯马尼亚（Tasmania）或者位于西澳大利亚的玛格丽特河，这里海洋的凉爽微风缓解了炎热的气候。

赛美蓉（SÉMILLON）

C 色 从淡金色到柠檬黄，带有一丝绿色；中等到深色透明度。

A 香 迷人而突出；散发着菠萝、苹果、热面包和蜂蜜的香气。

T 味 博大、丰满；醇厚复杂，出人意料，酸性绵延不绝，回味悠长不断。

赛美蓉
Rosemount Estate

赛美蓉葡萄浆果小，果皮厚，成功栽培十分不易。不过，一旦长成，培育者就会获得回报——葡萄酒醇厚、浓郁、丰满，柠檬酸性突出、细腻、平衡好，回味绵延悠长。

赛美蓉往往与霞多丽混合，或者在西澳大利亚玛格丽特河与长相思（有时与白诗南）混合酿酒。

玛格丽特河有可能天气极其酷热，通常对葡萄健康生长不利。然而，从海洋吹来的微风缓解了高温，并且保证葡萄正常成熟，形成果香和浓郁的滋味。因此，酿制的葡萄酒丰满、醇厚，平衡绝佳；而玛格丽特河出产的赛美蓉和霞多丽混合酿造的白葡萄酒不会让人失望。与勃艮第白葡萄酒相似，其为柔和的干白葡萄酒，有浓郁的青草味。这款酒超值——绝对是必尝的葡萄酒之一。

在澳大利亚另一端，澳大利亚东南部，新南威尔士的猎人谷，酿造商酿制出卓绝的赛美蓉单品种葡萄酒。这款酒酒品特别复杂，是新世界最上乘、最具特色的葡萄酒之一。

猎人谷位于悉尼北部，与玛格丽特河一样，对于葡萄生长来说，天气异常酷热。不过，产区也很湿润，因为下午时分，这里有低云笼罩，缓和了葡萄树的水分蒸发，使葡萄鲜亮、新鲜，口味很好。猎人谷赛美蓉的特色之一就是不经橡木桶陈酿。让人惊异的是，经过一段时间，葡萄酒完全靠自己形成丰醇、复杂的口味，与在橡木桶中发酵的葡萄酒一模一样。好一些的葡萄酒陈酿10~20年之间，没有任何问题，而且会变得丰醇、诱人，有融化的黄油香味、蜂蜜香味和坚果香味。

如果您喜欢霞多丽，为什么不来瓶猎人谷的赛美蓉尝尝？它是卓越、鲜爽葡萄酒的替代选择，而且常常更物超所值——这是我钟爱它的另一个原因。

食物搭配

白色的肉 赛美蓉与所有白色的肉搭配都很完美。与蒸鲜蔬蜜汁鸡肉，或者与苹果和鼠尾草酱汁烤猪肉一道品尝。

推荐酿造商

- Peter Lehmann
- Lindeman
- Tyrell's Vineyards

巴罗萨（BAROSSA）
巴罗萨谷位于南澳大利亚，是种植赛美蓉的另一成功产区。这里出产的葡萄酒丰满而醇美，清新，酒龄又短，平衡协调。

霞多丽（CHARDONNAy）

C 色 鲜亮；禾秆黄色，边缘有绿色。

A 香 明显、奇异；散发着甜瓜、菠萝、热面包和榅桲的香气。

T 味 丰满、厚重，但柠檬酸性平衡，余韵绵长。

澳大利亚霞多丽在全球范围引起轰动，我认为有两大产区最为出色：西澳大利亚和位于东南的维多利亚。

霞多丽 Leeuwin Estate

西澳大利亚的葡萄酒酒精度高，不过，最好的酒品通过果味和酸性平衡了酒精度。有些葡萄酒会在法国橡木桶（一种特别的桶，在勃艮第使用，很知名）中培养12个月。最上乘的葡萄酒陈酿2~5年可以形成复杂醇香的口味，而便宜的葡萄酒应在一年内饮用。

维多利亚的霞多丽的酸性比西澳大利亚的霞多丽更坚实。不过，它保留了复杂、细腻、精雅的口味——具备上好霞多丽的特质。

推荐酿造商

- Leeuwin Estate
- Mountadam
- Grant Burge (Summers Chardonnay)

玛珊（MARSANNE）

C 色 迷人的深金色，泛着银光。

A 香 奇异、充满特质；散发着柠檬、烟、矿石、榛子、榅桲、无花果的气味。

T 味 质地强健、油滑；酸性中等；复杂、精雅，回味悠长。

一款特别的玛珊葡萄酒隐藏在澳大利亚东南部，知道这点的人并不多。这种酒很稀罕，不过，我一定要告诉您！

维多利亚州的高宝谷有一些世界上历史最久、面积最大的玛珊葡萄种植园。

顶级的酿造商是米奇尔顿和塔比克庄园，这里酿制的玛珊葡萄酒各具特色。米奇尔顿的酒受橡木桶熟化影响大，柠檬味突出、油滑，特别是经过陈酿的，口味丰醇。塔比克的酒未经橡木桶熟化，酒液酒龄短的话，很细致，经过一段时间，会形成忍冬的香味。两款酒都很值得一尝。

澳大利亚的玛珊葡萄酒醇美，与白色的鱼搭配非常合适。

玛珊 Château Tahbilk

推荐酿造商

- Château Tahbilk
- Mitchelton
- David Traeger

产区和酒品

玛格丽特河 我喜爱来自西澳大利亚玛格丽特河产区的霞多丽葡萄酒。这一地区降水量相对比较高，但是在10月到次年4月间的葡萄生长期，几乎没有降雨，这一时期正好葡萄需要干燥一些的天气，这有利于形成风味。因此，霞多丽葡萄酒浓郁，（正如他们在澳大利亚讲的）“水果能量”高。产区内最著名的酿造商之一为曼达岬，这幅照片就拍摄于此。

新西兰

新西兰凉爽的气候有益于更干的白葡萄酒，不过，像吉斯伯恩、霍克斯湾这样温暖的地区，酿制出上乘的霞多丽，品质与世界其他产区无异。

霞多丽（CHARDONNAY）

C 色 色淡；呈禾秆黄色，带有一丝绿色。

A 香 非常突出；散发着成熟的异域水果、香草、黄油蛋卷和桃的香气。

T 味 丰醇、圆润；柠檬酸性平衡，回味清爽而悠长。

新西兰气候多样，产区之间大不相同，所以霞多丽的风格差异之大，令人惊讶。

奥克兰和北领地（Northland）是新西兰最暖和的产区（位于北岛的北部），这里酿制的葡萄酒往往丰醇、熟润、滋味丰富。产自吉斯伯恩（在东部）的葡萄酒柔滑、诱人，有熟透的杏香和甜瓜香味。吉斯伯恩以南是霍克斯湾——出产我最喜爱的新西兰霞多丽。这里的葡萄酒平衡和谐、口味复杂、浓缩深厚，散发着桃、菠萝、柚子的香气，回味纯净。

南岛的葡萄酒往往柑橘味更浓。新西兰最大的霞多丽产区马尔堡酿制的葡萄酒酸性佳、激爽。中奥塔哥（Central Otago）是世界最南端的葡萄酒产区，出产的霞多丽葡萄酒具有绿色水果和火石的特质。

我的建议是，先品尝一些不同产区的葡萄酒。一旦找到您最钟爱的产区，不断品尝这一产区的酒品，最后确定您最钟爱的酿造商。

推荐酿造商

- Jackson Estate
- West Brook
- Morton Estate

琼瑶浆（GEWÜRZTRAMINER）

C 色 从深金黄色到深禾秆黄色或者淡琥珀色。

A 香 奇异；散发着矿石、鲜化、荔枝、菠萝、姜、坚果和香料的香气。

T 味 广博、复杂，强劲，酸性极佳。

德语词“gewürtz”意为“香辛”，而琼瑶浆葡萄酿制的葡萄酒以辛辣的风味著称。

新世界最好的琼瑶浆葡萄酒产自新西兰。新西兰特别适合培育这一葡萄品种，因为这里气候凉爽，有助于葡萄缓慢成熟，充分形成复杂醇香的口味。

新西兰差不多有2/3的琼瑶浆葡萄种植园位于北岛东岸的吉斯伯恩和霍克斯湾，其余的位于南岛北部的马尔堡。

马尔堡的葡萄酒没有吉斯伯恩和霍克斯湾的那么张扬，但是由于这里气候更加凉爽，因此香气特别迷人。

葡萄酒要在酒龄短时饮用（很少能陈酿超过5年），与亚洲和环太平洋美食搭配，或者以我最喜欢的方式饮用——作为夏日餐前酒，单独饮用。

琼瑶浆 Villa Maria

推荐酿造商

- Villa Maria
- Lindeman
- Hunters

120
Santa Rita
Rose
Sauvignon

“明快、悦人，为夏日野餐或者花园派对增添了活力、喜气。”

桃红葡萄酒

桃红葡萄酒简介

桃红葡萄酒（ROSÉ）并非一直都受到关注——过去的几十年间，大众葡萄酒市场曾经给过它恶名。不过，人们对它的态度正在转变，桃红葡萄酒已经找到自己的位置。因为需求量增加，所以其品质显著提高。

桃红葡萄酒并不像有些人想象的那样，只是将红葡萄酒和白葡萄酒混合在一起；其实它是选取红皮葡萄，采用被人们称之为“放血”（saignée）的特殊工艺酿制而成的。葡萄带皮经过短时浸泡，“放出”果汁，之后酿制方法同白葡萄酒一样。果汁与果皮接触时间越长，葡萄酒的粉色越深。

草莓　上好桃红葡萄酒，甜美、熟润的果香突出。

世界各地的桃红葡萄酒

并非所有桃红葡萄酒的酒体都清淡。最清淡的桃红葡萄酒往往产自卢瓦尔河谷和加州，加州人称之为淡粉葡萄酒（blush wine）。强烈一些的桃红葡萄酒产自法国南部，特别是达维（Tavel）、科比埃（Corbières）、邦多（Bandol）、普罗旺斯丘（Côte de Provence）。其他产区还有意大利（桃红葡萄酒被称为rosato）、西班牙（称之为rosado），新世界中，澳大利亚最值得关注。

葡萄品种

上好的桃红葡萄酒大多不是由特别的桃红葡萄酿制，而是由红葡萄品种酿制，如西拉、歌海娜和黑比诺。甚至有些最强劲的葡萄品种，如内比奥罗、赤霞珠，也可以酿制出新鲜、有果味的桃红葡萄酒。

葡萄名称	最佳产区	述评
歌海娜/加尔纳恰	法国：朗格多克、罗纳、普罗旺斯；澳大利亚；西班牙：里奥哈、纳瓦拉	葡萄酒色泽浓重，有熟透的水果香味、香料味，质地好。
神索（Cinsault）	法国：朗格多克－鲁西永、罗纳；南非；美国：加州	葡萄酒芳香、有果味、清淡、新鲜。常与歌海娜葡萄进行混合酿酒。
桑娇维塞	意大利：托斯卡纳	葡萄酒色淡，酸性突出，酒精度平衡，滋味丰富。
西拉	美国：加州	葡萄酒为深浓的粉色，有水果味，清爽。
黑比诺	法国：桑塞尔	葡萄酒色淡、清爽，果香浓郁，精雅而颇受欢迎。

品酒和侍酒

简介　桃红葡萄酒不在橡木桶中培养，所以质地清爽。您也会发现果味浓郁、中等酒精度的酒品；这种酒回味悦人，回味中等至悠长。

C 色　品质好的桃红葡萄酒鲜亮，呈玫瑰花瓣的颜色，由浅至中等不一——几乎跟淡红宝石色一样。有的桃红葡萄酒（特别是“淡粉葡萄酒”）呈淡淡的粉色。

A 香　通常为明显的成熟润红色水果香，如草莓香、覆盆子香。香气激爽、微妙，有淡雅的紫罗兰香，甚至有香料味。

T 味　尽管人们认为桃红葡萄酒属于比较清淡的类型，但口味仍会非常复杂。整体的滋味清新，有水果味，柠檬酸性平衡。

选购和贮藏　桃红葡萄酒应在酒龄短时饮用，通常酒龄越短越好。贮藏时间不要超过2年或者3年——陈酿后，葡萄酒鲜亮的粉色就会变成毫不诱人的洋葱褐色。即使价格很低，也不要试图购买酒龄特别长的桃红葡萄酒！

侍酒建议　需在冷藏好以后再侍酒。如果您在用餐时饮用，要使葡萄酒一直保持低温。桃红葡萄酒是夏日酒品，与烧烤搭配非常完美；或者做餐前酒，仅作为便餐的一部分。

食物搭配　因为桃红葡萄酒形象轻浮，所以时常被人忽视与食物搭配饮用。不过上乘的桃红葡萄酒，如达维，非常适合与沙拉、意大利面、比萨饼甚至与咖喱或者其他辛辣的食物搭配。

法国

法国桃红葡萄酒的主要产区是卢瓦尔河谷、普罗旺斯、朗格多克-鲁西永、罗纳河谷的低地。其他产区还包括汝拉、比利牛斯、塔恩、波尔多、达维以上的罗纳河谷，等等。

普罗旺斯丘（CÔTE DE PROVENCE）

C 色 从淡粉色到橙红色，有时甚至为淡橙色。

A 香 多样，通常散发着药草（百里香、莳萝）、鲜花、红色水果的香气。

T 味 干，有水果味；很明快，很清爽。

普罗旺斯欢快的桃红葡萄酒能够迅速改善心情，而且会让我想起那个世界上最驰名、最迷人的地方，我曾经在那里度过了阳光明媚的夏日时光。

普罗旺斯丘
St Roch-les-Vignes

普罗旺斯丘是普罗旺斯最大的产区，位于地中海沿岸，法国最南端的一片区域。桃红葡萄酒主要选用歌海娜、神索葡萄酿造而成，风格千变万化，但大多味干。产区北部的山脉为葡萄园送来凉爽的微风，使葡萄保持了柠檬酸性，所以这款葡萄酒清淡而新鲜。

尽管葡萄酒刚一酿成，就被人们直接享用，或者至少在当地消费。普罗旺斯丘的桃红葡萄酒享誉世界。我必须要说，它几乎就没让我失望过，即使是价格便宜的酒品。这里的酒可能并不是最让人激动的，但炎炎烈日，品饮中等价位的葡萄酒，非常合适。

普罗旺斯丘
Château de Pampelonne

价格稍贵、品质比较好的葡萄酒，就选择普罗旺斯第二大产区，位于更靠西的小内陆，普罗旺斯艾克斯山（Coteaux d' Aix en Provence）或者选择瓦尔山（Coteaux du Varois）。您可以冷藏后与传统的普罗旺斯美食，如蒜香橄榄油烤西红柿、胡椒，或者与蒜味美奶滋（aïoli）搭配饮用。

推荐酿造商

- St Roch-les-Vignes
- Château de Pampelonne
- Clos St Magdeleine

邦多（BANDOL）

C 色 颜色多样，赏心悦目，深粉色到淡红宝石色。

A 香 细致；散发着樱桃香、草莓香、干药草香和淡淡的香料味。

T 味 浓郁而精雅，味道清新，回味悠长复杂。

邦多是普罗旺斯声望最高的葡萄酒产区，这里出产比较强劲的上好桃红葡萄酒。深深的颜色源自当地的葡萄品种慕尔维德，混合神索葡萄和歌海娜葡萄后，既增添了水果风味，又柔化了单宁。

因为产量有限，所以这种葡萄酒极其难求，如果您从没品尝过邦多，一定要想方设法尝一尝！您可以与海鲜、鱼汤以及其他普罗旺斯美食搭配饮用。

推荐酿造商

- Château J P Gaussen
- Château Piharnon
- Domaine du Pey Neul

达维（TAVEL）/ 丽哈克（LIRAC）

C 色 浅红宝石色，带有细微的淡紫色；陈酿后颜色深至铜色。

A 香 细腻、复杂；散发着鲜花香、蜂蜜香，同时充满了红色新鲜水果的香气。

T 味 结构佳、柔和、新鲜、干，回味圆润、悦人

达维产区位于法国东南部，罗纳河谷比较低的一段，离阿维尼翁不远，距教皇新堡很近。这个产区只酿造桃红葡萄酒，20 世纪 50 年代是世界最著名的桃红葡萄酒产区。即使现在，达维葡萄酒也属于法国最好的酒品。

上好的桃红葡萄酒酒体强烈，回味悠长、深厚、新鲜，这些突出的特质使达维葡萄酒与众多其他“桃红”风格的葡萄酒大不相同。这种葡萄酒主要由歌海娜葡萄和神索葡萄酿制而成的，其口味一直都极其干，散发着花香、果香、香料味和坚果香，颜色从粉色到铜色（酒龄比较长的葡萄酒呈铜色）。葡萄酒独特的颜色和水果味是二氧化碳浸泡方法的结果，这种方法就是在无氧环境下，利用葡萄自身重量压碎（而非通过外力挤压）。

这是一款高级葡萄酒——曾经深受路易十四喜爱。价格可能不菲，但很值。丽哈克位于达维以北。这里的桃红葡萄酒酒体也很强烈，呈柔和的粉色，散发着红色水果和杏仁的香气，也很值得一尝。

推荐酿造商

- Château de Aqueria
- Domaine de la Mordorée
- Domanie Palaquie

产区和酒品

白垩土壤 达维附近的葡萄产区有着干燥的白垩土壤，上面杂乱地布满大块的平板石，晴天吸收热量，夜晚缓慢释放，使得葡萄成熟更加充分，从而赋予达维葡萄酒浓厚、复杂的水果味。

安茹（ANJOU）

C 色 从吸引人的淡粉色到中等的粉色，边缘有银色。

A 香 迷人、芳香；散发着压碎的浆果香、鲜花香，还有柔和的香料味。

T 味 有水果味、精雅；酸性清爽，回味悠长、悦人。

安茹位于卢瓦尔河谷的西部，出产两款桃红葡萄酒。其一是安茹桃红葡萄酒，它由几种葡萄酿制（包括佳美、品丽珠 Cabernet Franc、赤霞珠），清淡、新鲜。其二是安茹品丽珠桃红葡萄酒（Cabernet d' Anjou），它也很新鲜，不过更加复杂、深厚。这款葡萄酒由品丽珠和赤霞珠葡萄混合酿制而成，平衡佳，有微微的甜味。与烧烤或者任何熟猪肉搭配非常好。

推荐酿造商

- Langlois Château
- Domaine Ogereau
- Château de Fesles

桑塞尔（SANCERRE）

C **色** 淡鲑粉色，泛着一抹雅致的洋葱皮色。

A **香** 浓郁；散发着雅致的红浆果、香料的香气，还有微微的香草香和皮革香。

T **味** 新鲜、精雅；果味与酒精度和谐；回味悠长、复杂。

桑塞尔桃红葡萄酒是法国最受推崇的一款酒品，由黑比诺葡萄酿制而成，清淡、清爽、果味浓。桑塞尔的价格会很高——看清酒标确保酿造商的优劣（酒瓶上没有其他信息可以反映酒质）。不过，桑塞尔葡萄酒的确非常卓越，特别是与烤鱼，如鳕鱼搭配绝佳。

推荐酿造商
- J M Roger
- Lucien Crochet

科比埃（CORBIÈRES）

C **色** 鲜亮；从深粉色到淡紫色，边缘呈银色。

A **香** 酒龄短、芳香；有微微的草莓香、覆盆子香和越橘香。

T **味** 纯净、清爽；重量居中，酸性平衡。

这款桃红葡萄酒奇值！科比埃产于朗格多克-鲁西永（法国南部），那里完美的气候条件使新鲜的葡萄（包括神索和西拉）充分成熟。我喜欢这款葡萄酒与大麦粥搭配饮用或者与冷肉和黑橄榄酱搭配。

科比埃 Château du Vieux Parc

推荐酿造商
- Château du Vieux Parc
- Domaine de Fontsainte

朗格多克山（COTEAUX DE LANGUEDOC）

C **色** 深粉色，带有细微的红陶瓷色。

A **香** 细致；散发着樱桃香、红色浆果香和微微的鲜花香。

T **味** 清淡、新鲜、悦人；回味悠长、纯净。

法国最古老的葡萄酒产区酿制出一些风格细腻、更加清淡的桃红葡萄酒，物超所值。尝一尝精致、如花的尼姆丘（Costières de Nimes）或者AOC级朗格多克山附属酒，很少让您失望。它们与比萨饼搭配非常合适。

朗格多克山 Château Moujan

推荐酿造商
- Château Moujan
- Château Creissan

鲁西永丘（CÔTES DE ROUSSILLON）

C **色** 鲜亮；迷人的鲑粉色，有时带有一点儿洋葱皮色。

A **香** 精雅，相当浓郁；散发着成熟的草莓香、覆盆子香和樱桃香。

T **味** 结构好；酸性清爽、果味浓郁；回味特别悠长。

这个产区前景广阔，从不让人失望：所有鲁西永丘桃红葡萄酒品质都卓越。最上乘的酒品浓郁，色泽深，香气重。您可以尝试与海鲜或者烤鱼搭配。酒品结构强烈，所以与红肉一起饮用也很好。

总之，如果您购买桃红葡萄酒，记住不要选择鲁西永村丘。这种酒值得一尝，不过是一款红葡萄酒。

推荐酿造商
- Château du Jau
- Château de la Casanove

意大利

意大利人是酿造清淡红葡萄酒的行家，而且也酿制了上好的桃红葡萄酒，特别是以桑娇维塞葡萄（Sangiovese）为原料的酒品。有些桃红葡萄酒由多个葡萄品种混合酿制而成；很多特色鲜明、深厚、酸性清爽。

托斯卡纳桑娇维塞（TUSCAN SANGIOVESE）

C **色** 鲜亮，从淡宝石红色到深粉色。

A **香** 酒龄短；有浓浓的红色浆果香，带有香料的甜味和微微的紫罗兰香。

T **味** 干、结构好；和谐、悦人；回味有水果味。

由于酿制方法的改进以及消费需求的增加，意大利桃红葡萄酒的产量不断增长。

桑娇维塞葡萄赋予桃红葡萄酒自然的柠檬酸性。托斯卡纳桃红葡萄酒风格主要有两种，它们都是干葡萄酒。第一种，桑娇维塞葡萄占原料的比例为85%，尤以西普利塞多为代表，这种葡萄酒清爽、直接、清淡。第二种，由桑娇维塞葡萄、赤霞珠葡萄和美乐葡萄混合酿制而成，以海滨之城波格利葡萄酒为代表，这种酒更加庄重、雅致、回味很好。两种酒都非常适合与清淡的食物搭配。

托斯卡纳桑娇维塞 Antinori

推荐酿造商
- Antinori
- Avignonessi
- Guado al Tasso

希腊

希腊国内红葡萄酒和白葡萄酒产量都在提高，桃红葡萄酒也在其中，特别是那些采用新技术的地区。希腊是未来十年值得关注的国家。

尼米亚（NEMEA）

C **色** 鲜亮；透明度中等；淡淡的鲑粉色到比较深的鲑粉色。

A **香** 芳香；散发着草莓、石榴和野生林果的香气。

T **味** 悦人、质地好、清爽；酸性纯净；回味悠长。

大多数人想不到选择希腊的桃花葡萄酒，不过酒龄短的新一代酿造商正在向希腊葡萄酒的拙劣恶名发起挑战，他们注重葡萄酒的品质，酿制出了果味浓郁的桃红葡萄酒。这些葡萄酒应该在世界市场上占有一席之地。

尼米亚位于伯罗奔尼撒北部山区，这里有巨大的潜力酿制出雅致、时尚、复杂的桃红葡萄酒。尼米亚葡萄酒的主要原料是希诺玛洛葡萄和阿吉奥吉提柯葡萄。

最上乘的尼米亚桃红葡萄酒清爽、清淡，大多要在生产后6个月到1年之间饮用。与清淡的地中海美食搭配好极了。我特别喜爱将尼米亚桃红葡萄酒和羊乳酪沙拉搭配。

尼米亚 Ktima Kosta Lazaridi

推荐酿造商
- Ktima Kosta Lazaridi
- Strofilia
- Domaine Porto Carras

西班牙

像纳瓦拉和里奥哈这样的产区酿造的桃花葡萄酒深厚，有水果味，强劲，充满特质。通常，选用歌海娜葡萄酿制的葡萄酒紧致，颇为强劲。卓尔不凡！

纳瓦拉
Bodegas Ochoa

纳瓦拉（NAVARRA）

C 色 深粉红宝石色，带有一丝洋葱皮色。

A 香 复杂、熟润、雅致；散发着林果、黑莓、药草和香料的香气。

T 味 强劲、丰醇，清爽；有红色浆果味，酸性好；回味特别悠长。

如果您喜欢香格里亚(Sangria)，我觉得您就会喜爱质地好、滋味丰富的纳瓦拉桃花葡萄酒。

纳瓦拉主要以歌海娜葡萄为原料。这种葡萄酒呈深粉色，极其干，而且极新鲜。不过产区却笼罩在邻近的里奥哈的阴影下，当地的酿造商不得不力争赢得认可。纳瓦拉比里奥哈桃花葡萄酒的颜色更深一些，口味更浓郁、更甜一点，酒精度也更高。总之，我觉得物超所值，而且与西班牙海鲜饭搭配能营造出一种西班牙风情。

推荐酿造商

- Bodegas Ochoa
- De Sarria
- Coop San Rouque

里奥哈（RIOJA）

C 色 独特的深玫瑰红色，边缘呈红宝石色。

A 香 酒龄短、细致；散发着野生红色水果、草莓和樱桃的香气。

T 味 新鲜，口味强劲，有些奶油质感；回味纯净、悠长。

长久以来，里奥哈一直都是西班牙的重要产区；如今，世界其他国家终于清醒地认识了这里的酒品。里奥哈桃红葡萄酒主要由歌海娜葡萄酿制，而且开始让我难以忘怀。尽管有时酒精度有些高（歌海娜葡萄的一个特点），总体来说，平衡好。葡萄酒丰醇、圆润、有水果味，很深厚，也很有个性。葡萄酒质地熟润，但也保持了突出的酸性，因而口感新鲜，而且回味长、有水果味。如果您一旦发现好的酿造商，您放心他们一定会确保葡萄酒的风格和高品质，做好准备，花些时间找到您最喜爱的酒品。

里奥哈 López de Heredia

总之，这种葡萄酒活力充沛，而且非常容易入口——与橄榄和辣椒，或者与美味的熏制红肉一起享用极好。

推荐酿造商

- López de Heredia
- Marques de Caceres
- Valdemar

葡萄牙

有些人认为独特的马特乌斯（Mateus）或者蓝圣斯（Lancers）桃红葡萄酒与波特酒或者马德拉酒一样，都堪称葡萄牙的象征！这些葡萄酒的成功其实是全球营销的一大成功——就是合适的产品与需求对接。

马特乌斯(MATEUS)/蓝圣斯(LANCERS)

C 色 很淡的粉色（马特乌斯）；深粉色中带有鲑粉色。

A 香 有限；散发着红色水果香气，还有幽幽的鲜花香、葡萄树香和桃香。

T 味 微微起泡；有水果味、清爽，不太甜；回味迷人。

葡萄牙有两种驰名的桃红葡萄酒——马特乌斯（在欧洲常见，美国也有）和蓝圣斯（以美国为主要市场）。

马特乌斯桃红葡萄酒产于葡萄牙北部，它有点起泡，属于半甜型葡萄酒，由巴格（Baga）、巴斯塔多（Bastardo）、图瑞佳（Touriga）、蒂恩达罗瑞兹（Tinta Roriz）、蒂恩达品爱拉（Tinta Pinheira）葡萄混合酿制而成，主要产自杜罗（Douro）和百利达（Bairrada）DOC产区。

葡萄牙桃红葡萄酒
Mateus

最初在第二次世界大战期间出口到北欧和美国，20世纪六七十年代销量达到顶峰。最近一些年，受到销量下滑的威胁，酿造商不得不提升葡萄酒品质，满足消费者越来越高的品位。如今，葡萄酒平衡很好、新鲜、有水果味，甜度适中。蓝圣斯继续成为葡萄牙销量最大的葡萄酒之一。这种葡萄酒灌装在独特的石瓶中，第二次世界大战之后，进入美国市场，那时候，美国士兵都带着喜爱的欧洲葡萄酒回国品尝。蓝圣斯桃花葡萄酒与马特乌斯来自同一产区，采用相似的葡萄品种混合酿制而成，呈深粉色，还带有鲑粉色。散发着幽淡的花香和红色水果香，口感从清淡到中等不一。

蓝圣斯和马特乌斯葡萄酒非常灵活多变：可以在派对上饮用，或者作为餐前酒饮用；也可以与东方美食或者香辣的墨西哥菜肴搭配饮用。

推荐酿造商

- Mateus
- Laners

马特乌斯宫 葡萄牙最著名的建筑之一，将宫殿名字赋予葡萄酒，宫殿照片也印在了酒标上。

美国

仙粉黛（Zinfandel）是一种红葡萄，已经在加州安家落户；通过精心酿造，成为清淡的桃红葡萄酒或者“淡粉葡萄酒”。在美国西海岸，其他葡萄品种，特别是西拉和歌海娜，也用于酿制这种颇受欢迎的酒品。

白仙粉黛（WHITE ZINFANDEL）

色 鲜亮；极浅的粉色——一种“淡粉”色。

香 有限；散发着桃、柠檬、红色果酱（覆盆子、草莓）的香气。

味 微微起泡，有淡淡的甜味；回味悠长，有柠檬味。

在美国，红葡萄品种仙粉黛用于酿制成名为“白仙粉黛”的桃红葡萄酒或者说“淡粉”葡萄酒，在20世纪80年代很受欢迎。这款葡萄酒有甜味，微微起泡，瞄准的是酒龄短人群体，有时候还被称为葡萄酒中的“混合饮料”。其口味不是很醇厚，不过侍酒前要冷藏，如果您喜欢甜味，它会很容易入口。这款酒单独饮用迷人又亲切——但不适合鉴酒家。

白仙粉黛 Buehler Vineyards

推荐酿造商

- Buehler Vineyards
- Beringer (Stone Cellars)
- Cutler Creek

西拉（SYRAH）/ 歌海娜（GRENACHE）

色 优雅的深粉色，略带一丝比较深的宝石红色。

香 浓郁，酒龄短；散发着樱桃、黑莓和夏日红色浆果的香气。

味 质地好、平衡好；滋味丰醇；回味悠长。

西拉和歌海娜两个葡萄品种在加州的种植非常成功——它们不仅能够适应炎热的天气，而且即使生长环境贫瘠，产量也很高。用它们酿制的桃红葡萄酒同样迷人、美味，呈现自然的葡萄色泽，充满多种水果滋味。两款葡萄酒强劲，往往酒精含量较高。尽管如此，从整体上来说，两款葡萄酒精雅、平衡好，是稍加冰镇的红葡萄酒的最佳替代酒品。为了调和酒精度和突出的质地，最好与食物搭配饮用。我推荐与香辣的亚洲菜肴或者南美菜肴搭配。它适合与脆嫩的鸭肉或者味道不太浓的辣椒一起饮用。如果您正在食用红肉，可又没心情喝浓烈的红葡萄酒，西拉和歌海娜桃红葡萄酒也可以和烤肉甚至有些辣味的香肠搭配。

西拉和歌海娜酿制的桃红葡萄酒让您有机会发现——加州的桃红葡萄酒还处在发展初期，不过，在世界葡萄酒市场上有绽放异彩的潜力巨大。

歌海娜 McDowell

推荐酿造商

- McDowell
- Cambria
- Dehlinger

智利

在葡萄酒的世界里，智利人敢想敢为。他们成功采用其中一种最强健的葡萄——赤霞珠——酿制出细腻、强烈的桃红葡萄酒，这款酒非常令人满意，而且价格超值、无与伦比。

赤霞珠（CABERNET SAUVIGNON）

色 丰满，深粉色中透着红宝石色，透明度很好。

香 悦人、酒龄短；充满红色浆果和柑橘水果的香气。

味 成熟、圆润；新鲜、和谐、明快；回味悠长。

赤霞珠是经典的勃艮第红葡萄品种，也是加州和澳大利亚红葡萄酒的经典原料。不过，在良好的生长条件下，赤霞珠葡萄灵活多变，智利人成功采用它酿制出美味、新鲜、有水果味的桃红葡萄酒。这款桃红葡萄酒既有比较清淡的类型，又有风格比较强劲的，不过两种葡萄酒都很新鲜、醇香，有丰富的浆果滋味——饮用智利桃红葡萄酒就像在饮用一杯纯果汁。难怪消费者常常选择智利桃红葡萄酒，他们说它是更传统的意大利桃红葡萄酒！这种葡萄酒品质始终很好，而且物超所值，适宜轻松的午餐后或者辛苦一天之后小酌。

赤霞珠 Santa Rita

推荐酿造商

- 圣塔丽塔（Santa Rita）
- Undurraga
- Caliterra

智利人收获葡萄 圣塔丽塔葡萄园，位于圣地亚哥以南40公里（25英里），赤霞珠葡萄由人工精挑细选采摘收获。

阿根廷

过去的两个世纪，来自法国、西班牙和意大利的大批移民已经使阿根廷的葡萄酒产业初步形成。20世纪80年代以来，其品质——特别是红葡萄酒的品质——大幅提升。桃红葡萄酒虽然是比较新的葡萄酒类型，但具有发展前景，而且物超所值。

阿根廷桃红葡萄酒（AGENTINIAN ROSÉ）

色 从深、浓的粉色到淡宝石红色。

香 芳香；有樱桃、覆盆子和香料的香气。

味 酒体从清淡到中等；回味特别柔滑。

阿根廷的红葡萄品种和白葡萄品种（最著名的品种分别是马尔贝和多伦特斯）已经使用它们酿造的葡萄酒跻身世界最上乘葡萄酒之列——当然，在南美品质最好。不过，红葡萄酒和白葡萄酒的成功却限制了上好桃红葡萄酒的潜力，而且阿根廷酿造商一般都控制桃红葡萄酒的产量。

歌海娜
McDowell

从传统上来说，阿根廷粉红葡萄酒采用克里奥拉（Criolla）葡萄和克蕾莎（Cereza）葡萄酿造而成。这两种葡萄属于阿根廷最古老的葡萄品种，用它们酿制出的甜味桃红葡萄酒主要在当地销售。

现在，酿造商使用更加商业化的葡萄品种酿制出一些饶有趣味的桃红葡萄酒。用赤霞珠葡萄（在南美洲各地取得巨大成功）酿制的桃红葡萄酒鲜亮、新鲜。柔和的酸性与多种成熟水果味平衡和谐。不过还是马尔贝葡萄特别适合阿根廷的气候条件和地理环境，尤其是在门多萨产区，马尔贝葡萄酿制的葡萄酒占阿根廷葡萄酒总量的70%多。在安第斯山山麓，温和的气候为葡萄提供了稳定的生长条件，使这种葡萄皮呈现深色，赋予这种葡萄强劲的滋味和平衡的酸性。因此，马尔贝桃红葡萄往往强劲而非精致，散发着以红色水果为主的果香，如樱桃香、覆盆子香。用它酿制的葡萄酒丰醇、味美、很强烈。

歌海娜 McDowell

阿根廷的葡萄酒酿造商也正在开始尝试用美乐葡萄酿制桃红葡萄酒。在门多萨产区的葡萄园，如著名的果茵内奇（Goyenechea），美乐葡萄属于最古老的品种，而且与马尔贝一样，很适合阿根廷干燥、温暖的生长条件。用它酿制的葡萄酒新鲜、滋味丰富，入口后还有微微的甜味（在所有的糖分转化为酒精之前就把葡萄汁分离出来的结果）。确切地说，葡萄酒要在酒龄短时饮用——最好在一年之内饮用。

阿根廷桃红葡萄酒灵活多变，所以，如果您不知道某种食物该搭配红葡萄酒还是白葡萄酒，那么阿根廷桃红葡萄酒是完美的选择。夏日冷藏后侍饮最为理想。

推荐酿造商
- Trapiche
- Goyenechea
- Catena (Alamos Ridge)

澳大利亚

澳大利亚气候温暖、多样，所以适合培育其他地区难以生长的葡萄品种。比如，来自意大利的内比奥罗葡萄已经在澳大利亚安家落户，而且像歌海娜这样稳定的葡萄品种也取得了成功。

歌海娜（GRENACHE）

色 深玫瑰花瓣粉色，略带一丝银色。

香 散发着新鲜的草莓、樱桃和药草的芳香。

味 新鲜、肉味、浓郁，酸性柔和，回味悠长。

澳大利亚炎热的气候使葡萄成熟期很长，特别适合酿造雅致、果味浓、清爽、充满活力的桃红葡萄酒。

对我而言，歌海娜葡萄酿制的酒品最好，而且产自南澳大利亚巴罗萨谷的葡萄酒可能最为出色。这种葡萄酒充满新鲜的水果香气，但酸性和酒精度的完美平衡使其真正与众不同。

可不能错过这款夏日葡萄酒！单独品饮，会让您神清气爽；烧烤时饮用，别具澳大利亚风情；与烤虾或者烧烤牛排搭配，美味又可口。

歌海娜
McDowell

推荐酿造商
- Geoff Merrill
- Turkey Flat
- Mount Hurtle

内比奥罗（NEBBIOLO）

色 呈深粉色，比其他很多桃红葡萄酒的颜色要重，略带一丝紫色。

香 酒龄短而新鲜；散发着越橘、红色浆果、香料和干药草的香气。

味 强烈、和谐、清爽，回味柔和。

从传统上来说，内比奥罗葡萄往往和意大利西北部的葡萄酒产区联系在一起，那里出产很强劲的巴罗洛红葡萄酒（见第114页）。虽然这种葡萄单宁丰富，酸性刺口，但在有些气候条件下，可以变得更清淡、更明快，同时还保持了醇香和细腻。

澳大利亚温暖的气候为这一更加清淡的风格（对于桃红葡萄酒而言，这种葡萄酒仍然丰醇）提供了绝佳的生长条件，而且澳大利亚内比奥罗葡萄酒的酿制已经十分成功。最初，酿造商只是将内比奥罗作为葡萄原料的一部分，不过现在，有些酿造商百分之百只选用内比奥罗葡萄，用它酿造的葡萄酒令人印象深刻。

澳大利亚桃红葡萄酒与其他很多粉红葡萄酒相比，结构更丰富、更有肉感，尤其是与食物搭配，特质更加突出。这是因为天然的高酸性使用它酿造出来的葡萄酒极为平衡和谐。您可以与西红柿、橄榄、大蒜为主的菜肴搭配饮用，如西西里短条通心粉（penne Siciliana）（西红柿、蔬菜酱汁通心粉）或者蒜泥蛋黄酱炖鱼汤（Bourride）。搭配胡椒牛排（烧烤牛排，纯正的澳大利亚风味）或者煎金枪鱼也很美味。

内比奥罗
Garry Crittenden

推荐酿造商
- McDowell
- Cambria
- Dehlinger

水果味、充满活力的红葡萄酒

“香气馥郁迷人，浆果味紧致充盈，回味丝般柔滑。”

水果味、充满活力的红葡萄酒简介

在所有最上乘、最有乐趣的葡萄佳酿中，水果味、充满活力的红葡萄酒容易入口而且灵活多变——从千载难遇的陈年勃艮第葡萄酒，到午餐时和烧烤时饮用的葡萄酒，如意大利的维波利或者澳大利亚的特宁高（Tarrango）。

覆盆子 充满活力的红葡萄酒充满红色水果和浆果的滋味。

控制单宁是酿制水果味、充满活力的红葡萄酒的关键。这也就是为什么酿制这种酒的很多葡萄浆果大、皮薄，因为这样的话，果汁最多、单宁最少。这种葡萄酒产在气候更加凉爽的环境中，因此葡萄成熟缓慢，浆果有很长时间培育独特的水果风味。保持单宁水平低的最后一个重要因素是酿制过程本身。很多清淡红葡萄酒在酿造时使用了一项特殊工艺——二氧化碳浸泡法，即把整串的、未经破碎的葡萄放入无氧环境，覆盖上二氧化碳。这样葡萄释放出酶，从而产生第一阶段的发酵（免去添加酵母的过程）。几天之后，浆果蔫塌，然后按照传统红葡萄酒的酿制方法进行酿造。最终的结果是把单宁水平降到最低，同时最大限度地释放葡萄的香味。

尽管基本上所有的水果味、充满活力的红葡萄酒（无论什么葡萄品种）呈鲜亮的红宝石色，但最上乘的葡萄酒颜色为稍偏深的红宝石色，芳香四溢。这种葡萄酒口感充满活力，有清新的浆果和胡椒味。

黑比诺

酿制水果味、充满活力的红葡萄的明星葡萄品种一定是黑比诺，虽然它种植难度大的名声不太好，产量也低，但是，能酿制出高品质葡萄酒才是关键。黑比诺酿制的最具代表性、最卓越的葡萄酒产自法国勃艮第（黑比诺葡萄在这里找到最完美的生长环境），它清淡而复杂；还有产自加州、澳大利亚、南非、智利和新西兰的黑比诺葡萄酒。新世界的葡萄酒比旧世界的更直接、更撩人，而且坦率地说，它席卷了整个葡萄酒世界。

清淡的意大利面 意大利水果味红葡萄酒，如维波利、巴贝拉、多赛托（Dolcetto），特别适合与意大利面搭配。

品酒和侍酒

简介 水果味、充满活力的红葡萄酒没有受到新橡木桶的特别影响，所以最上乘的酒品应该质地清淡、轻快。这种酒回味滑润，时间从中等到悠长。

C 色 色泽应该鲜亮，整体颜色呈淡红宝石色，气泡为微微的粉色，边缘可能呈现粉色。

A 香 浓郁，通常以红色水果的清新感和酒龄短活力为主，也有可能散发香蕉和香料的香味。

T 味 最重要的口味就是浓郁的水果味，但是单宁会给人以丝般柔滑的口感；酸性平衡、酒精度中等。

选购和贮藏 尽管这种葡萄酒清淡，不像强劲的红葡萄酒那么引人注目，但要特别留意酿制方法，因为酿制方法决定着葡萄酒昂贵的价格。您最好在两年内，葡萄酒新鲜的时候饮用。上乘的黑比诺除外，因为它可以贮藏 30 年。

侍酒建议 这种夏日葡萄酒最好稍加冷藏后（酒窖的温度）饮用——在冰箱放置 30 分钟，或者在冰水中放置 10 分钟最为理想。这款葡萄酒越凉，水果味和单宁的口感越足。

食物搭配 所有这种酒与清淡的肉搭配绝佳。西班牙的葡萄酒和西班牙传统小点心一起享用非常好；德国的葡萄酒与烤猪肉搭配；新世界的葡萄酒与烤肉或者烤鱼和素食搭配（也可以单独饮用）。

葡萄品种

以下葡萄品种可以酿制出风味独特的清淡、新鲜、水果味红葡萄酒。除了支撑起这一葡萄酒类型的经典品种黑比诺，用于酿制水果味、充满活力红葡萄酒的主要葡萄品种有佳美——它生机盎然，用它酿造的最著名的酒品是勃艮第博若莱葡萄酒；蓝布鲁斯科葡萄、巴贝拉葡萄和多赛托葡萄，它们可酿制出一些意大利最驰名酒品；品丽珠葡萄，其种植遍布波尔多产区和新世界；南非的品诺塔吉葡萄，它们可酿制出清淡、果汁般的红葡萄酒。

葡萄名称	最佳产区	述评
黑比诺	法国：勃艮第、阿尔萨斯、桑塞尔；澳大利亚；新西兰；美国：加州（卡耐罗斯）、俄勒冈；加拿大	用黑比诺葡萄酿制的酒酒品颜色淡，丝般柔滑，香气雅致浓郁；适宜陈酿，滋味丰富，从黑色樱桃到皮革味，还有香草和烟熏味。
佳美	法国：博若莱、卢瓦尔河谷；瑞士：日内瓦	用佳美酿制的葡萄酒芳香、单宁柔和、酸性高、酒精度低。主要采用二氧化碳浸泡法酿制，及早饮用极佳。
巴贝拉	意大利：皮尔蒙特、伦巴蒂；阿根廷；美国	巴贝拉种植面积广，是佳美葡萄的替代品种，用它酿制的葡萄酒有丰富的水果味、精雅、酸性好（新鲜）、单宁低。
蓝布鲁斯科	意大利：中部产区	蓝布鲁斯科酿制的葡萄酒要在酒龄短时饮用。虽简单无华，但可酿制精良、充满水果味，而且很诱人、有微微的红色浆果和香料的香味的葡萄酒。
多赛托	意大利：皮尔蒙特	多赛托是皮尔蒙特主要的葡萄品种，偏爱温和的气候条件，成熟早，特质迷人，用它酿制的红葡萄酒柔和、容易入口、芳香、平衡好。
品诺塔吉	南非	品诺塔吉是黑比诺和神索葡萄的杂交品种，用它酿制的葡萄酒单宁柔和、顺滑，有微微的樱桃、香料味和肉质。
品丽珠	法国：西侬、索缪尔、布尔格伊-圣尼古拉；美国：加州；阿根廷	品丽珠喜欢凉爽的气候条件。新世界以此酿制的葡萄酒质地好，有水果味和些许胡椒味。
圣劳伦（St Laurent）	奥地利：布尔良兰；德国：普法尔茨；东欧	用圣劳伦酿制的葡萄酒颜色深，有压碎的红色浆果味，单宁柔和，经年陈酿也很好。
普萨（Poulsard / Plousard）	法国：汝拉	普萨葡萄个儿大、果皮薄、成熟期长，用它酿制的葡萄酒比较芳香，颜色特别淡。
门西亚（Mencia）	西班牙：西北部产区	门西亚种植范围广，用它酿制的红葡萄酒清淡、有水果味，及早饮用最为理想。门西亚葡萄以比艾尔索DO级葡萄酒（Bierzo DO）和加利西亚葡萄酒而闻名。
莫利斯特尔（Moristel）	西班牙：索蒙塔诺（Somontano）	这款水果味葡萄酒通常由莫利斯特尔与其他葡萄品种混合酿制而成，应该在酒龄短时饮用，因为氧化、退色相当快。
史伯特勃艮第（德国黑比诺）	德国	这是德国的黑比诺葡萄品种，用它酿制出的葡萄酒精雅，比勃艮第的略微清淡。
凯文诺（Klevner）	瑞士：苏黎世地区	凯文诺在凉爽的气候条件下生长繁茂，用它可酿制出世界级、很复杂的葡萄酒。
卡耐奥罗（Canaiolo）	意大利：中部产区	用卡耐奥罗酿制的单品种葡萄酒简单、清淡、有水果味。卡耐奥罗是奇安蒂第二大葡萄品种，人们对此更加熟悉。

法国

勃艮第是一些世界最驰名的充满活力、水果味红葡萄酒的故乡，主要以黑比诺葡萄为原料。法国也出产很多其他杰出的清淡红葡萄酒。博若莱葡萄酒采用佳美葡萄酿制，有水果味，很可口。西依位于卢瓦尔河沿岸，选用品丽珠葡萄酿制的酒品，清新而迷人。比利牛斯山山麓也出产清淡细腻的红葡萄酒。

夜丘（CÔTE DE NUITS）

C 色 鲜亮、浓厚的宝石红色到紫色，略带淡紫色。

A 香 散发着樱桃、黑莓、李子、香料、药草、胡椒、泥土、皮革和无花果的香气。

T 味 强劲而精雅；柔和、丝滑、丰醇、有水果味、充满活力。

在勃艮第采用黑比诺葡萄酿制的葡萄酒最广泛、种类最多，只要您能想象到，这里都拥有。不仅名称和分级数量大，酿造商也是成千上万。我认为，成功选择产自勃艮第葡萄酒的关键在于认准好的酿造商。在同一座葡萄园，有5家酒庄会分别给您不同风格、不同品质、不同价位的葡萄酒。关键是找到您满意的酿造商。即使对顶尖的酿造商而言，黑比诺葡萄也很难掌控。在最好的年份，葡萄酒精雅，水果香味复杂，单宁丝滑；可是在比较差的年份，葡萄酒酸涩，缺乏浆果的香气，以草木味为主。

夜丘
Confuron-Cotetidot

我觉得最出名、最好的勃艮第黑比诺葡萄酒产自夜丘。在所有勃艮第红葡萄酒中寿命最长，至少可以陈酿5年，而最好的年份酒可以陈酿长达35年。

夜丘有23款特级葡萄酒，分为8个村庄级名称。有些最出名的勃艮第红葡萄酒产自哥维雷-香贝天（Gevrey-Chambertin），它的颜色往往很深，经年陈酿后有泥土和动物的特质。莫雷圣丹尼（Morey-St-Denis）和香波穆西尼（Chambolle-Musigny）的葡萄酒更加清淡，特别精雅，非常细腻。乌娇（Vougeot）红葡萄酒酒龄短时充满花香，陈酿后能培养出泥土和松露的特质。沃恩-罗曼尼（Vosne-Romanée）酿制出一些世界顶级（同时最为昂贵）的葡萄酒，它们非常浓郁，但是很精雅，单宁、果味、酸

强劲的黑比诺 哥德利安-香贝天位于夜丘的北部，因出产浓郁、深色葡萄酒而享有盛誉。

产区和酒品

最大的奖赏 在所有特级葡萄酒的葡萄种植园中，位于沃恩-罗曼尼中心地带的罗曼尼康蒂最为杰出。这款葡萄酒昂贵得出奇，但是独一无二，绝对让人难以忘怀。

性平衡无暇。夜圣乔治（Nuits-St-Georges）名气稍小的玛珊内（Marsannay）和菲克辛（Fixin）虽然没有特级葡萄酒，但仍然出产一些世界一流的卓越葡萄酒。

我认为，最好的葡萄园，有时属于一座酒庄拥有，不过多数情况下，属于多家小酿造商。夜丘最好的葡萄园如下：香贝天（Chambertin）、莎贝－香贝天（Chapelle-Chambertin）、格里奥特－香贝天（Griottes-Chambertin）、罗曼尼康蒂（La Romanée Conti）、罗曼尼圣维安、塔希、艾雪索、宝耐－马尔、大德庄园、罗西庄园（Clos de la Roche）和穆西尼（Le Musigny）。

我喜欢单独品饮这些葡萄酒，不过我也推荐同鹿肉排和深平底锅焗鸡油菌搭配。

夜丘
Henri Gouges

推荐酿造商

- Henri Gouges
- Confuron-Cotetidot
- D Mortet
- J L Trapet

汝拉普萨（JURA POULSARD）

色 颜色多变，从淡红色到橘粉色。

香 很独特；散发着樱桃、覆盆子、红醋栗和香草的香气。

味 极其精雅，有水果味，清爽，回味悠长。

普萨是汝拉产区一个特别而且异乎寻常的葡萄品种，它果皮很薄，色素浅淡，所以也可以用于酿制白葡萄酒。您可能会发现市场销售的名为阿伯瓦的葡萄酒，是选用当地黑比诺和乔瑟葡萄混合酿制而成的。在法国东部另一产区布杰，有时这种葡萄酒被称为麦斯科。普萨红葡萄酒和桃红葡萄酒最好冷藏后侍酒，是适宜夏日饮用的动人酒品，可以同肉酱，甚至沙拉或者蔬菜蘸酱搭配。我总是说"普萨适合禽肉"！

推荐酿造商

- Jacques Puffeney
- Domaine Rolet

桑塞尔（SANCERRE ROUGE）

色 独特的淡宝石红色，边缘呈现橘色。

香 芳香精雅，有新鲜红色浆果、泥土和香料的香气。

味 干而悦人；酸性高、单宁平衡；回味时间中等到悠长。

桑塞尔属于卢瓦尔产区，以长相思著称（见第46页），我不敢说桑塞尔的红葡萄酒经常让我印象深刻。不过，有些酿造商注重白葡萄品种，也同样注重红葡萄品种，酿制出的葡萄酒迷人、精雅，可以和勃艮第的有些比较清淡的葡萄酒媲美，它们的果香很相似，不过桑塞尔的葡萄酒很少能经年陈酿。

桑塞尔红 Jean-Max Roger

推荐酿造商

- Jean-Max Roger
- Domaine Henri Bourgeois

阿尔萨斯黑比诺(ALSACE PINOT NOIR)

色 可以辨认的浅樱桃红色，边缘呈红宝石色。

香 浓郁、酒龄短；有香料、胡椒、泥土和烟熏的香气。

味 优雅、强烈，单宁熟润，回味美好。

我总是在寻找那些名品以外的佳酿，这种酒就是我最新的发现之一。因为新技术的应用和果实成熟度的提高，葡萄酒澄澈、纯净。阿尔萨斯黑比诺个性十足，水果味丰满、清爽，将强度与细腻融合。虽然价格比较昂贵，但确实值得品尝，特别适合与熏肉或者烤肉搭配。

推荐酿造商

- Trimbach
- Domaine Marcel Deiss

弗隆东奈丘（CÔTE DE FRONTONNAIS）

色 鲜亮的宝石红色，略带鲜艳的粉红色。

香 浓郁的覆盆子、樱桃、丁香、新鲜的李子、香料和干草的香气。

味 有微妙的水果香味和泥土滋味；回味中等。

这个产区位于法国西南，大有发展前途，已经引起了我的关注。产区有两种类型的葡萄酒。第一种为传统风格：口感微涩、强烈、有单宁性，是以波尔多的赤霞珠、品丽珠、和马尔贝葡萄和西拉葡萄为主的混合品种酒。第二种为现代风格：清淡、水果味充盈，主要采用当地的聂格列特葡萄酿制而成。试想一下，您在群山之中，手里捧着其中一款葡萄酒，搭配烤肉和柔软美味的比利牛斯山奶酪——天堂般的感觉！

推荐酿造商

- Château Plaisance
- Château le Roc

索缪尔-香比尼(SAUMUR-CHAMPIGNY)/西侬（CHINON）

色 深深的红宝石色到紫红色，边缘呈紫色。

香 浓郁；散发着覆盆子、草莓、深色水果、甜调料的香气。

味 柔和、精雅、芳香，回味令人满意。

安茹－索缪尔产区和图尔产区被卢瓦尔河谷环绕，这样的环境为葡萄的生长提供了有利的条件；索缪尔－香比尼和西侬是其中最好的红葡萄酒。这里以白垩土壤为主，是品丽珠葡萄的故乡，当地人称品丽珠为布雷顿（Breton）。典型的品丽珠葡萄酒同时具有黑醋栗、青椒的口味和柔和多汁的柠檬酸性。您应尽量找到最好的年份酒，因为年景不好，如果葡萄没有完全成熟，酿制的葡萄酒会有草和叶的特质。

图尔产区的西侬葡萄酒不但在卢瓦尔谷很有名气，而且享誉世界，是意大利维波利葡萄酒（见第86页）或者其他类似的葡萄酒的替代品。在法国，这种红葡萄酒是博若莱葡萄酒的最佳替代品，主要是因为它富含草莓和覆盆子的香气。其质地清淡、水果味、香料味和鲜花味浓厚。索缪尔－香比尼葡萄酒和西侬葡萄酒相似，但通常结构上稍逊。

来上一瓶索缪尔－香比尼或者西侬，在野餐抑或烧烤时饮用，或者与清淡一些的烤肉或者野味搭配，真是再好不过了！

西侬
Domaine C Joguet

推荐酿造商

- Domaine C Joguet
- Bernard Baudry

博若莱（BEAUJOLAIS）

C 色 鲜亮、清淡的宝石红色，有时为紫红色；优质酒颜色更深。

A 香 迷人、充满活力；酒龄短的有红色浆果水果、胡椒、紫罗兰和香蕉的香气。

T 味 有水果味，单宁低，回味悠长、清爽、多汁。

对于博若莱，我能说些什么呢？它是世界经典红葡萄酒之一，口感特别丰醇、清淡、张扬。原因部分在于黑佳美（Gamay Noir）葡萄的特点，同时也是酿造过程中采用二氧化碳浸泡法的结果，这种酿法增加了不少水果香味。

位于法国勃艮第产区的博若莱有许多区域性法定产区名。这之中，我会选择博若莱村庄名（Beaujolais-Village），因为它的品质、水果味卓越。博若莱还有10座葡萄园，因水土条件不同，差异很大。挑选合适的那一个极具挑战！

朱莉娜（Juliénas）和风车（Moulin-à-Vent）在博若莱历史最悠久，用它们酿制的葡萄酒深厚、浓郁、复杂，如变魔术一般将紫罗兰、黑醋栗、牡丹和草莓的香味融合，最后还留下矿石的香味。用花坊（Fleurie）酿造的葡萄酒很受欢迎，因为它的味道花香馥郁、精雅，而用谢纳（Chénas）酿造的葡萄酒果味浓郁、花香芬芳。我曾经在莫艮采摘收获葡萄，现在仍然喜爱这里的葡萄酒，因为它的质地浓密、紧实，压碎的浆果平衡多汁。清淡一些的葡萄园包括：酿制出迷人、呈宝石红色葡萄酒的圣爱；清新、酒龄短的雷妮希露勃、布鲁伊和布鲁伊丘。

博若莱
Domaine de la Madone

您可以在任何时间单独饮用博若莱葡萄酒，也可以在午餐或者晚餐时饮用，或者与大多数肉或者蔬菜搭配。强劲一些的葡萄酒，如朱莉娜或者风车特别适合于野味或者与红肉搭配。如遇特殊场合，我会选择其中一款最高品质葡萄酒，不过要注意——酿造商在很大程度上决定着葡萄酒的品质。

推荐酿造商

- Domaine de la Madone
- Château des Jacques
- Duboeuf

文化与传统

葡萄酒节 博若莱新酒是产区内以最快的速度酿制的葡萄酒，每年葡萄收获仅有几周后就在商店售卖。博若莱新酒的香味一点儿也不复杂——我一直认为就像在闻一袋糖果！每年11月的第3个星期四，会举办推出这种酒龄短的新酒庆祝活动。

凉爽的红葡萄酒 如果博若莱葡萄酒很热，不要饮用——稍稍冷藏最佳，特别是与冷肉搭配。

西班牙

西班牙以其更加强劲的红葡萄酒，如里奥哈和河岸而著称，不过，如果气候和葡萄品种允许，也有一些更清淡的类型。主要的水果味、充满活力的红葡萄酒是门西亚、索蒙塔诺、瓦尔德佩纳斯（Valdepeñas）。这些葡萄酒浆果香味熟润、单宁柔和。

门西亚（MENCÍA）

色 深石榴红色，边缘呈紫色；透明度中等。

香 散发着微微的橡木和红色水果香，黑樱桃香突出。

味 浓郁的芳香水果、巧克力味，回味有矿石味。

门西亚葡萄主要种植在西班牙西北部、大有发展前途的加利西亚产区和附近的比艾尔索产区。我觉得这个人们评价偏低的葡萄品种有能力酿造出高品质的水果味红葡萄酒。比艾尔索是比较新的DO级产区，因为葡萄种植在河岸陡峭的土地上，产量很有限。这种葡萄酒丰醇、芳香、质地很好——如果您想品尝比里奥哈更鲜亮、更清新的葡萄酒，选它吧，它特别适合与西班牙传统小点心或者烤肉搭配。我最喜欢搭配肉酱和山羊奶酪——别具西班牙风味。瓦尔德奥拉斯（Valdcorras）位于加利西亚以西，大西洋吹来的微风影响到这里的小气候环境，葡萄园因此受益，葡萄酒的风格虽然很相似，但酒精度比较低，自然酸性保持得很好。

推荐酿造商
- Bodegas CA del Bierzo
- Pérez Carames

瓦尔德佩纳斯（VALDEPEÑAS）

色 中等的紫红色，边缘呈粉红色，透明度好。

香 新鲜的成熟浆果香，还有淡淡的皮革和香草味。

味 滋味丰醇，平衡佳，清爽，回味悠长。

瓦尔德佩纳斯 Bodegas los Llanos

添普兰尼洛葡萄品种，当地人称之为桑希贝尔，生长在西班牙中部高海拔地区。这里，夏天烈日当空，使瓦尔德佩纳斯产区的葡萄酒平衡极佳：成熟水果味芬芳，质地丰满柔和。在美国，橡木桶陈酿后，有诱人的香草、樱桃和黄油的香味。葡萄酒可人、容易入口，与西班牙传统小点心搭配非常完美。

推荐酿造商
- Bodegas los Llanos
- Viña Zara

索蒙塔诺（SOMONTANO）

色 鲜亮的深樱桃红色，有时带有微微的紫罗兰色。

香 散发着成熟的红色和黑色水果的香气；有微微的香草、巧克力和香料味。

味 天鹅绒的质感，犹如博若莱葡萄酒，结构清淡、有水果味、单宁柔和。

注意——我保证这种葡萄酒会成为西班牙的新赢家。索蒙塔诺，意思是“群山脚下”，坐落在比利牛斯山脚下。这里采用莫利斯特尔葡萄酿酒，人们对其别名慕尔维卓更为熟知，常常与添普兰尼洛葡萄混合酿酒，柔和、清淡，天鹅绒般的柔滑，丰醇，有水果香味，别具西班牙特色。这款酒适合在温暖的夜晚与清淡的肉、西班牙传统小点心和烧烤食物搭配。

推荐酿造商
- Enate
- COVISA

德国

德国以酿制白葡萄酒最为驰名，不过也酿制名为史伯特勃艮第的红葡萄酒，其与黑比诺相似。

史伯特勃艮第 Salwey

史伯特勃艮第（德国黑比诺）（SPÄTBURGUNDER）

色 通常为宝石红色，但也可能为很淡的粉色。

香 清新、悦人，有樱桃、香草、坚果和松木的香气。

味 微微的黑莓、药草和矿石味，回味柔缓、滑润。

德国红葡萄酒比较稀罕——很难在德国以外的地方找到。最好的葡萄酒产区是莱茵黑森、普法尔茨、巴登。史伯特勃艮第酿制的葡萄酒风格从“浅粉”的桃红葡萄酒到强烈的红葡萄酒，与法国勃艮第的葡萄酒类似。通常，史伯特勃艮第葡萄酒芬芳、清淡、充满活力、精雅，天鹅绒般柔软，回味非常滑润。

因为品饮德国红葡萄酒是件特别的大事，所以我会尽量选择与德国美食，像烤猪肉或者德国香肠搭配，虽然这种葡萄酒与野味和禽肉搭配也很合适。回味干的葡萄酒搭配蓝奶酪；回味稍甜一点儿的葡萄酒作为甜酒饮用非常好。如果您能找到其中的一款葡萄酒，要紧紧抓牢——跟其他清淡的红葡萄酒相比，它可以让您品味一新。

推荐酿造商
- B Huber
- Bernhardt
- Salwey

奥地利

奥地利的白葡萄酒往往品质卓越，因大多在国内消费，所以知名度不高。而采用圣劳伦葡萄酿制的清淡白葡萄酒知名度与之相比甚至更低，但其品质十分卓越，与勃艮第的黑比诺相似，为顶级酒品。

圣劳伦（ST LAURENT）

色 鲜亮的宝石红色，透明度中等。

香 充满新鲜的黑莓和草莓浓郁香气。

味 有水果味和肉质，酸性平衡，单宁滑美。

我觉得圣劳伦就是奥地利的法国勃艮第红葡萄酒。圣劳伦葡萄的名称源于8月10日的圣徒节——因为10日前后，这种提早成熟的葡萄开始成熟。圣劳伦与黑比诺紧密相连，而且很难种植——需要降水量大、夏季比较温暖的条件——不过酿制出一些我个人认为奥地利最上乘红葡萄酒。圣劳伦与黑比诺一样，质地清淡、充满活力，充满柔软水果和浆果味，单宁平衡，回味纯净。我觉得比勃艮第葡萄酒更清新。这种葡萄酒灵活多变，不应只在夏日饮用。我喜欢与烤肉、羔羊肉、野味、意大利面食和奶酪搭配。

圣劳伦 Umathum

推荐酿造商
- Umathum
- Gipsberg
- Gesselmann

瑞士

瑞士葡萄酒清淡、明快，这里的群山、湖泊形成凉爽的微气候环境，赋予了葡萄酒一定的复杂性。购买瑞士葡萄酒会让人困惑不解，因为葡萄品种在不同产区有不同的名字。

瑞士清淡红葡萄酒（SWISS LIGHT RED）

C 色 淡红色，边缘呈橘粉色；与桃红葡萄酒类似。

A 香 酒龄短、充满活力；散发着覆盆子和越橘的香气，有微微的薄荷香、香料香和松木香。

T 味 水果味浓、清爽；单宁中等，非常和谐。

多数人在选择葡萄酒时，会想不起瑞士。我觉得这太遗憾了，因为瑞士酿造的一些酒品很诱人。瑞士仍然主要以白葡萄酒著称，不过，可人的清淡红葡萄酒在瑞士国内越来越受欢迎，在其他国家的超市（或者餐厅）却十分罕见。其中一种简单的解释就是税——向瑞士进口葡萄酒非常昂贵，因此瑞士葡萄酒大多在当地消费。另外，瑞士是个锁在阿尔卑斯山中的小国，多数葡萄种植区海拔过高，葡萄不容易成熟，所以导致葡萄酒的产量很低。

瑞士葡萄酒大多产自西部靠近法国的地区，周边是大湖泊，葡萄园通常在朝南的台地上，光照充足。在湖泊附近，微气候影响巨大，自然的微风减缓了葡萄的成熟过程，使葡萄滋味更多、更丰富。

需要关注的主要葡萄酒产区是位于罗纳河上游的瓦莱和沃州。黑比诺（也被称为凯文诺）茁壮茂盛，是瑞士种植面积最广的葡萄品种，接下来是佳美葡萄。两种葡萄混合可以酿制出著名的多乐（Dôle，在瓦莱的酒名）或者萨瓦尼（Salvagnin，在沃州的酒名）。

瑞士清淡红葡萄酒
Simon Maye & Fils

瑞士佳美在很多方面与酒龄短的博若莱葡萄酒类似——芳香、滑润，微微的香料味让人爱不释口，尽管有时佳美葡萄酒缺乏勃艮第葡萄酒的深厚、酒体和丰满感。西拉（Syrah），还有一些不同寻常的当地葡萄品种，如匈梅尼（Humagne）和歌娜琳（Cornalin），可以用来增添混合酿制葡萄酒的特别趣味。瑞士提契诺州（Ticino）的意大利语区，受意大利湖泊的气候影响，酿制出清淡的美乐葡萄酒。

虽然瑞士葡萄酒不是位居世界前列，但其口味清淡、圆润、极其清爽。与朋友围坐一桌，特别是在夏日眺望着群山，品饮瑞士红葡萄酒确实很愉悦轻快、趣味盎然。

瑞士红葡萄酒可以稍加冷藏，作为餐前酒单独饮用。与日内瓦湖里的新鲜鲈鱼搭配更好，或者与任何淡水鱼搭配，都可勾起在山中度假的美好回忆。

推荐酿造商

- Simon Maye & Fils
- E & G Roduit
- Alain Neyroud

意大利

近年来，像维波利和蓝布鲁斯科这样的意大利清淡红葡萄酒的名誉遭受重创，不过，这些葡萄酒非常出色，应该给予其第二次机会。多赛托和巴贝拉非常适合日常饮用。

巴贝拉（BARBERA）

C 色 从中等到深度的石榴红色，边缘呈红宝石色。

A 香 香气浓郁突出；散发着黑莓、甘草、香料和鲜花的香味。

T 味 水果味，单宁紧致、成熟，回味好。

巴贝拉酿制的葡萄酒风格多样，有强劲的红葡萄酒，也有名为维贝斯科（Verbesco）的起泡葡萄酒。在皮尔蒙特产区，巴贝拉是当地日常葡萄酒的最重要组成部分，而且占皮尔蒙特红葡萄酒产量的一多半，所以被称做“大众的葡萄酒”。它有3个产区：阿斯蒂（Asti）和阿尔巴（Alba）（最重要的两个产区）以及蒙菲拉托（Monferrato）。

巴贝拉
Araldica

如果博若莱葡萄酒明天开始停售，那我会直接选择阿斯蒂的巴贝拉——酿制精良、诱人，熟透的水果味令人愉悦，口味惹人喜爱。阿尔巴的巴贝拉结构好，质地熟润、结实。如果您喜爱巴罗洛，这种酒虽没那么强烈，人们评价也偏低，但您仍然会爱上它。要对它有耐心——我建议您贮藏至少三四年再饮用。我喜爱这种葡萄酒因特定的产区而风格各异。由于声望和品质已经提升——口味直接，复杂而精雅——这让我兴奋不已。多亏成熟水果的风味，葡萄酒肉味浓厚，不过酸性依然赋予了特别的清新滋味。我喜欢午餐时或者温暖的夜晚坐在户外时饮用巴贝拉葡萄酒。巴贝拉葡萄酒极其灵活多变，适合与大多数意大利和地中海菜肴搭配。

推荐酿造商

- Araldica
- Rochetta
- Maccario

文化与传统

冰镇红葡萄酒 有些人认为待饮冰镇红葡萄酒有些疯狂。不过，红葡萄酒应该在室温饮用、白葡萄酒应该冰镇后饮用的规则过于简单。任何单宁不高的清淡红葡萄酒，特别是在夏季，都可以冰镇后品饮。所以，下次您饮用意大利、博若莱或者简单的勃艮第清淡红葡萄酒，先在冰箱冷藏30分钟，或者先放在盛有水和10~15个冰块的冰桶中。

多赛托（DOLCETTO）

C 色 深宝石红色到黑樱桃色；透明度佳。

A 香 充盈着破碎的黑莓香和覆盆子香，以及甘草香和杏仁香。

T 味 精雅、有水果味；丰醇却清淡；回味佳。

多赛托是皮尔蒙特居民最喜爱的日常饮用葡萄酒。据说，“皮尔蒙特居民身上流淌的血液有一半是多赛托”。这样的话，我真希望自己生在皮尔蒙特。

多赛托是一种极好的葡萄品种，生长在其他葡萄品种不能生长的地方，成熟很早。这就意味着很少有酸性或者涩感，因为吸收了充足的阳光，从而很快具有丰富的滋味——避免了意大利北部山地葡萄园存在的一个重要问题。

多赛托
Marchesi di Grésy

“多赛托”直译过来是“小甜甜”，可能是因为葡萄甜的缘故，或者是因为皮尔蒙特人觉得多赛托葡萄酒有点儿甜甜的感觉。其实这种葡萄酒属干型，没有残留的糖分，它比巴贝拉葡萄酒柔和，水果味浓，巴贝拉的酸性更足。

有7种DOC级多赛托葡萄酒都产在皮尔蒙特，它们分别是阿尔巴的多赛托、亚奎的多赛托（Dolcetto d' Aqui）、阿斯蒂的多赛托、阿尔巴迪阿诺的多赛托、朗格蒙端格莱斯的多赛托、多格莲尼的多赛托（Dolcetto di Dogliani）、奥瓦达的多赛托。

阿尔巴的多赛托葡萄酒最出名，而且我认为最好。多格莲尼和阿尔巴迪阿诺再加上阿尔巴是三大最重要的产区；而奥瓦达葡萄酒通常很简单，如果汁一般。

食物搭配

比萨饼 只要品尝以西红柿为主的菜肴，您就要想到清淡的意大利红葡萄酒。多赛托特别适合与新鲜出炉的比萨饼搭配。

“superiore”（优质的，酒精浓度高的）一词与更加强劲的葡萄酒紧密相连。

由于多赛托广受欢迎，对地区经济至关重要，所以葡萄酒的风格不断改进，从而更容易入口而且更诱人。小小的黑色浆果皮厚、单宁高。为了控制单宁水平，浸泡的过程缩得很短。这样也提高了葡萄酒中的酸性，使平衡度更好。近年来，这一过程大大提高了多赛托葡萄酒的品质。

多赛托红葡萄酒非常全面、灵活多变，与任何意大利菜肴搭配绝对让人信赖。我尤其喜欢与意式调味米饭、冷肉、意大利面条、比萨饼或者肉酱搭配饮用。

不能长时间贮存多赛托葡萄酒——要在酒龄短、新鲜、水果味浓的时候饮用，尽管最好的酒品可以贮藏5年左右。如果您想来点儿意大利的味道，又不想品尝巴罗洛那样强劲、浓烈的葡萄酒，不想品尝与产自奇安蒂、托斯卡纳的葡萄酒一样的风味，就选择多赛托，您不会失望的。

推荐酿造商
- Araldica
- Rochetta
- Maccario

勃纳达（BONARDA）

C 色 浓烈的宝石红色到紫色，边缘颜色变浅。

A 香 很独特，散发着李子和黑樱桃的香气。

T 味 清淡、有水果味，樱桃味突出，质地柔滑。

勃纳达葡萄零散地种植在皮尔蒙特的一些区域和伦巴蒂南部。事实上，勃纳达在阿根廷的种植面积比在意大利广，这太可惜了。奥尔特伯帕韦斯由勃纳达葡萄酿造而成，是我最爱的葡萄酒之一，要是有更多的人能品尝，我会很高兴。如果您想饮用水果味的红葡萄酒，这种葡萄酒最适宜，它既易饮又柔滑。我喜欢与清淡的食物搭配，比如，与猪肉熟食。或者搭配我最爱的一种食物，如意大利贝壳面配香肠、莫扎里拉奶酪、里考塔奶酪、西红柿。

推荐酿造商
- Alighieri
- Loc. Casa Ferrari

蓝布鲁斯科（LAMBRUSCO）

C 色 鲜亮的宝石红色，斟酒时气泡呈紫罗兰色。

A 香 散发着果酱和水果的香气，还有独特的紫罗兰芬芳。

T 味 浆果味浓郁；很清淡，口感清新、充满活力。

蓝布鲁斯科在意大利葡萄酒业举足轻重。20世纪70年代，它成为世界上最知名、销量最广的意大利葡萄酒。遗憾的是，由于产量过高，品质开始下滑，名誉受损。如今，很多人在超市选购葡萄酒，这会从它身边走过或者餐厅就餐时也不点它。然而，我认为，只要我精心挑选，饮用蓝布鲁斯科葡萄酒是很愉悦的体验。

蓝布鲁斯科 Umberto Cavicchioli & Figli

真正的蓝布鲁斯科呈现出漂亮的红颜色——不像很多廉价葡萄酒那样，是白色或者淡粉色。蓝布鲁斯科是干葡萄酒，有气泡，清淡，酒精度低，清新的鲜度和酸性可以降低来自同一产区——艾米利亚－罗马涅（位于意大利东北部的摩德纳（Modena）和博洛尼亚（Bologna）附近）——酱汁的油腻感和腊肠的肥腻感。

对于蓝布鲁斯科葡萄酒，我关注的第一件事就是突出的紫罗兰香气，然后我会观察气泡，在斟酒的时候气泡翻腾，斟完以后，酒杯边缘留下一个微弱的白色圆圈。如果气泡很快消失，说明葡萄酒品质很可靠。

最好的酒品为DOC级葡萄酒，有几种选择：索巴拉的蓝布鲁斯科（Lambrusco di Sorbara）最芳香，而卡斯特维托的蓝布鲁斯科格拉斯帕拉萨（Lambrusco Grasparossa di Castelvetro）口味更厚，颜色更深，单宁更高。更丰醇的葡萄酒是圣塔克罗斯的蓝布鲁斯科萨拉米诺。

蓝布鲁斯科
Umberto Cavicchioli & Figli

饮用蓝布鲁斯科有趣、清爽、令人兴奋，我很喜欢与普通的意大利菜肴，如鸡蛋面、冷肉或者烤香肠搭配。不要小觑这种葡萄酒，蓝布鲁斯科强劲多变，以多产而著称。尽管它很少达到卓越的程度，但可以从最好的酿造商那里找到高品质葡萄酒。选择蓝布鲁斯科要谨慎，但是我觉得还是值得一尝。

推荐酿造商
- Umberto Cavicchioli & Figli
- Giacobazzi
- Chiarli & Figli

维波利（VALPOLICELLA）

色 鲜亮、迷人的宝石红色，透明度佳。

香 散发着黑色和红色浆果的香气，还有微微的干药草香和花香。

味 清新、细致，有樱桃味、单宁审慎。

维波利位于威尼托产区东北部，在维罗纳北部巴多利诺（Bardolino）和苏瓦维之间。这种葡萄酒很出名，从意大利优质红葡萄酒产量上来说，仅次于奇安蒂。最好的酒品产自丘陵地带。

虽然维波利葡萄酒很受欢迎，但人们对它却很势利。它常被看做是一种要畅快淋漓痛饮的葡萄酒，维波利曾因一批品质差的葡萄酒流入世界市场而声名大损。以前，一位葡萄酒品评家甚至称之为“淡而无味的工业废物”——我并不同意！虽然维波利的声名多年来遭到重创，但情况正在好转。最近，几乎没有让我失望的酒品，因为品质确实已经提高了。

巴贝拉
Araldica

普通的维波利葡萄酒清淡，芳香，有水果味，酒精度低，酸性悦人，因而回味纯洁、清新，感觉迷人、易饮。这主要在于科维纳（Corvina）葡萄的品质。罗蒂内拉（Rondinella）葡萄和摩利纳拉（Molinara）稍逊一筹，其用量的多少决定了葡萄酒风格的细微差别。酒标上有“superiore”字样，说明葡萄酒更加强劲，已有一年的陈酿期。

最上乘葡萄酒的酒标上一般有“classico”字样，来自产区的中心地带。有些大名鼎鼎的巨星引领着DOC级葡萄酒，保持着品质形象。不过，如果您看到“classico superiore”的字样，不管出自哪个酿造商，都要买下。这样的葡萄酒质地更好，更复杂，而风格依然清淡、有水果味；这种葡萄酒是放在大桶（称作“botti”）而非小桶中陈酿的，保留了水果的风味，放在小桶会培养香草味和单宁，从而掩盖水果味。我喜欢与简单的食物——意大利面条、沙拉、比萨饼搭配饮用，或者在炎热的夏季，稍稍冷藏，单独品饮。我认为给维波利葡萄酒一个公平的机会很值得。

产区和酒品

艰难的工作 过去，维波利葡萄酒的名誉受损，原因在于平原地区的葡萄园葡萄种植过于密集，酿制的葡萄酒稀薄无味，不过，classico（经典的）原产地葡萄园位于产区中心地带陡峭、多石的山坡上，酿制的葡萄酒深厚、复杂。在山坡，尤其在台地上栽培采摘很艰难，不过，得到的回报就是更加熟润、浓郁的葡萄酒，那确实名不虚传。

推荐酿造商

- Serègo Alighieri
- Borghetti
- Tommasi
- Corte Sant'Alda
- Allegrini

卡耐奥罗（CANAIOLO）

色 精雅的淡红宝石色，泛着亮光。

香 很张扬、芳香；散发着新鲜的覆盆子和草莓的香气。

味 柔和、清淡，但具备和谐的所有因素；非常宜人。

卡耐奥罗是用于酿制著名的混合品种红葡萄酒奇安蒂（见第97页）的原料，虽然占葡萄原料的比例不高，但很重要。同时，它也用于酿制其他托斯卡纳红葡萄酒。奇安蒂比较生涩，有茎味，缺乏水果味，不过卡耐奥罗葡萄可将其柔化，使其具有水果味，迷人又细腻。这种葡萄除了种植在托斯卡纳，还在翁布利亚、马尔凯种植，最近也在撒丁岛种植。几乎没有重要的酿造商用它酿制成单一品种葡萄酒——因为栽培困难、产量低。不过，在意大利的一些地区，您可能会看到采用卡耐奥罗酿制成的本地葡萄酒。您应与清淡的菜肴搭配饮用：味浓或者辛辣的食物会掩盖葡萄酒的滋味。

巴多利诺（BARDOLINO）

色 鲜亮的宝石红色，中等到浅色透明度。

香 以浆果类水果的香气为主，还有微微的杏仁和香料的香气。

味 有水果味，酸性和单宁平衡。

这是一种令人愉快而又容易入口的威尼托葡萄酒，像维波利一样，产量很高。由于将科维纳、摩利纳拉、罗蒂内拉葡萄成功混合，巴多利诺葡萄酒的新风格水果味非常足。您要饮用最近年份的酒，当年的葡萄酒最为理想，与简单的比萨饼搭配再合适不过了。

巴多利诺
Guerrieri-Rizzardi

推荐酿造商

- Guerrieri-Rizzardi
- Lamberti

蒙泰法克的萨格兰蒂诺（SAGRANTINO DI MONTEFALCO）

色 深宝石红色中带有微微的紫色，趋近于石榴红色。

香 精雅，散发着黑莓、黑樱桃、无花果和香料的香气。

味 干、圆润、有水果味，单宁平衡；回味中长。

从20世纪90年代中期开始，翁布利亚的葡萄酒越来越受葡萄酒爱好者的欢迎，其中也包括我！翁布利亚位于意大利中心地带，与托斯卡纳、拉齐奥（Lazio）、马尔凯相邻。翁布利亚最受欢迎的葡萄酒是萨格兰蒂诺（Sagrantino），最上乘的当属蒙泰法克的萨格兰蒂诺——酒名以佩鲁贾（Perugia）东南部的山顶小城命名。这种葡萄酒知名度还不高，但非常可口。

翁布利亚的萨格兰蒂诺帕西托（Sagrantino Passito）地区以甜葡萄酒而驰名。不过，干葡萄酒品质很高：经过精心酿制，通常非常柔和，黑色水果香味浓郁。毋庸置疑，现在，蒙泰法克的萨格兰蒂诺葡萄酒比过去酿制得好，尽管在这片秀丽的土地上，还没有将大量资金投入到现代酿造工艺上。最重要的改变在于引进小桶陈酿，这使得葡萄酒很柔和，虽然有时候可能因为橡木的缘故，香草味过浓。

蒙泰法克罗索（Montefalco Rosso）葡萄酒虽然来自同一产区，但风味大不相同。它更像奇安蒂的葡萄酒，原料以桑娇维塞葡萄为主，里面少量的萨格兰蒂诺为这个混合品种葡萄酒增添了滋味。

我喜欢饮用蒙泰法克的萨格兰蒂诺干葡萄酒时搭配清淡的肉，冬季搭配烤肉。太棒了！

推荐酿造商

- Fratelli Adanti
- Antonelli
- Domenico Benincasa

加拿大

加拿大葡萄酒很出色，特别是在西海岸，那里凉爽的气候条件，使酿制的清淡红葡萄酒非常复杂。

黑比诺（PINOT NOIR）

色 迷人的红宝石色到樱桃红色；很淡。

香 精雅，散发着清新的红色水果香、泥土香和香料味。

味 充满活力和水果味，酸性平衡，单宁细腻。

大多数人听到我说加拿大葡萄酒多么出色，都很意外。在一定程度上，气候越凉爽地区的葡萄酒的滋味越复杂。这些葡萄酒产自英属哥伦比亚省的欧肯那根谷，绝非加拿大的北极地区！欧肯那根谷南部与美国接壤，气候炎热、干燥，属半沙漠，北部更加凉爽，栽培葡萄的条件更优越。产区以甜冰酒驰名，不过黑比诺葡萄的种植遍布山谷。

总体上来说，这个产区的葡萄酒清淡，十分清爽，红色水果的气味芳香，质地充满活力。这个产区非常值得关注。从20世纪80年代的几家酿酒厂发展到今天的50多家。请留意酒标上“Okanagan”（欧垦那根）字样。这款葡萄酒适合与清淡的肉或者像海鲈鱼这样肉厚的鱼搭配。

加拿大黑比诺 Château des Charmes

推荐酿造商

- Château des Charmes
- Inniskillin
- Mission Hill

美国

加州出产极其丰醇、果味浓郁的清淡红葡萄酒。和煦的阳光加上凉爽的海洋微风，培育出品质非常高的水果，因此酿制出出色的葡萄酒！加州以北的俄勒冈州也酿造出非常深厚、复杂的黑比诺葡萄酒。

俄勒冈黑比诺（OREGON PINOT NOIR）

色 深浓的红宝石色，边缘略带淡红宝石色。

香 清晰；散发着樱桃、草莓酱、新鲜药草、香料和香草的香气。

味 油滑，酸性平衡，水果味丰富，单宁丝滑，回味好。

从20世纪70年代起，俄勒冈产区一直专注酿造黑比诺葡萄酒，品质确实上乘。虽然价格比较高，但每一分钱花得都很值。寻找威廉密特山谷（Williamette Valley）出产的葡萄酒，因为这里降水量相对比较少，微气候环境最好，所以为葡萄的生长创造了卓绝条件。它是勃艮第以外，世界上出产黑比诺最好的地区之一，也是我迫不及待想造访的地方。

俄勒冈黑比诺既有加州卡耐罗斯葡萄酒的芳香和浓浓的水果味，也有勃艮第葡萄酒的泥土香和矿石味。我怎么推荐俄勒冈黑比诺也觉得不够，而且建议您可以在葡萄酒熟化时品饮。与美味的砂锅羊肉或者鹿肉搭配。

推荐酿造商

- Domaine Drouhin
- Argyle
- Adelsheim

加州黑比诺（CALIFORNIA PINOT NOIR）

色 从鲜亮的深红宝石色到樱桃红色；颜色相当纯。

香 浓郁；散发着成熟的浆果、樱桃、皮革、甜香料和香草的香气。

味 强劲、丰醇、撩人，平衡极好。

我认为黑比诺可能不是加州最成功或者最具代表性的葡萄品种，但它滋味复杂，令人惊异，质地极好，如同果汁一般，平衡很好。

起初，加州葡萄酒酿造商奋力挣扎，确保酿制高品质黑比诺葡萄酒，因为黑比诺葡萄很脆弱，难以栽培。经过不懈努力，他们取得成功，特别是在以下4个地区：卡耐罗斯、俄罗斯河谷、圣塔内兹谷（Santa Ynez Valley）和圣塔玛丽亚谷（Santa Maria Valley）。这4个地区依靠当地雾气大、气候凉爽的条件，酿制出特点鲜明、极其丰醇、复杂的葡萄酒。每天清晨，雾气从太平洋吹来，尤其在盛夏，降温作用极其显著。凉爽的温度使葡萄有更多的时间成熟，这里的葡萄酒因此滋味丰富、更具特色。

巴多利诺
Guerrieri-Rizzardi

讽刺的是，一直到20世纪80年代，葡萄种植者都避免在俄罗斯河谷这样的地区培育葡萄，确切的原因在于雾气阻碍了葡萄完全充分成熟，而加州人已经习惯了葡萄完全充分成熟。他们专注于果园水果的栽培和乳品业的发展。种植者开始寻求葡萄酒中更具欧洲特色的精雅和平衡时，才注意到雾气以及随之而来的冷风是克服加州温暖气候的关键。

在加州的某些葡萄园，微气候环境甚至比土壤更能决定葡萄酒的风格。因为决定作用非常大，所以同其他很多葡萄酒产区不同，加州根据特定生长期的相对高温值，划分为5个气候区，每个地区属于其中一种气候区。

加州黑比诺 Saintsbury

圣塔内兹就是突出的一个例子。葡萄园迅速从靠近大海、受到凉爽、雾气影响的圣塔丽塔山转变为炎热的内陆园区。圣塔丽塔山（尤其是桑福德&本尼迪克特葡萄园，Sanford & Benedict Vineyard）出产最上乘的黑比诺，而内陆园区更加适合像赤霞珠这样喜热的葡萄品种，甚至法国罗纳河谷的葡萄品种西拉。

我的确很喜欢加州黑比诺葡萄酒始终如一的品质——这里的葡萄酒是我贮藏起来留做特别时刻饮用的酒品之一。最让我兴奋不已的是，加州的酿造商特别注重酿制出卓绝的黑比诺葡萄酒，所以他们千方百计寻找最好的园区栽培，而且对葡萄特别尊崇。尽管葡萄酒陈酿的能力有限——最上好的葡萄酒可以陈酿10多年——这种葡萄酒比欧洲黑比诺更丰醇，水果味更浓、更直接。我喜欢与烤肉或者微辣的菜肴搭配。

推荐酿造商

- Kendall-Jackson
- Saintsbury
- Sanford
- Rex Hill
- Sonoma-Cuter

新西兰

新西兰是个重要的葡萄酒酿造国，现在已经把技艺集聚在酿制高品质红葡萄酒上。新西兰南岛和北岛的南端利用气候凉爽的优势，以黑比诺为基础，酿制出了诱人、平衡佳的清淡红葡萄酒。

黑比诺（PINOT NOIR）

C 色 深红宝石色——比大多数欧洲黑比诺颜色深。

A 香 充盈着覆盆子、樱桃、李子、可口药草和辛辣橡木的香气。

T 味 红色浆果味中有微微的橡木和香草味；成熟、圆润、性感！

人们（尤其是法国人）常问我，澳大利亚葡萄酒和新西兰葡萄酒有什么区别，哪个更好？我的回答是，两个国家都酿造出了绝妙的葡萄酒。澳大利亚气候温暖，所以葡萄酒充满水果味、充满活力、盛气凌人、“火辣刺激”，比较不复杂，单独饮用或者与食物搭配乐趣多多。新西兰气候更凉爽，所以葡萄酒水果味没那么充盈，没那么甜，但更油滑、更复杂。两种葡萄酒都非常好，但差别很大。

在新西兰南岛的马尔堡，肥沃的土壤、明媚的阳光、海洋吹来的凉爽微风完美融合，因此酿制的黑比诺葡萄酒特别清新，水果味在您的口中释放。这绝对是我倾心的葡萄酒。我喜爱这种葡萄酒，不仅因为它是市场上的新品，还因为它完全可以和法国勃艮第葡萄酒媲美。

黑比诺 Wither Hills

南岛南部的中奥塔哥，位于北纬45°，是世界上最南端的葡萄园区，也是新西兰发展速度最快的葡萄酒产区。寒冷的气候使葡萄成熟期漫长而缓慢——酿制最上好黑比诺葡萄酒的关键因素。

北岛南端怀拉拉帕（Wairarapa）的马丁堡地区也出产上乘黑比诺葡萄酒。这里土壤好，降水少，日照时间长，因此葡萄酒有水果味，特色鲜明。这个地区大有发展前景，值得关注。

新西兰黑比诺应该在酒龄短时饮用，我喜欢与清淡的肉或者奶酪搭配——您不会失望的。它还可以作为餐前酒单独饮用，尽享它的美味，同时配以精致的菜肴、一些小点心，甚至可以餐后饮用，以真正感受葡萄酒成熟、圆润的滋味。

食物搭配

意式蘑菇米饭 新西兰黑比诺葡萄酒清新的滋味与清淡的菜肴，如意式蘑菇米饭相得益彰。

推荐酿造商

- Wither Hills
- Ata Rangi
- Kaimira Estate
- Felton Road
- Mount Maude

南非

南非多样的气候条件为当地酿造商提供了机会尝试新葡萄品种，因此创造了神索和黑比诺的杂交葡萄品种——品诺塔吉。人们对这种水果味浓、果汁般的葡萄酒虽然意见分歧，但那里葡萄酒的品质卓越。

南非清淡红葡萄酒（SOUTH AFRICAN LIGHT REDS）

C 色 深红色到紫色，边缘呈现出红宝石色到瓷砖红色。

A 香 散发着李子、樱桃、红色浆果、巧克力、皮革和辛辣橡木的香气。

T 味 平衡，酸性高；柔滑；回味悠长、有水果味。

红葡萄酒在南非葡萄酒业中已经变得越来越重要，不过葡萄酒的品质和名气却千差万别。

神索葡萄源自法国南部朗格多克产区，用它酿制的葡萄酒清淡、芳香，常用于混合品种葡萄酒，直接增添诱人的水果香味。当地人把神索葡萄称为艾米达吉，一直到20世纪60年代，成为种植最为广泛的红葡萄品种，特别是在斯泰伦博斯产区，不过近年来种植面积已经缩减。

黑比诺在南非，可能没有在新西兰或者美国俄勒冈那么成功。这种葡萄比较喜欢温和的气候条件，在适宜生长的地区，会很细腻、精致，而南非通常太暖和。不过，有些地区例外，像沃克湾（Walker Bay），要比帕尔、斯泰伦博斯这样的主要葡萄酒产区还靠南，就有很多上乘的黑比诺——特别是邻近观鲸小城赫曼努斯（Hermanus）的赫麦勒纳德（Hemel-en-Aarde）峡谷。

品诺塔吉 Backsberg

品诺塔吉葡萄是神索葡萄和黑比诺葡萄的杂交品种，最早于20世纪20年代推出，在当地很成功，已经赶超了神索和黑比诺葡萄。品诺塔吉葡萄完全适合当地的生长条件，已经成为南非种植面积位居第二的红葡萄品种，对此，我一点儿也不感到意外。除了在新西兰和加州的一两个园区种植有品诺塔吉葡萄外，这一品种只在南非种植。

黑比诺 Bouchard Finlayson

有人认为，评委对品诺塔吉葡萄酒的评价不准确。他们说要么您会喜爱上这种葡萄酒，要么会对它怀恨在心。但事实绝非那么简单。葡萄酒的风格千差万别，因为每家酒庄都会选择适合自己特色的风格，所以葡萄酒的差异相当大。有的很清淡，要在酒龄短时饮用；有的单宁重，需要在瓶中陈酿，待水果香味释放后饮用。一般情况下，这种葡萄酒水果香味突出，口感清淡，而且如同果汁一般。复杂的滋味很重要，其总体的感觉是清淡、水果味的红葡萄酒。我认为品诺塔吉葡萄酒与鲑鱼或者鳟鱼搭配绝佳，甚至可与香辣菜肴或者烧烤肉搭配。

推荐酿造商

- Bouchard Finlayson
- Backsberg
- Riebeek
- Meerlust
- Charles Back

澳大利亚

虽然像西拉和赤霞珠这种醇浓的红葡萄酒是澳大利亚的旗舰酒品，但更加清淡的黑比诺却生长在凉爽的微气候条件下。比如，维多利亚的亚拉河谷（Yarra Valley）的黑比诺葡萄生气勃勃。

黑比诺（PINOT NOIR）

C 色 浓烈、诱人；呈现樱桃李色。

A 香 散发着黑樱桃和李子的香气，还有微微的法国橡木的香味。

T 味 新鲜、酒龄短，有野禽味、香料味，咸香，平衡好。

黑比诺葡萄既不喜欢过于炎热的气候，也不喜欢过于凉爽的气候，因此澳大利亚很多地区都不适宜出产上好的黑比诺。不过，有一小片土地确实具有潜力。在这里，酿造商并不缺乏，他们可是黑比诺的忠实粉丝，迫切想要找到最好的地点，让深爱的葡萄施展醉人魅力。澳大利亚最负盛名的黑比诺产区是亚拉河谷，它位于墨尔本（Melbourne）东南部的维多利亚，面积不大。另外的就是塔斯马尼亚岛州。其他让人激动不已、大有发展前途的产区还包括位于维多利亚州的摩宁顿半岛（Mornington Peninsula）和位于南澳州的阿德莱德山。

亚拉河谷气候凉爽、温和，降水丰沛，是已经发现的、最适宜出产黑比诺的地区之一——不过风格具有鲜明的澳大利亚特色，而非勃艮第风格。如果您喜欢水果香味四溢、直接、清新、味美的葡萄酒，那就选择这款葡萄酒。我通常单独品饮亚拉河谷的黑比诺葡萄酒，或者与一碟可口冷肉搭配，要么与生菜叶配奶酪一起饮用——完美啊！

食物搭配

鸡肉 与白色的清淡肉食，如放在沙拉上的鸡肉搭配，可以充分展现出亚拉河谷黑比诺葡萄酒的清新、熟润水果香味。

多年来，塔斯马尼亚以“苹果岛”而驰名，从这一美誉不难看出，这里寒冷的气候更加适于种植苹果树，而非桃、柑橘这类喜热的、在澳大利亚其他地区种植的果树。澳大利亚炎热干燥的土地过剩，而真正凉爽的地区很少，只有凉爽的气候才能展现葡萄酒复杂、特别精雅的滋味。塔斯马尼亚气候凉爽，被人们成功发现后，人们便酿造黑比诺和法国香槟区风格的起泡葡萄酒，因此，这里越来越重要。现在岛上有60多座葡萄园和酒庄，大多规模很小，所以出产的葡萄酒相对比较昂贵。

塔斯马尼亚的气候与法国香槟区和勃艮第的气候很相似，这导致葡萄酒从清淡到中等强度，不像维多利亚的葡萄酒那么丰醇，但其口感更加细腻，除了具有亚拉河谷葡萄酒的樱桃和李子香味，还有微微的药草和香料的香气。如果您正在寻找不太张扬、开放的新世界葡萄酒，那就试试塔斯马尼亚吧。

黑比诺
Dromana Estate

黑比诺的发展 冷溪山葡萄园位于澳大利亚的亚拉河谷，由葡萄酒品评家、黑比诺倡导者之一——詹姆斯·韩礼德创建。

推荐酿造商

- Dromana Estate
- Mount Macedon
- Roaring Forties
- Diamond Valley
- Spring Vale

特宁高（TARRANGO）

C 色 淡樱桃红色，透明度中等。

A 香 新鲜的压碎红色水果香；虽单纯，但悦人而酒龄短。

T 味 质地清新，如果汁一般，迷人；有水果味，回味悠长。

有些葡萄酒我不是很重视，但依然会品尝，享受之中的乐趣与特别之处。我饮用特宁高时，感觉像是在吃覆盆子，清淡、不复杂，而且很清爽，与博若莱葡萄酒类似。1965年，这一葡萄品种是在维多利亚的特宁高，由波特葡萄酒原料图瑞佳娜西诺葡萄和丰醇的桑坦娜白葡萄杂交培育而成。这种红葡萄酒特别容易入口，稍加冷藏后饮用最佳。

特宁高
Brown Brothers

推荐酿造商

- Brown Brothers

“世界上最受欢迎的葡萄酒——具有复杂而和谐的特质，总有一款适合您的口味。”

成熟、滑润的红葡萄酒

成熟、滑润的红葡萄酒简介

成熟、滑润的红葡萄酒可能在葡萄酒所有类别中所占比例最大，最富于变化；风格从日常饮用的葡萄酒，如从智利美乐，到圣埃米利永这样声名显赫的经典特级葡萄酒，多种多样。

品酒和侍酒

简介 这类葡萄酒从酒体强烈的到清淡的，品种繁多，不过总体来说，质地柔滑、圆润，香气复杂，滋味丰富。

C 色 葡萄酒核心部分呈石榴红色或深樱桃色。边缘颜色更浅——从红宝石色到瓷砖红色。经年陈酿后，颜色通常会变得更浅一些。

A 香 复杂的香气因原产国和葡萄品种不同而各异。不过一般情况下，香气浓郁，散发着黑色水果、干药草、甜调料和皮革的香味。

T 味 成熟水果味与单宁和谐，酒精度非常平衡。回味悠长，令人满意，一般持续6~8秒钟。

选购和贮藏 如果您打算购买成熟、滑润的红葡萄酒用于收存，那么一定要向卖家征求意见，因为只有最上乘的葡萄酒和最好的年份酒才适于陈酿。大多数新世界的葡萄酒要在酒龄短时，也就是一两年之内饮用。

侍酒建议 一般要在室温下侍饮这种葡萄酒，不过，有些葡萄酒，像奇安蒂，要稍稍冷藏。没必要将酒倒入醒酒器，也不必让酒“呼吸”。

食物搭配 这种葡萄酒多变，所以可以跟许多食物搭配，如意大利面和比萨饼（品饮奇安蒂或者卡诺娜乌，Cannonau）；清淡的肉食（品饮蒙帕赛诺，Montepulciano时与香肠或者排骨搭配）和大多数蔬菜、鱼（品饮多菲德，Dornfelder）。

这类葡萄酒颇具世界葡萄酒的代表性，令人心醉神迷。近年来，由于新世界涌现出很多浓郁丰醇的葡萄酒，改变了人们的认识，所以本书介绍的很多葡萄酒在过去属于“酒体强烈型”,现在却被看做是“中度”酒体的红葡萄酒。葡萄品种以及葡萄生长的气候条件必然决定了这些葡萄酒的特点。总体来说，它比清淡红葡萄酒更加熟润，结构更丰富，颜色更深，甘草味、香料味更浓。很多葡萄酒在橡木桶中陈酿——不必非用新桶陈酿—— 因此赋予葡萄酒迷人的香味。这种葡萄酒具有肉质，但不粗糙，而且肯定会诱使您喝更多！

深色水果 成熟、滑润的红葡萄酒以樱桃和李子的香气为代表。

价格不贵的成熟、滑润红葡萄酒丰醇，散发着水果的香气，不过于深厚或者复杂。虽然水果香味突出，但口感、质地平衡，单宁不明显。价格昂贵的成熟、滑润红葡萄酒复杂、雅致、细腻、酒体肉味、结构平衡完美。滋味而非重量占主导，单宁滑美、圆润。

搭配 羊肉把上好美乐葡萄酒的滋味释放出来；对于味浓比较难以消化的肉，没有比圣埃米利永更合适的葡萄酒了。

四季葡萄酒

成熟、滑润的红葡萄酒适宜一年四季、任何场合饮用——而且适宜中午过后的任何时段！虽然几乎与所有食物搭配都非常好，但也不要因此停下选择华盛顿州莱姆贝格（Lemberger）或者智利佳美娜（Carmenère）的脚步，纯粹为了享受那种可口的水果味和丝滑质地，品尝一下吧。美乐葡萄酒和像里奥哈这样的葡萄酒很值得信赖，可以储藏起来备用，适合夏季或者冬季饮用。当然了，您可能希望储藏一些美乐葡萄酒，留着特别场合品饮——谁会怪您呢？最著名的美乐葡萄酒当属圣埃米利永特级葡萄酒。这种葡萄酒是世界上最特别、最昂贵的葡萄酒之一。

葡萄品种

下面这些最适宜酿制成熟、滑润的红葡萄酒的葡萄品种比其他葡萄品种酿造的葡萄酒产量高。最重要的葡萄品种为美乐，它是经典葡萄酒圣埃米利永、玻美侯（Pomerol）的原料，同时也在加州、新西兰和智利用于酿制出色的中度红葡萄酒。其他需要特别关注的葡萄品种有：酿制意大利多品种混合葡萄酒奇安蒂的主要原料——桑娇维塞以及西班牙里奥哈和纳瓦拉出产的葡萄酒的重要原料——添普兰尼洛葡萄。

葡萄名称	最佳产区	述评
美乐	法国：圣埃米利永、玻美侯、朗格多克-鲁西永	美乐葡萄的品质和风格一直卓尔不凡。用它酿制的葡萄酒颜色佳，充满柔和的水果香味，口感如天鹅绒般丝滑。美乐葡萄会很丰醇，用它酿造了很多勃艮第最上乘的葡萄酒。
添普兰尼洛	西班牙：杜埃罗河岸、里奥哈	添普兰尼洛是西班牙最上乘的红葡萄品种之一。用它酿制的葡萄酒复杂、结构佳，可以经年陈酿；即使比较基本的葡萄酒也很雅致，富有水果香味。
桑娇维塞	意大利：托斯卡纳；法国：科西嘉；加州；阿根廷	桑娇维塞为上等葡萄品种，常与其他葡萄品种混合酿酒，酿制出许多意大利最知名的DOCG级葡萄酒，如奇安蒂、布鲁奈罗（Brunello）。葡萄品种的成功在很大程度上取决于年份和酿造商。
佳美娜	法国：勃艮第；智利	佳美娜原产于勃艮第，现已在智利安了新家。用它酿制的葡萄酒极其复杂、丰醇，有着黑色水果的香味，回味干、纯净。
蓝法兰基膏（Blaufränkisch）	奥地利：布尔艮兰；美国：华盛顿州	蓝法兰基膏葡萄大有发展前途，用它酿制的葡萄酒结构好，红色水果香味柔和、浓郁，有甜香料味，色泽佳。在美国，这一葡萄品种名为莱姆贝格。
多菲德	德国	多菲德葡萄酿制的葡萄酒有水果味，质地中度，其商业的重要性正在不断提高。
埃丽提科（Aleatico）	意大利：拉丁姆（Latium）、托斯卡纳、阿普利亚（Apulia）	埃丽提科葡萄特别芳香，用它酿制的葡萄酒有水果味，非常诱人。
蒙帕赛诺	意大利：阿布鲁齐（Abbruzzi）、马尔凯	用蒙帕赛诺酿制的葡萄酒香气馥郁，复杂，结构好，水果香味突出。陈酿佳。
兹威格（Zweigelt）	奥地利	兹威格在奥地利的种植面积很广，只是国际知名度不高，用它酿制的葡萄酒品质卓越。
法兰西卡斯特劳（Castelao Frances）	葡萄牙	其也被称为比利吉达（Periquita），用它酿制的葡萄酒有水果味、结构佳、滑润。
罗塞斯（Rossese）	意大利	罗塞斯在利古里亚种植广泛，用它酿制的葡萄酒风味独特。
蒙德斯（Mondeuse）	法国：萨瓦	其蒙德斯酿制的葡萄酒有微微的黑醋栗味和胡椒味。与西拉葡萄酒的风格类似，不过重量更轻。
卡诺娜乌	意大利：撒丁岛	卡诺娜乌葡萄在西班牙被称为加尔纳恰，在法国被称为歌海娜，用它酿制的葡萄酒细腻、酒体中等、有水果味。
泰若德高（Teroldego）	意大利：特兰蒂诺	其以泰若德高罗达里亚诺（Teroldego Rotaliano）葡萄酒而著名；颜色比较深，散发着芳香的水果香味，单宁柔和，既迷人又雅致。

法国

在法国，美乐葡萄广泛用于酿制中度红葡萄酒，最著名的产区就是波尔多的圣埃米利永和玻美侯地区。这里出产的葡萄酒滑润、富有水果味，而且结构平衡、令人满意。不太出名的葡萄品种，像法国东部的蒙德斯，用它酿制的葡萄酒香料味更重、更新鲜，口感浓烈，是波尔多经典葡萄酒另一种选择。

圣埃米利永（ST-ÉMILION）/ 玻美侯 /（POMEROL）

C 色 深宝石红色，陈酿后变为黑樱桃色；透明度极好。

A 香 浓郁的水果和香料的香味；经过一段时间，散发出雪松、烟熏、调料、皮革的香气。

T 味 结构完美：丰醇、圆润，天鹅绒一般柔软、滑润，但又强劲、浓烈。

圣埃米利永和玻美侯是波尔多活跃、充满生气的产区，这里的葡萄酒超凡复杂、多种多样。每个产区都有自己的经营哲学，不过成功的关键在于著名的美乐葡萄以及酒龄短的品丽珠葡萄。用美乐葡萄酿制的酒品色泽深，散发着成熟的黑色水果香味，也特别复杂。这种葡萄酒尤为柔滑、圆润，但又充满力量，同时极为雅致、细腻。尽管可以在酒龄短时饮用，但在瓶中陈酿 5 年至 10 年会达到极致。

圣埃米利永葡萄酒分为三级：特级（grand cru）、顶级（grand cru classé）、顶级一级（premier grand cru classé）。圣埃米利永特级葡萄酒滑润、水果香味活跃。圣埃米利永顶级葡萄酒更加丰醇、更加复杂，而且通常最物超所值。圣埃米利永顶级一级葡萄酒为最高等级葡萄酒，它又分为 A、B 两级。A 级仅包括世界著名的白马酒庄和欧颂酒庄。

寻找最佳 圣埃米利永的酒庄的分级每10年修订一次。

以下是一些使用圣埃米利永名称的卫星产区：蒙塔涅圣埃米利永、普斯冈圣埃米利永、卢萨克圣埃米利永、圣乔治圣埃米利永。这些地区的葡萄酒具有典型的美乐葡萄风格，酒体中等，回味有香料味。

玻美侯葡萄酒没有分级——一看便知。这种葡萄酒丰醇、味美，水果香味浓厚绝妙。

推荐酿造商

- Châdeau Haut Gravet
- Châdeau l'Eglise-Clinet
- Châdeau Pétrus
- Vieux-Châdeau-Certan

产区和酒品

美乐地区 这是波尔多的一个地区，比上梅多克（Haut-Médoc）潮湿，更适于美乐葡萄而非赤霞珠葡萄的生长。白垩土壤对葡萄酒的影响巨大，因为冬季如海绵般吸收水分，炎热夏季再释放出水分。玻美侯的土壤独具特色，表层为碎石，下面是黏土层和沙层。下层土壤中的氧化铁赋予葡萄酒特色。

卡斯蒂永丘（CÔTES DE CASTILLON）

C 色　深黑樱桃色，边缘呈红宝石色。

A 香　散发着成熟的黑色水果的香气，还有林地干药草、皮革、苦巧克力的香气。

T 味　浓郁、熟润，单宁很和谐；回味滑润、悠长。

1989年，这里获得AOC身份，出产的葡萄酒在波尔多极为超值。这款葡萄酒深厚、复杂，很少让人失望，即使在酒龄短时就已经很迷人、精雅。卡斯蒂永丘位于圣埃米利永的东部。这里土壤多样，主要的葡萄品种是美乐。这种葡萄酒非常灵活，可与羊腿和烤马铃薯搭配，或者与任何白色的肉搭配——您一定会明白我的用意！

推荐酿造商

- Château Brisson
- Château la Grande Maye

布尔丘（CÔTES DE BOURG）

C 色　中等深度的宝石红色，边缘呈粉色。

A 香　水果香味突出、细腻；有红色浆果、鲜花、矿石香气。

T 味　圆润，天鹅绒般柔滑，单宁成熟。

这里在波尔多山丘（Bordeau Côtes）产区产量最高，而且最近几年，品质已经提升。布尔丘葡萄酒主要由美乐葡萄酿制，水果香味特别浓。与烤鸡肉和新鲜的宽鸡蛋面搭配，最能感受葡萄酒水果味的质地——非常惬意。

布尔丘　Château Falfas

推荐酿造商

- Château Falfas
- Château Roc de Cambes

布雷丘（CÔTES DE BLAYE）

C 色　艳丽透亮的宝石红色，透明度中等。

A 香　散发着樱桃以及其他红色水果的香气，还有微微的烟草、香料和香草的香气。

T 味　精雅；圆润、清新，单宁柔顺，回味中长。

如果我只能选择一款中等波尔多红葡萄酒，那肯定是一级布雷丘（Permières Côtes de Blaye）——它结构诱人、优雅。布雷丘葡萄酒主要是合作酿制，不过，有些酿造商正在酿制极具挑战的高品质葡萄酒，特别超值。布雷专门酿制白葡萄酒，尽管也有卓越的红葡萄酒。买到白葡萄酒可能很容易，但是寻找红葡萄酒虽麻烦却很值得。

推荐酿造商

- Château les Bruelles
- Château Charron

弗朗萨（FRONSAC）/卡侬弗朗萨/（CANON-FRONSAC）

C 色　石榴红色，边缘呈宝石红色，透明度佳。

A 香　精雅；散发着新鲜的红色水果香气，还有微微的药草、烤面包和香草的香气。

T 味　细腻、精雅，柔和、浓厚。

美妙的葡萄酒！这是除圣埃米利永和玻美侯地区以外，波尔多吉伦特河右岸最好的地区。如果您喜欢圣埃米利永葡萄酒的精致、玻美侯葡萄酒的丝般柔滑，这种葡萄酒正合您的口味。它滋味复杂、浓烈、细腻，但没那么重。卡侬弗朗萨是产区内最好的葡萄酒，现在它还没在市场上风行，价格也没飙升，正是购买它的最佳时机。

推荐酿造商

- Château de la Dauphine
- Château Fontenil

蒙德斯（MONDEUSE）

C 色　深红色，质地不透明。

A 香　浓烈、复杂；散发着紫罗兰、胡椒、香料、红色水果和甘草的香气。

T 味　结构好，果汁一般；酸性清爽；回味纯净、悠长。

蒙德斯是法国东部萨瓦的一个葡萄品种，通常以“萨瓦葡萄酒”（Vin de Savoie）销售。我认为，滑过一天雪之后，这种葡萄酒是真正的赢家。因为它的清新度、重量以及水果、香料香味，我会把它定位在博若莱的花坊葡萄酒和罗纳河谷的克罗兹-艾米达吉葡萄酒之间。我喜欢与小牛肝和土豆泥搭配。

推荐酿造商

- Domaine Tardy
- Domaine Quénard

科比埃（CORBIÈRES）

C 色　深红宝石色到石榴红色，边缘略带桃色。

A 香　有地中海阳光的感觉；散发着黑莓、樱桃、香料和干药草的香气。

T 味　滋味复杂；丰醇、浓烈，但回味滑润、悠长。

科比埃是朗格多克-鲁西永的重要产区，如今，在这里您可以找到一些美妙绝伦的葡萄酒。由于采用西拉葡萄，这款葡萄酒的口感越来越复杂。最上乘的酒品强烈、滑润、充满特色、物超所值。这种葡萄酒适宜提早饮用，与烧烤鸡肉和嫩豌豆或者味道不太浓的素菜搭配非常好。

科比埃　Château Auris

推荐酿造商

- Château Auris
- Château la Voulte-Gasparets

菲图（FITOU）

C 色　浓烈的宝石红色，带有微微的瓷砖红色。

A 香　散发着红色浆果、胡椒、李子、烤面包、巧克力和香草的香气。

T 味　丰醇、油滑；单宁平衡，回味强劲、浓烈。

菲图位于朗格多克的最南端，与鲁西永相接，是朗格多克第一个法定产区，早在1948年便获得了资格认证，不过仅限于红葡萄酒。

尽管菲图在法国广为人知的时间很长，但最近几年才开始影响更广阔的市场。过去，酿造商一度关注产量、忽视品质，从而酿下大错。如今，菲图正东山再起，重塑美名。这一产区内有两个截然不同的地区：一个群山怀抱，那里的葡萄酒颜色深，有药草香味；另一个临近海岸，那里的葡萄受到凉爽海风的滋养。

菲图　Domaine Bertrand Bergé

这款葡萄酒产量由四大协作酒庄控制，葡萄酒的品质在过去的15年间有了显著提高。现在，酿造商正投资购买橡木桶，以确保酿制的葡萄酒更符合消费者的需求。

佳丽酿（Carignan）是以前的主导葡萄品种，不过，加入歌海娜、慕尔维卓、西拉葡萄酿制的混合品种葡萄酒更加平衡，更加优雅，水果香味更浓。我依然认为这种葡萄酒的提升空间很大。不过，它很值得尝试，特别适合与意大利面食或者猪肉熟食搭配。

推荐酿造商

- Domaine Bertrand Bergé
- Domaine Lerys

圣-奇尼昂（ST-CHINIAN）

C 色　与众不同的深红色，略带红宝石色或者橘红色。

A 香　丰醇、强烈；散发着黑色水果、胡椒香气，还微微有沥青和皮革气味。

T 味　浓烈、圆润、单宁成熟；结构好，回味悠长、复杂。

我从没真正认为圣-奇尼昂是朗格多克的一个地区，圣-奇尼昂更让我联想到罗纳河谷的葡萄酒风格。浓度和质地极佳，突出的成熟水果香味使这款葡萄酒特别柔和悦人。其可以跟所有红色的肉搭配，不过，我最喜欢与野味炖黑扁豆和嫩洋葱搭配。

圣-奇尼昂　Châdeau Viranel

推荐酿造商
- Châdeau Viranel
- Domaine Canet-Valette

密内瓦（MINERVOIS）

C 色　浓烈的石榴红色（带有微微的红宝石色）到橙色。

A 香　丰醇、复杂；散发着黑莓、榅桲、杏仁和肉桂的香气。

T 味　浓郁、充足而又细腻；回味悠长、有水果味。

用密内瓦酿造的很多葡萄酒出色、结构佳，品质卓越，始终如一。这个产区位于科比埃北部，得名于密内瓦村，从塞文山（Cevennes）绵延到奥德（Aude）河谷和埃罗（Hérault）地区。这里的葡萄栽培可以追溯到罗马时期，不过直到1985年才获得AOC身份。

密内瓦葡萄酒充满特色，与清淡的圣-奇尼昂葡萄酒类似，不过仍然很圆润、浓烈。自从荣获AOC，协作方和小种植主已经做好准备，通过向酒庄注资、减少产量、引进更好的酿制工艺这些方式，提升葡萄酒的品质。比如，现在他们针对不同的葡萄品种分别处理，而不是全掺到一起。如今，密内瓦也像博若莱一样，采用二氧化碳浸泡法发酵，从而增强水果的香气。同时，他们还与结构更好的葡萄品种，如西拉、慕尔维卓混合酿酒。他们甚至将葡萄酒在橡木桶中进行短期熟化。所以葡萄酒品质提升极快，物超所值。它可提早饮用，最长可陈酿5年左右。

推荐酿造商
- La Livinère
- Châdeau Fabas

福热尔（FAUGERES）

C 色　特别深黑的樱桃色，边缘呈深红宝石色。

A 香　散发着过熟的黑色水果香气，带有林地干药草、皮革、苦巧克力的香味。

T 味　浓郁；结构好，熟润，单宁和谐。

想象一下，干燥炎热的多山地区，景色秀丽。这种葡萄酒混合了佳丽酿、神索，还有厚重的慕尔维卓和西拉葡萄。福热尔葡萄酒非常别致，特色鲜明，风土条件赋予它肉质，还有多种黑色水果的香味。这一地区潜力巨大，只是现在被人们低估了。

福热尔　Domaine du Météore

推荐酿造商
- Domaine du Météore
- Domaine Deshenrys

产区和酒品

日常餐酒和地区餐酒　标有日常餐酒（Vin de Table）的法国葡萄酒，价格便宜，是餐桌上的基本酒品——您可以在法国超市的货架上看到，为塑料瓶包装。这种葡萄酒可以在法国任何地区或者其他国家采用任何葡萄品种酿造，酒标上没有产区、年份或者葡萄品种信息，品质不一。地区餐酒在1968年确立，是为了认可法国区域葡萄酒品质的提升，允许酿造商在酒瓶上标出更多信息，如原产地、原料葡萄品种。地区餐酒列在法定产区酒（AOC）、优良地区餐酒（VDQS）之后，排第三。现在地区餐酒越来越重要，占法国葡萄酒总量的20%。产区覆盖的区域面积各不相同——有的大（比如奥克地区餐酒，Vin de Pay d’Oc，覆盖了法国4个省），有的小。很多地区餐酒日常饮用很好。留意那些澳大利亚或者新世界其他地区热情高涨的酿造商的酒品，他们采用新工艺，给法国古老的葡萄园尤其是法国南部朗格多克-鲁西永产区（见右图）注入了一股清新活力。这些葡萄酒真的很划算！

奥克地区餐酒　Les Perles de Méditerranée

西拉品丽珠
La Baume

意大利

温暖的气候是酿制酒精度平衡、单宁滑润、酸性清爽的葡萄酒的必要条件。意大利拥有最适宜的自然条件之一，而且也是一些传统经典葡萄的故乡。不过，在意大利所有的葡萄品种中，只有少数要么清淡、要么强烈，其余的都属于成熟、滑润、“中度”类别。

酒窖之选 奇安蒂葡萄酒主要托斯卡纳德葡萄品种桑娇维塞，陈酿潜力巨大。

奇安蒂（CHIANTI）

C **色** 鲜艳夺目的宝石红色，陈酿后呈石榴红色。

A **香** 散发着紫罗兰、樱桃、黑色浆果、李子和香料特别是丁香的香气。

T **味** 酒体中度；酒龄短时单宁明显，陈酿后变柔和，天鹅绒般丝滑。

人们对奇安蒂传统而又浪漫的印象就是，竹篮葡萄酒瓶立在红色格子花的桌布上，旁边摆着蜡烛。标准的奇安蒂葡萄酒依然很受欢迎，只是很多高品质的特征已荡然无存。有些专门的酿造商仍旧酿制极为深厚、平衡的奇安蒂葡萄酒。不过，最上好的酒品产自经典产区，位于锡耶纳(Siena)和佛罗伦萨(Florence)之间。通常，只有经典奇安蒂葡萄酒才值得关注。

桑娇维塞是混合品种葡萄酒的关键原料，它赋予混合品种葡萄酒充满活力、出众、袭人的水果香味。经典葡萄酒的水果味经过橡木桶陈酿，复杂性卓越、特点鲜明。在奇安蒂其他更小一些的7个产区中，我会推荐鲁芬娜(Rufina)，它是除经典葡萄酒外的另一选择，可能更划算。

奇安蒂
Antinori

比经典奇安蒂更高一级的葡萄酒是珍藏经典奇安蒂，其酒精度比经典奇安蒂稍高，销售前，陈酿时间更长。单一葡萄园的奇安蒂往往品质更高，陈酿后成为珍藏(riserva)。很多人，包括我在内，边品饮奇安蒂葡萄酒，边品尝意大利面、比萨饼，还有其他世界上常见的意大利菜肴，度过了许多美好时光。不过，您也可以同更多的食物搭配：鱼、蔬菜、意大利大香肠、茄子、精心调味的食物，而且，奇安蒂葡萄酒的酸性也适合与西红柿这样的酸味食物搭配。

推荐酿造商

- Castello di Fonterutoli
- Antinori
- Ricasoli (Castello di Brolio)
- Marchesi di Frescobaldi

蒙帕赛诺贵族葡萄酒（VINO NOBILE DI MONTEPULCIANO）

色 突出的深宝石红色，略带微微的紫色。

香 散发着浓郁的樱桃、矿石、香料、林木、泥土和野禽的香气。

味 丰醇、强劲，但很滑润；单宁紧致，酸性好。

这种葡萄酒因为毗邻两大著名的葡萄酒奇安蒂和蒙塔奇诺布鲁奈罗，所以一直都显得黯然失色。这三种葡萄酒都由同样关键的葡萄品种——桑娇维塞——酿制而成，但风格迥异。蒙帕赛诺贵族葡萄酒品质居于奇安蒂和布鲁奈罗之间，因为产区土壤属沙地，加之气候更温暖，所以比奇安蒂更强劲，水果香气和甜味更浓。

蒙帕赛诺是座小城，在托斯卡纳的丘陵上，离锡耶纳不远。纯正的贵族葡萄酒必须原产于此。这种葡萄酒分为三级——罗索、贵族和珍藏贵族。罗索，更加清淡，为DOC级产区控制酒，而其他两种为DOCG级产区控制保证酒。贵族葡萄酒酒体中等、结构很好，因为酸性和单宁的关系，适于陈酿。蒙帕赛诺珍藏葡萄酒酒精度稍高，售卖前陈酿时间更长。

蒙帕赛诺贵族
Poliziano

尽管蒙帕赛诺贵族葡萄酒没有其他两大葡萄酒流行，但它是第一批被授予DOCG的酒品。在意大利依然很受欢迎，而且您会明白为什么要与意大利面食、千层面或者意大利大香肠、比萨饼搭配。知道这些的意大利人并不太多，不过，这种葡萄酒与土豆洋葱炖肉搭配也很可口。

推荐酿造商
- Poliziano
- Avignonesi
- Contucci

埃丽提科（ALEATICO）

色 鲜艳、浓郁的深朱红色，边缘呈红宝石色。

香 非常突出、精致；散发着甜香料、黑色水果和紫罗兰的香气。

味 丰醇、强劲、天鹅绒般丝滑；酸性中等，单宁平衡，回味悠长。

我喜欢这种散发着花香的珍稀葡萄，只是它的知名度太低，让我感觉很难过。寻找、品尝产自托斯卡纳的埃丽提科葡萄酒——最为细腻——不过，罗马西北部的利古里亚和拉丁姆也酿制这种葡萄酒。我的确很喜欢品尝这种葡萄酒，品尝这种酒有耳目一新、神清气爽的感觉，尤其适合搭配熏肉便餐或者烧烤食物。

推荐酿造商
- Francesco Candido
- Felice Botta

卡诺娜乌（CANNONAU）

色 很浓的宝石红色，边缘呈鲜亮的粉色。

香 散发着压碎的新鲜蔓越莓香；雅致；还有烟熏味和胡椒香。

味 圆润、油滑，有水果味；酸性中等，单宁和谐，回味悠长。

我深信撒丁岛有能力酿造出优质葡萄酒。卡诺娜乌是它酿造出的最著名的红葡萄酒品种，通常可以等同于法国的歌海娜葡萄酒。海洋微风以及温暖的气候，创造了这种葡萄理想的生长条件，经年的灌木藤让浆果充分成熟。您可尝试与焗兔肉或者鸡肉搭配。

卡诺娜乌
Argiolas

推荐酿造商
- Argiolas
- Sella & Mosca

托加诺（TORGIANO）

色 从鲜亮的宝石红色到石榴红色，透明度好。

香 复杂；有黑樱桃、杏仁、香料、"动物"和橡木的气味。

味 丰醇、圆润；酸性清爽、平衡卓绝、回味悠长。

这种葡萄酒十分出众，像结构很好的多赛托葡萄酒（见第85页）。就在不久以前，有个葡萄酒供应商让我检验一瓶托加诺。当时，我非常喜欢，但不得不问："多少钱？"得到答案后我惊讶不已，不仅因为它的品质，还因为超值，简直不可思议。现在，我确信翁布利亚地区出产最高品质的葡萄酒——我只希望低价位能保持下去！

托加诺是位于意大利中部翁布利亚地区的一座小城，离佩鲁贾不远，得名于小城中心的一座城堡——加诺托雷。在1968年，成为翁布利亚第一个DOC级产区控制酒。1990年，这里的珍藏成为DOCG级产区控制保证酒。随着名声越来越响，托加诺葡萄酒受到权威酿造商隆格罗提博士的影响并从中受益，因为他保持并改进了葡萄酒的品质，而且还尝试新的混合品种葡萄酒。

这是到目前为止，我最喜爱的翁布利亚红葡萄酒，可以同奇安蒂葡萄酒匹敌。同一葡萄品种——桑娇维塞——显示出自身的价值，酿制的葡萄酒浓厚、精雅，回味丰醇、滑润。

托加诺　G Lungarotti

托加诺葡萄酒有陈酿的潜力，所以更值得购买，可以贮藏大约四五年。与羊肉丸和意大利面食或者类似的香辣、咸香的意大利面搭配非常好。

推荐酿造商
- G Lungarotti
- Consorzio Vitivinicola Perugia

内洛达沃拉（NERO D'AVOLA）

色 深黑樱桃色，边缘呈紫色。

香 复杂；散发着成熟黑色水果、李子、巧克力和香料的气味。

味 丰醇、圆润，柠檬酸性，单宁佳。

这种深受人们敬重的葡萄（也称为卡拉贝丝，Calabrese）来自西西里岛，在这里长势极好，而且还展现了岛上的品质潜力。它由于具有陈酿的能力，结构紧致，所以对混合品种葡萄酒贡献巨大。它与美乐葡萄一起酿制的酒品很精美、复杂。搭配烤牛肉或者多汁的羊腰肉，特别美味。

内洛达沃拉
Santa Anastasia

推荐酿造商
- Santa Anastasia
- Gulfi Vineyards

罗塞斯（ROSSESE）

色 红宝石色，映射着紫色或者深橘黄色；陈酿后呈石榴红色。

香 芳香，有水果的香气和微微的香料味；陈酿后散发出浓郁的玫瑰花香。

味 干，很可口，结构圆润、柔滑；回味有苦杏仁味。

如果您喜欢气味芳香、雅致的葡萄酒，就要尝尝这种葡萄酒——不过，一定要寻找好的酿造商酿造的。多勒切卡的罗塞斯葡萄酒产自利古里亚的一个小DOC产区，因为红色浆果香气雅致，充满特点，所以这种酒非常诱人。葡萄酒在最初的3年品质最佳，尽管特别出色的年份酒陈酿后品质会提升。这种酒搭配味道浓郁的菜肴，如药草兔肉、烧酿鸽肉或者珍珠鸡，极其美味。

推荐酿造商
- Cane
- Lupi

泰若德高罗达里亚诺（TEROLDEGO ROTALIANO）

色 雅致的深宝石红色，边缘呈桃色。

香 诱人；散发着多汁的浆果、紫罗兰、干水果、沥青的气味。

味 惹人喜爱；有成熟柔和的水果味；单宁低，平衡。

泰若德高罗达里亚诺 Mezzacorona

这是绝妙的夏日酒品！泰若德高葡萄已经在特兰蒂诺北部的罗达里亚诺平原找到了理想之所，这里出产的葡萄酒水果味浓，精雅，容易入口，与博若莱的花坊葡萄酒相似。泰若德高葡萄酒不适于酒窖贮藏：它适合稍稍冰镇后，搭配自制千层面饮用。

推荐酿造商

- Mezzacorona
- Conti Martini

圣塔玛达雷纳（SANTA MADDALENA）

色 深宝石红色，随着时间的推移，红色加深。

香 散发着新鲜的樱桃和黑醋栗的香气；还有烟熏、杏仁和胡桃的香气。

味 油滑、圆润、平衡好，回味中长、微苦。

这是产自阿尔卑斯山山麓阿托阿迪最知名的葡萄酒，由当地的葡萄品种斯查瓦（Schiava）和其他葡萄混合酿制而成。冬季严寒、夏季酷热的气候，使葡萄酒的滋味和香气更加突出。在意大利、奥地利和德国，人们对它评价甚高，大家都应该分享这种美味！这种酒贮藏时间不要超过3年，搭配熏肉和猪肉熟食饮用。

推荐酿造商

- Kettmeir
- Roner

罗索科内罗/罗索彼切诺（ROSSO CONERO / ROSSO PICENO）

色 深浓的深红宝石色，带有橘红色。

香 散发着干药草、李子、甘草、黑樱桃和香料的香气。

味 和谐，熟润，天鹅绒般丝滑。

这两款葡萄酒产自意大利东部的马尔凯，潜力巨大。两种葡萄酒的主要区别在于所采用的葡萄品种不同：彼切诺，像奇安蒂一样，以桑娇维塞葡萄为主，更加强劲；科内罗以蒙帕赛诺葡萄为主。这两款葡萄酒风格清爽，适合搭配奶油酱汁，如奶油培根蛋酱意大利面饮用。

罗索科内罗 Monte Schiavo

推荐酿造商

- Monte Schiavo
- Cocci Grifoni

卡达罗湖（LAGO DI CALDARO）

色 特有的宝石红色到石榴红色，很雅致。

香 清新，有水果的香气，还有淡淡的杏仁香。

味 水果味和酸性非常平衡，质地中等，十分浓厚。

这是阿托阿迪地区又一明星酒品，得名于周边的湖泊。这种葡萄酒主要由斯查瓦葡萄，也称为沃纳切（Vernatsch）酿制而成，受湖泊微气候环境的有利影响，品质大幅提升。卡达罗湖红葡萄酒非常出色，尽管在世界上不太引人注目，但您一定要品尝。如果您能找到一瓶——陈酿2年到3年最为理想——饮用时，搭配猪腰肉或者炖鸡（chicken chasseur）饮用。

推荐酿造商

- Gaierhof
- Hofstatter

奥地利

奥地利的葡萄酒几乎都不出口，不过，通常品质卓越，具有博若莱或者勃艮第葡萄酒的强健特点。

奥地利中度红葡萄酒（AUSTRIAN MEDIUM REDS）

色 蓝法兰基胥呈现出石榴红色；兹威格呈现出更深的宝石红色。

香 两种葡萄酒均散发浓郁的野生浆果、香料、紫罗兰的香气。

味 两种葡萄酒平衡极佳，但兹威格的酸性低一些。

我们应关注奥地利两种趣味多多的葡萄酒：蓝法兰基胥、兹威格。蓝法兰基胥葡萄在奥地利种植面积最广，酿制的葡萄酒酸性高、水果滋味浓，像更浓郁的博若莱葡萄酒。它们通常会在橡木桶中柔缓陈酿，与白色的肉或者烤羊肉搭配极佳。这是会引发彻底改变的葡萄品种之一——很快！

兹威格 Lenz Moser

我也是兹威格葡萄酒的狂热粉丝，虽然它最大的潜力还没有展现出来。其实，兹威格由蓝法兰基胥和圣劳伦两种葡萄混合酿制而成：蓝法兰基胥增添了果肉和滋味，圣劳伦赋予了结构。兹威格有黑比诺的细腻、精雅风格，但酒体更强、更厚重。它们可与夏日烧烤或者猪肉熟食，甚至跟鸡肉和薯条搭配。

推荐酿造商

- Lenz Moser
- Umathum
- Gipsberg

德国

德国人与奥地利人一样，国内的葡萄酒大多在本土消费，出口很有限。德国主要酿制清淡红葡萄酒，不过也有一些趣味多多的中度酒品——它们富有水果味和特质。

多菲德（DORNFELDER）

色 非常浓烈的深石榴红色，边缘呈宝石红色。

香 散发着迷人的红色水果和甜甜的林地水果香气。

味 水果味很浓；回味柔和，天鹅绒般丝滑，带有些许单宁味。

红葡萄酒占德国葡萄酒总量的比例很小，深色、强烈的红葡萄酒更加稀罕。用多菲德酿制的葡萄酒颜色很深，香气浓郁，口感和谐，质地佳。不但最上乘的多菲德葡萄酒比史伯特勃艮第更加悦人，而且多菲德的种植面积正在扩大。多菲德甚至具备在橡木桶中陈酿的能力，因此滋味更加复杂。再过几年，它就能比得上美乐葡萄以及更甜的品丽珠葡萄。

多菲德与食物搭配的范围很广：与罗宋汤、适中偏生的烤牛肉、烧烤肋排、千层面、肉丸搭配非常合适；它还是奶酪的最佳搭配之一。我建议稍加冷藏后品尝，尤其在夏季。

推荐酿造商

- Meckenhem
- Castel Vollmer
- Bürklin-Wolf

西班牙

添普兰尼洛为西班牙最重要的葡萄品种，也是里奥哈葡萄酒的基本原料。同时，在纳瓦拉地区，它可以与其他葡萄品种混合，从法国葡萄酒风格中汲取灵感酿制出滑润的酒品。因为采用橡木桶陈酿，所以西班牙葡萄酒柔和、丰醇、香辣。不过，陈酿葡萄酒，即使陈酿时间很短，水果风味也很突出。

美味的混合品种酒
添普兰尼洛会与加尔纳恰、格里西亚诺（Graciano）葡萄混合酿制出里奥哈葡萄酒。

里奥哈（RIOJA）

色 石榴红色，陈酿后边缘呈现从红宝石色到赤陶色；透明度深。

香 散发出李子干、葡萄干、无花果、黑樱桃、烟草、香料、香草、皮革的香气。

味 丰醇、圆润、新鲜、水果味足、别致；单宁柔和；回味很悠长。

人们一想到红葡萄酒和西班牙，就会想到里奥哈这个享誉世界的名字。这个名字源于埃布罗河（Ebro）的支流奥哈河（Rio Oja）——河水从西班牙北部流入地中海。里奥哈葡萄酒主要由添普兰尼洛（意为“提早成熟”）酿造而成，这是西班牙的本土葡萄品种，用它酿制的葡萄酒色泽深，滋味丰醇，陈酿潜力巨大，香气复杂精雅，经过一段时间后有皮革、辛辣的气味。

里奥哈
Santa Anastasia

陈酿（crianza）、珍藏、特级珍藏葡萄酒首先在橡木桶中陈酿，然后，销售前还要在酒瓶中陈酿。酿造商虽然大不相同，但他们大多采用美国橡木桶培养葡萄酒，从而赋予葡萄酒香草和黄油的芳香。标有“joven”（酒龄短）字样的葡萄酒，几乎或者根本未在橡木桶陈酿。

陈酿葡萄酒（crianza）在橡木桶中陈酿一年，然后在酒瓶中陈酿一年，虽然口感复杂，但水果味依然突出。珍藏葡萄酒（reserva）因为在美国橡木桶中陈酿两年，所以有更多香草、皮革、辛辣的气味。特级珍藏葡萄酒（gran reserva）最细腻、最出色，不过依然物有所值；只在最好的年份酿制，橡木桶中陈酿至少两年，然后在瓶中陈酿3年，因此，芳香四溢，口感复杂，融合了勃艮第上好红葡萄酒的风味和产自皮尔蒙特采用内比奥罗葡萄（见第114页）酿制的上乘酒品的深厚特点。

可能您会在酒标上看到不同的里奥哈分产区。产品根据地形和气候条件分为3个：上里奥哈、阿拉瓦萨里奥哈和下里奥哈。

有时，上里奥哈也被称为西班牙的波尔多，这里的葡萄酒广博、浓烈，需要时间柔化。柔化以后，它是里奥哈最细腻、最精致的葡萄酒。阿拉瓦萨里奥哈只占里奥哈葡萄园区很小的一部分，出产的葡萄酒高质、柔和、丰醇、有水果味。上里奥哈和阿拉瓦萨里奥哈地区的气候一样，从大西洋吹来的凉爽微风缓和了酷热的地中海天气。下里奥哈地区没有凉爽微风，但河谷平地非常肥沃，适于培育高质葡萄。因此，这里酿制的葡萄酒酒体强烈，但比较普通。

里奥哈的葡萄酒非常多变。我不仅与西班牙美食搭配饮用，还与清淡的肉，如羊肉或者牛肉搭配。下里奥哈的葡萄酒没那么雅致，所以更适合与烤肉或者红肉搭配。

推荐酿造商

- Conde de Valdemar
- Marques de Griñon
- Marques de Murrieta
- Artadi

纳瓦拉（NAVARRA）

色 黑樱桃色，边缘呈红宝石色到砖红色。

香 散发着黑樱桃酱、甜香料、咖啡、林下灌木、香草和杏仁的香气。

味 滑润、油滑、悦人、酸性佳；因在美国橡木桶中酿造而圆润。

纳瓦拉（英文拼写为Navarre）是位于西班牙北部的一个大区，与里奥哈相邻。这里出产的葡萄酒大多为红葡萄酒，还有一些桃红葡萄酒和白葡萄酒。由于里奥哈驰名世界，纳瓦拉深受影响，过去一直被其遮蔽，不过，纳瓦拉正在打造自己独特的摩登风格——既不克隆里奥哈的葡萄酒，也不抄袭新世界的葡萄酒。

纳瓦拉已经竭力克服了从前的错误。19世纪末，葡萄根瘤蚜虫病席卷波尔多的时候，纳瓦拉认为自己会受益，因为西班牙所受影响很小，然而，大量低价、质劣的葡萄酒出口到波尔伯却损害了纳瓦拉葡萄酒的声誉——真是一把双刃剑啊！之后，纳瓦拉一直想方设法扭转乾坤，最近几年取得了一些进步，品质已经得到提升。

纳瓦拉
Señorio de Sarria

纳瓦拉地形、气候多样，分为5个产区：提艾拉爱世拉、瓦尔迪萨尔贝、下蒙塔纳（Baja Montaña）以及最好的两个产区下河岸（Ribera Baja）和上河岸。

从传统上来讲，纳瓦拉的葡萄酒一直采用加尔纳恰混合添普兰尼洛和其他葡萄品种酿制，是里奥哈的低端葡萄酒。不过，现在引进了新工艺，同时加尔纳恰和添普兰尼洛葡萄与赤霞珠和美乐葡萄混合酿酒，使纳瓦拉的葡萄酒风格改进，已经接近波尔多葡萄酒，而非接近新世界葡萄酒。纳瓦拉的白葡萄酒贴近勃艮第的葡萄酒，酿制出了木桶发酵的优质霞多丽。

如果您想品尝里奥哈和波尔多葡萄酒的别样之选，纳瓦拉红葡萄很值得一试。这种葡萄酒滑润而不过于强劲，与清淡的肉，如羊肉，或者与冷肉和蔬菜搭配堪称完美。如果您找到一瓶佳酿，您就会体验到，它有几分法国的风格，有几分西班牙的风格，相当独特。

产区和酒品

多变的气候影响 纳瓦拉的气候多样，北部以比利牛斯山为主，凉爽、多山，西部地区受大西洋的影响，温和。南部下河岸地区温暖，特别适合加尔纳恰葡萄生长，这里酿制的葡萄酒可与法国罗纳河谷的葡萄酒媲美。

推荐酿造商
- Señorio de Sarria
- Bodegas Ochoa
- Palacios de la Vega

葡萄牙

在过去的5年里，葡萄牙的酿造商确实已经取得了进步，像国产图瑞佳（Touriga Nacional）葡萄酿制的酒品已经十分出色。如果您花些时间挑选最上乘的葡萄酒，一定回报颇丰。

杜罗（DOURO）

色 深墨黑色，边缘呈紫色到红宝石色；透明度好。

香 复杂、丰醇；散发着沥青、甘草、黑巧克力和黑色水果的香气。

味 强劲、成熟、滑润；酸性清爽，回味纯净、特别悠长。

杜罗应该依然被称为大有发展前途的非加强型餐酒产区，虽然这里作为波特酒的发源地，早已名声大振。葡萄酒的风格多变，不过如果能找到最好的酿造商，就会有令人惊叹的酒品。

因为波特酒的风行程度已经减退，而且在过去的几年内，地位也已下滑，所以这些出色的葡萄酒开始为酿造商和葡萄酒爱好者填补空白。最凉爽的地区条件最理想，采用颇受欢迎的图瑞佳葡萄，可以酿制出极其复杂、浓厚的酒品。

杜罗
Casa Ferreirinha

留意这种葡萄酒吧。它很适于陈酿，最长可陈酿5年，而且价格合理，与烤羊排这样的肉食搭配饮用，真是无与伦比的享受。

推荐酿造商
- Casa Ferreirinha
- Ramos Pinto
- Quinta de la Rosa

希腊

在希腊的葡萄酒产量中，白葡萄酒占据优势，不过，红葡萄酒的地位正在逐渐提高。由于采用新工艺和更严格的品质监控，这片绚丽的土地酿制出了具有竞争力的葡萄酒。拉莎利（Rapsani）地区出产一些最上乘的酒品。

拉莎利（RAPSANI）

色 鲜亮的深红宝石色，略带粉色或者橙色。

香 雅致、细腻，散发着甜香料和干水果的香气。

味 圆润，天鹅绒般丝滑；果汁一般，酸性清爽，单宁佳。

拉莎利是希腊的著名葡萄酒，主要在当地消费。中心地带位于希腊东海岸奥林匹斯山山麓，这里的微气候环境特别适宜酿制红葡萄酒。根据神话，这是琼浆玉酿的源头，是奥林匹斯山众神饮用的神水。这里的主要葡萄品种为希诺玛洛（见第118页），用它酿制的葡萄酒圆润，有成熟黑色水果的香味，单宁醇柔。这种葡萄酒在橡木桶中陈酿，然后继续在瓶中陈酿6个月。这样可以帮助培养风味，关键是平添隐隐刺激的辛辣味。我喜欢与希腊茄合或者香辣的希腊羊肉菜肴搭配。

拉莎利
Evangelos Tsantalis

推荐酿造商
- Evangelos Tsantalis
- Biblia Chora
- Ktima Mercouri

智利

智利已经成为越来越重要的葡萄酒酿造国，某些葡萄品种在这里生长得尤其繁茂。智利人已经把“丢失的”佳美娜葡萄培育成为自己特有的品种，而佳美娜的“亲戚”美乐葡萄也被用于酿制卓越酒品。

佳美娜（CARMENÈRE）

色 独特的深黑樱桃色或者石榴红色，边缘呈红宝石色。

香 散发着浓郁的无花果、李子、樱桃、黑色水果、甜香料和巧克力的香气。

味 圆润、和谐，结构极好，滋味多样。

目前，我对这种葡萄酒爱不释口。这是个新发现，智利人将其视为旗舰酒品，而且大获成功。他们目睹这一葡萄品种的发展历程，其具备了与枝分都在加州、添普兰尼洛在西班牙、品诺塔吉在南非、西拉在澳大利亚、桑娇维塞在意大利一样的地位，这让智利有机会向世界展示自己独具特色的葡萄品种。现在，这种葡萄酒极为超值。

我真是喜爱佳美娜葡萄的故事。佳美娜并非新品种，18世纪就在波尔多广泛栽培。19世纪末期，富有的土地主雇佣了很多法国葡萄酒酿造商，他们把葡萄从法国带到智利。当时，葡萄在南美枝繁叶茂，在欧洲却渐渐被人淡忘。

然而，因为与美乐葡萄混淆，佳美娜葡萄名称以及特点，甚至在智利也一度不复存在。到了20世纪90年代，人们发现，丰醇的智利“美乐”葡萄酒其实是由佳美娜葡萄酿制的。因此，现在人们广泛称之为“波尔多丢失的葡萄”。

佳美娜
Santa Rita

总之，佳美娜比品丽珠水果香味更浓，与美乐一样，既滑润、容易接近，又协调一致。这是一种如果我没有想好饮用什么葡萄酒的情况下，通常会选择的酒品——如果您还没有品尝过，一定要尝试。这种葡萄酒悦人而雅致，水果香味惹人喜爱，但果酱味或者果汁味不够浓。您可与鸭胸肉或者野味搭配饮用，与熏鲭鱼搭配也很合适。

推荐酿造商

- Santa Rita
- Undurraga
- Canata

美乐（MERLOT）

色 透明度好，颜色深；呈深黑樱桃色。

香 雅致、浓烈；散发着成熟黑色水果、樱桃、香料和西梅干的香气。

味 丰醇、圆润、滑润；平衡佳，单宁和谐，回味纯净。

由于佳美娜的崛起，智利美乐已经丧失了对葡萄酒世界的一些影响力，尽管品质始终如一，格外杰出。迈波河谷（Maipo Valley）、莫莱谷（Maule Valley）的葡萄酒最出色。这里的美乐葡萄酒比澳大利亚葡萄酒更丰醇、浓厚，水果香味没那么张扬——更接近赛美蓉（见第94页）的风格。这里的葡萄酒物超所值，我特别喜欢午餐时与烤牛排、沙拉搭配或者单独品饮，毕竟口感不过于强劲。

推荐酿造商

- Viña Alamosa
- Casa Lapostolle

澳大利亚

在澳大利亚，虽然中度的红葡萄酒没有更强劲的西拉葡萄酒受欢迎，但正在逐渐被人们接受。美乐葡萄最为重要，但是近几年来，像桑娇维塞这样的意大利品种也已经培育得很成功。

美乐（MERLOT）

色 深石榴红色，边缘呈红宝石色，透明度好。

香 散发着桑葚、李子、黑莓的香气，还有微微的橡木的辛辣和雪茄盒的气味。

味 滑润、天鹅绒般丝滑、浓厚；清爽，迷人又雅致。

在澳大利亚，美乐主要与赤霞珠或者西拉混合酿酒，不过，近年来，美乐单品种葡萄酒受到欢迎。与加州美乐（见对页）相比，澳大利亚美乐葡萄酒更强劲，柔和的水果香味突出，特别是在更炎热地区，如巴罗萨谷。除了具有典型的浆果和李子的香气，最上乘的美乐葡萄酒香气更复杂多样，包括薄荷、隐隐的紫罗兰和熏衣草的花香、胡椒和其他香料的气味。澳大利亚美乐葡萄酒结构很好，很容易接近，也很容易入口。同时，其平衡极佳，回味特别悠长。我建议您搭配烤肉或者任何炖肉、沙锅肉。

美乐
Yalumba

推荐酿造商

- Yalumba
- Fermoy Estate
- Evans & Tate

智利

新西兰气候凉爽，但杰出的中度红葡萄酒却产自比较温暖的地区，这种酒的葡萄原料主要是美乐。这种高品质葡萄酒采用最新的工艺酿制，但是因为极其精致，所以价格高昂。

美乐（MERLOT）

色 雅致、浓烈的深石榴红色，边缘呈红宝石色。

香 浓郁、强烈；散发着林地水果、成熟李子、太妃糖、皮革、泥土和香料的香气。

味 滑润、复杂；极为平衡；滋味强烈；回味绵延不绝。

我认为北岛的霍克斯湾是新西兰美乐葡萄的首都。美乐是新西兰近来的一大现象，仅在过去的十年里，这一地区就已经取得跨越式发展。霍克斯湾的气候独一无二，温暖和煦，阳光明媚，是新西兰最干燥的地区。这就使葡萄可以缓慢生长、成熟，因此葡萄酒滋味更加丰富，而美乐葡萄酒特有的活力、水果味也没有减少。

新西兰最上乘的美乐葡萄酒大多与其他葡萄品种，特别是赤霞珠混合酿制而成，这样，美乐葡萄可以柔化强烈的赤霞珠，赋予葡萄酒特别滑润的口感。这种葡萄酒尚未全面进入世界市场，但潜力巨大。它很适合与清淡或者中度的肉和奶酪搭配饮用，或者您也可以单独品饮。

推荐酿造商

- Te Awa Farm Winery
- Esk Valley
- Morton Estate

美国

加州出产一些新世界最好的美乐葡萄酒，美乐葡萄在这里享有盛誉。靠北部的华盛顿州采用莱姆贝格葡萄——可以和奥地利老牌葡萄品种蓝法兰基宥相比——酿酒，引起轰动。

加州美乐（CALIFORNIA MERLOT）

C 色 独特、浓郁的深石榴红色，边缘呈红宝石色。

A 香 散发着多汁的黑色林地水果、成熟的李子、太妃糖、皮革、泥土和香料的香气。

T 味 滑润，平衡极好，滋味强劲，回味绵延不绝。

我认为这是21世纪最好的美乐葡萄酒之一。遗憾的是，它一直被加州赤霞珠的巨大光环遮蔽。19世纪60年代，美乐葡萄来到加州，但到了20世纪70年代才开始在索诺玛谷种植，当时，酿造商希望酿制出“柔和绵软”，而非粗糙、单宁重的葡萄酒。有很长一段时间，人们认为饮用美乐葡萄酒只不过很有意思，通常手拿酒杯，任何一天、任何时段都可以饮用，太随意了，以致让人感觉无关紧要。不过，现在，美乐正在东山再起，葡萄酒复杂、丰醇、水果香味浓郁，同时还保持了滑润的特性。

留意这种美乐葡萄酒，特别是如果您在寻找不太昂贵的圣埃米利永风格酒品时。最好的美乐葡萄酒产自索诺玛，不过，纳帕谷和圣塔内兹谷也酿制这种酒。我很喜欢与牛肋排或者蒜香羊腿肉和土豆泥搭配饮用——太出众了！

加州美乐
Newton

推荐酿造商

- Newton
- Bogle Winery
- Stags' Leap

华盛顿州莱姆贝格（WASHINGTON LEMBERGER）

C 色 从淡红色到深红色；一般颜色越浅，味道越甜。

A 香 散发着黑樱桃的香气，还有微微的辛辣和巧克力的香味。

T 味 酒体从清淡到中度，充满活力、多变。

莱姆贝格是葡萄品种，尝过第一口之后，我就迷恋上了。莱姆贝格已经引起很多人的兴趣，尤其是葡萄酒酿造商，因为它在凉爽的气候环境中生成很成功。由于自然酸性低，所以它在艰苦的条件下也能熟透。用这种葡萄酿制的葡萄酒单宁特别平衡，水果滋味极其复杂。

到目前为止，华盛顿州是世界上少有的种植莱姆贝格葡萄的地区之一。30年前才在这里出现，其实它与更古老、源远流长的奥地利蓝法兰基宥葡萄（见第99页）是同一个品种，在匈牙利被称为卡法兰科司（Kékfrankos）。然而，我希望它不久以后能在其他更多的地方种植。

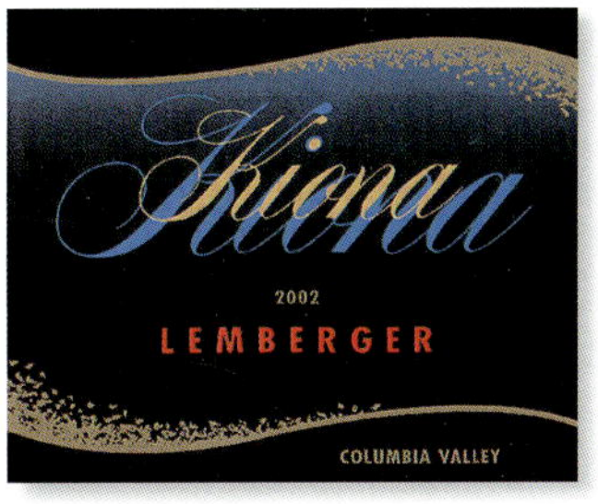

华盛顿州莱姆贝格 Kiona Vineyards

这是顶级品质葡萄酒，而且是我个人最喜爱的酒品之一。其樱桃果香突出，辛辣味细腻迷人。遗憾的是，这种葡萄酒的产量不高，所以不太容易找到，不过很值得去寻觅，有机会的话，您要品尝一番。

要是您找到这种葡萄酒，贮藏时间不能太长，因为它酸性低，这阻碍陈酿。搭配奶酪或者猪肉熟食，享受它的酒龄短魅力和复杂滋味，您也一定会迷恋上它。

推荐酿造商

- Kiona Vineyards
- Thurston Wolfa
- Latah Creek

富饶的荒漠 通常只有灌木蒿生长在华盛顿州干旱的土地上，但充足的灌溉能让葡萄树郁郁葱葱。

“这种葡萄酒散发着许许多多黑色野生水果和香料的香气，深厚、复杂的口感层出不穷。”

丰满、浓郁的红葡萄酒

丰满、浓郁的红葡萄酒简介

丰满、浓郁的红葡萄酒是众所周知的流行葡萄酒，其充满林地水果的芬芳，口感如液体天鹅绒，强劲、复杂、精致。在寒冷的冬夜，与热气腾腾的食物搭配饮用，美妙绝伦。

品酒和侍酒

简介 当您晃动盛有丰满、浓郁的红葡萄酒的酒杯时，葡萄酒应该在酒杯内壁留下一抹光泽。其“挂杯能力”（或者说黏稠度）应该比其他类型的红葡萄酒更浓。这就是强劲、浓厚的葡萄酒。

C 色 这种葡萄酒应该呈浓重的深黑樱桃色，酒龄短一些的葡萄酒还有微微的紫色，时间长一些的葡萄酒为瓷砖红色——在酒瓶内陈酿后呈现更暖的色调。

A 香 这种葡萄酒的香气应该浓郁、“有果酱味”，散发着干草、无花果、西梅干、咖啡、巧克力、烟草（和雪茄盒）、香料、皮革和香草的香味。

T 味 这种葡萄酒口感的关键是酒精度、酸性和谐。单宁平衡了复杂滋味的结构，回味清爽、特别悠长。

选购和贮藏 最上乘葡萄酒会很昂贵，因为已经在橡木桶中陈酿了18个月到20个月——增加了装瓶前对葡萄酒的管理成本。有些在酒瓶中也陈酿多年，以释放单宁和使其具有浓重色泽。

侍酒建议 在室温下侍酒——如果过于温暖，酒精突出，如果过于寒冷，单宁突出。将酒倒入醒酒器——空气会释放复杂香气，沉淀物会留在瓶底。

食物搭配 这种葡萄酒可以搭配烤肉，或者难以消化的肉质蔬菜，如茄子。加蒂纳拉（Gattinara）或者巴巴莱斯科葡萄酒与牛肉和野味搭配很合适；西拉和仙粉黛葡萄酒与辛辣食物搭配较合适。

黑醋栗 林地水果赋予红葡萄酒浓郁的香气。

丰满、浓郁的红葡萄酒通常采用浆果小、果皮厚的葡萄酿制而成——最优秀的葡萄品种就是赤霞珠。虽然这种葡萄的果汁含量很低，但颜色深、单宁丰富（单宁赋予葡萄酒结构，起到防腐的作用，使葡萄酒能够陈酿）。酿制丰满、浓郁红葡萄酒的葡萄品种需要温暖的气候环境、葡萄完全成熟、具有酿造酒的潜能，但是如果气温过高，葡萄就会被太阳烤枯萎。这也就是为什么这种葡萄在欧洲更靠南的地区以及在新世界最成功的原因。葡萄必须在收获前完全成熟，否则葡萄酒会发酸、粗糙。无论在哪种植，土壤排水都是培育上等果实、酿制强劲红葡萄酒的关键。如果土壤排水好，葡萄树根就会向下生长，从而找到地下深层的水分。这样的话，葡萄就能汲取矿石和各种元素，因此味道浓郁。如果土壤透湿，葡萄树“脚湿”，根就会向外长，汲取的养分会很少。

新、旧世界的陈酿

温暖的气候（比如在新世界）会赋予葡萄酒更多的水果香味和“果酱”特质，通常，这种风格很少通过酒瓶陈酿获得。很多新世界的葡萄酒在装瓶前都在新橡木桶中陈酿。这使葡萄酒更柔和、具有奶油香味，比如香草味，因此酿造商会把葡萄酒迅速投放市场，消费者可以在葡萄酒酒龄很短时饮用，从而不会错过那种复杂的滋味。在旧世界，特别是法国波尔多和罗纳的葡萄酒、意大利皮尔蒙特的葡萄酒，深厚、复杂、味干的特点通常历经数年才能达到最佳。单宁随葡萄酒陈酿而柔化，融入酒体才能更加协调。最终，葡萄酒实现完美平衡：单宁成熟、酸性清爽、水果味丰醇。

烤牛肉 烤肉与教皇新堡或者新世界的西拉葡萄酒搭配堪称完美。

葡萄品种

酿制丰满、浓郁红葡萄酒的王牌葡萄品种为赤霞珠，出色的波尔多梅多克（Médoc）葡萄酒，还有一些加州和澳大利亚的最上乘红葡萄酒都是采用这种葡萄酿造的。另一种重要的葡萄品种是西拉，其原产法国罗纳谷，不仅在罗纳酿制出了雅致、复杂的葡萄酒，在澳大利亚和加州也同样很出名。内比奥罗为另一个优秀葡萄品种，是酿制意大利出色的巴罗洛、巴巴莱斯科红葡萄酒的关键；还有很多其他葡萄品种酿制出卓越的酒品——慕尔维卓葡萄就是一例，用它可酿制出邦多和教皇新堡葡萄酒。

葡萄名称	最佳产区	述评
赤霞珠	非常广泛。法国；美国；智利；南非；澳大利亚	赤霞珠的黑色浆果很小，酿制的葡萄酒颜色深、单宁高、酸性高、酒精度高、水果味浓。用它酿造用的最上乘的葡萄酒强劲、雅致，这种品质同时还得益于橡木桶陈酿。赤霞珠是酿制波尔多出色葡萄酒的重要品种。
西拉（Shiraz）	澳大利亚：巴罗萨和猎人谷；南非：斯泰伦博斯	在澳大利亚和南非，这种葡萄名拼写为Syrah（见下）。这种葡萄酿制出世界一流的葡萄酒，这种酒丰满、浓厚，让人“暖身”、惬意。
西拉（Syrah）	法国：朗格多克-鲁西永、罗纳、普罗旺斯；瑞士；意大利；美国：加州	这是世界上最上乘的葡萄品种之一，小小的浆果令葡萄酒具有单宁、酸性紧致、酒精度平衡、陈酿佳的特点。
歌海娜	法国：罗纳、普罗旺斯、朗格多克-鲁西永；西班牙；澳大利亚	歌海娜是种植范围最广的葡萄品种之一，用它可酿制出一些很了不起的葡萄酒，滋味丰富、具有很强的陈酿潜力。在西班牙称为加尔纳恰。
内比奥罗	意大利：皮尔蒙特；阿根廷；加州	这种葡萄种植数量很少，酿制的葡萄酒酸性高、酒精度平衡、单宁高、有多种水果香味。这种葡萄酒需要时间在瓶中提升卓越芳香。
布鲁奈罗	意大利：托斯卡纳	用这种葡萄酿造的葡萄酒强劲——结构好，色泽、酸性佳，酒精度平衡。
慕尔维卓	法国：罗纳、普罗旺斯、朗格多克-鲁西永；西班牙；美国：加州	用这种葡萄酿制的酒品强劲、有力，单宁突出，散发出许多黑色水果和甜香料的香味。通常用于混合品种葡萄酒。
马尔贝	法国：卡奥尔（Cahors）；阿根廷	用这种葡萄酿制出的酒品强劲、浓郁、颜色深、保存时间长。曾经在阿根廷极为成功。
仙粉黛	美国：加州	这种葡萄滋味丰富，酿制的葡萄酒如李子一般柔软丰满，有辛辣味，酒精度高，具有很长的陈酿潜力。属于顶级品种。
塔纳（Tannat）	法国：马第宏；乌拉圭；阿根廷	一种“特大”的葡萄品种，但很雅致。用它酿造的葡萄酒强劲、浓郁、丰满，单宁水平高，在木桶中陈酿很好。
国产图瑞佳	葡萄牙	这种葡萄的浆果小而黑，用它酿制的葡萄酒色泽深、强劲、单宁高、酸性平衡，陈酿很好。
阿吉奥吉提柯	希腊	这种葡萄也被人们称为尼米亚。用它酿造的葡萄酒具有黑色水果的香气，但有时缺少酸性，陈酿很好。
佳丽酿	西班牙；意大利；法国	用这种葡萄酿制的酒品单宁、酸性、酒精度高，所以需要时间提升特质。
阿格里亚尼科（Aglianico）	意大利：坎帕尼亚、巴斯利卡塔（Basilicata）；希腊	用产自意大利南部的图拉斯（Taurasi）和沃尔图尔阿格里亚尼科（Aglianico del Vulture）的这种葡萄酿制的葡萄酒很出色，强劲而浓郁。

法国

法国丰满、浓郁红葡萄酒位居世界上等葡萄酒之列，其品质、历史、名望独一无二。这些葡萄酒一般都很深厚，具有陈酿多年的能力——所以布满灰尘的酒瓶里通常隐藏着绝妙美酒。

波亚克（PAUILLAC）

C 色 为典型的波尔多葡萄酒色泽：深石榴红色，边缘呈红宝石色。

A 香 复杂；有雅致的黑色水果、巧克力、皮革、沥青、烟草的香味。

T 味 浓郁、深厚、圆润、平衡，回味悠长、令人难忘。

我把波亚克称为梅多克。也是波尔多的“天鹅绒心脏”。这个村庄对上梅多克产区的发展曾经起到了独一无二的作用。它是吉伦特河的一个小港口，曾经很重要，因为葡萄酒桶一度从这里装船出口，所以它对波尔多名扬世界起到了关键作用。

梅多克的所有葡萄酒中，我一直最喜爱这种葡萄酒的风格！它丰满、浓郁、复杂、充满特质、深厚，极为雅致。波亚克涵盖梅多克四种一级葡萄酒（Médoc First Growths，即 permiers crus，见对页）中的三种：拉图酒庄（Château Latour）、拉菲酒庄（Château Lafite-Rothschild）、木桐酒庄(Château Mouton-Rothschild)。总之，在波亚克法定产区等级的酒庄有 18 个，包括大名鼎鼎的碧尚伯爵夫人（Château Pichon-Longueville-Comtesse de Lalande）和靓茨伯庄园（Château Lynch-Bages）。

波亚克
Château Lynch-Bages

这些葡萄酒是典型的赤霞珠风格——颜色深厚，为不透明的深石榴红色。其香气浓郁，简直不可思议，陈酿后气味更加复杂多样。这种葡萄酒强劲、有力，结构极为平衡，雅致而滑润，经年逐渐柔化，陈酿时间平均长达 15 年——而且最出色的葡萄酒甚至更长。

和其他波尔多葡萄酒一样，波亚克与经典的法国美食搭配，如烤肉和野味，极为合适。除圣艾斯蒂菲（St-Estèphe）葡萄酒以外，这些葡萄酒是波尔多最强劲的葡萄酒，不过波亚克更油滑、更圆润、更丰满。它是真正的波尔多心脏！

推荐酿造商

- Château Lynch-Bages
- Château d'Armailhac
- Château Batailley
- Château Clerc-Milon

基准葡萄酒 对很多人而言，强劲而又如天鹅绒般丝滑的波亚克葡萄酒是绝对的波尔多风格葡萄酒。

产区和酒品

波尔多葡萄酒

法国西北部波尔多市周边地区出产很多世界顶级葡萄酒。气候、土壤、技艺加上传统这些因素一起，让这个地区从最初进入英国市场（波尔多红葡萄酒被称为"claret"）到后来进入世界市场，长达数百年时间一直声名显赫。

圣艾斯蒂菲
Cos d' Estournel

赤霞珠葡萄是这里成功的关键，也是位于吉伦特河沿岸的梅多克出产上等葡萄酒的原因。这个葡萄品种造就了酿制上等红葡萄酒的知名酒庄，如拉图酒庄、拉菲酒庄、玛歌酒庄（Château Margaux）（见右图）、木桐酒庄。

在吉伦特河东岸的圣埃米利永和玻美侯地区主要采用美乐葡萄酿制卓越的酒品，其中包括像白马酒庄这样的经典。

位于城市南部的格拉芙地区因碎石土壤而得名，贝萨克－雷奥南（Pessac–Léognan）地区也出产上好的葡萄酒。

没有单一体系对波尔多57个产区和成千上万种葡萄酒进行过分级。其实，对同一品质的葡萄酒有好几种不同的说法，让人困惑难解。1855年，为了巴黎万国博览会，人们对葡萄酒第一次分级，当时，人们把葡萄酒（特别是梅多克葡萄酒）分成五个等级（Growths），最好的葡萄酒为一级permier cru（First Growth）。其他体系采用cru classé和grand cru classé表示产区最好的葡萄酒。

玛歌（MARGAUX）

色 经典、雅致；为鲜亮的深石榴红色，边缘呈红宝石色。

香 散发着成熟的红色和黑色水果、肉桂、泥土和咖啡的香气。

味 复杂、滑润、丰满；滋味浓烈、回味可口。

如果说波亚克葡萄酒是天鹅绒，那么玛歌葡萄酒就是梅多克的丝绸。它的酒体更加结实，芳香悦人，既有红色水果的香气，也有黑色水果的香气。这种波尔多葡萄酒主要由赤霞珠混合美乐、品丽珠和小维铎（Petit Verdot）葡萄酿制而成；呈深石榴红色，因将复杂、结构、浓烈与雅致、细腻融为一身而世界驰名。其丰满、柔滑、圆润，而且极为深厚。同时，它如天鹅绒般，尤其滑美、丝柔。大多数人肯定听说过玛歌酒庄（Château Margaux）。这是世界最驰名的葡萄酒之一，而且也是最精良的葡萄酒之一。玛歌酒庄在葡萄酒界是个既古老又知名的名字，早在1855年对梅多克葡萄酒分级时，已经享有盛誉。

玛歌 Château Palmer

不过，要留神！玛歌（Margaux）是梅多克最南端的村庄级产区，与这种著名的一级葡萄酒（premier cru）同名。所以，如果看到酒标上的玛歌字样，您无疑会认为是真品。当心，要仔细看好酒标，以确保您了解购买的是哪种酒品。

玛歌 玛歌酒庄

虽然玛歌是玛歌产区的唯一的一级葡萄酒，但产区内也不乏其他优质葡萄酒。找到三级、四级、五级葡萄酒绝非难事，这些酒品的口感会让您惊讶不已，而且它们也很划算。二级葡萄酒包括一些经典葡萄酒，如豪颂世家庄园（Château Rauzan-Ségla）、豪颂歌西庄园（Château Rauzan-Gassies）和布瑞恩康特纳庄园（Château Brane-Cantenac）。

玛歌产区有12个三级葡萄酒，其中，最富盛誉的是帕玛（Palmer）、科文（Kirwan）、吉斯高（Giscours）和康特纳布朗（Cantenac-Brown）。还有三个四级葡萄酒和两个五级葡萄酒。玛歌酒庄的第二种葡萄酒是玛歌酒庄红楼（Pavillion Rouge de Château Margaux），它具有很高的名望。

除了可以陈酿很长时间以外，这种葡萄酒陈酿5年后，相当可口，与肉菜搭配极其合适，如平锅煎牛肝或者上好牛腰肉或者牛臀排。

最好的葡萄酒总归很复杂、滑润、丰满、雅致。上好的玛歌葡萄酒价格昂贵，不过，您一定要体验一下！

推荐酿造商

- Château Margaux
- Château Palmer
- Château Monbrison
- Château Kirwa

食物搭配

烤鸭 梅多克葡萄酒陈酿15年后，完全熟化，与鸭肉搭配很好。酒龄短一些的葡萄酒搭配红肉会很好。

圣于连（ST-JULIEN）

色 暗暗的深石榴红色，边缘呈紫色到红宝石色。

香 复杂；散发着香桃木、紫罗兰、黑色水果、巧克力、香草、泥土的香气。

味 可口雅致，深厚而浓郁。

我认为圣于连是个被人们低估的腼腆的波尔多产区，这里分级的酒庄最少。圣于连一直以来都被圣艾斯蒂菲、波亚克这两个邻近的产区的光环遮蔽。然而，圣于连的葡萄酒品质，可能是梅多克所有产区最稳定的。

圣于连的很多酒庄多年来都保持着很高的水准，有的酒庄酿制的酒品质量甚至在它们的正式分级之上；虽然这里没有一级酒庄（见第109页），但仍然拥有一些世界最知名的酒庄。二级酒庄包括两家：拉露丝（Gruaud-Larose）、雷奥威巴顿（Léoville-Barton），它们位居波尔多最杰出酒庄之列。还有一些未分级但声名赫赫的酒庄，如荣耀酒庄（Château Gloria）。

圣于连
Château
Léoville-Barton

这些葡萄酒太复杂、太深厚、太雅致，所以在充分展现特质前需要时间来“说话”（熟化培养）。这里出产一些梅多克最具“女人味”的酒品。它们没有某些葡萄酒浓郁，但丰满而且尤为精雅。最好的酒品陈酿潜力巨大，通常可陈酿长达15年。

推荐酿造商
- Château Léoville-Barton
- Château Gruaud-Larose
- Château Léoville Las Cases

圣艾斯蒂菲（ST-ESTÈPHE）

色 浓郁的深石榴红色到深红色。

香 黑樱桃的香气混合着紫罗兰、林木和香料的香气。

味 强劲，酸性、单宁突出；平衡、结构佳。

我总说圣艾斯蒂菲出产波尔多的梅多克产区最酸涩的葡萄酒。因为地面下的土壤为黏土，所以这里的葡萄成熟更慢，而且梅多克北部的天气格外凉爽。这些导致葡萄酒酸性高，单宁紧致，水果味比周边的葡萄酒要少——但仍然很出色。遇到好年份，这里的葡萄酒在整个产区最好，葡萄因为成熟缓慢，极大地提高了葡萄酒的深厚度和复杂性。

圣艾斯蒂菲虽然没有一级酒庄，但有一些杰出的“中级”（cru bourgeois）葡萄酒（比梅多克的分级水平更低）也很值得关注，这包括上玛布兹酒庄（Château Haut-Marbuzet）。圣艾斯蒂菲的葡萄酒很经典，而且极其“长寿”。您必须等上很长一段时间——有时长达20年才可以享受。

推荐酿造商
- Château Montrose
- Château Cos d'Estournel
- Château Phélan-Ségur

食物搭配

香煎牛排 简单烹制的上好红肉，搭配圣艾斯蒂菲葡萄酒的单宁和丰富滋味，极为合适。

丽兹塔克（LISTRAC）

色 很深的黑樱桃色，略带紫色。

香 散发着深色水果、香料、皮革香气，橡木桶陈酿后还有微微的香草味。

味 结构很好；紧致、清爽，回味极其悠长。

这是梅多克红葡萄酒中的“沉静男人”。丽兹塔克是最新创建的村庄级产区，其市场销售名称为丽兹塔克－梅多克。丽兹塔克没有分级的酒庄，但克拉克酒庄和福卡欧斯顿酒庄（Château Forcas-Hosten）声誉独特，部分原因在于这里深受葡萄酒鉴赏家的欢迎，毕竟这里的葡萄酒在波尔多高价产区，十分划算。

丽兹塔克位于内陆，再加上土壤难以耕作，所以酿制出风格结实而非芳香的葡萄酒——更接近圣艾斯蒂菲的葡萄酒风格，而不是玛歌的风格。葡萄酒主要采用赤霞珠葡萄，混合美乐和小维铎葡萄酿造，因此很酸涩、强劲。陈酿很好，最长可达20年。

令人惋惜的是，这个AOC产区尚未把潜能完全发挥出来，因此，还没有在世界范围内赢得认可。最近，丽兹塔克的酿造商已经开始在混合葡萄中添加更多的美乐品种。我对此举很明了——这里的土壤难以耕作，黏土多于砾石，所以更适宜种植美乐葡萄。提高美乐葡萄的比例，会使葡萄酒在酒龄短时更迷人有魅力——让我们拭目以待。

丽兹塔克
Château Forcas-Hosten）

推荐酿造商
- Château Forcas-Hosten
- Château Clarke
- Château Fonéraud

慕里斯（MOULIS）

色 深黑樱桃色，还带一些石榴红色。

香 散发着深色的林地水果、林下灌木、甘草、沥青、胡椒、烤面包、烟熏的香气。

味 极为和谐；平衡、结构很好；回味悠长、悦人。

慕里斯是波尔多梅多克地区的“神秘”葡萄酒——慕里斯在梅多克所有村庄级产区中最小，让人难以置信的是，这里没有列级（cru classé）的葡萄酒。不过，这里却以出产一些卓越的中级（cru bourgeois）葡萄酒而著称。

慕里斯葡萄酒采用梅多克所有常见的葡萄品种混合酿制而成——赤霞珠、品丽珠、美乐和小维铎。我通常会把这种葡萄酒形容为“圣艾斯蒂菲的婴儿葡萄酒”，因为其具有酸涩和结构紧致的特点。可是，其释放单宁强硬口感的速度要比圣艾斯蒂菲葡萄酒快得多，而且差不多经过五六年，其酸性和单宁就可以极为平衡。陈酿的时间往往更长，最好的年份酒可以陈酿长达20年。

人们常常认为慕里斯和丽兹塔克（见左）比最著名的梅多克的产区略低一筹。不过，尤其是慕里斯的葡萄园，其位置优越、砾石土壤独特，完全可以和一些隶属更受人尊敬村庄的分级酒庄媲美。慕里斯的名声让出产的葡萄酒跟着走霉运，毕竟葡萄酒价位很低，不过，这对葡萄酒爱好者来说是个特大喜讯！

这种葡萄酒是真正的赢家——非常超值，品质始终如一，陈酿潜能巨大，颇受欢迎。它的价格只是梅多克其他大多数法定产区的1/4，您还想再要求什么呢？

推荐酿造商
- Château Chasse-Spleen
- Château Baudan
- Château Poujeaux

格拉芙（GRAVES）/ 贝萨克-雷奥南（PESSAC-LÉOGNAN）

色 深石榴红色，边缘呈特有的紫色。

香 经典、很雅致；散发着黑色水果、紫罗兰、烤面包和皮革的香味。

味 丰满、圆润、强劲；有咖啡味、矿石味；单宁浓郁、回味悠长。

我把这一地区称为波尔多的“教皇新堡”（见第113页）。这里的葡萄酒确实非常出色——撩人而又深厚，色泽、浓度卓绝，水果香味丰满、熟润。让我时常感到诧异的是，很多人认为格拉芙以酿制白葡萄酒为主——虽然这里的确出产一些卓越的白葡萄酒——其实，世界上一些最优质的红葡萄酒就出自波尔多的这个地区。这里的主导红葡萄品种为赤霞珠。格拉芙葡萄酒结构好、强劲、陈酿时间格外长。美乐葡萄和品丽珠葡萄也是这种混合品种葡萄酒的原料。在格拉芙产区，有个分产区很特别，其名为贝萨克－雷奥南，是格拉芙最好的一个区域，1987年凭借自身的优势成为AOC产区。这个区域就在波尔多市附近（现在，有一部分就在该市），包括以前格拉芙最好的酒庄。比如，世界驰名的上比利昂酒庄（Château Haut-Brion），是该地区入选1855年梅多克分级的唯一一级酒庄。同时，几乎同样驰名的上比利昂教团酒庄（Château La Mission-Haut-Brion），位于贝萨克－雷奥南。其他所有于1959年正式获得分级认可的列级（cru classé）葡萄酒来自格拉芙产区。格拉芙法定产区享有盛誉，且高水准经年不减，高品质始终如一。根据规定，每家酒庄每10年要接受一次审核，要么升级，要么降级，此举极大地推动了酒庄的酿造品质。

格拉芙
Viex Château Gaubert

产区和酒品

珍贵的石子 格拉芙的葡萄园位于朗贡和波尔多之间，加伦河（Garonne River）左岸的一条狭长地带。格拉芙翻译过来的意思是“砾石”，顾名思义，说明这里的土壤多石子。因为邻近河流和海洋，所以气候温和，对葡萄成熟十分有利；排水体系卓越，加上砾石能够保热存温，这些都对葡萄酒的品质起到了关键作用。

贝萨克－雷奥南红葡萄酒优雅、精致。通常在新橡木桶中培养，从而赋予葡萄酒滑润的烟熏味。

格拉芙和贝萨克－雷奥南产区还出产一些极其出色的葡萄酒，只是鲜为大多数人所知，它们非常具有投资价值，而且很值得在酒窖中贮藏。

推荐酿造商

- Viex Château Gaubert
- Château Haut-Brion
- Château Bellevue
- Château Rahoul

卡奥尔（CAHORS）

色 特别深黑的樱桃红色，边缘呈红宝石色。

香 散发着黑色水果、香料、干药草、巧克力、松露、皮革的香气。

味 丰满、强劲，单宁紧致、深厚、细腻。

它是来自法国南部的“惊世之作”。这种葡萄酒独具鲜明的特色，主要在于选用了关键的葡萄品种——马尔贝，这种葡萄当地人称之为奥塞尔（Auxerrois）或者高特。卡奥尔只酿造红葡萄酒，过去，以其浓厚的深“黑色葡萄酒”而著称。

葡萄酒为波尔多风格，不过水果香味更深厚，因为卡奥尔地区位于内陆深处，气候受地中海的影响，更加温暖。地道的卡奥多葡萄酒酸涩、结实，而且很强劲，尤其适合长时间陈酿。买上一瓶庆祝生日饮用或者贮藏，要比波尔多葡萄酒更划算。陈酿后，这种葡萄酒更精致、柔滑、深厚，细腻口感突出，回味极为悠长，几乎绵延不绝——真正的法国经典葡萄酒。

因为要把出色的葡萄酒推向世界市场，卡奥尔地区充满活力。又是建新酒庄，又是有新资金注入，这里正开始冲出阴霾，扬名天下。卡奥尔是我最喜爱的葡萄酒之一。我不会在它酒龄过于短时饮用，它要与滋味浓重的肉搭配——烤牛肉或者猪肉，或者像艾波瓦斯（Époisses）一样的黏软奶酪；或者最好与传统的白豆炖肉（Cassoulet de Castelnaudary）搭配。

卡奥尔
Château la Coustarelle

推荐酿造商

- Château la Coustarelle
- Clos la Coutale
- Château du Cedre

马第宏（MADIRAN）

色 不透明的墨黑色，边缘呈紫色。

香 浓郁；散发着黑色和红色果酱、甜香料、烟草和甘草的香气

味 可口、天鹅绒般丝滑、浓郁、结构好、复杂；回味悠长。

马第宏位于比利牛斯山西段，法国的西南部，只酿造红葡萄酒，采用当地的葡萄品种——单宁很高的塔纳葡萄。

30年前，您必须先把葡萄酒保存10年，才能考虑开瓶饮酒——而且还要兑水稀释！最近几年，我注意到，尽管很多葡萄酒的结构依然很结实，但风格已经改变。酒龄短一代酿酒商引进了新的酿造工艺，彻底转变了这里的葡萄酒，现在，我认为最上乘的酒品可以挑战价位过高的波尔多葡萄酒。如今，这款葡萄酒通常在5到10年后达到顶峰，不过，最上好的葡萄酒可以保存更长的时间。

这是顶级葡萄酒，而且我坚信因为酿制工艺的改进，其会越来越受欢迎。现在，知名度依然不高，但是产区很活跃。我认为，今后，我们会在餐厅和商店里看到它们更多的身影。

所以，我建议看到这种酒，就要品尝一下。您一定不会失望——尤其是如果您同时还点了油煎鸭腿（confit de canard）、白豆炖肉、比利牛斯奶酪（Pyrenean cheese）、蓝奶酪或者野味。

马第宏
Château Bouscassé

推荐酿造商

- Château Bouscassé
- Domaine Capmartin
- Château d'Aydie

艾米达吉（HERMITAGE）/克罗兹－艾米达吉（CROZES-HERMITAGE）

C 色 深浓；墨黑色，边缘呈石榴红色。

A 香 经典；散发着香料、紫罗兰、黑醋栗、烟和松露的香气。

T 味 强劲，滋味可口；单宁虽紧致，但熟润；回味悠长。

艾米达吉是法国经典葡萄酒——在罗纳河谷北部最著名——而且驰名世界。该产区被公认为西拉葡萄的故乡。

西拉葡萄非常独特，浆果小，酿制的葡萄酒颜色很深，富有表现力而且强劲。如今，在世界各地这种葡萄都备受青睐，也是很多新世界葡萄酒的原料。不过新、旧世界的葡萄酒风格有着巨大差别。罗纳谷的西拉葡萄酒酸涩、强劲，酒龄短时单宁足。相比之下，澳大利亚的西拉葡萄酒更加丰满、更加明显，充满水果酱的香味，口感滑润。

艾米达吉位于罗纳地区的最南端，离瓦伦斯（Valence）不远。这里的葡萄树种植在山坡上、河边的台地上，因为这样可以最大限度地获得光照。少量的白葡萄品种胡珊（Roussanne）和玛珊，加上西拉葡萄混合酿制出的艾米达吉葡萄酒，浓度很高，具有长久陈酿的品质和潜力。

陈酿后，这款葡萄酒的滋味甚至更加复杂，有烟熏、泥土、林下灌木、西梅干和胡椒的香味，单宁熟美。与上乘的波尔多葡萄酒一样，艾米达吉超凡平衡，既强劲有力，又雅致滑润。这款葡萄酒轻轻松松就能陈酿20多年，之后，可以同上好的梅多克葡萄酒媲美。真正的艾米达吉葡萄酒复杂、雅致，令人难以忘怀。

克罗兹-艾米达吉 Gilles Robin

克罗兹－艾米达吉是艾米达吉的小弟。虽然混合的葡萄品种相同，但是艾米达吉采用的葡萄种植在河谷两侧，阳光直接照射，而克罗兹－艾米达吉采用的葡萄种植在附近的高原和山顶高原。因此，这款葡萄酒的风格更为清淡，酒龄短时更宜人——不过，与艾米达吉一样，浓重的颜色和单宁会在您的牙齿上留下印记！

虽然克罗兹－艾米达吉法定产区不像艾米达吉那么出名，但到目前为止，其面积更大——事实上，是罗纳北部最大的产区。风格和品质必然各不相同，所以选择克罗兹－艾米达吉葡萄酒的时候要多加留意。产区内分布着露出地面的花岗岩层，采用生长在这些地方的葡萄酿制的酒品最好。这种葡萄酒十分卓越，通常非常超值。

克罗兹-艾米达吉 Alain Graillot

艾米达吉、克罗兹－艾米达吉两种葡萄酒搭配法国美食十分经典，如勃艮第红酒炖牛肉（boeuf bourguignon）、白豆炖肉、烤肉和野味。

推荐酿造商
- Gilles Robin
- Alain Graillot
- Paul Jaboulet Aîné
- J-L Chave

罗第丘（CÔTE-RÔTIE）

C 色 很深的石榴红色，接近黑色；陈酿后，颜色更加橙黄。

A 香 散发着黑色水果、林下灌木、皮革、巧克力、香料、鲜花和橡木的香气。

T 味 很丰满；深厚而强劲，单宁紧致。

这又是一种以西拉葡萄为主酿制的葡萄酒，不过，里面添加多达20%的白葡萄品种维欧尼，以增添葡萄酒的复杂性和花香。我称之为西拉葡萄的终极表现。这款葡萄酒深厚、浓重、丰满、雅致，浓郁，强劲，适合与红肉、味浓奶酪、味浓烧烤蔬菜搭配。

罗第丘或许是罗纳北部出产的最细腻的葡萄酒，陈酿很好，不过产量有限，所以价格昂贵。

推荐酿造商
- Guigal
- Domaine Bonnefond

产区和酒品

日烤山坡 罗第丘的葡萄园位于里昂南部的罗纳河西岸，傍依一对斜坡，布隆丘和布隆德丘（Côte Blonde）的陡峭山坡而建。罗第丘字面的意思是“日烤山坡”，因为朝向东南，所以日照最多。吉佳乐（Guigal）的酒品占据主导地位；这个酿造商提升、推动了这一地区的葡萄酒品质。

科尔纳斯（CORNAS）

C 色 很深厚、浓重的樱桃红色，透明度沉重。

A 香 浓郁；散发着胡椒、黑醋栗、黑莓、李子、香料和林下灌木的香气。

T 味 强劲、浓厚，酒龄短时单宁足；平衡很好。

科尔纳斯是个极小的产区，采用西拉葡萄酿制的酒品深厚、浓重、复杂，是艾米达吉的有力竞争对手。科尔纳斯坐落在瓦伦斯北部的罗纳河西侧。只要看到这种酒，您就要抓住不放，因为这片沿河台地的产量很低。科尔纳斯与经典的法国肉类美食搭配绝佳，不过这种葡萄酒需要几年的时间柔化，才能尽显令人惊异的复杂性。

推荐酿造商
- Auguste Clape
- Jean-Luc Colombo

圣约瑟（ST-JOSEPH）

C 色 石榴红色，边缘呈红宝石色；颜色相当深浓，不透明。

A 香 复杂；散发着胡椒、黑醋栗、紫罗兰、林下灌木的香气。

T 味 滑润、精雅，结构紧致，成熟水果味平衡。

圣约瑟的西拉葡萄酒雅致、丰满，单宁不太突出，质地滑润、和谐，如天鹅绒般丝滑，风格比罗纳北部其他产区的葡萄酒清淡。这款酒陈酿时间长达6年，而且非常划算——不过要坚持认准认可的酿造商。这款葡萄酒与美味肉食午餐或者奶酪搭配乐趣无限。

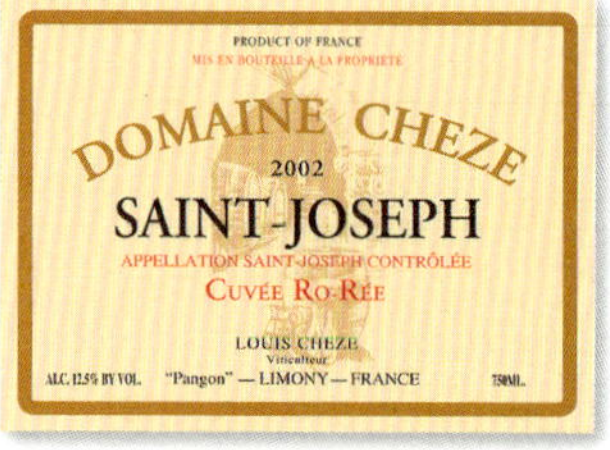

圣约瑟 Domaine Chèze

推荐酿造商
- Domaine Chèze
- Pierre Gaillard

教皇新堡（CHÂTEAUNEUF-DU-PAPE）

色 经典而又浓烈；深石榴红色，边缘呈红宝石色。

香 散发着野生黑色水果、甜樱桃、烟草、皮革、烟、咖啡和香料的香气。

味 撩人、圆润；酒龄短时单宁紧致；和谐；回味悠长。

这是教皇的葡萄酒！教皇新堡的葡萄园位于阿维尼翁和奥林奇（Orange）之间，出产罗纳河谷南部最著名的葡萄酒。这种葡萄酒得名于14世纪教皇流亡到阿维尼翁所居住的夏宫，人们为了表示纪念，在特别的新堡酒瓶上依然雕刻着十字相交的钥匙图案。

这种葡萄酒的结构和个性独一无二，因为混合的葡萄品种非同寻常，而且土壤类别独特。这种葡萄酒由13种葡萄混合酿制，有几个是白葡萄品种，这对单独的产区来说十分罕见。实际上，绝大多数新堡葡萄酒以歌海娜葡萄为主，辅以西拉葡萄和慕尔维卓葡萄，其他葡萄品种，如神索、黑泰瑞（Terret Noir）葡萄只是“调味”品，为了增加复杂性，而康诺兹葡萄是为了提升重要性。不过，风土也起到了特殊作用。这里的土壤中有大卵石，白天吸收热量，夜晚缓缓释放，从而保证葡萄能够完全成熟。

教皇新堡
Château la Nerthe

有两种葡萄酒的风格为教皇新堡的酿造商所钟爱。传统葡萄酒颜色深浓、辛辣、陈酿很好，而现代葡萄酒水果汁的滋味更浓郁。两种葡萄酒都非常出色、令人陶醉，而且可以在酒龄短时饮用。不过，我还是建议您收存在酒窖里，特别是传统风格的葡萄酒。我发现，这种葡萄酒在瓶中待上几年后，最让人激动不已，因为其复杂性和浓郁的芳香会释放无余。单宁融入质地，一切变得平衡细腻——绝妙至极！任何酒龄的教皇新堡都非常适合与烧烤肉、牛排或者烧烤蔬菜搭配。

教皇新堡
Château de Beaucastel

推荐酿造商
- Château la Nerthe
- Château de Beaucastel

吉恭达斯（GIGONDAS）

色 浓烈的深黑樱桃色，边缘呈红宝石色。

香 散发着浓厚的林木水果、胡椒、烟熏、沥青和甘草的香气。

味 丰满、圆润；单宁雅致、熟润；酸性清爽。

吉恭达斯葡萄酒在风格和浓烈度方面与教皇新堡十分接近；但陈酿的潜能不同，酒龄短时更加悦人、有魅力；价格也更便宜，更超值。相信我，这是个被人们轻视的产区，绝对应该去寻找它的酒品。与朋友吃烤肉或者野味的时候，分享这种酒——真是难以忘怀啊！

推荐酿造商
- Domaine de Font-Sane
- Domaine Amadieu

维格拉斯（VACQUEYRAS）

色 石榴红色，边缘呈红宝石色；看起来强劲而丰满，不过也很雅致。

香 散发红色和黑色水果的香气；酒龄长一些的有香料、烟熏、无花果和野味的香气。

味 干，深厚丰满，充盈着黑色水果的味道。

您应关注这一新品的上市！维格拉斯在1990年才获得AOC身份；其充满活力、特质与激情。这里出产的葡萄酒一年比一年好；它们丰满、结实，而又清新、雅致，水果味和单宁极为平衡，所以可以陈酿5年左右。酿制维格拉斯葡萄酒的原料与附近的教皇新堡、吉恭达斯类似，这些葡萄酒同烧烤肉和炖菜搭配绝佳。

推荐酿造商
- Archimbaud-Vache
- Domaine des Amouriers

丽哈克（LIRAC）

色 经典的深宝石红色到深石榴红色。

香 散发着红色浆果、黑胡椒的香气；陈酿后，有皮革、泥土、甘草的香气。

味 酒体中等，不过水果滋味很浓。

与其他一些葡萄酒相比，丽哈克的结构和深厚度都略逊一筹，不过这款红葡萄酒仍然强劲、雅致、丰满。它可以保存3到5年，在此期间酒液柔化，并且培养某种“动物”滋味。它非常适合寒冷冬日，午餐时享用——搭配酒焖仔鸡（coq au vin）或者胡椒酱汁牛排和烤土豆。

丽哈克
Château de Ségriès

推荐酿造商
- Château de Ségriès
- Château d'Aquéria

邦多（BANDOL）

色 石榴红色，边缘呈紫色；很深厚、浓烈。

香 散发着黑色水果酱、泥土、“肉”、香料和干药草的香气。

味 天鹅绒般柔软、滑美；单宁熟润；回味芳香悠长。

这是普罗旺斯的葡萄酒之王。邦多不仅受欢迎，被认为是普罗旺斯最知名的葡萄酒，而且品质顶呱呱。这款葡萄酒来自温暖的法国南部，将力量与雅致、深厚、丰满、复杂的滋味融为一体，又不咄咄逼人。原因在于葡萄品种混合巧妙、橡木桶陈酿时间长。强劲的慕尔维卓葡萄为这款酒的主要葡萄品种，比例更少的歌海娜和神索葡萄赋予了这款葡萄酒更加柔和的水果风味。有时，里面还添加一点儿西拉葡萄。慕尔维卓葡萄在这里茁壮葱郁，邦多可能是世界上最适合它生长的地区——至少在法国如此——葡萄园面对地中海，同时又得到群山的保护，自然地呈圆形阶梯状分布在台地上。只有这些条件才能使这种晚熟葡萄品种接收必需的光照。葡萄产量每年都有变化，这会影响到价格。不过，我认为它仍然不太昂贵，物有所值。

邦多
Domaine Tempier

邦多可以在酒龄短时饮用，饮用前先将酒液倒在醒酒器中呼吸。不过，邦多具有保存10年以上的潜力。与牛肉和其他红肉以及辣香肠搭配非常合适。

推荐酿造商
- Domaine Tempier
- Château de Pibarnon
- Mas de la Louvière

意大利

意大利出产一些“最长寿”的葡萄酒，它们特质卓绝，滋味富有层次感。最好的葡萄酒来自靠近阿尔卑斯山更加凉爽的地区。巴罗洛、巴巴莱斯科、加蒂纳拉酿制出世界上最上乘的一些葡萄酒。

皇家标准 巴罗洛是最知名的内比奥罗葡萄酒，一直以来被形容为“葡萄酒之王”和“国王之葡萄酒”。

巴罗洛（BAROLO）/巴巴莱斯科（BARBARESCO）

C 色 深石榴红色，边缘呈紫色；陈酿后为瓷砖红色。

A 香 紧凑；散发着成熟的野生黑色水果、李子、甘草、沥青、松露和辛辣橡木的香味。

T 味 独一无二；酸性高、紧致；单宁结实突出；回味雅致、无穷。

其为世界上最细腻、寿命最长的一些葡萄酒，极为强劲、浓郁、深厚、特色独具。酒精度高，单宁水平，酸性突出，水果浓度与众不同。巴罗洛、巴巴莱斯科都采用内比奥罗葡萄酿制而成，这个葡萄品种可能得名于雾霭——（nebbia）——皮尔蒙特收获季节的清晨气候凉爽，雾气笼罩着葡萄园，既控制了葡萄成熟的速度，又提高了葡萄的品质。

巴罗洛是最驰名的内比奥罗葡萄酒，而且也是世界上陈酿最佳的葡萄酒之一。标准的巴罗洛葡萄酒必须在橡木桶或者栗树桶中陈酿 2 年，然后在瓶中陈酿 1 年。珍藏（riserva）葡萄酒必须在橡木桶和酒瓶中陈酿 5 年。现在，很多酿造商正在酿制风格更易接近的葡萄酒，虽然其仍旧深厚，但是酒龄短时单宁更加圆润，因此装瓶前需要长时熟化。整个产区的葡萄酒品质不断提升。如今，越来越多的巴罗洛葡萄酒根据各自的葡萄园来命名，既独特，又容易识别。

圣约瑟
Domaine Chèze

巴巴莱斯科葡萄酒同样极富魅力，只是没有它的邻居那么强劲，但酒龄短时更加精雅、细腻。如果巴罗洛是葡萄酒中之“王”，那么巴巴莱斯科就是葡萄酒中之“后”。显然，巴巴莱斯科更迷人，水果香味更浓，平衡更好，单宁更协调。

我会把这种葡萄酒称为狂热者的酒品，因为您需要把它们放在酒窖里贮藏 10 年以上。毕竟需要长时陈酿，所以很可能您会在特别的场合打开品尝，而且希望与丰盛的晚宴搭配。这款葡萄酒与烤肉，尤其是烤猪肉搭配，或者与沙锅鸡和其他味道浓重的肉搭配非常合适。

食物搭配

松露 巴罗洛、巴巴莱斯科葡萄酒通常带有黑松露的香味，所以与精美昂贵的菌类搭配，非常完美。

推荐酿造商

- Prunotto
- Bruno Giacosa
- Azienda Agricola Negro
- Giacomo Conterno

加蒂纳拉（GATTINARA）

C 色 黑樱桃色，从带有微微的红宝石色到橙色。

A 香 成熟、浓郁，散发着红色和黑色水果、烟和咖啡的香气。

T 味 平衡好，迷人，清爽；单宁圆润。

婴儿巴罗洛！加蒂纳拉产自都灵北部地区，当地人把内比奥罗葡萄称为斯般纳（Spanna），这种葡萄通常与10%的勃纳达葡萄混合酿酒。像巴罗洛一样，它在装瓶前，经严格调控，在木桶中培养熟化一段时间，而且跟巴罗洛一样，陈酿后能够大幅提升酒质，陈酿通常达15年之久。尽管这种葡萄酒在风格和结构上可以挑战巴罗洛葡萄酒，但是皮尔蒙特的明星酿造商大可不必担心。虽然加蒂纳拉葡萄酒具有相似的特质，水果香味更加突出，单宁更加柔和，但却缺乏巴罗洛上等葡萄酒的深厚和卓越。

加蒂纳拉
Mario Antoniolo

不过，对葡萄酒爱好者来说，有一点很重要，那就是加蒂纳拉葡萄酒比巴罗洛便宜，更划算，所以，如果您想了解内比奥罗，这种葡萄酒非常适合您品尝。加蒂纳拉葡萄酒与所有的烤肉、野味和家禽搭配都很好，与意式米饭搭配也不错。不过，我最喜欢与平锅煎牛肝、土豆泥和脆培根搭配。

推荐酿造商
- Mario Antoniolo
- Travaglini
- Le Colline

维波利阿玛罗尼（AMARONE DELLA VALPOLICELLA）

C 色 深石榴红色，带有细微的波特酒一样的深紫色。

A 香 散发着黑樱桃、李子、无花果、烟草、皮革、泥土和苦杏仁的香气。

T 味 复杂、强劲、浓烈、滑润；回味特别悠长。

维波利阿玛罗尼
Masi

维波利阿玛罗尼葡萄酒，抑或称作阿玛罗尼葡萄酒，是采用葡萄干酿制的最知名的干红葡萄酒，这种DOC级葡萄酒在过去的几年里东山再起，受到追捧。

阿玛罗尼葡萄酒的酿制时间非常漫长，也因酿造商而各异。阿玛罗尼由如同耳朵一般的、葡萄树顶端的小葡萄串酿制而成，因为它们日照最充足，而且成熟过程中最易产生焦糖化反应。酿酒前，葡萄须摊开放在托盘的草垫上至少晾干3个月。这样，糖分浓缩，酿制出的干红葡萄酒才会丰满、浓厚，有水果酱的风味，而且残留糖分转化成酒精，使得酒精含量高达17%，非常强劲、浓郁。

总之，这种葡萄酒的口感很像波特酒，但味干，回味有明显的苦味，非常新鲜。阿玛罗尼葡萄酒可以在酒龄短时饮用，不过，经年陈酿后，酒质会提升，陈酿时间可达30年或者更长。饮用酒龄短的阿玛罗尼葡萄酒可以搭配牛排、炖牛肉、野味或者罗勒酱汁面；饮用酒龄长一些的葡萄酒搭配浓浓的奶酪极好。

推荐酿造商
- Masi
- Sergo Alighieri
- Allegrini

阿格里亚尼科（AGLIANICO）

C 色 深石榴红色，映射着红宝石色到橙色。

A 香 散发着深色浆果、紫罗兰、林下灌木、药草、西梅干和巧克力的香气。

T 味 极为和谐，酸性突出，水果滋味深厚。

我是阿格里亚尼科葡萄酒的忠诚信徒，而且仍然记得第一次饮用时的感受。我尤其喜爱它的突出特质、力量和强劲，其水果风味极为熟润，它会让您垂涎三尺。

阿格里亚尼科是红葡萄品种，2000年前由希腊人带到意大利，罗马人将其用于酿制最钟爱的法勒尔诺葡萄酒。阿格里亚尼科的这个名字是意大利词“ellenico”的讹误，意思是希腊人。这一葡萄品种在意大利的故乡位于那不勒斯东部的山区，它偏爱火山土壤，在高海拔区域，长得最好；在坎帕尼亚的巴斯利卡塔、图拉斯两个地方长势尤为繁茂。

沃尔图尔的阿格里亚尼科葡萄酒是巴斯利卡塔地区的一颗明星。酒龄短时，因为葡萄品种和火山土壤的关系，这种酒就具有意大利葡萄酒强劲和酸涩的特点，同时又因为成熟水果的浓厚滋味，具有柔和、妩媚的口感。这种葡萄酒很独特，在橡木桶中经年陈酿以后，尤为突出。

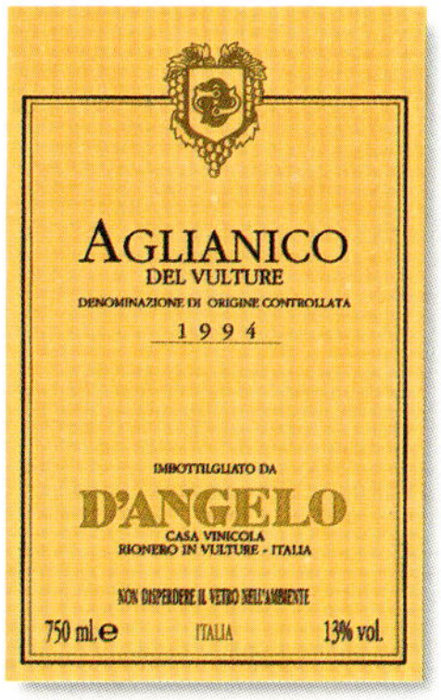

沃尔图尔阿格里亚尼科
Fratelli d' Angelo

图拉斯是意大利南部的豪杰。这种阿格里亚尼科葡萄酒产自那不勒斯以东、阿维尼翁的坎帕尼亚，得名于其中的一座村庄。1993年它荣获意大利葡萄酒最高等级DOCG身份，同时也是意大利大陆罗马南部的唯一DOCG级产区。由于葡萄酒强劲而浓郁，人们时常将其称为“南部的巴罗洛”。这样的赞美，我一点也不觉得意外，因为这是被人们低估的最高品质葡萄酒。如果您只看重价格合理的顶尖酒品，并不追求酒标上的名牌，这种葡萄酒非常值得购买。

一直以来，我都认为阿格里亚尼科是属于冬季的葡萄酒，并不适宜午餐时在意大利的烈日下饮用，却非常适合寒冷冬日辛苦一天之后，坐在木火前，与美味菜肴搭配饮用。这种葡萄酒完美至极，尤其在瓶中陈酿多年以后，更是如此。搭配沙锅炖牛肉这样味浓的肉、烤野鸡或者经年的浓烈奶酪，如豪达奶酪、杰克奶酪、亚细亚哥奶酪或者波萝伏洛奶酪都很合适。

产区和酒品

山地葡萄酒 意大利南部的火山活动，为阿格里亚尼科葡萄的生长提供了卓绝的土壤条件，众所周知，这里的维苏威火山曾经淹没庞贝城（Pompeii）。高山葡萄园夜晚更加凉爽的气候，将清新与水果滋味同意大利南部葡萄典型的强劲与结构相融合，把阿格里亚尼科打造成这一地区最上好的葡萄酒。

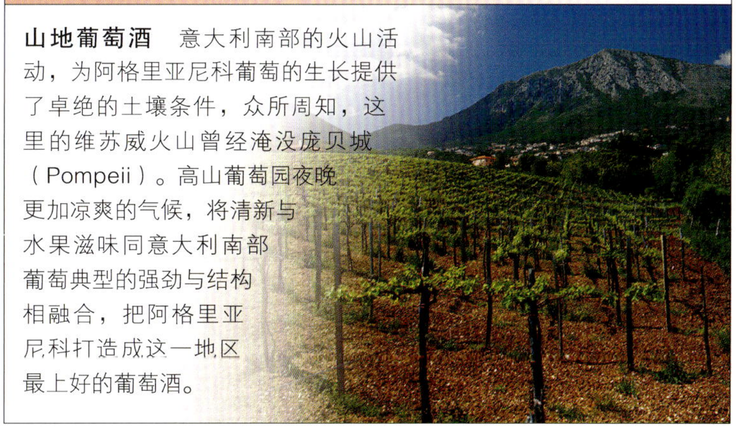

推荐酿造商
- Fratelli d'Angelo
- Paternoster
- Armando Martino
- Botte

布鲁奈罗（BRUNELLO）

C 色 不透明的黑樱桃色，边缘呈紫色；陈酿后为瓷砖红色。

A 香 浓郁；散发着黑色水果、李子、皮革、林木水果、香料和泥土的香气。

T 味 极为复杂；结构丰满、紧致；陈酿后单宁圆润。

托斯卡纳葡萄酒在世界各地产生过深远影响，而蒙塔奇诺布鲁奈罗则是托斯卡纳葡萄酒大获成功的推动力之一。布鲁奈罗为经典葡萄酒，相当于领先的波尔多产区葡萄酒或者意大利北部卓越的内比奥罗葡萄酒巴罗洛。

20世纪80年代，布鲁奈罗同其他四种杰出的原产意大利葡萄酒——巴罗洛、巴巴莱斯科、奇安蒂、蒙帕赛诺贵族葡萄酒——一同获得DOCG级资格。布鲁奈罗为顶级的DOCG葡萄酒，具有很多特色，其中最重要的一点就是具有强大的陈酿潜力。

大桑娇维塞葡萄（Sangiovese Grosso）是生长在蒙塔奇诺城周边的托斯卡纳桑娇维塞葡萄的一种，当地人称之为布鲁奈罗。意大利语“bruno”意为“深色”，布鲁奈罗葡萄因果皮颜色深而得此名。布鲁奈罗葡萄和奇安蒂的桑娇维塞葡萄类似。布鲁奈罗和奇安蒂最大的差别在于生长的气候环境——这里的天气，比托斯卡纳的其他地区更炎热干燥，因此布鲁奈罗葡萄特质突出、成熟、平衡超凡。

不能饮用酒龄短的布鲁奈罗葡萄酒，因为其单宁重、酸涩、紧致，尽管此时依然平衡、水果味丰富。所以，葡萄酒必须在桶中陈酿24个月，第5年方可销售。事实上，这种葡萄酒通常在木桶中放置3年到5年，以柔化单宁，培养深受欢迎的成熟芳香，如皮革、松露、香料、林下灌木的香气。

圣约瑟
Domaine Chèze

您也可能会碰到布鲁奈罗的姊妹葡萄酒——蒙塔奇诺罗索，虽然酿酒葡萄品种相同，但其陈酿时间不是很长。这种葡萄酒也非常出色，但水果滋味没那么成熟，单宁少，可以在酒龄比较短时饮用。我认为最好的蒙塔奇诺布鲁奈罗葡萄酒是世界上最上乘的葡萄酒之一。持此观点的绝非仅我一人，1999年，专家团甄选出碧安蒂山迪（Biondi-Santi）1955年的布鲁奈罗葡萄酒为20世纪十二大葡萄酒之一，它是入选的唯一一款意大利葡萄酒。如果您足够幸运拥有一瓶很古老的布鲁奈罗葡萄酒，可能会留到特殊时刻饮用。我一直都认为它是属于冬季的葡萄酒，所以选择圣诞节或者新年晚宴时饮用，非常合适。搭配肉、禽肉、野味和什锦烧烤极佳。用它代替波尔多葡萄酒款待您的客人，给他们个惊喜！

食物搭配

野鸡 野鸡或者其他野禽非常适合与陈年的、香气醇熟的红葡萄酒，如布鲁奈罗搭配。

推荐酿造商

- Silvio Nardi
- Biondi-Santi
- Costanti

卡尔米尼亚诺（CARMIGNANO）

C 色 浓烈的宝石红色到紫色；陈酿后颜色变得鲜亮。

A 香 散发着黑莓、李子、甘草的香气；还有淡淡的白胡椒香。

T 味 酒体强劲，水果味浓；同时有幽淡的白垩和石灰味。

您如果喜爱奇安蒂，就会爱上托斯卡纳的邻居卡尔米尼亚诺。这种葡萄酒酸性更低，单宁更紧致，所以更加雅致、精美，适合搭配意大利开胃菜、红肉、浓浓的奶酪，如格贡左拉奶酪（Gorgonzola）、佩科里诺（Pecorino）奶酪。最好在陈酿5年或者6年时饮用，此时其特色鲜明——很像奇安蒂葡萄酒，但因为传统的奇安蒂葡萄酒由桑娇维塞葡萄和卡耐奥罗葡萄混合酿制，而卡尔米尼亚诺葡萄酒在酿制时又添加了10%的赤霞珠葡萄，所以酒精的刺激感更强。

卡尔米尼亚诺拥有令人垂涎的DOCG身份；虽仅有7家引以为豪的酿造商，但其品质很高，物超所值。酿造这种酒的葡萄园建在低矮的山坡上，白天很温暖。这就意味着这种葡萄可以在秋季降雨前提早采摘，所以这种葡萄酒一年又一年始终如一，值得信赖。

提早熟化、装瓶的卡尔米尼亚诺葡萄酒，销售名为巴可瑞尔（Barco Reale），也很值得寻找。它比常规的卡尔米尼亚诺葡萄酒更清淡、酸性更高、烟熏味更浓，烧焦的苦味减弱了肥厚、圆润、水果味的质地。

卡尔米尼亚诺
Villa di Capezzana

推荐酿造商

- Villa di Capezzana
- Fattoria di Ambra
- Fattoria di Bacchereto

温暖的山坡 卡尔米尼亚诺比奇安蒂海拔低、温暖，因此这里的葡萄酒独具特色。

西班牙

近年来，因为采用新工艺，杜埃罗河岸这样的强劲红葡萄酒的重要性增强，并且对里奥哈葡萄酒的统治地位构成了真正挑战。这些红葡萄酒浓郁，水果味丰富，结构佳，酸性清爽，属于目前世界上最受追捧的葡萄酒。

杜埃罗河岸（RIBERA DE DUERO）

C 色 深石榴红色，边缘呈紫色；透明度极佳。

A 香 散发着黑醋栗和香料的香气，芳香四溢而清新。

T 味 复杂、雅致的水果味，单宁浓厚但圆润。

这是我最喜爱的另一种强劲红葡萄酒。遗憾的是，由于里奥哈葡萄酒地位显赫，这种超凡的西班牙葡萄酒往往被人们低估，但它非常美味，所以千万不要错过它！酒名杜埃罗河岸源自位于马德里和比斯开湾之间的杜埃罗河，在葡萄牙，此河名为杜罗。河谷的气候条件相当极端，夏季白天炎热，夜晚寒冷，冬季寒冷。这里种植的添普兰尼洛葡萄，在当地别名菲诺红，在这样的气候条件下优势尽显，比里奥哈的葡萄酸性高，酿制的葡萄酒结构更好，极为浓郁长寿、诱人。每年这一葡萄品种在杜埃罗河沿岸的种植数量都在增加，显然，这说明葡萄很成功。

杜埃罗河岸
Vega Sicilia

这个产区酿造出了许多明星葡萄酒，越来越受世界各地的消费者欢迎。比如，宝石翠（Pesquera）和维嘉西西里（Vega Sicilia），都是西班牙最长寿的葡萄酒。维嘉西西里葡萄酒由赤霞珠、美乐、马尔贝和国之红（添普兰尼洛葡萄的另一别名）葡萄混合酿制而成。最佳年份的最上乘葡萄酒——名为维嘉西西里独一珍藏——在橡木桶中陈酿5年或者6年才问世。

您可以将杜埃罗河岸葡萄酒与香肠和土豆泥搭配，或者与炖羊排搭配，或者在特别时刻与罗西尼牛排搭配。妙不可言！

推荐酿造商

- Vega Sicilia
- Pesquera

托罗（TORO）

C 色 与众不同的深黑红色，边缘呈紫色。

A 香 散发着成熟的黑色水果、黑莓、樱桃、烟熏、咖啡和矿石的香气。

T 味 强劲有力、结实深厚；有水果酱的香味；回味悠长。

托罗
Bodegas Frutos Villar

西班牙中部夏季酷热干燥、没有降水的气候条件酝酿出结实、强劲的“黑”葡萄酒，这根本不让人感到惊讶。添普兰尼洛葡萄已经在这里确立了地位，用它酿制的葡萄酒比里奥哈颜色更深，单宁更重，陈酿的潜力更强。托罗依然处在学习摸索的阶段，不过这个产区可以和澳大利亚，甚至卡奥尔（见第111页）相媲美，很值得关注。

推荐酿造商

- Bodegas Frutos Villar
- Piedra

到巴贝拉康卡（CONCA DE BARBERA）

C 色 深浓的黑樱桃色，边缘呈红宝石色。

A 香 浓郁、复杂；散发着黑樱桃、巧克力、烟熏、甘草和香料的香气。

T 味 紧致、雅致、深厚；单宁滑美；回味悠长。

在卡塔兰（Catalan），康卡是从群山挖凿出的盆形谷地，完美的微气候环境和砾石土壤，对葡萄成熟极为有利，这里酿制的葡萄酒酸性平衡。巴贝拉康卡红葡萄酒，采用添普兰尼洛、加尔纳恰和赤霞珠葡萄混合酿造而成，浓郁、复杂、热烈，水果味熟润。我几乎没见过这种稀有葡萄酒，不过，如果找到了，我会与自制土豆泥和黑布丁或者美味的油煎黑扁豆鸭胸肉搭配饮用。

推荐酿造商

- Josep Foraster
- Torres

普里奥拉（PRIORAT）

C 色 很不透明；墨黑色，边缘呈紫色。

A 香 散发着无花果、烟草、药草、果干、香料和黑色水果的香气。

T 味 结构浓烈、结实，但质地圆润成熟。

这是世界级而且很昂贵的葡萄酒，我对待它的态度极为认真。普里奥拉位于巴塞罗那西南部的特宁高娜。这里的土壤贫瘠、多石，生长的加尔纳恰和佳丽酿葡萄树龄很老，所以这里的葡萄产量很低，水果风味极其浓厚。这里的葡萄酒通常强劲、有力，单宁滑润，酸性很好，长久陈酿极佳。

普里奥拉
Álvaro Palacios

推荐酿造商

- Álvaro Palacios
- Clos Mogador

泰拉奥塔（TERRA ALTA）

C 色 石榴红色，边缘呈红宝石色；透明度从中等到深浓。

A 香 散发着红色浆果、香料、烟熏、药草和林下灌木的香气。

T 味 酸性清爽；滋味熟润，单宁平衡；回味悠长。

泰拉奥塔距离普里奥拉很近，虽然是个面积很小的DO级产区，这里的酒也是加泰罗尼亚（或者拼写为Catalonia）知名度最低的葡萄酒，但这种酒的品质正在缓慢提升。到目前为止，只有为数不多的酿造商把产区海拔高的优势充分利用起来。他们酿制的葡萄酒水果味浓厚、丰满，而且由于高山和海洋微风的作用，酸性相当突出。这种葡萄酒与烧烤或者猪肉熟食，甚至与牛排或者薯条搭配极佳，美味可口！

推荐酿造商

- Barbara Fores
- Pedro Rovira

特宁高娜（TARRANGONA）

C 色 十分不透明，丝绸般的红色，边缘呈红宝石色。

A 香 浓郁；散发着黑色水果和黑胡椒混合的香气。

T 味 极为平衡；和谐、雅致，结构佳；回味悠长。

我深信这个西班牙北部的DO级葡萄酒一定会很快扬名。到目前为止，这里酿制的酒品大多为白葡萄酒，同时这里也以甜葡萄酒而著称。特宁高娜红葡萄酒结构很好，只是雅致和平衡不足，难以同邻近的普里奥拉、巴贝拉康卡葡萄酒竞争。这种葡萄酒适合提早饮用，口感和谐、愉悦。这种葡萄酒可同美味的硬皮面包和粗红肠或者与西班牙传统小点心搭配。想象着，您站在山巅、俯瞰大海的情形。

推荐酿造商

- Cellers Scala Dei
- Torres

葡萄牙

如果葡萄牙能继续引进新技术，进行更严格的品质监控，那么像百利达、杜奥这样的强劲葡萄酒就会给世界市场留下更深的印象。这里的葡萄酒充满活力、浓郁，搭配辛辣的食物非常合适。

百利达（BAIRRADA）

色 浓厚的黑樱桃色，边缘色泽略浅。

香 散发着沥青、药草、黑樱桃、黑醋栗、烟草和胡椒的香气。

味 强劲、撩人；酸性紧致、平衡；水果味丰满。

人们一想到葡萄牙，自然而然就会想到波特酒或者新近推出的酒品，如马特乌斯桃红葡萄酒。人们忘记了，或者也许没有意识到，葡萄牙的葡萄酒酿造历史悠久，至少始于罗马时期。在葡萄牙北部，波特酒一直都是重要的“赚钱机器”，而百利达恰恰输在这点上。我认为波特酒不会永远位居世界最上乘葡萄酒的行列，但是百利达正在树立美名、提高品质，成为邻近的杜奥葡萄酒的有力竞争对手。

百利达
Casa de Saima

百利达的特点之一就是气候条件完美，利于主要的葡萄品种巴格（Baga，意思是浆果）的生长。巴格是葡萄牙种植面积最广的红葡萄品种，在百利达繁茂葱郁。当然，差年景酿制的葡萄酒相当不熟润、粗糙涩口。巴格属于单宁很高的葡萄品种，一直以来，百利达葡萄酒需要陈酿很长时间柔化单宁。现在，这里开始采用更新的酿造方法提升品质，从而在世界市场上更受尊崇。

最上好的百利达红葡萄酒水果香味浓郁，富有活力，可以陈酿很多年。因为这种葡萄酒不过于强劲，所以我喜欢与烧烤肉或者蔬菜搭配。这种葡萄酒有微微的辣味，所以同默谷滋辣肠（Merguez）或者其他品种的辣香肠搭配非常合适。

杜奥
Duque de Viseu

推荐酿造商
- Casa de Saima
- José Maria da Fonseca

杜奥（DÃO）

色 深厚、浓郁的红宝石色，十分不透明。

香 明显，很干，散发着黑醋栗、香料和药草的香气。

味 干，单宁紧致，水果滋味充盈；回味悠长。

过去有很多年，杜奥由合作社监控，酿制的葡萄酒缺乏水果味，苦烈，单宁又高。可喜的是，一些更酒龄短的酿造商已经认识到这一地区的潜力，开始酿制水果味更浓、平衡更好的葡萄酒。国产图瑞佳是葡萄牙最好的红葡萄品种，在这里长得尤为繁茂，对杜奥混合品种葡萄酒起到了关键作用。杜奥葡萄酒适合与味道浓重的肉菜搭配。或者，干吗不尝试与浓味鱼肉汤搭配呢？

推荐酿造商
- Duque de Viseu
- José Maria da Fonseca

希腊

人们通常认为希腊葡萄酒紧致、强劲、不容易入口。不过，近年来，希腊葡萄酒的品质稳步提升，新一代卓越、水果味浓、精致的葡萄酒已经出现。希腊葡萄酒业蒸蒸日上！

阿吉奥吉提柯（AGIORGITIKO）

色 深石榴红色，边缘呈红宝石色。

香 果香浓郁，有黑色浆果和幽淡的黑樱桃的香气。

味 强劲，水果味中等，酸性低，回味悠长。

希腊的葡萄酒酿造史已经有几千年，可是几乎没有哪种葡萄酒达到世界级水平。不过，自从加入欧盟，希腊已经开始努力提高葡萄酒品质。

阿吉奥吉提柯（圣乔治）葡萄是生长在伯罗奔尼撒的尼米亚葡萄的一个品种。当地人把用这种葡萄酿制的葡萄酒称为“大力神赫拉克里斯之血”（Blood of Hercules）。它与美乐葡萄酒相似，丰满、浓郁滑润，但是单宁更紧致，因为酸性低，它缺乏清新度和余味。

依我看，饮用希腊葡萄酒其实就是在“体验希腊”，不要试图捕捉波尔多葡萄酒那种优雅。它通过与烧烤羊肉、羊乳酪和沙拉搭配，来营造并享受一种希腊风情。

阿吉奥吉提柯
Boutari

推荐酿造商
- Boutari
- Tsantali

希诺玛洛（XYNOMAVRO）

色 深石榴红色，边缘色泽变浅呈红宝石色。

香 浓郁、清新；散发着悦人的成熟水果香气；还有幽淡的柑橘香和矿石香。

味 强劲、紧致，酸性突出，水果滋味复杂。

希诺玛洛葡萄在希腊北部占据统治地位，用于酿制娜乌萨、豪门尼撒和阿明多葡萄酒。希诺玛洛葡萄酒色泽深、酸性突出（酒名的意思就是“酸黑”）。这种酒单宁粗烈，不过，最上好的葡萄酒陈酿极为出色，其复杂性与上乘巴罗洛葡萄酒相似，温暖年份的葡萄酒在酒龄短时就很柔和、美味。我建议您，只跟食物搭配饮用这种葡萄酒，尤其是微辣的肉。

推荐酿造商
- Aidarinis
- Castanioti

利姆尼欧（LIMNIO）

色 诱人；深黑樱桃色，边缘呈桃粉色。

香 散发着干药草、樱桃、李子、黑醋栗酱和白胡椒的香气。

味 强劲；质地天鹅绒般丝滑；水果味突出，回味温暖、悠长。

利姆尼欧葡萄是莱蒙斯（Lemnos）岛土生土长的葡萄品种，主要种植在希腊北部，特别是拉莎利地区。利姆尼欧酿制的葡萄酒结构好，相当强劲，酒精度高。它呈非常深的红色，质地如天鹅绒，有些葡萄酒需要在橡木桶中陈酿至少1年。有些最上乘的葡萄酒由赤霞珠、品丽珠葡萄混合酿制而成。我回想起度假时，曾在温暖的星空下，搭配烧烤羊肉品尝利姆尼欧葡萄酒。

推荐酿造商
- Samos Co-op
- Papaïoannou

匈牙利

现在，人们认为匈牙利的红葡萄酒比享有盛誉的白葡萄出色。卡达卡是最受欢迎的酒品之一。

卡达卡 Takler

卡达卡（KADARKA）

色 中等到深宝石红色，略带橙色。

香 富有水果香味，香料和野花的香气浓郁。

味 酒体强劲、浓烈，结构佳，回味悠长。

卡达卡是匈牙利种植面积最广的葡萄品种，也是一度出口量极大的艾格尔比卡威（Egri Bikavér）（也叫“公牛血”）葡萄酒的最重要原料。卡达卡对“公牛血”葡萄酒的品质至关重要。共产主义时期，大规模生产方式导致出现廉价的酸葡萄酒，损害了这种知名的葡萄酒的形象。现在，新一代酿造商正在酿制符合全球口味的葡萄酒，比较好的酒品开始在市场亮相。

卡达卡单品种红葡萄酒强劲，具有单宁性，芳香，辛辣，通常酒精度很高。最好在葡萄酒酒龄短时饮用，如果您能找到一瓶曾经在橡木桶中陈酿3年或者4年的葡萄酒，那么将它与牛腰肉搭配极为出色。我的最爱是“公牛血”葡萄酒搭配羊排，享用以后简直飘飘欲仙！

推荐酿造商

- Takler
- Blue Danube

保加利亚

保加利亚是个葡萄酒酿造大国——世界上最大的酿造国之一——但是有很多年受到东欧经济的限制。我认为5年或者6年以后，保加利亚葡萄酒就会在更广阔的世界市场上亮相。

梅尔尼克（MELNIK）/玛露德（MAVRUD）

色 深石榴红色，还带有微微的红宝石色到砖红或者瓷砖红色。

香 不太明显；有林木水果、香草和半新橡木的香味。

味 单宁紧致、结实、浓重；酸性、水果味适中；回味悠长。

梅尔尼克和玛露德是保加利亚最有意思的土生土长的葡萄品种。梅尔尼克是保加利亚西南地区与希腊接壤的重要小城，当地的葡萄品种和葡萄酒根据城名命名。梅尔尼克葡萄皮厚，呈浅蓝色，用它酿制的葡萄酒为希腊风格，分量重，具有单宁性。玛露德葡萄的故乡在南部地区，用它酿制的葡萄酒得益于橡木桶酿造，饱满而柔软。

在保加利亚所有的葡萄酒中，可能梅尔尼克陈酿最好，陈酿后，圆润、复杂，酒龄长一些的葡萄酒口感很像法国罗纳河谷的酒品。梅尔尼克葡萄酒与当地菜肴搭配饮用，如咸香瓤青椒或者羊肉。至于玛露德葡萄酒，我建议您饮用最新的年份酒，搭配比较浓重或者香辣的菜肴。

推荐酿造商

- Santa Sarah Privat
- Vinazod Assenovgrad

塞尔维亚和黑山

塞尔维亚和黑山的气候条件对酿造强劲红葡萄酒非常有利。有的酒品，如维尔娜（Vranac），销售很广，而大多数葡萄酒都在当地消费。近几年，这里的葡萄酒品质已经大幅提高。

维尔娜（VRANAC）

色 深宝石红色；虽浓厚但边缘色泽变浅。

香 特色独具；散发着樱桃、西梅干、青核和幽淡的青核桃的香气。

味 强劲，单宁紧致，微苦，水果味丰满。

过去，塞尔维亚和黑山的葡萄酒品质飘忽不定，但是有些葡萄酒仍然很出色，值得品尝，其中包括维尔娜。当然，最上乘的维尔娜可以和波尔多葡萄酒媲美，我想这可能让很多人颇为惊讶！维尔娜是黑山山区土生土长的红葡萄品种，酿制的干红葡萄酒结构丰满，强劲，通常有明显的苦味。所以，搭配滋味浓厚强烈的食物或者奶油奶酪就能把苦味抵消。

我的建议是，这种葡萄酒不宜贮藏太久，当然最好不要贮藏。尽管这种葡萄酒很强劲，但陈酿不会提升酒质。夏季，把维尔娜稍微冰镇后饮用，很可口。

推荐酿造商

- Barbara Fores
- Pedro Rovira

克罗地亚

我非常看好这个国家。这里的葡萄酒多在国内市场销售，但有的酒品，如普拉瓦玛莉（Plavac Mali），通常品质很高，在世界葡萄酒市场有一定影响。

普拉瓦玛莉 Dalmacijavino

普拉瓦玛莉（PLAVAC MALI）

色 深石榴红色迷人而平衡，边缘呈红宝石色。

香 散发着相当朴素的黑色水果香气；还有浓郁的胡椒味和李子香。

味 强劲；酸性中等，酒精度高，质地丰满；回味中长。

前南斯拉夫出口的葡萄酒大多为白葡萄酒。如今，比起克罗地亚红葡萄酒，世界各地的消费者对它的白葡萄酒更熟悉，而且克罗地亚很多地区只酿制白葡萄酒。不过，达尔马提亚（Dalmatian）沿海地区已经成为成功的红葡萄酒酿造区。普拉瓦玛莉是克罗地亚土生土长的葡萄品种，还用于酿制丁加克和波斯塔普葡萄酒。普拉瓦玛莉酿造的葡萄酒色泽深，浓郁，有单宁性，酒精度强，陈酿很好。似乎没人质疑普拉瓦玛莉葡萄是仙粉黛葡萄和当地葡萄多布里希（Dobricic）的杂交品种，所以，如果您喜欢仙粉黛，就应该品尝这种欧洲葡萄酒。我总会与食物搭配饮用普拉瓦玛莉葡萄酒，如薯条或者烧烤的食物。

推荐酿造商

- Dalmacijavino（Plavac Marjan）
- Grgich

美国

加州是美国酿造葡萄酒的中心地区，而且由于微气候多样，出产的强劲葡萄酒琳琅满目。加州红葡萄酒的价格可能会很昂贵，不过，从超市最爱到浓郁的稀世珍品，您总会找到一款划算酒品。

名称游戏 仙粉黛（Zinfandel）这个名字被认为是枝分都（Zierfandler）的讹误，与奥地利的葡萄品种没有关联。

文化与传统

口渴的活计 加州早期的葡萄酒产业在19世纪淘金热时蓬勃发展，当时，矿工大量涌入加州，酒精饮品需求量激增。仙粉黛葡萄成为种植面积最广的葡萄品种，而且一直保持至今。

仙粉黛（ZINFANDEL）

C 色 石榴红色，略带宝石红色到橙色。

A 香 突出而复杂，散发着李子和青椒的香气。

T 味 丰满、圆润、厚重，不过酸性清爽；回味特别悠长。

最上乘的仙粉黛葡萄酒独一无二，无与伦比。过去，仙粉黛通常种植在不适宜的地区，过度生产。但是，摩登、高质的葡萄酒复杂，浓厚，丰满，滋味丰富，而且精雅、微妙。葡萄酒在橡木桶中熟化很好，会更平衡——可以陈酿长达5年，最上乘的酒品轻轻松松就能陈酿10年。仙粉黛葡萄酒可以作为餐前酒或者正餐后单独饮用，不过，我最喜欢与烧烤牛排和香肠搭配。

推荐酿造商

- Nalle
- Ridge

赤霞珠（CABERNET SAUVIGNON）

C 色 深而暗的石榴红色，边缘呈紫色到宝石红色。

A 香 散发着樱桃、黑莓、皮革、烟、热面包和咖啡豆的香气。

T 味 强劲、细致、上乘；平衡极佳。

19世纪80年代以前，加州引入赤霞珠葡萄，自此，赤霞珠成为美国最知名的葡萄品种，用它酿制的葡萄酒占加州葡萄酒产量的15%。最上乘的葡萄酒雅致、复杂，黑色成熟水果味可口，质地非常平衡，可以和波尔多顶级葡萄酒相提并论。赤霞珠混合美乐、马尔贝、品丽珠、小维铎葡萄酿制的波尔多风格混合品种葡萄酒十分出色，被称为美瑞塔基（Meritage），您会在酒标上见到这个字样。葡萄酒大多在橡木桶中陈酿，而且跟欧洲一样，年份的好坏会影响葡萄酒的品质好坏。最上好的加州赤霞珠葡萄酒产自著名的纳帕谷，尤其是罗塞福（Rutherford）、奥克威尔（Oakville）和圣海伦娜（St Helena）附近。索诺玛谷的赤霞珠葡萄酒影响颇大，这要归功于适宜的微气候环境，不过，这里的葡萄酒往往更加强劲，雅致感略低。

赤霞珠
Arrowood

我喜欢在享用丰盛主餐时，荤素皆可，饮用这种葡萄酒。与主菜，特别是牛排、烤肉或者奶酪类菜品搭配极佳。不过，因为加州赤霞珠葡萄酒水果滋味丰满，您也可以单独饮用，餐前、餐后均可。

推荐酿造商

- Arrowood
- Stags' Leap
- Beringer

加州的经典 赤霞珠的力量、结构、品质在加州葡萄酒中闪亮突出。

新品 加州酿造西拉葡萄酒的历史虽仅有几十年，但却酿制出了一些世界顶级酒品。

西拉（SYRAH）

C 色 暗墨黑色，边缘呈紫色到宝石红色。

A 香 精雅、突出；散发着黑色浆果、香料、雪松、药草和薄荷的香气。

T 味 撩人、滑润、强劲；质地复杂；回味悠长、难忘。

西拉 Araujo

加州出产一些非常细腻、复杂、浓郁的西拉葡萄酒。虽然西拉葡萄酒的酿造史始于1970年，但档次很高、品质出众、风格独特、令人难忘。加州的西拉葡萄酒比法国罗纳河谷的西拉葡萄酒妖娆、丰满，同时具有因采用最先进新世界技术而提升的欧洲品质元素，从而比澳大利亚西拉葡萄酒更雅致。

最上乘的葡萄酒结构卓越，单宁恰到好处，回味复杂，令人心满意足，如果您想搭配味道浓重的肉，如野味，这种回味的感觉非常重要。我个人尤其喜爱与鸭肉和黑橄榄搭配或者与上等嫩牛排搭配。这种葡萄酒刺激、清爽，也可以单独饮用。

推荐酿造商

- Bonny Doon
- Araujo
- Bell Wine Cellars

食物搭配

烤鹿肉 加州西拉葡萄酒质地复杂、妩媚，很值得与味道浓郁的鹿肉搭配。

阿根廷

安第斯山的气候条件是阿根廷葡萄酒品质的决定因素。马尔贝是这里的旗舰红葡萄品种，酿制出了一些新世界品质最出色、价格最划算的葡萄酒。

马尔贝（MALBEC）

色 浓厚，很暗的黑红色，边缘呈红宝石色。

香 突出；散发着黑色浆果、李子、咖啡、野味、香料和橡木的香气。

味 丰满、油滑，酸性清爽；单宁平衡；回味悠长。

阿根廷早已选定法国西南部卡奥尔（见第111页）的马尔贝葡萄为自己的品种。不过，阿根廷酿制的马尔贝葡萄酒比法国同品种葡萄酒水果味更丰富、更浓郁、更丰满。新世界葡萄酒的风格充满水果味，熟润、直接，欧洲葡萄酒的风格酸涩，酸性更高，单宁更紧致。在门多萨，安第斯山地区的气候使这里酿制的葡萄酒将新世界风格和欧洲风格融合，因此，同食物搭配饮用绝妙。这些葡萄酒通常在橡木桶中培养熟化，陈酿后其酒质提升。当然，如果乐意的话，您也可以即刻饮用。马尔贝与任何肉搭配都能尽显美味，不过，我最喜欢搭配药草烤羊排——妙不可言！

马尔贝
Bodega Norton

推荐酿造商

- Bodega Norton
- Dona Paula

智利

智利赤霞珠葡萄酒是世界上品质最好、价格又不高的酒品之一，而且出自技法精湛的酿造商，如圣塔丽塔（Santa Rita）。很多著名的波尔多家族，像罗斯柴尔德（Rothschild），已在智利投入巨资，这预示着智利葡萄酒酿造的美好前景。

赤霞珠（CABERNET SAUVIGNON）

色 石榴红色，边缘呈红宝石色，透明度深。

香 散发着黑醋栗、巧克力、甜香料、薄荷的香气；成熟而雅致。

味 迷人，精雅，美味，平衡极佳。

我是智利的超级粉丝，尤其在我想品尝便宜葡萄酒的时候——虽不太浓郁，但酿制精良。智利葡萄酒一般都非常划算，很少让人失望，在酒龄短时饮用极佳。赤霞珠是这里种植面积最广的葡萄品种，它极富水果味，纯净，浓厚。

中央谷是最好的产区，不过，我个人最钟爱拉佩尔谷和它的两个分产区：卡恰普、歌察瓜（Colchagua）。这里受到南极洪堡洋流（Antarctic Humboldt Current）的影响，气候凉爽，这里的葡萄酒与更加温暖产区的相比，水果味少——口感介于加州那帕谷和波尔多葡萄酒之间。

这里的葡萄酒灵活多变，既可以单独饮用，也可以搭配薯条、牛排或者香肠。

推荐酿造商

- Santa Rita
- Los Vascos

南非

南非葡萄酒既有旧世界的特色，也有新世界葡萄酒的特色，最上乘的酒品单宁、酸性、酒精度和水果味极为平衡。这里出产一些我最喜爱的新世界葡萄酒，因为其品质出色、坚实浓厚。

赤霞珠（CABERNET SAUVIGNON）

色 从深黑红色到黑色，略带紫色。

香 散发着黑醋栗、李子、巧克力和香料的香气。

味 丰满，天鹅绒般丝滑，平衡极佳，特色独具。

南非赤霞珠葡萄酒，介于澳大利亚果酱味浓的葡萄酒和波尔多更干、更紧密的葡萄酒之间。其风格传统、紧致、坚定，水果味很明显，同时，成熟的黑色水果味而非果酱味突出。其浓郁的水果芳香直接，而且优雅、精妙，成熟水果味、单宁和酒精度极其平衡，还非常深厚。这种葡萄酒通常在法国橡木桶中陈酿，因此优雅时髦而不张扬，陈酿使这种葡萄酒展示出欧洲酒品高雅、滑美的一面。

赤霞珠
Rustenberg

人们经常效仿波尔多经典混合品种葡萄酒或者像加州美瑞塔基葡萄酒（见第120页）那样，将赤霞珠混合美乐和其他波尔多品种葡萄酿酒。有些混合品种酒更大胆，加入一定比例的西拉葡萄或者作为南非的象征的品诺塔吉葡萄。

在南非，酿制赤霞珠葡萄酒最好的产区是斯泰伦博斯以及康斯坦莎更加温暖的区域。有些佳酿也产自帕尔的法兰斯荷克（Franschhoek）。

南非赤霞珠葡萄酒搭配可口的牛排美妙无比，因为这里的葡萄酒极为和谐、复杂，所以，餐前或者餐后单独饮用，也会您倍感愉悦。这是我最钟爱的新世界赤霞珠葡萄酒。我喜欢它的完美平衡，而且它非常物超所值。

推荐酿造商

- Rustenberg
- Rust en Vrede

西拉（SHIRAZ）

色 深梅红色，具有典型的西拉葡萄酒风格。

香 散发着浓浓的黑色水果香气；还有烟熏、巧克力和黑胡椒的香味。

味 张扬而丰满，极为深厚复杂。

西拉 Backsberg

南非西拉葡萄酒，跟澳大利亚浓烈、富有水果味的酒品相比，凉爽气候的感觉更明显，更接近法国葡萄酒的风格（有的酿造商更愿意称之为Syrah）。不过，这种葡萄酒依然具有西拉典型的张扬黑色水果和香料的香味，同时价格超值，品质超群。您可能会发现，它与赤霞珠混合酿酒——这是南非的成功杰作。我喜欢单独饮用它或者搭配香辣食物享用。

推荐酿造商

- Backsberg
- Meerlust

澳大利亚

现在澳大利亚是世界强烈红葡萄酒的领袖，尤其是西拉和赤霞珠葡萄酒。像巴罗萨谷这样的很多产区，那里的气候条件极其适合西拉葡萄生长，而且酿制的葡萄酒在酒龄短时单宁、酸性和突出的水果味就很平衡。

西拉（SHIRAZ）

C 色 浓厚的深紫色到深红色，边缘呈红宝石色。

A 香 散发着黑色水果、香料、李子干、沥青、烟熏和桉树的香气。

T 味 丰满、深厚，天鹅绒般丝滑；单宁清爽；回味特别悠长。

西拉葡萄在世界各地的种植范围越来越广，不过，很久以前，西拉在澳大利亚就取得了成功，并且确立了明星品种的地位，是澳大利亚种植数量最多的红葡萄品种。

澳大利亚西拉葡萄酒味道醇烈、辛辣，黑色水果香味熟润、直接。虽然很强劲，但即使在酒龄短时，也依然可以接近，容易入口。我认为它比法国北部罗纳河谷的西拉葡萄酒更甜丰、熟润，比澳大利亚赤霞珠葡萄酒的香料、桉树、巧克力的香味更突出，单宁更低。

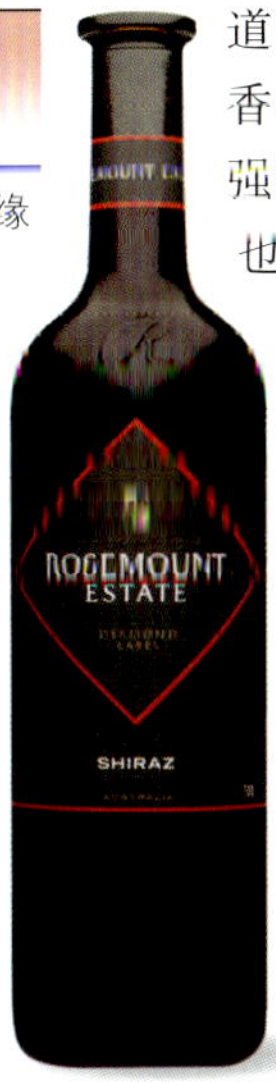

赤霞珠
Arrowood

澳大利亚已经为葡萄酒产业投入了大量资金，虽然葡萄酒有着统一的风格，有甜黑醋栗的香味特征，但品质很少令人失望，这要归功于澳大利亚卓越的酿酒技巧、先进的技术和适宜的气候。

最上乘的西拉葡萄酒，来自澳大利亚两大久负盛名的产区：巴罗萨谷、猎人谷。巴罗萨谷位于阿德莱德西北部内陆区，气候刚好不受海洋影响。巴罗萨谷是澳大利亚最重要的葡萄酒产区之一，而且我认为是澳大利亚西拉葡萄酒的终极产区。奔富格兰奇（Penfolds Grange）和神恩山（Henschke Hill of Grace）葡萄酒位居世界最昂贵葡萄酒的行列。令我难以置信的是，20世纪80年代，澳大利亚政府鼓励这里的生产者拔除古老的西拉葡萄树——但生产者们通过酿制越来越美味的葡萄酒来抵抗。

西拉
Grant Burge

猎人谷在悉尼北部，那里气候炎热、潮湿，葡萄园遍布谷底。猎人谷的西拉葡萄酒与巴罗萨谷的酒品相比，单宁更重，因此陈酿更好。不过由于降水量更高，年份差异很大。

许多澳大利亚西拉葡萄酒出类拔萃，平衡很好。您不必拿出超过超市价格太多的钱，就能买到这种葡萄酒，非常值。

推荐酿造商
- Rosemount Estate
- Grant Burge
- Glaetzer
- Henschke
- Sandford

赤霞珠（CABERNET SAUVIGNON）

C 色 深厚，从深黑樱桃色到石榴红色，边缘呈红宝石色。

A 香 明显；散发着黑樱桃、雪松、烟草、黑醋栗和巧克力的香气。

T 味 圆润、丰满，精雅、复杂；单宁紧致；回味悠长。

这是澳大利亚的另一个赢家，这种葡萄酒特征突出，久负盛名。澳大利亚酿制的赤霞珠葡萄酒风格多样，有些同世界其他国家的葡萄酒完全不同。从本质上来说，这里的葡萄酒直接，有果酱味，熟润，张扬，水果味明显，非常迷人，一直都赢得友人和葡萄酒爱好者的青睐。无论是与其他葡萄品种混合，尤其是与西拉混合，还是单独酿酒，赤霞珠的品质和特征都展露无遗。

赤霞珠
D' Arenberg

在澳大利亚所有的产区中，我个人最喜爱的赤霞珠产区是南澳大利亚的古纳华拉和西澳大利亚的玛格丽特河。古纳华拉的葡萄酒芳香浓郁、复杂、精美。附近的帕斯威稍微更加温暖，所以葡萄酒水果味更浓、更开放。

我认为玛格丽特河产区比古纳华拉产区更出色，因为西澳大利亚的凉爽海洋性气候能控制葡萄成熟的时间。这里的葡萄酒细腻、优雅、精美，不沉重。它的标志性特点是：平衡和谐、浆果味清新、单宁美味，而且回味极其悠长，陈酿极佳。我是这种葡萄酒的支持者——品尝一下吧！

推荐酿造商
- D'Arenberg
- Katnook
- Wynn's

玛塔洛（MATARO）

C 色 浓厚的石榴红色，边缘呈紫色。

A 香 散发着黑色水果酱的香气，还有泥土、肉、香料和干药草的香味。

T 味 天鹅绒般丝滑，特色独具，结构佳，单宁成熟。

这种葡萄酒尚未登上超市货架，但即将产生巨大影响。世界各地把慕尔维卓葡萄——澳大利亚人称为玛塔洛——用做混合品种，赋予它精致完美的葡萄酒结构和复杂性。不过用它酿制的单品种葡萄酒令人惊讶，个性独具——紧致、结实，单宁突出，充满多种野生深色水果的香味。您绝对需要味道浓重的肉或者滑腻菜肴与之搭配。

推荐酿造商
- Turkey Flat
- Best's

产区和酒品

青睐高温 玛塔洛葡萄喜欢炎热、干燥的气候环境，种植遍布整个澳大利亚。其实，气候越温暖，越能降低玛塔洛的单宁结构，越能增添水果特质，这也就是为什么巴罗萨谷更温暖的区域最为理想。如果澳大利亚能像法国一样找到邦多（见第113页）这样的完美微气候环境，那么玛塔洛就会真正成为一颗新星。

“喜悦、庆典、优雅、魅力——这些都是聚会饮品的精髓。微小、细滑的气泡在酒杯中升腾，让人大饱眼福。”

起泡葡萄酒

起泡葡萄酒简介

起泡葡萄酒能够迅速提神，而且无论品质如何，第一杯的口感总是绝妙。如果起泡葡萄酒气泡微小、清爽，能挑逗您的上颌，诱使您再呷上一口，那就是真正的佳酿。

品酒和侍酒

简介 起泡葡萄酒应该新鲜、清淡。香气应该纯净，不会勾起您对某个葡萄品种的记忆——起泡酒大多为混合品种葡萄酒。

C 色 起泡葡萄酒的颜色多样，从淡黄色到金黄色，边缘呈银色。“粉红”香槟酒和桃红起泡葡萄酒的颜色从很淡的粉色到红色不一。

A 香 香槟酒的香气微妙、朴素，有幽淡的梨、苹果、柠檬和花的香味。价格比较低廉的起泡葡萄酒闻起来有微微的金属味。

T 味 起泡葡萄酒清淡、干，口感清爽。如果有微量的蘑菇味，这说明葡萄酒“筋疲力尽”：要立即饮用，因为品质不会再提升。

选购和贮藏 没必要为了得到优质起泡葡萄酒而购买大品牌，因为所有的起泡酒都是混合品种葡萄酒，当然贮藏品牌酒也很好。起泡酒并非为了陈酿；大多数香槟酒最好在10年之内饮用。

侍酒建议 把葡萄酒放在冰箱冷冻室冰镇30分钟，或者在冷藏室放置两个小时。为了保存气泡，不要“砰”的一声拔出软木塞：握住软木塞，转动瓶身，这样软木塞拔出时发出的声音很轻。选用郁金香形酒杯或者笛形酒杯能提高气泡的跃动性；避免使用碟形酒杯。

食物搭配 海鲜（尤其是龙虾）还有其他很清淡的菜肴适合与干起泡葡萄酒搭配。比较甜的起泡酒，如阿斯蒂或者塞科特（Sekt）适合搭配蛋糕或者甜点。

“香槟”（Champagne）这个名称专属于产自法国北部一个特定区域——兰斯市（Reims）和艾贝内镇（Epernay）附近的起泡葡萄酒。香槟涵盖法国最北部、最凉爽的葡萄园。通常，那里的葡萄采收时才刚刚成熟，酸性很高，因此，用它酿制的葡萄酒水果味和酒精度平衡很好。不过，现在12瓶起泡葡萄酒中只有1瓶为香槟酒。世界其他地方和法国其他产区出产一些卓越的替代酒品，值得关注的有：法国的其他起泡酒（crémant）、西班牙的娇娃（Cava）、意大利的阿斯蒂（Asti）。澳大利亚、新西兰和加州也酿制一些出色的起泡酒。

柠檬 香槟酒的激爽滋味突出。

关于起泡葡萄酒

最雅致的、最上乘的起泡葡萄酒，通过二次发酵过程制成。葡萄汁发酵后加入糖和酵母混合物，然后再继续发酵，从而产生微小的二氧化碳气泡。传统法（酿制香槟酒，或者酿制酒标上有“méthode traditionelle”或者“méthode champenoise”字样的葡萄酒所采用的方法；另见第129页）的二次发酵在酒瓶中进行，特殊的瓶塞（后来由软木塞替代）可以防止气体漏出。酒桶法的二次发酵在密封的大桶中进行。这种葡萄酒会很美味，不过没有传统法酿制的酒品细腻。碳化法无需二次发酵。二氧化碳气体通过气泵注入葡萄酒，这样产生的气泡大，不持久。且这种葡萄酒的品质往往难以信赖。上乘起泡酒的气泡犹如烟囱，从酒杯底部升至酒液表面中央，然后在酒杯内形成圆圈。

吐司鱼子酱 香槟酒搭配鱼子酱是终极的奢华享受。

葡萄品种

霞多丽是起泡葡萄酒最重要的葡萄品种，但起泡酒的典型特征就是混合葡萄品种酿制。经典的香槟酒混合莫尼耶品诺和黑比诺（都是红葡萄品种）以及霞多丽葡萄酿造而成，每个葡萄品种都为葡萄酒增添了不同特质。西班牙的娇娃起泡酒采用当地的葡萄品种，如马卡贝奥，混合数量不断增加的霞多丽葡萄酿造而成。意大利和德国往往选用当地的葡萄品种，而在新世界，霞多丽和黑比诺葡萄优势突出。

葡萄名称	最佳产区	述评
霞多丽	法国：香槟区、勃艮第；意大利：弗兰西亚考塔（Franciacorta）；美国：加州；加拿大；澳大利亚；新西兰；南非	霞多丽是非常重要的起泡酒葡萄品种，最好的葡萄产自最寒冷的地区，用它酿制的葡萄酒具有柠檬和青苹果的特质。霞多丽与酵母相得益彰，用它酿造的酒品复杂而精雅，散发着杏仁、烤面包和饼干的香味。这种葡萄种植成本昂贵，通常用于混合酿酒，从而实现完美平衡。
黑比诺	法国：香槟区、勃艮第；意大利：弗兰西亚考塔（Franciacorta）；美国：加州；加拿大；澳大利亚；新西兰；南非	黑比诺是很多起泡酒的“支柱”，能保持酒品结构，带来酒体、浓郁感、清新感。大多数赫赫有名的香槟酒，其中包括最上乘的香槟王唐派利侬和水晶香槟，都选用黑比诺作为混合葡萄品种的一部分。
莫尼耶品诺（Pinot Meunier）	法国：香槟区；意大利：弗兰西亚考塔（Franciacorta）；加拿大	莫尼耶品诺是经典香槟酒的混合葡萄原料之一，为葡萄酒增添了浓郁果香。通常用于混合葡萄品种酒，不过如果酿制单品种葡萄酒，会有迷人的桃香和馥郁的苹果香，只是没有香槟酒那么优美、精雅，但仍是绝妙的餐前开胃酒。
密斯卡得	意大利；法国：利穆（Limoux）	密斯卡得葡萄与它的表亲克莱尔特葡萄（见下）一样，用它们酿制的葡萄酒清淡、悦人。在意大利，特别是皮尔蒙特的阿斯蒂地区最受青睐，当地人称之为莫斯卡多（Moscato）。用它酿制的葡萄酒微妙，有微微的甜味和淡淡的香气。
白诗南	法国：卢瓦尔河谷；南非	在南非，白诗南葡萄因酿制静止白葡萄酒而颇受欢迎，白诗南葡萄因为酸性高，在法国，尤其对起泡葡萄酒，有着出色的诠释作用，与其他葡萄品种酿制的酒相比，往往没那么芳香。
马卡贝奥	西班牙	马卡贝奥葡萄产量很高，特质中庸，酸性高，滋味不足，通常与其他葡萄品种，包括霞多丽，混合酿制娇娃葡萄酒，以增添优质起泡酒必不可少的新鲜、清淡口感。
普罗塞克（Prosecco）	意大利	用普罗塞克葡萄酿制的酒品风格清淡、清爽，滋味比很多其他起泡酒少，但精雅、微妙，散发着淡淡的杏仁、梨和花的香味。这种葡萄生长在意大利东北部，如威尼托、弗留利-威尼斯-朱利亚（Friuli-Venezia-Giulia）。
克莱尔特（Clairette）	法国	用克莱尔特酿制的起泡葡萄酒微妙、精雅，有水果味，但气泡不太丰富。迪耶克莱尔特（Clairette de Die）起泡酒含25%的克莱尔特葡萄，产自罗纳河谷，没有香槟酒那么昂贵，但却令人愉悦，是香槟的替代酒品。
雷司令	德国	有些卓越的塞科特（Sekt）是德国起泡酒的典范，具有微甜的特征，往往由这种雷司令葡萄混合其他葡萄品种酿制而成。酒标上有“Deutscher Sekt”（德意志塞科特）字样的葡萄酒，仅选用德国葡萄酿造而成。

法国

众所周知，法国是香槟的故乡，这种世界顶级的起泡葡萄酒产自伟大的兰斯市周边地区。不过，法国还有其他地区也出产优质起泡葡萄酒，但这些葡萄酒不能称作“香槟”（Champagne），而被称做“其他起泡酒”（crémant）。它们主要产自阿尔萨斯、勃艮第、罗纳河谷和卢瓦尔河谷。

香槟（CHAMPAGNE）

C 色　淡金色到中等金色，略带银色；气泡精美、稳定。

A 香　精雅；散发着新鲜水果（苹果、柠檬）、饼干、鲜花的香气，还有淡淡的矿石味。

T 味　复杂、清爽；质地如奶油；气泡雅致；回味悠长。

历史典故　1918年，英国政治家温斯顿·丘吉尔这样说：“记住……我们不是为了法国而战，而是为了香槟！”

香槟
Pol Roger

香槟乃“气泡之王”！这种最知名的起泡葡萄酒最该感谢法国北部寒冷的气候。生长期短意味着葡萄无法熟透，因此酿造不出优质的静止葡萄酒——确切地说，酒精度低，酸性高。17 世纪，唐派利侬（Dom Perignon），奥特维尔修道院（Abbey of Hautvillers）的修士和酒窖总管，不经意间开始在修道院的一瓶葡萄酒中进行“二次发酵”。结果，葡萄酒更加美味，气泡清爽——香槟诞生了！

当然，唐派利侬最初酿制起泡酒的技术已经改进，现在，酿造香槟的过程漫长又复杂，但酿出的葡萄酒精美绝伦。

香槟
Laurent-Perrier

共 3 种葡萄混合酿制香槟酒，香槟区有 3 个主要产区，每种葡萄在其中的一个产区长势最好。莫尼耶品诺（红葡萄品种）生长在马恩河谷（Vallée de la Marne），河谷顺着马恩河绵延向西经过香槟区。这种葡萄强劲，赋予葡萄酒水果香味。它成为几乎最杰出的香槟酒的基础。黑比诺（也是红葡萄品种），在兰斯市南部的兰斯山（Montagne de Reims）地区生势最好，它赋予葡萄酒结构、醇厚果香、长久生命。霞多丽（白葡萄品种）生长在艾贝内镇以南的白丘（Côte de Blancs），它使葡萄酒清淡、优雅，同时赋予其独特的“热面包”味。这三种葡萄混合在一起被称为香槟的 cuvée（“混合特酿”）——是卓绝香槟酒的关键。

大多数香槟酒庄从产区葡萄种植者手中买入葡萄原料，然后按照各自酒庄的风格混合。这种混合（或者组合）是种艺术形式，创造出年复一年始终如一的酒庄

风格。

如果您看到酒标上有特级葡萄酒（grand cru）或者一级葡萄酒（premier cru）的字样，就说明酒庄用于酿酒的混合葡萄原料产自香槟区一个或者更多特别分级的村庄，风土条件的变化使所产的葡萄要比其他地区的葡萄更有名气。

除了葡萄品种的混合，香槟的风格也受到配料（dosage）过程的影响，即把静止葡萄酒和糖混合，加入制成的香槟酒液中，补充除渣（dégorgement）（见下）过程流失的酒液。添加的糖量决定着香槟酒的甜度。没有添加糖的香槟极干，酒标上印有下列字样：Ultra Brut，Extra Brut，Brut Zero，或者 Brut Sauvage。酒标上有 Brut 字样说明葡萄酒很干；Extra-Sec，干；Sec，中等干；Demi-Sec，甜；Doux，很甜。

香槟
Pol Roger

大多数香槟为非年份酒（NV），不过，偶尔某个异常优越的夏季也会制出年份香槟酒——葡萄酒采用那一年的葡萄酿制。只有在优越年份，酒庄才会偏离平常的葡萄混合风格。

香槟是法国唯一不必把原产地控制命名（AOC）字样印在酒标上的法定产区，尽管如此，产区仍旧受到法律严格监管。酒标上必须标明“Champagne”（香槟）和“méthode champenoise”（传统法）以及酒庄名称，和四组大写首字母中的一组。这些大写的首字母说明了香槟酒由高到低的品质等级：“NM”（Négociant Manipulant）指酿造商从一个或者更多产区种植者那里买入葡萄，或者买入种植者的静止葡萄酒，并且从混合调配开始接手酿酒。大多数香槟区的酒庄（占香槟酒总量的70%左右）是NM。“RM”（Recoltant Manipulant）指葡萄种植者选用自己的葡萄酿酒。“CM”（Co-operative Manipulant）指葡萄酒由葡萄种植者和酿造商联合酿制。购买“MA”（Marque Auxiliare）要谨慎，这种香槟酒虽然便宜，但通常品质比较低。

文化与传统

国王之城 说香槟酒是国王的饮品，可谓恰如其分，因为葡萄酒产自兰斯市，曾有25位法国国王在此加冕。兰斯市的哥特式大教堂始建于1211年，历时80载完成，从1223年的路易八世到1825年的查理十世的加冕礼都在这里举行。

推荐酿造商

- Pol Roger
- Laurent-Perrier
- Charles Heidsieck
- Bollinger
- Louis Roederer

产区和酒品

传统法

酒标上有“香槟”字样的葡萄酒一定产自香槟区。不过，世界其他地方的很多起泡葡萄酒也采用香槟区的酿制方法。这种葡萄酒的酒标上会有“传统法”（méthode traditionelle）字样。压榨之后，葡萄汁通常在不锈钢大桶中进行第一次发酵。接着就是混合调配，技术水平很高的调配师往往通过品尝、嗅闻将各种葡萄酒液组合搭配，从而形成酒庄独特的风味。混合酒液装瓶时，添加少量糖、酵母和葡萄酒混合剂。之后，第二次瓶内发酵开始，这一过程十分关键，不仅能产生二氧化碳气泡，而且会提高葡萄酒的酒精含量。葡萄酒培养时，死亡的酵母细胞（酒渣）释放滋味——时间越长（15个月到7年不等），酒质越好。通过转瓶将酵母沉淀物移走。缓慢转动酒瓶（通过人工或者机械），直到瓶口朝下，使沉淀物集聚在瓶颈的塑料杯内，瓶口用金属瓶盖盖住。之后，通过除渣把沉淀物清除：将瓶颈冷冻起来，取出沉淀物，接着酒瓶用软木塞密封。

高产量 有些酿造商采用全自动化转瓶工艺——转瓶量是传统人字形酒架的45倍。

香槟
Bollinger

转瓶师手工转动人字形酒架上的酒瓶，这种酒架上一次最多可放置60瓶酒。

利穆（LIMOUX）

色 鲜亮的中度到浅淡的禾秆黄色，略带银色。

香 酒龄短、芳香；散发着梨、桃、杏、面包和饼干的香气。

味 圆润、似奶油，有柠檬酸性；回味悠长。

利穆镇位于法国比利牛斯山山麓，出产两种起泡酒。第一种名为利穆白（Blanquette de Limoux），是该产区的传统葡萄酒，酿造商声称它比香槟酒历史悠久。第二种名为利穆起泡酒（Crémant de Limoux），是产区的“新”葡萄酒，高级而优雅，1990年获得法定产区酒的资格。

利穆 Château Rives-Blanques

利穆白葡萄酒中必须含至少90%的莫札克白葡萄（在当地方言中称之为Blanquette，是“白”的意思）。这种葡萄采摘很早，因此葡萄酒液酸性很高。因此，起泡葡萄酒质地清淡，气泡充满活力，口感甜美，价格极具竞争力，夏日饮用十分理想。

如今，利穆起泡酒成为该产区的旗舰葡萄酒。这种葡萄酒含70%的莫札克白葡萄（其使葡萄酒清新，有水果味），霞多丽和白诗南葡萄占30%，这赋予葡萄酒优雅、精致的特点——以及顶级气泡！因为混合酒液中没有残留的糖，所以淡淡的甜味来自葡萄本身。我喜欢把这种起泡酒作为餐前酒饮用或者午后饮用，清爽而又提神。

推荐酿造商

- Château Rives-Blanques
- Caves de Sieur d'Arques
- Domaine de Flassian

卢瓦尔（LOIRE）

色 浅柠檬黄色到禾秆黄色，略带银色。

香 清新、精雅；散发着青苹果、柑橘、梨的香气，略带矿石味。

味 迷人、精雅；气泡精致；平衡，回味纯净。

卢瓦尔出产极好的静止白葡萄酒，如桑塞尔葡萄酒和密斯卡得葡萄酒以及卓越的清淡红葡萄酒，但人们不会把它和顶级起泡葡萄酒产地联系起来——可它的确是！

卢瓦尔河谷的气候和风土条件与香槟区很相似，所以极其适合种植酿制起泡酒的葡萄。虽然黑比诺、霞多丽和果若（Grolleau）葡萄也会用于混合调配，但最著名的品种是白诗南。酿造商采用传统法酿制起泡酒（见第129页）。有些香槟区的酒庄已经在卢瓦尔设立分部，贝林格（Bollinger）酒庄可能最出名。

最上好的卢瓦尔起泡酒产自索缪尔，这座小城位于卢瓦尔西部的安茹－索缪尔葡萄酒产区。这里的起泡葡萄酒复杂卓绝，极其清新——大多被当地居民消费，在世界其他地方，还鲜为人知，而且物超所值。我认为，它是香

卢瓦尔 Baumard

槟酒的最佳替代酒品，非常适合作为餐前酒饮用或者与海鲜搭配。

推荐酿造商

- Baumard
- Les Vignerons de la Noelle
- Bouvais Ladubay

迪耶（DIE）

色 浅金黄色，略带绿色。

香 清新、精雅；散发着苹果香、梨香、白桃香和矿石香。

味 细致，气泡轻巧精美；回味纯净，平衡极佳。

从20世纪90年代早期开始，罗纳河谷的迪耶起泡酒（Crémant de Die）才成为公认的香槟酒顶级替代酒品，因为大多数人只知道罗纳其他重要的起泡葡萄酒，如迪耶克莱尔特。有的人说，采用金色白麝香葡萄和克莱尔特葡萄酿制的克莱尔特起泡酒，在香槟酒问世之前就已经存在了。克莱尔特起泡酒采用二糖法（méthode diose）酿制，即二次发酵并未（像香槟酒一样）添加糖和酵母的混合剂，而是自然而然地进行，因为有些葡萄汁（压榨的葡萄——里面有葡萄梗、果皮和果核）与葡萄酒一同装入瓶中。所以酿制出气泡柔和、甜美的葡萄酒。1942年，这里获得法定产区身份。

迪耶 Jean-Claude Raspail

迪耶起泡酒（1999年以前，名为迪耶布鲁克莱尔特）专门选用克莱尔特葡萄酿制而成，二次发酵与香槟酒一样，采用传统法添加糖和酵母。

这种酒滋味与持久的柠檬酸性平衡和谐，是理想的餐前酒。不过，饮用装瓶3年以内的酒品很关键，这样，您可以尽享微妙细腻的质地、清雅的芳香和复杂性。

推荐酿造商

- Jean-Claude Raspail
- Cave Monge-Granon
- Domaine Achard-Vincent

勃艮第（BURGUNDY）

色 鲜亮的禾秆黄色，略带绿色。

香 复杂；散发着烤苹果、柑橘、菠萝、梨、坚果和烤面包的香气。

味 滑润、圆润，气泡精美、清新；回味悠长，独特。

勃艮第 Caves de Bailly

勃艮第起泡酒，选用霞多丽葡萄，采用传统法酿制而成，十分卓越。这种酒轻轻松松就可以同一些优质香槟酒媲美，不过，因为不能标以“香槟”出售，所以更加超值。最好的葡萄酒产自勃艮第更凉爽的区域，其中包括夏布利和马孔奈（Maçonnais）。

推荐酿造商

- Caves de Bailly
- Bernollin

阿尔萨斯（ALSACE）

色 浅淡到中等的禾秆黄色，略带银色。

香 酒龄短、精雅；散发着水果、柑橘和鲜花的香气。

味 纯净、清纯、清淡；气泡完整精美。

法国东部的阿尔萨斯凉爽地区，出产复杂、清新、个性十足的起泡酒。这种葡萄酒采用白品诺、黑比诺、霞多丽、灰品诺和雷司令葡萄混合酿制而成。阿尔萨斯起泡酒可以作为夏日餐前酒饮用，饮用前需冰镇（从而增强它的柑橘滋味）。

阿尔萨斯 Dopff au Moulin

推荐酿造商

- Dopff au Moulin
- Gustave Lorenz

西班牙

尽管因为法国，西班牙黯然失色，但西班牙也出产一些卓尔不凡的起泡酒，而且极为超值。它们在市场上的销售名称为娇娃，采用香槟酒的传统法酿制而成（见第129页）。一些著名的酿造商，包括菲斯耐特（Freixenet）和考迪（Codorníu）的产品行销世界各地。

娇娃
Freixenet

娇娃（CAVA）

色 中度柠檬黄色，略带绿色。

香 浓郁、酒龄短；散发着梨、柑橘水果的香气，还有幽淡的异域水果的香气。

味 清爽、纯净；极其和谐平衡；回味有柠檬味。

西班牙是继法国之后的世界第二大采用传统法酿制起泡酒的国家。虽然这里也出产其他起泡葡萄酒，但娇娃最驰名。

根据法律，西班牙娇娃葡萄酒的生产仅限定在5个省，其中包括著名的里奥哈和纳瓦拉产区。事实上，几乎所有的娇娃葡萄酒都产自卡塔隆尼亚（Catalonia）这一个省，它位于西班牙东北部，确切地说在诺亚圣萨杜尔尼（San Sadurni de Noya）城附近。我认为，这种圣萨杜尔尼娇娃葡萄酒最好。

娇娃
Codorníu

娇娃起泡酒大多选用马卡贝奥、帕拉拉达（Parallada）、莎雷洛（Xarel-lo）混合霞多丽葡萄酿制而成。酿造商采用黑比诺、加尔纳恰或者蒙纳斯特雷尔葡萄酿制娇娃桃红起泡酒。

19世纪末，酿制起泡酒的技术从法国传入卡塔隆尼亚。1986年，娇娃的名称开始启用，但是（与香槟酒一样）酒标上无须注明原产地——娇娃两个字足矣。对娇娃葡萄酒的分类系统也没有法国那么苛刻，但是，如果您希望购买很干的葡萄酒，选择 Extra Brut；买干葡萄酒，选择 Brut；买半甜葡萄酒，选 Semi-sweet；买甜葡萄酒，选 Seco；买很甜的葡萄酒，选 Sweet！如果您希望购买带有饼干味、白葡萄香槟酒风格的酒品，就选择特级珍藏娇娃，这种酒窖藏3年左右，因此比其他娇娃起泡酒更复杂、芳香。

从某种程度上来说，由于纯正法国香槟酒的营销推广方式以及在某些人心中高高在上的地位，所以娇娃葡萄酒的杰出品质被削弱了：人们主观地认为它位居第二。不过很多娇娃起泡酒，特别是菲斯耐特和考迪酒庄的酒品，物超所值。把它作为餐前酒饮用，或者，如果您喜欢同食物一起享受这些“嘶嘶”响的气泡，那就搭配清淡的肉或者海鲜。

西班牙的成功 微妙、平衡的娇娃起泡酒，轻而易举就可以同法国和新世界的起泡酒媲美。

产区和酒品

转动的时光 尤文坎普酒厂位于诺亚圣萨杜尔尼城，其娇娃起泡酒转瓶过程在传统的人字形酒架上进行。现在，很多规模更大的酒厂都使用20世纪70年代娇娃产业推出的机械转瓶方式。

推荐酿造商

- Freixenet
- Codorníu
- Albet I Noya
- Marques de Monistrol
- Kripta

意大利

意大利以其清淡、半甜的起泡葡萄酒最驰名，特别是阿斯蒂起泡酒。聚会时饮用，极为出色，乐趣多多。意大利起泡葡萄酒大多产在北部地区，尤其是西北部的皮尔蒙特和伦巴蒂以及东北部的威尼托。这种葡萄酒应该在酒龄短、新鲜时饮用：如果酒瓶落满灰尘，就去别的地方购买！

阿斯蒂（ASTI）

色 鲜亮，浅柠檬黄色，略带绿色。

香 雅致、浓郁；散发着菠萝和淡淡的异域水果、杏仁的香气。

味 优雅、雅致；质地复杂，酸性平衡；回味特别悠长。

阿斯蒂城位于意大利西北部的皮尔蒙特，出产两种起泡葡萄酒——阿斯蒂和阿斯蒂莫斯卡多(Moscato d'Asti)。如果您曾经品尝过这些葡萄酒，那么，像很多人一样，可能感觉很糟糕，不愿意再去品尝。以前，阿斯蒂起泡葡萄酒的产量极大，比较劣质，所以遏制了酿造真正高质酒品的潜能。可喜的是，意大利一些小酒庄正在认真对待阿斯蒂葡萄酒的生产，其品质在过去的10年间不断提升。因此，应该摒弃前嫌，再给阿斯蒂一次机会！在这两种葡萄酒中，阿斯蒂莫斯卡多更精致，气泡更柔和。两种起泡葡萄酒都采用酒桶法（见第126页）酿造——二次发酵是在密闭的大罐而非酒瓶中进行的。阿斯蒂葡萄酒一次发酵过程中（使用酒桶法，一次发酵是完整的）会暂停下来，将糖和酵母的混合物加入部分发酵的葡萄汁中。葡萄汁在酒桶中完成发酵，然后过滤、装瓶。通过终止一次发酵酿制出的葡萄酒比较甜，酒精度低（因此非常容易入口）。我爱这种葡萄酒，它非常适合搭配苹果塔（apple tart）或者香桃慕斯。

阿斯蒂
Gancia

阿斯蒂
Rotari

推荐酿造商

- Gancia
- Rotari(Mezzacorona)

普罗塞克（PROSECCO）

色 鲜亮；浅黄色，略带绿色。

香 纯净，散发着柑橘、青苹果和鲜花的香气，还有苦杏仁的香气。

味 微妙，平衡佳，回味坚果和熟润的异域水果味。

意大利东北部的威尼托，气候凉爽，是种植普罗塞克葡萄的理想之所。有的葡萄用于酿制静止葡萄酒，而普罗塞克的旗舰葡萄酒是采用酒桶法（见第126页）酿造的清爽起泡酒。

与其他起泡葡萄酒相比，普罗塞克略甜一些，因为回味有苦杏仁的口感，所以它很容易被识别。总之，美味可口。您可以像意大利人一样饮用——作为餐前酒；或者搭配清淡的夏日甜点。

推荐酿造商

- Malvolty
- Adriano

弗兰西亚考塔（FRANCIACORTA）

色 鲜亮；浅禾秆黄色，略带银色。

香 精雅、浓郁；散发着菠萝香和淡淡的异域水果香、杏仁香。

味 优美、精雅；质地复杂，酸性平衡；回味特别悠长。

弗兰西亚考塔起泡干葡萄酒，经过不懈努力打造自己在葡萄酒世界扮演的重要角色，成为意大利的新星。

弗兰西亚考塔产区位于西班牙北边的伦巴蒂东部，离小城布雷西亚（Brescia）很近。这里的高山气候使夏季夜晚凉爽，白天温暖，因而这里的葡萄成熟时酸性很高（这一点很重要，因为这会使酿制的葡萄酒很清新）。从加达湖（Lake Garda）吹来的凉爽微风更强化了这里的葡萄的生长条件。

大多数弗兰西亚考塔起泡酒（这里也出产静止葡萄酒）主要选用白品诺（Pinot Bianco）葡萄酿制而成，这种葡萄酒清新、富有水果味。1995年，弗兰西亚考塔荣获意大利葡萄酒最高等级资格（DOCG），所以，这种优雅、气泡雅致的葡萄酒绝对值得品尝！

如果您偏爱更滑腻的起泡葡萄酒，如更丰满的香槟酒，就品尝弗兰西亚考塔珍藏起泡酒。这种葡萄酒除渣前至少在酒渣（死亡的酵母细胞）上培养3年，我觉得它口味绝妙！

这些葡萄酒搭配烤鸡肉或者任何一种鱼都极其合适。

弗兰西亚考塔
Fratelli Berlucchi

推荐酿造商

- Fratelli Berlucchi
- Antinori
- Bellavista

德国

德国人是起泡葡萄酒的狂热消费者。当地产的日常饮用起泡酒为塞科特，其选用白品诺或者雷司令葡萄酿制而成。法国塞科特生产规模很大，极为超值。

塞科特（SEKT）

色 澄澈；细致的浅黄色，略带银色。

香 清新的芳香；散发着柑橘、绿色水果和梨的香气。

味 质地清爽，气泡完整，回味中长。

塞科特为水果味葡萄酒，通常比香槟酒的酒精度低，同时比法国、西班牙和美国优质起泡酒略甜。最好的塞科特起泡酒采用酒瓶发酵，不过大多数都采用酒桶法（见第126页）。价格低廉的塞科特起泡酒分为干和半甜出售，两种酒都是阿斯蒂起泡酒的出色替代品。混合调配塞科特的基酒通常从法国或者意大利进口，混合酒液仅在德国起泡。不过，酒标上有“德意志塞科特”说明这种葡萄酒在德国完全用德国葡萄品种（通常为雷司令或者米勒瑟高）酿造。单品种塞科特通常在酒标上注明葡萄品种的名称：如果您碰到雷司令塞科特，它很值得品尝！

塞科特
Kupferberg

推荐酿造商

- Kupferberg
- Schloss Wachenheim
- Heymann-Lowenstein

美国

加州除了酿制出色的静止葡萄酒，还有一些信心十足、具有竞争力的低价位起泡葡萄酒。美国起泡酒的风格受到法国的极大影响。1973年，酩悦香槟（Moët & Chandon）充分发挥索诺玛（Sonoma）和门多西诺（Mendocino）县的凉爽气候优势，成为进入加州的第一个法国香槟酒庄。

加州起泡葡萄酒（CALIFORNIAN SPARKLING WINES）

色 鲜亮，浅禾秆黄色，略带绿色。

香 浓郁、复杂；散发着青苹果、柑橘、菠萝、梨和黄油蛋糕卷的香气。

味 精雅；清爽，但滋味丰富，回味悠长。

一些法国香槟酒庄已经开始在加州设厂的事实说明了一切！这里出产一些我最钟爱的起泡葡萄酒——时尚、优雅、极为平衡，复杂的程度首屈一指，比世界其他地方的起泡葡萄酒酸性低，没那么酸涩，水果味香浓，不禁让人联想起加州静止葡萄酒。

加州葡萄酒产业在过去的10年间确立，更加凉爽的微气候环境（通常靠近大海），尤其适合种植酿制起泡葡萄酒的葡萄品种（特别是黑比诺、霞多丽、莫尼耶品诺）。这里的气候条件使葡萄成熟缓慢，果实含糖量低，酸性高。另外，因为种植者和酿造商采用新技术，所以他们克隆出了最上好的品种和无性系葡萄（每种葡萄有几百个不同的克隆）用于酿酒。

因为葡萄种植者和酿造商的葡萄栽培知识不断增长，所以他们都紧密关注最适合葡萄品种的土壤、场所，寻找能够酿造出最高品质葡萄酒的区域。葡萄树随着一年一年地成长，赋予了葡萄，还有葡萄酒更多的特色。最终的结果就是，加州的起泡葡萄酒越来越好。

加州起泡葡萄酒 Domaine Carneros

大多数上乘的起泡葡萄酒产自北海岸（North Coast）的四个产区，北海岸位于旧金山北部，沿着中央谷的海岸和内陆地区。四个产区分别是：门多西诺县的葡萄酒酿造区安德森谷（Anderson Valley）；索诺玛县的绿谷（Green Valley）和俄罗斯河谷；横跨索诺玛县北端和纳帕县的卡耐罗斯。另外，北中央海岸（North Central Coast）靠近太平洋的一些地区，也出产高质量的葡萄酒。

加州起泡葡萄酒 Mumm Napa

毫无疑问，加州的起泡葡萄酒极具物超所值——价格通常只是同等香槟酒的1/3——选择索诺玛和门多西诺的酒品基本上错不了。如果您希望购买很干的葡萄酒，选择白露（Brut）。这是加州最受欢迎、产量最多的起泡酒。其次，最受欢迎的是黑白（Blanc de Noir）——完全采用黑比诺葡萄酿制的起泡白葡萄酒。

我建议把加州起泡葡萄酒作为餐前酒搭配开胃小面包（canapé）饮用，或者搭配任何美味可口的鱼肉，比如安康鱼。这真正卓绝不俗！

产区和酒品

穿越大洋 加州的种植条件，极其适合用于酿制起泡酒的葡萄品种。因为实在太适宜了，甚至法国香槟酒庄，像玛姆（此图即是它在加州的葡萄园）、路易王妃、酩悦（Moët），都已经在此落脚。何等赞誉啊！

推荐酿造商

- Mumm Napa
- Domaine Carneros
- Domaine Chandon
- Scharffenberger Cellars
- Roederer Estate

加拿大

就酿酒而言，加拿大的很多地区都太寒冷。不过，西海岸和五大湖气候温和的地区出产一些很好的起泡葡萄酒——而且它们的品质在不断提高。

加拿大起泡葡萄酒（CANADIAN SPARKLING WINES）

色 从浅禾秆黄色到鲜亮的浅禾秆黄色。

香 散发着小果（蜜桃、杏）香，还有幽淡的坚果、蜂蜜和荔枝的香气。

味 精雅，但明快、充满活力，自然的柠檬酸性很平衡。

葡萄只有缓慢成熟，起泡葡萄酒才会培养出深厚、复杂的特质。白天温暖、夜晚凉爽的气候条件是关键，这就使加拿大有可能成为酿制优质起泡葡萄酒热点。

加拿大蓬勃发展的葡萄酒酿造业，集中在以下四个省：安大略省、不列颠哥伦比亚省、魁北克省、新斯科舍省。这四省的葡萄往往种植在大片水域附近，因为水域可以调节冬季的严寒。

品质最上乘的起泡葡萄酒产在太平洋岸边的不列颠哥伦比亚省。在这里，起泡葡萄酒的酿制方法多种多样，其中包括传统法（见第129页）。酿造商，如苏玛瑞吉，以安大略省为基地的恰慕酒庄，尽管不能把他们的酒品称为"香槟酒"，但采用传统法酿制，力争与法国最上乘的起泡酒媲美——而且价格更易让人接受。

加拿大起泡葡萄酒 Blue Mountain Vineyard

推荐酿造商

- Blue Mountain
- Château de Charms
- Sumac Ridge Estate
- Mission Hills
- Summerhill Estate

澳大利亚

现在，澳大利亚正把起泡葡萄酒添加到自己的葡萄酒大家庭中。酿造商以澳大利亚人特有的风格正在试验新想法。比如，酿制西拉起泡红葡萄酒。有些最出色的法国香槟酒庄，也已经在澳大利亚落户，所以我们期待着将来这里能涌现杰出的酒品。

澳大利亚起泡葡萄
海景（Seaview）

澳大利亚起泡葡萄酒（AUSTRALIAN SPARKLING WINES）

色 浅禾秆黄色，略带银色；气泡稳定精美。

香 酒龄短、复杂；散发着苹果、梨、白桃的香气，还有淡淡的面包香。

味 和谐而精雅；酸性清爽美味，回味悠长。

现在，尽人皆知澳大利亚出产一系列非凡的高品质静止红葡萄酒和白葡萄酒，所以出产的起泡葡萄酒品质卓越，不足为奇。大多数澳大利亚起泡葡萄酒采用传统法（见第129页）酿制，而且几乎所有的酿造商选用经典的香槟酒葡萄品种：黑比诺和霞多丽。更绝妙的是，酿造商拥有丰富的专业知识和新技术。

从整体上来说，澳大利亚起泡葡萄酒的品质首屈一指。不过，原产区，特别是当地的气候对酿制葡萄酒起到了举足轻重的作用，所以选择葡萄酒，选择您喜欢的某个酒庄的独特风味时，要把这些因素牢记于心。

产自最凉爽地区的葡萄酒最好。从传统上来讲，澳大利亚东南端的维多利亚一直最成功。这里的很多葡萄园从海洋凉爽的气候中受益，而其他葡萄园（最显著的是大西地区Great Western的葡萄园，起泡酒主要酿造商是诗宝特Seppelt），则得益于凉爽的高山气候。

澳大利亚起泡葡萄
Seppelt

澳大利亚起泡酒的重要酿造商之一是绿点（Green Piont），其在20世纪80年代由法国酩悦香槟在维多利亚亚拉河谷设立。葡萄园种植着三种传统的香槟酒葡萄品种（霞多丽、黑比诺和莫尼耶品诺），但维多利亚以及澳大利亚其他地区也向这里提供葡萄。如果您想一探究竟，就去大有发展前途的塔斯马尼亚产区。因为塔斯马尼亚是岛屿（位于澳大利亚东北沿海），海洋微风的影响力更强——气候凉爽，从而为葡萄保持柔和的酸性和低糖度创造了完美的条件。尽管产量很低，但塔斯马尼亚在葡萄酒世界的潜力得到广泛认可——因为法国香槟酒庄路易王妃已经在这里设立了合资酒厂。澳大利亚其他出色的酿造商有：出产詹茨白露（Jansz Brut）葡萄酒的赫姆斯克（Heemskerk）、海景（Seaview）。哈代斯（Hardy's）、诗宝特也出产西拉起泡红葡萄酒。

推荐酿造商

- Seaview
- Seppelt
- Green Point
- Heemskerk

新西兰

20世纪初，新西兰开始选用黑比诺和莫尼耶品诺葡萄酿制起泡葡萄酒。在新西兰凉爽地区采用传统法酿造的起泡酒风格独一无二，具有水果滋味微妙的特点。像云湾（Cloudy Bay）已经在高端市场占有一席之地，可以媲美法国起泡葡萄酒。

新西兰起泡葡萄酒（NEW ZEALAND SPARKLING WINES）

色 鲜亮，浅禾秆黄色，略带银色，气泡精美。

香 雅致；散发着青苹果、桃、鲜花的香气，还有淡淡的热面包香。

味 新鲜而精雅；气泡微妙、似奶油；回味悠长，有柠檬味。

如果有一个新世界国家位列最上乘起泡酒酿造国，那么非新西兰莫属。从20世纪70年代末期开始，新西兰的酿造商就与法国香槟酒庄，如多依茨（Deutz）联姻，以促进高级起泡酒的发展。现在，这些葡萄酒赢得了国际赞誉，因此，出口市场需求量增加。新西兰起泡葡萄酒极为平衡，复杂、清新、高级——法国起泡葡萄的真正对手！

跟其他新世界葡萄酒生产国相比，新西兰的主要优势在于气候凉爽，但又足够温暖使葡萄成熟。葡萄缓慢成熟培养了复杂性，因此用它酿造的葡萄酒精细、口感似奶油。总之，新西兰起泡葡萄酒细腻雅致，与最上好的法国基本混合特酿香槟酒相似，但价格却微乎其微。

新西兰起泡葡萄酒
Morton Estate

位于新西兰南岛北端的马尔堡，时常被人称作起泡葡萄酒的最佳产区，而且出产像云湾罗盘（Cloudy Bay Pelorus）这样的上好酒品。这些葡萄酒大多选用源自马尔堡怀劳谷（Wairau Valley）一些葡萄园的霞多丽和黑比诺葡萄酿制。在新西兰北岛，莫顿庄园（Morton Estate）酿制出优质的传统法莫顿起泡干葡萄酒（Morton Brut Methode Traditionnelle）。所有这些葡萄酒适合搭配很多清淡的菜肴，特别是海鲜，如小龙虾、螃蟹、扇贝和白色的鱼。

我对这些葡萄酒信心十足，而且经常选做香槟酒的替代品。我的有些客人能够分辨出差别，但很多辨别不出。无论怎样，我们都同意新西兰的起泡葡萄酒属于新世界最优质的酒品。

食物搭配

杏仁 新西兰起泡葡萄酒，可以作为餐前酒细细品尝，搭配杏仁极为合适。美妙啊！

推荐酿造商

- Morton Estate
- Cloudy Bay Pelorus
- Deutz
- Montana

南非

南非起泡葡萄酒最重要的风格——开普传统法（Méthode Cap Classique）——是采用与香槟区类似的葡萄品种和方法酿酒。此名称源自40年南非与法国签订的协议，当时，两国约定，只要南非葡萄酒不使用法国名称，法国继续从南非购买小龙虾。

开普传统起泡酒（CAP CLASSIQUE）

色 鲜亮，浅禾秆黄色，略带绿晕。

香 浓郁度中等；散发着新鲜水果，包括梨和杏的香气。

味 优美、精雅；气泡完整精美；回味清爽。

“开普传统法”（Méthode Cap Classique）是在南非的说法，指葡萄酒采用与法国香槟区一样的方法酿制。开普传统起泡酒也选用香槟酒的传统葡萄品种黑比诺和霞多丽。尽管也可能选用品诺塔吉（黑比诺和神索葡萄的杂交品种）、白诗南、长相思、雷司令、密斯卡得葡萄，但通常用在品质比较低的加气葡萄酒中。虽然南非静止葡萄酒品质提升迅速，给很多葡萄酒爱好者留下了深刻印象，而且现在跻身新世界最上乘葡萄酒的行列，但南非起泡葡萄酒尚未达到新西兰或者加州起泡酒的品质水平。然而，南非酿造商毅然决定要使南非葡萄酒业名列新世界各类葡萄酒前列，开普传统起泡酒当然令人拭目以待。

开普传统起泡酒
Graham Beck

西开普省酒厂 格雷厄姆贝克酒厂（Graham Beck）因为起泡葡萄酒赢得了很多国际上的奖项。

对于所有的起泡葡萄酒来说，气候是关键，而南非的气候差异极为突出。看一看更凉爽地区的葡萄酒：产自康斯坦莎的葡萄酒属于我最钟爱的酒品。康斯坦莎位于海岸区（Coastal Region），因为有大西洋和福斯湾（False Bay）吹来的微风，再加上一侧耸立着群山，所以气候凉爽。另一个出色的产区是帕尔——尤其是法兰斯荷克小产区，受境内河流和山冈的影响，气候凉爽。有些最上好的法兰斯荷克起泡葡萄酒产自格雷汉姆贝克酒庄（Graham Beck）（品质极佳，曾被选做纳尔逊·曼德拉 Nelson Mandela 总统就职典礼用酒），酒庄也设在另一地点：位于布里德河谷（Breede River Valley）的罗伯逊（Robertson）。格雷汉姆贝克非年份酒干起泡葡萄酒（Graham Beck Brut NV）由黑比诺和霞多丽葡萄混合酿制，丰满、奶油般的复杂性与清新感和细致感达到了平衡统一。白葡萄起泡酒（Blanc de Blancs）与众不同，酒体很强烈。尽管全部由霞多丽葡萄酿造而成，但混合酒液有一半的静止葡萄酒在橡木桶中进行一次发酵。然后与在不锈钢大桶中发酵过的霞多丽混合，之后，装瓶进行二次发酵。葡萄酒液在酒渣上（与酵母接触）至少48个月后，清除沉渣，葡萄酒散发出酵母的迷人芳香。

开普传统起泡酒
Villiera

酿造商J.C.鲁克斯（J.C. Le Roux）专门酿制起泡葡萄酒，其酒庄位于斯泰伦博斯（在海岸区）的德文谷（Devon Valley）。如果您钟爱柔和的起泡酒，品尝一下黑比诺开普传统起泡酒（Cap Classique Pinot Noir），其口感激爽，回味清爽。在条件适宜的情况下，有些产自鲁克斯的比较好的葡萄酒可以贮藏长达10年。

我相信南非起泡葡萄酒还有提升品质的空间，且毋庸置疑的是，它们在葡萄酒的世界里正一步一步向前迈进。我强力推荐您品尝品尝。

食物搭配

海鲜 浓郁的南非开普传统起泡酒搭配大虾、牡蛎、鱼子酱，美味可口，搭配生牛肉片也很合适。

推荐酿造商

- Graham Beck
- Villiera
- J C Le Roux
- Boschendal
- Cabriere

“最上乘的甜葡萄酒和加强型葡萄酒口感撩人，深厚，香气浓郁，质地丝滑，结构精细，具有惊人的陈酿潜力。”

甜葡萄酒和加强型葡萄酒

甜葡萄酒和加强型葡萄酒简介

以前，主餐以香浓的布丁结束，所以那时候甜葡萄酒通常是饮食的一部分。尽管最近几年甜葡萄酒已经失宠，但仍旧为世界各地的人带来最美好（而且最昂贵）的味觉体验。

品酒和侍酒

简介 这种葡萄酒在酒杯中要非常黏稠，挂杯时间极长。如果是贵腐酒，香气会改变——变得浓厚，甚至有蘑菇味。

C 色 甜葡萄酒和加强型葡萄酒色泽鲜亮，呈浅金色或者禾秆色，在最初的五年，有微微的银绿色，之后变得带点儿金色。波特酒浓厚不透明。

A 香 这种葡萄酒香气复杂，浓郁，雅致。散发着淡淡的无花果、果酱、蜂蜜、菠萝、柚子、杏干、香料、巧克力和甘草的香气。

T 味 甜葡萄酒强烈、丰满，香甜、微妙；柠檬酸性和含蓄的甜味平衡和谐；回味应该很纯净、清新、持久。

选购和贮藏 这种葡萄酒陈酿潜力极佳，有的长达50年之久。价格极为昂贵。

侍酒建议 大多数甜葡萄酒和加强型葡萄酒的侍酒温度应该更冰冷。这样才会把葡萄酒的酸性展现出来，因为它是清新口感的关键，可以平衡甜味，避免腻人的口感。如果甜葡萄酒侍酒温度过暖，则会使人感觉沉重、粘黏。它最适合在用餐结束前侍饮。

食物搭配 凭经验而言，葡萄酒要比食物甜，否则葡萄酒索然无味。不过，不必把甜葡萄酒拘泥于甜味菜点。搭配蓝乳酪非常美味，或者可以品尝一下经典组合：苏玳贵腐酒搭配鹅肝酱。

橘子酱 加强型葡萄酒滋味浓厚、香甜。

在低端市场，往往通过向干葡萄酒液里添加未经发酵的葡萄汁制成甜葡萄酒。不过，在大多数情况下，甜葡萄酒和加强型葡萄酒是在葡萄所有糖分都转化成酒精之前停止发酵而成的。有些甜葡萄酒，如苏玳（Sauternes）和托卡伊（Tokaji），要么自然而然地停止发酵，要么人为添加二氧化硫终止发酵。而加强型葡萄酒，如雪莉酒和波特酒，由酿造商加入酒精把酵母一一杀死，从而阻止进一步发酵。最上好的甜葡萄酒和加强型葡萄酒选用含糖量非常高的浆果酿制而成。主要通过三种方式实现葡萄的高含糖量：首先，葡萄可能被日照晒干；其次，葡萄经历霜冻，浆果水分结冰，因此含糖量更高（酿制所谓的冰葡萄酒ice wines）；最后，很多极为出色的甜葡萄酒由遭受病害葡萄酿制而成，这种病害由灰葡萄孢菌引起，被称为“贵腐”。

贵腐酒（Noble Rot）

梨塔 甜点（但不能过甜）的味道不能掩盖甜葡萄酒的浓郁滋味。

干葡萄酒酿造商对灰葡萄孢菌很恐惧，因为它会让葡萄变色，使酿制的葡萄酒有令人讨厌的味道。但是对一些甜葡萄酒酿造商来说，如法国的苏玳（Sauternes）、巴萨克（Barsac）和蒙巴兹拉克（Monbazillac）、德国的贵腐精选葡萄酒（Trockenbeerenauslese）、匈牙利的托卡伊，“贵腐病害”却是盟友。早上凉爽、雾气蒙蒙，下午炎热、阳光灿烂，灰葡萄孢菌在葡萄树熟透的葡萄上繁殖，使葡萄浆果萎缩、脱水变干，葡萄皮却完好无损。这不仅使葡萄糖分浓缩，还使酸性和滋味提浓。因为贵腐不会在葡萄上均匀繁殖，所以酿造者需要（手工）多次采摘葡萄。这个原因，再加上其他因素，使这些葡萄酒的价格昂贵——不过多花钱也值得，这些葡萄酒甜而不腻、平衡极佳。

葡萄品种

对于甜葡萄酒来讲，葡萄品种没那么重要，但是酿造的过程非常关键。大多数——甚至像巴萨克和贵腐这样的奇妙经典，都是混合品种葡萄酒。赛美蓉葡萄最为重要，同时也会选用雷司令、白诗南和白麝香葡萄。加强型葡萄酒通常也是混合品种酒，同时添加酒精，以使葡萄酒更“有劲”。巴罗米诺皮（Palomino）是使雪莉酒雅致的关键葡萄品种；佩德罗希梅内兹（Pedro Ximénez）葡萄使雪莉酒更强劲；麝香（Moscatel）葡萄使雪莉酒香甜。大约有85种葡萄用于酿造波特酒。

葡萄名称	最佳产区	述评
赛美蓉	法国：苏玳、巴萨克及卫星区；澳大利亚，加州，智利	赛美蓉是此类葡萄酒最关键的葡萄品种之一，通常与长相思葡萄混合平衡油滑丰满的质地。由于果皮的关系，它极具有助于形成贵腐病。用它酿制的葡萄酒很精美，香气雅致、浓郁、复杂，其陈酿很好，多年以后，才能[illegible]件更粘黏，适宜更早饮用。
雷司令	德国；奥地利；法国：阿尔萨斯澳大利亚；加拿大；智利	这种葡萄变化多端，可以酿制出世界上一些最优质、最稀有的甜葡萄酒。因为酸性高，它适于陈酿，可达数十年，随着陈年，品质不断提升。
白麝香	法国：维尼斯博姆、弗隆蒂尼昂、利维萨特（Rivesaltes）；意大利；南非：杰瑞皮歌；澳大利亚；葡萄牙：塞图巴尔（Setúbal）、马德拉；西班牙	这种成功的葡萄可以酿制出一系列活跃、奇异、葡萄特点突出的酒品。从重量轻的葡萄酒到颜色更深、更粘黏的葡萄酒，不过，所有的葡萄酒滋味浓厚。因为酸性不强，所以陈酿时间不超过几十年，但是加强型的葡萄酒，如马德拉、塞图巴尔陈酿时间可达数世纪。这种葡萄也被称为麝香。
白诗南	法国：卢瓦尔河谷	这种著名的葡萄因为酸性高，可以酿制出一些卓越的贵腐葡萄酒。这些葡萄酒香气浓郁，包括沃海（Vouvray）、绍姆卡特（Quarts du Chaume）、拉涌山（Coteaux du Layon）和宝耐泽（Bonnezeaux）。
黑歌海娜（Grenache Noir）	法国：班纽斯（Banyuls）、莫利、拉斯多（Rasteau）；西班牙	这是地中海沿岸用于酿制加强型葡萄酒最受欢迎的红葡萄品种之一。这种葡萄酒通常口感清新，芳香雅致。
琼瑶浆	法国：阿尔萨斯；德国；新西兰	琼瑶浆用于酿制充满奇异、辛辣味的传统微甜葡萄酒。这种甜葡萄酒充满多种水果的浓郁香味。
维达尔（Vidal）	加拿大	维达尔是白玉霓和白谢瓦尔葡萄的杂交品种，其果皮厚、产量高，用于酿制丰满、平衡的冰葡萄酒。冰酒已经彻底改变了加拿大的葡萄酒产业。
佩德罗希梅内兹（Pedro Ximénez）	西班牙：玛拉加（Malaga）、蒙蒂利亚（Montilla）；澳大利亚	由于酿酒工艺的提高，这种西班牙葡萄品种的知名度更高了。其用于酿制加强型葡萄酒，尤其是风格更加香甜的雪莉酒。这种葡萄酒往往很粘黏，浓郁，芳香，平衡出色。
玛尔维萨（Malvasia）	意大利	这个葡萄品种种植在意大利各地，用于酿制著名的圣托酒（Vin Santo），通常与棠比内洛葡萄混合，以增添超凡的复杂性，与赛美蓉和长相思葡萄混合酿制的经典苏玳贵腐酒不相上下。这种葡萄也被称为灰品诺。

法国

法国出产一些世界上最出色的甜葡萄酒，尤其是波尔多地区选用赛美蓉与其他葡萄混合酿制出了出色的甜葡萄酒，因为这里的微气候环境非常适宜赛美蓉葡萄的生长。卢瓦尔河谷和阿尔萨斯也出产甜葡萄酒，酿酒原料为当地的葡萄品种，如白诗南、雷司令和琼瑶浆。

苏玳
Château de Rayne Vigneau

苏玳（SAUTERNES）/ 巴萨克（BARSAC）

C 色 深金色到禾秆黄色，略带银色；鲜亮。

A 香 浓郁、复杂；散发着蜂蜜、杏干、菠萝、果酱、金合欢的香气。

T 味 油滑，但酸性突出，所以平衡和谐；丰满，回味纯净、悠长。

甜葡萄酒之王！在所有甜葡萄酒中，波尔多北部的苏玳地区出产的甜葡萄酒最著名——赛美蓉和少量长相思葡萄混合酿制而成的甘美酒品，两种葡萄混合调配平衡了酸性，也保持了新鲜度，还有少量的白麝香增添了滋味。苏玳位于西弘河（Ciron）与卡弘纳河（Caronne）之间，微气候环境独一无二，极为适宜灰葡萄孢菌繁殖——这种细菌的出现才能酿制出贵腐酒。两条河流交汇使这里的早晨雾气弥漫，这有助于细菌繁殖孢子，在温暖的午后时分生长。由于贵腐的繁殖，葡萄皱缩，含糖量增加。巴萨克与苏玳相邻，向北就是卡弘纳河。这里的葡萄酒甜度比苏玳的略低，更加清淡、新鲜（因为这里的葡萄种植在石灰石土壤上）。

饮用甜葡萄酒时，搭配甜点绝非易事——两种甜味可能并不协调。这种葡萄酒最适合与不太甜的甜品搭配，如苹果塔。不过，如果希望尽享苏玳贵腐酒的美味，您可以搭配蓝乳酪或者遵循著名搭配法则，选择鹅肝酱。

产区和酒品

顶级苏玳 伊甘酒庄出产世界顶级甜葡萄酒的历史已经有几百年。这种葡萄酒陈酿3年后，进行盲品，确定可以装瓶的佳酿。

推荐酿造商

- Château Rieussec
- Château de Rayne Vigneau
- Château D'Yquem
- Suduiraut

价格稍低的高品质 约塞酒庄酿制的苏玳贵腐酒非同凡响，价格比伊甘酒庄的稍低。

拉涌（LAYON）/ 宝耐泽（BONNEZEAUX）

C 色 艳丽的金黄色；浓厚而鲜亮。

A 香 复杂、明显；散发着杏仁糖浆、桃、杏、榅桲和肉桂的香气。

T 味 柔和、油滑、丰满；酸性突出、平衡；强劲；回味特别悠长。

拉涌（Coteaux du Layon）来自卢瓦尔河中心地带，在安茹地区，位于拉涌支流沿岸。白诗南葡萄是这种葡萄酒的原料，其在陡峭的山谷两侧生长得极为茂盛，表现出无上品质——其中包括特有的高酸性。秋季，因为拉涌河的关系，这里晨雾弥漫、潮湿滋润，这促使贵腐繁殖，这种真菌对当地酿制甜葡萄酒至关重要。

拉涌葡萄酒比苏玳更直接，在酒龄短时更容易饮用，往往质地更清淡，没那么粘黏，新鲜的烤水果味突出，如苹果、榅桲，没有果酱味十足的异域水果味。

宝耐泽

在拉涌有两座非正式的葡萄酒产区——宝耐泽、绍姆卡特（Quarts de Chaume）酿制的甜葡萄酒到目前为止在卢瓦尔最出色。在这两个地方，葡萄的果汁没有山坡（产区山坡）的多，所以通常浓度高，味道香浓。这也就意味着，酿制精良的优质年份宝耐泽、绍姆卡特葡萄酒可以陈酿30年到50年。饮用葡萄酒时搭配焦糖苹果塔（tarte tatin）和香草冰激凌——绝妙啊！

推荐酿造商

- Château de Fesles
- Château Pierre Bise

阿尔萨斯（ALSACE）

C 色 浅禾秆黄色到金黄色，略带绿色；鲜亮、悦人。

A 香 浓郁、精雅；散发着成熟的异域水果香；花香。

T 味 精雅，水果味突出；回味悠长和谐。

阿尔萨斯甜葡萄酒根据剩余的含糖量分为两类。清淡一些的葡萄酒为迟摘型葡萄酒，而选粒贵腐葡萄酒陈酿时间长，口感似糖浆。

葡萄酒由四种不同的“贵腐”葡萄酿制而成：直接的白麝香；复杂的灰品诺；强健的琼瑶浆；粘黏、有柠檬香的雷司令。

阿尔萨斯
Rolly
Gassmann

推荐酿造商

- Rolly Gassmann
- Zind Humbrecht

禾秆葡萄酒（VIN DE PAILLE）

C 色 浓艳的深金色，有微微的橙色。

A 香 复杂；散发着水果干（杏、菠萝、橙子）、蜂蜜和榛子的香气。

T 味 丰满、和谐、圆润，回味“无尽”。

“vin de paille”的字面意思是“禾秆葡萄酒”（德语是strohwein）。葡萄被人工采摘后，放在禾秆垫子上，在太阳下晾晒，葡萄浆果水分蒸发，糖分浓缩。一旦成为葡萄干，便进行压榨、发酵酿酒。这种酒在阿尔萨斯、汝拉、罗纳北部酿制，但数量很少，其复杂性绝妙，有点像雪莉酒，搭配杏塔和杏仁冰激凌美味无比。

推荐酿造商

- Domaine Rolet
- Jacques Foret

产区和酒品

甜葡萄酒的酿造 酿制甜葡萄酒的关键在于葡萄压榨前要除去葡萄中的水分，从而提高浆果糖分。有两种最普遍的方法可以做到这一点：一是通过“贵腐菌”；二是让葡萄水分结冰。有的地区早晨多雾、潮湿，下午温暖、阳光充足，一种名为灰葡萄孢菌的寄生菌便会袭击葡萄，吸收水分。在气候更加寒冷的地区，葡萄在树上入冬。气温降低到零下8° C（17° F）时，葡萄结冰，所以葡萄水分自然而然地与果肉分离。接着，人们采摘结冰的葡萄，并且尽快压榨——通常在夜间进行。

贵腐 灰葡萄孢菌使葡萄脱水，并且使葡萄皮变为紫褐色。这种病菌看起来一点儿也不讨人喜欢，但其实无害。

与时间赛跑
用于酿制冰酒的葡萄必须在冻结的状态进行压榨。

维尼斯博姆白麝香（MUSCAT DE BEAUME-DE-VENISE）

色 鲜亮的禾秆黄色到柠檬黄色，略带银色。

香 特别芳香，充满活力；散发着异域水果、蜂蜜和香料的香气。

味 丰满、强劲，质地雅致；回味悠长，有水果味。

这种驰名的甜葡萄酒产自罗纳河谷北部的一个风景秀丽的地方——沃克鲁兹。其完全采用小粒白麝香葡萄酿制而成，这个葡萄品种非常适合在炎热的地中海气候条件下生长。

维尼斯博姆白麝香是VDN型葡萄酒（Vin Doux Naturel的字面含义是天然甜葡萄酒）。VDN型葡萄酒的酿制方法与波特酒一模一样：酿造商在酿酒快结束时，终止发酵，添加酒精。这样，酒中就会有一些残留糖分，同时酒精含量比较高（酒精含量大约是15%）。

维尼斯博姆白麝香
Domaine de Durban

酿制出的甜葡萄酒微妙、雅致，水果结构诱人。橙子花、鲜花和香料的特质非常可口！

尽管这种葡萄酒酸性不足，当地人把它作为餐前酒饮用，但很适合搭配清淡甜品或者水果沙拉。它要在葡萄酒酒龄短时饮用，如果您一次没喝完，不用担心，因为酒精度高，所以它可以在冰箱中保存长达5天。

推荐酿造商
- Domaine de Durban
- Chapoutier
- Domaine de la Pigeade

利维萨特（RIVESALTES）

色 鲜亮；深金色到琥珀色，边缘呈银色。

香 浓郁、精雅；散发着榅桲、无花果、杏、杏仁和异域水果的香气。

味 丰满、油滑、质地佳，平衡和谐，回味纯净、悠长。

利维萨特位于法国南部，比利牛斯山山麓。这里出产两种天然甜葡萄酒——利维萨特葡萄酒、利维萨特白麝香葡萄酒。两种葡萄酒的产量超过全法国白麝香葡萄酒产量的一半。

利维萨特麝香葡萄酒
Domaine Cazes

利维萨特的葡萄酒根据混合的葡萄品种（包括歌海娜、马卡贝奥及其他葡萄）可以分为两类：白葡萄酒和琥珀黄（amber）葡萄酒。我发现利维萨特白葡萄酒质地强劲、丰满，很像夏朗德皮诺葡萄酒（Pineau de Charentes）（产自法国西部）。维萨特琥珀黄葡萄酒更像水果味十足的黄褐色波特酒（tawny port）——充满美味西梅干、樱桃白兰地和巧克力的风味。

利维萨特白麝香葡萄酒由两种白麝香葡萄混合酿造：亚历山大白麝香葡萄、小粒白麝香葡萄。其最好在葡萄酒酒龄短时饮用，其精雅、芳香、质地丰满，有烤水果的香味。

我是利维萨特所有葡萄酒的忠实粉丝——其价格特别划算，搭配巧克力塔十分美味。

推荐酿造商
- Domaine Cazes
- Domaine la Casenove
- Domaine Lerys

班纽斯（BANYULS）

色 不透明；深石榴红色，边缘呈红宝石色到瓷砖红色。

香 浓郁、精雅；散发着无花果、榅桲、西梅干、巧克力、甘草和香料的香气。

味 强烈、丰满；圆润，质地滑润，单宁和清新的酸性很平衡。

班纽斯葡萄酒，产自与西班牙接壤的科利乌尔小城的砾石土壤环境下。有些酿造商专心致志，水准很高，因此酿制的葡萄酒极其复杂、精美。这种酒水果香味不太充盈，但巧克力和香料味更加浓郁。您应选择特级葡萄酒品尝。其虽是加强型葡萄酒，但更像教皇新堡葡萄酒。

班纽斯 Domaine du Mas Blanc

我很喜爱这种葡萄酒，甚至选择它而不选择波特酒来结束一餐。

推荐酿造商
- Domaine du Mas Blanc
- Castelle des Hospices

弗隆蒂尼昂（FRONTIGNAN）

色 浅金色到禾秆黄色，略带绿色。

香 酒龄短、浓郁、复杂；散发着菠萝、热情果和鲜花的香气。

味 浓厚、精雅，滋味极其香浓、微妙。

弗隆蒂尼昂位于法国朗格多克产区塞特（Sète）和蒙彼利埃（Montpellier）之间，是个很小的产区。弗隆蒂尼昂白麝香（Muscat de Frontignan）采用小粒白麝香葡萄酿制而成，是最上好的白麝香葡萄酒之一。该产区的风土条件使这里的葡萄酒深厚、优雅，而海洋吹来的微风让葡萄酒酸性清爽、平衡。您可搭配夏日水果塔饮用。

推荐酿造商
- Château de Stony
- Château de Six Terres

莫利（MAURY）

色 鲜亮的深樱桃色，边缘呈红宝石色，深厚感佳。

香 强烈、浓郁；散发着香料、无花果、可可、黑莓和西梅干的香气。

味 丰富、丰满，有葡萄酒味，柔和；清新、单宁柔和、平衡。

莫利甜葡萄酒产自鲁西永的一个小产区，采用黑歌海娜（Grenache Noir）酿制而成，虽然清淡，但是口感要比临近的班纽斯葡萄酒更加复杂。这种葡萄生长在离大海很远的页岩石质山坡上，葡萄的水果风味展现无余。您应稍加冰镇后侍饮，搭配巧克力塔或者焦糖鸭胸，或者搭配鸡油菌和无花果干。

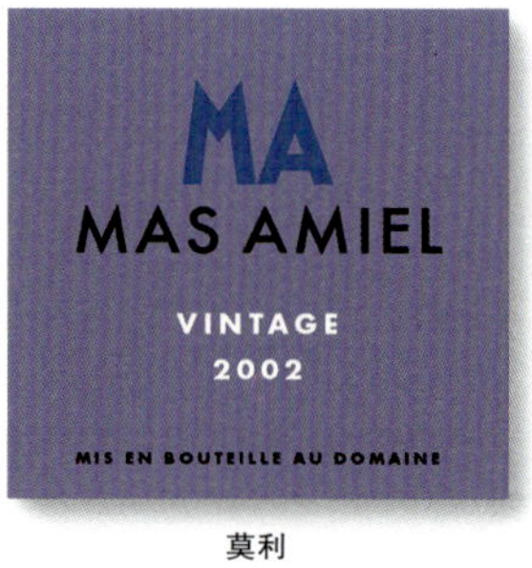

莫利
Mas Amiel

推荐酿造商
- Mas Amiel
- Domaine Maurydore

拉斯多（RASTEAU）

色 深石榴红色，边缘呈紫色或者橙色。

香 复杂；散发着无花果干、胡桃、西梅干、香料、黑醋栗和干药草的香气。

味 浓厚、质地佳、强劲、和谐；回味悠长。

拉斯多天然甜葡萄酒产自罗纳南部，其结构很好，尚未被人发现。这种葡萄酒一般是采用90%以上的歌海娜葡萄酿制而成的。更加清淡的风格使它成为卓越的餐前酒，而厚重的拉斯多兰西奥（酿制过程中接触高温和氧气）则是甜葡萄酒。它可以搭配香浓的黑森林蛋糕。

推荐酿造商
- Domaine la Soumade
- Domaine de Beaurenard

西班牙

西班牙最出色的加强型葡萄酒是雪莉酒，因安达卢西亚（Andalucia）的雪莉城（Jerez）而得名。雪莉酒有自己独特的酿制过程，可以酿成甜酒或者干酒。其他一些也很出色，但知名度稍低的葡萄酒具有独特的风格和特质，包括蒙蒂勒葡萄酒——产自科尔多瓦和玛拉加，这两座城市距离雪莉城都不远。

雪莉酒
Hidalgo

雪莉酒（SHERRY）

C 色 浅柠檬色到深金色和深黄褐色。

A 香 浓郁、优雅；散发着坚果、柑橘水果、鲜花和淡淡的焦糖香。

T 味 圆润、复杂；酸性低、酒精度平衡、回味悠长。

雪莉酒
Delgado Zuleta

雪莉酒是出色的加强型葡萄酒之一，产于西班牙南部雪莉城附近。有三种主要的葡萄品种用于酿制雪莉酒（单一品种或者混合品种雪莉酒）。第一种是巴罗米诺葡萄（占雪莉酒产量的10%），用它酿制的雪莉酒雅致、味干。第二种是佩德罗西梅内斯（PX）。这种葡萄在太阳底下晒干，使糖分浓缩，用它可酿制出更加强烈、更加丰满、颜色更深的雪莉酒。第三种是白麝香葡萄，采用这种葡萄酿制的葡萄酒往往只在当地饮用，有的也被用于增加其他加强型葡萄酒甜的甜味。

您在当地商店里看到的雪莉酒有以下两种类型：芬诺和欧洛索。芬诺雪莉酒是在葡萄酒发酵时，在酒液表面开始形成一种白色酵母，其降低了葡萄酒的酸性，为葡萄酒提供一层保护膜，防止氧化，因此，这种葡萄酒口感更加雅致。如果白色酵母没有繁殖，则会酿制出欧洛索雪莉酒。

发酵过程一结束，酿造商就能看到白色酵母是否已经开始繁殖。他们根据最后酿制成芬诺还是欧洛索，以决定是否往葡萄酒中增加酒精。酿制欧洛索雪莉酒，要添加纯葡萄酒精，使酒精含量大约提高到18%（防止白色酵母在葡萄酒熟化阶段繁殖），酿制芬诺雪莉酒，要使酒精含量提高到15.5%（这样，白色酵母就会在葡萄酒熟化阶段大量繁殖）。然后，这种葡萄酒采用索乐拉方式熟化（见下）。

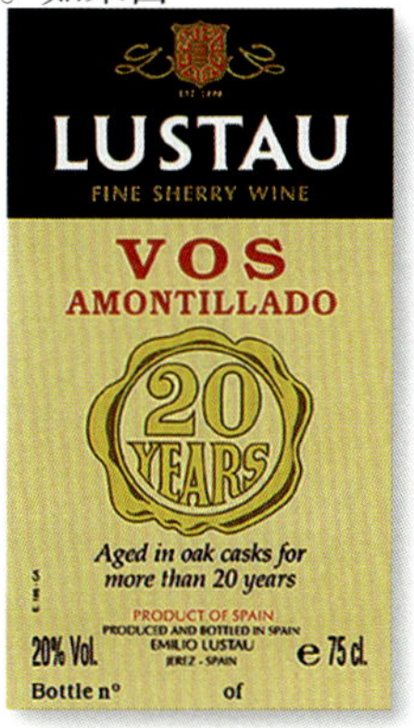

雪莉酒
Emilion Lustau

芬诺雪莉酒有好几种。标准芬诺雪莉酒清淡、干，而曼萨尼拉雅致、辛辣刺激，有杏仁的香味。颜色更深、有坚果味的曼萨尼拉帕萨达，是在白色酵母沉淀后（大约7年）装瓶的曼萨尼拉。标准阿蒙蒂勒多是一种白色酵母已经消失（大约8年），颜色变为琥珀色，有微微的坚果香味和过于熟透的水果香味的芬诺雪莉酒。简单的"阿蒙蒂勒多"为芬诺风格的葡萄酒，比芬诺阿蒙蒂勒多葡萄酒的颜色更深、更柔和。"浅色奶油"雪莉酒是加甜的芬诺雪莉酒。

芬诺是一种雅致、味浓的葡萄酒，开瓶后，需在一周左右饮用完毕，否则就会失去清新的口感。

欧洛索雪莉酒是被氧化的葡萄酒，所以呈深褐色、丰满，有坚果的香味。西班牙欧洛索雪莉酒大多为干葡萄酒。"奶油"雪莉酒和"阿莫洛索"往往是加甜的、级别较低的欧洛索雪莉酒。开瓶后，欧洛索雪莉酒可以保存，品质依然很好。

更让人难以理解的是一种稀罕的陈年（通常陈酿20年或者更长）帕罗科达多。这种酒刚开始为芬诺，具有味道浓烈的白色酵母特质，然后演变成欧洛索，具有浓郁的坚果香味，同时颜色更深。

干雪莉酒冰镇后作为餐前酒饮用，或者搭配意大利面。相比之下，甜雪莉酒最好在室温下、一餐结束时搭配奶酪饮用。

产区和酒品

雪莉酒的熟化 索乐拉（西班牙语，意为地面——译者注）方式可以确保雪莉酒的品质年复一年始终如一。位于顶端criadera（除了底层大桶，其余均用此名）酒龄最短的葡萄酒与下面一层酒龄比较长的葡萄酒混合，酒龄比较长的葡萄酒再跟下面一层酒龄更长的葡萄酒混合，以此类推，将酒龄各不相同的葡萄酒的特点混合。然后，把最底层大桶中的雪莉酒，即索乐拉雪莉酒装瓶！

推荐酿造商

- Delgado Zuleta
- Hidalgo
- Emilion Lustau
- Colosia
- González Byass

蒙蒂勒（MONTILLA）

C 色 鲜亮；色泽从浅柠檬色到金色。

A 香 清新；散发着柑橘、香料、胡桃、梨和鲜花的香气。

T 味 纯净、丰满、圆润；酸性和酒精度平衡。

蒙蒂勒
Pérez Barquero

蒙蒂勒葡萄酒产自安达卢西亚的科多巴，由于酒精度很高，往往未经发酵。其主要采用佩德罗西梅内斯葡萄酿制而成，风格与雪莉酒类似。超市会把蒙蒂勒分为干葡萄酒、中度葡萄酒和奶油（甜）葡萄酒。干葡萄酒与芬诺很像——曾与白色酵母一起陈酿。

推荐酿造商

- Pérez Barquero
- Alvear

玛拉加（MÁLAGA）

C 色 深巧克力棕色，略带橙色。

A 香 浓烈；散发着烟草、香料、咖啡、甘草、西梅干和胡桃的香气。

T 味 浓郁、醉人；强劲但平衡佳；滋味丰富、独特。

这种加强型葡萄酒产自同名小城，采用佩德罗西梅内斯葡萄或者白麝香葡萄酿制而成，两种葡萄酿出的酒都很甜。首先，葡萄在阳光下晒干、浓缩。葡萄一压榨，就分离出果汁，通常达到要求的程度后，酿造商停止发酵，添加未经发酵的葡萄酒精或者浓缩葡萄汁。

这种葡萄酒为冬日酒品，与浓郁的布丁搭配饮用，或者搭配成熟的切达奶酪，也很美味。

推荐酿造商

- Hermanos
- Larios

葡萄牙

葡萄牙是波特酒的同义词，这种经典的加强型葡萄酒风格各异，产自葡萄牙北部城市波尔图（Oporto）。塞图巴尔（Setúbal）葡萄酒以首都里斯本附近的一座城市命名，知名度稍逊，但细腻、丰满，是波特酒的替代酒品。葡萄牙的马德拉岛也出产绝妙的加强型葡萄酒，因为酿制过程独特，所以有火辣辣的特点，而且陈酿能力极强。

波特酒（PORT）

C 色 不透明的深紫色，边缘呈棕色。

A 香 浓郁；散发着水果干、香料、甘草、咖啡和杏仁的香气。

T 味 柔和；有葡萄酒味，质地滑润；极为平衡。

波特酒
Quinta do Portal

波特酒产自葡萄牙北部的杜罗河谷。从传统意见上来讲，葡萄都是用脚踩碎，虽然现在大多数酿造商都采用机械化的压碎机。葡萄汁在密闭的水泥槽或者钢罐发酵。大约一半的糖分转化成酒精时，按照 1 份白兰地比 4 份葡萄酒的比例（传统比例），把酒液放入大桶中——防止进一步发酵。陈酿和混合主要在位于杜罗河口的加亚新城（Vila Nova de Gaia）进行。

波特酒最基本的风格被称为红宝石（ruby）。这种葡萄酒很吸引人，富有水果香味，无年份，适合日常饮用。黄褐色（tawny）波特酒为干葡萄酒，滑润，有坚果的香味，冰镇后作为餐前酒，搭配杏仁饮用极佳。

所有波特酒中最上好、最昂贵的莫过于年份（vintage）波特酒，其由单一丰年收获的葡萄酿制。在桶中陈酿 2 年后，葡萄酒还要在瓶中培养 15 年到 50 年！年份波特酒需要醒酒：开瓶前，将酒瓶直立放置至少 24 小时（酒龄越长，放置时间越长），以使沉淀物降至瓶底。这种葡萄酒要餐后饮用，传统上是搭配奶酪。我喜欢单独品尝，尤其是酒龄很长的酒，与一块黑巧克力和一根雪茄搭配。

产区和酒品

流动的波特酒 传统上使用名为“barcos rabelos”的木船把波特酒从杜罗河谷的酒窖运送到加亚新城进行混合、陈酿。如今，水坝的修建意味着葡萄酒必须经陆路运输。

推荐酿造商

- Quinta do Portal
- Taylor's
- Vargellas

完美的酒杯 波特酒的侍饮温度为 18° C（64° F），选用郁金香形酒杯，斟酒不要超过酒杯的一半。

塞图巴尔（SETÚBAL）

色 独特的黄褐色，带有一抹橙色。

香 突出、辛辣；散发着葡萄干、无花果干和烤水果的香气。

味 丰满、沉重，但很和谐；滋味浓郁、复杂，似糖浆。

塞图巴尔是选用白麝香葡萄酿制的加强型葡萄酒，产自葡萄牙历史最悠久的葡萄酒产区之一。它的酿造方法与波特酒类似：发酵的葡萄汁（压碎的整个葡萄）中加入葡萄酒精，从而终止发酵。不同的是，没有把葡萄酒放入大桶，而是继续与果皮在一起放置几个月，然后在大桶中陈酿20年到50年（最上好的葡萄酒），然后装瓶。如果想替换波特酒，为何不品尝塞图巴尔呢？

推荐酿造商

- Fonseca
- Caves Velhas

马德拉（MADEIRA）

色 深褐色，略带金色到瓷砖红色。

香 浓郁、精雅；散发着李子、葡萄干、榅桲和榛子的香气。

味 圆润；平衡极佳；极为深厚、精雅。

马德拉葡萄酒以当地的四种白葡萄命名，每种葡萄都把各自的特点赋予了这种葡萄酒。它们是舍西尔（酿制的出最精美的干葡萄酒）、维德罗（酿制出有坚果杏味的中度干葡萄酒）、布尔（酿制出丰满的中度甜葡萄酒）、玛尔姆塞（酿制的葡萄酒最甜）。大多数马德拉葡萄酒都是混合这些葡萄酿制而成的；如果葡萄酒以其中的某一种葡萄命名，那么葡萄酒原料中至少有85%是这种葡萄。否则，葡萄酒要采用“海岛干葡萄酒”或者“雨水”这样的名称销售。

马德拉 Mas Amiel

酿制比较甜的马德拉葡萄酒，像波特酒一样，要添加酒精终止发酵；酿制比较干的马德拉葡萄酒，发酵后添加酒精（跟雪莉酒一样）。然后，葡萄酒在高温下至少放置3个月——要么阳光直射，要么在高温房间内。这个过程（被称为加热法）使葡萄酒氧化、糖分焦化，因此酒精度和单宁很高，几乎可以永久陈酿。饮用酒龄长的马德拉葡萄酒时，您可以搭配味浓、熟润的奶酪。

推荐酿造商

- Cossart Gordon
- Blandy's
- Perreira

产区和酒品

悬崖顶上的葡萄酒 马德拉是座大西洋岛屿，位于里斯本以西大约620英里（1 000公里）。这里的火山土壤肥沃、富饶，因为几乎没有平坦的陆地，所以葡萄园都建在陡峭的梯状台地上。葡萄树爬上藤架生长，因此可以保护其免染菌病。

意大利

意大利出产一些白麝香葡萄酿制的甜葡萄酒；西西里岛以丰满的马萨拉（Marsala）加强型葡萄酒——与欧洛索雪莉酒类似的酒品——而驰名。但是，所有的葡萄酒中最著名的是圣托酒，其葡萄原料在岩石上晾干以提高含糖量。

圣托酒（VIN SANTO）

色 琥珀色到深金色，边缘呈银色。

香 精雅；散发着杏酱、菠萝、蜂蜜和杏仁的香气。

味 圆润、雅致；酸性佳；回味悠长。

圣托酒（意为神圣的葡萄酒）是种甜葡萄酒，产自意大利中部的托斯卡纳，其复杂性让人难以忘怀。酿制圣托酒的方法从晾晒葡萄（棠比内洛葡萄和玛尔维萨葡萄Malvasia）开始便独一无二。冬季，酿造商把晾干浓缩的葡萄压碎。压榨的具体时间取决于酿造商希望酿制的葡萄酒的含糖量（压榨时间越晚，葡萄酒越甜）。接着发酵葡萄汁，在橡木桶中培养3年到6年时间，这赋予葡萄酒复杂性，使其呈现琥珀色。

圣托酒 Antinori

圣托酒超美味！饮用时搭配意大利饼干或者牛轧糖，这样葡萄酒稍微氧化的杏仁和香草味更加浓郁。

推荐酿造商

- Antinori
- Filigare

马萨拉（MARSALA）

色 深琥珀色到红宝石色，略带橙色。

香 充满特质；散发着水果干、药草、香料的香气。

味 强劲、丰富，质地干；浓郁，回味悠长。

马萨拉产自西西里岛，具有雪莉酒风格，它由葡萄发酵后，添加酒精，以增加甜味而成。这种葡萄酒根据陈酿的时间长短在酒标上明示，从fine（陈酿1年）、superiore、superiore riserva、vergine到vergine stravecchio（陈酿10年以上）不一。您可以搭配蓝乳酪品尝上好马萨拉葡萄酒。

马萨拉 Pellegrino

推荐酿造商

- Pellegrino
- De Bartoli

莫斯卡托（MUSCATO）

色 清澈；浅禾秆黄色到柠檬黄色；鲜亮，略带绿色。

香 微妙、迷人；散发着杧果、荔枝、木瓜、柑橘和甜瓜的香气。

味 清淡、清爽；有少量悦人的气泡，回味纯净、有水果味。

这种葡萄酒产自意大利西北部皮尔蒙特的阿斯蒂产区，充满活力、清爽、迷人，我是它的忠实粉丝。甜滋滋的香味让我垂涎！我把阿斯蒂的莫斯卡托葡萄酒看做是酒龄短的维尼斯博姆白麝香葡萄酒，因为它结构更清淡，嘶嘶的气泡强化了水果的清新香味。夏日午后饮用，完美绝伦！

推荐酿造商

- Dinderralla
- Banfi

匈牙利

匈牙利的经典托卡伊葡萄酒是世界上最出色的甜葡萄酒之一，一直是匈牙利国王的最爱，由多种葡萄混合，精心酿制而成。共产党统治时期，这种葡萄酒的资金投入以及品质遭受重创，不过，这种特别的酒品现在正在东山再起。

托卡伊（TOKAJI）

色 深金黄色，略带禾秆黄色到橙色。

香 浓郁；散发着杏干、蜂蜜、胡桃、葡萄干、西梅干和甜香料的香气。

味 丰满、丰富，非常复杂、浓郁。

托卡伊（Tokaji，英国人将其拼写为Tokay）是匈牙利卓绝的甜葡萄酒。葡萄酒由三种重要的葡萄混合酿制：哈斯莱威路葡萄（Harslevelu，通常占主导地位，赋予葡萄酒香气和辛辣的特点）、福尔明葡萄和白麝香葡萄。葡萄生长在匈牙利东南角蒂萨河（Tisza River）边的托卡伊村附近。

历史上，这里出产干白葡萄酒。不过，17世纪土耳其人威胁袭击这里，所以葡萄采摘推迟，葡萄在树上皱缩。最后，人们把这些过熟的葡萄酒压榨，酿制出我们今天熟知的甜葡萄酒。实际上，这个地区非常适合酿制甜葡萄酒——天气暖和、蒂萨河及其支流又带来雾气，为灰葡萄孢菌提供了完美的繁殖条件，这种仁慈的真菌引起“贵腐”（见第141页）。

托卡
Crown Estates

托卡伊葡萄酒分为三类：萨莫罗尼（szamorodni）、爱苏（aszú）和爱苏艾森西亚（aszú eszencia）。收获期结束时，把所有剩下的葡萄——成熟的、过熟的、贵腐的（染上贵腐菌的），甚至腐烂的——扔进大桶里酿制出的葡萄酒就是萨莫罗尼。这种餐酒强劲，呈深黄色，有时为甜葡萄酒，有时为干葡萄酒，比其他的托卡伊葡萄酒基础简单。

我认为托卡伊爱苏葡萄酒最好。这种葡萄酒选用晚收的贵腐葡萄酿制。榨出果汁后，把葡萄压成果浆，用特别的容器“普”（puttonyos）计量，添加到干葡萄酒里达到一定的甜度。每瓶托卡伊都会标注“普”的等级，从3（甜度最低）到6（甜度最高）不等（顺便说一下，数字仅说明甜度，与品质毫无关系）。

托卡
Royal Tokaji Wine Company

艾森西亚是一种爱苏葡萄酒，选用最好的葡萄园里最好的贵腐葡萄酿制而成。这些葡萄几乎没有果汁，但特别香甜。酿制出的葡萄酒浓厚、清爽、不腻人。艾森西亚葡萄酒需要几十年培养熟化，极为稀有、昂贵。

最上好的托卡伊葡萄酒可以在瓶中陈酿好几百年。第二次世界大战结束，苏联士兵发现贮藏的托卡伊葡萄酒，装瓶时间从1668年到1881年各异——所有的葡萄酒仍然可以饮用！

推荐酿造商
- Crown Estates
- Royal Tokaji Wine Company

奥地利

奥地利的气候很温暖，而境内的湖泊、山脉地区微气候环境湿润，这为“贵腐菌”（见第141页）提供了近乎完美的条件，因为这种菌对酿制精美甜葡萄酒十分重要。

奥地利甜葡萄酒（AUSTRIAN SWEET WINES）

色 艳丽的深禾秆黄色，泛着金光。

香 浓厚、雅致；散发着杏、菠萝、鲜花和桃的香气。

味 质地极佳、极为平衡；滋味熟润；回味特别悠长。

奥地利（也可能是世界）最上好的甜葡萄酒产自与匈牙利接壤的新希德尔湖(Neusiedl)周边。这里，葡萄生长期日照时间长，因为湖水的缘故，这里也很湿润，因此对贵腐菌繁殖极为有利。奥地利葡萄酒的甜度分为三级，它们会在酒标上注明。Auslese甜度最低，然后是Beerenauslese，最后是Trockenbeerenauslese（最甜）。

留意产自鲁斯特（Rust）小城的奥布鲁（Ausbruch）葡萄酒，其口感复杂，香甜，酵母味、药草味与丰满、熟润的水果味层次分明。如果您找到一瓶，就会有近乎完美的发现！

奥地利甜葡萄酒
Nikolaihof

推荐酿造商
- Nikolaihof
- Knol

冰葡萄酒（EISWEIN）

色 与众不同的鲜亮金色，略带绿色。

香 复杂，丰富；从蜜饯异域水果到柑橘香，还有鲜花的香气。

味 微妙，似糖浆；回味持久、浓厚、纯净。

我认为奥地利酿制的冰葡萄酒（见第141页）最好：柠檬酸性稳定恒久、滋味复杂。留意酿造商威利欧皮兹（Willi Opitz）出品的冰酒，此酿造商完善了冰葡萄压榨技术。奥地利冰葡萄酒投资回报很好，不过，我还是更喜欢买来饮用——与蓝乳酪搭配十分可口。

冰葡萄酒 Willi Opitz

推荐酿造商
- Willi Opitz
- Salomon Undhof

稻草酒（STROHWEIN）

色 鲜亮；深金色，泛着禾秆色到银色的光。

香 浓郁得让人惊叹不已！散发着枫树糖浆、蜂蜜、成熟水果、苹果棒糖的香气。

味 浓厚、丰富；似糖浆，但结构佳，极其平衡。

“strohwein”的意思是“稻草葡萄酒”——葡萄通常是放在酒庄顶楼的稻草垫上晾干，提浓糖分。稻草酒因为微微氧化，所以香气馥郁，滋味可口——难得的美味！我曾品尝过威利欧皮兹酒庄酿制的稻草酒，其搭配滑溜溜的斯第尔顿奶酪。虽然是多年前的事了，但记忆犹新，恍如昨日——非同寻常！

推荐酿造商
- Willi Opitz
- Helmut

德国

德国葡萄酒可能很甜，但自然酸性也很高，所以平衡极佳。有些非常出色的德国甜葡萄酒，采用遗漏在冰霜里提浓甜度的葡萄酿制而成——一种由来已久的酿制方法。

德国甜葡萄酒
Sellbach-Oster

德国甜葡萄酒（GERMAN SWEET WINES）

色 深禾秆黄色到金黄色，略带银色。

香 浓郁、优雅；清新；散发着杏干、柑橘、异域水果和烟的香气。

味 浓厚、丰富，酸性突出、平衡；复杂。

德国出产一些世界上最好、"寿命"最长的甜葡萄酒。这些葡萄酒酒龄短时丰满、粘黏、似糖浆，但酸性极佳，所以平衡了甜味，回味纯洁、清爽。酒标上有"Auslese"（意味着葡萄采摘时得以精心挑选）字样的葡萄酒有甜味，但相对清淡。酒标上有"Beerenauslese"和"Trockenbeerenauslese"字样的葡萄酒是采用在葡萄树上时间更长、没有完全成干的葡萄酿制而成的。后者还有贵腐菌，所以更加香甜、复杂、美味。德国冰葡萄酒（见第141页）也很出色——很甜，但不腻人，平衡极佳。

推荐酿造商

- Sellbach-Oster
- Merkelbach

加拿大

加拿大有很多种葡萄酒的发展前景广阔，有些最好的葡萄酒就是利用冬季气候寒冷、葡萄水分结冰特点。特别香甜、丰满的冰葡萄酒，搭配甜点非常美味。

加拿大冰酒
Inniskillin

加拿大冰酒（CANADIAN ICE WINES）

色 明快、鲜亮的禾秆黄色，略带绿色。

香 精雅；散发着菠萝、桃、杏、焦糖苹果和柑橘的香气。

味 浓厚、丰富、复杂；柠檬酸性独特的；回味悠长。

加拿大最上乘的甜葡萄酒是冰酒，通常选用维达尔葡萄（雷司令的杂交品种）或者雷司令葡萄酿制而成。酿酒者让葡萄挂在树上一直到季末，因此，寒冷的天气使葡萄水分结冰，提高含糖量，加拿大尼亚加拉半岛气候条件中心，非常适合酿制这种葡萄酒。同时，也要留意产自英属哥伦比亚省（20世纪70年代最先酿制出加拿大冰酒）的冰葡萄酒。这种葡萄酒特别甜美、丰满、复杂，搭配焦糖布丁或者焦糖梨，非常合适。

推荐酿造商

- Inniskillin
- Peller

澳大利亚

这个伟大的国家，气候类型几乎无穷无尽，而且澳大利亚人也很乐于尝试新葡萄品种和新酿造方法。有些出色的甜葡萄酒选用白麝香葡萄酿制而成，风格为加强型，又丰满又香甜，被称做白麝香利口酒（Liqueur Muscat），可以同雪莉酒媲美。

白麝香利口酒
Brown Brothers

白麝香利口酒（LIQUEUR MUSCAT）

色 不透明；深褐色，边缘呈太妃糖色。

香 浓郁、突出；散发着巧克力、太妃糖、杏仁、甘草和香草的香气。

味 丰满、厚重；新鲜、平衡，回味复杂、悠长。

如果您喜爱佩德罗西梅内斯葡萄酿制的雪莉酒或者马德拉酒，您一定会爱上澳大利亚白麝香利口酒！澳大利亚的白麝香葡萄果皮颜色深，澳大利亚人称为"褐麝香"或者"托凯"。

这种葡萄酒的酿制融合了几种甜葡萄酒的酿造方法。过熟的葡萄部分发酵，然后添加葡萄酒精（像波特酒一样）。然后，葡萄酒采用索乐拉方式（像雪莉酒一样）在阳光直射的高温房内（与马德拉酒类似）培养熟化。葡萄酒装瓶后，品质不会因陈酿而提升。

这种葡萄酒异乎寻常、很丰满。您应在用餐结束时，冰镇后侍饮——可以搭配巧克力甜品。

推荐酿造商

- Brown Brothers
- Mick Morris

南非

杰瑞皮歌产自南非开普省，是一种特别不同寻常的葡萄酒。这种酒在发酵前便向压榨的葡萄汁里添加酒精。发酵时，酵母将果糖转化为酒精，直到不断提高的酒精浓度杀死酵母。如果像杰瑞皮歌一样，已经含有酒精，酵母会死得更快，这样果糖未发酵，使葡萄酒回味更甜。

杰瑞皮歌（JEREPIGO）

色 深金色到禾秆黄色，略带绿色。

香 精雅、浓烈；散发着无花果、菠萝、布拉斯李子和鲜花的香气。

味 强劲、丰富、油滑、丰满；浓度极佳；回味独特。

杰瑞皮歌是南非的特产之一：这种高品质的甜葡萄酒主要采用白麝香小粒葡萄酿制而成。为了有别于旧世界的葡萄酒，杰瑞皮歌在发酵前便添加酒精。这样酒精含量很高，但是葡萄酒残留糖分也很高，所以两者极为平衡。

杰瑞皮歌香气清新、酒龄短，散发着明显的无花果干和异域水果香——白麝香葡萄的特征。这种葡萄酒大多在南非消费，所以很难找，但如果您找到了，尝试搭配无花果塔。

杰瑞皮歌
Du Toitskloof Cellar

推荐酿造商

- Du Toitskloof Cellar
- KWV

“这种卓越的餐前酒灵活多变，复杂的滋味犹如金字塔，一定会唤醒您的味蕾。”

苦味葡萄酒

苦味葡萄酒简介

苦味葡萄酒十分多变。其主要作为餐前酒，冰镇后侍饮，在里面放上一片柠檬、橙子或者其他水果。此酒也很适合派对，侍饮时放冰块或者苏打水。

WALNUT Many vrmouths have a wonderful nutty aroma.

苦味葡萄酒是将葡萄酒与酒精、药草、香料融合，主要通过三种方式培养而成。有的，如雅致的法国诺利普拉酒，是为了贮藏，特别是海上长距离航行，才往葡萄酒中添加这些成分。苦味皮尔酒，最初是种药酒——往葡萄酒中添加药草，特别是奎宁（从南美金鸡纳树皮上获取），从而创造出有医用价值的不老酒。最后，有些最著名酒品——包括法国的尚贝丽（Chambéry）和杜本内（Dubonnet），意大利的仙山露（Cinzano）和马提尼（Martini）——纯粹为了享受而创造，因为某些植物、药草、香料会使葡萄酒格外甜或者格外干而且格外复杂。虽然这种苦味酒以葡萄酒为基酒，但比葡萄酒餐酒强劲，酒精含量大约在14%~18%。

品酒和侍酒

C 色 五彩缤纷。如果以红葡萄酒为基酒，那么最后就会是深红色，带有微微的褐色；如果以白葡萄酒为基酒，那么最后是黄色或者绿色，带有一些深金色或者禾秆色。

A 香 芳香馥郁；充满水果、药草和香料的香气，富有层次感。

T 味 非常丰富，从极干到很甜。大多数苦味葡萄酒回味悠长。

味美思葡萄酒（VERMOUTH）

味美思葡萄酒主要有两种：一种为法国风格，通常是干型或者很干，其颜色浅，呈金色；另一种为意大利风格，比较甜，通常为深红色或者琥珀色。

尚贝丽（CHAMBÉRY）

C 色 浅柠檬色，略带精美的绿色。

A 香 清新、微妙；散发着柑橘水果、药草、树林植物和胡桃的香气。

T 味 纯净、干，结构极好，酒精度非常协调。

如果您迷恋芬诺雪莉酒，或者迷恋产自法国东部汝拉、有坚果香味的萨瓦涅葡萄酒，您可能就会爱上这种精妙、雅致的餐前酒。尚贝丽是种优质味美思，产自法国东南部的萨瓦产区。萨瓦位于阿尔卑斯山中，是个绝妙的游览胜地——仅凭当地的奶酪就很值得前往，而美味的尚贝丽更是锦上添花！

尚贝丽的酿制最早始于20世纪初。1932年，味美思获得自己的法定产区名，但它的葡萄酒基酒来自法国西南部比利牛斯大区（Midi-Pyrenées）的热尔省（Gers）。不过，只要味美思在尚贝丽混合、酿制，就可以在酒标上标注这个名字。

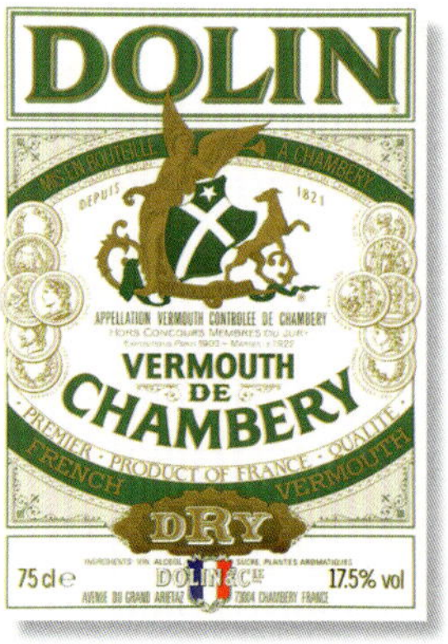

尚贝丽

尚贝丽味美思通过混合葡萄酒基酒、添加药草和其他植物秘方，然后加入植物酒精，酿制出最后的混合酒液。

总之，尚贝丽是种特干型味美思，极其雅致、精妙，质地柔和——犹如破冰。这种餐前酒纯净、清纯，非常出色。

都林（Dolin）是著名的尚贝丽酿造商，也酿制一种法国传统的草莓风味味美思——尚贝丽泽（Chambéryzette）。

诺利普拉（NOILLY PRAT）

C 色 鲜亮、清澈；淡禾秆黄色，略带微微的金色。

A 香 精致、微妙；有淡淡的柑橘水果、胡桃和苹果的香气。

T 味 油滑、芳醇；清新；回味有香菜味。

这种世界级味美思由水果味的清淡白葡萄酒混合植物和药草酿制而成。首先，在室内培养，然后，转移到橡木桶中，在室外让阳光晒，让地中海的海风吹。最后酿制而成的葡萄酒闲适、清爽、独特。我喜欢冰镇后与绿橄榄搭配品饮。

诺利普拉

仙山露（CINZANO）

色 迷人的浅金色到浅绿色、橙色和红色。

香 香甜、诱人；有微微的药草和杏仁香。

味 复杂、平衡佳；回味有点儿苦。

仙山露是意大利传统的味美思葡萄酒，要么为红仙山露（Rosso），要么为白仙山露（Bianco）或者是干仙山露（Secco）；同时，还有特别的种类：桃红仙山露（Rose）、柠檬仙山露（Limetto）和柑橘仙山露（Orancio）。仙山露以一位意大利的制酒者的名字命名，他于1786年率先在都灵（法国北部）酿制出红仙山露。很快，他酿制出的酒品成为都灵富人的选择。不过，第二次世界大战之后，各种仙山露成为鸡尾酒时髦的配料，仙山露才开始风靡。1999年，仙山露成为金巴利系列酒的一部分，不过，现在紧随马提尼酒之后，其已经是世界销量第二的味美思葡萄酒。如今，其被人们单独饮用的频率与用于调配其他饮品的频率几乎相当。

仙山露

如果侍饮仙山露有什么注意事项，那就是一定要冰镇后饮用。无论您饮用哪种仙山露，都可以放一片柠檬单独品饮——或者一片柠檬皮——或者甚至在上面加满柠檬汽水（或者苏打水，如果您希望饮品没那么甜）。红仙山露加冰块，再放半片柠檬或者柑橘，味道好极了。红仙山露也是出色的鸡尾酒调配用料，因为它口感辛辣，冲劲十足，与其他滋味相比，十分突出。两款白葡萄酒——强劲的白仙山露和雅致的干仙山露——是尤为卓越的餐前酒。这些都是世界级的酒品，绝非徒有虚名。

马提尼 & 罗西（MARTINI & ROSSI）

色 深宝石红色到金黄色和浅绿色。

香 优雅、清新，香气熟美，还有坚果和药草的香气。

味 雅致、甜美、深厚，回味有点儿苦。

1863年，在都灵附近（意大利北部），调酒师亚利桑多·马提尼和葡萄酒专家路基·罗西首先酿制出最初的马提尼味美思——红马提尼。1900年，公司推出特干马提尼，1910年，推出白马提尼。现在马提尼味美思隶属于百加得公司，是世界最畅销的酒品。

我喜爱把红马提尼作为傍晚的餐前酒。特干马提尼——呈柠檬黄色，并且散发着柠檬香和微微的覆盆子的香气——是调配鸡尾酒的关键用料，而芬芳的白马提尼很可口，可以单独品饮，也可以加冰块和柠檬汽水或者苏打水饮用。

潘脱米（PUNT E MES）

色 石榴红色到深红宝石色，略带橙色。

香 浓郁；散发着苦艾、苦药草、野生黑莓和香料的香气。

味 干、复杂、清爽，回味有坚果味。

潘脱米

风味独特的潘脱米产自米兰，是世界上最受欢迎的红味美思之一。我觉得它比马提尼或者仙山露的水果味淡，回味有种可人的苦味，清新的感觉让人食欲大增。我喜欢与新鲜果汁或者苏打水调配成长饮。不过，它在鸡尾酒中最受欢迎。留意保卡获拉——由潘脱米、金巴利、诺利普拉、柠檬汁和可乐调制而成。它通常是马提尼酒的出色替代酒品。

苦酒（AMÈRE）

苦酒是以葡萄酒为基酒的苦味酒，里面加入了有效防治疟疾的天然奎宁。苦酒曾是为法国士兵、传教士、探险家在热带地区配制的药酒，现在成为卓越的餐前酒，当然，作为餐后酒也很合适。

大使（AMBASSADEUR）

色 深暗红色，略带深橙色。

香 优雅，散发着橙子的香气和微微的香料味。

味 柑橘香和药草味非常平衡，龙胆草味显著。

这是法国经典餐前酒，与其他苦味酒不同，其质地清淡，库拉索（Curaçao）柑橘香突出，还有龙胆香气、回味微苦。

大使苦酒特别适合夏日午餐时与朋友一起饮用，最好放冰块和半片柑橘。

皮尔（BYRRH）

色 深红色，淡淡的橙色闪闪发亮。

香 与众不同，有柑橘水果、药草和红葡萄的香气。

味 甜甜的、苦苦的水果味，特别是橙子味，还有药草的味道。

皮尔酒产自法国最南端的鲁西永。这种红葡萄酒配以奎宁、库拉索橙酒和药草。混合酒液培养 3 年后装瓶。

这种餐前酒的口感甜美，回味苦涩，独一无二，您要么对它钟爱有加，要么对它恨之入骨。它可在室温或者稍加冰镇后侍饮。

杜本内（DUBONNET）

色 红杜本内呈深暗红色；白杜本内呈浅黄色。

香 优雅，散发着红葡萄酒（红杜本内）、甜药草和香料的香气。

味 丰满，甜葡萄酒和水果味与药草味非常平衡。

1846年，巴黎葡萄酒供应商约瑟夫·杜本内将干白葡萄酒和Vin Doux Naturel（天然甜葡萄酒）混合，并加入奎宁、苦橙皮、药草、植物和焦糖。培养3年之后，酿造出了杜本内酒。

实际上，杜本内酒分为两种。红杜本内是以红葡萄酒为基酒，更丰满、甜美；白杜本内采用加强型白葡萄酒为基酒，更干。两种酒都是非常特别的餐前酒——既不太甜，也不太干，而且足够强劲，所以很清爽。完美无缺啊！

圣拉斐尔（ST RAPHAËL）

色 中度到浅淡的橙色，透明而诱人。

香 散发着柑橘香，特别是橙子、辛辣药草和葡萄酒的香气。

味 干，柑橘水果和药草味平衡，回味纯净。

圣拉斐尔

与杜本内一样，这种苦酒曾经在酒标上有“quinquina”字样，意思是奎宁汤尼——奎宁为药物，可以预防疟疾。圣拉斐尔酒最初产于法国里昂，现在，这种苦酒口感极其复杂，除了其他配料，还包括柑橘、可可饮料、苦味液（从南美的苦树根中提炼）、科伦坡（一种药根），这种酒把所有这些材料与红葡萄放在酒精里浸软。它是红苦酒的出色替代酒品。您可在品尝时加冰块，放片柠檬和柑橘。

烈性酒

蒸馏酒的乐趣

工作一天之后，还有什么比喝上一杯清新、起泡的金酒更惬意呢？正餐后，还有什么比喝上一杯XO干邑更舒坦呢？烈性酒灵活多变，适合各种心情、口味或者场合。

体验烈性酒 一杯上好的干邑，香草、香料、林木和鲜花的香气馥郁芬芳。

清透、滑润、有烟熏味、火辣、热烈、细腻、清爽、刺激、雅致——这些词汇都是用来描述丰富多样的烈性酒的。在烈性酒的世界里，选择余地极大，也许一生太过短暂，酒品太多，根本选择不完，我们大多数人只会品尝少数几种，而且总是宁愿饮用一些信得过的钟爱酒品。

不过，我建议：要有冒险精神。品尝烈性酒乃人生最大的乐趣和享受之一，每一滴酒都展现了决定酒品风格的酿制工艺和传统。

从本质上来说，所有烈性酒的酿造过程都一样：首先，发酵含糖的基本原料——如葡萄或者其他水果、麦芽、大米或者糖浆，然后进行蒸馏，使酒精度提高。通常，原料的特点在最后制成的酒品中表现突出。比如，白兰地酒的葡萄味浓重，而上好的朗姆酒则充满甘蔗的滋味。然而，也不尽然——想一想苏格兰威士忌和伦敦干金酒，两种酒的原料为同一种谷物，但味道却大相径庭。蒸馏以后，烈性酒的特质可以通过多种方法改变。威士忌、白兰地和朗姆酒通常在橡木桶中陈酿，形成酒品的特色，而金酒则是通过添加植物——药草和香料——产生不同的特点。最后，酿造商的技艺和品质标准会影响酒品的强劲度、特色和复杂性，从而会酿制出市场风格多样、琳琅满目的酒品。

烈性酒的历史

蒸馏技术并非刚刚出现。几千年前，古巴比伦人、古埃及人以及中国人便提取高度酒精用于香精生产和金属加工。然而，对蒸馏的详尽描述，要归功于8世纪阿拉伯伟大的化学家贾比尔·伊本·哈扬（西方人称为格贝尔）。许多人把格贝尔视为现代化学之父，他不仅通过加热葡萄酒蒸馏出烈性酒，而且发明了蒸馏器。这种装置包括一个壶，用于加热葡萄酒，与之相连的是一个冷凝器，用于采集冷却、凝结的丰富酒精蒸气。类似设计的蒸馏器（有时被称为罐式蒸馏器）一直沿用至今。蒸馏过程遗留下很多阿拉伯的传统，“alcohol”和“alambic”就能证明这一点，这两个词源于阿拉伯语“alkoh'l”（意思是精

经典混合调配 伏特加混合汤尼水，加上两片酸橙就制成出色的经典烈酒之一：立刻带来清新、激爽、细致的感受。

> “如今的制酒者仍然是炼金术士，因为他们用谷物这样不起眼的原料，酿造出光彩夺目、卓尔不凡的威士忌。”

纯酒精 蒸馏的清透产物——酒精——从蒸馏器里流出。接下来的工艺让酒品千差万别。

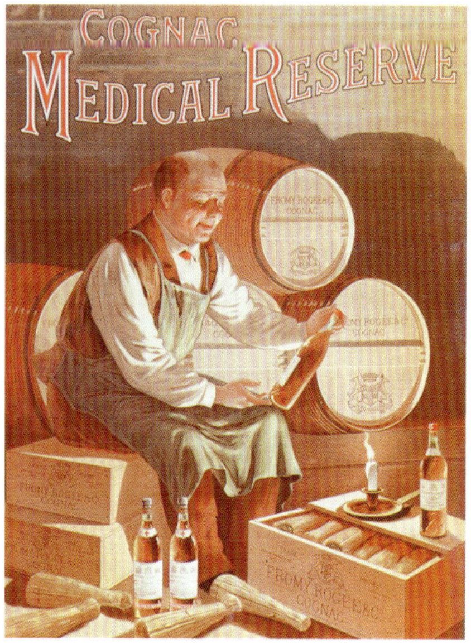

药酒 甚至在20世纪，人们还通过所谓的药用价值来推广干邑。很少有人认为优质干邑可以让您感觉更好！

华）和“al-ambiq”（意思是蒸馏器）。早期蒸馏者的工作在中世纪得以发展。13世纪，法国先驱阿诺德详细描述了“eau-de-vie”（生命之水）即经典蒸馏葡萄酒的酿制过程。

14世纪，欧洲修道士开始把药草浸泡在烈性酒里，而德国人和荷兰人扩大生产 Ausgebranden Wasser 或者 Brandwijn（字面意思“烧过的葡萄酒”）——白兰地酒的前身。起码在最初，很多烈性酒因药用价值而得到推广，它们的销售名为“cordial”（拉丁文“心”的意思，因为这种酒用于刺激心脏）。然而，不久以后，医药作用和愉悦感受交织在一起，有更多的人开始享用烈性酒。

1585年，第一批白兰地酒由从低地国家返回的军队带到英格兰，到了1638年，英格兰建立烈性酒同业公会——the Worshipful Company of Distillers——规范、监督烈性酒的酿造，由此可见，烈性酒在英格兰经济中的重要作用。18世纪，烈性酒在世界历史上留不可磨灭的印记：朗姆酒成为奴隶市场重要的货币形式，而廉价金酒在伦敦穷人中的消费引发了严重社会问题。

19世纪，酿造工艺、品质控制和规范大步向前迈进，20世纪初，涌现出很多酒品风格和我们今天耳熟能详的酿造商。像戈登、布斯、添加利和吉利贝这样的公司，为大英帝国的每个角落供应伦敦干金酒，同时，由于勾配技术改进，苏格兰威士忌的酿造商，如百龄坛、提切、芝华士和顺风，时来运转。牙买加、马提尼克岛和古巴成为加勒比海的朗姆酒酿造中心，同时，像百加得和埃普利顿这样的公司在那时创建，英国“海军朗姆酒”酿造商，如拉姆斯、摩根船长、OVD和其他著名品牌也一道成立。尽管伏特加酒和特基拉酒曾经只在原产国深受欢迎，但到了20世纪20年代，因成为鸡尾酒的时髦原料，声名鹊起，传遍西方世界。如今，烈性酒的风格、品牌数不胜数，可以满足各种口味和价位需要。

如何酿制烈性酒

所有烈性酒的基本原料都是以糖为主要成

> “蒸馏几乎是充满魔幻的过程，将普普通通的原料，如谷物或者葡萄，变成芬芳、能唤醒感官、令人欣喜愉悦的饮品。”

走私朗姆酒 第一次世界大战以后，美国禁酒时期，数以百万瓶的烈性酒偷运入美国，满足并未减少的需求。这张照片摄于1923年，墨西哥的朗姆酒走私者在美国边境被抓。

原料 大麦和黑麦即将开始一段长途旅行，最后以成为美国威士忌酒告终。威士忌、朗姆酒和伏特加都采用谷物作为酿酒的基本原料。

分的作物。常见的作物有葡萄和葡萄果渣，用于酿制白兰地酒和格拉巴酒；大麦、小麦和玉米，用于酿制威士忌酒、金酒和伏特加酒；甘蔗或者糖浆，用于朗姆酒；像苹果、梨、樱桃这样的水果用于其他烈性酒。有时，酿酒的基本原料是植物，如蓝色龙舌兰草——用于特基拉酒，或者更少见的原料，如枫树糖浆。

第一步，通常是把原料粉碎成“糊状”，然后放入精选酵母使之发酵——与葡萄酒和啤酒的酿造基本一样。发酵后，蒸馏液体——此过程将酒精和液体分离。蒸馏的原理很简单，酒精在 78.3°C（172.9°F）时开始沸腾，而水的沸点更高，是 100°C（212°F）。所以，加热发酵液体时，酒精部分首先沸腾，然后使其凝结并收集起来。

高级烈性酒，如单一麦芽威士忌、干邑、雅文邑和一些上好的朗姆酒，采用传统铜制蒸馏器（或者罐式蒸馏器）蒸馏。尽管速度缓慢、劳动力密集，但这种传统方法可以有效控制酒精浓度（酒精含量通常为 60%~70%），而且，在很大程度上，原料中的有机成分赋予酒品特质。很多其他烈性酒，如伏特加酒、金酒，采用设计不同的蒸馏器制成，这种蒸馏器被称为连续式蒸馏器（或者科菲蒸馏器 Coffey still，因爱尔兰发明家伊尼亚·科菲 Aeneas Coffey 而得名），由几个内部相连的不锈钢塔组成，里面加入蒸汽和富含

塑造风景 烈性酒在世界各地酿制，从位于苏格兰海岸边的艾雷岛（Islay）阿贝（Ardbeg）威士忌蒸馏厂（左图），到墨西哥特基拉（Tequila）附近长满蓝色龙舌兰的田野（下图）。

金酒蒸馏器 市场上一些最优质的杜松子新酒品，采用最先进的酿制工艺和设备酿造而成。例如，风行的孟买蓝宝石（Bombay Sapphire），上图即为酿制此酒的马车头蒸馏器（Carterhead stills）。

酒精的液体。酒精的沸点比其他液体低，蒸汽的热量使其转化为水蒸气，制成浓度在 90% 左右的蒸馏酒。1831 年，科菲蒸馏器在爱尔兰首都都柏林（Dublin）获得专利，它比罐式蒸馏器价格更低、操作更快，制成的酒精纯度更高，原料的油性成分更少。因此更适合大容量、大规模的工业化生产。

在世界烈性酒的酿造领域，罐式蒸馏器和连续式蒸馏器各领风骚。不过，有一点需要注意，更多的小蒸馏厂（甚至一些伏特加酿造商）正在使用罐式蒸馏器精心蒸馏酿酒，针对那些愿意多花钱买高质酒的群体。

从蒸馏器中流出的烈性酒的酒精含量要比即将装瓶的酒精含量高很多（一般在 40% 左右）。降低酒精浓度经常通过兑水实现，不过威士忌酒、朗姆酒和白兰地酒则是通过在木桶中贮藏数年时间使酒精挥发，降低酒精浓度。这些桶通常用橡木制成，有时把桶内壁烧焦，让酒液和木头相互作用，从而改变酒液的味道和颜色。从蒸馏器中流出酒液——无论是罐式蒸馏器还是科菲蒸馏器——总是无色的。

美国威士忌酒在新橡木桶中熟化，橡木桶一经使用，就会卖给朗姆酒和苏格兰酿造商，他们用这些桶为自己的酒品增添风味。同样，之前用于培养雪莉酒的酒桶也会被用来陈酿烈性酒。

烈性酒的纯度（特别是伏特加酒）通过用活性炭过滤酒液来提高，酒液的风味可以通过加入香料（比如，酿制金酒时加入杜松子和其他“植物”）再次蒸馏来改变。

调酒师的艺术

酿制烈性酒的另一个重要过程就是勾配。熟练的调酒师仅靠鼻子嗅闻而不是品尝，将不同蒸馏厂、不同酒桶、不同酒龄的烈性酒调配在一起，从而保持特定品牌的味道和品质标准。调配威士忌是种高度发达的艺术：有时候，把多达 50 种不同的原料酒混合在一起，调酒师像指挥乐团一样，巧妙而又富有创造力，精准地把各种酒协调好。有些朗姆酒、特基拉酒和白兰地也要经过调配。

欢庆的烈性酒

灵活多变，是烈性酒不朽的魅力所在。金酒、鸡尾酒作为餐前开胃酒，简直无与伦比。

威士忌酒桶 在苏格兰格兰莫瑞酒厂（Glen Moray Distillery），工人把装满斯贝塞（Speyside）纯麦威士忌的橡木桶滚到贮藏处开始陈酿。这种传统方法可以帮助酒品保持特有风味。

> “与葡萄酒不同，烈性酒一旦装瓶，品质不会提升。制酒者的技艺是确保烈性酒品质的关键。”

正餐后，什么也比不上白兰地酒——除非您偏爱纯麦威士忌、美味朗姆酒，甚至卡尔瓦多斯苹果白兰地酒。特基拉酒，伏特加酒和朗姆酒都是聚会的出色饮品，要么用于调酒，要么作为烈性酒纯饮。通常，烈性酒不与食物一起饮用，不过在某些文化背景下，伏特加酒搭配鱼肉，威士忌酒搭配香辣的荤菜，如羊杂碎肚。在亚洲，白兰地酒通常作为长饮的一部分，与食物搭配饮用。烈性酒的品种丰富多彩，无论你有什么个人偏好，它都能满足你的需要！

上好的纯麦威士忌 纯麦威士忌酒的风味和颜色由当地环境、酿造过程和用于陈酿烈酒的木桶决定。

匹配心境 从热烈的干邑到冰清的伏特加，总有一款烈性酒符合某种心境、某种场合。

世界原产地和酒品

世界各地都采用蒸馏法酿酒，而且烈性酒的种类极为丰富，从瞬间提神的酒品，到柔和、细腻、助消化的餐后酒。有的酒与某一个国家联系紧密，而其他酒品，像伏特加，则是真正的国际饮品。

白兰地

主要产地 法国、希腊、西班牙、南美（如皮斯科）及几乎所有葡萄酒酿造国。

主要原料 葡萄。

侍酒 上好的白兰地，在室温下，选用球形酒杯或者试酒杯；其他白兰地混合苏打水、汤尼水或者姜汁汽水。

波本酒（Bourbon）

主要产地 美国，特别是肯塔基州。

主要原料 玉米、黑麦、大麦。

侍酒 纯饮，通常放冰块，选用老式洛杯；也可以混合苏打水、姜汁汽水或者柠檬汽水，用做鸡尾酒的基酒。

特基拉酒 / 梅斯卡尔酒

主要产地 墨西哥：特基拉酒产自哈利斯科州；梅斯卡尔酒产自瓦哈卡州。

主要原料 蓝色龙舌兰，茎叶肥厚多汁，类似仙人掌。

侍酒 纯饮，无须加冰块，选用烈酒杯；混合冰块和果汁，选用高杯；用于调配鸡尾酒，如特基拉日出。

朗姆酒

主要产地 牙买加、古巴、巴巴多斯岛、特立尼达岛、巴哈马群岛、巴西、澳大利亚。

主要原料 糖浆或者甘蔗。

侍酒 单独饮用，加冰块，或混合可乐、果汁。配制鸡尾酒极佳。上好朗姆酒可选用球形白兰地酒杯，其他选用平底无脚酒杯或者高杯。

威士忌

主要产地 苏格兰、爱尔兰、美国、加拿大、日本。

主要原料 大麦、玉米、小麦和黑麦。

侍酒 纯麦威士忌在室温下侍饮，选用老式洛杯，加一点儿水；其他威士忌可以放冰块、加入水、苏打水或者其他调酒饮料。

阿夸维特（Aquavit）

主要产地 丹麦、瑞典、挪威、爱尔兰。

主要原料 土豆或者谷物——以小麦和大麦为主。

侍酒 阿夸维特可加冰块纯饮，突出酒精的细腻滋味。选用高杯、混合果汁也很好。

伏特加

主要产地 俄罗斯、波兰、瑞典、挪威、芬兰、荷兰、法国、美国。

主要原料 谷物——以大麦、黑麦或者小麦为主，土豆。

侍酒 加入冰块纯饮或者混合果汁或汤尼水。也用于调配鸡尾酒，可以选用冰镇的烈酒杯侍饮。

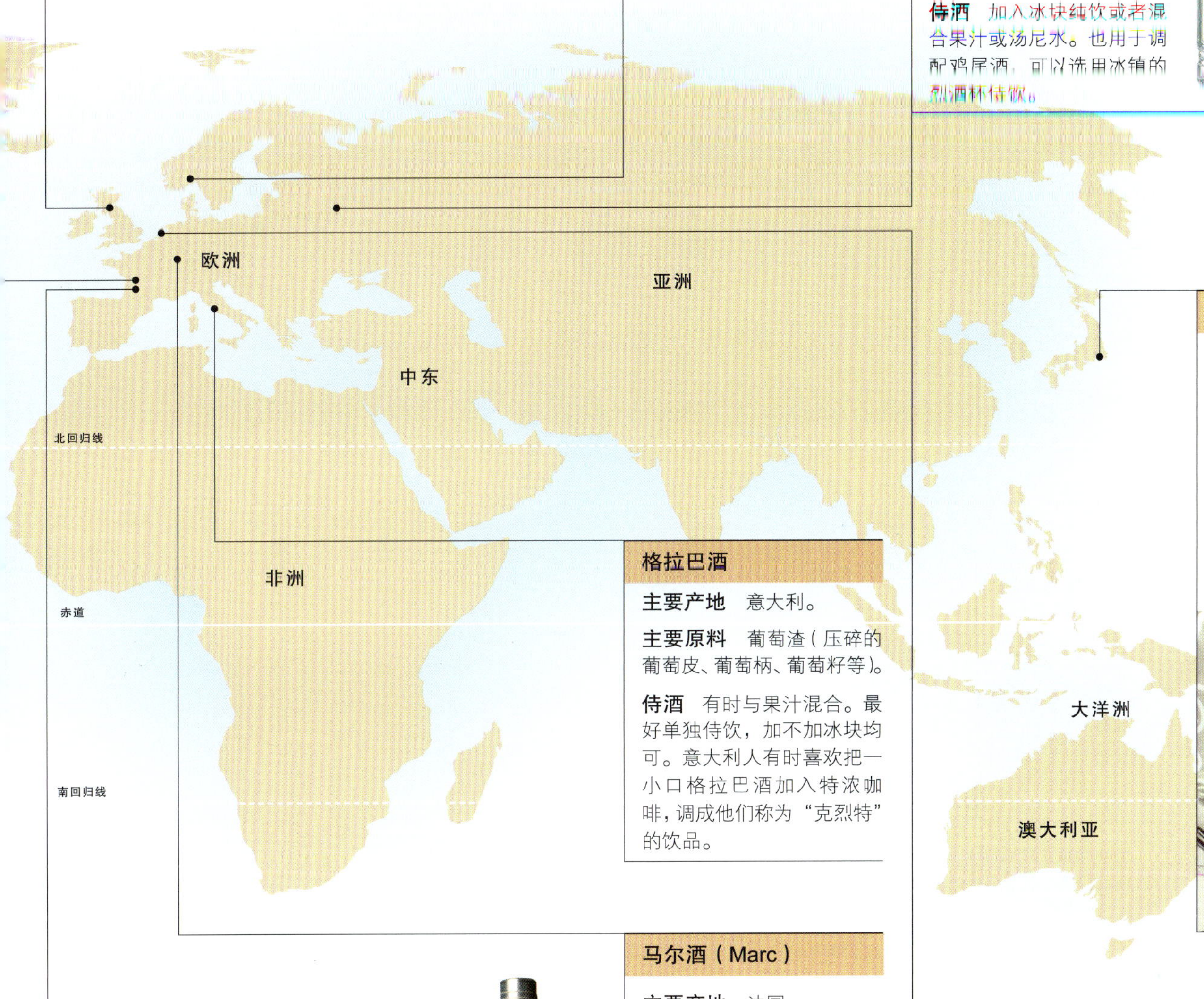

清酒（Saké）

主要产地 日本，在这里清酒有着独一无二的礼仪地位。

主要原料 大米。

侍酒 侍酒温度广泛，从稍加冰镇到温烫不一。通常单独侍饮，传统上选用一种方形木制的盛酒容器——马苏（masu）。

格拉巴酒

主要产地 意大利。

主要原料 葡萄渣（压碎的葡萄皮、葡萄柄、葡萄籽等）。

侍酒 有时与果汁混合。最好单独侍饮，加不加冰块均可。意大利人有时喜欢把一小口格拉巴酒加入特浓咖啡，调成他们称为“克烈特”的饮品。

马尔酒（Marc）

主要产地 法国。

主要原料 葡萄渣（压碎的葡萄皮、葡萄柄、葡萄籽等）。

侍酒 通常选用高杯，混合果汁，从而冲淡刺激的口感。虽然传统上是“穷人的白兰地”，但马尔酒独具特色。

干邑／雅文邑

主要产地 仅在法国西南部酿制。

主要原料 葡萄。

侍酒 干邑的传统经典侍饮方式是：在室温下，单独饮用，选用球形酒杯。也可以混合果汁或者可乐，而且用作多种鸡尾酒的基酒。

金酒

主要产地 英国、荷兰、比利时、美国、西班牙、菲律宾。

主要原料 谷物——通常为小麦或者大麦。

侍酒 加冰块纯饮，或者混合果汁或汤尼水、选用平底无脚酒杯、放一块酸橙或者柠檬。其也是调配鸡尾酒的重要原料。

烈性酒的选购和贮藏

选购烈性酒，相当于一种投资。确实可以理解，面对货架上琳琅满目的酒品，我们大多数人会紧盯着品尝过的、特别喜爱的那几种，或者购买知名品牌，毕竟它们知名度高，让人放心。可是，大可不必如此！

全球的烈性酒销量正在增长。人们对鸡尾酒的兴趣复苏，加上印度和亚洲新市场的开辟，酒厂生意会繁荣又兴旺，他们已经推出更富创意、种类更多的酒品。实际上，在过去的几年里，美国酒类消费量已经下滑，美国人正在饮用“高端酒”，正在选择更加稀罕的高质酒，如单一纯麦苏格兰威士忌、单一木桶波本酒、干邑XO，不像过去，实惠酒品统领市场。

解读酒标 酒标有助酒品的销售，但它涵盖的内容能提示瓶中的酒液品质。酒的风格不同，酒标上的信息差异极大，可是，一般情况下，如果酒标内容不详细，则说明酒的品质比较差。

酒的风格
酒标会注明威士忌酒是混合型还是单一纯麦型，以及蒸馏地点和灌装地点。

品牌名称
公认的品牌名称，像格兰格兰特，保准错不了，但低劣的烈性酒往往隐藏在“移花接木”的名称背后。

陈酿
威士忌酒在木桶中陈酿的时间长度，对酒的品质至关重要。普通威士忌要陈酿3年到5年。如果酒标上没有陈酿信息，那就要小心了。

原产地
在原产国的基础上会补充说明威士忌酒的具体产地，如斯贝塞或者艾雷岛。

专业零售店 想有大量烈性酒品牌选择？想听专家建议？想得到一份品尝计划？那就去专业零售店。米洛伊（Milroy’s）酒行位于伦敦市中心，吸引着世界各地的威士忌爱好者，这里备有700多瓶纯麦威士忌，其中包括罕见的、值得收藏的酒品。

品牌名称 每个烈性酒的品牌都具有“独特风格”。这个酒标信息还注明公司于1749年成立——悠久的历史是个“金字招牌”。

产区名 在葡萄酒的酒标上，常会看到法定产区名，它保证这瓶马提尼克朗姆酒来自原产地。

酒的风格
酒标信息意味着，这是一种*Rhum agricole*（由纯甘蔗酿造的朗姆酒），而且在木桶（bois）中陈酿。

灌装信息
上好烈性酒的酿造商会骄傲地夸耀酒品酿制和装瓶的精确地点。

酒精含量和强劲度
大多数国家，根据法律规定，都要标注这一信息。

原产地
马提尼克朗姆酒以品质出名：酒标“大张旗鼓”地标注原产地。

贮藏烈性酒

与葡萄酒不同，烈性酒灌装后，品质不会随着酒龄的增加而提升。然而，如果不开瓶，可以保存多年。贮藏时，葡萄酒瓶要平放，使软木塞湿润，而烈性酒要竖放，不然，蒸馏的酒精会毁坏软木塞。一旦开瓶，酒瓶要用瓶盖或者软木塞盖严，放置在阴凉、避光处储存。挥发不仅会降低酒精浓度，还会改变酒味的平衡感。

风味成为时尚。人们正在寻觅一种不仅仅只是带来快感的酒品。可是，如何挑选出这样非常特别的烈性酒呢？当然，经验无可替代：通过品尝、谈论烈性酒、阅读相关书籍，您就会增加对烈性酒的认识，提高比较烈性酒不同特点的能力，从而很快确定自己的偏好。了解烈性酒的酿造方法，大有裨益。熟知单一纯麦威士忌酒与混合威士忌酒、陈放（reposado）和陈年（añejo）特基拉酒的差别，会让您在购买时心中更有数。

对于葡萄酒来说，产区是品质的重要指标，有些烈性酒也是如此。比如，产自大香槟区（Grande Champagne）的干邑可能要比标注着“林区”（Bois）的干邑更精致。与葡萄酒一样，有些烈性酒，得到了政府机构的官方认证——确保酒品达到某种标准。例如，马提尼克朗姆酒的酒标上有“rhum agricole”字样，这说明法国政府保证此酒仅采用新鲜的甘蔗汁而非低劣的糖浆蒸馏而成。

去哪购买

超市和普通酒品商店销售的品牌林林总总，实际上，其中很多属于少数几家酒业巨头。虽然这些熟悉的酒品一贯值得信赖，也很划算，但更小而且往往更有趣味的酿造商却为此付出了代价。寻找独立的零售商很值得，他们专门经销一种或者两种风格的烈性酒，或者到网上搜索那些名气小一些的精品。要留意品酒活动，组织者可能是酿酒厂、经销商或者酒类爱好者团体。正如葡萄酒鉴赏家能够比较不同的葡萄园和年份，以后，您会有能力试尝和对比不同酿酒厂、风格和陈酿时间各异的酒品。

接下来，本书会探讨主要的烈性酒种类、差别，酿造过程——所有这些内容，都能帮助您搞懂印在酒标上的文字。之后，我会从每种酒里挑选出一些酒品详细介绍。选中的酒品不仅反映了我的个人偏好，而且无论您居住在哪儿，都有可能见到。但不要把我的观点视为真理。要勇于冒险，品尝新风格，形成自己的判断。乐趣便会由此而生！

成本与价格 在烈性酒的世界，价格是品质相当可靠的依据——但并非万无一失。蒸馏、陈酿、勾配蕴涵着精良精艺；照看、时间和关注都要花费金钱。

试饮烈性酒 很多俱乐部、公司，组织烈性酒试饮活动。通常都是就地举行。比如，威士忌酒的试饮活动在苏格兰高地（Scottish Highlands）的饭店举办。在家里品尝小瓶样酒，是发现、对比新酒品的绝妙办法，而且花费不多。

烈性酒的品尝和鉴赏

试尝一杯上好的烈性酒是人生最美妙的体验之一。酿造环境、风景和传统就定格在酒液的色、香、味和质地里。

葡萄酒鉴赏家经常说起风土的重要性——地理位置直接影响酒的品质。这个词也可以用于烈性酒：单一纯麦威士忌酒，让人不禁联想起苏格兰高地的泥炭、石南花、咸咸的嵯峨海岸；40年的卡尔瓦多斯苹果白兰地酒（Calvados），闻上去有新鲜的苹果香。在人类第一次登上月球前，这些苹果生长在法国北部的果园。烈性酒的魅力之一就是能唤起情思。不过，比较酒品、提高品味能力，您需要分析每款烈性酒的色、香、味（见下页）。

品尝烈性酒与品尝葡萄酒有点儿差别。烈性酒的酒精含量高，所以要用鼻子仔细地嗅闻，不能像葡萄酒那样含在口中玩味。有的品酒师单凭香气做出评判；有的在品酒前往酒液中加水，使微妙的气味更突出——这么做还有待商榷。我更喜欢品尝不加稀释的烈性酒，而且总会选择窄窄的郁金香形试酒杯而不是葡萄酒杯——这样可以使酒的香气集中。

品尝方法

把少量烈性酒倒入试酒杯，然后轻轻晃动酒杯。不要把鼻子伸进酒杯，否则，您的感官会禁受不住高度酒精含量。握住酒杯，与鼻子成一条直线，鼻子贴近酒杯边缘，缓缓吸入混合着空气的香气。然后呷一小口酒，让酒停留在口腔前部，吸入一些空气盖住酒液，让酒短暂地充满口腔，最后吞咽。如果您品尝一系列的烈性酒，要把酒液吐出，在品尝下一种酒前，吃一块干味的饼干，清洁口腔。

感受香气

品尝

酒评

色

要在明亮的日光下（阳光不要直射），对着白纸评判色泽。把酒杯微微倾斜，您会看到大部分酒液的颜色更深，有时与边缘的颜色（可能呈银色）大为不同。对颜色的感知极具主观性，所以您可以挖掘自己的词汇描述酒液的多姿色彩。

清透的烈性酒，如伏特加和金酒，看起来应该鲜亮，一点儿也不浑浊、朦胧。白兰地和威士忌酒的颜色从黄色到深琥珀色或古铜色不一，通常带有淡金色，这些颜色是橡木桶陈酿的结果：往往陈酿时间越长，颜色越深。酒液要闪亮、半透明。这点同样适用于特基拉酒和比较清淡的朗姆酒，但是白朗姆酒和未陈酿的特基拉酒更清透。

香

评判香气时，把新开瓶的少量烈性酒倒入试酒杯。我更喜欢在酒窖温度下（甚至像伏特加这样要在冷藏后侍饮的酒）试尝。不要把白兰地或者威士忌酒杯握在手中，使其升温，放在烛火上更不可取。热度会让酒香散去，蒸发过快。大多数人认为，威士忌散发出威士忌的香味，朗姆酒散发出朗姆酒的香味。通过实践，您能学会分辨酒品的特有香气。当然，气味的存在往往是您喜爱某种酒、讨厌某种酒的原因。下图归纳了烈性酒散发出的主要香气。优质烈性酒的香气应该很微妙——不会咄咄逼人或者有烧焦的气味。

咖啡

朗姆酒

太妃糖/蜂蜜

白兰地酒

鲜花

金酒、威士忌酒、朗姆酒、白兰地酒

香料

特基拉酒、威士忌酒、金酒

水果

朗姆酒、威士忌酒、白兰地酒、金酒、

泥炭

威士忌酒

药草

金酒

烟熏味

威士忌酒、特基拉酒、朗姆酒

味

优质烈性酒的味道非常多样、复杂，所以很难用语言形容，而且有些纯麦威士忌酒和白兰地酒的味道变化多端，每一口都不同。第一步最好先识别相对的味道种类，如右图味道转盘所示的种类，然后标出您品尝的酒品在转盘中的位置。味道的概念还包括烈性酒的酒体（强劲还是清淡，滑润还是紧致）和回味（味道持续时间的长短和吞咽后的口感）。

调配的幸福
高级金酒可以纯饮——冷藏最佳，选用有杯腿的酒杯，就像缩短的香槟笛形杯。当然，这是品尝荷兰金酒（Dutch Genever）的最好方式。不过，侍饮金酒时往往加入汤尼水，放一片柠檬或者酸橙和很多冰块。

烈性酒的侍饮

烈性酒与风俗礼仪相随。无论是斟一杯干邑睡前小酌，还是举起特基拉酒为朋友的健康干杯，饮酒的方式都与愉悦的享受相关。

传统上，金酒、伏特加酒和其他清透的烈性酒，一直作为餐前开胃酒饮用，白兰地酒和陈年的朗姆酒或者特基拉酒，正餐后饮用，而威士忌酒既可以作为餐前酒也可以作为餐后酒享用。不过，因为受到其他国家文化的影响，加上烈性酒酿造商为了迎合新市场不遗余力调整酒品，这些传统在不断改变。以干邑为例，守旧派干邑爱好者看到他们最钟爱的酒品倒入高杯，加入苏打水、汤尼水或者姜汁汽水会大惊失色，然而这种新的饮用习惯正在生根发芽，甚至在干邑的故乡法国也是如此。饮用烈性酒时搭配食物的做法也正在传播。在亚洲，白兰地酒按瓶侍饮，它的水果味、酸性、芳醇感平衡和谐，非常适合与味浓的菜肴搭配，如鸭肉。在北欧，伏特加酒搭配油腻的鱼肉，威士忌酒搭配红肉、野味和龙虾；在美洲，特基拉酒搭配香辣的墨西哥美食，波本酒搭配烧烤。

针锋相对

每种酒都有各自的侍饮习惯，可能最繁复的要数特基拉酒。在墨西哥，这种酒通常冷藏后选用烈酒杯侍饮，在饮用之前，先舔

侍饮干邑

如今，很多干邑酿造商告诫，侍饮干邑时不要选用传统的球形酒杯，他们偏爱更窄一些的郁金香形酒杯，因为它可以更好地展现微妙香气。这很难讲，我个人认为，大的球形窄口杯仍然有它的用武之地，因为它能平添一种隆重的感觉。

开瓶和斟酒

1.仔细地把位于软木塞以下的瓶帽封套割开，目的是避免划破软木塞。取下封套和软木塞。

2.用餐巾擦拭酒瓶上的灰尘和碎屑。

3.把窄口酒杯放倒，斟入干邑，直到酒液差不多接近酒杯边缘为止——此方法倒入的酒量刚好适合这种酒杯。

1.小心取下瓶帽封套

2.擦拭瓶颈

3.把酒杯卧倒，酒液斟到酒杯边缘。

一口盐，饮过之后，再咬一块酸橙。这样，盐和酸橙能缓解特基拉酒的热辣滋味。对于普通特基拉酒，这么饮用很有趣，但对于优质、陈年特基拉酒则不然，应该选用球形白兰地酒杯。一般的伏特加酒则和阿夸维特酒也类似，根据常规，应该先冰镇，选用冷藏的烈酒杯侍饮，但如果以同样的方法饮用陈年的波兰伏特加酒或者罐式蒸馏的高级白兰地酒，您就会错失丰富微妙的滋味。朗姆酒是派对的完美饮品，通常与可乐或者果汁混合，选用宾治杯侍饮，而陈年的深色朗姆酒应该作为餐后酒，不冰镇纯饮。

原则上，应该尊重酒品的特性。便宜一些的白兰地酒往往用作调酒原料或者加入冰块才会彰显魅力，而侍饮比较上等的白兰地酒，应该在酒窖温度下斟入酒杯，让其有空间呼吸，因此，我通常往酒杯中斟入1盎司（30毫升）的酒液。

侍饮威士忌酒

单一纯麦威士忌都应该在酒窖温度下侍饮，它并非解渴的酒品，所以不要加入冰块，否则只会使舌头麻木，体会不到它的微妙风味。少量的水能够帮助缓解酒精的火辣感，不过，要选择泉水（而非自来水），因为它不会破坏酒的风味。加拿大混合威士忌酒口感更加圆润，水果味更浓，加入冰块后味道更好。波本酒极具灵活多变，适合与各种各样的调酒饮料搭配。混合威士忌酒不只限于调配——有些混合威士忌可以媲美单一纯麦威士忌。

酒杯的类别 想象一下选用马提尼高脚鸡尾酒杯侍饮纯麦威士忌酒——简直不可思议！酒杯的形状和质量是烈性酒饮用礼仪的一部分。这里是一些经典的烈性酒杯，从左至右分别是：烈酒杯，用于冰镇伏特加酒；笛形杯或者试酒杯，用于深色烈性酒；平底无脚酒杯或者老式洛杯，用于威士忌；高杯，用于混合调配的长饮；球形酒杯或者窄口酒杯，用于白兰地。

HINE
ANTIQUE
XO

“白兰地酒堪称烈性酒的皇后——丰醇、细腻、优雅、卓绝。其中的上等酒品是世界各地品酒专家的选择，也是绝妙的餐后酒。”

白兰地酒

白兰地酒简介

白兰地已经伴随我们至少900年了——雅文邑生命之水的文字记载，可以追溯到12世纪。这种风格的顶级酒品来自法国西南部，不过世界各地都出产出色的白兰地酒。

品酒和侍酒

简介 白兰地酒的蒸馏过程、陈酿方式和时间长短都会影响香气，出色的白兰地酒香气无比复杂。陈酿也影响酒色和酒味。

C 色 酒龄短的白兰地呈深金色，酒龄长一些的以及西班牙白兰地呈褐色。木桶陈酿，通常会加入橡木片，以使葡萄白兰地酒的颜色变深。添加焦糖和糖浆能帮助每个批次的白兰地的颜色始终如一。

A 香 散发着葡萄的果香，因酒精含量而更加浓郁。橡木桶陈酿会使白兰地富有香草、无花果、太妃糖和肉桂的香气。

T 味 质地滑润雅致，没有粗糙或者“烧焦”的口感；滋味强烈复杂，回味长；有点儿油滑，但不甜。

选购和贮藏 白兰地的酿制过程时间长，所以，是在所有主要的烈性酒中最昂贵的。陈酿20年至40年之间的白兰地通常最为出色。白兰地的品质仅在酒桶陈酿期间提升，因此，在家中保存无益。您应将酒瓶竖直放置，防止酒精破坏软木塞。

侍酒建议 传统上，白兰地作为餐后酒，选用窄口酒杯——一种杯腿短的球形酒杯——纯饮。酒杯的形状使酒香聚拢。越来越多的新生代白兰地饮用者将其调配成鸡尾酒，或者加入苏打水作为餐前酒饮用。

在西班牙和墨西哥，人们通常把白兰地同可乐或者果汁混合，作为长饮侍饮。雪茄是上好白兰地的最佳伴侣。

“白兰地”一词源于荷兰语“bandewijin”——字面的意思就是“烧过的葡萄酒”。酒名指的是加热葡萄酒浓缩酒精从而制成烈性酒的过程——换言之，就是蒸馏。最上乘的葡萄酒白兰地（对于其他种类的白兰地酒，见第256页的“其他烈性酒”）高贵、滑润、昂贵，出乎意料的是，其由非常不起眼的葡萄品种——白玉霓——酿制而成。这种葡萄酸性高，含糖量低，用它酿制的葡萄酒口感特别酸，酒精度特别低，所以几乎让人无法饮用。第一批干邑酿造商认识到，通过蒸馏这种难喝的葡萄酒，可以提高酒精含量，平衡酸味，创造出极其美味的酒品。

无花果 橡木桶陈酿，赋予白兰地酒无花果的芳香。

世界各地的白兰地酒

世界上最昂贵而且可以说最上好的白兰地酒，产自法国西南部的干邑和雅文邑产区。干邑产区又分为6个分产区，两个最好的是大香槟区（Grande Champagne）和小香槟区（Petite Champagne）。（名字指的是土壤中含白垩的水平，与驰名的起泡葡萄酒无关。）其他分别是边缘区（Borderies）（居第二位）、植林区（Fins Bois）（面积最大）、优等植林区（Bons Bois）和一般植林区（Bois）。

为白兰地酒加温 用手握住窄口酒杯的杯身，释放酒香。

位于加斯科尼地区的雅文邑产区有3个分产区：下雅文邑（Bas Armagnac）（出产雅致、有水果味的强烈白兰地酒）、特纳勒兹（Ténarèze）（出产的白兰地酒更清淡、花香更浓郁）和上雅文邑。

干邑和雅文邑都是法定产区，两者的主要区别在于酿制方法。干邑区采用罐式蒸馏器。葡萄酒在巨大的铜质“壶”中加热至沸腾温度，蒸汽顺着导管（有“天鹅颈”之称）进入冷凝器，将蒸汽液化成酒精浓度很高的酒液。在干邑区，这一过程进行两次（两次蒸馏），从而酿制出酒精度合适的酒液。在雅文邑区，白兰地酒采用连续式蒸馏器制成。连续式蒸馏器由两个圆柱组成。葡萄酒在第一个圆柱里汽化，在第二个圆柱里把酒精强度提纯到合适水平。蒸馏过程只进行一次。

产自法国，但在法定产区干邑和雅文邑以外的白兰地酒，酒标上注有“fine”（见第179页）字样。而简单地称为“白兰地”的烈性酒通常产自世界其他国家——最引人注目的是西班牙（雪莉白兰地酒，Brandy de Jerez）、加州，澳大利亚，德国（Weinbrand），南美（特别是智利），墨西哥，南非和塞浦路斯。在这些地区究竟是采用罐式蒸馏器还是采用连续式蒸馏器完全取决于酿造商。不过，除雅文邑之外，罐式蒸馏的白兰地酒特质突出，滋味干冽，香气浓郁，通常被视为是最上乘的。

白玉霓 这种葡萄含糖量低，酸性高，因此极其适合蒸馏成白兰地酒。

白兰地酒的分类

基本的干邑为 VS（“Very Special”的缩写，是 19 世纪的一个名称），不包括酒龄低于 3 年的白兰地酒。VSOP（“Very Special Old Pale”的缩写），有时也被称为 VO 或者 Reserve，不包括酒龄低于 5 年的白兰地酒。XO、Napoleon、Extra Vieux、Vielle Reserve 和其他种类名称都表明它们是酒龄 10 年以上的干邑，但差别不是太突出。通常 XO（“Extra Old”的缩写）最好。产自雅文邑的白兰地，酒标上只注有雅文邑字样，这说明其酒龄在 2 到 6 年之间；注有 Vieille Armagnac 字样的，表明酒龄在 6 年以上；注有 Millésimes 字样的，表明其生产日期是酒标上显示的年份。西班牙的基本白兰地酒（陈酿大概只有 6 个月）是索乐拉雪莉白兰地；等级高一些的（酒龄 1 年）是珍藏索乐拉（Solera Reserva）；等级最高的（酒龄至少 3 年）是特级珍藏索乐拉（Solera Gran Reserva）。在新世界，有些酿造商采用像干邑一样的 VS 体系，而有些酿造商根据白兰地酒的年份创造出自己的分类体系。

橡木桶陈酿 所有白兰地酒在刚刚蒸馏之后都晶莹剔透。独特的金色、褐色是橡木桶陈酿的结果。比如，这些法国库瓦瑟（国内一般将Courvoisier意译为拿破仑，本书采用音译库瓦瑟——译者注）酿酒公司的橡木桶。

法国

法国是世界最卓越白兰地酒的故乡——产自法国西部的干邑行销世界各地。雅文邑产自波尔多以南的加斯科尼，在法国以外的国家比较不容易找到。法国其他地区也出产白兰地酒，销售时标有“Fine”字样，有些品质极高。

海因古风

海因（HINE）

色 从中度古金色到淡琥珀褐色。

香 极为平衡，散发着鲜花、坚果、蜂蜜和香草的香气。

味 特别精雅、滑润；风格清淡。

海因干邑是英国人托马斯·海因（Thomas Hine）留下的产业，1791年，他离开位于多塞特的家，在法国定居下来。他酷爱干邑，决心自己的公司要以品质而非数量为重。如今，海因以及轩尼诗干邑（Hennessy Cognac）（见第175页）都是LVMH集团旗下的品牌。

有些出口英国的海因干邑仍然采用法-英“提前着陆”的模式。一桶桶烈性酒在酒龄短时就送抵英国。在更加凉爽、潮湿的气候条件下，熟化过程更加缓慢，因此酿制的酒品更加滑润。

海因公司酿制的干邑只有VSOP以及品质更好的酒品。基本的海因白兰地酒（其实一点也不基本）是珍而美VSOP，由酒龄在25年以上的干邑勾配而成，口感特别细腻、清淡。它的旗舰干邑白兰地酒是海因古风（Hine Antique），其口感也很清淡、雅致，选用陈酿40年的大香槟区和小香槟区的干邑制成，呈琥珀色，散发着香料、成熟水果、蜂蜜、坚果和香草的香气。最特别的当属海因的年份干邑白兰地酒。公司宣称年份酒仅限于杰出的丰年（最近的年份为1983年），而且发售量很少，仅百瓶。这种酒昂贵而特别。如果您有幸得到一瓶，那就享用吧！

海因 VSOP

文化与传统

海因公司的故事 1791年，托马斯·海因来到法国时，只是个十几岁的少年。然而，两年后，法国大革命使他深陷囹圄，他被关押在距干邑不远的雅尔纳克城堡（Jarnac Château）。被释放后，他娶了当地干邑酿造商的女儿为妻。1821年，酿酒公司换成了他的名字。

百事吉（BISQUIT）

色 中度金琥珀色，透明度适中。

香 散发着水果香气，还有葡萄干香、甜香草香和微微的橡木香。

味 很圆润、强烈；清新，有水果味，还有微微的巧克力味。

1863年，亚历山大·百事吉创建了百事吉公司，现在隶属于保乐利加集团。百事吉出产经典VS，不过，重点是VSOP——这种干邑活泼，有水果味，熟化时间为8年到10年，夏日派对上饮用极佳。百事吉公司也酿制陈年干邑［如又苦又甜的XO和特级高斯巴（Cohiba Extra）］，但优势产品是酒龄比较短的酒品，所以要坚持饮用这些酒品。

百事吉

雷诺（RENAULT）

色 独特、深浓的琥珀色，闪闪发光。

香 浓烈；散发着蔬菜、葡萄干、巧克力、成熟水果的香气。

味 结构佳、酒体强烈；有林木、香草和蜂蜜的滋味。

1835年，让－安东尼·雷诺创建了雷诺公司，现在隶属于保乐利加集团。

雷诺黑牌特酿（Renault Carte Noir Extra）是比较高级的VSOP，在橡木桶中陈酿15年以上，其水果、鲜花、香料的香味极其平衡。不过，雷诺银牌XO（Carte d' Argent XO）一直是我最钟爱的干邑之一。这种酒陈酿达30年之久，呈深浓的琥珀色，散发着甜水果、榛子、无花果、橙子的香气，回味柔和、完美，特别悠长。

雷诺

大卫杜夫（DAVIDOFF）

色 深琥珀色，带有细微闪闪发光的亮金色。

香 散发着香草、橡木、林下灌木的香气；还有微微的玫瑰香。

味 圆润、平衡佳，有蜂蜜和香草的滋味。

大卫杜夫卓尔不凡（而且价格昂贵），是雪茄企业家季诺·大卫杜夫和轩尼诗干邑的所有人吉连·轩尼诗的合资品牌。

大卫杜夫经典含有大约40种来自干邑最好地区各不相同的生命之水，富有林木味，芳香馥郁。Extra由酒龄更长、丰满、强烈的干邑（有的酒龄在40年以上）勾配，然后，要熟化18个月。这种酒通常销售时酒精含量很高，达42%，丰满，呈金色，有着皮革和橙子的味道。

卡慕（CAMUS）

色 浓烈的金色，带有微微的浅禾秆黄色。

香 散发着水果、鲜花、杏仁和榛子的香气；酒龄比较长的酒液散发着烟草味。

味 酒体强烈；滋味强烈，包括隐隐的香草和橡木味。

卡慕是大型的家族干邑公司——极其独立！公司于1863年成立，自从打入免税店后，一直都特别引人注目！

卡慕公司酒品涵盖所有种类，从强劲的奢华VS、胡椒味的卓越VSOP到复杂的拿破仑XO（Napoleon XO），再到顶级酒品——滑润芳醇的Extra。公司曾推出更加丰满的Extra，即新Extra（New Extra）庆祝千禧之年，这种干邑白兰地装在悦目的水晶酒瓶里（卡慕通常将包装做得极富艺术感）。这些都是上乘干邑——酒瓶中的纯粹奢侈品。

马爹利（MARTELL）

C 色　深浓的琥珀色，边缘呈诱人的金色。

A 香　水果味浓、雅致；有紫罗兰、坚果、橙子、蜂蜜和香草的香味。

T 味　结构佳；由多种卓越干邑勾配而成，口感平衡。

[illegible]走私商让·马爹利创建了马爹利。如今，马爹利是四大酿酒商之一（其他三个为轩尼诗、库瓦瑟、人头马），而且是保乐利加集团的旗舰品牌。

马爹利　VSOP

让·马爹利通过精明的婚姻选择和敏锐的商业意识缔造了自己的事业。他的经营策略是以酿制值得信赖但不出众的白兰地为基础。1986年，马爹利家族把公司出售给施格兰酒业，品牌认知度的范围得以扩大。（2002年保乐利加集团获得马爹利公司）

马爹利VS是马爹利的基本白兰地酒，在140多个国家的机场和超市有售，是值得信赖的日常饮用烈性酒或者调酒原料。VS采用产区内不同区域、酒龄在5年至7年的干邑勾配而成，清新、富有水果味，散发着鲜桃和香蕉的香气。

[illegible]马爹利VSOP。这种干邑的酒龄是10年到12年，充满鲜花、蜜饯和香草的香气。不过，想得到更多享受，就要品尝蓝带干邑或者XO极品干邑。蓝带干邑由酒龄在20年至30年的烈酒制成，呈深琥珀色，散发着橙子、香料和坚果的香气。XO极品干邑色深、浓烈、强劲，杏仁和香草的香气浓郁，回味悠长。

特别品级的马爹利包括Extra、马爹利经典和金牌马爹利。

如果您喜爱更加强烈、更加丰满的干邑，马爹利公司有一些酒品适合您的口味——而且高端酒品恰恰具备额外的一点强劲酒体。

名扬世界　马爹利VS是世界上最知名的干邑之一。

调配

马爹利和汤尼水　结束一天生活的出色饮品：往高杯里加入冰块，然后几乎倒满汤尼水。最后，斟入一点儿马爹利。不要搅动，小口慢慢品尝。白兰地让您松弛，而汤尼水令您清爽。

德拉曼（DELAMAIN）

C 色 从带有一丝金色的鲜亮深禾秆黄色到深琥珀色。

A 香 雅致；散发着香草、水果、干花和林木植物的香气。

T 味 没有甜味、芳醇；极为精美；复杂；回味悠长。

德拉曼

1762年，詹姆斯·德拉曼创立了德拉曼公司，这位爱尔兰新教徒与一个干邑地区的家族关系源远流长。200多年过去了，德拉曼仍然是家族管理，由此可见，公司注重品质的美誉一直没有改变。

或许，德拉曼酿制出了最好的基本干邑——其清淡、鲜亮、富有水果的清而淡（Pale and Dry）。晚祷（Vesper）酒龄稍长，因此更加丰满、滑润，颜色更深（接近于琥珀色），散发着甘草和林下灌木的香气，极陈（Trés Vénérable）由酒龄极长的干邑勾配而成，尤为丰满、雅致，呈琥珀色，香气层叠、迷人：有晚祷的林下灌木和甘草香味，但葡萄干、香草和蜂蜜的香气突出。

最上乘的德拉曼是家族秘酿（Réserve de la Famille）——名副其实的上品，价格也不菲！这种酒不是勾配，而是挑选单一木桶，挑选单一本地葡萄园酿制。因此，酒的色泽各异，不过，虽然德拉曼家族秘酿干邑呈深琥珀色，但往往比其他酿酒公司的特酿干邑（special-cru Cognac）更浅淡、更透亮。同样，它的香气也各异，不过总是强烈而丰满。德拉曼也是少数几家能够销售年份干邑的公司。

利奥波德·古梅尔（LÉOPOLD GOURMEL）

C 色 从淡金黄色到深古金色。

A 香 散发着成熟水果，如桃、橙子，还有香草、林木和香料的香气。

T 味 清新、水果味足，有种明快、酒龄短的感觉。

利奥波德·古梅尔

它是干邑企业的新成员。成立于1979年，是汽车工程师和干邑爱好者皮埃尔·沃森（Pierre Voisin）的创意，以其祖父的名字命名。现在，利奥波德·古梅尔公司，归属于沃森最初的合伙人奥利维尔·勃朗（Olivier Blanc），他的愿景是把干邑推向新生代饮酒人士。

不同寻常的是，所有利奥波德·古梅尔干邑都是年份酒——来自单一年份——而且未经混合。帕蒂古梅尔（Le P' tit Gourmel）为基本型干邑，陈酿5年，本质上相当于VS。

利奥波德·古梅尔公司有三种旗舰干邑：果之陈酿（Age du Fruit）——呈淡金色，陈酿9年左右，有新鲜水果、鲜花和香料的香味；花之陈酿（Age des Fleurs）——陈酿12年左右，因复杂的花香而得名；香辛之陈酿（Age des Epices）——陈酿20年左右，有雅致浓重的辛辣味和微微的林木香。如果您喜欢干邑的辛辣味，最后这种很值得品尝。

利奥波德·古梅尔公司出产的顶级酒品名为完美（Quintessence），陈酿30年左右，呈粉金色，非常复杂，平衡很好——而且十分昂贵！尽管如此，口感强劲，却又细腻、雅致。

大多数酒品不仅装在普通的瓶中，还装在与众不同的圆锥形或者圆形酒瓶里——很值得关注！

人头马（RÉMY MARTIN）

C 色 中度金色到浅琥珀褐色。

A 香 散发着香草、香料、雪茄盒、玫瑰、茉莉、杏仁和杏的香气。

T 味 比较清淡的经典干邑；雅致、优雅。

人头马
VSOP

如果您偏爱风格比较清淡的干邑，那么人头马很适合您的口味。

人头马于1715年创立，1924年雷诺公司收购时，几乎濒临破产，雷诺开始了以人头马经典VSOP为基础的伟大复兴之路。如今，人头马公司与君度、波士和艾德西克（香槟）隶属于同一集团。

最基本的白兰地是VS葡萄酒，仅选用小香槟区的葡萄制成。确切地说，这款酒一直巧妙地以干邑推向市场，可以调配长饮和鸡尾酒。其呈淡金色，口感滑润、雅致，散发着香草、橡木、紫罗兰、玫瑰、杏的香味，还有隐隐的皮革味和甘草味。

旗舰酒品当然是经典的VSOP，它的磨砂绿瓶让人一看便知，它的水准是所有其他VSOP追求的目标（全球每售出三瓶VSOP，一瓶就是人头马）。用于勾配的酒，酒龄从4年到15年不等。水果、雪茄盒、香料的香气融合在一起，完美迷人。

人头马俱乐部瞄准的是雪茄烟民。颇新的1738皇家授权是种丰满、颜色更深、呈铜琥珀色的干邑。

人头马
Grand Cru

人头马出产两种XO（特酿XO和卓越XO）和一种获奖的特酿。色泽从金色到琥珀色，香气多样，富有层次，平衡极佳。卓越干邑由酒龄达40年左右的烈酒调配而成，回味时间长达15分钟到20分钟！

最上好的干邑是Extra（装在壶形瓶中出售）和令人不可思议的路易十三。Extra呈深琥珀色，由酒龄达50年的烈酒制成，散发着林木、香料、波特酒和雪茄盒的香气。路易十三是世界上最出色的干邑之一，用于调配的烈酒酒龄达100年之久，保存在特殊的酒窖内，呈深琥珀色，带有隐隐的红色，充满多种水果香，让人难以置信，还散发着林木和香料味，回味时间持续长达1小时！其装在水晶瓶中限量发售。

人头马公司以其始终如一的品质和真正的专业性而著称。它是世界各地白兰地爱好者最喜爱的酿酒公司之一。

阿德富喜尼（A. DE FUSSIGNY）

C 色 金黄色到焦糖色；透明度佳。

A 香 散发着肉桂、橙子、胡桃和香草香气；雅致，有微微的甜味。

T 味 丰满、滑润；黄油和奶油一般；回味平衡悠长。

1987年，阿雷·罗耶创建了这家公司，肩负开拓市场满足新客户的使命。您可以购买能够随身携带、雪茄形小管装、适于单人饮用的干邑，我特别喜欢这个创意——他真是市场营销的奇才！

虽然有“耍花招”之嫌，但这家酿酒公司已经赢得美誉，因为所有的干邑均来自大香槟区或者小香槟区。VSOP滑润，富有水果香味；Extra全部选用大香槟区的烈酒调配，充满坚果和水果的香味。男士XO（XO For Man）装在须后紧肤水形状的酒瓶里。这是一种卓越的大香槟区干邑——其丰满而滑润，追随者与日俱增。

轩尼诗（HENNESSY）

C 色　金黄色到琥珀色和深红木色。

A 香　特别复杂；散发着橡木、坚果、香草、皮革、香料和葡萄的香气。

T 味　平衡出色；丰满、滑润、味干；黄油和奶油一般。

1765年，轩尼诗由爱尔兰人理查·轩尼诗创立。1971年轩尼诗与酩悦合并，创立酩悦-轩尼诗，如今隶属于LVMH集团。现在，轩尼诗是世界干邑的主导品牌。

轩尼诗酿制所有种类的白兰地酒。其最基本的特质是纯白，目标群体是比较酒龄短的饮酒者，口感清淡，富有鲜花和水果香味。这种酒专门用做调配鸡尾酒或者长饮。VS呈亮金色，滑润，平衡佳，散发着坚果和橡木的香气。同样，也推荐作为用于调配鸡尾酒。接下来就是VSOP专享。其由来自干邑各产区的、大约60种生命之水混合而成，入口蕴涵着因陈酿形成的林木、香草和甘草的香味。轩尼诗推荐将其作为"高杯调配原料酒"，努力为这种干邑塑造出时尚形象。而且，我认为它确实适合[illegible]

轩尼诗 VS

轩尼诗干邑特优是新推出的一款干邑，又是瞄准了年轻消费群体，尤其是年轻女性。这种干邑优雅、如花，感觉清淡、雅致，有微微的橙子、柠檬、香料和蜂蜜的味道。

但是，轩尼诗的旗舰酒品是它的XO——是最早的XO干邑，也是其他所有XO的基准。这种酒浓烈、阳刚，呈深琥珀色，口感丰满、强烈，散发着林木和香料的香气。轩尼诗出产两种高级白兰地酒——私属珍藏和百乐廷。第一种为限量款，最早于1873年制成，混合了14种大香槟区的生命之水。其作为一款顶级干邑，相对清淡，散发着水果和花香。百乐廷混合了轩尼诗酒窖中100种陈酿烈酒，有香料和胡椒的口感，平衡极佳，充满水果和鲜花的香气。

理查·轩尼诗[illegible]诗王冠上的宝石。有些生命之水陈酿时间在200年以上，所以极为复杂，林木、水果、香料和香草的香味平衡完美，回味无穷无尽，让人永生难忘！

轩尼诗
纯白

文化与传统

征服世界　轩尼诗大楼在干邑城夏朗德河岸边的地理位置，使酒品出口成为迷人一景。从一开始，轩尼诗将它的干邑运往世界其他地区——先是英国和爱尔兰，后来遍及澳洲、美洲和亚洲。

拉诺萨布兰（RAGNAUD SABOURIN）

C 色　黄色到琥珀色，酒龄长一些的白兰地酒呈深红木色。

A 香　散发着水果、鲜花、香草、甜香料、酸橙、榅桲和甘草的香气。

T 味　丰满、滑润，水果味很浓；极为平衡。

拉诺萨布兰是品质的代名词，是我最喜爱的餐后白兰地之一。有限的产量使白兰地酒的焦糖量恰到好处，水果香味浓郁，优雅而复杂。首先可以品尝酒龄为20年、丰满、如黄油般的联盟20号特藏，或者品尝酒龄为35年的芳特维耶（Fontvielle）——呈深红木色，强烈，水果味，丰满，散发甘草和酸橙的香气。其精选（Florilège）混合陈年烈酒而成，品质卓越，呈红木色，rancio（熟透水果香味）杰出。

拉诺萨布兰

博隆城堡（CHÂTEAU BEAULON）

C 色　琥珀色、橙色到金铜色。

A 香　散发着葡萄、鲜花、梨、榛子、香料和烟草的香气。

T 味　风味独特、平衡、圆润；复杂；有香料、香草和葡萄干的味道。

这家获奖酿酒公司在吉伦特河（Gironde River）沿岸，以波尔多为基地。博隆城堡的优势在于"特酿"，的确名副其实。特优陈酿（Grand Fine Extra）酒龄超过50年，呈铜红色，散发着林木的香气，还有隐隐的咖啡、可可和蜂蜡的香味。1976（专门选用1976年的年份葡萄酒蒸馏而成）散发着水果、香料的香气，特别雅致。最上好的为珍酿，挑选酒窖中最珍稀的生命之水混合而成，芳醇、丰满、复杂。

豪达（OTARD）

C 色　金黄色到深琥珀色，带有一丝淡红色。

A 香　以鲜花和香料的香气为特色，还有梨、酸橙和烟草香。

T 味　水果、鲜花和香料味浓郁；平衡好，XO金尊尤其如此。

1795年，豪达创建，曾经与轩尼诗齐名。现在，这家酿酒公司规模比较小，但仍然出产优质干邑。VSOP特优香槟鲜花、水果、香料的香气浓郁，拿破仑（Napoleon）更雅致，林木香味更浓，同时还散发着水果干香和椰香。豪达XO金尊（XO Gold）雅致、如花，呈深一些的琥珀色，还带有隐隐的红色。顶级酒品为1975 Extra，这种酒回味特别悠长，散发着浓郁的蜂蜜、鲜花、水果和雪茄盒的香气。

豪达

多尔（AE DOR）

C 色　从深浓的黄色到淡琥珀色。

A 香　精雅，散发着香草、紫罗兰、葡萄树木和一些香料的芳香。

T 味　丰满、精雅；选用最上好的烈性酒精心混合而成。

多尔是我一直以来最爱的白兰地酒之一！多尔提供很多精美绝妙的干邑。最基本的精选（Sélection）清淡、鲜亮，有水果味，是一种雅致的全能白兰地酒。VSOP更丰满，颜色更深，陈年拿破仑（Vieux Napoleon）散发着香草和紫罗兰香。珍藏（Reserve）是雪茄烟民的特别专属酒品。最雅致的当属美味而又经典的金尊（Gold），其平衡完美至极，使您几乎认为里面根本不含酒精。

库瓦瑟（COURVOISIER）

C 色 淡琥珀色到深古金色。

A 香 散发着成熟水果、鲜花、香草、林木和香料的香气。

T 味 丰满、强烈、滋味丰富、复杂；微妙、令人满意。

库瓦瑟宣称是拿破仑的白兰地酒，但是，因为酿酒公司于1843年创建，所以应该与波拿巴的侄子路易有关，而不是跟拿破仑本人有关联。为了确立品牌形象，库瓦瑟在20世纪初推出了拿破仑皇帝剪影和“约瑟芬”形的酒瓶。库瓦瑟的所有权几经改变，不过，现在它是营销巨头联合多枚克（Allied Domecq）的旗舰品牌。

在超市货架上，您最可能看到的库瓦瑟白兰地酒包括：基本的VS（值得信赖，有水果味，散发着香药草的芬芳），VSOP特优香槟（VSOP Fine Champagn）（细腻，有微微的香草和鲜花的芳香）和更高级一些的VSOP专享（VSOP Exclusif）。最后这种白兰地瞄准的是更酒龄短的市场群体，它清淡、滑润、引人，很容易入口（与雪茄联系紧密的浓烈酒品相比），是我最喜爱的白兰地酒之一，在任何场合都适宜饮用，其酒瓶特别细长，凭此特征，您一眼就能认出。

拿破仑特优香槟白兰地酒（Napoleon Fine Champagne）是库瓦瑟的旗舰品种之一，是大、小香槟区的混合酒，其中大香槟区的原料至少占50%，陈酿散发

晃动白兰地 晃动酒杯中的白兰地酒能够释放它的香气。对于库瓦瑟而言，这就意味着可以尽享浓郁的熟润水果、香甜香草和怡人香料的香味。

产区和酒品

检查木材 库瓦瑟公司认为关注细节是酿造干邑的关键。他们只选用法国经年的利穆赞（Limousin）橡木桶培养的白兰地酒，而且会检查每一根木头（源自几百年的古树）是否完美，然后才做成木桶。

着波特酒、橙子、香料和西梅干的芳香。

库瓦瑟的XO（额外陈酿）白兰地酒是获奖的帝王。这款干邑丰满、微妙，充满香草、巧克力和香料的芳香，的确非常特别，可谓一瓶难求。所以，如果您得到一瓶，就收藏起来留到重大场合再饮用！

另一款获奖白兰地酒是初创特酿（Initial Extra），与帝王白兰地一样，其也灌装在泪珠形的酒瓶里。混调初创特酿白兰地的烈酒酒龄高达 50 年，所以蘑菇、雪茄盒、香草和香料的香气极为和谐。适合干邑爱好者，甚至收藏家的是库瓦瑟特别推出的干邑，如埃尔泰珍藏（Erté Collection）（8 个玻璃酒瓶上分别绘制着同名法国装饰艺术大师的作品）；库瓦瑟之魂（L' Esprit de Courvoisier）——装在水晶玻璃酒瓶里，由 19 世纪到 1930 年的干邑调配而成。如果您有机会品尝库瓦瑟之魂，那真是太幸运了！

库瓦瑟 VS

公爵钥匙（CLÉS DE DUCS）

C 色 诱人的深古金色到淡琥珀色。

A 香 芳香、馥郁；有水果、香草和香料味。

T 味 平衡佳；清新；滑润度中等，回味中长。

干邑和雅文邑之间最大的差别在于，几百年来，出色的干邑酿造商一直向世界各地推广自己的酒品，使之成为国际品牌。雅文邑则一直在当地销售，部分原因在于，跟干邑地区相比，雅文邑地处内陆，所以，在历史上出口更困难。不过，公爵钥匙雅文邑酿酒公司是国际烈酒集团人头马君度（Rémy-Cointreau）旗下的子公司，在全球营销。所以，公爵钥匙可能是您在当地商店货架上见到的唯一的雅文邑。

公爵钥匙

公爵钥匙出产“拿破仑”级混合酒，不过，最知名的可能VSOP（灌装在独特的肩形酒瓶里售卖）。这种白兰地酒，混合平均酒龄7年的雅文邑而成，呈迷人的淡琥珀色——对于雅文邑来说非同寻常，雅文邑呈现的琥珀色通常比干邑深一些，因为传统上，制作雅文邑木桶的橡木颜色更深；口感柔和、有水果和香料味。我个人认为，投放到市场的时间有点儿太早（并没有您期待的经典雅文邑的那种深厚口感）。但是，如果您喜欢酒龄短、清新的白兰地酒，或者只是希望找点儿轻柔、容易入口的酒品结束一天的生活，可以品尝这款雅文邑。

西贡邑爵士（BARON DE SIGOGNAC）

C 色 金色至琥珀色，带有一抹红木色。

A 香 散发着香草、肉桂、姜、橙子、林木、坚果的香气。

T 味 强烈、圆润；有香料味和隐隐的焦糖味，平衡佳。

这家获奖生产商属于阿迪士（ADEX）公司，该公司存有大量雅文邑生命之水供勾配。基本的白兰地酒是三星VS西贡邑爵士（酒龄至少2年）和充满花香和水果味的VSOP（酒龄至少4年）。酒龄10年的白兰地酒品质很好——圆润、散发着林木和香料味——瞄准的是雪茄烟民；酒龄20年的白兰地酒，色泽清淡、雅致。这家酿酒公司的单一年份酒尤其成功，往往色泽深浓，有着松露、焦糖和香草的香味。

西贡邑爵士

劳巴德堡（CHÂTEAU DE LAUBADE）

C 色 中度琥珀褐色到深红木色。

A 香 优美，散发着香草、香料、林木和坚果的香气。

T 味 强烈、圆润；很滑润、丰满，回味令人满意。

这家酿酒公司虽然在雅文邑地区规模最大，但却不是市场上的领导者。它专注于收藏和销售单一年份酒——有些酒品可以追溯到19世纪（售价超过2 000美元！），最低等级的是VSOP。年份雅文邑的风格自然各不相同，但通常颜色深浓，口感复杂滑润，散发林木和香料的香气。真是让人迷醉！如果您正在寻找一份特别的礼物，劳巴德堡几乎肯定有您所需要的酒品。

塔瑞克堡（CHÂTEAU DE TARIQUET）

色 优雅的金色到琥珀色，陈年的酒品呈鲜亮的铜色。

香 散发着鲜花、香草、烤面包、蜂蜜和深色水果的香气。

味 精雅、如花、清淡；优雅、复杂。

这家酒庄位于下雅文邑地区，拥有300年的历史，出产一些加斯科尼丘葡萄酒，还出产多款雅文邑。大多数雅文邑选用白福尔（Folle Blanche）葡萄为原料，酿制的白兰地酒清淡、如花。风格从基本的，如三星经典（Classique），到高级的，如酒龄18年的忘年陈酿（Hors d' Age），再到深浓的年份酒，如1982、1985和1988。

海因 VSOP

博涅酒庄（DOMAINE DE BOINGNÈRES）

色 优雅的中度金色，酒龄长一些的呈深琥珀色。

香 精雅，散发着鲜花、香草、蜂蜜和深色水果的香气。

味 精雅、如花，优雅、复杂，回味清淡。

博涅酒庄位于下雅文邑地区，可以追溯到1807年，而且仍由创立家族掌管——现在的老板是创始人博涅先生的嫡系后裔拉菲特（Lafitte）女士。

这个小酒庄——葡萄园占地仅54.5英亩（22公顷）——是所有雅文邑酿酒商中名望最高者之一，因为其重视品质而非数量。大多数博涅酒庄的雅文邑选用白福尔葡萄基酒蒸馏而成，运用可靠的高质酿造方法将葡萄转化成白兰地酒，酒液主要在新橡木桶中陈酿，以确保色泽漂亮，其富有香料和香草味。最后酿制而成的雅文邑带有泥土气息，备受赞誉，出现在世界最高级餐厅的酒单上。博涅酒品展现出深厚、集中的水果香味，同时保持了精美特质。

博涅酒庄

博涅酒庄的大多数雅文邑根据年份销售，通常情况下，酒龄越长价格越高。无论您花多少钱购买，放心吧，您的选择极其正确。

萨玛（SAMALENS）

色 中度琥珀褐色到闪闪发亮的金色。

香 平衡、雅致；散发着水果、香草、蜂蜜和微微的橡木味。

味 圆润、滑润；很丰满，美味香草和水果味平衡。

这种下雅文邑地区的白兰地酒产自1882年建立的酒庄，酒庄现在仍然由创建家族所拥有。酒液在加斯科尼深色橡木制成的小桶中陈酿，从而赋予了其更加浓厚的滋味，使口感特别丰满、滑润。萨玛采用独特的扇形瓶和肩形瓶包装。

该酒庄出产卓越的VSOP（酒龄6年）、拿破仑（酒龄12年）和帝王珍藏XO（Reserve Imperial XO）（酒龄15年）。不过，我认为它们最好的酒品是酒龄20年的古迹（Vieile Relique），这种酒热烈、滑润，酒体强烈，回味极佳。

詹尼（JANNEAU）

色 金色到琥珀色，色彩鲜亮、玄妙。

香 散发着鲜花、新鲜的成熟水果、西梅干、坚果的香气。

味 清淡，富有生机；有香料味，清新、平衡佳。

1851年，皮埃尔·埃田·詹尼（Pierre Etienne Janneau）创办了他的雅文邑蒸馏厂，使之成为历史最悠久的雅文邑"酿酒公司"（Grandes Maisons d' Armagnac）。不过，多年来，该酒厂曾多次被卖给不同的大型酒厂，但并未受到应有重视——直到现在才有翻天覆地的变化。如今，詹尼酒厂归属于意大利米兰的纪文内蒂（Giovinetti）家族，这个家族因在意大利成功推广纯麦威士忌酒而早已声名远扬。他们聘请威利·菲利普斯（Willy Phillips）——麦卡伦（The Macallan）纯麦威士忌的幕后推手——管理詹尼。结果，这种雅文邑在市场上重新崛起。

詹尼 VS

现在詹尼为大众市场提供一系列雅文邑——全部都非常值得信赖，而且日益受到欧洲和世界消费者的尊崇。

这家蒸馏厂选用特纳勒兹和下雅文邑地区的葡萄酒酿制白兰地。特纳勒兹的葡萄酒赋予白兰地花香，如茉莉和玫瑰花香；下雅文邑的葡萄酒使白兰地更丰满，香料味更浓，如皮革和肉桂的香气。每种葡萄酒的比例会决定白兰地的整体风格。大多数用于勾配的白兰地酒通过传统法（有时，被称为雅文邑法，选用单一、连续式蒸馏器）或者通过干邑法在铜质罐式蒸馏器中两次蒸馏而成（见第170~171页）。后一种方法更昂贵，酿制的白兰地酒往往品质更好——酒体更强烈、更圆润，香味更富有层次感。

詹尼最基本的白兰地酒是VS，其混合陈酿4年的烈酒而成，呈金色，清淡、如花、清新，闻起来、尝起来都有水果香味。接下来等级高一些的是VSOP，也被称为"七载"（Seven-Year-Old）——这种雅文邑至少在当地橡木制成的桶中陈酿7年，因此层层的水果香中，透着隐隐的香草味。

如果您想找一款白兰地酒加入冰块品尝或者用做长饮的调酒原料，我推荐您选择詹尼5年混合酒。这种白兰地酒属于该公司"二次蒸馏"系列，针对的是鸡尾酒市场。其在新橡木桶中陈酿至少5年。

詹尼 VSOP

如果您希望白兰地的香料和坚果味、李子这样的黑色水果香味更浓郁，就品尝一下出众的詹尼XO（Janneau XO）。特优陈酿雅文邑（Très Vieille Grande Fine Armagnac）极其滑润，因为陈酿时间久，所以特别复杂。

这种白兰地酒是公司的骄傲，它混合酒龄30年的生命之水而成，醇厚、丰满，富有泥土气息，是市场上最好的白兰地酒之一。詹尼也出产年份雅文邑，有几种可以追溯到20世纪。

如果您对雅文邑还不熟悉，从詹尼的酒品起步很合适。基本级的白兰地完全可靠而且销售范围广，我建议您逐步提升档次，最后品尝高端的顶级白兰地。

产区和酒品

法国白兰地酒的标志

“fine”（特优）一词用于表示除干邑地区或者雅文邑地区以外的法国其他高质葡萄白兰地酒。通常，fine白兰地酒根据产地命名。所以，您可能会看到一瓶酒上面标有“Fine de Bourgogne”（产自勃艮第地区）、“Fine de Champagne”（产自香槟地区）或者“Fine de Bordeaux”（产自波尔多）。

波尔多特优白兰地必须采用波尔多地区的葡萄——通常是白玉霓葡萄和歌伦巴葡萄——两次蒸馏后，在橡木桶中陈酿。

您也许还会见到标有“Find de la Marne”（马恩省特优白兰地）字样的白兰地酒。

马恩省特优陈酿白兰地（Vielle Find de la Marne）

这种酒产自香槟区，是那里上好起泡酒的副产品。为了产生气泡，这种香槟酒进行瓶内发酵（见第129页）：此过程中，必须将富含酵母的少量葡萄酒液清除（倒出），然后才销售。有的香槟酒酒庄就重新利用这种倒出的酒液酿制特优（fine）白兰地酒。结果，白兰地酒具有烤面包的香味（酵母的作用），呈现出漂亮的琥珀色（橡木桶陈酿的结果）。

有的特优白兰地酒上标有Eau de Vie de Vin（字面意思就是“葡萄酒白兰地”），其由法国最知名的葡萄酒制成。比如，奈特堡是位于罗纳南部教皇新堡法定产区的一个酿造商，出产教皇新堡特优白兰地，取名为罗纳丘葡萄酒白兰地。奈特堡的白兰地酒在橡木桶中陈酿8年，因此，呈深金色，香气甜美，散发着水果干气息，口感丰满，富有黄油和香料味。对所有白兰地酒而言，品质取决于蒸馏技术和酿酒原料，所以购买知名、声誉好的酿酒商的酒品很关键。

罗纳丘葡萄酒白兰地（Eau de Vie de Vin des Côtes du Rhône）

孟德斯鸠侯爵（MARQUIS DE MONTESQUIOU）

C 色 从带有一抹闪闪发光的淡金色到深琥珀色。

A 香 富有水果香，吸引人；散发着杏、桃、香草和橡木的香气。

T 味 平衡佳；质地滑润、丰满，回味紧致。

孟德斯鸠家族从11世纪就开始拥有这座酒庄（家族中最出名的是达达尼昂（d' Artagnan）——三个火枪手之一），不过，现在保乐利加集团拥有这一品牌权属，将它的白兰地推向大众市场。

留意值得信赖而又备受赞誉的拿破仑（陈酿5年）和XO（陈酿10年），还有更高级的单一年份雅文邑，包括目前能买得到的1965、1971和1976。

孟德斯鸠侯爵

拉拜多利（LABERDOLIVE）

C 色 中度琥珀褐色到深铜色。

A 香 浓郁、复杂；散发着平衡的水果、香草和橡木的香气。

T 味 极其平衡；滑润、丰满，回味无穷。

这是最佳的雅文邑！拉拜多利创建于1866年，是世界上最受尊崇的雅文邑酿造商之一，从一开始就为单一酒庄雅文邑和单一年份雅文邑树立了标准。

每种年份酒都选用白玉霓、白福尔、歌伦巴葡萄精心酿制而成。重要的年份酒是1942、1946、1954、1962、1964、1970、1976和1979。其中最强烈的是1970，最富有水果香味是1976和1979。

拉巴勒堡（CHÂTEAU LABALLE）

C 色 从闪闪发光的鲜亮淡金色到琥珀色。

A 香 散发着像杏这样的水果、泥土、林木、甜香草的香气。

T 味 精美、平衡好；滑润而不过于丰满。

拉巴勒堡创建于1820年，酿制出了一系列卓越的雅文邑，它们都在新橡木桶中陈酿，主要根据年份出售。该酒庄由一个也酿制波尔多葡萄酒的家族管理。

目前能买得到的年份酒包括很多年前的1973，也包括近些年的1985、1986、1987和1989。这家酒庄的特色在于有些白兰地装在超大的瓶中销售，包括150ml（大酒瓶）的XO。

拉巴勒堡

萨勒十字架园（LA CROIX DE SALLES）

C 色 金黄色到深琥珀褐色。

A 香 水果香浓郁、复杂；散发着桃、杏、林木和香草的香气。

T 味 平衡好；滑润、丰满适度、回味柔和。

萨勒十字架园位于下雅文邑地区，创建于1838年，由达提嘉隆（Dartigalongue）家族掌管。1870年这个家族获得了现在的庄园，他们在此建成一个现代化的葡萄园和一个蒸馏厂。多年来，他们采用现代技术和传统工艺（特别是比较久远的年份酒）酿制出了高质酒品，同一家族的五代人以此为自豪。VSOP非常出色，是完美的入门级雅文邑，其年份酒品质一流。

西班牙

西班牙白兰地酒的历史比干邑的历史悠久，而且比法国同类酒品更丰满，水果香味更浓郁。白兰地酒产业与雪莉酒产业一同发展壮大，很多西班牙白兰地酒由雪莉酒酿造商酿制。

奥斯本（OSBORNE）

C 色 深金色到深琥珀褐色。

A 香 极其浓郁；散发着李子酱、橙子、西梅干、坚果、林木和香草的香气。

T 味 酒体强烈、味美；非常滑润，有水果和香草味。

奥斯本是个家族企业，1772年开始酿制白兰地酒，如今，是世界最大的雪莉白兰地酒（Brandy de Jerez）供应商。

尽管奥斯本雪莉白兰地酒与雪莉酒有关联［雪莉城（Jerez）位于雪莉酒（sherry）出产地附近，sherry一词是Jerez的讹误］，但并非产自同一地区。两者之间的关联在于酿酒的葡萄品种以及索乐拉熟化和混合方式（见第143页）。白兰地酒也经过神秘工序，包括添加西梅干、坚果和其他尚未公开的东西。

因此，奥斯本白兰地酒往往比产自干邑或者雅文邑的白兰地色泽更深、更丰满，水果香味更浓，不过，可能没那么精致。最相似的酒品是特级珍藏，名为奥斯本伯爵，还有企业的旗舰酒品。这种酒陈酿15年至20年，具有奥斯本白兰地酒富有水果味和芳香的特征，但更滑润、精雅。如果您想用于调配，就试一试卓越的威特诺，而陈酿时间更长的玛格诺在西班牙最畅销，单独饮用很好。

奥斯本·威特诺
（Osborne Veterano）

黑色公牛 1956年，奥斯本白兰地酒标上的著名黑色公牛图案，在威特诺的广告宣传活动中首次推出。

艾米莉奥·鲁斯道（EMILIO LUSTAU）

C 色 中度琥珀褐色到比较深的铜色。

A 香 浓郁，富有水果香；散发着巧克力、西梅干、红糖、橡木和香草味。

T 味 强烈、滑润，酷似奶油，但精雅而且令人满意。

艾米莉奥·鲁斯道酿酒公司成立于1896年，以酿制和销售雪莉酒起家——直到今天依然如此。所以，在过去，它的雪莉白兰地酒有点黯然失色——消费者总是将鲁斯道与雪莉酒联系在一起，而非白兰地酒。1990年鲁斯道归白兰地酒公司路易斯·卡巴雷罗（Luis Caballero）所有，这次合并是件喜事。路易斯·卡巴雷罗提高了公司的资金量，扩大了市场和销售，使鲁斯道白兰地酒获得重生。

艾米莉奥·鲁斯道

鲁斯道提供四种白兰地酒——品质全都很高。基本的白兰地酒迪卡诺（Decano），是种很好的普通白兰地，最适于调配鸡尾酒或者长饮。如果珍藏白兰地（Reserva）算不上杰出，那也是很好，可以单独饮用，不过，多数情况下，是用做鸡尾酒的基酒。

旗舰白兰地酒是米兰纳特级珍藏（Millenario Gran Reserva），口感很深厚、丰满、滑润，且正醇厚，奶油一般的白兰地酒当属鲁斯道赛诺（Señor Lustau），与很多西班牙白兰地不同，其因精雅、复杂而著称，而且无可非议的是，其可以同法国干邑或者雅文邑相比。鲁斯道赛诺白兰地酒单独品尝极佳，同时，非常适合与上好雪茄搭配。

冈萨雷斯·拜斯（GONZÁLEZ BYASS）

C 色 淡金琥珀色到淡褐色。

A 香 富有水果香，复杂；散发着坚果、烤苹果、无核小葡萄干、林木和香草的气息。

T 味 精雅、复杂；极具滑润，但又非常清新。

冈萨雷斯·拜斯成立于19世纪中叶，其是雪莉酒酿造商曼纽尔·冈萨雷斯和其英国代理商罗伯特·拜斯合并的产物。这家酿酒公司在雪莉城——西班牙雪莉酒酿造地区——规模最大，现在，因白兰地酒，如提贝贝雪莉酒，驰名世界。

冈萨雷斯·拜斯最成功的白兰地酒是了不起的至极系列——为每个西班牙酒龄短人所熟知，是他们最喜爱的白兰地调酒原料。至极索乐拉——西班牙最畅销的白兰地酒，通常用作长饮的基酒——清淡、新鲜，有水果香味，无核小葡萄干的滋味突出。

冈萨雷斯·拜斯

旗舰白兰地酒是乐潘多特级珍藏，灌装在一种装饰有点儿华美的细颈玻璃瓶中销售。这款酒陈酿至少15年，很干，色泽浅（呈淡琥珀金色），可以同酒龄短的法国干邑相媲美，通常单独饮用。乐潘多PX和乐潘多OV也陈酿至少15年，而且每款酒都在各自以前的雪莉酒橡木桶中熟化。它们颜色更深，口感更丰满，葡萄干的风味更浓。

冈萨雷·拜斯的酒品应有尽有！我喜欢在派对上饮用雅致清新的Soberano。不过，用餐后，我愿意细细品尝乐潘多，它就像法国干邑一样可口。

多枚克（DOMECQ）

C 色 深琥珀色到鲜亮的红木色。

A 香 富有水果香，浓郁；散发着李子、无核小葡萄干、药草、太妃糖、焦糖和橡木的香气。

T 味 丰满、滑润，水果香味平衡；优美而清新。

多枚克公司与烈性酒同义——作为大型企业集团联合多枚克的一部分，现在这家公司拥有很多世界知名品牌，如库瓦瑟、马利宝、提切、加拿大人俱乐部。其实，多枚克是家历史很悠久的公司，最初酿造雪莉酒，很早便开始酿制西班牙白兰地酒。

19世纪晚期，葡萄根瘤芽虫病席卷许许多多的法国葡萄园，其中包括干邑地区的葡萄园，使干邑白兰地产业停顿下来。1874年，佩德罗·多枚克抓住商机，投放了他的缔造者白兰地酒。这种白兰地酒陈酿3年，呈鲜亮的红木色。如果您想要一款没什么装饰又很受欢迎的白兰地酒，正好选它。

百年白兰地酒（Centenario）同样受欢迎，但很清淡。这款白兰地酒陈酿3年，跟雪莉酒一样，采有索乐拉方式（见第143页）熟化。百年白兰地酒呈浓郁的琥珀色，散发着微微的药草香，有隐隐的雅致雪莉酒的味道。

如果您在寻找特级珍藏，唐·佩德罗是其中一款比较优质的白兰地酒，呈中度琥珀色，散发着坚果、焦糖、太妃糖和橡木的复杂香气。不过，多枚克最好的特别珍藏白兰地酒当属卡洛斯一世，它比唐·佩德罗白兰地酒的颜色更深，在欧洛索雪莉酒的橡木桶中陈酿至少12年，回味悠长，有微微的水果干和香草的香味，口感复杂，令人满意。而且，如果您喜欢干型酒，那它特别适合您的口味。

托雷斯（TORRES）

C 色 古金色，熟化的酒品呈深琥珀色。

A 香 富有西梅干和李子的水果香；散发着焦糖、坚果和橡木的香气。

T 味 滑润、丰满、强烈、令人满意，水果和林木味平衡迷人。

托雷斯是卡塔隆尼亚（巴塞罗那附近）最大的葡萄酒酿造商，同也酿制卡塔兰风格的白兰地酒，但这种酒往往没有雪莉城的白兰地酒那么丰满。干味的特级珍藏10与法国干邑类似，但没那么细致。帝王20更加丰满、深浓，散发着深色水果、香草和橡木的香气，有甜味。旗舰白兰地酒是詹姆一世，陈酿至少30年，强劲、色深、味甜——餐后饮用极佳，又丰醇又甘美。

托雷斯

麦斯卡洛（MASCARÓ）

C 色 浅金色到淡琥珀色。

A 香 散发着像梨这样的水果、香草、坚果、橡木和微微的太妃糖的香气。

T 味 精雅而精美；平衡佳、回味悠长。

麦斯卡洛是个家族企业，个性鲜明，以巴塞罗那附近的卡塔隆尼亚为基地。基本型的白兰地酒是陈酿3年的VO和陈酿5年的纳西索（Narciso）——两种白兰地酒都呈金色，不太复杂，散发着林木的香味。旗舰白兰地酒为EGO，也就是麦斯卡洛出品的XO，意欲成为法国干邑的直接竞争对手。其在橡木桶陈酿至少8年，口感精雅、复杂，我非常喜欢它！

麦斯卡洛专门为千禧年推出了陈酿20年的特别混合勾配（cuvée）烈酒，而且仅发售2 000瓶——如果您找到一瓶，请告诉我一声！

葡萄牙

葡萄牙最上好的白兰地酒选用酿制葡萄牙绿酒的葡萄品种酿造而成，很丰满，水果香味很浓。

布瑞宙拉宫（PALACIO DE BREJOEIRA）

色 深琥珀褐色到深铜色。

香 复杂；散发着水果干、无花果、咖啡、橙子和巧克力的香气。

味 浓郁；热烈、丰满、熟润；回味中长。

布瑞宙拉宫——选用酿制葡萄牙绿酒的阿尔瓦利诺葡萄渣，酿造出一种出色的果渣白兰地酒（bagaceira）。不过，最优质的葡萄白兰地酒（aguardente）当属阿尔瓦利诺陈酿——葡萄牙上好白兰地酒的典范，香气复杂，口感热烈、丰满。

阿维乐达（AVELEDA）

色 深古金色到浅琥珀色再到中度琥珀色。

香 复杂；散发着香草、泥土、柠檬皮、烤面包、药草和鲜花的香气。

味 热烈、熟润；滋味复杂；回味悠长。

阿维乐达坤特以葡萄牙北部为基地，出产葡萄牙最受尊崇的白兰地酒。最上乘的是白兰地酒窖陈酿。这种获奖白兰地酒在法国橡木桶中陈酿10年以上，香气复杂，包括泥土、药草和鲜花香味，还有隐隐的咖啡和巧克力香。我个人认为，酒窖陈酿从总体上来说是种上等白兰地酒，很值得一尝。

阿维乐达

意大利

尽管意大利的葡萄酒更出名，但也有酿造优质白兰地酒的传统，选用的葡萄品种包括棠比内洛，法国干邑地区也选用此葡萄品种。

布顿（BUTON）

色 淡琥珀色到中度琥珀色；极其浓厚。

香 散发着像西梅干和李子这样的水果、香草和橡木的香气。

味 热烈、雅致；味道微干，回味令人满意。

布顿的白兰地酒在风格上与干邑接近，但略微强劲一些。最著名的是维基亚罗马涅——意大利唯一一种采用蒸馏器蒸馏，在旧橡木桶中熟化的白兰地酒。留意陈年白兰地酒，如维基亚罗马涅稀世珍藏，其酒液陈酿长达15年。

斯多克（STOCK）

色 淡橙黄色到琥珀色；浓厚、深浓。

香 平衡佳；葡萄、香草和橡木的香气完美融合。

味 清新，富有水果味；很热烈、迷人；酒龄比较长的酒品滑润。

斯多克创立于1884年，现在隶属于德国公司埃克斯，酿制出了世界最畅销的意大利白兰地酒斯多克84（酒名意指公司成立的年份）。这种白兰地酒选用棠比内洛葡萄酿造而成，在经年橡木桶中陈酿，是它们的VSOP。斯多克独创是公司的基本型白兰地酒，呈淡金色，最好被用做调酒原料。

斯多克

德国

德国白兰地酒很清淡、芳香，平衡性很好，在风格和品质上可以同中等级别的法国干邑相比。用于酿制白兰地酒的葡萄和葡萄基酒大多从法国和意大利进口，然后再用它们进行陈酿、勾配。

阿沙巴赫（ASBACH）

色 深古金色到淡琥珀褐色。

香 甜美，散发着香草、苹果、咖啡、蛋糕、水果酱和矿石香气。

味 清淡、清新，回味中长，令人满意。

19世纪末，雨果·阿沙巴赫（Hugo Asbach）创立了自己的公司，1907年，他想出Weinbrand一词，现在，这个词已经成为白兰地酒的公认德语词汇。

阿沙巴赫的旗舰酒品是优拉——无论何时，只要我想起德国白兰地酒，优拉总会跃入脑海！用于酿制优拉的葡萄酒产自法国西南部的夏朗德，白兰地酒在利穆赞橡木桶中陈酿3年左右——比德国法律规定的最低年限长很多。

阿沙巴赫也酿制自己的VSOP——陈酿8年的私属白兰地（Privatbrand）以及陈酿15年的、相当于法国XO的特酿白兰地。甄选陈酿21年为馈赠酒品，用细颈玻璃瓶灌装。为庆祝千禧年，该公司推出了限量的年份白兰地酒1972。这可是收藏家的酒品——留意寻找吧！

阿沙巴赫

埃克斯（ECKES）

色 深红褐色到古金色。

香 不是特别浓烈，比较中性；散发着水果、香草和橡木的香气。

味 清淡、富有水果味；清新，回味中长。

如果您喜欢德国“干邑”，这家公司绝对要多加留意。埃克斯是德国一家国际酿酒和销售公司，成立于19世纪50年代，第二次世界大战后，业务迅速延伸到奥地利、意大利和东欧。埃克斯和斯多克，是它的葡萄酒和烈性酒的分公司，控制着超过100个白兰地酒品牌。

它的旗舰产品之一为香特，是以董事长夫人名字命名的一系列干邑风格的白兰地酒，也是德国销量最大的白兰地酒。香特干邑（Chantré Cognac）（能够使用干邑一词的原因在于酿造这种白兰地酒的原料烈酒原产于该地区，尽管勾配过程在德国完成）为VSOP品级的白兰地酒，在橡木桶中熟化至少4年，所以口感丝般柔滑，水果和香草香味和谐统一。基本型的白兰地酒是香特白兰地，而香特红酿是酒精度偏低的白兰地酒，酒精含量为30%，完全由红葡萄酒蒸馏而成。这款酒悦人、微妙，呈壮丽的红色。埃克斯其他酒精度偏低的白兰地酒包括味淡、柔和的金尊白兰地和细腻的阿塔奇。

陈酿时间最长的埃克斯白兰地酒是玛利亚克荣，此品牌自1894年开始酿酒，1962年归埃克斯公司所有。它是另一款畅销的白兰地酒——德国五大白兰地酒之一，为清淡、热烈的一流混合白兰地酒。

埃克斯

文化与传统

烈酒与雪茄 与白兰地酒一样，雪茄应该能够燃起您的感官感受，特别是香气、味道，还有色泽——优质雪茄的颜色应该统一，没有斑驳。上好白兰地搭配中等强度到强劲的哈瓦那（古巴人纯手工制作）雪茄，因为它们的香料、水果、林木香味和芳醇的特点相得益彰。

德克（DECKER）

色 淡琥珀色，带有一抹金光。

香 散发着水果酱、太妃糖、香料、林木和甜香草的香气。

味 清新，有香料味，回味有点热烈。

这个小型家族企业，一直都执着地认为，虽然干邑地区垄断了魔幻的“干邑”一词，但却无法将品质据为己有。德克白兰地酒在橡木桶中陈酿，采用尽可能贴近传统干邑的方法酿造，通常极其滑润，品质上乘，很像干邑，都有香料的特质。

基本型的德克白兰地酒为凯瑟堡，其活泼而清新，最好用于调酒。接着就是甜滋滋的杜邦（Dupont）。等级最高的是斯坦霍特（Steinhalter），其陈酿7年，富有水果香味，口感复杂。

莱克（RACKE）

色 鲜亮诱人的淡琥珀色到中度琥珀色。

香 非常诱人、优美；散发着焦糖、香草、水果干、蜂蜜和橡木的香气。

味 浓郁度中等；很滑润、回味微甜。

虽然莱克的重点是葡萄酒，但大约1/4的销售额来自烈性酒。1959年，莱克推出德国第一款威士忌酒，而且也酿制波特（Pott）朗姆酒——其很畅销。

莱克最知名的白兰地酒为帝王杜亚丹，选用源自法国的葡萄酒，在德国酿造，并在法国橡木桶中培养。这种白兰地酒中等强度，用于调酒或者作为日常餐后酒单独饮用。

公司其他品牌有斯卡拉堡——1920年创立，斯卡拉堡美思特白兰地在德国销量第三，温润、适中，最好用于调酒。

塞浦路斯

塞浦路斯人很喜欢白兰地酒——有些人甚至乐于搭配食物饮用。塞浦路斯白兰地酒，具有甜丝丝的味道。

苏达普（SODAP）

色 淡金色，酒龄比较长的呈中度琥珀色。

香 诱人；散发着林木、水果干、香草和药草的香气。

味 不太丰满；很精雅、滑润；回味清新。

1947年，苏达普创建，是塞浦路斯大型的葡萄酒公司。基本型的白兰地酒是VO 47，其酒龄短而火辣。VSOP在橡木桶中熟化至少15年，精雅而相当复杂。最好的莫过于阿多尼斯（Adoins）——其更加丰满、更加滑润，可以单独饮用。

科欧（KEO）

色 中度金色，略带一丝琥珀色，而且边缘呈琥珀色。

香 散发着葡萄、香草、林木和微微的蜂蜜香。

味 甜美柔和，丝绸般极其滑润。

科欧酿酒公司在希腊、塞浦路斯和意大利设有分部，白兰地酒主要由西尼斯特丽（Xinisteri）白葡萄蒸馏而成。千万不要把基本型的科欧VSOP同干邑VSOP相混淆，科欧VSOP仅适用于勾配。比较好一些的科欧旗舰酒品为五大君王（Five Kings）。这种白兰地酒在罐式蒸馏器中经过二次蒸馏，然后陈酿15年，因此，其柔滑、芬芳，很像酒龄短的干邑，总之，其很可口。

科欧

希腊

希腊的白兰地酒市场，被迈塔克瑟一家酿造商占据。公司于1888年首次推出白兰地酒，现在全球销量超过100万箱。迈塔克瑟白兰地酒是典型的希腊风格——不太复杂，但质地丰满，水果味浓厚。

迈塔克瑟（METAXA）

色 柔和的蜂蜜深金色到琥珀色。

香 散发着白麝香葡萄、葡萄干、药草、玫瑰和林木的香气。

味 极为平衡，芳醇，有林木味，回味悠长。

有人说，因为迈塔克瑟混合烈性酒、葡萄酒和药草制成，所以其不是白兰地酒而是利口酒。不过，我把它看做白兰地酒：所有的白兰地酒都添加了某些成分——有时候可能是焦糖，有时候可能就是橡木桶的滋味——而且，如果您去希腊，要瓶白兰地酒，人家就会给您迈塔克瑟。迈塔克瑟由多种红葡萄混合酿制而成，在橡木桶中陈酿3年到15年，之后，混合白麝香葡萄酒和药草，在更大的橡木桶中贮藏不少于6个月的时间，最后装瓶。

迈塔克瑟主要有三种白兰地酒：三星（Three Star）、五星（Five Star）和七星（Seven Star）——每颗星代表陈酿1年。比基本型更高级的白兰地酒是私属珍藏（Private Reserve），其酒龄至少20年，滑润、丰满、复杂——让人非常满意！

迈塔克瑟

以色列

以色列是世界上最大的符合犹太教规的白兰地酒酿造国，虽然法国、意大利和美国也出产此类白兰地酒。白兰地酒产业，由像罗斯柴尔德（Rothschilds）这样的法国犹太家族创建，如今，在以色列颇受青睐。

卡梅尔·米兹腊希

卡梅尔·米兹腊希（CARMEL MIZRACHI）

色 暗深金色，带有微微的琥珀色。

香 散发着水果干、特别是葡萄干、泥土、林木和蜂蜜的香气。

味 芳醇、富有水果味、很甜美，浓烈度中等。

1882年，卡梅尔·米兹腊希，由罗斯柴尔德家族（波尔多拉菲葡萄酒酒庄的所有者）创建，是以色列最大的白兰地酒出口商。卡梅尔充分利用与意大利白兰地酒酿造商的良好关系，逐渐树立起高质的美名，这在很大程度上是因为他们自己种植葡萄，为酿造烈性酒奠定了坚实基础。

最好的酒品之一是陈酿3年、充满水果香味、活泼的卡梅尔777（Carmel 777，一款VSOP）。获奖的777金尊（777 Gold）酒龄6年，虽然有点儿甜味，但平衡极佳。不过，最出色的当属获奖的白兰地100（Brandy 100），陈酿9年，口感强烈，水果香味芳醇，平衡佳。110 XO的酒龄为15年，特别滑润、雅致。

格鲁吉亚

格鲁吉亚共和国位于欧洲东部，有着悠久的葡萄酒酿造历史，从19世纪开始酿制卓越白兰地酒。酿酒商采用与干邑相同的酿造方法——白兰地酒经过二次蒸馏，然后在橡木桶中陈酿而成。

艾尼瑟利（ENISELI）

色 闪闪发光的深金色到中度偏深的琥珀色。

香 开放、诱人；散发着香草、焦糖、葡萄、水果干和橡木的香气。

味 干性适中；细致；天鹅绒般柔滑，平衡佳。

获奖的艾尼瑟利白兰地酒，由化学家大卫·萨拉德吉威利在1884年创立的酿酒公司酿制。据说，这个品牌的白兰地酒不仅上过沙皇尼古拉斯二世的餐桌，而且是苏俄独裁者约瑟夫·斯大林的最爱。另外，1945年，克里米亚的雅尔塔会议上，英国首相温斯顿·丘吉尔也曾品尝过它。

基本型的艾尼瑟利白兰地酒，酒龄3年，并不复杂，而且有点儿甜味，而酒龄5年的萨拉德吉威利博士（以公司的创始人命名）更复杂一些，平衡很好。如果喜欢滋味更干、水果香味更浓郁、口感滑润、有微微焦糖味的白兰地酒，那您就品尝VO（由陈酿10年到21年的白兰地酒勾配而成）和提必利斯（由陈酿15年到21年的白兰地酒勾配而成）。

我认为其他值得品尝的格鲁吉亚白兰地酒还包括：萨卡威洛、OC和卡兹贝吉（Kazbegi）——全都很美味。

智利

最初的智利白兰地酒名为皮斯科（Pisco），其可以追溯到16世纪西班牙入侵时期。占领者种植葡萄为教堂礼拜仪式酿制葡萄酒，后来蒸馏果汁。

皮斯科卡佩尔

卡佩尔（CAPEL）

色 晶莹透明，陈年的酒品呈淡金色。

香 不太浓郁；散发着水果干、林木和微微的香草香。

味 精雅、很干；滑润，回味中长。

卡佩尔创建于20世纪30年代，是智利酿制皮斯科酒最大的公司，皮斯科是智利国酒，从19世纪早期就被视为一种可以跟有些西班牙基本型混合白兰地酒相媲美的白兰地。

低端的卡佩尔皮斯科酒——传统和特酿——仅适合用于调配——可以调配皮斯可乐（一种白兰地和可乐混合的饮品）或者由鸡蛋清、糖和柠檬汁调配而成的餐前鸡尾酒——皮斯科酸（见第350页）。

卡佩尔珍藏（酒精度40%）和更强劲的卡佩尔特级皮斯科（酒精度43%）滋味更佳，葡萄香味与香料味平衡和谐。

至于其他酿酒商出品的优质皮斯科白兰地酒，可以留意洛阿特桑德奇滋和奥特德卡门，这两种酒完全选用白麝香葡萄酿制而成，而且口感确实很滑润、雅致。

亚美尼亚

虽然亚美尼亚只是高加索山脉的一个小国，但它的优质白兰地酒名不虚传。亚美尼亚的白兰地酒通常精制、清淡、滑润，深受俄罗斯人青睐。亚美尼亚只有少量白兰地酒出口西方。

亚拉腊（ARARAT）

色 淡琥珀色到比较深的青铜色。

香 散发着坚果、香草、巧克力、松木、雪松、雪茄盒、甘草和香料的香气。

味 从清新、明快到复杂、滑润、强劲。

亚拉腊蒸馏厂位于亚美尼亚首都埃里温，生产优质白兰地酒的历史已经超过100年，1998年成为保乐利加集团的一部分。

基本型的白兰地酒为海克，清淡而新鲜，是调配的理想原料，类似的还有陈酿3年的亚拉腊三星。亚拉腊五星陈酿5年，在以上三种白兰地酒中最滑润，而且水果、坚果香味更浓郁，口感更复杂，加入冰块单独饮用极佳。

安尼陈酿6年，奥特博尼陈酿7年。但最好的亚拉腊白兰地酒是陈酿10年的阿克塔玛和德温，它们都是获奖白兰地酒，强劲、浓烈，单独饮用极佳。酒厂顶级白兰地酒是普拉兹尼奇尼、瓦斯普拉坎和耐瑞（Nairi），它们全都选用陈酿20年的白兰地酒勾配。

总之，亚拉腊的白兰地酒品种广泛，而且始终如一酿制高品质烈性酒。如果下次您想换换新口味，不妨品尝亚拉腊最上乘的白兰地酒——我很喜欢！

墨西哥

墨西哥人喜欢他们的白兰地酒，每年饮用量超过1.5亿瓶！与流行的说法相反，同特基拉酒相比，他们更偏爱白兰地酒——总统（Presidente）和唐佩德罗（Don Pedro）白兰地酒在全球销量最大。墨西哥人喜欢饮用烈性酒时加冰块兑可乐。

多枚克（DOMECQ）

C 色 诱人的深金色到深琥珀色。

A 香 散发着水果、林木、焦糖和香草的香气。

T 味 很纯净、清淡，有微微的甜味；滑润。

墨西哥在第二次世界大战之后开始酿造多枚克白兰地酒，当时，西班牙白兰地酒酿造公司多枚克（见第181页）的老板唐·佩德罗参观访问墨西哥，打算酿制出纯正的墨西哥白兰地酒。20世纪50年代末期，总统白兰地酒推出，并逐渐成为世界20大烈性酒之一、美国销量最大的进口白兰地酒。这种白兰地酒采用索乐拉方式，陈酿仅6个月，因此，口感酒龄短而热辣，单独饮用时尤其如此！之后，多枚克推出更加丰满、更加滑润、陈酿1年的唐佩德罗白兰地酒，很受欢迎，用餐结束时饮用极好。

20世纪70年代，多枚克推出了高品质的阿兹特卡金尊（Azteca d' Oro），陈酿12年，色泽更深，更浓郁，更令人满意，散发着林木的香味，口感浓烈。阿兹特卡金尊在美国备受青睐，已经成为墨西哥最好的白兰地酒。

澳大利亚

澳大利亚白兰地酒十分悦人，但几乎没有特别精品。蒸馏、陈酿白兰地酒的历史由来已久。很多是在国内销售，不过，近年来，有些酿造商已经出口白兰地酒，希望赶超澳大利亚葡萄酒的成就。

BRL 哈代（BRL HARDY）

C 色 浅琥珀色到鲜青色和深琥珀色。

A 香 复杂；平衡佳；散发着橡木、青草、巧克力和蜂蜜的香气。

T 味 质地有点儿油滑；强烈、圆润、浓烈。

BRL哈代成立于1853年——如今名为哈代葡萄酒公司（Hardy Wind Company）——在澳大利亚葡萄酒的发展过程中举足轻重。它已经把业务扩大到白兰地酒的生产中，充分利用自己广阔的葡萄园资源，采用干邑的酿制方法，经过两次蒸馏并在橡木桶中陈酿白兰地酒。

BRL 哈代

基本型的白兰地酒为黑瓶（Black Bottle），选用多拉蒂洛（Doradillo）葡萄和歌海娜葡萄酿制而成，在橡木桶中至少陈酿2年，有甜味，回味平衡佳。

我最钟爱的非法国产白兰地酒是BRL哈代XO（BRL Hardy XO），平均陈酿20年，香草和橡木的香气复杂，还有隐隐的巧克力香。

安格瓦（ANGOVES）

C 色 深金色到深栗褐色。

A 香 复杂；散发着黄油、香料、橡木、椰子和香草的香气。

T 味 丰满而令人满意；平衡佳、纯净、很干。

1886年，安格瓦由英国一位名为威廉姆·安格瓦（William Angoves）的医生创立（现在仍由他的家族掌管），1925年，该公司开始以营利为目的酿制白兰地酒，随后名声大振，成为澳大利亚最好的白兰地酒酿造厂商之一。

该公司总部位于南澳大利亚的阿德莱德附近，以出产圣阿格尼丝（St Agnes）系列白兰地酒而著称，采用传统的干邑法酿制，在罐式蒸馏器中经过两次蒸馏，并在橡木桶中陈酿。基本型是圣阿格尼丝三星（St Agnes Three Star），酒龄短、新鲜、活泼，派对上调配苏打水或者可乐作为长饮极佳。共有两款五星（Five Star）白兰地酒：新近推出的VSOP和利口陈酿（Old Liqueur）。后一款为公司的旗舰酒，比其他安格瓦白兰地酒更丰满、更圆润、更熟润（陈酿至少10年）。

安格瓦

安格瓦获奖系列为七星XO（Seven-Star XO），陈酿至少20年，颜色深浓，充满复杂的香气和滋味，是真正出色的餐后酒。

2000年3月，为庆祝公司酿制白兰地酒75周年，安格瓦推出周年秀白兰地（Anniversary Show Brandy），仅售2 000瓶，用于勾配的烈酒陈酿至少30年。这是收藏家的绝妙酒品——如果您有幸看到，一定要抓住！

麦克威廉姆斯（MCWILLIAMS）

C 色 半透明，闪闪发亮的淡金色到琥珀色。

A 香 复杂、雅致；散发着葡萄、橡木、黄油、香草的香气，还有隐隐的坚果香。

T 味 紧致、平衡佳；很滑润，令人满意；回味特别悠长。

这是澳大利亚久负盛名的家族企业，创立于1877年，总部设在澳大利亚东南部的南威尔士。公司声誉很好，出产一系列白兰地酒，因品质的水准高并且推介酿制白兰地的新工艺而备受尊崇。

虽然麦克威廉姆斯大多采用白玉霓、白福尔葡萄酿制白兰地酒，但也加入赛美蓉葡萄。用这种葡萄——曾经在世界上种植面积最广——酿制的葡萄基酒滋味中性，但陈酿时极易吸收橡木桶的浓郁滋味，因此酿制的白兰地酒独特，高品质始终如一。

麦克威廉姆斯提供一款基本的麦克斯三星（Max Three Star）白兰地酒，虽然清淡，但很丰满，香草味馥郁，还有微微的黄油香，作为长饮非常理想。比如，作为白兰地苏打水或者用于调配鸡尾酒。与麦克斯三星一样，四星主席珍藏（Four Star Chairman's Reserve）酿制极为精良，清淡、新鲜，有水果的香味。不同之处在于，因为四星陈酿时间长，所以更加滑润。

麦克威廉姆斯的明星酒品是五星秀珍藏高级利口，它不仅是澳大利亚最好的白兰地酒之一，也是世界上最好的白兰地酒之一！秀珍藏白兰地酒混合1963年和1967年的年份酒，经过三次蒸馏而成。实话实说，看着瓶中的酒液就是一种纯粹的享受。

麦克威廉姆斯

美国

19世纪中叶，美国开始蒸馏、陈酿白兰地酒，加州葡萄酒的成功为白兰地酒产业注入活力。美国人尝试采用传统陈酿和混合工艺与细致的法国白兰地酒一决高下。

E & J 加洛（E & J GALLO）

色 雅致的淡金色，酒龄比较长的呈更加紧致的琥珀色。

香 富有水果香，尤其是樱桃和西梅干；还散发着林木、雪莉酒、坚果和奶油糖果的香气。

味 平衡佳；很清淡、柔和、纯净；回味中长。

欧内斯特和胡里奥（E & J）加洛是世界最大的葡萄酒酿造商和经销商之一，占据了美国葡萄酒市场的很大份额，在世界市场也表现不俗，自1968年起，成为主要的白兰地酒酿造商。

E & J 加洛最基本的酒品是美国销量最大的VS白兰地酒，其酿制精良，而且值得信赖，清淡，呈金色，富有水果和黄油香味。如果您正在寻找调酒原料或者超值、可靠的餐后酒品，VS绝对值得品尝。

VSOP比VS更滑润，更丰满，更能显示陈酿的特点，复杂性更强，香草、雪莉酒的香气更突出，同时还掺杂着浓郁的林木和水果香。总之，这是一种很好、很平衡的白兰地酒。

E & J干邑散发着香料和林木的香味，但又不太浓重。这是一款复杂、高质的白兰地酒，风格清淡（而且色泽也淡柔），日常饮用非常完美。

杰普森（JEPSON）

色 深金色、浓重；清透、诱人。

香 复杂、如花；散发着杏仁、烤苹果、焦糖的香气，还有隐隐的烟香。

味 雅致；很干；滑润、回味悠长；平衡极佳。

跟大多数加州的酿造商一样，杰普森主要以酿制葡萄酒而著称。不过，杰普森并未把白兰地酒看成次要酒品，而是极其认真对待。因此，杰普森白兰地酒十分悦人。

杰普森酿制出一些美国最好的白兰地酒。他们选用歌伦巴葡萄，因为它花香馥郁、酸性高，酿制上好白兰地酒绝佳。这种葡萄原产于法国，干邑酿造商也使用它，不过，因为白玉霓、白福尔葡[illegible]。20世纪70年代，加州葡萄酒酿造商将其运回，如今，在门多西诺县（Mendocino County，位于旧金山以北的加州北海岸葡萄酒产区）大获成功，主要用于酿制柔和的白葡萄酒。

杰普森

杰普森的酒品中，珍藏白兰地酒（Rare Brandy Alambic）销售范围最广。这是一款常规的获奖酒品，在法国橡木桶陈酿至少5年。杰普森陈藏色泽更深，口感更滑润，香料的香味更浓，价格更昂贵，当然令人很满意。不过，顶级白兰地酒是特别贮藏的“签名珍藏”（Signature Reserve）。这种酒高级而珍稀，具有所有其他白兰地酒的复杂性，而且还有隐隐的烟熏味，每瓶售价大约100美元，适合特别款待！

克里斯蒂安兄弟（CHRISTIAN BROTHERS）

色 半透明的深金色到中度琥珀色。

香 散发着橙子、杏仁、香草的香气，水果香突出。

味 清淡、精雅，有甜味；极其悦人。

1882年，克里斯蒂安兄弟创建，是加州历史最悠久的白兰地酿酒厂商之一，现在隶属于美国天堂山酒业集团。

受欢迎又超值的白兰地酒包括：基本型的水果味VS、更滑润的VSOP、特级XO和克里斯蒂安兄弟珍白（Christian Brothers' White，灌装在磨砂玻璃瓶中）。这些白兰地酒以其清淡、水果味的风格而著称，而且不过于炫耀或者复杂，是极佳的混合调配酒。

克里斯蒂安兄弟

RMS

色 深金色到杏仁色，稍微带点儿橙色。

香 复杂、精雅；散发着山核桃仁、焦糖、香料、橙子和橡木的香气。

味 细致、精美；滑润、圆润；酒体中度到强劲。

20世纪80年代，RMS由法国干邑酿酒公司人头马创立，试图在加州再创法国干邑的精致典范——已经取得巨大成功。RMS选用多个葡萄品种——包括歌伦巴葡萄、黑比诺葡萄、白诗南葡萄、白麝香葡萄、巴罗米诺葡萄，甚至还有酿制雅文邑的经典葡萄白福尔——酿制出一系列卓越的白兰地酒，其中一些，如出色的黑比诺XO，是刻意与某种葡萄联系起来。

RMS 特别珍藏（RMS Special Reserve），是美国销量最大的白兰地酒之一。这种获奖的基本型白兰地酒——其实一点儿也不基本——选用陈酿长达8年的烈性酒制成。因此，其充满水果和坚果的香味，清淡而雅致。

更丰满、更像传统干邑的白兰地酒，当属获奖的品质非凡（Quality Extraordinaire）。这款白兰地酒选用美观的细颈玻璃瓶灌装，陈酿14年之久，色深，复杂，充满香料、胡椒和奶油糖果的香味。我相信，这款白兰地酒陈酿时间再长几年，就会几乎与法国高级干邑难以区分。

白福尔白兰地酒（Folle Blanche）是该公司出产的“单品种”烈性酒，而且是美国唯一一款专门选用白福尔葡萄酿制的白兰地酒。它是另一款卓越的白兰地酒：色泽深——像未去皮的杏仁——清淡，如花，香草、烟草和深色水果的香味完美融合。

产区和酒品

RMS 黑比诺 XO 选用红葡萄品种酿制白兰地酒极为罕见，尤其是用加州的黑比诺葡萄，因为这里气候炎热，葡萄难以生长。这就是为什么RMS黑比诺XO非常特别的原因。这种白兰地酒陈酿10年，呈淡杏色，散发着蓝莓、橙子、香料、坚果和烟草的香气，而且充满花香，如丁香、茉莉和橙子花的香气。

南非

南非白兰地酒大多面向大众市场，不过，有些酿酒商已经延展了酒品范围，正在酿制高端品质的烈性酒。因此，出现了引人注目的新一代南非白兰地酒，有些已经达到了世界顶级水平。

KWV

色 深金色到鲜杏色和深琥珀色。

香 与众不同，浓郁，散发着坚果、香草、胡椒、烤苹果和鲜杏的香气。

味 微甜；很热烈、强烈；平衡佳。

KWV是南非面积最大的白兰地酒酿造商——比所有其他酿造商加在一起还大！而且在世界其他国家市场也颇具影响。

有很多年，KWV只酿制一些很普通的白兰地酒，但自从20世纪90年代中期开始（随着种族隔离政策的取消和对南非贸易制裁的解除），公司认认真真提升了酒品的品质。

五星VO白兰地酒

KWV是一家大酿酒公司，酿制的白兰地酒种类繁广。基本的三星（Three Star）很清淡，有坚果的香味，是比较好的调酒原料。五星VO（Five Star VO）呈金色，有水果香味，乐趣多多，日常饮用以及派对上调配鸡尾酒极好。

陈酿10年的白兰地酒品质提升非常显著。KWV白兰地酒几乎都是水果、坚果、香草味和甜味平衡很好，陈酿10年将这些元素融合，创造出的白兰地酒感觉像是充满自信的牛轧糖！而且它比更芬芳的白兰地酒更丰满一些，有微微的波特酒口感。

依莫雅VSOP白兰地酒

高端系列有XO和陈酿20年。这些白兰地酒颜色深，丰满，酒体很好，黑色水果、杏和红糖的香味复杂。

公司顶级白兰地酒是获奖的60周年纪念（Diamond Jubilee）。这种出色的白兰地酒由陈酿10年、12年、15年和23年的优质、罐式蒸馏白兰地酒勾配而成（相加后，白兰地酒的陈酿时间是60年——因此得名“60周年纪念”）。其呈深金色，香气和滋味极其复杂，水果、林木、香草和甜味平衡极佳，而且杏香馥郁。这种白兰地酒装在漂亮的雕花玻璃瓶中，轻而易举位列法国、西班牙和美国售出的最好酒品。

KWV最重要的新品是依莫雅VSOP白兰地酒（Imoya VSOP Alambic）（imoya意为非洲古老葡萄酒）。这款白兰地酒针对酒龄短的消费群体，在罐式蒸馏器内两次蒸馏，在法国利穆赞小橡木桶中陈酿达20年。因此，它呈深琥珀金色，味干，清新，而且也很强劲、复杂，水果干的滋味浓郁，口感滑润，回味悠长。初期的市场反应是，依莫雅白兰地酒大受欢迎。KWV公司希望它能向全新的一代饮酒者推介白兰地酒。

拜克斯伯格（BACKSBERG）

色 诱人、闪闪发亮；中度到古金色。

香 优雅；散发着鲜花、桃、杏、坚果、甘草和香料的香气。

味 滑润、有坚果味、热烈，回味中长。

这是一家小型蒸馏厂，位于西开普省，由1916年从立陶宛移民到南非的拜克（Back）家族掌管，作为葡萄酒酿造商，已经美名远扬。

这里在19世纪开始蒸馏白兰地酒，最初的拜克家族移民继续使用旧蒸馏器酿酒，直至20世纪20年代才有改观。20世纪80年代末，该家族购买了法国蒸馏器，又开始酿制白兰地酒。他们采用了法国干邑的酿制方法，酿造出了两款上好的烈酒（见第170~171页）。

拜克斯伯格

拜克斯伯格公司选用白诗南葡萄，酿制出了清爽、味干、柔和的白葡萄酒，天气炎热时饮用它完美无缺。这种葡萄酒酸性也很高，这两大特点使它自然而然成为蒸馏高质白兰地酒的选择。

您希望饮用丰满、如花、香气复杂的白兰地酒，就尝一尝陈酿4年的悉尼拜克庄园白兰地酒。1995年，这款白兰地酒一推出，就在英国举办的国际葡萄酒和烈性酒大赛上被评为“世界最佳白兰地酒”，荣获多枚克大奖——所以说绝对值得寻找！

悉尼拜克庄园10年白兰地酒，酒龄长一些，也很丰满、复杂，水果、香料、坚果的香味完美融合，很热烈，令人满意，用餐后单独品饮很迷人，但我特别喜欢加少量水饮用。

调配

白兰地鸡尾酒 传统上，人们认为白兰地酒是正餐后纯饮的一种烈性酒，其实，白兰地酒也可以调配出一些卓越的鸡尾酒。其中包括边车（见第349页），加入白橙皮和柠檬汁；白兰地亚历山大（见第363页），加入巧克力利口酒和奶油；香槟鸡尾酒（见第379页），加入方糖和很多起泡酒！

ESTD 1892
SINGLE MALT
Distilled at
THE BALVENIE
Distillery Banffshire
SCOTLAND
40% vol

"生命之水，香味深厚、细致；滋味，风格丰富，让人惊叹。"

威士忌酒

威士忌酒简介

世界上有些地区比较凉爽，水果难以生长，人们学会了蒸馏谷物。对威士忌酒的最早记录源自15世纪的爱尔兰。21世纪，威士忌酒是最重要的谷物烈性酒。

品酒和侍酒

简介 威士忌酿造者的主要目标之一就是达到香气的完美平衡，不过，最为普通的香气就是麦芽香。威士忌酒的香气和味道几乎无穷无尽。

C 色 橡木桶陈酿的酒液呈金琥珀色。陈酿时间更长的烈性酒，而且/或者在以前的雪莉酒、波特酒或者波本酒的木桶中熟化的烈性酒，色泽更深，混合烈性酒的色泽也是如此。

A 香 散发着麦芽、木桶陈酿后的橡木和香草香，也散发着泥炭（尤其是苏格兰威士忌）、柑橘、香料、焦糖和烟熏的香气。

T 味 圆润、干、强烈；麦芽和泥炭、柑橘或者香料的味道平衡。苏格兰威士忌酒往往充满烟熏和泥炭味；波本酒丰满而强烈。混合威士忌酒富有自己精心调配的平衡感和复杂性。

选购和贮藏 国际酒业公司拥有大多数混合威士忌酒，随时都能买到。一些大集团也控制着很多单一纯麦威士忌酒，通常冠以“经典”（classics）销售。如果希望购买更加稀罕的酒品，要直接去酿酒厂。没必要在家中“陈酿”威士忌酒，因为酒质在瓶中不会提升。贮存时，酒瓶直立，远离阳光直射和热源。

侍酒建议 经典威士忌酒杯（或者平底无脚酒杯）没有杯腿，杯身宽而矮，给希望加入冰块的人留下空间。

威士忌酒一般会作为餐前酒或者餐后酒侍饮，很少与食物搭配。往您的威士忌里倒一点儿水，能帮助酒液释放香气，冲淡酒精。混合威士忌酒与姜汁汽水或者苏打水调配成长饮很可口。

“威士忌”这个名称源自盖尔语“生命之水”（uisge beatha），这种酒因具有药用特性而备受尊崇，可能酒名与此有关。

香草 橡木桶陈酿，赋予白兰地酒独特的香草芳香。

销售的威士忌酒通常有两种风格：单一纯麦威士忌酒和混合威士忌酒。单一纯麦威士忌酒为高级酒品，仅选用麦芽酿造，没有其他谷物，出自单一蒸馏厂。世界上大多数的麦芽蒸馏厂——大约100家——位于苏格兰，这里出产的威士忌酒品具有典型的地域特色。相反，混合威士忌酒则通过将一些麦芽和谷物威士忌混合在一起，使酒液具有预想的色泽、滋味和特点。可能您也见过其他用于形容威士忌的字眼：“大桶纯麦威士忌”（“vatted malt whisky”）只是由不同蒸馏厂的纯麦威士忌混合而成；“苏格兰”（“Scotch”）指的是产自苏格兰的威士忌酒。

单一纯麦威士忌酒

为了酿造纯麦威士忌酒，将谷物浸泡在泉水中，这样可以赋予烈酒独一无二的独特性。比如，艾雷岛（苏格兰西南部）的水会使酒液具有泥炭风味，苏格兰高地（苏格兰中东部）的水会使酒液具有石楠的味道。按照传统方法，湿润的谷物在“麦芽床”上发芽，但是，现在很多威士忌酒酿造商采用机械化方法。发芽期间，谷物中的淀粉转化成发酵的原料——糖。一旦长出新芽，谷物在窑内烘干——这一过程也会为最后的酒品添加滋味。然后，把烘干的谷物或者麦芽磨碎，加入热水浸泡。浸泡的液体流出后，加入酵母开始发酵过程。这种发酵的液体被称为“麦芽浆汁”，经蒸馏成为纯麦威士忌

羊杂碎肚 威士忌酒通常不会与食物搭配饮用，但是传统的苏格兰羊杂碎肚辛辣、燕麦味浓，极其适合与某些单一纯麦威士忌搭配，例如格兰利维（Glenlivet）。

酒。苏格兰单一纯麦威士忌酒，采用罐式蒸馏器蒸馏——这种巨大的壶状铜质容器加热麦芽浆汁，将其转化成威士忌蒸馏液。然后，威士忌蒸馏液至少再蒸馏一次，才放入橡木桶熟化至少3年。通常，橡木桶曾用于陈酿雪莉酒，所以雪莉酒的香甜滋味会传递给威士忌酒。爱尔兰出产的单一纯麦威士忌酒也一样，往往比苏格兰威士忌纯麦威士忌更芳醇，主要是因为他们选用一定比例未发芽的大麦，而且蒸馏过程进行三次而非两次。

木炭过滤 在美国田纳西州的杰克丹尼尔（Jack Daniel's）蒸馏厂，通过燃烧枫木获得木炭。田纳西威士忌酒的独特之处在于，经过木炭过滤，滋味澄澈、纯净。

其他威士忌酒

很多人认为混合威士忌酒不如单一纯麦威士忌酒好。这么说也不总是准确！有些最重要、最有影响的国际威士忌酒品牌就是混合威士忌酒。正如特优香槟白兰地酒，勾配是最高的一种艺术形式，因为混合调酒师必须保持一批批、一年年的酒品始终如一。

最容易买到的混合白兰地酒，苏格兰的除外，产自爱尔兰、美国、加拿大和日本。爱尔兰混合威士忌酒（注意单词拼写——产自爱尔兰、美国的威士忌whiskey，有个字母“e”）通常由大麦（既有未发芽的也有发芽的）、燕麦或者小麦酿造而成。每种烈酒通常都在罐式蒸馏器中蒸馏三次，然后，混合调酒师再挑选，以完善混合酒液。

波本酒是美国的威士忌酒，原产于肯塔基州的波本县，如今美国各地都在酿造这种酒。这种风格的威士忌酒必须含至少51%的玉米，而且在新橡木桶中陈酿最少2年——通常把桶的内壁烧焦，从而赋予酒液烟熏的滋味。美国也酿制出了黑麦威士忌酒，其中必须包含51%的黑麦汁，酒体通常十分强烈。田纳西（Tennessee）威士忌酒由玉米和黑麦混合酿制而成，因为经过了木炭过滤，所以特别纯净、滑润。加拿大威士忌酒并未标明谷物用量，但通常为黑麦酿制的混合威士酒。最后，说说日本，日本的混合威士忌酒由黑麦和大麦酿造而成。日本也酿制单一谷物威士忌酒，而且拥有世界上最大的麦芽蒸馏厂。

海洋的味道 拉佳维林（Lagavulin）蒸馏厂位于苏格兰艾雷岛南海岸的拉佳维林湾（Lagavulin Bay），这里的威士忌酒在海边的仓库陈酿。这里的空气中弥漫着海水咸咸的味道，从而赋予单一纯麦威士忌酒独特的风味。

苏格兰

如今，“苏格兰威士忌酒”的故乡苏格兰，是世界威士忌酒产业的中心。主要产区包括：位于西南部的津泰尔海岬（Mull of Kintyre）的坎贝尔敦（Campbeltown），它曾是“威士忌之都”；从北部到东部的高地地区；位于西海岸边的艾雷岛。上好威士忌酒也产自东北海岸的斯贝塞以及奥克尼（Orkneys）。

斯布林班克（SPRINGBANK）

色 从淡金色到特酿威士忌酒的深黄褐色。

香 芳香；散发着泥炭、香料、蜂蜜的香气；平衡卓越。

味 滑润、芳醇；复杂，酒体强烈；有微微的烟熏味和香料味。

斯布林班克酿酒厂创立于1828年，坐落在坎贝尔敦（苏格兰西部），提供一系列上好的单一纯麦威士忌酒，这些酒完全由蒸酒厂自己的烈酒勾配而成。斯布林班克酒龄10年的威士忌酒呈淡金色；15年的色泽更深、更复杂。更淡、更甜的斯布林班克洛克（Loch）和更深、更厚重的米切尔（Mitchell）12年也很容易买到。

有些以“木情”名称销售的特酿威士忌酒，曾经在以前用于陈酿其他葡萄酒和烈性酒（雪莉酒、波特酒、波本酒和朗姆酒）的木桶中熟化，人们有幸比较这些单一纯麦威士忌的风味。限量款斯布林班克1966绝对是顶级酒品——您一定要品尝！

斯布林班克

格兰高恩（GLENGOYNE）

色 淡金色到中度金色，酒龄长一些的呈青铜色。

香 纯净、明快、灿烂；散发着鲜花、苹果、雪莉酒、橙子、麦芽的香味和烟熏味。

味 微妙、平衡佳；雅致而且富于非常细致的水果香味。

格兰高恩，位于邻近格拉斯哥（Glasgow）的景色秀丽的峡谷，酿制的烈性酒用于大众市场的混合威士忌酒，如顺风和威雀，同时也出产滑润的10年、17年、21年单一纯麦威士忌酒。他们也酿制酒龄更长的限量款、木桶年份酒（酒标个性十足，您可以保存——一份理想的礼物）和特酿威士忌酒，比如，千禧年2000。2004年，该公司推出一款全新的单一纯麦威士忌，其为12年的木桶强度。所有的格兰高恩威士忌酒以精美、细致和平衡而著称。

格兰杰（GLENMORANGIE）

色 淡金色，陈酿时间长的威士忌酒色泽加深，呈上好的金色。

香 复杂、优雅；散发着奶油糖果、香草、柑橘的香气，还有隐隐的酵母香。

味 酒体中等，奶油一般；有烟熏、香料、坚果和鲜花的滋味；回味纯净。

19世纪40年代，格兰杰创建，出产苏格兰最畅销（世界位列第三）的纯麦威士忌酒。基本的酒品是格兰杰10年和18年单一纯麦威士忌酒。格兰杰10年，清淡、清爽、精雅，有微微的香料和柑橘水果味，回味纯净。18年单一纯麦威士忌，在雪莉酒桶中熟化，色泽更深，更丰满，更滑润，回味特别悠长。

格兰杰

格兰杰的其他酒品包括15年，我是这款酒的粉丝。它在波本酒的橡木桶中熟化，热烈，有隐隐的肉桂和甘草的味道。15年雪莉酒木桶终情（在波本酒木桶中熟化，但最后在雪莉酒桶中完成）很甜美、撩人，有蜂蜜和焦糖的味道。波特酒木桶终情很强烈，有微微的巧克力和黑醋栗的味道。马德拉酒木桶终情也很丰满、复杂，而且有种额外的“焦”味。比较新的酒品是勃艮第木桶终情，有浓郁的红色水果香味。格兰杰也出产很多“特酿”威士忌酒。比如，酒庄管理者之选，通常由特别的年份酒制成。这里还出产过一款限量的千禧年纯麦威士忌，仅有2000瓶。这款酒酒龄24年，很珍稀：香气浓郁、复杂，有橡木、雪莉酒和咖啡的香气，口感滑润、强劲，回味微甜。如果您看到一瓶，一定不要错过！

达尔维尼（DALWHINNIE）

色 淡金色；透亮，边缘呈鲜艳的淡黄色。

香 很干，散发着坚果、橙子、鲜花和烟熏味。

味 酒体中等；清新，有水果香味，回味微甜。

达尔维尼是苏格兰海拔最高的酿酒厂，坐落在寒冷的荒地，之所以选择这里，是因为可以用澄澈的泉水浸泡大麦。如今，酿酒厂隶属于跨国酒业公司帝亚吉欧（Diageo）。达尔维尼主要的酒品是15年单一纯麦威士忌，清淡、充满花香、回味甜美的。夏日野餐时啜饮，口感柔和。留意特酿，比如在欧洛索雪莉酒桶中熟化的酒品——非常特别！

达尔维尼

欧本（OBAN）

色 深金黄色，富有传统威士忌酒的感觉。

香 散发着泥炭和水果的香气，还有微微的盐香和烟熏香。

味 丰满，但酒体中等；有隐隐的蜂蜜和香料味；回味有烟熏味和咸味。

欧本酿酒厂位于苏格兰西高地（Western Highland），可以追溯到18世纪末期，不过，现在隶属帝亚吉欧。这里的威士忌酒有着一段别样的历史插曲——在佐治亚酿酒厂房的后面曾经发现了史前人类遗迹！

欧本的主要酒品是14年的纯麦威士忌；而更好的是特酿酒品，比如从1985年推出的14年雪莉酒桶威士忌。这种酒将香料味、烟熏味和甜味完美融合，平衡很好。

达尔摩（THE DALMORE）

色 深金色，酒龄长一些的威士忌呈琥珀色。

香 很浓郁、富有水果香，还散发着雪莉酒、橙子、坚果和杏仁糖浆的香味。

味 酒体强烈，有蜂蜜、香料、坚果的味道，回味干。

达尔摩酿酒厂位于苏格兰东部，邻近克罗默蒂湾，由酒业公司怀特&麦肯（Whyte & Mackay）掌管。达尔摩出产三种美味的单一纯麦威士忌，都很滑润、雅致，充满多种鲜花的香味。分别是12年，在雪莉酒桶中熟化，色泽深、丰满；更加复杂的是21年；50年——真正的款待！我很喜欢把它们作为餐后酒饮用——作为干邑的替代酒品。还有一款雪茄纯麦威士忌，如酒名一样，浓郁而撩人。

达尔摩

恒久的品质

尽管格兰杰是畅销酒，依然卓越超群。至少有部分原因在于穆尔（Muir）和麦克唐纳（MacDonald）两大家族的学识，他们于20世纪20年代接管这个品牌，现在仍然参与酒品酿造。

斯特泰斯拉（STRATHISLA）

C 色 深厚的黄色到深浓的古金色，再到青铜色。

A 香 芳香馥郁；散发着夏日鲜花、水果、泥炭和香料的香气。

T 味 酒体中等，甜；有焦糖、泥炭、麦芽、坚果的味道；回味悠长，有水果味。

斯特泰斯拉酒厂创建于1786年，宣称是苏格兰高地最古老的酒厂，现在由保乐利加集团掌管。

很多斯特泰斯拉的威士忌酒用于勾配保乐利加集团最畅销的芝华士（见第200页）。斯特泰斯拉只有一款以自己的名字灌装的单一纯麦威士忌——12年，其香料味浓郁，还有隐隐的坚果和雪莉酒的味道。这款酒在美国波本酒和雪莉酒的橡木桶中熟化——水果风味浓重。其他斯特泰斯拉威士忌酒是由戈登和麦克菲尔公司灌装而成的。

格兰菲迪（GLENFIDDICH）

C 色 很淡的金色，酒龄最长的威士忌色泽加深，呈古金色。

A 香 芳香；很清淡；散发着梨和柑橘的香气，还有隐隐的石南和松木香。

T 味 风格清淡；有鲜花和水果的味道，还有隐隐的泥炭味。

格兰菲迪
特别珍藏

格兰菲迪是苏格兰高地的一家酿酒厂，从19世纪80年代创建至今，一直由格兰特家族（Grant）独立掌管。家族人员喜欢把他们的威士忌称为“城堡罐装”，因为格兰菲迪是仅有的几家在原地将威士忌酒装瓶的酿酒厂之一。据说酿酒厂是世界首屈一指的单一纯麦威士忌酿造商，不仅因为它的威士忌行销世界200多个国家，而且因为20世纪60年代中期，尽管来自知名混合威士忌酒品牌的竞争压力巨大，格兰菲迪仍史无前例地毅然将其单一纯麦威士忌酒推向国际市场。它的成功，也为其他单一纯麦威士忌酒酿造商开辟出一条迈向国际市场之路。

最畅销的12年特别珍藏（Special Reserve）清淡、雅致，富有水果味，清爽，散发着独特的松木香。我喜欢把它作为餐前开胃酒饮用。15年的索乐拉珍藏（Solera Reserve）采用索乐拉混合方式，在欧洛索雪莉酒桶中熟化。盛有不同酒龄的烈酒桶一层压着一层摆放，酒龄最长的放在最底层。顶层的烈酒与下面一层的酒混合，然后再与下面一层的混合，以此类推，直到最终的混合酒液从最底层的酒桶中流出。所以，这种纯麦威士忌复杂，如奶油，富有水果味，正餐后饮用绝佳。

格兰菲迪
哈瓦那珍藏

格兰菲迪最近推出的酒品是哈瓦那珍藏（Havana Reserve），其酒龄21年，在曾经用于酿制古巴朗姆酒的木桶中熟化，因此口感甜美、丰满，富有水果味，还有香料味。格兰菲迪也酿制18年的古老珍藏（Ancient Reserve）、21年的特级珍藏（Gran Reserve），同时还有30年、40年、50年。所有这些威士忌都极好，如果您腰包鼓鼓，很值得选择品尝它们。

50年是拍卖会上售出的最昂贵的威士忌酒之一：20世纪90年代，在米兰的一场拍卖会上，一瓶酒售得大约7万美元。格兰菲迪还有一系列特酿，其中包括1937年份威士忌。这款单一纯麦威士忌很特别：世界上仅有61瓶，每瓶要花费大约16 000美元。

格兰利维（THE GLENLIVET）

C 色 淡金色，酒龄长一些的威士忌酒呈深琥珀色。

A 香 柔和、清淡、雅致，散发着蜂蜜、鲜花、香料和麦芽香。

T 味 酒体中等；有蜂蜜、水果和鲜花的味道，还隐含着甜味。

格兰利维酿酒厂位于利维河河谷，斯贝塞一个偏僻的地方。酿制卓越威士忌酒的历史由来已久——最初的酿酒厂由佃农乔治·史密斯于1824年创立。史密斯是苏格兰第一位拥有合法蒸馏厂的威士忌酿造商。

从创建之初，格兰利维就在世界各地赢得了顶级品质的美名。现在，格兰利维隶属于保乐利加集团，是美国最畅销的单一纯麦威士忌，也是世界最畅销的威士忌酒之一。

基本的酒品是12年威士忌——其呈淡金色，充满花香、水果香味，很细致、平衡。还有另外两款12年威士忌酒。其一是格兰利维法国橡木桶终情——威士忌酒最终在法国橡木桶中熟化，从而提升酒品的林木和香料味，使其颜色更深、更丰满。其二是美国橡木桶终情（仅在机场免税店有售），橡木味浓重，丰满，高级。

18年威士忌曾屡获殊荣，香气复杂，散发着林木、坚果和太妃糖的香味。它的风格在21年威士忌中得到强化。

顶级系列威士忌是“窖藏”，包括一些稀罕的特酿，如1959限量发售，每瓶售价1 500美元到6 000美元；1967年份威士忌于2000年到2001年出售，现在很难找到。如果您碰到任何一款格兰利维特酿，真是太棒了！

泉水 用于酿造格兰利维的水富含矿物质，来自乔西泉——源于斯贝塞群山上的天然泉水。

调配

放冰块 品尝任何一款格兰利维的威士忌酒，都是种款待，无论您怎么饮用。我喜欢放冰块——在威士忌酒杯里放一些冰块，倒入威士忌酒。要慢慢品尝，因为冰块融化，冰水与酒液融合，这样可以释放出酒的醇香。

麦卡伦（THE MACALLAN）

C 色 深古金色到雪莉酒色和红木色。

A 香 很清淡、芳香；散发着水果、太妃糖、丁香花和桃子的味道。

T 味 酒体中等，圆润、有水果、香草、雪莉酒和烟熏味；回味佳。

这家古老的斯贝塞酿酒厂以使用西班牙雪莉橡木酒桶而著称。[illegible]，在那里制成木桶，并借给西班牙的雪莉酒庄使用，然后把空桶运回苏格兰用于熟化麦卡伦威士忌酒。麦卡伦所有的酒品都用这些木桶熟化，因此酒液丰满、强烈，富有水果香味。

麦卡伦威士忌曾经主要用于混合调配。不过，20世纪70年代，酿酒商决心把他们的酒品作为单一纯麦威士忌酒推上市场。如今，其已是世界五大单一纯麦威士忌酒之一。它之所以出名，最主要的原因在于，麦卡伦纯麦威士忌酒是英国下议院的选择。

与大多数单一纯麦威士忌酒酿造商不同，麦卡伦酿制7年的年轻酒品，特供意大利市场，因为那[illegible]酒需求量巨大。基本的英国旗舰威士忌是10年，[illegible]的雪莉酒的丰满、水果香味。12年，充满花香和水果味，在国际上备受尊崇。1990年份威士忌——风韵，比大多数其他麦卡伦威士忌色泽更浅，风格更清淡，也是备受尊崇。

麦卡伦

麦卡伦原桶强度是继15年威士忌之后的一款酒，主要推向美国市场，强劲、圆润，充满香料味，具有典型的麦卡伦风格。不过，更有趣的可能是18年，它是公司的其他旗舰威士忌酒之一，色泽深、丰满、平衡佳。25年类似，而且更加丰满。顶级酒品是18年特级珍藏，为麦卡伦最出色的酒品之[illegible]供不应求，如果您发现了，立刻买下！这款酒色泽很深，很丰满，有浓郁的甜橘子酱味和深厚的橡木味。

麦卡伦也出产一系列特酿威士忌酒，从芳醇、复杂、色深、蓝色包装的30年威士忌，到酒龄特别长的50年及以上的威士忌，再到1841仿藏（Replica）和1861仿藏——仿制那个年代瓶装风格的出色纯麦威士忌。

欧肯特轩（AUXHENTOSHAN）

C 色 柠檬黄到淡金色和铜色；鲜亮、清透。

A 香 芳香、活泼，散发着清新的水果、鲜花、柑橘的香味和香料味。

T 味 清淡、很甜、滑润，有橙子、坚果、麦芽和葡萄干的味道。

欧肯特轩是个独具特色，[illegible]的品牌，其采用三次蒸馏而成，滑[illegible]莉酒桶和波本酒桶中熟化，为酒液平添了复杂性和细致感。基本的酒品是10年的低地单一纯麦威士忌，其清淡、清新，有柑橘的香味。酒龄长一些的酒品有21年、22年和25年，它们色泽更深，更丰满。

欧肯特轩

百富（THE BALVENIE）

C 色 浅禾秆黄色到深铜琥珀色。

A 香 甜美、香辛、刺激，还有隐隐的雪莉酒和蜂蜜香。

T 味 很丰满、芳醇；有香料、鲜花和麦芽味；回味有焦糖味。

百富酿酒厂和格兰菲迪酿酒厂一样隶属于同一家族（格兰家族），彼此相邻，但是两者的相近之处仅限于此。格兰菲迪出产的威士忌通常清淡、干，富有柑橘香味，而百富的威士忌酒往往丰满、甜，富有蜂蜜和花的香味。

百富

旗舰酒品为10年的创始者珍藏，其呈金色，有香料和水果的香味，回味卓越、悠长。这款酒经常获奖，美名赫赫。12年的双木陈酿（也是一款获奖酒）在波本酒和雪莉酒木桶中熟化，因此丰满，富有坚果和水果（特别是橙子）的香味。

波特木1989反映出威士忌酒深受波特酒的影响。15年单一木桶一批仅酿制350瓶，而且（如酒名所示）出自一个木桶。两种威士忌均很复杂，散发着香草、橡木、蜂蜜的香气，麦芽和香料味极其和谐。

要留意的其他一些威士忌酒是：获奖的三十（滑润、芳醇，有微微的巧克力、李子、杏仁蛋白软糖和焦糖的香味）和百富的特别限量年份威士忌。百富木桶191就是其中之一——其酒龄50年，水果香味深浓、丰满。美味啊！

产区和酒品

看管蒸馏器 百富酿酒厂的蒸馏室于1893年酿制出公司第一批威士忌酒。铜质蒸馏器每15年左右更换一次，替换的蒸馏器跟原来的一模一样——毕竟，蒸馏器的形状对威士忌的风格充满魔力。在百富酿酒厂，蒸馏器由专门的“蒸馏器工人”看管。

摩托拉克（MORTLACH）

C 色 深琥珀色，比大多数同级威士忌色泽深。

A 香 水果香、深厚，有隐隐的泥炭味和烟熏味。

T 味 酒体强烈；有蜂蜜、水果、焦糖、雪莉酒、香料的味道，回味悠长、干。

这座斯贝塞的酒厂可以追溯到19世纪20年代初，现在，其隶属于酒业集团帝亚吉欧。威士忌酒有泥炭和烟熏的味道，主要用于勾配（如尊尼获加混合威士忌）。

不过，也有单一纯麦威士忌摩托拉克斯（当地人称其为摩托斯）。由帝亚吉欧营销的主要酒品是16年，其活泼，有水果味，烟熏味浓郁，还有雪莉酒特质。其他摩托拉克斯由独立的灌装商经销。这些威士忌品质各异，戈登和麦克菲尔的1980原桶是强度最好的威士忌之一，它们口感丰满，有泥炭香，用餐结束时饮用极佳。

格兰塔利特（GLENTURRET）

色 很淡，呈雅致、透亮的金色。

香 清淡、清新，散发着微微的烟熏、鲜花和胡椒香。

味 烟熏和香料的味道比较浓，还有甜味和坚果味。

格兰塔利特酿酒厂虽小，但深受尊崇，酿制出了卓越的单一纯麦威士忌。酒厂距离佩斯郡的克里夫不远，宣称是苏格兰最古老的酿酒厂，也是苏格兰参观人数最多的酿酒厂。格兰塔利特的威士忌酒，采用罐式蒸馏器酿造，产量很小，用于威雀威士忌的勾配。

最常见的格兰塔利特单一纯麦威士忌是10年，其清新、纯净，有隐隐的蜂蜜和姜的味道，很值得品尝。格兰塔利特也酿制很多其他的威士忌酒，包括单一年份威士忌。例如，1972，具有出色的香草香味。不过，单一年份威士忌酒很难找到。

格兰罗斯（GLENROTHES）

色 中等金色；鲜亮、清透，带有一抹淡琥珀色。

香 很诱人，散发着微微的焦糖、雪莉酒、香草、泥炭和太妃糖的香味。

味 酒体强烈、很甜，有香料、焦糖和蜂蜜的味道；回味悠长。

据说，这座苏格兰高地的酿酒厂位于14世纪罗斯伯爵之女谋杀案发生地。尽管酿酒厂的历史有些阴暗，但酿制的12年威士忌酒活泼、强烈，泥炭、香料和蜂蜜的香味和谐完美。

格兰罗斯也会偶尔发售单一年份威士忌以及单一木桶灌装威士忌，其中很多源自20世纪60年代——这些威士忌酒确实很特别。

皇家洛克纳加（ROYAL LOCHNAGAR）

色 深金色到淡琥珀色，有传统威士忌的外观。

香 浓郁，富有水果味，还有烟熏味和香料味，平衡很好。

味 复杂，有水果、香料和麦芽的味道，还有隐隐的雪莉酒味和蜂蜜味。

皇家洛克纳加

洛克纳加酿酒厂，距离皇家在苏格兰巴莫拉尔的离宫不远。1848年，维多利亚女王及其配偶阿尔伯特亲王参观酿酒厂后，该酿酒厂获得“皇家”称号。如今，该酿酒厂隶属于帝亚吉欧集团。

总体上来说，洛克纳加威士忌强烈，有水果香味，令人满意。12年的威士忌也很甜美，而绝妙的23年则强健有力，香料和甘草香味复杂。

爱德拉多（EDRADOUR）

色 深金色到中度琥珀色和青铜色。

香 雅致、甜美，散发着泥炭、水果和坚果的香味。

味 干，但回味甜，有坚果味；有水果味，很圆润。

它是苏格兰最小的一家酿酒厂，坐落在苏格兰高地南部、靠近皮特洛克瑞的地方。爱德拉多酿酒厂的面积仅相当于一座小农场，只有3个人经营，采用传统方法和设备酿酒。每周产量仅有12桶。尽管如此，它的运作方式很先进，以前隶属于保乐利加集团，现在隶属于签约年份苏格兰威士忌公司。10年单一纯麦是爱德拉多出售的唯一一款威士忌，其很芳香，有独特的甜味、泥炭味和坚果味。这款威士忌酒很迷人——不过在酿酒厂以外的地方极其难找。

克莱尼利士（CLYNELISH）

色 深古金色，透明度佳。

香 复杂、浓郁；散发着烟熏、水果、烟草和香料的香气。

味 酒体很强烈；复杂、干，有坚果、香料、泥炭和泥土的味道。

克莱尼利士，是苏格兰最北部的酿酒厂之一，1819年，由萨瑟兰公爵创立，酿制的威士忌酒涵盖在帝亚吉欧集团的“植物和动物纯麦”系列酒里。克莱尼利士的大多数威士忌很坚定：有泥炭味、烟熏味、香料味，不太甜，强烈。14年，精美，酒体强劲；24年，特别复杂，有橡木味。克莱尼利士威士忌也由私人灌装商，如布莱克艾德进行销售。

布莱德诺克（BLADNOCH）

色 淡而鲜亮的金色，带有一抹琥珀色。

香 很芳香、让人兴奋，散发着柑橘、柠檬和鲜花的香气。

味 酒体清淡到中等，有鲜花、麦芽、香料和蜂蜜的味道。

布莱德诺克酿酒厂可以追溯到1817年。所有权几经更换，停产一段时间以后，在2000年，雷蒙德·阿姆斯特朗接手，重新开张，阿姆斯特朗同意，要保持酿酒厂在苏格兰低地的专家地位。我们等待阿姆斯特朗推出第一批威士忌酒之时，那时我们可以买到帝亚吉欧集团控制的贮存酒品，包括轻柔、芳香的10年；卓越的15年、23年。在戈登和麦克菲尔公司的鉴赏家的选择系列酒里，也能找到布莱德诺克威士忌。

布莱德诺克

艾伯菲迪（ABERFELDY）

色 从深金琥珀色到淡金色。

香 诱人而热烈，散发着雪莉酒、柑橘和香料的香气。

味 很清新；干，有泥炭味；隐隐的烟熏味；酒体中等

艾伯菲迪酿酒厂隶属于百加得公司，威士忌酒用于勾配帝王白牌威士忌。在艾伯菲迪的单一纯麦威士忌酒中，12年，滑润、油滑，有泥炭味，强烈，令人满意。15年，色泽更淡，有松木和泥炭的味道，水果香味不太突出。1980年份威士忌，呈浅金色，散发着松木和石南的香气，质地滑润、油滑，回味干。所有这些威士忌在正餐后啜饮极佳。

艾伯菲迪

格兰法克拉（GLENFARCLAS）

色 中等到深金色，酒龄长一些的呈琥珀色。

香 清淡，有花香以及水果、雪莉酒和泥炭的香气。

味 雅致，奶油一般，有坚果、水果的味道，回味有香料味。

格兰法克拉，是苏格兰仅存的几家独立酿酒厂之一。获奖的威士忌酒主要在雪莉酒桶中陈酿，具有典型的水果香味，口感精雅。10年威士忌，呈亮金色，酒体中等，有水果香味；12年和15年类似，不过，更深、更暗、更丰满、更强烈。特酿105原桶强度，酒精含量达60%，呈深琥珀色，滑润而且浓烈。40年千禧款，因为品质绝妙，名扬四海——如果您看到，就买下或者告诉我！

格兰·格兰特（GLEN GRANT）

C 色 从很浅的柠檬金色到深浓的琥珀红色。

A 香 干、如花，有隐隐的雪莉酒和水果的香气。

T 味 纯净、干；很柔和；有麦芽和坚果味，回味有微微的水果味。

格兰·格兰特自1840年开始酿制高品质威士忌酒，最近，所有权由酒业巨头保乐利加集团获得。格兰·格兰特曾是最先打入国际市场的单一纯麦威士忌之一，现在在多个国家享有盛誉，特别是意大利，它是意大利市场的领导品牌。

格兰·格兰特

格兰·格兰特酿制的威士忌酒卓越、干、柔和、精雅，口感清淡而细致。甚至酒龄最短的威士忌也很受尊崇、大受欢迎，其富有水果香气和坚果的味道。其中包括一款格兰·格兰特，虽没有酒龄说明，但实际上陈酿5年，另一款是格兰·格兰特5年。主要的陈酿品牌为10年，在波本酒桶和雪莉酒桶中熟化，但在国内市场上出售，口感细腻、清新。其他大多数格兰·格兰特威士忌由独立的灌装商销售，如戈登和麦克非尔公司和圣达节公司。这些威士忌的品质各不相同，不过，有些酒龄很长、珍稀的年份酒（有的超过了50年）十分出色。总体而言，如果您喜欢清淡、雅致的威士忌，您肯定会爱上格兰·格兰特。我确实喜欢把它作为餐前酒，或者加上一丁点儿水，释放滋味后，单独饮用。

阿伯罗（ABERLOUR）

C 色 中度古金色到深琥珀色。

A 香 很芳香；散发着麦芽、焦糖、雪莉酒和香料的香气。

T 味 滑润、丰满；有泥炭、蜂蜜、太妃糖的味道；回味有烟熏味。

斯贝塞的阿伯罗是完美的正餐后威士忌酒，正宗的干邑替代酒品（成为法国人的最爱酒品之一绝非偶然）。1879年，阿伯罗酿酒厂由慈善家詹姆斯·弗莱明创建，现在隶属于保乐利加集团，正因如此，威士忌酒在世界各地引起了高度关注。

阿伯罗

用于酿制威士忌的水很柔软，从而赋予了酒品柔和、中等酒体。阿伯罗威士忌酒在波本酒桶和欧洛索雪莉酒桶中熟化，因此滋味深厚，富有水果香味。

品尝讨人喜爱的获奖10年威士忌，这款酒呈金色，有香料和水果的香气，滋味复杂，融合了坚果、麦芽、鲜花和香料的味道。15年雪莉终情，呈琥珀色，香气更隐秘，有黑色水果、橙子和香料的味道。原始陈酿为原桶强度（酒精度59.6%）单一纯麦威士忌，酒品为19世纪风格——既没过滤也没稀释！这款威士忌强劲有力，呈深琥珀色，充满熟化所用的旧雪莉酒桶的味道和香气。

12年双桶熟酿（柔和、有八角的香味、清新）和15年苏格兰玛丽威士忌（更甜、更滑润）是为法国市场酿造的，确实很值得品尝。

本罗马克（BENROMACH）

C 色 清透的禾秆黄色到深金色。

A 香 明显的水果香气，很清新；散发着柑橘（橙子）的香气，还有隐隐的泥炭香。

T 味 圆润；有香料、烟熏和麦芽的味道，回味有胡椒味。

本罗马克在停产很长一段时间后，于1998年（酒厂100周年）由新主人戈登和麦克非尔公司重张。

本罗马克酿制出卓越的斯贝塞纯麦威士忌，其滑润、圆润，有微微的泥炭和香料的香味。我很喜欢它们的复杂感——您根本不知道接下来是什么味道！

本罗马克

2004年，本罗马克推出一款新单一纯麦威士忌，作为它的主导品牌（这是第一款戈登和麦克菲尔公司蒸馏出的酒品）。其名为传统本罗马克，平衡性很好，清新，富有柑橘的香味，回味干，有香料味。

如果您偏爱更深厚、更丰满、水果香味更浓的威士忌，就品尝18年；更清淡、有胡椒味的是25年威士忌。1980原桶强度为浓烈的威士忌，色泽呈淡金色，芳香，干，油滑。不然，您也可以品尝充满异域水果和香料香气的年份1973威士忌酒。作为100年纪念（以及重张）的一部分，三大珍贵雪莉酒桶（从1886年、1895年和1901年开始酿制雪莉酒）盛满本罗马克15年威士忌酒，并陈酿2年。最后，酿酒厂仅发售3500瓶世纪百年威士忌——几乎不可能找得到，但真的很值得一试！

波摩（BOWMORE）

C 色 从金色到琥珀色、青铜色和红色。

A 香 独特；有烟熏味，还有微微的咸咸的海洋气息和雪莉酒的香气。

T 味 圆润、很令人满意；有泥炭、石南、海盐和水果的味道。

这座艾雷岛上的古老酿酒厂，是其所有者格拉斯哥的莫里森·波摩（它本身就是日本国际集团三得利的一部分）的旗舰品牌。波摩酿酒厂创建于1779年，从20世纪之交开始，在加拿大、英国、爱尔兰享有盛誉。酿酒厂坐落在海边，海洋气息似乎能够穿透木桶，这赋予威士忌微微的滨海风味。

与艾雷岛大多数威士忌不同，波摩威士忌的泥炭味往往不太浓。烈酒在波本酒桶和雪莉酒桶中熟化，因此赋予酒液麦芽果香、深浓色泽和微微的雪莉酒香味。如果您以前从未品尝过波摩威士忌，那就先品尝波摩传奇（未标酒龄）或者12年威士忌，然后再品尝酒龄更长的各种酒品（包括15年、17年、21年、25年和30年）。这些威士忌酒差别很大，但共同之处在于滑润、丰满，有雪莉酒的热烈感。原桶强度威士忌（酒精度56%）色泽深，有橡木的香味和甜味。你要么会爱上、要么会恨上最深艾雷岛威士忌（波摩的特酿威士忌之一）——最终在雪莉酒桶完成陈酿，特别深浓，所以呈宝石红色。这一系列还包括黄昏、黎明和海浪——每一款威士忌特色独具，不过都相当深厚、复杂、丰满。

波摩

总体而言，波摩酿酒厂出产一系列极其出色的威士忌——几乎肯定有您喜爱的酒品。我喜欢把酒龄更年轻的酒品作为餐前酒饮用；把酒龄更长的，作为餐后酒。完美啊！

拉佛罗格（LAPHROAIG）

C 色 淡黄色到更深的古金色，带有一抹红色。

A 香 独特；有泥炭和烟熏味；带有隐隐的药物味、甜味和咸味。

T 味 复杂、强健有力；有泥炭、烟熏、海盐、坚果和焦糖的味道；回味悠长、热烈。

艾雷岛上的拉佛罗格酿酒厂位于自己的领地上。拉佛罗格不仅只是一座酿酒厂或者一种威士忌酒，而是一种全方位的文化，包含酒迷俱乐部、酒瓶上有邀请饮酒人士购买靠近酒厂的一方块土地的提示（作为回报，每年，购买者会受到邀请，到酿酒厂品尝一杯威士忌酒）。许多人乐呵呵地向拉佛罗格的方块土地提亲，其他人跨大洋、越大陆已经把一块块的草皮运回家。这种威士忌相当不错！

1815年，该酿酒厂创建，经历了关闭、重张的过程，曾归英国军队所有，也曾由贝西·威廉姆斯女士管理——她是首批勇冒风险进入威士忌酒行业的女经营者之一。现在，拉佛罗格是联合多枚克的最畅销纯麦威士忌品牌。

这种威士忌酒大有发展前途（拉佛罗格自己的广告语就是“要么爱它，要么恨它”），它给人一种纯粹的苏格兰岛感受：没什么水果味，只有隐隐的甜味，充满泥炭、烟熏和海盐的味道。

经典以及最知名的拉佛罗格威士忌是10年，其纯粹、强烈，有泥炭味，令人非常满意。我认为这是一款“必尝”的威士忌。15年，色泽更深，更复杂，但所激发品饮者的热情程度没有人们饮用15年威士忌那么高。尽管如此，这是一款获奖威士忌，确实值得品尝。

系列酒品中的顶级为30年，虽然在零售店很难找到，但可以直接从酿酒厂购买。这款酒丰满、滑润，水果香味和雪莉酒香味比其他拉佛罗格威士忌稍浓。然而，40年，是世界最上乘的威士忌酒之一，它也很丰满、滑润，香料、麦芽、海盐的香味极其和谐，回味无尽。

产区和酒品

美国远亲 拉佛罗格酿酒厂用于熟化威士忌的木桶很特别。因为坚信雪莉酒桶能赋予威士忌一种异同寻常的异域滋味，酿酒厂仅选用美国波本酒橡木桶。木桶装满酒液后，盖上日期戳，贴上标签。威士忌酒在木桶内熟化，橡木“吸入”海洋气息，把独一无二的咸味传递给这种特别的威士忌。

调配

品味纯粹的艾雷岛 只有一种方法可以真正品味拉佛罗格威士忌的纯正滋味——直接饮用，不加冰块，只加一丁点儿凉水来释放酒液的复杂性。

岛屿泥炭 酿制拉佛罗格威士忌的麦芽在艾雷岛泥炭火上烘烤，这样可以把一种岛屿的味道传递给威士忌。

布鲁莱迪（BRUICHLADDICH）

C 色　淡金色到中度金色，色泽随着陈酿时间而加深，呈深浓的金色。

A 香　芳香，有水果香味，还有花香味和隐隐的海盐味。

T 味　新鲜、清淡；很干，有坚果、麦芽和蜂蜜的味道。

布鲁莱迪——别名“莱迪”——是苏格兰最古典的酿酒厂之一，位于艾雷岛，由于地处偏僻，几乎被人遗忘，直到2000年，一群投资人才使它焕发了生机。10年威士忌，清新、复杂，可以调配长饮或作为餐前酒饮用。如果您想舒缓放松，就饮用富有水果味、芳香的获奖15年威士忌。明星酒品为20年——韵事——一款出色的餐后酒，可以纯饮或者加少量水。莱尼利士威士忌也由私人灌装商，如布鲁克艾德进行销售。

布鲁莱迪

高尔意拉（CAOL ILA）

C 色　淡金色到中度金色，略带一丝绿色。

A 香　泥炭和烟熏味适中；还有隐隐的坚果和香料的味道。

T 味　很干、圆润，有盐味，回味有微微的甜味。

这座艾雷岛上的酿酒厂隶属于帝亚吉欧，酒液也用于调配尊尼获加、贝尔、混合威士忌，高尔意拉单一纯麦威士忌，以帝亚吉欧的“神秘麦芽”、植物和动物“Flora and Fauna”、“珍藏麦芽”系列销售。这之中包括散发着胡椒香味、稍稍有点儿油滑但平衡很好的12年——它的泥炭味不像艾雷岛上的其他威士忌那么浓。有些出色的陈酿年份酒由独立的灌装商，如戈登和麦克菲尔公司、凯登海德公司，进行售卖。

阿贝（ARDBEG）

C 色　鲜明而清透；从淡金色到中等金色。

A 香　香气浓郁；散发着泥炭、盐、橙子、药物和烟熏的香气。

T 味　圆润、干、强烈；有烟熏、泥炭、香料的味道；回味悠长，令人满意。

这种经典的艾雷岛纯麦威士忌没有花香，没有蜂蜜味，而且几乎没有水果香味，不过，您能感受到泥炭、烟熏、药物的味道，酒体强劲。阿贝隶属于格兰杰，声誉最好。品尝一下我的最爱——受泥炭影响的10年威士忌，极为油滑，富有香料味。我的最爱还有原桶强度（酒精含量58%）威士忌青扬。最容易购买到的顶级品牌是岛屿领主：酒龄至少为25年，从基本风格发展变化而成，很昂贵！

爱伦纯芽（The Arran Malt）

C 色　淡金黄色，混合威士忌酒呈琥珀色。

A 香　复杂；散发着柑橘水果、香草、蜂蜜、鲜花和苹果的香气。

T 味　油滑，有水果的味道，还有微微的太妃糖、柠檬、雪莉酒和蜂蜜的味道。

这家酿酒厂在1995年才建成，很年轻，但绝对值得期待。爱伦小岛上的水源纯软，所以酿制的威士忌[illegible]富有水果香味，质地滑润、油滑。单一小岛纯芽威士忌酒龄5年，清新而充满柑橘的香味；而罗伯特彭斯则是爱伦酿酒厂的旗舰单一纯麦威士忌——既强烈又清新。以上两种酒都是卓越的餐前开胃酒。也有一款罗伯特彭斯混合威士忌，它是色深、丰满的餐后酒。

爱伦纯芽

拉佳维林（LAGAVULIN）

C 色　从浅柠檬金色到陈酿16年的深琥珀褐色。

A 香　浓烈，充满泥炭的香气，还有微微的海草和盐香。

T 味　酒体很强烈；有泥炭、雪莉酒和烟熏味；回味悠长、微甜。

拉佳维林酿酒厂可以追溯到18世纪，现在，隶属于帝亚吉欧。

如果您在寻找强烈、丰满、有烟熏味和泥炭味的威士忌，餐后闲坐时饮用，这款艾雷岛的纯麦威士忌刚好符合您的需要。寻找屡屡获奖的16年威士忌吧，它是帝亚吉欧“经典纯麦”系列的其中一款。或者品尝特别的1986蒸馏者特酿，它泥炭味更淡，有隐隐的雪莉酒味。

拉佳维林

高原骑士（HIGHLAND PARK）

C 色　深古金色，陈年的威士忌呈深浓的琥珀色。

A 香　复杂、浓郁，散发着石楠、烟和泥炭的香气。

T 味　酒体中等；有甜味、泥炭味和蜂蜜味。

这座奥克尼的酒厂创建于18世纪，位于苏格兰的最北端。这种威士忌酒使用硬水，麦芽在泥炭火上烘干；酒液在雪莉酒桶和波本酒桶中熟化。最后酿制而成的威士忌酒总体而言香味富有层次感，特色突出。12年威士忌，水果、泥炭和石南的香味平衡非常好；18年的类似，不过，更油滑、更劲道。两款威士忌都很出色。您可以尝试把25年作为雅文邑的替代酒品饮用——其很丰满，充满香料、林木和水果的香味。

高原骑士

泰利斯克（TALISKER）

C 色　深古金色到琥珀色，很浓郁。

A 香　强烈、芳香、刺激、富有泥炭香味，还散发着胡椒、海盐和雪莉酒的香气。

T 味　强烈、很圆润；有泥炭、蜂蜜的味道；回味特别悠长、有胡椒味。

泰利斯克是苏格兰西北海岸的斯凯岛上的唯一一座酿酒厂，创建于1830年。19世纪末期，这里出产的威士忌被作家罗伯特·路易斯·斯蒂文森描绘成“酒品之王”，因而声名鹊起。19世纪，它成为英国军队在印度期间的主要酒品。如今，这家酿酒厂隶属于酒业巨头帝亚吉欧，其酿制的单一纯麦威士忌是“经典纯麦”系列的其中一款。

泰利斯克最重要的威士忌是屡屡获奖的10年（到目前为止，在各种比赛中荣获过6枚金牌），其水果、泥炭、胡椒和烟熏的香味和谐完美。不过，更加强劲，又同样平衡的是20年威士忌，其在雪莉酒桶中熟化（对于泰利斯克来说，非同寻常），已经获得真正高质威士忌的杰出美名。

酒龄更长的其他泰利斯克威士忌比较难觅，如果您能找到一瓶泰利斯克25年单一木桶威士忌或者其他限量款威士忌，那您就找到了纯正的液体黄金——如果您的钱袋足够鼓，应该赶快买下。

泰利斯克

泰利斯克酿制的威士忌酒绝非让人在无所事事时啜饮。饮用它的时候，要雄心满怀，品尝的时候要有目的性，而且要让酒液在口中打转来释放强烈的滋味。用餐结束时搭配雪茄饮用极佳。

提切（TEACHER'S）

色 鲜亮的中度金色；色泽比很多其他国际混合威士忌酒深。

香 独特、强烈；散发着焦糖、石南、谷物和麦芽的香气。

味 酒体很强烈；有香料、焦糖、香草、烟熏和蜂蜜的味道；回味悠长，有麦芽味。

威廉姆·提切是第一位摒弃软木塞，使用螺旋瓶盖的威士忌酿造商。现在，提切高地酒液（隶属于联合多枚克）是全球最知名的混合威士忌酒品牌之一——的确名副其实。用于勾配的两大主要单一纯麦威士忌是格兰多纳和阿德摩尔。它们浓烈而不咄咄逼人，富有水果香味，但又不太甜，充满麦芽、泥炭的味道，但又没有破坏其他滋味。这种威士忌酒很值得信赖，是我的首选之一。

提切

百龄坛（BALLANTINE'S）

色 从鲜亮的淡金色到更深的中度琥珀色。

香 优美、精致、奶油一般；散发着林木、蜂蜜、坚果和烟熏香。

味 很圆润、热烈；有烟熏和香草味；回味悠长。

19世纪的调配大师乔治·百龄坛（George Ballantine）曾经坚信，混合威士忌和单一纯麦威士忌一样重要，应该力求达到同样的标准。现在百龄坛隶属于联合多枚克。特醇（Finest）纯净、柔和、极其平衡，雅致的12年金印（Gold Seal）也是如此。我认为美妙的17年最上乘，坚果、蜂蜜、咖啡、药草、香草、鲜花和烟熏的香味无穷无尽。如果你想品尝出色的混合威士忌，就饮用这一款吧！

尊尼获加黑方、蓝方、红方和金方（JOHNNIE WALKER BLACK, BLUE, RED, AND GOLD LABELS）

色 从中度金色到深琥珀色。

香 清新、活泼；散发着烟熏、泥炭、香草、太妃糖和水果的香气。

味 强烈；有麦芽、蜂蜜、太妃糖、泥炭的气味和烟熏味；回味热烈。

这是最大的国际化混合威士忌。早在1924年，尊尼获加就在120个国家销售——有人称之为真正的全球品牌——因为大步向前的画像、方形的酒瓶和斜贴的标签而独树一帜。

如今，这家公司隶属于帝亚吉欧，尊尼获加威士忌遍布世界各地！所有不同的标签（红色、蓝色、黑色和金色）代表着各自的风格，不过全部都是畅销酒品。最畅销的是公司在1909年推出的红方。这是一款完美的日常混合威士忌——其平衡佳，令人满意。

黑方，酒龄12年，口感油滑，比红方色泽更深、更浓、更丰满，雪莉酒、麦芽和水果香味极其平衡。相比之下，金方，清淡，如奶油一般，有蜂蜜的甜味，还有泥炭和烟熏的味道。建议冷藏帝亚吉欧后侍饮！

蓝方的泥炭味比其他混合威士忌稍浓一些，价格也更昂贵——遗憾啊，因为我觉得这款酒，甚至包括公司的出色特酿单一纯麦威士忌，没有达到尊尼获加“标签”威士忌的一流水准。

尊尼获加黑方

芝华士（CHIVAS REGAL）

色 淡琥珀色到更深的奢华青铜色。

香 如花而且雅致；散发着麦芽、香草、药草、雪莉酒和香料的香气。

味 很滑润；有水果味，香甜、丰满，同时有鲜花、奶油糖果和坚果的味道。

1909年，两兄弟推出芝华士威士忌，芝华士坚定不移地恪守着这样一条原则：只有酒龄在12年及以上的单一纯麦威士忌才能用于勾配混合威士忌。芝华士丰满而华贵，是保乐利加集团的旗舰品牌，也是遍及世界的酒品。

芝华士12年威士忌极度滑润，而且甜香，富有水果味。不过，颓败的18年为获奖威士忌：其色泽深、复杂，有烟熏的味道。

芝华士

顺风（CUTTY SARK）

色 极浅的金色——近乎天然的黄色。

香 散发着橡木和麦芽的香气，还有微微的甜香和花香。

味 很滑润、雅致；有香草、泥炭的味道；回味清新、柔和。

顺风于1923年推出，特别针对美国市场。这种混合威士忌由大约20种单一纯麦威士忌勾调而成，其中包括格兰罗斯、麦卡伦、格兰高恩和艾雷岛上的邦纳哈本。总体而言，这种威士忌极好，清淡、清新、柔和，并未添加焦糖上色，水果香味恰到好处，是完美的餐前开胃酒和午餐时段饮用的威士忌。其他可以品尝的威士忌还有12年、18年、25年。

威雀（THE FAMOUS GROUSE）

色 从深金色到淡琥珀色。

香 热烈、雅致、芳香；散发着泥炭、烟熏和水果的香气。

味 清新、滑润；有淡淡的烟熏味和麦芽味；回味悠长、有焦糖味。

威雀于1895年推出，现在，是苏格兰最受欢迎的混合威士忌，我特别喜爱日常饮用它。这种威士忌优雅、平衡佳、热烈，有水果香味，还有微微的泥炭味，但麦芽味不太重。

您可以品尝12年的金藏，它撩人而强烈，橡木和焦糖香味浓郁；您也可品尝卓越的年份纯麦，它富有雪莉酒和橙子的香味。我喜爱艾雷岛木桶终情，因为它有另一层烟熏和泥炭的味道；我还喜欢原桶强度，因为它强健有力、复杂、令人满意。

威雀

格兰特（GRANT'S）

色 中度金色到古金色；陈年的混合威士忌酒呈更深的琥珀色。

香 复杂、雅致；散发着麦芽、葡萄干、泥炭和橡木的香气。

味 清淡、干、清新；有麦芽、焦糖、泥炭和隐隐的巧克力味；回味绝妙。

格兰特家族是威士忌最知名的家族企业之一。威廉姆·格兰特参加了1815年滑铁卢之战，回到苏格兰后酿制了威士忌酒，如格兰菲迪、百富。

威廉姆格兰特家族珍藏是最成功的格兰特混合威士忌，有些人还认为它在所有混合威士忌中最好，其清淡、清新，有泥炭味、水果味和麦芽味，把用于勾配的上乘单一纯麦威士忌的特质展现无余。

其他混合威士忌也都值得品尝，包括麦克格雷戈宗族、罗比杜12年以及格兰特所有的特酿。

贝尔（BELL'S）

色 迷人的深古金色到淡琥珀色。

香 芳香；热烈，有坚果香，有麦芽香和香料的味道。

味 酒体中等；香料和蜂蜜的味道强烈。

贝尔

贝尔酿酒厂于19世纪早期由亚瑟·贝尔创建，现在隶属于帝亚吉欧集团。贝尔威士忌选用谷物威士忌和一些单一纯麦威士忌勾配而成。基本的贝尔混合威士忌，酒龄8年，值得信赖，有微微的香料味；而特酿（未标注酒龄）更复杂一些。12年，极其出色，有蜂蜜、麦芽和烟熏的味道——非常合算！

珍宝（J & B）

色 与众不同，浅柠檬黄色，几乎无彩色。

香 精雅；散发着麦芽、谷物、香草、香料和太妃糖的香气。

味 很滑润、甜美；清新、酒体清淡，有谷物和麦芽的味道。

珍宝于18世纪创建，创始人是意大利的葡萄酒商吉亚科墨·杰斯特里尼。后来，公司被阿尔弗雷德·布鲁克收购，现在隶属于帝亚吉欧集团。

珍宝珍酿威士忌很出色，最初是为美国酿制，不过，如今在世界各地都很受欢迎。这款酒清淡，但麦芽、水果、香草和香料味浓郁。其他建议品尝的珍宝威士忌有杰选（比珍酿香甜一些）和珍藏。珍藏比珍酿丰满、滑润，由15年的纯麦威士忌和谷物威士忌勾配而成。

珍宝

白马（WHITE HORSE）

色 鲜亮的中度金色到深金色，边缘呈更淡的金色。

香 散发着烟熏、麦芽、香草、葡萄干和些微的泥炭香气。

味 滑润；酒体强烈；有水果味和香甜味；回味悠长，纯净，有微微的泥炭味。

1890年，白马得名于爱丁堡外的一座马车客栈，现在，是日本最畅销的威士忌品牌，在美国和巴西也销量也很大。它隶属于帝亚吉欧集团。

白马混合威士忌由陈酿8年的烈酒和很多其他烈酒勾配而成，通常里面含有艾雷岛上的拉佳维林纯麦威士忌，其诱人、丰满、复杂，酒体强烈，烟熏和泥炭味丰富，水果和香草味极其平衡。

怀特 & 麦肯（WHYTE & MACKAY）

色 鲜亮的金色，酒龄长一些的威士忌酒呈红木色。

香 浓烈，散发着水果、坚果、枣和蜂蜜的香气。

味 很滑润；酒体清淡，有圆润、芳醇的坚果甜味。

自1844年开始，怀特&麦肯混合威士忌一直保持着同样的配方。这款威士忌自信而浓烈，水果和坚果香味强烈，甜味平衡。12年威士忌，呈鲜亮的金色，微妙、清淡，但也有浓烈的特点，林木、雪莉酒和麦芽味非常和谐。我喜爱21年威士忌，其深厚、丰满，微微的柑橘味平衡了甜甜的雪莉酒味。奢华的混合威士忌是酒龄30年，其复杂得令人难以置信，是正餐后需细细品味的完美的苏格兰威士忌。

爱尔兰共和国 / 北爱尔兰

爱尔兰威士忌（Irish Whiskey）（注意英文威士忌的拼写，有字母“e”）与苏格兰威士忌的酿制工艺有点儿不同：前者天然、未发芽的大麦占酿酒原料的比例很高，而且通常经过三次蒸馏，而苏格兰威士忌是两次蒸馏。因此，前者酿造出的威士忌口感更滑润，色泽更清淡。

詹姆森（JAMESON）

色 淡柠檬金色，“特酿”呈深琥珀色。

香 清爽、雅致；散发着麦芽、雪莉酒和香料的香气。

味 滑润，酒体中等；有林木、麦芽、香草、坚果和焦糖的味道。

詹姆森酿酒厂可以追溯到1780年，不过，这种酒以前并没灌装在自己的酒瓶中销售，直到1968年，才以詹姆森之名上市。如今，它隶属于保乐利加集团，而且在过去的几年间品质得以大幅提升。我认为，现在，詹姆森威士忌很出色。

詹姆森

基本的詹姆森混合威士忌融合了一些12年的纯麦威士忌和谷物威士忌，在雪莉酒桶中熟化而成，其芳醇，香甜，有水果味和微微的香料味。华贵的金尊比基本的詹姆森更深、更丰满、更香甜，橡木、蜂蜜和水果味混合在一起，很雅致。1780，有复杂的雪莉酒和香料味——不过，很难觅。米多尔顿也是詹姆森系列酒之一，是高级的年份混合威士忌，有坚果、水果、蜂蜜和药草的滋味。

完美的一杯 每天，我会为自己放入冰块倒上一杯詹姆森威士忌——餐前、餐后，甚至就餐时饮用绝佳。

布什米尔斯（BUSHMILLS）

C 色 淡金色，陈年的酒品呈更深的琥珀色。

A 香 独特；热烈，有水果、烤苹果、雪莉酒和香料的香气。

T 味 酒体强烈、滑润、热烈；有甜味和香料味；回味干。

布什米尔斯，位于爱尔兰北部，是英国最古老的酿酒厂，也是爱尔兰最响亮的名字之一。布什米尔斯可以追溯到1608年，由托马斯·菲利普斯爵士创建——他把布什河富有泥炭味的河水用做酿酒水源。三次蒸馏赋予这种卓越的威士忌纯净、热烈和清新的口感。

布什米尔斯

布什米尔斯10年威士忌在波本酒和雪莉酒桶中熟化，其热烈，有麦芽的香味，很令人满意。16年单一纯麦威士忌品非同寻常，我很喜爱它！它在三种不同的木桶（波本酒、雪莉酒和波特酒）熟化，充满水果、香料、香草和巧克力的香味。纯麦21年马德拉酒终情也是在三种木桶中熟化，最后以陈年马德拉酒木桶完成熟化过程，这种酒很好，不过，我认为不如16年的单一纯麦威士忌好。至于混合威士忌酒，布什米尔斯独创由谷物威士忌和单一纯麦威士忌勾配而成，其呈淡金色，麦芽味浓，香甜，还有香料味。如果您喜欢有香料味和水果味、充满雪莉酒香味的威士忌，就品尝黑布什，它一直深受欢迎。

在世界各地，布什米尔斯拥有忠诚的粉丝群——有些人非布什米尔斯不饮。品尝一下吧——很可能它也会勾引住您。

库利（COOLEY）

C 色 淡柠檬金色到淡琥珀色。

A 香 十分复杂；有水果、泥炭、橙子和林木的香味和谐。

T 味 精雅；滑润；有水果、泥炭、甜饼干的味道；回味绝妙。

库利是爱尔兰唯一一家独立酿酒厂，20世纪90年代，才由约翰·提林和他的同事们创立，目标是恢复和重新推出爱尔兰威士忌的老品牌，同时推出一些出色的新品。

库利

康尼玛拉单一纯麦威士忌是爱尔兰唯一有泥炭味的单一纯麦威士忌。（酒窖由泥炭烘干）。它很像一种艾雷岛的威士忌——我行我素！我尤为喜爱12年威士忌，这是一款获奖威士忌，水果味、甜味和泥炭味特别平衡。这款酒绝对应该留意。

来康尼马拉单一纯麦威士忌，柑橘水果、蜂蜜和橡木的香味浓郁。如果您在寻找风格干的、味道浓重的强劲单一纯麦威士忌，就品尝洛克8年。如果您想品尝口感清爽、出色的餐前威士忌，就选择格林诺尔——这款单一谷物威士忌有蜂蜜、橡木和坚果的香味。

至于混合威士忌，基尔贝根散发着雪莉酒和水果的香气，蜂蜜和橡木的味道滑润，回味干。真正令人满意的餐后酒是洛克高级混合威士忌，甜美，有麦芽香味、滑润、丰满。

最后，是库利于1994年重新推出的米拉特别珍藏爱尔兰威士忌。这款获奖酒品由谷物威士忌和纯麦威士忌勾配，经两次蒸馏，在波本橡木桶中熟化，酿制出的威士忌酒体强劲，谷物、葡萄和林木的香味极其和谐。

知更鸟（REDBREAST）

C 色 深金色到淡琥珀色；比大多数爱尔兰威士忌酒色泽深。

A 香 散发着水果、雪莉酒、橡木、香料的香气，还有微微的柑橘香。

T 味 滑润；有麦芽、焦糖、谷物、香料的味道；回味短暂、由甜味变成干。

知更鸟威士忌由位于苏格兰西部科克（Cork）的米多尔顿酿酒厂采用罐式蒸馏器（一种形似蒸锅的传统蒸馏器，会使烈酒更加强劲）酿造而成。

知更鸟是一款独特的12年威士忌，有时也被称为“爱尔兰波本酒”，有水果香味，与黑麦威士忌类似，而且雪莉酒味和香料味浓重。

知更鸟也酿制混合威士忌，里面既有罐式蒸馏的单一纯麦威士忌，也有谷物威士忌，其滑润、柔和，香草和香料味极佳。我爱它！

帕迪（PADDY）

C 色 很浅的黄色，但清淡而鲜亮。

A 香 清淡、细致，有水果香，还有微微的橙子香。

T 味 有焦糖、香草味以及些微的香料味；回味中等。

帕迪

帕迪混合威士忌，由爱尔兰酿酒集团位于科克的米多尔顿酿酒厂酿造（母公司是保乐利加），拥有大批爱尔兰追随者——包括本土和境外的爱尔兰人。帕迪曾经名为科克威士忌酿酒公司，为了对最优秀的推销员帕迪·弗莱哈迪表示敬意，该厂1930年重新命名。

帕迪威士忌色泽比较清淡，散发着麦芽的香气，有坚果、吐司的味道。这是一款朴实的混合威士忌，虽然没有标榜自己出类拔萃，但具有真正的爱尔兰风味。

特拉莫尔露（TULLAMORE DEW）

C 色 淡淡发黄的金色，为典型的爱尔兰威士忌酒。

A 香 柑橘水果、香料、太妃糖、林木和香草的香气平衡。

T 味 不太强烈；纯净而柔和，有香草和柑橘的味道；回味中等。

特拉莫尔露在德国、斯堪的纳维亚、美国和东欧深受欢迎。基本的混合威士忌富有柠檬和香料的香味，但不具备出色的深厚感和复杂性。获奖的12年与基本混合威士忌相似，不过，它更复杂一些，总体而言，更加强烈，令人满意，特别适合正餐后饮用。另外，还有更加吸引眼球的特拉莫尔露传统（Heritage），这款具有“历史意义”的混合威士忌，与特拉莫尔博物馆和文化传统中心有关联。

约翰·波尔 & 斯恩斯（JOHN POWER & SONS）

C 色 深浓的金色，略带淡棕色。

A 香 清淡而精雅，散发着麦芽、雪莉酒、太妃糖、香草和香料的香气。

T 味 酒体强烈、滑润、丰满、甜美，回味辛辣。

约翰·波尔 & 斯恩斯

约翰·波尔 & 斯恩斯（“波尔斯”）隶属于保乐利加集团，为爱尔兰最畅销的品牌。波尔斯从金标往上的所有威士忌都经过三次蒸馏，这些酒特别滑润、强烈。

为了增强金标的复杂性，公司酿制出12年——这款混合威士忌的酒龄从12年到23年——不过，我还是偏爱标准的混合威士忌。

您可以把波尔斯威士忌加入开水、柠檬、红糖，调成爱尔兰热饮品尝，或者调成爱尔兰咖啡饮用。

美国

美国各地都酿制玉米、黑麦、酸麦芽浆汁威士忌，不过，威士忌的酿造中心位于肯塔基州的波本县。波本县和波本威士忌都以法国王室命名，这是为了感激他们对美国独立的支持。

文化与传统

简陋的创业期 如今，一尊杰克·丹尼尔的塑像竖立在他最初的办公室外——一座位于石灰岩泉水边的简陋建筑。当初，丹尼尔慎重地选上这里，岩洞涌出的泉水不含铁，是做威士忌最美味的材料。直到今天，杰克·丹尼尔威士忌都由这里的泉水酿制而成。

杰克·丹尼尔（JACK DANIEL' S）

色 古金色到淡琥珀色，浓厚。

香 很芳醇，散发着黑麦、烟熏、杏干、甘草、焦糖和蜂蜜的香气。

味 酒体中等；有黑麦、焦糖、焦吐司的味道；回味有太妃糖和香料味。

19世纪60年代，杰克·丹尼尔年仅13岁，那时他便开始酿制他的田纳西威士忌。他的酿酒厂位于田纳西中南部的林奇堡（Lynchburg），现在，该厂酿制许多不同的威士忌，主要采用酸麦芽浆汁工艺，即把之前发酵的大麦——甜味大多已经流失——浆加到玉米和黑麦里。在放入橡木桶熟化之前，威士忌通过特制的木炭过滤（这一过程就是“醇化”），加速了酒的醇化（这让杰克·丹尼尔的酒品自成一派，其名为田纳西威士忌，而非波本酒）使烈酒滑润、清纯，不过甜，也不过于丰满。

杰克·丹尼尔的所有威士忌都以同样的方法酿制，不过，不同的熟化时间和环境使混合威士忌各异。重要的酒品为杰克丹·尼尔陈酿7号（Jack Daniel' s Old No. 7），

杰克·丹尼尔

其别名黑标（Black Lable）。这款酒强劲、丰满、油滑，有焦甜味，而且刺激，没有细致感，品饮时有粗烈、热烈的感受。它是极好提神酒，而非雅致的餐后酒。更清淡的是绿标（Green Label），其入口轻柔，回味强烈、辛辣。同系列的其他酒品有绅士杰克珍藏威士忌（Gentleman Jack Rare Whiskey）——更甜美、更柔和的高级单一威士忌，陈酿至少4年；还有杰克·丹尼尔单一木桶（Jack Daniel' s Single Barrel）——富有水果和香料味，也很热烈、令人满意。为了收藏者，2004年，杰克·丹尼尔推出了1904威士忌，庆祝公司获得首枚金牌百年纪念。这一款威士忌灌装在1.75升（3½品脱）的大瓶里！

迪克尔（DICKEL）

色 色泽比较深；深浓的琥珀色到铜色。

香 芳香；散发着奶油糖果、苹果、蜂蜜、药草和雪松木的香气。

味 滑润、干，有水果味和香草味；玉米的味道比黑麦和大麦的味道浓郁；回味柔和。

乔治迪克尔酿酒厂创建于19世纪中叶，在美国禁酒时期（1919~1933）关闭，直到20世纪50年代才重张。接着，其又关闭了一段时间，后来帝亚吉欧集团又将其重张。该厂酿制的威士忌是杰克·丹尼尔威士忌的美味替代品（尽管迪克尔曾经一直坚持他的烈酒像苏格兰威士忌一样是少了字母“e”的“Whisky”，不是含有字母“e”的“Whiskey”）。

两大主要威士忌为8号和12号。8号（酒精度40%）平衡性很好。12号（酒精度45%）清淡，有蜂蜜味和迷人的林木、药草味。

野火鸡（WILD TURKEY）

色 从琥珀色到更深的青铜色。

香 复杂，散发着林木、玉米、咖啡、焦糖、太妃糖和橙子的香气。

味 很强烈、丰满、滑润；有烟熏、焦糖、水果、橡木的味道；回味悠长甜美。

野火鸡

野火鸡威士忌由奥斯汀·尼科尔斯公司酿制。现在，这家公司隶属于保乐利加集团。有的人坚信野火鸡在所有波本酒中最好——我明白他们是什么意思！

很多混合威士忌酒里都有这种威士忌，不过，我会挑选8年的酒品，因为它比大多数其他波本酒熟化时间更长，所以更滑润，更丰满，散发着复杂的水果和鲜花的香味，而且还有甜味。罗素珍藏10年也非常复杂，很平衡——绝对值得品尝。

天堂山（HEAVEN HILL）

色 鲜亮的金色到琥珀色，陈年的威士忌酒呈青铜色。

香 复杂；散发着林木、皮革、肉桂、烟熏和焦糖的香气。

味 滑润，有坚果、水果、胡椒、药草、香料和蜂蜜的味道。

1996年的一场大火毁掉了最初的天堂山酿酒厂——吞噬了9万桶威士忌。如今，该公司在肯塔基州的路易斯维尔已经建成高度自动化的新厂，用于酿制一系列值得信赖的优质波本酒。

天堂山的埃文威廉姆斯/年，以肯塔基的第一位制酒者命名，他于1783年建立了自己的蒸馏厂。这款酒是美国销量第二的波本酒，呈亮金色，甜味和烟熏味完美融合，最后有辛辣味。埃文威廉姆斯还有其他酒品，包括特别年份的各种单一木桶酒，其中就有获奖的1993。另一款获奖的“必尝”酒品是根据一位牧师的名字命名的以利亚克雷吉12年（Elijah Craig 12-Year-Old）。据说，这位牧师率先将橡木桶内壁烧焦。这款威士忌丰满、有花香、平衡性极佳。

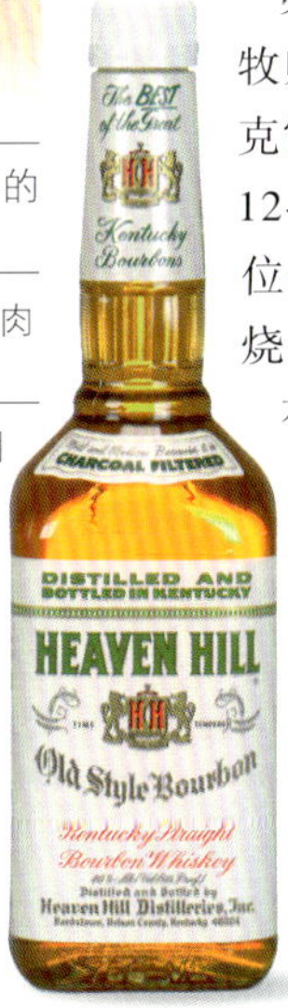

天堂山

亨利·麦肯纳单一木桶10年（Henry McKenna Single Barrel 10-Year-Old）为原桶强度波本酒，其很浓烈、辛辣、复杂，黑麦和咖啡的香气味完美融合。还有一款普通的6年亨利麦肯纳，其充满橡木、香草和香料的香味。如果您想品尝特别甜的酒品，就试试天堂山的菲茨杰拉德陈酿；如果您喜欢特别干而又热辣的，就品尝斗鸡（Fighting Cock）——彻头彻尾的波本酒！

天堂山也有自己品牌的波本酒，它们酒精含量各不相同、酒龄各异，大多都很好。

酿者之记（MAKER'S MARK）

C 色 淡金色，黑色（Black）和金色（Gold）品牌的威士忌呈更深的琥珀色。

A 香 浓郁、精雅；散发着鲜花、异域水果、蜂蜜、橡木和香料的香气。

T 味 清淡、精雅；非常甜；回味有坚果和巧克力味。

酿者之记

从20世纪40年代初，塞缪尔家族——酿者之记的所有者和投资人——一直尝试酿造一种比肯塔基出产的传统酒更柔和、更舒缓、更精雅的波本酒。1943年，老比尔·塞缪尔特别专注于此目标，因此把在家族留传了170年的威士忌酿造方法烧毁，希望重新开始，做得更好。

通过将玉米、大麦和冬小麦而非黑麦混合在一起，采用传统方法"手工酿制"威士忌，虽然时间更长或者说代价更高，但这家小酿酒厂（在美国规模最小）如愿以偿，酿制出了独具特色、优雅、精致的威士忌系列酒。

基本的红色蜡封（浅黄色酒标配黑字）酒精含量45%，为相当迷人的波本酒，其柔和、复杂，尤其是有种坚果的甜香味。这款威士忌也是VIP品牌，灌装在细颈玻璃瓶中，而且是礼品包装。

黑色蜡封（黑色酒标）酒精含量47.5%，为丰满、油滑、深厚、复杂的波本酒。

金封（金色酒标）为华贵的波本酒，更加丰满、更加滑润、更加复杂。

总体而言，这是一些精心酿制的顶级品质波本酒——美国的威士忌的确值得品尝。

野牛踪迹（BUFFALO TRACE）

C 色 淡青铜色，边缘呈一缕缕的金色。

A 香 复杂、优美；散发着香草、药草、橡木、烟熏和蜂蜜的香气。

T 味 有红糖、香料、林木、皮革、太妃糖、水果的香气；回味悠长、干。

野牛踪迹

野牛踪迹是久负盛名的古酿的现代名称。为了吸引更年轻的消费群，该品牌名称于1999年在酿酒厂几乎倒闭之后更改。新名称指的是，酿酒厂坐落在野牛穿越肯塔基河经过的地方。

可喜的是，改变的只有名称而已，野牛踪迹保持了原威士忌的高水准。基本的波本酒（酒精含量45%）富有黑麦的特质，甜味微妙，香气和滋味复杂。

很多其他的波本酒在这里蒸馏而成，有的——比如乔治T.斯泰格——为美国威士忌树立了最高标准，与所有的苏格兰单一纯麦威士忌一样上乘。如果您想品尝绝妙、强烈、有绿色植物香味的酒品，就选择老鹰珍藏；如果您想品尝具有经典波本酒风格的更年轻酒品，那就选择酒龄7年的W.L.韦勒。老宪章也在这里酿制，它是陈酿13年的奢侈威士忌，呈金色，有胡椒味。如果您喜欢"热辣"的威士忌，那就品尝酒龄8年的本驰马克。最上乘的酒品之一，是获奖的布兰顿波本酒，其色泽深，似奶油，有胡椒味。不过，如果您真的很幸运，可能还可以找到一瓶古酿。我认为，10年是所有类型的威士忌里出色的酒品之一：其水果、香料、玉米、黑麦、林木和香草的香味极其平衡。

占边（JIM BEAM）

C 色 中度金色到更深浓的古金色。

A 香 优美、清淡，散发着林木、香草和鲜花的香气。

T 味 芳醇、圆润、滑润、辛辣；回味有淡淡的香草和橡木的味道。

占边肯塔基纯波本威士忌是世界上最知名、销量最大的波本酒。这段成功的故事始于18世纪，当时伯姆一家从德国来到美国，把姓氏改为边。1795年，雅各布·边开始蒸馏第一批边威士忌。酿酒厂代代相传，只有在禁酒时期（1919—1933）关闭。1935年——禁酒一结束——70岁的占边（Jim Beam）（雅各布的曾孙）重建酿酒厂，并以自己的名字命名。20世纪50年代，占边的孙子F.布克·诺亚将占边威士忌推向了国际市场。

占边白标

主要的占边酒品是白标（White Lable）（酒精含量40%）。这款威士忌充满生命和激情，在新橡木桶中熟化至少4年，有水果味，强烈、辛辣，也有鲜花的香味，但不过于雅致，也不过于复杂。我总是把占边白标用于调配长饮——它非常适合与其他滋味混合。

占边黑标（Black Label）为更加大气的威士忌，酒体强烈，平衡出色，个性突出、名不虚传。同时，也要留意绿标（Green Label）和金标（Gold Label）——它们的强度和酒龄各不相同。黄标（Yellow Label）是黑麦威士忌（一半以上的酿酒谷物为黑麦），酒体强烈。

像其他主要的波本酒酿造商一样，占边也销售在他们的酿酒厂酿制的很多不同的酒品。巴兹尔海登8年（Basil Hayden 8-Year-Old），清淡、纯净，黑麦味直接。如果您喜欢不太浓烈、不太复杂的威士忌，就可以品尝它。贝克7年（Baker's 7-Year-Old）更加浓烈，玉米的味道更浓，水果香味更深厚，甜味独特，还有香草气息。

占边布克

占边也酿制"限量"（"Small Batch"）精选高品质威士忌。最上乘的酒品之一就是诺勃科里克9年（Knob Creek 9-Year-Old），其极其复杂，丰富的水果、焦糖和太妃糖的甜味平衡一致。丰满的口感因林木和"焦"味得到强化。我爱它。布克7年也是一款卓越的威士忌：很浓烈、酒精度高，樱桃、香料、太妃糖、巧克力、橙子和烟草的美妙滋味一齐在酒杯里旋转。可口啊！

占边还获得了老祖父（Old Grand-Dad）酿酒厂的库存，老祖父曾经是颇受人喜爱、丰满的干波本酒，遗憾的是，现在它已经破产。拭目以待吧——毋庸置疑，将来占边会推出一些酒品。

调配

占边和可乐 完美的"长饮"波本酒。把一些冰块放到高杯里，倒入适量占边白标威士忌，注满可乐，随即待饮。

典型的波本酒
大多数人要波本酒的时候，他们所期望得到的（或者至少期望所品尝的）是占边。

日本

日本第一批威士忌酿酒师曾在苏格兰接受培训。北海道（Hokkaido），日本最北部的岛屿，有着类似的气候环境。日本人非常喜爱威士忌，如今他们酿制的高品质威士忌可以同经典的苏格兰纯麦威士忌媲美。

尼卡（NIKKA）

C 色 特别与众不同，鲜明的铜色。

A 香 浓郁、诱人；散发着泥炭和雪莉酒的香气。

T 味 酒体极其强烈；有泥炭、烟熏的味道；回味悠长、干。

尼卡于第二次世界大战后不久创建，是日本第二大威士忌酿酒商，也是朝日酿酒公司（Asahi Brewing Company）的子公司。

尼卡酿制一系列绝妙的威士忌，其中很多为高品质单一纯麦威士忌，而且是苏格兰威士忌的真正竞争对手。

最知名的品牌是余市。它的单一纯麦10年威士忌曾经是世界顶级威士忌之一，其油滑，有泥炭香味、水果香味和甜味，平衡性极佳。其他余市单一纯麦威士忌是12年、15年和20年。这些威士忌以及特别年份的单一木桶威士忌往往是鉴赏家关注的目标，在日本境外很难找到。

受人尊崇的尼卡混合威士忌——很值得品尝——包括黑尼卡、黑尼卡特酿和超级尼卡。

三得利

三得利（SUNTORY）

C 色 深浓的金色，酒龄长一些的呈琥珀色。

A 香 清淡、雅致，散发着柑橘、麦芽和烟熏的香气。

T 味 酒体中等，有麦芽、橡木、香草和焦糖的味道。

三得利是日本最大的威士忌酿酒商，占有60%的国内市场。

该公司的市场主导混合威士忌是响，这种酒浓烈、有力，麦芽味紧实，回味甜美。陈年威士忌包括17年、21年和30年，它们都十分卓越。三得利皇冠为奢华品牌，有水果的甜味，您可以买到陈酿12年和15年的酒品。

我最喜爱的三得利威士忌是12年单一纯麦威士忌，其纯净、清新，有麦芽香味，还有隐隐的迷人香草和水果的香味。

轻井泽（KARUIZAWA）

C 色 深浓的金色，酒龄长一些的呈琥珀色。

A 香 很甜，有水果、雪莉酒、橙子和香草的香气。

T 味 复杂；滑润、丝绸一般；回味绝妙，有橙子和巧克力的味道。

轻井泽酿制一系列单一纯麦和混合威士忌，在日本极受欢迎，可惜的是，在国际市场上很难见到。

最好的单一（“纯粹”）纯麦威士忌是17年，其强烈，有水果香味，非常滑润。这款威士忌的平衡和总体的品质绝无仅有。

公司最重要的混合威士忌名为大师之选（Master' s Blend），这款酒卓越不凡，呈鲜亮的金色，混合着糖和麦芽的甜味，酒体强烈，非常令人满意。这是一款出色的日常、正餐后饮用的威士忌。

加拿大

加拿大是得天独厚的威士忌酿造国：凉爽，谷物和水源丰沛，有苏格兰威士忌酒的传统深厚。加拿大威士忌通常由黑麦酿造，而且加拿大酿制出了世界上最优质的一些黑麦威士忌。

施格兰（SEAGRAM）

C 色 金琥珀色到淡青铜色；深厚而诱人。

A 香 优美、芳香；散发着薰衣草、紫罗兰、柠檬、太妃糖和甜玉米的香气。

T 味 柔和、滑润，有水果、麦芽、橡木和香草的味道。

施格兰隶属于帝亚吉欧国际集团，也是加拿大最重要的两大威士忌酿造商之一（另外一个是海朗获加，Hiram Walker）。公司的两大旗舰酒品为施格兰VO和奢华的皇冠，这些基本上是谷物威士忌，通过单柱蒸馏器酿制。施格兰VO威士忌最早于1911年推出，很值得品尝。这款酒至少由35种不同的6年威士忌勾配而成，其中包括波本酒和黑麦威士忌，其闻起来有花香和橡木香，品起来口感复杂、雅致，有水果、谷物和玉米的味道。

皇冠是以黑麦威士忌为主的复杂混合威士忌。其丰满、多汁，水果和香料味平衡很好，回味绝佳，有香草、玉米和橡木味。

同样值得品尝的还有清新、复杂的特别珍藏。

施格兰

加拿大人俱乐部（CANADIAN CLUB）

C 色 从年轻酒品的深金色到更深的琥珀色。

A 香 精致，散发着烟熏、黑麦、橡木、奶油太妃糖和麦芽的香气。

T 味 柔和、纯净；有黑麦、焦糖的味道；回味复杂（甜、干、烟熏味）、短暂。

加拿大人俱乐部最早于1884年酿制而成，是海朗获加公司的旗舰品牌，如今，这家公司隶属于联合多枚克。

标准混合威士忌至少陈酿6年，谷物、水果味和甜味平衡很好。12年威士忌柔和、柔滑、甜美，而且有麦芽的香味，与标准酒精度100威士忌形成鲜明对比，后者口感浓烈！接近干邑的酒品为10年珍藏。水果香味更浓的是陈酿10年的雪莉木桶。所有这些威士忌正餐后饮用极好。

加拿大人俱乐部

弗提·科里克（FORTY CREEK）

C 色 中度金色到更淡的琥珀色。

A 香 复杂；散发着香草、橙子、太妃糖的香气，还有隐隐的鲜花和香料的香气。

T 味 精雅、柔和、微妙，有蜂蜜和谷物的味道，干。

弗提·科里克威士忌，由成立于1992年的科特灵瑞智公司酿造。公司使用小罐式蒸馏器（见第191页）分别酿造黑麦、玉米和发芽大麦威士忌。烈酒各自在美国橡木桶中陈酿，然后才混合，以“三谷”之名上市。所以，这种酒把不同的风格融合，非常平衡，清新、没有甜味而且复杂。

另一款值得品尝的是木桶精选。这种威士忌在雪莉酒桶中陈酿，更丰满，水果香味更浓，更滑润。饮用时加一点儿水，可以释放它的复杂性。

澳大利亚

澳大利亚人大多饮用进口威士忌。塔斯马尼亚气候凉爽，拥有规模很小的本土酒业。澳大利亚酒业部分时间经营，主要精力用于酿制高品质单一纯麦威士忌酒。

沙利文湾

沙利文湾（SULLIVAN'S COVE）

C 色 深浓、古金色到淡琥珀色。

A 香 主要是麦芽和香草的香气，也有微微的草本植物的香气。

T 味 活泼、热辣；回味热烈，有坚果、橡木的味道。

沙利文湾威士忌，由塔斯马尼亚酿酒厂（Tasmanian Distillery）酿造。这家酿酒厂位于澳大利亚东南海岸，靠近塔斯马尼亚岛上的霍巴特（Hobart）。塔斯马尼亚是国内最凉爽的地区，所以要说酿制卓越的威士忌，这里潜力最大。可惜的是，该酿酒厂曾经有好几年很不稳定，多次易主。这种不确定性也反映在它的酒品上，近年来，品质参差不齐。好消息是，2004年，公司搬到新酿酒厂，看起来更加安稳。

沙利文湾威士忌采用传统方法和设备酿造。单一纯麦威士忌为普通强度，还有原桶强度（Cask Strength）——这款威士忌更强劲、更复杂，而且比单一纯麦威士忌稍贵一些，当然，很值得品尝。

西班牙

西班牙的有些地区气候凉爽，适于酿制威士忌，而且为大众市场酿造出平衡很好的混合威士忌酒。

DYC

C 色 鲜亮，中度金色，带有一抹橙色。

A 香 香气幽淡，散发着橡木、香草和麦芽香。

T 味 很甜，有麦芽的味道，还有烟熏味和橡木味。

DYC（或者Destilerías y Crianza del Whisky），世界25大最畅销的威士忌品牌之一，酿制的混合威士忌谷物和麦芽的香味平衡很好，而且麦芽的香味总能穿透淡淡的烟熏味。这些威士忌物超所值。我最喜欢把它们用于调配，尤其是在夏季。

新西兰

最近，新西兰最后一家主要的威士忌酿造商威尔逊（Wilson's）关闭了。我希望它今后能起死回生。

米尔福德（MILFORD）

C 色 浅禾秆黄色到中度金黄色。

A 香 很强劲，散发着泥炭和麦芽香味。

T 味 酒体强烈，有泥炭、盐、蜂蜜和柑橘的味道。

米尔福德威士忌实际上是威尔逊纯麦酿造公司的库存威士忌，这家公司由苏格兰移民于1926年在新西兰南岛创立，不过，2002年关闭了。留意10年的单一纯麦威士忌，其清新，有麦芽的香味，还有橡木和白垩的味道，与苏格兰斯贝塞的单一纯麦威士忌类似。

奥地利

奥地利拥有谷物、水源、凉爽的气候，还有酿制出色威士忌必不可少的蒸馏技术。

沃德维特勒JH（WALDVIERTLER JH）

C 色 深金色，焦糖威士忌酒呈中度琥珀色。

A 香 复杂；散发着烟熏、黑麦、麦芽、水果和香草的香气。

T 味 很油滑、丰满、滑润；有黑麦和麦芽的味道；回味悠长、辛辣、香甜。

沃德维特勒JH威士忌自1904年开始酿造，频频获奖。主要有5种沃德维特勒威士忌。基本的而且最畅销的是含60%黑麦和40%大麦的纯麦威士忌。这种酒很甜，香料和橡木的香味平衡性很好。我特别喜欢黑麦麦芽混合威士忌罗格美滋：其复杂、纯净，平衡性出色。

德国

德国威士忌酒很稀罕，特别是在德国境外！作为新酒品，很出色，也许未来会更上层楼。

布鲁茂斯（BLAUE MAUS）

C 色 精美的中度琥珀色，略带一丝金色。

A 香 浓郁，有水果、香草、麦芽和蜂蜜的香气。

T 味 很油滑，香料、泥炭和甜味平衡很好。

1994年，布鲁茂斯推出他们的第一款威士忌。最初的两个品牌是富有麦芽和泥炭味的格兰布鲁和纯净、有橡木味的格兰茂斯。之后，公司已经推出酒体强烈的克洛坦塔勒（年份1994）、香甜辛辣的舒瓦兹派瑞特（年份1994）和清淡香甜的斯宾纳克（年份1993），最后一款声誉最佳。

南非

因为南非有英国（包括苏格兰）的传统，所以，您会认为南非有着悠久的威士忌酿造传统，不过，温暖的气候和政治问题限制了它的发展。南非人向来富有创造精神，他们正在迈入这一领域。

三艘船（THREE SHIPS）

C 色 深琥珀色；陈酿10年的酒品呈更深的铜色。

A 香 复杂；散发着泥炭、烟熏、林木和雪利酒的香气。

T 味 相对滑润，有雪莉酒、太妃糖、香料和烟熏的味道。

三艘船以西开普省为基地，1977年推出，已经发展成为南非销量第四的威士忌。

最成功的三艘船混合威士忌之一是它的5年。这款威士忌由南非谷物威士忌和苏格兰进口的单一纯麦威士忌混合勾配而成，浓烈刺激的谷物味被充满泥炭、烟熏的柔和麦芽味中和，威士忌找到了所有滋味的完美平衡点。

最近，公司推出了自己的10年单一纯麦威士忌（Ten-Year-Old Single Malt），这种酒仅选用最高品质的木桶混合勾配。风格类似苏格兰艾雷岛的单一纯麦威士忌——具富有迷人的烟熏味和麦芽味，回味悠长、热烈，不过色泽要比艾雷岛的威士忌深，而且更丰满，更像波本酒。这是一款需要关注的威士忌。

三艘船

LA MAUNY
DEPUIS 1749
RHUM AGRICOLE
ÉLEVÉ SOUS BOIS
LA MAUNY
A.O.C
RHUM BLANC AGRICOLE
MARTINIQUE
50

朗姆酒

“朗姆酒，优美、微妙、充满趣味。在瓶中，清幽、闲适，入杯中，飘逸，富有加勒比风情。”

朗姆酒简介

没有哪种酒比朗姆酒更能让人精神焕发——它就像一缕加勒比阳光。朗姆酒以甘蔗和它的副产品为原料酿制，比大多数人想象的还要灵活多变：有的风格调配水果味威士忌非常理想，有的十分特别，需要像优质干邑一样让人尊崇。

品酒和侍酒

简介 朗姆酒的色泽由陈酿过程和焦糖添加决定；有水果的香气，很复杂；最好的朗姆酒口感滑润、柔和、令人满意。

C 色 清淡的朗姆酒呈白色（无色）或者呈金色到淡褐色；法国风格的朗姆酒呈blanc（白色）、琥珀色或者淡褐色；德梅拉拉朗姆酒和牙买加朗姆酒色泽更深，有的几乎呈黑色。

A 香 白色朗姆酒散发着雅致的鲜花、奶油糖果和香蕉的香气；金色朗姆酒有蜂蜜、香草和异域水果的香气；深色朗姆酒散发出烧焦的太妃糖、香料和橙子皮的气味。

T 味 朗姆酒的酒精、甘蔗和香料味应该很平衡，而且通常有微微的香蕉、杧果和坚果的味道。德梅拉拉朗姆酒会有焦糖味；色泽浓重的朗姆酒有糖蜜味。

选购和贮藏 超市出售的朗姆酒大多由国际公司供货，可能不是最令人兴奋的酒品。如果希望品尝特别的朗姆酒，而且仅需多花一点儿钱，您可以到专营店或者网上购买。没必要贮藏朗姆酒，酒液在瓶中陈酿不会提升品质。

侍酒建议 大多数白色朗姆酒和很多基本酒品用于与可乐或者果汁混合饮用或者用于调配鸡尾酒；纯饮有点火辣。陈年的朗姆酒，最好如上好干邑一样啜饮——正餐后，单独饮用，不加冰块，可以搭配雪茄。

没有特别的朗姆酒杯，所以长饮用平底无脚酒杯或者高杯，对于鸡尾酒则用合适的鸡尾酒杯。纯饮朗姆酒，用小的直边杯，这种杯比威士忌的平底无脚酒杯稍小一些，或者用白兰地酒杯。

现代词汇“rum”的渊源无从查证，但人们认为朗姆一词源自17世纪的英语俚语“rumbullion”，其意思是“狂欢的美好时光”。我觉得，这个名字似乎完全适合这种派对烈酒！朗姆酒的故乡位于西印度群岛和圭亚那和南美的其他地方。十八九世纪，牙买加、海地、特立尼达岛（Trinidad）是最大的朗姆酒酿造国，紧随其后的是古巴和波多黎各。1862年，法库纳多·百加得（Facunado Bacardi）在古巴的圣地亚哥创建了一座酿酒厂，这里酿制的浅白色和金色古巴风格朗姆酒很快成为明星。如今，百加得是世界销量最大的国际烈酒品牌。

蜂蜜 金色朗姆酒闻起来有微微的蜂蜜甜味。

朗姆酒的酿造

朗姆酒是一种由甘蔗或者糖蜜（提炼糖之后剩下的糖浆残渣）蒸馏而成的烈性酒。把甘蔗或者蜜糖和水混合，添加酵母，然后开始发酵。发酵的液体被称为“酵汁”，其通常在铜质罐式蒸馏器中经过多次蒸馏——就像酿制白兰地和威士忌要蒸馏一样。经过蒸馏的烈性酒很清透，为了酿制金色或者深色朗姆酒，需要在以前用于波本威士忌的橡木桶中陈酿。这些木桶的内壁是烧焦的，目的是为了最后酿制而成的朗姆增添烟熏味。加勒比气候炎热，朗姆酒在木桶中的熟化速度很快，其通常在木桶中放置时间比较短，从1年到5年不等。朗姆酒完全熟化后，会与其他不同酒龄的朗姆酒混合勾配，以达到令酿造商完全满意的滋味、色泽和质地。如果您购买的朗姆酒瓶上有陈酿时间的说明，它一般是最年轻的勾配烈酒。

巴巴多斯朗姆潘趣酒 这款著名的鸡尾酒由酸橙、糖、水和深色巴巴多斯朗姆酒调配而成。

白色朗姆酒的酿制往往有点儿不同，通常在

专利蒸馏器中连续蒸馏。这个过程包括把酵汁泵入蒸馏器（就是金属柱）的½，在里面蒸发，然后泵入另一个蒸馏器提纯（这个过程就是精馏）到合适的酒精度。这一过程连续不断，酿造出的烈性酒更加纯净、中性。

乡土朗姆酒　在法属瓜德罗普岛的贝利井博洛尼朗姆酒酿造厂，直接通过甘蔗汁而非糖浆酿酒，因此酒品风格活泼。

朗姆酒的风格

朗姆酒主要有四种风格。色泽最深的是牙买加或者“海军”（Navy）朗姆酒。这种酒浓香、刚烈，不仅产于牙买加，也产自巴巴多斯（Barbados）和英属维京群岛（British Virgin Islands）。自20世纪中叶，牙买加朗姆酒的影响力开始下降，风格更加清淡、更适于调配的朗姆酒占据了上风。这种“淡而白”的朗姆酒产自古巴，不过，现在美属维京群岛（US Virgin Islands）的克鲁赞（Cruzan）公司也酿造这种酒。蒸馏后，这种朗姆酒通过木炭过滤，在未经烧焦的橡木桶中熟化，从而赋予了其些微色泽和特质。

第三种朗姆酒是德梅拉拉（Demerara），其原产于圭亚那，由糖浆制成。德梅拉拉朗姆酒的色泽不像牙买加朗姆酒那么深，其呈金色，风格强劲，有水果味。以前，酿造商为了使酒液的色泽更深或为了增加某种甜味而添加焦糖，不过，如今，酿酒商更倾向于不那么甜的风格。他们甚至推出了品质极好的德梅拉拉朗姆酒，有的陈酿时间长达15年之久，成为市场最优质的朗姆酒。

最后一种是乡土朗姆酒（Rhum Agricole），其产自受法国影响的岛屿，特别是马提尼克岛（Martinique）。这种朗姆酒通常通过发酵甘蔗汁制成，富有水果味，很独特。留意酒标上能够保证品质的AOC字样。甘蔗汁朗姆酒也产自英属维京群岛、格林纳达（Grenada）和海地。巴西选用甘蔗汁和玉米蒸馏酿这种酒，类似朗姆酒，名为卡查萨（cachaça）。那里最著名的品牌酒每年销量达5千万箱，简直令人难以置信。

加勒比的烈酒　在加勒比，您用不着通过寻觅超市来购买朗姆酒！岛上最好的酒品在当地商店很容易就能买到，如这家位于巴巴多斯岛圣露西（St Lucy）的小店。

全球

如果不涉及政治因素，百加得很可能是一种古巴朗姆酒，因为它原产自古巴，具有浓郁的古巴风格。古巴大革命后，百加得公司离开这个国家，如今它的酿酒厂遍布世界各地。其他深受欢迎的朗姆酒主要原产于牙买加，由大型酒业公司在全球各地酿制。

百加得和可乐 著名的自由古巴酿造于19世纪90年代，当时美国军队为古巴从西班牙的统治中解放出来而大战。他们把美国可乐同百加得朗姆酒和酸橙调配在一起，为古巴的自由而举杯庆祝。

百加得（BACARDI）

C 色 白色朗姆酒色淡、澄澈；陈年朗姆酒呈金色。

A 香 清新、柔和；有隐隐的桃、奶油糖果、鲜花和柑橘水果的香味。

T 味 干，平衡佳；有蜂蜜、杏和微微的香料味。

百加得是世界最大的酒品公司之一——它的四家酿酒厂每年供应超过2000万箱酒。

百加得的传奇故事始于1862年，当时唐·法昆多·百加得从西班牙移民到古巴，采用科菲蒸馏器酿制出世界首款白朗姆酒。这种蒸馏器通过连续蒸馏（见第211页）酿酒，因此比采用传统蒸馏器酿制的酒液更清淡。百加得徽标的灵感——独特的蝙蝠标志——来自酿酒厂屋顶的果蝠。据说，蝙蝠可以带来好运、健康、家庭和睦。

百加得的旗舰品牌和最初的白色朗姆酒是百加得优品。这款酒清淡、清新，富有水果香味，还有微妙的甜味。在世界各地的酒吧中，能被人叫得上名字的朗姆酒并不多，百加得就是其中之一，它是经典的调配用酒，特别是与可乐或者水果汁混合。任何人都可以饮用它，而且几乎所有的人都会喜欢上它。

百加得优品朗姆酒

百加得也出产陈年朗姆酒，如百加得金色朗姆酒——其柔和，有蜂蜜和微微的坚果香味。如果您希望百加得朗姆酒更丰满，或者赋予得其利鸡尾酒或者其他鸡尾酒一点儿别样风味，可以把这款酒作为调配原料。百加得8年朗姆酒可以匹敌出色的古巴朗姆酒哈瓦那俱乐部。百加得8年由在橡木桶陈酿至少8年的朗姆酒制成，比其他百加得朗姆酒复杂得多，呈深金色，有浓郁的坚果、香料和林木味，同时还有香蕉和杏的香味。饮用时不要调配其他饮料，不过要加些冰块。

20世纪90年代初，百加得推出如今享誉世界、极其成功的百加得冰锐预调酒系列，其由清淡的朗姆酒和加气果汁调制而成，有多种风味。百加得还酿制了一系列加味朗姆酒，包括柑橘（Limon）、橙子（O）和椰子（Cóco），它们富有水果味，微辣。

百加得朗姆酒物超所值，在很多地方都能买到，而且会让派对变得热情澎湃。

摩根船长（CAPTAIN MORGAN）

C 色 从深浓的琥珀色到金色，淡色朗姆酒很澄澈。

A 香 浓郁、丰满；散发着焦糖、太妃糖、葡萄干和巧克力的香气。

T 味 口感柔和、清淡，回味有香料味。

1944年，施格兰和宋思组建了摩根船长朗姆酒公司。不过，公司的传统可以追溯到更早的年代。公司得名于大胆的英国海盗亨利·摩根船长，他在17世纪末期成为牙买加的长官。现在，摩根船长几乎在世界任何一个国家都能买到，而且是帝亚吉欧的旗舰品牌之一。

摩根船长

摩根船长酿制一系列风格各异的朗姆酒。黑标由几种朗姆酒混合而成，这种酒充满旧时牙买加朗姆酒深色太妃糖和葡萄干的风味，风格传统，强烈、滑润、丰满。

独创调味朗姆酒产自波多黎各，于1983年推出，是首批加味朗姆酒之一，现在，最畅销。这款清淡的朗姆酒混合了一系列香料和天然调料，包括香草和肉桂。银色调味朗姆酒口味更甜，主要在美国销售，用于调酒非常出色。摩根船长私房世传是更强劲的调味朗姆酒，酒体更强烈，滋味更丰富，适于加冰块啜饮，而非调配成长饮。鹦鹉湾是一款波多黎各加味白色朗姆酒，有杧果、菠萝或者椰子口味，色泽浅淡，很甜，有黏性。

摩根船长朗姆酒值得信赖，很多地方都能买到，而且很有趣——是极佳的入门朗姆酒。

柠檬哈特（LEMON HART）

C 色 淡琥珀色，从非常清透到金色。

A 香 水果香味足；有菠萝、香草、糖浆和香蕉的香味。

T 味 酒体中等，水果味和甜味平衡很好。

柠檬哈特牙买加朗姆酒品质优良。色泽不太深，融合了水果口味鸡尾酒和深厚的甜味，回味有上好林木味，芳香优雅。1804年，莱缪尔·哈特在英格兰西南的康沃尔首次酿造出这种酒，使之不仅成为牙买加最早的朗姆酒之一，而且成为首批供应给英国皇家海军的朗姆酒之一。

柠檬哈特德梅拉拉朗姆酒选用圭亚那的朗姆酒混合调制而成，因此，比牙买加朗姆酒更清淡。虽然不复杂，但令人满意，回味滑润、香甜。两款柠檬哈特朗姆酒既可以单独纯饮，也可以和可乐或者果汁调配。

美雅士（MYERS）

C 色 深色朗姆酒呈深浓的红木色；白色朗姆酒清透。

A 香 有烧焦的木头味和微微的烟熏味，还有糖浆的香味。

T 味 酒体强烈，有焦糖和椰子的甜味。

美雅士的原黑朗姆酒是1879年首推的一个牙买加品牌的派生酒品。其厚重、丰满，口感充满“焦”味。美雅士的原黑朗姆酒由9种不同的朗姆酒勾配而成，强劲、味浓。美雅士也酿制一款铂金白色朗姆酒和美雅士传奇——一款100%牙买加蒸馏器朗姆酒。这款酒有香料味，复杂，回味极其悠长，而且很昂贵！

美雅士

加勒比地区、南美洲和中美洲

早期的朗姆酒贸易由加勒比岛国控制：在古巴、牙买加、巴巴多斯、特立尼达全都颇有影响。酒品向南行销到南美大陆，特别是圭亚那的德梅拉拉朗姆酒。

雷侄（WRAY & NEPHEW）

色 清透、鲜亮；从无色到金色和深琥珀色。

香 富有水果香和甜香；有酸橙、糖浆、香蕉和坚果的香气。

味 同时有青草味和甜味；坚果味；回味清新、悠长。

19世纪中叶，牙买加酿酒商约翰·雷联合他的侄子查尔斯·沃德，创建了非常红火的朗姆酒厂。一开始，雷侄酿酒厂面临着岛上另一家酿酒厂阿普尔顿的竞争压力，不过，1916年，雷侄酿酒厂将其吞并后，成立了如今牙买加最畅销的朗姆酒品牌——岛上消费的朗姆酒有90%是雷侄。

雷侄

雷侄的白色特烈朗姆酒绝对是一款真正的牙买加白色朗姆酒：其复杂，富有水果和坚果味，令人赞赏。牙买加人讲，在岛上，甚至滴酒不沾的人家里都有一瓶特烈。阿普尔顿的旗舰酒品为阿普尔顿庄园V/C牙买加朗姆酒。这款酒呈琥珀色，由酒龄在5年到10年之间的朗姆酒混合制成，其酒体强烈、柔和、滑润、复杂，富有卓越的太妃糖、橙子、鲜杏和香料滋味。

如果您想要上好的调配朗姆酒，就用阿普尔顿特选牙买加朗姆酒。这款酒呈金色，酒体中等，甜、清淡，有烟熏味。不过，阿普尔顿庄园特级牙买加朗姆酒是必须要品尝的朗姆酒。这款酒色泽从深琥珀色到铜色，雅致，滑润，杰出，混合了酒龄长达18年的朗姆酒；极其复杂，有蜂蜜、水果、香料、烟草和皮革的味道。

这些朗姆酒充满牙买加风味，派对饮用完美无缺。

产区和酒品

割甘蔗 世界上的甘蔗大多集中在加勒比、南美洲和中美洲的传统朗姆酒酿造区，而且几乎三分之二的甘蔗都是由熟练的工人用长刀手工收割。为了尽可能保证甘蔗不变质，甘蔗需要迅速运抵酿酒厂——通常由铁路或者公路运输，不过有时也用牛车。

布里斯托尔经典朗姆酒（BRISTOL SPIRITS' CLASSIC RUMS）

色 清透，从浅金色到更深的琥珀色。

香 香气四溢；有香草、香蕉、菠萝和青草的香味。

味 滑润、油滑、丝绸一般，有林木和香料的味道。

布里斯托尔烈酒公司总部设在英格兰西南部，他们跨越加勒比海，把橡木桶中的朗姆酒从酿酒厂运到英国熟化、装瓶（此工艺被称为“提前着陆”）。我个人认为，布里斯托尔烈酒公司进入朗姆酒的世界，是自百加得公司以来最让人兴奋的举动。他们的“经典朗姆酒”系列精致、雅致、紧致、滋味复杂，每一款我都非常喜欢。

布里斯托尔
莫尼马斯克

最近，布里斯托尔烈酒公司率先酿制出很像单一纯麦威士忌的朗姆酒——只选用一座种植园或者某一个蒸馏器的烈酒。这就意味着，跟单一纯麦威士忌一样，这种朗姆酒的酒标上会有酿酒厂的名称和陈酿时间。这些创新的朗姆酒，连同其他布里斯托尔烈酒公司的卓越酒品，都出现在“经典朗姆酒”的酒单上。

我最喜爱的陈年朗姆酒之一，是来自瓜德罗普岛的佳代尔10年，这种酒最后是在法国利穆赞橡木桶中陈酿。这款朗姆酒复杂、芳香，散发着太妃糖和鲜花的香气，充满林木和巧克力的味道。

布里斯托尔
长池

一款与特浓咖啡和大雪茄搭配饮用的朗姆酒是长池13年。长池酿酒厂在牙买加蒙特哥贝以东。这款独特的朗姆酒呈金琥珀色，充满林木和水果的香味，口感非常油滑。长池16年朗姆酒滑润，有坚果和林木味。因为最后在欧洛索雪莉酒橡木桶中陈酿，所以雪莉酒的滋味格外浓郁、美味。它可以单独品饮，也可以正餐后饮用。

有些最上好的布里斯托尔朗姆酒产自牙买加的莫尼马斯克酿酒厂。23年朗姆酒的鲜花、林木和柑橘味极其平衡；25年的朗姆酒在波本酒木桶中陈酿，极为深厚，还有隐隐的烟熏味和香草味。这款朗姆酒让我想起了一种出色的单一纯麦威士忌。

布里斯托尔烈酒公司为了提供价格适中的“入门”品牌，现在推出了一种加勒比选藏，这款酒混合金色德梅拉拉朗姆酒制成，在英国熟化平均5年。其还推出了一种混合年轻白色朗姆酒制成的获奖圭亚那和瓜德罗普岛朗姆酒——这款酒一定要品尝。

卡登海德（CADENHEAD'S）

色 从很浅的禾秆黄色到淡金色。

香 通常细致、富有花香，散发着苹果和葡萄干的香气。

味 酒体清淡到中等，有烟熏、橡木和水果的味道。

卡登海德
绿标

卡登海德是一家苏格兰公司，其朗姆酒源自整个加勒比地区。该公司推出了一系列采用传统工艺酿制的绿标（Green Label）朗姆酒。德梅拉拉10年朗姆酒清淡、纯净，而巴巴多斯15年朗姆酒的甜味、林木味和香料味极为平衡。古巴5年朗姆酒呈淡金色，清新，有水果香味——具有典型的古巴朗姆酒风格。卡登海德也酿制一系列特别的陈年朗姆酒，通常酒龄在50年或者更长时间。这些酒呈更深的琥珀色，而且更加复杂。

奇峰（MOUNT GAY）

C 色 鲜亮的金琥珀色道淡棕色。

A 香 充满花香，散发着香草、薄荷、杏、香蕉、樱桃和坚果的香味。

T 味 很柔和，酒体清淡，有烟熏和橡木的味道。

奇峰是巴巴多斯古典的朗姆酒，公司宣称是世界上历史最悠久的朗姆酒酿造商——对今人眼中奇峰酒厂的酿酒记载最早可以追溯到1703年。巴巴多斯朗姆酒业经历了几个世纪的风风雨雨后，继续平稳发展，1989年，该公司成为人头马君度国际集团的一部分，如今，它的朗姆酒在世界各地有售。

奇峰

奇峰出产两款旗舰朗姆酒。其一为奇峰伊克利斯（Eclipse）朗姆酒，这款酒呈金色，细致，清淡，平衡极佳，富有花香，如奶油一般，是我夏日里喜爱坐在花园饮用的朗姆酒之一。其二为奇峰特酿（Extra Old），其是公司真正的明星朗姆酒，这款酒混合了陈年佳酿，屡屡获奖，因此，公司称其为“世界上最好的朗姆酒”：呈深琥珀色，酒体清淡，有橡木、水果、巧克力和烘焙林木的味道，而且所有这些滋味都融化到浓郁的水果和香料味里。

其他主要酒品包括：奇峰甘蔗白兰地（Sugar Cane Brandy，其实是一款白色朗姆酒），在美国名为甘蔗朗姆酒。这款酒在派对上饮用极好：其呈金色，有甜味、烟熏味和香料味，水果味清新自然。白色（White）、白色特烈（White Overproof）、香草和杧果朗姆酒也同样出色：它们精雅而有趣。

四方（FOURSQUARE）

C 色 迷人的亮琥珀色，边缘呈金色。

A 香 香料香味突出：姜、肉蔻、丁香；还有药草和橙子的香气。

T 味 没有甜味；药草、水果和香料味平衡极佳。

R. L. 西尔（R. L. Seale）是巴巴多斯充满活力的新派酿酒公司，四方调味朗姆酒是它的旗舰品牌和经典朗姆酒。根据祖传配方，这种酒在酿酒初期，把肉桂、香草、肉蔻混合，放入2年的烈酒中。因此，酿制出的卓越、活泼的获奖朗姆酒，香料味强烈而平衡。这款酒是市场上其他调味朗姆酒的有力竞争对手。

四方

多利（DOORLY'S）

C 色 很浓厚；呈迷人的深琥珀色。

A 香 很复杂、丰满；散发着蜂蜜、杧果、坚果和雪莉酒的香气。

T 味 优美、柔和、滑润；有葡萄干和香草的味道，回味悠长、有橙子味。

多利于20世纪20年代创立，是巴巴多斯的一个朗姆酒品牌（徽标上的黑色金刚鹦鹉很独特，一眼就能辨认出来），旗下有一系列酒品，首当其冲的就是灌装在塑料瓶中，在岛上销售的基本型朗姆酒！多利隶属R.L.西尔公司，并在四方种植园酿造。多利拥有一款旗舰朗姆酒：XO。这款酒由5种没有酒龄标记的朗姆酒混合制成。烈酒熟化之后，经过在欧洛索雪莉酒橡木桶二次熟化，格外滑润，更加强劲。您可以把它用于调配，不过，我认为正餐后啜饮也非常棒。

卡罗尼（CARONI）

C 色 清透，菲利斯朗姆酒呈金色。

A 香 甜香，散发着糖浆、柠檬、酸橙、香蕉和香料的香味。

T 味 柔和、精雅，有清淡的香料味、巧克力味和柔和的水果味。

卡罗尼由政府经营的特立尼达和多巴哥朗姆酒公司酿制。其品种包括：精致、上乘的超级白色魔幻；呈禾秆金色、清淡、有水果味和柔和香料味的菲利斯金色。陈酿为最好的深色朗姆酒，这种酒酒龄10年，散发着柠檬、香料和椰子香，口感滑润，有巧克力味，回味清新。把斯代力昂潘趣朗姆酒用于调配鸡尾酒——这是特立尼达出产的最强劲的朗姆酒之一（酒精含量75%！），很干，充满力量。

安哥斯图拉（ANGOSTURA）

C 色 清透、鲜亮，从金色到红木色。

A 香 水果香味馥郁，散发着苹果、焦糖、香草、林木和香料的香气。

T 味 柔和、芳醇；香料和水果味微妙，有巧克力味。

大多数人都会把安哥斯图拉与苦味酒（通常用于调配鸡尾酒）联系在一起，不过这家特立尼达的公司也酿制朗姆酒。所有的朗姆酒（白色、金色、黑色）都是很好的调酒原料。饮用清淡、纯净、富有柑橘味的白朗姆酒，就选择安哥斯图拉3年；饮用更清淡的金色朗姆酒，就选择有香料味、充满杧果和香蕉的香味的5年金色。我最喜爱的金色朗姆酒之一是陈酿8年的1919。这款朗姆酒陈酿在波本酒橡木桶中熟化，美味、平衡佳，有水果味，单独纯饮很好。

安哥斯图拉

黄金国（EL DORADO）

C 色 清透、鲜亮，从金色到深红木色。

A 香 非常复杂；散发着焦糖、咖啡、雪茄盒、香料、橡木和水果的香气。

T 味 滑润、柔和；有香料、浓郁的橡木、蜂蜜、坚果和太妃糖的味道。

黄金国朗姆酒由总部设在圭亚那的德梅拉拉酿酒公司酿制、销售，这家公司在过去的300年间因酿造出卓绝的朗姆酒而声名远扬。公司出产的酒品多种多样——从丰满的甜白朗姆酒、水果味的金色朗姆酒、调味朗姆酒，到获奖的色泽深浓的品牌陈酿朗姆酒。这些酒全都超凡卓越，我非常喜欢——实际上，黄金国朗姆酒是诱使我从上好干邑移情的首批朗姆酒之一！

黄金国12年朗姆酒（尽管5年也很出色）是我始终心仪的朗姆酒之一。12年屡获殊荣：其优雅，复杂，坚果味、水果味、甜味、香料味平衡绝妙。

15年特别珍藏（Special Reserve）是这个系列中最好的朗姆酒，而且也是市场上最好的酒品之一。其色泽深，丰满、复杂，甜味和香料味与柑橘味和橡木味完美融合。21年特别珍藏可能没有15年那么好，但依然出色，呈淡红色，干，有林木、烟草、雪茄盒的香气，口感很滑润。为了庆祝千禧年，该公司推出限量3000瓶、每瓶售价200美元的25年朗姆酒。如果您热爱朗姆酒，而且有钱，还等什么？这款朗姆酒真是天赐佳酿。

黄金国

J. M.

C 色 清透，从浅金色到淡琥珀色。

A 香 芳香，特别复杂；散发着坚果、药草、香料、异域水果和柑橘的香味。

T 味 清淡，水果、香料和甜味极其平衡。

这家酿酒厂历史很悠久，名称源自位于马提尼克岛的酿酒厂创始人让-玛莉·马丁（Jean-Marie Martin）的英文首字母。其旗舰酒品是陈酿朗姆酒（Vieux Rhum）——世界上最好的朗姆酒之一——不过，还有一款备受尊崇的白色乡土朗姆酒。蒸馏酒液在以前用于波本酒的小桶中熟化10年。因此，朗姆酒滋味复杂，呈现出深金色。就陈年J.M.朗姆酒和XO干邑来讲，我个人会选择前者——品尝时搭配一些黑巧克力和一根奶油味的雪茄。

莫尼

莫尼（LA MAUNY）

C 色 中度金黄色，带有一抹橙色到棕色。

A 香 丰满、芳香，散发着面包、李子酱、烹制的水果香味。

T 味 滑柔、滑润，平衡出色，回味悠长、纯净。

这是加勒比地区最始终如一、最成功的酿酒厂之一，而且是马提尼克岛最畅销的朗姆酒——就其本身而言，很值得推荐。莫尼的所有朗姆酒都很超值，不过，如果可能的话，品尝陈酿朗姆酒（Rhum Vierx）或者1995——它们都很美味。朗姆酒在来自法国干邑地区的小橡木桶中陈酿，因此，比其他酿酒厂的朗姆酒更干一点儿，而且富有杏仁和榛子的香味。

杰巴利（J BALLY）

C 色 陈年朗姆酒呈深琥珀色；年轻一些的朗姆酒色泽更加清淡。

A 香 散发着太妃糖、坚果、橡木、蜂蜡和葡萄干的香味；年轻一些的朗姆酒有林木味。

T 味 柔和、雅致、奶油一般、有蜂蜜味，回味悠长优雅。

杰巴利是马提尼克岛西岸卡贝尔城的一种乡土朗姆酒。这家酿酒厂的创始人杰克·巴利于1917年开始酿制朗姆酒，他通过将朗姆酒在橡木桶中长时陈酿，确立了朗姆酒的高品质。这种朗姆酒的确很特别：美味、细腻、雅致、上等、清纯，而且没有其他品牌朗姆酒的甜味。杰巴利尤其以年份朗姆酒而著称。它们只在好年景酿造，销售时，酒标上会注明年份。购买之前可要多加留意——有的可能非常昂贵！

杰巴利

内森（NEISSON）

C 色 鲜亮，呈迷人的金黄色，略带一丝胡桃木色。

A 香 复杂，散发着烤水果、可可、香草、甜香料和甘草的香味。

T 味 微妙、油滑、圆润，有水果干的风味；回味悠长，令人讶异。

这种朗姆酒口感相对拘谨，不过，当然很值得作为餐后酒品尝。它产自马提尼克岛最新建成的酿酒厂之一，自20世纪30年代创建以来，赢得了美名。该酒厂出产各种烈酒，其中包括可能算得上最好的白色朗姆酒。我尤其喜欢微妙、优雅的特级陈酿55（Extra Old 55）或者在特别的场合品尝XO——这款酒特别精选过去15年的最上乘年份酒混合勾配而成。

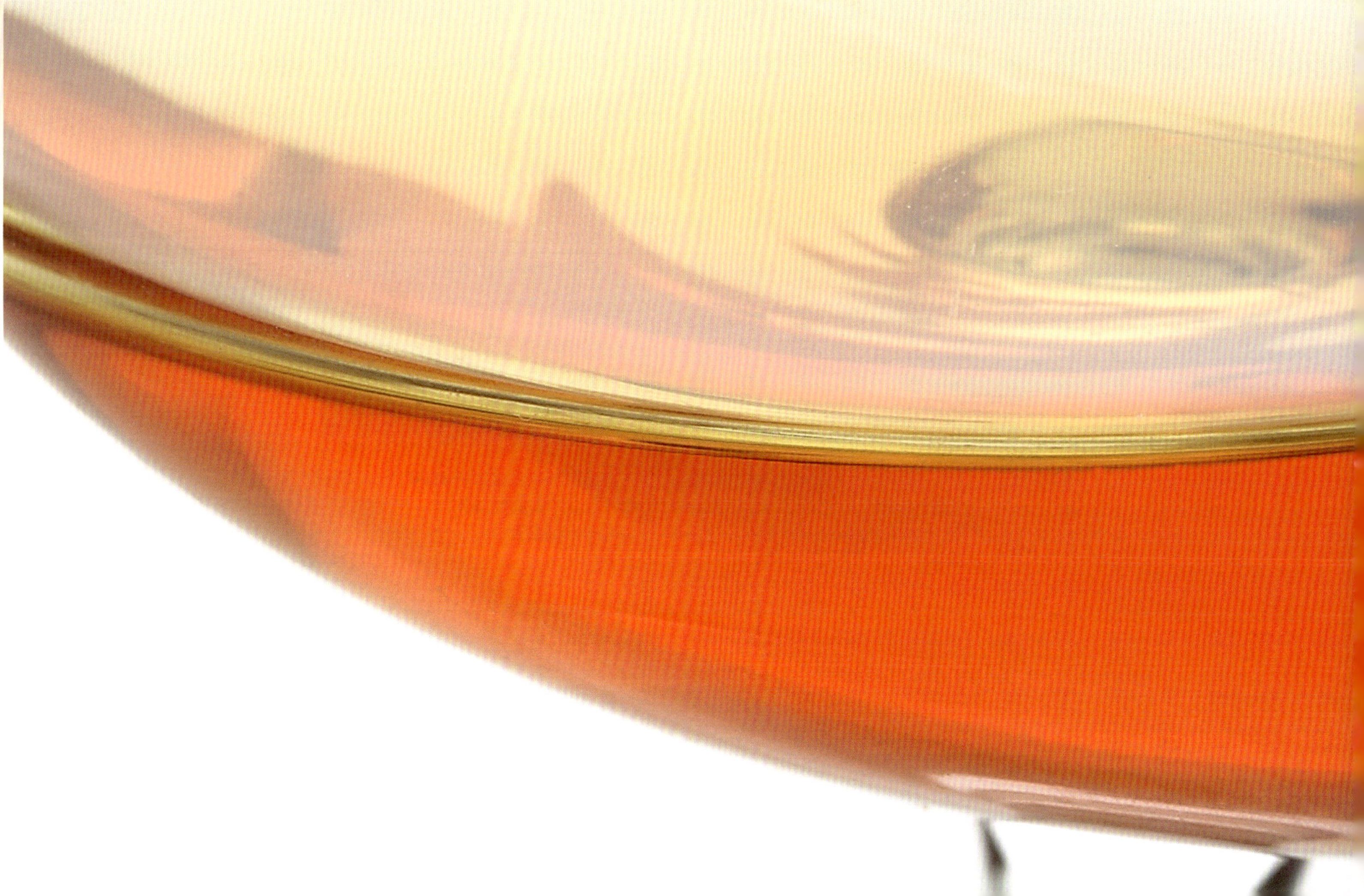

圣詹姆斯（SAINT JAMES）

C 色　华美，呈深金黄色，带有微微的红瓷砖色。

A 香　散发着异域水果、太妃糖、雪茄、鲜花和肉蔻的香味。

T 味　滑润、优雅，回味悠长、复杂。

我对这种优异、上好的朗姆酒充满了崇敬之情。这种酒个性强烈——强烈到可以在选择精美餐后酒时媲美优质干邑。圣詹姆斯复杂清新，香气微妙，真正诠释了朗姆酒的口味，而且它滑润，容易接近，几乎吸引着每个人。

圣詹姆斯

圣詹姆斯来自马提尼克岛的西海岸——马提尼克是法国在加勒比海地区的领地——而且圣詹姆斯的由来与法国殖民史息息相关。这家酿酒厂由埃德蒙·勒菲勃（Edmond Lefebure）神父领导一些牧师创建于18世纪中期。牧师们需要维持圣·皮埃尔医院的慈善事业，因此转向酿制朗姆酒，从而获得可靠的收入。当时，法国禁止进口朗姆酒。埃德蒙·勒菲勃神父非常具有营销才能，他决定向新英格兰的殖民地销售朗姆酒。他把自己酿制的朗姆酒命名为"圣詹姆斯"——这个名字既容易念，又能吸引英国殖民者——而且他把这种金色的朗姆酒装在独特的方形酒瓶里销售，时至今日，这款酒依然存在。酒瓶的设计不只是个噱头——它使朗姆酒更易于贮存，更易于海上长途运输。

文化与传统

优良传统　圣詹姆斯由甘蔗汁而非糖浆酿制而成，在小型罐式蒸馏器中蒸馏，然后在法国利穆赞橡木桶中陈酿。圣詹姆斯曾经是世界的上好朗姆酒先驱之一，而且酿酒厂的标准得到世界各地品鉴家的认可；圣詹姆斯酿酒厂有一幢漂亮的殖民地时期建造的小楼（见下图），朗姆酒博物馆就坐落在此。它展示着酒品背后几个世纪以来的艰辛，每年都吸引了成千上万的游客。圣詹姆斯非常值得寻找，在加勒比以外的地区销售数量很少。

纯饮　圣詹姆斯不是调配用的朗姆酒。它像优质白兰地一样美味、熟润，您一定会有很好的回报。

克莱蒙（CLÉMENT）

C 色 清透，从金色、琥珀色到铜色。

A 香 散发着太妃糖、成熟水果、烟熏和香草的香味。

T 味 轻柔、滑润；酿制精良；纯净、令人满意。

克莱蒙是风格清淡、鲜亮的高级经典乡土朗姆酒，即采用甘蔗汁酿造的传统朗姆酒。克莱蒙有一系列各种各样的朗姆酒，从有坚果味的白色朗姆酒到美味、富有活力、香甜的金色查尔斯克莱蒙朗姆酒。不过，我认为丰满、深厚、复杂的陈酿朗姆酒系列最能与干邑媲美。留意XO朗姆酒和年份朗姆酒，这种酒可以追溯到1952年。

克莱蒙

三河（TROIS RIVIÈRES）

C 色 清透、鲜亮，根据风格呈淡金色和更深的金色。

A 香 芳香、优雅，散发着独特的水果和鲜花的香味。

T 味 滑润、很油滑，尽管如此，没有甜味；回味有坚果味。

三河是马提尼克岛历史悠久的酿酒厂，曾经由马提尼、罗西经营。不过，现在隶属于BBS集团，莫尼朗姆酒也在该集团旗下。最上好的三河朗姆酒是获奖的"50%"白色朗姆酒，其花香馥郁，口感清爽。加勒比地区气候炎热，在这里陈酿1年相当于在苏格兰陈酿3年，所以，您要留意陈年朗姆酒，有的没有注明年份，有的，比如1996，陈酿至少6年。

三河也酿造优质的杜奎斯白色和琥珀色乡土朗姆酒。

迪隆（DILLON）

C 色 清透，呈金琥珀色和深褐色。

A 香 香料味浓，柑橘和梨的香味非常和谐。

T 味 柔和、清新、没有甜味，回味紧致。

1857年，迪隆酿酒厂在马提尼克岛创建，现在归法国集团巴蒂尼（Bardinet）所有，其酿制的两款白色朗姆酒，酒精度分别是50%和55%。度数高的一款知名度更高，不过两款酒用于调酒都非常受欢迎。迪隆也酿造一款深色朗姆酒和一款比较干、不太丰满的陈酿朗姆酒（酒精度50%）。整体来讲，这些朗姆酒的风格柔和，而不热烈、强劲——如果您喜欢风格更清爽的烈性酒，迪隆很合适。

迪隆

马特河（RIVIERE DU MAT）

C 色 基本的朗姆酒呈深金色；陈年的朗姆酒呈更深的琥珀色。

A 香 甜香、清淡，有水果、香草和林木的香味。

T 味 滑润、清淡，清爽而甜美。

马特河是印度洋法国前殖民地留尼旺岛上最大的酿酒厂，它最早于1704年酿制朗姆酒。马特河基本型酒品是留尼旺乡土朗姆酒，品类颇多。比如，白色朗姆酒、淡黄色朗姆酒（Rhum Paille）、留尼旺传统朗姆酒（Rhum Traditionnel de la Réunion），分别有3年、5年、10年、15年的酒品。马特河也销售麦斯卡林（Mascarin）品牌酒，主要在当地或者法国出售，很值得关注。

托尔图加（TORTUGA）

C 色 鲜亮、清透；呈深金色，略带一丝黄色。

A 香 精雅、浓烈；散发着榅桲、蜜饯水果和东方香料的香味。

T 味 丰满、可口，质地柔和，回味中长到悠长。

托尔图加朗姆酒公司以开曼群岛为基地，创建于1984年，该公司通过混合牙买加和巴巴多斯的朗姆酒来配制自己的酒品。

托尔图加创意型朗姆酒是淡色和金色朗姆酒——金色朗姆酒因为在橡木桶中陈酿时间更长，所以格外深厚——但这个系列也包括一款获奖的深色朗姆酒，还有许多加味朗姆酒，其中有香蕉、香料和椰子朗姆酒。托尔图加朗姆酒公司以其加勒比朗姆酒蛋糕而著称——美味又可口啊！

托尔图加

哈瓦那俱乐部（HAVANA CLUB）

C 色 从淡禾秆金色到太妃琥珀色和红木色。

A 香 甜香、清淡；散发着坚果、香料、烟草、焦糖水果的香味。

T 味 柔和、容易接受，有香草、浓浓的水果和巧克力的味道。

哈瓦那俱乐部朗姆酒可以追溯到1878年。当时，唐·周斯·阿奇巴拉在古巴海滨之城卡德纳斯创建了酿酒厂。20世纪30年代，哈瓦那俱乐部朗姆酒在古巴人的聚会上出尽风头。不过，1959年古巴大革命之后，岛上的酿酒厂受国家掌控，再加上美国对古巴进口采取制裁措施，朗姆酒的销量不断下降。现在，哈瓦那俱乐部朗姆酒由保乐利加集团在世界大多数国家行销。这让哈瓦那俱乐部焕发了活力，而且使其成为朗姆酒市场的领导者之一。

最年轻的一款哈瓦那俱乐部朗姆酒是白色陈酿。这是一款陈年白色朗姆酒（尽管没有指明酒龄），极其清新，有樱桃和巧克力的香味，是出色的调配用朗姆酒。调配莫吉托（见第378页）鸡尾酒时，加入色泽金黄、有坚果香味、口感柔和的陈酿3年朗姆酒。

特酿颜色更深、酒龄更长、烟熏味更浓，是自由古巴的完美调配用酒（与可乐和酸橙块混合），不过，我更喜欢加很多冰块直接饮用。旗舰酒品陈酿珍藏朗姆酒的酒瓶和酒标都是深色的，酒的颜色更深，有咖啡、巧克力和香料的味道，滋味丰富，调配或者纯饮都非常好。

其中最好的一款朗姆酒是陈酿7年，它被人们看做是古巴朗姆酒的骄傲。它色泽深、丰满、复杂，绝对适合正餐后一边吸美味的玻利瓦尔牌雪茄烟一边纯饮。

哈瓦那俱乐部

百慕大（BERMUDEZ）

C 色 从闪闪发亮的深古金色到淡琥珀色。

A 香 甜香、诱人，散发着橙子、烧焦水果、林木和坚果味。

T 味 滑润，有太妃糖、坚果和香料的味道；平衡佳。

这家酿酒厂并非位于百慕大，而是在多米尼加共和国，创建于1852年。尽管尚不出名，公司正努力在世界各地提升自己的知名度。

这家酿酒厂的朗姆酒风格与古巴朗姆酒风格相似。唐·阿曼多（Don Armando）很值得一尝。其色泽呈琥珀色，相当复杂，有水果味，不太厚重，口感悦人。150周年（150 Aniversario）更加滑润，富有坚果和香料滋味。

我的确很喜欢这些活泼、清新的朗姆酒，它们的品质出色，要像干邑一样直接细细品味。

普瑟（PUSSER'S）

色 深琥珀色到红木色，透明度佳。

香 优雅、复杂；散发着鲜花、西梅干、太妃糖和焦糖味。

味 甜而不腻；口感清新，回味辛辣。

普瑟以西印度群岛作为其产地，名字取自事务长一词，事务长曾经专门负责每天为皇家海军水兵分发一小杯朗姆酒。1970年，海军朗姆酒配额取消，但1979年，美国前海军查尔斯·托拜尔斯从英国海军部获得权利，并得到普瑟朗姆酒的混合调配信息，从而建立了普瑟有限公司。普瑟朗姆酒根据传统的获奖方法酿制而成，混合了5种在罐式蒸馏器中蒸馏的西印度朗姆酒，很像纯麦威士忌。

普瑟

巴般顾特（BARBANCOURT）

色 浅金色到中度金色；浓厚丰满。

香 非常复杂；散发着水果、鲜花、蜂蜜、香料和泥土味。

味 优美，平衡极佳；柔和、滑润，回味有香料和坚果味。

这种朗姆酒产自海地，十分特别。巴般顾特朗姆酒采用法国酿制方式，很像乡土朗姆酒（用甘蔗汁酿酒）。但是像干邑一样经过二次蒸馏，因此其口感柔和，丝般柔滑，滋味和平衡极佳。我爱它们！

三星朗姆酒为基本款，陈酿4年，清淡、可口，纯饮很好，但作为调配用酒也非常出色。最上乘的是五星8年特别珍藏。这款酒呈金色，复杂，平衡佳，有甜味和坚果、香料、林木的味道——正餐后纯饮极好。

英格兰港（ENGLISH HARBOUR）

色 清透；从金色到淡铜色和深琥珀色。

香 复杂；混合着橡木、椰子、樱桃和烟熏味。

味 酒体中等；香料、橡木和水果干的味道平衡极好；回味干。

这种酒在安提瓜（Antigua）国内销售，名为骑士（Cavalier）；出口时名为英格兰港。酒龄3年的白色和金色朗姆酒清淡、清新，柑橘和辛辣橡木味平衡极佳。这种朗姆酒用于调酒极为出色。陈年朗姆酒十分卓越；获奖的5年朗姆酒滑润，酒体清淡，平衡极好。它们纯饮很好，或者作为调配用酒。正餐后，品尝卓绝的特酿（Extra Old）——色泽深，干，有水果香味，香料、烟草和泥土的味道平衡完美。

英格兰港

卡纳花（FLOR DE CAÑA）

色 清透；从透明的白色到琥珀色和深红铜色。

香 水果香味浓郁，有杧果、杏、草莓和橡木的香味。

味 柔和、如奶油一般、滑润；平衡佳；回味悠长，有林木味。

这种朗姆酒自1937年开始在尼加拉瓜酿制，缓慢的陈酿过程赋予了酒液杰出的复杂性。它属于我最喜欢的朗姆酒。

特酿，酒龄4年，比其他大多数朗姆酒水果香味更浓、更复杂。饮用时加少许酸橙汁。黑标（酒龄5年）为旗舰品牌，平衡佳，有水果、坚果和林木的香味。我喜爱特级珍藏（酒龄7年），橙子和焦糖香味突出，还有隐隐的胡椒味。品质一流！

圣米高（SAN MIGUEL）

色 清透，陈年朗姆酒呈深金色。

香 迷人；散发着水果（梨、柠檬、香蕉）、坚果和可可的香味。

味 甜而清新，很清淡、精雅。

圣米高是厄瓜多尔最重要的酿酒厂。其他大多数朗姆酒在炎热的气候条件下陈酿，圣米高的朗姆酒则不同，它是在山地凉爽的气候中熟化，陈酿过程更加缓慢，因此朗姆酒复杂性、品质极佳。普拉塔是白色（或者银色）朗姆酒，有微微的柑橘香味、干、清爽，是百加得朗姆酒的出色替代品。金色朗姆酒为调配用酒，稍微更加深厚（特别是坚果和柑橘香味）。我的最爱是5年，其清淡、鲜亮、迷人、柔和、容易入口，是古巴风格朗姆酒的有力竞争对手。

卡查萨（CACHAÇA）

色 酒液清透——蒸馏清除了所有细微的颜色。

香 直接、不复杂；以甘蔗、泥土和柠檬的香味为主。

味 甜而火辣，像很年轻的白色朗姆酒。

卡查萨的意思是“燃烧之水”——分明告诉您这种独一无二的烈酒的特点。

巴西是世界上最大的甘蔗种植国，出产世界大多数糖浆，而正是糖浆酿制出世界大多数的朗姆酒。不过，卡查萨由发酵的甘蔗汁酿造——很像法国乡土朗姆酒——有时，还添加玉米。在国际市场销售的卡查萨酒精含量在40%左右，富有独特的甘蔗香味。

卡查萨

尽管在巴西有4 000个品牌的卡查萨朗姆酒，但其中最大的（而且是世界第二大烈性酒品牌）是51。由于原产地不同，这个品牌的朗姆酒多种多样。您可能会看到产自圣保罗附近比拉苏伦卡（Pirassununga）城，与小城同名的51朗姆酒，或者产自南方的坎尼阿51（Caniha 51）。比图（Pitú）品牌朗姆酒正在冉冉升起，也很值得关注。

卡查萨用于调配水果味鸡尾酒，越来越受青睐，不过，我还是喜欢传统的饮用方式——凯普林纳（Caipirinha）。

调配

卡查萨和鸡尾酒 如果人们认定卡查萨是巴西的国家烈酒，那么卡查萨的传统饮用方式凯普林纳（Caipirinha）（见第348页）就是巴西的国家鸡尾酒。凯普林纳是将新鲜的酸橙汁和卡查萨调配在一起，炎炎夏日饮用，非常清爽可口。如果希望水果香味更浓，就品尝巴提达（Batida）——一款用卡查萨调配的清新水果口味鸡尾酒。至于热情果巴提达，则是在碎冰上倒入卡查萨，然后在上面加入鲜榨的热情果汁。美味啊！

波多黎各

波多黎各朗姆酒主要是为美国市场酿造，口味相对清淡，口感有点儿甜，容易入口。

唐Q（DON Q）

C 色 清透，淡金色，酒龄长一些的朗姆酒呈更深的金色。

A 香 散发着香料、烟草、巧克力、橙子和椰子的味道。

T 味 甜、如巧克力一般、柔和，有太妃糖和橡木的味道，回味有香料味。

唐Q是波多黎各塞拉耶斯公司的旗舰酒品。白色朗姆酒克里斯托和金色朗姆酒是清新、富有水果香味的调配用酒。陈年朗姆酒由陈酿5年的朗姆酒混合而成，呈深金色，有水果、香料和巧克力的香味——调酒或者纯饮都很好。最上乘的是由酒龄12年的朗姆酒混合而成的特级陈年，其复杂又平衡。

新西兰

富有创造力的新西兰人利用南岛凉爽的气候条件酿造出一些出色的烈性酒，其中包括上好的朗姆酒。

四十度带（ROARING FORTIES）

C 色 呈淡红木色，过于浓烈的朗姆酒呈淡金色。

A 香 浓厚、复杂；散发着烟草、糖浆、香料和烧焦水果味。

T 味 紧致，有烟熏、深色水果、烧焦的林木和巧克力的味道。

位于新西兰南岛的四十度带，采用传统方法酿制自己的朗姆酒，更关注品质而非数量。基本的朗姆酒酒精度40%，色泽深、丰满，有深色水果、橡木和烟熏的滋味。特烈朗姆酒色泽更清淡，年轻、活泼，但很浓烈。您可以买来尝尝鲜。

澳大利亚

昆士兰一直都是甘蔗的主要种植地，所以，自然支撑起繁荣的朗姆酒业；邦达伯格（Bundaberg）或者“邦迪”（“Bundy”）朗姆酒在世界各地都深受欢迎。西澳大利亚出产的朗姆酒也越来越重要。

澳德河（ORD RIVER）

C 色 中度琥珀色，带有一抹淡金色。

A 香 清新；散发着糖、橡木、泥土和焦糖味。

T 味 富有活力、清新，平衡佳，回味有香料味。

澳德河由西澳大利亚的酿酒厂金佰利胡查瑞酿造。基本的澳德河朗姆酒非常受人尊崇，如果您喜欢强劲的朗姆酒，就品尝原桶强度，其酒精度为65%或者更高。凯恩菲尔是公司获奖的清淡朗姆酒。当然，这个品牌很值得关注。

内圈（INNER CIRCLE）

C 色 从中度亮金色到中度深琥珀色。

A 香 芬芳馥郁，散发着水果、香草和林木的香味，平衡极佳。

T 味 古巴风格的朗姆酒，酒体清淡；滑润、令人满意。

内圈

这是澳大利亚的高品质朗姆酒，名气越来越大。现在酿酒公司归奥运会帆船运动员斯图亚特·吉尔伯特所有。此品牌朗姆酒在20世纪80年代走入低谷，正是他使之起死回生。平衡很好的红点独创是一款基本的朗姆酒，它是很好的调配用酒，不过明星酒品是滑润而丰满的获奖绿点特烈。如果您需要很浓烈的朗姆酒，可以品尝黑点强度——酒精度75%，要当心啊！

邦达伯格（BUNDABERG）

C 色 呈琥珀色，带有隐隐的橙色和红色。

A 香 清淡、明快；散发着坚果和微微的柑橘和林木味。

T 味 有林木味；很热烈，有鲜花和药草的味道。

邦达伯格酿酒公司以昆士兰的小城邦达伯格为基地，从1888年开始酿制朗姆酒。不过，现在隶属于国际集团帝亚吉欧。2004年，朗姆酒被评为澳大利亚头号烈性酒。

基本的邦达伯格朗姆酒呈金色，味道热烈、辛辣，年轻、活泼，是卓越的调配用酒。OP朗姆酒阳刚十足——很硬实、火辣、强劲。最新的酒品是蒸馏者3号，酿制这款朗姆酒的初衷是希望它更细致，所以它比其他老一些的酒品更柔和、温润，而且很值得期待。

品牌标志的创造 邦达伯格朗姆酒的品牌认知很好：公司于1961年推出方形瓶和独特的北极熊标志“邦迪R.”。

产区和酒品

机械化收割 昆士兰从19世纪开始种植甘蔗。虽然，在加勒比地区人工收割很普遍，但是澳大利亚的农场主往往使用机械收割机。

英国

英国与加勒比地区的联系由来已久，很多年来都是朗姆酒消费的最大市场。“提前着陆”使得年轻的烈酒从加勒比地区进口到英国，在英国凉爽的气候条件下缓慢熟化。

OVD

色 呈很深的褐色，有传统海军朗姆酒的感觉。

香 浓郁、芳香，散发着烧焦成熟水果、林木的香味。

味 酒体中等，热烈，有焦糖和成熟水果的味道。

尽管看起来有点不可思议，但这是一款苏格兰朗姆酒。“OVD”三个字母代表的是“大桶陈酿的德梅拉拉朗姆酒”，这款酒最早由蒙特罗斯的代理人乔治·莫顿在19世纪酿造而成。公司曾被帝亚吉欧集团买下，不过，2002年帝亚吉欧把它出售给了酿造商威廉姆格兰特。实际上，朗姆酒是由圭亚那和特立尼达蒸馏、混合，但是由OVD在苏格兰装瓶、销售。苏格兰的身份对朗姆酒的成功至关重要——它是苏格兰销量最高的朗姆酒品牌之一。

OVD

OVD德梅拉拉朗姆酒与传统的海军朗姆酒类似。酒液色泽深，厚重，像糖浆，焦糖、成熟水果或者水果干的滋味浓郁——就像加强型马德拉葡萄酒。这款朗姆酒适合温馨的冬日晚上，坐在壁炉边享用。

拉姆斯（LAMB’S）

色 很深浓的褐色，略带一丝红色。

香 散发着糖浆、红糖、黑色水果和林木味。

味 很干，有香蕉、焦糖、坚果的味道，回味有香料味。

拉姆斯的历史可以追溯到1849年，当时阿尔弗雷德·拉姆斯在伦敦开始经营葡萄酒和烈性酒的生意。拉姆斯通过“提前着陆”进口他的朗姆酒：烈性酒装在橡木桶中从加勒比地区运到英国，运送时烈性酒还很年轻，然后在伦敦泰晤士河下凉爽的酒窖中熟化。更加凉爽的条件使朗姆酒的熟化过程更缓慢，因此，其比在更温暖的加勒比地区熟化的酒液更强劲、深厚。

拉姆斯（Lamb’s）

拉姆斯作为一款海军朗姆酒出售：海军朗姆酒的名字源自皇家海军每天向水兵提供定量朗姆酒的做法。水兵饮用的朗姆酒浓厚、色深、有甜味。如今，“海军朗姆酒”这个词语用于描述传统、浓厚、色深风格的朗姆酒。

拉姆斯朗姆酒混合产自巴巴多斯、圭亚那、牙买加和特立尼达的18种朗姆酒制成，在橡木桶中陈酿达4年之久，特别具有海军朗姆酒的风格特点。其呈现出深褐色，有深色水果的香味，糖浆味浓，还有突出的太妃糖的香味，滋味深厚、芳醇，回味悠长。总之，拉姆斯海军朗姆酒酿制精良、可靠。所以，如果您喜欢传统的深色朗姆酒，千万别错过。

在有些国家，比如加拿大，您可能会发现出售一种清淡、金色，名为棕榈风的拉姆斯朗姆酒。

美国

政治矛盾出现以前，古巴很多风格更清淡的朗姆酒都出口到美国。企业酿造商开始效仿这种风格，在美洲的其他地区酿制销往美国。其他朗姆酒在美属维京群岛酿造。

玛图撒拉（MATUSALEM）

色 清透，呈金色，酒龄长的朗姆酒呈更深的琥珀色。

香 优美；散发着椰子、香草、胡椒、焦糖和杏子味。

味 很甜；有林木、香草、焦糖、香蕉的味道；回味有香料味。

玛图撒拉是一种清淡的古巴风格朗姆酒，1872年由兄弟俩和一个从西班牙来到古巴的朋友首先酿制。酒名（源于一个西班牙谚语）暗示着这种烈性酒像圣经里的人物玛士撒拉（Methuselah）一样高龄，他活到了950多岁！公司于20世纪60年代迁到美国，不过直到2002年才焕发新生。如今，酒品在多美尼加共和国酿造。

玛图撒拉

调配鸡尾酒的话，白色朗姆酒普拉提诺比其他大多数白色朗姆酒强劲、丰满；酒体中等的金色朗姆酒克拉斯科采用索乐拉方法（见第143页）陈酿10年——充满香草的香味。纯饮的话，可以品尝陈酿15年的琥珀色特级珍藏（Gran Reserva）——丰满、滑润，口感干、有香料味，回味甜美。

克鲁赞（CRUZAN）

色 清透，从金色到琥珀色，透明度好。

香 水果和香料味很浓；散发着肉桂、雪莉酒、薄荷和糖浆味。

味 甜、平衡佳；有上好水果和香草味，回味清新，没有甜味。

美属维京群岛的圣克鲁伊岛曾经盛产糖和朗姆酒。虽然糖大多已踪影全无，但克鲁赞朗姆酒却因为其酿造商托德亨特向美国进口继续取得巨大成功。

克鲁赞

克鲁赞的加味朗姆酒最出名。不过，它也有一些很好的“纯”朗姆酒，包括酒龄2年的清淡、深色朗姆酒。不仅水果和香料的香味极其平衡，而且调配朗姆酒完美无缺。然而，我最喜爱的纯饮朗姆酒是获奖的优雅钻石朗姆酒（Diamond Rum）。这款酒由酒龄5年到10年的朗姆酒混合勾配制成，呈淡琥珀色，酒体中等，柔和，温润，有橡木味。单一木桶庄园朗姆酒（Single Barrel Estate Rum）出类拔萃，酒龄12年（是另一款获奖酒），纯饮非常出色。其深厚、复杂，上好水果的香味和可口甜味与突出的香料味和谐一致，回味干。

如果不提及公司一系列清淡、清爽的水果朗姆酒，那么克鲁赞的朗姆酒就不够全面。香蕉、杧果、椰子、橙子、柑橘朗姆酒应有尽有，不过，我尤为喜爱香草和菠萝朗姆酒——趣味无穷！

42 BELOW

“伏特加酒冰凉、清新、凉爽，是今日的烈性酒——世界上最灵活多变、最时尚的烈性酒。”

伏特加酒

伏特加酒简介

伏特加——源自俄语词，意为“小水”——是世界上最流行的烈性酒，部分原因在于它的千变万化。很多人猜想所有的伏特加口感中性，而且品牌之间几乎没有差别。不过，稍稍了解一下东欧的伏特加酒品，您就会发现伏特加的特点和品质各有不同。

品酒和侍酒

简介 美国人和西欧人习惯饮用口感和香气中性的伏特加酒，而东欧出产一系列各不相同的伏特加酒。

C 色 经典的伏特加酒当然是澄澈、无色、透明的。加味伏特加酒会展现出添加成分的色泽，从柠檬伏特加的浅黄色到甘草伏特加的黑色。

A 香 小麦伏特加通常有着鲜明的八角味，黑麦伏特加有着坚果的芳香。其他的香味包括香草、鲜花、柑橘、药草和烟草。

T 味 俄罗斯、波兰和波罗的海各国的伏特加保留了原始谷物的风味，而欧洲的新伏特加，比如凯泰一号，越来越辛辣、独特。

选购和贮藏 伏特加酒酿制简易，无须陈酿，所以往往是最便宜的烈性酒。挑选昂贵的伏特加时要小心——通常价格反映的是包装而非酒的质量。伏特加的品质在瓶中不会提升。

侍酒建议 伏特加酒极其灵活。可以加汤尼水餐前饮用，或者制成多款鸡尾酒饮用。侍饮冰镇伏特加已经成为时尚——派对上饮用十分出色。伏特加也可以纯饮（上好品牌的伏特加是卓越的餐后酒），但这种饮用方式比较少见，如果纯饮，就选用烈酒杯。

食物搭配 在俄罗斯，冰镇的伏特加通常搭配zakuski——开胃品——比如熏鱼或者香辣蘑菇。

最早的伏特加酒很可能是14世纪在俄国蒸馏而成，但是到了16世纪，这种烈性酒才开始在全国范围内广受欢迎。1818年，彼得·斯米诺夫（Peter Smirnoff）在莫斯科开办了一家酿酒厂，这家企业成为那个时代俄国最大的酿酒厂之一，一直到1917年俄国大革命都遥遥领先（最后，斯米诺夫被流放到巴黎，在那，他又开始创业）。直到第二次世界大战以后，在东欧服役的士兵返回家乡，伏特加酒在世界范围特别是在英国和美国得到认可。从20世纪60年代，伏特加酒除了名气大涨之外，别无所获。经过精心细致的市场营销，像斯米诺夫（Smirnoff）、绝对（Absolut）、芬兰地亚和灰雁品牌在地球上确立了最成功酒品的地位。

八角 小麦酿制的伏特加带有八角的香味。

酿制伏特加酒

伏特加酒大多由土豆、糖浆或者谷物——特别是黑麦（主要是在波兰）和小麦（主要是在俄罗斯和瑞典），但芬兰最常用的是大麦，美国最常用的是玉米——酿制而成。还有很多其他不太重要的基本原料，如甜菜、洋葱和其他一系列植物。基本原料经过烧制，加入水和酵母，开始发酵，制成“酵汁”。然后蒸馏，有时是在罐式蒸馏器里蒸馏，这样可以保留一些基本原料的特点。不过，大多数情况下是在连续式蒸馏器里蒸馏，这个过程能一次净化酒液。从1780年开始，很多酿造商也使用木炭过滤蒸馏后可能留下的杂质。

黑金 最上好的鲟鱼鱼子酱——通常被称为“黑金”——搭配冰镇的伏特加，十分经典。

烈性酒一制成就会加水稀释，以改变酒精浓度——通常会调至40%以下。如果伏特加酒是加味风格，此时，还要添加调味成分。最畅销的伏特加酒依然是那些十分清透、无味的酒品。不过，很多波兰伏特加酒和一些主要的世界品牌伏特加，比如绝对，也出产一系列加味酒。它里面含有药草、像香草一样的香料味柑橘和其他水果味，以及像黄瓜这样非同寻常的风味！通常这些伏特加酒清透，富有添加成分的雅致滋味——柠檬伏特加是最受欢迎的伏特加酒之一。加味伏特加酒很值得寻觅，而且可以在伏特加鸡尾酒里放一片柠檬。

大都会 伏特加、白橙皮和越莓汁放在一起调配出这款经典的伏特加鸡尾酒。伏特加清纯、澄澈，因此成为最重要的鸡尾酒基酒。

伏特加酒的世界

20世纪末期，俄罗斯伏特加酒（出于营销的目的包括前苏联伏特加酒）已经投放到世界各地，而且现在有的——比如红牌（Stolichnaya）——成为非常出色的酒品。

在波兰，共产主义时期接管的所有烈性酒）的前政府专营波摩（Polmos）酿酒厂，已经被分成很多独立的伏特加酒厂，推出一系列知名品牌，如维波罗瓦（Wyborowa），还有奢华的加味风格的品牌，如肖邦（Chopin）、波罗乃兹（Polonaise）和雪树（Belvedere）。

瑞典为我们酿制出了绝对伏特加酒——成为生活品位广告的杰作——引领着世界其他国家的伏特加广告宣传活动，来自芬兰的芬兰地亚伏特加酒就是一例。

尽管美国和其他欧洲国家是传统的伏特加进口国，然而这些国家凉爽的气候为酿造伏特加酒提供了完美条件。如今，我们正目睹其他伏特加品牌的成长，如凯泰一号（Ketel One，来自荷兰）、灰雁（Grey Goose，来自法国）、蓝天（Skyy，来自美国）和一号机库（Hangar One，来自美国）。

绝对冰吧 这座酒吧位于瑞典首都斯德哥尔摩诺蒂克酒店（Nordic Hotel）内，全部用冰雕刻而成，是现代伏特加文化的缩影，灵感来自绝对伏特加的营销创意。这个品牌绝对瞄准的是新一代伏特加品饮者。

波兰

波兰伏特加酒的酿制原料既有谷物也有土豆，酒品按照纯净度分级：zwykly（标准级）、wyborowy（优质级）、luksusowy（高级）。波兰伏特加酒的口感比欧洲品牌伏特加酒更丰满、更醇浓，具有独一无二的复杂性，最适合纯饮。

波托茨基（POTOCKI）

色 清透，酒瓶精美时尚，有独特的十字图案。

香 微妙，有隐隐的黑麦面包和坚果的香味。

味 复杂、精雅，有坚果、黑麦和微微的甜味。

波托茨基家族酿造伏特加的历史已有几百年，他们的名望超越了烈性酒的酿制。波托茨基家族是波兰贵族，拥有兰卡特（Lancut，波兰南部）和安东尼尼（Antoniny，波兰东部）庄园，曾与奥地利哈布斯堡帝国（Habsburg Empire）的最高级官员接触，其中包括弗朗兹·约瑟夫（Franz Josef）皇帝。1905年之后，家族成员之一——约泽夫·波托茨基，代表波兰进入俄国国会。现在，每瓶波托茨基伏特加酒瓶上都雕饰着他的签名。

波托茨基

兰卡特庄园的酿酒厂从1816年到共产党统治时期（从1944年开始）酿制伏特加、朗姆酒和利口酒。不过，2002年，让-罗马·波托茨基（Jan-Roman Potocki）重新推出家族伏特加品牌。他想为西方市场酿造高品质伏特加酒，采用传统工艺，很少或者不过滤，从而保持黑麦的原味。他已经大获成功：新的波托茨基成为获奖酒品。

总体而言，波托茨基比西方伏特加更丰满。黑麦面包和坚果的香气独特，口感如天鹅绒一般柔软、滑润、复杂，还有微微的坚果味。

我更喜欢饮用冰镇波托茨基（但未结冰），因为这样可以释放它的复杂滋味。要纯饮，搭配像鱼子酱、熏鱼或者略甜的糕点这样的食物。

产区和酒品

酿造伏特加 在波兰，伏特加酒（wódka）是由谷物（通常为黑麦或者小麦）或者土豆酿造而是的。尽管很多国家把所有的原料残味清除掉，制成纯净、无味的酒液，但波兰酿造商把让人不悦的味道去除。如发酵产生的物质乙醛，保留了一些烈酒的原料味。因此，酒的口感更丰满。

兹特尼亚（ZYTNIA）

色 清透，因为添加了苹果白兰地，所以边缘呈微微的金色。

香 很迷人，而且不同寻常，闻起来有苹果棒糖的甜味。

味 天鹅绒一般，谷物和水果的香味平衡，回味有矿石味和苹果味。

兹特尼亚特酿是黑麦伏特加酒，比大多数西方伏特加的滋味紧致，是波兰最畅销的伏特加之一。不过，这款酒很特别，因为含有少量水果汁和陈年的苹果白兰地，所以闻起来有水果的香味，酒液呈现出细微的金色。

兹特尼亚隶属于同百加得马提尼有合作关系的波摩比尔斯科（基地位于波兰西部的西里西亚），因此这个品牌的伏特加在世界都有销售。纯饮或者调配成鸡尾酒，都会享受到特别的活力。

终极（ULTIMAT）

色 清透，酒瓶呈鲜艳的蓝色，与众不同。

香 优雅、复杂，泥土和柑橘的香味平衡。

味 油滑、很干；酒体中等；有烤面包、谷物和胡椒的味道。

终极

终极是一款极其特别的伏特加酒——配得上价签。它是第一款将黑麦、小麦和土豆烈酒混合而成的伏特加。黑麦赋予了复杂性和风味，小麦赋予了雅致感和微妙感，土豆（在混合酒液中占70%）赋予了柔滑感和酒体。终极为完美的伏特加酒，主要瞄准的是美国市场，滑润、火辣刺激。玻璃酒瓶极具波兰风格，采用木塞密封——非常奢华。

肖邦（CHOPIN）

色 清透，磨砂酒瓶优雅、高挑、呈白色。

香 复杂，燧石和矿石味混合在一起，很平衡。

味 油滑，有柑橘、薄荷和微微的甜味，回味有土豆和胡椒味。

肖邦瞄准的是新一代伏特加品饮者。它时髦、精美，白色的酒瓶优雅、漂亮。肖邦由前国有酿酒厂（见第228页）之一的波摩谢德尔采（Polmos Siedlce）精心酿制而成，既是奢华品牌，也是旗舰酒品。其为雅致、容易入口的滑润土豆伏特加酒，毫无其他同类酒品火辣、粗糙的口感。它有一种迷人的“石”感，同时又有迷人的油滑质地。这是一款让人放松的伏特加酒，侍饮时放冰块，小口细细品尝。

奢华（LUKSUSOWA）

色 水晶般清透，酒瓶澄澈、冰一般的感觉。

香 柠檬和糖味浓烈（柑橘伏特加）。

味 油滑；微微的柠檬味先甜后干；回味悠长、干（柑橘伏特加）。

奢华

奢华由波摩波兹南酿酒厂酿制，是一款卓越的土豆伏特加酒，酒名翻译成“奢华”恰如其分。不过，奢华最知名的是其卓越的加味伏特加酒。奢华柑橘伏特加的柠檬味和谐完美，比很多加味伏特加酒更加紧致、强劲。野生浆果伏特加酒添加了黑莓、樱桃、覆盆子、蓝莓和越莓，所有这些莓果的香味都非常明显。如果您觉得纯饮水果香味太浓，可以加汤尼水或者苏打水饮用。

维波罗瓦（WYBOROWA）

C 色 清透、纯净，酒瓶澄澈，条纹酒标醒目。

A 香 雅致，黑麦、柑橘和矿石的香味平衡完美。

T 味 滑润、芳醇，有坚果味和隐隐的太妃糖的甜味，回味滑润。

维波罗瓦的意思是“选择”，为波兰出色的伏特加品牌之一。黑麦伏特加最初由00多年前开始酿酒的前国有酿酒厂（见第228页）波摩波兹南酿制。不过，20世纪90年代，波摩波兹南破产，保乐利加集团将其买下，从而挽救了维波罗瓦伏特加，并对维波罗瓦的悠久传统表现出极大的尊崇，而且一直保持着伏特加酒的原有品质。

黑麦烈酒蒸馏3次，并经过木炭3次过滤。因此，酿制而成的伏特加酒纯净，富有柠檬香味。始终都有黑麦的香味，但又不特别突出。其香气和味道都很复杂，同时坚果、香料和甜味极其平衡（没有糖的甜味——就是黑麦自身的甜香味）。同所有出色的伏特加酒一样，它的丰厚味很平衡。总之，这款伏特加酒滑润、浓烈，它也是调酒师的最爱，因为他们深知用它可以调配出卓越的鸡尾酒。

现在，维波罗瓦也出产加味伏特加，如具有柠檬、橙子、菠萝、桃、甜瓜和胡椒口味的酒品。祖波瓦（Zubrówka）（见第228页）为一款药草味的伏特加，也是维波罗瓦的酒品。

经典的伏特加 如果您喜欢传统、浓烈、个性十足的波兰伏特加酒，就锁定维波罗瓦。侍饮时加冰块和酸橙。

雪树 / 兰卡特（BELVEDERE / LANCUT）

色 清透，磨砂瓶（雪树）十分优雅。

香 散发着香料、柑橘、葛缕子、药草、谷物、香草和烈酒的香味。

味 丝般柔软、滑润，清新柔和，回味清淡。

在共产党统治时期，波兰伏特加酒全部由国有酿酒厂波摩（Polmos）酿造。20世纪90年代，新政府将波摩酿酒厂私有化。尽管过去伏特加的品质一般都很高，但现在有些新的、自主的酿酒厂酿制出非常卓越的伏特加——其实，是世界最上乘的酒品。

其中之一就是优质伏特加，用黑麦经4次蒸馏而成的波摩雪树。这款伏特加酒在全球大获成功，非常清透、柔和、清新，而且极其复杂。

雪树

雪树也酿制一系列水果味伏特加，如橙子味的波玛兰萨（Pomarancza）。这款酒也很清透、清爽（而且不太甜），回味有可口的橙子味——非常棒！塞图斯（Cytrus）也很美味，富有柠檬味，又不过于浓郁。

另一款需要关注的波摩品牌是兰卡特。它是由中性的谷物烈酒和自流井水制成的，水晶般透明清澈，平衡性极佳，滋味丰富而又雅致、凉爽。兰卡特酿酒厂也出产CK伏特加。这款酒杰出、辛辣，有肉桂、太妃糖和黑胡椒的香味，特别不适合调配，要加冰块，慢慢品尝。

文化与传统

波摩的故事 1896年波兰政府率先推行国家专营烈性酒的生产和销售，这就最终导致1924年建立国有波兰烈酒专营机构（Polish Spirits' Monopoly，波摩）。实际上，国家确立了独享购买和销售烈性酒的权利。1980年，工人们成立了合法的行业工会组织——团结工会（Solidarity），该组织由列赫·瓦文萨（Lech Walesa）领导。20世纪80年代末期，列赫·瓦文萨当选为总统。最后，波摩廉价卖掉了它的25家酿酒厂，这些酒厂成为私营企业，酿制伏特加酒。

阿巴索温（ABSOLWENT）

色 清透，包装具有传统的东欧风格。

香 馥郁芳香，谷物、矿石和柑橘的香味特别平衡。

味 很强烈、浓烈；滑润，回味热烈。

阿巴索温是一款传统的纯谷物伏特加，为波兰东部波摩比亚里斯托克（Polmos Bialystock）酿酒厂的旗舰品牌。谷物被精心蒸馏，适度过滤。阿巴索温系列有大约80种酒品，波兰人喜爱它们经典的伏特加特性（强烈、热烈、坚定）和极好的价格。这种伏特加跟西方的中性烈酒完全不同，它在任何一款长饮里都能保持特色，或者作为短饮纯饮，会给您留下难以忘怀的印象。

斯大卡（STARKA）

色 因在橡木桶中陈酿，呈罕见的深金琥珀色。

香 复杂、平衡，有香草、水果和药草的香味。

味 滋味丰满、强烈，有单宁、橡木和水果味，滑润，回味悠长。

斯大卡在俄语和波兰语中意思一样，都指"陈酿"。所以，斯大卡伏特加既非品牌也非酒厂，而是一类酒。传统上来讲，人们把伏特加酒放在葡萄酒木桶里贮藏，以备庆祝之用，如孩子的出生。"陈酿"风格的伏特加由此传统演变而来。

在橡木桶中陈酿会使烈酒看起来像威士忌，色泽金黄，非常滑润。波兰有好几款陈酿至少5年的伏特加品牌。留意波摩克拉科夫或者波摩什切青。

斯大卡

祖波瓦（ZUBRÓWKA）

色 浅黄绿色，带有野牛草叶的色泽。

香 雅致，散发着青草、熏衣草、百里香和鲜花的香味。

味 干，酒体清淡；有药草和柑橘的味道；微甜。

祖波瓦伏特加可以追溯到17世纪，它没有甜味，是最上乘的加味伏特加之一。每瓶祖波瓦伏特加上一片欧洲野牛草，这种草香气独特，曾被用于增加烟草、蛋糕和饮料的味道。野牛草赋予伏特加黄绿的色泽，还有雅致的药草香味——如同刚刚割过的青草——这使伏特加充满生机。这款酒的确很特别，您一定要品尝。

祖波瓦

索别斯基（SOBIESKI）

色 清透，酒瓶呈圆形、波兰风格、富有传统感。

香 复杂、平衡，散发着矿石、柑橘和谷物的香味。

味 滑润、油滑；极尽优雅、出众；有柠檬、烤面包的味道；回味有香料味。

这款获奖的黑麦伏特加以17世纪波兰国王让·索别斯基三世的名字命名，经过四次蒸馏，因此其异常滑润。

它是一款传统伏特加酒，从包装到热烈的回味无不透着传统。这款伏特加不像有些现代的伏特加酒那样过度过滤、净化，因此有着独特甚至强烈的黑麦风味，而且有些刺激味。

如果您喜欢您的伏特加个性张扬，那这款酒绝对适合纯饮。不过，我更喜欢把索别斯基伏特加调成长饮品尝，这样的话，酒的滋味就可以有机会通过更加凉爽、更加细微的方式展现出来。

俄罗斯

苏联解体后，俄罗斯伏特加酒在世界市场上确立了稳固的地位。现在，在西方国家可以买到一系列进口（osobaya）和强劲（krepkaya）等级的酒品，其中包括人们熟悉的红牌伏特加。像尤里多尔戈鲁基（Youri Dolgoruky）这样的高级伏特加经过多次蒸馏，规格很高，而且售价更高。

红牌（STOLICHNAYA）

C 色 清透，酒瓶澄澈、很常见，酒标由白、红、金三色构成。

A 香 复杂、优雅，散发着香草、八角和柑橘的香味。

T 味 相当油滑；很滑润；酒体中等；有柑橘、香料味；回味悠长、有胡椒味。

在俄罗斯境内和境外销售的俄罗斯伏特加不计其数，而其中最上乘的当属红牌。很多红牌伏特加酒迷称之为斯托利，它将细腻、复杂和强劲、品味融为一体——完全体现了上好伏特加的特质。

“stolichnaya”这个词的意思是“来自大城市”，而这种伏特加酒名副其实，产自首都莫斯科的一家俄罗斯历史最悠久的酿酒厂，它是将冬小麦蒸馏，用天然冰川融水制成的。像其他人多数伏特加一样，酒液通过木炭过滤，不过，接下来再次过滤——两次石英过滤，一次布过滤。经过特殊过滤后的伏特加优质、滑润、清透。

红牌伏特加散发着浓烈的八角和柠檬味，还有甜味，口感若天鹅绒般丝滑，但总有一股强烈的胡椒味。这是很上等的伏特加，所以我通常喜欢纯饮——像俄罗斯人一样——不过，与果汁、汤尼水或者苏打水调配，再或者做黑俄罗斯鸡尾酒（见第366页）的基酒饮用也非常美味。

红牌也酿制一系列水果味伏特加，它们全都清透、无色，但每一款的水果特性都极其突出。丁而富有水果味的斯托利帕斯利品桃子伏特加；很纯净，清新的斯托利斯是柠檬伏特加；斯塔斯贝利像草莓冰水，还有坚果和胡椒味；文尼尔（我的最爱，而且用它调配鸡尾酒十分出色）诱人，如奶油一般，有种香草冰激凌的口感，但又不太甜腻；克兰贝利（适合与火鸡搭配）入口丰满、甜美，回味干，有红色浆果味；欧兰那清淡、雅致，有隐隐的橙子味，加冰块和苏打水很可口；拉兹贝利（覆盆子）干，熟润，柔滑。

如冰 用烈酒杯侍饮冰镇的红牌伏特加。小口细饮，让强劲的滋味在口中释放。

旗舰（FLAGSHIP）

C 色 清透，酒瓶精美、澄澈；酒标颜色说明了酒的类型。

A 香 优雅，散发着谷物、柑橘和烈酒的香味。

T 味 酒体强烈，滑润；口感干，有香料味。

旗舰是俄罗斯最上乘的伏特加之一，正在欧洲各地迅速发展壮大。

公司酿制出旗舰经典（蓝标）、至尊品（白标，加入了燕麦，从而赋予酒液天鹅绒般的口感）、夜间登陆（黑标，柠檬口味）以及具有药草和香料味的苦味伏特加（nastoyskas）。每款伏特加均由泉水制成，从而保持了品质和柔和的口感，而且经过三次蒸馏，其清新、纯净，无论纯饮还是调配鸡尾酒都很美味。

旗舰

俄罗斯之宝（JEWEL OF RUSSIA）

C 色 清透（野越橘水果伏特加呈深红色）。

A 香 散发着水果、甜瓜、矿石和香料味。

T 味 很滑润、油滑，回味热烈。

俄罗斯之宝由黑麦和冬小麦制成，味道清新，口感滑润。经典（Classic）令人满意，如奶油般幼滑，有香草、坚果和香料的香味。可以纯饮或者调配马提尼饮用。公司最高级的伏特加是超醇（Ultra）。这款特别的伏特加经过特殊过滤，因此，尤为柔和、强劲、复杂、热烈、滑润。

至于饮用水果味伏特加时，可以品尝野越橘（Wild Bilberry）。浆果完美混合，而且酒液平衡极佳。加冰块饮用。

阿尔泰（ALTAÏ）

C 色 清透，深蓝色的酒标上冰雪覆盖的阿尔泰山十分特别。

A 香 雅致，散发着八角、鲜花、水果、柑橘和矿石的香味。

T 味 圆润；酒体中等；有柑橘、香草、胡椒味；回味优雅、滑润。

所有的伏特加都喜欢在出售时冠以“冰纯”二字，而阿尔泰伏特加产自世界最寒冷的地区之一——西西伯利亚阿尔泰地区的金山山脚下。

阿尔泰创建于1887年，现在隶属于保乐利加集团。阿尔泰是获奖品牌，在国际舞台，特别是法国引起了不小轰动。这款伏特加出类拔萃，非常滑润，小麦的味道浓郁，需冰镇后，倒在烈酒杯里，细细纯饮。

阿尔泰

爱康（IKON）

C 色 清透，蓝橙色的包装精美、摩登。

A 香 清新、雅致、纯净；散发着柑橘、太妃糖、橙子和鲜花的香味。

T 味 酒体中等；有香料、矿石和香草味；回味有柑橘和胡椒味。

爱康的名下有一连串奖项，它不仅是俄罗斯最上好的伏特加之一，而且在世界其他地区也相当成功——特别是在美国。

爱康于1862年首次推出，是一款经四次蒸馏的优质谷物伏特加。其清新、雅致，有点儿油滑，而且具有俄罗斯烈酒典型的矿石感。不过，它也很滑润，饮用时喉咙里没有“烧灼”感。这是我最喜爱的伏特加之一。尝尝吧——我想您会爱上它的。

尤里多尔戈鲁基（YOURI DOLGORUKY）

C 色 清透，磨砂玻璃酒瓶风格摩登。

A 香 微妙，散发着香料、柑橘、谷物和隐隐的巧克力的香味。

T 味 极其强烈、芳醇、油滑；质地紧致；回味悠长、干。

尤里多尔戈鲁基，是克里斯托酿酒厂最新的品牌之一。克里斯托酿酒厂曾经是国有企业，但苏联解体时转为私有，现在，世界各地销售多种伏特加酒。

尤里多尔戈鲁基奢华、复杂、时尚，让世界其他国家的伏特加品饮者享受到了俄罗斯伏特加的强劲、油滑和微妙感。克里斯托拥有无与伦比的卓越美名（它也酿制红牌伏特加）。“尤里”无论是调配还是纯饮都很出色。

人造卫星

人造卫星（SPUTNIK）

C 色 无色；人造卫星金酿（Sputnik Gold）呈浅黄色。

A 香 雅致、如花，还有隐隐的谷物香味。

T 味 清淡、清新，回味有甜味。

最近，人造卫星在英国推出，它是俄罗斯伏特加酒机构的旗舰品牌，该机构旨在向西方国家营销俄罗斯伏特加。人造卫星伏特加绝对值得关注。

人造卫星是一款小麦伏特加，在俄罗斯根据正宗配方酿造，经过三次蒸馏，酒精含量为40%。人们想方设法滤除杂质，制成清新、纯净的伏特加。公司还出产人造卫星金酿伏特加，里面添加了蜂蜜和胡椒，从而使酒液更丰满、更芳醇。

白俄罗斯

过去，白俄罗斯是苏联的西部地区，但现在享受着独立后的丰硕成果。苏联加盟共和国的伏特加以俄罗斯之名销售，不过，白俄罗斯已经确立了自己的世界级品牌。

察洛迪（CHARODEI）

C 色 清透，酒瓶不透明、很酷、红色字体独特。

A 香 很浓郁；散发着柑橘、青草、药草和谷物味。

T 味 酒体中等；柔和、滑润，回味悠长、纯净。

尽管察洛迪是俄罗斯风格的伏特加，但其实，它产自现在白俄罗的首都明斯克。

察洛迪是世界最上乘的伏特加之一，名字源于俄罗斯虚构的男巫师（就像亚瑟王传奇里的墨林）。这款伏特加十分滑润，而且并未失去紧致的特点和独特的药草和柑橘味。事实上，它所拥有的口感是所有出色伏特加追求的目标：滋味浓烈、强劲，虽刺激，但却没有牺牲滑润的凉爽感。

在酿制过程中，察洛迪通过一种像燧石一样，被人称为克瑞米亚的矿石过滤，因为它可以保持酒液的原味。酿制一瓶察洛迪需要一个月的时间——两周过滤水，两周过滤烈酒。

察洛迪

这款酒屡获殊荣，极好，您可以用它调配鸡尾酒，但是纯饮也非常棒。

芬兰

随着1970年推出芬兰地亚伏特加，芬兰伏特加进入全面发展时期。最近几年，像普拉米亚（Pramia，以伏特加为基酒的水果“冰锐”）这样的酒品已经走进世界市场。芬兰伏特加选用大麦为基本原料。

芬兰地亚（FINLANDIA）

色 清透，酒瓶形状独特，有冰爽的感觉。

香 清新、洁净，散发着隐隐的酸橙味和柑橘味。

味 优雅、充满生机，干，有坚果味，回味有香料味。

芬兰地亚是用纯净冰川泉水酿制的大麦伏特加。1971年，它成为第一支大批量进口到美国的伏特加酒，如今是继绝对和红牌之后，美国第三大进口伏特加品牌。尽管芬兰地亚的酿造受到芬兰公司阿尔提亚（Altia）的控制，但却由拥有杰克丹尼尔威士忌和南方舒适（Southern Comfort）的布朗福曼公司（Brown-Forman）管理和销售。因此，在世界各地都能买到芬兰地亚。

芬兰地亚

由于使用冰川泉水，芬兰地亚的卖点就是它是用纯净、冰河时代之水酿制的烈酒。异乎寻常的是泉水用于稀释酒液前并未过滤——公司宣称，过滤只会破坏水的纯净度。不过，酿酒厂非常精益求精：大麦通过连续式蒸馏器蒸馏成谷物酒液。芬兰地亚并没有经过多次分离式蒸馏，而是一次完成，不过，持续时间很长（大约50个小时），而且分为几个阶段。因此，酿成的伏特加酒极其纯净、清新——清纯得如同酿酒用的泉水。冷藏后，纯度更高——从冰箱里取出后纯饮。

芬兰地亚系列有三款水果伏特加：越莓（Cranberry）、酸橙（Lime）和杧果（Mango）。芬兰地亚越莓甘润，散发着清新的水果香味。我喜欢往我的鸡尾酒里加入一些这款浆果伏特加，平添趣味。芬兰地亚酸橙里加入了新鲜酸橙和酸橙油；柑橘滋味微妙，甜味微妙。杧果伏特加富有异国情味，香甜，加冰块或者调配鸡尾酒完美至极。

科斯肯可瓦（KOSKENKORVA）

色 不加味的伏特加清透；咸甘草伏特加呈黑色。

香 雅致，比较中性；谷物和矿石味幽淡。

味 很清新，中性，谷物和烈酒味突出。

科斯肯可瓦最早于1953年用土豆酿制而成，不过，现在选用大麦酿制。它比芬兰的另一大品牌芬兰地亚甜一些，芬兰地亚略微更丰满、更复杂。科斯肯可瓦伏特加容易入口——调成短饮、长饮均可。科斯肯可瓦也酿制咸甘草科斯肯可瓦。这是一款黑色的伏特加，通过向伏特加烈酒里添加咸味黑色甘草制成——它的推出曾在芬兰引起轰动！

科斯肯可瓦

瑞典

伏特加在瑞典的历史很悠久，最初瑞典人称之为“燃烧的酒”（Brannvin）。由于杰出的营销和设计，绝对牌伏特加一直非常成功。最好的瑞典伏特加由小麦酿制而成，纯净而中性。

绝对（ABSOLUT）

色 清透，药瓶风格的酒瓶世界驰名。

香 清淡、纯净、中性；加味伏特加的香气多种多样。

味 酒体清淡、丰满、滑润，有小麦的味道。

绝对是世界第三大伏特加品牌（而且是美国第一大进口伏特加）。绝对的策划人是拉尔斯·奥尔森·史密斯，他把连续式蒸馏器引入瑞典（虽然烈酒只蒸馏一次，但分为几个阶段而且时间很长，因此，口感特别纯净、清新。）1879年，史密斯推出了他的新品牌——激爽而且更清淡的绝对纯伏特加（Absolut Rent Brannvin），来挑战国家专营的伏特加酒。1979年，瑞典葡萄酒与烈酒公司把绝对伏特加推向美国，然后推向世界市场。

绝对伏特加的成功在很大程度上要归功于完美的时机和卓越的市场营销。推出的时候，消费者正需要比传统、浓烈的伏特加更清淡的酒品。绝对伏特加是一种文化，也是一种饮品。它那药瓶形状的酒瓶甚至暗示着饮用伏特加有益健康。

绝对

这种伏特加选用小麦制成的酒液品质好，很中性，干，而且具有纯净、清新的特点。

20世纪90年代，绝对伏特加面临着一批超级优质新伏特加的挑战，它们风格更多样，特点更突出。其中最上乘的当属美国的蓝天（见第234页）、法国的灰雁（见第233页）以及波兰的雪树（见第228页）和肖邦（见第226页）。面对这种竞争，绝对推出了一系列都很出色的加味伏特加（很多调酒师非常信赖它们）。您可以品尝芳香、辛辣的绝对胡椒，它闻起来和回味有胡椒味；或者绝对柠檬——富有柠檬味，而且还有幽淡的酸橙和其他柑橘水果的滋味，强烈而清新。至于色泽深、水果味浓郁、香甜的伏特加，要品尝绝对黑醋栗或者品尝绝对柑橙——这种甜伏特加的橙子味很突出。绝对香草是伏特加酒里的霞多丽，口感像黄油一样，而且很丰满；绝对覆盆子富有红色水果的美味，却不太甜。

水准

无论您怎么饮用绝对（纯饮或者调配鸡尾酒），保证您可以品尝到出色的伏特加。2004年，瑞典葡萄酒与烈酒公司在美国推出水准，这是一款超级优质的伏特加，旨在竞争奢华的高端市场。水准灌装在更高、更瘦的绝对伏特加经典磨砂瓶里，瑞典葡萄酒与烈酒公司宣称，两次蒸馏赋予水准伏特加滑润感和柑橘水果味。如果单独细呷一款伏特加，为什么不尝尝水准呢？

英国

在英国，威士忌和金酒的文化底蕴比伏特加更深厚，但是鸡尾酒的兴起刺激了伏特加酒的销量。目前，市场依然由国际大品牌统治，不过，英国酿制的优质伏特加也很值得品尝。

格拉菲迪（GRAFFITI）

色 清透；酒瓶精美、摩登。

香 精雅；散发着坚果、八角的香味和隐隐的麦芽味。

味 活泼、清新；酒体强烈，有谷物的味道；回味干。

在英国，有很多年，伏特加就意味着斯米诺夫——很多品饮者对其他品牌的伏特加闻所未闻。不过，伏特加酒的流行使更多的伏特加品牌进入英国市场，其中包括2002年上架的格拉菲迪。

格拉菲迪作为一款优质伏特加，并未以“烈酒”为目标——它不是需要加入可乐或者果汁来柔化的伏特加。格拉菲迪伏特加独一无二，由小麦和发芽大麦在连续式蒸馏器蒸馏而成，特别滑润——就像威士忌一样，但未经橡木桶陈酿——而且鲜亮、活泼，麦芽为酒液增添了复杂性。如果您在寻找清淡、清新的伏特加，它很适合日常饮用。

格拉菲迪

丹麦

丹麦最出名的是葛缕子味的烈性开胃酒，不过，也酿制上好的小麦伏特加，跟瑞典伏特加很像。

丹兹卡（DANZKA）

色 清透，装在独特的铝制容器而非酒瓶里。

香 精雅、迷人、微妙，散发着谷物和淡淡的药草味。

味 纯净、澄澈；清淡、清爽，回味热烈。

丹兹卡是一款清透、纯净的小麦伏特加，由丹麦酿造集团酿制。未加味的伏特加有酒精度40%或者50%两种。公司还酿造加味伏特加，其口味包括柠檬味、黑醋栗味和柚子味，优质品牌弗瑞斯（Fris）特别滑润。

爱尔兰

在爱尔兰，伏特加属于比较新的产品，以大麦为基本原料，味道和风格类似芬兰伏特加。

极星（POLSTAR）

色 不加味的伏特加清透；黄瓜伏特加呈浅绿色。

香 精雅；散发着隐隐的八角味和柑橘味；加味伏特加香味各异。

味 很强烈，如奶油一般，独特；有隐隐的蜂蜜和橙子味。

极星是谷物伏特加，经过3次蒸馏，加入的水取自爱尔兰火山岩深层。极星酿制一系列强劲伏特加，酒精度从37.5%到45%，其还酿造加味伏特加。最知名的是黄瓜伏特加——味道像黄瓜三明治一样。您必须要品尝一次。

荷兰

荷兰的蒸馏技术精湛，正在酿造很多一流的伏特加，如凯泰一号。

皇族（ROYALTY）

色 清透；蓝色酒瓶精美、摩登。

香 浓郁、复杂，散发着谷物味、太妃糖味和矿石味。

味 丰满、强烈、精雅；有矿石味和淡淡的香料味。

皇族伏特加产自荷兰的胡格豪特酿造集团，选用小麦酿制，通过木炭过滤5次而成，因此雅致、滑润，有矿石感、微甜。它比很多波兰伏特加还要浓烈，而且比像灰雁这样的“新”伏特加更紧致。皇族是我钟爱的伏特加之一，放一些冰块细细品尝非常好。

沃克斯（VOX）

色 清透，杂色玻璃酒瓶独特、罕见。

香 清新、清淡，散发着柑橘、青草、甘草和药草味。

味 酒体很强烈，有烟熏、香料和胡椒的味道。

这种小麦伏特加曾在美国取得巨大成功，尽管在荷兰酿造，却隶属于威士忌酿造商占边（Jim Beam）。沃克斯上等、摩登、精美、品质高、复杂。芳香清淡、精雅，饮用时喉咙里没有烧灼感——这款伏特加清爽、凉快。

沃克斯覆盆子也很清透，覆盆子使酒液甜美，因此这款加味伏特加比原味伏特加更滑润。

这些酒品丰富了伏特加市场，我喜爱它们。

凯泰一号（KETEL ONE）

色 浅禾秆黄色到深浅禾秆黄色，略带丝丝绿色和金色。

香 复杂、平衡佳，散发着谷物、柑橘和香料味。

味 酒体很强烈、浓烈；油滑，令人满意；回味悠长、纯净。

凯泰一号

1992年，凯泰一号由荷兰诺列家族推出，这个家族酿造烈酒的历史已经超过了300年。凯泰一号是传统风格的谷物伏特加，用罐式蒸馏器酿制，不像大多数伏特加（见第224页）那样，用连续式蒸馏器。因此酿成的伏特加平衡极佳，有可口的矿石味。我是它的超级粉丝！

凯泰一号柑橘于2000年推出，品质甚至更好——口感复杂、圆润、滑润、纯净。柑橘的芳香与鲜花、矿石、药草、八角茴香和胡椒的香味平衡和谐。

比利时

这个小国以世界一流的啤酒著称，不过，有一两款伏特加也很值得品尝。

凡胡（VAN HOO）

色 清透，品蓝色锥形酒瓶造型优美。

香 复杂；散发着柑橘、杜松、酸橙、矿石和胡椒的香味。

味 酒体很强烈、油滑；但也很柔和，而且容易接近。

凡胡自1740年开始酿制烈酒，是比利时历史最悠久的酿酒厂。它采用传统方法——蒸馏四次，通过木炭过滤——酿制出超级优质的伏特加。

尽管凡胡伏特加比较强劲（酒精度45%），但平衡性很好，而且精致，口感滑润，质地丰满。

法国

您可能根本没想过把伏特加和法国联系在一起，不过法国北部有着蒸馏烈酒的悠久传统，而且法国在混合勾配和品质监控上首屈一指。现在，卓越的灰雁品牌伏特加在世界各地深受欢迎。

灰雁（GREY GOOSE）

C 色 清透，酒瓶不透明，上有飞翔的灰雁标志。

A 香 迷人；散发着轻柔烈酒、苹果、梨和蜂蜜的香味。

T 味 丝般柔滑；有鲜花、香草、奶油的味道；回味柔和。

灰雁产自法国干邑地区，最近荣获由饮料品尝业（Beverage Tasting Industry）评出的96分高分——我每次都给它打100分！从1997年开始，美国公司悉尼弗兰克（Sidney Frank）把灰雁变成了美国最畅销的优质伏特加。2004年6月，悉尼弗兰克把这个品牌卖给了百加得。

灰雁

灰雁伏特加不是由一种谷物而是混合了玉米、小麦、黑麦和大麦酿制而成。它运用了当地干邑酿造商精湛的混合勾配技艺，而且像干邑一样，采用罐式蒸馏（见第224页）。酒精通过石灰石过滤，从而赋予酒液清新感，而且平衡了谷物的丰满感——绝妙！灰雁伏特加既有原味的也有加味的，全部都是赢家。

美国

美国伏特加酒的味道通常比较中性，不过，近年来，来自加州和肯塔基州的比较有特色的地区品牌已经在国内市场取得进展。有的品牌，像提顿（Teton）选用土豆酿酒——这无疑向波兰伏特加发起了挑战。

一号机库（HANGAR ONE）

C 色 清透（纯粹伏特加）；加入水果的伏特加有淡淡的颜色。

A 香 独特；柑橘和葡萄的香味平衡。

T 味 异乎丰满、复杂；滑润，平衡完美。

一号机库得名于创建地——一号机库位于旧金山的阿尔梅达海军航空站。因为坚信熟练的白兰地勾配工人可以酿制出优质的伏特加，圣乔治酿酒公司的老板乔戈·鲁夫和内行的水果白兰地酒酿造商安斯列·寇尔开始潜心酿造一系列罐式蒸馏谷物伏特加，里面添入水果加味。不加味的纯粹（Straight）伏特加含有从维欧尼葡萄酒蒸馏而来的伏特加，口感滑润，带有隐隐的柠檬味。佛手柑、卡菲尔酸橙和橘子花（Mandarin Blossom）都很美味，有着自己独特而雅致的水果味。弗雷泽河覆盆子（Fraser River Raspberry）加入覆盆子后再蒸馏，覆盆子汁再次进入酒液从而使香气更浓郁。

一号机库

察尔贝（CHARBAY）

C 色 清透；水果味伏特加有细微的颜色。

A 香 很雅致、微妙；散发着矿石和谷物的香味。

T 味 油滑、圆润；有矿石和谷物的味道；回味微苦。

察尔贝伏特加产自加州纳帕谷，由察尔贝酒园酿酒厂酿制。这家小酒厂酿造的伏特加完全选用美国谷物，蒸馏到很高的纯度，几乎没有过滤工序，酿出的烈酒圆润而纯净。

这家公司的加味伏特加最为著名，如血橙、北京柠檬和宝石红柚子。蒸馏仅在水果旺季进行，这样可以确保只把最成熟的水果加入烈酒中。因此，伏特加的品质不凡。

察尔贝

提顿冰川（TETON GLACIER）

C 色 清透、纯净，细颈玻璃酒瓶精美。

A 香 香气中性，矿石味微妙幽淡。

T 味 很油滑，酒体中等；有隐隐的香草味和土豆味；纯净、滑润。

大多数人一提起土豆伏特加，就会想到波兰。不过，近几年，美国人对伏特加的兴趣急剧增长，这导致美国酿酒厂尝试选用谷物以外的原料酿制伏特加，提顿冰川是产自爱达荷州的土豆伏特加。

提顿冰川特别纯净、滑润，同时土豆赋予其异乎寻常的深厚感和复杂性。它没有很多谷物伏特加那么刺激，而且不太芳香，是卓越的调配用酒，特别是用在马提尼里。

雨牌（RAIN）

C 色 水晶般透明清透，瓶颈细长。

A 香 雅致；闻起来有糖的甜味，还有淡淡的香料味。

T 味 酒体清淡到中等；有苹果、太妃糖和坚果的味道；回味热烈。

雨牌伏特加产自肯塔基州，出自酿制卓越的野牛踪迹波本酒的同一家公司，而且是唯一一款专门选用美国有机谷物酿制的伏特加。

雨牌伏特加酿酒厂自称在美国历史最悠久。创始人意识到，他们在雨夜饮用的伏特加鸡尾酒的味道比平时稍逊，之后，于1997年，公司推出了超级优质伏特加和高质伏特加。公司保证会尽全力尽可能保持烈酒的品质，而且酒品的水准首屈一指。谷物经过磨碎、烧制、冷却、发酵（由雨牌酿酒厂培养的有机酵母进行发酵），然后蒸馏四次确保酿出最纯净的酒液，并用天然石灰岩水调整强劲度。不仅像大多数其他伏特加那样经过木炭过滤，而且还要经过钻石沙过滤！

雨牌

最后酿制的伏特加纯净、甜美、辛辣，而且极其柔和、滑润。其灌装在雨滴形状、时髦、修长的酒瓶里，瞄准的是新一代伏特加品饮者——雨牌伏特加远离了强烈、火辣伏特加的阳刚风格。

如果您想要一种超级摩登、超级酷的伏特加，毫无疑问，雨牌正适合您。

蓝天伏特加（SKYY VODKA）

C 色 清透，深蓝色的酒瓶世界驰名。

A 香 很中性，雅致；散发着谷物和矿石的幽香。

T 味 清淡、清新、滑润，极其平衡。

1988年，美国投资家莫里斯·康贝尔（Maurice Kanbar），酿造出了尽可能纯净、滤清、不再宿醉（根据广告语）的蓝天伏特加。

蓝天是谷物伏特加，经过三次蒸馏、四次过滤。因为特别中性，所以其容易入口，滑润，没有传统波兰和俄罗斯伏特加的浓烈感，非常适合长饮或者调配鸡尾酒。

蓝天加味伏特加非常出色——不过于复杂，但很有趣。最上乘的酒品有甜瓜（Melon）——混合了蜜露、哈密瓜和西瓜，酿制出一款美味、清爽的伏特加，让我联想到夏日在花园调配饮品。上乘酒品还有浆果（Berry）——混合了覆盆子、蓝莓和黑莓，水果味深浓，与柠檬水或者苏打水调配极佳。香料伏特加（Spiced）由肉桂、肉蔻和丁香制成，是调味朗姆酒的替代酒品，绝对值得品尝。

调配

完美的马提尼 调配非常美味的马提尼，您需要纯正、纯净、清新的伏特加——蒸馏三次、过滤四次的蓝天伏特加绝对完美。先冷藏伏特加，直至其非常冰凉。您可以用锥形高脚杯调配、侍饮鸡尾酒，再加一枚绿橄榄。

钴蓝色 现在，蓝天伏特加隶属于金巴利（Campari）集团，在国际市场参与激烈竞争。成功的市场营销策略之一，就是于1993年推出夺目的钴蓝色酒瓶。

加拿大

加拿大酿制的黑麦威士忌数量比伏特加多，不过，已经开发了一些有趣的品牌。其中一款是选用冰山融水来酿制的！

珍珠（PEARL）

C 色 清透，酒瓶简洁、优雅、无色，酒标为黑色。

A 香 散发着小麦香和隐隐的柑橘味、矿石味。

T 味 清淡、清新；有稻米和谷物的味道；回味凉爽、油滑、强烈。

获奖的珍珠伏特加，选用加拿大小麦混合纯净的加拿大北极之水酿制而成。珍珠伏特加摩登、纯净、清新、活泼，可以纯饮，不过，调配马提尼和大都会鸡尾酒也很酷。

冰山（ICEBERG）

C 色 清透，酒瓶包装呈冰爽的蓝白色。

A 香 雅致，散发着谷物、药草、香料和矿石味。

T 味 很纯净、酒体清淡，有奶油和坚果味。

冰山

冰山是选用冰山融水酿制而成的优质谷物伏特加。采集、净化冰块以后，冰水与经过三次蒸馏的中性谷物酒精混合，勾配出纯净、滑润、带有隐隐甜味的伏特加。冰山伏特加不是特别复杂，不过，我喜欢它的纯度。这是一款清爽的伏特加，应在冰镇后饮用，因为它很清淡，所以冷藏后口感很好。

新西兰

新西兰南岛有时很寒冷，而这种凉快的气候条件孕育出时尚的南纬42度（42 Below），这种酒让人联想到群山和冰川的美景。精心策划的营销策略由酒品的创始人指导，他是位广告高管，对伏特加充满激情。

南纬42度（42 BELOW）

C 色 清透，酒瓶水晶般透明，超级摩登。

A 香 很芳香、有奶油味，还有绵糖和烈酒味。

T 味 酒体清淡到中等；滑润；有水果和柑橘味；回味热烈。

尽管我们通常认为伏特加酒产自北半球，特别是俄罗斯、芬兰和瑞典，南纬42度却产自南半球（赤道以南42度）——新西兰的南岛，成为世界上最南端的伏特加。这一品牌精美、时尚、摩登、奢华，瞄准的是新一代精益求精的伏特加品认者，希望同时吸引男性和女性消费者。

南纬42度

南纬42度经过四次蒸馏，加入纯净的火山泉水稀释。尽管很强劲（酒精含量42%），但却极其滑润，而且为了适应消费者的口味，很容易入口，带有微微的甜味和水果味，回味有刺痛感。南纬42度要加冰块纯饮。

全球

从20世纪40年代开始，中性、中等强度的伏特加在世界各地大受欢迎，用来调配鸡尾酒和当做长饮。尽管魅力超凡的俄罗斯风格和时髦的名牌是时下的流行趋势，但斯米诺夫伏特加却统治着这个利润滚滚的市场。

斯米诺夫（SMIRNOFF）

C 色 清透，酒瓶传统，酒标的颜色指明了酒的风格。

A 香 清淡、纯净、中性，有微微的清香和淡淡的药草味。

T 味 酒体清淡；丰满、滑润，有淡淡的小麦味。

对于很多人而言，响当当的斯米诺大就是伏特加的同义词。斯米诺夫源自19世纪的莫斯科，当时，皮奥特·阿参耶维奇·斯米诺夫创建了一家伏特加酿酒厂，这家厂采用连续式蒸馏器和木炭过滤制成的酒品比其他俄罗斯的伏特加更纯净、更清淡、更容易入口。结果大获成功。19世纪 80年代和19世纪90年代，斯米诺夫因为他的伏特加频频获奖，并且成为驰名世界的酿酒大师。他的声名显赫，因此被授权在他的伏特加酒瓶上使用俄国国家盾徽标志。不过，1917年俄国大革命之后，斯米诺夫的一个儿子弗拉迪米尔逃离俄国，离开了他的家族。最后，他在巴黎落脚，在那里继续酿制家族的伏特加酒，不过，他赋予了伏特加酒自己的法国名字——斯米诺夫。

20世纪30年代，斯米诺夫的生产设备被搬到美国，而且这一品牌出售给了美国公司——严格地说，它成为美国伏特加。20世纪40年代，斯米诺夫因"白色威士忌"而闻名，而且成为莫斯科佬鸡尾酒（由斯米诺夫、姜汁汽水、酸橙汁调配而成）的基酒。从20世纪60年代开始，斯米诺夫成为美国和世界最大的伏特加品牌，现在隶属于帝亚吉欧。同时，经过多次法律交涉，现在，斯米尔诺夫、斯米诺夫在俄罗斯都有销售。

斯米诺夫红标

斯米诺夫风格成为西方伏特加的缩影：酒体和味道都纯净、清淡。（该公司称宿醉者饮用也很清淡！）斯米诺夫红标为纯伏特加。其酒精含量37.5%或者40%，做任何鸡尾酒的基酒或者长饮都很值得信赖。斯米诺夫蓝标更强劲，酒精含量从45%到50%。如果伏特加酒的粉丝喜欢酒品"击中"他们，那么这款酒特别合适。它比红标复杂，有柑橘、胡椒和烟熏的滋味，回味丝般柔滑。斯米诺夫黑标是一款传统的伏特加，能让人记起它的祖籍俄罗斯。这款酒采用19世纪的工艺酿制，其中包括罐式蒸馏和木炭过滤。其芳醇，比同类酒强劲、浓烈。

斯米诺夫于1999年推出它的第一款加味伏特加——柑橘。这个系列还包括覆盆子、橙子、绿苹果和香草。以上所有的酒品都能调配出美味鸡尾酒，不过，香草是我的最爱，因为它比其他的伏特加更深厚、复杂。

斯米诺夫蓝标

斯米诺夫并未自诩为收藏家的经典，但它物超所值，绝对让人信赖，而且总是可以买得到——换句话说，它是真正的国际酒品。

PREMIUM
BOMBAY
SAPPHIRE
Distilled
LONDON
DRY GIN

“金酒在所有的烈性酒里，最细腻、最精致。它受男性喜爱，也同样受女性喜爱，是鸡尾酒极度变化多端的原料。”

金酒

金酒简介

金酒为谷物烈酒，里面添加了杜松子和其他植物——五花八门的药草和香料。金酒产业在停滞了几年后，已经焕发了勃勃生机。随着新生代的金酒的不断推出，加上人们重又爱上鸡尾酒——特别是经典的马提尼——金酒当然成为风尚！

品酒和侍酒

简介 市场上销售的金酒多种多样，热情而妩媚的香气千变万化，几乎溢于言表。不过，至于金酒的味道，一定要干。

C 色 大多数伦敦干金酒无色，其他风格的金酒由于木桶陈酿或者添加成分（如藏红花）的缘故可能呈现出浅黄色到淡金色。

A 香 各种植物的香味混在一起，很复杂：有杜松、姜、肉蔻的香味，通常还有柠檬和其他柑橘水果的香味。有的金酒有泥土味，而很多“新”金酒，如孟买蓝宝石有香料味。

T 味 口感要清新、刺激，没有甜或者腻感。回味要纯净、特别悠长。品质更好的金酒的药草和柑橘味平衡复杂。

选购和储藏 金酒产业极其规范，通常很容易就能在超市买到所有最受欢迎的品牌，所以，您可以买来品尝，找到最爱的酒品。金酒在瓶中陈酿，品质不会提升，所有没必要储藏。

侍酒建议 金酒强劲，充满滋味，因此，如果混合调配，就会比其他烈性酒更能保持特色。出色的金酒调配原料包括橙汁、苦柠檬、柠檬汽水和可乐（拉丁国家的人特别喜欢），当然，最受人喜爱的是汤尼水。

以金酒为基酒的鸡尾酒很多——草莓金酒马提尼（见第376页）、吉布森（见第377页）、汤姆·科林斯（见第343页）、金菲士（见第342页）和白色佳丽（见第344页）只是一些经典酒品。因为金酒很少纯饮，所以没有特别的金酒酒杯。

金（gin）是荷兰词林松（genever）的英语缩写形式，来自法语词genièvere。金酒最早源自蒸馏剩余葡萄酒和谷物习俗，在17世纪，这种做法在低地国家（荷兰和佛兰德斯（Flanders））很流行。人们认为参加八十年战争的英国军队（1568—1648）——一场反对西班牙统治的荷兰独立战争——把这种烈酒带回英格兰，这样才有了金酒的成功故事。

杜松子 金酒主要的香味，来自常青的杜松灌木馥郁芳香的果实杜松子。

明星的崛起

1689年，出生于荷兰的奥伦治王子（Prince of Orange）威廉姆和他的英国王妃玛丽共同成为英格兰新教的统治者，极大地推动了金酒的流行。威廉姆就任后不久，就向法国国王路易十四宣战。他积极劝阻从法国进口白兰地（以及产自其他天主教国家的白兰地），并鼓励用当地的谷物酿制烈性酒。结果饮用金酒的人激增。1733年，金酒最流行的时候，伦敦一年为每位居民酿制了53升（14加仑）的金酒。

18世纪到19世纪期间，英国政府对金酒的生产建立了监管机制，而且出色的金酒酿酒公司开始推出品质更高、价格更高的酒品。这些酒品中有些直到今天依然很出名——布斯（Booth）、伯内特（Burnett）、戈登（Gordon）、添加利（Tanqueray）、吉尔贝（Gilbey）和詹姆斯伯勒的伦敦塔卫士（James Burrough's Beefeater）。19世纪末期，由于一些大公司主要采用苏格兰威士忌酿酒厂的谷物酒精酿造金酒，英国人把这种酒品带到了大英帝国的各个角落。金酒在美国以及其他国家，像西班牙和它以前的殖民地菲律宾，也得到认可。

粉红金酒 这款鸡尾酒混合了金酒、水和安哥斯图拉苦味酒，一个多世纪以来都深受欢迎。

19世纪诞生了很多我们现在熟知的鸡尾酒，而金酒成为许多经典鸡尾酒的基酒，如

金酒的酿造 金酒刚从蒸馏器里流出（如图所示），灌装的话，酒精度太高。酒精度通过加水调配到大约40%。

金汤尼（可以提供每日所需的奎宁，帮助委派到殖民地的官员抵御疟疾）和当时皇家海军军官必备的粉红金酒（见第385页）。同时，荷兰人利用他们的贸易技巧和广阔领地推销他们的金酒。鹿特丹成为酿酒中心，制酒公司，如波士（Bols）和迪凯堡，在世界市场确立了稳固地位。

20世纪，美国禁酒时期（1920—1933），金酒反而更加流行。它成为酿造非法烈酒的选择，因为容易酿制，无须陈酿。禁酒时期以后，金酒甚至仍然是美国主要的白色烈性酒，直到20世纪60年代，伏特加酒的兴起才打破了这一局面。

金酒鸡尾酒 世界最知名的一些鸡尾酒——包括干马提尼（DRY MARTINI）——都是以金酒为基酒。只有在金酒和酒杯冰凉的情况下，才能调配出最上乘的金酒鸡尾酒。

酿制金酒

酿制金酒的基本原则就是：往中性的谷物酒液里加入植物——一系列的植物、药草、香料和水果，还包括但并不局限于杜松子。大多数酿造商会把配方视为秘密，不过，这些配料当然含有香料，如当归根、小豆蔻、香菜、鸢尾根、桂皮、姜、肉蔻，还有坚果和水果为基础的配料，如杏仁、柠檬和橙子皮。植物的比例是金酒风味的决定因素。

酿制金酒的传统方法是把植物浸泡在谷物酒液里，然后一同在特殊的蒸馏器（与酿制威士忌和白兰地的铜制罐式蒸馏器类似）里再次蒸馏。不过，如今，有些酿造商采用更快的、被称为“冷复合”的工艺，也就是把高度浓缩的植物混合物在谷物酒液里泡软，接着蒸馏，从而赋予酒液极其浓郁的滋味。然后，用更多的中性谷物酒液稀释，达到需要的滋味。有些美味的金酒通过蒸发酒液，让蒸汽通过植物来集聚植物的特性。所有的金酒在灌装前都要加水稀释。

不同的酿造工艺和配料赋予了金酒独特的风味。最出名的大概是伦敦干金酒（London Dry）。它的风格是干、纯净、清爽，是标准的金酒，占世界金酒产量的大部分。普利茅斯金酒（Plymouth Gin）与伦敦干金酒稍有不同，往往更甜、更芳香。荷兰金酒（Genever，别名Jenever，主要产自荷兰）有三种风格：Oude（陈年）有甜味，植物味浓郁；Jonge（年轻）更加中性，与伦敦干金酒类似；Korenwijn为木桶陈酿。这是优质酒品，麦芽香味极浓，而且酒体强烈。

全球

伦敦干金酒这种风格的酒品，在世界金酒市场占据着统治地位。这一风格的流行已经超越了它的原产地英国，现在，世界各地都在酿制和享用像戈登、添加利、吉尔贝和伦敦塔卫士这样的酒品。新生代的金酒，如孟买蓝宝石，正在迅速追赶传统金酒巨头。

金酒的世界 英国、加拿大、南美和牙买加都按照同一配方酿制戈登金酒。

戈登（GORDON'S）

C 色 水晶般清透、鲜亮，酒瓶为绿色或者透明。

A 香 清新、芳香；散发着柑橘、肉蔻、姜和香菜味。

T 味 有柑橘味，特别是柠檬味，和杜松味；回味纯净。

戈登金酒的起源与一位名为亚历山大·戈登的苏格兰人密不可分，在17世纪末期和18世纪，他响应政府提升伦敦当地烈酒品质的号召，投入大笔资金。1769年，他的金酒经过改良迅速走红。

1898年，戈登与另一家金酒厂——添加利合并，从而统治了英国的金酒市场。公司在整个20世纪稳步扩张，如今，它们隶属于帝亚吉欧集团。现在，戈登是继菲律宾的生力杜松子酒（Ginebra San Miguel）之后，世界销量第二的金酒，而且在西方销量第一。

现在，金酒继续按照亚历山大·戈登1769年的配方酿制——秘方严格保守，世界上每次只有12个人知道。我们确实知道原始配方里有姜、桂皮油、肉蔻、香菜籽和杜松。不管加入了什么其他的植物（药草、香料和水果），戈登是一款卓越的金酒，其清新，有药草味，回味活泼。

在英国，戈登灌装在独特的绿色酒瓶里出售（19世纪唯一一种可以整批生产的有色玻璃酒瓶），不过，出口的戈登金酒则使用透明的酒瓶。两种金酒不完全一样：出口的比英国本土的稍微强劲一点儿（酒精度40%，相对37.5%而言），所以口感更丰满、更油滑、更复杂。

想要柑橘味、激爽感的，可以品尝戈登蒸馏者风格（Distiller's Cut），这是一款基本的金酒，里面添加了柠檬香草和姜。加入冰块和汤尼水，就调配成了出色的餐前酒。或者，如果您喜欢水果香味更浓郁的，那就品尝黑刺李金酒（Sloe Gin，见第287页）。

总之，戈登金酒并不花哨，最原汁原味。

调配

金酒还是戈登？ 戈登酿制出完美的金酒和汤尼水，经过三次蒸馏以确保纯度。往加入冰块的平底无脚酒杯里倒入一定量的戈登金酒，然后倒满汤尼水，放一块柠檬或者酸橙。

伦敦塔卫士（BEEFEATER）

C 色 鲜亮、清透；玻璃酒瓶无色。

A 香 复杂，散发着香菜味、橙子味和当归味。

T 味 干，柑橘味与焦糖味平衡。

1820年，药剂师詹姆斯·布勒，首创了伦敦塔卫士金酒，酒名取自保卫伦敦塔的卫兵。如今，虽然伦敦塔卫士金酒还在伦敦酿造，但已隶属于联合多枚克集团。

伦敦塔卫士金酒很清新，干，有柑橘味，平衡性很好。加汤尼水饮用很出色。如果你去免税店，那就要购买王冠宝石50度优质金酒——其颇为强劲！

伦敦塔卫士

吉尔贝（GILBER'S）

C 色 清透；玻璃酒瓶透明，富有传统感。

A 香 散发着香料味，还有成熟药草味和矿石味。

T 味 酒体中等；滋味强劲；质地如奶油，雅致。

19世纪60年代，吉尔贝兄弟在伦敦开创了他们的酿酒产业，他们酿制的金酒清淡、干，很快成为世界范围内的畅销品，特别是在美国（现在，在菲律宾、印度、日本、加拿大和南非也一样）。如今，吉尔贝隶属于帝亚吉欧集团，在世界各地酿造。

吉尔贝的特干金酒酿制精良，质地从清淡到中等，滋味强劲，所以我更喜欢把它调配成鸡尾酒或者加汤尼水，而非纯饮。

吉尔贝

孟买蓝宝石（BOMBAY SAPPHIRE）

C 色 清透；酒瓶独特，蓝色半透明。

A 香 复杂、芳香；散发着杜松、桉树、香料味，还有花香和柑橘香。

T 味 清爽、优雅、复杂，有柠檬、香料、药草的味道；回味清新。

金酒里的孟买蓝宝石，如同伏特加酒里的绝对，是市场营销的王者，将金酒带入21世纪，为两大品牌宣传出谋划策的，出自同一个人：米歇尔·卢奇（Michel Roux）。1988年，他推出全新风格的金酒，这款酒以成功的孟买干金酒（Bombay Dry）为基础，采用新颖、炫酷的酒瓶包装，将摩登的设计与英国金酒的历史记忆相融合。他为我们呈现了一款漂亮的蓝色方形玻璃酒瓶以及维多利亚女王的头像——结果令人难以置信！现在，孟买蓝宝石隶属于国际集团百加得。

并非只有酒瓶才特别：总体而言，孟买蓝宝石是一款出色的金酒。里面至少有10种植物（药草、香料和水果），包括杏仁油、柠檬皮、甘草和鸢尾根。孟买蓝宝石的酿制并不像很多其他金酒一样，把植物放入酒液煮沸，而是纯酒液本身蒸发，蒸汽穿透各种植物，以增添它们的浓郁滋味。最后酿制而成的金酒特别复杂、清爽、平衡佳，酒体强烈而美妙，浓烈而容易接近。

孟买蓝宝石

我认为孟买蓝宝石用作调配的话过于复杂——不过，作为金酒纯饮，简直无敌！

添加利（TANQUERAY）

C 色 清透；酒瓶为绿色圆形。

A 香 复杂；杜松、柑橘的香味突出。

T 味 很滑润、干、柔和；杜松味浓烈；回味有香料味。

添加利是金酒里的劳斯莱斯。19世纪中叶，查尔斯·添加利针对大多数品味高雅的饮酒者，开始酿制优质高级金酒。添加利金酒已经从英国贵族的最爱，变为好莱坞名流的首选。在美国，添加利轻而易举成为最畅销的金酒，占有大约50%的市场份额。现在，它隶属于同时拥有戈登金酒的酒业集团帝亚吉欧。

添加利伦敦干金酒（Tanqueray London Dry）经过四次蒸馏，酒液蒸发穿透各种植物，这使金酒味纯又强烈。最后酿制而成的酒很干、辛辣、强劲（销售时酒精度47%），调配成干马提尼酒（Dry Martini）绝对完美无缺。

2000年，公司推出添加利10号（Tanqueray No.10）。酿制这款金酒的植物纯手工采摘，并完整浸泡在酒液里。这个创意赋予这款高级金酒更加深厚、更加丰满、更加复杂的滋味。而且，其大获成功。这款获奖金酒特别干，富有柑橘味，油滑，但却保持了添加利让我们所期待的所有品质。把它调配成马提尼或者其他鸡尾酒饮用，不过，为了充分享受它的复杂性，要冰镇（从冰箱拿出来）纯饮。

添加利

亨德里克（HENDRICK'S）

C 色 清透；酒瓶时尚，由黑色玻璃制成。

A 香 独特，散发着药草味、鲜花味和黄瓜味。

T 味 滑润、平衡佳；异乎寻常，但很清爽；有黄瓜味，干。

所有的金酒，都会在原酒液里添加植物，通常有杜松、柑橘皮、香菜和其他药草。不过，现在由威廉姆·格兰特家族（以威士忌而著称）酿制的亨德里克金酒还含有玫瑰花瓣和最非同寻常的黄瓜。它的广告语是“并非适合每个人”，不过，它已经让美国人，现在也让英国人为之倾倒。其如奶油一般、滋味强烈、非同寻常，您一定要品尝，真正领会。我爱它，它的酒精度超过41%，一点儿也不柔弱！

普利茅斯（PLYMOUTH）

C 色 清透；酒瓶半透明，酒标上有五月花号船图。

A 香 优雅，散发着杜松、药草（如小豆蔻）和橙子的香味。

T 味 独特、微妙，酒体强烈；有泥土味、林木根味；平衡极佳。

普利茅斯

自18世纪，这种金酒一直在英格兰南部的普利茅斯酿制。然而，以前，人们忽视了这个品牌，直到1996年，私人投资商才让它焕发生机。现在，它通过瑞典葡萄酒与烈酒公司销售。

普利茅斯酿造出卓越的金酒。原味强度强劲而微妙，有香料味，酒体强烈——与汤尼水调配极好。海军强度（酒精度57%）尽管很浓烈，依然设法保持了平衡。夏日里，品尝由金酒、味美思酒和药草调配而成的果杯，口感清淡。

凯登海德·奥德·拉吉（CADENHEAD'S OLD RAJ）

C 色 黄绿色；酒瓶为复古风格的方形瓶。

A 香 很芳香，散发着杜松、坚果和胡椒的香味。

T 味 圆润、完美、风格独特，有香料味，回味柔和。

以单一纯麦威士忌最出名的凯登海德，出产一款绝妙的金酒，名为奥德·拉吉。这款金酒在很多方面都非同寻常。最突出的是，各种植物在添加到中性酒液之前，分开浸泡、蒸馏；金酒因为添加藏红花，并不透明，而是呈黄绿色。所以，这款酒干，有胡椒味，酒体活泼，回味强烈。品尝起来很特别！

凯登海德·奥德·拉吉

孟买干金酒（BOMBAY DRY）

C 色 澄澈；酒瓶透明传统。

A 香 极其芳香；散发着浓郁的橙子皮、杜松和香菜的味道。

T 味 复杂、令人满意；滑润、辛辣、干，有柠檬味。

孟买干金酒的酿造始于20世纪50年代，不过，直到20世纪80年代才真正显露头角，当时，新生代品饮者拒绝饮用殖民地的陈旧风格金酒。现在，孟买干金酒隶属于百加得公司，可惜只在美国和西班牙出售。

孟买干金酒辛辣，与汤尼水搭配绝佳。它极其清爽，充满药草和柑橘（特别是橙子和柠檬）水果的复杂香气。其要先冰镇好，然后配上汤尼水，制成清爽的夏日餐前酒。

达斯伯里粹（DARESBURY'S QUINTESENTIAL）

C 色 清透、鲜亮；玻璃酒瓶微微磨砂。

A 香 独特，药草和矿石味平衡极好。

T 味 滑润、雅致；有柑橘、矿石味；平衡出色。

虽然达斯伯里精粹干金酒最初仅在美国和加拿大推出，但大获成功，所以，现在在世界各地都能买到这种酒。

酒标上数字“5”指的是这款金酒采用5种植物——杜松、香菜、当归（突出干性）、荜澄茄（胡椒）和酸橙油——经过5次蒸馏而成。因此，其强劲、清新，有柑橘味，平衡性卓越。

达斯伯里精粹

马球俱乐部（POLO CLUB）

C 色 清透；玻璃酒瓶为方形，带有“马球”主题。

A 香 很芳香，杜松味、柑橘味突出。

T 味 干、复杂，有香料味，回味清爽。

马球俱乐部金酒产自苏格兰的佩思郡（Perthshire），由安哥斯图拉集团的伯恩•斯图尔特公司（Burn Stewart）出品。这是一款奢华的金酒——过去，这家公司曾经与巴宝莉（Burberry）时装公司紧密联手。它的外观很时尚，酒瓶为精美的方形设计，以马头和英国国会大厦为装饰。

马球俱乐部是上乘的金酒，风格摩登，口味干、辛辣、复杂。其酒精度43%，相当强劲。我发现它可以调配出卓越的马提尼酒，而且通常是出色的调配用酒。

英国

英格兰，尤其是伦敦，是摩登金酒的故乡，而且它的很多出色品牌成为全球性的产品。传统的英国金酒已经失宠，而具有大英帝国“复古怀旧”风格的新品牌已经博得厚爱。

格林诺（GREENALL'S）

C 色 清透；酒瓶为浅绿色方形。

A 香 微妙、雅致，散发着药草和活泼的香料味。

T 味 很滑润、干，回味特别悠长、令人满意。

尽管格林诺现在由德威尔集团掌管，金酒的酿造依然按照1761年的家族配方进行，配方里面包括杏仁和桂皮。这款金酒上等、干、复杂，酒精度43%，很强劲！格林诺伦敦干金酒特酿为出口酒品（酒精度48%），也很卓越。出色金酒来自小公司。

布斯（BOOTH'S）

C 色 清透；酒瓶无色方形，由独特的砂眼波纹玻璃制成。

A 香 雅致、细致，散发着糖浆味和香料味。

T 味 清淡，不太复杂；味美、微甜。

19世纪，布斯成为英国最大的酿酒公司，而且在20世纪20年代到30年代，它的酒品极其受欢迎。现在，唯一一款仍在市场销售的布斯金酒是海卓（High and Dry）——其清新、柔和、辛辣，回味微甜。这款酒上乘、平衡性佳，据说是英国女王的最爱！

西班牙

西班牙是世界上金酒人均消费量最高的国家。本土品牌很受青睐。

拉里奥斯（LARIOS）

C 色 清透；玻璃瓶为白色，上有黄色酒标，令人眼前一亮。

A 香 雅致，散发着杜松、柑橘和香料的味道。

T 味 干、清新，回味有微微的甘蔗烈酒味。

1933年，拉里奥斯家族开始酿制金酒，这种酒品质高、值得信赖，很快成为西班牙市场的领袖。拉里奥斯金酒效仿伦敦干金酒风格，相当不错，而且与汤尼水搭配或者调配成其他长饮非常美味。为什么不品尝一下呢？看看您能不能说出差别。

朔丽果（XORIGUER）

C 色 清透；酒瓶为绿色玻璃瓶。

A 香 散发着活跃、诱人的水果味，但又不过于明显；微妙而上等。

T 味 干、柔和；有鸢尾根、柑橘和杜松的味道；很清爽。

这是金酒的新星，而且是我的新宠！庞斯（Pons'）家族的朔丽果是一款马宏金酒（Gin de Mahon），因为它只能在西班牙梅诺尔卡（Menorca）岛选用葡萄酒精而非谷物酒液酿制。这款酒蒸馏到酒精度38%，不加水稀释，所以保持了杜松和药草的浓郁味。朔丽果柔和、干、复杂，有杏仁和黄蒿的味道，回味清新。您可以加一片柠檬纯饮。

朔丽果

荷兰

荷兰金酒富有浓郁的杜松、麦芽和药草香。当地品牌很多，也有波士这样的巨头。

迪凯堡（DE KUYPER）

色 淡琥珀色、黄色或者透明，酒瓶传统。

香 独特而纯净，散发着麦芽、杜松和药草的味道。

味 酒体强烈，滋味强烈；有麦芽味。

迪凯堡

迪凯堡陈年荷兰金酒（Oude Jenever）呈浅黄色，微甜，植物味浓郁，还有焦糖和麦芽的味道。味淡一些的年轻荷兰金酒（Jonge Jenever）更加中性——更接近伦敦干金酒。纯饮，不要调配它。

波士（BOLS）

色 清透，黄色或者金色；传统酒瓶或者石质广口瓶。

香 纯净、独特，散发着麦芽、焦糖、杜松和药草的味道。

味 很强劲；芳醇而且酒体强烈。

1572年，波士在阿姆斯特丹创建，它是荷兰历史最悠久的酿酒厂。现在，它属于法国人头马君度集团。

波士酿制的酒品范围广泛，包括所有种类的加味烈性酒和调配用酒。如果您正在寻找一种纯饮的荷兰传统金酒，那就品尝陈年金酒（Oude Jenever），它有隐隐的甜味，而且有麦芽香味，很复杂。年轻金酒（Jonge Jenever）更加清淡，更加雅致，而且清透。这两种酒都要冰镇后纯饮。

波士

经典的科维恩（Corenwyn，意思是“谷物白兰地”）丰满、杰出，而且是波士最传统的金酒。其呈淡金色，灌装在波士标志性的旧式石质广口瓶里销售。其作为餐前酒饮用，甚至可以搭配海鲜。

最近，波士推出丹姆拉克阿姆斯特丹金酒（Damrak Amsterdam Gin），这款酒针对的是新生代、摩登的品饮者，选用17种植物（药草、香料和水果），经过5次蒸馏而成，因此纯净而清新，又不失复杂性。它是卓越的调配用酒，而且可以替代更知名的摩登品牌，如孟买蓝宝石。

爱尔兰

爱尔兰科克市附近的米多尔顿（Midleton）酿酒厂酿制的金酒精美，富有果香味和柑橘香味，而且比传统的伦敦干金酒微甜。

科克干金酒（CORK DRY）

色 清透、鲜亮；酒瓶透明，酒标为红色。

香 雅致，有水果香，柑橘味突出。

味 悦人、芳醇；酒体中等，有甜味和麦芽味。

科克干金酒按照1793年的配方选用爱尔兰谷物酿制。与伦敦干金酒相比，其放入的柑橘水果更多，杜松更少，因此风格微甜。其酒精度为38%，也很容易入口（出口的酒品酒精度更高，是43%）。我喜欢把它冰镇后纯饮。

法国

法国北部，主要在佛兰德斯，有着悠久的金酒酿造历史；新风格的品牌，如城堡，再次焕发活力。

城堡（CITADELLE）

色 清透；酒瓶透明圆形，酒标为醒目、鲜艳的蓝色。

香 清新、活跃，散发着柑橘和杜松的味道。

味 酒体强烈，复杂，有药草味、香料味，回味悠长。

1998年，城堡金酒再次被推出，根据1771年的原始配方，选用19种植物（药草、香料和水果），这种烈酒在铜质蒸馏器蒸馏4次而成。因此，这款酒杰出、复杂，里面的杜松不如药草重要。这款金酒在马提尼酒或者其他长饮中保持了自己的特质，总之，其口感极佳。我爱它！

美国

美国人对鸡尾酒的渴望促成了上好金酒的巨大市场。美国本土的酿造商协助满足不断增长的需求。

施格兰（SEAGRAM'S）

色 清透、澄澈；酒瓶为时尚的斑点玻璃瓶。

香 精雅、优美，散发着杜松、柑橘和香料的味道。

味 滑润、清新；柑橘味突出；回味活泼，有香料味。

施格兰是个美国大品牌。用它调配卓越的马提尼酒，可以保持金酒清新的柑橘香味，其也可以长饮。特维斯特（Twisted）系列（加入少量酸橙或者柚子的加味金酒）活泼，有水果味，派对上饮用极佳。

施格兰

布德尔斯（BOODLES）

色 水晶般清透；酒瓶透明，为细颈风格。

香 芳香，散发着复杂而令人兴奋的香料和鲜花的香味。

味 上等，酒体强烈；柔和、干，回味微微油滑。

起初，布德尔斯是个19世纪时期的英国品牌，如今，在美国由保乐利加集团酿制，虽然世界驰名，但针对的是美国市场。市场上销售的是布德尔斯英国金酒，它比普通施格兰特干金酒更优质。

布德尔斯金酒十分出色，纯净、干、强劲，而又微妙、辛辣、油滑，我非常迷恋它。

有些人讨论是饮用布德尔斯金酒，还是饮用孟买干金酒（两款酒无论是纯饮还是调配都很卓越）。布德尔斯价格更便宜——不过，我还是让您自己决定吧！

新西兰

新西兰采用南半球土生土长的植物酿制出自己的金酒——有趣的创新发展。

南方（SOUTH）

色 清透；酒瓶高挑、漂亮、优雅。

香 不同寻常、迷人；散发着杜松、焦糖、湿草的味道。

味 独特、滑润；微甜；回味有水果味。

南方金酒产自新西兰南岛，是伦敦干金酒风格的卓越酒品。不过，9种植物包括了一些南半球土生土长的品种，如卡瓦胡椒叶和麦卢卡浆果。这些成分赋予了金酒清新的香气和水果甜味。绝妙！

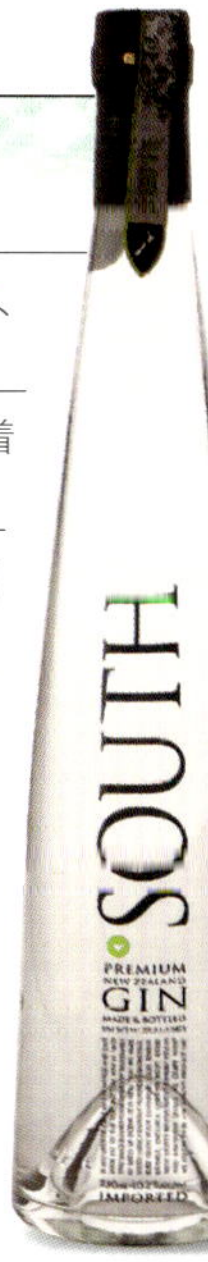

南方

特基拉酒
和梅斯卡尔酒

“特基拉酒和梅斯卡尔酒深深地根植于墨西哥文化，具有古朴的特点，充满泥土味而又火辣。”

特基拉酒和梅斯卡尔酒简介

我一想到可以概括墨西哥的饮品，一种烈性酒就跃入脑海：特基拉酒。这种酒由龙舌兰植物的心酿造而成，人们通常会把它与另一种龙舌兰酿造的烈性酒梅斯卡尔酒混淆，但是，两种酒的风味和酿制方法均不相同。

特基拉酒和梅斯卡尔酒，这两种烈性酒密切相关。特基拉酒由蓝色龙舌兰植物的piñas（心）蒸馏而成，这种龙舌兰在墨西哥哈利斯科州（Jalisco）平原及其周边的火山土壤里长得很茂盛。相反，梅斯卡尔酒则由野生在更靠南部的瓦哈卡州（Oaxaca）的龙舌兰科植物酿造而成。

酸橙 年轻、清新的特基拉酒充满柑橘水果的香气。

人们认为两种烈性酒均源自未经蒸馏的普科酒（pulque）。据说，早期的阿兹特克人（Aztecs）在他们的仪式和典礼上将这种酒用于与诸神沟通交流。今天，普科酒仍在酿制：它像牛奶一样，微酸，与葡萄酒的强劲度几乎一样。我觉得，它的品质跟梅斯卡尔酒和特基拉酒相差甚远。

关于特基拉酒

特基拉酒得名于哈利斯科州的一个小镇：当然，只有产自哈利斯科和周围四个地区的烈性酒才能冠以"特基拉"之名上市销售。19世纪，这种烈性酒被称为Aguardiente de Agave（意思是"龙舌兰白兰地"）。甚至在当时，约瑟库埃沃（Jose Cuervo）公司和索扎（Sauza）公司就统领着市场，他们一开始使用"特基拉"的酒标往美国运送成桶的烈性酒，美国人就迷上了这个名字。到了20世纪40年代，在美国很难见到干邑和威士忌，可特基拉酒却如日中天，并且已经成为玛格丽特（Margarita）鸡尾酒（加入君度Cointreau和酸橙汁，见第346~347页）的基酒，同时成为正餐前、后的正式饮品。如今，特基拉酒被运送到世界各地，哪的人都可以品尝它，不过，除了墨西哥本土，到目前为止，美国仍旧是这种酒的最大市场。

墨西哥特色 与特基拉酒一同食用的食物有鳄梨沙拉以及像Tapas这样的西班牙小吃。

为了酿制特基拉酒，酿造商种植了很多蓝色龙舌兰植物，这种植物要经过

品酒和侍酒

简介 仅在墨西哥就有350多种特基拉酒，色泽、香气、味道林林总总。一般，特基拉酒越年轻，就越火辣，越不黏稠。

C 色 特基拉酒：白色和银色的酒品通常很清透；joven（年轻）的呈金色到添加的焦糖色；酒龄长一些的酒品由于木桶陈酿所以色泽深。梅斯卡尔酒：通常清透或者呈金色。

A 香 特基拉酒：年轻的酒品辛辣，有柑橘、泥土和药草的味道，还有明显的龙舌兰植物味；酒龄长一些的酒品像黄油一样而且微甜。梅斯卡尔酒：有烟熏味、辛辣，还有隐隐的柑橘味。

T 味 特基拉酒：龙舌兰赋予年轻一些的酒品火辣、辛辣的特点；酒龄长一些的酒品更滑润、更丰满，有焦糖和蜂蜜的味道。梅斯卡尔酒：滑润，有林木和巧克力味。

选购和储藏 特基拉酒：选购墨西哥哈利斯科州的品牌。最上乘的是100%蓝色龙舌兰。纯正的特基拉酒的酒标上必须有"CRT"（Consejo Regulador del Tequila，特基拉酒规范委员会）字样，并有酿酒厂的NOM编号。梅斯卡尔酒：也要选购100%龙舌兰酒品。有些酒里有虫子。瓶中的特基拉酒和梅斯卡尔酒的品质均不会提升。

侍酒建议 三种饮用特基拉酒的主要方式是：一口喝下、与可乐或橙汁调成长饮或者调配成鸡尾酒，如玛格丽特（见第346页）。梅斯卡尔酒往往比特基拉酒丰满、滑润，所以是上乘的餐后酒。

食物搭配 特基拉酒和梅斯卡尔酒搭配下列食物很好：浓厚、辛辣、咸味食物以及可以承受烈酒力量的食物，如添加辣椒的菜肴。

8年到12年才能成熟。把含有牛奶一般甜汁的龙舌兰心砍下，蒸两天左右。将蒸制过的“心”榨出汁液，然后加水，在橡木大桶中发酵。用铜质罐式蒸馏器蒸馏发酵的液体或者说mosto（与威士忌和伏特加的酵汁相似）两次，从而制成特基拉酒。装瓶前，兑水调整酒精浓度。

特基拉酒根据所含龙舌兰的多少，也根据陈酿时间的长短进行分类。白色（Blanco）或者银色特基拉酒未经陈酿（有的可能在装瓶前放置过1个月左右），清新、辛辣，有独特的龙舌兰风味。Joven abocada特基拉酒“年轻”，呈金色（通常添加了焦糖），与其他风格的烈性酒比起来，更像威士忌酒。陈放（Reposado）指的是在木桶中放置最多1年的特基拉酒。Añejo是陈年的特基拉酒，在木桶中熟化1年到5年的时间。不过，特基拉酒逐渐成为昂贵、奢华酒品，由100%蓝色龙舌兰酿制（酒液必须含有至少51%的蓝色龙舌兰，才能使用特基拉这个名字）而且在木桶中陈酿达6年之久。这种烈性酒像干邑一样——丰满、滑润，富有特别的香料味和泥土味。

关于梅斯卡尔酒

梅斯卡尔酒产自墨西哥南部，采用当地的野生龙舌兰科植物maguey酿制而成。虽然梅斯卡尔酒与特基拉酒的风格类似，分类方式相似，但有一个关键差别把两者区分开来。酿造特基拉酒的过程中，龙舌兰心蒸制过以后，更易于榨出汁液，可在酿造梅斯卡尔酒时，龙舌兰心在特别的地下炉子上用木炭烘焙或者烘烤长达3天。这一过程赋予梅斯卡尔酒独特的泥土味和烟熏味，而特基拉酒没有。有些梅斯卡尔酒一眼就能辨认出来，因为酒里有“虫子”或者说gusano——一种生在龙舌兰叶子上的蛆。这种梅斯卡尔酒的销售名为mezcal con gusano，当然，不适合胆小的人饮用！

特基拉日出 特基拉日出是继玛格丽特之后最著名的特基拉鸡尾酒。这款长饮混合了特基拉酒、橙汁和红石榴汁，最好用吸管饮用。

原料 蓝色龙舌兰植物的心，形状似菠萝，每个重量约200磅（90公斤），所以每到收获时节，就可以看到它们朝着运输卡车方向往山坡下滚动。

墨西哥

特基拉酒是墨西哥的国酒，年产量超过5 200万加仑（2亿升）。约一半出口——大多数销往美国——在美国，特基拉酒已经成为派对饮品。

库埃沃家族珍藏

库埃沃家族珍藏（CUERVO RESERVA DE LA FAMILIA）

C 色 橡木桶陈酿的缘故，其呈中度到深金色。

A 香 浓郁、复杂，散发着焦糖、鲜花、香草和香料的味道。

T 味 超级滑润、丰满；有甜味、坚果味、辛辣；回味悠长。

对世界上很多人来讲，特基拉酒就意味着约瑟库埃沃（Jose Cuervo）。这家由来已久的酿酒公司——现在隶属于国际集团帝亚吉欧——占据着全球40%的市场，几乎每个酒品店都有它的身影。它的故事始于1758年，当时西班牙国王送给库埃沃的唐·约瑟·安东尼奥（Don José Antonio de Cuervo）一片土地，奖励他在墨西哥哈利斯科州特基拉镇开办教区教堂。1795年，他的儿子获得首个大规模酿造特基拉酒的特许权。最初用于酿制特基拉酒的是野生龙舌兰植物，不过很快就被种植的龙舌兰取代，而且库埃沃品牌开始崛起，成为世界上最受人喜爱的特基拉酒。最早出口到美国的是1873年运往埃尔帕索（El Paso）的三桶特基拉酒。

公司酿制的“龙舌兰白兰地”分别在1889年巴黎国际博览会、1893年世界交易会获奖，进入20世纪后，获奖次数更多。

1995年，为了庆祝库埃沃公司成立200周年，公司推出了家族珍藏（Reserva de la Familia），而且全力以赴酿制这款特别限量酒品。

这款特基拉酒是100%纯龙舌兰酿造——每一瓶均手工操作、手工编号。而且每年，公司都授权一位墨西哥艺术家设计包装酒瓶的木盒。

珍藏（Reserva）是一款很特别的酒。您一定要锁好它，这样才不会有人因误用而入狱！这款酒要像高级干邑一样，在特殊场合享用。

产区和酒品

龙舌兰热潮 世界对特基拉酒的渴望自20世纪90年代急剧增长，而墨西哥的龙舌兰种植者正竭尽全力满足人们对这种珍贵原料的需求。如今，超过9万英亩（3.6万公顷）的蓝色龙舌兰种植在哈利斯科州西部的草原上。这种植物要10年才成熟，所以种植者对特基拉酒成为新潮流难以快速应对。

库埃沃经典（CUERVO CLASICO）

C 色 呈银色、清透；清淡、鲜亮、清新。

A 香 清新、辛辣、年轻；散发着龙舌兰植物味、柑橘味和林木味。

T 味 比大多数银色特基拉酒更滑润；活泼；回味微甜。

库埃沃的意思是“乌鸦”，在特基拉酒面世早期，大多数消费者并不会念这个名字，乌鸦的图案赋予这种酒独特的视觉认知。不过，跟其他烈性酒一样，特基拉酒也要与时俱进吸引新客源。为此，库埃沃推出这款全新包装、活泼而基本的特基拉酒。

库埃沃经典

库埃沃经典是陈酿库埃沃白色（Cuervo Blanco）特基特拉酒的后代。有人一直都偏爱更纯净、龙舌兰风味更浓郁的年轻白色特基拉酒。不过，为了让酒品没那么火辣、更加可口，库埃沃把年轻的银色特基拉酒和富有橡木桶芳醇感的特基拉酒混合。这使银色酒液滑润、平衡佳，同时，依然刺激、清新、活泼，而且更容易接近。

2003年，为了补充公司销量巨大的特酿（Especial），该公司推出这款经典特基拉酒（Clasico）。银色的特酿针对的是新一代更年轻的消费者，而金酿（Gold）瞄准的是那些主流特基拉酒爱好者。经典的有柑橘香味，微甜，用于调配出色的鸡尾酒。可以把它作为玛格丽特鸡尾酒的基酒，或者加大量冰块和一片酸橙饮用。

库埃沃传统（CUERVO TRADICIONAL）

C 色 浅禾秆金黄色，边缘有光芒。

A 香 很雅致，散发着辛辣的龙舌兰植物、香草和橡木的味道。

T 味 酒体中等，口感干、辛辣，回味热烈。

传统特基拉酒让人怀着崇敬之情回想起库埃沃200多年前在墨西哥酿制的第一批特基拉酒。旧式酒瓶和酒标唤起人们对过往品质的回忆，瓶盖上黑色乌鸦的图案让人回想起库埃沃早期的发展历程。不过，所有这些历史的回顾都非常流于表面。这款特基拉酒采用旧式方法，即100%用蓝色龙舌兰酿造——在成熟高峰期采收，在传统的石陶炉里烘焙。精心发酵、两次蒸馏、在白色橡木桶中陈酿，因此酒液滋味更加丰满、更加精致。

库埃沃传统

传统特基拉酒的酿造数量有严格限制。每瓶酒的编号独一无二，而且这种奢华独享性造就了它的成功——其在墨西哥和美国都广受欢迎。

这是另一款出色的纯饮特基拉酒，要冰镇，也许可以搭配桑格利塔（一种墨西哥的水果汁）。您当然也可以调配成玛格丽特鸡尾酒，特基拉酒更加丰满、更加强劲的滋味会使这款经典的鸡尾酒更具魅力。我会选择细细纯饮这款特基拉酒——慢慢悠悠、不慌不忙地享受它的芳香、酒体和味道，它就像上好葡萄酒一样复杂。

畅销酒品 现在，库埃沃特酿在全球80个国家销售——而且这个数字还在增加。

库埃沃特酿（CUERVO ESPECIAL）

C 色 因为在木桶中陈酿时间短，呈迷人的淡金色。

A 香 散发着泥土、香料、浓郁香草、焦糖和橡木的香味。

T 味 很滑润，有些甜味、林木味和辣味。

特酿是库埃沃的旗舰品牌，几乎在世界每个酒吧、每个超市都能找到。与大多数顶级国际品牌一样，它并非高不可攀，所售价格任何人都能接受，而且值得信赖，合乎众人口味。特酿是一款陈放（reposado）特基拉酒——因为曾在橡木桶中陈酿几个月，所以去除了一些火辣感，同时使酒体更多一点儿。

有时候，我会选择纯饮这款酒——它很好，完全可以纯饮——不过，更多的时候，我会把它调成长饮，或者调配成玛格丽特鸡尾酒。现在，特酿已经在受欢迎程度上输给了“超级特基拉”优质酒品，但是，在市场供应和价格方面却无与伦比，所以它还会伴随我们很长时间。

塞拉（SIERRA）

C 色 从澄澈透明到淡金色。

A 香 清淡、雅致，散发着香料、泥土和药草的味道。

T 味 酒体中等，清新、活泼，回味辛辣。

任何一款特基拉酒想在众多酒品中，特别是在超市酒架上脱颖而出，都要有特别之处，而塞拉特基拉酒很聪明——清透的酒瓶顶着一顶红色或者金色的墨西哥宽边帽。这款酒的目标消费者是那些不常饮用特基拉酒的人：营销广告语就是“滴滴绝妙，顶着宽边帽”——酒瓶上夺人眼球的帽子提醒着人们要选购塞拉，而非其他酒品。尽管塞拉酒瓶中装的是墨西哥特基拉酒，但它却由德国公司NMK舒尔茨经营管理。塞拉占据着欧洲最大的市场份额，在欧洲发展最快，行销世界。它对库埃沃形成了真正的挑战。

塞拉银色

塞拉银色（Sierra Sliver，酒瓶上顶着红帽）在塞拉的所有酒品中更受青睐。如果您从未品尝过特基拉酒，它是特别出色的入门酒。其清淡、清透、年轻，加冰块纯饮或者调配特基拉鸡尾酒很完美。塞拉金色（Sierra Gold，酒瓶上顶着金帽）在橡木桶中熟化，因此呈金色，而且柔和、圆润、更强烈。我喜欢加一片橙子和少许肉桂纯饮，或者，它可以为长饮鸡尾酒，如特基拉日出，增添绝妙滋味。

索扎白色（SAUZA BLANCO）/特酿金色（EXTRA GOLD）

C 色 清透（索扎白色）；中度金色（索扎特酿金色）。

A 香 雅致馥郁，散发着泥土、香草、烟熏和焦糖的味道。

T 味 口感从清淡、清新、辛辣到滑润，回味热烈。

1873年，索扎在特基拉城创立，一直以来都以自己的品质为豪，现在，是国际集团联合多枚克的旗舰特基拉品牌，在最初的帕塞弗兰西亚酿酒厂酿造出一系列酒品。

索扎白色是很好的调配用酒——其清淡、鲜亮、清新，有泥土和林木的香味。如果想要更加滑润的出色特基拉酒用于调配或者纯饮，可以品尝特酿金色，这款酒在白色橡木桶中陈酿，散发着药草和香草的香味。

索扎特酿金色

索扎百年（SAUZA 100 AÑOS）

C 色 深古金色，泛着琥珀色。

A 香 复杂、甜美；散发着水果、柑橘、烟熏和香料的味道。

T 味 酒体强烈而滑润，回味热烈，有泥土味。

100 Años的意思是“100年”，它是一款索扎系列的陈放特基拉酒。酒液在橡木桶中陈酿1年，来柔化刺激感和丰富滋味。因此，这款特基拉酒呈深金色，散发着烟熏和香草的香气，很值得信赖，而且物超所值。虽然它并不适于特别场合，但口感微甜，也不特别辛辣、浓烈，调配成鸡尾酒很容易入口，或者按照传统方式饮用——搭配盐和柠檬。

索扎霍尼托（SAUZA HORNITOS）

C 色 浅禾秆黄色，酒瓶清透，酒标为酸橙绿色。

A 香 芳香；散发着香草、烟熏、胡椒、薄荷和酸橙的味道。

T 味 很热烈、滑润；酒体中等；有泥土味，辛辣、甜美。

霍尼托

这款特基拉酒品质优，价格优。霍尼托（意思是“烤炉”）是索扎系列的旗舰酒品，通过烘焙而非蒸煮龙舌兰植物心制成。所以酒液除了散发着迷人的香草和泥土香味以外，还有烟熏的香味。它柔和、滋味强烈深厚，是我最喜爱的酒品之一，而且清淡、富有胡椒味的风格使它纯饮效果极佳。

索扎特里阿达（SAUZA TRIADA）

C 色 呈落日金色；酒瓶细颈小巧。

A 香 浓郁，散发着水果、香料、林木和泥土的香味。

T 味 热烈而温和，回味柔和、辛辣，有林木的味道。

特里阿达属于索扎的奢华特基拉酒，而且的确如此——与很多其他特基拉酒相比，它来自另一个星球！它是100%龙舌兰植物酿造，而且经过两个阶段的陈酿过程——开始是陈放（在橡木桶中陈酿数月），然后在内壁烧焦的波本酒小木桶中熟化成为陈年特基拉酒（烧焦物质赋予波本酒滋味）。这使酒液富有特别的林木味。特里阿达的两次陈酿工艺独一无二，让酒液极其平衡，纯饮绝妙。不过，购买之前别看价签——独一无二就意味着昂贵！

索扎康曼摩蒂（SAUZA CONMEMORATIVO）

C 色 因橡木桶陈酿，呈中度金色。

A 香 很雅致；散发着葡萄干、香料、香草和泥土的味道。

T 味 复杂、酒体强烈、平衡佳、热烈；有水果、焦糖和橡木的味道。

康曼摩蒂是索扎系列最滑润的特基拉酒之一，可以媲美法国干邑，所以一定要单独饮用。这是一款陈年特基拉酒：用100%龙舌兰植物酿造而成，在木桶中熟化至少3年。熟化过程赋予酒液独特的个性和复杂性。来自橡木桶的浓郁水果、焦糖和香草味突出了龙舌兰植物的辛辣口感。因此，这款特基拉酒平衡完美，回味热烈、辛辣。

康曼摩蒂

索扎格拉敦（SAUZA GALARDON）

C 色 浅金琥珀色，一种银色和深金色混合的颜色。

A 香 雅致、优雅；散发着香草、丁香、焦糖、肉桂的味道；还有隐隐的烟熏味。

T 味 极其滑润、丰满；平衡出色、回味轻柔。

这也是索扎系列的一种烈性酒，复杂，质地滑润如丝绸，令人满意。格拉敦这个词的意思是“最高奖”——所以，可想而知，为什么要给这款特别的特基拉酒选择此名！格拉敦由100%龙舌兰植物酿造而成，市场销售的是特级陈放：在白色橡木桶中熟化1年，熟化时间长度不足以使之成为陈年特基拉，但却比其他大多数陈放特基拉酒长一些。因此闻起来有明显的林木味和辛辣味，口感丰满，回味有点热烈的焦糖味。

索扎特莱珍（SAUZA TRES GENERACIONES）

色 浅金色；酒瓶为华贵的干邑风格。

香 充满花香，泥土味和香料味平衡。

味 复杂、滑润；有奶油糖果、橡[illegible]

1996年，索扎系列增加了这款奢华的特基拉酒。它成为新一代高品质"超级特基拉酒"，由100%龙舌兰植物酿造而成，受到政府的严密监管，以确保酿造商能达到严格标准。

特莱珍已经取得了巨大成功，是目前世界上最畅销的超优质特基拉酒之一。它在橡木桶中陈酿达6年之久，丰满而滑润——当然，价签与之很般配。因此，这款酒不能豪饮！像饮用特别的干邑一样——要纯饮，餐后慢慢小口呷。

特级百年（GRAN CENTENARIO）

色 清透到清淡和艳金色；包装精美，上有"堕落天使"。

香 浓郁、复杂，散发着泥土、香料、焦糖、水果和香草的味道。

味 特别滑润、丰满；酒体中等；有坚果、香料的味道，回味甜。

特级百年酿制出摩登的上好特基拉酒，吸引着新生代特基拉品饮者。普莱塔（Plata）比很多其他白色特基拉酒更复杂，酒体更强，水果味更浓，调配更精致的酒品很出色。陈放特基拉酒平衡佳，水果味细致；微微有些油滑，所以加冰块饮用极好。陈年特基拉酒在法国橡木桶中陈酿——据说熟化时，天使在一旁察看！这款特基拉酒柔和、和谐，适合纯饮。

特级百年

1800

色 从清透到深金色和琥珀色。

香 纯净、柔和；散发着橙子、奶油糖果、香草和橡木的味道。

味 很清新、活泼；有林木味和香料味；回味甜。

1800曾是优质库埃沃的一个品牌，现在是金巴利集团的旗舰特基拉酒。获奖的银色（Silver）和陈放（Reposado）十分卓越——前者雅致、滑润，曾是首批100%龙舌兰银色特基拉酒之一；后者的柑橘和香料味极其平衡。不过，最成功的1800当属琥珀色的陈年特基拉。这款陈年特基拉酒在法国和美国橡木桶中熟化，我是它的超级粉丝。饮用它，的确是件乐事。其烧焦橡木、香草、肉蔻、丁香的香气浓郁，而且还有奶油糖果和巧克力的香味。

罗密洛之妻（VIUDA DE ROMERO）

色 从清透（白色特基拉酒）到浅铜色（陈放、陈年特基拉酒）。

香 富有传统的特基拉酒的香气；散发着香料、肉桂、太妃糖的味道。

味 纯净、滑润、丰满；天鹅绒般柔滑，回味有肉桂味。

这是墨西哥历史第二悠久的特基拉酒，创建于1852年，现在，仍在特基拉城当地酿制，但是品牌已归保乐利加集团所有。罗密洛之妻出产白色、陈放和陈年特基拉酒。陈放尤其好，滋味强烈，回味辛辣。宁静的时候可以品尝陈年——它在橡木桶中至少陈酿2年，所以极其滑润、柔和、轻柔。

罗密洛之妻

龙舌兰的心 收获之后，把用于酿制特基拉酒的蓝色龙舌兰植物的叶子剥去，只留下形似菠萝的心（被称为Piñas），然后，在特基拉酿酒厂进行加工。

埃拉杜拉（HERRADURA）

色 清透，从淡古金色到深古金色。

香 散发着泥土、香料、青草、柑橘、药草和胡椒的香味。

味 滑润；滋味细致；回味微甜。

埃拉杜拉

备受尊崇的埃拉杜拉（“马蹄铁”）酿酒厂创建于1870年，酿制高品质烈性酒的美名由来已久。有很多人认为，埃拉杜拉的特加拉酒最好。

的确，名副其实，连基本的白色46特基拉酒都是由100%龙舌兰植物酿造而成的。这是我最喜爱的一款白色特基拉酒之一。它比市场上其他很多酒品更复杂，清新，有柑橘香味，还有药草和泥土的气息以及甜味——加冰块作为餐前酒饮用完美无缺。

如果喜欢稍微更加辛辣的酒品，那就品尝苏阿维白色特基拉酒。这款酒在白色橡木桶中陈酿时间不长，因此呈淡黄色，有微微的胡椒味。苏阿维既是出色的餐前酒，也可以调配出美味的鸡尾酒。

埃拉杜拉宣称，它酿制出最早的陈放（“放置”）特基拉酒。酒液在橡木桶中放置11个月，因此闻起来有柑橘味和泥土味，口感滑润而强劲，酒体中等，回味悠长、干。它确实是一款很好的特基拉酒——强劲得足以显现出个性，而又不至于让你昏过去！

埃拉杜拉也出产一款在白色橡木桶中陈酿2年的陈年特基拉酒，口感滑润，很像威士忌。这款酒以及公司的奢华精选至尊（陈酿4年）应该作为餐后酒纯饮——如同上好干邑一般。

艾尔吉玛多（EL JIMADOR）

色 银色、禾秆黄色到深金色。

香 芳香；散发着药草、龙舌兰植物、林木和肉桂的香味。

味 复杂、微微油滑，有香料、坚果和香草的味道；回味甜。

艾尔吉玛多在20世纪90年代推出，隶属于出色的特基拉酒酿造商埃拉杜拉（见左）。艾尔吉玛多有三种风格。白色特基拉年轻而清新，调配成鸡尾酒很好。陈酿的陈年特基拉是出色的餐后酒：滑润、强烈，富有水果味，平衡佳，散发着焦糖和羊脂味。旗舰酒品是在橡木桶中陈酿两个月的陈放特基拉，它富有烟熏味和香料味，还有隐隐的肉桂味，是墨西哥最畅销的特基拉酒，而且调配成长饮很可口。

尊贵之门（CASA NOBLE）

色 银色，陈年特基拉酒呈深金色。

香 雅致，散发着龙舌兰植物、香料、香草和焦糖的香味。

味 酒体很强烈、滑润，回味悠长。

尊贵之门

尊贵之门是完完全全的奢华品牌。采用100%蓝色龙舌兰植物酿造而成，灌装在漂亮的细颈玻璃瓶里销售。

获奖的尊贵之门水晶是您能找到的最好的银色特基拉酒之一。其清新、辛辣、活泼，而又滑润，比很多陈酿特基拉酒还好。冰镇后加冰块饮用。陈放和陈年特基拉酒在法国橡木桶中分别陈酿1年和5年。它们都很独特，而且很值得品尝——要纯饮。

唐·胡里奥（DON JULIO）

色 银色、禾秆黄色到深古金色。

香 微妙、迷人，散发着龙舌兰植物、焦糖和香草的味道。

味 优美、滑润、丝滑，有蜂蜜、药草和巧克力的味道。

唐·胡里奥

唐·胡里奥·冈萨雷斯·埃斯特达是特基拉酒业最著名的人物之一。1942年，他开始酿造高质特基拉酒，而且是最早推出陈酿特基拉酒的酿造商之一。20世纪50年代，他推出了陈放特基拉酒。他拥有两大酒品，一个以他的名字唐·胡里奥命名，另一个是特莱玛格维（也十分卓越）。2003年，唐·胡里奥同墨西哥特基拉酒酿造商库埃沃和帝亚吉欧建立销售合作关系，要把唐·胡里奥特基拉酒打造成国际明星酒品。

唐·胡里奥白色和陈放都是绝妙的特基拉酒，加冰块或者调配成鸡尾酒很出色。两款酒的水果味、糖味和辛辣味非常平衡，滋味丰满，但回味干。1942是为了纪念唐·胡里奥第一家酿酒厂的创办而推出的奢华特基拉酒，要细细啜饮，这款酒散发着苹果和橡木的熟润甜香，口感滑润、丰满，回味有迷人的香草味。唐·胡里奥品牌的明星是瑞尔——每瓶售价400美元，是世界上最昂贵的特基拉酒。这款酒于1996年为庆祝公司酿酒45周年推出，由橡木桶陈酿3年和5年的特基拉酒勾配而成，因此，非常精致。这是一款华丽的特基拉酒，富有巧克力、焦糖和甜龙舌兰的味道——轻而易举就能击败世界最好的一些单一纯麦威士忌。品味每一小口酒——要缓慢。

奇纳科（CHINACO）

色 从清透到闪亮的淡金色。

香 散发着胡椒、水果、香料、酸橙、梨、桃、苹果和甘草的味道。

味 优美、复杂；有香草、香料、胡椒的味道；回味滑润。

奇纳科（得名于19世纪为墨西哥自由而战的土地拥有者）是第一家推出采用100%龙舌兰植物酿造的“超优质”特基拉酒的酿酒厂。除了白色特基拉酒（清淡、清新，用于调配玛格丽特鸡尾酒很出色），都可以小口纯饮。陈放特基拉酒在橡木桶中放置长达1年，因而酒液有水果香味，令人满意。滑润的陈年特基拉酒（干邑的有力竞争对手），在橡木大桶中陈酿3年，香草和焦糖味浓郁。最好的是帝王，其陈酿7年之久——滑润、丰满，极其令人满意。

二指（TWO FINGERS）

色 从清透到灿烂的浅禾秆金色。

香 突出，散发着药草味、泥土味和浓郁的香料味。

味 很滑润，水果味浓，回味悠长、悦人。

二指

二指特基拉酒灌装在引人注目的黑色直瓶里——包装容易让人记住，酒名也容易让人记住。我认为它是一款“入门级”的特基拉酒——如果您刚刚接触特基拉酒，希望酒品的质量好、价格合理，那就要品尝这种酒。银色（Silver）（年轻、清新、辛辣）是出色的调配用酒；金色（Gold）尽管也年轻，但更柔和，有水果和药草味，可以加冰块啜饮。二指并不出产高级经典酒品，但日常饮用，非常出色。

征服者（EL CONQUISTADOR）

C 色 清透，禾秆黄色到清晨金色。

A 香 散发着香草、丁香、泥土和柑橘的味道，酒精味突出。

T 味 纯净、柔和；酒体从中等到强烈；滑润，回味甜。

征服者酿造一系列100%龙舌兰植物特基拉酒，由天堂山酿酒厂在美国销售，美国也进口二指的酒品（见上页）。这些酒灌装在独特的人工吹制的修长酒瓶里——白色特基拉酒（Blanco）选用的是钴蓝色酒瓶，十分引人。

征服者
白色特基拉

其实，白色特基拉酒在很多方面都十分引人。其酒精度是46%，是强劲的银色特基拉酒。尽管从严格意义上讲，这款酒并未“陈酿”，但灌装前它确实在橡木桶中放置过一小段时间。因此，其酒液纯净、柔和，结构很好，有辛辣的龙舌兰味，回味有橡木的微微甜味。我爱将它用于调配玛格丽特鸡尾酒。

陈放特基拉的滋味与白色特基拉相似，不过，灌装前至少在橡木桶中放置7个月，因此酒液更加丰满、润滑、香甜，散发着香草和柑橘的香气。它的品质足以纯饮，或者作为比较高级的调配用酒。

征服者
陈放特基拉

一定要纯饮的是陈年特基拉酒。这款优质特基拉酒在橡木桶中陈酿至少18个月，闻起来辛辣、刺激，酒体的强烈程度适中、复杂，有无花果、柠檬、焦糖、丁香和矿石的味道。可口啊！

德尔玛格维（DEL MAGUEY）

C 色 清透、纯净；或者鲜亮、灿烂的银色。

A 香 香味突出，散发着皮革、柑橘、香草、香料和烟熏的味道。

T 味 烟熏味极浓、热烈，滑润适中，回味紧致。

德尔玛格维，提供稀罕的梅斯卡尔酒——由位于墨西哥南部奥沙加州的单独家族酿造商酿制。当地的野生龙舌兰（当地方言称之为maguey）生长两年便被采下，放置15天晾干，然后，在奥沙加州的边远山坡上重新种植，继续生长5年左右，最后再次采下用于蒸馏。德尔玛格维的梅斯卡尔酒是非常特别的烈性酒，限量酿制，按照村庄和年份上市销售。其丰满、滑润、复杂，有辛辣味和烟熏味，一定要小口啜饮。

文化与传统

梅斯卡尔酒和虫子 对于酒瓶中放一条虫子的作用，人们的说法层出不穷。有人说生在龙舌兰植物叶子上的虫子（gusano）是真酒的标志。更有趣的是，有些人认为这曾是牧师往酒液中注入神力的方式。也有人认为只有名副其实的英雄（和恋人）才会有足够的胆量把它吃下去。甚至还有人说出了不过是营销伎俩，没什么传统可言。

蒙特阿尔邦（MONTE ALBAN）

C 色 淡禾秆金黄色；有虫子。

A 香 香味突出，散发着泥土、香料、矿石和烟熏的味道。

T 味 复杂、浓烈；黑巧克力、木炭和蜂蜜的味道混合在一起，很不寻常。

您敢饮用酒瓶里有虫子的酒液吗？如果您饮用的话，酒瓶见底的时候，您会把虫子吞下去吗？显然，很多人的回答都是肯定的！

梅斯卡尔酒是一种区域的烈性酒，特别是采用墨西哥南部奥沙加州的龙舌兰植物酿造。尽管酒瓶上写着梅斯卡尔酒，但蒙特阿尔邦确实很滑润、精致，就像一款特基拉酒。这款酒极其复杂，几乎没有甜味，但充满林木、烟熏、胡椒和苦巧克力的味道——这是龙舌兰在木炭上烘烤的结果，并非像酿制特基拉酒一样蒸制或者煮制。

虫子对梅斯卡尔酒味道的作用见仁见智。有的人称虫子给酒液增添了特质和甜味；有的人讲根本对酒味没有什么影响。我认为唯一的办法就是亲自品尝。那么，您敢吗？

墨西哥的味道 蒙特阿尔邦是销量最大的带蠕虫的梅斯卡尔酒——其实并非虫子，而是墨西哥一种夜蝴蝶的幼虫。

“人类创造力的明证！令人眼花缭乱的一些基酒可以变幻出让人迷醉的精妙酒品，满足每个人的口味。”

其他烈性酒

其他烈性酒简介

"其他烈性酒"与二流毫不相干，它们是世界上其中一些最复杂、最有趣的烈性酒——有樱桃酿制的克驰酒（kirsch）、苹果酿制的卡尔瓦多斯苹果白兰地酒（Calvados）、大米酿制的清酒（sak é ）。

葡萄酒酿造者首先意识到，蒸馏工艺可以用于许多原材料——甚至那些看似无用的废料。葡萄压碎、榨出葡萄汁酿制葡萄酒以后，就剩下"果渣"——葡萄皮、葡萄梗、葡萄籽等。早期的酿造者很快就想到，他们可以蒸馏这些剩余的材料，减少因酿制葡萄酒造成的浪费。全新的烈性酒出现了，在法国被称为马尔酒，在意大利被称为格拉巴酒，在葡萄牙被称为巴伽西拉酒。从传统上来说，过去人们饮用这种酒时会加入果汁或者咖啡，不过，现在有些比较好的酒品已作为纯饮酒销售。

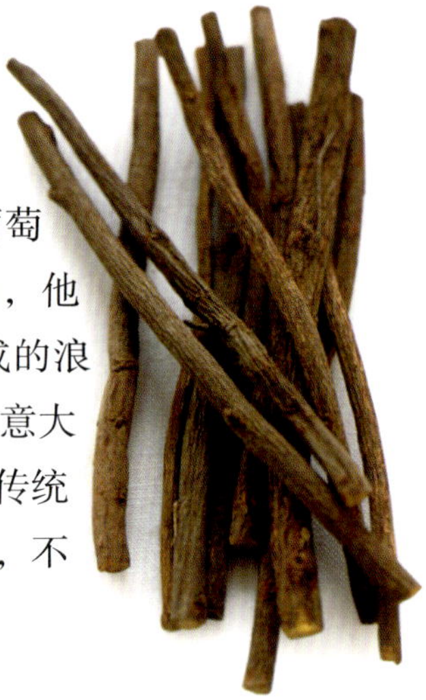

甘草根 波尼坎普是德国的一款苦味酒，由甘草根和其他药草酿制而成。

品酒和侍酒

简介 所有的烈性酒，在刚刚酿制而成的时候，都是清纯、无色的——而且大多数一直都会这样。不过，有的，比如金巴利酒和苏兹酒（Suze），因为添加成分和陈酿的关系，色泽加深（而且与众不同）。香气往往清淡、雅致，滋味干、浓厚。区分水果白兰地酒（一种烈性酒）和水果利口酒很重要，前者清透、干，后者更甜、更柔、通常有颜色。说到侍酒，大多数烈性酒都有自己的传统。比如，金巴利酒、苏兹酒和阿培洛酒（Apérol）是餐前酒；而卡尔瓦多斯酒、格拉巴酒、弗兰勃阿斯酒要在正餐后饮用。

大自然的甜美恩赐

烈性酒的酿造者很快就认识到，除了葡萄，大自然提供了各种各样的水果，也都适于蒸馏。他们用苹果、桃子、杏、黑莓、李子、樱桃、梨、覆盆子和很多其他水果酿造出水果生命之水——水果白兰地酒。最驰名的就是卡尔瓦多斯苹果白兰地酒，在美国被称为苹果杰克（applejack），由发酵的苹果汁蒸馏而成；威廉姆梨酒（Poire William），由威廉姆斯梨汁酿制；弗兰勃阿斯（framboise），由覆盆子酿制；克驰，由樱桃酿制；斯利沃维兹（slivovitz），由李子酿制。其中有些酒品极其干、复杂，因此，完全可以媲美干邑和纯麦威士忌。

原料 我们可以选用各种各样的水果、药草、植物酿造可口的烈性酒。下图从左至右：葡萄渣用于酿制格拉巴酒；桃子用于酿制施那普斯酒；葛缕子用于给阿夸维特酒调味；苹果用于酿制卡尔瓦多斯酒。

药草和其他植物酿制的烈性酒

过去，酿酒者也认识到，很多植物可以放到酒（通常为基本的葡萄烈酒）里浸泡，然后蒸馏成与众不同、具有自己独特个性的新酒。世界驰名的希腊梅塔莎以葡萄白兰地酒为基酒，加入白麝香葡萄酒、八角和其他香料增添滋味。法国的苏兹酒主要是葡萄酒，里面浸泡龙胆根和其他药草后再次蒸馏而成。斯堪的纳维亚的阿夸维特酒，选用谷物或者土豆酿制烈酒混合许多药草而成，药草多得难以悉数！有些用坚果、药草和其他植物酿制而成的欧洲型的烈性酒是“苦味酒”，如弗耐布兰卡酒（Fernet Branca）、金巴利酒、安哥斯图拉酒，过去，这些酒因药用目的而酿制，现在，它们完全是著名的可口酒精性饮料。

马尔酒的酿制 在法国，用葡萄果渣酿制而成的酒，名为马尔酒。最常见的方法是将果渣用蒸汽加热出气体，将其收集、凝结、蒸馏提取。

大米酿制的烈性酒

在亚洲，用大米蒸馏烈性酒的历史可以追溯到远古时期。最重要的米酒是产自日本的烧酒（shochu）和清酒以及产自韩国的烧酒（soju）。日本烧酒和韩国烧酒，像其他醇正的烈性酒一样，经过蒸馏——您可能认为它们是大米伏特加酒，不过，清酒更难分类。我一直把它看做是一种烈性酒，因为酒精通常会跟发酵的米酒混合勾配。然而，它并未经过蒸馏，而且它的酿制方法意味着，有些人会把它看成一种葡萄酒或者啤酒。比较简单的就是把它单独分为一类。

清酒的酿造 日本南部城市神户是日本的清酒酿造中心。酿酒厂，尤其是滩区（NADA）的酿酒厂，沿街而列。

马尔酒（MARC）

酿酒者把葡萄压碎以后，就剩下葡萄皮、葡萄籽、葡萄梗（称为果渣）这些果渣经发酵、蒸馏成为粗制的白兰地酒。这种酒在法国被称为马尔酒，在意大利被称为格拉巴酒，在葡萄牙被称为巴伽西拉酒。

格拉巴酒（GRAPPA）

C 色 从清透到清淡，甚至深琥珀色。

A 香 浓郁、清新；散发着葡萄、柑橘水果味；有些甚至有林木和烟熏味。

T 味 葡萄味浓、油滑，不过，质地紧致，所以很平衡。

格拉巴酒是一款强劲的果渣白兰地酒，历史上，它的故乡位于意大利北部的阿尔卑斯山区，这里冬日寒冷，以前人们饮用它，目的很简单，就是驱寒暖身。有些不公的是，随着时间的流逝，格拉巴酒曾经声名狼藉——有些人把它比作石油或者称之为“穷人的白兰地”。毋庸置疑，有的格拉巴酒可能难以下咽，不过，更多的酒，特别是产自精心的小酿造商的酒很卓越。而且它与“穷”毫不相关！一款基本的格拉巴酒几乎花不了几个钱，不过灌装在威尼斯刻花酒瓶里的陈酿酒，要花不小的一笔钱。

最好的格拉巴酒选用新鲜、湿润的葡萄果渣，压榨得不太重，剩余的含糖量比较高。红葡萄往往会酿制出最好的格拉巴酒，而且很多品质更高的酒品由单一葡萄品种酿制（留意意大利的巴罗洛和巴巴莱斯科葡萄酒以及美国的仙粉黛红葡萄酒）。酿造格拉巴酒最佳地区与意大利上好红葡萄酒产区一样——皮尔蒙特、特兰蒂诺、弗留利、伦巴蒂、威尼托。格拉巴酒通常可以在橡木、樱桃木、洋槐木或者栗木制成的木桶中陈酿长达10年之久。至于大的酿造商，留意纳尔迪尼（最大）和斯多克的格拉巴朱利亚。奢华的酒品来自诺尼诺和雅可波波利。还有几百个普通酿造商，不过，要特别留意威尼托的本尼亚莫诺马斯奇奥、特兰蒂诺的贝塔诺利、皮尔蒙特的马罗洛。我最喜爱的酒品之一就是提纳耐洛。绝妙！

格拉巴朱利亚

本尼亚莫诺马斯奇奥格拉巴

水晶一般
在不锈钢或者玻璃容器中陈酿的格拉巴酒清透、清新、活泼，口感刺激。

巴伽西拉酒（BAGACEIRA）

C 色 通常无色，不过在木桶陈年的酒品呈很浅的金色。

A 香 浓郁、富有水果香味，还有黑色水果味、葡萄味和波特酒味。

T 味 丰满、干、滑润、细腻、酒体强劲，回味悠长。

巴伽西拉酒是葡萄牙的果渣白兰地酒，很像意大利的格拉巴酒。（在西班牙，类似的烈性酒被称为aguardiente de orujo，不过，西班牙本国只有很少的爱好者。）

巴伽西拉酒干、富有水果味，选用酿造葡萄牙美味绿酒的葡萄残渣制成，如像阿尔瓦利诺这样的葡萄品种。蒸馏以后，酒液在以前的波特酒桶中陈酿，以赋予巴伽西拉酒某种丰醇感。留意以下酿造商：阿维乐达、伊姆波利欧、那多科斯塔和圣多明戈。

马尔酒（MARC）

C 色 清透，橡木桶陈酿的酒呈淡琥珀色或深琥珀色。

A 香 芳香；散发着水果味、泥土味，通常有油滑感。

T 味 深厚的水果味和葡萄味，通常热烈而活泼。

法国最重要的马尔酒产区是香槟区、勃艮第和阿尔萨斯。香槟区的马尔酒最芳香，因此声誉最好。有些比较著名的马尔酒包括：艾尔蕾酒庄、伊罗勒盖艾迪纳布拉那的马尔酒和拉雅庄园的马尔酒。产自很有声望产区的马尔酒很值得品尝——为了保持美名，他们确保所酿制的马尔酒属于品质最好的一类。

樱桃

几乎所有的水果都可以发酵、蒸馏，不过，最好的水果，如樱桃，是那些自然甜度不太高、有果仁或者果核的水果，可以给最后酿制出的酒品增添复杂性。

克驰

克驰酒（KIRSCH）

色 所有的色泽全部被蒸馏掉，克驰酒清透、纯净、似水晶。

香 浓郁、诱人；散发有樱桃、杏、果核和矿石的味道。

味 很干，有清新、不够成熟的樱桃和杏味，回味清新。

克驰或者克驰沃瑟（樱桃水）是就餐结束时干邑的出色替代酒品。克驰酒极其纯净、清透，最早在1650年前后酿制出来，当时，修道士开始蒸馏樱桃用做药酒。它可以正餐后小酌，或者倒入特浓咖啡使之更鲜亮，再或者加到黑森林蛋糕里。克驰酒通常由黑樱桃酿制，它可以赋予酒液浓厚、丰满的滋味。不过，不仅樱桃的果肉很关键，果核也很关键。因为它们使克驰酒具有板岩、矿石的特质，使其品质提升，而不仅只是“另一种“水果烈性酒。

克驰酒的酿造商很多，特别是在法国（密布在阿尔萨斯附近）和德国，不过，世界各地销售范围最广的是波士、迪凯堡、艾黛、梅耶和德特林——它们都很值得品尝。

覆盆子

覆盆子含有益酸，可以防止蒸馏的酒液过甜、过腻。

弗兰勃阿斯（FRAMBOISE）

色 清透、清纯——蒸馏使红色水果踪影全无。

香 水果、果酱香味浓郁；散发着红色水果特别是覆盆子的香味。

味 清新、活泼；不太甜，回味激爽。

弗兰勃阿斯（不要与弗兰勃阿斯利口酒混淆）是由纯覆盆子浆发酵而成的覆盆子白兰地酒。白兰地酒蒸馏后，在玻璃器具中陈酿。因此，其富有水果味、浓郁，有一种迷人的干味。饮用前，倒入冰镇的大玻璃杯中，晃一晃——来释放它的香气。

赫姆比吉斯特（HIMBEERGEIST）

色 清透、纯清，覆盆子的红色踪影全无。

香 很芳香；有果酱、覆盆子和其他红色水果的香味。

味 水果味丰满而深厚，但并非过甜。

赫姆比吉斯特是德国的覆盆子白兰地酒，相当于法国的弗兰勃阿斯酒，源自德国西南部的黑森林（Black Forest）。

赫姆比乔斯特酒清透、清新，而且强烈、芳香，酒精度很高，加冰块作为餐前酒或者室温下正餐后饮用极佳。您也可以调制有些变化的基尔酒（基尔酒通常由第戎的黑醋栗利口酒调制），也就是往一杯干白葡萄酒里加入少量赫姆比乔斯特酒。赫姆比乔斯特酒的主要酿造商是涉德乐，它是NMK舒尔茨公司的一部分。

苹果和梨

用苹果和梨酿造苹果酒和梨酒的历史源远流长，这里面有一些杰出的酒品。精选的水果品种和特别的工艺赋予蒸馏酒液滋味、品质和特点。

威廉姆梨酒（POIRE WILLIAM）

色 大多数酒清透，不过，有的呈浅金黄色。

香 浓郁的水果味，平衡完美，梨的香味突出。

味 滑润、浓烈，酒体强烈，回味悠长。

威廉姆梨酒是一种水果白兰地酒或者生命之水，由芳香、浓郁的威廉姆斯梨蒸馏而成。马塞诸塞州人伊诺克·巴特莱特，把它从欧洲引入美国，因此，这种梨在美国被称为巴特莱特梨。这种烈性酒在世界各地都酿制，除了著名的干邑、雅文邑、卡尔瓦多斯酒（苹果白兰地酒），威廉姆梨酒是法国最重要的水果白兰地酒。法国每年的产量大约有400万瓶，一半出口——主要出口到意大利、德国、比利时、荷兰、卢森堡、加拿大和美国。

玛莉布莉莎威廉姆梨酒

威廉姆梨酒由许许多多传统的小酿造商生产。8公斤（62磅）威廉姆斯梨酿造一瓶1升的酒液，因此威廉姆梨酒的酿造成本和售价昂贵。蒸馏后，酒液陈酿5年左右，通常在玻璃容器里进行，这样可以保持酒液清透。因此酿制的烈性酒很强劲（酒精度45%左右），而且不过于甜腻。瑞士的梨酒可能更复杂，因为在瑞士，酒液通常在木制容器里陈酿，所以，颜色也呈现出浅金色或者琥珀色（就像梨自身的颜色）。

总体而言，威廉姆梨酒的深厚水果味和清新感极其平衡，因此，夏日饮用特别可口。它可冰镇后付饮。要留意的酿造商包括：法国的玛莉布莉莎、麦克罗、马森内和梅耶；德国的涉德乐（在德国，威廉姆梨酒被称为Birnenwasser或者William Birne）；匈牙利的兹瓦克或者威尔莫斯；美国的克里尔克里克或者科尼格。

梨的戏法 为了把梨放进酒瓶，在梨还是花蕾的时候，人们就把空酒瓶固定到树上。然后，果实就在酒瓶里长大。

卡尔瓦多斯（CALVADOS）

C 色 清淡的绿金色，陈酿的酒呈深琥珀色。

A 香 散发着苹果汁、丁香、林木、肉桂和葡萄干的香味。

T 味 很干、滑润，有苹果、香草和橡木桶的味道。

卡尔瓦多斯是由苹果浆汁蒸馏而成的白兰地酒，从理论上来说，它也可以用梨酿制。按照传统方法，发酵的浆汁经过两次蒸馏，然后在橡木桶中陈酿长达25年之久。这种酒得名于法国的卡尔瓦多斯省，卡尔瓦多斯省因在诺曼底海岸触礁失事的西班牙大帆船埃尔卡尔瓦多而得名。

只有在法国诺曼底、布列塔尼和缅因地区酿制的苹果白兰地酒才可以称为卡尔瓦多斯。这些地区构成了监制法国葡萄酒酿造的原产地命名系统的一部分，有11个法定产区酿制卡尔瓦多斯。最好的酒品产自昂日地区腹地。

卡尔瓦多斯

大约50种左右的苹果用于酿制卡尔瓦多斯，风格多样、各不相同——有甜一些的、柔和一些的，也有更干、更激爽的。大多数出口的卡尔瓦多斯的酒龄是6年或者7年，不过，您也许会找到更滑润、更丰满、平衡性更好的酒龄长的（“vieux”）卡尔瓦多斯。要留意这些酒龄更长的酒品（超过6年）。购买以下酿造商的酒品：布士耐尔、布拉尔、科克雷尔、夏弗克尔、杜邦、格鲁特、马森内、莫利斯和保尔玛格里奥，要纯饮——优质卡尔瓦多斯用于调配。太好了！

冬日餐后酒 我最喜欢冬天用餐结束时，在室温下饮用滑润的卡尔瓦多斯。

苹果杰克（APPLEJACK）

色 清透，如果在橡木桶陈酿，呈淡金色。

香 散发着葡萄味和水果味，还有隐隐的橡木味。

味 干、复杂，芳醇、滑润，回味中长。

苹果杰克是产自美国新英格兰的苹果白兰地酒。酒液由发酵的苹果浆汁酿制而成。随着时间的推移，苹果杰克的酿造者曾经把装有发酵混合物的容器放置在寒冷的户外。这样，结冰后，把水和酒精分离出来，剩下纯苹果白兰地酒。不用说，用这种方法酿制而成的酒液很不纯净，因此得了个绰号"泽西闪电"——几乎可以夺命。

苹果杰克

现代的酿造工艺与卡尔瓦多斯更接近。在收获时节，采摘品种不同的苹果——酿制一瓶标准容量、酒精度45%的酒需要大约4.5公斤（10镑）的苹果，酒精度更高的话，需要更多的苹果。苹果浆汁发酵后，经过两次蒸馏——最好的酒品在罐式蒸馏器里蒸馏——然后在橡木桶里陈酿两年。最后作为纯饮白兰地酒销售，或者将中性烈酒调配成为更清淡的"混合苹果杰克"。

留意莱尔德（Laird's）出产的酒品。18世纪，这家酿酒厂由苏格兰人在新泽西的斯科比维尔（Scobeyville）创建，每年的产量是150万瓶，大多为苹果杰克。克里尔克里克酿酒厂总部设在俄勒冈州，酿造一种苹果生命之水（Eau de Vie de Pomme），这种酒平衡性很好，富有水果味，回味悠长，值得纯饮。另外，一般情况下，我偏爱把苹果杰克用于调配鸡尾酒——它赋予混合酒液酸酸的柑橘味，而且有点刺激感。

桃子和杏

加味伏特加酒通常以时髦的现代酒品形象上市，不过，在德国和其他东欧国家，使用水果酿制施那普斯烈酒（schnapps）或者加味谷物烈性酒的历史由来已久。桃子和杏具有酸性物质，因此用它们酿制的烈性酒品质更好。

鲜桃施那普斯烈酒（PEACH SCHNAPPS）

色 所有的颜色都被蒸馏去除掉，因此酒液纯净、水晶般清透。

香 熟润的桃香，还有柔和、诱人的甜香。

味 甜美、舒适；桃味里夹杂着坚果和蜂蜜味。

严格来讲，施那普斯源自北欧和斯堪的纳维亚（那儿的人称之为akvavit），是一种用谷物或者土豆蒸馏、然后加入八角或者葛缕子籽调味的烈性酒。不过，schnapps这个词（是个北欧词，意思是"一大口"，指酒品应该一口喝下）现在用于指任何一种加入了水果的中性谷物烈性酒——尤其是水果味的烈性酒，与加味伏特加相似，不过更甜、水果味更浓。

鲜桃施那普斯烈酒是一种谷物烈性酒，酿酒者把完全熟透的鲜桃浸泡在酒液里，其中包括果核（桃核）。从某种程度上来说，喝一口鲜桃施那普斯烈酒就像吃一口活泼、新鲜的桃子。但换个角度，又不尽然！尽管这种酒很甜美、迷人，以致很容易引诱您喝很多，但它的酒精度是23%，比较刺激，而且绝非软饮或者果汁。当心啊！

阿彻斯

不过，鲜桃施那普斯烈酒是一款随时都可以享用的出色酒品，夏日饮用绝对完美。我侍饮这款酒的理想方式是，把酒放在冰箱冷藏，取出后就倒在酒杯里。冰冰的凉气会把活泼的水果滋味释放出来，同时饮用时还会平衡甜味和清新、凉爽的口感。夏日派对上，还有什么饮品比它更完美呢？

当然，鲜桃施那普斯烈酒不要纯饮，要调成鸡尾酒。一天结束，把它与苏打水混合调配成清爽、提神的长饮，或者加果汁饮用。（鲜桃施那普斯烈酒倒入橙汁，人们称这种混合饮品为"毛脐"Fuzzy Navel）如果你想娇宠自己，把一小口倒入一杯香槟酒里——调制成鲜桃施那普斯贝利尼酒（Bellini）。

还有一种饮用方式不太常见，但确实很不错，那就是把鲜桃施那普斯烈酒当做甜酒纯饮。其香甜的口感堪与水果冰激凌或者水果沙拉媲美。

这种酒在市场上最重要的两个品牌分别是帝亚吉欧集团旗下的阿彻斯（Archers），它们主要在英国和欧洲其他国家销售，还有就是美国的主要品牌迪凯堡桃树（De Kuyper Peachtree）。

产区和酒品

名字的奥秘 "白兰地"这个词往往被人们随意使用，而且与"生命之水"互换来描述任何由发酵水果蒸馏而成的烈酒。从严格意义上来讲，白兰地这个词专指葡萄烈酒。实际上，有些樱桃和鲜杏白兰地是利口酒——也就是，它们由任何烈酒（甚至是谷物烈酒）制成（把水果放在里面浸泡）。匈牙利的凯奇凯梅特（见右）就是一例，它是真正的生命之水，因为它由鲜杏经过绞碎、发酵和两次蒸馏而成。

凯奇凯梅特（KECSKEMÉT）

色 任何颜色都被蒸馏去除，留下迷人的清透酒液。

香 很芳香，平衡，散发着杏和药草的味道。

味 干，水果和酒精味突出；很活泼；回味明快。

凯奇凯梅特，准确地讲，它的全称为凯奇凯梅特鲜杏白兰地，是匈牙利杰出而独特的生命之水。其选用卡奇滋（kajszi）鲜杏酿制而成。传统上，这种杏生长在匈牙利中部的凯奇凯梅特城附近的平原上。这里的生长条件理想，结出的果实味道浓郁，因此，从来不需要往发酵的浆汁里添加糖或者酒精。自1920年，凯奇凯梅特酒首次酿制而成，匈牙利兹瓦克公司（Zwack Unicum）已经成为世界重要的酒酿造商。这款烈酒干而且复杂，特别适合温暖的夜晚饮用。

李子

在中欧和东欧，人们把李子作为白兰地的基本原料，李子赋予蒸馏的酒液干而浓烈的口感。

馊什（QUETSCH）

C 色 清透；水果的所有颜色都被蒸馏完全去除。

A 香 复杂、芳香；散发着李子和坚果特别是杏仁的香味。

T 味 很干，滑润、热烈，平衡好，回味活泼。

馊什是由黑色的斯维赞李子浆汁酿造而成的李子白兰地酒。蒸馏之后，这种烈酒陈酿8到10年，口感清新、干。用它调配鸡尾酒很好。（作为餐后开胃酒饮用的话，品尝由黄色李子酿制的蜜拉贝尔李子白兰地酒。）

斯利沃维兹（SLIVOVITZ）

C 色 无色，木桶陈酿的酒呈淡金色。

A 香 芳香、雅致，散发着李子和深色水果干的香味。

T 味 很干、十分浓郁，回味微苦。

斯利沃维兹是东欧一种由深蓝色斯利耶瓦李子酿制而成的白兰地酒。成熟的李子破碎榨汁，接着浆汁发酵3个月，然后经过两次蒸馏，最后在橡木桶中陈酿。新鲜李子可能会被放进熟化的酒液，从而使香气和滋味更加浓郁。

斯利沃维兹

斯利沃维兹酒要冰镇后倒在烈酒杯里侍饮。留意以下品牌：耶利内克、马拉斯卡、兹瓦克（它酿制一种符合犹太教规的酒品）、科尼格、克里尔克里克。

无花果

无花果主要生长在禁酒的伊斯兰国家。因此，以无花果为基本原料的烈酒供应量很小。

布哈（BOUKHA）

C 色 无色——蒸馏过程去除了无花果的所有颜色。

A 香 水果香味雅致、浓郁，散发着香甜水果味和清淡的糖浆味。

T 味 极其干；圆润、优雅，结构复杂。

布哈为无花果白兰地酒，是突尼斯的国酒。最好的酒品——留意索雷尔或者布巴莎——清新、干、平和、精雅（劣质的布哈酒有点儿像无花果糖浆）。冰镇后，作为餐前酒饮用；室温下，餐后饮用或者混合水果汁调配成清爽、独特的长饮。

枫树

有一种枫树产糖液，用于酿制枫浆。这种糖浆可以发酵、蒸馏。

丰液（FINE SÈVE）

C 色 从无色到很浅的金色。

A 香 香草、枫叶和蜂蜜的香味混合在一起，很迷人。

T 味 精雅，有蜂蜜和香草的甜味。

丰液原产于加拿大的魁北克，是一种由枫浆和蜂蜜酿制而成的滑润、丰醇白兰地酒。它在橡木桶中陈酿，可以纯饮或者加冰块饮用。作为一种款待，我喜欢把它倒在香草冰激凌上享用。

丰液

替植（TI PLANT）

煮制过的替植根曾经用在夏威夷的药物、仪式、风俗方面，现在蒸馏成了一种烈性酒。

欧蔻勒浩（OKOLEHAO）

C 色 无色，如果在木桶中陈酿，呈中度金色。

A 香 明快、诱人；散发着药草、水果、香草和蜂蜜的味道。

T 味 很活泼，有香料和泥土的味道，口感热烈。

欧蔻勒浩是一种蒸馏酒，混合了热带药草和香料，而且最重要的是夏威夷的替植——据说可以避邪并且带来好运和力量。无色的一款是“纯”欧蔻勒浩酒，金色的一款要么在波本酒桶中陈酿过，要么混合了波本威士忌。

苦味酒

苦味酒是把药草、根、香料和酒精基酒混合在一起酿制而成的。19世纪风靡一时，被称为人们的健康“不老酒”。

弗耐布兰卡（FERNET BRANCA）

C 色 深褐色，因为加入药草，带有一丝橙色。

A 香 很复杂，散发着多种药草味，特别是清新的薄荷叶味。

T 味 有苦味、药味、薄荷味，回味干，有药草味。

弗耐布兰卡是一种意大利的芳香苦味酒，由葡萄基酒（像白兰地酒一样）和40多种药草、香料制成，其中包括贯叶连翘、没药、甘菊、小豆蔻和藏红花——但是具体的配方是个秘密。19世纪中叶，一位年轻的米兰姑娘玛丽亚·斯卡拉改进了配方，1845年，她的丈夫伯纳蒂诺·布兰卡创建了一家公司，开始生产这种酒。这家弗拉特利布兰卡公司仍由他的家族管理，如今在米兰酿制弗耐布兰卡酒，并且在西方各国销售。

各种药草和香料与优质基酒混合，在橡木桶中陈酿1年以上，酿造出酒精度42%的强劲酒品。意大利人在室温下把弗耐布兰卡酒倒在烈酒杯里作为餐后酒饮用，但是，现在很多人用它调配鸡尾酒，滴到咖啡里，或者与可乐或者矿泉水一起饮用。

弗耐布兰卡

弗耐布兰卡酒的一大特点是，它可以消除宿醉，所以备受人们青睐。我对这种神奇的治疗效果表示怀疑，不过，我的很多朋友对此十分信赖。品尝死而复生：白兰地1½盎司（40毫升）、弗耐布兰卡½盎司（15毫升）、白薄荷酒1盎司（30毫升），加入一些冰块。

横跨大洋 这张1887年的海报骄傲地炫耀着弗耐布兰卡酒在国际上取得的成功。

公司也酿制一款薄荷加味酒——布兰卡薄荷酒。薄荷醇使酒液成为一款更可口的纯饮餐后酒。

安哥斯图拉（ANGOSTURA）

C 色 很深而且神秘的浓重琥珀色。

A 香 散发着药草味、根味、糖浆味和平衡的朗姆酒香味。

T 味 性苦味为主，但与朗姆酒和药草味平衡很好。

安哥斯图拉

安哥斯图拉酒是一家特立尼达公司酿制的“苦味酒”——用一系列的根和药草，很复杂，这种酒的基酒是朗姆酒。1824年，西蒙·玻利瓦尔率军反抗西班牙在委内瑞拉的统治，乔安·希格特博士在军中任外科医生，根据秘方他研制了一种芳香的苦味酒，用于提高士兵的健康状况。这就是安哥斯图拉酒——得名于委内瑞拉的一座小城，当时希格特博士的驻地就在那里。

19世纪早期以后，打着药用不老酒幌子的苦味酒很常见。不过，很快，人们开始像饮用其他烈性酒一样饮用这些苦味酒，最后，美国食品药品管理局禁止所有酒品提及任何药用特性。苦味酒完全划归为酒精饮料范畴后，美国的调酒师开始用它们调配鸡尾酒——药草和香料融为鸡尾酒的原料，而且酒液（安哥斯图拉的酒精度是40%）增添了特别的辛辣刺激感。19世纪70年代，卡洛斯·希格特（希格特博士的儿子）在欧洲推广他的苦味酒，也大获成功。如果您想认认真真地调配鸡尾酒，那么您的酒橱里有一瓶安哥斯图拉苦味酒很重要。

文化与传统

安哥斯图拉的横幅 尽管公司基地设在特立尼达，但安哥斯图拉酒在世界各地销售。公司取得非凡成功，要归功于出色的市场营销。20世纪20年代到30年代是鸡尾酒的鼎盛时期，用于调配的苦味酒很多，安哥斯图拉酒只是其中之一——现在，它通常是唯一的一款。

为您的金酒添味 1862年，安哥斯图拉酒在伦敦首次亮相，检验人员对这种苦味酒新品赞不绝口，因为用它给清淡无味的金酒增添滋味，非常理想。

阿培洛酒（APEROL）

色 来自水果的深橙色——很像颜色加深的橙子皮。

香 复杂、平衡佳，散发着药草、橙子和香料的味道。

味 很甜，混合着橙子味、大黄味和药草味。

阿培洛酒，呈深橙色，意大利餐前酒，有甜橙味。它由多种烈性酒混合、加入大黄、龙胆根和其他根和药草制成——确切的配方从1919年一直是个秘密——酒精度只有11%。这款酒由金巴利集团的巴比埃利公司酿制。

尽管阿培洛酒原本是让人们纯饮，但数以百万的意大利人都是用苏打水稀释后饮用——我喜爱的一种清爽、长饮餐前酒——还有就是调配成很多鸡尾酒饮用。

阿培洛酒

波尼坎普（BOONEKAMP）

色 因为药草和香料的缘故，呈深橙琥珀色。

香 芳香、刺激；散发着药草、根（特别是甘草）和香料的味道。

味 甜，有甘草味、香料味，回味热烈、苦。

波尼坎普是德国的传统苦味酒，由药草、根和香料混合酿制而成。此酒得名于坎普先生，1815年，他研发出了“兴胃滴滴”药用配方，然后把它卖给荷兰公司，这家公司把它变成酒精含量强劲（酒精度43%~48%）的苦味酒。

在鸡尾酒调配最风靡的日子，每个调酒师的酒柜里都有波尼坎普酒。不过，现在它的很多市场份额已经被安哥斯图拉酒占据。

苏兹（SUZE）

色 中度黄色——受龙胆根的影响。

香 不同寻常、独特；散发着龙胆、杏、香草、柑橘和焦糖味。

味 油滑、圆润、强劲；有龙胆、柑橘和香草的苦甜味；回味悠长。

苏兹酒是巴黎蒸馏师费尔南多·穆赫的创造，1889年被推出。现在，它是一种复杂的混合酒，里面的野生龙胆根和药草经过彻底浸泡和蒸馏。它口感油滑，有种跟金巴利酒类似的苦甜特质。

苏兹酒在法国的销售范围最广，法国人常常加冰块纯饮，或者加汤尼水甚至黑醋栗果汁稀释后饮用。如果您从来没喝过这种酒，您应该把它作为餐前酒尝一尝——像很多其他的酒一样，您可能会爱上它。

苏兹

阿维兹（AVÈZE）

色 因为龙胆根的关系，呈淡金黄色。

香 芳香、刺激，散发着药草味、香料味和泥土味。

味 有药草味、干、微苦，不过，平衡性佳。

阿维兹酒于1918年被创造出来，现在，是唯一一款选用鲜龙胆根浸泡9个月之久酿制而成的餐前酒。（龙胆根来自黄色龙胆植物，仅在法国中部可以找到）超长的浸泡时间使这种酒液风味干而且独特，苦味柔和，有药草的特质。

您可以把阿维兹酒作为餐前酒单独饮用或者加苏打水饮用。我时常饮用阿维兹“基尔”酒——我把黑醋栗利口酒和阿维兹酒调配在一起，而不是与干白葡萄酒调配。

金巴利（CAMPARI）

色 呈迷人的深粉红色——添加胭脂红的结果。

香 精雅、独特——散发着橙子、水果和香料的味道。

味 清爽、干；有橙子和药草的苦甜味；回味清新。

除安哥斯图拉以外，金巴利可能是世界上知名度最高的苦味酒。然而，与安哥斯图拉不同的是，金巴利不是“药用”苦味酒，它主要用于调配鸡尾酒，不过，说得准确点儿，它是一款餐前酒——与其他饮品调配相比（虽然，毫无疑问，它调配成鸡尾酒味道好极了），更常与苏打水或者柠檬汽水一起饮用。

金巴利于19世纪60年代被创造出来，具有意大利的典型口味。加斯拜尔·金巴利（Gaspare Campari）是米兰城外诺瓦拉城（Novara）的一位酿酒师和餐馆老板，他拿着超过60种药草和植物的配方，开始创造他的苦味酒。他娶了米兰姑娘以后，搬到米兰，在米兰最具声望的购物中心维托伊曼纽拱廊（Galleria Vittorio Emmanuele）开了一家深受欢迎的餐馆。为了利用荷兰果汁的名气和声望，最初，金巴利把他创造的饮品称为Bitter all' uso d' Hollandia（意思是“荷兰使用的苦味酒”），尽管它与荷兰一点儿关系都没有。他的策略很奏效，苦味酒迅速在米兰流行起来。不久，在他儿子大卫这个营销天才的帮助下，加斯拜尔·金巴利把他的酒品变成了国际性的产品。如今，在世界190多个国家都能买到这种酒。金巴利集团不仅拥有金巴利苦味酒，还拥有仙山露、蓝天伏特加、吾尊12（Ouzo 12）以及很多其他著名酒品。

金巴利

金巴利酒的具体配方是个严守的秘密，不过，众所周知的是，里面含有奎宁、大黄、人参、苦橙皮和许多芳香药草。这些原料被混合，然后在蒸馏过的水和酒精里浸泡两周。最后的酒液加入糖增添甜味，用胭脂红上色，而后，把酒精度调整到24%。

饮用金巴利酒的经典方式是加入苏打水（见下表），不过，如果您确实喜欢苦苦的滋味，那就放冰块纯饮——当然，总要在正餐前饮用。每当夏天我在花园里放松，而且需要喝点清爽的长饮时，我都喜欢加入橙汁或者柚子汁饮用它。夏日派对上，金巴利苦味酒和伏特加一定会助兴！

文化与传统

金巴利和苏打水 1932年，加斯拜尔·金巴利的儿子大卫，推出了已经调配好的、单人份瓶装金巴利苏打水，将金巴利和苏打水打造成了经典组合。这种混合饮品在意大利以及在欧洲其他地方极受欢迎，因为其口感很干，所以很多品饮者用柠檬汽水替换苏打水。品尝金巴利和苏打水的最佳方式是冰镇配料，然后把它们倒在冰镇过的酒杯里。

阿夸维特

这种非同寻常的斯堪的纳维亚饮品介于伏特加、金酒和威士忌之间！阿夸维特通过向烈酒基酒里添加药草和香料制成。酒名源自“生命之水”（“aqua vitae”）。

阿夸维特（AQUAVIT）

C 色 独特的浅金色，泛着亮黄色。

A 香 复杂，有柑橘水果、药草和葛缕子的味道。

T 味 很滑润、热烈，回味有约草和香料的味道。

斯堪的纳维亚酿制阿夸维特（或者拼写为akvavit）的历史已经有几百年了。它由土豆或者谷物烈酒制成，通常在里面加入了葛缕子、小茴香、大茴香子、茴香、柑橘水果皮和药草。

丹麦的阿夸维特（由谷物烈酒制成）最好，不过，整个斯堪的纳维亚的阿夸维特酒种出众多，所以只有品尝，才能找到您的最爱。最知名的品牌而且上好的入门酒品是奥尔堡（产自丹麦）、里尼佳美尔（挪威）、安德森（瑞典），也要留意佳摩诺兰德（也产自瑞典）。

阿夸维特

在斯堪的纳维亚，饮用阿夸维特酒时搭配鲱鱼、鲑鱼或者酱鸭肉或者鸡肉以及香辣的亚洲菜肴。我喜欢冰镇后，像伏特加一样纯饮。

大米和谷物

多数大米酿制成了“米酒”或者清酒。日本、中国和韩国酿制烈性酒的传统并不长，不过，他们现在都用大米或者其他谷物酿制蒸馏酒。

韩国烧酒（SOJU）

C 色 如冰一般透彻，很像上好的清透伏特加酒。

A 香 清淡、雅致，有芳醇的水果味。

T 味 清新、清淡、柔和，有甜味，回味滑润。

韩国烧酒是韩国传统的烈性酒，与伏特加相似，最初，是一种蒸馏的清酒（见第266~267页），现在选用大米、大麦、其他谷物和甜马铃薯酿制。它的口感鲜嫩、纯净、强劲。在亚洲，烧酒要纯饮或者加冰块，不过在西方，饮用时通常混合果汁或者其他调配酒品。

茅台酒（MOU TAI CHIEW）

C 色 纯净、清透——蒸馏去除了谷物的颜色。

A 香 丰满、芳香，酒液与谷物的香味平衡很好。

T 味 强烈、热烈、丰满，口感活泼，回味悠长。

茅台酒由高粱和大麦酿制，是中国最著名的蒸馏酒。谷物浆汁发酵8次、蒸馏7次，而且整个酿酒过程持续长达5年才完成。中国人饮用白酒时搭配食物，不过，您可以品尝一小口，或者加水、苏打水或者果汁稀释后饮用。

日本烧酒（SHOCHU）

C 色 无色；与伏特加酒相似，特别是提纯的日本烧酒。

A 香 复杂、雅致；散发着甜瓜、柑橘水果和鲜花的香味。

T 味 滑润、清新，有时很甜；回味活泼。

烧酒是一种几乎日本各地都酿造的烈性酒，不过最初源自日本南部九州岛的鹿儿岛。尽管它的确切起源不详，但文献记载可以追溯到公元前1500年，而且很可能从中国经韩国传到日本。

烧酒有两种：标准烧酒被称做乙类烧酒（otsu-rui）或者传统烧酒（honkaku），用大米、甜马铃薯、黑麦、玉米或者粗糖酿制而成，在罐式蒸馏器里蒸馏（蒸馏器形似老式的水壶，有一个圆桶和一个长颈），

三和 佳酿（Iichiko）烧酒

能更好地展现酿制烈酒原料的香气和滋味。这使乙类烧酒纯饮最可口，您可以加一些水或者冰块，确切地说，就像您饮用纯麦威士忌一样。另一种烧酒是甲类烧酒（ko-rui）。酿酒的主要原料是糖浆，采用连续式蒸馏器酿造（酒液经过不间断连续多次蒸馏），几乎没有留下任何香气。因此这款酒尤其适合调配鸡尾酒，它可以为其增添清爽、纯净的口感，而不会影响鸡尾酒的滋味。这两种烧酒的酒精度从20%到45%不等，但大多数销售的烧酒的酒精含量在25%左右，更加适度。

在日本，从传统上来讲，饮用烧酒时，里面加入热水或者凉水、乌龙茶或者水果汁，如橙汁、桃汁或者西柚汁（见右）。另外，日本人除了搭配食物饮用烧酒外，还会与香辣的亚洲菜肴一同享用。

宝酒造 极品（Zipang）烧酒

不同品牌的烧酒数量——在日本一共是3000多个——说明了它在新生代年轻品饮者中的受欢迎程度，这些品饮者很多是女性。甚至自动售货机早已开始销售这种调配好的、单人份瓶装酒，人们对某些酒品的喜爱使之升格为时尚：魔王（Mao）、森伊藏（Moriizo）、村尾（Murao）——绰号是鹿儿岛的3M（“Kagoshima no 3M”）——这些酒品尤其受追捧。世界市场上留意乌佝（Tori Kai）、宝酒造（Takara）和三和（Sanwa）的酒品以及大酿酒商三得利、麒麟（Kirin）和朝日的酒品。

现在，日本人说烧酒有益健康——以前我早就听说过了！

调配

柑橘烧酒 在日本，把烧酒与果汁混合调配饮用的方式很普遍，清爽又强劲。往酒杯中倒入一份甲类烧酒，然后在上面加入冰镇的橙汁。

清酒（SAKÉ）

C 色　由风格决定，从清透到淡金色。

A 香　雅致、清淡；有水果味和鲜花味；特质清新。

T 味　清新、活泼，有时有香料味、坚果味或者甜味。

清酒往往令西方品饮者迷惑不解。它是葡萄酒，还是啤酒，或者甚至是烈酒？当然它似乎具有以上每种酒的特点。尽管通常被描绘成葡萄酒（干或者甜，清淡或者厚重），而且侍饮方式像葡萄酒，但酿造工艺像啤酒。酒精度（通常在14%或者15%）比葡萄酒或者啤酒高一些，所以可能它更接近于烈性酒。然而，清酒根本不像其他的酒精饮品。它由大米和精选水源酿制而成，酿造工艺独一无二。

白鹤清酒

从公元前300年，日本人把大米确定为基本粮食作物以后，日本就开始酿造清酒。不过，酿造清酒的大米不是普通食用的大米。确切地来说，是由一种名为酒米（sakamai）的特殊品种酿制而成，这种米的淀粉含量很高。

酿酒之前，把大米“磨光”（磨皮），露出集中的淀粉。然后，把磨光的大米浸泡在水中，蒸煮，最后冷却准备发酵。分离出少量蒸煮过的大米促使米曲繁殖——米曲为有益菌，与蓝纹乳酪上的菌类似，可以把大米淀粉分解成葡萄糖和酒精。添加的酵母也能起到这个作用，这个过程被称为“平行发酵”，是酿制清酒独一无二的工艺。发酵持续1个月的时间——比啤酒或者葡萄酒的发酵时间长——然后，清酒陈酿6个月左右。

月桂冠清酒

有些类型的清酒还要添加酒精，不是为了提高酒精度，而是溶解杂质。

清酒应该清淡、清新，不能浓郁、厚重，它的香气和味道雅致、细腻。所有的清酒都经过巴氏灭菌处理，但日本生酒（nama-zake）除外，它特别鲜亮、滋味活泼，饮用前需要冰镇。

有四种基本的清酒。纯米酒（Junmai-shu），仅选用大米酿造，未添加酒精，通常酒体很强劲。本酿造酒（Honjozo-shu），添加了少量酒精，清淡、干、芳香。吟酿造（Ginjo-shu）品质很高，选用精米酿制。谷物磨的次数越多，留下的谷物越少，但淀粉含量越高。这种酒在凉爽的条件下精心发酵，因此酒液复杂、有水果味、特别雅致。大吟酿酒（Daiginjo-shu）选用级别更高的精米酿造而成，极其芳香、雅致（酒名里的“shu”就是指清酒，通常在描述过程中被省略掉）。

这四种酒，组成最高等级的清酒，被称为特酿清酒（Special Designation Saké）——占世界清酒总量的20%。“普通”清酒通常含有大量酒精，被称为普通酿造酒（futsu-shu）。有的粗糙、刺口——不过，不全这样。

清酒灵活多变，令人难以置信。您可以在5℃（40°F）左右冷饮，或者温烫后饮用——达到大约55℃（130°F），但酒温不能再高，否则就会破坏风味。大多数好一些的清酒都是在室温下或者冰镇后侍饮，这样能展现它的雅致感和细腻感。清酒一般用做餐前酒，与某些食物搭配饮用也很好（见上表）。

清酒的品牌成千上万，酿造商数以百计。世界上最畅销的品牌是月桂冠（Gekkeikan），还有两个最大的品牌大关（Ozeki）和松竹梅（Shochikubai），在美国酿制和销售。另一个大酿造商泽之鹤（Sawanotsuru）以及日本啤酒公司朝日酿制的清酒，还有高质酒品，如白鹤（Hakutsura），在西方许多超市都能买得到。有些最受尊崇的日本品牌是十四代（Juyondai）、矶岛（Isojiman）、利休梅（Rikyubai）、贺茂泉（Kamoizum）、开运（Kaiun）和大手门（Otemon）——当然，还有更多。

泽之鹤清酒

食物搭配

清淡食物　与清酒搭配的食物很广泛，不过，一般而言，不要与浓重的肉或者浓烈、辛辣的食物搭配。清酒与清淡菜肴搭配极佳，特别是清淡的鱼肉和海鲜，如日本寿司和沙拉。

产区和酒品

酿制清酒　大米和水的混合物同时使用酵母和米曲——由分离出来的少量蒸煮过的大米培养而成——发酵。这张照片（见右）展示了日本长冈（Nagaoka）高桥酿酒厂（Takahashi Saké Brewery）的工人在酿酒初始阶段把酵母和米曲混合在一起。最后，在小木桶（见下）进行陈酿，不过，只有6个月左右：否则，酿酒商必须为准备饮用的清酒支付高额贮藏税。

典礼与清酒　这里的两个传统瓷酒杯，盛着白鹤清酒——一种干味中等、清淡、芳醇的清酒，采用沿用了250年的工艺酿制而成。

利口酒

甜蜜的奖赏

利口酒是加甜的烈性酒，里面增添了世界各个角落的美味原料，包括几乎所有您能想到的水果、植物或者食物——从樱桃到巧克力。

药草的滋味 最早的利口酒选用药草，如百里香（最上）、香草（上），增添烈酒的滋味。很多利口酒的配方有好几百年的历史，甚至今天还严守着秘密。

它确实是甜蜜的奖赏！如今，出现了一种新时尚；食客在用餐结束时享用餐后利口酒。我喜爱这种变化。出售的利口酒花样繁多，每个人都能找到钟爱的酒品。

历史上，药用特性使人们酿制、饮用利口酒。不过，到了20世纪初，某些小城和地区因为特别的利口酒而名声大噪（阿姆斯特丹的库拉索酒、波尔多的八角茴香酒等）。利口酒的酿造已经与范围更广的饮品业融为一体，并且风格上的差异得到了充分体现，从而创造出今日市场上琳琅满目的多样品牌。

利口酒的风格

利口酒是指任何变甜的加味烈性酒。所有的调料都可以，而且已经被使用过了，不过，我喜欢三种基本风格的利口酒：由浆果、软水果、柑橘水果和异域水果制成的利口酒；由蔬菜、药草和香料制成的利口酒；由任何其他原料，如鸡蛋、巧克力和咖啡制成的利口酒。

水果利口酒构成了利口酒最庞大、最多样的一类，从强烈、浓厚的干味水果利口酒，如白橙皮（由苦橙子制成），到清淡、香甜的酒品，如樱桃白兰地。当然，利口酒的酿制方法也是差异巨大。最好的方法是通过浸泡水果，制成一种“果液”——液体里充满果皮、果梗、果肉，还有果核、果仁、果籽，从而赋予其复杂的坚果滋味。然后，往果液里加入基酒，同时，还加入糖和药草，混合在一起浸泡，最后过滤、装瓶。其他利口酒通过蒸馏发酵的水果浆汁，制成真正的生命之水（白兰地），然后使其变甜，而且进一步用水果加味，最后用水稀释到合适的酒精度。有些低端的水果利口酒酿制过程很简单，将果汁与烈酒混合后，加入其他调味原料即可。

显然，用蔬菜、药草和香料制成的利口酒与最初的药用“不老酒”一脉相承。现在，很多仍由修道士根据古老的秘方酿制，不过，酿酒的基本方法就是把药草、根和其他植物混合浸泡在酒液里。这类酒包括驰名的查特和班尼迪克汀（都产自法国）修道

意外的原料 阿莫莱托利口酒有着鲜明的杏仁味，不过，这种坚果味有一部分来自杏核。

“利口酒最绝妙的地方在于它的品种，充分显示了人类成百上千年来传承的创造才能。”

完美的句号
一杯阿莫莱托和咖啡是结束用餐的完美方式。阿莫莱托的迷人甜味减弱了咖啡的苦味。

永恒的班尼迪克汀（BENEDICTINE）1510年，班尼迪克汀在法国北部的费康（FÉCAMP）大教堂首创。现在，仍旧在原来的小城采用同样的秘方酿制。

院利口酒以及加利亚诺（产自意大利）药草利口酒、乌尼昆（产自匈牙利）蔬菜利口酒、利科43（产自西班牙）清新利口酒，薄荷酒也属于这一类。值得注意的是，使用“Crème”一词并非意味着加入了奶油，而是指利口酒仅选用命名的原料——因此这里就是薄荷。这类酒里，有些重要酒品的基本原料是八角和大茴香子——两种原料的味道很相似，但却来自不同的植物——同时还有其他药草和根，特别是甘草。这些酒的风格和酿造方法各不相同，却都有关联，它们包括保乐、巴斯蒂斯51、利加、森布卡、拉克、阿尼塞特、吾尊以及很多其他著名的品牌。

第三类利口酒里有坚果、豆（尤其是咖啡豆和可可豆）、鸡蛋、牛奶、奶油。这类酒包含了一些最奢华、丰醇的利口酒——混合了水果和杏仁的绝妙阿莫莱托以及几乎同样出名、用臻子酿制的弗朗基利科。它还包括一些最受欢迎、销售范围最广的利口酒品牌：融合了白色朗姆酒和椰子的马利宝，已经把朗姆酒推介给新一代品饮者；混合了爱尔兰威士忌、奶油和巧克力的百利，是世界最畅销的利口酒。用奶油、巧克力、咖啡制成的烈性酒，已经让喜爱甜食的现代利口酒品饮者难以抗拒；有的利口酒几乎完全选用巧克力制成——高迪瓦和高帝已经成功地将比利时巧克力装入瓶中；而奥地利的莫扎特酒因为加入了水果和药草，所以淡化了巧克力的甜味。

这类利口酒还有一些传统酒品，其中三款特别值得一提。爱德沃卡为荷兰利口酒，里面加入了鸡蛋，现在仍然很受欢迎；蒂亚玛莉和咖露（Kahlúa）将咖啡和朗姆酒融合，现在依旧很成功。

波士香蕉利口酒

利口酒的历史

早在公元前800年，中国古人就用发酵的米酒蒸馏酒精，而古埃及人和希腊人在公元前400年就用葡萄酒酿制烈性酒。保守推测，这些古人应该已经将水果和香料浸泡在烈酒中酿制出最初的利口酒。

然而，利口酒的确切历史，我们只能追溯到中世纪的欧洲。13世纪，修道士们为了寻找“长生不老药”，就开始种植各种据说有药用特性的药草和香料。找到一种方法保存这些药草用于常年治病很重要，不久，修道士们发现他们把药草浸泡在酒精里可以达到这个目的。这种浸泡着“药”的酒精就是今天药草利口酒的前身。

由于欧洲海员开始前往印度、中国、印度尼西亚和美洲，所以很多新奇的药草、香料和水果来到欧洲大陆。重要的是，海员们还带回了甘蔗，没过多久，酿酒者认识到往药用浸液里加糖

> “试尝一款出色的利口酒绝非只是喝酒而已。它是一种仪式。每杯酒都是精品，融合着色彩、澄澈、浓香。”

经典的利口酒 这张酒标最早出现在19世纪初期的一瓶库拉索苦橙利口酒上，生动地展现了浓郁的新鲜水果，吸引着购买者的目光。

更可口。

异域配料循着贸易新路来到欧洲东部和西部以后，蒸馏葡萄酒和谷物酒的做法，在欧洲大陆的传播范围也更加广泛，尤其在荷兰，蒸馏工艺发展很快。荷兰人首先开始把水果放到酒里，然后精心掌控蒸馏过程，监测含糖量和成品酒的质量。他们成功地将粗制原料酒转化成香甜、滑润、悦人的饮品——这成为现代白橙皮酒和库拉索橙酒的先驱。

随着修道士和酿酒厂用八角、橘子和甘草这样的原料做试验，新风格的酒品逐步发展。第一批新酿酒公司包括：1575年在荷兰创立的波士；1598年开始酿制丹滋戈金（Danziger Goldwasser，一种八角利口酒，含有小金片）的德国公司德尔拉克（Der Lachs）。

18世纪，“不老酒”这个词变得不再流行。到现在为止，很多酒品不再具有药用特性，而是以水果为基本原料，让人们享受，并非治病。后来，人们开始使用利口酒这个词，这个词源自拉丁语（liquefacere），意思是“融化”或者“溶解”。到了19世纪，饮品市场已经拥有很多我们今天耳熟能详的名字：彼姆（Pimms）、薄荷酒（crème de menthe）、库拉索（curaçao）、黑醋栗酒（crème de cassis）、爱德沃卡（advocaat）、樱桃白兰地（cherry brandy），甚至还出现了一些品牌名称，比如格兰马妮（Grand Marnier）和君度（Cointreau）。利口酒就这样诞生了。

今日利口酒 虽然20世纪初期，利口酒的销量看似在下滑，但人们重新对调配鸡尾酒产生了兴趣，而且越来越多的人喜爱把利口酒作为餐后酒饮用，所以利口酒又焕发了生机。

玻璃上的荣光 这面窗玻璃庆祝着班尼迪克汀利口酒在全球取得的成功。亚历山大·勒·格兰在19世纪将利口酒商业化，窗玻璃上的图画展现了他对整个世界运筹帷幄。

利口酒的选购和侍饮

很多人仍然认为利口酒是一种娇小的饮品，基本上只有不谙世事的女子才会矜持地品尝。根本不是这样！如今，它对年轻人充满吸引力，而且很可能会在派对上出现，盛在冰镇的酒杯里供人享用。

利口酒丰满、强烈，而且往往甜香、浓稠，在所有饮品中最具浪漫气质，也最能唤起共鸣。我不能想象圣诞节没有了奶油般的爱德沃卡鸡蛋利口酒，或者走过巴黎的餐馆，却没有被新鲜的巴斯蒂斯利口酒所吸引，而且我反对任何人忘却第一次品尝查特利口酒的感受！有些利口酒永远都是出色的餐前酒——想一想黑醋栗酒，混合白葡萄酒后就调配出一款基尔酒——而有些利口酒，如格兰马妮或者杜林比，则适于正餐后品尝。但其他的利口酒特别灵活多变，完全超乎想象。它们可以纯饮，可以加冰，可以调配成最奇异的鸡尾酒。当然，20世纪20年代到30年代美国禁酒时期，鸡尾酒盛行，这给利口酒再次带来了好运。

用利口酒可以掩盖劣质烈性酒的味道和颜色，而且它的滋味丰富——从八角到巧克力，从薄荷到香料，从鲜花到水果——都赋予当代鸡尾酒最浓郁的口味。

利口酒不必非要调配成鸡尾酒在派对上饮用——像帕素阿、马利宝、蜜多利、素好这样的酒品，口感好、摩登，就是要与朋友一起享用。虽然很多利口酒要纯饮，但有些以八角为原料的利口酒，特别是拉克和吾尊，搭配食物饮用很可口，它们的滋味强烈，不会被浓郁的地中海菜肴所掩盖。

利口酒的酒杯 经典的高脚利口酒杯被称为甜酒杯或者小酒杯，可以容纳30毫升（1盎司）利口酒。

派对上的烈酒杯 一托盘的百利爱尔兰奶油利口酒已经准备就绪。百利利口酒在世界上最畅销，部分原因在于，它极其灵活多变，可以纯饮，可以加冰，可以调配成鸡尾酒，而且与奶制品、咖啡、水果和坚果混合滋味很好。

球形酒杯表现力 摇晃白兰地球形杯或者窄口杯里的黑醋栗利口酒，酒液那不可思议的黏稠特点展现无余。

享用利口酒的不同方式

如果利口酒没有灵活多变的特点，那它简直一文不名。利口酒不仅由令人惊异的多种原料制成，无色，风格各异，而且它可以采用各不相同的方式享用。它可以作为餐前酒单独饮用，或者与果汁或者其他饮品调配。像班尼迪克汀这样的利口酒，可以在正餐后，用传统的利口酒杯饮用，或者加冰或者其他配料。比如，把班尼迪克汀和白兰地混合调成经典饮品。有的利口酒与果汁或者其他调酒用料混合可以作为聚会饮品享用，而有的利口酒是重要的鸡尾酒原料。右图是一些我最喜爱的侍饮建议，不过，我的建议一般很大胆，富有试验性。这也是一种乐趣！

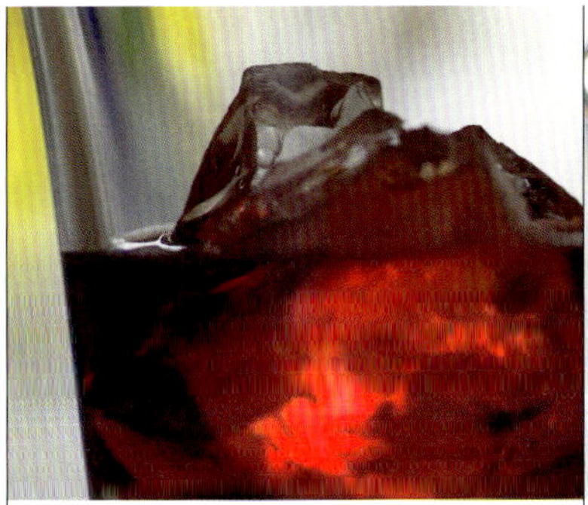

樱桃白兰地

倒在冰块上，作为餐前酒

爱玛露拉（AMARULA）

室温，作为餐后酒

加利亚诺

倒在冰块上，作为餐后酒

伊扎拉（IZARRA）

倒在碎冰上，作为餐后酒

马利宝

加橙汁和冰块，作为餐前酒

蓝色库拉索

用鸡尾酒杯，放个樱桃

侍酒建议

甜利口酒通常作为餐后酒饮用，不过有很多更干的利口酒从早到晚都充满魅力，如具有甘草和药草特质的保乐和吾尊。拉克口感很干，而有些复杂的药草和蔬菜利口酒，像西纳尔和圣鹿也很干。白橙皮、库拉索和其他以橙子、柑橘为原料的利口酒，放一块柑橘，可以防止酒液过于甜腻。

侍饮利口酒的一条普通规则——与葡萄酒一样——就是酒越甜，侍饮的温度就要越低，因为冰镇可以抑制酒的甜味，使之更加平衡。对于大多数利口酒，我偏爱用白兰地球形杯侍饮，往里面加许多碎冰，而不是大的冰块。碎冰融化后，可以稍微稀释酒液，冲淡它的浓厚滋味，因此更容易入口。当然也有例外：巴斯蒂斯酒应该选用传统的锥形厚底酒杯；萨姆布卡酒选用烈酒杯。

购买利口酒

像君度、南方舒适这样的大品牌几乎在世界任何一家超市都能买到。其他的品牌在原产国的销售范围比较广，在其他地方较少——像杰特27薄荷酒在美国比在法国难找；不过，国际公司波士、玛莉布莉莎的酒品会很容易买到。区域利口酒或者小品牌利口酒，如古克尔、齐普罗、皇家纳索更多是通过网购。

利口酒的保存

要把利口酒竖放在避光、凉爽的橱柜里。如果未开瓶，大多数酒可以保存至少3年。开瓶后，氧化加快，会使酒液变质，因而要在6个月之内饮用完毕。奶油利口酒和鸡蛋利口酒例外，开瓶后，要放在冰箱冷藏，并且在8周内饮完。

利口酒的品尝和享用

多种多样的原料和酿制方法意味着利口酒的风格各异，有几百种之多。对于这些奢华的酒品而言，色泽与香气和味道一样具有很强的吸引力。

品酒贴士 在庄重的利口酒品评活动上，我从不希望酒杯里放冰块，甚至是那些我自己侍酒时要加冰块的酒品。

利口酒的滋味丰富、特点多样，所以品尝起来会让人头晕目眩！大多数利口酒不像烈性酒那么强劲（酒精度通常为20%，而非40%），香甜、滑润的口感会掩盖酒精含量——所以要当心。

为了最大限度地享受每款酒，我会把室温下的1盎司（30毫升）酒液倒入白兰地球形杯。窄窄的杯口将香味聚拢，尽显酒液特色。酒杯必须一尘不染、干干净净，这样可以让您评估酒色和黏稠度——能够看到“泪水”顺着杯壁缓缓淌下。倒完酒，稍等片刻，让酒液充分释放香味。轻轻地晃动酒杯，把鼻子贴到杯口，检查香味。香味应该优雅、别致，与酒的风格和谐统一——比如，水果利口酒闻起来有水果味，而巴斯蒂斯利口酒应该有八角和甘草味。

接着，呷一口利口酒，把它含在嘴里慢慢转一下。它的滋味应该圆润、复杂，有甜味，但不突出。当您把酒液咽下以后，应该心情愉悦，还想再来一杯——如果利口酒过甜或者不平衡，则不然。

厨房里的利口酒

利口酒独具特色，很多人都喜欢饮用；不过，因为它的滋味香甜、浓烈，所以也在厨房赢得了一席之地。阿莫莱托酒可以用于蛋糕调味，浇在冰激凌上美味可口；制作甜点时，黑醋栗酒与巧克力混合很好；弗朗基利科酒为奶酪蛋糕增添了辛辣刺激味。利口酒可以用作巧克力馅，可以制作优质果酱——酒精是种有效的防腐剂。

法式橙香薄饼

这道美食由法国厨师埃斯科菲（Escoffier）创造，薄薄的煎饼，浇上用格兰马妮酒烧制过的橙子酱汁。

浸泡的水果

舀一勺冰激凌，放上浸泡在库拉索酒里的橙子，或者浸泡在樱桃白兰地酒里的去核樱桃，真是一种款待。

咖啡和利口酒

浓浓的咖啡与诱人的利口酒可谓绝配。把利口酒倒入咖啡里，增添趣味。

味道的比较

组织一场利口酒品尝会，比较同一风格的酒品——如水果利口酒或者坚果利口酒——非常有趣。除非您特别勇敢，否则不要把不同风格的利口酒掺杂在一起，而且每次品评活动，品尝的酒品不要超过6款。利口酒的味道绵延持久，所以品尝完一款酒，要用凉水漱漱口，然后吃块中性的饼干清除口腔里的味道。如果可能的话，让您的口腔休息几分钟，然后再品尝下一款利口酒——这样会让您的感官保持灵敏。

酒评

色

利口酒的颜色如彩虹般绚烂多姿！有的，比如君度，完全清透或者中性；有的根据颜色加以界定。想一想，如鲜黄色的爱德沃卡酒、鲜绿色的蜜多利酒和薄荷酒。查特绿色酒和查特黄色酒则按照颜色命名。库拉索酒有一系列的颜色，因此，它主要用于鸡尾酒的着色，但是这个系列酒的味道都相同。

八角茴香利口酒加入水以后颜色会改变，变得朦朦胧胧。奶油利口酒不透明，如百利酒或者爱玛露拉酒，而班尼迪克汀酒则极为清透迷人。

评定利口酒的颜色没有规则可言。与烈性酒一样，在明亮的日光下（但阳光不能直射），对着白纸查看颜色：清透的利口酒应该极其清透，并不混浊。利口酒通常很黏稠，能沾到杯壁上，从而增强颜色的效果。

香

利口酒闻起来有特别的甜味，不过，它的香气与它的味道和颜色一样形形色色，映射了酿造过程中所使用的各种原料。主要的香气有：水果味，通常丰满而浓厚；柑橘皮味，白橙皮酒的典型香味；香料味，有时有肉桂、甘甜味，有时也有八角茴香酒和库羊露酒的苦味。烤坚果味，尤其是杏仁的香气很重要，如像阿莫莱托和弗朗基利科这样的出色意大利利口酒。百利酒和格兰米斯特这样的威士忌利口酒，太妃糖的甜香强劲。有些传统的药草利口酒，如杰内皮酒的酒精味明显，而有些更柔和的利口酒，如加利亚诺酒和艾尔奇梅兹酒散发着鲜花的香味。蒂亚玛莉酒和咖露酒的咖啡味突出。

水果
樱桃

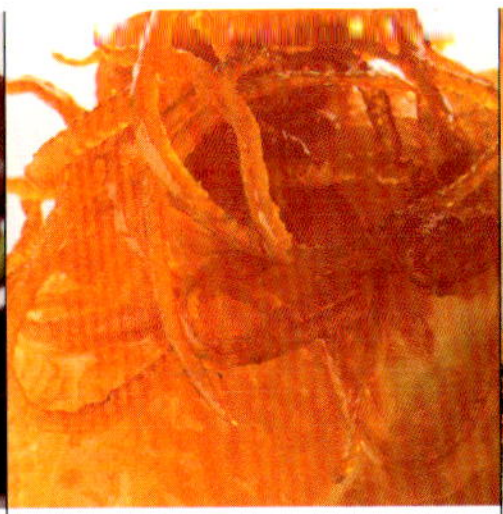
柑橘皮
橙子皮

香料
肉桂

坚果
杏仁

甜味
太妃糖

烈性酒
蒸馏酒

鲜花
玫瑰

咖啡
咖啡豆

味

品尝优质利口酒时，酒的甜味在口腔里不应该太黏，也不应该“肥厚”，回味应该清新——没有倦腻感，也不过甜。除此之外，利口酒作为一类酒涵盖了地球上几乎每一种味道！品尝利口酒，第一步，最好先识别相对的味道种类，如右图味道转盘所示的种类，然后，标出您品尝的酒品在转盘中的位置。味道的概念还包括烈性酒的酒体（强烈还是清淡，滑润还是紧致）和回味（味道持续时间的长短和吞咽后的口感）。

“酒液躺在酒杯里看似轻柔，其实果汁味浓重，与其说它清新，不如说它强烈。其口感强劲，回味张扬。真是绝妙！”

水果利口酒

水果利口酒简介

当欧洲大陆的修道士专注于配制苦味“不老药”避邪消病的时候，荷兰人创造出第一批由水果酿制，尤其是橙子酿制的可口、香甜的利口酒。

品酒和侍酒

简介 水果利口酒的颜色取决于所用的水果——有的为自然色（酿制过程中水果为酒液增添了自身的颜色），有的则额外着色。所有利口酒的基本特征就是甜。跟充满药草的利口酒相比，纯水果利口酒往往更甜，没那么复杂。那些浸泡了果仁的利口酒（比如，迪凯堡的樱桃白兰地）有微微的坚果味。

很多水果利口酒，在餐后加冰块饮用，很可口。现在，水果利口酒成了鸡尾酒吧的钟爱酒品，它为调配的饮品增添了美味。

17世纪，荷兰首都阿姆斯特丹是个活跃的港口城市，船只如梭，它们从荷兰殖民地运回许多奇异贡礼。库拉索岛（Curaçao）是其中的一个殖民地，位于加勒比海，当地的人送给荷兰海员一种特别的苦味橙子。回到荷兰后，这些橙子到了利口酒酿造商手里，他们开始用这种水果给brandewijn调味，brandewijn就是我们现在所熟知的葡萄白兰地。加甜之后，就是一种以水果原产地库拉索命名的橙味利口酒。这是首次酿制的水果利口酒之一。如今，库拉索这个词经常被使用，往往指任何一种橙味利口酒，或许还是一种白橙皮酒（经三次蒸馏的橙味利口酒）。现在，利口酒采用苦味橙子酿制，这些苦味橙子并非来自加勒比海的原产岛屿。

热情果 这种水果，为产自西班牙马德里的马拉库佳酒增添了果香。

水果激增

很快，荷兰人把他们的利口酒酿制新工艺带到欧洲其他国家，而且含有其他水果的利口酒开始出现，从樱桃到荔枝，应有尽有。到了1837年，英国女王维多利亚即位时，红色水果利口酒在英国社会成为时尚，特别是在女性间，她们饮用这种利口酒，为的是餐后助消化——反正她们这么认为！

20世纪，水果利口酒开始被称为水果白兰地酒，特别受欢迎的有樱桃白

原料 各种各样的水果都可以用于酿制利口酒。从左至右分别是：柠檬，用于酿制巴菲爱默酒；荔枝，用于酿制素好酒；香瓜，用于酿制蜜多利酒；樱桃，用于酿制许许多多的利口酒。

兰地、鲜杏白兰地和鲜桃白兰地。当然，因为这些酒并非直接用水果蒸馏而成，所以不是真正的白兰地酒。在美国，为了清楚区分，它们被称做“果汁”（cordial）。

除了橙子，樱桃恐怕是用于酿制利口酒最重要的水果——克驰（kirsch）、贵格诺勒（guignolet）、马拉斯基诺是不同的樱桃利口酒，不过克驰也指樱桃蒸馏的烈性酒（见第259页），所以购买时要小心。最重要的浆果是黑莓、黑醋栗和覆盆子，其次是草莓、野生黄莓和越莓。不过，水果系列酒品种繁多！利口酒也用李子、越橘、花楸浆果、苹果、榅桲、热带和异域水果，如香蕉和菠萝。在日本，酿造甜瓜利口酒的古老传统，再度流行起来。其他水果利口酒包括：猕猴桃、荔枝和热情果——而且还有很多其他水果。

有的利口酒为纯水果酿制，有的加入了植物和药草。因此，尽管君度利口酒由橙子酿制而成，但里面也有丰富的药草。

鸡尾酒 水果利口酒在鸡尾酒调配的世界里找到了自己的家。比如，橙味利口酒白橙皮（和干邑）是边车鸡尾酒（见第349页）的重要原料。

樱桃白兰地 对于喜欢甜食的人来说，正餐后，品尝一款高品质的加冰樱桃白兰地，实在美味。

柑橘水果

有些世界最成功、最受欢迎的利口酒由柑橘水果酿造而成，特别是加勒比海岛库拉索的苦橙，白橙皮酒就是用它酿制而成的。干邑很适合搭配这种水果，所以常被用做基酒，创造了平衡佳、滑润的利口酒。

库拉索（CURAÇAO）

C 色 原本清澈透明，也呈橙色、蓝色、红色、绿色和褐色。

A 香 芳香，橙子、蜂蜜和药草的香气很平衡。

T 味 极甜，还有柑橘的特点。

库拉索是一种用橙子皮酿制的橙味利口酒。把橙子皮浸泡在水和酒液里，蒸馏后，根据风格着色。最初，酿酒商仅选用加勒比海岛库拉索的苦橙皮酿酒，不过，现在“库拉索”这个词也指用世界其他地区水果酿制的橙味利口酒。

荷兰的两家公司波士和迪凯堡都酿制著名的蓝色库拉索。不过，橙色（品尝法国的库舍涅（Cusenier）或者巴蒂尼）和白色（透明）库拉索也很受欢迎。西尼尔库拉索（Senior's Curaçao）产自库拉索岛。

蓝色库拉索

丰富的色彩 在本质上，所有的库拉索都一样——各种各样的颜色不过是让我们的鸡尾酒更夺目。

君度（COINTREAU）

C 色 无色，冰镇后朦胧不清。

A 香 芳香、雅致，散发着橙子、香草、橡木和药草的香气。

T 味 苦味柔和，橙子味和药草味平衡绝妙。

君度是一款经过三次蒸馏的白橙皮利口酒，由苦橙皮和甜橙皮酿制而成。这个著名的品牌，在第二次世界大战前不久得到普及，使用这个名称的目的是跟其他白橙皮酒区分——当时所有的三次蒸馏的酒都被称为白橙皮（Triple Sec）。

不过，虽然公司创造君度一词只是最近的事，但是这种利口酒的起源更加久远。19世纪，法国卢瓦尔地区昂热市的（Angers）糖果商之子爱德华·君度（Edouard Cointreau），到加勒比地区旅行，发现了苦橙。他的父亲，爱德华·让·君度（Edouard Jean Cointreau），虽然已经在昂热市他的酿酒厂里尝试用品种各不相同的橙子和药草酿酒，但却用他儿子发现的橙子创造出新酒，即现在驰名世界的甘皮利口酒。

君度

君度利口酒根据秘方，以白兰地酒为基酒，在室温下很透明，但只要冰镇或者倒在冰块上就会朦胧不清。这种变化——真品的标志——是由低温下油脂越出酒液所致。

我特别喜欢在里面只加入很多冰块作为餐前酒饮用。不过，我也喜欢在室温下作为餐后酒。无论您怎么饮用君度——甚至是放在鸡尾酒里——这种美妙利口酒的独特滋味永远都不会遗失。

格兰马妮（GRAND MARNIER）

C 色 深金色到淡琥珀色；酒瓶“矮胖”。

A 香 微妙，橙子味、鲜花味和药草香味极其平衡。

T 味 滑润、丰满，有橙子味和干邑味，回味悠长、柔和。

这种橙味利口酒，由马妮-拉博斯特公司在1880年推出，由上好干邑和苦橙皮制成，可能在世界上最驰名。尽管格兰马妮与库拉索相似，但从本质上来说，它应该是“干邑+”，把上好干邑作为基酒是这款利口酒成功的秘诀。

格兰马妮

最初的格兰马妮利口酒销售名为红带干邑。我简直犹豫不决，是把它作为餐后酒，用干邑杯纯饮，还是作为餐前酒加冰块饮用，或者调配成鸡尾酒饮用！

产区和酒品

橙皮 Citrus bigaradia是用于给格兰马妮利口酒加味的苦橙，主要产于加勒比地区。为了最大限度获得橙皮浓的滋味，橙子尚未成熟时就被摘下。橙皮与中皮层分离后干燥处理，最后才浸泡在酒液里进行蒸馏。

1927年，格兰马妮推出了它的百年佳酿以此纪念马妮-拉博斯特公司成立100周年。这款利口酒以酒龄25年的上好干邑为基酒，混合橙子和药草酿制而成，令人满意，而且极其滑润。50年后（150周年庆典），该公司推出150周年特酿，这种酒选用酒龄达50年、主要来自大香槟区的各种珍稀干邑制成。大香槟区是葡萄的最佳产区，而上好干邑就是由这里的葡萄酿制。这款酒有着浓郁的香草、橡木、橙子和药草的气味。

有的人说利口酒快过时了。如果您品尝过格兰马妮，您会认为这些人全疯了！这种利口酒绝对美妙，而且是我一直以来最爱的酒品之一。

白橙皮（TRIPLE SEC）

C **色** 清透、纯净——蒸馏过程将橙色去除。

A **香** 独特，散发着柑橘、橙子、药草和蜂蜜的香气。

T **味** 甜而滑润，橙子味和柠檬味突出。

白橙皮是个包含众多橙味利口酒的说法。很多通常以其风格或者品牌名为大家所熟知——比如，格兰马妮和君度都是重要的白橙皮酒。有些著名的酒品采用药草和法国白兰地酿制，这就意味着它们比普通的白橙皮酒更干一些，普通的白橙皮酒保留了原始基酒——朗姆酒的甜味。有的白橙皮酒产自加勒比地区的库拉索岛，有的产自法国、墨西哥和美国。白橙皮这个词并不能说明利口酒很干（sec为法语词，意思是“干”），只不过经过三次蒸馏而成，因此很纯净、澄澈、强劲（酒精度40%左右）、甜而不腻。

除了著名的酒品，还有很多众所周知的普通白橙皮酒，其中最重要的当属产自荷兰的酒品（这反映了荷兰在历史上与库拉索的联系）。荷兰公司迪凯堡、斯密兹（Smeets）、波士都酿制上好的白橙皮酒；而法国酿造商玛莉布莉莎、勒鲁（Leroux），其他的如贾莱兹（Juarez）、海朗获加也酿制这种出色的利口酒。

白橙皮酒极其灵活多变。我经常在正餐前加冰块饮用，或者在室温下餐后饮用。如果您正在调配鸡尾酒，手边一定要有白橙皮酒！

白橙皮

凡德哈姆（VAN DER HUM）

C **色** 深金黄色到橘红色和琥珀色。

A **香** 芳香，有果香、药草香，还散发着橙子、白兰地和香料的香味。

T **味** 滑润、复杂；清新；有药草、香料、柑橘水果的香味；回味甜。

凡德哈姆是南非的一种利口酒，由荷兰早期定居者酿制。他们希望能再现他们所钟爱的橙味库拉索利口酒，不过，他们选用的是一种与红橘类似的南非柑橘水果。这种柑橘味利口酒由陈酿白兰地、葡萄蒸馏液、柑橘水果皮、药草、香料、种子、树皮混合酿制而成，用葡萄糖和甘蔗糖浆加甜。您可以找到KWV公司和贝特拉姆斯公司酿制的优质凡德哈姆利口酒。

凡德哈姆

菲尔法（FILFAR）

C **色** 清澈透明，不过，包装有种甘美橙子的感觉。

A **香** 复杂，散发着橙子、药草和甜香料的香气，特别是肉桂味。

T **味** 滑润、浓烈；热烈，回味悠长、有香料味。

菲尔法是产自塞浦路斯的一种橙味利口酒，据说是由修道士首创的。酿造商仅选用塞浦路斯的橙子酿制这种利口酒，而且在橡木桶中陈酿4个月。整个酿造过程全部手工完成——从采摘到装瓶，因此这种酒变得很特别。菲尔法物超所值，尽管没有君度或者格兰马妮的细腻感和深厚感，但很值得品尝——您可以调配成鸡尾酒或者加冰块餐后饮用。

巴菲爱默（PARFAIT AMOUR）

C **色** 主要呈鲜亮的紫罗兰色；有的酒品接近紫色。

A **香** 很芳香、独特；散发着玫瑰、香草、杏仁和柑橘水果的香气。

T **味** 奇异、香甜，有浓厚的橙子味和鲜花味。

巴菲爱默（意思是完美的爱）是一种奇异、甜美的柑橘利口酒，香气令人陶醉，而且加入了玫瑰味和香草味。有人说它能让恋人停止争吵，所以，如果下次吵架的话，为您的爱人献上这款酒——纯饮或者调配成鸡尾酒！卓越的酿造商包括波士、约瑟夫卡纯、巴蒂尼、玛莉布莉莎。产自美国的这款酒很不同——色泽更深，混合了烈酒、柠檬、香菜和糖。

巴菲爱默

西达特科西嘉（CEDRAT CORSe）

C **色** 鲜亮、迷人，呈很浅淡的柠檬色。

A **香** 芳香，散发着柠檬皮味；纯净，有隐隐的异域水果香。

T **味** 滑柔、丰满；平衡完美，滋味特别浓郁。

西达特（Cedrat）是种柑橘水果，与原产于中国或者东南亚的一种柠檬相似，于希腊罗马时代引入欧洲。如今，在地中海的法国科西嘉岛生长得非常茂盛，从某种程度上而言，西达特科西嘉成了科西嘉岛的特产。

这种利口酒芳香迷人、独特（原本是想调制香水！），柠檬味张扬，酒精含量中等（酒精度30%），是理想的餐后酒——在室温下用白兰地窄口酒杯侍饮，而且饮用前晃一晃酒杯，可以让香味充分释放。这种酒灌装在50毫升的酒瓶里销售——极其适合私密派对上饮用。

曼德瑞拿破仑（MANDARINE NAPOLÉON）

C **色** 细致和优雅的金橙色，略带一丝粉色。

A **香** 清新，有橘子味、红橘味，还有微微的药草味。

T **味** 富有水果味；酒体强劲；有红橘、肉豆蔻和肉桂的香味。

曼德瑞拿破仑是一种橙味利口酒，由比利时公司弗克洛（Fourcroy Company）酿制，选用了曼德瑞橙子、干邑、21种植物（在酿制有些烈性酒时选用了多种药草、植物和香料）。这些植物包括绿茶、丁香、香菜和莳萝。

19世纪早期，法国科学家康特·弗朗索瓦·弗克洛（Count François de Fourcroy）研发了一种利口酒新配方，并将它献给了拿破仑。在他的日记中，弗克洛记载着酿制利口酒的所有原料——特别是曼德瑞橙子。在19世纪初，这种橙子还是一种具有药用特性的异域水果。药用特性对拿破仑颇具吸引力，酒名由此而得。这种利口酒从1892年开始批量酿造销售。只有产自西西里岛的曼德瑞橙子皮才用于酿制曼德瑞拿破仑酒。经过三次蒸馏，酿造出的酒液橙香浓郁，酒精含量比较高（酒精度40%）。

我特别喜欢这款酒的复杂性。您总能品尝到干邑和橙子味，但其药草和香料味实在太丰富，所以每呷一口，都会有新发现。正餐后，纯饮（加不加冰块皆可），加橙汁餐前饮用或者调配成鸡尾酒。甜美、辛辣的回味让它成为一款热烈的饮品——其冬日用来御寒非常完美。

曼德瑞拿破仑

樱桃和浆果

世界上最流行的利口酒之一就是樱桃“白兰地”，其实，它就是将樱桃浸泡在纯烈酒中制成。其他浆果，特别是酸味浆果，也能酿造出风格类似、同样优质的利口酒。

甜甜的滋味 樱桃白兰地往往很甜，如果你喜欢甜食，可以纯饮。

樱桃白兰地（CHERRY BRANDY）

C 色 很鲜亮，特别透明，呈淡樱桃红色。

A 香 非常芳香；散发着樱桃、杏仁、鲜花和药草的香味。

T 味 干，苦甜，复杂，有樱桃和药草的香味。

人们对樱桃白兰地通常百思不得其解。这种烈酒并非真正的白兰地，而是利口酒（有时，您会看到销售名为“樱桃白兰地利口酒”）。真正的白兰地通常酒精含量高一些——大约40%，而利口酒的酒精度是25%左右——并且纯饮或者加冰块口感更好（利口酒通常用于调配）。

不过，白兰地和利口酒的真正差别在于它们的酿造工艺——真正的白兰地（或者说生命之水）直接由水果蒸馏而成，比如用樱桃蒸馏；而利口酒，如樱桃白兰地，是加味烈性酒——把水果（或者其他调味成分）浸泡在烈性基酒里增添滋味而成。

樱桃白兰地由樱桃浆汁（樱桃品种由酿造商决定）混合葡萄白兰地、药草和糖后，在烈酒中浸泡数月。然后，将酒液过滤、装瓶，由此酿制而成的利口酒香甜，还有来自樱桃果皮的微苦口感。

除了丹麦酿造商皮特亨瑞（Peter Heering）以外，荷兰酿酒公司波士、迪凯堡也出产最知名的樱桃白兰地，当然，还要留意玛莉布莉莎、乐杰拉古特（Lejay Lagoute）以及英国的格兰（Grants）、兰姆瓦特（Lamb & Watt）。

我特别钟爱的是亨瑞和迪凯堡。亨瑞独创樱桃利口酒（Herring Original Cherry Liqueur），根据19世纪初，卡斯坦森夫人（Mrs Carstensen）送给皮特·亨瑞的配方酿制而成。卡斯坦森夫人是亨瑞的师母——在哥本哈根经营一家杂货店。这款利口酒用整个水果酿制——也就是丹麦斯蒂文樱桃，包括果核——因此富有坚果味和果仁味。在橡木桶中熟化3年，增添了其复杂性。

亨瑞樱桃利口酒

与亨瑞利口酒一样，迪凯堡的樱桃白兰地（Cherry Brandy）比其他酒品更复杂。深红色樱桃带核破碎后，与白兰地混合，然后熟化。它里面还加入了秘制香料蒸馏液。

如果您正在调配鸡尾酒的话，如新加坡司令（Singapore Sling，见第342页），樱桃白兰地绝对必不可少。不过，要是您喜欢甜味饮品，可以选择优质酒品加冰块饮用或者加入可乐。

产区和酒品

樱桃的选择 樱桃品种的选择由具体的酿造商决定，不过，最好的樱桃白兰地由酸樱桃而非甜樱桃酿制而成。虽然这种水果不适合食用，但果汁丰满、风味独特。最受欢迎的品质之一是Morello樱桃。这种水果颜色鲜红，而且随着成熟，颜色加深，变成红木色，汁液呈深色。它产生一种独一无二、浓厚的樱桃风味，非常适合酿制出美味可口的樱桃白兰地。

马拉斯奇诺（MARASCHINO）

色 清透；通常，酒瓶会有禾秆套包装。

香 芳香，散发着樱桃、杏仁、鲜花和药草的香味。

味 干，苦甜，复杂，有樱桃和药草的香味。

马拉斯奇诺是一种清澈、透明、浓厚的饮品，产自意大利的威尼斯，可以说它是最出色的樱桃利口酒。它选用马拉斯奇诺樱桃，连同果核一起破碎、发酵制成。其中还加入了糖、鲜花香精和药草，因此酿制出的利口酒水果味深厚、苦甜、浓郁、雅致——纯饮绝妙，而且烹饪时加到菜肴里也非常好。您一旦品尝了这款酒，一定不会把它与甜樱桃白兰地混淆。马拉斯奇诺利口酒干而复杂，苦苦的樱桃和果仁赋予它意想不到的深厚感。这种利口酒，最早于18世纪，由弗朗西斯科·德奥利（Francesco Drioli），在克罗地亚（Croatia）的扎拉（Zara，现在的扎达尔，Zadar）酿造，当时这座城市还是威尼斯的领地。德奥利开始使用经典的、有禾秆套包装的马拉斯奇诺酒瓶，而且第二次世界大战之前，他的马拉斯奇诺利口酒就成为时尚巅峰。第二次世界大战后，扎拉成为南斯拉夫的一部分，为了保证利口酒的生产，人们在意大利境内，沿着珀（Po Valley）的斜坡种植了成千上万棵樱桃树。

马拉斯奇诺

利莎多是第二次世界大战后保留下来的酿酒公司之一，从1821年开始不断发展壮大。利莎多用芬兰桦木桶陈酿马拉斯奇诺，因此为酒液增添了特别的复杂性。库奇（Cucchi）、迪凯堡、波士也酿制这种利口酒，其品质很好。

贵格诺勒（GUIGNOLET）

色 樱桃红色；开瓶后，如冰镇，颜色可保持数月。

香 很强烈，散发着成熟樱桃、杏仁和药草的香味。

味 水果味浓；有樱桃的甜味；回味热烈、如奶油一般。

贵格诺勒包括众多法国利口酒，比普通的樱桃白兰地更丰满、更雅致、更滑润。这些利口酒中，有很多因为添加了少量生命之水——通常为克驰酒，所以特别细腻。虽然添加的生命之水只占酒液的2%，但它足以增添贵格诺勒的香气和滋味，使之更加雅致，而且，我觉得更加有趣！仔细察看酒标——优质的法国樱桃利口酒被称为克驰贵格诺勒（Guignolet-au-kirsch），而最上好的酒品最有可能产自勃艮第。

贵格诺勒

这种利口酒是将甜樱桃和苦樱桃（最值得关注的是黑心小樱桃，名为guignes，酒品也因此而得名）缓慢浸泡的产物。利口酒把水果自身、果皮和果梗的微妙香气和滋味充分展现。这就使得贵格诺勒利口酒富有坚果的特点，重要的是，因为单宁增加，所以强化了酒的结构。

我最喜欢把它作为餐前酒，要么冰镇纯饮，要么加冰块。它与干白葡萄酒混合调配也很出色，可以替代水果味浓郁的基尔酒，而且它是很多鸡尾酒的重要原料，因为将它与果汁调配特别和谐。

爱慕凯治（AMOUR EN CAGE）

色 呈现出来自果核的金色，而非来自水果的樱桃红色。

香 非常芳香，有樱桃、杏仁、柑橘和药草的香味。

味 干、雅致，樱桃和柑橘的香味突出。

对我而言，这种产自加拿大魁北克的美味樱桃利口酒是冬日的重要饮品。在寒冷午后，坐在炉火旁，我爱边吃热烘烘的松饼，边饮用它。或者正餐前，加入冰块饮用也很好。Amour en Cage（字面的意思是“囚禁之爱”）是将破碎、研磨的樱桃浸泡在酒液酿制而成的。因此，这种利口酒很复杂——不太甜——闻起来有活泼的水果味，尝起来有柑橘味。这让我回忆起醋栗的味道。

爱慕凯治

杰兹诺沃卡（Jerzynówka）

色 很深的紫色——接近于天然的黑莓色。

香 散发着浓厚、强烈的黑莓味和烈酒味。

味 强劲，水果味非常浓；甜，回味滑润。

杰兹诺沃卡这个词很难念，不过，这种波兰产的利口酒很容易入口，而且水果味强烈。将整个成熟黑莓浸泡在白兰地或者烈酒里，有时加入糖。往往香气、味道和酒体因为添加了生命之水而有所提升。波兰人往酒液里调配蜂蜜和柠檬，加入红茶，饮用后可以治疗普通感冒！市场上销售的类似饮品是黑莓白兰地，不过，用于浸泡水果的烈酒可能是由谷物酿制或者葡萄酿制。有些最知名而且可以买得到的品牌是拜克斯、勒鲁、迪凯堡。

艾科特克罗兹彼尔（Echte Kroatzbeere）

色 呈深深的黑莓紫红色。

香 很芳香，野生黑莓香味突出。

味 不太甜；散发着令人激动的水果味，而且复杂。

世界上有很多国家都酿制黑莓利口酒，但是，我最喜欢的，产自德国。Echte（意思是“真品”）Kroatzbeere（艾科特克罗兹彼尔）仅选用野生浆果酿制，加上酒精的强度，使野生黑莓的香气强劲、诱人。留意提耐特酿造的利口酒，我认为它是最好的酒品之一。它可以冰镇后或者加冰餐前饮用，不过，与甜品一起纯饮才能真正展现它的特色。将它与水果蛋糕或者巧克力慕斯搭配，极其出色，或者，把它倒在冰激凌上，制成水果味甜品食用，您永远不会轻易把它忘记！

奇库泰（Chicoutai）

色 半透明，呈现来自野生黄莓的深金琥珀色。

香 很芳香，散发着隐隐的红色水果、香草和蜂蜜的香味。

味 甜，回味微苦。

这种利口酒异乎寻常，选用野生水果酿制，水果采自植物生长最严酷的环境之一——加拿大魁北克省的最北端。野生黄莓——与覆盆子属于同一类别——浸泡在酒液里，酿制成金黄色的利口酒。奇库泰很甜，味道和香气浓郁，酒精度只有25%，可以加冰块饮用，感受真正的北方滋味。

奇库泰

米纳基（MINAKI）

C 色 深石榴红色到蓝色，反映了深色浆果皮的颜色。

A 香 强烈、活泼，散发着浓厚的蓝莓味。

T 味 酒体强劲，有红色水果酱味，回味辛辣。

米纳基是一种蓝莓利口酒，产自加拿大的魁北克。酒名源自阿尔贡金语，意思是“蓝莓之地”，呷一口就会把您带入这片“神奇蓝莓之地”。米纳基不太甜，酒精度18%左右，所以，纯饮或者加冰块饮用并不太强劲。我喜欢把酒倒在薄饼上享用。还有一种德国产的黑莓利口酒，名为海德尔彼尔——留意维兹（Weis）这个品牌。

米纳基

洛雷恩（L’ORLÉANE）

C 色 很深的红色而且不透明；与黑醋栗相似。

A 香 浓郁，充满果香；黑醋栗和烈酒的味突出。

T 味 强劲、水果味浓；回味甜、滑润

洛雷恩岛位于圣劳伦斯河离加拿大的魁北克不远。最初，这里名为诺维尔法兰西（Nouvelle France），现在，这里还保持着法国的浓厚影响，酿制出独特的、勃艮第人的最爱，黑醋栗酒——这种利口酒被称为洛雷恩。

酿制这种利口酒的黑醋栗，生长在岛上近乎完美的环境中。制成的黑醋栗酒丰满，酒精度23%，可以冰镇后纯饮，当然，也可以在上面加些干白葡萄酒，调配出一款加拿大的基尔酒。

香博（CHAMBORD）

C 色 雅致、深浓的红色利口酒；包装华丽。

A 香 强烈，散发着悦人的果酱味，特别是覆盆子的香味。

T 味 深厚，似糖浆，有水果味，甜香平衡。

这款酒，你会首先注意它那造型奇特的酒瓶——充满法国风情！它可不仅仅只是市场营销的噱头，因为香博拥有真正的华丽资质。它曾经是法国国王路易十四的最爱，而且在300年之后的今天，仍然被称为皇家利口酒。

香博

香博选用黑色覆盆子酿制而成。泡软的水果与上好干邑、红色覆盆子、黑醋栗和黑莓汁浸泡在一起，酿制过程快结束的时候，加入香料，如肉蔻干皮、肉桂、姜、丁香和香草，还有其他一些药草、橙子和柠檬。所有的混合物放入木桶陈酿的时候，要加入至关重要的金合欢蜂蜜。

最后酿制出的利口酒如奶油一般，丰满，有水果味，很优雅、别致、平衡性——这些特点使它成为优级利口酒。

香博的酒精度是17%，并不强劲，但势不可挡的甜味意味着调配饮用最好——比如，与香槟或者葡萄酒混合。与甜品搭配也很好，特别是有浆果的甜点。我最喜欢把它倒在香草冰激凌上：它会贴在冰激凌上，赋予其夺目的色泽。

深色水果利口酒（DARK FRUIT LIQUEURS）

C 色 深石榴红色到淡紫色，依水果而定。

A 香 散发着深色水果、黑莓、覆盆子、香料和烈酒的香味。

T 味 雅致，有深厚的水果味，酒体强劲，不太甜。

法国酿制一系列多种多样的深厚、丰满的水果利口酒。这些酒品平衡好，充满水果的甜味，但又保持了柑橘水果的干味，所以不会有腻感。三种最著名的水果利口酒是：黑醋栗酒、黑莓酒（crème de mûre）、弗兰勃阿斯酒（crème de framboise）。

黑醋栗酒是勃艮第地区的特产，历史上的酿造中心在第戎。早在16世纪，第戎地区的修道士酿造黑莓利口酒用于药用，但是，1841年，修士拉古特（Lagoute）注册了商业品牌黑醋栗酒（crème de cassis）。

玛莉布莉莎黑醋栗酒

以前是，现在仍然是选用新鲜的黑醋栗——最好的黑醋栗产自夜丘——跟白兰地酒和糖浸泡。如今，黑醋栗酒最常用于调配鸡尾酒，或者作为基酒，与干白葡萄酒。最理想的是阿里哥特干白葡萄酒混合调配成基尔酒，餐前饮用。

还有很多卓越的品牌，销售范围很广，留意拉古特（Lagoute）、约瑟夫卡纯（Joseph Cartron）、波士、玛蒂尔德（Mathilde）、玛莉布莉莎、维德雷尼苏珀佳（Vedrenne Supercassis）。

黑莓酒选用野生黑莓，与白兰地酒和蜂蜜或者糖浸泡而成。这是另一种深色的水果味利口酒，破碎的新鲜黑莓香味几乎势不可挡。明显的酸味穿透甜味，使口味清新，不过，即使这样，这款利口酒纯饮仍很丰满。加冰块饮用或者倒在冰激凌上更好！上好的品牌包括马森内、波士、蒙尼（Monin）、约瑟夫卡纯、梅耶。

弗兰勃阿斯利口酒由覆盆子酿制而成，但不要与弗兰勃阿斯生命之水混淆，后者更干，更强劲，酒精含量是前者的两倍。这款甜利口酒比黑醋栗利口酒色泽更浅，味道很雅致、微妙。成熟覆盆子香味突出，还有隐隐的香料味。它可以加冰块饮用，而且搭配甜品很出色。好的酿造商有玛莉布莉莎、加布博迪（保乐利加）、梅耶、马森内、西西卡（Sisca）（乐杰，Lejay）、约瑟夫卡纯。

约瑟夫卡纯黑莓酒

黑刺李金酒（SLOE GIN）

C 色 浓艳、迷人，呈深红色，很深厚。

A 香 芳香，水果、药草和烈酒的香味平衡很好。

T 味 很滑润，水果味浓郁，还有隐隐的甜杏仁味。

这款利口酒色泽深红，由黑刺李浸泡在烈酒中（通常为金酒），加入糖制成。黑刺李，与李子接近，蓝黑色圆形小浆果，是黑刺李灌木的果实。黑刺李金酒酒精度是26%，很活泼，其水果甜味和苦味平衡和谐，还有来自果核的果仁味。我把它作为餐后酒纯饮，搭配一块浓郁的奶酪。不过，它也可以加冰块、加起泡酒或者与苦柠檬调配。

留意普利茅斯黑刺李金酒，这款酒的基酒是卓越的普利茅斯金酒。

桃和杏

过去，欧洲气候温暖区域的葡萄酒酿造商经常在葡萄园里种植果树，目的是把昆虫从葡萄上引开。因此，顺理成章有了用水果酿制蒸馏酒和利口酒的传统。这个传统一直持续到现代鲜杏白兰地的酿造和营销以及用桃子加甜的威士忌——最著名的就是南方舒适。

南方舒适（SOUTHERN COMFORT）

C 色 浓艳的深琥珀色，酒瓶有棱纹，一眼就能辨认出来。

A 香 浓郁、复杂，散发着桃子、橙子和香草的香味。

T 味 丰满，但又不太甜，有水果味和药草味，回味有烈酒味。

深南（Deep South）是优雅、丰满、鲜桃味的威士忌利口酒——就像酒杯里的《乱世佳人》！这款酒以波本酒为基酒，1874年，由一位名为M.W.海荣（M.W. Heron），供职于美国新奥尔良市波本街的年轻酒吧服务生创造，直接对准新出现的市场群体——高雅的南方美女。

当时的威士忌总是从木桶中倒出侍饮，很刺口，海荣想使之变得柔和、香甜，创造出更精致、适合女性饮用的酒。这种酒最初名为卡巴（Cuffs & Buttons），1885年，被重新命名为南方舒适。1889年，海荣迁居到田纳西州的孟菲斯，开始酿制瓶装南方舒适利口酒。大约一个世纪之后，酒业巨头布朗福曼公司（Brown Forman）将其接管，如今，这个公司在许多地方都有酿酒厂，而且行销全球。

南方舒适很复杂，它是将波本威士忌、水果和药草调配在一起——实在太复杂了，所以酿造商宣称全世界只有8个人知道确切配方！烈酒里混合了大量的水果和药草，包括橙子、香草、肉桂、桃和柠檬，然后，在橡木桶中熟化。其结果是，它的酒液看起来像威士忌，它有波本酒的品质、特点和深厚性，不过，南方舒适比它们更灵活、更诱人，而且与许多调酒原料搭配非常出色。这种变化多端的利口酒通常与柠檬汽水搭配，用高杯加冰块侍饮。不过，在家里，它也可以搭配可乐、汤尼水或者柑橘汁，如酸橙和柚子或者调配成鸡尾酒，如阿莫莱托舒适（Amaretto Comfort，见第364页）。我喜欢与干越莓汁搭配——作为日落时分的长饮完美无瑕。

南方舒适最初的市场目标群是那些优雅的上流女子。不过，在20世纪60年代改变了形象，当时，它是歌手詹妮斯·乔普林（Janis Joplin）的最爱，她经常把酒瓶握在手里出现在舞台上。从那以后，这款酒与摇滚叛逆联系在一起。如今，年轻的都市年轻人以及南方美女都乐意饮用它。酿造商已经降低了它的强劲度（酒精度降到了35%），从而满足年轻一些的消费者群体。

经典的广告 南方舒适的品牌认知度一直都很强。它的酒标很出名，从1934年左右开始就没有变化，它展现了密西西比河沿岸的一座农场庄园的景象。

久远的最爱 南方舒适是最著名的美国利口酒。它灵活多变得简直不可思议，可以调配成一系列美味鸡尾酒。

鲜杏白兰地（APRICOT BRANDY）

色 浓艳的金琥珀色，颜色来自压碎的水果和果核。

香 柔和、雅致，杏和杏仁味突出。

味 口感清淡、纯净，有杏和杏仁味。

即使您不喜欢喝杏，我还是建议您品尝这种金色、清淡、清爽的利口酒。它在全世界都很受青睐。我认为这是最好的水果利口酒之一，特别适合在温暖的夏日夜晚，倒在碎冰上饮用。

像樱桃白兰地一样，人们往往感到迷惑，不知道鲜杏白兰地到底是白兰地酒还是利口酒。问题的答案在于它的酿造方法——用烈性基酒浸泡水果，而不是蒸馏水果制成烈性酒，就能直接将其划归利口酒。

约瑟夫卡纯
鲜杏白兰地

为了酿制鲜杏白兰地，人们把成熟的杏放入木桶，浸泡在中性的葡萄（或者谷物）烈性酒里，7周到8周的时间。然后，在烈性酒和果汁的混合酒液里加入糖，降低酒精含量，并且进一步培养水果滋味。有时，还加入药草精华提升口感，所以，最后酿制而成的利口酒清淡、有水果味和坚果味，还有来自破碎杏核的杏仁香味。

世界各地都酿造鲜杏白兰地，但卓越的品牌不多。波士水果利口酒系列里有一款鲜杏白兰地，除了水果味以外，还有香浓的杏仁味。法国酿造商约瑟夫卡纯，选用罗纳河谷的杏，酿制的酒品水果味醇厚。玛莉布莉莎出产的艾普瑞（Apry），以干邑为基酒，我认为其很高级。美国的品牌之一杰奎因（Jacquin）出产的杏味白兰地（Apricot Flavored Brandy）——酒精度33%，比其他竞争对手更强劲一些。

波士
鲜杏白兰地

鲜杏和其他水果“白兰地”与深色水果利口酒（见第287页），在酿造方法和饮用方面，有很多共同之处。它们可以纯饮，不过，最常见的还是作为鸡尾酒的主要原料。

收获鲜杏 产自南非和法国鲁西永地区的新鲜、高质杏都进入了玛莉布莉莎出产的每一瓶艾普瑞鲜杏白兰地中——市场上最好的酒品之一。

葡萄园鲜桃酒（Crème de Pêche de Vigne）

色 优雅的淡金色，颜色源自桃子。

香 水果香味深厚，散发着桃、杏仁、蜂蜜和香草的香味。

味 丰满，令人满意，水果的甜味和坚果味很平衡。

之所以名为勃艮第葡萄园鲜桃酒，是因为，在过去，法国勃艮第的葡萄园里种植了桃树。那时候，桃子可以有效抵御葡萄虫害，这些虫子会袭击果树，而非珍贵的葡萄树。用桃树的果实酿造利口酒是葡萄酒酿造商的额外收获，这令他们十分高兴。

如今，为了酿制利口酒，酿酒商特意种植桃树。这种香甜、汁多味美的小水果在夏末成熟，九月份收获。

把这种水果放在大木桶里，用纯烈酒浸泡3个月。制成的利口酒呈迷人的金色，有水果味和坚果味——不太甜，平衡性极佳。酒精度为18%，不过于强劲；精致、香气柔和，也不过于张扬——很像维欧尼葡萄酒（见第48页）。其可以纯饮或者与起泡葡萄酒调配，再或者倒在冰激凌或者新鲜水果沙拉这样的甜品上享用。

调配

清晨的香槟 少许鲜杏白兰地上加入香槟酒，并且放橙子加以装饰，清新而富有水果香味，可以在任何重大庆典活动开始时饮用，完美至极。

异域水果

很多水果利口酒具有传统渊源。比如，在日本，用甜瓜给烈性酒加味已经有好几个世纪了。其他异域水果利口酒出现的时间并不长。现在，您可以找到用香蕉、枣、热情果、猕猴桃和很多其他水果酿制而成的酒品。

塔玛拉（TAMARA）

C 色 淡金色，浸泡蜂蜜和椰枣的结果。

A 香 甜、强烈；成熟水果和香草味混合在一起，很诱人。

T 味 极甜、油滑，有椰枣和香草味以及坚果味。

塔玛拉（源自tamar一词，希伯来语椰枣之意）是一种产自以色列的椰枣利口酒。将椰枣先在中性酒里浸泡，然后用糖或者蜂蜜加甜。酿制而成的酒甜美，但很丰满、复杂，酒精度20%。适合少量单独饮用。

萨发瑞（SAFARI）

C 色 深黄色——比橙汁的颜色稍浅。

A 香 明快、活泼；散发着柠檬、酸橙、杧果、木瓜、热情果的味。

T 味 甜、明快，有水果味；口感刺激。

萨发瑞是一种异域水果利口酒，不太强烈（酒精度20%），很清新，因而足以展现其柠檬、酸橙和热情果的香味。其与橙汁或者柠檬汽水调配饮用，比例是1（1份萨发瑞）:4。如果您确实喜欢甜食，可以纯饮或者加冰。

彼姆（PIMM'S）

C 色 深红褐色；No.1的酒瓶世界驰名。

A 香 芳香、雅致，散发着清新药草和多种水果的气味。

T 味 清淡、清爽；有金酒、香料和药草的气味；回味纯净、清新。

彼姆

19世纪中叶，伦敦市（最初的伦敦，传统上的金融区）的一家餐厅詹姆斯·彼姆（James Pimm）创造了一种新饮品，即，将烈性酒（最开始而且最著名的是金酒）和各种药草和香料混合，其中包括奎宁。然后，在这种强劲的饮品中加入姜汁汽水稀释成清爽的长饮。1856年，彼姆餐厅新调配而成的饮品大获成功，因此，开始酿制、灌装成瓶销售给其他餐厅和酒吧。这就是最初的彼姆No. 1（No.1这个名字源于一号酒杯——一种带柄带盖的大酒杯——彼姆用它来侍饮他的酒水）。

从彼姆No.1以后，出现了彼姆No.2（用威士忌制成）、彼姆No.3（白兰地）、彼姆No.4（朗姆酒）、彼姆No.5（黑麦威士忌），而现在只有彼姆No.6——用伏特加制成——是最初酒品的一款兄弟酒。最初，詹姆斯彼姆的酒品，酒精度达40%，真是让人惊异。现代的酒品更含蓄、清爽，酒精度为20%，因此容易入口得多！

把1份彼姆酒与4份配料（柠檬汽水或者橙汁效果最好）混合，或者制成潘趣酒——把彼姆酒与柠檬汽水混合，然后拌入一些黄瓜、草莓和白色水果。天气炎热的时候，在花园里饮用，真是再可口不过了。

乐纳（LENA）

C 色 鲜亮，壮丽的黄色——像刚刚熟透的香蕉。

A 香 香蕉味浓郁，还有杏仁味和香草味。

T 味 令人满意，不太丰满；香蕉味和香草味平衡很好。

乐纳是香蕉利口酒的品牌名称，由日本酒品公司三得利营销。

把整个香蕉浸泡在烈性酒里，这就意味着，尽管香蕉利口酒很甜，但不过于甜，口感精致，与蜜饯香蕉相似，而不像新鲜的香蕉，有复杂的杏仁味和香草味。

波士、勒鲁、玛莉布莉莎，都酿制香蕉利口酒，不过乐纳往往是调酒师的首选。把它跟马利宝这样的烈性酒调配成热带鸡尾酒，很出色，可以把所有的滋味展现出来。

波士猕猴桃酒（BOLS KIWI）

C 色 迷人的翠绿色——就像猕猴桃的心儿。

A 香 猕猴桃和柑橘水果的甜香融合在一起，非同寻常。

T 味 甜，酒体清淡，可口的猕猴桃味突出。

波士猕猴桃酒

猕猴桃或者奇异果，酿制成酒精饮料并没有特别的传统。不过，因为这种水果味道浓烈、不甜，所以用它酿造成滋味强劲而不甜腻的利口酒有着巨大潜力。

波士猕猴桃酒（也被称为Kibowa）呈鲜亮的翠绿色，香气含蓄，口感温润、清新。

我还没想好怎么饮用猕猴桃利口酒。我建议您可以品尝一下，要么加冰纯饮，要么加果汁或者柠檬汽水。看看您的感觉如何。

素好（SOHO）

C 色 清澈透明、鲜亮；酒瓶清透，酒杯为红色。

A 香 荔枝香气馥郁；极富花香。

T 味 有微微的薄荷味，回味悠长、有荔枝味。

素好

素好选用中国的荔枝酿制，1991年，由保乐利加集团推出。荔枝常用于中国菜肴，以其甜味浓郁、新鲜而著称——这也是这款利口酒的诱人之处。素好酒可以加入最激爽的橙汁，特别是果汁和利口酒都冰凉的时候，口感会很清爽。加冰纯饮或者调配成异域水果鸡尾酒也很出色。留意酒业公司波士、迪凯堡出产的荔枝利口酒。

马拉库佳（MARACUJÁ）

C 色 鲜亮的金黄色；也有红橙色。

A 香 奇异；散发着热情果、柑橘味；极其浓郁、清新。

T 味 甜、明快，有水果味，还有隐隐的茶香和热情果的味。

马拉库佳（葡萄牙语，意思是热情果），全名Licor de Maracujá，是一种产自大西洋的马德拉群岛和亚速尔群岛的甜味利口酒。

把马拉库佳调配成鸡尾酒饮用——我喜爱把它与香槟和金酒或者与淡色或白色朗姆酒调配。您也可以往高杯里加入一些菠萝汁调成长饮或者加碎冰冷饮。

如果您找不到当地酿造商蒙尼的酒品，波士和迪凯堡也出产类似的利口酒，里面含有其他水果，呈红色或者红橙色。

异域水果 荔枝、猕猴桃、无花果、香蕉、枣、杧果、菠萝、甜瓜——利口酒的魅力就在于任何一种水果，无论多么奇异，都可以浸泡在烈性酒中，创造酒杯里的人间美味。

帕索（PASSOÃ）

色 鲜亮的橙红色——受热情果的影响。

香 精雅、清新、活泼，散发着成熟水果味和柑橘味。

味 清淡、明快，有水果味；甜，有丰满的热情果味和柠檬味。

帕索是一款热情果风味的利口酒，瞄准的是热情的年轻派对爱好者，由法国人头马君度酒业集团所有并营销。这种利口酒甜，有水果味，有趣，调配异域鸡尾酒或者与果汁调配成长饮很完美。

帕索

16世纪，欧洲人首先发现了热情果，当时西班牙传教士把南美洲开辟为殖民地。对于热情花（此花长出热情果）名字的由来还有争议。有人认为与水果的催情特性有关；有人认为指的是耶稣受难（Christ’s Passion）——因为热情花灌木上的荆棘，让人想起了耶稣受难时所戴冠冕上的荆棘。当然，热情花常被用做圣像中的耶稣受难标志。

帕索是一款比较年轻的利口酒——1986年才在北欧推出，不过，它已经成为重要的鸡尾酒调配原料。这款利口酒的受欢迎程度在荷兰位列第二，在比利时位列第三。

帕索的酒精度是20%，不太强劲。除了可以调配成鸡尾酒，这款异域利口酒也可以加冰块饮用或者与橙汁或柚子汁混合后饮用。

蜜多利（MIDORI）

色 鲜艳、迷人的亮绿色——像多汁的青瓜。

香 纯净、活泼，充满甜瓜味和其他水果味。

味 极甜，而又清爽，回味热烈。

蜜多利是一款甜瓜味利口酒，由日本酒业公司三得利研创。现在，在墨西哥酿制，主要针对美国市场销售。不过，迄今为止，在澳大利亚取得了最大的成功。

蜜多利

1978年，蜜多利利口酒在纽约54 Studio夜总会推出，是一款年轻人的派对饮品——鲜亮、甜美、清新，酒精度21%，不太强劲。这种利口酒的基酒是中性烈性酒，用甜瓜蜜露加味。甜瓜蜜露呈浅绿色，又甜美又清新。以上特点在蜜多利里非常突出，因此这款利口酒成为夏日清爽长饮的完美调配原料。可以品尝宇宙（Universe）——一款获奖鸡尾酒，由蜜多利和伏特加、酸橙汁、菠萝汁调配。很多调酒师还把这款利口酒与百利、马利宝或者起泡苹果汁调配——而且也可以加柠檬汽水“纯饮”。一般情况下，我会说蜜多利太甜，不适宜单独饮用，不过，在炎炎夏日——甚至在海滩派对，如果您真希望品尝清爽的长饮，那就加入苏打水、很多冰和一片柠檬来平衡甜味。

显而易见，蜜多利的绿色鲜艳，绝对是酒橱里必不可少的酒品之一——尤其是如果您希望您的利口酒清爽、富有水果味、充满异域的滋味。

CHARTREUSE

“雅致、独特、浓厚；这些饮品细腻精良，很多是根据世代相传的秘方或者在修道院内不外传的秘方酿制而成。”

蔬菜、药草和香料利口酒

蔬菜、药草和香料利口酒简介

中世纪，欧洲的修道士在花园里种满了各种有益健康的蔬菜、药草和香料。为了保存这些“药”，他们将其浸泡在酒液里创造出了“长生不老酒”——其是利口酒的最早形式。

品酒和侍酒

简介 植物利口酒可能通过基酒（如威士忌或者白兰地的琥珀色）、植物原料自身或者染色添加成分进行着色。

所有的利口酒都很甜，不过，药草利口酒的甜味被植物的苦味抵消。对于那些选用很多不同原料酿制的利口酒，每闻一下、每尝一口，您都会有新发现；对于那些选用一种植物酿制的利口酒，如薄荷酒，这种药草或者香料的香气和味道往往很强烈。植物利口酒可以作为餐前酒（特别是八角利口酒）或者餐后酒（如加利亚诺）侍饮，不过最常见的还是调配成鸡尾酒。

尽管，与所有的良药一样，很多早期以植物为基础的利口酒并不可口，但通常极其复杂、丰满，因此，到了今天，有些著名的酒品仍经久不衰，如班尼迪克汀酒、查特酒。欧洲人探索加勒比地区以后，带回了甘蔗。这样，药草利口酒的时代到来了。酿造商把糖添加到口味不佳的“不老酒”里，使其更容易入口。药草酒与“长生不老酒”说再见，只不过是个时间问题。人们开始享受饮用药草酒的快感。

熏衣草 意大利利口酒加利亚诺的药草、香料和鲜花的香气复杂，其中包括熏衣草的香味。

植物的世界——以及可能性

有些药草或者植物利口酒，如意大利的加利亚诺，选用来自世界各个角落的100多种药草、叶子、根酿制而成；有的，如薄荷酒（Crème de Menthe，传统上来讲，产自法国）和莎纳（Xanath，一种墨西哥的香草利口酒）主要由一种植物制成。姜酒，如斯通（Stone’s，产自英格兰）、以洋蓟为基础的意大利利口酒西纳尔，都属于后一种利口酒。葛缕子籽、黄连木树胶，甚至金片儿都能在药草利口酒中发挥作用——真是无限可能啊。八角这种植物，曾经造就了

原料 几乎所有的植物都可以用于给利口酒加味。下图从左至右分别是：八角（用于酿制巴斯蒂斯）、薄荷（薄荷酒）、姜（姜酒）、洋蓟（西纳尔）。

一大类利口酒，就是人们熟知的八角利口酒，包括著名品牌保乐、巴斯蒂斯、萨姆布卡、吾尊。不过，这类利口酒并非全都只选用八角制成，也有可能加入其他八角茴香科的植物，包括茴香。甘草根也产生独特的八角香味，但它却是另一种不同的植物。最有趣的是，这些酒都是苦艾酒的后代。19世纪时，由于苦艾酒强烈、似药，曾让法国品饮者毛骨悚然。过去，利口酒含有苦艾皮，人们称之为迷幻剂，就因为它，最终导致颁布对苦艾酒的禁令。为了解决这个问题，酿造商不得不寻找一种替代植物，既有苦艾的滋味，又没有迷幻的属性——那就是八角。

蔬菜、药草和香料利口酒为我们提供了一些世界上最古老、最复杂的利口酒。不仅如此，很多酒还蕴涵着令人迷醉的故事——从苦艾酒的迷幻传言到班尼迪克汀酒的配方，据说这个配方在一位修道士的私人日记里隐藏了数年。

鸡尾酒 长饮鸡尾酒斯维塞斯（Suissesse）（见第349页），以八角味利口酒保乐为基酒，保乐利口酒接触水以后变得朦胧不清。这款鸡尾酒还加入了蛋清、柠檬汁和苏打水。

燃烧的萨姆布卡 萨姆布卡是一种强烈的八角利口酒。按照传统，要点燃侍饮，上面还漂浮着一枚咖啡豆，人们称之为“苍蝇”。

八角和大茴香子

尽管这类酒通常被称为八角利口酒，但并非仅选用八角制成，而是由一系列药草、根和香料酿制而成。它们可以追溯到苦艾酒的酿造，但每款酒有细微差别，因为选用各自不同的原料，实现口味上的微妙变化。酿制工艺千差万别，所以也影响了利口酒的特质。

保乐（PERNOD）

C 色 绿黄色酒液在加入水之后呈更淡的、不透明的奶油色。

A 香 独特；散发着八角、甘草、药草和檀香木的香味。

T 味 干、有麻刺感，有八角味、丁香味，回味绵延不绝。

保乐利口酒由保乐家族创造，始酿于1920年，替代了遭禁的苦艾酒。这款酒选用的原料与苦艾酒一样（包括茴香、肉蔻、牛膝草、当归、其他药草和根），不过把苦艾皮——据说有迷幻作用——换成了八角。八角是中国八角树的果实，不要与大茴香子混淆，大茴香子是地中海植物八角茴香植物的花。

与加味伏特加酒不同，保乐酿制过程如下：先蒸馏八角和茴香，制成液体，然后与烈酒和芳香植物蒸馏液混合，最后加甜、着色。顺便提一句，很多人认为由于保乐酒和巴斯蒂斯酒（见对页）加入水之后，都变得“朦胧不清”，所以是同一种饮品。然而，巴斯蒂斯酒的酿制方法不同——要浸泡药草、香料和甘草。

保乐利口酒干、复杂、浓烈（酒精度40%左右），即使加入水之后，八角和药草味依然突出。可以用1份保乐酒兑5份水调配成经典的餐前酒，如果您愿意，还可以加冰。它的药草特性也使其成为很好的餐后酒——只要想喝就可以享用！

乳白色 饮用保乐的经典方式就是——加入水，使其朦胧不清。

文化与传统

苦艾酒 今日八角酒的前身就是充满传奇色彩的苦艾酒。1792年，法国医生欧迪奈把苦艾皮和其他药草与酒混合在一起，将这种饮品命名为苦艾酒（源自植物名称苦艾）。亨利·路易斯·保乐（Henry Louis Pernod）买下这个配方，于1797年开始酿制销售。然而，苦艾含有迷幻崔柏酮，1908年，苦艾酒在瑞士遭禁，后来在法国遭禁，接着在其他地区遭禁。保乐对此的回应就是放弃苦艾，酿制出我们今天所熟知的这种酒。

里卡尔（RICARD）

色 淡金褐色，加入水后呈不透明的奶油色。

香 精雅、如花，散发着大茴香子、药草和甘草的香味。

味 干、清爽、复杂；有药草、大茴香子和甘草的香味。

里卡尔

里卡尔是一种八角利口酒，1932年，由法国企业家保罗·里卡尔（Paul Ricard）创造，其味道干，精雅、如花，而且强劲。现在，它是世界位列第一的八角烈性酒。

里卡尔利口酒的配方包括八角、药草和甘草（比保乐利口酒突出），经过浸泡和蒸馏制成。最好用1份里卡尔酒兑5份水调配，然后，您就可以坐在那，梦想法国了！

巴斯蒂斯51（PASTIS 51）

色 淡金褐色，加入水后呈不透明的白色。

香 独特；散发着大茴香子、甘草、药草和檀香木的气味。

味 纯净、柔和，有大茴香子、药草味，回味清新。

巴斯蒂斯51（51指的是酒品推出的那一年，即1951年）在法国销量位居第二，不过，在原产地马赛附近和法国南部米迪（Midi）最畅销。

巴斯蒂斯51通过浸泡而成，其中包括药草和根，特别是八角和甘草，又以甘草为主。尽管很强劲，但比保乐酒干，并且没有保乐酒的绿色。

餐前饮用巴斯蒂斯51——加冰，用5份水稀释1份酒液。

巴斯蒂斯

卡萨尼（CASANIS）

色 不透明；浅奶油黄色，带有一丝绿色。

香 精雅，典型的“八角”酒，散发着大茴香子和药草的气味。

味 干、酒体清淡，有隐隐的鲜花、八角和甘草的气味。

卡萨尼是法国南部普罗旺斯人最喜爱的八角烈酒之一，但这款酒原产于科西嘉。卡萨尼以其芳香、清淡的特点著称，由绿茴香和八角混合药草，如百里香和迷迭香酿制而成。

普罗旺斯和科西嘉的传统饮用方式是：要么加水冲淡，要么纯饮——要想让滋味完全释放出来，用1份酒兑5份水。

贝尔热白（BERGER BLANC）

色 清透、纯清，没有更传统的巴斯蒂斯酒的绿黄色。

香 精雅，大茴香子味和药草味平衡很好。

味 干、清新，有隐隐的八角味和甘草味。

贝尔热白是一款餐前饮用的法国八角利口酒，用于酿酒的植物（药草和芳香植物）比很多其他品牌少一些。因此，澄澈、透明、细腻、雅致、平衡佳，大茴香子和甘草的特点没有大多数同类酒品明显。如果您从来没有品尝过巴斯蒂斯酒，它是极好的入门酒。

贝尔热也酿制一款贝尔热巴斯蒂斯酒（Berger Pastis），其风格更加传统，有少量甜焦糖味。这款酒作为主要品牌的替代酒品，也很值得品尝。

贝尔热白

玛莉布莉莎（MARIE BRIZARD）

色 清透、鲜亮——并不像其他巴斯蒂斯酒那样呈奶油黄色。

香 精雅，有微微的药味；散发着大茴香子味和香料味。

味 极其滑润、热烈；有大茴香子味和药草味；回味悠长、有香料味。

玛莉布莉莎八角茴香酒（Marie Brizard Anisette）是法国公司玛莉布莉莎推出的酒品。玛莉本人于1714年出生在波尔多。1755年，一位从西印度群岛来到波尔多的法国种植园主发高烧，经她护理，恢复了健康。为表达谢意，他把酿制八角茴香酒的秘方送给了她。同一年，玛莉和她的侄子开始大量酿制这种利口酒，他们不仅开创了自己的公司，还开创了法国酒品工业。

这款特别的利口酒选用西班牙南部的甜绿八角（大茴香子）果实，还有10多种其他植物、水果和香料酿制而成。大茴香子与纯烈性基酒混合，赋予其滑润、丰满感，很多其他同类酒品都没有这个特点。最后酿制而成的酒滋味强烈、丰富，口感雅致、清新，餐后加冰享用更好，不要餐前饮用。不过，要当心！这款利口酒极其容易入口，但酒精度为25%，并不柔弱。

玛莉布莉莎也酿制柠檬八角茴香酒（Lemon Anisette），就是将八角茴香酒原液与柠檬汁混合，目前这款酒仅在西班牙出售。

玛莉布莉莎

萨姆布卡（SAMBUCA）

C 色 清澈透明；还有黑色、蓝色、金色、绿色、红色的酒品。

A 香 雅致，散发着大茴香子、接骨木、甘草和药草的气味。

T 味 甜味平衡，香味充盈。

萨姆布卡产自意大利，是一种八角和接骨木味利口酒。接骨木的选用把萨姆布卡酒和地中海地区的其他八角烈酒区分开来，其中包括巴斯蒂斯和吾尊。

萨姆布卡通过把八角、接骨木、甘草和其他药草和香料浸泡在烈性酒里制成。基本款的利口酒清透（被人们称为“白色”萨姆布卡），但也有有色酒品，包括深蓝色的，却被人们称为“黑色”萨姆布卡。它的滋味比大茴香子味的餐前酒更甜、更丰满，介于保乐酒和甜美的法国八角茴香利口酒之间。

斯密兹萨姆布卡

因此，享用萨姆布卡的方式各不相同。它可以用水稀释后，作为餐前酒饮用；或者，如果您有足够的勇气，可以把它变成传统的意大利“燃烧的萨姆布卡”。您把酒倒入烈酒杯，然后丢进三颗咖啡豆（漂浮在表面，人称“苍蝇”），点燃！有些莽撞的人把酒液含在口中，点燃，最后闭上嘴熄灭火焰。不过，我可不建议您尝试这种方法。

萨姆布卡有成千上万的酿造商供您选择。罗马那（Romana，隶属帝亚吉欧）是最大的酿造商之一，它出产的白色、黑色两款萨姆布卡酒滑润、丰满、甜美。其他上好的品牌有：斯密兹、利涉多、加利亚诺和出类拔萃的摩利纳立（Molinari）。摩利纳立由安吉洛·摩利纳立（Angelo Molinari）在1944年创造，是意大利唯一一款可以称为“特级”的萨姆布卡酒，“特级”二字是高品质的标志。

欧帕奈拉 萨姆布卡

白色萨姆布卡与有色萨姆布卡，除了外观，除了有色酒品可能更甜一点儿以外，区别不大。欧帕奈拉（Opal Nera）是“黑色”萨姆布卡的最初品牌，1989年首次推出。不透明的黑色来自接骨木的果皮，同时它还赋予酒液略微的紫色。欧帕奈拉的味道独特，“深”而滑润，充满黑色甘草味，糖浆和柔和的柑橘味平衡很好。

调配

滑滑的奶嘴 这是一款经典的萨姆布卡鸡尾酒。调配方法如下：先往烈酒杯里倒入石榴糖浆1½茶匙，在上面分层加入白色萨姆布卡⅔盎司（20毫升），然后，加入百利利口酒⅔盎司（20毫升）。为了使原料分出层次，把原料顺着酒吧匙螺旋形的柄缓缓倒入，酒吧匙的顶端轻轻抵前一种原料的表面。

安尼索尼（ANESONE）

C 色 清透、鲜亮，黏稠度中等。

A 香 散发着大茴香子、药草和香料的气味——具有大茴香子烈酒的特点。

T 味 干，酒体强烈，大茴香子和药草味浓郁。

安尼索尼是意大利利口酒，相当于法国的巴斯蒂斯或者希腊的吾尊。它强劲、干，兑水后成长饮，是绝妙的餐前酒。意大利人也会在用餐结束时把它倒入特浓咖啡（espresso）饮用，或者直接作为餐后酒纯饮。

在意大利以外的国家最容易买到的品牌是斯多克安尼索尼——产自由意大利人莱奥内罗·斯多克（Lionello Stock）在1884年创建的一家公司。这款酒强烈、丰满，是巴斯蒂斯很好的替代酒品。

安尼索尼

乳香（MASTIC）

C 色 清透，有时呈现出微微一丝不透明的白色。

A 香 雅致；散发着药草和鲜花的气味，特别是大茴香子味和甘草味。

T 味 滑润，香味充盈；回味热烈。

乳香（Mastic，别名mastika、masticha、mastikha、mastichato和mastiha），是一款甜利口酒，由大茴香子、乳香树脂制成。大多数酒品产自希腊、土耳其、塞浦路斯和巴尔干半岛一些国家，特别是保加利亚。

其实，乳香树属于阿月浑子科，也用于生产口香糖。（它的拉丁名是Pistacia lentiscus。）虽然这种树在世界很多国家生长，出人意料的是，甘草味的树脂只能在爱琴海东北部的希腊岛屿希俄斯（Chios）找到。在希腊和中东地区（希俄斯岛屿离土耳其海岸很近），这种树脂被人们用做香料，用来治疗肠胃不适、手术缝合、补牙和香水的生产。据说，它还可以“消耗”胆固醇！

乳香利口酒以八角味的烈酒（希腊的吾尊）为基酒，加入许多植物制成。有时，要在酿制过程早期加入乳香树脂与植物；要么，迟一些，放入蒸馏液里。乳香树脂具有天然甘草味，这就意味着它很容易与酒液融合，而且可以增添酒体，使吾尊酒的口感更滑润、柔和。它的酒精度是21%，通常加冰侍饮。最知名的酿造商之一是希腊的玛拉吉斯（Mavrakis）。

阿拉克（ARACK）

C 色 清透，不过，由于杂质的关系，偶尔呈微微不透明的白色。

A 香 烈酒香，同时散发着大茴香子、药草和糖浆的气味。

T 味 很热烈，甚至火辣；干，有大茴香子和药草的气味。

阿拉克（arack或者arrack）产自中东地区和亚洲，特别是斯里兰卡和印度尼西亚。该酒名源自阿拉伯语“汁液”一词，适用于选用大米、棕榈液、葡萄干、其他水果、椰子、糖浆和甘蔗酿制的多种烈性酒。往烈性酒里面加入药草和香料，特别是八角以增添滋味。阿拉克酒的品质和特点取决于原料和原产国。最好的酒品往往产自印度尼西亚。

阿拉克

拉奇（RAKI）

C 色 清澈透明，加入水之后变得朦胧不清。

A 香 有葡萄香，辛辣刺激；散发着大茴香子、甘草和药草的气味。

T 味 干、热烈，有时很刺激；有大茴香子和药草的气味。

拉奇是土耳其的大茴香酒。“拉奇”（源自阿拉伯语arraq）一词，字面的意思是“酒”，烈性酒的历史可以追溯到300年前。在土耳其，地区不同，蒸馏酒液所用的水果也各不相同，其中包括无花果、李子，最普遍的是葡萄干。葡萄果渣（果核、果皮和果梗渣）也可以利用。现代拉奇酒酿造商通常使用suma，也就是葡萄浓缩蒸馏液而非水果酿酒。当然，所有的酿造商，无论他们怎样获取烈酒基酒，都会在酿酒过程中往里面加入大茴香子——要么是在一开始与其他植物（药草、植物和香料）一起加入，要么是在快结束的时候加入。

拉奇

酿制而成的酒液确实很强劲，酒精度通常在40%~50%，有时，高达60%。它口感强劲，而且加入水之后变成不透明的白色，这两大特点使它获得了土耳其语的绰号——“狮子奶”（aslan sütü）。拉奇的传统饮用方式是，冰镇后，兑入等量的水，搭配清淡的食物，如沙拉，也可以搭配鱼，特别是鲻鱼和鲭鱼。批量生产的品牌包括政府所有的泰克尔（Tekel）（留意耶尼拉奇（Yeni Raki）、泰基尔达（Tekirdag）、阿尔提达（Altindag）），金角湾（Golden Horn）和艾弗（Efe）。

齐普罗（TSIPOURO）

C 色 清透，加入水之后呈不透明的白色。

A 香 有药味，同时散发着葡萄、烈酒、药草和大茴香子的味。

T 味 极其活泼、热烈，有大茴香子和药草的气味。

齐普罗是纯正的希腊烈酒，有时，在克里特（Crete）被称为“齐普罗”。齐普罗由葡萄果渣（酿制葡萄酒剩下的残渣）蒸馏而成，是真正的生命之水或者说白兰地。在希腊很多地区，酿酒商往果渣烈酒里加入大茴香子增加甜度、增添滋味。

齐普罗

齐普罗的酿制并非是个机械、无聊的过程，反而是希腊家庭和社会的重大仪式。齐普罗的酿制节日被称为rakizio，它始于葡萄种植者压榨葡萄，并把葡萄汁送到酿酒厂发酵制成葡萄酒。当葡萄汁被安全地放入发酵木桶后，全家人就带着它们的果渣来到酿酒厂。当地人通常一起通宵蒸馏果渣，他们一边等，一边举办派对。然后，他们互相分享成果。到了20世纪80年代，希腊政府才允许齐普罗面向市场销售，留意沙塔里（Tsantali）和沃瑞萨斯（Vrissas），在此之前，该种酒完全局限在家庭内部。

齐普罗很强劲，酒精度在36%左右，通常用烈酒杯侍饮。如果您想作为长饮的话，可以像吾尊一样，兑水制造朦胧的效果。希腊人饮用这种酒时，往往搭配开胃小菜（mezedes），跟西班牙的传统小吃（tapas）很像。

吾尊（OUZO）

C 色 清透，加入水后呈白色。

A 香 散发着大茴香子、黑甘草和药草的刺激香味。

T 味 干，大茴香子、甘草和药草味浓烈。

吾尊或许是最著名的希腊和塞浦路斯大茴香子酒，人们认为它源自中亚，最可能与拉奇酒（见上）同源。典型的希腊吾尊酒由压榨过的葡萄、浆果、药草，包括大茴香子、甘草、薄荷、鹿蹄草、茴香和榛子制成。

吾尊12

并非所有的吾尊酒都采用同一种方法酿制。有的酿造商选用罐式蒸馏器（铜制蒸馏器形似巨大的水壶）再次蒸馏烈性基酒和大茴香子以及其他植物（用于给烈酒加味的药草和植物），而其他酿造商则蒸馏浸泡了八角和茴香籽的液体，使其浓缩，然后用纯烈性酒稀释。对外行来说，所有吾尊酒的味道可能都一样，可对那些狂热的品饮者来讲，则完全不同。

吾尊 巴贝雅尼

吾尊酒有的酒精度适中，在35%左右，有的酒精度骤升至60%！大多数都在40%上下，“奢华”酒品介于46%~48%之间。其口感从柔和、干，到丰满、干。所有酒的甘草香味都很突出。

吾尊酒一共有成百上千种，大多在某一岛屿或者希腊、塞浦路斯当地销售。最知名的酒品之一是巴贝雅尼（Barbayanni），产自爱琴海东北部的莱斯伯斯（Lesbos）岛。巴贝雅尼吾尊酒最早于1860年酿造，有4款不同的酒品。经典的是蓝标（酒精度46%），口感清淡、雅致。最强劲（酒精度48%）的阿芙罗狄蒂（Aphrodite），干而熟润。其他知名的吾尊酒包括吾尊12，其隶属金巴利集团，它是第一款灌装并向市场销售的吾尊酒。如今，这款辛辣、美味的烈性酒是世界最畅销的吾尊酒。

比较有趣的吾尊酒之一是阿芙罗狄蒂。这款酒产自新西兰，它与其他大多数销售的主要产自希腊的吾尊酒同样优质，不要把它与巴贝雅尼混淆。我认为这款产自南半球的吾尊酒很值得品尝。

吾尊酒的传统侍饮方式是作为餐前酒纯饮或者用烈酒杯兑少量水。吾尊酒与水混合后发白、不透明，这是大茴香子的精油遇水分子的结果。

食物搭配

海鲜 饮用吾尊酒时搭配食物是希腊传统，很普遍。这种酒搭配海鲜特别美味，特别是章鱼和鱿鱼，还有银鱼和其他希腊开胃小菜。

仙人掌

仙人掌利口酒通常用龙舌兰烈性酒混合果汁和其他天然甜味料酿制而成。

阿佳维罗（AGAVERO）

色 因为混合了特基拉酒和药草，所以呈深金色。

香 泥土、香料、香草和焦糖香混合在一起，其香气很迷人。

味 丰满、滑润，有药草的甜味。

阿佳维罗将年轻和陈酿的特基拉酒混合，并在里面浸泡达米阿那药草，这种药草土生土长在特基拉城附近、哈利斯科州的群山之中。这种利口酒甘美、容易入口。药草和陈酿过程产生的浓郁香草甜味中和了特基拉酒的辛辣口感。

特基拉玫瑰（TEQUILA ROSE）

色 艳粉色，因为酒瓶很黑，所以看不出来。

香 甜美，散发着草莓、香草和泥土气息的烈酒味。

味 甜、诱人；有草莓和糖味；还有隐隐的药味。

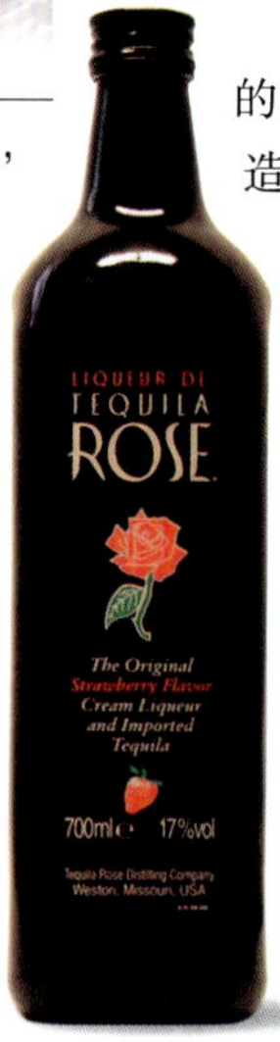

特基拉玫瑰

特基拉玫瑰是利口酒的一枝新秀，在墨西哥酿造，由麦克科米克公司负责在美国销售。这款酒由特基拉酒混合草莓和奶油制成。

如果您是百利爱尔兰奶油利口酒的粉丝，而且又喜欢有点儿刺激的口感，那么特基拉玫瑰的浓烈味道则衬托出了它的奶油香味——确实很甜。它的酒精度是17%，不太强劲。您可以加冰或者调配鸡尾酒饮用。

洋蓟

洋蓟是一种复杂的植物，含有洋蓟酸，可以刺激味蕾觉察到甜味。因此，人们选用洋蓟酿制的利口酒是理想的餐前开胃酒。

西纳尔（CYNAR）

色 深红色，很黏稠，带有一丝绿褐色。

香 独特，很刺激，散发着泥土和蔬菜的气味。

味 很苦、干，有独特的蔬菜口感。

西纳尔是一款特别的意大利利口酒——隶属金巴利集团——是唯一一款选用球状洋蓟为主要原料、全球销售的利口酒。该酒名源于这种原料的植物学名称Cynara scolymus，它是原产自地中海中部和西部地区的蓟科植物之一。

对食用球状洋蓟的记载最早始于1400年的意大利，现在，这种植物生长在欧洲比较温和的气候带（特别是法国和其他地中海国家）以及美国加州海岸。

西纳尔

洋蓟很有意思，滋味雅致，像坚果，但并不甜；西纳尔以苦味为特征。它的干味适中，口感像蔬菜，饮用时要加冰、苏打水或者柠檬水，甚至可以调配成鸡尾酒。

莳萝和葛缕子

葛缕子和莳萝是极其芳香的植物，而且关系紧密——有些语言甚至用同一个词指代。两种植物的子酿制出了库美露利口酒，但多数酒品只含有葛缕子。

库美露（KÜMMEL）

色 清透、清新；蒸馏得像伏特加一样澄澈。

香 很独特；散发着坚果、药草、香料和矿石的气味。

味 干，有葛缕子、大茴香子和异域香料的气味；清爽。

库美露是葛缕子籽利口酒的总称。人们了解葛缕子助消化的功用已经有好几个世纪。1575年，卢卡斯·波士开始在荷兰的阿姆斯特丹酿制葛缕子籽利口酒。很快，库美露的酿造传遍东欧，并且来到俄罗斯，从而涌现出了著名品牌，如沃尔夫施密特和曼特森多夫，现在，他们仍在酿制库美露。

库美露

总体而言，库美露独特而清爽，有坚果味和辛辣的特点。它的酒精度大约40%，口感强劲，餐前、餐后、调配鸡尾酒都很理想。我喜欢像伏特加一样，从冰箱里拿出来纯饮。

品尝传统的酒品，特别是沃尔夫施密特，这款酒根据丹麦的原始配方在拉脱维亚酿制，有大茴香子和葛缕子的滋味。您也可以留意口感滑润的德国基尔卡凯瑟库美露。

香草

玛雅人和阿兹特克人都曾经用香草的豆荚给恰考哈（chacau haa）增添滋味——恰考哈是一种特别的饮品，里面加入了水、可可豆和香料。现在，墨西哥南方、危地马拉、洪都拉斯首都伯利兹的人还在饮用这种酒，因此，出现了酿制香草利口酒的传统。

莎纳（XANATH）

色 深褐色；为细颈雕花酒瓶，呈墨西哥金字塔形。

香 很芳香，散发着香草、香料、药草和糖浆的香味。

味 甜而复杂，丰满、令人满意；回味甜，有香草味。

莎纳是一种颇受欢迎的墨西哥利口酒，产自墨西哥中东部地区的韦拉克鲁斯（Veracruz）。1949年，一位意大利移民选用朗姆酒和香草香精酿制而成。“莎纳”在托托纳克语的意思是“香草花”，人们认为，托托纳克的原住民首先发现了香草，并且用于调味。佳雅（Gaya）家族拥有并酿制莎纳酒，他们自己种植香草豆荚，而且只选用天然原料。

莎纳

莎纳利口酒灌装在墨西哥金字塔形的酒瓶里，可以说，这种墨西哥特色对市场营销至关重要。莎纳的酒精度是19%，不太强劲，饮用方式极其灵活。它可以在室温下纯饮或者加冰，可以兑咖啡或者混合其他烈性酒。另外，它还可以倒在冰激凌上享用。

蜂蜜

蜂蜜是最古老的酒精饮品原料之一。在古代，很多人通过蜂蜜兑水发酵，酿制蜂蜜酒或者类似的酒。如今，更加雅致的利口酒就是根据这个古老的传统发展而来的。

克鲁普尼克（KRUPNIK）

C 色 雅致的深金色，很像清透的蜂蜜。

A 香 雅致而辛辣，散发着蜂蜜和药草的气味，平衡极佳。

T 味 滑润；蜂蜜、香料、药草和烈酒的气味平衡佳；热烈。

克鲁普尼克是一款波兰蜂蜜利口酒，关于它最早的书面记载出现在14世纪，如今，它仍然很受欢迎，占据了波兰整个利口酒市场份额的10%以上。

克鲁普尼克选用野生蜜蜂的天然蜂蜜和异域香料酿制而成。其味道独特、香甜，富有香料的香气，口感强劲而热烈。波兰人在夏天的时候，加冰块饮用克鲁普尼克；冬天的时候，加热后饮用——美味啊！

留意产自格坦斯克斯塔佳德酿酒厂的克鲁普尼克；留意立陶宛的蜂蜜伏特加酒，名为克鲁普尼卡斯（Krupnikas），其味更甜，酿酒所用的药草更少；还要留意波兰波摩酿酒厂的蜂蜜伏特加酒，其味道滑润、可口，不太甜，有药草的特点。

克鲁普尼克

海卓美尔（HYDROMEL）

C 色 呈深蜂蜜金色，带有一抹黄色。

A 香 独特的甜香、雅致；主要是蜂蜜和药草的气味。

T 味 雅致、甜美，有蜂蜜和香草的香味；回味柔和。

海卓美尔（“蜂蜜和水”）是世界上历史最悠久的酒精饮品之一，其历史至少可以追溯到古希腊时期。这种酒通过把不同的蜂蜜用水稀释后，加入各种酵母发酵制成。最终的蜂蜜酒要么干，要么半甜，要么甜，这完全由最开始加入多少蜂蜜决定。

这款酒可以冰镇后作为餐前酒或者搭配奶酪作为餐后酒；它也可以调配成鸡尾酒或者兑果汁饮用。甜味的蜂蜜酒搭配甜品最合适。要当心——海卓美尔蜂蜜酒很容易入口，可能会把您干倒！

其他植物和药草

现在，很多我们称其为利口酒的饮品，最初一般都是修道士制成的药。大多数以烈性酒为基酒，并加入了药草、香料和根。今天的药草利口酒通常与那些“长生不老酒”关系密切。

加利亚诺（GALLIANO）

C 色 呈浅琥珀黄色；包装在高挑、雅致的瓶中。

A 香 复杂；散发着药草、鲜花、八角茴香、甘草和香草的香味。

T 味 独特；甜美、滑润，有药草和香花的气味。

1896年，托斯卡纳的酿酒商阿图洛·瓦卡里首先创造出了加利亚诺，此酒得名于一位意大利的少校——朱塞佩·加利亚诺，当时他正参与19世纪末意大利和阿比西尼亚（埃塞俄比亚的旧称——译者注）的战斗。由于缺乏后援部队支持，加利亚诺在阿比西尼亚的阿杜亚（Adua）战役中英勇牺牲，同年，瓦卡里创造出了这款新酒。

这款利口酒——现在隶属人头马君度集团——产自米兰以北的萨拉腊，呈淡琥珀黄色，散发着独特的药草和薄荷香味，口感辛辣、甜美。酿造过程中，利口酒在玻璃罐里贮藏6个月之久，这使药草、鲜花、八角茴香、甘草和烈酒完美融合。“倒锥形”的酒瓶自1896年至今一直没有改变。

加利亚诺利口酒最适合当做调酒原料，最出名的就是哈维撞墙（混合了伏特加、橙汁和加利亚诺）。不过，它也可以加冰作为餐前酒纯饮或者在室温下、用烈酒杯作为餐后酒饮用。

无穷无尽的滋味 加利亚诺利口酒混合了超过25种药草和香料，包括香草、八角和薄荷，非常复杂。因此，很吸引人——每呷一口，都会有新体验。

阿尔奇美（ALCHERMES）

C 色 因为加入了胭脂红，所以呈清淡、鲜亮的红色。

A 香 散发着鲜花——特别是茉莉和玫瑰——和香草的香味。

T 味 很辛辣，也很甜美，如花。

阿尔奇美虽然是从西班牙来到意大利，但它产自佛罗伦萨，是一款复杂的利口酒，其原料有烈性酒、糖、玫瑰水、茉莉、橙子皮、香草、香料，香料包括肉桂、香菜、丁香、肉蔻、大茴香子、小豆蔻。其酒名源自西班牙语，意思是“瓢虫（alquermes）”——这说明酒液呈红色。对于现代人来讲，这款利口酒过甜，普遍用于烹调，因为它的香料和色泽可以创造出色效果。

利科43

利科43（LICOR 43）

C 色 清淡、鲜明的金色，还闪闪发光。

A 香 清新、芳香，散发着药草、香草和水果的气味；清爽。

T 味 明快、清新、活泼，有香料、柑橘和香草的气味。

利科43产自西班牙东南海岸穆尔西亚的卡塔赫纳（Cartagena），从1924年一直由帝亚戈扎摩拉公司酿制。据说，利科43的配方直接从迦太基（Carthage）古城传承而来——迦太基在今天的突尼斯——而且至少有2500年的历史！

药草赋予利科43清新、复杂的口感和香草的浓郁味道。它甜而不腻，作为西班牙潘趣酒香格里亚（Sangria）的原料，非常成功。

老神甫（LA VIEILLE CURE）

C 色 浅淡；呈金、绿黄色——浸泡各种药草的结果。

A 香 散发着药味和药草味；极其复杂，还有香草的香味。

T 味 平衡迷人，有药草味和干邑味；甜美、滑润。

森能修道院（Abbey of Cenon）位于法国西南的吉伦特，最早于中世纪酿制出老神甫利口酒，但直到法国大革命以后才开始以营利为目的的酿造，而所有的生产在1986年终止。尽管如此，偶尔还有一些酒上市销售。酿酒秘方包括用雅文邑和干邑浸泡多达50种的根和药草，其中有杜松、没药、当归、小豆蔻、茶和蜂蜜。我认为，这是最上好的药草利口酒之一。

班尼迪克汀

班尼迪克汀D.O.M.（BENEDICTINE D.O.M.）

C 色 独特，呈古金黄色，泛着橙色的光。

A 香 雅致、平衡佳，散发着柑橘水果味和香料味。

T 味 丰满、滑润、雅致，有香料、蜂蜜和柑橘的气味。

班尼迪克汀首字母缩写，意思是“献给上帝，至臻完美”（D.O.M.——D.O.M.是Deo Optimo Maximo），是驰名世界的药草利口酒，根据1510年的配方酿制而成。

当时，位于法国北部沿海费康（Fécamp）的班尼迪克汀修道院周边流行疟疾，威尼斯的修道士唐·贝尔纳多·温赛利（Don Bernardo Vincelli）就研配出了这种利口酒抗击疟疾。他选用27种世界各地的药草和香料，可能很多都是他从威尼斯带来的，因为那时候，威尼斯是通往阿拉伯半岛和东方香料中心的必经之路。人们饮用这种利口酒后发现，它不仅能保护他们免遭疟疾，而且可以帮助“治疗”风湿病——大概是酒精麻痹了疼痛！很快，这种酒就在修道士和当地人中流行起来，而且被称为“上帝的荣光”。

18世纪末，法国大革命期间，修道院瓦解，利口酒的酿制也就停止了。不过，1791年，一位德高望重的费康当地人买下了16世纪含有原始配方的手稿。但配方并未引起人们的关注，手稿在这个当地人的家族一代一代流传下来，直到1863年，它到了葡萄酒商人，也是家族后裔之一亚历山大·勒·格兰（Alexander Le Grand）的手里。

勒·格兰决定酿制这种利口酒销售，酒名就是班尼迪克汀D.O.M。

金箔酒（Goldwasser）

C 色 鲜亮的黄色，还有隐隐的橙色——以及薄薄的金片。

A 香 雅致而引人，散发着药草和香料的气味。

T 味 很强劲、独特；清新而复杂，八角茴香味突出。

金水（Goldwasser，或者波兰语的Zlota Woda），早在17世纪它产自现在波兰的格坦斯克（Gdansk），是一款药草、香料利口酒，由蒸馏的烈性酒加入各种油和香料添味制成，香料包括八角、茴香、当归、龙胆和杜松。不过，真正吸引人的是酒液里漂浮着23K金箔！金箔酒加入冰块后是一款非比寻常的餐前酒，或者您可以倒在咖啡里饮用。

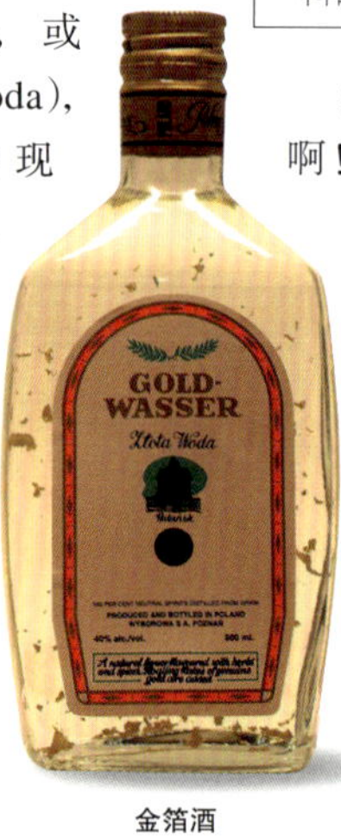

金箔酒

赫米蒂奇火枪（L' ARQUEBUSE DE L' HERMITAGE）

C 色 呈来自药草和植物的、极淡的绿黄色。

A 香 独特的药香，还有多种鲜花和药草的香味。

T 味 青草味很浓，鲜花、药草和香料的气味平衡很好。

这款利口酒的名字多么奇怪啊！用于酿酒的植物曾用于治疗赫米蒂奇——一种早期的火枪—引起的伤口。1857年，伊曼纽修士（Brother Emmanuel）研制出赫米蒂奇火枪利口酒的配方，其包括浸泡和蒸馏33种不同的药草和植物，其中有甘菊、艾蒿、酸橙花和牛膝草，所有的原料都有医疗特性。现在，这款利口酒很难找，特别是在法国境外。上好的酿造商是切利罗舍尔（Cherry-Rocher）。

B和B（B And B）

C 色 呈深琥珀橙色——比班尼迪克汀酒的颜色略深。

A 香 迷人、刺激，散发着香料、香草和药草的气味。

T 味 酒体中等；滑润；有香料、蜂蜜、柑橘的气味；回味微甜。

B和B利口酒由班尼迪克汀（Benedictine）和白兰地（brandy）混合调配而成——它是20世纪30年代纽约“Clutb 21”的一位男招待想出来的主意，当时，这两款酒在各地酒店很受欢迎。如今，由班尼迪克汀公司酿制。

B和B利口酒比班尼迪克汀利口酒更干，酒体更强一些，更刺激。可以把它作为上好干邑的替代酒品，也可以用白兰地球形酒杯餐后饮用。我爱它！

B和B

文化与传统

班尼迪克汀宫 1882年，亚历山大·勒·格兰命令这座“宫殿博物馆”建筑担负起两大功能——班尼迪克汀酿酒厂和艺术博物馆——时至今日，它的这两大功能依然没变。这座宏伟的建筑由法国建筑师卡米耶·阿尔伯特设计，于1888年落成，但是1892年因大火部分损毁。重建后，它融汇了中世纪和文艺复兴时期的建筑风格，蔚为壮观。

到了1873年，班尼迪克汀利口酒取得了巨大成功。1876年，勒·格兰创建了班尼迪克汀SA公司，直到今天，这家公司还在费康酿制利口酒，并且行销全球。

班尼迪克汀利口酒的27种药草和香料包括甜味的，如香草和香菜；苦味的，如没药；辣味的，如小豆蔻和肉桂。因此，它的口感复杂，令人满意，简直独一无二——酒液有柑橘味和香料味，有甜味，但不过于浓烈，药草特性浓郁，但却不会掩盖水果的芳香。其回味似乎绵延不绝，而且极其强烈。

这种利口酒非常灵活多变，饮用方式很多。我最喜欢在晚上饮用（我觉得下午饮用的话，太浓烈、太丰满），用大的干邑酒杯加冰块。我喜欢单独享用它或者搭配清淡的、可以小口咬着吃的东西，如橄榄，但可能不会餐前饮用。有的人喜欢在正餐后饮用，通常调酒师会用它给鸡尾酒增添一点儿药草的滋味。

酒橱里必不可少 无论您怎么饮用班尼迪克汀利口酒——晚上的时候，加冰、搭配清淡的点心，还是正餐后纯饮——这款利口酒是永恒的经典。

斯帕不老酒/安特卫普不老酒（ELIXIR DE SPA / ELIXIR D’ANVERS）

色 呈淡绿黄色，反映了药草原料。

香 芳香，药草味和鲜花味混合在一起，令人迷醉。

味 味道浓烈、柔和，回味苦甜。

对很多比利时人来讲，安特卫普不老酒（Anvers是比利时北部的城市安特卫普Antwerp的法语拼写）能勾起很多儿时的回忆——到祖父母家拜访的时候，常常会品尝一小口利口酒。对老一辈的人而言，安特卫普不老酒是治疗各种身体不适，特别是胃痛的良方。

安特卫普不老酒最早产于1863年，由安特卫普的一家公司德博克雷（de Beukelaer）混合32种植物和药草制成，现在继续采用传统方法酿制。这种利口酒历时5个月酿造而成，整个过程包括浸泡、蒸馏，然后在旧橡木桶中熟化，以培养滋味。最后的酒液呈黄色，有苦甜味和药草味，细致而强烈。它的酒精度为40%，很强劲。

安特卫普不老酒

斯帕不老酒是另一种甜味滋补利口酒，产自比利时中东部的斯帕（Spa）。这种利口酒按照中世纪的配方，最早产于17世纪，选用斯帕周边40种不同的药草和香料酿制。它与安特卫普不老酒类似，据说都有医用特性，而且酒体强劲，药草味比较浓。1956年，安特卫普不老酒的酿造商博克雷公司收购了斯帕不老酒，将这两种利口酒纳入同一旗下。

伊扎拉（IZARRA）

色 呈绿色或者黄色，具体颜色由植物和药草的配方而定。

香 雅致、复杂，散发着药草、杏仁和薄荷的气味。

味 平衡佳、滑润，有雅文邑味和药草味，回味辛辣。

这种法国利口酒来自比利牛斯山，该山脉位于法国南部，将法国与西班牙隔开。伊扎拉是巴斯克语（Basque，当地的语言），意思是“明星”——它确实是明星！据说，早在1835年，修道士就已经研制出酿造伊扎拉的药草和香料配方。不过，直到19世纪末，这种利口酒才开始大规模生产。现在，它隶属人头马君度集团，并由其酿制。

伊扎拉选用雅文邑为基酒，然后用原产于比利牛斯山的植物和药草增添滋味。伊扎拉共有两款：绿色和黄色。虽然它的配方一直保密，但我们确实知道黄色利口酒里有32种植物，而绿色利口酒里有48种。据说，两款利口酒的原料几乎没有交集，所以特色独具。黄色伊扎拉滑润，有微微的苦杏仁味。藏红花对两款酒的色泽和香味的影响十分明显。绿色利口酒有薄荷味。两款酒的酒体都很强而有力：黄色的酒精度为40%，绿色的为48%。

伊扎拉

我认为，这两款利口酒都非常好。虽然与更著名的查特酒（见对页）不属于同一级别，但不失为很好的选择，而且物超所值。

蒿酒（GÉNÉPI）

色 三款：清澈透明（白色）、浅绿黄色、淡金色。

香 独特的药草和花香；甜香平衡佳。

味 带有一些苦味的青草口感；有鲜花味和药草味。

Génépi是艾属芳香药草。苦艾也是艾属植物，由于苦艾有迷幻的作用，因而导致19世纪苦艾酒在法国以及其他地方遭禁。这种利口酒（也被称为阿尔卑斯蒿酒，Génépy des Alpes）芳香浓烈，有青草味和药草味。它的酒精度为40%，很强劲。蒿酒利口酒有好几种，不过，最雅致的是白色（blanc）。其可以用烈酒杯纯饮或者兑一点儿水，像巴斯蒂斯那样饮用。

蒿酒

艾格贝勒（AIGUEBELLE）

色 呈绿色或者黄色，依酒款而定。

香 药香，还散发着许多药草味和香花味。

味 很强劲，药草味和香料味平衡很好。

1137年，特拉普派修道士发现了位于法国南部罗纳河谷蒙特利马尔附近小山中的艾格贝勒圣母院。在这里，吉恩修士研制出了一种药草利口酒的配方。不过，直到1815年，瑞士修道士接管圣母院之后，才开始以营利为目的酿制利口酒。人们将一系列产自普罗旺斯的药草浸泡在烈酒里，制成更强劲、更干的绿色利口酒和更柔和、更甜的黄色利口酒。两款酒都可以加冰细细品尝。

沃莱马鞭草酒（VERVEINE DU VELAY）

色 呈绿色或者黄色，由药草的确切配方决定。

香 很芳香，散发着药草香味，特别是杜松、柑橘和鲜花的气味。

味 苦甜、复杂，口感滑润。

这种法国利口酒通过在白兰地酒中浸泡马鞭草（verveine或者vervain）——一种柠檬味的药草、杜松、蜂蜜和其他药草制成。

沃莱马鞭草酒最早在1859年产自法国西南部奥弗涅的沃莱，由一位名为约瑟夫·鲁密列·卡地亚的药草商研制而成。不过，从1886年开始，由法国酒品公司帕芝独家酿造并营销。

很久以来，人们认为马鞭草具有神奇魔力，特别是复原和催情的特性（罗马人称为“维纳斯草”，得名于爱神）。不过，这种利口酒混合了32种药草，马鞭草只是其中之一。

沃莱马鞭草酒有一款是绿色，酒精度55%，强劲而清新；有一款是黄色，酒精度40%，味道更雅致，而且更柔和。还有一款特级酒，用干邑酿制而成，市场销售的有酒龄5年或者10年两种。这些利口酒都很精美。口感芳香雅致，纯饮、加冰块或者调配成鸡尾酒都很完美。

沃雷马鞭草酒 这张经典的广告是在向利口酒的故乡勒皮昂沃莱致敬，这里曾是重要的宗教中心。

查特（CHARTREUSE）

色 呈独特的绿色或者绿黄色，依酒款而定。

香 浓烈，散发着药草味和鲜花香；药香。

味 独特；强劲而清淡；甜味和苦药草平衡和谐。

大约1 000年以前，圣·布鲁诺（St Bruno）在法国阿尔卑斯山区格勒诺尔布（Grenoble）附近的查特，成立了加图先修士会（Carthusian Order）。到了1605年，修士会已有500多年的历史。当时，修道士收到法国国王亨利四世在位时的大元帅的一份礼物。这份礼物是题为“长生不老酒”的手稿，包括一种利口酒的配方，最终（130多年以后）成为今天我们熟知的、驰名世界的植物不老酒（Elixir Végétal）。查特利口酒由葡萄白兰地和大概130种植物酿制而成——其中包括药草、植物、根、叶和其他草木。人们将植物浸泡在酒液里，然后蒸馏，加入蜂蜜和糖浆，最后放入大橡木桶熟化。

绿色查特

黄色查特

最初的查特不老酒极为强劲——酒精度是71%！——并非以酒精饮料销售，而是以助消化的滋补品销售，饮用时加方糖或者兑浸泡剂。绿色查特（Green Chartreuse）也加入到利口酒的世界，这款酒最早于1764年由安托万修士（Brother Antoine）酿制而成，而且他率先改进了这种不老酒。绿色查特根据不老酒的配方酿制，但当酒精度稀释到了55%时，酒液呈清新的浅绿色。色泽完全自然形成——是用于酿酒的各种植物的真实写照。它的口感强劲，药草、香料和植物的滋味浓烈——其中包括大茴香子、薄荷和柑橘——但质地清淡。另外，糖浆的甜味与药草的苦味平衡，因此苦甜味和谐完美。

19世纪30年代末期，布拉泽·布鲁诺·雅克也采用不老酒的配方酿制出没那么强劲的（酒精度为40%）黄色查特（Yellow Chartreuse）。其实，这款酒呈鲜亮的绿黄色，比绿色查特更清淡、更滑润，回味有黄油味。跟绿色查特一样，它的色泽也是完全由酿酒的各种植物和鲜花形成。

大查特修道院植物不老酒

绿色和黄色查特酒都有V.E.P（Vieillissement Exceptionnelment Prolongé，意思是“超长陈酿”）。这种酒在药草利口酒里最为上好——如同波尔多最好的葡萄酒与普通日常餐酒相比较。橡木桶长时间的陈酿（至少8年）赋予它精致感和细腻感，我保证，世界上任何其他利口酒都无法与之媲美。

饮用所有查特酒的最佳方式就是加入很多冰块冷饮，这样可以释放它复杂的滋味。尽管从传统上来讲，人们认为它应该餐后饮用，但您也可以加苏打水制成长饮，在正餐前享用。真是绝妙啊！

文化与传统

查特的历史 加图先修士会的修士们花了整整32年才破解“长生不老酒”的配方。1737年，一位名为安东尼的修士改进了配方并把它命名为大查特修道院植物不老酒（Elixir Végétal de la Grande-Chartreuse）。这款酒和后来的绿色查特利口酒都取得了巨大成功，以至于在法国东南部的弗沃利（Fourvoirie）建了一座新酿酒厂。1838年，在这里，修道士们推出了更甜、更柔润的黄色查特利口酒。

查特利口酒的灌装 这幅照片摄于20世纪50年代，展现了靠近大查特修道院原址的沃林灌装厂。

查特的发展并非一帆风顺。诸如法国大革命、查抄修道院、配方遗失这样的许多大事件都中断了早期的生产酿造。1903年，查特的修道士被迫离开法国后，开始在西班牙酿造他们的利口酒。然而，除法国酿造的利口酒外，法国政府严禁任何其他利口酒使用查特这个名字。直到1929年，修道士们才重返法国土地，重新获得了查特之名。1935年，一场泥石流摧毁了弗沃利的酿酒厂，迫使酒品生产转移到附近的沃林（Voirin）。如今，所有的查特酒都在沃林酿制。不过，130种药草已经回到了大查特修道院，它们在此贮藏、混合，然后运往沃林。

秘方 用于酿制查特利口酒的药草、植物和其他植物配方，严格保密，每个时期只有3位修道士知晓。

杰特27和31（GET 27 AND 31）

色 杰特27呈绿色，杰特31呈白色。

香 很柔和、清新、活泼，散发着薄荷和烈酒的香味。

味 丰满，甜味适度，滑润；柔和，有雅致的薄荷味。

1796年，吉恩（Jean）和皮埃尔·杰特（Pierre Get，读音是“jet”）继承了法国最大的酿酒厂之一，致力于创造薄荷利口酒。他们把烈酒与浓郁的薄荷结合，销售名为杰特薄荷（Get Peppermint）。不过，因为它的酒精度是27%，所以杰特27之名迅速广为人知。这种薄荷酒柔润，呈绿色，倒入许多碎冰中饮用很是绝妙，而且可以给餐前酒、鸡尾酒和其他混合饮品增添明快的薄荷味。杰特27的成功使得后来他又创造出杰特31。杰特31呈白色，稍微更强劲（酒精度31%）、更辛辣、更活泼一些。

薄荷酒（CRÈME DE MENTHE）

色 独特的鲜亮绿色或者鲜亮、清透的白色。

香 芳香；清新、纯净，薄荷味突出。

味 甜、柔和、有薄荷味，回味清新。

由于薄荷助消化，薄荷酒成为历史最悠久的利口酒之一。酿造商最常使用胡椒薄荷油给利口酒增添滋味，而这种薄荷与花园里的甜薄荷有一些关系。因此，酿制的酒液甜美、芳香，通常制成长饮或者鸡尾酒饮用。两种颜色的薄荷酒并无太大差别，只是醒目的绿色薄荷酒在调配鸡尾酒时更受青睐。其中最知名的品牌有玛莉布莉莎、库舍涅（Cusenier）、波士（Bols）、斯密兹（Smeets）。

薄荷酒

埃斯科里亚格林（ESCORIAL GRÜN）

色 微妙的绿色；一系列药草和香料的产物。

香 散发着药味，香料和药草味突出。

味 微甜，还有薄荷和香料的苦味。

埃斯科里亚格林是一种德国利口酒，由修道士根据秘方制成，最早于1910年以营利为目的进行销售。

与很多药草利口酒一样，埃斯科里亚格林很复杂，混合了柑橘、药草、香料、鲜花和各种树皮。植物赋予了这款利口酒特别的滋味，其薄荷味和香料味很明显，而且呈现出微妙的绿色，酒精度56%，很强劲，不过，饮用时我还是更喜欢不稀释，但可以放一些冰块。

特拉普斯坦（TRAPPISTINE）

色 由于药草和白兰地泡制，呈浅绿黄色。

香 芳香，散发着药草味，白兰地和薄荷味平衡卓越。

味 苦甜，药草味和甜白兰地味平衡。

1670年前后，诺曼底的特拉普修道士最先研制出这种利口酒的配方，如今，在法国东中部杜勃（Doubs）地区的上帝之恩（Grace-Dieu）修道院酿制。特拉普斯坦利口酒是将雅文邑和当地高山上的新鲜药草混合制成。其相当强劲，秘方本身一定很复杂，如此才能将多种多样的药草和根融入香气和滋味里，从而抵消了白兰地酒的甜味。这款利口酒平衡性很好，又有薄荷的口感。其纯饮美味可口，加冰块可以释放出它的复杂性。

圣鹿（JÄGERMEISTER）

色 极深的红褐色，这是根和药草着色的结果。

香 浓郁、独特；散发着药草味、泥土味和药味。

味 酒体强劲，有嚼劲，药草味浓厚。

圣鹿是德国的一种药草利口酒，最早于1935年根据经年配方，将56种不同的药草、香料、水果浸泡在中性酒液中制成。尽管圣鹿的滋味浓烈，但却成为美国最畅销的进口利口酒之一。

Jägermeister的字面意思是“狩猎专家”，利口酒以此命名是为了向猎手守护神致敬。一位名为胡波图斯（Hubertus）的年轻显贵勇士，在妻子离世后，隐居起来。一天，他到森林猎食，看到一只大雄鹿，鹿角间浮现出钉死耶稣的十字架。胡波图斯认为这是上帝发出的讯号，就把所有的财富送给了穷人，并进入修道院。他去世后，成为猎手守护神。

圣鹿利口酒确实相当强劲——甚至令人心生畏惧。用于酿酒的药草、香料和水果产自世界各地，其中包括苦味橙子、肉桂、姜根、红檀木和蓝莓。其质地紧致，但又特别灵活，可以冰镇后用烈酒杯，在饮用啤酒之后享用，或者调配成颇受欢迎的长饮圣鹿炸弹（Jäger Bomb）——一杯能量饮品：红牛（Red Bull）上加入圣鹿利口酒。

您要么会爱上这种利口酒，要么会恨它——尝尝看吧。

圣鹿

斯通绿姜葡萄酒（STONE’S GREEN GINGER WINE）

色 浓艳的深金色；“绿色”只是酒瓶的颜色。

香 散发着姜和橙子味，还有雪莉酒的香味。

味 有明快、清新的姜味；很圆润；回味悠长、热烈、有刺痛感。

这是经典的英国酒品——而且在澳大利亚和加勒比地区很受青睐——可以追溯到两个多世纪以前。18世纪，伦敦的芬斯伯瑞酿酒厂（Finsbury Distillery）开始酿制姜葡萄酒。因为深受伦敦商人欢迎，以致酒标上带有伦敦城盾徽，这在世界上绝无仅有。

19世纪中期，伦敦杂货商约瑟夫·斯通（Joseph Stone）把自己的名字印在酒标上，开始销售这种酒。这可能是最早的零售商“自有品牌”之一！自此，酒名流传开来，斯通绿姜葡萄酒诞生了。

斯通酒由从塞浦路斯、希腊和土耳其进口的白麝香葡萄干制成。酒液经过强化，然后加入磨碎的姜浸泡几周，最后过滤、装瓶。酿制而成的酒呈深金色，极其热烈、令人满意——冬日夜晚饮用特别理想。

斯通的酒精度只有13.5%，对于利口酒来说很清淡，所以很容易与烈性酒混合调配。我喜欢兑威士忌饮用——1份威士忌兑2份斯通酒。如果您想尽显它的灵活性，也可以采用多种方式侍饮——加苏打水制成长饮餐前享用，或者调配成白兰地鸡尾酒，或者兑入起泡葡萄酒、柠檬汽水，甚至咖啡！

斯通绿姜葡萄酒

斯特加（STREGA）

C 色 浅淡、中性；呈透明的藏红花黄色。

A 香 芳香；散发着药草味、鲜花味，平衡和谐。

T 味 柔和、滑润；有药草和香草的苦甜味；回味热烈。

Strega是意大利语，意思为“女巫”，传说女巫假扮成少女，最早在罗马和那不勒斯中间的城市贝内文托酿制出这种利口酒。据说，两个人共饮斯特加酒，就会永远在一起。从1860年开始，斯特加酒一直由阿尔伯蒂公司酿制、营销。这种卓越的利口酒含有大约70种药草和根——包括藏红花，因此，酒液呈黄色——在橡木桶中陈酿后拥有了香草味。其可纯饮或者加冰块。

斯特加

卡里赛（CALISAY）

C 色 清透，加味的酒品呈橙色或者柠檬黄色。

A 香 芳香，散发着药味、药草味、鲜花味和柑橘味。

T 味 酒体强劲，滑润，糖浆一样，有药草味、青草味和柑橘味。

卡里赛是西班牙东北部卡塔隆尼亚的特产。人们认为它可以追溯到中世纪，它由中性白兰地加入一系列高山药草，特别是奎宁树皮制成。我们从这种树皮里提取出奎宁，曾用于防治疟疾。奎宁树皮赋予利口酒独特的药味。虽然，从传统上来讲，人们把它作为餐后酒纯饮，但其也可以加冰块，配上水果，如几片柠檬或者橙子或者马拉斯基诺（Maraschino）樱桃。

乌尼昆（UNICUM）

C 色 不透明的深褐色，带有一抹黄色。

A 香 散发着药、药草、橙子、八角茴香和杏仁的味道。

T 味 苦甜，有香料味和药草味，特别是甘草味，回味悠长。

1790年，哈布斯堡国王约瑟夫二世的御医约泽夫·兹瓦克创造出了乌尼昆。如今，它是世界驰名的匈牙利利口酒，也是兹瓦克酒业公司的旗舰产品。获奖的乌尼昆根据秘方酿制，含有40多种不同的药草和香料，从而使酒液的香和味具有深厚的复杂感。这种利口酒很灵活——可以餐前或者餐后饮用，加不加冰块均可。或者，如果您想品尝道地的匈牙利风味，就把西梅干浸泡在酒液里一整夜的时间（或者更长），然后作为餐后酒一并侍饮。

圣胡波图斯（ST HUBERTUS）

C 色 因为橙子的关系，其呈淡金琥珀色。

A 香 独特、雅致，散发着橙子味和药草味。

T 味 很芳醇、微妙；橙子味和药草味很平衡。

圣胡波图斯由橙子和药草制成，是传统的匈牙利利口酒，最早于19世纪后期酿制，得名于猎手守护神。兹瓦克是销售范围最广的品牌之一，兹瓦克公司也出产乌尼昆（见左）。2004年，兹瓦克推出圣胡波图斯33，这款利口酒比最初的利口酒色深、味浓，而且酿酒所用的药草更多。它主要以鸡尾酒调配原料推向市场，瞄准的是那些更年轻的群体。最初的利口酒是很悦人的餐后酒。

森特勃（CENTERBE）

C 色 烈酒、植物和药草的缘故，其呈令人振奋的绿色。

A 香 芳香、独特，散发着薄荷味和药草味。

T 味 强劲而滑润、温和，有苦味。

Centerbe——字面意思是“100 种药草”——产自意大利东中部的阿布鲁佐大区。这种酒最早可以追溯到 15 世纪、由 99 种植物制成的不老药万能特瑞卡。据说，当地一位名为圣·西尔维斯特的修道士，额外添加了一种药草，创造出森特勃。意大利人往往把森特勃作为餐后酒饮用，不过，用它调配鸡尾酒也很好，其他调酒原料不会掩盖它浓郁的味道。这种利口酒的酒精含量多种多样，但通常在 35% 左右。如果您希望品尝上好酒品，就试试本尼福特（Benefort）。

秘密原料 很多药草利口酒根据几百年的复杂秘方酿制而成。

威士忌利口酒

威士忌酿造商梦寐以求的目标就是制成一种扩大烈性酒吸引力的利口酒。有些酿制方法很古老，如杜林比，可那些混合了威士忌和奶油的方法却很现代。大多数威士忌利口酒要比原来的烈性酒弱淡。

杜林比（DRAMBUIE）

C 色 红褐色和金色，与陈酿的纯麦威士忌类似。

A 香 散发着浓郁的威士忌香气——麦芽和泥炭味——还有独特的石南花味。

T 味 丝般柔滑，有泥土、香料、柑橘水果的味道；口感清新。

“杜林比”这个词源自盖尔语，意思是“让人满意的饮品”（an dram buidheach）。最初，其产自斯凯岛（苏格兰西北），如今，在西洛锡安（West Lothian，苏格兰东南）酿造。杜林比利口酒最早于1909年推向市场，由马尔科姆·麦金侬（Malcolm MacKinnon）酿制，他从先辈约翰·麦金侬（John MacKinnon）那里继承了酿酒秘方。18世纪，约翰从波尼王子查理（Bonnie Prince Charlie）手中获得秘方。

杜林比

杜林比混合上好纯麦威士忌、蜂蜜和药草制成，甜美、滑润、热烈。与很多利口酒不同，它很强劲——酒精度为40%。

您会希望这款酒在圣诞节，或者任何其他特别场合伴您左右，如果您需要非同一般以及特别热烈的酒品。要是您喜欢享用餐后酒，但跟干邑相比，更倾向于威士忌，那么杜林比则是完美的折中方案。

留意奢华、昂贵的杜林比黑丝带（Drambuie Black Ribbon），它由陈酿的单一纯麦威士忌酿制而成。留意新近推出的杜林比奶油（Drambuie Cream，在美国的销售名为赛尔克Sylk）。侍饮这款酒时，一定要加冰块，而原创的杜林比利口酒加不加冰块都很出色。

文化与传统

王子的利口酒 1746年，斯图亚特王子“波尼王子查理”从英格兰逃到斯凯岛，受到约翰·麦金侬的保护。为了报答麦金侬的忠诚，这位王子把他最喜欢饮用的杜林比利口酒的配方送给了他。

高地石楠花 浓烈的威士忌滋味被杜林比里柔和的石楠花蜂蜜的甜味所抵消，很平衡。每杯酒里都洋溢着苏格兰高地的气息。

格雷瓦（GLAYVA）

C 色 淡琥珀色、清透，与纯麦威士忌类似。

A 香 威士忌、蜂蜜和香料香味平衡可人。

T 味 丰满、酒体强劲；甜；有威士忌、橙子和药草味的味道；回味热烈。

格雷瓦利口酒虽然没有杜林比知名，而且比它稍甜，但在威士忌品饮者中因滋味更加复杂而久负盛名——这是混合26种药草和香料的结果。

瑞诺德·莫里森（Renold Morrison）出身于苏格兰酿酒世家，拥有一家位于爱丁堡附近利思（Leith）港的利口酒公司，第二次世界大战后，他创造出利口酒。莫里森和他的伙伴乔治·皮特里（George Petrie）一起选用上好的苏格兰威士忌，里面加入运抵港口的一些药草、水果和香料——橙子来自西班牙，药草来自印度和加勒比地区。莫里森一把混合酒液改进，就将其命名为格雷瓦，此名源自盖尔语，意思是很好（glc mhath），据说，这也是第一批品尝者自发的评价。从1993年开始，格雷瓦隶属于威士忌酿造商怀特&麦肯。

格雷瓦

这种利口酒丰满、酒体强劲、甜美，有微微的橙子或者柑橘的口感。用于酿制利口酒的威士忌酒龄为12年，因此强劲度比杜林比利口酒稍低，酒精度是35%。

格雷瓦利口酒可以纯饮或者调配成鸡尾酒，不过，最好的办法是加冰块。跟威士忌一样，当冰融化到酒液里，滋味就能展露出来。

洛肯奥拉（LOCHAN ORA）

C 色 深琥珀色——与深浓的混合威士忌类似。

A 香 威士忌的香味浓郁；散发着药草味；麦芽和泥土味平衡佳。

T 味 滑润，酒体强劲；蜂蜜、药草和威士忌味平衡很好。

这款奢华的威士忌利口酒，由保乐利加集团完全选用芝华士兄弟（Chivas Brothers'）陈酿威士忌制成。洛肯奥拉很难觅。跟它的竞争对手杜林比、格雷瓦利口酒一样，洛肯奥拉以浓郁、丰满的苏格兰威士忌为基酒，混合了蜂蜜和药草，很复杂，酒精度为35%，甜美、强劲、热烈。其可加冰纯饮，或者冬日里，在烛火上加热后饮用。

洛肯奥拉

格兰蜜斯特（GLEN MIST）

C 色 极其诱人的淡琥珀色；泛着金光。

A 香 威士忌、蜂蜜味、药草味和蜂蜜味混合在一起。

T 味 比其他威士忌利口酒干；平衡性很好，回味热烈。

这是一款相对比较年轻的威士忌利口酒，第二次世界大战之前不久由赫克托·麦克唐纳（Hector MacDonald）创造。

格兰蜜斯特由高品质苏格兰威士忌和蜂蜜、药草制成。利口酒在威士忌木桶中熟化数月，从而平衡了威士忌和药草的滋味，缓和了蜂蜜的甜味——这使这款利口酒比较干。格兰蜜斯特的酒精度是40%，很强劲，最好纯饮，加不加冰块均可。

爱尔兰蜜斯特（IRISH MIST）

C 色 中度青铜色到铜色——很像深色苏格兰威士忌。

A 香 散发着威士忌、焦糖、甜水果和蜂蜜的香味，平衡很好。

T 味 酒体中等到强劲；有烤水果味、香料味、甜味；回味热烈。

爱尔兰蜜斯特等同于格兰蜜斯特。第二次世界大战期间，用于酿制格兰蜜斯特的原料在战时的苏格兰很难找到，利口酒酿造商把酿酒生产转移到处于中立地位的爱尔兰的特拉莫尔酿酒厂。他们没有使用苏格兰威士忌，而是选用了爱尔兰威士忌酿酒。1963年，战争结束很久以后，格兰蜜斯特利口酒返回到苏格兰。但是，爱尔兰利口酒的酿制仍在继续，只不过有了一个新名字——爱尔兰蜜斯特。很快，这种利口酒确立了自己的美名，并且被世界各地的人享用。现在，C&C集团拥有这个品牌并进行营销。

爱尔兰蜜斯特

爱尔兰蜜斯特的配方与杜林比和格兰蜜斯特的配方大致相同——将威士忌与蜂蜜和药草混合，从而赋予甜味和复杂性。如果您觉得爱尔兰威士忌太刺口或者太强劲，可以把爱尔兰蜜斯特作为另一种（而且很美味的）餐后助消化饮品享用。但它非常热烈，所以我最喜爱寒冬夜晚坐在炉火旁，不加冰块纯饮——蜂蜜和药草与爱尔兰威士忌完美融合，让您浑身暖洋洋，感觉很特别、很惬意。如果您想充分享受，可以调配成"爱尔兰蜜斯特"咖啡，或者不要咖啡，把酒液加热，然后在上面放一大块奶油——绝妙的组合！

朗姆利口酒

传统而言，朗姆酒通常与果汁或者可乐一起制成长饮。利口酒很少，只不过有一两种而已，而且是基本的朗姆酒与药草和香料混合酿制而成。不要把它与调味朗姆酒混淆，调味朗姆酒是一种风格独特的朗姆酒。

朗姆欧纳（RUMONA）

C 色 鲜亮的金琥珀色，像淡色的古巴朗姆酒。

A 香 朗姆酒、奶油糖果和糖浆的香味浓郁。

T 味 香甜、滑润，口感热烈、有香料味和蜂蜜味。

朗姆利口酒很稀少，朗姆欧纳是最好的之一，由雷佳公司在牙买加酿制。朗姆欧纳很香甜，是将朗姆酒和蜂蜜、药草、香料混合制成的，具有奶油糖果的浓郁、复杂滋味。炎热的夜晚，加入很多冰块和一片柠檬饮用——要是能俯瞰繁星点点的加勒比海，就太完美了！

那索罗佑勒（Nassau Royale）

C 色 淡金琥珀色，与金色的古巴朗姆酒类似。

A 香 复杂；散发着橙子、香草、咖啡和朗姆酒的香味。

T 味 雅致、很香甜；散发着柑橘水果、糖浆和香草的香味。

这款利口酒产自巴哈马，有着独特的橙子水果味和隐隐的香草味和咖啡味。其酒精度为35%，很强烈。因为它以甘蔗烈性酒为基酒，而且柑橘味浓郁，所以是白橙皮酒的出色替代酒品，特别是调配鸡尾酒的时候。如果您看到一瓶，一定要品尝。

ADVOCAAT
ORIGINAL
WARNINKS

“如果您喜爱液体甜品，或者需要餐后那种由内而外暖洋洋的感觉，就要选择这些酒品。其充满烤面包和坚果的香味，滑润，入口轻松。”

坚果、豆、牛奶和鸡蛋利口酒

坚果、豆、牛奶和鸡蛋利口酒简介

如果您喜爱甜食，那么这类利口酒很适合您。从天鹅绒般柔滑、甜美、热烈的苦杏味酒（amaretto），到浓郁的巧克力利口酒和清新的马利宝派对酒，有趣、撩人，让人沉醉。

品酒和侍酒

简介 咖啡和大多数坚果利口酒呈琥珀褐色；椰子利口酒通常透明或者呈白色；巧克力利口酒会呈现出酿酒所用的巧克力的颜色（白、牛奶或者黑巧克力）。

这类利口酒全都香气甜美、浓郁，并有酿酒原料的香味特征，滑润、丰满、丝般幼滑，不过，椰子利口酒除外，它香甜而清新。椰子利口酒是卓越的长饮调配用酒，而这类的其他大多数利口酒在用餐结束时加冰饮用很完美；或者可以把少许咖啡利口酒倒入咖啡里饮用。

发酵各种植物和水果的传统一经形成，没过多久，利口酒酿造商就开始用坚果，然后用奶制品进行尝试。人们很快发现几乎什么都可以给利口酒加味。销售的利口酒稳步增多，这让我们今天拥有了许多不同种类的酒品。

牛奶巧克力软糖 百利爱尔兰奶油酒丰满，有太妃糖的甜味，散发着迷人的牛奶巧克力软糖的香味。

坚果和豆

在利口酒里加入坚果最重要的一点就是可以平衡甜味，尤其是利口酒里也含有水果的时候，而且这种可以赋予利口酒深厚的复杂香气和滋味。意大利的苦杏味酒是世界上最迷人的利口酒之一，选用杏仁和杏酿制而成，极其平衡美味。其他意大利利口酒，如皮萨（Pisa）（选用榛子和杏仁酿制）和弗朗基利科（选用榛子、浆果和药草酿制），风格丰满、滑润，富有坚果味。

当然，坚果的种类各不相同，而利口酒的风格则完全不同，如马利宝、可可瑞博以及它们的很多模仿酒品。这些利口酒由清淡的白色朗姆酒混合椰子酿制，年轻、清新、香甜——比较适合晚餐后在沙滩派对上加冰享用。

巧克力和咖啡很久以来都是烈性酒的完美组合。莫扎特利口酒和高迪瓦利

原料 用于给这类利口酒加味的原料从左至右分别是：椰子（马利宝及其他利口酒）、杏仁（苦杏味酒）、鸡蛋（爱德沃卡利口酒）、咖啡（蒂亚玛莉、咖露利口酒等）。

口酒是将各种巧克力（白牛奶和黑巧克力）与烈性酒，如白兰地和水果生命之水混合制成的；以色列利口酒萨博拉（Sabra）美妙、与众不同，是混合巧克力和仙人掌植物的蒸馏液制成的；咖啡利口酒，如蒂亚玛莉、咖露，往往是把咖啡豆浸泡在朗姆酒中制成的。有的酒品还加入了药草，有的只加入了咖啡。

鸡蛋和奶油

似乎用蛋黄酿制利口酒很古怪，不过，爱德沃卡利口酒最早由荷兰殖民者在南非制成，已经伴随我们好几百年了。同时，用奶油酿制的利口酒越来越多。百利爱尔兰奶油酒美味、滑润，由奶油、巧克力和爱尔兰威士忌酿制而成，取得了空前的成功，引领着这类利口酒的发展。

爱玛露拉 这款奶油利口酒产自南非，选用土生土长的马鲁拉树（Marula Tree）结的甜美果实加味而成。

杏仁和榛子

把坚果用于利口酒的魅力在于，雅致的苦味可以减弱水果的甜味，从而达到平衡和谐，出色酒品的标志就是平衡。意大利的修道士是实现这种平衡的行家，弗朗基利科利口酒尤其卓越。

苦杏味酒（AMARETTO）

C 色　从艳丽独特的橙红色到淡褐色。

A 香　精雅、独一无二，散发着杏仁、水果和药草的香味。

T 味　酒体强劲；甜美，但平衡性佳；有杏仁味、杏味和杏仁蛋白软糖味。

苦杏味酒源于将杏和杏仁混合制成苦甜酒的传统（想着都让我垂涎欲滴！），而且披着一层爱的神秘面纱。据说，1525年，画家贝纳迪诺·鲁伊尼（Bernadino Luini）来到米兰西北部的萨荣诺（Saronno），在圣母感恩教堂（Santa Maria delle Grazie）绘制了“三博士朝圣”（Adoration of the Magi）。鲁伊尼以当地一位漂亮的旅馆老板为他画中的圣母模型。随后，两人坠入爱河，但是旅馆老板正为她的丈夫戴孝，这份爱没有了结果。然而，旅馆老板为鲁伊尼制作了一份礼物——苦杏味利口酒。

利莎多苦杏味酒

市场上有很多苦杏味酒——最初的，而且最好的酒品之一是帝萨诺（Disaronno），据说它是根据旅馆老板的配方制成的。品质好的酒品——也可以留意利莎多（Luxardo）——由上好烈性酒和整个杏和杏仁制成。便宜一些的酒品或者说仿制品由基本的烈性酒和杏香精和杏核制成，最好不要饮用。

液体之爱　可以纯饮苦杏味酒，或者加冰块；或者在咖啡里倒上一滴。这样甚至更好——寒冷的夜晚，品尝苦杏味热巧克力酒，放松身心。简直神妙！

皮萨（PISA）

C 色 中度金琥珀色——酒瓶“倾斜”，如塔一般。

A 香 散发着香料味和坚果味，特别是杏仁蛋白软糖味和杏仁味。

T 味 有坚果味（杏仁和榛子）；香甜、滑润，质地如天鹅绒一般。

意大利人在皮萨城附近采收坚果、酿制利口酒的历史已经有几百年了。尽管许多坚果利口酒很单调，但正式的皮萨利口酒杏仁和榛子味细致平衡，保持着香料味和吐司味以及淡淡的甜味，质地如天鹅绒般丝滑，回味柔润，有隐隐的杏仁蛋白奶糖味。

它热烈、舒适，可以在冬天蜷在炉火边饮用。您可以用白兰地球形酒杯纯饮，或者往咖啡或者热可可里加入少许享用。

弗朗基利科

弗朗基利科（FRANGELICO）

C 色 淡琥珀色，酒瓶带有腰身，上面系着细绳。

A 香 芳香；清新、引人；散发着榛子、鲜花、药草和香草味。

T 味 浓郁、强劲，有坚果味，热烈，还有香草的甜味。

这款利口酒得名于弗朗·安基利科（Fra Angelico）——17世纪，一位隐居在意大利北部皮尔蒙特山中的修道士。据说，这位修道士创造出了这款利口酒，当时他开始把产自隐居地附近的树林里的野生榛子和其他天然调味料，主要是药草和植物浸泡到上好烈酒里。

如今，弗朗基利科利口酒属于C&C集团，由其大规模酿造。他们把榛子烘焙后，到水里和烈性酒里，然后蒸馏榛子蒸馏液一制成，酿酒者便加入可可、咖啡、香草、甜橙花，之后，放在橡木桶中熟化。

最后酿制出平衡完美的获奖利口酒，并在世界各地销售、享用。酒精度24%，强劲度适中。您可以纯饮，加不加冰均可。不过，用餐结束时，搭配咖啡——或者茶——尤其可口；或者倒在热巧克力里，睡前享用。调酒师认识到用它调配鸡尾酒非常出色，尤其是里面加入白兰地或者伏特加。最后，如果冬天您孤身一人时患了感冒，您需要两样东西——一瓶干邑和一瓶弗朗基利科。

调配

弗朗基利科和牛奶 只有很少的利口酒与奶制品调配后味道很可口，而弗朗基利科就是其中之一。用平底锅缓缓加热一些牛奶——很热，但没有沸腾。把它倒在热过的杯子里，加入适量弗朗基利科利口酒。最为睡前的完美饮品，小口享用。

椰子

尽管椰奶可以发酵，但却酿制不出诱人的烈性酒。椰子最好用做朗姆酒的增甜剂。这个配方很有魔力，它为朗姆酒开拓出全新的消费市场，其中包括年轻姑娘。

马利宝

马利宝（MALIBU）

C 色 水晶般清透——如同它的基酒白色朗姆酒。

A 香 清淡、清新，散发着甜甜的椰奶味和香草味。

T 味 甜美；酒体从清淡到中度；有椰子、杏仁、咖啡和白色朗姆酒的味道。

跟其他以朗姆酒为基酒的烈性酒相比，马利宝利口酒创造出更多的朗姆酒品饮者，这么讲可能完全属实。那些通常不会去饮用朗姆酒的人很喜爱这款甜美、迷人的椰子利口酒。

用其他香料给朗姆酒调味的传统与烈性酒本身一样悠久。把水果或者香料添加到朗姆酒里，可以减弱刺口感，而且从20世纪80年代的四方调味朗姆酒开始，现在，加味朗姆酒已经取得了巨大成功。

马利宝由联合多梅克集团在苏格兰，选用白色的巴巴多斯朗姆酒，添加椰子酿制而成。尽管很甜，但却十分清爽，而且由于在橡木桶中陈酿2年之久，很复杂，有坚果、咖啡和香草的香味。您可以饮用时加很多冰，或者与可乐或果汁（用柚子和菠萝）制成长饮。马利宝利口酒的仿品很多，但高质的很少。我认为，多花点儿钱买正品很值得。

产区和酒品

椰子树 椰子树是热带最重要的作物之一，树高达80英尺（25米），树干修长，树叶呈羽毛状。椰子本身需要1年时间成熟，外壳坚硬，里面有细致美味的果肉，还有被称为椰奶的液体。

可可瑞博（COCORIBE）

C 色 不透明的白色——椰子的缘故。

A 香 清淡、清新，散发着椰奶、药草和香草味。

T 味 酒体从清淡到中度；甜美、活泼，有椰子和白色朗姆酒的味道。

马利宝利口酒的成功催生了大量的模仿品，有的极为出色，有的一点儿也不好！美国公司可可瑞博酿制出一款卓越的椰子朗姆酒。跟马利宝一样，它由清淡的白色朗姆酒、椰奶和药草制成，包装风格轻巧又清爽。

马利宝通常选用巴巴多斯和牙买加的朗姆酒，而可可瑞博则从美属维京群岛进口朗姆酒。最后制成的利口酒酒精度为21%（跟马利宝一样），同果汁或者可乐制成长饮很出色。与马利宝不同的是，用它调配鸡尾酒也很好。

咖啡

咖啡利口酒选用朗姆酒为基酒，加入咖啡和糖柔化、增甜而成。这种利口酒把两种可口的味道融合，正餐后饮用很迷人。最上好酒品的甜度和强劲度达到了完美平衡。

蒂亚玛莉（TIA MARIA）

C 色 深琥珀茶褐色；酒瓶呈锥形，很有名。

A 香 刺激；散发着甘蔗、焦糖和咖啡的雅致香气。

T 味 平衡性佳；酒体中度；有咖啡味和香草味；甜。

蒂亚玛莉是世界上最重要的咖啡利口酒之一，选用牙买加蓝山（Blue Mountains）脚下的咖啡豆，在牙买加酿制而成。人们把咖啡和水、香草醛、柠檬酸和强劲的甘蔗烈性酒混合。

蒂亚玛莉

然后，过滤，加入一桶糖液。制成的是蒂亚玛莉浓缩酒液，酒精度在32%偏上，随后，运往世界各地进行二次加工和装瓶。最后的成品酒酒精度是26%，充满甜咖啡、香草和朗姆酒的滋味。

现在，蒂亚玛莉属于联合多枚克，不过，它最早可以追溯到300多年前，当时，牙买加正处于17世纪的殖民战争中。一位西班牙的贵妇被迫逃离家园，慌乱仓促之下，她的女仆只抓住了主人的一个小珍宝盒，里面放着一对黑珍珠耳坠和一份特别的家族利口酒配方。成功出逃以后，这位优雅的贵妇就以女仆的名字——蒂亚·玛莉命名了这种利口酒。

调配

蒂亚玛莉和可乐 蒂亚玛莉太可口了，所以我喜欢什么都不加，纯饮它。可如果想品尝清爽的长饮，您可以加可乐或者冰。或者，可以在餐后，把它倒到咖啡里享用。

玻利瓦尔（BOLIVAR）

C 色 浸泡咖啡的缘故，其呈深茶褐色。

A 香 迷人、引人，散发着焦糖、香草和咖啡味。

T 味 酒体中度，甜味适中，有咖啡和香草味。

玻利瓦尔是一款加拿大的咖啡利口酒，由位于安大略湖尼亚加拉瀑布附近的科特灵瑞智酿酒公司（Kittling Ridge Winery and Distillery）酿制而成。科特灵瑞智是一家经验丰富、高品质的葡萄酒酿造商，以杰出的冰葡萄酒扬名。酿酒公司从南美进口咖啡，与烈性酒和糖浆混合酿制出自己的利口酒。

尽管它的酒精含量为26%，强劲度与更著名的咖露、蒂亚玛莉大致相当，总体而言也很平衡，但其没有它们丰满、甜美。如果您喜欢咖啡利口酒，那我觉得这款酒很值得品尝。

咖露（KAHLÚA）

C 色 深褐色，接近于现磨的黑色咖啡色。

A 香 散发着咖啡、糖浆的活泼香气，还有水果的气息。

T 味 甜美，有黑咖啡和巧克力的味道，回味略苦。

这是墨西哥的一款咖啡味利口酒，选用阿拉伯咖啡豆、香料、纯酒精、糖浆和美味朗姆酒酿制而成。咖露和蒂亚玛莉都属于联合多枚克集团，而且两款酒都是市场的领头羊——经常交换第一和第二名的位置——只不过咖露占据着美国进口咖啡利口酒的头把交椅。从口味上来讲，它们十分相似，但咖露比蒂亚玛莉略甜一些，而且色泽没那么深。

咖露利口酒平衡出色，拥有您所期待的咖啡滋味，而且与上好糖浆的甜味和谐一致，同时还有少许苦味——很像一杯优质咖啡，尤其像您边饮咖啡，边吃卓越黑巧克力。然而，千万别让它的畅快滋味蒙蔽——其酒精度为27%，相当强劲！

咖露

联合多枚克曾利用咖露作为调配酒的优势，把现成的瓶装鸡尾酒，即饮咖露（Kahlúa Ready to Drink）推向美国市场，其中包括：咖露玛德斯莱德（Kahlúa Mudslide，含有爱尔兰奶油利口酒、伏特加和奶油）、咖露B52（Kahlúa B52，含有爱尔兰奶油利口酒和白橙皮酒）、咖露和牛奶（Kahlúa and Milk）。总体而言，咖露与所有主要的烈性酒调配都很美妙，我最喜爱的饮用方式之一就是：在烈酒杯里倒入一些伏特加，然后在上面加入咖露，然后，放松享用。

巧克力

比利时和奥地利有着生产巧克力的优良传统，所以他们理应运用专长酿制巧克力利口酒。这种酒会很甜，很多酒品添加水果来增加一点酸性，因此，酒液变得极其滑润、撩人。

高迪瓦（GODIVA）

C 色 原料决定着色泽，其呈深褐色或者淡褐色，或者奶油般的白色。

A 香 柔和；散发着蜂蜜和巧克力味；卡布奇诺里有咖啡味。

T 味 浓郁、甜美；诱人巧克力味里透着烈酒的口感。

高迪瓦巧克力利口酒由颇有声望的高迪瓦巧克力公司酿制。巧克力生产商约瑟夫·德拉普斯于1926年创建了自己的公司，取名高迪瓦，是为了向高迪瓦夫人表示敬意。高迪瓦夫人为了说服丈夫降低当地赋税，曾裸身乘车穿越英格兰考文垂市的街道，此事非常出名。

高迪瓦

高迪瓦原酿利口酒选用黑巧克力和烈性基酒制成，口感丰满，天鹅绒般丝滑。饮用时加冰、倒在冰激凌上，或者与伏特加调配成高迪瓦巧克力马提尼。白色巧克力利口酒如丝般柔滑。酿酒公司推荐与薄荷施那普斯酒调兑饮用。最新的酒品是高迪瓦卡布奇诺，里面加入了咖啡、奶油和巧克力。这款酒要加冰块啜饮。

莫扎特（MOZART）

色 淡褐色（原酿）；深褐色（黑色）；不透明的白色（白色）。

香 浓浓的巧克力香味，还有水果和香草的气息。

味 浓郁，奶油一般，酒体强劲；浓浓的甜味；边缘微苦。

1981年，位于奥地利萨尔斯堡的酒业公司H.C.柯尼格（H.C. Konig）推出了第一款豪华的巧克力利口酒，并以萨尔斯堡最著名的音乐家沃尔夫冈·阿玛德乌斯·莫扎特（Wolfgang Amadeus Mozart）的名字命名。当时，这家酒业公司的目标是把最上好的巧克力和水果蒸馏酒，如克驰酒（樱桃白兰地，通常产自法国和德国），和牛轧糖、药草、香草混合酿酒。酿酒时未使用任何人工调味剂和色素。

莫扎特原酿

目前，共有三款莫扎特酒，都比一般的巧克力利口酒复杂——莫扎特酒的巧克力浓郁甜味被活泼的水果味减弱，而且香草赋予了利口酒特别的深厚感。莫扎特原酿（Original）选用牛奶巧克力酿制而成，黑色（Black）选用不甜的黑巧克力酿制而成，白色（White）选用白巧克力和奶油酿制而成。原酿和白色丰满、甜美、似奶油；而黑色更深厚，色泽也更深，有干草和焦糖味，回味苦甜。这三款的酒精度适中，都是20%。因为酒液中未添加任何人工防腐剂，所以保质期有限。酿酒公司为了确保利口酒开瓶前的品质，分别用金纸或者白纸包裹原酿和白色利口酒的酒瓶，这样可以保护酒液免受阳光的影响。黑色利口酒灌装在黑色酒瓶里，作用一样。酒在密封的情况下，保质期最长2年，开瓶后，要放在冰箱保存，并在6个月内饮完。

白色莫扎特

饮用原酿利口酒时，兑入白橙皮酒或者加入冰咖啡。黑色利口酒加冰块或者加“漂浮”奶油啜饮很可口；白色利口酒可以跟薄荷施那普斯酒和伏特加调配成出色的鸡尾酒。

萨博拉（SABRA）

色 深橙色到琥珀色，很不透明。

香 独特，散发着柑橘、苦橙、可可和烈酒的泥土的香味。

味 浓郁，苦甜的巧克力味和橙子味；滑润而热烈。

萨博拉利口酒产自以色列，将仙人掌和巧克力融为一体，非同寻常，我认为这种组合实属不俗。酿酒商把萨博拉仙人掌蒸馏后，加入巧克力和橙子皮浸泡，然后在木桶中陈酿。制成的卓越的利口酒，酒精度为30%，相当强劲，有苦甜味，尝起来就像浓郁的橙味巧克力。您可以纯饮萨博拉。不过，最佳的饮用方式有两种：要么冰镇，它会变得更浓厚；要么加热后，冬日取暖，美妙极了。

高帝（GODET）

色 不透明的浓厚白色，装在奢华的雕花玻璃酒瓶里。

香 散发着隐隐的怡人奶油、巧克力、香草和蜂蜜的香味。

味 极其甜美；牛轧糖、白兰地和巧克力的味道非常平衡；热烈。

比利时拥有巧克力生产高质、包装最为奢华的美誉。高帝是一种液体巧克力！这款巧克力利口酒通过将白色巧克力和木桶陈酿的白兰地混合制成。其浓郁、撩人、甜美，质地稠浓。饮用它如同饮用液体白色巧克力。

如果您不喜欢甜食，可能觉得它就像糖浆，而且有的人觉得白兰地没有完全融入利口酒里。不过，对那些喜爱这款酒的人而言，唯一需要避免的问题就是不要喝太多——高帝的酒精度只有15%，很清淡，很容易让人喝太多！

巧克力狂的梦想 只有最优质的巧克力才用于酿制巧克力利口酒。因此巧克力的滋味精美细腻，而且还不用嚼！

鸡蛋、牛奶和奶油

用鸡蛋、牛奶和奶油制成的利口酒很容易接近——是不饮酒的人理想的饮品！这类酒源于“爱尔兰咖啡”，它是20世纪的一款鸡尾酒，由咖啡和威士忌、奶油、糖调配而成。鸡蛋可以为利口酒增添丰满感。

爱德沃卡（ADVOCAAT）

色 明快的浅奶油黄色；极其浓厚，不透明。

香 很独特；散发着香草、烈酒和鸡蛋味。

味 浓厚、丰满，如奶油；甜美、撩人。

最基本的爱德沃卡是一种由刚出窝的鸡蛋和谷物烈性酒或者白兰地制成的浓厚利口酒。还有一些更复杂的酒款，里面加入了其他原料，如克驰酒、香草或者柑橘皮。

经典的荷兰爱德沃卡太浓厚了，所以要用勺子舀着吃！酒里面还含有蛋清，传统的侍饮方式是：用广口杯，里面放入搅好的奶油，最后在上面撒上可可粉。人们更熟悉的出口爱德沃卡仍然像奶油一样，不过，只用蛋黄，更稀薄；特别适合调配鸡尾酒。

最知名的爱德沃卡是荷兰的品牌瓦宁克斯（迪凯堡酿制）、酷伊曼、波士。还有一些上好的爱德沃卡产自德国、比利时、波兰（特别是斯塔瓦斯基）和澳大利亚（品尝康蒂南托）。

爱德沃卡

爱玛露拉（AMARULA）

色 淡咖啡褐色——水果和奶油混合的色泽。

香 香甜、迷人；散发着奶油、柑橘、香草和成熟水果的香味。

味 滑润，有巧克力味和奶油味；酒体中度；回味悠长酷爽。

爱玛露拉是南非的奶油利口酒，在1989年推出，由非洲马鲁拉树的果实酿制而成。当地人把这种树称为“大象树”，因为许许多多的大象聚集到树枝下，品尝成熟的果实。这种奇特的树只生长在赤道以南的非洲，它的果实受到当地人和野生动物的珍视，呈淡黄色，大小和形状与中等的李子相当，果核大，含油量高。当地人相信马鲁拉树的果实具有壮阳的特性。果实经过采摘、去核，剩下多汁的果肉，然后发酵——整个过程由添加酵母开始，很像葡萄酒的酿制过程。蒸馏则是在铜质罐式蒸馏器里进行——这样可以使水果的滋味充分释放。蒸馏出的酒液在小橡木桶中熟化2年，之后加入马鲁拉树提取液和新鲜的奶油。

最后酿制而成的利口酒丰满、柔和，似奶油——而且如您所想，还有微微的水果味。其酒精度为17%，不太强劲，既时尚又放松。侍饮时要冰镇或者加入碎冰展现它的水果风味。不启封的话，可以保鲜1年多；一旦开瓶，要放在冰箱保存，并在1个月内饮完。

爱玛露拉

百利（BAILEYS）

色 浅浅的奶油般的艳米黄色；很不透明。

香 极其引人；散发着威士忌、牛轧糖、奶油巧克力软糖、坚果、吐司和香草的香味。

味 滑润，似奶油；很甜，有坚果、棕色香料和威士忌的味道。

百利爱尔兰奶油原酿利口酒是世界上销量最大的利口酒，在欧洲大多数国家、澳大利亚、美国——还有更多地区，家喻户晓。这款利口酒美味、复杂、容易接近，纯饮容易入口，调配也很出色。1974年，百利利口酒由R.和A.百利酿酒厂在都柏林推出，这家酿酒厂仍在酿制利口酒。现在百利利口酒属于帝亚吉欧集团。

百利最初尝试罐装美味的爱尔兰咖啡。因此，您可能认为百利是一种咖啡利口酒。其实，它是由经罐式三次蒸馏的爱尔兰威士忌、奶油、鸡蛋和巧克力混合酿制而成，柔滑、细腻似奶油（4万头奶牛的产奶量才能满足百利1天的产量）。如果您不希望饮用特别强劲的酒品，那么它的酒精度是17%，非常诱人。实际上，百利通常被称为不饮酒的人的完美酒品！我唯一的问题就是饮用得太快！

尽管他们说百利开瓶后无须放到冰箱保存，但我认为最好还是放里面。可惜的是，在我家，一瓶酒没多久就饮完，根本不用担心变质！

现在，有很多的酒品在效仿百利利口酒，当然，品质参差不齐。其他优质爱尔兰奶油利口酒来自卡洛兰、布什米尔斯、圣伯兰登、布莱迪。

百利

瓶装的丝绸 饮用百利利口酒，我最喜爱用烈酒杯或者白兰地窄口杯，里面放入大冰块——碎冰稀释丝般酒液的速度太快。

鸡尾酒

神妙与调酒

鸡尾酒在所有酒品中最特别——而且最浪漫。经过调酒师充满魔幻般的神奇妙变手法，这些酒呈现出月光下的都市美景和夕阳西下的海滩。

经典的冷饮 薄荷茱利普（Mint Julep）曾选用鲜桃白兰地和干邑调配。不过，现在，由波本酒、糖浆、苏打水和鲜薄荷调配的美国版更受青睐。

鸡尾酒有着某种神秘色彩——有些儿高深莫测，点一款酒显得那么生疏，甚至令人生畏。然而，饮品本身并不令人生畏，如香格里亚（由红葡萄酒和几种烈性酒调配而成），或者简单的调配，如伏特加和橙子（在鸡尾酒的世界里被称为螺丝起子）。鸡尾酒属于每一个人。

调配一款出色的鸡尾酒就像找到食物和葡萄酒的完美搭配——完全取决于滋味的结合。从本质上来讲，鸡尾酒只是一种至少由两种原料构成的饮品——其中一种原料是“基础”，另一种是“调节剂”。基础通常只有一种，虽然偶尔超过一种，主要是烈性酒，如金酒、伏特加或者威士忌。正是基酒赋予了鸡尾酒的基本特征。

尽管调节剂对基酒有辅助作用，但一种或者几种调节剂会赋予鸡尾酒独特性——也就是与众不同的个性。调节剂多种多样，包括果汁，尤其是番茄汁、柠檬汁、橙汁和酸橙汁；不计其数的利口酒；芳香的味美思和苦酒，如杜本内、诺利普拉；苦味酒，如安哥斯图拉；“柔滑”剂，如鸡蛋、牛奶和奶油。

贝利尼鸡尾酒 这款奢华的混合饮品由桃泥和起泡葡萄酒调配而成，1948年在威尼斯的哈里酒吧首创——一直以来，这家酒吧都是最重要的鸡尾酒吧之一。

然而，还有另一因素使鸡尾酒成为鸡尾酒。鸡尾酒不仅要尝起来味美，而且要看起来漂亮。颜色是鸡尾酒悦目的重要条件，所以一旦基本的原料选配后，调酒师可能会添加颜色，以便赋予鸡尾酒诱人的外表（这种添加剂应该对滋味影响最小）。例如，石榴糖浆会增添一些红色；蓝色库拉索会平添微微的蓝色；加利亚诺会增加少量的橙色。

基酒、调节剂和颜色的排列组合多种多样，因此鸡尾酒的配方简直无穷无尽，我们不仅可以享用传统的鸡尾酒，如威士忌酸和贝利尼，也可以享受摩登的鸡尾酒，如特基拉日出。

鸡尾酒的历史发展

鸡尾酒的历史与烈性基酒的历史同步。中世纪时，蒸馏酒精饮品发展起来，为我们带来了截然不同的白兰地、威士忌、伏特加和金酒。14世纪和15世纪烈性酒的世界增添了新成员——用甘蔗或

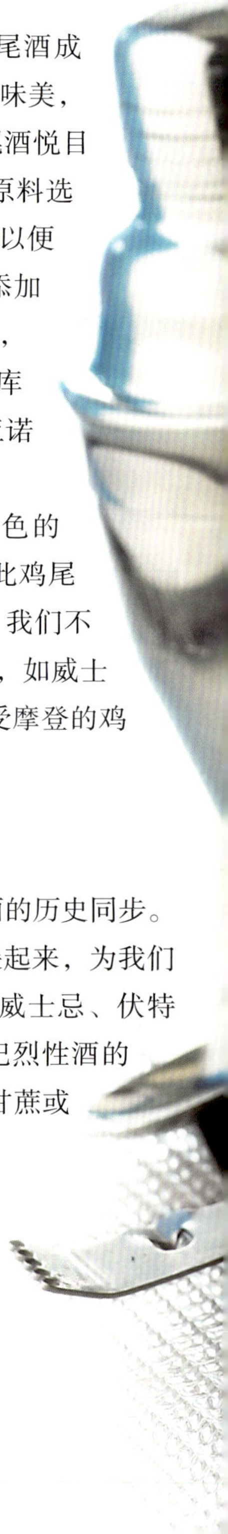

> **“调酒蕴涵着技艺，是一种艺术形式，然而，最重要的是它充满乐趣。尝试、创造、享用——不要害怕尝鲜。”**

调酒工具 鸡尾酒调酒师需要很多小物件！其中最重要的是摇酒器、酒吧匙、滤冰器、柑橘榨汁器和量具。

第一家鸡尾酒吧 纽约的霍夫曼宅邸极为奢华，在19世纪70年代因侍饮混合饮料而驰名，是最重要的鸡尾酒吧先驱。酒客站在红木吧台边，点混合饮品，而调酒师都经过鸡尾酒调配的特别培训。图中穿着漂亮白色制服的人就是世界首批调酒师。

者糖浆（制糖时剩下的物质）制成的加勒比朗姆酒、用墨西哥蓝色龙舌兰植物制成的特加拉酒。

在欧洲和新世界，18世纪和19世纪见证了人们尝试在烈性基酒里添加植物、药草和香料酿制药酒的过程，而且最终为饮料市场推出了诱人的新品。大量利口酒、苦味酒和其他芳香的酒精饮料涌现出来，而且很快成为鸡尾酒的原材料。

1806年，美国一家名为《平衡和哥伦比亚知识库》（*Balance and Columbian Repository*）的刊物第一次使用“鸡尾酒”这个词描述一种混合饮料（当时，是把烈性酒和苦味酒调配在一起）。不过，“鸡尾酒”可能源自法语词“coquetier”，它是一种双面“蛋杯”，用于混合少量配料，而且，该词被酒品创造者使用。比如，安托万·贝乔德在19世纪早期，创造出贝乔德苦味酒。

“鸡尾酒的成功在于选用最好、最新鲜的原料，在于调配过程中对细节的关注。”

第一款鸡尾酒 萨泽拉克被誉为世界第一款鸡尾酒。19世纪30年代，由安托万·贝乔德在美国的新奥尔良，用波本酒和苦味酒调配而成。

由于19世纪美国工业扩张，酒精饮料的生产和销售红红火火。与此同时，出现了很多新酒吧。比如，纽约的霍夫曼宅邸开始提供高品质的服务和各种各样的饮料，而且侍饮本身成为一种艺术。19世纪末，调酒师手册宣传了调酒新技法。我们今天熟知的一些最著名的鸡尾酒——其中有马提尼、古典鸡尾酒、曼哈顿、威士忌酸——成为不可替代的宠儿。

20世纪20年代禁酒时期，美国的酒类消费受到影响。但这却导致了非法饮酒文化的形成，从而进一步助长了混合饮料的发展，这样不仅可以掩饰酒精饮料的外观，使之看起来毫无危害，而且通常可以掩盖“私酒”（非法酿制）的低劣品质。1933年，禁酒令完全废除，人们时常看到电影红星和其他名流手握鸡尾酒。伏特加、朗姆酒、特基拉酒被主流酒品市场接受；威士忌、金酒和白兰地也都在鸡尾酒杯中找到新搭档。

然而，第二次世界大战的到来，导致鸡尾酒知名度下滑。第二次世界大战期间，调酒所用的原料十分紧缺。战后，做好的食品、成衣以及生活其他方面的“现成”产品被推出，这就意味着传统的鸡尾酒调配过程繁复，新一代没有时间花在这上面——他们更喜欢现成的混合饮料！令人欣喜的是，20世纪80

注重形象 如马丁尼这样的酿酒厂经常试图将它们的产品与传统鸡尾酒联系在一起。这张海报展示了马丁尼酿制了曼哈顿（苦艾酒，威士忌酒和苦味酒）。

起伏的命运 20世纪30年代，好莱坞使鸡尾酒流行开来，不过，到了琼·芳登和哈里·贝拉方特于1957年出演影片《日光岛》时，摇滚一代已经对鸡尾酒不理不睬了。

年代末和90年代，新一代品饮者厌倦了标准化的产品，鸡尾酒再度流行。纽约的彩虹屋（位于洛克菲勒中心顶层）和伦敦的桑德森成为现代鸡尾酒文化中心。鸡尾酒又回来了！

享用鸡尾酒

鸡尾酒种类繁多，简直适合每一种心情和场合。有的特别干而且味道浓烈，因此是完美的提神酒或者餐前酒，如威士忌酸；有的香甜丰满，因此餐后饮用绝妙，如爱尔兰咖啡。干而清新的鸡尾酒，如汤姆科林斯（用金酒和柠檬汁调配），和滑润的鸡尾酒，如血腥玛丽（用伏特加、番茄汁和香料调配），任何时间饮用都很完美。

水果和葡萄酒鸡尾酒分为两个阵营。正餐前饮用的话，没什么能比得上基尔、贝利尼、香槟鸡尾酒；不受时间限制的话，用烈性酒和果汁调配而成的长饮鸡尾酒美味可口，如哈维撞墙、特基拉日出。

然而，我认为，鸡尾酒最大的乐趣在于尝试。为了增添一点儿特别的个性，您可以在经典的鸡尾酒里，加上一种您喜爱的原料，制成自己的酒品。完美啊！

调配鸡尾酒 据说，鸡尾酒摇得出色的标志就是调酒师手臂酸痛！不过，酒液轻松滑进酒杯，似乎不费吹灰之力。

基本原则

调配鸡尾酒时需记住四点：第一，原料的品质；第二，调配工具；第三，调配技术；第四，外观。

新鲜的原料 调配鸡尾酒时，不要用现成的果汁，要用成熟水果榨出的新鲜果汁。这样，不仅口感更好，而且看起来更漂亮。

鸡尾酒调配的第一点也是最重要的规则：如果您想要出色的鸡尾酒，就必须使用最好的原料——从“基酒”到装饰物，包括所有的用料。调配前，您要先看一看打算使用的烈性酒或者葡萄酒。是不是能找得到或者买得起最好的一款？是否贮藏着上好的香槟、最好的干邑或者金酒？劣质原料会在最后调配而成的混合饮料里露馅——所以只要有可能，就选用最好的原料。

出色的原料 调配鸡尾酒时，你放入了什么原料最后都会显露出来。为了确保万无一失，一定要选择品质最好的原料。

“选用最好的”这条原则对水果原料特别关键。调配鸡尾酒时，千万不要试图用放置时间太长的鲜榨果汁、罐头果汁或果泥。品质的差异巨大——想一下新鲜、成熟的覆盆子和罐头里的覆盆子之间的差别！罐头里的水果通常特别软，而且过甜，往往浸在糖汁里保存。这会人为地使您的鸡尾酒变甜，破坏滋味的平衡雅致感（现成的果泥也是如此，因为里面通常也添加了糖）。虽然自己用榨汁机榨汁或者制作果泥会多花一些时间——而且价格更贵一点儿——但结果不同，这样做值得。

当然，有时候，您可能找不到新鲜的水果。如果不得不用现成的果汁，要避免批量生产的浓缩果汁。您应到商店的冷藏货柜，找鲜榨果汁。

冰凉

最新鲜的水果和最好的酒品原料如何调配出最好的鸡尾酒，显而易见，不过，千万别忽视冰的品质。水也有滋味，而且冰一旦融化，

碎冰还是冰块？

调酒时，冰的作用不仅只是冷却，水还会影响鸡尾酒的酒精强劲度。碎冰用于摇酒器，融化过快，而且会稀释混合物，所以要把碎冰放在酒杯里或者搅拌器里。冰块则相反，用于摇酒绝佳，不仅能冷却混合物，而且不会过于稀释饮料。

合适的器具　收集“鸡尾酒装备”是鸡尾酒调配的乐趣之一。不用时，要确保工具的清洁和干燥。

优良的技艺　调配鸡尾酒有点儿像戏剧表演。要时常练习技艺，注意细节，不能匆忙。

无瑕的外观　鸡尾酒要悦目，也要可口。确保酒杯光亮清透、装饰原料新鲜。

就会稀释鸡尾酒里的原料，并增添特别的味道。要用新鲜的、过滤后的或者瓶装的、尽可能没有添加剂的水，制作冰块。另外，要使用新冻的冰——冰可以吸收冰箱里其他东西的味道。还要考虑冰的大小。大冰块融化慢；碎冰融化快。如果鸡尾酒需要稀释，用碎冰；如果只是用于冰镇，用冰块。可以用压榨机制作碎冰，或者把冰块裹在干净的茶巾里，往墙上砸或用擀面杖敲击。

最后，不要重复使用有剩冰的摇酒器，必须先清理干净再使用——即使又要调配同一款鸡尾酒——因为残留的东西会影响新酒滋味。

新鲜的混合物　刚刚制成的“甜酸混合物”（或者酸性混合物）比现成的要好很多。每1盎司（30毫升）鲜榨柠檬汁或者酸橙汁加入少许糖浆。

甜酸混合物

有的鸡尾酒，如经典的玛格丽特（见第346页），需要使用一种“甜酸混合物”的原料——其有时被称为“酸性混合物”。这是鲜榨的柠檬汁（柠檬酸）或者酸橙汁（酸橙酸）和糖浆混合在一起的物质。您可以买到现成的酸甜混合物，不过自制的更好。（见第327页的图片文字说明。）

同样，您也能买到成品糖

奶制品 很多鸡尾酒选用奶制品，特别是鸡蛋和奶油，调配成质地滑润、柔和的鸡尾酒。选择奶制品时，要当成您自己要食用一样——应该尽可能新鲜。

浆，但自己制作很简单。用平底锅，加入1份热水和2份砂糖（用量杯很方便——1杯热水兑2杯糖）。搅动，逐渐使之沸腾。糖水一开始冒泡，就把火关小，慢慢煮，同时注意不要让它焦化（变成褐色）。糖浆应该有黏性，又不太浓厚。熬到合适的浓度，把糖浆从火上端下来，晾凉。之后，倒在密封的容器里，可以在冰箱保存大约2个月的时间。另一种制作方法是往果酱瓶里倒一半热水，然后加满精白砂糖。盖上瓶盖，摇晃，直至糖溶化。尽管这样更快，但有风险，因为这样可能会有残留的砂糖晶体，所以如果有时间，用第一种方法制作。

使用奶制品

对于调配鸡尾酒时加入新鲜的奶制品原料，应该不会有任何疑义——这样不仅可以获得理想的滋味和质地，而且也能避免肠胃不适。鸡蛋能让鸡尾酒极其滑润、丝般柔滑，不过，其可能也会有害。沙门氏菌存活在未煮熟、未经巴氏消毒的鸡蛋清里，而且蛋壳下面最集中。但是，只有品质最高的鸡蛋（有机的、自由放养的鸡蛋）滋味最好，应确保在保质期前使用它。即使鸡蛋还在保质期内，也要先闻一闻确认新鲜。注意确保鸡尾酒里没有鸡蛋皮——除了细菌以外，您总不希望一块蛋皮在客人的喉咙里卡住吧！

选用蛋清

鸡蛋清虽然无味，但却能赋予鸡尾酒奶油般的质地。在这里，我告诉您如何将蛋清与蛋黄分开。

分离蛋清和蛋黄

1.选择新鲜的鸡蛋，如果您在平面上转动它，它会摇摇晃晃（表明很新鲜）。

2.把鸡蛋磕开，小心地倒进过滤器（a）或者漏斗（b），过滤器和漏斗下面是洁净、干燥的调酒杯；注意不要让碎蛋壳掉进去。

3.用干净的搅拌器打蛋清，直至打出泡沫。

2a. 用过滤器分离

1. 选用新鲜鸡蛋

2b. 用漏斗分离

3. 打蛋清

只要少许 几滴原料，如伍斯特郡辣酱油或者安哥斯图拉苦味酒，就能赋予鸡尾酒浓郁的滋味。

鸡尾酒使用高脂和低脂奶油以增加质地和滋味。低脂奶油的替代品为“淡”奶油：按50/50的比例把低脂奶油和全脂牛奶混合调配。

添加调味剂和颜色

大多数特有的调味剂和颜色，添加到鸡尾酒里的量为“少许”。配方要求加入“少许”某种原料的话，几滴足矣。比如，血腥玛丽里加入过多的伍斯特郡辣酱油后，味道很容易变得过辣、颜色变得混浊。添加苦味酒，如安哥斯图拉、贝乔德时，要记住它们是浓缩酒液，而且滋味浓烈——只是微微一点儿就足以施展它们的魔力。

糖浆不仅可以增添滋味，而且也能增添颜色。石榴糖浆——糖浆里加入了红石榴添味——是效果最好的之一，能赋予鸡尾酒漂亮的红色，用于调配特基拉日出最出名（见第374页）。

颜色的使用在分层鸡尾酒中效果最佳，如B-52（咖露、百利、格兰马妮，见上图和第365页）、泥浆喷射（Mud Slide）（伏特加、咖露、多利，见第368页）。

鸡尾酒的层次

有的鸡尾酒原料比重比较大，比较轻的原料会位于比较重的上面一层，呈现出戏剧化的效果。下表列出一些最受欢迎的鸡尾酒原料的相对比重。（了解分层技艺，见第365页表格。）

饮品	比重	色泽
南方舒适	0.97	琥珀色
水	1.00	无色
格兰马妮	1.04	无色
白兰地	1.04	琥珀色
爱尔兰奶油	1.05	咖啡奶油色
金巴利	1.06	红色
萨姆布卡	1.08	无色
白橙皮酒	1.09	无色
阿莫莱托	1.10	淡褐色
加利亚诺	1.11	金黄色
薄荷酒	1.12	绿色
咖露	1.15	深褐色
石榴糖浆	1.18	红色

微妙的滋味 在酒杯里覆盖（或者调节）一层原料，也能给鸡尾酒增添细微的风味。倒入鸡尾酒以前，要把调节剂——通常为利口酒、苦味酒或者加味糖浆——从酒杯里倒出来。

水果装饰 一片猕猴桃会为鸡尾酒平添异域、多彩的装饰。然而，千万不要试图在搅拌法鸡尾酒里选用猕猴桃：破碎后，它的黑籽有微微的苦味。

工具和设备

在一定程度上，调配鸡尾酒是一门科学——酒杯里的原料化学。与所有成熟的科学一样，调酒也需要借助一些装备实现最佳的结果。

使用常规厨具调配出完美的鸡尾酒绝非易事——有时候根本不可能。专用工具让我们的生活更便捷，不过，别紧张——其价格并不高，而且在大多数好的百货商店都能买到。

本书对涉及的所有鸡尾酒配方都列出了需要的设备，可能其中最重要的就是酒杯。每款鸡尾酒都需要倒在最能充分展示其色彩、完全释放其滋味的酒杯里。比如，宽口的玛格丽特杯可以迅速释放香气，让味蕾享受最大的快感；相反，飓风杯则会让香气汇聚。酒杯大小最重要——不要“浪费”短饮鸡尾酒，比如用极大的酒杯侍饮马提尼。要使用洁净、无瑕的酒杯，握住杯底或者杯腿。这样可以避免杯壁留下指印，而且防止因手握使酒温升高。有些鸡尾酒需要用冰镇的酒杯。调酒前，把酒杯放在冰箱里，或者在酒杯里放满冰，上面加入水，10分钟左右即可。

搅拌法鸡尾酒 搅拌机在调配完美香蕉得奇丽时必不可少，这款鸡尾酒质地柔滑、迷人（见第347页）。

酒杯 侍饮鸡尾酒有8种基本的酒杯。只要您遵循酒杯与鸡尾酒的多少要相称这条原则，使用哪一种不必太苛刻。

鸡尾酒工具

鸡尾酒工具是调配鸡尾酒乐趣的一部分，也是您取得成功的关键。最重要的是，工具会助您精确地计量出原料。没有它们，鸡尾酒可能会失去细致平衡的滋味。千万别忽视您的鸡尾酒工具。装备上有任何一点儿污物或者残渣都会影响鸡尾酒的风味，所以，为了每次都给您创造调配完美鸡尾酒的最佳机会，一定要在调配上一款鸡尾酒之前以及派对结束时，洗净、擦干所有的工具。

波士顿摇酒器

波士顿摇酒器是我首选的鸡尾酒摇酒器，而且我推荐您在调配本书介绍的摇和法鸡尾酒时选用它，因为用它可以看到鸡尾酒混合的情况。这种摇酒器有两部分：一个是平底玻璃杯，另一个是更大的金属容器，两部分能紧紧地扣在一起，形成密封。您也可以把玻璃杯单独用做调酒杯。

欧洲摇酒器

欧洲摇酒器使用起来比波士顿摇酒器容易，因为它有一个合适的盖子密封，摇酒很安全。您看不到鸡尾酒混合的情况，不过，摇酒器外壁一变得冰凉，就可以倒出鸡尾酒了。这种摇酒器通常有内置的过滤器，所以无需再单买。

量酒器

量酒器是计量的“套杯”，容量通常分别有美制1液盎司（30毫升）、1½液盎司（45毫升）、2液盎司（60毫升）。这些量酒器很容易就能精确计量出鸡尾酒原料，所以，我推荐您买一些。精准是确保鸡尾酒非常平衡的关键。

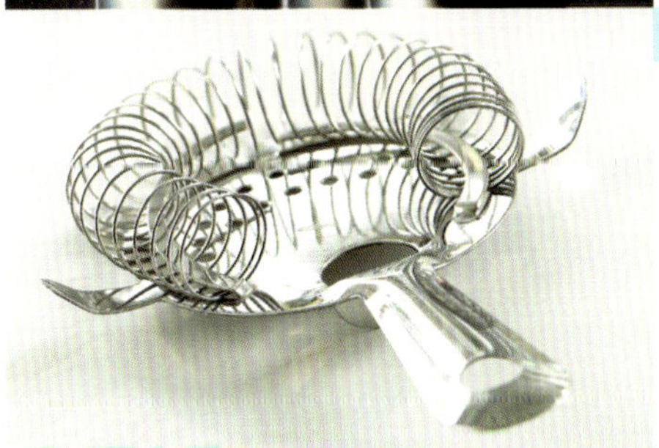

过滤器

如果您使用波士顿摇酒器或者其他没有内置过滤器的摇酒器，这种工具不可或缺。有两种主要的过滤器：霍索恩（左图）和有孔眼无弹簧的茱利普。我推荐霍索恩，因为弹簧和扣环能把过滤器比较容易地支撑在摇酒器或者调酒杯上。

搅拌器

有些鸡尾酒——特别是用整个水果调配的鸡尾酒——需要搅拌。跟冰一起搅拌时，只用碎冰，因为冰块会磨损搅拌器的刀刃。先倒入液体原料，然后加冰，这样的话，在调酒前，冰几乎不会融化，刚开始用最慢的速度，逐渐提升到最快的速度。

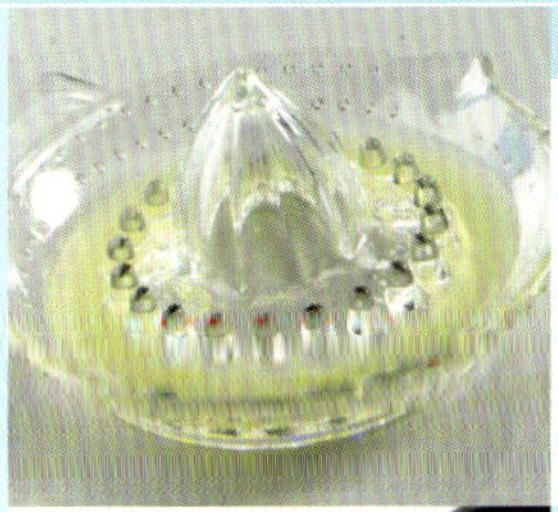

榨汁器

要找大得可以放得下柚子的榨汁器，而且选用皮薄的成熟水果。用中等力度，缓慢挤动水果，直到基本没有汁液为止。

铰刀

这种手握的工具很实用，是榨汁器的合适替代品，可以提取柠檬、酸橙和橙子汁。要找一个手柄舒服的。

削皮器

柑橘水果——特别是柠檬、酸橙和橙子——的外皮可以用于给某些鸡尾酒添味。削的时候要当心，只要果皮，不要海绵层，因为海绵层有苦味。

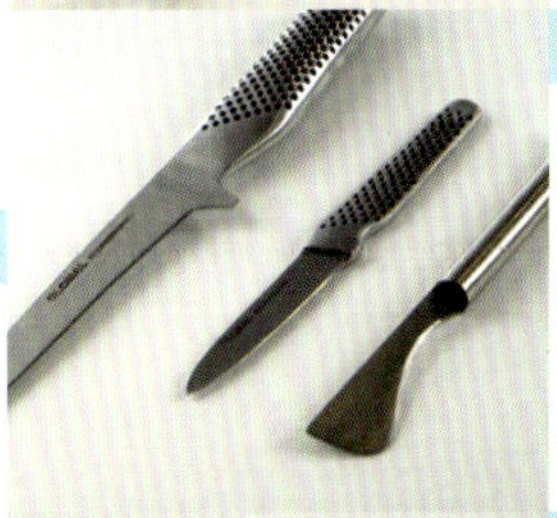

刀具

刀具要锋利。小削皮刀用于切小一些的水果作为装饰，主厨刀用于切大一些的水果，如菠萝。

酒吧匙

酒吧匙的长度要能让您搅到长饮鸡尾酒的底部。螺旋形的柄可以用于原料的分层（见第365页）。

搅拌棒

搅拌棒用于压碎杯中的水果。找一个原木的，否则酒精会使漆面脱落。不要在杯子里用力过大。

倒酒嘴

可以通过液体从倒酒嘴流出的时间来计量原料：慢慢数到3，是1½液盎司（45毫升）。不过，熟才能生巧。

调配

最后的修饰 新鲜的装饰物——一些柠檬皮、杯口的盐霜或者一颗绿橄榄——让鸡尾酒充满生机，同时增添了视觉美感和滋味。

调配鸡尾酒有点儿像烹饪。您可以刻板遵循配方，不过，如果掌握一些基本原则，就能轻松地变化、试验，创造自己的杰作。

世界上的鸡尾酒多得让您一辈子品尝不完。除了传统的混合饮料——马提尼、酸味鸡尾酒、得奇丽鸡尾酒（daiquiris）以及其他类似的鸡尾酒——还出现了年轻一些的新贵，像蛇神鸡尾酒（Zombie）和大都会鸡尾酒，您在任何一家名副其实的鸡尾酒吧都能找到。鸡尾酒在时尚的影响下和酒品工业的推动下不断发展，酒品工业聘请专业调酒师创造新鸡尾酒来展现各种烈性酒和利口酒。

与烹饪一样，鸡尾酒的调配没有严格规定。不过，记住一些普遍原则能助避免失败，指导您创造出质地好、平衡佳的鸡尾酒，让您为此心满意足。首先，调配过程中，不要品尝原料。头脑清醒的时候，调酒更自如！其次，总要尽可能把原料计量精确（见第333页表格），而且要把试验过程所用的东西记下来。一般情况下，液体原料最多不超过5种，而且要坚持选用一种烈酒基酒——把太多的原料调

搅和法鸡尾酒

这种传统的调酒方法用于调配清爽的鸡尾酒，如这款受伤的苹果——将祖波瓦伏特加酒、苹果泥和苹果糖浆混合，倒在香博利口酒上（见第367页）。

创造一款搅和法鸡尾酒

1.往调酒杯——这里是波士顿摇酒器的玻璃杯——加冰块，用酒吧匙转动冰块，冷却杯子。
2.用过滤器把冰块融化的水去除，避免稀释鸡尾酒。
3.倒入适量的原料。
4.搅动鸡尾酒，直至完全冰凉，杯子外壁凝结出水珠。
5.把鸡尾酒过滤到冷却的酒杯里。要想调配受伤的苹果，要把鸡尾酒分层倒在香博利口酒上。
6.最后摆放选择好的装饰物（见第336页）。

1.往调酒杯里加冰块

轻松计量 原料的精准计量，是确保鸡尾酒平衡和质地的关键和最终成功的关键。

3.添加原料

4.搅动鸡尾酒

配在一起会使滋味不和谐，令人生厌。我以前曾经说过，不过值得再讲一遍：原料越好，鸡尾酒越好。只要有可能，就选用鲜榨果汁。购买您会乐意去纯饮的烈性酒和利口酒，不要购买便宜的酒品。

原料的计量

单位换算 从传统意义上来说，调酒师往往使用液盎司，而非毫升（ml）计量；美制1液盎司相当于30毫升。很多鸡尾酒以1½盎司（45毫升）的烈性酒为基酒——这里介绍三种快速的计量方法。

倒酒嘴的速度 把倒酒嘴插入酒瓶口。把酒瓶完全倒过来，慢慢数到3。

餐匙 如果您没有专业的酒吧工具，3餐匙的量大约就是1½盎司（45毫升）。

量酒器 用一个容量正好是1½盎司（45毫升）的量酒器。如果没有量酒器，用容量是1½盎司（45毫升）的烈酒杯。

摇动还是搅动？

鸡尾酒调配有四种基本方法——搅和法、摇和法、搅拌法、兑和法——下文对此一一加以解释。使用哪一种方法由配方里的不同原料决定。比如，含有鸡蛋（首选散养的和有机的）、新鲜果汁、奶油和糖的鸡尾酒，要加冰用摇和法，冰会帮助打散鸡蛋，创造鸡尾酒的

2.滤出多余的水

5.过滤到冷却的鸡尾酒杯里

6.配上装饰物，侍饮

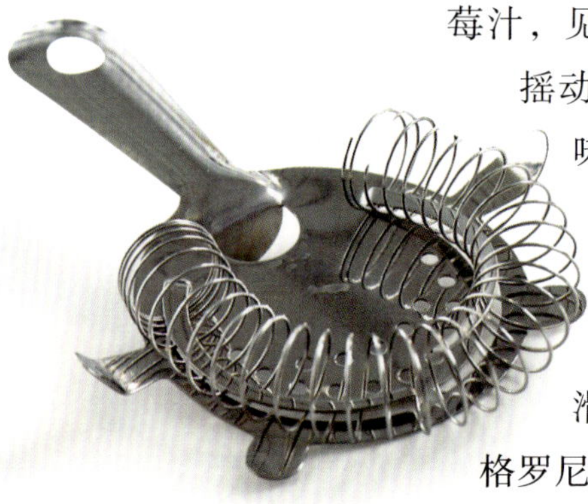

黏稠感。含有柑橘水果的鸡尾酒，如天使（格兰马妮利口酒、白色朗姆酒，柠檬、橙子和越莓汁，见第375页），最好采用摇和法，因为摇动能创造微微起泡的质地，适合柑橘滋味。另外，原料均为烈性酒的鸡尾酒，如曼哈顿（威士忌、甜味美思和安哥斯图拉苦味酒，见第383页），最好用搅和法，搅和赋予柔和、丝般幼滑的质地。兑和法制成的鸡尾酒，如尼格罗尼（金酒、红味美思和金巴利，见第349页），也使用搅和法——区别在于，要把原料直接倒在侍饮的酒杯里，而不是先倒进调酒杯、搅动，然后过滤到酒杯里侍饮。

决定是使用摇和法还是搅和法，还要考虑其他因素。如果您的鸡尾酒特别强劲、稍加稀释更好的话，有力地摇动会大有帮助，因为碎冰会溶入酒液。摇和法冷却酒品的效果也比搅和法更彻底。应该晶莹透明的鸡尾酒，如干金酒马提尼（Dry Gin Martini，见第370页），用搅和法就比用摇和法合适，因为摇动会产生小泡泡，使鸡尾酒看起来混浊。需要慢慢啜饮的优雅鸡尾酒通常用搅和法比较好，因为搅动能把原料融合，不会让其“混做一团”。然而，摇和法的震撼力无与伦比。观看一位技术精湛的调酒师调酒，俨然图画诗的一种形式——您在家里稍加练习，也能达到这种境界。

摇和法鸡尾酒

摇动鸡尾酒能使原料完全融合、冷却。这里是一款用波士顿摇酒器制成的覆盆子冰饮（金酒、香博利口酒、酸橙汁和糖浆）。

创造一款摇和法鸡尾酒

1.把稍大一些的冰块倒入摇酒器的玻璃杯里，倒到玻璃杯的2/3处（如果是以果汁为基础，就先倒果汁）。
2.往摇酒器的玻璃杯里仔细加入原料—总要用量器。
3.把摇酒器的两部分组合在一起，轻拍玻璃杯密封，然后摇动。用两只手握住，金属杯在下（不过，偶尔翻转一下能帮助鸡尾酒融合）。
4.轻拍摇酒器的顶端和侧面，使密封松开。
5.用过滤器把鸡尾酒倒入酒杯。
6.上面摆放装饰物——外观也是乐趣的一部分！

1.往调酒杯里冰块

3.摇动鸡尾酒

4.轻拍摇酒器，使密封松开

摇动鸡尾酒时，一定要把原料计量准确。如果您用波士顿摇酒器，把原料倒入玻璃杯里（不是金属杯）。如果您的鸡尾酒含有果汁，先倒果汁，再倒冰（避免稀释），要不然，先放冰。用大冰块（不用碎冰）可以避免稀释鸡尾酒。

轻柔、平稳地摇动——动作要轻快活泼，不要紧张混乱。原料里含有鸡蛋清的话，摇动要更加有力一些，因为鸡蛋清黏性高，难以融合在一起。如果您用的是波士顿摇酒器，摇动时，玻璃杯朝上；如果你的手一滑，鸡尾酒最后留在更大的金属杯里，不会溅客人一身！一直摇动到鸡尾酒，直至微微起泡、彻底变凉。

搅拌法鸡尾酒

用搅拌法调配鸡尾酒的目的是：使鸡尾酒的回味精美、滑润。大多数搅拌法鸡尾酒都加入了冰。总要选用碎冰，而非冰块，以免磨损刀刃。先把所有的原料放到搅拌器里，最后放碎冰，这样，可以把开始制作前碎冰融化的可能性降到最低。开始搅拌时，用最慢的一档，逐渐增加到最快的一档。鸡尾酒变得滑润完美之后，慢慢地、小心地倒在酒杯里，上面摆放选好的装饰物。用搅拌法制作鸡尾酒仿佛精彩的戏剧表演——要在朋友面前制作！

2.添加原料

5.倒在碎冰上

6.配上装饰物，侍饮

外观

如果说调配鸡尾酒是酒杯中的一门科学，外观则是一种艺术。调配而成的鸡尾酒在您或者您的客人品尝前，就应该带来一片欣喜惊叹。

异域风情的装饰物 您外出搜集鸡尾酒原料时，查看一下超市外来水果柜台，买些非同寻常的装饰物，如艳黄色的杨桃。

有的鸡尾酒在您一调配出来就看起来很漂亮。比如，呈现出深橙黄色和一点红石榴糖浆色、丰饶的特基拉日出（见第374页）或者呈现出雅致气泡和诱人桃色精致的贝利尼（见第381页），它们本来就很好看——只需要合适的酒杯。不过，大多数鸡尾酒需要非常重要的最后一点润色——装饰物。

装饰物大多用水果制成，如柠檬、酸橙、菠萝、橙子、樱桃，但药草（特别是薄荷）、芹菜和橄榄也很流行。装饰物的基本要领是选用适合鸡尾酒的一种水果、药草或者其他食材。所以，柑橘味浓郁的鸡尾酒，如金菲士（见第342页），用一片柑橘水果装饰；咸香辛辣的鸡尾酒，如血腥玛丽（见第358页），用药草或者一截芹菜（长度是搅酒棒的两倍）。

确保只选用最新鲜的水果、药草和蔬菜。尤其是柑橘水果，要选择果皮饱满、紧实的——一片果皮瘦弱的柠檬在酒杯边上看起来毫无生气，不太提气。而且，记住装饰体现风格，所以要考虑如何使用这些东西：樱桃、橄榄和红醋栗这样的小浆果，可以单个使用或者用一小串；菠萝从中间（不是从头部到底部）切开，然后把圆片切成块。

与调配鸡尾酒有关的大多数东西一样，装饰物也有自己的术语。例如，水果（特别是柑橘水果）切成圆片（完整的水果圆

鸡尾酒的装饰物

总要留意装饰物。它可能是准备鸡尾酒的最后一步，你可能急于把鸡尾酒端给客人或者想加入其中享受乐趣，但要记住，装饰物是客人最先关注的东西——第一印象很关键。

下面是一些最流行的鸡尾酒装饰物。然而，千万别害怕尝试。简洁、精致的鸡尾酒，如马提尼，其装饰也要简洁、精致。但是，海滩派对鸡尾酒，如椰林飘香（Piña Colada），就要充满趣味。

柑橘细长皮

细长皮是薄薄的橙子、柠檬或者酸橙皮（用锋利的削皮刀或者削皮器）。细长皮的一端悬挂在杯口外，一端弯弯曲曲地浸在酒中，看起来美极了。而且还增添隐隐的滋味。

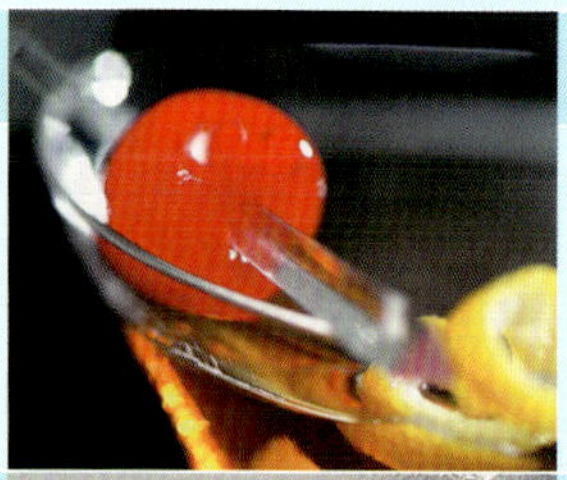

樱桃

大多数樱桃装饰物需要马拉斯基诺樱桃（保存在利口酒里的马拉斯卡樱桃）或者甜度较低的新鲜樱桃。它们可以穿在鸡尾酒装饰签上，搭在酒杯上或者放在酒里。

柠檬和酸橙块

切柑橘块的时候，先切去两端，然后纵向从中间切开。每一半纵向切成3块（一共切成6等份），去核。把它摆放在杯边或者放到酒液里。

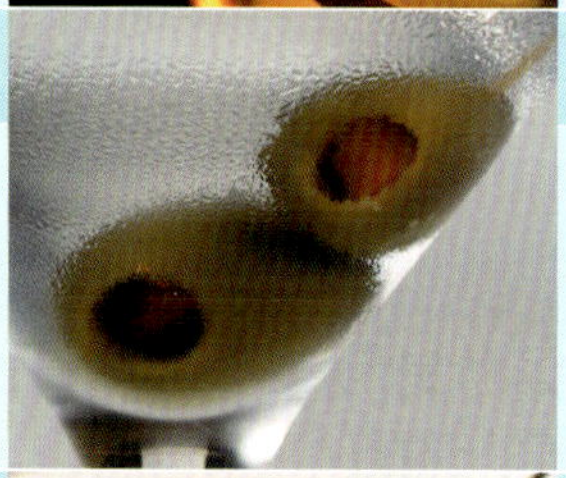

橄榄

不要用曾经保存在油里的橄榄装饰鸡尾酒——用新鲜的橄榄或者那些曾保存在盐水里的橄榄（需要先把盐洗掉）。把一颗橄榄放到酒杯里或者用鸡尾酒装饰签穿一两个。

薄荷和其他药草

薄荷是最清爽的装饰物之一，而且对于薄荷茱利普鸡尾酒至关重要（见第378页）。要用叶子小而坚挺的新鲜薄荷。其他用于装饰的药草有鼠尾草、马鞭草、罗勒、香蜂草。

新鲜水果

大自然以新鲜水果的形式提供了许许多多装饰物。可以用鸡尾酒装饰签把红醋栗、黑醋栗、草莓或者覆盆子穿起来或者把它们组合穿起来。一定要先洗净水果。

片)、半圆片(圆片一分为二)、块(纵向切的厚片)、细长皮(又长又细的果皮)、螺旋皮(紧紧卷在一起的果皮)。“切开”指的是装饰水果果肉上的小切口，以便挂在杯边。

举办鸡尾酒派对

什么也比不上装饰赏心悦目的现制鸡尾酒更能打动您的宾客。所以，要想举办完美的鸡尾酒派对，首先就要让鸡尾酒酒单简短，两款或者三款不同的酒足矣，尤其是，如果其中一款可以提前调配好。例如，您可以调配出几大杯朗姆潘趣酒(见第361页)；或者长岛冰茶(见第378页)的酒液部分，这样的话，在派对上，您只需把它倒在冷却的酒杯里，然后，在上面加些可乐即可。总要在调酒前，把装饰物准备好(但也要记住，水果放置时间太长会变成褐色)。目标是侍饮装饰得生机盎然的鸡尾酒，不要发疯似的去拿削皮刀！

杯边装饰

最动人的外观之一就是鸡尾酒杯的盐霜（比如，玛格丽特鸡尾酒）或者糖霜。它们看起来晶莹透明，还增添了别样风味。

装饰杯边

1.把酸橙切成块，缓慢、均匀地擦湿杯口。
2.把杯口的外缘在精盐（或者糖，由鸡尾酒决定）碟上转一圈。
3.用酸橙块把杯口内壁的盐清除，不要让一点儿盐霜落到酒里。

2.把杯口的外缘在精盐碟上转一圈。

1.用酸橙块擦湿杯口。

3.用酸橙块把杯口内壁的盐清除。

细长皮 酸橙细长皮是玛格丽特鸡尾酒的完美装饰物。把酸橙的两端切去，然后，竖着握好，用孔槽刮皮刀从上往下刮大约½英寸（1厘米），刀的末端有个孔，能在水果上刮出凹槽。迅速把刀转向左或者右，绕着水果一直刮到底。最后得到的就是紧紧的螺旋皮。

酸味浓重的鸡尾酒

“辛苦一天之后，来到泳池边，从品尝其中一款美味、精致、传统的鸡尾酒开始您的晚间生活。”

酸味浓重的鸡尾酒简介

传统的酸味浓重的鸡尾酒由烈性基酒和充满柑橘皮干味的果汁制成，很提神，可以让派对上的每个人心旷神怡。

边车 这款经典的鸡尾酒简单而美味，由白兰地、酸橙皮、柠檬汁调配而成。

酸味浓重的鸡尾酒大概可以追溯到早期的皇家海军水兵，他们利用酸橙汁来预防由缺乏维生素C导致的坏血病。为了使酸涩的味道变得更可口，水兵们把果汁与配发的定量朗姆酒或者金酒混合在一起饮用。如今，这种风格的经典鸡尾酒颇多，其中包括威士忌酸（威士忌、蛋清、糖浆和柠檬）、汤姆科林斯（金酒、柠檬、糖和苏打水）、玛格丽特（特基拉酒、白橙皮酒和酸橙汁）。要想调配出酸味浓重的完美鸡尾酒，一定要精确计量酸橙汁或者柠檬汁，需要平衡而精雅，浓重的味道多一点儿或者少一点儿都会破坏最终调配而成的鸡尾酒。

品酒和侍酒

简介 总体而言，这类鸡尾酒应该清新、透明、鲜亮。其香气醇净，有柑橘的气息，感觉活泼、年轻，味道应该浓烈、刺激。饮用酸味浓重的鸡尾酒的目的，就是让您的夜晚时光充满生机或者告诉您的身体去用晚餐（它们是卓越的餐前酒）。烈性酒和果汁应该平衡很好——两者相得益彰，哪个也不过于突出。有些鸡尾酒，如边车，有微微的甜味，平衡了总体的柑橘皮味。

威士忌酸

皮斯科酸

凯普林纳

酸味浓重的鸡尾酒

每款酸味浓重的鸡尾酒的基酒都会影响柑橘水果皮的平衡。如果希望鸡尾酒味浓甜香，基酒选择朗姆酒；如果希望鸡尾酒味浓而干，用金酒做基酒。运用下表，帮您找到燃起各个感官的美味鸡尾酒。

基酒	鸡尾酒	其他原料
金酒	金菲士（见第342页）	柠檬汁、糖浆、苏打水
	新加坡司令（见第342页）	樱桃白兰地、班尼迪克汀、君度、安哥斯图拉苦味酒、菠萝汁、酸橙汁、石榴糖浆、苏打水
	汤姆科林斯（见第343页）	柠檬汁、糖浆、苏打水
	红狮（见第344页）	格兰马妮、石榴糖浆、柠檬汁、橙汁
	少女的祈祷（见第344页）	白橙皮酒、柠檬汁、橙汁
	白色佳丽（见第344页）	君度、柠檬汁、鸡蛋清
	蓝色魔鬼（见第347页）	蓝色库拉索、柠檬汁、拉斯基诺利口酒
	布朗克斯（见第349页）	甜红味美思、干味美思、橙汁
	法式果露（见第349页）	君度、橙汁、酸橙汁

基酒	鸡尾酒	其他原料
金酒	尼格罗尼（见第349页）	甜红味美思、金巴利
	三一（见第349页）	甜味美思、干味美思
	玫瑰（见第350页）	酸橙、味美思、鲜杏白兰地、酸橙汁、石榴糖浆
	莎莎（见第350页）	杜本内味美思、橙子皮
	利奇（见第352页）	酸橙汁、糖浆、苏打水
威士忌	亲密（见第344页）	甜味美思、干味美思、安哥斯图拉苦味酒
	苹果占边（见第347页）	苹果酸
	拿破仑（见第349页）	曼德瑞拿破仑、柠檬汁、橙汁
	罗伯罗伊（见第350页）	甜味美思、安哥斯图拉苦味酒
	威士忌酸（见第351页）	柠檬汁、糖浆、鸡蛋清
	拳师（见第352页）	干味美思、柚子汁
伏特加	神风突击队（见第349页）	君度、酸橙汁
	大都会（见第353页）	白橙皮酒、酸橙汁、越莓汁
	芦荟（见第344页）	蜜多利、甜酸混合物、浓缩酸橙汁、苏打水
	绝对麻烦（见第347页）	格兰马妮、橙汁、石榴糖浆
朗姆酒	总统（见第345页）	杜本内、石榴糖浆、酸橙汁、库拉索
	香蕉得奇丽（见第347页）	香蕉、柠檬汁、香蕉利口酒
	凯普林纳（见第348页）	酸橙、糖
	亚当和夏娃（见第352页）	苹果酸、干味美思、金巴利
白兰地	蜜月（见第342页）	班尼迪克汀、白橙皮酒、柠檬汁
	边车（见第349页）	白橙皮酒、柠檬汁
	皮斯科酸（见第350页）	柠檬汁、糖浆、鸡蛋清、安哥斯图拉苦味酒
	温床（见第352页）	君度、白色朗姆酒、柠檬汁
特基拉酒	斗牛士（见第344页）	白橙皮酒、苹果汁
	玛格丽特（见第346页）	酸橙、盐、白橙皮酒、酸橙汁
	泊车（见第350页）	金巴利、君度、鸡蛋清
	短吻鳄（见第352页）	皮桑安布利口酒、菠萝酸、柠檬酸
金巴利	坦比克（见第342页）	君度、柠檬汁或者酸橙汁、汤尼水
	埃尔格雷克（见第350页）	苦柠檬
保乐	斯维塞斯（见第349页）	柠檬汁、鸡蛋清、苏打水
	蜜多利之后（见第352页）	蜜多利、酸橙汁
香槟	阿方索（见第348页）	方糖、安哥斯图拉苦味酒、杜本内味美思
	黑线绒（见第353页）	爱尔兰黑啤酒

汤姆科林斯

大都会

玛格丽特

斗牛士
总统

随时饮用

辛苦一天之后，如果您感觉燥热、烦扰或者想提提神，饮用这类鸡尾酒非常出色。很多知名鸡尾酒也很理想，柑橘味和水果味的效果特别好，它们使利口酒或者烈性基酒的甜味和柑橘皮的清新感平衡和谐。因此，鸡尾酒活泼而刺激，但又不太难消化。

金菲士（GIN FIZZ）

原料 柠檬块▪金酒2盎司（60毫升）▪鲜榨柠檬汁1⅓盎司（40毫升）▪糖浆（依个人口味添加）▪苏打水

用具 平底无脚酒杯或者小高杯▪摇酒器▪过滤器▪刀▪搅拌匙

这款鸡尾酒颇受青睐，自从19世纪中期就一直出现在酒单上。要用普利茅斯金酒增添复杂感。金菲士是夏日午后的完美清凉饮品。

方法 用柠檬块把杯口擦湿。往摇酒器里加冰，然后倒入金酒、柠檬汁和糖浆。摇匀。过滤到酒杯里，倒满苏打水（用一瓶新的——泡沫是关键）。用一片柠檬和一个樱桃装饰。

金菲士

银色菲士（SILVER FIZZ）

原料 金酒2盎司（60毫升）▪柠檬汁2盎司（60毫升）▪糖浆（依个人口味添加）▪冰镇苏打水▪1个鸡蛋清

用具 摇酒器▪过滤器▪高杯▪搅拌匙

因为鸡蛋清的关系，这是一款起泡的金菲士。很多人都很喜爱它——不过，我除外！如果您加入蛋黄，它就成了金色菲士。

方法 除了苏打水，把所有的原料放入摇酒器。摇20秒钟，然后过滤到高杯里。加入苏打水，搅匀，侍饮时摆一圆片柠檬或者两个半圆片柠檬，还有一个吸管。

银色菲士

坦比克（TAMPICO）

原料 君度1盎司（30毫升）▪金巴利1½盎司（45毫升）▪柠檬汁或者酸橙汁1盎司（30毫升）▪汤尼水

用具 摇酒器▪过滤器▪高杯

甜甜的君度、苦苦的金巴利，再加上清爽的汤尼水组合在一起，制成这款美味复杂的鸡尾酒。它是理想的餐前酒，或者在假日饮用，极具魅力。

我调配坦比克时，相比柠檬，更喜欢用酸橙——它可以产生微微缓和辛辣的口感。所有液体原料都应该冰镇，从而帮助鸡尾酒融合各种滋味。

方法 往摇酒器里加冰，然后倒入所有原料，汤尼水除外。摇匀。过滤到冷却的高杯里。上面加入汤尼水。

坦比克

蜜月（HONEYMOON）

原料 苹果白兰地⅔盎司（20毫升）▪班尼迪克汀⅔盎司（20毫升）▪白橙皮酒（君度最理想）1茶匙▪½个柠檬榨汁，另外的柠檬用果皮

用具 摇酒器▪过滤器▪冷却的马提尼酒杯

这是一款让人难以忘怀的鸡尾酒！想要达到最佳效果，选用君度和VSOP卡尔瓦多斯（苹果白兰地酒）。冷却的酒杯能让滋味保持清新。这款酒呈淡琥珀色。

方法 往摇酒器中加入冰，然后倒入所有原料。摇匀，过滤到酒杯里。把一个柠檬的皮削掉，挤出汁，倒入鸡尾酒，释放柠檬油香，然后把皮投入杯中。

新加坡司令（SINGAPORE SLING）

原料 伦敦干金酒1盎司（30毫升）▪樱桃白兰地½盎司（15毫升）▪班尼迪克汀1½茶匙▪君度1½茶匙▪安哥斯图拉苦味酒少许▪菠萝汁4盎司（120毫升）▪鲜酸橙汁½盎司（15毫升）▪石榴糖浆⅓盎司（10毫升）▪苏打水

用具 摇酒器▪过滤器▪高杯

一款绝妙的永恒经典鸡尾酒，任何时间饮用都很美味。我爱它！

方法 摇酒器中加入冰，然后倒入所有原料，苏打水除外。用力摇匀，然后过滤到加好冰的酒杯里。倒上苏打水，用一圆片柠檬装饰。（如果您喜欢，也可放一个马拉斯基诺樱桃。）

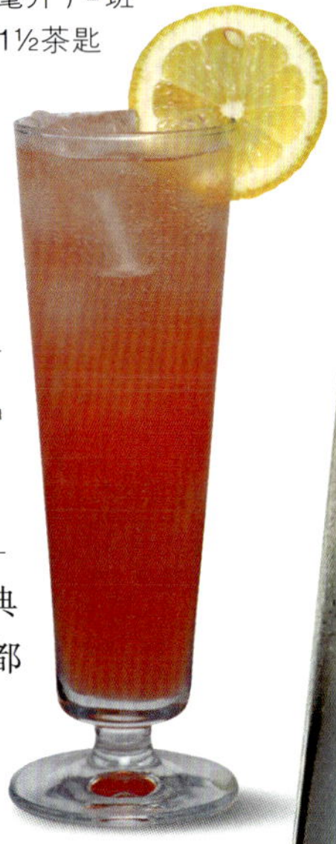
新加坡司令

汤姆科林斯

这是一款清爽的长饮金酒鸡尾酒，雅致的甜味平衡了柠檬皮的滋味。炎炎夏日饮用，很完美。

汤姆科林斯（TOM COLLINS）

原料 伦敦干金酒2盎司（60毫升）▪鲜榨柠檬汁1盎司（30毫升）▪糖浆1茶匙▪苏打水3盎司（90毫升）

用具 摇酒器▪高杯▪过滤器▪搅拌匙

据说，这款传统的鸡尾酒可以追溯到19世纪早期。尽管没人知道它的确切来历，但都知道它最早由一位名为科林斯的调酒师在伦敦著名的利摩酒店（Limmer's）调配而成。最初的配方选用荷兰金酒。最后，荷兰金酒被更甜一些的、名为“老汤姆”的伦敦干金酒所取代，这样，汤姆科林斯鸡尾酒诞生了。

实际上，现在很多由苏打水、糖浆、柠檬汁和烈性酒调配的其他鸡尾酒都名为科林斯。在美国，约翰科林斯（John Collins）用波本威士忌替代了金酒，而其他科林斯则选用白兰地、朗姆酒或者苏格兰威士忌调配。

总体而言，我很喜欢这款鸡尾酒。其清新而时尚，雅致而味浓：在泳池边饮用非常理想！

方法 摇酒器里放一半冰。往里倒入金酒、柠檬汁和糖浆。摇匀。过滤到冷却的高杯里，然后，小心地加入苏打水。缓缓搅拌，保留气泡。把一个马拉斯基诺樱桃放入杯中装饰，再放一半圆片柠檬，柠檬既可以投入杯中，也可以摆在杯口上。

芦荟（ALOE VERA）

原料 柠檬味伏特加1⅓盎司（40毫升），如绝对柠檬▪蜜多利甜瓜利口酒1盎司（30毫升）▪甜酸混合物1⅓盎司（40毫升）▪玫瑰浓缩酸橙汁（Rose’s lime cordial）⅔盎司（20毫升）▪苏打水加满

用具 高杯▪搅拌匙

芦荟

这款派对长饮鸡尾酒呈迷人的海洋绿色，口感清淡，还有伏特加的刺激感。

方法 往杯中加冰，倒入所有原料，苏打水除外，搅匀。加满苏打水。侍饮时，摆上薄薄的一片柠檬，也可以插个吸管。

红狮（RED LION）

原料 金酒1盎司（30毫升）▪格兰马妮1盎司（30毫升）▪少许石榴糖浆▪鲜榨柠檬汁½盎司（15毫升）▪鲜榨橙汁½盎司（15毫升），另外的橙子用皮

用具 摇酒器▪过滤器▪冷却的马提尼酒杯▪打火机

20世纪30年代，布斯金酒创造了这款鸡尾酒。柠檬的激爽感突出了橙子的滋味。

红狮

方法 往摇酒器中倒入冰。加入液体原料，搅匀，过滤到酒杯里。割细细的一条橙子皮。挤出汁，以释放橙皮油香，与此同时点燃（见第353页）。如果您乐意，也可以把橙皮放入杯中装饰。

斗牛士（MATADOR）

原料 金色的特基拉酒1盎司（30毫升）▪白橙皮酒（或者君度）⅓盎司（10毫升）▪鲜榨的苹果汁⅔盎司（20毫升）

用具 摇酒器▪过滤器▪马提尼酒杯

如果您喜欢玛格丽特鸡尾酒（见第346页），那也会爱上斗牛士。由于苹果的清爽感，这款鸡尾酒就像玛格丽特一样特别，甚至更容易入口。君度的苹果汁和橙子味，再加上金色特基拉酒的甜味，会让您误以为这是一款软饮。提醒您——它并非软饮！我认为，最好在炎炎夏日与友人一起享用斗牛士鸡尾酒，或者在阳台上，一边读最钟爱的书籍放松，一边享用。这款欢快的鸡尾酒特别适合欢乐时光饮用，而且总会让您（和您的客人）心情舒畅。

方法 往摇酒器中倒入冰，加入所有的原料。摇匀，过滤到酒杯里。用橙子皮装饰，也可以插根吸管。

亲密（AFFINITY）

原料 苏格兰混合威士忌酒1盎司（30毫升）▪甜味美思1盎司（30毫升）▪干味美思1盎司（30毫升）▪少许安哥斯图拉苦味酒▪柠檬1个

用具 调酒杯▪搅拌匙▪过滤器▪马提尼酒杯

亲密是一款传统鸡尾酒，20世纪20年代尤为流行。它呈琥珀色，朴素而又不失特色，清淡又清爽。餐前饮用极佳，还可以提神助兴。

选用优质的混合威士忌，这样可以保留麦芽香味，没有刺口感。

方法 把甜味美思、干味美思、威士忌、苦味酒和冰倒入调酒杯，搅匀。过滤到马提尼酒杯里。割细长的柠檬皮，挤出汁，以释放油香。把柠檬皮放在酒杯里做装饰。

少女的祈祷（MAIND-EN’S PRAYER）

原料 金酒1盎司（30毫升）▪白橙皮酒1盎司（30毫升）▪鲜榨柠檬汁⅔盎司（20毫升）▪橙汁½茶匙

用具 摇酒器▪过滤器▪冷却的马提尼酒杯

少女的祈祷是一款更加直接的红狮鸡尾酒（见上）。其呈现出柠檬杧果色，甜味非常平衡，回味清新。极其容易入口，迅速让人舒畅。要确保鸡尾酒的果汁选用最好的水果鲜榨而成。

方法 摇酒器里加冰块，倒入所有的原料。摇匀，过滤到酒杯里。

白色佳丽（WHITE LADY）

原料 金酒1盎司（30毫升）▪君度½盎司（15毫升）▪鲜榨的柠檬汁1盎司（30毫升）▪鸡蛋清1茶匙

用具 摇酒器▪过滤器▪冷却的马提尼酒杯

1919年美国调酒师哈里·麦克艾尔宏创造出了这款传统的鸡尾酒。为了突显它的清新、激爽特质，调酒前要冰镇所有原料。使白色佳丽变蓝，不要用君度，而是用蓝色库拉索。我觉得这款酒有点儿甜——但浓厚的色泽无与伦比。

白色佳丽

方法 往摇酒器放入一些冰和所有的原料。摇匀，过滤到酒杯里。如果您愿意，可以放一枚樱桃装饰。

调酒师小贴士

总要选用最新鲜的水果榨成果汁。

方法 用手挤汁的话，先用热水冲一下水果，然后切成两半。果皮朝下，滚转，然后把汁挤到容器里。用榨汁器（见下）的时候，注意不要太用力，否则海绵层会使果汁有苦味。

挤出柑橘水果汁

斗牛士
这款鸡尾酒清淡而清爽，有苹果和橙子的滋味，特别适合与友人一起享用。

总统
加入一枚马拉斯基诺樱桃装饰。如果您想加点创意的话，也可以摆上细长的橙皮。

总统（PRESIDENTE）

原料 百加得白色朗姆酒1½盎司（45毫升）▪杜本内味美思⅔盎司（20毫升）▪少许石榴糖浆▪少许新鲜酸橙汁▪库拉索1茶匙（可选）

用具 摇酒器和过滤器或者调酒杯和搅拌匙▪冷却的马提尼酒杯

这是一款完美的假日鸡尾酒——不太强劲，但却很可口。杜本内赋予它微微的甜味。不过，您可以选用干马提尼，同时也添加少许甜马提尼。库拉索可选可不选：不加的话，您可能觉得鸡尾酒已经足够甜了。

方法 快捷的方法就是搅：把所有的原料放入调酒杯，搅匀，然后倒入马提尼酒杯。如果把所有的原料和冰一起摇匀的话（然后再过滤到酒杯里），您需要把它们完全冷却，防止酒液有任何烧灼感。

玛格丽特（MARGARITA）

原料 半圆酸橙片▪精盐▪白色特基拉酒1½盎司（45毫升）▪白橙皮酒½盎司（15毫升）▪鲜榨酸橙汁1盎司（30毫升）

用具 磨砂的马提尼酒杯或者玛格丽特酒杯▪茶碟▪摇酒器▪过滤器

这可能是最著名的派对鸡尾酒，而且可能是目前为止最棒的特基拉鸡尾酒。

玛格丽特鸡尾酒迷人、清新，充满生机，平衡完美。特基拉的味道被其他原料淡化，因此，成功之处不在于酒味，而是更加可口、复杂的美味。杯口的细盐锦上添花，啜饮时强化了鸡尾酒的味道，同时消除了酸橙的刺激感，只留下爽口的柑橘味。有人调配玛格丽特时选用了鸡蛋清——但我不喜欢！

现在，有很多种玛格丽特鸡尾酒。比如，您可以不用白橙皮酒，选用库拉索把鸡尾酒变成奇特的蓝色，或者您也可以创造出五彩斑斓的水果鸡尾酒，如芒果玛格丽特（加入芒果泥）、覆盆子玛格丽特（加入捣碎的新鲜覆盆子）、鲜桃玛格丽特（加入鲜桃泥）；或者调配成长饮，如冰冻玛格丽特（Frozen Margarita），里面加入一些碎冰和糖浆，用飓风杯侍饮。

方法 首先，您需要给酒杯“蘸盐霜”。用一片薄薄的酸橙柔缓、均匀地擦湿杯口。轻轻地把杯口在盐碟上转一圈。杯口朝上，放一旁晾干，同时将鸡尾酒的所有原料倒入冷却的摇酒器。摇匀后，过滤到酒杯里。尽管杯边盐霜是主要的装饰，但我也喜欢再装饰细长的酸橙皮。

玛格丽特
最上好的玛格丽特选用优质白色特基拉酒，而且用君度替代普通的白橙皮酒最理想。

文化与传统

玛格丽特的故事 关于玛格丽特鸡尾酒的由来，众说纷纭。其中有一个故事是这样说的：潘秋·莫拉雷斯是墨西哥贾来兹城汤米酒吧的一位调酒师。一次，有个客人请他调配一杯“玛格诺丽亚”（Magnolia，意为木兰花，译者注）。调酒原料除了君度，他全都记不起来了，于是，临时加入酸橙汁和特基拉酒，用另一种花，雏菊——玛格丽特——命名了这款新鸡尾酒。

苹果占边（APPLE JIM）

原料 占边波本威士忌1⅔盎司（50毫升）▪苹果酸1盎司（30毫升）

用具 平底无脚酒杯▪酒吧匙

苹果占边是一款绿色的波本威士忌酒（苹果酸的颜色）。传统上，爱尔兰裔美国人在圣帕特里克节（St Patrick's Day，3月17日）上饮用。它是完美的派对鸡尾酒，看起来很漂亮，既清爽又解渴。

方法 往酒杯里放冰块，倒入苹果酸。缓缓地把波本酒倒在茶匙的背面或者正面，形成两层颜色（见第365页）。放一条柠檬皮装饰。

苹果占边

绝对麻烦（ABSOLUT TROUBLE）

原料 绝对柠檬伏特加1⅓盎司（40毫升）▪格兰马妮⅔盎司（20毫升）▪橙汁2盎司~2⅔盎司（60毫升~80毫升）▪少许石榴糖浆

用具 摇酒器▪过滤器▪平底无脚酒杯

这款粉色鸡尾酒由我最喜爱的加味伏特加——用柠檬伏特加调配，很容易入口。伏特加使它的香气更浓、柑橘味更足。刺激的口感只在最后有所体现，从而平衡了石榴糖浆的甜味。

方法 往摇酒器里放满冰，然后加入所有的原料。摇匀后，过滤到加满冰的平底无脚酒杯。杯口装饰一片柠檬。

蓝色魔鬼（BLUE DEVIL）

原料 金酒1盎司（30毫升）▪蓝色库拉索½茶匙▪鲜榨柠檬汁半个柠檬▪马拉斯基诺樱桃利口酒⅓盎司（10毫升）

用具 摇酒器▪过滤器▪马提尼酒杯

这款鸡尾酒适合在寒冷的夜晚，需要些抚慰的时候饮用。蓝色魔鬼呈奇特的海蓝色，清爽而芳香，最好选用更加复杂的普利茅斯金酒调配。

方法 往摇酒器里放冰，倒入所有原料。摇匀后，过滤到酒杯里。用装饰签穿一枚马拉斯基诺红樱桃，另外，摆一片浓郁的血橙加以点缀。

香蕉得奇丽（BANANA DAIQUIRI）

原料 碎冰2茶匙▪香蕉半根▪鲜榨柠檬汁或者酸橙汁½盎司（15毫升）▪白色朗姆酒2盎司（60毫升）▪香蕉利口酒½盎司（15毫升）

用具 搅拌器▪摇酒器▪过滤器▪马提尼酒杯

这款得奇丽富有异域风情，柠檬的激爽感强化了浓郁的香蕉味。您也可以加少许椰奶，使其更富变化、更香浓。

方法 把碎冰、香蕉和柠檬或酸橙汁混合在一起，倒进已经加入一些冰块的摇酒器，同时加入朗姆酒和香蕉利口酒。摇匀，过滤到酒杯里。饰以香蕉。

香蕉得奇丽

正餐前饮用

客人来家里用餐，可过一会儿才正式上菜，这时候，为什么不给他们端上酸味浓郁的鸡尾酒呢？这种风格的鸡尾酒富有柑橘皮味、新潮、清爽，而且能激起食欲，是营造热烈气氛的饮品。这种鸡尾酒风味多样、色彩纷呈、口感复杂怡人，通常一款都不够。

阿方索（ALFONSO）

原料 白方糖1块 ▪ 安哥斯图拉苦味酒3滴或者4滴 ▪ 杜本内味美思1盎司（30毫升）▪ 干香槟或者起泡葡萄酒

用具 香槟笛形杯

这款琥珀色的派对鸡尾酒不如香槟鸡尾酒（见第379页）流行，但更适合午后饮用。其丰满的滋味里含有杜本内的香甜口感。这款鸡尾酒得名于西班牙国王阿方索十三世，1841年流放法国时，最先品尝到它。

方法 酒杯里放入方糖，倒上苦味酒。加进杜本内和香槟，倒的时候要缓慢，因为糖会使葡萄酒起泡沫。如果您要侍饮好几杯，就往每个酒杯里倒一点儿香槟，然后再逐一加满。

凯普林纳

凯普林纳（CAIPIRINHA）

原料 小酸橙1个 ▪ 细白砂糖2茶匙或者糖浆⅔盎司（20毫升）▪ 卡查萨甘蔗烈性酒2盎司（60毫升）

用具 搅拌棒 ▪ 平底无脚酒杯 ▪ 搅拌匙

凯普林纳（直译就是“农夫酒”，说明它最初是巴西农夫钟爱的饮品）柔和而新潮。主要原料卡查萨，是由甘蔗汁直接蒸馏而成的烈性酒，很清淡，像朗姆酒，许多人把它看成巴西国酒。

凯普林纳鸡尾酒中的糖，淡化了酸橙的浓烈口感，卡查萨增添了一点儿甜味，而且使回味的刺激感恰到好处，同时，增强了酸橙的味道。因此，这款鸡尾酒清新而又解渴，夏日午后饮用特别完美。我爱它！

如果您没有卡查萨，可以用清淡的白色朗姆酒替代。

方法 把酸橙切成8块，放到酒杯里。缓缓捣酸橙块，捣出果肉里的汁和果皮里的油。加入糖后接着捣，直到糖溶化。（如果您用的是糖浆，只需确保它们融合在一起。）加一些冰，倒入卡查萨，搅匀。

调酒师小贴士

缓缓挤压出或者捣出水果的新鲜果汁，或者药草的植物油。

方法 用一根小擀面杖或者专业的“搅拌棒”（与杵类似），挤压、扭压原料。注意不能太用力，以免打破酒杯。

捣酸橙

巴西鸡尾酒
对很多人而言，高耸在首都里约热内卢的耶稣巨型雕像是巴西的终极化身。选用巴西国酒卡查萨调配的凯普林纳鸡尾酒则是终极鸡尾酒。

布朗克斯（BRONX）

原料 金酒1盎司（30毫升）▪甜红味美思½盎司（15毫升）▪干味美思½盎司（15毫升）▪鲜榨橙汁½盎司（15毫升）

用具 摇酒器▪过滤器▪马提尼酒杯

著名的布朗克斯鸡尾酒最早于1906年由纽约华道夫·阿斯多里亚（Waldorf-Astoria）酒店的调酒师尊尼·梭伦（Johnny Solon）创造，其甜味和坚果味平衡和谐，是完美的餐前开胃酒。如果希望鸡尾酒的药草味稍淡一些，您可用柠檬伏特加取代金酒。

方法 往摇酒器里放一些冰块，然后加入其他原料，摇匀，过滤到马提尼酒杯。

布朗克斯

法式果露（FRENCH SHERBET）

原料 普利茅斯金酒⅓盎司（10毫升）▪君度⅓盎司（10毫升）▪鲜榨橙汁⅓盎司（10毫升）▪鲜榨酸橙汁⅓盎司（10毫升）

用具 摇酒器▪过滤器▪冷却的马提尼酒杯▪打火机

橙汁和干金酒混合调配出这款极好的橙色餐前鸡尾酒，其味浓的酸橙使它口感清新。为了增添一点儿苦味，点燃橙皮（见第353页）释放油香，然后再把橙皮投入酒杯里。

方法 往摇酒器里加冰。倒入所有的原料。摇匀，过滤到酒杯里。用细长橙子皮点缀。

神风突击队（KAMIKAZE）

原料 君度1盎司（30毫升）▪伏特加2盎司（60毫升）▪鲜榨酸橙汁1盎司（30毫升）

用具 摇酒器▪过滤器▪冷却的平底无脚酒杯

这款鸡尾酒平衡和谐，呈奶油色，充满柑橘皮和水果的清新滋味。您可以尝试把伏特加替换成白色特基拉酒或者甚至白色朗姆酒。虽然最后调配出的饮品没那么柔和、浓郁，但仍然十分卓越。

方法 往摇酒器里放入冰块。加入原料。摇匀，过滤到酒杯里。如果您乐意，可以用酸橙皮点缀。

尼格罗尼（NEGRONI）

原料 金酒1盎司（30毫升）▪甜红味美思1盎司（30毫升）▪金巴利红味美思1盎司（30毫升）▪苏打水（仅限长饮）

用具 冷却的马提尼酒杯或者冷却的高杯用于长饮▪搅拌匙

尼格罗尼

尼格罗尼鸡尾酒最早于20世纪20年代在意大利佛罗伦萨的卡松尼酒吧调配而成。它是我最钟爱的夏日鸡尾酒。

方法 调配短饮鸡尾酒的话，把所有原料倒入马提尼酒杯，搅匀，用柠檬皮装饰；长饮的话，除苏打水外，把所有原料倒入高杯，然后加苏打水，搅匀。

拿破仑（NAPOLEON）

原料 苏格兰威士忌1盎司（30毫升）▪曼德瑞拿破仑⅔盎司（20毫升）▪柠檬汁⅔盎司（20毫升）▪橙汁1⅓盎司（40毫升）

用具 调酒杯▪搅拌匙▪过滤器▪冷却的高杯

这是一款奇异的鸡尾酒，充满浓重的柑橘风味。曼德瑞拿破仑利口酒的橘子皮香味与丰醇的威士忌基酒完美地融合在一起。

方法 往调酒杯里放入冰，然后加入所有原料。一直搅到杯子外壁凝结出水珠。过滤到高杯，用薄荷点缀。

拿破仑

三一（TRINITY）

原料 柠干味美思⅔盎司（20毫升）▪甜味美思⅔盎司（20毫升）▪金酒⅔盎司（20毫升）

用具 调酒杯▪搅拌匙▪过滤器▪冷却的马提尼酒杯，如果乐意也可用平底无脚酒杯

三一鸡尾酒呈粉色，相对清淡，促进食欲极佳——尤其如果您是味美思的粉丝。尽管传统上用马提尼酒杯侍饮，但我喜欢用平底无脚酒杯倒在冰块上。要是您加一些橙汁，就可以把三一鸡尾酒变成布朗克斯鸡尾酒（见上）。

方法 往调酒杯里放满冰，然后加入所有的原料。搅匀，过滤到马提尼酒杯里。

斯维塞斯（SUISSESSE）

原料 保乐2盎司（60毫升）▪鲜榨柠檬汁1盎司（30毫升）▪半个鸡蛋的蛋清▪苏打水加满

用具 摇酒器▪过滤器▪平底无脚酒杯

这是一款地中海风格的长饮。鸡蛋清柔化了柠檬的浓郁滋味和保乐利口酒的八角味，而苏打水强化了鸡尾酒的清新特质（如果您喜欢，也可以选用清水）。

方法 摇酒器里放入冰块，加入所有原料。摇10秒钟，过滤到装满冰的平底无脚酒杯里。上面倒入苏打水。把半片柠檬投入鸡尾酒里点缀。

边车（SIDE CAR）

原料 白兰地1盎司（30毫升）▪白橙皮酒½盎司（15毫升）▪鲜榨柠檬汁¼个柠檬

原料 摇酒器▪过滤器▪冷却的马提尼酒杯

边车

调酒师哈里·麦克艾尔宏于20世纪20年代在巴黎的哈里纽约酒吧创造了这款干而复杂的鸡尾酒。酒名让人想起某位客人乘坐在摩托车的边车来到这家酒吧。

为了达到最佳口感，选用君度而非普通的白橙皮酒，还可以选干干邑。鸡尾酒保持冰镇很关键。

方法 摇酒器里放入冰块。加入原料。摇匀，过滤到酒杯里。

泊车（PARKED CAR）

原料 金巴利1盎司（30毫升）▪白色特基拉酒1盎司（30毫升）▪君度½盎司（15毫升）▪1个鸡蛋的蛋清

用具 摇酒器 ▪过滤器 ▪冷却的马提尼酒杯

泊车鸡尾酒是一款惹人喜爱的绝妙派对鸡尾酒。它的酒精含量高，但同时滋味丰满，有微微的甜味，因此很容易入口——可能有点儿太容易入口了。它的引人之处还在于色泽——粉色娇艳迷人。

方法 摇酒器里放入冰，加入所有原料。用力摇10秒钟，确保鸡蛋清和其他原料完全融合。过滤到冷却的马提尼酒杯里。

埃尔格雷克（EL GRECO）

原料 金巴利1盎司（30毫升）▪史威士（Schweppes）苦柠檬水1盎司~1⅓盎司（30~50毫升）

用具 调酒杯 ▪搅拌匙 ▪冷却的马提尼酒杯

这款鸡尾酒适合炎热的午后饮用。金巴利苦味清爽，苦柠檬的气泡强化了酒的收敛风格。埃尔格雷克鸡尾酒，通常用马提尼酒杯侍饮，但我也喜欢用高杯倒在冰上，用吸管饮用。

方法 把原料和冰放在调酒杯里。搅匀，过滤到马提尼酒杯里。杯口摆一片柠檬点缀。

埃尔格雷克

皮斯科酸（PISCO SOUR）

原料 皮斯科白兰地1盎司（30毫升）▪新鲜的柠檬汁1盎司（30毫升）▪糖浆 ▪半个鸡蛋的蛋清 ▪几滴安哥斯图拉苦味酒（可选）

用具 摇酒器 ▪过滤器 ▪冷却的马提尼酒杯

皮斯科是产自智利和秘鲁的葡萄白兰地，有香料味和泥土味，微甜，有隐隐的蜂蜜和糖的香味。皮斯科酸是一款理想的提神开胃酒，在很大程度上，人们把它看做是秘鲁的国酒。添加多少糖浆取决于您希望鸡尾酒有多酸，不过，注意别把酸味完全淹没——因为它对刺激食欲很关键。通常，如果您喜欢凯普林纳鸡尾酒（见第348页），就会喜欢皮斯科酸。

方法 摇酒器里放入冰，加入所有原料，苦味酒除外（如果您选用的话）。摇得很匀，确保鸡蛋清完全融合。过滤到酒杯里。为了增添复杂性，可以在上面洒几滴安哥斯图拉苦味酒。

罗伯罗伊（ROB ROY）

原料 苏格兰混合威士忌2盎司（60毫升）▪甜味美思1盎司（30毫升）（冰镇）▪少许安哥斯图拉苦味酒

用具 调酒杯 ▪搅拌匙 ▪过滤器 ▪平底无脚酒杯或者马提尼酒杯

罗伯罗伊创造于20世纪40年代，质地精雅、悦人，威士忌滋味突出。

您可以将安哥斯图拉苦味酒替换成少许橙皮苦酒和君度，从而把罗伯罗伊鸡尾酒变成绿石楠。

方法 把所有原料放在调酒杯里。搅匀，过滤到选好的酒杯里。杯口点缀一片柠檬或者一枚马拉斯基诺樱桃。

罗伯罗伊

玫瑰（ROSE）

原料 柠檬块 ▪干味美思½盎司（15毫升）▪金酒1盎司（30毫升）▪鲜杏白兰地½盎司（15毫升）▪新鲜的酸橙汁½盎司（15毫升）▪石榴糖浆1茶匙

用具 马提尼酒杯 ▪细白砂糖碟 ▪摇酒器 ▪过滤器

这是一款强劲、味浓的鸡尾酒——不适合缺乏勇气的人。寒冷的夜晚，与友人用餐前饮用。

方法 用薄薄的一片酸橙擦湿杯口，沾上细白砂糖。把酒杯冷却1个小时左右。摇酒器里放入冰，倒入所有原料。摇匀，过滤到酒杯里。

莎莎（ZAZA）

原料 金酒1½盎司（45毫升）▪杜本内味美思⅔盎司（20毫升）▪橙子细长皮

用具 调酒杯 ▪搅拌匙 ▪过滤器 ▪冷却的平底无脚酒杯 ▪打火机

尽管很难想象金酒和杜本内混合在一起十分美味，但这款鸡尾酒很可口，而且午餐前饮用绝佳。橙皮（经点燃释放出油香）增强了杜本内丰满、浓厚的红葡萄酒的特质，而金酒的植物滋味也很突出。为了使调配出的鸡尾酒效果最好，选用普利茅斯金酒。如果您特别喜欢甜味，可以把杜本内换成红马提尼。

方法 调酒杯里放入冰，倒入液体原料。搅匀，过滤到加了冰块的平底无脚酒杯里。捏着橙皮，用打火机点燃，使橙子油滴到鸡尾酒里（见第353页）。把橙皮投到酒杯里点缀。或者，您也可以不加冰，用马提尼酒杯侍饮。

莎莎

威士忌酸（WHISKY SOUR）

原料 威士忌2盎司（60毫升）■柠檬汁半个柠檬 ■糖浆½茶匙 ■1个鸡蛋的蛋清

用具 摇酒器 ■过滤器 ■磨砂的马提尼酒杯

任何一种威士忌都可以用于调配威士忌酸鸡尾酒，不过，我最喜欢的当属加拿大人俱乐部，因为它非常滑润，能够平衡柠檬的浓烈味道。

方法 往摇酒器里放入冰，倒入所有原料。用力摇匀，确保鸡蛋清和其他原料完全融合。过滤到冰镇起霜的马提尼酒杯里。

威士忌酸
据说，这款鸡尾酒可以追溯到19世纪50年代。用一两片薄荷点缀在泡沫丰富的酒液上非常完美。

皮斯科酸
我喜欢在这款清爽的鸡尾酒的泡沫上倒几滴安哥斯图拉苦味酒——啜饮时，增添了特别的滋味。

亚当和夏娃（ADAM AND EVE）

原料 哈瓦那俱乐部白色陈酿朗姆酒⅔盎司（20毫升）▪苹果酸⅔盎司（20毫升）▪马提尼干白味美思⅔盎司（20毫升）▪金巴利1茶匙

用具 摇酒器▪过滤器▪马提尼酒杯

这款鸡尾酒颇受青睐，自从19世纪中期就一直出现在酒入单上。要用普利茅斯金酒增添复杂感。金菲士是夏日午后的完美清凉饮品。

方法 往摇酒器里放入冰，倒入原料。摇匀，过滤到酒杯里。杯口摆一半圆片柠檬点缀，或者把它轻轻捏挤一下，投入鸡尾酒里。

短吻鳄（ALLIGATOR）

原料 特基拉酒1盎司（30毫升）▪皮桑安布香蕉利口酒或者其他水果利口酒⅔盎司（20毫升）▪少许菠萝酸▪少许柠檬酸

用具 摇酒器▪过滤器▪平底无脚酒杯

短吻鳄鸡尾酒是一款夏日鸡尾酒，具有异域风情而又充满活力，并且滋味多样：从甜味到酸味再到辛辣味。其回味悠长、有水果味，很容易被人误认为是软饮！

短吻鳄

方法 摇酒器里放入冰，倒入原料。摇匀，过滤到酒杯里。杯口摆一圆片柠檬点缀。

蜜多利之后（APRÈS MIDORI）

原料 保乐1盎司（30毫升）▪蜜多利甜瓜利口酒1盎司（30毫升）▪鲜榨酸橙汁1盎司（30毫升）▪碎冰

用具 调酒杯▪搅拌匙▪过滤器▪平底无脚酒杯

这款鸡尾酒的甜味和酸味平衡出色，回味有保乐利口酒的八角香味。很多人用摇酒器调配，可我喜欢用调酒杯，因为可以观察原料融合时的颜色变化。

方法 调酒杯里放入冰块，加入原料。搅匀。过滤到放有碎冰的平底无脚酒杯。用一枝薄荷点缀。

蜜多利之后

拳师（BOXER）

原料 苏格兰混合威士忌1盎司（30毫升）▪干味美思1盎司（30毫升）▪鲜榨柚子汁1盎司（30毫升）

用具 调酒杯▪搅拌匙▪过滤器▪平底无脚酒杯

选用优质混合威士忌调配这款鸡尾酒——您可以试试威雀，雅致而又不太芳香。至于味美思，我钟爱的是诺利普拉——它的坚果味和柚子味完全融合在一起。最后制成的鸡尾酒呈不透明的浅褐色，口感清爽。

方法 往调酒杯里放入冰块，加入原料。搅匀，过滤到平底无脚酒杯。

温床（BETWEEN THE SHEETS）

原料 优质白兰地⅔盎司（20毫升）▪君度⅔盎司（20毫升）▪白色朗姆酒⅔盎司（20毫升）▪少量鲜榨酸橙汁

用具 摇酒器▪过滤器▪马提尼酒杯

这款鸡尾酒是以边车为基础（见第349页），最早于20世纪30年代由著名调酒师哈里·麦克艾尔宏创造的，他在巴黎创办了哈里纽约酒吧。这款饮品在禁酒期之后一炮而红，甚至现在也绝对能给人带来愉悦之感。

君度富有甜味，酸橙汁活力四射。两者平衡雅致的口感使这款鸡尾酒特别适合正餐前饮用，能刺激食欲。要想达到最佳的滋味，选用优质白兰地，如VS或VSOP干邑或者雅文邑。我个人偏爱干邑，因为雅文邑调配鸡尾酒的话，通常有点儿过于紧致：几乎成了绊脚石，难以使各种滋味天衣无缝地融合在一起。调配长饮，可把鸡尾酒倒入加了冰的平底无脚酒杯，而非马提尼酒杯——可我认为，马提尼酒杯最好，因为它能赋予鸡尾酒更出色的雅致感。

温床

方法 摇酒器里放入冰块，倒入所有原料。摇匀，过滤到马提尼酒杯。杯口悬挂一条柠檬皮点缀——简直难以抗拒！

调酒师小贴士

起霜的酒杯可以使酒液保持冰爽，而且为鸡尾酒增添视觉诱惑力。

方法 酒杯放入冰箱20~30分钟，倒酒时再拿出来。握住杯腿，避免留下指印。

酒杯起霜

利奇（RICKEY）

原料 普利茅斯金酒2盎司（60毫升）▪鲜榨酸橙汁½盎司（15毫升）▪糖浆1½茶匙▪苏打水加满

用具 摇酒器▪过滤器▪高杯▪搅拌匙

利奇鸡尾酒最早于20世纪初在华盛顿特区为乔·利奇上校调制，常常与汤姆科林斯鸡尾酒（见第343页）混淆。两款鸡尾酒看起来一样（都很清透），但主要的差别在于，利奇选用酸橙而非柠檬制成，所以味道更浓重。如果希望口感更清淡，您可以把金酒替换成伏特加。

方法 摇酒器里放入冰块，倒入所有原料，苏打水除外。摇匀，过滤到加了冰的酒杯里。上面倒满苏打水，轻搅。用细长酸橙皮点缀。

正餐后饮用

味浓、易消化的鸡尾酒往往在用餐结束时饮用最理想，尤其是长时午餐。这类最上好的鸡尾酒口感干、微苦。纯净而味浓，可以为正餐或者任何美食大餐画上圆满句号。

黑丝绒（BLACK VELVET）

原料 爱尔兰黑啤酒2½盎司（75毫升）▪香槟加满

用具 开瓶器▪香槟笛形杯▪搅拌匙

这款滑润的鸡尾酒于1861年在伦敦布鲁克俱乐部（Brook's Club）创造出来，以纪念维多利亚女王的丈夫阿尔伯特亲王的离世。当时，俱乐部会员认为，纯饮香槟酒轻浮愚蠢，但是把香槟和爱尔兰黑啤混合在一起却能制造更加肃穆的氛围。尽管这款鸡尾酒颜色暗沉，但很清新，香槟的激爽感穿透了黑啤的肥厚感。如果您不想选用香槟，优质的西班牙娇娃起泡酒也很好。

黑丝绒

方法 把黑啤缓缓倒入酒杯里，"酒沫"（泡沫）尽可能少。倒入香槟，轻轻搅动。

大都会（COSMOPOLITAN）

原料 优质伏特加1盎司（30毫升）▪白橙皮酒½盎司（15毫升）▪鲜榨酸橙汁½盎司（15毫升）▪越莓汁½盎司（15毫升）

用具 摇酒器▪过滤器▪冷却的马提尼酒杯

大都会鸡尾酒于20世纪80年代在美国首创，不过，现在世界各地的酒单上都能看到它，可能是目前最时尚的鸡尾酒之一。

我认为，它理应如此流行——如果让我选择一种鸡尾酒带到荒岛上，那很可能就是大都会！我爱它复杂的滋味、柔和感和清爽的质地以及白橙皮酒（选用君度效果最好）的橙子香味，这种微妙的香味悠柔地穿透了越莓的红色水果和新鲜酸橙的香味。

计量越莓的时候要留意——太多的话，不仅会破坏大都会的滋味，还会影响它迷人的柔粉色泽。

如果希望鸡尾酒稍甜一些，您可以把伏特加换成白色朗姆酒，如百加得；如果天气炎热，您可以选用柠檬味的伏特加，这样口感更清新。

大都会

方法 摇酒器里放入满冰，倒入所有原料。摇匀——摇4到6秒钟最理想，因为目的是冷却原料，而不稀释各种滋味的微妙口感。过滤到马提尼酒杯里。如果愿意，您可以把点燃过的橙子皮或者酸橙皮投入杯中加以点缀。

调酒师小贴士

点燃柑橘水果皮有助于向鸡尾酒里释放油香。它增添了一层特别的滋味，而且营造出了一种戏剧性的调酒效果。小心火苗！

方法 选一个厚皮橙子、柠檬或者酸橙，削下一块果皮。在鸡尾酒上方，用打火机加热（小心别烧到手指），同时，轻轻地挤捏，把释放出的果皮油滴在火焰上。饮用前，盖上酒杯熄灭残留的火苗。

削一块柑橘皮

点燃果皮油

“这种鸡尾酒热烈、天鹅绒般柔滑、柔和，带来浓厚的滋味，让心灵完全舒缓。”

丰满、浓滑的香甜鸡尾酒

丰满、浓滑的香甜鸡尾酒简介

香甜、浓滑的鸡尾酒最富魅力。滋味丰满，质地天鹅绒般柔滑，能燃起您的所有感官体验。

品酒和侍酒

简介 这些鸡尾酒的颜色可以填满整个色谱，而它们大多数共有的美感特征就是不透明。这类鸡尾酒还有分层鸡尾酒——酒杯里的原料相互分离，一层一层叠加。其香气芳甜、诱人，没什么酒味。如果您觉得酒香突出，可能您调配的鸡尾酒太强劲了。这种鸡尾酒往往甜味浓郁。不过，隐隐的酒味或者冰凉清爽感平衡了甜味。其口感应该滑润、柔和，回味绵延不绝。

很多香甜、浓滑的鸡尾酒因为添加了乳制品而丝般柔滑。这类鸡尾酒中最传统的有：爱尔兰咖啡（爱尔兰威士忌、咖啡和奶油）、蛋诺（Egg Nog）（白兰地、朗姆酒、牛奶和蛋黄）。不过，乳制品绝非先决条件：其他传统鸡尾酒，如血腥玛丽（伏特加、番茄汁和香料）也属于这类鸡尾酒。如果用乳制品的话，您一定要选用最新鲜的，而且要仔细摇动或者混合鸡尾酒，以便使其完全融合——只有这样，才能获得完美质地。用力摇冰还能充分冷却鸡尾酒；冰镇对平衡甜味至关重要，那样不会让人产生厌腻感。

白兰地亚历山大 由白兰地、可可利口酒、奶油调配而成，上面撒了磨碎的肉蔻。

裸女

血腥玛丽

丰满、浓滑的香甜鸡尾酒

这类鸡尾酒是喜欢甜食的人的自然之选。不过，香甜、浓滑的鸡尾酒如果用威士忌或者白兰地做基酒，往往比用朗姆酒做基酒稍干一些。可以根据心情和偏好，利用下表指导您做出选择。

基酒	鸡尾酒	其他原料
伏特加	血腥玛丽（见第358页）	番茄汁、柠檬、伍斯特郡辣酱油、塔巴斯科辣酱
	复原（见第360页）	蓝莓利口酒、皮桑安布利口酒
	燃情海滩（见第360页）	鲜桃施那普斯、覆盆子利口酒、菠萝汁、越莓汁
	绝对我（见第361页）	香蕉利口酒、奶油、石榴糖浆、橙汁
	奇奇（见第362页）	马利宝
	忧郁的马提尼（见第362页）	蜜多利、君度、马利宝、菠萝汁、奶油、酸橙汁
	香草币（见第363页）	君度、姜汁汽水
	科罗拉多林荫大道(见第363页)	咖露、牛奶、矿泉水
	沼泽物（见第363页）	爱尔兰奶油利口酒、可乐
	ASAP（见第365页）	可可利口酒（Crème de Cacao）、奶油

基酒	鸡尾酒	其他原料
伏特加（接上页）	高潮（见第366页）	阿莫莱托、可可利口酒、白橙皮酒
	黑俄罗斯（见第366页）	咖露
	教母（见第367页）	阿莫莱托
	受伤的苹果（见第367页）	苹果泥、苹果糖浆、覆盆子利口酒
	泥浆喷射（见第368页）	咖露、太妃奶油利口酒
	高潮迭起（见第368页）	可可利口酒、阿莫莱托、白橙皮酒、奶油
	雪球（见第368页）	柠檬汽水、爱德沃卡
威士忌	那波（见第358页）	伍斯特郡辣酱油、番茄汁
	第42街（见第361页）	格兰马妮、君度、干味美思
	波本玫瑰（见第362页）	白橙皮酒、橙汁、石榴糖浆
	阿尔卡萨尔（见第364页）	班尼迪克汀、奶油
	八点之后（见第366页）	可可利口酒、薄荷酒、特浓咖啡、牛奶
	教父（见第367页）	阿莫莱托
	锈钉（见第368页）	杜林比
	爱尔兰咖啡（见第368页）	红糖、浓咖啡、奶油
朗姆酒	裸女（见第358页）	鲜杏白兰地、柠檬汁、石榴糖浆、鸡蛋清
	椰林飘香（见第360页）	马利宝、菠萝汁
	朗姆潘趣酒（见第361页）	酸橙汁、糖浆、苏打水或者矿泉水
	顶级（见第361页）	蜜多利、弗朗基利科、鲜桃施那普斯、马利宝、橙汁、奶油
白兰地	波特弗利普（见第362页）	红宝石波特酒、鸡蛋黄、细白砂糖
	白兰地亚历山大（见第363页）	可可利口酒、高脂奶油或者法式酸奶油
	香蕉布里斯（见第366页）	香蕉利口酒
	蛋诺（见第367页）	深色朗姆酒、糖浆、鸡蛋黄
	斯汀格（见第368页）	薄荷酒
爱尔兰奶油利口酒	B-52（见第365页）	咖露、格兰马妮
	贝尔法斯特布朗尼（见第365页）	可可利口酒、库拉索、蜜饯橙皮、奶油
	BMW（见第366页）	马利宝、威士忌
	戏剧马提尼（见第366页）	意大利图阿卡利口酒（Tuaca）、格兰马妮、牛奶
南方舒适	阿拉巴马监狱（见第364页）	黑刺李金酒、阿莫莱托、橙汁
	阿莫莱托舒适（见第364页）	阿莫莱托
香槟	含羞草（见第360页）	橙汁、库拉索
	里兹菲斯（见第361页）	阿莫莱托、蓝色库拉索、柠檬汁
特基拉酒	白色公牛（见第366页）	咖露、高脂奶油

阿尔卡萨尔

蛋诺

爱尔兰咖啡

阿拉巴马监狱

随时饮用

如果您想驱寒，或者就是需要感觉舒服一些，这种鸡尾酒很合适。尽管它们侍饮的温度通常很凉，但香料以及丰满的质地具有怡人的暖身效果。调酒原料乍一看一反常态，千万别让它影响您的兴致。这类鸡尾酒的确个性十足。

血腥玛丽（BLOODY MARY）

原料 伏特加1½盎司（45毫升）▪番茄汁4盎司（120毫升）▪鲜榨半个柠檬汁▪伍斯特郡辣酱油2滴▪塔巴斯科辣酱少许▪盐和胡椒▪山葵酱½茶匙（可选）

用具 摇酒器▪过滤器▪高杯

血腥玛丽是最驰名的激发活力的鸡尾酒。这款酒源自巴黎的哈里纽约酒吧，最早于1921年由调酒师“皮特”·帕蒂奥（“Pete”Petoit）创造。据说，这款鸡尾酒得名于玛丽·都铎（Mary Tudor）——英国国王亨利八世的女儿——这位天主教徒在当王后的5年时间里，屠杀了大多数重要的新教徒对手，从而获得“血腥玛丽”之称。

血腥玛丽

方法 往摇酒器里放一些冰块，加入所有原料。轻轻摇动，然后过滤到加了冰的酒杯里。还可以选择用两个酒杯来回折（见下）。点缀一截芹菜。

酒师小贴士

含有番茄汁的鸡尾酒，如血腥玛丽，在摇酒过程中，可能会产生很多泡沫，从而影响浓厚丰满的质地。为了避免出现这种情况，可以用“折”的方法混合原料。

方法 您需要两个调酒杯。把所有原料倒入其中一个酒杯，然后缓缓地倒入另一个酒杯，这样倒过来倒过去——大约4次或5次——直到原料融合为止。最后倒入侍饮的酒杯里。

从一个杯子倒入另一杯子

反复折，直到完全混合

裸女（NAKED LADY）

原料 白色朗姆酒1盎司（30毫升）▪鲜杏白兰地1盎司（30毫升）▪鲜榨柠檬汁1盎司（30毫升）▪石榴糖浆少许▪1个鸡蛋的蛋清

用具 摇酒器▪过滤器▪冷却的马提尼酒杯

这款新潮、美味、充满活力的鸡尾酒丝般柔滑、雅致，无论正餐前还是正餐后饮用都很出色。我建议选用百加得朗姆酒，因为它的质地清淡，不太强烈，所以不会破坏鸡尾酒的平衡感。选用优质鲜杏白兰地也很重要——找那种杏肉和杏核一起浸泡而成的白兰地。这样的烈酒有坚果香味，用它调配出的裸女鸡尾酒回味有淡淡的杏仁味。如果您喜欢甜食，加少许甜味美思，增添一点儿特别的质地。

方法 摇酒器里放入冰块，加入所有原料。用力摇10秒钟，确保鸡蛋清与其他原料融合。过滤到酒杯里。

那波（NABO）

原料 苏格兰混合威士忌2盎司（60毫升）▪伍斯特郡辣酱油少许▪番茄汁加满

用具 高杯▪搅拌匙

那波（这个名字取自挪威语，意思是“邻居”）是一款热烈的鸡尾酒，尤其适合与友人一起在斯堪的纳维亚的寒冷夜晚享用。为了达到最佳效果，选用优质混合威士忌，如威雀，如果您希望口味更甜一些的话，选用上好的波本威士忌。

方法 往高杯里放入冰，加入威士忌和伍斯特郡辣酱油。上面浇番茄汁，搅匀。用新鲜的罗勒点缀，侍饮时插个吸管。

那波

公牛子弹（BULLSHOT）

原料 伏特加1盎司（30毫升）▪冰凉清透的牛肉高汤2盎司（60毫升）▪鲜榨柠檬汁½盎司（15毫升）▪伍斯特郡辣酱油少许▪塔巴斯科辣酱4到6滴▪芹菜盐▪黑胡椒根据个人口味

用具 摇酒器▪过滤器▪高杯

这款深褐色的鸡尾酒看上去、听起来都不吸引人，但如果您想品尝咸辣的、酒精度不高的鸡尾酒，它非常合适，而且据说能迅速解酒。冬天的时候，热饮。

方法 摇酒器里放入冰块，加入所有的原料，胡椒除外。摇匀，过滤到加了冰的高杯里。根据个人口味加一些胡椒。

裸女

谁也说不清裸女这个名字的来历，可能是这款鸡尾酒呈粉色，质地柔和、精雅的缘故。

含羞草（MIMOSA）

原料 鲜榨橙汁1盎司（30毫升）▪库拉索⅓盎司（10毫升）▪干香槟或者优质起泡葡萄酒加满

用具 香槟笛形杯▪搅拌匙

这款鸡尾酒得名于一种开黄花的热带植物，于1925年在巴黎里兹酒店首创。其清淡而新鲜。为了达到最佳效果，尽可能选最甜的橙子榨汁。

方法 把橙汁倒入笛形杯，加入库拉索，搅匀。顺着酒杯内壁平稳地倒入香槟。用一小块橙子点缀。

含羞草

毛脐（FUZZY NAVEL）

原料 鲜桃施那普斯利口酒3盎司（90毫升）▪鲜榨橙汁3盎司（90毫升）

用具 高杯▪搅拌匙

不要期望毛脐鸡尾酒具有出色的复杂性。这款酒呈鲜亮的橙色，并不复杂，暖暖的夏夜在海滩或者泳池边享用颇为有趣。加入少许苏打水会使它更适合午后饮用，而一小口伏特加能增添特别的刺激感。（如果您添加以上原料，用马提尼酒杯不加冰侍饮。）

方法 高杯里加冰，倒入鲜桃施那普斯、橙汁，搅匀。杯口放一片橙子或者鲜桃点缀。

复原（BACK ON TRACK）

原料 伏特加1盎司（30毫升）▪蓝莓利口酒⅔盎司（20毫升）▪皮桑安布香蕉或者其他水果利口酒⅔盎司（20毫升）

用具 冷却的烈酒杯▪茶匙

或许需要练习一段时间，才能把这款鸡尾酒的绿色和深红色层次制作得完美无缺，但练习很值得！选用在冰箱冰镇的伏特加——要凉，但并没冻上——可以保持滋味清新。用吸管饮用，无须搅动。

方法 把伏特加倒入酒杯。然后，顺着茶匙的背面或正面依次倒入蓝莓利口酒和皮桑安布利口酒，从而产生层次感（见第365页）。

燃情海滩（SEX ON THE BEACH）

原料 伏特加1盎司（30毫升）▪鲜桃施那普斯1盎司（30毫升）▪香博覆盆子利口酒1盎司（30毫升）▪鲜榨菠萝汁2盎司（60毫升）▪越莓汁少许

用具 摇酒器▪过滤器▪高杯

燃情海滩

这款鸡尾酒如同果汁一般，滋味浓郁。如果您没有香博，其他覆盆子利口酒也行。您还可以把鲜桃施那普斯换成蜜多利（甜瓜利口酒）。

方法 摇酒器里加冰，倒入所有原料，摇匀。过滤到加了冰的高杯里。用一块酸橙点缀。

椰林飘香（PIÑA COLADA）

原料 白色朗姆酒1盎司（30毫升）▪马利宝椰子朗姆利口酒½盎司（15毫升）▪鲜榨菠萝汁2盎司（60毫升）

用具 摇酒器▪过滤器▪高杯

这款鸡尾酒首创于20世纪50年代的波多黎各，是迄今最出名的朗姆鸡尾酒。椰林飘香容易入口、滑润、诱人，夏日里，冰镇冷饮或者冬天围坐火旁，无须完全冷却，完美至极。

与很多其他鸡尾酒不同，椰林飘香呈白色。如果，您跟我一样，不喜欢看起来像牛奶的鸡尾酒，可以加入一些深色朗姆酒，这样会给最后调配而成的鸡尾酒增添微微的金色。

新鲜、香甜的菠萝汁至关重要，您可以自己压榨（这样总会达到最好的效果），但如果您愿意，也可以混合几片罐装菠萝——大约3片就有足够的果汁。

方法 往摇酒器里放入冰。加入所有原料，摇匀。过滤到高杯里。杯口用一片橙子点缀，侍饮时插根吸管。

另一种方法是：把所有原料混合，包括未经压榨的菠萝片，连同一些碎冰放入搅拌机。不过，我更喜欢用摇酒器，因为冰块稀释其他原料的机会更小。

椰林飘香

文化与传统

热葡萄酒 把葡萄酒、苹果酒或者蜂蜜酒与香料和水果一起加热驱寒的做法，已有好几百年了。热葡萄酒（这个词至少从17世纪就开始使用），由红葡萄酒混合香料，如肉桂、丁香和肉蔻和新鲜橙子，在炉盘上加热而成（过去，曾经通过在火上烤拨火铁棒，然后用铁棒搅动液体实现加热）。不要让葡萄酒沸腾——如果酒精蒸发，葡萄酒就不能平衡香料的浓郁味道。使用哪种葡萄酒都可以，但我会选择价廉、酒体强劲、未陈酿的红葡萄酒，如合适的美乐葡萄酒。

正餐前饮用

如果想激发活力或者焕发精神，您就应该饮用这类鸡尾酒。通常情况下，其不是有香辛味，就是有点儿苦，最上好的鸡尾酒平衡极佳而且雅致。但是，不要饮用过多，因为吃饭的时候会让您胃口大减。很多鸡尾酒的利口酒和烈性酒的含量很高，所以强劲有力，饮用时得小心。

朗姆潘趣酒（RUM PUNCH）

原料 鲜榨酸橙汁1盎司（30毫升）▪糖浆2盎司（60毫升）▪金色朗姆酒3盎司（90毫升）▪苏打水或者矿泉水4盎司（120毫升）

用具 高杯或者宾治杯▪酒吧匙

牙买加的朗姆潘趣酒相当于波多黎各的椰林飘香，尽管口感完全不同。喝上一杯，足以得出我上面的结论。不过，朗姆潘趣酒是一款真正的餐前、派对鸡尾酒，而且是一款您想用带柄大杯调配的酒。根据这个顺口溜混合原料："1份酸（酸橙），2份甜（糖），3份强（朗姆酒），4份弱（水）"，不会出错的！

我喜爱这款鸡尾酒里酸橙的酸味穿透朗姆酒赋予清爽的口感，从而激发食欲的特质。

方法 酒杯（带柄大杯）里放一些冰，倒入所有原料，水除外。搅匀，然后上面加水或者苏打水。用细长酸橙皮或研碎的肉蔻点缀。

异域风味
热带鸡尾酒需要精心点缀——尽情享用!

第42街（42ND STREET）

原料 波本威士忌1⅓盎司（40毫升）▪格兰马妮⅓盎司（10毫升）▪君度⅓盎司（10毫升）▪干味美思⅓盎司（10毫升）

用具 调酒杯▪搅拌匙▪起霜的马提尼酒杯▪过滤器

这是波本酒爱好者的完美马提尼鸡尾酒：它具有波本酒的所有丰满、谷物滋味，同时还有利口酒的橙香，而且回味有味美思的干坚果味。暖暖的琥珀色和丝滑的口感使它成为一款绝对完美的冬日餐前酒。

方法 往调酒杯里放一些冰块，倒入所有原料。搅匀，过滤到马提尼酒杯里。

里兹菲斯（RITZ FIZZ）

原料 少许阿莫莱托利口酒▪少许蓝色库拉索▪少许鲜榨柠檬汁▪干香槟或者优质干起泡葡萄酒加满

用具 冷却的香槟笛形杯▪搅拌匙

这款美丽的蓝色鸡尾酒将阿莫莱托的杏仁味、库拉索的橙子味、柠檬的激爽感神奇地融合在一起——顶端泛着香槟的细腻气泡。如果您不想用香槟调配，优质的娇娃起泡酒是最佳替代品。

方法 把阿莫莱托、库拉索和柠檬汁倒入酒杯。轻轻搅匀，慢慢倒满香槟酒。用香蜂草点缀。

里兹菲斯

顶级（TOP NOTCH）

原料 哈瓦那俱乐部淡色朗姆酒½盎司（15毫升）▪蜜多利甜瓜利口酒1盎司（30毫升）▪弗朗基利科药草利口酒½盎司（15毫升）▪鲜桃施那普斯利口酒½盎司（15毫升）▪马利宝椰子朗姆利口酒½盎司（15毫升）▪鲜榨橙汁1盎司（30毫升）▪高脂奶油1盎司（30毫升）

用具 摇酒器▪过滤器▪冷却的平底无脚酒杯

药草和水果的丰富滋味和橙子的柑橘味平衡了这款香甜鸡尾酒的丰满质地。为了达到最佳效果，选用血（红）橙，它的味道比普通橙子浓郁。

方法 摇酒器里放入冰，加入原料，过滤到酒杯里。用一片猕猴桃点缀。

绝对我（ABSOLUT ME）

原料 绝对黑醋栗伏特加1½盎司（45毫升）▪香蕉利口酒⅔盎司（20毫升）▪低脂奶油⅔盎司（20毫升）▪少许石榴糖浆▪少许鲜榨橙汁

用具 摇酒器▪过滤器▪高杯

我喜欢把这款鸡尾酒作为冬日餐前酒饮用。您要慢慢啜饮——要花时间享受它的复杂感和清新滋味。如果您也像我一样，希望鸡尾酒的奶油味淡一些，可以只用少许奶油。

方法 摇酒器里放入冰，加入所有原料。用力摇匀，过滤到酒杯里。用橙子点缀，侍饮时插根吸管。

绝对我

波特弗利普（PORT FLIP）

原料 白兰地1盎司（30毫升）▪红宝石波特酒3盎司（90毫升）▪鸡蛋黄1个▪精白砂糖1茶匙

用具 摇酒器▪过滤器▪马提尼酒杯

我并不喜欢生鸡蛋，但我却爱这款鸡尾酒的甜味和酒味的出色平衡感。调配而成的酒应该呈红褐色，但如果您也用鸡蛋清的话，其颜色稍浅一些（鸡蛋清也会使鸡尾酒的质地更清淡）。

方法 摇酒器里放些冰，倒入原料。摇大约12秒至14秒钟，使鸡蛋完全融合。过滤到酒杯里，用研碎的肉蔻点缀。

奇奇

奇奇（CHI CHI）

原料 伏特加1⅓盎司（40毫升）▪马利宝椰子朗姆利口酒⅔盎司（20毫升）▪1片新鲜菠萝

用具 搅拌器▪过滤器▪飓风杯或者高杯

这款鸡尾酒太甜了，您根本尝不出酒味。跟没有选用伏特加，而选用朗姆酒调配的椰林飘香鸡尾酒一样，马利宝的椰香和菠萝香味极其和谐。

方法 把一杯冰和其他原料放入搅拌器搅拌，直至柔滑为止。过滤到加了冰的酒杯里。用菠萝和一枚樱桃装饰。

波本玫瑰（BOURBON ROSE）

原料 波本威士忌1½盎司（45毫升）▪白橙皮酒1盎司（30毫升）▪鲜榨橙汁4盎司（120毫升）▪石榴糖浆1茶匙

用具 摇酒器▪过滤器▪高杯

波本酒的特点是这款迷人的、落日橙色鸡尾酒的主动力。尽管如此，白橙皮酒和新鲜橙汁赋予它激爽的口感，石榴糖浆赋予它微微的甜味。

方法 往摇酒器里倒入冰，加入所有原料，石榴糖浆除外。摇匀，过滤到加了冰的酒杯里，然后倒入石榴糖浆。

柔黄鸟儿

柔黄鸟儿（MELLOW YELLOW BIRD）

原料 白色或者金色朗姆酒⅔盎司（20毫升）▪加利亚诺利口酒⅔盎司（20毫升）▪君度⅔盎司（20毫升）▪鲜榨菠萝汁▪鲜榨橙汁▪少许鲜榨酸橙汁

用具 摇酒器▪过滤器▪高杯▪搅拌匙

侍饮这款鸡尾酒要冰镇到位，以便充分展现它的清新滋味。白色朗姆酒使鸡尾酒更干，呈金色，更甜。

方法 往摇酒器里倒入满冰。加入朗姆酒、加利亚诺和君度。过滤到酒杯里，上面倒入等量的菠萝汁和橙汁。加入酸橙汁，搅匀。用薄荷叶装饰。

忧郁的马提尼（MELANCHOLY MARTINI）

原料 绝对伏特加1盎司（30毫升）▪蜜多利甜瓜利口酒1盎司（30毫升）▪君度½盎司（15毫升）▪马利宝椰子朗姆利口酒½盎司（15毫升）▪鲜榨菠萝汁1盎司（30毫升）▪高脂奶油⅔盎司（20毫升）▪鲜榨酸橙汁1½茶匙

用具 摇酒器▪过滤器▪冷却的马提尼酒杯

2002年，这款鸡尾酒在苏格兰爱丁堡的海洋酒吧（Ocean Bar）首创，它能助您借酒消愁。它的丰富滋味使香甜、丰满，激爽感平衡和谐，成为一款水果味的餐前酒。

方法 往摇酒器里加入冰，倒入所有原料。用力摇匀，过滤到酒杯里。装饰一块菠萝。

文化与传统

热爱鸡尾酒的名人 鸡尾酒应该感谢电影，尤其是20世纪30到40年代的好莱坞大腕。加利·格兰特（这是一张1934年他与西尔维娅·西德尼在一起的照片）、多萝西·帕克、斯宾塞·特雷西和埃罗·弗林只是几位以热爱鸡尾酒而著称的名人。人们发现，鸡尾酒时常陪伴着作家欧内斯特·海明威，他是饮用鸡尾酒最伟大的名流。

正餐后饮用

这类鸡尾酒在冬季饮用特别好；浓郁、丰满、怡人，有的还可以助消化。因为里面有香料和乳品的浓厚滋味，所以寒冷、风大的时候饮用，感觉更好。

香草币

香草币（VANILLA COIN）

原料 香草味伏特加1盎司（30毫升）▪君度1盎司（30毫升）▪姜汁汽水加满

用具 高杯▪搅拌匙

这款鸡尾酒的结构因为香草鸡尾酒而聚合在一起，所以，一定要选用上好的品牌——为了达到最佳效果，我喜欢用绝对香草伏特加。君度的微妙橙香和伏特加的香草味交融，使鸡尾酒令人难以抗拒。晚餐后，甚至午餐后饮用它非常完美！这款鸡尾酒很甜，所以，如果您喜欢更干一些的口感，选用加拿大干姜汁汽水。

方法 尽量往高杯里多放冰块。加入香草伏特加和君度。上面倒入姜汁汽水。轻轻搅匀，用香蜂草装饰。

白兰地亚历山大（BRANDY ALEXANDER）

原料 白兰地⅔盎司（20毫升）▪褐色可可利口酒⅔盎司（20毫升）▪高脂奶油或者法式酸奶油1½盎司（45毫升）▪研碎的肉蔻1茶匙

用具 摇酒器▪过滤器▪冷却的马提尼酒杯▪磨碎器

白兰地亚历山大

精雅的白兰地亚历山大鸡尾酒让我想起了百利爱尔兰奶油利口酒，虽然奶油味没那么浓，但巧克力和太妃糖的甜味融合得同样雅致，非常适合餐后饮用。

调配白兰地亚历山大的关键在于：确保调酒开始前所有的原料都冰镇到位。如果可能，把它们放冰箱一整夜。选择法式酸奶油还是高脂奶油只是口味和热量的问题。法式酸奶油甜味稍淡一些，对您的腰围有利。

当然，现在有一系列的亚历山大鸡尾酒。调配金酒亚历山大（Gin Alexander）的话，把白兰地替换成金酒，使用白色可可利口酒。调配亚历山大妹妹（Alexander's Sister），用白兰地或者金酒，以绿色薄荷酒代替可可利口酒；用蓝色库拉索调配亚历山大兄弟（Alexander’s Brother）。

方法 往摇酒器里放入冰，加入所有原料，肉蔻除外。摇大约12秒钟，确保奶油完美融合。过滤到酒杯里，在鸡尾酒表面撒一层研碎的肉蔻。如果喜欢，您可以插根小吸管侍饮。

科罗拉多林荫大道（COLORADO BOULEVARD）

原料 伏特加⅔盎司（20毫升）▪咖露咖啡利口酒⅔盎司（20毫升）▪鲜牛奶⅔盎司（20毫升）▪矿泉水⅔盎司（20毫升）

用具 摇酒器▪过滤器▪冷却的马提尼酒杯

虽然看起来很奇怪，但水是调配这款鸡尾酒的关键，因为水使鸡尾酒清淡，异常容易入口。终极助消化组合：餐后同一小根雪茄一起细品。鸡尾酒呈奶咖色。

方法 往摇酒器里放入冰，加入所有原料。摇匀，过滤到加了一块冰的马提尼酒杯里。

沼泽物（SWAMP THING）

原料 伏特加1盎司（30毫升）▪百利爱尔兰奶油利口酒，或者其他您选择的利口酒½盎司（15毫升）▪可乐加满

用具 摇酒器▪过滤器▪高杯

尽管这款鸡尾酒可能看起来像泥巴，让人倒胃口，但它十分奇妙。它的质地很平衡，其将滑润的奶油利口酒和柔和的可乐气泡融合。其滋味惬意、怡人，太妃糖和香草味突出。

方法 摇酒器里放入冰，加入伏特加和奶油利口酒。摇匀，过滤到加了冰的高杯里。上面倒入可乐。用灯笼果点缀，侍饮时放一根调酒棒。

沼泽物

调酒师小贴士

白兰地亚历山大鸡尾酒很奇特，因为它的点缀物——肉蔻粉——不仅具有装饰性，而且增添了一丝风味。粉末——研碎的肉蔻或者可可粉——往往只是在视觉上吸引人罢了。一般来讲，记住，撒粉末的时候，越少越好！

方法 把肉蔻放到研磨器底部。研磨器放在鸡尾酒上方，转动1下或者2下，在上面撒落少许。如果您没有研磨器，就用小的手持式磨碎器，磨1下或者2下足矣。

把肉蔻放入研磨器里

在鸡尾酒上方研碎

阿拉巴马监狱（ALABAMA SLAMMER）

原料 南方舒适1½盎司（45毫升）▪黑刺李金酒1½盎司（45毫升）▪阿莫莱托利口酒1½盎司（45毫升）▪鲜榨橙汁1½盎司（45毫升）

用具 调酒杯▪搅拌匙▪过滤器▪马提尼酒杯

这款鸡尾酒里有那么多种利口酒，难怪香甜而丰满。不过，强劲的酒精含量和橙汁的柑橘味刚好平衡了甜味。

方法 调酒杯里放入冰，倒入所有原料。一直搅到杯子外壁凝结出水珠，这说明里面的原料已冷却到位。过滤到马提尼酒杯里。

阿莫莱托舒适（AMARETTO COMFORT）

原料 南方舒适⅔盎司（20毫升）▪阿莫莱托利口酒⅔盎司（20毫升）

用具 平底无脚酒杯▪搅拌匙

这款鸡尾酒香甜、柔和、雅致，轻而易举地把南方舒适利口酒的桃、植物和香料味与阿莫莱托的杏和杏仁味融为一体。如果您不喜欢甜食，我建议您往酒杯里放点儿冰块，以减弱甜味，强化滋味。这款鸡尾酒调配起来特别简单，所以用餐结束时让客人品尝，一定会留下深刻印象。

方法 把两种原料直接倒入平底无脚酒杯，轻轻搅一搅。无须装饰。

阿拉巴马监狱
抛开酒名，我建议不要"抨击"这款鸡尾酒——它太丰满了，不宜一饮而尽；要慢慢啜饮。

阿尔卡萨尔（ALCAZAR）

原料 加拿大人俱乐部威士忌1盎司（30毫升）▪班尼迪克汀⅓盎司（10毫升）▪低脂奶油⅔盎司（20毫升）

用具 平底无脚酒杯▪酒吧匙

这是一款理想的餐后鸡尾酒，滋味平衡完美。阿尔卡萨尔有着威士忌的烟熏味和焦糖甜味，班尼迪克汀的药草味，奶油柔化了刺口感。如果您希望鸡尾酒的奶油味更浓，把低脂奶油替换成高脂奶油。

方法 往酒杯里放些冰块。倒入威士忌和班尼迪克汀，搅一搅。把酒吧匙的顶端放入酒液里，在上面慢慢倒入奶油，制造层次。也可以不要分层感，把所有原料搅在一起。

阿尔卡萨尔
这款鸡尾酒的甜味比很多其他鸡尾酒淡，但却更丰满，因此它是一款出色的餐后酒。

B-52轰炸机（B-52）

原料 咖露咖啡利口酒⅔盎司（20毫升）▪冰镇的百利爱尔兰奶油利口酒⅔盎司（20毫升）▪格兰马妮⅔盎司（20毫升）

用具 烈酒杯或者平底无脚酒杯▪酒吧匙

这款鸡尾酒得名于美国的B-52轰炸机，是新颖的分层鸡尾酒。鲜明的三个层次不仅尝起来好极了，而且看起来也漂亮！它是我的完美圣诞鸡尾酒，适合在熊熊的炉火前饮用。

方法 把咖露倒入酒杯里。酒吧匙的顶端抵着酒杯内壁，匙的正面或背面放在酒液最高点。慢慢把百利和格兰马妮倒在匙上制造层次效果。

调酒师小贴士

如果鸡尾酒的原料比重不同，鸡尾酒就能分出层次——一种液体位于另一种液体上面。先倒入最重的液体（通常为糖浆），最后倒入最轻的（通常为烈性酒，利口酒位于两者之间）。

方法 最简便的方法就是，顺着放在酒杯里的大茶匙的正面或者背面把液体一样一样地倒进去。如果您有酒吧匙，把平的一端放入酒杯里，匙的顶端刚好触到液体最高点，然后倒入。

用酒吧匙分层　　分好层的B-52

阿莫莱托舒适
如果您觉得这款鸡尾酒纯饮太甜，就往酒杯里加些冰块。

ASAP

原料 白色可可利口酒1盎司（30毫升）▪绝对柑橙伏特加⅔盎司（20毫升）▪高脂奶油

用具 调酒杯▪搅拌匙▪冷却的马提尼酒杯▪搅拌器

睡前饮用这款鸡尾酒，我保证您会安安稳稳睡一宿！它丰满、浓烈，适宜夜晚饮用。柑橙伏特加使鸡尾酒的回味有种悦人的柑橘味。这种鸡尾酒呈精致的浅金色，顶端为白色。

方法 往调酒杯里放入冰，倒入所有原料，奶油除外。搅匀，过滤到马提尼酒杯。上面倒入带有微微威士忌味的奶油。装饰些研碎的苦巧克力。

贝尔法斯特布朗尼（BELFAST BROWNIE）

原料 爱尔兰奶油利口酒⅔盎司（20毫升）▪褐色可可利口酒⅔盎司（20毫升）▪库拉索⅔盎司（20毫升）▪蜜饯橙皮4片▪低脂奶油2茶匙

用具 搅拌器▪过滤器▪冷却的马提尼酒杯

这款鸡尾酒浓烈而充满奶油味，让我想起了橙味巧克力。喜欢甜食的人饮用它，一定有天堂般的感觉。侍饮时冰镇到位，才能释放复杂的口感。

方法 用搅拌器把所有原料混合，过滤到冷却的马提尼酒杯里。如果您愿意，可以用加了冰的平底无脚酒杯侍饮。

贝尔法斯特布朗尼

八点之后（AFTER EIGHT）

原料 白色可可利口酒1盎司（30毫升）▪白色薄荷酒1盎司（30毫升）▪威士忌（任选）1盎司（30毫升）▪特浓咖啡（Espresso）或者浓过滤咖啡（Filter Coffee）1小杯▪热牛奶加满

用具 摇酒器▪搅拌匙▪托地杯或者飓风杯

这款鸡尾酒带来餐后享用薄荷的所有满足感，只不过薄荷味来自酒液。威士忌穿透奶油般的质地，使鸡尾酒平衡很好。如果您喜欢甜食，可以加一勺糖。

方法 把各种利口酒和威士忌倒入摇酒器。摇匀。加入咖啡，倒入酒杯。加入热牛奶，搅匀。

八点之后

香蕉布里斯（BANANA BLISS）

原料 白兰地1盎司（30毫升）▪香蕉利口酒1盎司（30毫升）

用具 调酒杯▪搅拌匙▪过滤器▪冷却的马提尼酒杯

这是一款鸡尾酒里的滋补酒——这种晚霞黄色的能量液让您在餐后迅速提神。白兰地穿透香蕉利口酒的香甜、奶油质地，享受之感绵延持久。任意一款VS干邑都可以。

方法 往调酒杯里放入冰块，倒入原料。搅匀，过滤到酒杯里。无须装饰。

BMW

原料 百利爱尔兰奶油利口酒1盎司（30毫升）▪马利宝椰子朗姆利口酒1盎司（30毫升）▪威士忌1盎司（30毫升）

用具 摇酒器▪过滤器▪平底无脚酒杯

BMW（酒名是三种原料的首字母缩写，与德国宝马汽车无关）鸡尾酒很强劲，但却容易入口。它的质地芳醇，奶油一般，用餐结束时饮用完美而圆满。

方法 往摇酒器里放入冰，倒入所有原料。摇匀，过滤到加了冰的酒杯里。装饰一枝薄荷。您也可以用马提尼酒杯侍饮BMW，但不要加冰块。

BMW

高潮（CLIMAX）

原料 阿莫莱托利口酒½盎司（15毫升）▪白色可可利口酒½盎司（15毫升）▪白橙皮酒½盎司（15毫升）▪伏特加½盎司（15毫升）▪香蕉利口酒½盎司（15毫升）▪低脂奶油1盎司（30毫升）

用具 摇酒器▪过滤器▪冷却的马提尼酒杯

这是一款了不起的鸡尾酒，滋味丰满多样，质地柔滑。它适合寒冷秋日的夜晚，餐后慢慢享用。

方法 摇酒器里放入冰，倒入所有原料。用力摇，然后过滤到马提尼酒杯里。侍饮时插根吸管。

黑俄罗斯（BLACK RUSSIAN）

原料 伏特加1½盎司（45毫升）▪咖露咖啡利口酒1盎司（30毫升）

用具 平底无脚酒杯▪搅拌匙

20世纪50年代早期，比利时布鲁塞尔都会酒店（Hotel Metropole）的调酒师古斯塔夫·托普斯（Gustave Tops），第一次为当时驻卢森堡的美国大使帕尔·梅斯塔调配出这款鸡尾酒。时至今日，其仍很经典。这款鸡尾酒里的伏特加强化了咖露的咖啡和巧克力味，这一点让我尤为喜欢。

方法 往酒杯里放一些冰块，倒入所有原料。搅一搅，用鸡尾酒装饰签穿一枚樱桃点缀。

黑俄罗斯

白俄罗斯（WHITE RUSSIAN）

原料 伏特加1盎司（30毫升）▪咖露咖啡利口酒½盎司（15毫升）▪上面浇高脂奶油

用具 平底无脚酒杯▪酒吧匙▪搅拌器

这款鸡尾酒从著名的黑俄罗斯鸡尾酒演变而来，同样可以追溯到20世纪50年代。奶油为咖露增添了天鹅绒般的幼滑质地，使鸡尾酒口感丰满，呈现出奶白色，回味有清爽、纯净的伏特加味（为了达到最佳效果，选用绝对伏特加）。

方法 往平底无脚酒杯里放一些冰块，加入伏特加和咖露。搅10秒钟。用另一个容器把奶油轻轻打稠，顺着酒吧匙的正面或背面把威士忌味的奶油倒在酒液上面，分出层次。侍饮时放根吸管。

白色公牛（WHITE BULL）

原料 白色特基拉酒1盎司（30毫升）▪咖露咖啡利口酒1盎司（30毫升）▪上面浇高脂奶油

用具 冷却的马提尼酒杯▪搅拌器▪酒吧匙

这款鸡尾酒从传统的白俄罗斯鸡尾酒演变而来，滋味交融可口：富有咖露的咖啡味和特基拉酒的香料味。为了达到最佳效果，调酒前要冰镇所有原料。

方法 把特基拉酒和咖露先后倒入酒杯里。轻轻打稠奶油，用酒吧匙的正面或背面，仔细地在鸡尾酒上创造出奶油层次。

白色公牛

戏剧马提尼（DRAMATIC MARITIN）

原料 图阿卡利口酒1盎司（30毫升）▪格兰马妮1盎司（30毫升）▪百利爱尔兰奶油利口酒1盎司（30毫升）▪牛奶1盎司（30毫升）

用具 摇酒器▪过滤器▪冷却的马提尼酒杯

图阿卡是以白兰地为基酒的意大利利口酒，富有香草和橙子的甜味。戏剧马提尼鸡尾酒融合了橙子和药草味，还有百利利口酒的隐隐的榛子香，这点我尤其喜爱。美味啊！这款鸡尾酒呈奶咖色。

方法 往摇酒器里放入冰，加入所有原料。摇匀，过滤到酒杯里。用肉蔻粉点缀。

蛋诺（EGG NOG）

原料 优质白兰地3盎司（90毫升）▪深色朗姆酒3盎司（90毫升）▪鲜牛奶5½盎司（165毫升）▪少许糖浆▪鸡蛋黄1个

用具 摇酒器▪过滤器▪高杯▪搅拌匙

这款奇妙的鸡尾酒是传统经典的圣诞饮品。如果希望酒精度稍低一些，您可以根据自己的喜好，舍弃朗姆酒或者白兰地。通常，蛋诺鸡尾酒选用冷牛奶调配，但是，您可以把它变成热蛋诺，即调配前，将牛奶加热。

方法 摇酒器放入冰块，加入白兰地、朗姆酒、鸡蛋黄和糖浆。用力摇，然后，过滤到酒杯里。倒入冷牛奶，搅一搅。撒上薄薄的肉蔻粉点缀。

文化与传统

蛋诺 尽管人们对蛋诺的由来并不清楚，但它很可能源自英国一种混合了雪莉酒和牛奶的“牛奶甜酒”，这种酒用木制带柄小杯（noggin）侍饮。据说，到了19世纪，蛋诺成了圣诞节大西洋两岸最受欢迎的饮品。

乔治·华盛顿 美国第一位总统的强劲蛋诺鸡尾酒配方选用了威士忌、朗姆酒和雪莉酒。

教父（GODFATHER）

原料 波本威士忌1盎司（30毫升）▪阿莫莱托利口酒1盎司（30毫升）

用具 平底无脚酒杯▪搅拌匙

根据酒名显示，这绝对是一款“意美合作”鸡尾酒！尽管美国波本酒和意大利阿莫莱托酒的质地大不相同，但混合在一起，它们完美互补，调配出强劲、浓烈的鸡尾酒，还有少许柑橘的激爽感。我认为其最适合深夜饮用。

方法 把波本和阿莫莱托倒入酒杯，搅一搅。加入三四个冰块，侍饮时放几片杨桃或者酸橙。

教父

教母（GODMOTHER）

原料 伏特加1盎司（30毫升）▪阿莫莱托利口酒1盎司（30毫升）

用具 平底无脚酒杯▪搅拌匙

如果您喜欢饮用阿莫莱托，那肯定会爱上这款鸡尾酒：利口酒的太妃糖和香草味因伏特加（选用优质品牌，如绝对或者蓝天）的酒味而更加浓郁。要是您想使甜味淡一些，可以把阿莫莱托利口酒减少到⅔盎司（20毫升），同时伏特加酒增至1⅓盎司（40毫升）。

方法 往酒杯里放4个冰块。加入伏特加和阿莫莱托，搅一搅。撒上可可粉点缀，如果您乐意，还可以再放一片橙皮。

金色凯迪拉克（GOLDEN CADILLAC）

原料 加利亚诺1盎司（30毫升）▪白色可可利口酒2盎司（60毫升）▪低脂奶油1盎司（30毫升）

用具 摇酒器▪过滤器▪冷却的马提尼酒杯

这是20世纪60年代美国最成功的餐后酒之一。它呈现出暖暖的米白色，里面夹杂着隐隐的黄色，口感如奶油一般，但却很雅致。巧克力利口酒弱化了加利亚诺的强烈药草味，使这款鸡尾酒非常复杂。

方法 往摇酒器里放入冰，倒入所有原料。用力摇匀，过滤到酒杯里。侍饮时放个小吸管。

受伤的苹果（BRUISED APPLE）

原料 祖波瓦伏特加1盎司（30毫升）▪苹果泥1盎司（30毫升）▪少许苹果糖浆▪少许香博覆盆子利口酒

用具 调酒杯▪酒吧匙▪过滤器

这是一款出色的派对鸡尾酒，将苹果的清新感与上好伏特加的“刺激”感融合在一起。

方法 调酒杯里放入冰，加入伏特加、苹果泥和糖浆。搅匀。把香博酒倒入马提尼酒杯。顺着酒吧匙的螺旋柄把伏特加的混合酒液过滤到马提尼酒杯里，这样它就“漂浮”在香博酒上了。用一片酸橙点缀。

受伤的苹果

草蜢（GRASSHOPPER）

原料 绿色薄荷酒1盎司（30毫升）▪白色可可利口酒1盎司（30毫升）▪低脂奶油1盎司（30毫升）

用具 摇酒器▪过滤器▪冷却的马提尼酒杯

这款鸡尾酒因其柔和的绿色而得名，它就像酒杯里的薄荷巧克力。要冰镇到位才能把薄荷最清新的滋味释放出来。

方法 往摇酒器里放入冰块，倒入所有原料。用力摇10秒钟彻底冷却原料，过滤到酒杯里。研碎少量苦咖啡，点缀在酒液上。

锈钉（RUSTY NAIL）

原料 苏格兰混合威士忌2盎司（60毫升）▪杜林比1盎司（30毫升）

用具 平底无脚酒杯▪搅拌匙

这款酒从20世纪50年代创造出来以后，一直大受欢迎。我喜欢加冰块饮用。不过，您可以在室温下不加冰块，这样的话，感觉更丰满，酒精度更高。饮用威士忌我选用威雀，因为它平衡佳，又不过于浓郁。

锈钉

方法 往酒杯里放入冰块，加入所有原料，搅匀。酒杯里放一块柠檬皮（先挤出油增添特别的复杂感）和一枚樱桃点缀。

爱尔兰咖啡（IRISH COFFEE）

原料 红糖2茶匙▪布什米尔斯爱尔兰威士忌2盎司（60毫升）▪热而浓的黑咖啡5盎司~6盎司（150毫升~180毫升）▪上面浇高脂奶油

用具 托地杯（或者杯壁坚固的葡萄酒杯）▪酒吧匙

还有什么比饮用这款经典的鸡尾酒来结束用餐更好呢？1942年，爱尔兰共和国，一位调酒师在如今的香农机场（Shannon Airport）（当时，名为福因斯机场（Foynes Airport）创造出爱尔兰咖啡鸡尾酒。然而，他的经典调配直到1947年才被广泛关注，当时一位正要回国的美国记者品尝到这款特别的咖啡，觉得太美味了，所以把配方带到了旧金山，从此流传开来。一定要按照配方调配这款鸡尾酒——千万别试图用保质期长的奶油。

方法 首先，加热酒杯：酒杯加满热水，放置2分钟，然后把水倒掉。倒入糖和威士忌，接着是咖啡。用酒吧匙的背面或者正面让奶油漂浮在酒液上。

调配

咖啡利口酒的家族 除了爱尔兰威士忌，咖啡与烈性酒、利口酒混合的效果也很好。

咖啡之爱 阿莫莱托和白兰地

卡利普索咖啡 朗姆酒和咖露

牙买加咖啡 朗姆酒和蒂亚玛莉

凯克咖啡 白兰地和咖露

墨西哥咖啡 特基拉酒和咖露

总统咖啡 樱桃白兰地

罗伊爱尔 干邑

泥浆喷射（MUD SLIDE）

原料 伏特加1盎司（30毫升）▪咖露咖啡利口酒1盎司（30毫升）▪多利太妃奶油利口酒1盎司（30毫升）

用具 冷却的烈酒杯▪酒吧匙

这款可口的鸡尾酒看起来好极了，尝起来更好！其精致、丰满、浓烈，回味悠长、令人惊叹，寒冷冬夜，围坐火旁饮用，完美至极。为了达到最佳效果，您最好选用绝对伏特加，如果您找不到多利利口酒，用百利爱尔兰奶油利口酒代替。

方法 根据以下顺序，用茶匙的背面或者正面将原料一一倒入烈酒杯分出层次：咖露，多利，最后是伏特加。

泥浆喷射

高潮迭起（MULTIPLE ORGASM）

原料 白色可可利口酒½盎司（15毫升）▪阿莫莱托利口酒½盎司（15毫升）▪白橙皮酒½盎司（15毫升）▪伏特加½盎司（15毫升）▪低脂奶油1盎司（30毫升）

用具 摇酒器▪过滤器▪冷却的酒杯

这款鸡尾酒的复杂感和浓郁滋味几乎势不可挡！因为有中性的伏特加作主力，各种利口酒的可可、杏仁、甜杏和橙子的味道极为平衡。简直让人神魂颠倒！

方法 往摇酒器里放入一半冰，加入所有原料，摇10秒钟，过滤到酒杯里。

高潮迭起

斯汀格（STINGER）

原料 干邑1⅓盎司（40毫升）▪白色的薄荷酒⅔盎司（20毫升）

用具 调酒杯▪搅拌匙▪过滤器▪冷却的马提尼酒杯

这款金色的鸡尾酒最早于20世纪20年代调配而出，禁酒时期（1920—1933）极其流行，因为薄荷味掩盖了走私来的利口酒的烈感。我认为，它融合了干邑的热烈和薄荷的清新感，是完美的餐后酒。

方法 往调酒杯里放入冰，倒入原料。搅10秒钟，过滤到酒杯里。

雪球（SNOWBALL）

原料 伏特加1盎司（30毫升）▪起泡柠檬汽水（比如雪碧或者七喜），如有必要▪爱德沃卡利口酒1盎司（30毫升）

用具 平底无脚酒杯或者高杯▪搅拌匙

丰满的雪球是一款革新的鸡尾酒。最早于20世纪早期创造，其产生标志着从简单的长饮，如威士忌和苏打水，过渡到“潘趣酒”风格的饮品，也就是将几种烈性酒混合成更长的鸡尾酒。

雪球

方法 把伏特加倒入酒杯，加入柠檬汽水至酒杯的⅔处。加一些冰块，然后倒入爱德沃卡。搅一搅。

爱尔兰咖啡

为了使鸡尾酒的奶油层效果最完美，把酒吧匙的顶端浸入咖啡，往上面倒入奶油。还可以把茶匙放到咖啡上，让奶油慢慢流上去。

“烈性酒与柑橘的完美结合，平衡出色。温暖夏夜，它是理想的解渴饮品。”

富有水果味、清新的干鸡尾酒

富有水果味、清新的干鸡尾酒简介

一周结束时饮用这些鸡尾酒能帮助您放松身心。它们可以让您精神焕发、准备好晚餐或者让您在一个炎热的日子里凉爽下来。

树莓 金酒和黑莓酒构成了这款清爽的冰凉饮品。

这类鸡尾酒味干，同时又增添了水果的复杂感，从根本上来说，是餐前开胃酒。其中包括一些最流行的鸡尾酒——像马提尼（金酒和味美思）、曼哈顿（波本、味美思和苦味酒）、贝利尼（桃汁、起泡葡萄酒）、皇家基尔（黑醋栗利口酒和香槟）。

很多这类鸡尾酒里都选用了水果，其目的并非为鸡尾酒增加甜味，而是让其清新。温度是这类鸡尾酒最重要的考虑因素之一——关键在于冰凉。这样，不仅能释放滋味的复杂感，还提高了鸡尾酒的干味和清新感。

品酒和侍酒

简介 这类鸡尾酒看起来必须清新、诱人。它们或者清澈透明，或者接近清透，只有来自味美思、苦味酒或者水果汁的细微颜色。装饰会突出色彩的微妙变化。原料应该冰镇到位，酒杯外壁才会凝结出霜样的细密小水珠。至于香气，应该有水果的香味，清新而不浓郁或者过于强烈——它们应该引诱您去品尝。其富有水果味、清新的干鸡尾酒很细腻，要慢慢啜饮——口感干，甚至极其干，绝对不适合一饮而尽。

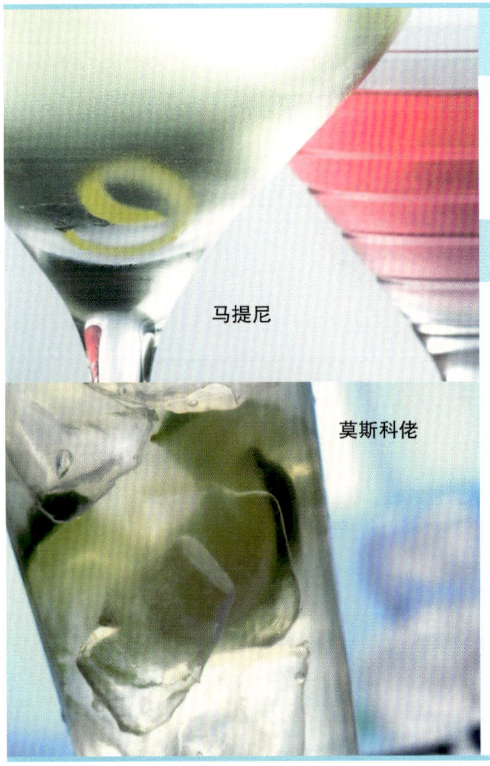

马提尼

莫斯科佬

富有水果味、清新的干鸡尾酒

富有水果味的干鸡尾酒可能会吸引范围最广的品饮者——它们在鸡尾酒世界的地位如同葡萄酒中的霞多丽。运用下表找到您的完美鸡尾酒——用您最喜爱的烈性基酒调配出一款富有水果味、清新的干鸡尾酒。

基酒	鸡尾酒	其他原料
金酒	阿尔库蒂亚（见第374页）	加利亚诺、香蕉利口酒、菠萝汁
	螺丝钻（见第375页）	酸橙汁
	草莓金酒马提尼（见第376页）	草莓、糖浆、黑胡椒
	意大利马提尼（见第376页）	干味美思、加利亚诺利口酒
	经典干金酒马提尼（见第376页）	干味美思
	马龄坛（见第381页）	干味美思、橙子苦酒、保乐
	布兰伯（见第381页）	酸橙汁、糖浆、黑莓酒
	迈卡（见第381页）	干味美思、甜味美思、黑醋栗酒、苏打水
	杜本内鸡尾酒（见第381页）	杜本内、安哥斯图拉苦味酒
	A1（见第383页）	格兰马妮、柠檬汁、石榴糖浆

基酒	鸡尾酒	其他原料
金酒（接上页）	红粉佳人（见第384页）	石榴糖浆、鸡蛋清、柠檬汁、糖浆
	粉红金酒（见第385页）	安哥斯图拉苦味酒
朗姆酒	香瓜得奇丽（见第375页）	酸橙汁、糖浆、蜜多利
	天使（见第375页）	格兰马妮、柠檬汁、橙汁、越莓汁
	莫吉托（见第378页）	薄荷叶、酸橙汁、糖、苏打水
	长岛冰茶（见第378页）	金酒、伏特加、特基拉酒、酸橙汁、可乐
	庄园潘趣酒（见第378页）	酸橙汁、糖浆、石榴糖浆、安哥斯图拉苦味酒、苏打水
	蓝色夏威夷（见第381页）	蓝色库拉索、菠萝汁、椰子利口酒
	朗姆斯维索（见第384页）	酸橙汁、细白砂糖、安哥斯图拉苦味酒、苏打水
	魅态（见第384页）	酸橙汁、格兰马妮、杏仁糖浆、糖浆
	赞比（见第384页）	樱桃白兰地、菠萝汁、橙汁、酸橙汁、木瓜汁、杏仁糖浆
伏特加	螺丝起子（见第374页）	橙汁
	海风（见第374页）	浓缩酸橙汁、越莓汁、柠檬汽水
	747（见第375页）	浓缩酸橙汁、越莓汁、柠檬汽水
	马德拉斯（见第375页）	越莓汁、橙汁
	莫斯科佬（见第378页）	酸橙汁、姜汁汽水
	娱乐圈（见第380页）	黑醋栗酒、柚子汁
	巴芭（见第384页）	帕素阿、刺果番荔枝汁、越莓汁、柠檬汽水
香槟	巴克菲士（见第374页）	橙汁
	香槟鸡尾酒（见第379页）	方糖、安哥斯图拉苦味酒、白兰地
	皇家基尔（见第380页）	黑醋栗酒
	提提神（见第380页）	白兰地、橙汁、石榴糖浆
	波丽斯多丽（见第380页）	伏特加
	贝利尼（见第381页）	白桃汁
威士忌	薄荷茱利普（见第378页）	糖浆、薄荷枝
	古典鸡尾酒（见第378页）	安哥斯图拉苦味酒、方糖、苏打水
	快饮（见第381页）	朗姆酒、白橙皮酒
	曼哈顿（见第383页）	甜味美思、安哥斯图拉苦味酒
	布鲁克林（见第383页）	甜红味美思、金巴利
白兰地	香榭丽舍（见第380页）	绿色查特、柠檬汁、安哥斯图拉苦味酒
	比亚里兹（见第384页）	格兰马妮、柠檬汁、鸡蛋清、安哥斯图拉苦味酒
	杰克玫瑰（见第384页）	酸橙汁、石榴糖浆
彼姆	彼姆1号杯（见第382页）	酸橙汁、姜汁汽水

香槟鸡尾酒

彼姆

粉红金酒

曼哈顿

随时饮用

这类鸡尾酒包括一些世界最驰名的鸡尾酒。它们流行而容易接近，有着丰富水果香味和微微奇异的特质，是理想的夏日冰爽饮品。注意，鸡尾酒越冰凉，饮用时间越早！

巴克菲士

巴克菲士（Buck's Fizz）

原料 鲜榨橙汁2盎司（60毫升）▪干香槟或者优质起泡葡萄酒3盎司（90毫升）

用具 过滤器▪冷却的香槟笛形杯

这款欢快的派对鸡尾酒最早于1921年由伦敦巴克俱乐部（Buck' s Club）的调酒师麦克加里（McGarry）先生配制而成。我个人喜欢在慵懒的周日上午吃早餐时，或者在特别的场合——开始庆祝生日或者周年纪念时饮用它，还有什么比饮用这种鲜艳、水果味、泛着小气泡、能激发活力的鸡尾酒更好呢？

尽管巴克菲士通常选用香槟作为原料，但用上好起泡葡萄酒，如来自西班牙东北部的高质娇娃，调配的效果同样好。如果您希望柑橘口味最佳，酒杯冷却到位很关键。

方法 用过滤器把橙汁倒入酒杯里，去除所有橙肉。然后，柔缓地加满香槟。用一枝薄荷装饰。

螺丝起子（SCREWDRIVER）

原料 伏特加2盎司（60毫升）▪鲜榨橙汁加满

用具 摇酒器▪过滤器▪高杯

20世纪50年代，美国的石油工人在阿拉伯沙漠里，用螺丝起子把伏特加和橙汁搅匀，这款鸡尾酒因此而得名。我喜欢选用斯米诺夫伏特加——它的胡椒味与橙子味和谐一致。如果希望柑橘味更浓，您可添加少许君度。

方法 往摇酒器里放些冰块。倒入橙汁和伏特加；摇匀。过滤到放有冰块的高杯里。用一片橙子和一个樱桃点缀。

螺丝起子

加里波第（GARIBALDI）

原料 金巴利1盎司（30毫升）▪鲜榨橙汁2½盎司（75毫升）

用具 平底无脚酒杯▪搅拌匙

我就是喜欢这款鸡尾酒！虽然有时候它被称为金巴利橙汁，但我更喜欢这个纪念意大利英雄朱塞佩·加里波第（Giuseppe Garibaldi）的酒名，加里波第的军团佩戴着独特的红色领巾——就像这款鸡尾酒的落日红色。

新鲜的橙子和苦苦的金巴利造就了这款出色的清爽饮品或者餐前开胃酒。

方法 高杯里放2个或者3个冰块。依次倒入金巴利和橙汁。搅匀。杯口用一片橙子点缀。

海风（SEA BREEZE）

原料 伏特加2盎司（60毫升）▪越莓汁4盎司（120毫升）▪鲜榨柚子汁2盎司（60毫升）

用具 摇酒器▪过滤器▪高杯

据说，这款鸡尾酒最早于20世纪20年代在纽约创造而成。不过，如今还很受欢迎，这要感谢绝对伏特加——从20世纪90年代开始，绝对一直以完美的海风伏特加推广自己的品牌。我完全同意：这款伏特加的柔和甜味与越莓汁和柚子汁的浓郁味道特别协调。

方法 往摇酒器里放入冰，倒入原料。摇匀，过滤到酒杯里。

海风

特基拉日出（TEQUILA SUNRISE）

原料 特基拉酒2盎司（60毫升）▪鲜榨橙汁加满▪少许石榴糖浆

用具 高杯▪搅拌匙

特基拉日出是经典的假日鸡尾酒。据说最早于20世纪50年代在墨西哥创造出来，同来欢迎前往阿卡普尔科（Acapulco）和坎昆（Cancún）热点地区度假的游客。然而，有个传说更有趣，一位任性的调酒师凌晨时分在吧台后面喝酒，被老板发现，他辩解说正在创造一款鸡尾酒，这款酒让他想到了日出：当然，为了表明真实性，他不得不在破晓前把酒调配得完美无缺！

无论这款鸡尾酒的由来怎样，它都是一款绝妙、鲜艳、清爽的饮品，外观和口感都十分出色。它是绝佳的夏日饮品，尤其适合派对。但要小心！香甜的石榴糖浆掩盖了特基拉酒的强劲酒精度，很容易喝高！

方法 往高杯里放2个冰块。倒入特基拉酒和橙汁，然后搅几秒钟。加入少许石榴糖浆。稍等一会儿再侍饮；糖浆沉入杯底能营造迷人的日出效果。（一旦加入石榴糖浆，就不要再搅动。）用几片橙子和杨桃装饰，再放一枚马拉斯基诺樱桃。

特基拉日出

阿尔库蒂亚（ALCUDIA）

原料 金酒1盎司（30毫升）▪加利亚诺利口酒½盎司（15毫升）▪香蕉利口酒½盎司（15毫升）▪少许鲜榨柚子汁

用具 摇酒器▪过滤器▪冷却的马提尼酒杯

这么多的滋味混合在一起——加利亚诺的甜味、金酒的清新感、香蕉酒的丰满、柚子的酸味——似乎太过复杂，但其实极为和谐，这款不透明的鸡尾酒口感滋味层次多样。然而，为了使柑橘味最佳，而且为了控制甜味，要保证鸡尾酒侍饮时冰镇到位。

方法 往摇酒器里放入冰块，倒入所有原料。用力摇，过滤到马提尼酒杯里。无须装饰。

747

■ **原料** 伏特加1盎司（30毫升）▪等量的玫瑰浓缩酸橙汁和越莓汁，依个人口味添加▪起泡柠檬汽水（雪碧或者七喜）

■ **用具** 高杯▪搅拌匙

这款雅致的长饮清淡而清爽，香气微妙。为了到达最佳效果，其选用绝对或者芬兰地亚伏特加。如果您更喜欢鸡尾酒的口味更干而非更甜，就要把柠檬汽水换成苏打水。

方法 往高杯里放入冰块，倒入原料，先是伏特加，最后是柠檬汽水。轻轻搅匀，侍饮时插根吸管。

747

香瓜得奇丽（MELON DAIQUIRI）

■ **原料** 白色朗姆酒2盎司（60毫升）▪鲜榨酸橙汁1½盎司（45毫升）▪糖浆½盎司（15毫升）▪蜜多利甜瓜利口酒½盎司（15毫升）

■ **用具** 摇酒器▪过滤器▪冷却的马提尼酒杯

这款著名的得奇丽类型（由美国工程师杰宁思·考克斯Jennings Cox在1896年首创）的鸡尾酒很奇异，夏日派对饮用非常理想。蜜多利酒赋予它绝妙的、春天般的嫩绿色。

方法 往摇酒器里放一些冰块，加入原料。摇10秒钟，使原料完全冷却。过滤到酒杯里。杯口装饰一片酸橙。

螺丝钻（GIMLET）

■ **原料** 普利茅斯金酒2盎司（60毫升）▪鲜榨酸橙汁1盎司（30毫升）

■ **用具** 摇酒器▪过滤器▪冷却的马提尼酒杯

这款传统的浅黄色金酒鸡尾酒，得名于在海军战舰上用于打开烈酒木桶的小工具。我觉得最好用普利茅斯金酒，因为它比伦敦干金酒的香气和泥土味更浓。还有一种选择，是伏特加螺丝钻鸡尾酒（Vodka Gimlet）——将金酒换成伏特加即可。

方法 往摇酒器里放入冰，加入所有原料。摇匀，然后过滤到酒杯里。用1个酸橙块和1枚樱桃点缀。

天使

天使（ANGEL）

■ **原料** 格兰马妮½盎司（15毫升）▪白色朗姆酒½盎司（15毫升）▪少许鲜榨柠檬汁▪鲜榨橙汁½盎司（15毫升）▪越莓汁½盎司（15毫升）▪鸡蛋清2茶匙（可选）

■ **用具** 摇酒器▪过滤器▪马提尼酒杯

这款鸡尾酒首创于20世纪40年代。其既浓郁又细腻，虽然格兰马妮的橙味和柑橘水果味突出，但却因鸡蛋清而柔化，同时鸡蛋清还赋予鸡尾酒奶油般的口感。

方法 往摇酒器放入冰，加入所有原料。摇匀，过滤到酒杯里。用新鲜浆果点缀。

马德拉斯（MADRAS）

■ **原料** 绝对伏特加2盎司（60毫升）▪越莓汁2盎司（60毫升）▪鲜榨橙汁2盎司（60毫升）

■ **用具** 摇酒器▪过滤器▪高杯

这款酒由海风鸡尾酒演变而来，没有选用柚子汁（见对页），而是选用橙汁制成，因此微微的甜味平衡了橙子的柑橘味。侍饮时要冰镇到位，才能把诱人的水果味完全展现出来。与普通橙子相比，我更喜欢用血橙——因为它能赋予鸡尾酒一点儿特别的复杂感。

方法 摇酒器里加入冰，倒入所有原料，摇片刻，过滤到加了一个冰块的高杯里。往酒杯里放一片橙子装饰，侍饮时插根吸管。

文化与传统

不含酒精的鸡尾酒 它们被戏称为“模拟鸡尾酒”，是不饮酒人士的美味替代品——尤其适合儿童饮用。试一试柠檬水：酒杯里加入半个柠檬汁和少许糖浆，上面倒入矿泉水；或者试试秀兰邓波（得名于20世纪30年代的一位童星）——高杯放好冰块，倒入一些石榴果汁，上面加入姜汁汽水。

秀兰·邓波 据说这位女童星在她的电影首映礼上饮用了一款姜汁汽水和石榴糖浆调配的饮品。

柠檬水

秀兰·邓波

草莓金酒马提尼（STRAWBERRY GIN MARTINI）

原料 5个成熟的草莓压碎 ▪ 伦敦干金酒2½盎司（75毫升）▪ 糖浆½盎司（15毫升）▪ 黑胡椒2撮

用具 摇酒器 ▪ 过滤器 ▪ 冷却的马提尼酒杯

这款马提尼类型的鸡尾酒，可以媲美有些最出色的传统鸡尾酒——草莓和金酒协调完美，因为金酒的激爽口感强化了水果的甜味。如果您偏爱风格更干的鸡尾酒，把金酒换成伏特加。

方法 把打碎的樱桃放进摇酒器，然后加冰，倒入其余原料。摇匀，过滤到酒杯里。如果您愿意，可以在杯口装饰一个草莓。

意大利马提尼（ITALIAN MARTINI）

原料 干味美思½盎司（15毫升）▪ 加利亚诺利口酒½盎司（15毫升）▪ 伦敦干金酒1½盎司（45毫升）

用具 调酒杯 ▪ 搅拌匙 ▪ 过滤器 ▪ 冷却的马提尼酒杯

意大利马提尼（之所以冠以意大利，是因为添加了加利亚诺利口酒）并没有原创马提尼鸡尾酒的细腻感。相反，它直截了当，是完美的餐前开胃酒。调酒时，选用诺利普拉或者马提尼特干味美思。

方法 调酒杯里放冰，加入味美思、加利亚诺和金酒，搅匀，使原料完全冷却。过滤到马提尼酒杯。把细长柠檬皮投入杯中装饰。

经典干金酒马提尼（CLASSIC DRY GIN MARITIN）

原料 伦敦干金酒1½盎司（45毫升）▪ 干味美思½盎司（15毫升）

用具 调酒杯 ▪ 搅拌匙 ▪ 过滤器 ▪ 冷却的马提尼酒杯

它可能是迄今为止最著名、最精致的鸡尾酒。关于它由来的故事层出不穷，但很多权威人士认为，最早于1911年在纽约的纽约人酒店（Knickerbocker Hotel）由一位名为马提尼的调酒师首创。调配出完美的干马提尼关键有两点。第一，原料要冰凉。做到这点的最佳方法就是把原料和冰块一起搅，搅的时间比调配其他鸡尾酒长一些。第二，尽可能选用干味原料。为了达到最佳效果，我推荐您使用诺利普拉或者马提尼特干味美思。如果您用摇酒器摇，而不是用搅拌匙搅，那么干马提尼鸡尾酒就被称为布拉德福德（Bradford）。

方法 往调酒杯里放冰。加入味美思。搅匀，过滤掉液体，只留下冰。倒入金酒，搅一搅，过滤到马提尼酒杯里；投入一颗绿橄榄点缀。

草莓金酒马提尼
把草莓的果肉过滤掉，只留下果汁，配制出的鸡尾酒呈漂亮的粉红色，还有隐约柔和的可口水果香味。

意大利马提尼
19世纪末，托斯卡纳酿酒厂创造出了加利亚诺利口酒。这款利口酒为马提尼鸡尾酒增添了蜂蜜和薄荷味，同时还有细微的黄色。

香草伏特加提尼（VANILLA VODKA-TINI，香草提尼）

■ **原料** 香草味伏特加2盎司（60毫升）■少许干味美思

■ **用具** 调酒杯■搅拌匙■过滤器■冷却的马提尼调酒杯

如果您在美国点一杯马提尼——而且其很快就会扩展到全世界——其可能会用伏特加而非金酒调配。从专业的角度讲，这款酒不应该被称做马提尼，而应称为伏特加提尼。但咱们还是不要咬文嚼字的好！如果用香草味的伏特加调配，一款伏特加提尼就变成了香草提尼。我喜欢这款用香草浸泡过的伏特加调配出的优雅鸡尾酒，但用經典绝对香草伏特加调配也很出色。

香草伏特加提尼

方法 往调酒杯里放入冰，倒入味美思，搅匀，过滤掉液体。加入伏特加，再搅一搅。过滤到马提尼酒杯里。用细长柠檬皮和香草豆荚点缀。

吉布森（GIBSON）

■ **原料** 普利茅斯金酒1½盎司（45毫升）■干味美思½盎司（15毫升）■小洋葱2个

■ **用具** 调酒杯■搅拌匙■过滤器■冷却的马提尼酒杯

有很多从经典干马提尼演变而来的鸡尾酒，这款酒是在20世纪40年代为查尔斯·达纳·吉布森（Charles Dana Gibson）创造出来，他是美国插图画家，据说也是女性的大众情人——酒里的两个小洋葱据说代表着其中一位崇拜者的乳房！就这款鸡尾酒本身而言，小洋葱减弱了金酒的刺口味，而且增添了自己的复杂层次感。

方法 往调酒杯里放些冰，倒入味美思。搅一搅，过滤掉液体。倒入金酒，再搅。过滤到马提尼酒杯里，杯里点缀用鸡尾酒装饰签穿起来的两个小洋葱。

吉布森

天堂（马提尼）（PARADISE）（MARTINI）

■ **原料** 浅禾秆黄色到深浅禾秆黄色，略带丝丝绿色和金色。

■ **用具** 摇酒器■过滤器■冷却的马提尼酒杯

据说，这款水果味的鸡尾酒在20世纪20年代在英国首创，其滋味极其和谐。调配时，注意准确计量原料，否则，滋味的结合就会出岔子。这款酒很容易调配，而且快捷，如果您省去装饰，尤其快捷，所以说，它是派对的完美饮品。

方法 往摇酒器里放入冰块，倒入所有原料。摇大约6秒钟，过滤到冷却的马提尼酒杯里。用点燃过的橙子皮和几片香蜂花叶装饰。

经典干金酒马提尼

我认为，原创马提尼鸡尾酒的完美装饰是一颗绿橄榄，不是柠檬皮。橄榄可以使鸡尾酒保持金酒的胡椒味，而细长柠檬皮可以增添某种甜香味。

薄荷茱利普（MINT JULEP）

原料 波本威士忌1⅓盎司（40毫升）▪糖浆少许▪薄荷3枝

用具 高杯▪搅拌棒▪搅拌匙

每年5月，在美国南部的肯塔基都会举办肯塔基赛马会（Kentucky Derby），薄荷茱利普因成为赛会的传统鸡尾酒而声名鹊起。从这款酒演变出很多鸡尾酒，而保证原料冰凉、新鲜是关键。

方法 把糖浆和薄荷在酒杯里捣碎（见第348页）。加入波本酒和一些冰块。搅匀，立即侍饮。用一枝薄荷点缀。

薄荷茱利普

莫吉托（MOJITO）

原料 新鲜薄荷4片▪鲜榨半个酸橙汁▪糖2茶匙▪百加得白色朗姆酒1½盎司（45毫升）▪苏打水210毫升（7盎司）

用具 高杯▪搅拌棒▪搅拌匙

据说，这款传统的古巴鸡尾酒于20世纪初在哈瓦那的稀泥乔（Sloopy Joe）酒吧创造，是美国作家海明威的最爱。这款长饮鸡尾酒凉爽、清新、有薄荷味，关键是朗姆酒和酸橙协调一致。绝妙！

方法 把放在高杯里的薄荷捣碎，加入果汁、糖和很多碎冰。倒入朗姆酒、搅匀，上面倒满苏打水。用一个酸橙块和一枝薄荷装饰。

古典鸡尾酒（OLD FASHIONED）

原料 安哥斯图拉苦味酒5或6滴▪方糖1块▪苏打水少许▪波本威士忌80毫升（2⅔盎司）

用具 平底无脚酒杯▪搅拌匙

1931年的《古老华道夫-阿斯多里亚酒吧手册》第一次提到了这款鸡尾酒。书中写道：它由一位名为詹姆斯·E. 派帕（James E. Pepper）的人创造。这款酒干、清淡、清爽，呈迷人的琥珀色，特别适合波本酒爱好者。不过，如果愿意，您可以选用黑麦威士忌或者苏格兰混合威士忌。

方法 把糖放入酒杯，用几滴安哥斯图拉苦味酒浸湿。倒入苏打水，盖过糖块，让糖溶化，然后加入冰块和波本酒。搅匀。用一片柠檬和穿好的一枚樱桃装饰。

莫斯科佬（MOSCOW MULE）

原料 伏特加2盎司（60毫升）▪鲜榨酸橙汁1½盎司（45毫升）▪姜汁汽水加满

用具 高杯▪搅拌匙

这款出色的长饮鸡尾酒在1941年由当时的斯米诺夫伏特加的高管创造，清新而又富有香料味。您应选用浓郁的姜汁汽水，如里德姜汁汽水，不要用加拿大干姜汁汽水。

方法 酒杯里放满冰，加入伏特加和酸橙汁，搅匀。上面倒入姜汁汽水。杯口摆一片柠檬点缀。

莫斯科佬

长岛冰茶（LONG ISLAND ICED TEA）

原料 白色朗姆酒⅓盎司（10毫升）▪金酒⅓盎司（10毫升）▪伏特加⅓盎司（10毫升）▪君度⅓盎司（10毫升）▪特基拉酒⅓盎司（10毫升）▪鲜榨1个酸橙汁▪冰镇可乐加满

用具 高杯▪搅拌匙

这是终极派对鸡尾酒，但是，喝过头儿恐怕就会遭罪！除了酒名，这款鸡尾酒并不含茶。每个调酒师都会对配方稍加调整——有的省去特基拉酒，用双倍伏特加酒；有的恰恰相反。无论怎样，君度的异域橙子味，金酒和酸橙汁的柑橘味很明显。其他原料酒味芳醇。

长岛冰茶

虽然人们并不清楚长岛冰茶鸡尾酒的确切由来，但很可能最早在美国禁酒时期（1920—1933）创造，当时调酒师在地下酒吧通过往走私来的烈酒里添加可乐掩盖含酒精的鸡尾酒，使其看起来像简单、无害的冰茶。

方法 往高杯里倒入所有的烈性酒和酸橙汁，搅匀。加满冰块，再搅匀，上面倒入冰镇可乐。杯中放些酸橙块，杯口摆一片酸橙装饰。我喜欢在侍饮时插根吸管。

庄园潘趣酒（PLANTER'S PUNCH）

原料 美雅士深色朗姆酒1½盎司（45毫升）▪鲜榨酸橙汁½盎司（15毫升）▪糖浆1盎司（30毫升）▪石榴糖浆少许▪安哥斯图拉苦味酒几滴▪苏打水加满

用具 摇酒器▪过滤器▪高杯

在1879年，这款鸡尾酒为纪念牙买加美雅士朗姆酒厂开业而创造而成，其呈橙红色，美味可口，糖和石榴糖浆的甜味、苦味酒的药草味、酸橙的柑橘味平衡了深色朗姆酒的浓烈滋味。

方法 往摇酒器里加入冰块，倒入所有原料，苏打水除外。摇匀，过滤到加满冰的高杯里。上面倒入苏打水。酒杯里放一枝薄荷，杯口摆一片橙子装饰。

调酒师小贴士

比重小的液体原料漂浮在鸡尾酒顶端，平添了视觉上的趣味性。

方法 混合鸡尾酒的主体，倒在杯中。往酒吧匙或者茶匙的正面或背面小心地倒入最后一种原料，这样它就漂浮起来了。

让朗姆酒漂浮在潘趣酒上

正餐前饮用

这类鸡尾酒很清淡、新鲜、芳香，有柠檬味；其回味柔和绵延、微苦，让您胃口大开。正因为如此，很多鸡尾酒都以香槟或者其他起泡葡萄酒作为干味起泡基酒，加入甜利口酒使滋味变得圆润。

香槟鸡尾酒（CHAMPAGNE COCKTAIL）

原料　方糖1块 ▪ 安哥斯图拉苦味酒4滴或5滴 ▪ 白兰地1盎司（30毫升）▪ 干香槟加满

用具　冷却的香槟笛形杯

这款空前的经典鸡尾酒配方可以追溯到1862年，当时，这款酒的名字首次出现在杰瑞·托马斯（Jerry Thomas）撰写的《调酒方法》（*How to Mix Drink*）一书中。

这款酒调配极为简单，因为除了酒杯，根本用不到其他用具。为了达到最佳效果，最好选用特别干的香槟，如派帕艾德西克干香槟或者劳伦毕雷超干香槟（Laurent Perrier Ultra Brut）和优质VS干邑或更好的干邑。

方法　把方糖放入杯中，用几滴安哥斯图拉苦味酒浸湿。然后加入白兰地，缓缓倒满香槟。如果您愿意，可以把一片橙子摆在杯口装饰。

香槟鸡尾酒
啜饮这款经典鸡尾酒时，越接近杯底的糖块，口味越甜。

皇家基尔（KIR ROYALE）

原料 黑醋栗酒⅓盎司（10毫升）▪干香槟或者优质起泡葡萄酒加满

用具 冷却的香槟笛形杯

这款传统的法国鸡尾酒无论谁品尝一口，都会爱上它。注意黑醋栗酒不能加得过多——它只是弱化香槟酒的刺口感。把黑醋栗酒换成覆盆子利口酒，就调配出帝国基尔（Kir Imperial）。

方法 把利口酒倒入酒杯，上面柔缓地倒满香槟酒。

皇家基尔

提提神（PICK ME UP）

原料 白兰地1盎司（30毫升）▪鲜榨橙汁⅔盎司（20毫升）▪石榴糖浆⅓盎司（10毫升）▪干香槟或者优质起泡葡萄酒加满

用具 冷却的香槟笛形杯▪酒吧匙

石榴糖浆和橙汁的选用造就了这款琥珀红色、香甜的另类香槟鸡尾酒（见第379页）。因为富有水果味而且容易入口，所以您几乎感觉不到白兰地的存在。成功关键在于调酒前把原料冰镇到位。

方法 把白兰地、橙汁和石榴糖浆倒入笛形杯。搅匀，加满香槟。还有一种方法，就是把不起泡的原料和一个冰块倒入调酒杯，搅匀，过滤到笛形杯，上面倒入香槟。

娱乐圈（SHOWBIZ）

原料 伏特加50毫升（1⅔盎司）▪黑醋栗酒1盎司（30毫升）▪鲜榨柚子汁50毫升（1⅔盎司）

用具 摇酒器▪过滤器▪冷却的马提尼酒杯

这款鸡尾酒有着黑醋栗的甜味、柑橘的口感和伏特加的刺激——绝妙啊！我喜欢选用绝对伏特加——它的柑橘味和甜味与其他滋味搭配得非常完美。酒液应该呈红褐色。

方法 摇酒器里加冰，倒入所有原料。摇匀，过滤到酒杯里。把2个黑醋栗投到杯里装饰。

波丽斯多丽（BOLLI STOLLI）

原料 红牌水晶伏特加1盎司（30毫升）▪冰镇的贝林格特酿干香槟（Bollinger Special Cuvée Brut Champagne）加满

用具 香槟笛形杯

出色的香槟加上出色的伏特加才会造就出色的鸡尾酒！这是一款让人感觉舒服的鸡尾酒——其是华尔街经纪人庆祝股市飘红时饮用的鸡尾酒。波丽斯多丽的香气不太浓郁，所以要冰镇到位，强化清新感。

方法 酒杯里倒入伏特加，缓缓加满贝林格。用细长橙皮和香蜂花叶点缀。

波丽丝多丽

文化与传统

哈瓦那的稀泥乔酒吧 稀泥乔酒吧是世界上最驰名的酒吧之一，20世纪30年代开始出名。当时，驻扎在古巴的美国大兵很喜欢光顾这里。这家酒吧由乔斯·阿贝尔（José Abéal）创建，他在1904年从西班牙来到古巴。1918年，乔斯在古巴和美国做了14年调酒师之后，在哈瓦那买下一家杂货店。朋友们批评商店的卫生条件糟糕，因此，乔斯得了个“稀泥乔”的外号。很快，这家杂货店变成著名的酒吧，于20世纪50年代达到鼎盛，当时，哈瓦那成了美国人的游乐场。

香榭丽舍（CHAMPS-ELYSÉES）

原料 干邑1盎司（30毫升）▪绿色查特利口酒½盎司（15毫升）▪鲜榨柠檬汁1盎司（30毫升）▪安哥斯图拉苦味酒少许

用具 调酒杯▪酒吧匙▪过滤器▪冷却的马提尼酒杯

绿色查特是一款药草利口酒，18世纪，由法国修道士创造而成，因医用特性而扬名。这款可爱的鸡尾酒得名于一条著名的巴黎大街，难道调配它还需要更好的理由吗？我爱它的复杂口感，丰满、香甜的干邑和柑橘平衡细腻，回味有药草味。

方法 往调酒杯里加入碎冰，倒入原料。搅匀，过滤到酒杯里。另一种方法是：用白兰地酒杯，把原料倒在冰块上混合调配。

贝利尼（BELLINI）

原料 新鲜白桃1个▪冰镇的香槟或者意大利普罗塞克起泡葡萄酒2盎司（60毫升）

用具 刀▪搅拌器▪冷却的香槟笛形杯▪酒吧匙

这款鸡尾酒艳丽、奢华，1948年，在威尼斯的哈里酒吧由朱塞佩·齐普里亚尼（Giuseppe Cipriani）创造而成。

方法 桃子削皮去核，与碎冰和少量香槟搅拌打匀后，将1盎司（30毫升）倒入笛形杯，再倒满香槟，同时缓慢搅匀。用一片桃子点缀。

贝利尼

快饮（QUICKY）

原料 波本威士忌1盎司（30毫升）▪朗姆酒1盎司（30毫升）▪白橙皮酒少许

用具 平底无脚酒杯▪酒吧匙

正如酒名所示，这是一款快速而简单的鸡尾酒，特别适合在几乎毫无准备的情况下速成。它有力而强劲，还有柑橘的特质，回味滑润。我建议侍饮时加冰块，以免口感过于强烈或者厚重。如您所想，它呈暖暖的琥珀色。

方法 如果您用冰块的话，就把几个冰块放到杯底，倒入原料，快速搅匀。无须装饰。

美国佬（AMERICANO）

原料 甜红味美思（红马提尼）1盎司（30毫升）▪金巴利1盎司（30毫升）▪苏打水加满

用具 高杯▪酒吧匙

20世纪早期，这款意大利鸡尾酒名为米兰都灵（Milano-Torino），因为金巴利产自米兰，而马提尼来自都灵。1917年，该酒名发生了变化。当时参与第一次世界大战的美国兵来到意大利，迷恋上了这款酒。它的水果香味极其浓郁，还有微微的苦味，非常刺激食欲。这款酒在炎炎夏日午后饮用很理想，

方法 酒杯里加入冰，倒入味美思和金巴利，上面加苏打水，搅匀。

美国佬

百龄坛（BALLANTINE'S）

原料 普利茅斯金酒⅔盎司（20毫升）▪干味美思⅔盎司（20毫升）▪橙子苦酒少许▪保乐少许

用具 摇酒器▪过滤器▪冷却的马提尼酒杯

这是一款完美的餐前酒——清新，还有点儿苦味。我建议侍饮时冰镇到位，这样可以强化保乐酒的大茴香子味和坚果味。

方法 摇酒器里放入冰，然后倒入所有原料，摇匀。过滤到酒杯里。

布兰伯（BRAMBLE）

原料 金酒1½盎司（45毫升）▪鲜榨酸橙汁⅔盎司（20毫升）▪糖浆⅔盎司（20毫升）▪黑莓利口酒⅔盎司（20毫升）

用具 摇酒器▪过滤器▪平底无脚酒杯

20世纪80年代，这款鸡尾酒由英国调酒师蒂克·布莱德塞尔（Dick Bradsell）创造而成，现在位居经典鸡尾酒行列。这是一款出色的餐前开胃酒。

方法 将摇酒器里放入冰，倒入所有原料，黑莓利口酒除外。摇匀，过滤到几乎装满碎冰的酒杯里，倒入利口酒，让它流进冰里。用两个黑莓和一片柠檬点缀。

布兰伯

迈卡（MACCA）

原料 干金酒⅔盎司（20毫升）▪干味美思⅔盎司（20毫升）▪甜味美思⅔盎司（20毫升）▪黑醋栗利口酒少许▪苏打水加满

用具 调酒杯▪酒吧匙▪高杯

这是一款粉色的鸡尾酒，夏日饮用完美无缺。如果您偏爱干味而非更甜的鸡尾酒，可只选用干味美思或者把黑醋栗酒替换成甜味淡一些的黑莓酒。

方法 把所有原料倒入调酒杯，苏打水除外。摇匀，倒入装满冰块的高杯，上面加入苏打水。

杜本内鸡尾酒（DUBONNET COCKTAIL）

原料 杜本内味美思1⅓盎司（40毫升）▪金酒1⅓盎司（40毫升）▪安哥斯图拉苦味酒少许

用具 调酒杯▪酒吧匙▪过滤器▪冷却的马提尼酒杯

这款鸡尾酒呈迷人的粉红色，是经典的餐前开胃酒。金酒的柑橘味和杜松味补充了杜本内味美思的复杂药草味和水果味，多种滋味巧妙融合在一起，十分讨人喜爱。

方法 把调酒杯里放入冰，加入味美思、金酒和苦味酒。搅匀，过滤到马提尼酒杯里。用细细的柠檬皮装饰。

蓝色夏威夷（BLUE HAWAIIAN）

原料 白色朗姆酒1盎司（30毫升）▪蓝色库拉索1盎司（30毫升）▪鲜榨菠萝汁2盎司（60毫升）▪椰乳1盎司（30毫升）

用具 搅拌器▪过滤器▪高杯

这款漂亮的海蓝色鸡尾酒还没碰到嘴唇，就会让您垂涎三尺！它充满了各种异域水果的香味和细微的椰子味。绝妙！

方法 把一些冰、金酒、库拉索、椰乳和菠萝汁放入搅拌器搅拌，直至柔滑。然后将其过滤到高杯。用鸡尾酒签穿个樱桃装饰，侍酒时插根吸管。

蓝色夏威夷

彼姆1号杯（PIMM'S NO. 1 CUP）

原料 彼姆1号3盎司（90毫升）▪鲜榨酸橙汁1½茶匙▪姜汁汽水加满

用具 高杯▪搅拌匙

1823年，一位名为詹姆斯·彼姆（James Pimm）的伦敦餐厅老板兼商人要向客人提供了一种饮品，以搭配新推出的牡蛎。不久以后，他想出配方：把多种药草、香料和水果浸泡在金酒里，再加入奎宁。他又往自己配制的利口酒里添加了姜汁汽水，调配成长饮，选用名为“1号杯”的酒杯侍饮，这款鸡尾酒因此得名。客人对这款酒爱不释口，1840年，彼姆面向市场，大量推出1号（No.1）。

现在，彼姆品牌隶属于帝亚吉欧集团，不过酒却仍然按照彼姆最初的配方酿制——只有6位公司高层知道配方。

自从推出1号以后，帝亚吉欧又酿制出很多其他“号”，包括现在已经完全淘汰的2号（用苏格兰威士忌制成）、4号（朗姆酒）、5号（黑麦威士忌）。最近，帝亚吉欧重新推出3号（用白兰地制成），销售名为彼姆冬天（Pimm's Winter），而且继续推出了6号（用伏特加制成）。

尽管彼姆1号在彼姆鸡尾酒中最知名，但还有很多其他鸡尾酒。彼姆经典（Pimm's Classic）将姜汁汽水替

彼姆1号
1856年，詹姆斯·彼姆把他原创的彼姆1号酒销售到遍布英国的酒吧和俱乐部。

彼姆经典
如果您喜欢甜食，把彼姆1号杯里的姜汁汽水替换成柠檬汽水，就可以调配出彼姆经典鸡尾酒。任意一款彼姆鸡尾酒都非常适合夏日烧烤时饮用。

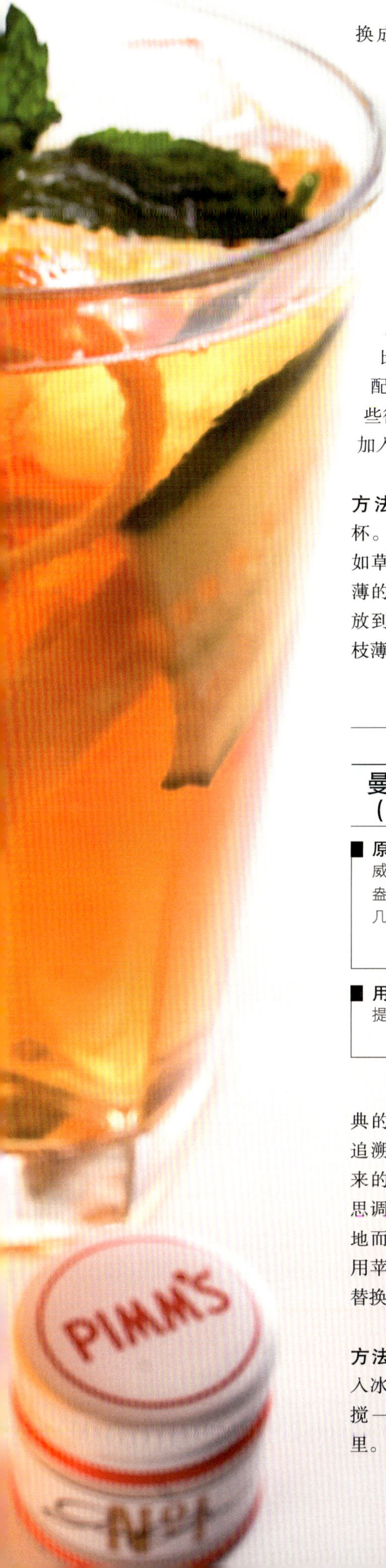

换成柠檬汽水（或者同时使用两种汽水）。更让人兴奋、更细腻的是彼姆鸡尾酒（Pimm's Cocktail）。这款酒混合了两小杯彼姆1号、少许普利茅斯金酒、柠檬汁和糖浆，在它上面加入干香槟（或者优质干起泡葡萄酒），用冷却的马提尼酒杯侍饮。夏日里，与朋友在花园聚会时，还有什么比饮用它更适合呢？另一种调配方法是，省去金酒，只把一些彼姆利口酒倒入笛形杯，上面加入香槟！美味啊！

方法 把原料倒入装满冰的高杯。搅匀。用一系列鲜美浆果，如草莓、覆盆子和黑莓、几个薄薄的黄瓜片、半片橙子和柠檬，放到酒杯里装饰。最上面点缀一枝薄荷。

文化与传统

典型的英国鸡尾酒 彼姆1号杯最早于19世纪20年代由詹姆斯·彼姆调配而成，很多人认为它是第一款英国鸡尾酒。无论是真是假，这款鸡尾酒与节令传统的夏季，特别是6月和7月初的重大活动联系紧密：英国皇家阿斯科特赛马会（Royal Ascot）的赛马活动、在牛津郡亨利（Henley）举办的划船赛，最重要的莫过于温布尔登草地网球公开赛。

只是看球？ 网球赛举行的两周里，温布尔登共售出超过23 000升（40 000品脱）的彼姆鸡尾酒。

曼哈顿（MANHATTAN）

原料 加拿大黑麦威士忌或者波本威士忌2盎司（60毫升）▪甜味美思1盎司（30毫升）▪安哥斯图拉苦味酒几滴

用具 调酒杯▪搅拌匙▪过滤器▪马提尼酒杯

据说，这款经典的纽约马提尼可以追溯到1874年。变化而来的鸡尾酒包括用干味美思调配的干曼哈顿；用白兰地而非威士忌调配的哈佛；用苹果杰克（苹果白兰地）替换威士忌调配的星星。

方法 往调酒杯里放入冰，加入原料。轻轻搅一搅，过滤到酒杯里。用橙皮和一个樱桃装饰。

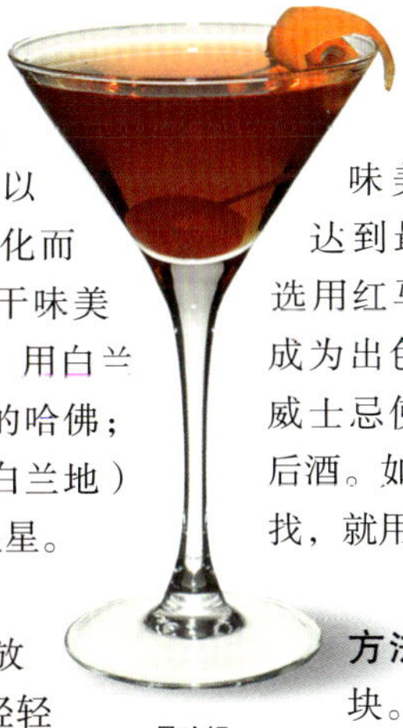

曼哈顿

布鲁克林（BROOKLYN）

原料 黑麦威士忌½盎司（15毫升）▪甜红味美思½盎司（15毫升）▪金巴利½盎司（15毫升）

用具 调酒杯▪搅拌匙▪过滤器▪平底无脚酒杯

这款时尚的纽约鸡尾酒含有适合餐前和餐后饮用的元素：金巴利和味美思（为了达到最佳效果，选用红马提尼）使之成为出色的餐前酒，而威士忌使之成为上好的餐后酒。如果美国黑麦威士忌难找，就用加拿大黑麦威士忌。

方法 往调酒器里放些冰块。倒入所有原料。搅一搅，过滤到平底无脚酒杯。

A1

原料 金酒1盎司（30毫升）▪格兰马妮½盎司（15毫升）▪鲜榨酸橙汁⅓盎司（10毫升）▪石榴糖浆少许

用具 摇酒器▪过滤器▪马提尼酒杯

这款鸡尾酒里有两种我钟爱的液体——格兰马妮和石榴糖浆。它们的甜味与柠檬的酸味形成鲜明对比，这一点，我尤其喜欢。总之，A1是一款清新的夏日餐前开胃酒，在花园里享用完美无缺。

方法 摇酒器里放入冰，倒入原料。摇匀，过滤到酒杯里。用一枝薄荷或香蜂花点缀。

A1

比亚里兹（BIARRITZ）

原料 人头马干邑2盎司（60毫升）▪格兰马妮1盎司（30毫升）▪鲜榨柠檬汁½盎司（15毫升）▪半个鸡蛋清▪安哥斯图拉苦味酒少量

用具 摇酒器▪过滤器▪平底无脚酒杯

这款鸡尾酒基本上是白兰地酸（就像威士忌酸，见第351页），同时，格兰马妮赋予了它特别的复杂层次感。柠檬汁的柑橘味和安哥斯图拉的苦味使它成为绝佳的餐前开胃酒。

方法 摇酒器里放入冰，倒入原料。用力摇匀，过滤到装有冰块的平底无脚酒杯内。杯口摆放半片柠檬点缀。

巴芭（BABAR）

原料 伏特加1盎司（30毫升）▪帕素阿热情果利口酒⅓盎司（10毫升）▪刺果番荔枝汁1盎司（30毫升）▪越莓汁⅔盎司（20毫升）▪起泡柠檬汽水（比如雪碧或七喜）

用具 高杯▪搅拌匙

巴芭

这款异域水果鸡尾酒午后饮用很惬意。最好选用热带刺果番荔枝（南美洲番荔枝）汁；如果没有，可用番石榴汁代替。

方法 往酒杯里放一半冰，倒入伏特加、利口酒和各种果汁。搅匀，上面加入柠檬汽水。用一片薄荷叶装饰。

朗姆斯维索（RUM SWIZZLE）

原料 白色朗姆酒2盎司（60毫升）▪鲜榨酸橙汁½盎司（15毫升）▪细白砂糖1茶匙▪安哥斯图拉苦味酒少量▪苏打水3盎司（90毫升）

用具 摇酒器▪过滤器▪平底无脚酒杯

这款完美的海滩长饮鸡尾酒味道浓烈，还有苦味酒的出色药草刺激感。呈浅红米黄色，它像朗姆潘趣酒（见第361页）一样清爽，但又没那么强劲。

方法 往加了冰块的摇酒器里倒入朗姆酒、酸橙汁、糖和苦味酒。过滤到放了一半碎冰的平底无脚酒杯。上面倒入苏打水。侍酒时放支调酒棒。

阿尔菲（ALFIE）

原料 柠檬味伏特加50毫升（1⅓盎司）▪君度⅓盎司（10毫升）▪鲜榨菠萝汁⅓盎司（10毫升）

用具 摇酒器▪过滤器▪起霜的马提尼酒杯

阿尔菲

阿尔菲平衡佳、清爽，有多种奇异的、柑橘的滋味。柠檬伏特加的味道突出，所以，要选用优质品牌。（我总是喜欢选用绝对柠檬。）

方法 摇酒器里放一半冰块。倒入原料，摇匀，过滤到马提尼酒杯里。如果您愿意，用几片香蜂花叶点缀。

魅态（MAI TAI）

原料 阿普尔顿庄园V/X朗姆酒2盎司（60毫升）▪鲜榨酸橙汁1盎司（30毫升）▪格兰马妮½盎司（15毫升）▪杏仁糖浆½盎司（15毫升）▪糖浆1½茶匙

用具 摇酒器▪过滤器▪平底无脚酒杯

这款经典鸡尾酒的杏仁糖浆和朗姆酒的甜太妃糖味完美结合在一起，而格兰马妮赋予其浓烈感。

方法 往摇酒器里放入冰，加入原料，摇匀。过滤到放了冰块的酒杯里。用菠萝片和猕猴桃片点缀。

魅态

杰克玫瑰（JACK ROSE）

原料 苹果白兰地1½盎司（45毫升）▪鲜榨酸橙汁⅓盎司（10毫升）▪石榴糖浆少许

用具 摇酒器▪过滤器▪冷却的马提尼酒杯

这是我最爱的白兰地鸡尾酒之一。我喜欢选用卡尔瓦多斯（法国苹果白兰地），不过，苹果杰克也很好，但其最后口感更淡一些。总体来讲，这款味美的粉色鸡尾酒乐趣多多又清爽——而且调配起来极其简单。

方法 往摇酒器里放入冰块，加入原料。摇匀，过滤到酒杯里。投入酸橙皮装饰。

红粉佳人（PINK LADY）

原料 普利茅斯金酒1½盎司（45毫升）▪石榴糖浆少许▪1个鸡蛋清▪鲜榨酸橙汁⅔盎司（20毫升）▪糖浆少许

用具 摇酒器▪过滤器▪冷却的马提尼酒杯

这款鸡尾酒是口味更甜的金菲士，其滑润、艳丽，而且是金酒爱好者的理想饮品。鸡蛋清赋予其奶油般迷人的口感，同时掩盖了酒精浓度。这款酒不透明，呈精美粉色。

方法 往摇酒器里加入冰块，倒入所有原料。用力摇匀，过滤到酒杯里。投入一枚马拉斯基诺樱桃装饰。

赞比（ZOMBIe）

原料 白色朗姆酒⅔盎司（20毫升）▪金色朗姆酒⅔盎司（20毫升）▪深色朗姆酒⅔盎司（20毫升）▪樱桃白兰地⅓盎司（10毫升）▪鲜榨菠萝汁⅓盎司（10毫升）▪鲜榨橙汁1盎司（30毫升）▪鲜榨酸橙汁⅓盎司（10毫升）▪木瓜汁⅔盎司（20毫升）▪杏仁糖浆少许▪强度150的德梅拉拉朗姆酒少许

用具 摇酒器▪过滤器▪高杯▪搅拌匙

赞比

这款酒于1934年在好莱坞配制成功。

方法 往摇酒器里加入冰。倒入所有原料，强度150朗姆酒除外。摇匀，过滤到加了冰块的高杯里。倒入朗姆酒，搅匀。用香蜂花装饰，插根吸管。

粉红金酒
这款鸡尾酒的粉色来自安哥斯图拉苦味酒，加入金酒前，要把苦味酒在杯子里转一转。

粉红金酒（PINK GIN）

原料 安哥斯图拉苦味酒少量 ▪ 普利茅斯金酒$1\frac{2}{3}$盎司（50毫升）

用具 冷却的马提尼酒杯 ▪ 调酒杯 ▪ 搅拌匙 ▪ 过滤器

粉红金酒清淡、清爽，它在鸡尾酒世界的地位，相当于葡萄酒里的长相思。这款鸡尾酒的起源与英国海军有关：水兵们饮用金酒后增强了在海上生活的决心，饮用苦味酒消除了肠胃的不适。不久以后，他们把这两种酒混合在一起饮用。

调酒前，把金酒放冰箱冰镇24个小时，确保其冰凉。

方法 把苦味酒倒入马提尼酒杯，“转一转”酒杯，使杯的内壁沾上酒液。把冰块放入调酒杯，倒入金酒。搅匀，过滤到马提尼酒杯里。用柠檬皮点缀。

啤酒

从谷物到酒杯

无论您在世界哪个角落，都会找到当地啤酒，但很少有人赏鉴其中的变化多端。现在，该是品尝、赞美这种绝妙酒品的时候了。

窖藏啤酒
世界各地销售的啤酒，大多是窖藏啤酒——透明、金黄，源于波希米亚（Bohemia）的比尔森，该地区在今天的捷克共和国境内。

说到“啤酒”，您的脑海会浮现出什么呢？最有可能的就是，从玻璃瓶里或者啤酒机龙头里流出的透明、金黄、泡沫丰富的酒液；高高的酒杯，凝结着水珠，冰凉、清新，泡沫腾涌，解渴又凉爽。您可能想不到深色、神秘、烟熏味酒液，或者倒在白兰地酒杯里的褐色爱尔啤酒（Ale），或者有着香槟品质的樱桃红色的水果啤酒。占据主导地位的窖藏啤酒（lager）里的比尔森（Pilsen）风格左右着我们对啤酒的感性认识——这种风格不过始于19世纪中叶。而这之前的几千年里，啤酒意味着深色、热烈、几乎没有气泡的爱尔啤酒，跟今天泡沫丰富的窖藏啤酒完全不同！

150年前，几乎每个村、镇都有自己的啤酒。不管好的，坏的或者不好不坏的，都是“当地”特产——与方言、饮食、风俗一样，成为区域特色。接下来的几十年，出现了新的酿造工艺和分销手段，但只有少数酿造商因此而提高了产量，占据了当地市场，而且还占据了国内外市场。这些新的酿造巨头大发横财，但是啤酒品质和种类却大打折扣。业界对此反应强烈！很多国家发起“真正爱尔啤酒”运动，英国、比利时和美国小型啤酒厂，开始酿制风格更加多样的啤酒，他们对产品悉心关照，珍视获取的利益。这场运动非常成功，以致全世界的啤酒公司一直对此极为重视。因此，人们对啤酒的兴趣复苏，哪个时代也不如现在更适合饮用啤酒。

啤酒的历史

啤酒的酿造记录最早可以追溯到5 000年前的苏美尔人，他们居住在底格里斯河和幼发拉底河之间的富饶地区，位于现在伊拉克境内。

苏美尔的楔形文字表明，人们曾把烤过的面包捣碎，放入水中形成糊状，然后制成饮品。据记载，这种饮品饮用后让人“感觉畅快、绝妙、喜悦”。在古代，中国人、非洲土著人和美洲土著人也选用粗制面包作为酿制啤酒的基本原料；埃及人、希腊人和罗马人发展了酿酒方式，但是，当时在地中海地区，啤酒排在葡萄酒之后，没有葡萄

当地的啤酒
这款上好的爱尔啤酒产自美国太平洋西北岸，代表着小型新酿酒厂关注细节和传统的作风。

“没有哪个时代比现在更适合饮用啤酒。我们可以重新发现先辈们享用过的当地啤酒和季节性啤酒。”

收获谷物
在气候温和的地方，如英国、德国、比利时、捷克共和国、美国一些地区，人们种植大麦来酿造啤酒。

“啤酒是终极民主的饮品。一杯啤酒入腹，您就参与了至少有5 000年历史的传统习俗。”

酒地位高。直到罗马帝国衰亡，5世纪时“野蛮人”夺取胜利，啤酒才在酒文化中确立重要地位。

健力士的广告
健力士是爱尔兰经典司陶特啤酒，它曾经使用的广告语是“有益健康”。现在，酿酒公司不再这样宣传，但是最近的研究表明，饮用这种“黑酒”确实有益心脏健康。

人类文明生活早期，酿制啤酒属于妇女的活计，但在罗马衰亡后的黑暗时代，啤酒酿造由欧洲修道士阶层接管。修道士酿制啤酒，部分原因在于：卫生条件恶劣意味着饮用啤酒比水更安全。还有部分原因在于：向旅行者销售啤酒可以为修道院提供稳定的收入。而且，斋戒期间，人们被允许饮用啤酒，因为啤酒不被视为“食物”。精明的修道士知道，啤酒既有营养、又可口。有修道院的记载显示，斋戒期间，啤酒的消费量每人每天超过5升！

经典的红鼻子、快活的云游修士形象，来自于修道院开办客栈的年代。但是，随着新教教堂的兴起，还有大主教堂实行更加严苛的生活规律，啤酒酿造开始进入民间，统治阶层开始规范啤酒业并开始征税。

啤酒酿造的发展

毫无疑问，啤酒品质在中世纪后期得到提高。人们开始使用酒花，它不仅让啤酒更清爽，而且还起到天然防腐剂的作用。更好的储存方法出现了，而且独特的区域风格开始发展。1516年，德国率先引入严格、详细的质量法规，巴伐利亚国王威廉四世（Wilhelm IV）公布了德国啤酒纯度法（German Beer Purity Law），首次规定只能选用大麦、酒花和纯水酿造啤酒。特色鲜明的酿酒中心发展起来——慕尼黑、汉堡、不来梅、柏林、佛兰德的一些城镇，成为重要酿酒中心。

1953年的工业化酿酒厂 这座酒桶储存仓库表明，英格兰特伦特河畔伯顿城的因德库帕奥尔萨普啤酒厂（Ind Coope & Allsopp）规模巨大。现代酿酒厂与之相比往往更小一些，运用高科技实现产量的最大化。

到了19世纪，蒸汽机和制冷机的发明使啤酒的规模化酿造成为可能。人们开始从科学层面理解酵母在发酵过程中的作用，这就意味着，啤酒的滋味和特色，从酿造之初就可以得到控制；巴氏杀菌法的应用使啤酒在不变质的前提下能够保存和长途运输——这是啤酒酿造历史上最重要的进步之一。

什么是啤酒?

谁都知道葡萄酒用葡萄酿造，但用什么酿造出了啤酒呢？答案是谷物——通常是大麦或者小

水果啤酒
摩苏克（Mort Subite Kriek）是一款比利时水果啤酒，呈亮红色，用樱桃酿制而成。像这样的水果啤酒清爽，而又不强劲——餐前饮用完美无缺。

麦，不过，有时候是其他谷类，如燕麦和黑麦。其特殊滋味和特色来自酒花、香料和药草，而用于发酵的水质和酵母品质为酿制而成的啤酒增添了一种特别的滋味。一般而言，啤酒的酒精含量在5%左右（当然，还有比这更低或者更高的），而且通常在不酿葡萄酒的地方生产。比如，您可以在北欧和南欧之间画条线，北欧主要酿制啤酒，而南欧专注于葡萄酒的酿造。

啤酒生产包括两个分开的工序——麦芽制造和啤酒酿造。制造麦芽时，先将谷物，通常为大麦，用水浸泡2天左右，使其发芽。发芽后，其所含淀粉开始分解成糖。将发芽的谷物或者说麦芽，焙燥——这样既能终止麦芽继续生长，又能为酿制的啤酒增添滋味。酿造啤酒时，将焙燥后的麦芽磨成粗“粉”，然后用热水调成糨糊，形成糖化液，名为麦芽汁。麦芽汁过滤后，加入酒花，赋予啤酒苦鲜味。有时还加入香料和水果，制成风格各异的啤酒。将混合液体煮沸，防止滋生细菌，同时提取酒花的芳香味。现在，才可以进行发酵。过去，依赖空气中的野生酵母发酵液体，但如今的酵母都经过生物技术人员精心甄选、培养，从而优化效能和滋味。传统的爱尔啤酒经过持续6天16°C（60.8°F）发酵酿制而成，所用酵母漂浮在酒液上面。相反，酿制窖藏啤酒的酵母沉降至酒液下面，在10°C（50°F）的环境中发酵，而且速度更慢一些，需要3周时间。发酵后，用管子把啤酒输送到木桶或者金属桶（更普遍）中熟化，酒液中的残存酵母发酵剩余糖分。二

酿酒公司
大型公司，如日本的朝日（下图），在过去的几十年里一直占据着啤酒世界的统治地位。小型公司，像美国俄勒冈州的波特兰酒厂，为所有的酿酒公司树立了更高的标准。

铜质大罐
糖化麦芽汁在巨大的“铜”罐中煮沸，但如今，很多大罐用不锈钢制成。库尔斯（Coors）酿酒厂（右图）所用的是传统铜罐。

“倒一杯啤酒让人倍感亲切。没有哪种饮品比啤酒更适合社交。”

蓟花形酒杯
很多啤酒都有自己专用的酒杯。为了保持苏格兰的传统，产自爱丁堡的戈登高地爱尔啤酒（Gordon Highland Ale）——呈红褐色、泡沫浓厚，应该选用蓟花形酒杯侍饮。

次发酵释放的二氧化碳气体赋予啤酒泡沫，并强化滋味。窖藏啤酒比爱尔啤酒熟化时间更长一些——有的几个月（“lager”这个词源于德语，意思是“贮藏”），而且温度更低，低温可以帮助去除蛋白质，要不然蛋白质会使酒液混浊。

啤酒的风格

啤酒的风格由许多因素决定：谷物的类别、酒花、所用酵母；不同原料间的平衡状态，包括水；酿酒过程本身，包括熟化；酿酒者的技艺和偏好。把上面发酵啤酒——爱尔啤酒、司陶特啤酒（stout）、波特啤酒（porter）、小麦啤酒——和下面发酵的窖藏啤酒区分开来很有益，而许多人和很多机构，根据更狭隘的工艺风格和原产地（见第396~399页表）进行分类。本书中，我选择按照啤酒的味道和“感觉”进行分类，因为，我希望选到合适的啤酒来解渴、刺激味蕾或者给予我炉火边的温暖感。

啤酒节　啤酒是所有饮品中最具社会性和季节性的。每年，成千上万的啤酒爱好者聚集在位于德国慕尼黑的啤酒节来品尝新酿。这些新酿很多都是为了这个特殊的日子而特地酿制的。

啤酒的享用

很多人认为，啤酒是一种在酒吧里和朋友一起饮用的“聚会酒品”。啤酒永远都会是一种社交饮品，不过，最近，新风格啤酒激增，这意味着特殊的啤酒可以同食物搭配、可以餐前或者餐后饮用。比如，司陶特啤酒非常适合与贝类搭配，而一些比利时褐色或者琥珀色的爱尔啤酒搭配羊肉很是完美。水果啤酒和巧克力司陶特啤酒搭配甜点极佳，最好的大麦果酒可以像干邑一样培养。

如今，啤酒的选择性和品质前所未有——专业啤酒销售商拥有成百上千种酒品，您当地的超市也会供应一系列啤酒。特许生产意味着某一地区的传统啤酒可以在世界各地酿制；虽然对于这些酒品的“原汁原味”可能会产生争议，但所呈现出的多样性却说明，人们再也没有托词忽视这种非同小可的酒品了。

畅饮

啤酒的形象正在改变。激动人心的啤酒风格和颇具创新的市场营销对更年轻的消费群体很有诱惑力，因为他们习惯了葡萄酒的纷繁多样，细腻雅致。可我认为，要说畅饮啤酒，[illegible]着木板的酒吧！

啤酒的世界

世界的每个角落都在酿造啤酒、饮用啤酒，不过，它的核心区位于西欧和中欧。著名啤酒品牌推动着全球的巨大产业发展，而小型酿酒公司则令啤酒的精彩传统和多样性生机勃勃。

墨西哥

墨西哥以特基拉酒和梅斯卡尔酒著称，但它也是啤酒的酿造和消费大国。科罗娜（Corona）早已成为美国人和欧洲人狂热喜爱的品牌，而像太阳（Sol）和多斯（Dos）这样的啤酒也获得了类似科罗娜的地位。墨西哥啤酒清淡又解渴。

美国

如您所想，美国拥有一些世界上最大的啤酒厂，如安海斯布希（Anheuser Busch）（百威啤酒（Budweiser）的生产商）和米勒（Miller）。美国是紧随中国的第二大啤酒生产国，酿造的啤酒大多在国内消费而非出口。最近几年，小型啤酒厂运动在美国很流行，一些小型酿造商采用传统方法生产出很多上好啤酒。那些早已被人遗忘的欧洲风格开始复苏，里面还融入创新而又令人激动的变化。

比利时

从中世纪开始，比利时一直都是啤酒酿造的中心。它的啤酒——至少有300种独特的风格——在品种、创意、品质上无与伦比。窖藏啤酒出口到众多国家，而比利时真正的珍品是它的本土啤酒——它那如香槟一般的朗比克啤酒（lambic），有的在里面加入水果增添滋味；它那小麦啤酒，呈红褐色、有酸味，产自特拉普修道院的强劲爱尔啤酒；还有它那强劲的金色啤酒，不胜枚举。比利时人对啤酒的热情，犹如法国人对葡萄酒的热情，甚至一家普通的咖啡馆也供应令人兴奋的啤酒——有些太不同寻常了，您可能都认不出它们是啤酒！

英国

英国以上面发酵的爱尔啤酒而著称，尤其是印度淡爱尔啤酒（India Pale Ale）（IPA）和苦爱尔啤酒。啤酒厂遍布英国各地，从伦敦中心地带的古老酒厂，像富乐（Fuller’s）和阳格（Young’s），到远至苏格兰北部的独立小啤酒厂。有些英国酒馆提供直接来自酒桶的传统啤酒，啤酒在销售过程中在酒桶进行二次发酵，而且很多英国爱尔啤酒在室温下可以释放出最佳滋味。英国啤酒富有传统底蕴，品种多样，世界一流。

捷克共和国

在捷克的比尔森（Plzen、Pilsen）首次诞生了比尔森啤酒。这种啤酒的风格清淡、清爽，是如今世界上最受欢迎的啤酒之一。优质比尔森窖藏啤酒，如优各、科泽尔（Kozel）和甘布利努斯，其水准很高，而且在越来越多的地方都可以买到。

日本

麒麟和朝日（Asahi）啤酒公司在日本的啤酒酿造领域占据着主导地位，他们酿制出一系列令人眼花缭乱的酒品，从比尔森啤酒到司陶特啤酒。这里还有数量越来越多的小啤酒厂，采用传统方法酿制特别的啤酒，其中包括经典的比利时和德国风格啤酒。

德国

德国的啤酒生产传统久负盛名，而且没有哪个国家的人均啤酒厂占有量那么高。它的数量超过1 000家——占世界总数的1/3，而一半位于巴伐利亚。德国啤酒的质量受到严格监管，其标准通常很高。德国风格的啤酒众多，从淡的、干的、比尔森的、小麦的，到深的、浓重的鲍克（Bock）和烟熏味的爱尔啤酒。前往德国旅游的乐趣之一就是品尝当地花样繁多的啤酒。

澳大利亚

澳大利亚啤酒的生产由两大酿造商占据着统治地位：卡尔顿联合啤酒公司、狮王，它们分别酿制出福斯特啤酒和四X金啤酒。这里还有一些优良的传统啤酒厂，如库珀，它所酿制的上面发酵爱尔啤酒，是从过去殖民时期的英国啤酒发展而来。

世界的啤酒风格

几乎每天都有新啤酒品牌被推出，所以要弄清市场上庞大的啤酒品类，似乎颇令人生畏。根据啤酒风格而非品牌进行思考，是探究这种出色饮品的最佳途径。一种风格其实就是一个标签，它展现了啤酒特点及其产地。风格可以告诉您酿造啤酒的原料和过程，透露啤酒的外观、气味和口感。下表列出了世界上主要的啤酒风格，从色泽最淡的窖藏啤酒到颜色最深的司陶特啤酒，讲述了它们的产地、侍饮方式。而且，最重要的一点就是，指出了本书所涵盖的这些啤酒的典范。享用吧！

啤酒风格	说明	范例	国家	侍饮
科隆 	这种啤酒呈浅金黄色，上面发酵、低温熟化，使它更像爱尔啤酒，而看起来像窖藏啤酒。酒体清淡、滑润、柔和，麦芽味含蓄。酒花的芳香和微微的水果甜味相融合，很解渴。 酒精度通常为4.0%~5.0%。	科隆弗如（见第415页） 科隆大教堂（见第415页） 科隆吉尔登（见第415页） 科隆库帕（见第415页）	德国	用细长的直啤酒杯侍饮，泡沫大，温度在9℃（48℉）。 
比尔森 	这种啤酒被很多人直呼为"窖藏啤酒"——下面发酵、低温熟化。最上好的酒品会熟化好几个月，使滋味完全展现。它呈浅金色、柔和、散发着酒花和饼干般的香味；纯净、清淡的麦芽味和干燥的酒花苦味突出。 酒精度通常为5.0%~5.5%。	百威啤酒（见第422页） 比尔森优客啤酒（见第421页） 贝克（见第411页） 杰弗尔比尔森啤酒（见第434页） 碧伯格比尔森啤酒（见第433页） 斯蒂格尔比尔森（见第426页） 科弗布隆德（见第417页）	捷克共和国 德国 奥地利 荷兰	用比尔森啤酒杯侍饮，泡沫多，温度在5°C~7°C（41°F~45 °F）。 
季节啤酒 	这是比利时的啤酒风格中最富有酒花香味的一种，源自埃诺省（Hainault）。它呈特有的金黄色，二氧化碳含量很高；水果味和胡椒味融合在一起，而且闻起来胡椒味也非常明显。干味以及温和的酸味使得口感清爽。 酒精度通常为5.5%~8.5%。	杜邦季节啤酒（见第439页） 西利季节啤酒（见第439页） 皮派季节啤酒（见第439页） 有机摩奈特啤酒（见第439页） 奥米冈亨尼平（见第441页）	比利时 美国	用特大号的葡萄酒杯或者郁金香形酒杯侍饮，泡沫大、不稳，温度在8°C~10°C（46°F~50 °F）。 
白啤酒 	这种巴伐利亚的特产选用至少50%的麦芽制成。啤酒倒出时，酵母和小麦所含的蛋白质悬浮起来，使酒液浑浊不透明。由于是用酵母酿制出的，这种啤酒具有含有丁香和香蕉的假象。啤酒呈淡金黄色，极其清爽。 酒精度通常为5.0%~5.6%。	马尔白啤酒（见第424页） 迈泽尔白啤酒（见第424页） 休伯尔白啤酒（见第424页） 施耐德白啤酒（见第423页） 卡格白啤酒（见第424页） 金字塔酵母小麦啤酒（见第428页）	德国 美国	用小麦啤酒酒杯侍饮，泡沫大、腾涌，温度在7°C~9°C（45°F~48 °F）。 

啤酒风格	说明	范例	国家	侍饮
小麦白啤 	这种啤酒用40%未发芽的小麦酿制而成，同时加入了香菜、肉桂、库拉索、橙子皮和其他香料添味。其色淡、浑浊，非常清爽，而且越来越流行。它曾一度几乎绝迹，1966年，比利时酿酒商皮埃尔·西里斯（Pierre Celis）使它焕发生机。 酒精度通常为4.5%~5.5%。	福佳小麦白啤（见第426页） 丹特杰姆小麦啤酒（见第427页） 嘉尔伯纳谷狼（见第427页） 阿拉佳西白啤酒（见第428页） 查伯利白啤酒（见第428页） 常陆野猫头鹰小啤酒（见第428页）	比利时 荷兰 美国 加拿大 日本 意大利	用平底无脚酒杯侍饮，泡沫厚，温度在7℃~9℃（45°F~48°F）。 
格兹香槟 	它在啤酒的世界里独树一帜，口感酸，很干，而且复杂。其原产于比利时首都布鲁塞尔的南部和西部，至少选用30%未发芽的小麦和陈年酒花酿制。它用空气中的野生酵母发酵，制成的（朗比克）啤酒混合年轻啤酒成为格兹香槟。 酒精度通常为5.0%~8.0%。	汉森斯陈年格兹（见第439页） 杰拉丁格兹（见第439页）	比利时 德国 英国	用笛形酒杯或者锥形酒杯侍饮，泡沫厚、似奶油，温度在11°C~13°C（52°F~55°F）。 
三麦啤酒 	这种浓郁的金色啤酒源自比利时，但已经被广泛仿效，特别是在美国。它在酿制过程中使用了冰糖，从而提高了酒精含量。其活泼的水果味和辛辣的酒花味很平衡，掩盖了这种极其易饮的啤酒的威力。 酒精度通常为8.0%~12.0%。	卡尔默罗三麦啤酒（见第466页） 奇美（见第438页） 维克多金猴（见第468页）	比利时 美国	用高脚酒杯或者郁金香形酒杯侍饮，泡沫大、浓，温度在8°C~10°C（46°F~50°F）。 
印度淡爱尔啤酒 	这种啤酒是200多年前，专为输送给驻印度的英国军队而酿制的。为确保啤酒经受长途运输，酿造商提高了强劲度，并额外加入酒花防腐。不过，英国印度淡爱尔啤酒不如美国印度淡爱尔啤酒的酒花味浓。 酒精度通常为5.0%~6.5%。	沃兴顿白盾啤酒（见第435页） 维克多酒花魔（见第440页） 角鲨头90分印度淡爱尔啤酒（见第478页）	英国 美国	用品脱玻璃杯侍饮，泡沫中等持久，温度在10°C~13°C（50°F~55°F）。 
卫士啤酒 	这种法国北部农舍啤酒超越了风格界限——有的完全是爱尔啤酒，有的则用窖藏啤酒酵母酿造。把它们全聚在一起的是共同的水果麦芽特征、独特的焦糖味和辛辣的酒花。通常其二氧化碳含量很高，有时灌装得如同香槟。 酒精度通常为6.5%~8.5%。	北方琥珀啤酒（见第463页） 詹莱琥珀啤酒（见第463页） 三山（见第463页）	法国	用郁金香形酒杯侍饮，泡沫大，温度在11°C~13°C（52°F~55°F）。 
淡爱尔啤酒 	这种啤酒的色泽从浅金色到琥珀色，通常犹如瓶装的木桶熟化的苦味酒。水果味、泥土味、饼干味麦芽、苦味酒花平衡，非常令人满意。现代酒品颜色越来越浅；比利时的酒品往往酒花苦味更浓，通常还有种树脂味。 酒精度通常为4.0%~5.5%。	蒂莫西泰勒蓝洛啤酒（见第435页）；加利多尼亚千金一诺（见第417页）；阳格特酿伦敦爱尔啤酒（见第435页）；哈维斯顿苦柠啤酒（见第435页）；德兰克双XX苦啤（见第439页）；奥瓦尔（见第438页）	英国 比利时	用品脱玻璃杯侍饮，泡沫低矮，温度在10°C~13°C（50°F~55°F）。 

啤酒风格	说明	范例	国家	侍饮
美国淡爱尔啤酒 	这种啤酒有着英国淡爱尔啤酒的特点，但富有额外的酒花味、酒精感和柔和感。美国风格的特点更贴近酒花；各种酒花的大量加入使酒液的柑橘香味四溢，口感纯净。酒精度通常为5.0%~7.0%。	内华达山脉淡爱尔啤酒（见第440页） 力加自由爱尔啤酒（见第441页） 斯玛提诺兹浅滩淡爱尔啤酒（见第440页） 小精灵淡色爱尔啤酒（见第429页）	美国 澳大利亚	用品脱玻璃杯侍饮，泡沫紧实、洁白或者米白，温度在9°C~ 11°C（48°F~52°F）。 
水果朗比克啤酒 	这种啤酒选用野生酵母发酵，干、偶尔有浓郁的水果味。通常发酵后，加入各种水果。首先加入比利时当地的莎比克樱桃（Shaarbeek Cherries），然后是一系列其他水果，最后，制成这种极为诱人的啤酒。酒精度通常为5.0%~7.0%。	德瑞方迪恩科里克（见第476页） 百利威科里克（见第476页） 坎蒂隆威尼啤酒(见第475页) 坎蒂隆甘布里努斯玫瑰（见第439页） 坎蒂隆圣朗威（见第475页）	比利时	用笛形酒杯侍饮，泡沫大，温度在8°C~10°C（46°F~50°F）。 
艾尔特陈啤 	Alt在德语里意思是“老”，它是一种上面发酵的啤酒，跟科隆啤酒一样经过低温熟化。因为选用了维也纳麦芽和慕尼黑麦芽，所以呈鲜艳、温暖的琥珀色。酒花味温润，平衡，焦糖和麦芽味柔和，还有微微的焦糖味和水果味。酒精度通常为4.5%左右。	尤瑞格艾尔特陈啤（见第433页） 德贝艾尔特陈啤（见第433页） 舒马赫艾尔特陈啤（见第433页）	德国	用直身酒杯侍饮，泡沫在1英寸(2.5厘米)，温度在9°C(48°F)。 
比利时褐色爱尔啤酒 	有很多特色鲜明的比利时褐色爱尔啤酒，从稍微过甜的到微酸的。它们都充满深色焦糖水果和葡萄干的味道，而且酒花味柔和。色泽往往从深琥珀色到巧克力褐色不一。酒精度通常为5.0%~7.5%。	哈彻特吉尔登啤酒（见第475页） 利弗曼斯金丝带（见第474页） 卡斯尔褐色啤酒（见第476页）	比利时	用特大号葡萄酒杯侍饮，泡沫厚，温度在9°C~11°C（52°F~55°F）。 
比利时强劲深色爱尔啤酒 	这种啤酒的酒精含量比较高，所以赋予了滋味额外的复杂感，巧克力味突出，还有辛辣的水果味。通常味道里还有“药”的元素。因为控制了酒花的使用，所以颜色更深的麦芽在这种滑润、丰满的啤酒里占据了主要地位。酒精度通常为8.0%~12.0%。	威斯特 8°（见第464页） 德多勒奥尔啤酒(见第475页) 奇美特级珍藏(见第466页) 罗克斯修道院 (见第464页) 麦考夫(见第467页) 金卡尔(见第466页)	比利时	用高脚酒杯侍饮，泡沫厚、似奶油，温度在9°C~11°C（48°F~52°F）。 
比利时强劲深色爱尔啤酒 	这种啤酒风格强健，是德国弗兰克尼（Franconia），尤其是班堡（Bamberg）的特产，已经影响到世界各地的啤酒商尝试用熏制麦芽酿酒。熏制的程度从细微到强烈不一。很多其他风格的啤酒都经过熏制，其中包括白啤酒。酒精度通常为4.5%~7.0%。	施伦科拉熏制啤酒（见第480页） 罗彻菲尔泽石啤（见第481页） 烟幕熏制爱尔啤酒（见第479页） 阿拉斯加熏制波特啤酒（见第477页）	德国 日本 美国	用带盖或者带柄的大啤酒杯侍饮，泡沫大、似奶油，温度在10°C~12°C(50°F~54°F)。 

啤酒风格	说明	范例	国家	侍饮
四重啤酒 	这种风格源自荷兰，已经成为比利时的特产。其滋味丰满、热烈、很强劲，有水果味，有葡萄酒的特质，几乎把黑巧克力的苦味、焦糖味和香料味全都融合在一起。要慢慢啜饮，把滋味完全释放出来。 酒精度通常为8.0%~12.5%。	威斯特12°（见第464页） 圣伯纳杜斯12号啤酒（见第466页） 洛克福10号（见第465页）	荷兰 比利时	用高脚酒杯侍饮，泡沫厚、紧实，温度在11°C~13°C（52°F~55°F）。 
大麦果酒 	多年以前，这种强劲的啤酒只在冬季销售——其滋味丰满、热烈，被人们看做是完美的驱寒液。其色泽从琥珀色到深黄褐色，水果味的麦芽香与苦辛的酒花味平衡和谐。出色的黏稠感在酒杯里清晰可见。 酒精度通常为9.0%~12.0%。	罗宾逊汤姆陈酿（见第461页） 罗格克洛斯西恩陈酿（见第469页） 力加雾角陈酿（见第469页） 内华达山脉大脚怪（见第469页） 犬毛弗雷德（见第469页）	英国 美国	用窄口酒杯或者特大号葡萄酒杯侍饮，泡沫低矮，温度在11°C~13°C（52°F~55°F）。 
小麦鲍克啤酒/邓克尔白啤酒 	这种啤酒以白啤酒的风格为基础，通过在酿酒时审慎选用少量颜色更深的麦芽而形成。滋味比白啤酒丰醇，同时又保留了香蕉和丁香的香味特质。色泽相当深，有额外的复杂口感。 酒精度通常为5.0%~9.0%。	施耐德阿文蒂努斯（见第450页） 骇客普朔邓克尔啤酒（见第450页）	德国	用白啤酒酒杯侍饮，泡沫大、腾涌，温度在7°C~9°C（52°F~55°F）。 
陈酿爱尔啤酒 	这种传统啤酒发酵后，在酿酒厂陈酿，而且可能会混合年轻酒液。其充满浓郁的麦芽味，而且一般酒花苦味温和，酒体强劲。通常这种啤酒可以贮藏很多年，贮藏期间，可以进一步培养滋味的复杂感。 酒精度通常为6.5%~12.0%。	富乐年份爱尔啤酒（见第460页） 希克斯顿奇特陈酿（见第461页） 盖尔获奖陈酿爱尔（见第461页） 托马斯哈代爱尔啤酒（见第462页） 格林王强劲萨福克（见第461页）	英国	用窄口酒杯或者特大号的葡萄酒杯侍饮，泡沫紧实，温度在11°C~13°C（52°F~55°F）。 
波特啤酒 	现代波特啤酒最初由陈啤酒和新啤酒混合而成，现在是用浅色麦芽和各种深色麦芽制成，麦芽从水晶般清透的到黑色的不一。添加麦芽不仅加深了啤酒的色泽，使之几乎接近于黑色，而且创造出复杂的滋味，使其既有黑巧克力味，又有柔滑的水果味。真是酒杯里的美餐。 酒精度通常为4.0%~7.0%。	伊斯特伍德&桑德斯1872波特啤酒（见第448页） 塞缪尔史密斯塔德波特啤酒（见第448页） 波特屋素纯波特啤酒（见第446页） 新纳布里科夫波特啤酒（见第450页） 茨维克波特啤酒（见第451页）	英国 爱尔兰 波罗的海诸国 美国 芬兰 波兰	用品脱玻璃杯侍饮，泡沫紧实、似奶油，呈米白或者咖啡色，温度在10°C~12°C（50°F~54°F）。 
司陶特啤酒 	这种啤酒风格，很多人都品尝过健力士。深黑的酒液上，顶着奶油般的紧实泡沫。司陶特啤酒的苦味不仅源于酒花，还来自未发芽的烘干大麦，后者赋予啤酒焦味和干味。这款啤酒曾经在爱尔兰和英国酿制，如今在世界各地生产。 酒精度通常为4.0%~7.0%。	健力士司陶特异域特酿（见第463页）；塞缪尔史密斯帝国司陶特啤酒（见第447页）；豪拜克纯粹司陶特啤酒（见第449页）；罗格莎士比亚（见第452页）；布鲁克林黑巧克力司陶特啤酒（见第451页）	爱尔兰 英国 美国	用品脱玻璃杯侍饮，泡沫厚、紧实、洁白，温度在10°C~12°C（50°F~54°F） 

啤酒的选购和贮藏

过去的20年间，啤酒厂和啤酒品牌急剧增长，恐怕花上一辈子的时间才能尝遍！不要有手足无措之感——一些简单的小贴士会引领您品尝出色的啤酒。

品种繁多的整箱啤酒
大多数超市和烈酒商店，出售相当多样的啤酒。不过，我总去专业的零售商店购买，因为那里的啤酒保存得当、选择性更广、更新鲜，会根据买家的选择拼成12瓶一箱销售。

您到酒吧或者餐厅点“啤酒”，完全是碰运气。十有八九，服务生会端上冰凉、气足、平淡无味的窖藏风格啤酒，可能很解渴，但却不会让味蕾兴奋。阅读本书，可以让您熟悉主要的啤酒风格——比如，了解小麦啤酒、捷克比尔森啤酒、印度淡爱尔啤酒或者司陶特啤酒的特点——识别世界各地的主要酒品，是购买啤酒的关键。跟葡萄酒类似，好的酿造商往往会酿制出各种风格的优质啤酒，了解一点儿啤酒知识能帮助您增强信心，从而去尝试不同的啤酒。

出人意料的是，购买啤酒远比购买葡萄酒或者烈性酒困难，因为啤酒在所有的酒类里最容易变质。大多数主要啤酒，包括几乎所有窖藏啤酒，都是在酒厂熟化、过滤、巴氏灭菌处理、注入二氧化碳，然后才灌装到酒瓶里或者易拉罐里（或者金属小桶里供应酒吧）。尽管这些啤酒旨在让保质期尽可能长（达1年），但酒液并不能从酒瓶、易拉罐或者小桶中受益，所以，应该在购买后，尽快饮用。尽量购

啤酒日历

出现巴氏灭菌之前，啤酒的季节性很强。过去，秋季是酿酒的关键期，而且大部分热烈的爱尔啤酒都是为圣诞节酿制；其他的爱尔啤酒特供夏季清爽解渴。如今，酿造商再次推出了采用传统方法酿制的特色季节爱尔啤酒，其中许多确实很有特色！

买冷藏的啤酒，而且要查看保质期，确保买到“最年轻”的酒品。买回家后，把啤酒竖放在阴凉处，因为啤酒在酿造过程中，加入了对光很敏感的酒花，而长时间暴晒会使啤酒产生令人作呕的动物气味。要轻拿轻放，晃动会加速瓶中酒液的化学反应，从而改变酒味。

随着啤酒品位的提高和兴趣的增长，您可能想要尝试一些酒瓶熟化的啤酒。这种啤酒往往由专门的酿酒商酿制，所以贮藏方式有些差别。因为它们未经过滤或者巴氏灭菌，只是在灌装前加入了糖或者酵母。二次发酵在酒瓶里进行，赋予酒液柔和、自然的二氧化碳气体。经过数月甚至数年的时间，培养出复杂的滋味，所以它们可以像贮藏优质葡萄酒一样在酒窖贮存。

陈年啤酒 大多数啤酒都经过巴氏灭菌处理，但有的却“依然存活”，继续发酵，在瓶中达5年之久改善品质。比利时的奇美特级珍藏（Chimay Grand Reserve）、美国的犬毛弗雷德（Hair of the Dog Fred为英语习语，意为解宿醉的酒，译者注）、英国的一种大麦果酒盖尔获奖陈酿爱尔（Gales Prize Old Ale），就是因陈酿而受益的典范。

真正爱尔啤酒

酒桶熟化的啤酒，被英国人称为“真正爱尔啤酒”，也很不同。这种传统的酒吧啤酒在酒厂进行初次发酵，在酒桶里二次发酵。在英国，啤酒桶的容量达160升（36加仑），直接运到酒吧的酒窖，经过数日沉淀和澄清后销售。真正爱尔啤酒通常只选用天然原料酿制，而且应该通过手动泵（而非像其他桶装啤酒，通过二氧化碳气压罐）从酒桶中抽出，这样能把空气中的微小氮气气泡注入啤酒里，使啤酒质地滑润，如奶油一般。

真正爱尔啤酒的品质取决于酿酒师的技艺、酒吧藏酒管理员和店主的专业知识。正因为如此，真正爱尔啤酒难以大规模生产或者特许生产。它们特殊、变化无常，但很值得一探究竟，因为恰好其反映了英国人的特点！

小型酒厂 小型啤酒厂运动取得了巨大成功：热情高涨的酿造商采用传统方法和高质原料，酿制出了极富创新的当地啤酒，并推向市场。

生产线 啤酒业很庞大。源于某个国家的酒品或者风格，通常会在世界各地的酿酒厂生产并在当地销售。这些“本地化”的啤酒可能跟原产地的啤酒相去甚远。

酒桶里流出的啤酒 桶装啤酒有着特别的吸引力——部分原因在于，酒吧的氛围根本不能装入瓶中！

啤酒的品尝和鉴赏

每种风格的啤酒都有自己的特点，甚至同一风格的啤酒也品种繁多。品尝啤酒同品尝葡萄酒一样，需要大量训练，而且回报颇多。

我确实很喜欢品尝啤酒，一个重要原因就是，必须把它喝下去（而不像葡萄酒，要吐出来）才能评价酒花的苦味！这里有些注意事项。第一，酒杯要洁净而且彻底清洗，因为任何一点油渍或者洗洁精都会“扼杀”啤酒泡沫。我喜欢使用郁金香形酒杯或者白兰地球形酒杯品尝所有的啤酒，但其他人可能并不认同，觉得每种风格的啤酒都应该选用“与之匹配”的酒杯。第二，啤酒只斟入酒杯的1/3，而且要确保侍酒温度合适（见第396~399页）；如果啤酒过凉，会麻痹味蕾！

每次品酒活动，品尝一打啤酒很有意思，可以比较同一风格的各种啤酒——以淡爱尔啤酒为例，从颜色最淡的品尝到颜色最深的。每品尝完一种啤酒，我都会用纯净水清洗酒杯，并且嚼一块饼干和一小块干奶酪中和味觉。

如何品尝啤酒

1. 对着一张白纸查看啤酒的色泽。是不是混浊？大多数啤酒清澈透明，不过，有些却混浊不清，如小麦啤酒。
2. 晃动酒液，这样可以帮助释放酒香。
3. 鼻子贴到杯口，检查香气。香气是否清新？香气是否平衡，还是某种原料的香气突出？这些香气是否让您有品尝啤酒的愿望？
4. 呷一小口，慢慢品尝滋味。吞咽之前，让酒在口中转一下。啤酒的口感如何？滋味的品质如何？再呷一口，重复品尝。
5. 记录下您的意见。与以前的品尝感受对比，这很有趣味。

1. 在自然光下查看啤酒色泽。

2. 轻轻晃动酒杯。

3. 闻一闻杯中的香气。

4. 品尝啤酒。

5. 在笔记本上记录啤酒特点。

酒评

色

大多数窖藏啤酒，色泽清淡、透亮、呈金黄色，不过啤酒的颜色也有琥珀色、铜色、铁锈色、红色、褐色和黑色——甚至粉色。如果啤酒曾在酒厂经过过滤处理，但看起来混浊不清，那它可能变质了或者待饮时过凉。相反，通常情况下，未经过滤的啤酒或者小麦啤酒，本来就混浊。

颜色越深，通常说明滋味越强劲，但也不全这样，而且一种风格的啤酒可能色泽相当多样。啤酒的颜色应该跟风格相匹配。要仔细观察啤酒泡沫：如果泡沫突然消失或者“嘶嘶腾涌”，那么啤酒的麦芽含量可能很低，啤酒里可能加入了二氧化碳，而且可能尝起来有酸味。相反，麦芽啤酒的泡沫会持续至少1分钟。

香

啤酒的泡沫会帮助释放酒香，所以斟完酒以后，总要闻一闻。啤酒的基本香味有麦芽味和酒花味。麦芽味甜甜的，散发着泥土香；而酒花味散发着青草香、柑橘香，偶尔有抗菌剂的味。除此之外，还有酵母、药草或者植物、香料、烟、鲜花、水果、青草或者禾秆、林木或者蔬菜的气味，等等。这些图片展示的只是其中的一些香味。

甜味
黑巧克力

水果味
樱桃

鲜花
石楠花

烧烤味
烤坚果

香料味
甘草

药草和草味
禾秆

林木味
木桶

蔬菜味
芦笋

酵母味
现烤面包

烟味
木炭

味

跟香气一样，啤酒的基本味道也有两种，香甜而丰满的麦芽味和清爽、又干又苦的酒花味。这些味道应该平衡很好，没有残留的糖的甜味。基本的味道可能因为酵母、水和其他添加成分而变化万千。第一步最好先识别相对的味道种类，如右图味道转盘所示的种类，然后标出您品尝的啤酒在转盘中的位置。味道的概念还包括啤酒的酒体（如奶油一般还是清淡，滑润还是紧致）和回味（味道持续时间的长短）。

啤酒的侍饮

啤酒是一种用来庆祝或者解渴的酒品；可以饭前饮用，可以与食物一起饮用，也可以当做食物饮用。简而言之，总有一款啤酒适合某一种场合，如何侍饮成为享用它的关键。

每种啤酒都有它饮用的时间、地点和特别的要求。闷热的夏夜，冰凉的窖藏啤酒最无敌，不过，如果我跟几个朋友出去到酒吧或者酒馆喝几杯，我认为窖藏啤酒的气过多，我更喜欢饮用比利时爱尔啤酒或者英国淡爱尔啤酒。要是我需要清爽的感觉，就喜欢饮用酸味的红色爱尔啤酒。要是我感觉到生活的伤痛，给我一杯司陶特啤酒或者强劲的大麦果酒。不管什么啤酒，在合适的温度（见第396~399页）侍饮至关重要，但千万不能过凉。我通常把啤酒放在酒窖贮藏；如果放冰箱，我会让它们在室温下醒15分钟左右。

把啤酒斟得完美，需要练习（见下）。大多数啤酒清澈透明，可有的（特别是小麦啤酒）有杂质——二次发酵的酵母残渣。我喜欢对着光缓慢地把啤酒倒入酒杯中，这样，能把残渣留在酒瓶里，但是，有的人喜欢把酵母和啤酒混在一起（酵母里的维生素B有助于防止宿醉，并且赋予啤酒更强的酒体）。至于混浊的啤酒，先斟进酒杯的2/3，然后轻轻晃一晃酒瓶把酵母打散，再继续斟酒。

斟酒

1. 检查酒杯，确保极其洁净，没有油污和洗洁精。打开酒瓶，不要摇晃。
2. 把酒杯倾斜至45°，小心地顺着杯壁斟入啤酒，至1/2处。
3. 酒杯放正，大约成15°，缓慢地往酒杯正中倒酒。这时，泡沫开始呈现。
4. 把酒杯完全竖放，继续往酒杯正中倒酒，直至泡沫接近酒杯顶端。如果斟的是爱尔啤酒，泡沫要有“一指”高。
5. 品尝和享用啤酒。

1. 检查酒杯是否清洁

2. 成45°握住酒杯，斟酒

3. 往酒杯正中倒酒

4. 把酒杯垂直平放

5. 然后享用

食物与啤酒的搭配

100年前，把啤酒和食物搭配在一起供人享用是个惯例，如今的小型啤酒厂让这种传统焕发了生机，因为酒厂通常从属于餐厅。这里列出了一些食物和啤酒的搭配方式——关键是要尝试。

食物类别	啤酒
奶酪	清淡、似奶油的奶酪与小麦啤酒搭配，像切达干酪一样的味浓硬奶酪与淡爱尔啤酒搭配；浓郁的蓝纹奶酪与大麦果酒搭配。
沙拉	啤酒与沙拉调料搭配：调味酸辣油与酸味的比利时褐色爱尔啤酒或者与清新的季节啤酒搭配；蛋黄酱与小麦啤酒搭配。
鸡肉	烤鸡肉搭配琥珀色啤酒很合适，因为麦芽的焦糖味使鸡肉表皮味道更香。
海鲜	淡色啤酒、小麦啤酒、比尔森啤酒和科隆啤酒搭配细腻的鱼肉很好；薯条、炸鱼搭配英国淡爱尔啤酒；牡蛎搭配司陶特啤酒。
红肉	强烈的啤酒、褐色的爱尔啤酒和波特啤酒与大多数烤肉搭配很合适。味道更浓的肉，特别是野味，搭配陈酿爱尔啤酒。
烧烤	醇厚、微酸的啤酒包括褐色爱尔啤酒、法国卫士啤酒和德国茶褐色啤酒（Rauchbier），经得起烟熏味、焦糖味。
泰国菜	小麦啤酒富有鲜花、柠檬和香料的气味，搭配芳香的泰国美食绝佳。也可选择美国淡爱尔啤酒。
墨西哥菜	富有辛辣酒花特点的啤酒，如印度淡爱尔啤酒、季节啤酒和一些颜色更深的窖藏啤酒，搭配味道浓烈的墨西哥风味非常舒服。

小麦啤酒

比尔森啤酒

司陶特啤酒

爱尔啤酒

啤酒泡沫的薄厚 啤酒刚刚倒入酒杯里，上面会有泡沫，这是二氧化碳气泡从酒液里升起，与麦芽里的蛋白质共同形成的。泡沫的薄厚会因为斟酒的速度快慢而不同，而且在某种程度上，取决于当地的风俗习惯。侍饮小麦啤酒和比尔森啤酒时，应该充满泡沫。司陶特啤酒和爱尔啤酒的泡沫中等，有时泡沫能持续到杯底。

酒杯的选择 不同风格的啤酒应当选用不同形状的酒杯以强化饮用啤酒的感受。

DRY

“这类啤酒正是我点‘啤酒’时所期待的——其凉快、透亮、口感清爽，恰到好处。”

淡爽的啤酒

淡爽的啤酒简介

淡爽的啤酒，从世界名酒到特别的本地酒品，柔和、纯净、始终如一。这种啤酒很有趣，适合与朋友一起饮用，而且您所钟爱的啤酒可能与其品牌和味道有关。

品酒和侍酒

简介 从本质上来讲，这种啤酒呈金色。至于香气，酵母和酒花的香味比麦芽和水果的香味突出；而味道是关键：清淡、泡沫腾涌、干，最重要的是清爽。

C 色 这些窖藏啤酒颜色大多从深黄色到淡金色，但有的颜色更深一些。大多数啤酒没什么泡沫，而且不用担心有酵母沉淀物。

A 香 大多数这类啤酒的香气微妙、似花甚至中性。有些更雅致的啤酒，如产自科隆的科隆风格啤酒更芳香。

T 味 总体口感是，清淡的麦芽甜味和酒花干味甚至香料味，平衡柔和。最重要的是，回味干、清爽，让您还想饮用。

选购和贮藏 这种啤酒主要是比尔森风格的窖藏啤酒，而且大多数是国际品牌，在很多国家有售。没必要保存或者“贮藏”这类啤酒。它们基本上都经过巴氏灭菌处理，长时放置并不能提升品质。越新鲜饮用越好！

侍酒建议 至关重要的一点就是，侍饮时要很凉，不要超过9℃（48℉）。无论是直接侍饮听装或者瓶装啤酒，还是倒入酒杯，完全是文化和个人品位的问题。

食物搭配 这类啤酒搭配一些点心或者坚果，作为增进食欲的餐前酒最合适。如果边吃食物，边饮用啤酒，只会感觉很爽口，啤酒和食物都不会变得更美味。

这种啤酒主要是比尔森风格的窖藏啤酒，这就意味着它们是上面发酵，并且“窖藏”——在凉爽的条件下贮存——通常要经过巴氏灭菌处理。酿制而成的啤酒清淡、呈金色、清爽。很稳定、容易侍饮——大规模酿造和全球销售非常理想。这种啤酒一般没什么深厚感或者复杂性，但完全适合它的功用。

肉桂 细致、淡爽的啤酒，如德考尼克（De Koninck）和科弗（Christoffel），充满香料的味道。

这种啤酒的香气特性并不重要，因为通常买来后，用做聚会或者派对啤酒、单独饮用，而且饮用温度冰凉。清爽是它最重要的特征，这就意味着其回味很干。平衡感必不可少：太干，没有乐趣；太甜，发腻、不易入口。始终如一是它成功的关键。如果购买一听嘉士伯啤酒或者一瓶贝克啤酒，无论是在爱尔兰或者南非，还是在纽约或者香港，您会希望啤酒的口味完全一样。酿酒商清楚，啤酒供应充足才能满足需求。大多数啤酒，像喜力、百威、时代，市场遍布世界各地。其他啤酒，像青岛（Tsingtao）、艾菲斯、塔斯科（Tusker），市场区域性强，尽管特别本地化，但并入国际大公司后，可能会实现全球销售梦想。

咸味小吃 腰果和其他小吃，比如花生和炸薯片搭配清淡的啤酒极佳。

差别

这类啤酒大多很相似，几乎可以互换。如果不知道自己饮用的是什么啤酒，您真的可以区分出阿姆斯特（Amstel）和高胜（Grolsch）或者凯旋（Kronenbourg）和生力（San Miguel）啤酒吗？有些啤酒，如美国百威，在美国核心市场销售的啤酒，酿制得更甜一些；而科隆（Cologne）和慕尼黑（Munich）啤酒以及比利时的区域性啤酒茱啤乐（Jupiler），更加复杂，反映出本土市场的口味。总之，虽然如此，但这些酒品是世界市场的标杆！

全球

这种淡爽、起泡、值得信赖的啤酒包括一些世界最畅销的品牌。无论您在世界哪个角落，要是购买这类啤酒的话，都会对其口感、品质胸有成竹。

百威（BUDWEISER）

C 色 淡金色，气泡上涌，泡沫持续时间短。

A 香 几乎为中性，只有隐隐的、微妙的酒花香味。

T 味 清淡、温和；柔和、纯净，回味有微微的甜味或者水果味。

百威是世界上最畅销的啤酒，由酿酒巨头安海斯布希（Anheuser Busch）生产。这种啤酒选用稻米和几种酒花酿制，在大罐中加入山毛榉木屑澄清。因为在欧洲一些国家，对酒名“百威”有争议（见第422页），所以这款酒被称作百德（Bud）。

米勒纯正桶装啤酒（MILLER GENUINE DRAFT）

C 色 中度金色；气泡上涌，泡沫洁白，持久度中等。

A 香 微妙、香甜，有汽油味和淡淡的酒花香味。

T 味 总体上很甜，回味中等、清爽。

米勒是美国第二大啤酒商。这种啤酒采用低温过滤，所以无需巴氏灭菌处理。它的口味适合美国市场，对很多欧洲人来说，我怀疑有点儿过甜。除了酒名以外，全都瓶装销售。

生力（SAN MIGUEL）

C 色 从浅琥珀色到深金色，泡沫精美、饱满、多。

A 香 对于窖藏啤酒而言，香味很浓郁，有酒花味和水果香味。

T 味 相当干，有酒花味和麦芽味，回味丰满。

生力是菲律宾一家历史悠久的大型啤酒公司。获奖的比尔森风格窖藏啤酒，在世界各地多家酿酒厂生产，其中包括西班牙和印度尼西亚。生力已经在啤酒市场赢得了声誉。菲律宾、印度尼西亚和西班牙的啤酒有细微差别，但总体而言，果味比世界其他的窖藏啤酒浓而且有紧致的酒花味，相当丰醇、令人满意。

莫莱蒂（BIRRA MORETTI）

C 色 淡金色；泡沫精美、饱满、洁白。

A 香 充盈着鲜花香、微妙，有淡淡的酒花味和酵母味。

T 味 浓烈，回味有麦芽味、干。

莫莱蒂

莫莱蒂于1869年在意大利的乌迪内（Udine）创建，并获得了美名。人们总会联想起它的商标，商标上，一个留着小胡子的男人，正在吹开酒杯里的啤酒泡沫。现在，莫莱蒂隶属喜力公司，但意大利政府的介入使得乌迪内酿酒厂能以城堡（Castello）之名独立酿制传统的莫莱蒂啤酒。普通的喜力莫莱蒂啤酒是主流的清淡窖藏啤酒，口感柔和，深厚感并不出色——适宜热天解渴。这是一款意大利超市常规销售的啤酒。

派洛尼蓝条（PERONI NASTRO AZZURRO）

C 色 浅禾秆色，泡沫洁白，很少、很薄。

A 香 微妙，几乎为中性，香气细雅，有酵母味和酒花香味。

T 味 明快、清爽，回味苦甜。

1846年，派洛尼家族在米兰附近创建了他们的酿酒厂。帕洛尼的旗舰品牌就是蓝条Azuurro（Nastro）。这是一款酒精度5.2%的高级窖藏啤酒。清淡、明快、起泡沫，风格与时代啤酒相似。1996年，派洛尼推出一款全新的特级珍藏啤酒，以此纪念成立150周年。其酒精度6.6%，更强劲，对于窖藏啤酒而言，口感很丰满、复杂。

夏日午餐时，蓝条啤酒搭配意大利面极佳。我认为，它是最好的意大利啤酒之一，可以跟德国啤酒媲美。

高胜（GROLSCH）

C 色 金色，比很多窖藏啤酒的色泽浓；泡沫洁白，又厚又多。

A 香 微妙、清新，有青草、酒花和隐隐的柑橘香味。

T 味 清淡，有清爽的柑橘味，回味有苦甜的酒花和麦芽味。

高胜

由于出色的市场运作，高胜在世界各地的知名度很高，不过，几年前，它还是家很小的酿酒公司。“高胜”得名于荷兰东部的Grolle［今天的赫龙洛（Groenlo）］小城，1615年在这里创建。

除听装啤酒外，高胜啤酒通常未经巴氏灭菌处理，富有酒花香味，味道清淡，有酵母的口感。其酒精度5%，强劲度适中。高胜啤酒的品种很多，如有美波（Mei Bok）干啤酒和更丰满的琥珀啤酒（Amber）。

喜力（HEINEKEN）

C 色 淡金色，泡沫持续时间相当长，挂杯一般。

A 香 散发着淡淡的酒花香味与柔和的青草味。

T 味 滑润、紧致，有酒花香味，回味活泼。

喜力的故事始于1864年，当时杰拉德·喜力（Gerard Heineken）买下阿姆斯特丹的一家酿酒厂，这家酒厂从1592年就开始生产啤酒。公司不断扩大，如今，喜力成为名副其实的国际啤酒，出口量巨大，而且在世界各地酿制，其中包括中国和俄罗斯。基本的比尔森啤酒比典型的同类德国啤酒清淡，但仍具有一些特质。其口感明快、清新、酒体强劲，有起泡沫的特点——夏日饮用很合适。

喜力

阿姆斯特（AMSTEL）

C 色 浅禾秆色，洁白的泡沫逐渐消失，留下沫痕挂杯。

A 香 微妙、中性，有隐隐的酒花香味。

T 味 微苦，回味中长、干。

尽管阿姆斯特啤酒在荷兰久负盛名，但它现在是喜力的替补品牌。酿酒厂得名于阿姆斯特丹的河流，20世纪60年代被接管，20世纪80年代关闭。所以，如果您购买阿姆斯特啤酒，其实是在购买喜力啤酒。阿姆斯特仍然是个国际品牌，而且是喜力更高级啤酒的标杆。其酒精度比较低，为4.1%，是一种中性的、微苦的比尔森啤酒。这种啤酒清淡，桶装销售，适合所有场合饮用。

麦芽香的啤酒
时代啤酒选用发芽大麦和波希米亚萨兹酒花酿制。这种下面发酵的比尔森啤酒最好在4°C~6°C（39ºF~43 ºF）侍饮。

时代（STELLA ARTOIS）

C 色 淡金色，洁白的泡沫从中等到饱满不一。

A 香 很微妙，几乎为中性，有淡淡的酒花香味。

T 味 清淡，有甜甜的、柑橘的味道，回味微苦。

时代来自比利时，是经典的全球啤酒——不太强劲，不过于芳香，值得信赖，口味很平衡。它是世界五大最畅销啤酒品牌之一，也是酿酒巨头英博（InBev）[以前名为英特布鲁（Interbrew）]公司的旗舰啤酒之一，英博的其他啤酒品牌包括贝克、贝斯、婆罗门（南美）、莱福、福佳。除此以外还有很多!

时代的故事可以追溯到1466年，当时丹霍恩酿酒厂在布鲁塞尔东部的比利时大学城鲁汶［Leuven（Louvain）］开设。酿酒厂建在天然泉水边，赋予了啤酒独一无二的特质。1708年，塞巴斯蒂安·阿图瓦被任命为酿酒师，9年之后，他买下这家公司，并以自己的名字命名。

旧酿酒厂于第一次世界大战时被炮弹摧毁；新酒厂于1926年推出时代啤酒，使用的还是最初的水源。这种新啤酒特为圣诞节酿造，事实证明，其大获成功，而且知名度稳步提高。

1987年，阿图瓦酿酒公司与让西奥多·皮德博夫（Jean-Theodore Piedboeuf）酿酒公司合并，成立了英博公司。时代啤酒在这个重要的酿酒企业支持下，发展成为真正行销世界的啤酒，拥有“恒星”般的美誉!

时代

基本的时代啤酒是比尔森风格的窖藏啤酒，酒精度为5.2%。它的味道独特，回味有柔和、微苦的酒花香味，正是这一特点使它有别于其他大规模生产的啤酒，同时还不失全球市场所必需的淡爽感。

我认为，时代啤酒是世界上最上乘、最复杂、最迷人的啤酒之一。

凯旋（KRONENBOURG）

色 浅禾秆色，泡沫洁白、薄，消失缓慢。

香 微妙，很中性，有酵母味和酒花香味。

味 新鲜、明快，有细微的酒花味，平衡性，还有微妙的苦味。

这种窖藏啤酒——法国最畅销的品牌——1664年，在斯特拉斯堡的柯伦堡地区开始酿造。如今，柯伦堡啤酒厂隶属于苏格兰纽卡斯尔（Scottish & Newcastle）集团。

普通的柯伦堡啤酒清淡、中性，但平衡佳。酒精度为5.2%，品质很好。优质的1664啤酒［大家所熟知的64（soixante-quatre）］可以追溯到1952年，酒精度为5.9%，更强劲、更复杂，而且更干，但甜味和酒花香很平衡。回味有蜂蜜和水果的微甜感。

贝克

贝克（BECK'S）

色 中度禾秆色，泡沫洁白、中等，迅速消失。

香 清淡、微妙，有隐隐的麦芽味和酒花香。

味 柔和、干，口感中性，回味清甜。

一直以来，贝克都是一种富于创新的啤酒，它的旗舰比尔森啤酒，酒精度为5%，对于世界范围销售的啤酒而言，口感很干、更加深厚、时尚。它不像很多德国啤酒那么丰满，但很令人满意。

1873年，贝克&梅恺撒啤酒厂在不来梅开始酿酒，如今，已经被英博酿酒集团合并。贝克是德国最主要的出口啤酒，在中国和西方的市场正在扩大。目前，占德国出口到美国的啤酒的80%。

嘉士伯（CARLSBERG）

色 浅黄色，泡沫洁白、少、膨胀。

香 微妙、清淡，酒花香和酵母味平衡佳。

味 纯净、柔和，泡沫细腻，微甜。

嘉士伯公司在丹麦啤酒市场上占据着主导地位，而且还拥有以前的竞争对手图堡啤酒。1847年，嘉士伯由雅各布·雅各布森在哥本哈根附近的沃尔比创建。他以儿子嘉士（Carl）和啤酒厂所在的山坡命名了啤酒。从一开始，嘉士伯就专注于生产巴伐利亚风格的窖藏啤酒，并尝试新酿制工艺。现在，嘉士伯成为享誉世界的品牌。

基本的嘉士伯比尔森啤酒，酒精度为5.5%，是世界范围内容易入口的啤酒的典范：不太独特，但值得信赖。回味微甜，有酒花香味。

凯奥

凯奥（KEO）

色 浅禾秆色，气泡上涌，泡沫持续时间短，取而代之的是薄纱沫痕挂杯。

香 香气清新、活泼，有麦芽味和微微的蜂蜜味。

味 很甜，酒体强劲，有麦芽味和葡萄干味；回味微甜。

凯奥是塞浦路斯岛上，国有啤酒厂的组成部分。啤酒厂的口号是“愉快，畅饮”——多么美好的用意！

凯奥闻起来很中性，但味浓，富有特点，微甜，有柠檬的香味。酒花香的味道也很明显。酒精度为4.5%，不是特别强劲，但口味独特——略带希腊风情的比尔森！这款啤酒属于侍饮温度越低，味道越好的啤酒。

文化与传统

体育赛事的宣传 国际品牌需要通过广泛、持续的媒体曝光占领市场。啤酒公司早已认识到，成为体育赛事赞助商，是达到这一目的和引发公众关注其产品的绝妙方式。除了把品牌与激动人心、光彩夺目、万众瞩目的赛事联系在一起，他们还感到，不管是对是错，长期赞助某项运动或者比赛，有助于提升公众对品牌的好感。以时代啤酒为例，它从1979年开始，一直赞助伦敦女王俱乐部的网球大赛，而百威啤酒（美国品牌）与国际足联和世界杯足球赛进行长期合作。

艾菲斯（EFES）

色 中度金色，气泡大小适中，泡沫多。

香 很浓郁、紧致，酒花和酵母味明显。

味 相当甜、酒体强劲；回味酒花香味突出。

艾菲斯是土耳其最大的啤酒酿造商，得名于古罗马帝国的以弗所城（Ephesus）。尽管土耳其是个穆斯林国家，但对酒很宽容，而且数以万计的土耳其劳工遍布欧洲其他地区，这些地区轻易成为艾菲斯各种啤酒的出口市场。最近，公司扩展到东欧，在罗马尼亚和俄罗斯设立了工厂。

艾菲斯是比尔森风格的啤酒，总体来讲，跟贝克啤酒类似，但香气更浓郁，口感更甜。啤酒采用下面发酵，选用金色大麦、高质麦芽和哈勒道（Hallertau）酒花酿制。其易饮、起泡沫、明快，酒精含量为5%。

神话（MYTHOS）

色 中度金黄色，泡沫少。

香 不太诱人；香料味和酒花味很浓，还有柑橘味和酵母味。

味 纯净，有细微的麦芽味，回味干、有金属般的柠檬味。

神话由希腊北方啤酒厂生产，现在，酒厂隶属苏格兰纽卡斯尔集团。神话啤酒于1997年推出，稳步发展，占据希腊啤酒市场的10%。西方消费者可能会觉得，这种比尔森风格的啤酒的香气和味道需要改进。不过，它的色泽和气泡很好，而且作为一款日常饮用的窖藏啤酒，其口感很像奶油。神话啤酒最适合炎热的午后在沙滩上饮用，而非晚上啜饮。

神话

朝日（ASAHI）

C 色 浅黄色，气泡上涌，泡沫持续时间短。

A 香 独特：麦芽香味里夹杂着隐约的稻米味和谷物香味。

T 味 干、清淡，有麦芽味和酒花味，回味短暂、干。

朝日是日本第二大啤酒集团，不过到1987年酒厂还很小，当年推出旗舰啤酒朝日超干（Super Dry），7年后，其市场份额增加了两倍。

朝日选用多种原料，包括稻米，酿制出品种繁多的啤酒。稻米和酒花酿造的超干啤酒是淡色窖藏啤酒，与美国的百威啤酒类似，不过稍微更干一些。淡淡的香气和味道，搭配辛辣和精美的亚洲美食都非常完美，而且短暂的回味与寿司搭配很合适，因为它可以清洁口腔。

麒麟

麒麟（KIRIN）

C 色 浅禾秆黄色，泡沫洁白、紧凑、持续时间相当长。

A 香 微妙、独特；有微微的大麦香和稻米香。

T 味 清淡、干，酒体强劲，回味有柔和的酒花味。

日本的啤酒业巨头！1869年，麒麟在横滨创建，到目前为止，它是日本最大的啤酒厂，占据国内啤酒总产量的半壁江山。

麒麟啤酒（Kirin Beer）是它的旗舰酒品，也是日常饮用的啤酒，选用泉水、稻米、大麦芽、玉米和酒花制成。其清淡、清爽，干，平衡佳，酒精度为4.9%，强度适中。我的看法，侍饮麒麟啤酒时最好很凉。高级啤酒一番榨（Ichiban），其口感稍微更强劲、更丰满。

兴迦（SINGHA）

C 色 淡而鲜亮的金色，泡沫大，不持久。

A 香 清新、微妙，有酒花和柑橘香。

T 味 有麦芽的甜味，苦味，回味干、细腻；平衡极佳。

我认为，这是世界上所有比尔森风格啤酒中最好的啤酒之一。兴迦啤酒——得名于泰国著名的神话动物，很像狮子——由泰国一家创建于20世纪30年代的啤酒厂生产，这家酒厂深受德国影响。

兴迦啤酒酒精度为6%，很强劲，而且甜味和干味非常平衡。其呈漂亮的淡金色，口感甜，有果味，同时还有苦味，回味干，妙极了。这种啤酒一定要品尝，与香辣食物搭配美味卓绝！

兴迦

海特（HITE）

C 色 浅而鲜亮的黄色，泡沫亮白、多。

A 香 柔和，有隐隐的酒花和大麦芽香。

T 味 滑润、清淡，口感活泼，回味干。

海特代表着仁爱、革新、信任和卓越。它是韩国最大的啤酒厂，韩国的啤酒市场处于封闭状态。如果能更开放的话，我认为像这样的当地啤酒会因为竞争而改进！这种窖藏啤酒很清淡、清爽，但不像西方或者澳大利亚啤酒那么滑润、平衡。其酒精度为4.5%，不太强劲，有点像亚洲的百威啤酒。

特级（Prime）是全麦芽啤酒，根据德国标准酿制。

蛇王（COBRA）

C 色 淡而鲜亮的黄色，泡沫整齐、洁白。

A 香 柔和，有隐隐的酒花、酵母和玉米香。

T 味 滑润、清淡，清爽，回味有胡椒味。

蛇王

这种印度啤酒来自班加罗尔，但却在英国和波兰的贝德福德酿造。这种开创性的印度—英国比尔森啤酒最早于1989年推出。该啤酒公司由印度陆军上将之子卡兰·比利莫利亚创建，他在童年时期就对军官食堂里的啤酒产生了兴趣。比利莫利亚曾就读剑桥大学，并成为安永会计师事务所的一名会计师，但不久，他就离开事务所，去实现自己的梦想。他要酿制出一种比尔森啤酒，搭配辛辣的印度美食，而且既能满足窖藏啤酒爱好者的需求，又能满足更加传统的英国爱尔啤酒粉丝。他聘请了一位在捷克接受过培训的酿酒师，在英国的印度餐厅附近建立了自己的市场，其实，就是在他的汽车尾部摆着酒箱售卖。

这种精美的啤酒由大麦、麦芽、玉米和酒花酿制。其酒精度为5%，强度适中，香气清淡、有麦芽味，口感半甜，搭配印度美食卓绝。当然，任何一款窖藏啤酒搭配辛辣食物或者咖喱都“有效”，但这种啤酒和兴迦啤酒（见上图）绝对最出色。

文化与传统

啤酒和咖喱 印度啤酒，例如蛇王，在世界范围内迅速流行，表明人们越来越喜爱印度菜肴，而印度啤酒正是为搭配印度菜而酿制。他们成功的关键在于，清淡的比尔森风格啤酒，特别是那些微微带有麦芽甜味的啤酒，与辛辣的食物相得益彰。这些清淡的啤酒不仅可以减弱辣椒的浓重味道，而且能清爽口腔——这对享用滋味丰富的辛辣印度菜肴，比如炒菠菜土豆、炒什锦蔬菜和扁豆糊，大有裨益。

塔斯科（TUSKER）

C 色 浅黄色，泡沫洁白、轻盈。

A 香 酒花香很浓，还有青草和酵母混合的独特气味。

T 味 奶油一般柔滑、干，回味纯净、微苦。

“我住肯尼亚——我喝塔斯科”，是这种肯尼亚窖藏啤酒的广告宣传语，这款啤酒得名于非洲公象，在酒标和瓶盖上都能看到。据说，早在1922年，一头大象把创建啤酒厂的英国两兄弟之一踩踏致死（直到1960年，首位非洲人才进入董事会）。

塔斯科是旗舰品牌，已经赢得美名，是非洲最好的啤酒之一。它是奶油般的比尔森啤酒，口感干而又有果味，清淡、纯净、柔和、清澈。肯尼亚人习惯于饮用这种啤酒时搭配烤肉串，名曰纳亚玛楚玛（nyama choma）。这听上去很妙！

红带（RED STRIPE）

色 浅金色，泡沫持续时间短，轻轻挂杯。

香 散发着酒花和谷物的香气，还有细微的甜麦芽香，很平衡。

味 浓郁，酒体圆润，有酒花的苦味，回味微甜。

牙买加人的最爱！这款窖藏啤酒，最初由1918年在牙买加首都金斯敦创办的家族公司——德诺杰德——酿制而成。红带啤酒在整个加勒比地区和世界范围内的加勒比黑人啤酒爱好者中，很受青睐。因为太受欢迎了，所以它现在也在英国酿制。

原产地的红带啤酒口感强劲，甜味和苦味很平衡。我认为，英国酿造的品质逊色一些——最好在炎热的时候饮用，这样至少可以体会一点儿牙买加风情。

青岛

青岛（TSINGTAO）

色 淡金色，气泡轻盈上涌，泡沫几乎不持留。

香 清新、独特，有酒花、药草的气味和稻米香。

味 微苦，有麦芽、似青草的酒花，玉米和香草的气味。

青岛啤酒是中国在世界上最驰名的啤酒之一，比很多用稻米酿制的窖藏啤酒略胜一筹。其酒精度为5%，很强劲，香气复杂——散发着多种酒花、药草甚至洋葱香味。我觉得，最好搭配辛辣的食物，侍饮时要凉，但不能冰凉。

中国各地都酿造青岛啤酒，但最初的啤酒厂位于青岛。由于啤酒厂很多，在味道和品质方面难免有些不同。

科罗娜（CORONA）

色 浅金黄色，泡沫持续时间短，无挂杯。

香 微妙，几乎为中性，有隐隐的麦芽香。

味 平和、清爽，不太起泡，回味微甜。

在不同时期，墨西哥的科罗娜啤酒已经成为旧金山、伦敦和纽约的最具时尚的象征，而往瓶颈内塞一片酸橙的做法从美国又传回墨西哥——以前，墨西哥人对此闻所未闻！

科罗娜是优质的日常饮用啤酒，用玉米、稻米和酒花酿制而成。其清淡、明快，饮用时最好很凉，虽然滋味不是非常出色，但把一块柠檬——要是酸橙的话更好——塞到酒瓶里，口感很清爽。

卡索曼

卡索曼四X（CASTLEMAINE XXXX）

色 中度金色，泡沫很像奶油。

香 温和，玉米味和麦芽香平衡和谐。

味 中等苦味，酒体清淡，回味有些甜。

炎热午后的佳酿！虽然卡索曼四X啤酒被澳大利亚人形容成苦味爱尔啤酒，但它是用完整酒花酿制的窖藏啤酒。啤酒厂最早建在维多利亚的卡索曼，由菲兹杰拉德兄弟在1859年创办。后来，他们把酒厂迁到布里斯班，并于1924年推出四X啤酒，成为昆士兰人始终不变的最爱。

其酒精度为4.8%，不是特别强劲。它是一款日常饮用的啤酒，很温和，并不追求无比的深厚感或者强烈性。

福斯特（FOSTER'S）

色 禾秆黄色，泡沫多，持久。

香 富有水果香，清淡，酒花香突出。

味 平衡佳，味浓，有甜味。

很多人认为，福斯特是澳大利亚的啤酒。起初，福斯特啤酒厂于1888年由美国的兄弟二人创建，最早把酿制窖藏啤酒的设备引入到澳大利亚。当时，澳大利亚人饮用的是传统的英国爱尔啤酒。一年后，福斯特兄弟俩卖掉啤酒厂，回到美国。福斯特啤酒成为行销世界的品牌。

这种清爽的窖藏啤酒曾经因为味道太淡、生产规模大而受到批评。但对于日常饮用的啤酒而言，福斯特啤酒的声誉要比大多数啤酒好。它如奶油一般，有水果味、平衡，瓶装啤酒侍饮时，很凉的话，口感很好。其也有听装啤酒售卖，桶装的也很好。

酒吧文化

柔和、清爽的窖藏风格啤酒冰镇到位后，零售侍饮非常完美。这款啤酒无疑已经成为炎炎夏日，人们下班后享用的酒吧饮品。

新西兰

跟澳大利亚一样，新西兰最初沿袭了英国酿酒传统，直到1900年才引入窖藏啤酒，然后才在奥克兰附近、更加温暖的北岛地区酿造。在更寒冷的南岛，传统的“热烈爱尔啤酒”被严格控制到20世纪后期。

世好（STEINLAGER）

C 色 浅金色，泡沫丰富，但持续时间短。

A 香 芳香；但平衡佳，有酸酒花的香味。

T 味 特别干而且新鲜，甚至微苦。

1917年，新西兰的禁酒运动说服政府，推出酒馆和酒吧6点钟闭店的举措，并一直实行到1967年——可怜的新西兰人啊！

这项规定曾威胁到新西兰啤酒工业的存亡，很多啤酒厂不是被击垮，就是被迫合并，以适应规模经济带来的威胁。狮王——由几家小啤酒厂合并而成——是存活下来的酿酒公司之一。

1958年，狮王推出高级窖藏啤酒斯坦尼克（Steinecker），该酒名源于生产过程中使用的德国酿酒设备。随着这款啤酒在国内外越来越受欢迎，喜力啤酒公司对酒名的合法性提出质疑。于是，1962年，其被重新命名为世好（Steinlager），从而使两个品牌界限更加明晰。

如果您偏爱水果味的啤酒，就避免饮用这种强度中等（酒精度为5%）的啤酒，但喜欢干窖藏啤酒的人，一定会爱上它！我特别喜欢这种啤酒，因为它复杂而厚重，但也清爽、芳香，而且还会唤醒食欲。

世好

高级窖藏啤酒
这种柔和的窖藏啤酒具有青草的香味，而且有纯净的酒花苦味。最初的棕色酒瓶在20世纪70年代换成了绿色，从而跟其他高级啤酒保持一致。

德国

大约150年前，德国还不是一个国家，而是多州组合。很多州都有一种传统风格的啤酒，而有些直到今天还在酿造，其中包括产自科隆的科隆风格啤酒，产自慕尼黑的慕尼黑风格啤酒。

科隆弗如（FRÜH KÖLSCH）

色 浅柠檬金色，泡沫紧致、持久。

香 散发着鲜花和草莓的微弱果香。

味 干，非常平衡，有紧致、奶油般的麦芽味。

弗如（Kölsch）这个词只能被用于在科隆酿制的啤酒，而科隆弗如则是这类啤酒中最上好的典范之一。

科隆弗如看起来像是窖藏啤酒，其实是真正的爱尔啤酒，选用上面发酵的（obergärige）酵母酿制。最初在著名的科隆P.J. 弗如酒馆所在地酿制成功，后来，20世纪80年代，搬到规模更大的场地。如今，其在世界各地灌装、销售。

科隆弗如是出色的清淡啤酒，酒精度为4.8%，选用淡色麦芽（而且有时用小麦）和酒花酿制。它是我最喜欢的德国啤酒之一，干，但却富有果味，精美而复杂，同时有麦芽香味！我经常建议把它作为葡萄酒的替代酒品，搭配食物饮用。其搭配choucroute（德国泡菜）——一种令人意想不到的美味组合。

科隆弗如

科隆大教堂（DOM KÖLSCH）

色 淡金色，泡沫亮白、少、紧实。

香 纯净、清新，有微妙的酒花和酵母香。

味 有麦芽味，微甜，回味干，有柑橘味。

科隆风格是德国北部幸存下来的在窖藏啤酒之前的酿制传统。所有的科隆风格啤酒不仅必须在科隆酿造，而且是上面发酵，色淡，酒花香味突出，经过过滤处理。科隆大教堂啤酒具备最上好科隆风格啤酒的特点——芳香、起泡沫、清爽。酒精度为4.8%，强度适中，口感滑润，纯净而清新。呈透亮的金色，酒花香微妙，口感干、有柑橘味。

对于游客而言，来到科隆，必须要品尝科隆大教堂啤酒，如果您有幸在居住地赶上减价促销，千万别错失良机！

食物搭配

夏日什锦沙拉 很多科隆啤酒具有清淡的特点，所以很适合搭配夏日阳光下享用的户外美食，特别是什锦沙拉和清淡的野餐食物。科隆啤酒享有“和胃”的美誉，所以可以作为晚餐前的开胃酒侍饮。

科隆吉尔登（GILDEN KÖLSCH）

色 浅禾秆金色，泡沫洁白，大而松软。

香 清淡，如花，很诱人，有酒花的香味和酵母香。

味 明快、有果味、起泡，回味干、微苦。

这是另一款科隆风格啤酒的典范，由吉尔登啤酒厂酿制，现在这家酒厂隶属布洛布鲁南集团（Brau und Brunnen Group）。吉尔登（Gilden）这个词指的是啤酒酿造行业公会时期；这款啤酒历史悠久、闻名。

科隆吉尔登啤酒按照传统方式酿制，酒精度为4.8%，强度适中。散发着花香，呈中度金色。口感柔和，滋味很中性。有隐约的果味，但总体感觉干、纯净、清爽。

科隆吉尔登

科隆库帕（KÜPPER'S KÖLSCH）

色 深禾秆金色，比这种风格的大多数啤酒颜色深。

香 麦芽和水果香，尤其是苹果香清淡。

味 很滑润、干，有柑橘果味。

卓越的库帕啤酒厂在19世纪早期由古斯塔夫·库帕（Gustav Küpper）在杜塞尔多夫（Düsseldorf）创建。该厂酿制窖藏啤酒多年，在20世纪60年代，酒厂迁到科隆以后，才开始酿造科隆风格啤酒。

跟吉尔登酿酒厂一样，库帕也已经被德国境内超大酿酒集团布洛布鲁南合并。

很多科隆啤酒没有瓶装的，只桶装销售，库帕啤酒不同，远销到莱茵河流域以外的地区，并在国外市场销售。库帕酒精度为4.8%，是相当上好的科隆风格啤酒，融合了爱尔啤酒和窖藏啤酒的特点，这也是科隆风格的典型特征。

库帕啤酒不像最好的科隆啤酒那么细妙，但果香、果味突出（闻着会让人想起干苹果酒）。味道不太甜，总体而言，口感干，有柑橘香，啤酒的气很足，有时丰富的气泡会掩盖味道。

虽然它并非科隆啤酒之王，但我总觉得它非常易饮，而且比市场上很多啤酒都好得多。对于很多不在德国，却想品尝这种啤酒的人来说，它的出口使人们有机会大饱口福。

科隆库帕

斯贝特慕尼黑淡啤（SPATEN MÜNCHNER HELL）

色 浅金禾秆色，泡沫大而洁白，持久。

香 独特，有药草酒花、新割饲草、荨麻的香味。

味 麦芽味很浓，微甜，回味干，还有酒花和坚果味。

斯贝特（Spade，铁铲）是慕尼黑最好、历史最悠久的啤酒厂之一，可以追溯到1397年。19世纪30年代，它成为第一批完善窖藏啤酒酿造方法的酒厂。（斯贝特的酵母运到丹麦，酿制出第一批嘉士伯窖藏啤酒。）

斯贝特的标准窖藏啤酒是慕尼黑淡啤，酒精强度适中（酒精度为4.8%）。其口感不太厚重，但有迷人的药草和酒花味，回味清新、干。我推荐饮用它——尤其是阳光明媚的和暖午后。

斯贝特慕尼黑淡啤

比利时

比利时是世界上最伟大的啤酒酿造国，生产几乎包括所有风格的卓越啤酒。比利时人这样讲，应该很公正。清淡、明快的比尔森风格啤酒出类拔萃，既有细雅的复杂性，又有滋味丰满的清新感。

梅斯比尔森（MAES PILS）

C 色 中度金色，泡沫洁白、多。

A 香 微妙、中性，有隐隐的鲜花香和酒花香。

T 味 很浓，有酒花味和微微的麦芽苦味。

这种啤酒并不深厚，但搭配一盘美味的奥斯坦德（Ostend）或者布鲁日（Bruges）牛排和薯条超级完美！梅斯是经典的比尔森啤酒，酒精度为4.9%，口感不太强劲，清淡，有酒花的微干香气和味道。其香气细雅，有花香，不浓郁，没有发酵的气味。

德考尼克（DE KONINCK）

C 色 中度琥珀色，泡沫多、紧实。

A 香 浓郁，有酒花和隐隐的焦糖香。

T 味 酒花口感似奶油；有麦芽、香料、酵母和青草的气味；回味干。

安特卫普当地的啤酒往往桶装销售，用特别的酒杯bolleken（小球形杯）侍饮。这种啤酒颜色很深，泡沫丰富，有肉桂和焦糖的复杂滋味。这种啤酒迷人、清爽——适合晚上而非炎热的午后饮用。

德考尼克

茱啤乐（JUPILER）

C 色 淡金色，泡沫少、持续时间短。

A 香 香气复杂，有平衡的麦芽、水果和酒花的香气。

T 味 滑润、干，微苦。

它是比利时最畅销的啤酒——一款适合日常饮用、并不简单、美味清爽的啤酒！比利时人对他们的啤酒了如指掌，酿制出了一些世界上最好的啤酒，这些啤酒通常产自小型酿酒厂，而且产量很少。不过，至于日常饮用的啤酒，茱啤乐可是他们的最爱。啤酒得名于列日（Liege）附近的茱啤勒（Jupille）。1853年，该啤酒厂创立，现在，跟世界驰名的时代啤酒同属于酿酒巨头英博集团。

茱啤乐啤酒呈金黄色，酒精度为5.2%，很强劲。其平衡性确实很好，泡沫洁白小巧，香气复杂，风味极干。酒花的干味里有清新的柑橘口感。您可能期待着简朴，但这种啤酒的滑润感会让您喜出望外，而且物超所值。有些优质啤酒价格不菲，但英博集团对茱啤乐啤酒的推销很到位，所以不费吹灰之力就能找到，而且价格适中。

茱啤乐

人们常常把茱啤乐啤酒同占领全球的时代啤酒相比较，而很多啤酒品饮者觉得更喜欢茱啤乐。如果您认为自己是个窖藏啤酒爱好者，而且又来到了比利时，一定要品尝茱啤乐！

奥地利

奥地利酿制出了一些上好的淡窖藏啤酒，主要是德国风格，但往往更富有果味，更传统一些。捷克人酿制清淡啤酒的天赋影响了奥地利的酿酒传统：比尔森风格的啤酒由捷克人创造，而当时，奥地利人统治着捷克。

卡普斯瑞特兰啤海勒（KAPSREITER LANDBIER HELL）

C 色 淡金黄色，泡沫多、洁白。

A 香 很芳香；有酵母味和微苦的酒花香。

T 味 特别滑润，有水果味和酒花味，回味微苦。

这款窖藏啤酒很悦人、直接，灌装在传统的带弹簧瓶盖的酒瓶里。它的酒精度为4.4%，不太强劲，因此，在奥地利，午餐时很受欢迎。这种啤酒有微微的香料味，总体而言，气泡温和，从而使平衡的滋味表现突出。

图摩比尔森（TRUMER PILS）

C 色 金黄色，气泡、泡沫适中。

A 香 香气清新、活泼，有酒花、青草和柑橘的香味。

T 味 很干；苦味柔和，回味干，有酒花味。

这是始建于1601年的约瑟西格啤酒厂的旗舰品牌。其酒精度为4.9%，不太强劲，有药草、酒花的香味；气泡不是很多。香气最不吸引人，但味道值得期待。这款啤酒通常用长长的高杯侍饮，最好在温暖的午后享用。

芬兰

芬兰拥有一些很传统、几乎是中世纪的啤酒，不过，说到日常饮用的啤酒，根据政府法规，只有两家规模大的公司控制着啤酒的生产。这就限制了芬兰的啤酒品牌数量。

拉普库塔（LAPIN KULTA）

C 色 金黄色，泡沫从适中到多，持续时间短。

A 香 很独特，有浓郁的麦芽味和酵母酒花味。

T 味 圆润；酒体强劲；苦甜味平衡佳，回味干。

几乎是来自北极圈的啤酒！哈特沃公司掌控着芬兰一半以上的啤酒产量，拥有多家啤酒厂，最北端的酒厂位于托尔尼奥，在波的尼亚湾的顶端，离北极圈只有几英里。在这里，他们酿制出旗舰比尔森啤酒拉普兰的黄金（Lapin Kulta），这种酒选用的是源于拉普兰的河水（并不像有些人所说的，源于挪威的峡湾（fjords））。

拉普库塔

这款窖藏啤酒酿造精良、独特，比很多大规模生产的啤酒好得多。其酒花和麦芽香气迷人，味道平衡——有点儿甜，但回味干、浓郁、有柑橘味。其酒精度为5.2%，很强劲。对于一款窖藏啤酒而言，这款卓越的啤酒的麦芽味很足，所以，我建议，冬天的时候在炉火旁饮用。

英国

英伦岛屿是多种优质啤酒尤其是爱尔啤酒和苦啤酒的故乡。更清淡的啤酒因极其清爽，而又滋味丰醇、令人满意，成为出色的夏日饮品。

奥克翰JHB（OAKHAM JHB）

C 色 透明，有鲜亮的金色，泡沫多。

A 香 复杂、迷人；散发着清新的酒花、干草、水果和柑橘的香味。

T 味 清淡、清爽，有柑橘果味，回味滑润、干、苦。

这款啤酒决不能错过！奥克翰JHB啤酒透亮、清新、有果味和柑橘味，平衡绝佳，酒花迷人，味道好极了——它是最上好的啤酒之一。

奥克翰爱尔啤酒始酿于1993年，当时，以前做过保险员的约翰·伍德决定利用自己20年自制啤酒的经验，在世界啤酒业一试身手。虽然他在1995年将公司出售，但伍德的一些卓越啤酒仍继续酿制。我认为，最好的是这款杰弗里哈德森苦啤酒［Jeffrey Hudson Bitter（JHB）］，啤酒得名于杰弗里哈德森爵士——一位查理一世的保皇党人和朝臣。最初，它是一款木桶爱尔啤酒，瓶装的啤酒更强劲一些，酒精度是4.2%（木桶啤酒是3.8%）。JHB是这家酒厂最驰名、最成功的产品，而且曾在比赛中屡屡获奖。

奥克翰JHB

加利多尼亚千金一诺（CALEDONIAN GOLDEN PROMISE）

C 色 淡金色，泡沫持续时间短。

A 香 微妙、如花，散发着水一般的酒花香和隐隐的柑橘香。

T 味 很干，味苦，有林木和酒花味，回味有柑橘味。

加利多尼亚是一家有着优良传统的苏格兰啤酒厂，总部位于爱丁堡，在这里，人们选用铜质容器酿制啤酒。千金一诺啤酒已经扩大到有机市场，这款高质淡爱尔啤酒，得名于苏格兰传统的大麦品种，酒精度为5%，很强劲，口感很像比尔森风格的啤酒——虽然不是特别浓郁，但如果您确实想品尝有机啤酒，它非常出色。

加利多尼亚千金一诺

阳格极乐世界（YOUNG'S ELYSIUM）

C 色 浅淡的金色，泡沫多，但持续时间短。

A 香 迷人、微妙，散发着接骨木花香和麦芽香。

T 味 清淡、明快，有麦芽味，回味有柑橘味。

阳格啤酒厂，最早于1581年在伦敦北部的旺兹沃斯（Wandsworth）创建。尽管它现在并非由阳格家族掌管，但已经发展成为最好的啤酒酿造商，拥有一系列优质啤酒。

极乐世界啤酒是在2002年为纪念英国女王登基50周年首次推出。这款啤酒平衡很好，虽然选用了接骨木花体现“夏天的感觉”，但滑润的、微微带有焦糖的麦芽香味很突出。其酒精度为4%，不太强劲。它也许不是一款诸神饮用的啤酒，但却是夏日的佳酿。

荷兰

喜力啤酒占据着荷兰啤酒产量的统治地位，但有很多更小的啤酒厂酿造出优质的比尔森风格啤酒，而且近些年来，啤酒生产重新关注传统，令人欢欣鼓舞。

科弗布隆德（CHRISTOFFEL BLOND）

C 色 淡而鲜亮的金色；泡沫洁白、大而多，并迅速挂杯。

A 香 独特，散发着极为平衡的酒花、松木和香料的香味。

T 味 活力四射，味道丰满，有酒花味，回味苦。

这款非常卓越的比尔森风格啤酒产自1986年创建的新一代啤酒厂。创始人里奥·布兰德（Leo Brand）在先前的荷兰煤矿之城、离德国边境不远的罗尔蒙德（Roermond）创业，并赋予啤酒小城守护神之名。这家啤酒厂的规模最初很小，但现在的规模比最初大。

科弗布隆德选用100%麦芽和酒花酿制，采用下面发酵，未经过滤，未经巴氏灭菌处理。这款啤酒呈迷人的亮金色，散发着香料和酒花香，口感出色、清新、活泼，回味有悦人的苦味。其酒精度为6%，相对强劲。起初，这款啤酒名为科弗比尔（Christoffel Bier），后来，因为又推出科弗罗伯特斯（Christoffel Robertus），所以改名为布隆德。

科弗布隆德被它的酒迷看做是世界上最好的啤酒之一，我完全同意。如果您想品尝最好的比尔森啤酒，千万别错过它。

日本

日本是个啤酒生产和销售大国。很多规模啤酒厂专门效仿欧洲风格，其中包括清爽的德国窖藏啤酒。这些啤酒不仅保留了原有的经典特色，还具有日本独一无二的创新性。

小樽淡啤（OTARU HELLES）

C 色 淡金色，气泡上涌，泡沫适中、轻盈。

A 香 散发着不同寻常的、日本的鲜花和酒花的香气。

T 味 平衡佳，有麦芽味，回味有微苦的酒花味。

德国啤酒来到了日本！自从1994年法律修改允许开办小啤酒厂以后，日本人兴致高涨，建立了几百家小啤酒厂和啤酒馆，酿制自己的独特啤酒。这款啤酒产自海港城市小樽，位于日本最北端、最寒冷的北海道岛，离札幌很近。啤酒厂在改造过的仓库里面，是当地商人在庄司昭夫想出来的点子。他参观欧洲时，看到巴伐利亚的每个村子都有自己的啤酒厂，这种生产模式给他留下深刻印象，并打算效仿。

小樽淡啤由德国酿酒商约翰尼斯·布劳恩在小樽啤酒公司创造。它选用德国麦芽和酒花酿制，是德国清淡啤酒风格或者比尔森啤酒风格。这款啤酒非同寻常，因为您不仅能体验到德国窖藏啤酒的品质，还能同时感受日本的风味。它的泡沫出色，有麦芽味、很干，灌装在旧式的东方风格、带弹簧瓶盖的酒瓶里——绝妙！啤酒厂还酿制邓克尔深色啤酒和特别的季节性啤酒。

Hoegaarden

解渴的啤酒

“这款啤酒口感刺激、浓烈，有柑橘味，炎热的一天结束时饮用，非常完美。”

解渴的啤酒简介

如果您希望体验美妙滋味与纯粹清爽的完美平衡感，就品尝这款解渴的啤酒。其风格从经典的比尔森到淡色和深色的小麦啤酒，各不相同。无论您走到哪里，在欧洲也好，在其他地区也罢，都可以找到它们。

品酒和侍酒

简介 这款啤酒比淡爽啤酒的香气更浓，滋味更深厚，但味道依然清爽。

C 色 色泽从很淡的黄色，如比尔森或者德国和比利时小麦啤酒，到琥珀色或者褐色，如深色小麦啤酒或者比利时风格啤酒。

A 香 小麦啤酒的香气通常富有酵母、青草或者柑橘的香味，而且往往很诱人。添加橙子、柠檬或者香菜后，也会强化香气。

T 味 比利时小麦啤酒，如福佳啤酒和浅色爱尔啤酒，如澳大利亚的库珀，味道差异显著，但都令人满意、倍感清爽。

选购和贮藏 这种风格的有些啤酒在世界各地都能买到，有些在专卖店或者网上出售。其没必要贮藏，因为大多数啤酒不会因陈年而提升品质，反而有可能变质。

侍酒建议 为了释放香气和味道，在9°C~12°C（48°F~54°F）侍饮。最好把啤酒缓慢倒入杯中，从而呈现出漂亮的泡沫。如果啤酒是在瓶中自然发酵，千万不要摇晃酒瓶，搅扰酵母，因为大多数人更喜欢啤酒尽可能清澈。

食物搭配 大多数这款啤酒作为餐前酒，搭配一些坚果、炸薯片或者少量食物饮用最好。不过，有的搭配鲜鱼，如鳕鱼或鲽鱼，比萨饼也很好。

解渴的啤酒通常是下面发酵的比尔森啤酒，但有的则采用上面发酵、酒瓶熟化，这就意味着发酵在酒瓶里继续进行（见第401页）。这种啤酒不浑浊、透明，有时气泡丰富。全部都比淡爽啤酒更精致，通常泡沫多、纯白。

独特的香气 施耐德小麦白啤酒散发着特殊的肉蔻香味。

很多解渴的啤酒是比利时小麦白啤酒（Witbier）或者德国白啤酒（Weissbier），这不仅说明啤酒的颜色浅淡，而且指出解渴啤酒选用小麦酿造。它富含小麦赋予的特别的清爽干味，就像刚从树上摘下的苹果，而小麦和酒花应该是决定性的特点。有的啤酒添加了橙子和其他柑橘水果或者药草和香料，创造出了令人垂涎的香气，与小麦的水果干味珠联璧合。小麦啤酒还有一种典型的、非同寻常的泡泡糖香味，这种糖果的香甜味来自酵母。

风靡全球的风格

多佛鲽鱼 美味的白色鱼肉搭配柏林金德尔白啤酒的口感，与搭配干白葡萄酒的口感一样，令人愉悦。

这款解渴的比尔森啤酒包括一些世界最好的，特别是来自捷克共和国的啤酒，比尔森风格就起源于创造出比尔森优客啤酒（Pilsner Urquell）的捷克比尔森城。之后，其他捷克人首先效仿这种风格，接着，德国、奥地利以及世界其他国家开始仿效。行销全球的淡爽啤酒，如贝克、百威、嘉士伯，都源自这种风格，但缺乏地道解渴啤酒的浓郁口感和酒花的干味特色。

这种风格的一些啤酒世界知名，包括百威啤酒、福佳啤酒和施耐德白啤酒。其他啤酒更本土化、地区化，如柏林金德尔白啤酒或者奥地利拉舒兹维啤酒。大多数人到异地参观游览时，会品尝当地啤酒。如果您有机会的话，也要品尝它，而且和当地的美食搭配，比如，您来到慕尼黑，品尝伍内特尔啤酒时，要搭配面包和香肠。

捷克共和国

比尔森总会与捷克人紧密相连，是他们创造了这种经典，而且创造了现在世界驰名的清淡啤酒风格。

比尔森优客啤酒（PILSNER URQUELL）

C 色 禾秆黄色，泡沫漂亮、饱满、持久。

A 香 微妙、雅致，散发着鲜花、香料和酒花的香气。

T 味 浓郁，有酒花的干、苦味和隐隐的麦芽甜味以及蜂蜜味。

最早的——和最好的？优客（Urquell）这个词的意思是“最初的来源”，比尔森优客啤酒被称为最早的比尔森窖藏啤酒，在如今的捷克共和国小城比尔森酿制而成。

比尔森风格源自1842年，当时一群啤酒酿造者聚集在一起，创建了公民啤酒厂。他们请来德国啤酒酿造大师约瑟·格罗勒，他带来了德国啤酒的下面发酵工艺。这种工艺在德国用于酿造深色啤酒，但捷克人选用不同的原料，如萨阿兹酒花，酿制出淡禾秆色的、新风格的啤酒。捷克人趁机用玻璃杯，而非传统的带柄大啤酒杯和带瓶盖的啤酒杯，展示他们的金色新酒——这样，比尔森啤酒诞生了！

只要您品尝比尔森优客啤酒，就会知道它的独创性。这款啤酒呈现出漂亮的深金色，泡沫细美，酒体强劲，苦甜味可口。对于窖藏啤酒爱好者而言，必须要品尝这款啤酒。我是比尔森优客啤酒的超级粉丝——它美好、雅致而且时尚。

比尔森优客啤酒

享誉世界的白葡萄酒
在伯恩丘的葡萄酒中，霞多丽享有盛誉，树立了卓越的葡萄酒标准，世界各地的酿造商以此为追求目标。

百威啤酒（BUDVAR）

C 色 淡金色，泡沫松软、洁白，迅速消散。

A 香 微妙、平衡，有酒花香和隐隐的香草香。

T 味 柔和、滑润、微苦；青草般的酒花味和香草味；回味微苦。

世界驰名的捷克百威啤酒厂（Budvar Brewery）于1895年在捷克小城布捷约维策（Ceské Budejovice，德语是Budweis）创建，选用地下湖的水酿酒。在这里，啤酒的酿制可以至少追溯到13世纪，酿制出的啤酒结合了德国和捷克最优良的传统，确立了很高的标准，并赢得了国际美誉。

百威啤酒

就百威（Budweiser，德语“来自百威”的意思）这个名字而言，捷克政府和美国百威窖藏啤酒（见第409页）酿造商安海斯布希之间，曾有过激烈交锋。尽管捷克政府宣称百威（Budvar）这个品牌才可以被称做百威啤酒，但安海斯布希公司却认为，它首先取得了这个名字的专利权。在当前这种僵持局面下，捷克百威啤酒不得不在美国以Crystal之名销售，而美国百威啤酒不得不在很多欧洲国家以Bud之名销售。在英国，两种百威啤酒以相同的名称销售。

美国和捷克之间出现百威之名的矛盾，完全是因为捷克百威啤酒太美味了！这款绝妙的比尔森窖藏啤酒是世界最出色的啤酒之一。酒精度为5%；滋味浓郁，有着独特的酒花味；泡沫饱满，透着香草的甜味。我认为，享用时最好很凉——炎炎夏日，多么解渴啊！

捷克百威还有酒精度为7.6%的超强（Super Strong）窖藏啤酒，它的颜色更深，麦芽味比普通啤酒更浓。

产区和酒品

捷克百威啤酒的酿造 捷克百威啤酒选用最好的萨阿兹酒花、摩拉维亚麦芽和纯净水酿造而成，纯净水取自啤酒厂自己打凿的300多米（1 000英尺）的深井。90天的熟化期和700年的酿酒传统，确保酿出高质的特级窖藏啤酒。

纳霍德（NÁCHOD）

C 色 从中等到深重的琥珀色，很迷人，泡沫呈黄色。

A 香 浓郁、平衡，散发着酵母、奶油和酒花的香气。

T 味 丰满，酒花有坚果味，还有麦芽味、水果味，回味复杂。

这家独立的啤酒厂——纳霍德，专门酿制强劲啤酒。

纳霍德的普利玛多15°（Primátor 15 °）啤酒，酒精度为6%，呈琥珀色，香气馥郁，泡沫为奶油黄色。其味道浓，有明显的坚果味，最后由苦味旋升为甜味。

纳霍德系列酒精含量最高的啤酒，普利玛多24°（Primátor 24 °），声称是捷克共和国最强劲的窖藏啤酒，酒精度为10%，真让人生畏！其呈栗色，散发着深色水果的香气，口感有果味、甘草味。

山羊（KOZEL）

C 色 金黄色，泡沫洁白浓厚，挂杯稀薄。

A 香 清新、活泼，酒花香和蜂蜜香突出。

T 味 有果味，酒体清淡；很甜，有麦芽味和柑橘味。

捷克共和国的山羊啤酒厂位于波波维斯，它酿制便宜的窖藏啤酒，旨在成为捷克百威和优客这样的价更高、更引人注目的啤酒的替代酒品。

山羊啤酒是金色的比尔森风格，泡沫洁白，散发着酒花和蜂蜜的香气。麦芽口感柔和、纯净，有浓浓的柠檬味，干味紧致而圆润。山羊淡啤最淡弱，酒精度为4%；色泽更深的山羊特级为旗舰啤酒，酒精度为5%。

山羊

甘布里努斯比尔森（GAMBRINUS PILSNER）

C 色 淡金色，泡沫体积大、似肥皂般洁白。

A 香 微妙、平衡，散发着香料和酒花香。

T 味 如奶油一般，有麦芽香味，回味有薄荷酒花味。

酒名甘布里努斯是布拉班特公爵詹·普里姆斯的讹误，他的绰号是“啤酒赞助人”。甘布里努斯啤酒厂由一些商人在1870年前后创建，后来，其中的一个商人埃米尔·斯柯达投入到汽车制造领域。

甘布里努斯啤酒一直以来都是比尔森优客啤酒的竞争对手，而且曾一度与对手共用一个啤酒厂。虽然，它不像优客啤酒那么高级，但也不失为优质的解渴啤酒，酒精度为5%，也相当强劲。

甘布里努斯比尔森

老泉（STAROPRAMEN）

C 色 淡金色，泡沫松软，持续时间很短。

A 香 丰满，酒花香和麦芽香很平衡，有微微的烟味。

T 味 很圆润，有紧致的麦芽味，隐隐的香草味，回味干。

老泉（Staropramen）的意思就是“古老的水源”。这家啤酒厂可以追溯到1869年，位于布拉格市中心，仍旧选用传统方法，直接从伏尔塔瓦河（Moldau River）采水酿酒。这款啤酒的销售始于1871年，当地牧师把第一批啤酒用于涂油仪式！

老泉窖藏10（Lager 10，酒精度为4.2%）啤酒色泽浅淡，而窖藏12（Lager 12）啤酒是一款高级啤酒，酒精度为5%，呈金色，有种自然的“辛辣”味。还有一款优质、芳醇的深色啤酒，口感饱满、极其柔和、滑润。

老泉

老泉作为高质捷克啤酒，人们总会把它与捷克百威、优客和甘布里努斯比尔森啤酒相比，而每款啤酒都有自己的热情赞赏者。无论什么观点，将这些大名鼎鼎的啤酒相提并论，都证明老泉啤酒非常卓越。它平衡出色，散发着微微的烟香，颇像烧过的酒花香。其口感很强劲，麦芽味和干酒花味非常平衡。

如今，老泉隶属贝斯集团（贝斯集团隶属啤酒巨头英博公司）。因此，您可能会发现所购买的啤酒并非在捷克共和国，而是在其他地区特许酿造。毫无意外，大多数老泉啤酒爱好者都偏爱原产捷克的酒品。

德国

德国出产一款清爽的淡啤酒，这种啤酒选用小麦为主要原料酿制而成，被称为白啤酒（Weissbier）。慕尼黑是这种风格的中心之一，出色的施耐德白啤酒就产自这里，并供应给皇家啤酒屋（Hofbrauhaus）。更丰满的小麦啤酒是“深色白啤酒”，名字怪怪的，还有一款有趣的柏林风格啤酒，不太知名而且相当酸。

施耐德白啤酒（SCHNEIDER WEISSE）

C 色 深金色或者淡铜色，泡沫紧致、饱满、持久。

A 香 很独特，散发着水果和香料的香味，包括香蕉和肉蔻。

T 味 似奶油，滋味浓烈，有水果味和坚果味，回味微甜。

1850年，乔治·施耐德在巴伐利亚国王麦克斯二世的要求下，为皇家慕尼黑啤酒屋酿造小麦啤酒，创建了德国南部规模最大的施耐德小麦啤酒厂。

1872年，为皇室酿造了几年啤酒之后，这家啤酒厂开始独立生产，并迅速以优质小麦啤酒而闻名。1944年，厄运降临，当时这家啤酒厂被炸毁，因此，啤酒的酿造从慕尼黑市中心转移到凯尔海姆（Kelheim），位于多瑙河沿岸的雷根斯堡（Regensburg）附近。这家啤酒厂仍然是个家族企业，由施耐德第六代经营。

明星啤酒是施耐德白啤酒（尽管酒名是白啤酒，但并非白啤酒，而是小麦啤酒）。酿酒的具体方法由家族严密把守，是乔治·施耐德在1864年书写而成，一直都是父子相传。巴伐利亚大麦和小麦芽与颜色更深的维也纳麦芽混合后，赋予啤酒独特的铜金色外观。

施耐德白啤酒强劲，酒精度为5.5%，香气馥郁，散发着水果味和香料味。酒体相当浓烈，有水果和坚果的滋味。其回味非同寻常，像泡泡糖，是上面发酵的酵母品种所致，品尝其他一些小麦啤酒，也能体验到这种回味。

施耐德还出产一款奶油般、有巧克力味的深色小麦啤酒，名为阿文蒂努斯（Aventinus，见第450页）。这款啤酒和白啤酒都是巴伐利亚啤酒王朝的卓越小麦啤酒。您会体验到复杂的口感和浓烈的味道。两款啤酒我都推荐品尝！

小麦啤酒
施耐德白啤酒是经典的小麦啤酒之一。尽管它的配方是个秘密，但巴伐利亚大多数小麦啤酒的麦芽浆里至少有50%是小麦。

艾丁格邓克尔白啤酒（ERDINGER WEISSBIER DUNKEL）

色 浅金黄色，泡沫饱满、紧致，持久。

香 酒花有青草香，还有香料和泡泡糖的香味。

味 清新、有果味，有苦甜的泡泡糖味和酒花味。

艾丁格是德国最大的小麦啤酒酿造商。其最好的啤酒之一是邓克尔深色啤酒，其为系列啤酒中比较新（1991年）的品种，选用淡色、深色小麦和大麦麦芽酿制，闻起来清淡，有香料和巧克力香，口感丝滑，有焦糖味和奶油巧克力味，还有隐隐的烟味。这款啤酒口感强劲，但滋味并未弱化。

艾丁格邓克尔白啤酒

马尔白啤酒（MAHR'S WEISSE）

色 诱人的杏色；略微不透明或者浑浊。

香 很甜，散发着橙子、香蕉、麦芽和柚子的香气。

味 有果味，包括柚子、橙子和麦芽味；有泥土味；回味热烈。

这种优质德国小麦啤酒，由位于班堡的马尔啤酒厂酿造。香气很复杂；您可以闻到小麦、麦芽和酵母、香蕉、柠檬和橙子的气味。啤酒还有明显的自然气泡，很持久。

滋味很浓、很复杂——有鲜明的甜麦芽、香蕉、丁香和柑橘的气味，还有香菜、胡椒和丁香叶的气味，所有的味道和谐迷人。最适合阳光灿烂的暖和时分，闲来无事时在户外饮用。

迈泽尔白啤酒（MAISEL'S WEISSE）

色 浅金黄色，泡沫持久。

香 散发着水果和香料的香味，包括肉桂和香蕉的气味。

味 很清爽，有柑橘皮味，暗含着甜味；回味干。

迈泽尔的基地位于拜罗伊特，这里因瓦格纳歌剧节而驰名。在一系列优质啤酒中，基本的白啤酒有：独创和一款经过滤、更加商品化的克里斯托科莱（透明的意思）。其散发着很浓的水果味和香料味，啤酒本身融合了麦芽和水果的甜味，回味干，有柠檬的口感，两者很平衡。这款啤酒颇为强劲，酒精度为5.2%。我更喜欢饮用时温度不能冰凉，要稍高一点儿的啤酒，以便释放滋味。

迈泽尔白啤酒

高乐白啤酒（GÖLLER WEISSE）

色 琥珀色，浑浊，泡沫饱满、丰富。

香 散发着微妙的麦芽香和微微的柑橘香。

味 柔润、活泼、有果味，滋味饱满，回味清新。

这家啤酒厂是个家族企业，早在1514年就创建了，而且一直酿造优质啤酒，特别是小麦啤酒。普通的斯坦霍尔白啤酒呈琥珀色，泡沫丰富、精美，散发着麦芽的香气，口感柔和、滑润，有水果味，酒精度为4.9%，不太强劲。

弗瑞阳白啤酒（Freyungs Weisse）是最早被酿制出的小麦啤酒，得名于最初的啤酒厂所在地，品质仍被看做最好。这款酒的酒精度为5.2%，更强劲，清新而活泼，酒瓶内自然发酵，造就了漂亮的泡沫。

休伯尔白啤酒（HUBER WEISSE）

色 深褐色，带有一抹红宝石色，泡沫小，呈褐色。

香 甜，很浓郁，有麦芽香和隐隐的焦糖香。

味 奶油般滑腻，口感像甜淡司陶特啤酒，回味微干、有青草味。

慕尼黑的弗莱辛皇家啤酒屋可以追溯到1160年，自称是德国最古老的啤酒厂，但是唯森啤酒（Weihenstephaner，见下页）对此提出质疑。该啤酒厂以一系列小麦啤酒而著称，而休伯尔是这一风格的卓越典范。它呈浅橙褐色，微微不透明，香气微妙，散发着水果味，略带一些小麦啤酒特有的香蕉味。总体而言，休伯尔白啤酒平衡佳、纯净、味干。

伍内特尔白啤酒（UNERTL WEISSE）

色 淡棕褐色或者太妃糖色，有点儿不透明。

香 散发着甜甜的苹果和香蕉的果味，还有隐隐的带烟味的巧克力香。

味 果汁一般，丰满而富有果味，回味干。

这是五大知名度没那么高、但特别优质的巴伐利亚小麦啤酒之一，由伍内特尔家族在慕尼黑南部海格（Haag）的啤酒厂酿制。

伍内特尔白啤酒的颜色更深、更浓，很强烈，有一些沉淀物，泡沫漂亮、浓厚。尽管啤酒很干，但口感非常丰满。其酒精度为4.8%，强度适中，令人满意。人们饮用这种啤酒，习惯搭配面包和香肠或者猪油滴，如果您特别想增加些不该摄取的热量。

伍内特尔白啤酒

卡格白啤酒（KARG WEISSE）

色 中度褐色到淡棕褐色，很浑浊。

香 散发着香料和水果的香味，还有隐隐的诱人烟味。

味 丰满、有果味、似奶油般滑腻，还有苦甜的烟味。

卡格啤酒厂是个规模很小的家族企业，位于慕尼黑南部，施塔费尔湖畔小城穆尔瑙，离奥地利边境不远。卡格啤酒厂酿制出一些巴伐利亚最好的小麦啤酒，成为巴伐利亚风格的典型。卡格白啤酒有不少沉淀物而且相当混浊，色泽深但不黑。泡沫适中，不过于张扬，啤酒丰满、滑似奶油，充满活力，酒精度为5%，很强劲。

卡格白啤酒

路德维希国王白啤酒（KÖNIG LUDWIG WEISSBIER）

色 浅金黄色、浑浊，气泡漂亮，泡沫持久。

香 散发着水果味和香料味，有柑橘和丁香的香味。

味 滑润、酒体清淡，有香草和泡泡糖味，回味有柑橘味。

这种啤酒得名于“疯王”路德维希二世——威特尔斯巴赫家族的一员，这个家族垄断巴伐利亚小麦啤酒的酿造达200年之久。现在，他的曾孙路易波德王储负责在格尔顿多弗的卡尔登伯格城堡酿造啤酒。

王储专门酿造深色啤酒，但也酿制酒体清淡、有清爽柑橘味的金色白啤酒，酒精度为5.5%，很强劲，而且加一片柠檬饮用，味道很好。我认为，这是最出色的白啤酒之一——找来品尝吧！

柏林金德尔白啤酒（BERLINER KINDL WEISSE）

C 色 浅禾秆黄色；添加了糖浆的啤酒色彩鲜亮。

A 香 很酸；有隐隐的酵母和烤面包香——像香槟。

T 味 刺口并带有滑润的蜂蜜味；有林木和植物味；回味有柑橘味。

金德尔的基地设在柏林，以酿造城内最出色的小麦啤酒而著称，拿破仑的军队把它的啤酒称为“北方的香槟”。金德尔是柏林的两大啤酒厂之一，其竞争对手是舒尔塞斯（Schultheiss）。

柏林金德尔白啤酒

德国北部的小麦啤酒风格与巴伐利亚的小麦啤酒风格迥异。不太丰满，有微微的水感，而且不太强劲。这款啤酒非同寻常，很特别，是正在衰微的老柏林传统的一部分。啤酒故意酿造得很酸，跟比利时朗比克啤酒如出一辙，我坚信，以后它会吸引那些比利时啤酒爱好者。

金德尔白啤酒选用软化水、70%大麦麦芽、30%小麦麦芽酿造而成。不过，还有特别之处：跟香槟一样，它在瓶中进行二次发酵。经过贮藏和过滤后，加入一些酵母装瓶，但最后的酒精度只有2.5%。这是一款很清爽的啤酒，当地人把它当做软饮，就像柠檬汽水一样，夏日户外饮用。

几乎没有柏林人单独享用这款啤酒——因为不搭配少许覆盆子（Himbeer）或者车叶草（Waldmeister）糖浆的话，太酸了。车叶草是一种有甜味的药草，叶子芳香，也可用于给利口酒加味或者用于制造香水。这种酒有多款，有的是混兑而成的Mit Schuss——已经添加了甜美的糖浆——而且色泽对于啤酒而言很奇异，其中包括绚丽的亮绿色。不过，我认为，勇猛一点很值得——至少勇猛一次——单独饮用这款啤酒，品尝酸酸的柑橘味，毫无添加甜美糖浆的厚重感。

尽管这些啤酒非同寻常，而且在柏林以外的地方很难找到，但其口感超凡清爽，费一番周折寻找也很值得。

金德尔还酿造深色的“黑”啤酒，滋味非常不同，有着黑巧克力味和甘草味。

产区和酒品

重生 柏林一直奋力保留自己特别的啤酒酿造传统。第二次世界大战后，位于东柏林的原20世纪20年代的金德尔糖化间被拆卸，运到当时的苏联。但金德尔在柏林重建了它的糖化间，依然按照原来的包豪斯建筑风格，配备了铜制发酵容器。

舒尔塞斯柏林白啤酒（SCHULTHEISS BERLINER WEISSE）

C 色 浅金黄色，泡沫持续时间短。

A 香 清淡、微妙、有花香，像干霞多丽葡萄酒。

T 味 复杂，包括水果、蔬菜和柑橘的气味；干而清爽。

跟金德尔白啤酒一样，这款啤酒的酒精度只有3.3%，也很清淡。其在酒杯里涌起气泡，香气、味道迷人复杂：部分是水果香味，部分是干味，部分是柑橘味，总体而言，味道浓烈、刺激。

柏林人饮用这款啤酒时搭配糖浆，可我喜欢纯饮，侍饮温度不能太凉，才会释放出色的滋味。尝试搭配食物饮用，作为干白葡萄酒的替代品——味道好极了，而且很有乐趣！

舒尔塞斯柏林白啤酒

唯森水晶白啤酒（WEIHENSTEPHANER KRISTALL WEISSBIER）

C 色 迷人的亮金色，泡沫漂亮、饱满。

A 香 明快、清新、香辛，有香草和口香糖的香味。

T 味 平衡佳，丰满；有杧果和香蕉的气味；回味有可口的酒花味。

人们认为，位于弗莱辛的唯森（Weihenstephaner，神圣的史蒂芬）啤酒厂在世界上历史最悠久，可以追溯到公元8世纪。这款啤酒是德国南部最上好的解渴啤酒之一。其起泡、清爽、明快、活泼，酒精度为5.2%，相当强劲。与其他大多数白啤酒相比，质地清淡，水果味和香草味很平衡，不会太甜。这款啤酒的目标就是让人倍感清爽，我认为，绝对恰如其分。

保拉那酵母型白啤酒（PAULANER HEFE-WEISSBIER NATURTRÜB）

C 色 很深的古金色；泡沫好看、持久。

A 香 散发着微妙的香料，特别是丁香的香味；还有蜂蜜香和水果香。

T 味 有桃、草莓、香蕉、香草和麦芽的气味。

我爱这款啤酒，而且您也会爱上它！保拉那酵母型白啤酒非常特别，滋味极其芳醇、柔和，因为香草和香蕉的香味掩盖了小麦的不悦气味。其次，还有其他多种水果味和麦芽味。其酒精度为5.5%，很强劲，但浓郁的滋味使之很平衡。饮用这款啤酒的温度不要过凉，以确保这些滋味完全释放。

保拉那酵母型白啤酒

帕拉瑟白啤酒（PYRASER WEISSE）

C 色 透亮的中度禾秆色，质地稍微浑浊。

A 香 柔和，小麦和苹果的香味平衡佳。

T 味 富有水果味，甜味浓，回味有柑橘香。

弗兰克尼（Franconia）是德国南部巴伐利亚的一个地区，有着自己的鲜明特性和传统，因大批传统啤酒商汇聚和当地啤酒风格与众不同而闻名。这款特别的啤酒产自小城帕拉斯（Pyras），是传统的巴伐利亚小麦啤酒，有沉淀物和这一风格特有的香气、滋味，灌装在传统的螺旋盖酒瓶里，酒精度为5.2%，很强劲。这款啤酒永远都不会举世无比，但却是传统小麦啤酒的典范，而且很值得品尝。

奥地利

奥地利当地的啤酒商数量不断增加，他们专门酿造无添加剂的有机啤酒。历史上，奥地利与捷克共和国联系紧密，这就意味着奥地利的清淡干啤酒带有比尔森风格。

斯蒂格尔比尔森

斯蒂格尔比尔森（STIEGL PILS）

色 浅金黄色，酒花饱满、松软、洁白。

香 散发着谷物、发酵麦芽的香气和一点儿酒花的辛辣味。

味 窖藏啤酒，很甜；传统啤酒，富有酒花和麦芽口感。

斯蒂格尔创建于1492年，是奥地利规模最大的私营啤酒厂，也是酿造自然的、未经过滤的啤酒行家。它还生产一系列优质、流行的比尔森风格啤酒，其中包括一款引人注目的普通比尔森啤酒，供人们日常饮用。特别的酒品有：金酿，一款麦芽味的沃尔啤酒，曾大获成功；还有帕拉纳特，即传统的、未经过滤的金酿啤酒。过去，这是一款甜味的深色窖藏啤酒，但公司与时俱进，更新理念，接受了现代品味。因此，现在，这款啤酒呈淡金色。不过，帕拉仍然保持自己传统的深色麦芽特色，滋味类似淡弱的三月啤酒风格或者富有麦芽味的比尔森风格。一方面，如果您期望品尝比尔森啤酒，另一方面，啤酒未经过滤而且具有很传统的风格，那就非奥地利啤酒莫属！

齐普弗窖藏啤酒（ZIPFER KELLERBIER）

色 禾秆黄色，泡沫大小居中，持续时间短，几乎不挂杯。

香 散发着麦芽香和酒花香，还有微微的柑橘味。

味 有微甜的麦芽味，回味微苦。

齐普弗啤酒厂得名于奥地利小城，齐普夫（Zipf），自1858年以来，一直在酿造啤酒。如今，这家啤酒厂隶属布洛联合集团。

齐普弗是奥地利酒花风格最突出的啤酒。尽管这款比尔森啤酒的酒精度为5.4%，很强劲，但却是一款日常饮用的窖藏啤酒。其香味淡雅、有柑橘味，作为餐前酒饮用，温度冰凉的话，清爽、值得信赖。这款比尔森啤酒，搭配食物饮用非常理想，当然，侍饮温度最好别太凉。不要奢望齐普弗啤酒能改变您的生活，但作为一款超值的、可以畅饮的啤酒，无疑很值得品尝。

圣乔治白啤酒（ST GEORGEN WEISSE）

色 淡金色，具有未经过滤的爱尔啤酒的浑浊特点。

香 微妙，散发着小麦、酒花和一点儿柑橘的香味。

味 口感微苦，有酵母和泡泡糖的气味。

圣乔治是一家小型啤酒厂，位于穆劳（Murau），1998年才建立，现在由两位经验丰富的酿酒专家汉斯（Hans）和托马斯·塞德尔（Thomas Seidl）经营。这家啤酒厂将传统方法和高科技融合，酿造出高质啤酒，这款小麦啤酒也不例外。其酒精度为5.2%，很强劲，是未经过滤的传统风格，呈金色，有些混浊，散发着甜甜的水果香，微苦的口感和酵母的甜味很平衡。

圣乔治也酿制比尔森风格的啤酒，既有经过过滤处理的，也有未经过滤的。

比利时

福佳是最杰出的小麦啤酒酿造商之一。现在，福佳这座小城名扬世界。因为这里小麦产量高，所以出现了这种清爽的啤酒风格。

福佳小麦白啤

福佳小麦白啤（HOEGAARDEN WITBIER）

色 淡淡的亮金色，朦胧，泡沫丰厚。

香 非同寻常，散发着橙子、苹果、香料和药草的香气。

味 本质上是微微的甜味，还有蜂蜜、水果和麦芽的香味。

这款啤酒名气非常大，因其品质和技艺而成为我的最爱之一。福佳小城位于布鲁塞尔的东部，曾经是繁荣的小麦啤酒产业中心，当地良田提供了小麦原料。以前，随着窖藏啤酒在比利时（以及整个欧洲）占据统治地位，啤酒产业停顿，最后一家啤酒厂在20世纪50年代中期倒闭。

20世纪60年代，皮埃尔·切利斯引领了小麦啤酒风格的复苏，后来，获得成功的啤酒被英博集团掌有。如今，福佳啤酒在世界各地深受青睐，英博集团根据合约在很多地方酿造这款啤酒，所以您要确认自己饮用的啤酒与原产比利时的啤酒一样美味。确保品尝“地道的”的进口酒。

福佳啤酒酒精度是5%，颇为强劲，富有特点和风格特色。其闻起来有柑橘香，富有浓郁的苹果、肉桂和香菜的香味。其泡沫多而大，口感淡爽，有微微的苦味或者酒花味。您可以品尝到橙子味，橙子赋予啤酒隐隐的苦味，但又没有掩盖啤酒的滋味。

这是一款杰出的啤酒，复杂、生机盎然、诱人、清爽，很值得品尝。有的人喜欢加一片柠檬或者橙子，使滋味更加复杂，充满水果的活力。不过，我认为，像这么卓越的啤酒，至少决定是否成为这款啤酒爱好者以前，最好不要添加任何其他东西饮用。

福佳也酿造特别的啤酒，包括特级珍酿，酒精度是8.7%，更加强劲，颜色更深，味道更浓（见第467页）。福佳特酿酒精度是5.6%，比普通的啤酒稍强劲一些，麦芽香味、柑橘味更浓，稍微甜一些，只在冬春两季饮用，9月到次年2月间销售。

文化与传统

香料之路 福佳啤酒芳香、味浓，奥妙在于酿酒过程中添加了香菜籽和库拉索干橙皮。尽管本意是迎合当地市场，但这种风格广受青睐。现在，这款啤酒非常具有竞争力。

丹特杰姆小麦啤酒（DENTERGEMS WIT）

C 色 淡禾秆色，朦胧，泡沫丰富。

A 香 微妙，散发着小麦、香料、酵母和柑橘的香味。

T 味 滑润、清爽，口感纯净，有麦芽味，回味有果味。

1980年，这款小麦啤酒由瑞弗（Riva）啤酒厂推出，可以匹敌成功的福佳小麦啤酒（见对页）。该酒厂是个家族企业，位于佛兰德的丹特杰姆小城，虽然最初的酒厂Brouwerijs de Splenter（家族的名字）可以追溯到1896年，但现在雄心勃勃、新式现代。丹特杰姆啤酒取得成功之后，也因为酿制高质啤酒，如强劲的比利时淡爱尔啤酒路西法和凡德尔，而名声大噪。它还拥有评价很高的列弗曼啤酒厂。瑞弗集团也负责生产斯特拉夫亨德里克啤酒。

丹特杰姆小麦啤酒

丹特杰姆小麦啤酒，与它的竞争对手福佳啤酒一样，迷人、复杂，混合着水果、香料和麦芽的香味。它比福佳啤酒更具德国小麦啤酒的风格，所以滋味更鲜美，果味稍微没那么突出。

丹特杰姆酒精度是5%，颇为强劲，泡沫鲜亮、洁白，似奶油，闻起来有香料味和淡淡的麦芽香，还有香菜、肉桂、香草的气味和隐隐的苹果香。其口感滑润、清爽、纯净，有淡淡的麦芽味，回味有柑橘味。您会感受到以麦芽为主的一系列隐隐的香料味和水果味，平衡非常好。

为了最大限度尽享这款啤酒，要在热天，冰镇得很凉时饮用——您永远都不会找到比它更清爽的啤酒！

布鲁塞尔白啤酒（BLANCHE DE BRUXELLES）

C 色 禾秆黄色，清澈，跟大多数小麦啤酒不同。

A 香 散发着水果香味，独特，有鲜花、橙子和柚子的香气。

T 味 干，似奶油般滑腻；有果味及香，香菜和辛辣的橙子味。

这是出色的比利时白爱尔啤酒，由以弗罗里夫修道院爱尔啤酒而著称的勒菲波夫啤酒厂酿造。它与大多数小麦啤酒不同，如果被小心地倒入杯中，它一点儿也不混浊。很透亮，闻起来有柑橘、橙子、柚子和忍冬的香气，尝起来有药草、香菜和迷迭香的味道。我认为，这是比利时香料味最浓、最芳香的小麦啤酒，搭配食物好极了。在有些地区，销售名为小尿童——布鲁塞尔的标志。

沃多小麦白啤（WATOU WITBIER）

C 色 雅致的浅柠檬色，质地朦胧。

A 香 清淡、微妙，有酵母和香料的气味。

T 味 很纯净；苦味和甜味平衡性佳；回味偏而干。

位于沃多的凡艾克（Van Eecke）啤酒厂，酿造出这款很微妙的小麦白啤酒。其酒体有些混浊，里面有明显的小块酵母，气泡自然、持久。香气复杂，变化多样。有时候，更富有香菜和柑橘的香味，有时候，更中性。其味道也很复杂——入口的甜味和柑橘味被干味取代。这是一款颇为不同寻常的啤酒——虽算不上最平衡，但却纯粹、自然。

沃多小麦白啤

蒂特雅白啤酒（TITJE BLANCHE）

C 色 诱人的浅亮金色，质地浑浊。

A 香 清淡、柔和，散发着酵母、橙子、酒花和香料的香气。

T 味 精美，有橙子、香菜、小麦、麦芽和酒花的气味。

西利（Silly）啤酒厂发展迅速，日新月异，仍然保持着家族经营模式。酒厂基地设在同名村庄（得名于当地的一条西尔河Sylle），可以追溯到19世纪。当时，在布鲁塞尔南部的埃诺省，啤酒酿造者选用大麦和酒花酿酒。1975年，这家啤酒厂买下在比利时很知名的双安吉恩（Double Enghien）啤酒，1990年，开始酿造蒂特雅小麦啤酒。

这款啤酒很清淡、精美，橙子和香菜的香味卓越。侍饮时，要很凉，温度最好在4°C~6°C（39°F~43°F），口感极其清爽。

法国

几乎所有的法国啤酒都出自阿尔萨斯——洛林、佛兰德。但现在，法国已经参与了小型啤酒厂运动，并且很多地区冒出酿酒厂，这些地区通常让人无法与啤酒酿造联系在一起。新生代的啤酒风格已经出现。

欧赛爱尔白啤酒（OC' ALE BIÈRE BLANCHE）

C 色 淡琥珀色，浑浊，泡沫饱满、持续时间短。

A 香 很甜，但平衡，散发着酵母和烤面包的香味。

T 味 很滑润；甜味鲜美；有麦芽、酵母、柑橘的气味；回味微干。

这是一款很特别、非同寻常的法国啤酒，您绝对要品尝一番。杰克·斯高蒙特（Jack Scourmont），在法国西北部的朗格多克，酿制这款小麦啤酒。大多数人认为法国啤酒产自尤比的啤酒产区阿尔萨斯，但在法国这个多样的国度，其他地区也有自己的啤酒酿造传统。

欧赛爱尔白啤酒泡沫很饱满，几秒钟后消散。其酒瓶华丽，容量为半升，带弹簧瓶盖。开瓶时，聆听天然酵母"啪啪"脆响，然后小心地倒入杯中。

其香气很微妙，没有某些小麦啤酒的浓郁柑橘、柠檬味，口感颇柔润，微甜，还有隐隐的酵母香味和最为细弱的柑橘味。其酒精度是6%，相当强劲。虽然整体感觉微甜、很丰满，但回味也有苦的元素，饮用时，您会慢慢体会到。这是一款能给您带来惊喜的啤酒，因为您可能一直都把它想象得过于甜美。

荷兰

荷兰比尔森风格的啤酒更加出名，但也有酿造小麦啤酒的传统，不过，没有比利时广泛。

嘉尔伯纳谷狼（GULPENER KORENWOLF）

C 色 淡金色，朦胧，泡沫小，气泡中等。

A 香 复杂，散发着酵母、水果、香草和香料的气味。

T 味 很滑润；酒体清淡；不太甜，有接骨木花和柑橘的香味。

谷狼（Korenwolf）是林堡的方言，指的是生活在当地麦田里的仓鼠，酒标上也有它的形象！这款隐约清爽的啤酒清新、有果香，灌装在带弹簧瓶盖的酒瓶里。对于小麦啤酒来说，味道很干、口感清淡——与有些德国和比利时的小麦啤酒大为不同。

俄罗斯

在俄罗斯，很多以前国有的啤酒厂已经扩大了规模，正在继续为世界市场推出新啤酒。

巴尔蒂卡8号（BALTIKA NUMBER 8）

色 浅金黄色；浑浊，泡沫好。

香 热烈、诱人，散发着麦芽、水果和香料的香味。

味 甜味和干味平衡佳；有隐隐的橙子味；回味柔和。

8号是小麦啤酒，酒精度为5%，产自圣彼得堡的巴尔蒂卡啤酒厂。其泡沫漂亮，不持久，散发着酵母味和柑橘香味。热烈的酒精感平衡了浓郁的香料味和干苦味，回味悦人甜美。对于没什么专门知识的人来说，可以通过品尝8号来了解俄罗斯啤酒。

日本

啤酒在日本很受青睐，日本人喜欢把他们的传统啤酒和进口的西方风格相融合。

常陆野红白色爱尔啤酒（HITACHINO NEST WHITE ALE）

色 淡金色；引人、透亮，泡沫丰富、纯白。

香 散发着橙子、鲜杏、香菜和肉蔻的香气。

味 柔润、清爽，回味干、有柑橘味。

1996年，木内造酒厂在酿造清酒173年后，开始酿制啤酒。旗舰酒品是白色爱尔啤酒——一款小麦啤酒，用肉蔻、香菜、橙汁和橙皮增添滋味。其口感与比利时爱尔啤酒类似，但不同之处是这些添料赋予它独一无二、清爽的特点。

加拿大

法国对加拿大深刻的影响延展到对比利时啤酒的赏识，因此，比利时啤酒被广泛仿效。

查伯利白啤酒（BLANCHE DE CHAMBLY）

色 浅金黄色；浑浊，泡沫纯白。

香 雅致、诱人，散发着枫树糖浆、丁香和香菜的香味。

味 很甜，水果滋味浓郁。

查伯利白啤酒是加拿大小麦啤酒，由小型啤酒厂尤尼布鲁（Unibroue）酿造，酒厂位于蒙特利尔市郊查伯利。经营者希望酿制一款添加香料的比利时风格小麦啤酒，风格类似福佳啤酒，所以就接受了比利时瑞弗啤酒厂的建议。最后酿制出颜色很浅的啤酒，这种啤酒泡沫雪白，酒精度是5%，香料味比福佳啤酒淡。否则，两种啤酒就没什么差别了。查伯利白啤酒经过部分过滤，悬浮的酵母使啤酒看起来有些混浊，掩盖了酒液真正的香槟黄色。

虽然可以辨认出查伯利白啤酒具有比利时风格，但不像纯正的比利时啤酒那么强烈。

尽管查伯利白啤酒并非完全充溢着特色，但不失为一款完美的午后啤酒。其搭配海鲜、禽肉、沙拉和蔬菜蘸酱也很合适。

查伯利白啤酒

美国

爆发于美国的小型啤酒厂运动，促使一系列早已被人们遗忘的啤酒风格重新焕发生机。

金字塔酵母小麦啤酒（PYRAMID HEFEWEIZEN）

色 浅金黄色，泡沫美好、洁白。

香 散发着酵母、水果、柑橘和香菜的雅致香气。

味 质地稍微油滑，味美、雅致，有泡沫腾涌的酒花味。

酵母小麦啤酒是德国风格的小麦啤酒，由金字塔公司酿造，基地位于西雅图和旧金山附近。这款啤酒味道浓烈，泡沫漂亮，但稍纵即逝，香气复杂，酒精度是5%。

阿拉佳西白啤酒（ALLAGASH WHITE）

色 浅金黄色，泡沫厚、饱满、洁白。

香 清淡、柔和，散发着橙子、酒花和香菜的香味。

味 精美、柔和，有明快的柑橘和香菜的气味。

阿拉佳西啤酒厂位于缅因州的波特兰市，酿造比利时风格的啤酒。阿拉佳西白啤酒是6款啤酒中的第一款，1995年推出，博得喝彩声一片。

这款典型的小麦啤酒有些浑浊、呈浅金色，很容易接近。酵母与香菜和苦橙相混合，使香气迷人又雅致。阿拉佳西白啤酒口感淡爽，酒精度是5.5%，很强劲。注意：这款啤酒太容易入口了，所以很可能会喝高！

阿拉佳西白啤酒

澳大利亚

澳大利亚是个强大的啤酒酿造国。除了出色的窖藏啤酒，因为以前受英国殖民的影响，这里还有上好的英国风格爱尔啤酒。

库珀起泡爱尔啤酒（COOPER'S SPARKLING ALE）

色 中度金色；酒瓶熟化造成有时浑浊。

香 很浓烈，富有果味，散发着苹果、香蕉的香气和梨香。

味 清爽，有水果味、麦芽味，平衡极佳，回味干。

库珀起泡爱尔啤酒，酒精度是5.8%，稍微有点浑浊。如果酒温不太低，小心倒入酒杯的话，饮用时口感复杂、清新，水果味和干味平衡卓越，回味出色，是世界经典啤酒之一。

库珀淡色爱尔啤酒（COOPER'S PALE ALE）

色 浅黄色，泡沫饱满、持久。

香 很独特；酵母味中透着香蕉、药草和海草的气味。

味 酒体清淡，有麦芽味和酒花味；干味传统、中等。

这款风格传统的、上好澳大利亚爱尔啤酒，有些沉淀物，所以斟酒时要当心！它的泡沫非常丰厚、持久，香气浓郁多样，其中包括独特的盐味。其酒精度是4.5%，不太强劲，比库珀起泡爱尔啤酒清淡。

饮用这款啤酒时，几乎跟窖藏风格啤酒一样，最好温度冰凉，侍饮温度没有英国风格的淡色啤酒那么高。

库珀淡色爱尔啤酒

澳大利亚啤酒
小精灵淡色爱尔啤酒是目前澳大利亚最好的啤酒之一。其口感很甜，有麦芽香，还有微微的泥土林木味。

小精灵淡色爱尔啤酒（LITTLE CREATURES PALE ALE）

C 色 浅琥珀色，很引人，泡沫纯净、洁白。

A 香 微妙、芳香，散发着鲜花、橙子和荔枝的香味。

T 味 清新、柔和，有明快的柑橘口感和酒花味。

这款淡色爱尔啤酒，产自小精灵啤酒公司，公司位于西澳大利亚的弗里曼特尔，选用澳大利亚特级麦芽以及从美国进口的卡斯卡德和奇努克酒花酿造而成这款啤酒。因此，这款啤酒平衡性极佳，品性与众不同。

小精灵淡色爱尔啤酒在酒瓶内熟化，也就意味着在灌装过程中加入酵母（“小精灵”），进行二次发酵。

这款啤酒强劲度适中（酒精度是5%），呈淡琥珀色，泡沫漂亮。散发着水果和酒花的香气，口感有激爽的柑橘味，回味干、苦。

小精灵淡色爱尔啤酒是一款产自啤酒大国的迷人小啤酒！

食物搭配

泰国美食 小精灵淡色爱尔啤酒因酿酒所用酒花品种（见上）的关系，富有柑橘特色，所以很适合搭配用酸橙增添滋味的泰国菜。

“这类啤酒如马提尼一般雅致，而且又干又促进食欲——在用餐前饮用恰到好处。”

开胃的啤酒

开胃的啤酒简介

就像清淡的餐前葡萄酒有着清新的酸度，啤酒里干而富有酒花香味的特质，也能神奇般地开启您的胃口。这些开胃的啤酒重视酒花，可以在任何时间饮用。不过，要做好准备，您的肚子会叽里咕噜叫起来。

开胃啤酒的必要条件就是干、富有酒花的香味，而非浓麦芽香味。因为酒花香味突出，所以散发着迷人的花香和草香，口感干爽，回味清醇，能刺激您的食欲，准备饱餐一顿。这类啤酒风格各异。有的看起来澄澈，有的看起来浑浊，如琥珀色和橙色的淡爱尔啤酒和苦味啤酒，而且还有一些颜色很黑但酒花香味仍然突出的啤酒。有的，像奇美啤酒，灌装在香槟风格的酒瓶里，给啤酒增添了吸引力。其他啤酒，如德国艾尔特陈啤，开胃的品质让您惊喜不已，因为啤酒刚入口是麦芽味和甜味，之后酒花味才显现出来。开胃啤酒可能清淡或者强烈，这倒无关紧要，只要能满足您的需要就行！

果香 督威啤酒充满令人垂涎的辛辣酒花、橙子、苹果和梨香。

口味虽干，但不同

尽管这类啤酒因为作用相似而划归在一起，但可能差别很大。有产自比利时的、捷克共和国的、德国的，还有更远一些的美国的比尔森风格窖藏啤酒。有印度淡爱尔啤酒，同样产自美国；还有富乐夏日爱尔啤酒和科尼斯顿蓝鸟啤酒，来自其传统发源地英国。在这里，这种啤酒风格得以发展，创造出一款啤酒，出口到邻国时，风格未变。有比利时金色爱尔啤酒，如督威；有最干的比利时特拉普修道院啤酒，像奥瓦尔和奇美。比利时的啤酒还有更多，如活泼、独特的夏日季节爱尔啤酒以及格兹香槟风格啤酒，这种啤酒混合了年轻的和陈酿的朗比克啤酒，从而创造出一种清新的、酸的、苹果和柑橘的滋味。人们选用特别品种的酒花、麦芽和酵母酿酒，获得既定的味道，通常配方严密保守，几个世纪以来，可能只在家族或者修道院内部流传。每款啤酒都独一无二，但仍然具有重要的酒花特质或者刺激食欲的干酸味。

开胃小菜 用餐前，干、富有酒花香味的啤酒搭配清淡的开胃小菜，如扇贝肉，非常完美。

品酒和侍酒

简介 开胃啤酒的关键在于让您喝过了还想喝，因此，这类啤酒突出的芳香和味道往往是干酒花而非浓麦芽。

C 色 金黄色是比尔森窖藏啤酒的典型色泽。这类的其他啤酒的颜色，从琥珀色或者橙色到很深的颜色不一。泡沫通常洁白漂亮。

A 香 酒花赋予其特有的花香和草香。这类啤酒应该闻起来清新，散发着隐约的、增进食欲的干味，而非甜香或者浓郁。

T 味 这类啤酒的味道应该让您想再来一杯或者足以勾起食欲！滋味应该干，富有酒花香味，清新，回味尤其如此。

选购和贮藏 这类啤酒里，有些如督威或者阳格特酿伦敦爱尔啤酒，知名度很高，很容易买到，而有些如布鲁克林窖藏啤酒（Brooklyn Lager）或者比利时季节啤酒，地方性或者区域性更强，买起来更难。这类啤酒最好趁新鲜饮用，所以不要贮藏。

侍酒建议 因为这类啤酒能开胃，所以看起来应该很漂亮，侍饮时在9°C~12°C（48°F~54°F），选用精美的酒杯，而且泡沫要稳稳地立在啤酒顶端。很适合午餐或者晚餐前饮用。

食物搭配 因为是开胃啤酒，所以一般在就餐前饮用，搭配小吃、西班牙传统小点心或者开胃小菜。不过，这些啤酒通常很美味，足以同鱼肉、清淡的西班牙传统菜或者凉肉和香肠搭配。

德国

德国酿制出上好的比尔森风格啤酒，同时也酿造口味很干、刺激食欲的啤酒，特色就是有酒花的苦味。雷德伯格（Radeburger）和杰弗尔（Jever）是这种纯净、柔和风格的典范。

碧伯格比尔森啤酒（BITBURGER PILS）

色 浅金黄色，泡沫轻柔、洁白、多。

香 芳香，散发着带有青草感的酒花香和香草的甜香。

味 酒体很清淡，纯净，口感柔和，回味干。

这座啤酒厂坐落在德国莱茵河流域的普法尔茨地区，1817年创建。之所以出名，是因为它是第一座建在比尔森以外、1883年已经使用比尔森这个词的啤酒厂，比尔森位于今天的捷克共和国。它曾经在酿酒技术上有过突破，建成了新的冷却酒窖，为运用下面发酵创造了必要条件。尽管受到比尔森啤酒厂的质疑，但公司在西蒙家族的管理下，坚持立场，1913年打赢官司，可以使用德意志比尔森西蒙啤酒一词。这一事件使比尔森（Pilsner）一词得以从起源国解放，从而确立了比尔森（Pils）这种下面发酵的德国窖藏啤酒风格。

碧伯格比尔森啤酒

该公司一直继续酿造卓越的窖藏啤酒，同时尽力在德国及其他国家销售。多年之后，获得巨大成功，如今，它是德国第二大畅销品牌。

碧伯格优质比尔森啤酒是一款经典的德国窖藏啤酒。酒精度为4.6%，不太强劲，而且未经巴氏灭菌处理。这款啤酒呈禾秆色，泡沫多、漂亮，散发着酒花和香草香味，口感干而苦，还有细微的烟熏酒花味以及少许的柔和麦芽味。其回味有干味，很微妙。总之，对于一款窖藏啤酒而言，特别优雅、圆润，很清爽、令人满意。

虽然碧伯格啤酒瞄准的是大众市场，但绝对胜过很多世界品牌。如果您想品尝品质更好的窖藏啤酒——更干、更复杂，这一款很出色。

销售广泛 碧伯格优质比尔森啤酒在很多传统的德国啤酒屋或者酒馆都能买到。

雷德伯格比尔森啤酒（RADEBURGER PILS）

色 迷人的柠檬黄色，泡沫持久。

香 清新，散发着带有泥土气息的酒花、柑橘、麦芽和葡萄的香味。

味 酒体颇清淡，香草味和酒花的干味平衡。

这座古老的啤酒厂位于东德，在德累斯顿附近，曾经为萨克森国王供应啤酒。该酒厂可以追溯到1872年，虽然它在东德共产党统治时期与外界隔绝，但并未因此垮掉。如今，它的知名度再次打响。这款比尔森风格啤酒很明快、活泼、清爽，泡沫持久、强健，散发着窖藏啤酒的麦芽香、葡萄香，还有隐约的柑橘香。其口感苦而新鲜，有点儿酒花和隐隐的香草味道，回味苦而悦人。餐前或者聚会饮用非常出色。

舒马赫艾尔特陈啤

舒马赫艾尔特陈啤（SCHUMACHER ALT）

色 红褐色，泡沫多、洁白。

香 很芬芳，不过麦芽香和酒花香平衡。

味 丰满、甜美，有麦芽、焦糖、香草、坚果的气味和水果味。

舒马赫啤酒厂是个家族企业，基地位于杜塞尔多夫。尽管这款酒是深浓的艾尔特陈啤风格，但其色泽呈红褐，强劲度适中（酒精度是4.6%），比大多数其他啤酒略微清淡、干。闻起来、尝起来其麦芽味和甜味很浓，中间有点儿干干的酸味，因此做开胃酒很合适。啤酒纯净、滑润、酿造精良。舒马赫艾尔特陈啤搭配德国莱茵河流域传统的腌牛肉（Sauerbraten），很美味可口！

德贝艾尔特陈啤（DIEBELS ALT）

色 深铜色，略带一丝淡橙色，泡沫持久。

香 散发着辛辣的酒花香味和麦芽、坚果、摩卡咖啡、水果的香气。

味 甜味与干味平衡很好，回味有辛辣的酒花味。

德贝是艾尔特陈啤最大的酿造商，生产基地位于伊桑姆，离荷兰边界很近。啤酒厂创建于1878年，目前，仍为家族企业。这款上好的啤酒呈深铜色，米白色的泡沫浓稠、消散缓慢；散发着浓烈的焦糖麦芽味，辛辣的酒花味和丰富的坚果香；口感微甜，带有出色的花香，回味有酒花的干苦味。饮用这款艾尔特陈啤，我最喜爱的方式之一就是边饮酒，边吃烤肉，尤其是烤肠。

尤瑞格艾尔特陈啤（UERIGE ALT）

色 淡橙铜色，泡沫丰满、持久、呈米色。

香 散发着明快、清新的酒花香，还有微微的焦糖味和香料味。

味 纯净，紧致的焦糖麦芽味中蕴涵着干味，回味苦。

这是一款经典的产自杜塞尔多夫的艾尔特陈啤，由历史悠久、著名的啤酒馆兹姆尤瑞格酿造。其香气复杂，表面主要是清新的酵母酒花香，往下有麦芽、焦糖和香料的香味。其酒体中等，丝般滑润，入口极干，有坚果味、焦糖味。之后，水果味突出，还有焦糖和麦芽的甜香，接着口感清新、刺激，回味苦而悦人。其搭配德国莱茵河流域的凉肉、香肠和腌制奶酪极好。

尤瑞格艾尔特陈啤

杰弗尔比尔森啤酒（JEVER PILSENER）

色 透亮的淡黄色，泡沫饱满、持久、洁白。

香 明快，有泥土的气息，散发着带有青草感的酒花香和麦芽香。

味 很柔和，干，清新，回味有刺激的苦味。

杰弗尔是弗里斯兰（Friesland）的一座小城，位于德国的西北端，面对着弗里西亚群岛（Frisian Islands），向北与丹麦相接，往南与荷兰相邻。弗里斯兰德人独立自主——1776年，他们率先承认美国独立！这个边陲小城因厄斯金·查尔德兹（Erskine Childers）的小说《沙地之谜》（*The Riddle of the Sands*）驰名，这里也以干而清爽的啤酒和味浓、可口的美食而著称。杰弗尔比尔森啤酒的酒标写着弗里斯兰赫博（Friesisch Herb），表明啤酒是在弗里斯兰酿造。

杰弗尔比尔森啤酒

杰弗尔啤酒厂创建于1848年，因卓越的高质比尔森啤酒而立足，并因此很快在德国各地扬名。其几经易主，现隶属布洛布鲁南集团。尽管杰弗尔是一家传统的酿酒公司，但它的设备非常先进，直接取用厂内井水酿酒。杰弗尔的啤酒师以其水源为豪，他们宣称：因为水质柔软、纯净，所以使啤酒增添了更浓的酒花香。

据说，越往德国北部走，啤酒的味道越干。不过，走到这儿，就不能再往北去了。杰弗尔比尔森啤酒通常被认为是德国最干的啤酒——我认为确实如此！

这款比尔森啤酒酒精度是4.9%，强劲度适中，散发着独特的泥土气息和青草香，泡沫非常饱满、洁白。其口感很滑润，刚一入口，就感觉味道极干。同时，充满酒花香味，还有浓浓的柚子和柑橘的香味。其回味有不断显现的苦味，隐约的香草甜味平衡了苦味。

味苦却率真

杰弗尔比尔森啤酒味干、刚直，与原产地弗里斯兰的品格完全一致。

食物搭配

熏三文鱼 熏三文鱼富有浓重的烟熏味，但却鲜咸可口，搭配口味干、风格清爽的杰弗尔比尔森啤酒，美妙至极。弗里斯兰的典型餐食就是多种熏制美味，如鱼肉或者猪肉，同面包和奶酪搭配食用。

英国

英国是富有酒花香味的、干爱尔啤酒的故乡，其中包括著名的印度淡爱尔啤酒（India Pale Ale，IPA）。最初酿造出这种啤酒，是为了可以在经历漫长海上航行，运抵印度过程中继续发酵、保持新鲜。

沃兴顿白盾啤酒（WORTHINGTON WHITE SHIELD）

色 中度橙琥珀色，沉淀物可能会使其看起来浑浊。

香 散发着酒花香和水果香味，还有微微的一点儿硫黄味。

味 苹果的果味和苦苦的酒花味平衡和谐。

它不仅是啤酒，还是一种仪式！多年以来，沃兴顿白盾啤酒是唯一在英国大多数酒馆销售、自然发酵、瓶内熟化的淡色爱尔啤酒。这款啤酒的热爱者在小心斟酒、避免酵母使酒液混浊的过程中，体验到特别的快感。

这款啤酒非常圆润，充满麦芽香味和强烈的苦味，回味悠长、复杂。

这款爱尔啤酒的爱好者与贝斯啤酒集团经过一番斗争——因为贝斯集团想中断酿造——最后，啤酒的酿造转移到博物馆酿酒公司——位于特伦特（Trent）河畔的伯顿城（Burton）。如果您能找到这款绝妙的传统啤酒，要小心贮藏起来；如果啤酒过凉，酵母会变得不活跃，从而停止发酵。

沃兴顿白盾啤酒

阳格特酿伦敦爱尔啤酒（YOUNG'S SPECIAL LONDON ALE）

色 淡琥珀色，泡沫气泡多、不持久。

香 复杂，散发着酵母、水果、柑橘和香料的味道，香味和谐美好。

味 滑润，如奶油一般，有辛辣和带有花香的酒花味，回味有胡椒味。

这款爱尔啤酒明快，富有酒花香味。最初，它由阳格啤酒厂为显示传统英国爱尔啤酒，针对比利时市场酿造。工夫不负有心人，酿制出的啤酒极其复杂、有趣，散发着酒花的香味和微微的红色水果，甚至香蕉的气味；口感如奶油一般，滑润，干，回味有香料、柠檬和胡椒的味道。

其酒精度为6.4%，颇为强劲，所以要当心。侍饮这款啤酒不能太凉，稍微冷藏即可——加上一盘美味的香肠和炸薯条。

蒂莫西泰勒蓝洛啤酒（TIMOTHY TAYLOR'S LANDLORD）

色 淡琥珀色，泡沫质地极其丰满。

香 酒花和激爽的柑橘水果香味使之很独特。

味 相当苦，有微妙的麦芽味和酒花味，回味干。

起初，这款啤酒是为附近煤矿工人解渴清喉酿造的，其精美、强劲，属于约克郡风格的淡爱尔啤酒。饮用时，最好不要太凉。香气以酒花为主，还有细微的柑橘香。其味道平衡绝妙，有酒花香、麦芽香、柑橘香、甜味和干味。桶装啤酒曾被真正爱尔啤酒运动组织选为1999年度英国冠军啤酒，大多数人更偏爱桶装啤酒，而非瓶装啤酒。我也如此，但这里酿制的，是纯正的传统瓶装苦味啤酒。

哈维斯顿苦柠啤酒（HARVIESTOUN BITTER & TWISTED）

色 迷人的浅金色，略带一丝橙色，泡沫短暂。

香 很强烈、浓郁，散发着带有青草感的酒花味和柑橘香。

味 有纯净的麦芽味，柠檬的干爽口感，回味微苦悠长。

哈维斯顿苦柠啤酒

哈维斯顿是个村庄啤酒厂，位于苏格兰道拉（Dollar）的一座石乳厂。苦柠桶装啤酒是真正爱尔啤酒运动组织选出的、2003年度英国冠军啤酒。它的酒名蕴涵着柠檬，不过，柠檬的味道是延迟加入酒花的缘故以及选用特别酒花品种的结果。所以，您才会发现它有柑橘水果的芳香和味道。这款啤酒，您非爱即恨！

科尼斯顿蓝鸟啤酒（CONISTON BLUEBIRD）

色 淡琥珀褐色，泡沫中等。

香 大麦芽的香味和带有青草感的酒花香味，平衡卓越。

味 气泡不太多，很干，有水果味，酒体清淡。

科尼斯顿啤酒公司于1995年由两位啤酒爱好者伊恩·布拉德利和罗布·欧文开创，建在了英格兰湖区科尼斯顿的一座古老猪场上面。这款瓶内熟化（见第401页）的啤酒由布拉士比亚啤酒厂分销，这里也有获奖的桶装啤酒。科尼斯顿蓝鸟酒精度为3.6%，不太强烈，既不太甜，也不太干，水果滋味随着柔和的气泡尽显。

科尼斯顿蓝鸟啤酒

标时安巴淡爱尔啤酒（MEANTIME AMBA PALE ALE）

色 淡琥珀色、透亮，亮度佳。

香 精雅、清淡，散发着带有青草气息的酒花香、酵母香和麦芽香。

味 以柔和的麦芽味为基础，还有微妙的甜味，回味辛辣。

标时酿酒公司，位于伦敦的格林尼治，目标是打造一种啤酒形象——类似葡萄酒在人们心中的地位。它酿造出一些非同寻常的啤酒，包括草莓味和巧克力味的啤酒（见第448页）。安巴淡爱尔啤酒是一款英格兰风格的有机啤酒，有麦芽的甜香，回味有清新的辛辣味。其酒精度是4.9%，强劲度适中。其搭配意大利面、比萨饼或者牛肉腰子派非常出色，稍微冰镇后侍饮。

达勒姆美格兹（DURHAM MAGUS）

色 很浅的金色；对于英国爱尔啤酒来说，不同寻常。

香 精雅，散发着带有青草气息的酒花香和柠檬香。

味 很苦；麦芽味和酒花味平衡佳，还有微微的柠檬味。

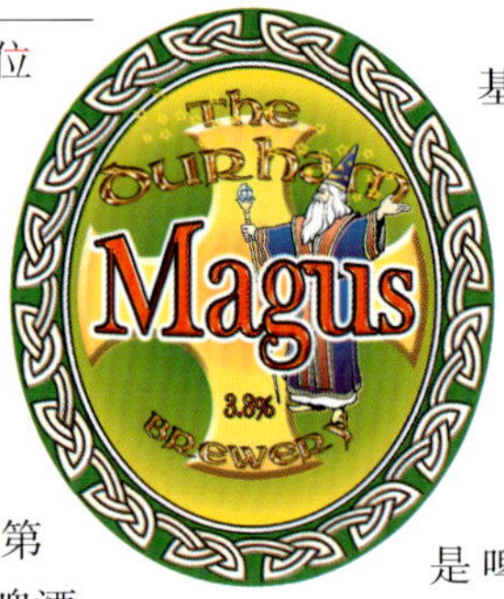

达勒姆美格兹

达勒姆啤酒厂的基地位于英格兰的东北部，选用传统技术酿造出一系列特色啤酒。同时，它还保留了英国爱尔啤酒的传统特征。

获奖的美格兹是啤酒厂最畅销的产品，酒精度是3.8%，不太强劲，对于一款英国爱尔啤酒而言，色泽确实很浅。斯洛文尼亚（Slovenian）和捷克酒花赋予啤酒幽微的窖藏感，使之非常清爽——很容易就会喝太多！

富乐夏日爱尔啤酒（FULLER'S SUMMER ALE）

色 很浅的金色，略带一丝深橙色。

香 独特；散发着带有青草气息的酒花香和香草的幽香。

味 干，酒体很清淡，有清新的柑橘口感。

富乐公司通常根据季节酿造爱尔啤酒；不过，夏日爱尔啤酒是伦敦啤酒厂比较新的酒品。它呈浅金色，泡沫浓厚，像窖藏啤酒；香气清新，散发着青草气息，还有隐约的香草味。这款啤酒旨在令人神清气爽，所以口感酒体清淡、明快、不太干。它的滋味不太强烈，酒精度为3.9%，也不强烈。我喜爱啜饮灌装在好看的、大玻璃瓶里的啤酒。绝对适合大热天在花园里享用。

豪拜克夏摩莱特宁（HOP BACK SUMMER LIGHTNING）

色 透亮的中度金色，略带一丝琥珀色。

香 雅致，散发着酒花香和柠檬的气味。

味 酒体强烈；干，很清爽；有辛辣的柑橘口感。

豪拜克夏摩莱特宁

大多数人都喜爱这款啤酒，但有人觉得柑橘味有点儿过浓。夏莫莱特宁是一款获奖夏日啤酒，为瓶内熟化，泡沫大、气泡多。最初，这款迷人的夏日爱尔啤酒特为啤酒节酿造，因为太成功了，所以生产出了瓶装啤酒。它的香气清雅，散发着酒花香和柑橘香，口感非常清爽，干，有柑橘的味道，几乎没有一点儿甜味。酒精度是5%，夏日饮用，有点儿强烈。

比利时

比利时是特拉普修道院啤酒的故乡，曾一度专门由修道士酿制。这款精美的啤酒，丰满、干，富有水果味，是出色的开胃酒。比利时也有一些三麦啤酒（Tripel beer），它选用大麦、小麦和燕麦酿制。比利时还有季节性的爱尔啤酒，其味道浓郁、干、强劲。

督威（DUVEL）

色 淡金黄色，泡沫稳定、纯白。

香 很芳香；散发着香草味、辛辣的酒花、苹果、梨和橙子的香气。

味 干、似奶油一般、滑润，有柑橘味、香草味、麦芽味；回味复杂。

这款比利时爱尔啤酒，呈金色，口感干而清爽，由家族企业摩特嘉酿造，位于布鲁塞尔和安特卫普之间的布林登克。早在1923年，该公司开始酿造苏格兰风格的深色爱尔啤酒，被人们称作“爱尔啤酒之魔鬼”，Duvel——音似“doov' l”（“督威”）——佛兰德语对魔鬼一词的讹误。1968年，公司决定改为酿造金色爱尔啤酒，大获成功。现在，它的酵母仍旧来自苏格兰的麦克尔温，但却选用更清淡的酒花生产金色爱尔啤酒。

督威

这款啤酒确实很特别，是瓶内熟化的爱尔啤酒，但很容易被人误认为是窖藏啤酒。因为不太干或者不太苦，所以极其容易入口，容易接近。但酒精度为8.5%，很强烈，也非常危险！督威啤酒呈漂亮的浅金黄色，瓶内发酵使它泡沫浓厚、气泡多。它散发着浓郁的香草味，还有一些酒花、水果和香料的气味。其味道非常复杂，香料、水果、酒精的口感同时展现，回味感觉好极了，而且希望继续饮用。

督威啤酒的特色之一在于，既可以作为开胃酒冷饮，也可以作为餐后酒在室内常温下饮用。我个人喜欢搭配奶酪、坚果或者新鲜、美味的脆皮面包。

这款啤酒的粉丝很多，有的人把它称为世界上最美味的啤酒。毋庸置疑，虽然这款啤酒这么强劲，但却非常容易入口，真让人意外。而且其强劲感，在不知不觉中，变得很危险。从色泽上看，它就像普通的窖藏啤酒，但比窖藏啤酒浓郁、复杂得多。

督威这款特色啤酒在世界各地很容易就能买到，而且不贵。您一定得尝一尝，它的粉丝说它是世界上最美味的啤酒，看看您是否同意这种评价。

文化与传统

咖啡馆文化 比利时安特卫普的街道布满了咖啡馆，致力销售比利时的著名啤酒。酿制督威啤酒的摩特嘉啤酒厂在后第一次世界大战后声名远扬，当时，政府禁止在咖啡馆销售烈性酒，这样，强劲的啤酒便将其取代。

浓烈的啤酒
督威啤酒深受人们青睐，它有着淡爽窖藏啤酒的外表。但实际上，它是上面发酵的爱尔啤酒，酒精度是8.5%，很强烈。

奥瓦尔（ORVAL）

色 深而厚重的古金色，略带一丝橙色。

香 复杂，有泥土气息，散发着酵母、柑橘水果、苹果和梨的香味。

味 很干，酒体清淡，有水果味、香料味，回味悠长。

奥瓦尔的修道院只酿造一款啤酒，那是多棒的啤酒啊！特拉普修道院啤酒大多浓郁、复杂，富有香料味。驰名的奥瓦尔啤酒在瓶内发酵，可能会有些混浊不清。其酒精度为6.2%，也很强劲，是所有特拉普修道院啤酒中唯一完全干味的啤酒。

奥瓦尔

奥瓦尔的漫长历史中，修道院里总会有一座啤酒厂。现代，啤酒厂作为独立的公司在修道院运营，雇用的是非神职的专业人士。今天销售的啤酒源自20世纪30年代。当时，德国酿酒师帕彭海姆（Pappenheimer）研发了一种酿造工艺，强调酒花的特性。

啤酒呈浓艳的深金色，香气和味道都很复杂，自始至终都有出色的酵母味、酸味、酒花味和柑橘味。苹果味的特点给人一种感觉，近似强劲、浓郁的苹果酒。其泡沫大而且总是保持不变！尽管香味复杂，但却清淡、活泼、泡沫多，酒花的苦味强烈，还有柚子、柠檬、橙子皮的气味和隐隐的肉桂或者肉蔻的味道。这种香气和味道都会让人想起威士忌。

这款啤酒出色、独特、超干、复杂。如果您想品尝特拉普修道院爱尔啤酒，就从它开始，搭配一些干味饼干和奶酪，您会爱不释“口”。

文化与传统

沉默是金 奥瓦尔是修道士酿制的最上好、最知名的啤酒之一。奥瓦尔修道院位于比利时的阿登尼斯（Ardennes），得名于Vallée d'Or（黄金谷）。修道士自1070年就住在这里。目前的建筑群始建于20世纪20年代，旁边是以前在拿破仑统治时期被摧毁的修道院废墟。只有在特拉普修道士监管下酿造的啤酒，才能被称为特拉普修道院啤酒。比利时有5种，荷兰有1种。最初，因为啤酒有营养，人们才酿制。过去，它被称做“液体面包”，是修道士饮食的重要组成部分。

奇美（CHIMAY）

色 从深厚、浓艳、闪亮的金色到深琥珀褐色。

香 优雅，散发着麦芽、橙子和辛辣的杜松香。

味 很干，麦芽、橙子和药草的味道深厚、复杂。

奇美酿造雅致、美味、充满活力和特色的高级啤酒，我爱它们！

奇美自1862年创建就以酿制浓郁、深色的特拉普修道院啤酒而著称。到了20世纪60年代，它推出一款更干、更清淡的啤酒，成为现在著名的奇美“三麦”（Tripel）系列啤酒的第三款。

这款更加清淡、更干的啤酒名为“白奇美”，从白色或者灰白色的瓶帽就能辨认出来。为了庆祝附近的奇美城500周年纪念日，这款酒还曾经被灌装在香槟风格的酒瓶里，名为五百年（Cinq Cents）。白奇美很强劲，酒精度为8%，口感也很新鲜、味干，有柑橘味和出色的橙子味和药草味。

奇美

特级珍藏或者蓝瓶盖，在奇美啤酒中最深厚、最浓郁，酒精度为9%，很强劲。这款啤酒年份在5年或者以上，富有深色水果、甘草和巧克力的香气和味道。年份久的啤酒特别受追捧，被人们看做是波特酒，搭配洛克福奶酪（见第466页）很美味。

一级或者红瓶盖，在三款啤酒中最淡弱，酒精度为7%，它是浓郁的红褐色爱尔啤酒，有水果和香料的味道。尽管水果味突出，但仍然很干。这款啤酒搭配修道院自己的奇美奶酪很可口。

迪利特曼（DELIRIUM TREMENS）

色 清淡、透亮、迷人；呈深厚而别致的金色。

香 复杂，散发着温暖的香料香、芬芳的麦芽香和苹果香。

味 很甜、滑润；有麦芽、林木、橙子的香味；回味有柔和的香料味。

这款爱尔啤酒经过三重发酵，很强劲，由雨格啤酒厂酿造，酒名（直译为“酒狂”，译者注）巧妙。因为它甜美、诱人、非常容易入口，酒精度是9%，也很强劲。其泡沫多、轻盈，散发着麦芽和香料味，质地柔滑，有辛辣的麦芽味和橙子的甜味。这款啤酒并非经典，但很有趣。也许，它的强劲度被渲染得有些夸张：我饮用时，并未看到粉色象群，当然，酒标上的，还有那只在厨房地板上飞奔的除外！

帕尔摩特酿（PALM SPECIALE）

色 透亮、浓厚；丰满的深金橙色。

香 强烈、刺鼻，散发着酵母和微微的橙子味。

味 浓重的烘干麦芽的甜味和带有青草气息的酒花味很平衡。

帕尔摩特酿

最畅销的比利时爱尔啤酒，比利时人对自己饮用的啤酒可谓了如指掌。这家公司可以追溯到1597年的一个当地农场酿造商，而家族掌管啤酒厂始于1747年。这款啤酒的酒精度为5%，强劲度适中，散发着非同寻常的泥土味和刺激气味，有些品饮者可能会感到不悦。不过，它的味道卓越，入口甜美，然后逐渐变得复杂，有干酒花的口感。虽非世界一流，但依然很有趣味，可以体验与众不同的感觉。

坎蒂隆甘布里努斯玫瑰（CANTILLON ROSE DE GAMBRINUS）

C 色 漂亮的深粉色，像桃红香槟。

A 香 果味香浓；散发着覆盆子、樱桃和香草的香味。

T 味 果味和酸性平衡可口，回味悠长。

是啤酒还是香槟呢？这是世界最出色的啤酒之一，奇异而特别！坎蒂隆啤酒厂位于布鲁塞尔的中心地带，是朗比克小麦啤酒著名的酿造商，也专门酿制水果啤酒。甘布里努斯玫瑰啤酒，得名于13世纪布拉班特的公爵——詹·普里姆斯。其迷人的水果味和甜味非常平衡。真是出色的派对饮品！

坎蒂隆甘布里努斯玫瑰

德兰克双XX苦啤（DE RANKE XX BITTER）

C 色 黄橙色，斟酒时模糊不清。

A 香 散发着独特酒花香和浓烈的菠萝、糖、黑胡椒的气味。

T 味 很苦，有纯净的麦芽味，还有甘草味和莳萝味，回味微甜。

如果您喜欢风格与英国印度淡爱尔啤酒大不相同的优质比利时淡爱尔啤酒，那您一定会喜欢这款酒。它强劲、干，有香料味，酒体中度，滋味浓烈。其酒精度是6.2%，很强劲、活泼，泡沫饱满、持久。它散发着颇浓的柑橘味和香料味，还有隐隐的干苦味。口感上，它酒花味确实突出，因此味道很干。这款啤酒是出色的开胃酒，由于苦味诱人，所以几杯酒下肚，您会饥肠辘辘。

汉森斯陈年格兹（HANSSENS OUDE GUEUZE）

C 色 清淡、优雅；呈铁锈琥珀褐色。

A 香 很干、酸，还有泥土味和香料感。

T 味 有柠檬、苹果、大黄的气味；麦芽甜味；回味有香料味。

把酒龄短的和陈酿的朗比克啤酒混合灌装，就成了一款名为格兹的甜酸味啤酒，它比原来的朗比克啤酒更富有生命力。汉森斯陈年格兹啤酒灌装在带有软木塞的酒瓶里，开瓶时，会产生讨人喜欢的泡沫，呈现出橙黄琥珀色。其香气颇有泥土气息甚至有点潮湿。其酒精度为6%，很强劲，酸苹果味和柑橘水果味，同甜味平衡精美。

汉森斯陈年格兹

杰拉丁格兹（GIRARDIN GUEUZE）

C 色 深黄禾秆色，有些模糊不清。

A 香 刺激；散发着柑橘水果味、苹果味和新割下的干草味。

T 味 干，酸；有苹果、柠檬、柚子的果香味，回味清新、悠长。

杰拉丁是一座传统的农庄小啤酒厂，位于圣乌尔里克卡佩尔（St Ulricks Kapelle），主要选用自产的小麦酿制朗比克啤酒——科里克［（Kriek）（樱桃啤酒）］和格兹啤酒。这款啤酒在瓶内熟化，尽管没那么出名，却是格兹风格的极佳典范。其口感干、酸，有丰富的柑橘味、苹果味和清新林木味，还有隐约的辛辣味。有些葡萄酒品饮者认为，啤酒不可能精致，但这款啤酒恰恰能证明事实并非如此。我是它的忠实粉丝。

有机摩奈特啤酒（MOINETTE BIOLOGIQUE）

C 色 浅金色，略带一丝黄色。

A 香 复杂，散发着香菜、肉桂、香草、胡椒、无花果和太妃糖的味。

T 味 酒体清淡，滑润，回味有香料味和麦芽味。

杜邦（Dupont）啤酒厂，位于比利时的埃诺省，自1920年被收购，一直是家族企业，因出产传统啤酒而出名。摩奈特是一款未经过滤的、有机爱尔啤酒，呈悦人的浅金色，泡沫如波浪般起伏。复杂的香气富有水果味和香料味，口感滑润，回味活泼、辛辣。酒精度是7.5%，很强劲，曾屡屡获奖。

有机摩奈特啤酒

杜邦季节啤酒（SAISON DUPONT）

C 色 浅禾秆色，略带一丝橙色，颇为模糊不清。

A 香 水果味浓，散发着橙子、香草、香料的香味和烟草味。

T 味 酒体强烈，紧致，干，还有微苦的柠檬口感。

杜邦啤酒厂最驰名的啤酒，就是这款瓶内熟化的爱尔啤酒。在比利时，“saison”一词仅指一个季节——夏季。不过，对于比利时人来说，“夏季爱尔啤酒”并非清淡、一饮而尽的啤酒，它丰满、强劲，酒精度是6.5%。杜邦季节啤酒采用传统悠久的酿造工艺酿制，据说，可以追溯到修道士在这里生活的年代。这款啤酒泡沫精美、似奶油，散发着水果的芬芳，酒体强烈，有水果特别是柠檬的味道，与甜味很平衡。回味有柑橘味，微苦，舌头上有气泡跳跃的感觉。

西利季节啤酒（SAISON DE SILLY）

C 色 深橙青铜色，斟酒时通常浑浊不清。

A 香 芬芳、水果味浓，散发着樱桃味和太妃糖的香味。

T 味 柔和，有麦芽、樱桃、焦糖、苹果的气味，口感酸，回味微甜。

比利时季节风格啤酒都是夏季爱尔啤酒，不过，通常很强劲、浓郁。西利啤酒厂是埃诺省知名的酒商，自1950年开始，酿制一系列啤酒。这款酒很独特。颜色深、混浊，有焦糖或者蜂蜜的甜味，与林木气息的酒花味很平衡。泡沫持续时间短，啤酒的总体口感是，焦糖的甜味和苹果、酒花的苦味很平衡。酒精度是5%，不太强劲，酒体强烈，滋味有趣。我认为，这款酒，您非爱即恨！

皮派季节啤酒（SAISON DE PIPAIX）

C 色 透亮、清澈的蜂蜜金色，带有一抹橙色。

A 香 悦人、芬芳、酸，散发着激爽的柑橘水果味。

T 味 滑润，酒体强烈，口感颇干、有柑橘味。

吉恩·路易斯·迪特以前做过老师，使一座古老的蒸汽动力啤酒厂焕发了生机。如今，在一座对外开放的博物馆酿制啤酒，它位于勒兹附近的皮派。皮派季节啤酒根据1785年的原始配方，选用麦芽、酒花、姜、橙子、胡椒和香菜酿造，很强劲（酒精度是6%），有着窖藏啤酒的泡沫，消逝速度快，呈蜂蜜橙色，散发着酸味，气泡不活跃。这款啤酒与众不同，富有药草味，酒体强烈，有丰满的麦芽味和干爽的柑橘味。

皮派季节啤酒

美国

美国爱尔啤酒，是酒花而非麦芽占据着支配地位。因此，它的口感浓郁、很干，是出色的开胃酒。有些啤酒厂也酿制上面发酵的、英国和比利时风格的上好淡爱尔啤酒。

维克多酒花魔（VICTORY HOP DEVIL）

色 悦人的深琥珀色，泛着一抹橙色。

香 强烈、浓郁，散发着酒花、柠檬、橙子的香味。

味 苦味明显；充满活力，有胡椒、橙子和麦芽的味道；回味干、悠长。

1996年，两位狂热的啤酒迷——罗恩·巴切特（Ron Barchet）和比尔·卡维拉斯基，在费城附近的唐宁城创建了维克多啤酒公司。他们的啤酒馆酿制一系列啤酒，旗舰酒品是印度淡爱尔啤酒——酒花魔。

酿酒师曾在荷兰和德国接受过培训，不过，这款啤酒更具英美淡爱尔啤酒的风格。其酒精度为6.4%，很强劲，泡沫大，香气无限。尽管有隐约的焦糖味，但这款啤酒的真正特色来自浓郁的酒花干味——真正的酒花魔鬼！其回味特别，十分悠长，开始是干味和辛辣味，很快就被柔和的麦芽味覆盖。

这是一款浓烈、有胡椒滋味的啤酒，我建议搭配辛辣的亚洲美食。它总会保持自己的味道。

维克多酒花魔

罗格布鲁托苦啤（ROGUE BRUTAL BITTER）

色 从深橙色到淡褐琥珀色。

香 强烈，散发着酒花香、柑橘水果味，特别是柚子的香味。

味 苦味明显，有酒花和柚子的口感，与麦芽香味平衡和谐。

罗格爱尔啤酒公司，得名于当地的罗格河，1988年在俄勒冈州的一座海滨渔城纽波特创建，酿造一系列令人眼花缭乱的啤酒。我认为布鲁托苦啤是最好的酒品之一，口感很干，有酒花味和柑橘味，干味平衡很好，所以不仅只是“酒花巨兽”而已。其酒精度为6.5%，也颇为强劲。

虽然啤酒名为布鲁托，字面意思是残忍，但滋味的平衡感使之与此毫不相干。

内华达山脉庆典爱尔啤酒（SIERRA NEVADA CELEBRATION ALE）

色 深橙色，泛着从清淡到中度的琥珀色。

香 强烈、独特，散发着酒花和柚子的香味。

味 苦味明显，有酒花、黑巧克力、柑橘的口感；回味干。

美国最著名的小型啤酒厂之一，庆典啤酒浓郁、强劲，属于印度淡爱尔啤酒风格，酒精含量多种多样，通常是6%。其啤酒馥郁芬芳，活泼，酒花特色突出而且富有复杂的柠檬气味和不加糖的黑巧克力味。该啤酒厂时常选用不同品种的酒花，所以啤酒特点年年都有微妙的变化，但始终卓尔不凡。

内华达山脉庆典爱尔啤酒

内华达山脉淡爱尔啤酒（SIERRA NEVADA PALE ALE）

色 透亮的中度金色，边缘呈略带橙色的琥珀色。

香 优雅，散发着独特的麦芽、苹果和柑橘的香味。

味 充满果味和花香，有橙子味和柚子味，还有浓浓的酒花特质。

内华达山脉啤酒公司是美国最出类拔萃的小型酿酒厂之一。1981年创建，创始人肯·格罗斯曼于1989年在加州奇科（Chico）开设了一家专用的、最先进的啤酒厂，从而取代了以前由乳品厂改建的机构。

内华达山脉淡爱尔啤酒已经获得了一系列奖项。其酒精度为5.6%，口感相当强劲，跟传统的英国印度淡爱尔啤酒差异不大——但现有的差异足以使之别具趣味。这款啤酒呈金色，泡沫轻盈、多气泡、不持久。闻起来有柑橘酒花香，还散发着苹果和肉桂的气味。口感很苦，酒花味浓，不过水果味随即显现，有橙子、酸橙和柚子的香味。

纯净、清爽的感觉掩盖了强劲度，是夏日午后佳酿。这款啤酒富有特色和品味。虽然清凉可口，但如果从冰箱取出，随着酒温上升，酒质会提高，因为酒花特点被充分展现。最佳的侍饮温度是14°C~17°C（57°F~63°F）——跟红葡萄酒很像。

有的品饮者认为，有些啤酒，桶装的比瓶装的好，内华达山脉淡爱尔啤酒就是其中之一。我倒不这么看，不过，您可以自己评判。我认为，它是现在销售的、最美味的瓶装啤酒之一。对喜爱传统爱尔印度淡爱尔啤酒的人来说，格外有吸引力。

麦克尼尔翻马印度淡爱尔啤酒

麦克尼尔翻马印度淡爱尔啤酒（MCNEILL'S DEAD HORSE IPA）

色 漂亮的深橙色，带有微微的、迷人的深红色。

香 强烈，有麦芽香味，还有泥土气息，带有鲜花和青草的酒花香。

味 有麦芽味，似奶油一般，很甜；有焦糖味和柑橘味；回味干、有林木味。

它是佛蒙特（Vermont）小型啤酒厂最知名的啤酒之一。翻马印度淡爱尔啤酒的酒精度为5.8%，很强劲，散发着与众不同的泥土气息，可能会令人不悦，泡沫饱满，麦芽味和酒花味浓烈，选用肯特酒花酿制，别具英国风格，分外浓郁。其通常很浑浊，瓶与瓶差异很大，有的气泡活跃，有的几乎没气。这是一款出色的强劲爱尔啤酒。

斯玛提诺兹浅滩淡爱尔啤酒（SMUTTYNOSE SHOALS PALE ALE）

色 迷人的铜色，泛着透明的青铜色。

香 优雅、复杂，有酵母、泥土的气味，带有青草香的酒花味和柑橘香味。

味 酒体中度，有紧致的酒花干味、刺激的水果味和麦芽香味。

斯玛提诺兹是美国东北海岸，众多小型酿酒厂之一，位于新罕布什尔州的朴次茅斯，1994年创建，得名于斯玛提诺兹岛——一座邻近大西洋海岸的浅滩，这里历来海盗、谋杀事件频发。

一直以来，人们认为，这款瓶装的美国啤酒最接近英国爱尔啤酒，而且曾在英国多次获奖。它的颜色很深，散发着强烈的酒花味和浓浓的柑橘水果味，麦芽甜味和干味极其平衡，很难找到比它还美味的啤酒。我，还有很多其他评委，都是它的忠实粉丝！

力加自由爱尔啤酒（ANCHOR LIBERTY ALE）

色 从深浓的古金色，到印度淡爱尔啤酒典型的淡褐色。

香 独特，散发着酒花、水果，特别是菠萝的香味。

味 干，清新，有酒花，柑橘，菠萝的香味和麦芽香草的甜味。

力加啤酒公司是旧金山的一个传奇，以蒸汽啤酒而闻名。1975年，为了纪念保罗·瑞维尔骑马送信、推动美国与英国展开独立战争200周年纪念活动，首次推出自由爱尔啤酒。其酒精度为6%，很强劲，呈金色，芳香怡人。其苦甜味和水果味平衡出色，回味有麦芽香、极为悠长。这是一款真正的美国经典啤酒，品质可能最好。我特别喜爱搭配卡津和泰国美食饮用这款啤酒。

布鲁克林窖藏啤酒

布鲁克林窖藏啤酒（BROOKLYN LAGER）

色 淡而透亮的琥珀色，橙褐的色泽比大多数窖藏啤酒深。

香 很浓郁，散发着焦糖、麦芽和酒花的香味。

味 酒体强烈，有麦芽、焦糖的甜味和柑橘水果味。

英国伦敦的市中心仍有一些卓越的啤酒公司，如富乐、阳格。纽约的布鲁克林曾经是出色的啤酒产地，但20世纪70年代，随着最后一家传统啤酒公司的关闭，与啤酒业告别。1988年，两位狂热的啤酒爱好者，一位是银行家，另一位是美联社记者，共同创立了布鲁克林啤酒公司，这一地区的啤酒酿造重新焕发活力。很快，该公司因推出黑巧克力司陶特啤酒（Black Chocolate Stout）而大获成功。然后，它开始酿制其他啤酒，包括小麦啤酒和优质窖藏啤酒。

布鲁克林窖藏啤酒，酒精度为5.1%，强劲，属于琥珀色窖藏啤酒，它是根据古老配方、全麦芽酿造。它是一款获奖啤酒，也是公司的旗舰啤酒。其香气很浓郁，散发着烘干麦芽、焦糖和酒花的香味。入口清爽、活泼，还有微弱的柑橘味。它的甜味来自麦芽和焦糖，十分突出，回味相当干。

尽管被称为窖藏啤酒，但它跟您的想象截然不同，更像美国褐色爱尔啤酒，甚至英国陈酿爱尔啤酒，既悦人又易饮。只要您知道自己所选的是什么啤酒，就一定会喜欢。我认为，搭配正餐或者餐后饮用，其很出色。

奥米冈亨尼平（OMMEGANG HENNEPIN）

色 淡橙色；一种浓艳、深厚、迷人的色泽。

香 散发着酒花香和水果香，尤其是橙子和柚子的香味。

味 微妙、平衡性，有橙子味和复杂的香料味。

奥米冈亨尼平

这家啤酒公司位于纽约州，由比利时人和美国人共同经营，它得到了比利时几大啤酒酿造家族的支持。公司名称指的是布鲁塞尔的一种传统游行活动。不出所料，它已经非常成功。亨尼平是瓶内熟化的爱尔啤酒，类似比利时的季节啤酒，酒精度为7.5%，泡沫饱满出色，味道很复杂，有极佳的橙子味和辛辣味，而且很强劲，令人满意。

明星酒吧

电视喜剧《干杯》使适宜聊天的波士顿吧名声大振，这家酒吧就仿效了电视剧的风格。

塞缪尔亚当斯窖藏啤酒（SAMUEL ADAMS LAGER）

色 深深的古金色；色泽比一般窖藏啤酒深重。

香 散发着浓郁的带有花香的酒花味和带有泥土气息的麦芽味。

味 苦甜味颇浓；有蔬菜、橙子、麦芽和酒花的香味；回味苦。

波士顿啤酒公司（Boston Beer Company）是美国最知名的小型啤酒厂之一，它实在太出名了，以致现在有些人认为它是主流的高产啤酒公司。这就是成功的代价！对于窖藏啤酒来说，旗舰啤酒塞缪尔亚当斯（得名于美国独立战争时期的爱国人士，他也是酿酒商）很丰满，也许它介于窖藏啤酒和淡爱尔啤酒之间，泡沫似奶油，比一般大规模酿造的啤酒好很多，回味极为悠长——品尝一下吧！

塞缪尔亚当斯窖藏啤酒

MIT GARANTIERTER
WEIZENSTA
VENTINUS
Weizenstarkbier

似奶油的深色啤酒

“极为滑润的司陶特啤酒和波特啤酒使您信心倍增，精神焕发。它太美味了，简直可以食用！”

似奶油的深色啤酒简介

除了世界驰名的健力士，还有很多深色风格啤酒供人品尝，它们的口感滑润、令人满意，始终如一。千万不要直接用酒瓶饮用！这款啤酒的魅力之一就是：呈现在酒杯里的丰满、深色的酒体和饱满、似奶油的泡沫。

这类啤酒包含的味道最广泛，不过，关键在于麦芽味而非酒花味突出。麦芽的烘焙对色、香、味至关重要，麦芽的浓香和气泡赋予啤酒奶油般的口感。这类啤酒的酒精度可能相当强劲，但通常并非最强劲。明显的强劲感来自酒体的浓郁味道，因为其味道太浓郁了，所以，这类啤酒时常被称为“滋补品”。过去，它还曾被用来代替食物，当做保健品。

咖啡豆 香气，如咖啡香，源自酿酒所用的、烘焙的麦芽。

世界各地

尽管这些都是深色啤酒，但它们的风格和特点各异。有的，可能完全呈黑色，像力加波特啤酒或者德舒特黑曜石，而德国多普鲍克啤酒呈褐色，带有一抹红色或者琥珀色。波特啤酒往往比司陶特啤酒清淡、新鲜；爱尔兰风格的干味司陶特啤酒跟最浓郁、最甜美的司陶特啤酒，如牙买加龙司陶特啤酒，它们只是味道的两个极端。它们的甜味源于麦芽，干味来自酒花。通常，这类啤酒有胡椒的味道。巧克力司陶特啤酒是一种特别的风格，因为它里面不仅添加了巧克力，还添加了特殊的麦芽品种。像多普鲍克这样的德国深色啤酒和褐色窖藏陈酿啤酒也不尽相同，而骇客普朔邓克尔啤酒则是来自慕尼黑的深色小麦啤酒。关键的要素在于这些啤酒颜色深、很强烈，有麦芽味。

差别鲜明的滋味 贝类菜品咸香，能够完美衬托深色司陶特啤酒或者波特啤酒的胡椒风味。

这类深色啤酒的主要品牌，像健力士，当然在世界各地有售。但很多品牌，像英国的黑羊瑞格维特（Black Sheep Riggwelter）通常在原产地更常见。英国、爱尔兰和波罗的海国家，它们作为司陶特啤酒和波特啤酒的大本营由来已久。而美国的传统不长，但生机勃勃，从东海岸到西海岸的啤酒公司——力加、布鲁克林、罗格、内华达山脉、维克多——它们都争相做到最好。

品酒和侍酒

简介 令人满意的司陶特啤酒和波特啤酒，成为持久的、奶油般的饮品。它们与气泡腾涌的窖藏啤酒不同，虽然酒体强烈，呈深色，但酒精度并不太高。

C 色 根据定义，这些啤酒呈现深色——黑色、褐色或者红色——色泽来自烘焙的麦芽，从完全不透明到半透明不一。泡沫为深奶油色或者淡黄褐色。

A 香 烘焙的麦芽赋予啤酒苦巧克力味、研磨咖啡香和深色的水果香，如李子、西梅或者黑醋栗。有的啤酒还散发着隐约的香料、林木或者泥土的气息。

T 味 无论是极干的爱尔兰司陶特啤酒，像健力士原酿，还是甜美的波特啤酒或者牛奶司陶特啤酒，像麦克逊，它们都味道浓烈，似奶油，滑润、丰满、令人满意。

选购和贮藏 您会在超市、啤酒商店或者酒吧看到琳琅满目的司陶特啤酒，甚至波特啤酒，所以需要多加品尝，找到自己的最爱。有的深色或者奶油色啤酒经过巴氏灭菌处理，有的未经巴氏灭菌处理。通常情况下，无需贮藏。

侍酒建议 尽管有些司陶特啤酒的侍饮温度冰凉，但在13 ℃（55 ℉）左右侍饮司陶特啤酒和波特啤酒确实可以释放滋味。深色窖藏啤酒、柔和啤酒的侍饮温度可以稍低一些。

食物搭配 贝类最适合搭配深色啤酒。多普鲍克啤酒适合搭配味道浓郁的食物，如香肠、凉肉或者奶酪。有些香甜的司陶特啤酒与奶油甜点一起食用很美味。您猜得没错，巧克力司陶特啤酒与巧克力蛋糕堪称完美组合。

爱尔兰

爱尔兰人将一款古老的伦敦波特啤酒，打造成世界驰名的产品：健力士。因为他们选用烘焙过的大麦芽酿酒，所以啤酒风格很干，颜色深，而且口感太浓烈了，以致这款啤酒曾被作为食物推广。其他酒品围绕这一主题，变化多端。

健力士（GUINNESS）

L 色 很深的、不透明的黑色，泡沫呈深奶油色。

A 香 雅致；散发着焦麦芽、香料、甘草和黑咖啡的香气。

T 味 很干，质地如奶油般滑润，有烟熏的大麦和酒花的气味。

健力士和爱尔兰这两个名字会永远联结在一起，不过，这种著名的司陶特啤酒最初源自伦敦！亚瑟·健力士从父亲那里得到100英镑，于是他在基尔代尔的莱克斯利普村建立了一家小啤酒厂。1759年，他租下都柏林的一家啤酒厂，酿造爱尔啤酒和波特啤酒。但到了1799年，他决定专心酿制波特啤酒。当时，波特啤酒是伦敦的一种啤酒风格。健力士雇用了一位伦敦酿酒师，酿造出两种啤酒，分别是X和XX，XX被称为司陶特波特特酿。当时，由于他选用了烘焙的大麦，啤酒风味独特，因此这款酒驰名世界。后来，去掉了酒名中的波特一词，因而给我们留下了健力士司陶特特酿。

健力士

健力士啤酒由遍布世界各地的、健力士自己的啤酒厂酿造。它有很多款针对特定市场的特别啤酒和一款桶装啤酒，这款桶装啤酒与瓶装啤酒大为不同。对于健力士各种啤酒之间的差异，众说纷纭。其中一种观点认为，爱尔兰的啤酒比世界其他地方的啤酒美味。

传统的健力士啤酒不宜长途运输，所以经过巴氏灭菌处理、在伦敦酿制多年的现代啤酒，跟未经巴氏灭菌处理的啤酒比起来，有些差异。但是，采用利菲伊河河水酿制啤酒的说法已经成为爱尔兰民间故事的一部分。

最初的、标准强劲度的瓶装司陶特啤酒，颜色很黑，泡沫呈奶油色，一直持续到最后。它的香气精致，包括来自烘焙大麦的麦芽焦香。它的味道很干、很苦，质地滑润、丰满。其回味干，有麦芽味，悠长。这款啤酒出色、解饥、令人满意，搭配食物很好。培根和鸡蛋是我最喜欢搭配的食物之一，您也品尝一下吧！

文化与传统

原创的风格 健力士啤酒自1929年开始做广告宣传，一直沿袭独树一帜的招贴风格——为产品融入情感因素。最初令人难忘的广告语“健力士有益健康”和“健力士力大无比”与夺人眼球、滑稽可笑的形象紧密相连。比如，一匹马坐在两轮车上，一位男士在前面拉车。

机会之窗 传统的爱尔兰酒馆，外观艳丽，给人们提供机会品尝世界上最上好的健力士啤酒。

墨菲爱尔兰司陶特啤酒（MURPHY’S IRISH STOUT）

C 色　深黑色；不透明，鲜亮，泡沫呈奶油色，稳定、紧实。

A 香　散发着焦麦芽香以及香料和隐隐的泥炭味。

T 味　滑润，很像奶油；有麦芽的甜味，回味微苦，有烟熏味。

墨菲啤酒厂早在1856年创立，位于供奉着圣母玛丽亚（Virgin Mary）的科克附近。它曾经多次与其他啤酒厂合作，但都不成功。现在，它隶属喜力集团，其生产的啤酒在世界各地销售。

墨菲爱尔兰司陶特啤酒看起来就像健力士啤酒，不过，通常它的味道更清淡、烟熏味更浓，但没那么干。它有种甜味（健力士则不然），这让有的品饮者怀疑墨菲是否该被称做干司陶特啤酒。

墨菲酒精度为4%，是强劲度适中的黑色啤酒。这款“瓶装零售啤酒”，泡沫持久，呈奶油米色。它的质地柔美、滑润，有微微的麦芽甜味，回味苦、有烟熏味。听装啤酒产自伦敦，酿酒器具跟瓶装的一样，所以其味道和质地很相似。不像有些啤酒，墨菲啤酒的特质在听中并未改变！

墨菲爱尔兰司陶特啤酒

我认为，侍饮墨菲啤酒的温度比健力士低一些会更好，侍酒温度跟窖藏啤酒一样最为理想，它很适合搭配海鲜，特别是爱尔兰牡蛎！

波特屋拉斯勒4X司陶特啤酒（PORTERHOUSE 4X WRASSLERS STOUT）

C 色　深红褐色，颜色很深，几乎呈黑色。

A 香　精细、清淡，散发着隐隐的焦麦芽和黑色水果的香味。

T 味　丰满、似奶油；有烘焙的麦芽、巧克力和水果味，回味微苦。

拉斯勒4X司陶特啤酒由都柏林的波特屋啤酒馆，按照20世纪早期西科克（West Cork）迪希（Deasy’s）啤酒厂的配方酿造。酒精度为5%，呈深褐色，口感滑润、似奶油、丰醇，还有隐隐的烘焙麦芽、黑巧克力、水果和咖啡的味道。

波特屋拉斯勒4X司陶特啤酒

波特屋素纯波特啤酒（PORTERHOUSE PLAIN PORTER）

C 色　很深的宝石红色，几乎呈黑色；泡沫为深奶油色。

A 香　清淡、精细，散发着麦芽和深色水果的香气。

T 味　滑润，质地清淡；有麦芽、水果的香味，回味干、微苦。

素纯波特啤酒，为都柏林波特屋啤酒馆赢得许多好评和奖项。这款啤酒（酒精度为4.3%），泡沫呈奶油色，它以伦敦波特啤酒为基础，选用麦芽、淡色麦芽、烘焙的大麦和三种不同的酒花酿造。对于一款波特啤酒来说，它的酒体清淡，但滋味强烈，回味悦人、微苦。

波特屋素纯波特啤酒

卡洛欧哈拉司陶特啤酒（CARLOW O’HARA’S STOUT）

C 色　很深的褐色，但乍一眼看呈黑色。

A 香　散发着烘焙的大麦香和坚果、烟熏、甘草的气味。

T 味　很干，有烘焙的麦芽味，回味活泼、微苦。

卡洛啤酒公司致力于选用传统方法，酿制凯尔特风格的啤酒。

旗舰酒品——欧哈拉司陶特啤酒，它为瓶内熟化，酒精度为4.3%，散发着烘焙大麦的迷人香味，泡沫丰满漂亮。对于司陶特啤酒来说，它的酒体清淡，回味微苦，有点儿柑橘味。总体感觉，它是很“年轻”的司陶特啤酒，富有酵母的清新感，而非更成熟啤酒的丰满感。

彼姆士爱尔兰司陶特啤酒（BEAMISH IRISH STOUT）

C 色　呈深黑色，浓厚，泡沫为深奶油色。

A 香　散发着轻微的焦麦芽、酒花和酵母的气味。

T 味　有烘焙的大麦、巧克力、林木和坚果的香味，还有微弱的金属感。

尽管没有竞争对手健力士和墨菲知名，但彼姆士爱尔兰司陶特啤酒历史悠久。

威廉姆·彼姆士（William Beamish）是个地主，并且是新教徒，1792年他开始与啤酒酿造结缘。彼姆士与威廉姆·克劳福（William Crawford）合作，共同买下科克的一座古老的啤酒厂。他们的生意做得红红火火，到了1805年，啤酒年产量达10万桶，成为爱尔兰最大的啤酒酿造商——甚至比健力士还大。20世纪，该公司走入低谷。现在，该公司隶属于苏格兰纽卡斯尔集团。

彼姆士爱尔兰司陶特啤酒

彼姆士爱尔兰司陶特啤酒是同类啤酒中，唯一仅在爱尔兰酿造的啤酒。其酒精度为4.2%，强劲度中等，呈深黑色，泡沫饱满、丰富、呈奶油色，但它的香气出奇淡弱、精细，只有隐约的麦芽和酒花香。彼姆士的质地甚至比健力士还滑润，滋味很复杂。它平衡出众，既不太干，也不太甜，富有林木、坚果、未加糖的巧克力的气味或者胡椒味。它的回味干，悠长，令人满意。

对于爱好爱尔兰司陶特啤酒的人而言，彼姆士绝对是一款“必须品尝”的啤酒。

这款啤酒不仅纯饮口味卓越，而且搭配所有的海鲜也特别美味，尤其是贝类，如贻贝、蛤蚌或者扇贝。饮用这款啤酒，我最喜欢的方式之一就是搭配一大碗奶油贻贝！

食物搭配

黑巧克力　高温烘焙麦芽，使波特啤酒和司陶特啤酒富有巧克力滋味，所以非常适合与巧克力一起饮用，搭配巧克力甜点也很完美。

英国

波特啤酒曾经是传统的英国风格，如今，有些上好的深色、似奶油的啤酒仍在酿造。甜美或者“牛奶”司陶特啤酒也保持着一批追随者。有些更传统的酿造商，在酿酒过程中，添加了燕麦片和烘焙大麦。

塞缪尔史密斯帝国司陶特啤酒（SAMUEL SMITH'S IMPERIAL STOUT）

C 色 很深的巧克力褐色，好像黑色。

A 香 散发着烘焙的大麦味、深色水果，如西梅、李子味和甜香料味。

T 味 丰满、浓厚；有甜蜜的烘焙麦芽味，巧克力味和水果味；回味干。

塞缪尔史密斯于1758年创建，位于英格兰北部沃夫河沿岸的塔德卡斯特，是约克郡最古老的啤酒厂。虽然它的规模小，但其知名度高。它的生存发展促进了小型啤酒厂和传统啤酒运动，使其在世界很多地区取得成功，极大地丰富了啤酒的特色和选择性。

最初的帝俄司陶特啤酒（Russian Imperial Stout）是在英国酿造，之后出口到沙皇皇宫。因为当时运输过程中要途经冰天雪地的波罗的海，所以，为了防止结冰，这款啤酒的酒精含量很高。20世纪80年代，它推出了现代款，其酒精度为7%，保留了其酒精含量高的特点。

帝国司陶特啤酒呈黑巧克力色，它散发着浓色水果和烘焙大麦的香味，滋味很浓厚、丰醇——不太甜，但富有水果、香料和奶油的香味，而且总是强劲十足！

您可以搭配一系列味道浓郁的食物，包括斯第尔顿奶酪、胡桃、胡椒牛排、鱼子酱、牡蛎和黑巧克力甜点。您搭配上好雪茄也不错。这款啤酒又浓郁、又特别，适合极端主义者饮用。

浓烈的滋味
塞缪尔史密斯帝国司陶特啤酒，太浓郁了，以致曾被形容为“圣诞节的液体布丁”！有的人甚至把它看做是利口酒，用白兰地窄口杯，在室温下侍饮。

塞缪尔史密斯麦片司陶特啤酒（SAMUEL SMITH'S OATMEAL STOUT）

C 色 很深的褐色，几乎呈黑色，泡沫多，呈淡褐色。

A 香 明快、清新，散发着酒花、深色水果、雪莉酒和鲜花的香味。

T 味 丰满、甜蜜，滑润，纯净，回味干，清新。

人们曾经一度希望啤酒“营养丰富”，这样，酿酒商往啤酒里首次加入了燕麦片。20世纪80年代，史密斯啤酒公司使这种风格焕发了新生。这是一款经典的司陶特啤酒，虽然感觉甜，但只要饮用起来，就会变得很干。不过，之后干味消退，回味更甜，还有麦芽和微微的坚果味。它的口感不像很多司陶特啤酒那么浓重，但充满滋味。这款啤酒跟红葡萄酒一样美味，搭配食物非常出色，特别是海鲜或者烤牛肉和约克郡布丁。

塞缪尔史密斯麦片司陶特啤酒

塞缪尔史密斯塔德波特啤酒（SAMUEL SMITH'S TADDY PORTER）

C 色 很深的红褐色，泡沫多，呈深奶油色。

A 香 甜蜜，散发着烘焙的干麦芽、酒花和焦糖的香味。

T 味 滑润、美味，不太厚重，有烘焙的麦芽和巧克力的香味。

当然，“塔德”（Taddy）指的是约克郡的塔德卡斯特，塞缪尔史密斯啤酒厂的所在地。波特啤酒是传统的伦敦风格啤酒，它在20世纪中叶不再时兴，被更受欢迎的司陶特啤酒吞没。这一风格的啤酒比司陶特啤酒更清淡、更干一些，史密斯啤酒公司使它焕发了活力。因为它容易入口，既不太浓重，又不太耐饥，所以很诱人，而且也很热烈。饮用时，搭配牛肉派，可以驱散冬日的寒气。

伊斯特伍德&桑德斯1872波特啤酒（EASTWOOD & SANDERS 1872 PORTER）

C 色 呈黑色，不透明，泡沫呈深咖啡奶油色。

A 香 复杂，散发着烘焙的麦芽、深色水果和黑巧克力的香味。

T 味 酒体强烈，丰满、滑润；回味的干酒花味平衡了甜味。

一款出自真正爱尔爱好者之手的啤酒！伊斯特伍德&桑德斯是一家英格兰的小型啤酒厂，2002年才在约克郡的哈利费克斯（Halifax）创建。其创始人是两位在当地备受尊敬的知名啤酒商——约翰·伊斯特伍德、戴夫·桑德斯。他们曾得到了哈利费克斯和考德戴尔（Calderdale）的真正爱尔啤酒运动组织（CAMRA）的大力支持。约翰·伊斯特伍德2002年11月离开，留下戴夫·桑德斯单独酿酒。除了普通的系列啤酒，还有季节性或者每月推出的啤酒，包括科隆风格啤酒KSA。

伊斯特伍德&桑德斯1872波特啤酒

1872是一款美国波特啤酒，酒精度为6.5%，口感相当强劲，呈深黑色，泡沫为深奶油色。其香气也很浓郁、富有果香，散发着黑色水果、焦麦芽和烘焙大麦的香味。它的酒体强烈，滋味复杂，甜味和诱人的苦味交织，回味芳醇。

尽管波特啤酒往往搭配牛排或者牛肉腰子派，但它深浓的麦芽味同样非常适合搭配烤蘑菇。这款波特啤酒，富有巧克力和焦糖麦芽的浓滑香味，您可能也想用甜点，特别是巧克力制作的甜点与之搭配。

标时巧克力啤酒（MEANTIME CHOCOLATE BEER）

C 色 颜色很深，不透明，带有一抹深红色。

A 香 散发着深厚的烘焙麦芽、焦糖和巧克力的香味。

T 味 很干，苦，酒体清淡，但很滑润。

标时酿酒公司的确曾向这款酒提出挑战！虽然名为巧克力啤酒，但它根本不是用溶化的巧克力酿造，而是用颜色很深的烘焙麦芽制成，其香气和味道与煮食的巧克力相似。它的酒精度为4.9%，强劲度适中，如果没有巧克力的香味，就是一款普通的窖藏啤酒。所以，尽管它有着巧克力和焦糖的滋味，但并不太甜。但其很有趣，也很值得品尝，对它，您非爱即恨。

标时巧克力啤酒

摩尔豪斯黑猫啤酒（MOOREHOUSE'S BLACK CAT）

C 色 深深的褐色，泡沫浓厚、呈棕白色。

A 香 柔和，散发着烘焙麦芽和深色水果香。

T 味 很厚重，酒体强烈，有麦芽的甜味。

摩尔豪斯啤酒公司位于兰开夏郡古老的棉纺城伯恩利。公司历史悠久，生产苦酒花味软饮料多年，20世纪70年代后期转产啤酒。从20世纪80年代开始，该公司确定了新的所有权关系，已经酿造了一系列桶内熟化的桶装爱尔啤酒。

最知名的就是潘得尔维奇爱尔啤酒。不过，摩尔豪斯也酿制深色的淡味啤酒——黑猫，因为人们对淡味爱尔啤酒的兴趣复燃，所以黑猫迅速名声大振。“淡味”（mild）一词指的是没有酒花的苦味。这种风格啤酒的受欢迎程度，在19世纪末和20世纪初达到巅峰。它深受产业工人青睐：便宜、耐饥、又不太强劲。这款啤酒曾屡屡获奖，包括真正爱尔啤酒运动组织评选出的1998年度冠军淡味啤酒以及2000年英国终极冠军啤酒。

这是一款颜色很深的淡味啤酒。泡沫不太饱满，香气很精细，几乎闻不到，只有隐隐的麦芽焦味。您感受最明显的是，它特别厚重、强烈，几乎跟司陶特啤酒一样。其烘焙大麦的味道浓郁，还有似蜜糖般的甜味，回味有甘草味。其酒精度为3.4%，一点儿也不强劲，但酒体给人感觉更强劲。您可能希望多一点苦味，但它毕竟是淡味爱尔啤酒。

盖尔节日淡味啤酒（GALES FESTIVAL MILD）

C 色 深红褐色，带有一抹鲜艳的红宝石色。

A 香 浓郁；散发着麦芽和烤面包的味道以及黑色水果香。

T 味 干，有烤面包味，口感滑润，回味酸干。

盖尔节日淡味啤酒

汉普郡的盖尔酿制一种英格兰风格的深色淡味啤酒。其酒精度为4.8%，强劲度适中，泡沫厚、丰富、呈奶油色，香气颇为独特，散发着紧实的麦芽、深色水果和苦酒花的香味——尽管它是淡味啤酒。它的味道如施魔法一般，融合了黑色水果、无花果和甘草的味道，回味微苦——确实没有甜味。在凉爽的室温下饮用，搭配传统的英国美食，如腌菜、炸鱼、薯条或者牛肉腰子派。

豪拜克纯粹司陶特啤酒（HOP BACK ENTIRE STOUT）

色 深褐色，带有微微的紫色，泡沫呈淡黄褐色。

香 散发着麦芽香、酒花香，还有隐隐的黑巧克力香。

味 干、微苦，有巧克力麦芽味，很平衡。

豪拜克啤酒公司创建于英格兰北部的索尔兹伯里，20世纪80年代，约翰和朱莉·吉尔伯特在这里经营温德姆阿姆兹酒馆。1986年，他们酿制出第一款啤酒吉尔伯特首款啤酒GFB（Gilbert's First Brew），随后不久，这款啤酒开始在啤酒博览会上屡屡获奖。1992年，啤酒厂在唐顿建成，并且以酿制上好爱尔啤酒著称，多年来一直不断发展壮大。豪拜克啤酒公司，在英格兰南部也拥有规模虽小但正在扩大的酒馆产业。夏摩莱特宁啤酒（见第436页）可能是它最知名的啤酒，但这款啤酒十分不同——您可以称之为冬日的夏摩莱特宁啤酒。纯粹司陶特啤酒是豪拜克公司款的深色、像波特啤酒一样的酒品，它跟以健力士为代表的，爱尔兰干司陶特啤酒很相似。

豪拜克纯粹司陶特啤酒

它主要选用淡色麦芽酿制，里面也含少量巧克力麦芽，赋予啤酒特别的深厚度。但它的酒精度只有4.5%，不太强劲。

这款司陶特啤酒并非呈深黑色，而是深褐色，隐约闪现出紫色，泡沫呈土黄色。您能闻出巧克力的香气，不过，它的主要特点在于品尝时体验到的麦芽味、酒花的干味和回味中的烟熏可可味。它的口感不太厚重，我觉得搭配炖牛肉和羊肉特别美味。

麦克逊司陶特啤酒（MACKESON STOUT）

色 浓重的深黑色，不透明，泡沫多、呈土黄褐色。

香 散发着奶油、咖啡香和浓郁的深色水果香。

味 清爽，但口味很强烈；滑润、很甜、似奶油。

最受欢迎的、温暖又舒适的酒吧。20世纪中叶，麦克逊司陶特啤酒成为世界上最知名的啤酒之一，而且它是英国传统酒馆的必备酒品之一，尤其受女士的喜爱。

1907年，麦克逊啤酒首次在位于英格兰东南部肯特郡的海斯酿制而成。它跟麦片司陶特啤酒一样，确立了自己半啤酒、半滋补品的地位。并以“牛奶司陶特啤酒”进行营销，因为里面含有乳糖或者奶糖。这种糖不发酵，所以酿制的啤酒甜美，酒精度只有3%。1946年，牛奶啤酒的称呼被禁止，不过，酒标上还有奶罐图案！现在，它由拥有贝克啤酒和时代啤酒的酿酒巨头英博集团的子公司——英特布鲁经营管理。

麦克逊司陶特啤酒

千万不要根据过往年代低估这款迷人的啤酒；现在，市场上仍然有售，您应该品尝一下。这款司陶特啤酒经过巴氏灭菌处理，但未经过滤，所以其香气、味道浓郁。颜色很深，泡沫丰富，散发着隐约的咖啡和水果的香味。牛奶、深色水果、苦咖啡和土耳其咖啡的味道交织在一起，回味像百利奶油利口酒一样滑润。如果您从来没把麦克逊司陶特啤酒和牡蛎搭配在一起品尝，简直枉来人世。它出色、甜美、丰醇，绝不可嗤之以鼻。

布劳顿苏格兰麦片司陶特啤酒（BROUGHTON SCOTTISH OATMEAL STOUT）

色 深黑色，泡沫多、呈深金色。

香 散发着烘焙的大麦香，同时还有隐约的胡椒和姜味。

味 滑润、很像奶油，但又富有泥炭味，清新，干。

这家小啤酒厂创建于1980年，创始人是乔治·阳格酿酒家族的后代大卫·阳格（David Younger），广告语为“特色独具的啤酒”。这款麦片司陶特啤酒精美、平衡佳、清爽，味道活泼、令人满意，回味有苦巧克力和甘草的感觉。对于一款司陶特啤酒来说，十分雅致，泥炭口感搭配海鲜，滋味可口。但有些品饮者认为它不够强烈或者强健。

布劳顿苏格兰麦片司陶特啤酒

黑羊瑞格维特（BLACK SHEEP RIGGWELTER）

色 深宝石红铜色，泡沫饱满、呈奶油色。

香 精美，散发着橡木、太妃糖、黑巧克力和咖啡的香气。

味 有浓烈的麦芽味以及甘草、坚果、苦黑巧克力、烟的味道。

20世纪初，保罗·希克斯顿创建了黑羊啤酒公司，他来自著名啤酒酿造家族，其家族啤酒厂位于北约克郡里彭附近的马瑟姆。苏格兰纽卡斯尔酒业集团接管希克斯顿啤酒厂后，保罗决定独自在距离希克斯顿啤酒厂不远的地方建立啤酒公司，与之竞争，取名黑羊。这反映了他在家族受到排斥的新地位。

绵羊一直都是北约克郡的经济核心，他酿制的精美深色爱尔啤酒得名于瑞格维特，这在约克郡的方言里指的是跌倒后站不起来的一种绵羊。您饮用这款强烈有力的爱尔啤酒时，千万确保类似的情况不要落在自己头上；它的酒精度为5.7%，相当强劲，但很容易接近，很容易入口。当然，这也增加了让您变成瑞格维特绵羊的可能性！

这款啤酒是非常传统的英国爱尔啤酒，尽管几乎有着司陶特啤酒或者波特啤酒的特质。它的香气复杂，散发着水果、麦芽和咖啡的香味，让您垂涎欲滴。它的味道也很复杂，紧致的焦麦芽味和酒花味平衡，酒花苦味和巧克力味突出。其回味也有麦芽味，不过，同时还有诱人的烟熏味。

黑羊瑞格维特是我一直以来最喜爱的啤酒之一——特质出色，极其特别。如果有机会品尝，千万别错过。

圣彼得奶油司陶特啤酒（ST PETER'S CREAM STOUT）

色 从很深的褐色到黑色，泡沫呈咖啡奶油色。

香 散发着烘焙的大麦味，还有隐隐的咖啡和麦芽的香味。

味 滑润、丰满、似奶油，回味苦甜。

圣彼得堂是13世纪的庄园宅第，位于英格兰东部的萨福克。新建的小型酿酒厂以高科技、卓越营销和精美啤酒而著称。奶油司陶特啤酒酒精度为6.5%，口感颇为强劲，颜色很深，散发着未加糖的巧克力和黑色水果香气。它配制时混合了当地的大麦麦芽，创造出紧致的酒体和平衡的苦甜滋味。这款啤酒荣获2003年和2004年度国际啤酒大赛金牌。值得期待！

圣彼得奶油司陶特啤酒

芬兰

在芬兰，占据主导地位的哈特沃啤酒公司酿制窖藏啤酒，而似奶油的深色风格啤酒正是它的主要竞争对手。

新纳布里科夫波特啤酒（SINEBRYCHOFF PORTER）

色 很深的黑色；浓厚，不透明。

香 复杂、诱人，有深色水果、咖啡、可可和林木的香味。

味 很干，颇为油滑；有焦麦芽味、黑巧克力味；回味苦、可口。

啤酒厂可以追溯到1819年，而这款波特啤酒是它历史最悠久的啤酒之一。1952年，它为赫尔辛基奥运会再次推出。新纳布里科夫也常被称为科夫，它根据健力士风格酿造，口感很干，颜色很深。其酒精度为7.2%，也很强劲，热烈、耐饥。

德国

有些最出色的德国啤酒并非清淡的窖藏啤酒，而是深厚、浓重、强烈的啤酒，被称做鲍克（Bock）和多普鲍克（Doppelbocks）。这款啤酒主要产自德国南部的巴伐利亚，口感很浓烈。冬日里，您在外面走了一大段路后，可以细细品味。

施耐德阿文蒂努斯（SCHNEIDER AVENTINUS）

色 深褐色，泛着一抹强烈的红色。

香 散发着干草香，还有隐隐的糖浆和香蕉的味道。

味 丰满，富有果味，很浓烈，有西梅、葡萄干和甘草的味道。

巴伐利亚的施耐德啤酒厂专门酿制小麦啤酒，但这款啤酒不同寻常。它的酒精度为8%，是强劲小麦啤酒小麦鲍克（Weizenbock）的典范。它的颜色特别深浓，泡沫大，呈奶油色，持续时间很短。其散发着典型的小麦啤酒香气，不过，这款卓越啤酒的真正特色，在品尝后才开始展露。它有种隐隐的苦味和酒味，虽不显著，但口感非常浓烈。它还有香料的味道，尤其是丁香味以及巧克力和香蕉的味道。回味甜美，令人满意。这是一款美味佳酿，单独饮用非常完美，搭配辛辣的亚洲菜或者印度菜也非常棒。

施耐德阿文蒂努斯

麦克斯马特（MAXIMATOR）

色 诱人的中度褐色，泛着一抹橙色。

香 散发着甜麦芽、柚子、柑橘、肉桂、酒花的香味。

味 清新、活泼，有麦芽、焦糖和柑橘的味道。

奥古斯丁啤酒厂是慕尼黑最出色的啤酒厂之一，也是当地最受欢迎的啤酒厂之一。麦克斯马特是多普鲍克啤酒——巴伐利亚特有的、很强劲的深褐色啤酒。其酒精度为7.5%，跟所有的多普鲍克啤酒一样，很强烈，似奶油，令人满意。其味道甜美，有深色烤麦芽、无花果、深色水果，如葡萄干和西梅干的味道以及深色糖浆的味道。它的回味很干，有麦芽的口感。这种风格的啤酒很适合搭配味道浓郁的食物，如浓重的香肠或者奶酪和凉肉。

奥普蒂麦特（OPTIMATOR）

色 深深的褐色里有着隐隐的橙色；泡沫浓稠、持久、呈黄褐色。

香 富有水果和香料的香味，包括无花果、水果干、葡萄干、醋栗和姜的味道。

味 极其强烈；有焦糖、麦芽、苹果棒糖味；回味苦甜。

伟大的慕尼黑斯贝特啤酒厂创立于1397年，现在名为斯贝特方济会修士啤酒厂。奥普蒂麦特是它的旗舰酒品之一，是多普鲍克啤酒的典范。它的酒精度为8%，很强劲，酒体厚重、强烈。这款酒，我根本不会轻视！

奥普蒂麦特啤酒香气复杂，富有果香，其中包括深厚的烘焙麦芽香味。其很耐饥，味道甜美，但不稀淡，也不含糖。您几乎察觉不到平衡的酒花味，但却真实存在。

这款啤酒很适合搭配浓烈、丰盛的饭菜如牛排或者派，不过，您最好在餐后饮用。如果您对它的强劲感、浓烈感早有心理准备，随时都可以享用。

食物搭配

牡蛎 牡蛎的咸香味，衬托浓郁的深色波特啤酒完美至极。牡蛎是17、18世纪工人酒吧的主食，就像如今的花生米那么普通。无论是生食还是炖熟或者做成派，牡蛎搭配这种深色啤酒仍然美味可口——让人不禁回想起美好的过往。

骇客普朔邓克尔啤酒（HACKER-PSCHORR DUNKEL WEISSE）

色 黄褐色，泡沫多，气泡如精美细珠。

香 散发着细微的焦麦芽、香蕉、丁香和酵母的味道。

味 麦芽味颇浓，还有隐约的不加糖的黑巧克力味和香草味。

位于慕尼黑的骇客普朔啤酒厂可以追溯到1417年，以欧菲三月（Oktoberfest Märzen）啤酒最为驰名。

这款特别的啤酒是迷人、平衡佳的深色小麦啤酒的典范。其酒精度为5.2%，很强劲，泡沫丰富、饱满，呈米色，持久。其酵母香味突出，但也有香蕉和香料特别是丁香的香气，清淡、诱人。它的味道也很平衡，有麦芽、巧克力和深色水果的味道，同时衬托着小麦的清雅淡味。这款啤酒单独或者餐后，甚至搭配甜点饮用，十分出色。

拉脱维亚

波罗的海地区的波特风格啤酒，并非黑色，而是深红宝石或者石榴红色，泡沫大、多、呈奶油色。

阿尔达利斯波特啤酒（ALDARIS PORTERIS）

色 不像很多波特啤酒那样乌黑，呈很深的红宝石色。

香 平衡佳，散发着麦芽、香草、葡萄干和甜糖浆的味道。

味 似奶油，有烟熏的麦芽、黑樱桃和甘草的香味。

我听说这款啤酒最受拉脱维亚女性的喜爱，可以让她们在冬日夜晚驱寒保暖——现在，我完全能理解！这款啤酒泡沫大、多，呈奶油色，酒精度为6.8%，口感强劲、浓烈。它的气味芳香精致，有着出色的麦芽和深色水果味道，回味干，有香料味。

波兰

波兰在归属奥地利哈布斯堡（Austrian Habsburg）王朝时期，建立了啤酒产业。波罗的海地区的波特啤酒为下面发酵，味道很强烈、有力，往往比同一风格的其他啤酒更强劲。

茨维克波特啤酒（ZYWIEC PORTER）

色 艳丽的深红木色，略带一丝红宝石色。

香 独特，散发着酒花、烟熏麦芽和咖啡的香味。

味 圆润、强烈，有烘焙咖啡和深色水果的味道。

波兰最著名的啤酒厂酿制一系列上好啤酒。这款波特啤酒很强劲，酒精度为9.3%，没什么泡沫，香气复杂，散发着烘焙麦芽、沥青、咖啡和西梅干的气息。它的味道强烈、有力，酒花味、干味和苦味平衡。很令人们满意——非常出色的波罗的海风格体验。

多杰里迪波兰波特啤酒（DOJLIDY POLSKI PORTER）

色 深红褐色，泡沫持久、呈奶油米黄色。

香 散发着红糖和糖浆的味道，酒味突出。

味 强劲、浓烈；有糖浆、焦糖、深色水果、研磨的咖啡味。

这款啤酒的特色之一在于：随着升温，味道熟润，所以，饮用时会变得更美味——绝非只是一种感受！它呈深色，酒精度为9%，味道很强劲，口感浓郁，令人满意，回味苦甜，有浓重的巧克力味。

捷克共和国

虽然捷克以金黄的窖藏啤酒著称，但也出产一些上好的、鲍克或者深色窖藏风格的深色啤酒。

赫罗德黑啤酒（HEROLD BLACK BEER）

色 很深的宝石红色，乍一看几乎是黑色。

香 精雅，麦芽、酒花和酵母味平衡佳。

味 丰满，富有麦芽味；还有隐隐的黑巧克力、香草和柔韧水果的气味。

布拉格南部的赫罗德啤酒厂，建在波里兹尼斯（Breznice）的一座城堡里，是捷克共和国最古老的啤酒厂之一。它创立于1720年，历史悠久、动荡，曾经一度满负荷生产，然后被政府关闭，成为啤酒研究院。然而，从1990年起，它又开始酿造啤酒。在小麦啤酒销声匿迹多年后，因重新为捷克人推出小麦啤酒而名声大振。

这款啤酒为古老的黑色窖藏风格啤酒，像史瓦兹黑啤酒（Schwarzbier）一样，也可以在德国东部地区找到。尽管酒名带个黑字，但啤酒颜色并不算黑，而是呈很深的红色。它的泡沫精美，香气柔和、平衡佳，麦芽香味突出。其酒精度为5.2%，强劲度适中，并不像您想得那么甜。毕竟，它是窖藏啤酒！您可以尝到微微的苦味，与麦芽、水果味平衡和谐。其回味很清爽。

这是一款出色的啤酒，如果您很习惯禾秆色的窖藏啤酒，那么深色窖藏风格别具魅力。

赫罗德黑啤酒

美国

美国本土爆发小型啤酒厂运动，导致出现各种啤酒风格，令人眼花缭乱。尽管窖藏啤酒才是美国市场的主流，但司陶特啤酒和波特啤酒正在进入最成功、知名度最高的啤酒行列。

布鲁克林黑巧克力司陶特啤酒（BROOKLYN BLACK CHOCOLATE STOUT）

色 深、浓的黑色，泡沫呈淡黄褐色。

香 散发着浓郁的、未加糖的巧克力香和烤麦芽香。

味 酒体强烈，滑润，似奶油；有浓郁的黑巧克力、甘草和麦芽的味道。

布鲁克林啤酒公司（见第441页）是留在纽约城内、为数不多的几家酿酒公司之一，所酿啤酒在纽约的酒吧和俱乐部很受欢迎。这款巧克力司陶特啤酒是酿酒主管自己的最爱；它仅在冬季生产，并注明时间（比如，2004-05）。它的酒精度为8.25%，很强劲，呈黑色、不透明。其奇妙的巧克力香气和滋味（就是过去还没有加糖习惯时所销售的、未加糖的巧克力品种）并非因为添加巧克力而形成，而是选用深色“巧克力”麦芽的结果。

这款啤酒的酒体非常强烈，有着深色麦芽味，迷人的苦味，回味很干、有苦味。您需要在冬日，坐在炉火边或者在暖融融的酒馆里饮用品尝。最后，小口细细品味，千万别点太多！

布鲁克林黑巧克力司陶特啤酒

维克多暴风王司陶特啤酒（VICTORY STORM KING STOUT）

色 深厚而不透明的褐黑色，泡沫厚、呈奶油色。

香 富有花香、果香，散发着柠檬和麦芽的味道。

味 味道强烈、浓郁；有酒花、柔和的焦麦芽味和细微的巧克力味。

有了这款酒，您可以不必做饭了！维克多啤酒公司位于宾夕法尼亚州的费城附近，它融合了从德国获取的专业技术和冒险、实干精神，已经颇有名气。出产的卓越啤酒包括普瑞马比尔森啤酒、圣维克多瑞斯多普鲍克啤酒（St Victorious Dopplebock）（见第440页），特别是酒花魔印度淡爱尔啤酒。它也酿制出这款非常浓郁的暴风王司陶特啤酒。

这款啤酒曾被称为“酒瓶里的食物”，味道很浓烈，酒精度为9.1%，强劲有力，所以千万不可小视！它呈很深的褐色，几乎为黑色，泡沫呈奶油色，不持久。这样一款强劲有力的啤酒，香气却很精致，吐露着鲜花、深色水果、柑橘的香味，真是令人倍感惊喜。它的酒花味十分突出，麦芽味并不过分，酒体特别强烈、丰满，还有柑橘和巧克力的味道，回味精美、柔和、有苦味。

我确实很喜欢这款司陶特啤酒，因为它精致、细腻。尽管很强劲、浓烈，但还是比很多司陶特啤酒口感清淡，所以，很值得品尝。它从10月到次年3月间，即秋冬季节酿造，既有瓶装的，也有桶装的。

维克多暴风王司陶特啤酒

罗格莎士比亚（ROGUE SHAKESPEARE）

色 不透明，从深褐色到黑色，泡沫呈淡黄褐色。

香 散发着深色青草酒花、麦芽香和细微的水果香。

味 很浓郁，甜蜜；苦甜味独特、平衡；回味干、有酒花味。

罗格啤酒公司位于俄勒冈州的纽波特，它为推动小型啤酒厂运动功不可没，宣称酿造出“供啤酒鉴赏家、企业家和革新者饮用的酒品”。所有的啤酒都被赋予了一种“罗格式的不循常例”感，通过精彩的酒标，展现了与酒名相关的各种啤酒特色。啤酒的名称和品牌名称也透着一股“罗格式的不循常例”。所以，让人十分费解的是，您看到的啤酒相同或者相似，但名字却完全不同。比如，莎士比亚司陶特啤酒也在日本灌装，销售名为棕熊。罗格也酿制很多其他司陶特啤酒，包括帝国司陶特啤酒和巧克力司陶特啤酒。尽管如此，通过杰出的品牌营销，像布鲁托苦啤这样的啤酒，它已经从美国西北端的原产地，走向全美，走向其他国家。

作为宣言的一部分，公司声明，其酿制的啤酒致力于“拥有同一标准，但并非适合每个人。如果啤酒达不到要求，就不该酿造。”那么，罗格莎士比亚司陶特啤酒符合这种宣传吗？

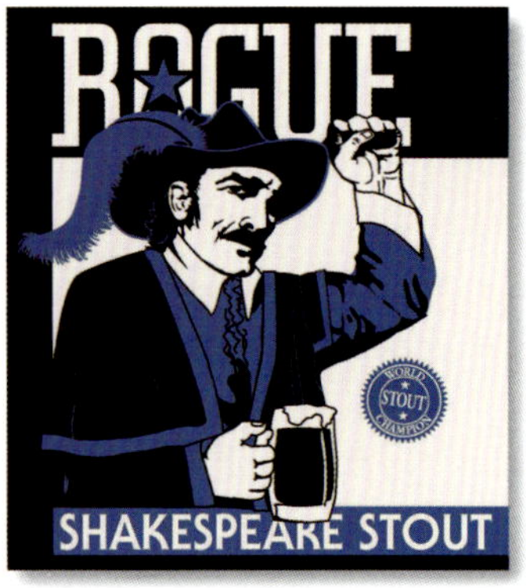

罗格莎士比亚

这款啤酒酒精度为6.1%，相当强劲。其酒体厚重、强烈，尽管透过酒瓶呈深褐色，倒入杯中，完全是深黑色，泡沫中等、呈淡黄褐色。您会闻到深色水果、烘焦麦芽、酒花甚至巧克力的香气。然而，正是罗格莎士比亚司陶特啤酒的味道，造就了它的成功。一开始它的味道甜美、丰醇、如蜜糖，但很快就变成浓郁的苦味，甚至有点微酸的口感。它的滋味复杂，有种烘焦麦芽味、酒花味、深色水果味如葡萄干味以及坚果味争相显现。它的口感相当滑润、奶油一般，回味干。

不像有些啤酒，这款啤酒无论是瓶装的，还是桶装的，都同样美味。当然，在喝过一两瓶以后，您会发现，自己兴致勃勃地跟酒标上的诗人探讨啤酒的优点。

力加波特啤酒（ANCHOR PORTER）

色 不透明的深黑色，带有很深的红色。

香 散发着麦芽、巧克力、咖啡、深色水果的香味和酒花香，很平衡。

味 有甜麦芽、巧克力、咖啡、酒花的香味，极其平衡，回味特别悠长。

力加波特啤酒

这款啤酒确实与众不同，该称为波特啤酒，还是该称作司陶特啤酒，争论不一。它是比司陶特啤酒更清淡、更鲜亮的波特啤酒，没有您可能会联想到的司陶特啤酒“瓶中食物”的酒体或者苦干味。力加公司坚持这是波特啤酒，但它酒体丰满、浓烈，因此与司陶特啤酒很接近。我觉得是介于两者之间。

这款啤酒颜色很深，从本质上来说，它呈黑色，带有一些深红色，泡沫呈卡布奇诺咖啡色、会逗留一段时间。它的香气美妙，麦芽甜香、深色水果、黑巧克力甚至覆盆子的气味突出。它的味道平衡卓绝，一开始是麦芽和咖啡味，接着是药草和香料味，然后是巧克力味，柔和的酒

内华达山脉司陶特啤酒（SIERRA NEVADA STOUT）

色 不透明的深黑色，泡沫呈淡黄褐色。

香 强烈；散发着深色酒花香和焦麦芽香，还有细微的柑橘香。

味 很浓郁，酒体强烈；有可可、咖啡和麦芽的味道，回味微苦。

内华达山脉啤酒厂位于加州的奇科（Chico），已经成为新一代最著名的啤酒厂。以绝妙的庆典爱尔啤酒（见第440页）和内华达波特啤酒（见第454页）而闻名，很多人认为是美国最棒的波特啤酒。它的司陶特啤酒一点儿也不柔弱，酒精度为6.6%，酒体很强劲有力。我觉得，这款啤酒并没有达到内华达山脉其他啤酒的水准。不过，依然很美味，搭配浓郁的肉食或者贝类非常出色。

内华达山脉司陶特啤酒

海威特帕库诺海默帝国啤酒（HEAVYWEIGHT PERKUNO'S HAMMER IMPERIAL）

色 不透明的深褐黑色，泛着一抹深红宝石色或者深红色。

香 散发着黑巧克力香，浓郁，还有深厚的酒花味。

味 强烈、滑润；有甜麦芽、黑巧克力、咖啡味和酒花的苦味。

这款啤酒很不同寻常——它是波罗的海风格的波特啤酒，类似拉脱维亚或者波兰酿造的啤酒，但却是产自新泽西州的海威特啤酒公司。海威特是一家小型啤酒厂，由一对夫妇——汤姆·贝克（Tom Baker）和佩吉·兹沃维（Peggy Zwerver）经营，他们是啤酒爱好者，曾经多年在自家和其他小型啤酒厂酿造啤酒。1999年，这家啤酒厂创建，致力于生产非同寻常的传统啤酒，尤其是颜色更深、更重的啤酒。

贝克认为，这些啤酒一年四季都很卓越，那为什么仅是冬季的啤酒呢？所有的瓶装啤酒都加入酵母熟化，当您斟酒的时候，要留意沉淀物。

帕库诺海默得名于帕库诺神，也就是波罗的海地区的雷神。它的啤酒风格介于德国的多普鲍克啤酒和帝国司陶特啤酒之间，它的酒精度为8.3%，很强劲。颜色呈很深的褐色，几乎为黑色，带有一抹深红色，闪闪发亮，泡沫漂亮、呈淡黄褐色。虽然其酒体很强劲有力，但仍很滑润、似奶油一般，甜美的深色巧克力麦芽味和酒花的悦人苦味，平衡出色。

我认为，这是一款绝妙的波特啤酒。无论是饮用桶装的还是瓶装的，都不会错。它是我品尝过的最好的啤酒之一。您可能不想饮用太多，但它确实是必尝的啤酒！

花苦味赋予平衡感，使滋味不太甜。酒体也很丰满、似奶油。其回味恰恰最为特别，很悦人，混合了啤酒的所有醇美滋味，而且绵延不绝。

这是一款出色的波特啤酒，也是一款出色的司陶特啤酒！让我想起了芬兰新纳布麦克逊司陶特啤酒（见第449页）。酒精度为6.3%，很强劲，但滋味平衡可口掩盖了酒精强度，所以很容易喝太多。其在睡前细酌，同样十分美味。

无论把它放在哪里，您都会乐意搭配味道浓郁的肉菜或者精美的海鲜。但是，不要期望您能一直保持清醒！

边缘啤酒
丰满的酒体、浓烈的味道，使力加波特啤酒很接近司陶特啤酒。品饮者们仍在继续讨论，它到底属于哪类啤酒。

纸城莱利司陶特啤酒（PAPER CITY RILEY'S STOUT）

C 色 深黑色，略带一丝琥珀色，泡沫呈淡黄褐色。

A 香 平衡佳，散发着甜麦芽、巧克力和鲜花的香味。

T 味 结实，酒体强烈，有巧克力、咖啡和烘焙焦麦芽的味道。

纸城啤酒厂位于马塞诸塞州的霍利奥克（Holyoke），它酿造出一系列特色独具、与爱尔兰有关联的季节性爱尔啤酒。它的莱利司陶特啤酒也不例外，也是爱尔兰干啤酒风格。它的颜色很黑，泡沫呈卡布奇诺咖啡色，消散很快，有烟熏味、口感柔和、干，酒体比很多司陶特啤酒，甚至比波特啤酒还清淡，因此很容易入口。

德舒特黑曜石（DESCHUTES OBSIDIAN）

C 色 最深、最浓、最不透明的黑色。

A 香 浓厚，散发着烟熏的焦麦芽、不加糖的巧克力和深色水果的口味。

T 味 酒体很强烈，但非常滑润，苦甜味平衡佳。

德舒特黑曜石

俄勒冈啤酒厂通常专注于深色啤酒而非比尔森啤酒或者淡色爱尔啤酒的酿造，旗舰啤酒是黑比尤特波特啤酒。它也酿制出这款精美的司陶特啤酒，其酒液呈深黑色，泡沫呈淡黄褐色，持续时间短。它的酒精度为6.7%，很强劲，可酒精感并不突出，质地很滑润；比健力士啤酒稍强烈一些，但并不过分——我觉得很容易入口，令人十分愉悦。

内华达山脉波特啤酒（SIERRA NEVADA PORTER）

C 色 很深的褐色，泡沫松软、呈淡黄褐色。

A 香 富有烟熏味和麦芽味，还散发着研磨的咖啡和巧克力的香味。

T 味 有果味，还有酒花、咖啡、巧克力的味道——全都平衡出色。

内华达山脉啤酒公司，基地位于加州的奇科，宣称它的内华达山脉波特啤酒，如果不是世界，也是美国最上好的啤酒之一。与之媲美，绝非易事。有些出色的啤酒，能和它相提并论，特别是力加波特啤酒（见第453页）。它曾获得加州啤酒节（强健波特啤酒，2000）和科罗拉多州博览会（波特啤酒Porter，1996）第一名。

内华达山脉波特啤酒是色深、浓郁、美味、酒体中度的爱尔啤酒，其酒精度为5.6%，强劲度适中。不像有的波特啤酒，它不会与司陶特啤酒混淆，因为其风格恰好是您所期望的波特啤酒：酒体或者强劲感并不过于强烈，十分容易接近。

内华达山脉波特啤酒

这款啤酒呈很深的褐色，泡沫持久性很好。它散发着烘焙麦芽、巧克力和黑色水果的香气，口感平衡卓越，有巧克力、麦芽、咖啡和焦糖的口味。它有酒花味，但不突出，也没有破坏苦味。

我一想到"美国波特啤酒"，内华达山脉波特啤酒就会跃入脑海。我认为，它最大的优点就是，容易接近并且容易入口，这是一种享受，而非一场战斗。它是不是比力加波特啤酒美味呢？这个问题还是留给您作答吧！

文化与传统

功能还是时尚？ 司陶特啤酒，最早是强健工人的饮品，也曾经作为营养丰富的滋补品销售，特别适合哺乳期的母亲。20世纪后期，有很长一段时间，它越来越不受年青一代的青睐，因为他们被口感柔和、泡沫丰富的窖藏啤酒所吸引。不过，它最终走出低谷，一方面要归功于健力士啤酒（见第445页）的促销手段，把司陶特啤酒重新定义为时尚饮品。另一方面要感谢爱尔兰主题酒馆的传播，将司陶特啤酒作为主打饮品推出。现在，世界各地的品饮者对司陶特啤酒情有独钟，认为它摩登时尚。

澳大利亚

澳大利亚与英国啤酒的历史联系依然存在，也就是说，澳大利亚出产一些卓越的传统爱尔啤酒。而这款上好的司陶特啤酒，就是两国悠久关系的产物。

库珀特级司陶特啤酒（COOPERS BEST EXTRA STOUT）

C 色 很深、浓、有不透明的黑色，泡沫呈淡黄褐色。

A 香 散发着深色的烘焙麦芽、咖啡、烧焦林木和焦糖的香味。

T 味 质地很油滑，有林木味，微苦，干。

阿德莱德的库珀啤酒公司以其传统的酿酒方法为荣。特级司陶特啤酒，采用上面发酵（见第391页）方法，自然酿制而成，未加入任何添加剂或者防腐剂。因此，黑色烘焙麦芽赋予啤酒丰满、深浓的质地。特别陈酿司陶特啤酒，更加浓厚。因为其在销售前，熟化6个月之久，以提升其复杂性。

库珀特级司陶特啤酒

库珀啤酒的酒精度是6.3%（陈酿司陶特是6.8%），颇为强劲。它口感很干，微苦，混合着烘焙味、烟熏味和深色水果味，酒温升高一些的话，会有更浓的烘焙咖啡味和隐隐的黑甘草和奶油巧克力的气味。特别陈酿司陶特啤酒回味特别悠长，令人满意，在凉爽的室温下，搭配一些美味的新鲜海鲜，确实是种款待。总之，这些啤酒很可口，也很热烈。

食物搭配

奶油甜点 司陶特啤酒搭配奶油布丁非常完美，甚至可以用于制作菜肴，如意大利的沙巴雍，或者直接倒在冰激凌上食用。为了达到最佳效果，选择的啤酒要比甜点味道甜一些——可以试试牙买加的龙司陶特啤酒。所有的司陶特啤酒，干的也好，甜的也美，都很适合搭配巧克力。

牙买加

牙买加曾经是英帝国的一部分，这款极为热烈的啤酒与这座岛国的殖民历史紧密相连。

龙司陶特啤酒（DRAGON STOUT）

色 很深的褐色，几乎呈黑色，泡沫呈淡黄褐色。

香 散发着糖浆、可可、蔗糖、西梅和麦芽的香味。

味 很甜，有麦芽、烟、糖浆和太妃糖的味道。

有两个词可以形容牙买加自产的啤酒：甜美、强劲（酒精度为7.5%）！这款深受青睐的啤酒，由酿制红带啤酒（见第413页）的德诺杰德公司生产，曾被戏称为“汽酒”。它类似牛奶司陶特啤酒，如麦克逊（见第449页），很适合搭配优质巧克力冰激凌。

斯里兰卡

在英国统治时期，司陶特啤酒来到斯里兰卡，斯里兰卡人将这种酒体强烈的经典风格，演变为当地的啤酒品类。

狮子司陶特啤酒（LION STOUT）

色 很深的褐黑色，不透明，泡沫呈淡黄褐色。

香 很清新，散发着波特酒、红色水果和糖浆的味道。

味 干、天鹅绒般柔滑；有未加糖的巧克力、糖蜜、咖啡的味道。

可能在英帝国统治时期［当时斯里兰卡名为锡兰（Ceylon）］，正是英国对斯里兰卡的影响，才导致这里的人对司陶特啤酒钟爱有加，而这种喜爱一直未曾改变。狮子司陶特啤酒产自圣城康堤附近，由锡兰/狮子啤酒公司酿造。在它的原产地，啤酒厂75%的销量为司陶特啤酒而非窖藏啤酒——考虑这里气候温暖、潮湿的因素，这个数字十分可观。

狮子司陶特啤酒

这款啤酒从很深的褐色到黑色，泡沫持续时间相当短。香气没有你想得那么浓厚，里面有红色水果和波特酒的气息。或许，波特酒的元素并不让人惊讶，因为它的酒精度是8%，很强劲。质地醇厚，如天鹅绒般柔滑，还有蜜糖和麦芽口感，里面混合着一些优质坚果和巧克力的香味。回味很诱人，苦味中带有麦芽的口感。想法似乎有点奇怪，但狮子司陶特啤酒搭配亚洲美食很出色。如果您偏爱纯饮，那么这款司陶特啤酒，需要慢慢地、平稳地品尝。不管您怎么饮用，我认为您都会同意我的观点：这是斯里兰卡最美味的啤酒。

日本

虽然日本啤酒大多为窖藏风格，但日本人喜欢的啤酒种类十分多样，其中包括颜色更深的品种。

朝日司陶特啤酒（ASAHI STOUT）

色 不透明的深黑色，泡沫呈卡布奇诺咖啡色。

香 十分精致，散发着烘焙的麦芽香和泥土气息。

味 酒体很强烈，干，有甘草和烟味。

朝日的旗舰啤酒是柔和、纯净的超干（见第412页），不过，跟大多数日本啤酒公司一样，朝日酿制一系列优质啤酒，包括黑啤、Z、双酵、等。它也生产出这款卓越的传统司陶特啤酒，采用上面发酵方法酿造，烘焙麦芽香味浓郁。它的初衷就是要富有英国和爱尔兰传统特色。

这款啤酒很丰满、浓厚，呈现出深黑色，完全不透明，泡沫呈淡黄褐色，持续时间不是特别久。其香气不太浓烈，但是伴着麦芽味，还能感受到酵香和泥土的气息，这是酿酒过程中添加了特殊酵母的缘故。它的质地强烈，酒精度为8%。味道以干味为主，但也有烟熏、沥青、甘草的味道。

这款啤酒适合冬日夜晚啜饮，搭配浓郁的肉菜或者海鲜。另外，其也适合餐后纯饮或者睡前饮用。由于这款啤酒很强劲，所以不适合持续时间很长的饮酒聚会，除非您是超人！那种场合，可以继续饮用朝日超干啤酒。

朝日司陶特啤酒

鄂霍茨克柔和司陶特啤酒（OKHOTSK MILD STOUT）

色 不透明的深褐黑色，泡沫呈淡黄褐色。

香 雅致，不太过于强烈，散发着酒花和泥土的气息。

味 酒体中度，有烘焙的麦芽口感，很滑润，很容易入口。

虽然它听起来像俄罗斯啤酒，但确确实实是日本啤酒。鄂霍茨克海位于日本北端，一边是西伯利亚，一边是日本北海道岛。这款啤酒产自一家酒馆，位于北海道岛的偏远地区北见（Kitami）。它的全称是鄂霍茨克啤酒厂（Okhotsk Beer Factory），但这里的啤酒产量不大，尽管同在这座岛上的强大的札幌（Sapporo）啤酒厂曾给予它资金扶植。

这座“酒厂”于1995年开设，酿制各种独具特色的啤酒，包括富有泥炭味的黑啤（Black Beer）和似奶油的苦比尔森（Bitter Pils）。这款啤酒名为柔和司陶特，是为了区分浓重、口感很干的爱尔兰风格司陶特啤酒。我个人更倾向于称之为波特啤酒或者奶油司陶特啤酒，因为它的味道确实不太干。

鄂霍茨克柔和司陶特啤酒

鄂霍茨克柔和司陶特啤酒呈很深的褐色，泡沫适中。它的香气十分精致，让我想起烘焙麦芽，但不是特别突出。您第一次品尝这款啤酒，定会大吃一惊，因为它味道很甜美，但酒精度只有5%，酒体滑润，让人总想再喝一杯！

TRADE

浓郁、热烈的啤酒

“真正的冬日啤酒，富有浓郁的麦芽香和精美的酒花味，让您倍感愉快、温暖，如同坐在炉火边一样。”

浓郁、热烈的啤酒简介

为了这些绝妙佳酿，忍受严冬也值得，很多强劲有力的啤酒，需要坐在炉火边，悠然啜饮。酒杯里的酒液可能冰凉清爽，但那温暖的感觉却在周身流淌。

品酒和侍酒

简介 这类啤酒很多都丰醇强劲，有些需要像葡萄酒一样对待。滋味应该很平衡，总体而言，有种热烈的感觉。

C 色 这类啤酒的颜色从深橙色到深褐色或者黑色。爱尔啤酒泡沫丰富，而大麦果酒呈橙色，泡沫少或者无泡沫。

A 香 这类的很多啤酒馥郁芳香，尤其散发着麦芽、橙子、红色和黑色水果的香味，特拉普修道院啤酒有香料和药草香味。有的啤酒散发着雪莉酒和波特酒香。

T 味 因为麦芽、水果和药草的味道口感平衡，所以滋味热烈，不过，多数情况下，酒精的强劲感突出明显。

选购和贮藏 这类啤酒比大多数啤酒昂贵，而且不容易买到。很多大麦果酒和一些特别的爱尔啤酒，窖藏后品质提升，通常可以窖藏长达5年之久。

侍酒建议 由于很多这类啤酒强劲十足，所以应该啜饮，而非一饮而尽，要用窄口酒杯或者其他小酒杯侍饮。鲍克啤酒可以冰镇侍饮，爱尔啤酒的侍饮温度大约是13 °C（55 °F）。有的可以像利口酒一样，餐后细细品尝。

食物搭配 爱尔啤酒搭配冬令菜肴，如烤牛肉和猪肉香肠。有些更浓郁的啤酒和大麦果酒很适合与奶酪搭配，味道更甜的啤酒可以和甜点一起食用。

这类热烈的啤酒丰醇浓郁，因为大麦芽的浓度增强了甜味和酒精含量。这种啤酒在酿造过程中也会添加水果、药草和香料。热烈的感觉主要是酒精度强劲的结果，通常回味时显露无余。这种啤酒美味的秘诀在于平衡酒精强度和滋味，然后再与甜味、干味平衡，谈何容易啊！这类啤酒主要在冬日御寒保暖，风格千姿百态：有褐色或者橙色的爱尔陈酿啤酒，如富乐ESB啤酒；有德国鲍克啤酒；有深褐色或者黑色的调味爱尔啤酒和司陶特啤酒；有更清淡的金色比利时三麦啤酒，如福佳特级珍酿；有大麦果酒，这种酒绝非葡萄酒，而是浓郁的果味啤酒。

黑巧克力 威斯特8° 啤酒融合了焦糖、牛轧糖味和浓香的巧克力味。

强劲度和酒龄

虽然界限有些模糊，但人们通常都同意：陈酿爱尔啤酒更淡柔一些，可以桶装零售；大麦果酒更强劲，瓶装销售。还有一种热烈的苏格兰爱尔啤酒风格，以特拉奎尔庄园爱尔啤酒为代表。德国和比利时啤酒风格浓郁，融合了麦芽、水果、酒花、药草和香料的香味。最著名的比利时风格是特拉普修道院或者修道院爱尔啤酒，是在修道院酿制出的酒品，历史长达几百年之久。美国的小型啤酒厂，如维克多、力加，也酿造上好的热烈陈酿爱尔啤酒和大麦果味啤酒，名声越来越响。

爽心美食 浓郁的爱尔啤酒，像艾德布莱德啤酒很适合搭配烤带皮土豆。

有些这类啤酒随着时间的推移，品质不断提升，像奇美特级珍藏，或者犬毛弗雷德啤酒，香气和味道变得芳醇、复杂，犹如葡萄酒或者波特酒。这些啤酒销售时标注年份，并不罕见，因为它们每年酿造一次，像富乐年份爱尔啤酒或者富有传奇色彩的托马斯哈代爱尔啤酒，宣称25年历久弥香。

英国

酿制浓郁、热烈的爱尔啤酒是英国最出色的酿酒传统之一。这些强劲的啤酒与窖藏啤酒截然不同——深厚、强烈，要在室温下待饮。这种风格的经典英国啤酒就是大麦果酒。

哈维帝俄司陶特啤酒（HARVEY'S IMPERIAL RUSSIAN STOUT）

C 色 很深浓的黑色，泡沫少或者没有。

A 香 散发着深色水果、未加糖的巧克力和强劲波特酒的香味。

T 味 浓厚、油滑、甜美，有无花果和深色水果味；回味悠长，有巧克力味。

哈维啤酒厂位于英格兰的萨塞克斯，1790年开始运作。现在，它仍然是独立的家族企业，以生产大量卓越的啤酒而驰名，其中包括帝俄司陶特啤酒。这款啤酒再现了1912年的帝俄司陶特啤酒——最早由阿尔伯特考克在今天爱沙尼亚的塔尔图酿制而成。为了对最初的啤酒表示敬意，这款啤酒也被称为考克爱尔啤酒或者考克帝国双司陶特啤酒。

这款啤酒相当独特——颜色极其深浓，没有泡沫，人们一直把它与用过的机油对比，它有着葡萄酒的特色，与其说是啤酒，倒不如说是波特酒。品饮者通常认为，端上来的是木塞密封或者走了气的啤酒，对于爱好者而言，那可是求之不得！其酒精度为9%，很强劲，散发着深厚的深色水果香，如西梅干香、巧克力香，还有波特酒或者马德拉酒的芳香。其味道浓郁，令人难以置信，口感有太妃糖味、糖浆味、咖啡味以及未加糖的黑巧克力味。这种味道一直延续到最后，回味极其悠长，辛辣，品味过程圆满，令人惊叹。

如果您希望餐后品尝深厚浓郁的啤酒，希望有种心满意足的体验，我觉得没有比它更好的选择了。

年份啤酒

哈维帝俄司陶特啤酒根据季节酿造，酒标上印有年份。

富乐ESB（FULLER'S ESB）

色 深浓的橙色，泡沫精美、饱满，呈奶油色。

香 麦芽、酒花和甜橙香味平衡出色。

味 很圆润，有麦芽、青草酒花的美味，回味有浓厚的柑橘水果味。

1969年，富乐“特酿苦啤酒”作为冬季苦啤推出，1971年更名为ESB。ESB已经成为世界各地的旗舰酒品，现在被用于表示一种特别风格的啤酒：强劲，很深浓，有麦芽和水果的紧实口感。富乐的ESB独特，平衡出色，可能是这种风格最上好的一款啤酒。瓶装的ESB爱波特啤酒（ESB Export），几乎跟桶装的一样美味。原创ESB啤酒——富乐，绝不能错过！

富乐ESB

富乐金傲（FULLER'S GOLDEN PRIDE）

色 深厚的金色或者居中的褐色。

香 馥郁，散发着葡萄酒的清香，以及橙子香和深色水果香。

味 强劲、甜美，有焦糖、太妃糖、橙子和酒花的味道。

虽然酿酒商把它称为强劲爱尔啤酒，但大多数人普遍认为它是地道的大麦果酒，酒精度为8.5%，不可小视。它的香气展露出啤酒的特质；深色水果香突出，更像一款雪莉酒。入口后，味道强烈、甜美，不过，与橙子味很平衡，还有清新的酒花味，橙子味一直绵延到最后。我提前告诉您一声——这款啤酒要细细啜饮。

富乐金傲

富乐1845（FULLER'S 1845）

色 橙褐色，泡沫精美、饱满，呈奶油色。

香 散发着蜜糖般浓郁的麦芽香味，还有太妃糖的甜香和香料味。

味 以苦味为主，与浓郁麦芽、柑橘和酒花味平衡和谐。

富乐啤酒厂，距伦敦市中心不远，一直致力于将传统爱尔啤酒的酿造工艺，与高品质以及享誉世界的美名融合，要知道，只有很少的公司能做到这一点。1995年，为了庆祝公司150周年庆，他们推出这款迷人的啤酒。1998年和2003年，其被真正爱尔啤酒运动组织《卫报》选为年度瓶内熟化冠军爱尔啤酒。富乐1845的酒精度为6.3%，是强劲的爱尔啤酒，因为灌装时里面有活酵母，所以在瓶中数月，品质会提升。其看起来很诱人，酒液呈精美的深橙褐色，泡沫迷人、丰满，呈奶油色。其香气馥郁、浓厚，蜜糖的甜味衬托着鲜花和柑橘香。其味道平衡出色，苦苦的口感夹杂着坚果、柑橘、深色水果和紧实麦芽味，回味很清新，有坚果味和柑橘味。

富乐1845

富乐1845曾被称为“啤酒里的教皇新堡”，我认为一天的生活结束，享用它最惬意。不过，要当心，这款啤酒也很危险——不知不觉就会喝多，等意识到这点，为时晚矣。

产区和酒品

品质保证 富乐啤酒厂以其卓越的啤酒享誉世界。成功运营的关键在于，通过缜密的质量监控，保持高水准，确保所有的啤酒始终如一，尽展特色。具体措施除了常规抽检，还进行实验室分析，细菌检验、酵母监测。

富乐年份爱尔啤酒（FULLER'S VINTAGE ALE）

色 诱人的深金橙褐色。

香 复杂，散发着黑色水果、甘草、糖浆和坚果的香味。

味 有很紧致的麦芽味以及深色水果、太妃糖、肉桂和丁香的味道。

富乐的这款年份爱尔啤酒酿造数量有限，每瓶啤酒都有自己的编号，可以保存5年或者更久，但瓶内会有沉淀物。2004年份啤酒呈橙褐色，泡沫饱满、呈米白色，香气非常复杂，散发着甜麦芽、太妃糖、水果、坚果和波特酒的香味。其以紧实的麦芽味为基础，还有甘草、坚果和香料的味道。酒精度为8.5%，很强劲，不过，口感清淡，似奶油，回味热烈迷人。

李兹丰收爱尔啤酒（LEES HARVEST ALE）

色 深浓的橙色，泡沫呈漂亮的深奶油色。

香 馥郁，富有果香和葡萄酒香以及酒花、无花果、西梅干和枣的香味。

味 很强烈，但有麦芽、酒花和药草的干味；回味是辛辣的酒花味。

李兹丰收爱尔啤酒

这款特别的啤酒产自约翰威利李兹啤酒厂（John Willie Lees Brewery），位于以优质干爱尔啤酒著称的大曼彻斯特郡。每年11月末，选用季节酒花，将强劲感——酒精度高达11.5%——与平衡卓越的滋味融为一体。随着时间的推移，酒质在瓶中提升。最出彩的一点在于，您一边饮用，滋味一边不断变化，由甜美、果香，转变为干而辛辣，接着就是介于两者之间的口感。

艾德布莱德啤酒（ADNAMS BROADSIDE）

色 深琥珀红色，泡沫呈米色。

香 颇为强烈，有麦芽香味以及相对淡弱的酒花的香味。

味 口感苦，有麦芽味，很黏稠，还有深色水果味，回味干。

它是英国啤酒佳酿的杰出代表！一直以来，其都是我的最爱之一。其产自萨福克啤酒厂，这家酒厂在20世纪80年代，因真正爱尔啤酒的复兴而名声大振。这款啤酒颜色相当深，酒精度为6.3%，很强劲。其有深色水果、麦芽和酒花的干味，口感平衡完美。总而言之，这是一款出色的热烈啤酒，酒馆的完美饮品，中午或者晚上饮用均可。

艾德布莱德啤酒

罗宾逊汤姆陈酿（ROBINSON'S OLD TOM）

C 色 很深的核桃褐色、不透明，泡沫呈淡黄褐色。

A 香 麦芽香味很浓，还有巧克力、深色水果和糖浆的香味。

T 味 浓郁，有麦芽味以及焦糖、西梅干、枣核巧克力的味道。

汤姆陈酿最早在1899年由位于斯多克波特的公司酿制而成，声称得名于啤酒厂的猫咪。这款大麦果酒（您也可以称之为陈酿爱尔啤酒）颜色很深，不透明，酒精度是8.5%，很强劲。它是全麦芽啤酒，口感相当甜美、浓郁，不过，回味干。或许，它并不是世界上数一数二的大麦果酒，但让人轻松接触这一啤酒风格，非常出色，因为它的酒花和酒精感不会把人吓退。

罗宾逊汤姆陈酿

希克斯顿奇特陈酿（THEAKSTON OLD PECULIER）

C 色 很深重的褐色，泡沫饱满、持久。

A 香 主要是辛辣的酒花味，不过也有酵母和雪莉酒的感觉。

T 味 很甜，似蜜糖；有巧克力味和深色水果味；回味干。

如果有哪款啤酒能代表20世纪80年代真正爱尔啤酒的复兴，那非他莫属。它跟大规模生产的起泡窖藏啤酒完全不同：色深、浓厚，采用传统方式包装，口感柔和、油滑。希克斯顿啤酒厂位于北约克郡的马瑟姆，曾经独立经营，规模极小，因为年青一代追求与众不同，甚至有点奇特的东西，所以一举成名！现在，希克斯顿已经被现代的啤酒酿造企业吞并，隶属苏格兰纽卡斯尔集团，不过，奇特陈酿依旧，酒名保持着中世纪的拼写形式。

这是陈酿爱尔啤酒名副其实的典范，而非大麦果酒。其酒精度为5.6%，强劲度适中，喝上一品脱（近500毫升，译者注）毫不费力。这款啤酒呈深褐色，泡沫饱满、丰富，香气活泼，有着陈酿爱尔啤酒的浓郁雪莉酒或者葡萄酒的感觉。其味道甜美、香浓，有麦芽焦香和巧克力味以及蜜糖、水果的口感。

这款啤酒为何那么受青睐呢？您可能会说，论酿造，并非世界最棒，但它却十分可口，令人心满意足。有种说法流传已久，多少有些惊悚——这款啤酒确实有点儿"奇特"，如果不多加留意，能让您产生幻觉。了解这一点之后，谁又能经得起诱惑，不去品尝呢？

希克斯顿奇特陈酿

特拉奎尔庄园爱尔啤酒（TRAQUAIR HOUSE ALE）

C 色 很浓重的宝石红色，泡沫单薄、持续时间短。

A 香 芳香，有麦芽味，以及酒花、泥土和林木的感觉。

T 味 味道独特，有麦芽、林木、坚果和泥土味；回味干。

啤酒厂位于苏格兰爱丁堡附近的特拉奎尔城堡，1800年前后停止啤酒酿造。1965年，彼得·麦斯威尔·斯图加特让它起死回生，开始采用传统方法酿酒。

特拉奎尔庄园爱尔啤酒颜色深浓，酒精度为7.2%，很强劲。其泡沫不多，但坚果和林木的香气诱人。其滋味更加复杂，富有麦芽味，林木感，同时还能尝到苦巧克力味以及泥炭和全麦威士忌的特征。餐后饮用，其卓尔不凡，是苏格兰最上好的啤酒之一！

马斯顿欧德罗杰（MARSTONS' OWD RODGER）

C 色 很深的褐色，带有一抹紫色。

A 香 闻起来有麦芽香味和蜜糖、甘草、深色水果的香味。

T 味 很浓郁、甜美，有水果的口感，回味辛辣。

这款啤酒虽被称为陈酿爱尔啤酒，但却是大麦果酒，而且着实不错，产自伯顿的最后一家独立啤酒酿造企业——马斯顿、汤普森和埃弗谢德，伯顿是特伦特河岸最伟大的啤酒酿造之城。

其酒精度是7.6%，很强劲，呈特别深的褐色，几乎为紫色。您心目中的冬季爱尔啤酒有多热烈，欧德罗杰啤酒就有多热烈。与希克斯顿奇特陈酿（见上栏）相比，它有些相似的感觉。它搭配热甜点，尤其是圣诞布丁，极其出色。

马斯顿欧德罗杰

阳格冬季麦啤（YOUNG'S WINTER WARMER）

C 色 很深的褐色，略带一丝红宝石色。

A 香 热烈、甜香，有隐隐的波特酒的气息。

T 味 很强烈、滑润、浓厚，有麦芽味、酒花味，回味有巧克力味。

冬季麦啤是英国传统冬季爱尔啤酒的杰出典范。其酒精度为5%，强劲度适中，杯中的酒液颜色很深。其香气热烈，散发着饼干的香甜味。

您会品尝到浓郁、滑润、圆润的巧克力麦芽味，而酒花味相当清淡。其回味有麦芽和巧克力的口感，但干味足以使啤酒极其悦人、易饮，可以坐在火炉边搭配美味的肉派或者烤带皮土豆。

盖尔获奖陈酿爱尔（GALES PRIZE OLD ALE）

C 色 很深重的红色，几乎没有泡沫或者碳酸反应。

A 香 平衡极其出色，散发着酒花、深色水果和苹果的香气。

T 味 很强烈，也很干，回味有浓郁的果味。

您可能期待这款啤酒滋味甜美，要是这样的话，您会大吃一惊。盖尔的大麦果酒，酒精度为9%，很强劲，香气相当独特，有水果或者甜雪莉酒的感觉，甚至还散发着隐隐的甜苹果酒的气息。其口感浓郁，有浓烈的焦糖味、核桃味和樱桃味，不过，紧接着，苦味袭来，最后是水果和干邑的味道。如果您想饮用非常强劲、不同寻常的热烈啤酒，那一定是盖尔获奖陈酿爱尔，餐后小酌，至臻完美。

格林王强劲萨福克（GREENE KING STRONG SUFFOLK）

C 色 很深重的褐色，略带一丝丝红宝石色。

A 香 麦芽香味浓，还有深色水果和焦糖的香味。

T 味 味浓，有林木的口感；香甜麦芽和深色水果味，与辛辣酒花味平衡和谐。

别样的陈酿爱尔啤酒！它混合了两种爱尔啤酒：陈酿5X（Old 5X）——这种啤酒强劲度达到了最高值（酒精度在12%左右）并且在橡木桶中熟化至少2年。BPA——这种啤酒在灌装前才添加，颜色深、酒体强烈、气味新鲜。最后酿制而成的啤酒独一无二——酒精度为6%，很强劲，色深，有水果和橡木味。格林王强劲萨福克爱尔啤酒，单独饮用相当出色，或者您可以尝试搭配泡菜和蓝奶酪，如斯第尔顿奶酪。

格林王强劲萨福克

托马斯哈代爱尔啤酒（THOMAS HARDY'S ALE）

C 色 漂亮的深茶褐色，泡沫小，持续时间短。

A 香 散发着很强烈的麦芽、深色水果、西梅干、枣和葡萄干以及甜香料的香味。

T 味 味道浓重，有深色麦芽、浓郁水果和雪莉酒的口感。

托马斯哈代爱尔啤酒

19世纪末20世纪初，享誉世界的英国大作家托马斯·哈代，生活在英格兰西南部的多切斯特。他是个啤酒迷，与当地的酿酒家族相识。1968年，为了纪念这位作家逝世40周年，当地的啤酒公司艾德瑞杰波普应托马斯·哈代学会的要求，酿制出了一款特别啤酒，在夏季托马斯·哈代节上推出。当时，这家啤酒公司声明这款啤酒可以历经25载，品质不断提升，并且不再推出新品。

人们对它的兴趣实在太强烈了，以致啤酒公司继续生产酿造。每瓶啤酒都标注了年份，品饮者可以比较不同的年份，收藏家开始花重金购买上好的年份佳酿，简直跟葡萄酒如出一辙！直至今日，这款啤酒仍在酿制，只是酿酒商换成了位于德文郡的欧汉伦啤酒公司（O' Hanlon' s Brewery）。

托马斯哈代爱尔啤酒非常浓郁，完全可以和浓重的红葡萄酒或者加强葡萄酒相提并论。其酒精度为12%，啤酒的味道随着时间的推移而不断变化，年轻的爱尔啤酒浓郁、活泼，富有果味，陈酿深厚、芳醇，富有葡萄酒的口感，有些绝妙的复杂性。到底现在就享用这款美味的啤酒呢？还是贮藏起来呢？因为您清楚，它经年而更加美味。真是令人进退维谷啊！

文字的力量

托马斯哈代爱尔啤酒让人想起大作家在《号兵长》（*The Trumpet Major*）一书中对多切斯特强劲爱尔啤酒（Dorchester Strong Ale）的描写。

爱尔兰

如今，健力士啤酒在市场上很常见，但它与大英帝国有着悠久的历史渊源。以前，酿制特别的司陶特啤酒，是为了适应炎热国家的气候条件，同时，也是要经受海上的长途运输。

健力士司陶特异域特酿

健力士司陶特异域特酿（GUINNESS FOREIGN EXTRA STOUT）

C 色　很深的褐黑色，几乎完全不透明。

A 香　浓厚、丰满，有蜜糖般的麦芽味，与清新酒花味很平衡。

T 味　浓郁、苦，但也有微甜的麦芽焦香，回味苦。

最初，健力士司陶特异域特酿，是为出口到英国殖民地酿制。它是瓶内熟化的啤酒，酒精含量为7.5%，目的就是可以经受海上的长途运输。如今，其在世界许多国家酿造，因此品质难免有些变化。产自尼日利亚的啤酒差异显著，里面加入了高粱而非大麦，口感更加清淡，味道实在太美了，以致健力士公司打算把它进口回爱尔兰！基本的司陶特异域特酿为传统的爱尔兰苦味司陶特啤酒：颜色很深，散发着浓郁的麦芽味和酒花味，滋味苦而浓，极为热烈，令人满意。搭配牡蛎或者冬日晚餐，非常出色。

奥地利

奥地利并没有酿制深色啤酒的优良传统，但酿制出的啤酒却融入了奥地利人的精湛技艺。

萨米克劳斯（SAMICHLAUS）

C 色　深红褐色，泡沫很少或者几乎没有。

A 香　散发着深色麦芽、糖浆、蜂蜜、焦糖和烤黑麦面包的香味。

T 味　很滑润、热烈；有强烈的麦芽、焦糖和蜂蜜的甜味。

它是世界上最强劲的啤酒之一，酒精度为14%。2000年，这款享有盛誉的圣诞爱尔啤酒（Samichlaus，萨米克劳斯，就是圣诞老人的意思）由爱地利啤酒公司艾根堡再次推出。销售前，熟化整整一年时间，很像清淡的白兰地酒，馥郁芳香，麦芽味浓厚，没有酒花的干味。

法国

法国北部与比利时相接，边境地区的酿酒风格受到这个近邻的影响。琥珀啤酒（Ambrée beer）是这里的经典啤酒之一。强劲、浓郁，特点类似比利时修道院啤酒。

三山（TROIS MONTS）

C 色　很鲜亮的金黄色，泡沫呈奶油色，持久。

A 香　清新，散发着青草酒花、香料和酵母的香味，平衡不错。

T 味　明快，有酒花味，还有含大量淀粉的水果口感，回味热烈。

这款强劲的啤酒（酒精度为8.5%）来自法国东北部，由圣西尔维斯特啤酒公司酿制。Trois Monts指从平坦的佛兰德田野上拔地而起的三座独特小山。难得的是，它看起来像一款凉爽的窖藏啤酒，但却更复杂，更热烈，很像优质的比利时特拉普修道院啤酒，搭配羊肉完美无缺。

北方琥珀啤酒（CH'TI AMBRÉE）

C 色　深橙琥珀色，泡沫滑润、持续时间短。

A 香　清新，散发着酒花、香草、酵母香味，以及具有葡萄酒香的水果味，平衡佳。

T 味　水果香味浓，有雪莉酒、麦芽和林木的口感，回味浓重。

“北方”（Ch'ti）是法国皮卡第地区的方言，指的是北方人，也就是生活在法国东北部、毗邻比利时边境的矿区居民。这款啤酒香气复杂，散发着酒花和香草的气息，很像德国的艾尔特啤酒，味道浓郁、滑润，有隐隐的奶油糖果、焦糖、麦芽、水果和雪莉酒的口感。其回味相当浓烈、辛辣。

詹莱琥珀啤酒（JENLAIN AMBRÉE）

C 色　鲜艳的深橙色，泡沫精美。

A 香　麦芽香味浓，还有香料味，平衡感佳。

T 味　浓郁、热烈，有苹果味，回味有香甜麦芽味。

这款诱人的啤酒由詹莱的顿克啤酒厂酿造，詹莱距离法国和比利时边境很近。这款啤酒为全麦芽酿制，酒精度为6.5%，很强劲，灌装在修长的、香槟风格的酒瓶里，软木塞带金属线。其散发着麦芽的香味，因为啤酒并未选用酒花酿制，口感热烈，有麦芽味和苹果味以及卡尔瓦多斯苹果白兰地或者雅文邑的味道。虽然有甜味，但它不过于强烈。您可能会把它与强劲的褐色爱尔啤酒，或者像希克斯顿奇特陈酿（见第461页）这样的爱尔啤酒相比较。人们通常在凉爽的室温，即大约12 ℃（54 ℉）饮用，不过，也有人喜欢酒温更低。不管哪种温度，饮用时，搭配任何羊肉食品，美妙无比。

荷兰

荷兰市场对深色啤酒的需求量很小，不过，现在有些小型新啤酒厂也在酿制更加浓郁的啤酒。

'T IJ哥伦布（'T IJ Columbus）

色 深琥珀色，泡沫持久、呈淡黄褐色。

香 酒花香味浓，还有柑橘香味，平衡感佳。

味 有麦芽和酒花的美味，以及柠檬的口感，回味干。

这款爱尔啤酒强劲（酒精度为9%）、迷人，产自阿姆斯特丹水滨的一家啤酒厂——大风车竖立其上，蔚为壮观。其口感滑润、热烈，而又明快、清新，富有酒花的诱人干味和柑橘味。酒花还有香草的特质，因此，回味复杂，令人满意。

比利时

浓郁、色深的特拉普修道院或者修道院风格啤酒，是比利时伟大的啤酒酿造传统之一，涵盖了世界上一些最精美的啤酒。有的仍由修道士酿造，有的采用古老的修道院配方，由商业化的啤酒厂生产。

威斯特8°（WESTVLETEREN 8）

色 深褐色，泡沫呈米白色。

香 果香浓，散发着柠檬、柚子、甜瓜和药草的香味。

味 滑润、有麦芽、巧克力、奶油果仁糖和焦糖味，回味辛辣。

这款啤酒是小城威斯特（Westvleteren）的圣西斯特（St Sixtus）修道院的产品。它是最小的一家特拉普修道院啤酒厂，坐落在伊普尔（Ypres）附近，毗邻著名的第一次世界大战战场。不要把修道院自己的威斯特啤酒，同圣伯纳杜斯啤酒（St Bernardus）（见第466页）相混淆。第二次世界大战后，修道士特许一家当地的啤酒厂以圣西斯特之名酿造类似的啤酒。1992年，这个特许协议到期，之后，圣西斯特啤酒一直以圣伯纳杜斯之名推向市场。

威斯特8°

修道院自己的啤酒不同，酒瓶上并没有酒标，而是通过金属瓶盖来辨认——瓶盖颜色随着啤酒类型变化。蓝色瓶盖，被称做威斯特8°或者8°特酿（Extra 8），根据强劲度命名（酒精度为8%）。威斯特布朗德（Westvleteren Blond），瓶盖为绿色，酒精度5.8%，更弱一些；威斯特12°（Westvleteren 12）（见下），瓶盖为黄色。

威斯特8°选用传统方法酿制而成，散发着馥郁的水果香气，特别是柑橘和药草香。其口感很滑润，酒体强烈，深厚度和复杂感绝妙，有深浓的烟熏麦芽味、巧克力和药草的香味。回味极为浓烈，辛辣。

这款啤酒很难找，而且因为深受欢迎，所以价格不菲。不过，如果您喜欢特拉普修道院风格的啤酒，我认为威斯特8°是其中最好的一款。其搭配柔软的奶酪很出色，甚至可以跟甜布丁或者蛋糕搭配。

威斯特12°（WESTVLETEREN 12）

色 很深的褐黑色，简直没有泡沫。

香 散发着独特的麦芽香味和葡萄酒的香味，还有酵母、林木和深色水果的香气。

味 滑润、丝般幼滑、浓郁；有深色水果、杏仁蛋白糖、坚果、香料的味道；回味有葡萄酒香。

这是威斯特的圣西斯特修道院（见上）生产的最强劲的啤酒。跟其他啤酒一样，也没有酒标，但可以通过黄颜色的瓶盖辨认，数字12指的是强劲度，即酒精度是12%。

威斯特12°啤酒颜色很深，倒入酒杯里，几乎没有泡沫。其散发着非常强烈的深色麦芽和深色水果味，还有林木和葡萄酒的香味，很像用波特酒桶陈酿的威士忌酒。虽然啤酒很强劲，但酒精感并未掩盖味道。其口感滑润、甘美，极其复杂，水果、坚果和香料味尤为突出，回味极佳，混合着麦芽味和香料味。

总体感觉很热烈、满足。虽然您不能开怀畅饮，但我真是想不出来，结束一天修道院本职工作后，还有什么比啜饮威斯特12°啤酒，更能支撑那些辛勤的修道士！

食物搭配

水果蛋糕 奢美的水果蛋糕以及啤酒，成为特拉普修道院的传统产品。强劲、热烈的啤酒，搭配甜品和蛋糕，完美无缺。

罗克斯修道院（ABBAYE DES ROCS）

色 深宝石红褐色，泡沫小、持续时间短。

香 雅致、浓郁；散发着林木、泥土、香料和香甜水果香。

味 口感复杂无尽；有香料味、甜味、麦芽味、水果味和林木味；回味热烈。

罗克斯修道院是一家农庄啤酒厂，位于比利时卢森堡（Luxenbourg）省的蒙蒂奇尼罗克（Montignies-sur-Roc），由一位以前做过税务督察，同时又热衷啤酒的人创办。虽然是商业化的啤酒厂，但它碰巧坐落在一家古老的修道院内，所以自1979年创建，就以酿制上好的修道院风格啤酒而著称。

罗克斯修道院

罗克斯修道院啤酒最早由啤酒厂酿造。其颜色很深，酒精度为9%，颇为强劲，泡沫相当小，并迅速挂杯，入口的第一感受就是香气和味道的复杂感卓尔不凡、令人惊叹！从这款啤酒，您能品尝到水果、各种香料、林木、威士忌、烟草、雪莉酒、甜麦芽和苦酒花的香味以及更多的味道。这一分钟，您品尝的是充满浓郁红色和黑色水果的香甜啤酒，下一分钟，就变成了富有香料味、酒花味的清爽佳酿，这让您企盼饮用更多。

也难怪，啤酒厂把它作为旗舰酒品。如果您希望品尝最美味的修道院风格啤酒，选择它吧。我推荐把罗克斯修道院啤酒跟香浓的奶酪搭配——完美至极！

这家啤酒厂酿造的其他啤酒包括：强劲而又特色鲜明的小麦啤酒霍尼尔白啤；以当地民族命名的蒙塔纳德啤酒。这款啤酒跟罗克斯修道院啤酒一样强劲，但苦味更突出。

洛克福10号（ROCHEFORT 10）

C 色 很深的褐色，泡沫大小恰到好处，呈米色。

A 香 独特，散发着浓郁的麦芽味、深色水果香和巧克力香。

T 味 酒体强烈，滑润，有巧克力味、香料味和深色水果味。

它既解渴，又能满足精神的需要！洛克福坐落在小城福特附近，阿登（Ardennes）森林深处的圣瑞米修道院（Abbaye de St-Remy），是知名度最低、最隐秘的特拉普修道院。这座修道院最早可以追溯到13世纪早期，而里面的第一座啤酒厂可以追溯到1595年。

洛克福10号的酒精度为11.3%，在修道院的三款啤酒中，最强劲。这款啤酒需要细细品味，它平衡完美，不太沉重，所以并不难以入口，颜色很深，几乎呈黑色，而且混浊，香气很复杂，散发着麦芽、巧克力、可可、西洋李子、李子、葡萄干、浆果和波特酒的香味。其滋味富有表现力，包括隐隐的烟味，很像艾雷岛威士忌，搭配冬日美食，或者洛克福奶酪非常出色。

洛克福10号
黑巧克力的香味，加上香料、杏仁蛋白软糖和黑色水果的香味，平衡完美。

卡尔默罗三麦啤酒（TRIPEL KARMELIET）

色 鲜亮的金橙色、半透明，泡沫饱满、多。

香 香料味浓，散发着香草、丁香、肉桂、香菜和泡泡糖的香味。

味 有柑橘水果味，包括柠檬味、酸橙味，还有菠萝味，味道也很甜美。

虽然这是在1997年推出的一款现代啤酒，但配方最初在1679年由加尔默罗修会的修道士创制。酒名中的“三麦”（Tripel）指的是用于酿制啤酒的三种谷物：小麦、大麦和燕麦。这款啤酒色彩艳丽，泡沫漂亮，散发着明快的香料味。其味道总体甜美，有柑橘味，但也有浓郁的香料和红色水果味，回味干。它的酒精度8%，很强劲，但同时也很清爽，侍饮温度很低的情况下，尤其明显。

卡尔默罗三麦啤酒

奇美特级珍藏（CHIMAY GRANDE RÉSERVE）

色 很深的橙褐色；泡沫大、多，呈奶油色，消退后挂杯。

香 雅致，散发着香甜水果、麦芽、香料和隐约的焦糖味。

味 平衡佳，有麦芽的甜味、香料味、水果味和酒花味。

奇美特级珍藏是小城奇美附近的斯考蒙圣母特拉普修道院酿制的最强劲（酒精度9%）的啤酒。通常，这么昂贵、奢华的啤酒贮藏几年才能把波特酒的滋味充分释放。无论何时，只要您把酒瓶打开，就能感受到出色的平衡滋味，雪莉酒或者波特酒的口感与清新的回味协调一致。

这款经典、高级的啤酒搭配浓浓的奶酪，如洛克福奶酪，完美无瑕。

神圣的使命
自1862年以来，特拉普修道士一直在斯考蒙的圣母修道院（Abbaye De Notre Dame）酿制啤酒。

圣伯纳杜斯12号啤酒（ST BERNARDUS 12）

色 深橙褐色，质地颇为混浊。

香 芳香，散发着巧克力、葡萄干和新鲜出炉的烤面包的香气。

味 不太甜，有葡萄干、李子、香蕉和菠萝的味道。

圣伯纳杜斯12号啤酒

这款啤酒，模仿坐落在伊普尔的威圣西斯特修道院酿制的威斯特啤酒（见第464页），由位于沃多的圣伯纳杜斯啤酒厂酿造。圣伯纳杜斯12号，是系列啤酒中最强劲的一款，酒精度为10%，酒液混浊，呈褐色，泡沫丰满、浓厚，散发着出色的巧克力和深色水果香。其滋味平衡佳，不太甜，有着浓郁的水果味，质地奶油般滑润。其在特殊场合饮用，好极了，搭配羊肉或者香浓、柔软的奶酪非常完美。

金卡尔（GOUDEN CAROLUS）

色 艳丽的深红色，泡沫饱满、呈淡橙色。

香 浓郁、富有果香，还散发着波特酒和香料味。

味 复杂，有橙子、热情果、太妃糖味，回味有香料味。

金卡尔（Gouden Carolus）金查理（Golden Charles）得名于神圣罗马帝国皇帝查理五世（1500~1558）统治时期的一种金币，他在梅赫伦长大，而安科啤酒厂就建在这座小城。这是一款独特的佛兰德深色爱尔啤酒，浓郁，富有水果香味，呈深红色，泡沫饱满、漂亮。香甜的口感突出，还有波特酒或者甜雪莉酒的特色以及橙子的香味。其回味相当辛辣、清新。我推荐把它作为美味的餐后啤酒饮用，搭配甜品或者巧克力，尤为合适。

金卡尔

莱福雷迪斯（LEFFE RADIEUSE）

色 深橙褐色，泡沫多、持续时间短。

香 果香浓，散发着樱桃、甜蜜的麦芽和青草酒花香味。

味 酒体强烈，有波特酒的香味和深色水果味，回味有胡椒味。

莱福正在成为世界驰名的品牌，如今，隶属于英博国际酒业集团，英博拥有许多享誉全球的啤酒品牌，如贝克、时代、福佳等。这款啤酒最初产自那慕尔（Namur）附近的诺伯坦莱福圣母修道院（Norbertine Abbey of Notre Dame de Leffe）。自18世纪，修道院不再酿制啤酒，但是，20世纪50年代，修道院院长授权一家啤酒厂，按照最初的配方，酿造啤酒。

之后，莱福日益壮大，现在，酿制一系列啤酒，并行销全球。莱福雷迪斯——意为“灵光”——是莱福系列啤酒中最强劲的一款，酒精度为8.2%。

莱福雷迪斯啤酒，颜色深浓，泡沫持续时间短，香气浓郁，散发着麦芽味、蜜糖味以及深色水果和甜雪莉酒的香味。其口感强烈、紧实，滋味复杂精美，入口相当甜美，果味香浓，但回味热烈、辛辣，有胡椒味。

我会把这款啤酒同英国大麦果酒相比较——很耐饥、热烈、令人心满意足，您可别喝太多！我觉得餐后饮用最好。要像饮用干邑或者雅文邑一样，慢慢品味。

莱福雷迪斯

麦考夫（MCCHOUFFE）

C 色　深褐色，泡沫紧实、持久。

A 香　散发着水果和酒花的香味，平衡卓越，还有林木、泥土和烟熏的气息。

T 味　水果味浓，直接，有深色水果和紧实的麦芽味。

这款啤酒听起来像是苏格兰爱尔啤酒，可实际上，埃考夫啤酒厂位于比利时阿登尼斯地区的一个农场。酿造商在广告中称其为“来自阿登尼斯的苏科兰啤酒”，为了避免官司，很谨慎地将字母“c”替换成“k”（与苏格兰只有一个字母的差别，译者注）！

20世纪80年代早期，埃考夫啤酒厂由一对兄弟创建，他们率先打入加拿大市场，然后，在啤酒厂旁边开了家酒馆。他们酿制的啤酒开始频频获奖——1999年，在斯特拉斯堡欧洲啤酒节上，获得修道院风格啤酒金奖，2000年，在澳大利亚，获得银奖。现在，埃考夫已经成为著名的地区酿造商，而且酒标上那个留着长胡子的小矮人形象深入人心。

麦考夫

麦考夫是一款深色的，带有苏格兰风格的爱尔啤酒：强劲（酒精度，8.5%）、辛辣、瓶内发酵、未经过滤、未经巴氏灭菌、没有任何添加剂。这家啤酒厂选用自己的泉水酿酒。啤酒气泡大小适中、紧致，泡沫持久，散发着水果味、林木味、烟熏味，还有真正的林下灌木的特质。它的深色水果、柑橘水果味道，和更甜美的麦芽味平衡出色，回味有热烈的酒精强劲感。

这是一款热烈、令人满意的绝妙啤酒，饮用时，我最喜欢搭配一盘烤牛肉——好极了！

福佳特级珍酿（HOEGAARDEN GRAND CRU）

C 色　深金琥珀色，有点儿混浊。

A 香　果香幽淡，与香料感平衡和谐。

T 味　清爽、复杂，有香料、柑橘水果和菠萝味。

最初，福佳是比利时当地一家小麦啤酒酿造商，从20世纪60年代起，这一风格重新焕发活力，福佳也声名远扬，而且扩展了啤酒种类。现在，它成为酒业巨头英博公司的旗舰品牌之一。英博为福佳创造机会开拓销路、打入新市场，如今，在许多国家的商店里都能买到福佳啤酒。

福佳特级珍酿，是销售范围更广的福佳小麦啤酒（见第426页）的升级版，虽然与更清淡的啤酒颇为相似，但更富有特色啤酒的气质。它属于比利时三麦啤酒风格，选用大麦芽、酵母、香菜和橙皮酿制，因此，酒体强烈，复杂，富有水果香味，口感十分甜美。

福佳特级珍酿

福佳特级珍酿的酒精度是8.7%，很强劲，酒液朦胧不清，泡沫饱满、丰富。香气非常独特，散发着浓郁的柑橘水果和香料味。香菜和橙子的口感很明显，您还可以尝到菠萝和香草的味道，回味有刺激的香料味。

福佳特级珍酿平衡出色，质地滑润迷人。我觉得，作开胃酒或者少量饮用，非常理想。

德多勒平安夜啤酒（DE DOLLE STILLE NACHT）

C 色　中度橙琥珀色，气泡精美，泡沫洁白、持久。

A 香　独特，散发着李子、苹果、柠檬、肉桂和丁香的香味。

T 味　滑润、如奶油一般；有焦糖和麦芽的甜味，有苹果和柑橘的果味。

1980年，有三个兄弟，拯救了位于西佛兰德埃森的一家古老啤酒厂，“疯狂的啤酒商”成了他们的绰号。公司“多勒”（Dolle）一词是佛兰德语，意为疯狂，现在，他们的德多勒啤酒酿制一系列季节性啤酒。

平安夜啤酒为一款瓶内熟化的圣诞节爱尔啤酒，酒精度为8%，很强劲。其散发着浓郁的水果和香料味，还有迷人的柑橘气息，甜美的口感与苹果、樱桃和柑橘味平衡一致，回味辛辣、热烈。我认为，享用完圣诞大餐，上床休息之前，喝上一杯平安夜啤酒，最是恰到好处。

加拿大

加拿大，特别是魁北克的小型啤酒厂，借鉴热烈的比利时风格爱尔啤酒，酿造出独树一帜的啤酒。联合布鲁啤酒厂（Unibroue）引领了这场运动，酿制出一系列的上好爱尔啤酒，简直令人眼花缭乱，有的跟最好的比利时啤酒不相上下。

特鲁瓦皮斯托尔（TROIS PISTOLES）

C 色　深暗的红木黑色，质地混浊。

A 香　很深厚，果味香浓，散发着麦芽、坚果和巧克力的香气。

T 味　浓郁、强烈；有麦芽和巧克力的甜味；回味有酒花的苦味。

联合布鲁是魁北克小型啤酒厂中最大的一家，1991年，在蒙特利尔附近的查伯利创建。最初，这家啤酒厂得到比利时酿酒专家指点，因为，它特别希望酿制比利时风格啤酒。查伯利白啤酒和摩迪特啤酒一直以来都很成功，前者是季节性的小麦啤酒，酒液朦胧不清，富有香料和酒花味；后者是强劲的深色爱尔啤酒，陈酿后，品质更佳。

1997年，特鲁瓦皮斯托尔啤酒推出。它是瓶内熟化的深色爱尔啤酒，酒精度为9%，很强劲。总体而言，其非常富有喜剧色彩，选用黑色酒瓶，酒标神神秘秘，上面有3座塔，指向一只展翅的骏马。

这款啤酒呈深褐色，因为瓶内发酵，所以质地朦胧、混浊。其香气浓郁、复杂，散发着麦芽、巧克力、甜饼干和水果的香味，十分平衡，质地丰满、滑润，一开始，口感非常甜美，有太妃糖、麦芽、朗姆甜点的味道；但回味有柑橘的特质和酒花的干味，最终会给您留下清爽之感和葡萄酒的滋味。

特鲁瓦皮斯托尔

特鲁瓦皮斯托尔啤酒餐前、餐后饮用均可，搭配西班牙传统小点心、野味和野生禽类极为出色，也可以同巧克力慕斯和水果沙拉这类甜品一起食用。选用波特窄口酒杯，斟上少量，足以让您领略它的强劲感。跟波特酒一样，这款啤酒在瓶中陈酿五六年后，品质会有所提升。

这款啤酒非同寻常，产自一家颇具创新精神的新啤酒厂，您可别错过。也许，它的甜美滋味非常诱人，但千万别上当：酒标上的深色高塔似乎早有预感，把它看成一种警示吧，这款啤酒的后劲大得很！

美国

美国小型啤酒公司酿制出的一些最上好啤酒，它们具有英国传统热烈爱尔啤酒和大麦果酒的风格特征。这些啤酒酿造商充满热情，富有创造力，他们添加全新原料，使啤酒种类更加多姿多彩，推动啤酒产业不断前进。

维克多金猴（VICTORY GOLDEN MONKEY）

C 色 淡金色，微微混浊，泡沫紧实洁白。

A 香 散发着甜甜的麦芽、香草、香菜味，总体上有酵母的感觉。

T 味 酒体清淡，有苦甜的药草、柑橘和香料的味道

这款获奖三麦啤酒是比利时风格的爱尔啤酒，由宾夕法尼亚州的维克多啤酒公司，选用德国麦芽和比利时酵母酿造而成，因此富有德国小麦啤酒的特质。把啤酒斟入酒杯，您就会看到酒液金黄，质地很浑浊，通常有少许酵母沉淀物，而且带有一抹微微的橙色。其香气诱人，散发着酵香，柑橘和香料味。一开始，它味道很甜，有香草、香蕉、蜂蜜和甜肉桂的味道。后来，干味和药草味更浓，而且微微的辛辣味一直持续到最后。其口感紧实、热烈——这说明它的酒精含量很高，达9.5%。总体而言，这款啤酒平衡完美，适合搭配冷肉或者沙拉。

维克多金猴

荣耀与骄傲

金猴啤酒是维克多啤酒公司的骄傲，它甚至可以跟最上好的比利时三麦啤酒相媲美。

力加雾角陈酿（ANCHOR OLD FOGHORN）

C 色 栗褐色，略带一丝红色，泡沫呈深奶油色。

A 香 浓郁、芳香；散发着酒花、水[illegible]

T 味 十分滑润；有浓郁的酒花味和纯麦威士忌味，回味有果味。

力加啤酒公司已经成为加州旧金山地区的常青企业，蒸汽啤酒是它的旗舰酒品，这是一款介于窖藏啤酒和爱尔啤酒之间的混合啤酒，因为二氧化碳含量高，产生“蒸汽”——实际上是从木桶漏出的“气”——而得名。其他啤酒还有：自由爱尔啤酒（见第441页）；出色的力加波特啤酒（见第453页），也是一款混合啤酒，这次是介于波特啤酒和司陶特啤酒之间。力加选用100%麦芽，将非常传统的酿酒方法，同先进的现代工艺相融合，以确保品质，使啤酒面向消费者出售时，依然保持最佳状态。

力加雾角陈酿

这是一家很古老的酿酒厂，最早在1896年创建。1965年，弗里兹·梅塔格（Fritz Maytag）力挽狂澜，使其免遭停产。梅塔格经营有方，到了20世纪70年代，该啤酒厂成为小型啤酒厂运动的领军力量。1975年，美国刚刚发起小型啤酒厂运动，力加率先推出大麦果酒，雾角陈酿。当时，淡弱、气泡极为丰富的窖藏啤酒几乎完全占据了美国啤酒市场，如果说，有哪款啤酒与这种窖藏啤酒截然不同，那一定是雾角陈酿！

雾角陈酿以大麦果酒风格的爱尔啤酒进行宣传，酒精度为8.7%，有的甚至达9.4%，很强劲。其呈深栗色，因为不是瓶内熟化，所以酒液很清澈，香甜水果和雪莉酒香突出，不过，也有强烈的酒花香味。跟美国所有的大麦果酒一样，它也是选用合适比例的酒花酿制而成。

其水果滋味浓郁，这样可以平衡大麦果酒的酒精感。您可以品尝到杏仁蛋白软糖和焦糖的味道，快到最后，酒花味显现，回味很干，很清爽。

通常情况下，饮用这种酒不要超过一瓶或者两瓶。有的人偏爱餐后饮用，像利口酒一样，不搭配食物，或者睡前小酌。有的人喜欢搭配味道很浓的奶酪。这款啤酒很强烈，不管怎么饮用，都要当心。

犬毛弗雷德

犬毛弗雷德（HAIR OF THE DOG FRED）

C 色 鲜亮的金橙色，泡沫漂亮、强健。

A 香 酒花味突出，还有麦芽、柑橘[illegible]

T 味 很强烈、浓郁，有橙子、雪莉酒的香味，回味有酒花味和泥土气息。

犬毛是一家非常小的啤酒厂，位于俄勒冈州波特兰市，广告语是“忠诚、可靠、纯良的宠物”。1994年，该啤酒厂创建，专门酿制瓶内熟化的啤酒，酒质经年而更加醇美。弗雷德啤酒得名于波特兰的酿酒商兼作家弗雷德·埃克哈特（Fred Eckhardt）。这是一款令人惊叹的啤酒，选用10种不同的酒花酿制而成，酒精度为10%，有时达11%。其味道和酒精感十分强烈，回味热烈、有点像威士忌。我喜欢晚餐后饮用。

阿拉佳西特级珍酿（ALLAGASH GRAND CRU）

C 色 金橙色，混浊，泡沫似奶油，呈米色。

A 香 柔和，散发着麦芽、橙子、坚果、酵母和雪莉酒的香气。

T 味 有香甜的果味，如鲜杏味，还有香菜味。

阿拉佳西啤酒厂位于缅因州的波特兰市，主要酿制比利时风格的啤酒，特级珍酿是它酿制的一款比利时强劲淡爱尔啤酒。灌装时，往瓶内加入少许酵母，使酒液在瓶中继续熟化，变得更柔和。其酒精度为7.8%，很强劲，呈橙褐色，因为瓶内熟化的关系，酒液混浊。其香气复杂，酒体十分清淡，甜美水果、柑橘和香料的味道平衡出色。饮用时，我喜欢搭配香肠、肉酱或者羊肉。

罗格克洛斯西恩陈酿（ROGUE OLD CRUSTACEAN）

C 色 深红褐色；泡沫单薄，但却持久，呈奶油色。

A 香 散发着浓郁的深色水果、巧克力、如花的酒花和橙子香。

T 味 先是强烈的甜味，然后有柑橘、酒花、药草和香料味。

啤酒中的干邑！这是俄勒冈州纽波特市罗格啤酒公司对其酿制的英国风格大麦果酒——克洛斯西恩陈酿的评价。大麦果酒制成后可以贮藏，品质会经年而提升，罗格公司酿造这款酒，就是希望至少1年后再饮用，不过，很多粉丝更愿意把贮藏时间延长至5年，有的甚至贮藏10年以上。

罗格克洛斯西恩陈酿

它的突出风格就是热烈，酒精含量高，强健，富有麦芽香味，颜色深。跟所有瓶内熟化的大麦果酒一样，其强劲度和味道，会随着批次和陈年过程的不同而变化。

罗格克洛斯西恩陈酿呈褐色，酒液混浊，未经过滤，酒精度为10.5%左右，很强劲。其香气复杂，水果、巧克力和柑橘香味混合在一起，衬托着酒花香，滋味浓郁强烈，麦芽、酒花、水果、香料和柑橘旋升融合，最终，转化成悦人的苦味。

这是最上好的一款餐后啤酒或者睡前酒。除非您是酒场老手，否则可能超过一两瓶就会招架不住。

内华达山脉大脚怪（SIERRA NEVADA BIGFOOT）

C 色 迷人的深红色，泡沫少、或者没有。

A 香 散发着青草酒花、焦糖、鲜花和松木的香味。

T 味 浅特别丰醇，有浓郁的麦芽味、深色水果味和酒花的辛辣味。

大脚怪啤酒是内华达山脉啤酒公司的一款大麦果酒，得名于一种神话动物，据说这种动物生活在内华达山脉的森林里。如果它不是美国最好的大麦果酒，也是最好的之一。其质地很强烈，但浓郁的麦芽、水果和酒花的味道并没有被强劲的酒精感（酒精度为9.6%）淹没。这款啤酒不是特别甜，睡前小酌，热烈、迷人。

内华达山脉大脚怪

CANTILLON
CANTILLON

特色啤酒

“每个季节、每个场合、一天中的每个时刻，都有一款与之相匹配的啤酒。从书中寻找一些绝对出众的啤酒风格吧！”

特色啤酒简介

什么时候啤酒不再只是啤酒？当它充溢着水果和药草的香味，或者像葡萄酒一样用木桶陈酿，或者像德国香肠一样用榉木熏制时，特色啤酒的香气和味道耳目一新、引人入胜，您必须尝一尝才能体味。

特色啤酒酿造商，采用传统配方，酿制出的啤酒大为不同，或者非比寻常，或者只是更加强劲。这可能是因为酿酒过程中添加了特别的原料，并且成为历史传统的一部分，像产自德国弗兰克尼的班堡熏制啤酒或者加入杜松的芬兰萨蒂啤酒（Sahti）。其他啤酒旨在推动传统复苏，像石楠爱尔（Heather Ales）酿造的各种各样的苏格兰啤酒。有些特色啤酒极为出众，有的却并不尽然，但所有的特色啤酒都很值得一尝。

石楠花 石楠爱尔弗如克富有甜美的花香和药草香。

最久负盛名的，当属德国熏制啤酒以及选用水果，特别是樱桃酿制的啤酒，如布鲁塞尔科里克啤酒。麦芽在木火或者炭火上熏制后酿造而成的啤酒，富有类似熏鱼或者熏肉的香气和味道。而水果啤酒味干、不甜，是将水果浸泡在陈年的朗比克啤酒里，同时加入许多酸性物质，平衡水果的甜味后酿成的。石楠爱尔弗如克（Heather Ales Fraoch）的酿造方法不同，更加简单——将传统啤酒中的大部分酒花替换成了石楠。

烧烤啤酒 香肠和烤肉可以把特色熏制啤酒的滋味充分展现出来。

啤酒，葡萄酒还是威士忌？

特色啤酒在酿制过程中有两点“圣杯”一般难以企及的因素。其一，将啤酒与葡萄和葡萄酒，尤其是香槟联结在一起。勃艮第红葡萄一样的佛兰德红爱尔啤酒，如佛兰德勃艮第啤酒，尤为成功。驰名的罗登巴赫啤酒，采用橡木桶陈酿这样的葡萄酒酿制工艺来酿造啤酒。布鲁塞尔坎蒂隆啤酒厂的圣朗威和威尼啤酒，在酿制过程中，加入了葡萄。其二，麦芽的处理使啤酒具备了纯麦威士忌的特点。最知名的当属法国菲舍尔阿德斯科特啤酒。不过，伊格橡木陈酿啤酒，一款新推出的苏格兰啤酒，在当地也颇有影响，采用美国白色橡木桶，进行类似威士忌的木桶陈酿。

品酒和侍酒

简介 这类啤酒风格各异，关键在于以啤酒为基础，混合了特别原料。这样做，是为了增添香气、味道和乐趣呢，还是仅仅为了推陈出新呢？

C 色 这类啤酒的颜色最为广泛，从鲜亮的红色到黑色，应有尽有。水果啤酒反映了酿酒水果的颜色，而有些啤酒像香槟酒一样几乎澄澈透明。

A 香 当然，散发着麦芽、酒花的芳香，同时还有特别原料的香味——石楠、鲜花、药草、香料、葡萄、樱桃、烟……几乎数不胜数。

T 味 最上好的啤酒，如科里克樱桃啤酒或者德国罗彻菲尔泽石啤，用烫石酿制，十分特别，而其他有些啤酒没那么成功。您需要品尝感受。

选购和贮藏 比利时科里克樱桃啤酒，以及德国熏制啤酒很容易就能买到。其他啤酒，相对没那么容易，而且可能是当地的新品。还有一些啤酒，比如圣诞爱尔啤酒，仅在特别时段销售。有的啤酒品质会随着经年陈酿而提升。

侍酒建议 要用合适的酒杯侍饮水果啤酒和“葡萄酒”风格的啤酒，侍饮温度要很冰凉。熏制啤酒可以像普通的德国强劲啤酒一样侍饮，而药草啤酒要用相对小一些的酒杯，侍饮温度要凉爽，而不能冰凉。

食物搭配 熏制啤酒搭配德国熏制香肠和任何烧烤食物非常合适。水果啤酒搭配甜品极为出色，而有些“葡萄酒”风格的啤酒搭配羊肉很好。

比利时

比利时人选用水果，如樱桃和葡萄所酿制的特色啤酒首屈一指，有的酿造商甚至力求酿制出堪比香槟的啤酒。这类啤酒风格多样，涵盖了一些世界极品，而且品种多得令人难以置信。

勃艮第公爵夫人（DUCHESSE DE BOURGOGNE）

色 呈深栗褐色，泡沫小，持续时间短。

香 散发着鲜亮的红色水果，特别是樱桃的香气，而且相当酸。

味 微甜，有红色水果味，也有酸味，回味有酒花的干味。

这款卓越的啤酒产自佛兰德，由维哈根（Verhaeghe）啤酒厂酿造。勃艮第公爵夫人这个称号，绝非偶然，因为人们常常会把西佛兰德的红爱尔啤酒同陈酿的葡萄酒相提并论，而且20世纪，有些啤酒的宣传口号就是“它是葡萄酒！”这款啤酒在橡木桶而非酒瓶中熟化。其酒精度为6.2%，强劲度适中，总体的特点是苦甜参半。人们难免把它与经典的罗登巴赫特级珍酿啤酒（见下）相比较。我坚信它绝不示弱——您可以自己做出评判。这款啤酒在中午时分饮用很出色，因为它不太强劲，搭配冷肉、沙拉和清淡食物很美味——就像一款勃艮第红葡萄酒。

勃艮第公爵夫人

佛兰德勃艮第啤酒（BOURGOGNE DES FLANDRES）

色 深红褐色，泡沫小，迅速挂杯。

香 很强烈，富有果香，散发着黑色水果香，香料香和橡木味。

味 相当酸，有橡木味，樱桃果味和香料味。

自1888年以来，位于伊特尔贝克的帝莫曼啤酒厂，一直都是酿制朗比克啤酒的行家里手，不过它也制造这款佛兰德红爱尔啤酒。其酒精度为6.5%，强劲度适中，散发着这类啤酒特有的香气：相当馥郁，有着像樱桃和李子这样的红色和黑色水果香，还有香料味以及橡木桶陈酿后的所有特征。其酒体十分清淡，很容易入口，水果和香料赋予啤酒酸而清爽的口感。我喜欢中午时分饮用它，搭配沙拉或者清淡餐食。

禁果（VERBODEN VRUCHT）

色 独特的橙褐色，泡沫松散，多气泡。

香 雅致、精细；散发着甜麦芽、红色水果、香料、林木和砂仁的香味。

味 透亮、清新，有红色小果味，回味有更加柔和的巧克力味。

这款上好的啤酒产自福仕啤酒公司，酒名意为“禁果”，酒标上有一幅略显淫逸的图画（以鲁本斯Rubens的画作为基础）——亚当和夏娃正在享用一杯啤酒。

禁果啤酒（法语Le Fruit Défendu），呈橙褐色，芳香馥郁，散发着红色水果和酵母香，有些甜。其酒体适中，味道整体而言富有果味、清爽，酒精度为8.8%，很强劲，但酒精感并不突出。饮完一杯禁果啤酒，您的感受就是“请再来一杯”！

罗登巴赫（RODENBACH）

色 深橙红色，泡沫漂亮、饱满，呈奶油色。

香 散发着强烈的水果香味，还有樱桃、葡萄、药草和橡木的香味。

味 很干，微酸，有红色水果味、林木味；回味有紧实的水果味。

这家驰名世界的比利时啤酒厂最初的经营者来自德国，后来与佛兰德的一个家庭联姻。1836年，该啤酒厂在西佛兰德创建，不同寻常的是它的啤酒大桶一排排竖放，总数达300个，有的容量超过50 000升。这种啤酒发酵两次，然后，像葡萄酒一样在橡木桶中贮藏，在这一过程中，酒液变酸，并吸纳木桶特质，形成香味的复杂感。因此，罗登巴赫啤酒获得了“佛兰德勃艮第酒”称号。1998年，比利时酿造商帕尔摩（Palm）取得啤酒厂经营权，不再生产科里克樱桃啤酒亚历山大（Alexander），但保留了这款啤酒和特级珍酿（见右）。

罗登巴赫

罗登巴赫啤酒，也被称做科拉斯克（Klassic），由橡木桶陈酿至少1年的年份啤酒和金属桶熟化仅5周的年轻啤酒混合而成，其75%的酒液很“年轻”。酿制而成的啤酒，酒精度为5%，强劲度适中，但口感很干，因为太干了，所以加入糖以赋予其苦甜的平衡感。这是一款红爱尔啤酒，而且香气也富有“红色”的感觉，散发着樱桃和葡萄香，同时还有林木的特质。其独特的滋味体现在了干的酸味，有点像葡萄醋，十分清爽。这种酸味与水果的甜味很平衡，回味又有酸味。这款啤酒独一无二，您可能也想加入它的众多粉丝行列。

罗登巴赫特级珍酿（RODENBACH GRAND CRU）

色 深栗褐色，几乎不透明，泡沫丰富、呈黄褐色。

香 很强烈，散发着红色水果、葡萄和红葡萄酒香。

味 很酸，樱桃的甜味与辛辣的回味很平衡。

特级珍酿，是这座著名啤酒厂的奢华品牌，仅选用木桶熟化至少2年的陈酿爱尔啤酒制成。其呈深栗褐色，酒精度为6.5%，香气馥郁，充满果香，有细微红葡萄或者干雪莉酒的香味。这款啤酒的味道需要慢慢适应。一开始，其口感很酸，但只要习惯了，滋味的质感和深厚感就会显现，给您留下非常清爽的回味。

罗登巴赫特级珍酿

佛兰德杜斯白露（DEUS BRUT DES FLANDRES）

色 淡金色，泡沫多，比香槟的浓厚一些。

香 清新、活泼，散发着麦芽，柑橘水果，特别是柚子，和药草的香味。

味 很干，而且酸，有甘草、薄荷和八角的味道。

位于东佛兰德的博斯蒂尔斯啤酒厂以出产红酷爱克（Kwak）啤酒而著称。最近，该厂推出这款“香槟”啤酒，灌装在酒瓶内销售，与唐派利依香槟酒别无二致。它甚至夸耀有着葡萄酒一样11.5%的酒精强度。这款啤酒的酿制过程尽可能接近香槟酒。其实，斟酒时，您会发现，它很像香槟酒，呈淡金色，气泡活跃，但依然散发着浓郁的麦芽香和隐隐的柑橘香。其味道诱人，有着明快的柑橘口感和隐隐的干药草，尤其是甘草的味道。

利弗曼斯金丝带（LIEFMANS GOUDENBAND）

C 色 深红橙褐色，微微有些朦胧不清，泡沫中等，呈黄褐色。

A 香 散发着复杂的红色水果、烟、柑橘、乳酪麦芽、矿石和皮革的气味。

T 味 酒体中度，甜美；有红色水果味和酒花味；回味酸而悦人。

一直以来，人们常说利弗曼斯金丝带（Goudenband即golden ribbon）是世界上最上好的褐色爱尔啤酒，而且理由极为充分。这款啤酒有着近乎无限的复杂香气和滋味，甜味和干味的平衡感接近完美，富有年份葡萄酒的浓郁和丰醇。

利弗曼斯啤酒厂，位于比利时的奥德纳尔德（Oudenaarde），选用一系列酵母和麦芽，酿酒经过7天完成。年轻的啤酒在该啤酒厂凉爽的酒窖里贮藏数月，通常会长达1年，完全熟化后，灌装。这样，金丝带啤酒可以贮藏数年。

利弗曼斯金丝带啤酒的香气令人惊叹不已，从红色水果和柑橘，到细微的皮革、矿石、烟、泥土和乳酪麦芽的香味。我简直可以永远嗅闻这款啤酒！其滋味也很平衡，尽管很强劲（酒精度为8%）、复杂，但非常清爽。酒体既不过于强烈，也不过于甜腻，除了鲜美水果、麦芽和酒花的滋味，您还可以品尝到药草、皮革、矿石和林木融为一体的口感。总之，其精美麦芽和焦糖的甜味，与回味的干味非常平衡。

问题在于，什么时候饮用？有的人喜欢搭配清单食物，几乎就像干白葡萄酒一样饮用。有的人把它当做派对酒品，就像香槟一样饮用。我曾经搭配巧克力甜点饮用，很可口。不管您选择搭配什么，都一定要尝一尝！

利弗曼斯金丝带

独特的包装
利弗曼斯选用软木塞的传统、使用考究纸张包装酒瓶的做法，世界驰名。

德多勒奥尔啤酒（DE DOLLE OERBIER）

C 色 很深的褐色，质地略微朦胧不清。

A 香 很甜美，富有水果的气息，散发着柑橘味和烟味。

T 味 相当酸；有红色浆果，特别是樱桃的味道，回味干、洁爽。

这款上好的传统啤酒，是苏格兰风格的褐色爱尔啤酒，酒精度为7.5%，呈褐色，泡沫大而多。奥尔啤酒香气甜美，富有水果味，同时散发着隐隐的柑橘和烟味。其味道平衡卓越，虽然有威士忌的口感，酒精感明显，但不会吞没滋味。其总体的感受很清爽，先是樱桃味和苹果味，接着是烟熏麦芽的甜味，最后，回味有干的苦巧克力味。

德多勒奥尔啤酒

哈彻特吉尔登啤酒（HAACHT GILDENBIER）

C 色 深栗褐色，泡沫饱满、丰富。

A 香 清新、明快，散发着酵母和柑橘味。

T 味 相当柔和、滑润；有微甜的麦芽味和巧克力味，以及果味。

如果您喜欢褐色爱尔啤酒，一定要品尝这款有趣的啤酒。吉尔登啤酒（行业公会啤酒）是一款风格特别的褐色爱尔啤酒，以往传统的啤酒很甜、很强劲，但现代的啤酒甜味更淡一点。其呈深褐色，澄澈透明，香气清新、活泼，有隐隐的柑橘味。其酒精度从6.5%到7%，强劲感适中，滋味很协调，甜味突出，但麦芽味和林木、酒花的浓浓干味很平衡。

坎蒂隆科里克朗比克啤酒（CANTILLON KRIEK-LAMBIC）

C 色 呈深浓的勃艮第红葡萄酒色，泡沫多气泡，呈粉色。

A 香 很明快，富有果香，主要是樱桃和杏仁的香气。

T 味 有清淡、悦人的酸味；有樱桃味、覆盆子味；回味很干。

科里克可能在朗比克啤酒风格中最成功。干味和樱桃的水果味似乎与朗比克啤酒完美融合在一起，形成一种清爽的干味。坎蒂隆科里克朗比克啤酒如果不是世界上最干的，也是最干的啤酒之一。其呈深红色，鲜亮，富有果香，从樱桃核里透出隐隐的杏仁香，酒体清淡，有果味，总体口感干而清爽。这款啤酒任何时间饮用都很有趣。

坎蒂隆科里克朗比克啤酒

坎蒂隆威尼啤酒（CANTILLON VIGNERONNE）

C 色 澄澈的淡金色，泡沫持续时间短、多气泡。

A 香 葡萄酒和葡萄的香味相当浓，同时还有苹果酒和泥土的气息。

T 味 清淡、干，有白麝香葡萄、林木和坚果的口感。

这款啤酒混合了来自意大利的白麝香葡萄。把葡萄添加到熟化18个月的朗比克啤酒，再熟化6个月，然后再混合更年轻的、酒龄1年的啤酒。其灌装销售名为格兹香槟——一种混合了年轻和年老朗比克啤酒的风格。酿制而成的啤酒呈可爱的金色，散发着典型的朗比克啤酒的果香和潮湿泥土气息。它的葡萄味突出，但也有香料味、柠檬味，口感清爽。

文化与传统

樱桃啤酒 在比利时餐馆，水果啤酒很受青睐，而且这种风格的啤酒正在许多其他国家流行起来。最受欢迎的啤酒之一是科里克啤酒（Kriekbier，Kriek是佛兰德语，意思是樱桃）。把未去核的樱桃加入啤酒基酒进行发酵，一旦水果分解，果核的杏仁味也会给啤酒调味。酿制金丝带啤酒（见左）的利弗曼斯啤酒厂，以选用丹麦和比利时的樱桃酿制科里克樱桃啤酒而著称。这款啤酒很独特，用淡樱桃红色的纸包装，水果的香味和白兰地的滋味平衡出色，回味干。

坎蒂隆圣朗威（CANTILLON ST LAMVINUS）

C 色 深红色，泡沫丰富、洁白、多气泡。

A 香 酵母味相当浓，还有干葡萄酒和泥土的气息。

T 味 清淡、清爽，有水果的甜味，回味酸而悦人。

它是啤酒还是葡萄酒呢？该酒名融汇了朗比克（lambic）和拉丁文维那斯（vinus），前者指啤酒的种类，后者的意思是葡萄酒。

坎蒂隆啤酒厂坐落在布鲁塞尔的中心地带，1900年，由罗伊（Roy）家族创建。现在，这家啤酒厂既酿制朗比克啤酒，又兼做博物馆。

朗比克是独一无二的啤酒风格，源自距离布鲁塞尔并不太远的桑纳谷（Senne Valley），选用当地酵母，加入少量小麦，自然发酵。新鲜的啤酒在木桶中贮藏3年。这种酸酸的、走气的酒液是基酒，与其他啤酒和水果混合酿制啤酒。

圣朗威是一款酒龄2年的啤酒，在橡木桶中与酿制红葡萄酒的葡萄——美乐、品丽珠葡萄，一同发酵，而后，直接吸入750毫升的香槟酒瓶。该啤酒呈深红色，气泡丰富，并迅速消散。其香气十分清新、活泼，散发着泥土和酵母香，具有这一啤酒风格的典型特征。其味道出类拔萃，融合了清新的红色水果的甜味和柔和的苦味，葡萄的味道明显，酒体清淡、清爽，回味酸、悦人。其酒精度为6%，强劲度适中，口感非常平衡。

我认为，它既不是葡萄酒也不是啤酒，而是将两者完美融合的佳酿。

坎蒂隆圣朗威

德瑞方迪恩科里克（DREI FONTEINEN KRIEK）

色 血红色，带有一抹橙色。

香 樱桃的香味突出，还有隐隐的草莓味和干坚果味。

味 干、酸；有樱桃、李子、药草的气味；回味清爽。

德瑞方迪恩以其酿制的朗比克啤酒而著称，这款科里克樱桃啤酒是最上好的啤酒之一，呈血红色，泡沫很少或者没有，富有果香，樱桃的香味与坚果、泥土、香草和林木的香味相互平衡。其酒精度为5%，相当强劲，酒体十分清淡，但味道浓重。品尝该酒，药草味、干味、酸樱桃味、李子味、甚至草莓味会向您袭来，回味有悦人的酸味，而且很清爽。

百利威科里克

百利威科里克（BELLE-VUE KRIEK）

色 中度红色，泡沫呈奶油粉色。

香 樱桃的香味突出，散发着葡萄酒和杏仁的气息。

味 干、似奶油；有樱桃、坚果、林木味；回味清新。

百利威啤酒厂坐落在布鲁塞尔郊外，距离小城朗必克（Lambeek）不远，朗比克一词很可能源于此，所以，该啤酒厂酿制出色科里克樱桃啤酒的地理位置很优越。实际上，百利威啤酒厂是比利时朗比克啤酒的最大酿造商，拥有10 000个木桶，里面装满啤酒，气泡欢快腾涌。百利威科里克樱桃啤酒的目标市场比有些特色啤酒更广阔、更昂贵，因此，比大多数啤酒更甜一些，不是十分复杂。尽管水果啤酒看起来好像很甜美，但基本上口感很干，有的极其干。为了吸引更多、更年轻的群体，百利威啤酒厂的酿酒师已经柔化了啤酒的干味，因此，更受青睐。

这款啤酒呈深樱桃红色，略带隐隐的褐色，泡沫丰富，呈粉色。其香气以甜樱桃香为主，还有隐约的葡萄酒香和樱桃核散发出的果仁香。这款啤酒可能比很多啤酒更甜一些，但味道比樱桃汽水干！当然啦，樱桃水果味很突出，但也有林木味和果仁味，因此，回味很清爽。

百利威科里克的酒精度为5.2%，不是一款超级强劲的啤酒，质地奶油一般幼滑，很容易入口。晚上，早一点儿啜饮它，十分迷人。

卡斯尔褐色啤酒

卡斯尔褐色啤酒（KASTEEL BIER BRUIN）

色 深红宝石色或者巧克力褐色，泡沫小、呈淡黄褐色。

香 散发着甜麦芽、朗姆酒、葡萄干、焦糖和甜香料的香味。

味 很浓郁，有水果、波特酒的味道，同时还有丰富的焦糖味、巧克力味和香料味。

它应该被称为“城堡爱尔啤酒”，在比利时这个双语国度，它有个别名——城堡啤酒。这里所说的城堡位于西佛兰德的茵格尔明斯特，酿制而成的啤酒会在这里贮藏3个月之久。这款啤酒很特别，非常平衡。其酒精度为11%，十分强劲，抑制了香气和味道，从而赋予一种滑润动人和热烈的感觉，好似加入波特酒的水果蛋糕。

圣菲琳圣诞啤酒（ST FEUILLIEN CUVÉE DE NOËL）

色 深铜色；混浊，泡沫中等。

香 相当甜美，富有果香，还有微微的药草味。

味 酒体适中，有麦芽和水果的甜味；回味有清新的柑橘味。

这款比利时圣诞节爱尔啤酒，由弗莱尔特啤酒厂酿造。该啤酒厂坐落在比利时西部的埃诺省，久负盛名，以酿制修道院风格的爱尔啤酒为主，品牌名称是圣菲琳。当然，圣诞啤酒是它的圣诞节爱尔啤酒。

您会发现这是一款强劲的啤酒，酒精度为9%，能轻而易举地让您在圣诞大餐后，酣然入睡。这款啤酒热烈，酒精感并未被味道所掩盖。它相当迷人，富有水果和药草的香气，滋味很甜，回味有浓郁的橙子味。它是一款强烈的上好比利时啤酒，一款能让您晕倒的啤酒！

布什圣诞啤酒（BUSH DE NOËL）

色 深橙色，泡沫丰富、持续时间短。

香 散发着甜麦芽和焦糖味，还有隐隐的甜香料味。

味 滑润、强烈、活泼、甜美；有杏仁蛋白软糖和坚果味；回味热烈。

比利时最强劲的啤酒吗？这款啤酒由杜比森啤酒公司酿造，20世纪30年代，该公司采用英国品牌名称布什，推广一款英国风格的爱尔啤酒。为了避免与啤酒巨头安海斯布希混淆，这款啤酒在美国销售名为斯卡迪斯。圣诞啤酒是酒精度为12%的布什大麦果酒的圣诞节款，而且同样强烈。其平衡佳，热烈，香气诱人、活泼，有香料和坚果的味道。我喜欢在冬日晚餐后饮用它。

布什圣诞啤酒

小铁匠豪宁啤酒（‘T SMISJE HONINGBIER）

色 中度琥珀色，泡沫洁白、浓厚、丰富。

香 蜂蜜的香味突出，同时还有酵母和焦糖的甜香。

味 相当干、富有果味；酒体滑润；回味有活泼的柑橘和酒花味。

彩虹（De Regenboog）小型啤酒厂位于布鲁日（Bruges）附近，商标’t Smisje（小铁匠）表明了它的酿制工艺。该啤酒厂专门用不同寻常的原料酿造啤酒。

这款用的是蜂蜜，显然蜂蜜产自他们自己的蜂箱。这款豪宁啤酒质地滑润、迷人，酒精度为6%，相当强劲，味道不太甜，回味有蜂蜜和橙子的口感，很和谐。

埃勒泽勒赫库利（ELLEZELLOISE HERCULE）

色 很深的黑色，泡沫浓厚、似奶油。

香 散发着深麦芽、黑色水果、咖啡和皮革味。

味 酒体相当清淡，有烘焙麦芽味，口感甜美；但回味干。

1993年，这座比利时的小型啤酒厂在布鲁塞尔西部的埃勒泽勒村庄创建。赫库利是它酿制的英格兰司陶特风格啤酒，颜色很黑，酒精度为9%，很强劲。其香气浓重，散发着浓郁麦芽香、黑色水果香，还有微微的皮革和咖啡香。如您所想，烘焙麦芽的柔和甜美味道突出，但也有苦巧克力的口感，回味干、有雪茄的味道。其总体感觉滑润，强劲的酒精感并未被滋味所淹没。它很受欢迎，跟常规的英国和爱尔兰风格不太一样，选择它换个口味，挺好。

美国

美国啤酒公司，喜欢通过添加新原料、发展新工艺或者复兴久已失传的方法，来试验新的啤酒风格。有时候，非常出色；有时候，有待分晓，不过，都很值得品尝。

阿拉斯加熏制波特啤酒（ALASKAN SMOKED PORTER）

C 色 深黑色，不透明，泡沫丰富，似奶油。

A 香 相当独特，有泥土和熏制培根的感觉。

T 味 酒体强烈、油滑；有甜麦芽味和苦酒花味；所有的味道都隐藏在烟味里。

阿拉斯加啤酒公司（Alaskan Brewing Company）位于朱诺市（Juneau），是阿拉斯基历史最悠久的啤酒公司，不过，1986年，才由从前的采矿工程师杰奥夫·拉尔森（Geoff Larson）和他妻子玛西（Marcy）创建。琥珀爱尔啤酒（Amber Ale）为他们赢得了美名，这款艾尔特啤酒在当地极受欢迎，并屡屡获奖。他们也酿制美味的淡爱尔啤酒（Pale Ale）和夏季爱尔啤酒（Summer Ale）。这家小型啤酒厂也已经扩大生产范围，采用传统熏制啤酒方法，酿制出酒精度为6%，强劲度适中的熏制波特啤酒。这种酿酒传统往往会跟德国小城，位于弗兰克尼的班堡联系在一起。其酿酒的基本原则是，用于酿酒的麦芽首先在榉木上熏制，这样酿制而成的啤酒有微微的烟熏味。

阿拉斯加熏制波特啤酒

阿拉斯加熏制波特啤酒曾经取得了巨大成功，斩获一系列奖项。它是在桤木而非榉木上熏制，颜色很深，上面的泡沫少。其香气好似熏肉，也散发着麦芽香。其焦木的味道很浓，还有苦巧克力味和烘焙麦芽味，回味有干酒花味和烟熏味，绵延悠长，口感平衡。

公正地讲，如果您不喜欢熏制啤酒或者熏制食物，那多半不会喜欢阿拉斯加熏制波特啤酒。相反，要是喜欢的话，您就会喜欢一边吃烧烤食物或者任何一种熏制食物，一边饮用这款啤酒。为什么不试试这款不同寻常的啤酒呢？

地域感

用于酿制阿拉斯加熏制波特啤酒的麦芽的熏制方法，与当地熏鲑鱼的方法如出一辙。

角鲨头存在理由啤酒（DOGFISH HEAD RAISON D’ÊTRE）

C 色　深红木色，带有一抹红色。

A 香　浓郁，散发着巧克力、朗姆酒、葡萄干和甜麦芽的香味。

T 味　相当甜，有葡萄干、糖浆、水果蛋糕和深色麦芽味。

1995年，角鲨头啤酒厂（Dogfish Head Craft Brewery）创建，它最早是一家啤酒馆。他们的酿酒原则就是选用各种不同原料，只要是天然的，只要是“来自地球和烤箱的”均可。有机、天然的原料包括各种酒花和麦芽、泥炭熏制的麦芽、枫浆、香草、杜松和红糖。自创立之初，角鲨头已经酿制出一系列非同寻常、极为成功的啤酒，伊莫特爱尔啤酒（Immort Ale）最先风靡，它选用泥炭熏制的大麦，并添加香草、枫浆和其他原料酿造而成。

存在理由啤酒是角鲨头酿制的比利时风格褐色爱尔啤酒，酿造方法与金卡尔啤酒（见第466页）一致，而且同样浓郁、甜美，也很强劲，酒精度为8%，曾经取得很大成功，2000年1月被《纯麦倡导者杂志》（Malt Advocate Magazine）评选为全美年度啤酒。

这种啤酒呈红木褐色，让人难以忘怀，微微有些浑浊，香气浓郁、复杂，散发着甜麦芽、糖浆、深色水果和水果蛋糕的香味。其质地并非特别势不可挡，强劲的酒精感得以掌控，总体感觉像马德拉葡萄酒，透着焦甜味。

这种啤酒要在餐后，斟在窄口小酒杯，细细啜饮，或者搭配味道浓郁的食物，如野味或者浓烈的奶酪。如果您已经是比利时爱尔啤酒的爱好者，它是相当出色的选择。

角鲨头存在理由啤酒

角鲨头从容不迫啤酒（DOGFISH HEAD FESTINA LENTE）

C 色　中度杏色，泡沫少或者没有。

A 香　果香强烈，鲜杏味和苹果味首当其冲。

T 味　先是甜桃味，同时还有苹果味和葡萄味；最后的回味更干。

除了常规系列啤酒以外，角鲨头还酿制特别的应景啤酒，包括朗比克爱尔啤酒——从容不迫。这款啤酒由酵母和微生物发酵，然后加入橡木片和桃子陈酿，因此，滋味独特，富有果香。

酿制而成的啤酒呈迷人的桃色，没有气泡或者泡沫，但香气令人兴奋，散发着水果、坚果和泥土的气息。刚入口的桃子甜味，被更有趣的滋味和一系列柑橘水果味，如葡萄、苹果和青草酒花味吞没。这是一款相当强劲的朗比克啤酒，酒精度为7%，酒体强烈，令人满意。您需要慢慢地、不慌不忙地饮用，因为它很强烈，富有水果味。如果您喜欢朗比克啤酒，那这款非比寻常的美国啤酒很值得品尝。

食物搭配

蓝奶酪　角鲨头啤酒，如同葡萄酒一样，经过精心酿制，旨在与食物搭配。存在理由啤酒和90分印度淡爱尔啤酒，搭配蓝奶酪，如斯第尔顿奶酪或者洛克福奶酪，都非常可口。

角鲨头90分印度淡爱尔啤酒（DOGFISH HEAD 90 MINUTE IPA）

C 色　橙褐色，混浊，泡沫洁白。

A 香　酒花的气味首当其冲，还有柑橘、酵母和松木的气息。

T 味　滑润、热烈，有甜麦芽味；回味有柚子味。

角鲨头酿制一系列印度淡爱尔啤酒，其中包括60分和90分印度淡爱尔啤酒。90分印度淡爱尔啤酒香气非常迷人，散发着明显的松木和柑橘以及青草酒的花香，很热烈，酒精度为9%，极其强烈，但苦味恰到好处，与独特的柚子味、甜麦芽味和葡萄干味平衡和谐。我尤其建议，在很冷的冬夜，搭配猪排饮用90分印度淡爱尔啤酒，其卓尔不凡！

角鲨头90分印度淡爱尔啤酒

角鲨头世界司陶特啤酒（DOGFISH HEAD WORLDWIDE STOUT）

C 色　深黑色，非常不透明，泡沫很小。

A 香　雅致、独特，散发着烘焙麦芽、深色水果和波特酒的香味。

T 味　极其浓郁，有深色烘焙麦芽、朗姆酒和深色水果的味道。

世界司陶特啤酒被宣传成全球最强劲的深色啤酒，它的酒精度是18%，可能也确实是最强劲。饮用时，最好如同波特酒一样，用窄口小酒杯，搭配浓郁的甜点。您或许觉得这么强烈的啤酒，一定有失平衡感，酒精感把滋味和细腻感一扫而光。错，其雅致的滑润感，丰满的水果香、香草味和烟味一应俱全，只要您慢慢啜饮，它是一款非常令人心满意足的、具有浓郁波特酒风味的啤酒。

罗格帝国淡爱尔啤酒（ROGUE IMPERIAL PALE ALE）

C 色　诱人的蜂蜜褐色；相当混浊，泡沫浓厚、丰富。

A 香　富有鲜花味、酒花味，还有柑橘、松木和松香的气息。

T 味　苦味悦人，还有酒花味、柚子味，回味有柠檬的口感。

俄勒冈州纽波特市的罗格爱尔啤酒公司，以其一系列美味、不同寻常的啤酒而著称。帝国淡爱尔啤酒（别名双印度淡爱尔啤酒（I²PA）），广告宣传语是“优于、超过印度淡爱尔啤酒——大胆之人的选择”。

罗格帝国淡爱尔啤酒

它确实很特别，酒精度为9.2%，非常强劲。它在酿制过程中，未经过滤，陈酿9个月后，才从啤酒厂运走。这是一款出类拔萃的“双倍”淡爱尔啤酒，呈迷人的蜂蜜褐色，泡沫饱满、浓厚，持续很久才消散挂杯。因为啤酒是在瓶内熟化，所以有沉淀物，如果您希望酒液澄澈，斟酒时要多加小心。

其酒花的香气和味道突出，麦芽的香味几乎察觉不到，虽然很强劲，但酒体中度，整体感觉很清爽。其柑橘水果的味道令人兴奋，回味有柠檬口感。您要当心这款强劲的啤酒，因为您喝过一瓶之后，还想饮用更多！

尽管这款啤酒单独饮用很出色，我还是偏爱搭配上好牛排，尤其是搭配我的最爱——牛排薯条，我认为，啤酒与食物的味道融合完美。

塞缪尔亚当斯三麦鲍克啤酒（SAMUEL ADAMS TRIPLE BOCK）

色 深褐黑色，不透明，没有泡沫。

香 散发着浓郁的[illegible]香味；似[illegible]马德拉酒，有着焦糖、糖浆、蜂蜜和巧克力的气息。

味 有西梅干、葡萄干和枫树糖浆的味道；酒体浓重；回味苦甜、悠长。

这款啤酒，选用加州的起泡葡萄酒酵母酿制而成，销售前在美国威士忌木桶中陈酿，味道很浓郁，而且很昂贵，应该如波特酒或者大麦果酒一样饮用。它看起来像一款深色波特酒，酒精度为17.5%，非常强劲！这款啤酒，您非爱即恨。它可以搭配浓郁的甜点，或者，有可能的话，搭配味浓肉酱或者陶罐肉冻。

海威特德鲁伊格鲁特爱尔啤酒（HEAVYWEIGHT TWO DRUIDS GRUIT ALE）

色 淡橙色，半透明；泡沫很小。

香 [illegible]、醇郁，散发着药草和鲜花的气息。

味 相当甜美，有鲜花和药草、甘草的味道，回味甜。

根据啤酒厂的记载，曾经有个员工返回英国，寻访15世纪时的先祖，结果发现了中世纪的酿酒秘方！最终酿制而成的啤酒相当强劲，有着药草的味道，如洋蓍草、杨梅、野生迷迭香的味道，同时依照中世纪配方，还有一些香料味。这款非比寻常的啤酒跟凉药草茶很相似。

海威特德鲁伊格鲁特爱尔啤酒

犬毛亚当（HAIR OF THE DOG ADAM）

色 深褐黑色，带有一抹深红色。

香 散发着深色水果、焦糖和烘烤麦芽的香味，同时还有松香和酒花味。

味 干；有酒花、烟、巧克力、咖啡、八角的味道；回味热烈。

正如酒标上所示，这款"旧世界强健爱尔啤酒"根据多特蒙德（Dortmund）风格的德国深色啤酒酿制而成，最早名为亚当啤酒。啤酒在瓶内熟化，每批啤酒都进行编号，陈酿两年后发售。其酒精度为10%，很强劲，但酒精感并不突出，颜色很深，泡沫精美、持久，气泡多，滋味平衡佳。这款啤酒因为强劲，所以需要细细啜饮，是绝妙的睡前酒，也是我最爱的睡前酒之一。

犬毛亚当

魔法帽#9啤酒（MAGIC HAT #9）

色 迷人的深橙金色，泡沫小。

香 鲜杏的香味突出，还有麦芽的甜香。

味 酒体清淡，鲜杏的味道首当其冲，还有焦糖的味道，回味甜美。

魔法帽啤酒公司，位于佛蒙特州的柏灵顿，酿制了一些相当不同寻常，但很成功的啤酒，如布兰德菲斯印度淡爱尔啤酒。#9是系列啤酒中最上好的之一，被人们称为"不太像淡爱尔啤酒"。"不太像"的原因在于添加了鲜杏。#9啤酒，鲜杏的香气和味道突出，在我看来，其干味和柑橘的平衡感不是很充足。其麦芽和水果味融合很好，还有隐隐的焦糖味。这是一款清爽的夏日啤酒，但在外地很难找到。

康科德拉普琳（CONCORD RAPSCALLION）

色 从深金色到更深的橙色和深宝石红色。

香 浓郁，散发着辛辣的麦芽味和橙子、松木、深色水果的香味。

味 酒花味相当浓，还有柠檬味和一种迷人的苦味。

1993年，康科德啤酒公司创建，该公司酿制的啤酒风格以陈酿比利时爱尔啤酒为主。拉普琳普利尔是一款金色爱尔啤酒，为公司的旗舰酒品。其酒精度为6.7%，相对强劲，香味清新，酒花和柑橘水果味首当其冲。布莱兴很浓郁，呈橙色，酒精度为8%，更强劲，酒花味更足，散发着青草和松木香，质地浓厚，回味干。第三款啤酒是科里爱新，颜色更深，呈宝石红色，酒精度为9%，更强劲。这款啤酒与比利时的啤酒相似，散发着浓郁的巧克力、李子和雪莉酒的香气，口感有丰满的葡萄酒味。

日本

日本在改变和改进其他文化产品方面绝对是行家，而且通常能提升原产品品质。很多日本特色啤酒源于欧洲风格，如今，在日本酿造，信心十足、技巧纯熟。

札幌黑啤酒（SAPPORO BLACK BEER）

色 深红褐色，略带一丝橙色，泡沫呈淡黄褐色。

香 散发着深色水果、坚果、巧克力和隐隐的无花果的香味。

味 似奶油、味道强烈，有无花果、烘焙麦芽、巧克力和坚果味。

札幌啤酒厂创建于1876年，是日本一直不间断酿酒的最古老的啤酒厂。黑啤酒选用一系列麦芽，包括巧克力麦芽和大米酿制而成。这款啤酒不同寻常，滋味浓烈，酒精度为5%，强劲度适中。

烟幕熏制爱尔啤酒（MOKU MOKU SMOKED ALE）

色 深红褐色，泡沫松软、呈深奶油色。

香 浓郁，散发着泥炭、烟和林木的气息。

味 酒体强烈，质地微微油滑，有林木烟味。

烟幕是个乡村小型啤酒厂，位于京都东部的西汤船（Nishiyubune），基地设在一家专注酿制乡村啤酒的农事合作社附近。这家啤酒厂的厂名很奇特，选自日文短语Moku Moku，是日本武士用的一种烟幕。

烟幕熏制爱尔啤酒跟它的名字一样，呈烟雾般的浓深褐色，泡沫松软，呈深奶油色或者淡黄褐色。其香气之中透露出啤酒的主要原料——来自苏格兰的泥炭熏制麦芽。您啜饮这款啤酒时，会感受到更浓郁的、烟熏的林木香味里，衬着隐约的艾雷岛威士忌风味。

烟幕啤酒厂也酿造琥珀爱尔啤酒和德国风格的小麦啤酒以及一系列精美食品，如熏火腿和香肠——搭配这款啤酒完美至极！这款啤酒口感干，平衡佳，令人满意，如果您想尝尝与众不同的啤酒，它绝对值得一试。

烟幕熏制爱尔啤酒

德国

经典的德国特色啤酒，是源自南部地区的熏制爱尔啤酒。其他特别的啤酒酿制方法花样繁多，包括冷冻法——这种方法很罕见，酿制出的啤酒名为冰鲍克（Eisbock），强烈而又似糖浆。

施伦科拉熏制啤酒（SCHLENKERLA RAUCHBIER）

C **色** 很深的铜色，泡沫丰富，呈黄褐色。

A **香** 很独特，烟味突出，很像熏肉味。

T **味** 酒体相当清淡，有烟熏肉或者鱼的味道以及干酒花味。

熏制啤酒的故乡在巴伐利亚北部，弗兰克尼的班堡。这里酿酒传统由来已久，当时所有的麦芽都在木火上熏制。最著名的酿造商，现在常被称做海勒图姆（Heller-Trum），早在1678年就酿制这种风格的啤酒，并在施伦科拉酒馆销售。

酿酒商和啤酒的名称常常让人倍感迷惑。以前，海勒家族经营施伦科拉酒馆，但一个多世纪以来，它一直由图姆家族所有、经营。所以，啤酒厂的名称多种多样，有海勒、海勒图姆、施伦科拉。

如今的熏制啤酒，用现代酿酒设备酿造，但大麦芽仍然在巨大的榉木火上熏制。施伦科拉熏制啤酒的种类繁多（包括强劲的乌尔鲍克啤酒Urbock），不过，通常情况下，熏制啤酒颜色很深，从铜色到深黑色不一，泡沫通常呈黄褐色。其香气以烟味为主，还略带熏培根，甚至熏鱼的香味。初次闻到这种味道，会让人稍稍有些讶异，但是，过段时间，您就会习惯。

这款啤酒也富有烟的味道，而且透着麦芽和酒花味，同时还释放出焦糖和悦人的林木味。其酒体相当清淡、滑润，其酒精度为4.8%，强劲度适中，更强劲一些的啤酒，如乌尔鲍克，酒精度达到了6.5%。

我个人认为，施伦科拉熏制啤酒十分卓越，虽然它的味道需要慢慢适应，但这种味道历经数百年依然未曾改变，让我倍感欣喜。它搭配合适的食物饮用，是个好主意，不要纯饮，搭配贻贝，香肠，像波洛尼亚香肠、鲍克香肠、啤酒香肠（bierwurst）或者任何烧烤食物，很美味。

施伦科拉熏制啤酒

烟熏讯号
Rauchbier（熏制啤酒）是传统的弗兰克尼风格，这种风格由来已久，当时所有的麦芽都在木火上熏制。

罗彻菲尔泽石啤（RAUCHENFELSER STEINBIER）

色 迷人的深橙色，泡沫小、洁白，消散迅速。

香 雅致、平衡，散发着熏鱼或者烹肉的香味。

味 酒体清淡，明快，有林木味和烟的甜味。

滚烫的石头！在使用铜质酿酒器皿之前，人们把石头加热，然后放入木质大桶，开始酿造工序，这款“石头啤酒”使这种工艺重新焕发生机。酒液在石头上焦化，随之影响味道，创造出诱人的烟味和香甜的口感。其滋味十分微妙，非常适合搭配熏制食物、培根或者烧烤食物。

埃库28（EKU 28）

色 迷人的黄褐橙色，泡沫大、多气泡。

香 很强烈，散发着水果、葡萄、啤酒花和酵母菌的香味。

味 糖浆的质地，但口感清新、活泼，有橙子的甜麦芽味。

埃库28

这款强烈的多普鲍克啤酒，酒精度为11%，酿制方法与冰酒（Eiswein）类似，即经过冰冻来凝缩强劲感，这种啤酒风格被称为冰鲍克。

这款啤酒颜色漂亮，香气馥郁，酒体似糖浆、浓炼。其味道很紧致，甜麦芽味和柑橘味平衡佳，口感很浓重，因为酒精的缘故，回味热烈，很像纯麦威士忌。其要像烈性酒一样饮用，但也很适合搭配牛排、香浓肉酱，甚至泡菜。

法国

阿尔萨斯有着选用麦芽和泥炭酿造深色啤酒的传统。酿制而成的啤酒堪比威士忌。

菲舍尔阿德斯科特（FISCHER ADELSCOTT）

色 透亮的黄金色，泡沫稀薄。

香 散发着淡淡的泥炭味、烤麦芽的甜味、皮革味和烟味。

味 酒体中等，没有气泡，有泥炭味、麦芽味和很微弱的酒花苦味。

这款啤酒由苏格兰泥炭麦芽酿造出，被炒作成“威士忌气质的啤酒”。其散发着相当浓郁的麦芽和泥炭香，更富甜麦芽的味道，而且还透着微微的烟味，没有浓厚的威士忌口感。所以，我认为，这确实是一款熏制麦芽啤酒，而且相当美味，搭配烤肉卓尔不凡。

芬兰

芬兰的啤酒酿制传统悠久，可以追溯到中世纪。因为气候非常寒冷，所以芬兰出产一些罕见的原料，这里的酒花不为人知，而且还选用了其他的原料。人们酿制啤酒时，也极具创造力！

兰敏萨蒂（LAMMIN SAHTI）

色 深铜红色，混浊，泡沫很小或者没有。

香 酵香浓郁，还散发着蔬菜、松木和杜松的香味。

味 酒体强烈、滑润，有杜松味、香蕉味、谷物味和柑橘味。

直至嘉士伯19世纪中叶率先酿制出窖藏啤酒，萨蒂曾一直是斯堪的纳维亚，特别是芬兰的传统啤酒。兰敏萨蒂酿酒过程中，加入了杜松枝，从而赋予一种香蕉般的果味。这款啤酒的酒体特别浓烈，酒精感强劲。兰敏是最知名萨蒂啤酒酿造商，尽管它的规模很小。

这款萨蒂啤酒呈红褐色，酒精度为7.5%，相当强劲，气泡很柔和。杜松的香气和味道都很突出，里面还有柑橘、酵母味，回味有胡椒的口感。

兰敏萨蒂一直以来被人们称作“欧洲唯一的原始啤酒”。有些人可能并不喜欢，但还是应该品尝一下！我建议搭配芬兰黑麦硬质面包和荷兰埃当奶酪（Dutch Edam）或者豪达奶酪。搭配甜菜根，味道更美。

芬兰萨蒂（FINLANDIA SAHTI）

色 深橙琥珀色，混浊，泡沫很小或者没有。

香 有酵母香，松木和杜松的气味首当其冲。

味 有着典型的香蕉、丁香、杜松的味道；酒体很强烈。

芬兰萨蒂啤酒主要选用黑麦酿制，产自玛特库（Matku）。其酒液颜色类似苹果汁，几乎没有泡沫，只有很精致、自然的气泡。其滋味和酒体都很浓烈，浓郁的甜味、果味、焦糖味，与药草、苹果、柑橘的味道很平衡。其总体口感苦甜参半，酒精度为8%，因而赋予啤酒热烈的回味。

芬兰萨蒂

如果您还没习惯这类传统风味的啤酒，那就品尝芬兰萨蒂，当做一次冒险吧！

英国

在英国北部地区，如苏格兰，并不能随时找到酒花，因此，当地人选用其他原料酿酒，其中包括石竹和药草。他们还采用酿制威士忌的传统方法，酿造出与众不同、品质卓越的啤酒。

古老的爱尔啤酒
古代皮克特人选用石楠而非酒花酿制啤酒，石楠爱尔弗如克啤酒的酿造，就是以他们的配方为基础的。

石楠爱尔弗如克（HEATHER ALE FRAOCH）

C 色 淡而透亮的琥珀色，泡沫适中。

A 香 花香馥郁，还有泥炭味和药草味。

T 味 有麦芽蜂蜜甜味，辛辣的药草味，回味有干葡萄酒的味道。

古代苏格兰人，即皮克特人，选用石楠酿制啤酒，在盖尔语里，这种酒，名为“弗如克”（Fraoch）。然而，到了18世纪，苏格兰成为大不列颠联合王国的领土之后，英国国会通过一项法案，禁止选用酒花和麦芽以外的原料酿制啤酒。石楠爱尔啤酒的酿制配方只能一代代口口相传。

1986年，一位说盖尔语的妇女为布鲁斯·威廉姆斯翻译了石楠爱尔啤酒（Leann Fraoch）的配方，当时，布鲁斯在格拉斯哥经营一家自酿啤酒商店。1993年，该配制方法几经完善，啤酒推出，引起轰动，酿制原料有石楠、麦芽、杨梅、姜和一些酒花。因为需求量的关系，这款啤酒的生产转入位于阿洛亚（Alloa）、规模更大的麦克雷（Maclay）酒厂。

弗如克啤酒富有花香和甜香，反映出药草，特别是石楠自身的芳香。这款啤酒有种蜂蜜或者香水的甜味，有的人并不喜欢，因为有点像香水掺杂着卫浴产品的感觉。其味道的平衡感相当好，因为少量的酒花和药草使甜味与苦味形成对比，不太甜腻，而且回味有几分泥土气息。这款啤酒与众不同，值得寻觅。

石楠爱尔阿尔巴（HEATHER ALE ALBA）

C 色 深橙琥珀色，泡沫很小或者没有。

A 香 精细，富有果香，散发着鲜花、草莓、药草和松木的香味。

T 味 有着相当甜美的麦芽味以及薄荷、[illegible]、鲜花和松木的味道。

在盖尔语里，Alba（阿尔巴）指的是苏格兰，它是石楠爱尔有限公司（Heather Ale Ltd.）根据古老的苏格兰配方酿制的系列传统啤酒之一。18世纪，英国企图掌控苏格兰的啤酒酿造，苏格兰人奋起抵抗，这家公司就是为了纪念苏格兰人的行为，选用酒花以外的原料酿酒。

石楠爱尔阿尔巴啤酒，选用苏格兰松树和云杉的嫩枝酿造而成，颇具趣味。选用这些与众不同的原料酿制的爱尔啤酒，最早是由维京人（Vikings）推介到苏格兰，直到19世纪末，一直都是苏特兰高地非常流行的饮品。石楠爱尔阿尔巴啤酒的酿制方法，是将松树嫩枝和大麦芽煮沸，最后一分钟时，加入云杉嫩枝，短暂浸泡之后，进行发酵。

这款啤酒的酒精度是7.5%，颇为强劲，闻起来芬芳，富有果香，但松树的气味不太突出，尝起来也有果香，而且相当清爽，甜麦芽味和松树味平衡和谐。我认为这款啤酒很有趣，而且非常新颖，总体感觉清爽怡人。

石楠爱尔系列的其他啤酒包括：选用苏格兰醋栗酿制的格罗兹特；海藻爱尔啤酒凯尔皮；加入接果木的艾布勒姆。当然，还有知名的弗如克石楠爱尔啤酒（见上页）。

石楠爱尔阿尔巴

特拉奎尔雅各比特（TRAQUAIR JACOBITE）

C 色 很深的紫褐色，泡沫丰富、精美。

A 香 浓郁，散发着香料，特别是香菜和甜麦芽的香味。

T 味 酒体清淡，麦芽根部的滋味强烈，还有林木味和香料味，回味有果味。

这款啤酒产自苏格兰边境的特拉奎尔城堡。据说，1745年叛乱期间，英俊的查理王子曾在城堡逗留，1995年，这一事件250周年之际，那里推出了这款啤酒。

雅各比特是一款苏格兰爱尔啤酒，但加入了香菜调味。其甜麦芽味、橡木味和香料味平衡佳，酒精度为8%，很强劲，到最后，感觉明显，回味热烈，有果味，对有些人而言，有点儿过甜，但它是我最爱的睡前酒之一。

圣彼得克努特国王（ST PETER'S KING CNUT）

C 色 很深的褐黑色，泡沫呈深铜色，持续时间短。

A 香 相当独特，散发着麦芽、药草、香料味，[illegible]。

T 味 丰满、浓郁；有杜松子和橙子味，焦糖和麦芽的甜味。

这款药草爱尔啤酒得名于英国和丹麦国王克努特［或者卡努特（Canute）］，根据公元前1000年的配方酿制而成，里面有烘焙大麦、杜松子、橙子和柠檬皮、香料和大荨麻。其并未选用酒花。圣彼得每年酿制一次啤酒，通常在6月销售。

尽管其酒精度只有5%，但滋味极其浓烈，因此，只能细细啜饮，柑橘、药草和香料的味道都十分强烈。这是一款极具吸引力的有趣啤酒，我认为您会成为虔诚的粉丝，一直饮用它。

伊格橡木陈酿啤酒（INNIS & GUNN OAK AGED BEER）

C 色 迷人的淡金琥珀色，略带一丝橙色。

A 香 强烈，富有果香，散发着泥炭、葡萄酒和柑橘味。

T 味 浓郁的橙子和香草味，与泥土感的酒花味很平衡。

伊格橡木陈酿啤酒曾经引发热潮。除了其他奖项，它荣获2004年国际啤酒大赛终极冠军奖牌。这款啤酒是一些苏格兰爱丁堡啤酒迷的杰作，他们在主流啤酒行业有着极为丰富的经验，但却希望推出独特的酒品。这款啤酒按照合同由声誉良好的加利多尼亚啤酒厂酿造，这家啤酒厂以其“先令”（1971年之前的英国货币单位，译者注）爱尔啤酒而著称——尤其是加利多尼亚80先令啤酒（Caledonian 80/-）和有机的一诺千金啤酒（见第417页）。伊格啤酒厂的道格拉斯·夏普（Dougal Sharp）曾任加利多尼亚啤酒厂的首席酿酒师。不过，这款啤酒的配方只属于伊格啤酒厂，他们监控啤酒酿造过程和品质。

伊格橡木陈酿啤酒

有些酿酒商梦寐以求的目标就是将麦芽啤酒和纯麦威士忌完美组合。法国阿尔萨斯的非舍尔阿德斯科特啤酒（见第481页），宣称拥有两者的特质，但通常并未完美融合在一起。令人兴奋的是，伊格橡木陈酿啤酒更接近于和谐统一。

这款啤酒在橡木桶中陈酿30天，然后再熟化47天“磨合协调”，最后灌装入瓶。这一过程总共77天，大大超出了酿酒业的规范要求，但伊格的酿酒师坚信，延长时间很有必要，因为可以增添橡木特质，产生清淡、自然的碳化反应。

这款啤酒混合了苦爱尔啤酒和金色爱尔啤酒的色泽，泡沫持续时间短。其香气浓烈，富有果香，还有泥炭和橡木桶陈酿的隐隐葡萄酒香。口感活泼，有蜂蜜的甜味，而且很清爽，回味出色，有橡木和麦芽味。其酒精度为6.6%，很强劲，也十分浓烈。

您可能会说，它有点像混合了白葡萄酒和威士忌的啤酒，三种酒的优秀特质都很明显。您也要关注特别限量款的发售。比如，2004年份啤酒，它的酒精度为5.3%，相对更清淡。这种啤酒绝对值得期待，而且要立刻品尝，别拖延。

产区和酒品

完美的结合 伊格啤酒厂的杰出成就在于，赋予橡木陈酿啤酒地道的纯麦威士忌特质。他们已经成功地用波本酒故乡美国肯塔基州的白色橡木桶，陈酿爱丁堡爱尔啤酒。这是酿制苏格兰威士忌时，用于陈酿麦芽的传统做法。啤酒一边贮藏在苏格兰西海岸保税仓库里，一边熟化。木桶一旦用于陈酿啤酒，就会卖给蒸馏厂。

苹果酒

充满希望的苹果

众所周知，苹果酒产自英格兰或者法国边远地区，是一种过时的饮品。然而，人们的对它的态度正在转变。品质的大幅提升以及品种的增加，使这种出色的饮品正在重新焕发生机。

鲜花绽放的产业 英国西部和西南部的气候和土壤，曾对用于酿制苹果酒的苹果极具诱惑力，到了18世纪，这里苹果树遍地。

苹果酒的历史或许可以追溯到古埃及。据说，苹果树一直生长在尼罗河三角洲。不过，可以肯定的是，英国的苹果酒文化源远流长，早在公元前1世纪，罗马人到来之时，业已形成。中世纪早期，法国和英国开始种植果树，培育用于酿酒的苹果，最初在修道院，后来发展到私人农场。很快，苹果酒成为法国和英国最受欢迎的酒精饮料。英国人把苹果酒的酿制知识带到新世界，传授给美国人，这一切都很正常。18世纪，苹果酒在全美深受人们喜爱，这多亏了马塞诸塞人约翰尼·阿普斯德（Johnny Appleseed），他在美国各地种植苹果树。

不过，20世纪，苹果酒遭遇困境。在欧洲和美国，德国酿酒商开始大量生产比尔森窖藏啤酒，其声望很快超过苹果酒。此外，美国经历禁酒时期——从1920–1933年，全国禁止产销酒类饮料。不过，现在，苹果酒重新回到人们视野里，而且产销合法。这种饮品美味、清爽，在每个酒吧都应该拥有一席之地。

斯科拉彼烈性苹果酒 真正的斯科拉彼烈性苹果酒是未经过滤的传统英国苹果酒，其无气、丰满，而且通常有些混浊。不过，有的面向市场的品牌，如斯科拉彼杰克（Scrumpy Jack），气泡腾涌、清淡、清新——更像常规的苹果酒。

品种与风格

苹果酒［在美国，为了与苹果汁相区分，被称为“含酒精的苹果汁”（hard cider）］，一般并非选用食用苹果，而是用味道太酸无法食用的、专门的苹果品种酿制。有四种苹果酒原料：甜的、又苦又甜的、涩的、又苦又涩的。又苦又甜的苹果酸度低，但单宁高；又苦又涩苹果酸性和单宁都很高——这种苹果是大多数苹果酒的原料。单宁很重要，因为它可以减弱甜味，增添复杂感。一款苹果酒的特质由苹果品种和酿酒方法决定。从大体上来说，苹果就有两种基本风格：英国风格（包括产自北美和澳大利亚的苹果酒）和法国风格（包括西班牙的苹果酒）。两种风格的味道往往都很干，英国风格通常更强劲。

“初夏暖暖的午后，还有什么比饮用一杯清凉、柔和的苹果酒，更让人愉悦呢？”

甄选水果
有的苹果酒，选用多达20种苹果酿制而成。有的苹果酒只选用一种，而且往往根据年份销售。

苹果采摘 机械采摘苹果之前，酿酒商用手采摘成熟的苹果。通常情况下，采摘的人站在树下，用一根长杆（名为“hooklug”）晃动枝干，让苹果掉下来。

“苹果酒的新品种繁多，令人兴奋不已，已经重新焕发生机，成为年青一代的饮品。”

酿制苹果酒的苹果
酿制苹果酒的苹果品种有好几百——有人细数过，仅英国就有365个不同品种。众所周知，所有的苹果富含具有抗癌作用的抗氧化成分。现代苹果酒酿制工艺，致力于保存苹果酒自身的这种有益健康的物质。

英国苹果酒又分成两大阵营。传统的英国苹果酒没有气泡、颜色深，名为“斯科拉彼”（Scrumpy）。由于近来人们对有机啤酒和其他天然产品兴趣大增，这类啤酒不仅在英国，而且在世界各地不断赢得青睐。大多数面向大众市场销售的英国苹果酒，经过高度过滤和碳化处理，变得清澈透明、气泡丰富。这一风格的苹果酒清淡而又清新。

人们常把英国苹果酒同啤酒相比，但法国苹果酒酿造商则效仿起泡葡萄酒，所以酿制而成的酒品极其复杂、平衡。最上好的一种法国苹果酒是起泡苹果酒，通常灌装在香槟风格、带木塞的酒瓶里。

虽然在风格上，美国苹果酒属于英国苹果酒，但往往更甜，而加拿大苹果酒则没有英国苹果酒甜。美、加两国的专业酿酒商也酿制一些十分卓越的干味苹果酒。

苹果酒的酿造

苹果一经采摘、挑选，在打磨机里粉碎，然后用苹果酒压榨机压榨成果浆。人们果浆里加入酵母和糖以及额外的苹果酸——苹果酸是苹果汁自然形成的一种酸，酿酒师可以用它来调整果浆的甜度和酸度。酵母和糖使果浆发酵，发酵持续数月，到最后，苹果酒“绞汁”，即把苹果酒从一个大桶过滤到另一大桶，留下任何残留酵母细胞，或者其他不需要的沉淀物。如果希望苹果酒起泡，酿酒师往新桶中加入二氧化碳，残留的糖分使酒液进行最后的发酵，产生气泡。然后，大多数苹果酒会进入熟化过程，以增加浓烈的滋味和特质。

苹果酒一旦熟化完毕，便进行勾兑。尤其是法国酿酒师，严密控制酒品的滋味调和，旨在使苹果酒的甜味、苦味和酸味平衡得恰到好处。结果通常令人惊叹不已，有些最好的酒品堪比法国香槟酒。勾兑后，大多数现代的苹果酒要进行过滤，使其看起来非常澄澈透明，然后，进行巴氏灭菌处理，使其酒液稳定，保证品质，从而出口到世界各地。

色、香、味

苹果酒最吸引人的特点之一就是它的色泽，通常从淡金色到中度金色，气泡精美。但有的风格颜

从水果到酒杯 马修克拉克苹果酒厂位于萨默赛特郡的谢普敦玛利特，在这里，采收来的苹果开始转化成苹果酒。从这幅照片来看，它们要进入打磨机，粉碎后，进行压榨。

现代化的苹果酒酿造 传统的苹果酒酿造商选用橡木桶发酵苹果汁，但大多数现代酿造商选用巨大的不锈钢桶。在英格兰的赫里福德郡，这些大桶构成壮观的空中轮廓线。

色更深，有的风格颜色更浅。当然，斯科拉彼苹果酒往往呈琥珀色，气泡很少或者根本没有泡沫。

优质苹果酒闻起来纯净，有果香，苹果香味突出。苹果香气偶尔清新、柔和，但大多数情况下透熟，甚至有烘烤的气味。很多苹果酒也散发着泥土味，充盈着农家庭院的气息，更甜一些的苹果酒吐露着蜂蜜和甜药草香。

优质苹果酒的滋味平衡，既有水果的甜味，又有清爽的干味和悦人的酸味。喉咙里面没有灼热感。

购买苹果酒

大多数品牌的苹果酒销售范围很广，如强弓、啄木鸟和布莱克索恩，既有桶装的，也有瓶装的。如果您在苹果酒酿造地区度假，如英国的赫里福德郡或者法国的诺曼底、布列塔尼或者美国的索诺玛（加州），留意当地的酿造商，因为，他们通常有非常出色、高质的酒品特价出售。大多数苹果酒不能陈酿，但是如果销售的是“年份酒”，可能会适合贮藏。

侍酒建议

英国和法国苹果酒的区别反映在我们饮用的方式上。在英国，苹果酒往往属于酒馆饮品，通常在聚会时饮用，可以搭配小吃或者清淡食物。侍饮英国苹果酒，要冰镇，用中号啤酒杯。在法国，苹果酒被看做是开胃酒或者一定要搭配食物，尤其是煎饼。同样，在两国要冰镇，不同的之处在于用葡萄酒杯或者香槟酒杯侍饮。

至于食物搭配，根据经验，什么适合搭配白葡萄酒，什么就适合搭配苹果酒，特别是干味苹果酒，如奶酪、海鲜和大多数白肉，尤其是苹果酒汁浇猪肉。

斟酒和品尝 把干净的酒杯倾斜，几乎水平横卧，一边斟酒，一边把酒杯竖起，最后，酒杯垂直竖起，呈现出泡沫。苹果酒应该冰凉，回味微苦。

英国

英国是苹果酒商品化的故乡，到目前为止，也是全球最大的苹果酒生产商。这里酿制的大多数苹果酒都面向大众市场，不过，越来越多的专业酿酒商开始酿造风格绝妙的系列酒品。

斯多福普莱斯（STOWFORD PRESS）

C 色 淡金色，年份苹果酒呈更深的琥珀色。

A 香 明快、诱人，水果味和林木香味平衡佳。

T 味 平衡佳，从干味到甜味不一。

维斯顿是一家中等规模的苹果酒酿造公司，位于英格兰中部赫里福德郡的玛驰麻科尔，斯多福普莱斯苹果酒是它的旗舰品牌之一。1880年，亨利·维斯顿创建了这家公司，因为，当时，他认识到，当地的土壤和气候为又酸又苦的苹果提供了完美的生长条件，用这种苹果可以酿制优质苹果酒。该公司以其传统的酿酒方法而自豪。比如，果园里的大苹果树并不适合机械化采摘，所以，该公司仍然“晃动”果树，先让苹果落下来，然后，用手从地上捡起来，收集到一起。

斯多福普莱斯苹果酒清淡、清爽，富有果味，酒精含量适中，为4.5%。该厂提供干味、中等干味和甜味三种类型的苹果酒。更清淡的类型（酒精度为3.8%）甜味中等。

斯多福普莱斯出口苹果酒酒精度为6%，是一款特级强劲苹果酒，选用最好的酿酒苹果酿制而成。酒液在老橡木桶中熟化后，低温过滤，因此柔和、纯净、清爽。维斯顿公司也酿制斯多福低热量和低酒精含量的苹果酒。

至于其他卓越的维斯顿系列酒，可以品尝亨利维斯顿年份珍藏。这款苹果酒，酒精度为8.2%，相当强劲，不过，因为酿酒所用苹果经过精心挑选，并且经过特别勾兑，所以很出色。它有烟和林木的口感，同时有柑橘的味道。就其强劲度而言，这款苹果酒很容易入口，所以相当危险！

斯多福普莱斯

陈酿
所有的斯多福普莱斯苹果酒都在橡木桶中陈酿6个月，以确保形成强烈、富有果味的特质。

老罗西（OLD ROSIE）

C 色 混浊，呈深金色到琥珀色，泡沫很少。

A 香 散发着完全熟透的苹果香，还充盈着烟味和橡木味。

T 味 一开始，甜苹果味相当浓，还有香草味和林木味，回味热烈、干。

获奖的老罗西是斯科拉彼苹果酒（一种天然的、没有气泡的苹果酒，见第492页），名气很大。这款酒由维斯顿公司酿造，这家公司也酿造斯多福普莱斯苹果酒（见第490页）。老罗西得名于20世纪20年代在酿酒厂展示的埃夫林波特蒸汽机。虽然这款苹果酒的酒精度有7.3%，但极为易饮，这要归功于维斯顿公司精心打造的优质苹果酒。被氧化的苹果香气独特，口感适中，入口甜，回味有烟熏的林木味。

阿斯帕（ASPALL）

C 色 呈金色，有气泡，酒瓶独特，呈绿色。

A 香 高度碳化作用使苹果的酵香明显。

T 味 味道强烈，很干，回味的干味中等，还有隐隐的白葡萄酒味。

阿斯帕

阿斯帕萨福克苹果酒（Aspall Suffolk Cyder）——最后一个单词有个字母“y”——是一款法国风格的苹果酒，产自英格兰东部的萨福克。1782年，阿斯帕公司由来自泽西岛的克莱门特·切瓦里尔创建。

最终的酒品由三种不同的苹果酒勾兑而成。每种苹果酒都选用当地苹果酿制，并采用传统工艺发酵。系列苹果酒包括干酿、中酿和有机酿。我最喜欢干酿。它很强劲（酒精度为6.8%），水果、香料、酵母和酒精平衡卓越。

雪彼（SHEPPY）

C 色 金色，鲜亮，大多数酒品有气泡。

A 香 散发着清新的苹果和酵母香，因碳化作用更突出。

T 味 明快、精美，有苹果味、梨味；回味的干味中等；还有隐隐的白葡萄酒味。

雪彼家族从19世纪开始，一直在英国苹果酒酿造中心，即德文郡的陶顿，酿造苹果酒。有些桶装和瓶装系列苹果酒以某种酿酒苹果品种命名，如金斯顿黑、达比内特和特姆莱特苦。其中最上好的当属达比内特，这是一款中度苹果酒，酒精度为7.2%，相当强劲，浓郁、甜美，酒体强烈。要想品尝味道更干、更柔和的苹果酒，就选择混合勾兑的雪彼金翅雀（Sheppy's Goldfinch）。

雪彼

骑士（KNIGHT'S）

C 色 清淡、鲜亮的金色，泡沫很少。

A 香 散发着清新的苹果香以及隐隐的香草味和香料味。

T 味 酒体强烈，干味中等，苹果味和香料味平衡佳。

获奖的骑士是一家比较年轻的公司，1973年，在伍斯特郡（Worcestershire）的莫尔文（Malvern）创建，他对自己采用传统方法以及选用生长在自己果园中的苹果酿酒，深感自豪。

该公司的两大主要酒品有：莫尔文金酿（Malvern Gold），它的酒体强烈，很浓郁，但又不失清新；莫尔文奥克（Malvern Oak）则更干，酒体没那么强烈。两款酒都是传统的苹果酒，没有任何气泡。

撒切尔（THATCHER'S）

C 色 呈深黄色，很浑浊，泡沫很少。

A 香 散发着被氧化的苹果味和肉桂、姜的气味以及隐隐的烟味。

T 味 有甜甜的苹果味；入口有隐隐的梨味；还有甜香料味。

撒切尔苹果酒公司总部设在英格兰南部的萨默塞特郡。20世纪早期，威廉姆·撒切尔开始为他的农场工人酿制苹果酒，现在，该公司有些苹果酒仍然根据他最初的配方酿造。该公司以只选用英国苹果品种为豪，专门选择特定品种，酿制风格特别的苹果酒。

该公司的系列苹果酒包括：清淡、甜美、果汁一般的考克斯；味道干而强劲的凯蒂（Katy）；低温过滤的优质苹果酒特级普莱斯（Premium Press）。

撒切尔

夏默（SUMMER'S）

C 色 呈精美的深金色，碳化水平低。

A 香 散发着成熟的苹果香味和独特的农家庭院的泥土气息。

T 味 干味中等，单宁强劲，柑橘酸味诱人。

夏默苹果酒，产自英格兰西南部的格洛斯特郡（Gloucestershire）。这座小酿酒公司创建于1982年，名气很大，选用生长在自己果园的水果，并采用传统酿酒方法。其酿制出的苹果酒有着杰出的复杂感，甜味和柑橘味平衡卓越，回味绵延不绝，有泥土气息，很像优质斯第尔顿奶酪。该公司的旗舰品牌是获奖的夏默中酿苹果酒（Summer's Medium Cider），2003年，这款酒荣获真正爱尔啤酒运动组织评选出的苹果酒金奖。

产区和酒品

英国苹果酒历久一瞥 虽然直到1066年诺曼征服之后，才有苹果酒酿造的记载，英格兰的苹果酒酿制可能始于古罗马人统治时期。英国气候凉爽、潮湿，为苹果树的生长提供了理想条件，到了14世纪，英国南半部的大多数地区都酿造苹果酒。到了18世纪，饮用苹果酒成了英国人日常生活的一部分，苹果酒甚至还被用做支付农场工人的酬劳。如今，英国酿造的苹果酒，比世界上任何一个国家都多。

强弓（STRONGBOW）

色 从淡禾秆色到金禾秆色，只有细微的泡沫。

香 纯净、清新，散发着活泼的苹果和酵母的香味。

味 中度苹果干味和调控的单宁味平衡佳。

布尔默（Bulmer's）是世界最大的苹果酒酿造商，也是苏格兰纽卡斯尔酒业集团的一部分，强弓苹果酒是它的旗舰品牌，销售遍及欧洲、美国、大洋洲和远东地区。

1887年，布尔默苹果酒公司，由当地一位牧师的儿子——帕西・布尔默（Percy Bulmer），在英格兰中部的赫里福德创建。帕西选用他父亲管辖区内果园所产的苹果以及隔壁农场的旧压石机，酿制出第一批著名的苹果酒。他的兄弟弗莱德（Fred）投入资金，最终，帕西在赫里福德城外，建造了公司的第一座苹果酒厂，并在1911年获得王室授权，为英国王室酿制苹果酒。

强弓

布尔默苹果酒，全部都是混合勾兑而成，如今，在现代化、大型工厂酿造，该厂距离最初的苹果厂并不远。公司1.3亿加仑（5亿升）苹果酒年产量的65%，在英国销售，同时还有大量苹果酒出口。布尔默在苹果酒的世界举足轻重!

强弓是布尔默最重要的品牌之一，得名于诺曼骑士理查德・克雷(Richard de Clare）的绰号，后来，他成为彭布罗克伯爵（Earl of Pembroke），长弓技艺高超。自20世纪60年代，"砰然射中的弓箭"就成为强弓品牌电视广告的一大特征。

强弓苹果酒清新、活泼、流行，干味中等，口感微苦，有清新苹果香味和微微的气泡。其酒精度为5.3%，强劲度适中。

这种苹果酒一旦灌装成瓶，就不会继续熟化，所以，要尽快享用。冰镇后再侍饮，搭配猪肉，特别是瘦猪排以及辛辣的亚洲美食，特别可口。强弓苹果酒也很适合搭配常见的"酒馆"食物，如传统的酒馆简单午餐，包括现烤面包、腌菜和浓郁的切达干酪。炎炎夏日饮用它尤其美味。

市场份额 强弓苹果酒占英国苹果酒销量的1/4以上。

啄木鸟（WOODPECKER）

色 呈淡金琥珀色，外观鲜亮、有气泡。

香 纯净、清新，散发着独特的苹果香、酵母香和香草味。

味 苹果甜味相当浓或者苹果甜味中度；酒体清淡。

啄木鸟苹果酒由布尔默公司（见上）酿制，味道比强弓苹果甜，是强弓的替代酒品。啄木鸟属于中等甜味风格，酒精度含量比较低（大约3.5%，但具体含量在各个国家不尽相同），是传统的苹果酒，历经数年，成为布尔默的支柱酒品之一。在许多英国酒馆和商店以及世界各地的商店有售。

啄木鸟苹果酒呈透亮的金琥珀色，泡沫丰富，而且很快消散。其香气清新、诱人，苹果香味突出，但同时还有微微的甜香和酵母香。因为酒体清淡，所以它极其容易接近，容易入口。我认为，它能让您想起某种气泡更多的、半甜白葡萄酒的味道，您轻而易举就会喝多！其回味很清新，比酒液的整体感觉更干，一点儿也不厚重。这款苹果酒没有一点儿自命不凡的感觉。阳光明媚的午后，与朋友一起享有它，很有乐趣。

有意思的是，啄木鸟苹果酒特别受中国人的喜爱，跟味道更干的强弓苹果酒相比，他们似乎更青睐这款酒。正因为如此，布尔默已经在中国建厂，用中国的苹果，酿造甜美、强劲的苹果酒，酒名就是汉字"啄木鸟"。

啄木鸟

斯科拉彼杰克（SCRUMPY JACK）

色 淡金黄色，没有泡沫。

香 香味独特；散发着甜和酸苹果香，丁香和酵母香。

味 干味中等；有苹果味；酒体相当强烈；回味干。

斯科拉彼(Scrumpy)是个英语词，指的是未经过滤、没有气、浑浊的苹果酒，从传统上来讲，是在农场酿制和消费。自20世纪80年代，人们对"天然"或者有机苹果酒的兴趣骤增，因此，斯科拉彼苹果酒赢得青睐。

不过，斯科拉彼杰克苹果酒由布尔默公司（见上）产业化酿造，而且销售范围很广，所以，严格来讲，它并非地道的斯科拉彼苹果酒。这款苹果酒气泡柔和，鲜美，富有水果香味，酒精度为6%，相当强劲。斯科拉彼杰克苹果酒品质优良，值得信赖。冰镇后，搭配海鲜侍饮。

斯科拉彼杰克

盖默尔（GAYMER'S）

色 淡金黄色，带有隐隐的绿色，泡沫少，持续时间短。

香 苹果香味突出，还有微微的酵母和硫黄味。

味 干味中等；气泡很紧致；干味一直持续到最后。

盖默尔苹果酒最早在1770年酿制而成，是马修克拉克苹果酒厂的"传统"品牌，这家酒厂位于英格兰西南部布里斯托尔（Bristol）。盖默尔苹果酒柔和、清淡（酒劲度为5.3%），散发着隐隐的发霉酵母味和细微的酸味，尝起来味道干，甚至有酸苹果味。其回味干、清爽。

这是我最钟爱的大众市场苹果酒之一，最好在阳光下饮用，搭配简单的土豆沙拉、冷肉或者任何小点心。

布莱克索恩（BLACKTHORN）

C 色 迷人的金色，泡沫很少。

A 香 甜香；苹果味和酵母香味突出。

T 味 干味中等，有隐隐的甜味，回味麻。

布莱克索恩苹果酒，是马修克拉克酒品公司的旗舰品牌。马修克拉克公司隶属于美国星座集团，是世界第二大苹果酒酿造商。马修克拉克公司不仅拥有苹果酒，像布莱克索恩、盖默尔、戴蒙德怀特（Diamond White）和K苹果酒，还有其他的知名酒品，如杯杯香（Babycham）和斯通姜葡萄酒（Stone's Ginger Wine）。

布莱克索恩苹果酒在全球销售，是强弓苹果酒（布尔默公司的酒品，生产基地位于赫里福德郡）的主要竞争对手。不过，它没有强弓苹果酒味道干，而且酒体也没那么强烈，尽管瓶装和听装的酒精度介于5.5%至6%之间，桶装的为5%，但一点儿也不软弱！

布莱克索恩

这款苹果酒呈漂亮的金黄色，有微微的气泡，但几乎没有泡沫。散发着多种香气，包括苹果味（毋庸置疑）和甜酵母味以及隐隐的酒精感。味道平衡很好，苹果味先被蜂蜜甜味取代，随后，又与白葡萄酒味融为一体。其回味很有趣，气泡微微腾起，没有甜味，让您感觉心满意足。

总之，这款苹果酒物超所值，而且很容易买到。我认为，它最适合纯饮或者搭配酒吧小吃，不要搭配正式餐食饮用。

K苹果酒（K CIDER）

C 色 深金色到淡琥珀色，泡沫很少。

A 香 散发着清新和不那么清新的苹果香，还有一些酵母和啤酒的香味。

T 味 明快、清新，介于甜味与干味之间。

K苹果酒很强劲，酒精度从6%到9%，由马修克拉克公司酿造，市场定位群体更年轻。大多数K苹果酒呈深金色，气泡适中，香气和味道平衡佳，不太甜，也不太干，因此，很容易入口，也很让人喜爱。这款苹果酒类似于味中等，有特别焦糖味和气泡的白葡萄酒。您可以跟朋友在酒吧里，边吃零食，边饮用它。

K苹果酒

戴蒙德怀特（DIAMOND WHITE）

C 色 极其浅的黄色（不太白），泡沫很少。

A 香 散发着被氧化的苹果味、酵母味，还有淡淡的甜味和奶油的香味。

T 味 很强劲、辛辣，回味极干。

戴蒙德怀特苹果也是由马修克拉克公司酿造，但没有其他系列酒品那么精致，属于市场上的便宜酒。

戴蒙德怀特苹果酒的主要特色是强劲（酒精度7.5%），总体而言，气泡多、味道干、回味也干，香气和滋味受到酒精的影响。

这款苹果酒并不具备深厚感和复杂性，但如果您希望选一款派对苹果酒，它恰好合适。

法国

法国当然以葡萄酒著称，但在诺曼底和布列塔尼，苹果酒成了王者。法国风格的苹果酒可以跟白葡萄酒相提并论，而且经过精心酿制，其中包括陈酿、年份登记、香槟风格酒瓶的外观呈现。

艾蒂安杜邦（ETIENNE DUPONT）

C 色 橙黄色，酒瓶为经典的香槟酒风格。

A 香 清新，富有果香，散发着苹果、柑橘、泥土和皮革的香味。

T 味 有清爽、浓郁的苹果味；回味悠长、有柑橘味。

这家苹果酒公司创建于1837年，是最知名的法国苹果酒酿造商之一，现在，仍由创立家族掌管。杜邦公司总部设在诺曼底苹果产区的昂日地区。

该公司的核心酒品是艾蒂安杜邦起泡苹果酒，味道干，经过陈酿，酒精度为5.5%，相当强劲。这款苹果酒的混合原料里，超过$^{1}/_{3}$来自苦甜味苹果和苦味苹果，其余大部分是甜苹果和一些酸苹果。这款苹果酒以年份酿制，跟葡萄酒一样，每个年份都略有不同，但通常情况下，制成的苹果酒甜味和酸味平衡卓越，回味尤其如此。当然了，其苹果滋味突出，同时还有细微的矿石口感。

作为开胃酒，其应冰镇后侍饮，或者搭配禽肉，或者搭配添加奶酪的菜肴，特别是卡门贝尔奶酪。

埃里克波德莱

埃里克波德莱（ERIC BORDELET）

C 色 深金色，很像苹果汁，泡沫薄而多。

A 香 诱人；散发着清新苹果味、泥土味和药草味。

T 味 平衡卓越；有水果味、胡椒味、甘菊味；回味干、完美。

1992年，埃里克·波德莱接管家族的果园和苹果酒酿造产业，致力于提升苹果酒形象，酿制堪比上好葡萄酒的苹果酒。为了实现这一目标，波德莱精心管控用于酿酒的苹果品种（甜苹果、苦苹果和酸苹果），并且选用有机种植和酿造方法。

其旗舰品牌阿格莱特苹果酒，芳香、味干，有药草特质，同时还有独特的矿石味。其出色的平衡感和气泡一直延续到最后，这是一款必尝的苹果酒！

贝洛特（BELLOT）

C 色 浓艳迷人的金色，泡沫多，持续时间短。

A 香 清新；散发着发霉的苹果、隐隐的酵母和烤面包的香味。

T 味 气泡柔和；味干，平衡佳；像香槟酒。

我认为，贝洛特酿造出的苹果酒，是您品尝到的、最上好的苹果酒之一！20世纪60年代，亨利·贝洛特开始在法国北部小城香尔斯酿酒，这儿距离香槟区不远。传统苹果酒（起泡苹果酒，有甜味风格和干味风格两种），清新、纯净，有水果香味，选用30个不同的苹果品种酿造，很像微微起泡的白葡萄酒。其呈迷人的金色，香气类似苹果味的香槟酒，散发着隐隐的现烤面包香，味道干，柔和、清爽，回味有细微的肉桂味。

我喜欢饮用这款苹果酒时，搭配烤鸭和大头菜蘸苹果酒酱汁——真是美味啊！

克里斯蒂安·卓恩（CHRISTIAN DROUHIN）

C 色 从铁锈橙色到金色；略微混浊。

A 香 独特，散发着苹果味、林木味还有隐隐的矿石和泥土味。

T 味 主要是干干的苹果味，还有隐隐的烟味和肉味；回味干。

1962年，克里斯蒂安·卓恩开始酿造苹果酒，如今，成为法国北部诺曼底地区最出色的传统苹果酒酿造商之一。该公司仅选用高质苹果，苹果酒未经过滤和巴氏灭菌处理，酒精度为4.5%，强劲适中。

该公司的两大主要酒品是：味干、雅致的昂日狮院（Cour de Lion Pays d' Auge）和富有鲜花和水果香味的劳瑞斯顿起泡苹果酒（Bouche Brut de Lauriston）。这两款苹果酒有着出色的苹果甜味，回味干、清爽，很平衡。

科瑞萨（KERISAC）

C 色 淡金色，用香槟风格的酒瓶包装。

A 香 极为诱人；散发着清新的苹果味、药草味和泥土味。

T 味 干味中等，极为平衡，回味干。

位于法国北部布列塔尼地区的小城格恩鲁埃特的吉约特家族（Guillet），根据家族传统配方，酿制科瑞萨苹果酒的历史已有70多年。

科瑞萨是一款获奖的干味苹果酒，酒精度在4%左右，强劲度适中，在法国很受青睐。布列塔尼（Breton）的苹果酒的味道，往往没有产自诺曼底的苹果酒干，所以，尽管这款苹果酒干，但极其容易入口。它的气泡一直延续到最后，搭配鱼肉、海鲜和白肉非常合适。

科瑞萨

帕克庄园（MANOIR DU PARC）

C 色 淡金黄色，极其鲜亮，气泡多。

A 香 雅致，散发着柚子、柑橘和泥土味。

T 味 以干味为主，但很平衡，有泥土和矿石的口感。

帕克庄园公司坐落在诺曼底的圣约瑟夫，酿制的苹果酒呈鲜亮的金色，因为香气和味道以苹果香味为主，同时还有精致、味干的柑橘味，所以与众不同。这款苹果酒灌装在香槟风格酒瓶里，软木塞带金属线。帕克庄园苹果酒的气泡特别丰富。

卓越的博瑞特苹果酒是我的最爱。对于一款法国苹果酒（酒精度为5%）而言，相当强劲，味道不是很甜，看起来、尝起来像干香槟酒。搭配清淡食物和鱼十分出色。

兰斯谷（VAL DE RANCE）

C 色 很浅的金色，气泡适中。

A 香 苹果、蜂蜜和泥土香气旋升、诱人。

T 味 没有闻起来那么甜，回味的干味中等。

兰斯谷苹果酒产自兰斯河（Rance River）的河谷，位于布列塔尼北部，距离港口城市圣马洛（St Malo）不远。这里的苹果酒比诺曼底的同类苹果酒稍甜一些，是典型的布列塔尼风格，而且相当强烈，酒精度介于5%到6%之间。

总体而言，兰斯谷苹果酒酿造得极其精良，非常容易接近，而且容易入口。虽不是经典，但它物超所值，有时候价格只有名牌的一半。如果您不太熟悉法国风格的苹果酒，可以先品尝这款。

美国

美国酿造商用“烈性苹果酒”（hard cider）一词，区分含酒精的苹果酒和不含酒精的苹果汁。自20世纪90年代中期，美国开始享用高品质的进口烈性苹果酒，现在，美国酿造商正在营销自己酿制的酒品。

霍恩斯比（HORNSBY'S）

C 色 从很浅的金色到深褐色，泡沫多。

A 香 很芬芳，散发着甜香的苹果味和香草味。

T 味 相当甜美、滑润，回味的干味中等。

1995年，葡萄酒酿造商欧内斯特和胡里奥·加洛推出霍恩斯比烈性品果酒。如今，该系列酒里有多个品种，最知名的是帕德苹果酒。这款酒呈淡金色，相当甜（比大多数英国苹果酒甜），但酒精度为6%，十分强劲。

其苹果和冰糖的香气和味道突出，有点儿类似半甜的白葡萄酒。

琥珀烈性苹果酒和烈性爱珀苹果酒是霍恩斯比的流行品牌，达卓同样也很流行，只是稍微更酸一些，呈深褐色，泡沫丰富。

虽然这些苹果酒跟法国的、具有葡萄酒风格的苹果酒比起来，更像“水果啤酒”，但霍恩斯比的酒品都经过精心酿制，很值得信赖。如果从未接触过美国主流苹果酒，您可以把它作为入门酒。

霍恩斯比

A牌（ACE）

C 色 很浅的黄色，几乎透明，没有泡沫。

A 香 散发着苹果的干味和细微的柑橘味。

T 味 很干，酒体清淡，类似干白葡萄酒。

A牌苹果酒的老板杰弗里·豪斯，目睹着自己的公司在美国“烈性苹果酒”复苏大潮中的核心地位。A牌苹果酒产自加州中北部，选用索诺玛县（加州一地区，以葡萄酒而著称）的苹果，酿制出的酒清淡、清爽，目标市场群体更年轻。

旗舰酒品是A牌苹果，完全选用当地水果酿造，酒精度为5%，强劲感适中，酒液明快、清新、容易入口。A牌苹果蜂蜜，由苹果汁和蜂蜜混合后发酵而成，味道更甜。

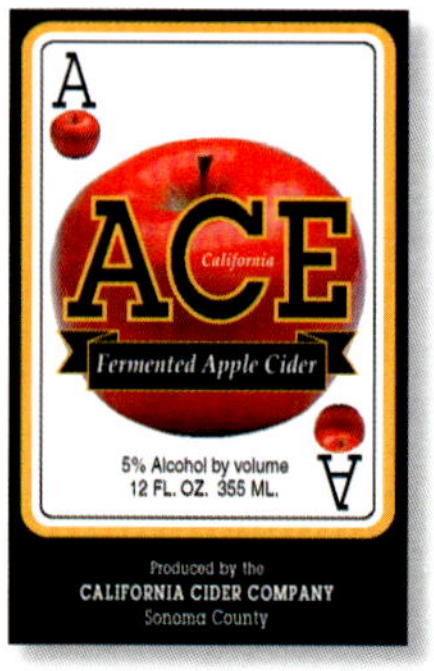

A牌

土拨鼠（WOODCHUCK）

C 色 深金琥珀色；比大多数主流品牌都深。

A 香 清新的苹果香味突出，还有隐隐的甜香料味。

T 味 比欧洲的苹果甜，但口感滑润、平衡佳。

土拨鼠苹果酒，由位于美国东北部、佛蒙特州的绿山苹果酒公司酿制，属于美国最受欢迎的苹果酒。绿山出产好几个品牌的苹果酒，包括格兰尼史密斯和一款梨酒（发酵的梨汁）。其旗舰苹果酒，即初创的土拨鼠苹果酒，是土拨鼠琥珀，选用混合的苹果汁酿制而成，发酵时加入了香槟酵母，这款苹果酒相当强劲（酒精度为5%），活泼而清新，甜苹果味和白葡萄酒味、香料味平衡和谐。

法纳姆希尔（FARNUM HILL）

C 色 透明、清淡的金色，泡沫多，持续时间短。

A 香 清新、富有花香，散发着苹果味和苹果花香。

T 味 果味、清新，堪比法国香槟酒，回味干。

法纳姆希尔苹果酒产自美国东部的新罕布什尔州。法纳姆希尔公司按照传统方法酿酒，其中包括只选用特别甄选的酿酒苹果。该公司坚信，葡萄酒商选用特别培育的葡萄品种酿制葡萄酒，苹果酒商也应该如此，要选用合适的苹果品种酿制苹果酒。

该公司虽小，但酿造的苹果酒种类广泛。我最钟爱的是特干苹果酒（Extra Dry），其既清新，又有柑橘香味。其他优质苹果酒有平衡佳、柔和、清爽的半干苹果酒（Semi-Dry），这款酒只有回味时，才能品尝到细微的甜味；还有金斯顿黑苹果酒（Kingston Black），这是一款单一果品苹果酒（用金斯顿苹果酿制），酒标上标示着年份，酒瓶有序号。所有的法纳姆希尔苹果酒都很强劲，酒精度介于6%到7.5%之间。

该公司号称酿造出全美国最好的苹果酒，我认为，它的酒品如此高质，又很独特，这绝非无稽之谈。我甚至可以说，这些苹果酒完全可以跟法国最好的苹果酒相媲美。其既然溢美之词出自我这个法国人之口，那么，法纳姆希尔苹果酒一定值得品尝！

年份苹果 法纳姆希尔公司酿造苹果酒选用的苹果品种，源自英国、法国和美国，并全部在新罕布什尔州自己的果园培育。

斯拜尔山（SPIRE MOUNTAIN）

C 色 清淡的金黄色，几乎没有气泡和泡沫。

A 香 散发着清新的苹果香，以及蜂蜜和太妃糖的甜味。

T 味 甜味和酸味平衡卓越。

斯拜尔山苹果酒，是美国历史最悠久、一直不间断酿造、销售的苹果酒品牌，而且是美国西北太平洋地区最畅销的工艺苹果酒（一种当地酿造的苹果酒）。这家公司成立于20世纪80年代，现在由美国菲时酿酒公司掌管。

斯拜尔山苹果酒，一共有四种风格：烈性苹果、烈性梨、深色苹果和干味苹果。最畅销的当属烈性苹果，其酿制精良、平衡佳、酒体清淡、口感清爽。虽然其复杂感不太强，但却是一款值得信赖、容易入口的地区苹果酒，很值得品尝。

佛蒙特（VERMONT）

C 色 清澈、鲜亮，呈淡禾秆金色，泡沫少。

A 香 清新苹果味、泥土味和香料味平衡迷人。

T 味 味干、平衡佳，有种清新、浓烈的口感，回味中等。

佛蒙特烈性苹果酒，产自美国东北部，佛蒙特州乡村的弗莱格希尔农场。这款苹果酒展现出当地小酿酒商怎样采用传统苹果酒酿制方法，如何进行品质监管，为地区市场创造出名副其实的出色酒品。

其为起泡烈性苹果酒，接近于传统的英国风格苹果酒，其口感活泼、清新、易饮，酒精度为9.5%，极为强劲！无泡烈性苹果酒没那么强劲（酒精度为8.5%），口感微妙、复杂、令人满意，滋味很容易就能辨别出来。这两款苹果酒十分卓越，都出自同一家优秀的当地酿造商。

澳大利亚

澳大利亚的苹果酒属于英国苹果酒风格，而非法国苹果酒风格，由啤酒酿造巨头——卡尔顿联合啤酒公司占据着苹果酒酿制的统治地位。澳大利亚的苹果酒在气候温和的东南部酿制，这里聚集着越来越多的小型传统酿酒商。

布莱克瑞特（BLACK RAT）

C 色 中度金色；很活泼，富有气泡，包装摩登。

A 香 独特，浓烈、甜香，有辛辣的苹果味。

T 味 酒体强烈，干味和甜味平衡佳。

1998年，布莱克瑞特苹果酒公司创建，基地位于南澳大利亚的伊斯特伍德，靠近阿德莱德。布莱克瑞特瞄准的是更年轻的市场群体，有三种口味——苹果、黑醋栗和柠檬。所有的酒品，气泡丰富，不太干或者不太强劲，酒体相当强烈，平衡佳，回味微甜。

水星（MERCURY）

C 色 深金色；气泡丰富，泡沫中等。

A 香 散发着苹果味、蜂蜜味和隐隐的甜香料味。

T 味 苹果味首当其冲，甜味为主。

100多年前，水星苹果酒公司在澳大利亚的塔斯马尼亚创建，现在，它隶属拥有福斯特窖藏啤酒的卡尔顿联合啤酒公司。纯正桶鲜苹果酒（Gunuine Draught）是它的主要酒品，专供酒馆市场。其强劲度中等（酒精度为5%到6%），酿制精良，物有所值。

词汇表

ABV　酒精度。酒精占酒液体积的百分比。

ACIDITY　酸性。葡萄酒的“支柱”；对葡萄酒陈酿和清爽滋味至关重要。

AGAVE　龙舌兰。墨西哥的肉质植物，龙舌兰心是酿造特基拉酒和梅斯卡尔酒的基本原料。

AGING　陈酿。熟化葡萄酒或者烈性酒的过程，通常在木制容器，特别是橡木桶中进行。陈酿可以培养特质和复杂性。

ALAMBIC　蒸馏器。一种罐式蒸馏器的旧称，尤其用于酿造干邑白兰地。

ALCOHOL　酒精。通过酵母使糖发酵的副产品。

ALTBIER　艾尔特陈啤。一种德国啤酒风格，呈鲜艳、温暖的琥珀色，有焦糖和水果味。

AMERICAN PALE ALE　美国淡爱尔啤酒。以英国淡爱尔啤酒风格为基础，额外添加了酒花和酒精，口感鲜嫩。

ANAEROBIC　无氧。没有氧气。

AÑEJO　西班牙语，指陈酿酒，尤指特基拉酒和朗姆酒。

ANGELS' SHARE　天使的分享。用于描述陈酿过程中透过木桶壁蒸发掉的酒，特别是干邑。

AOC　法定产区葡萄酒。法国葡萄酒的最高等级，保证葡萄酒已经达到特定品质标准（另见23页）。

APÉRITIF　餐前开胃酒。用餐前饮用的酒，可以增进食欲。

APPELLATION　产区。法语，指地理上的葡萄酒产区；通常在描述某一地区的葡萄酒时使用得不那么严格。

AROMA　香。酒的香味或者气味，能反映出核心酿酒原料。常与“bouquet”一词交替使用。

AROMATIC　芬香。这个词常与富有果香的诱人葡萄品种联系在一起，比如雷司令、长相思、白麝香。

AUSLESE　精选。由在葡萄树上停留时间更长的葡萄酿造而成的葡萄酒。

AUSTERE　酸涩。葡萄酒中单宁或者酸性突出。这种葡萄酒通常需要时间陈酿，提升品质。

BALANCE　平衡。水果、酸性、单宁和酒精相互之间和谐，这主要体现在葡萄酒中，不过，对所有的酒品都很重要。

BAR SPOON　酒吧匙。长螺旋柄，一端扁平；用于鸡尾酒的搅拌和分层。

BARLEY WINE　大麦果酒。一种很强劲、热烈的啤酒风格。

BARRIQUE　小橡木桶（法国）。

BEERENAUSLESE　德国葡萄酒的类别，在Auslese之上，Trockenbeerenauslese之下。分类以残留糖分的水平为基础。

BELGIAN BROWN ALE　比利时褐色爱尔啤酒。一种啤酒风格，颜色很深，有焦糖水果和葡萄干的味道。

BELGIAN STRONG DARK ALE　比利时强劲深色爱尔啤酒。一种深色麦芽啤酒，质地滑润、丰满。

BIÈRE DE GARDE　卫士啤酒。一种法国北部农舍啤酒，有水果麦芽特征、焦糖和辛辣的酒花味。通常灌装在香槟风格的酒瓶销售。

BLANC DE BLANCS　一种起泡白葡萄酒，完全选用白葡萄制成。让人联想到香槟。

BLANC DE NOIRS　一种起泡红葡萄酒，完全选用红葡萄制成。让人联想到香槟。

BODEGA　西班牙语，意为酒窖，或者酒庄。

BODY　酒体。酒液在口中的重量，通常与酒液的水果和酒精含量有关。

BOSTON SHAKER　波士顿摇酒器。鸡尾酒的摇酒器，由玻璃杯和金属容器组成，两部分能扣在一起，形成密封。

BOTANICALS　用于给酒液，特别是金酒添味的药草、香料和植物。

BOTRYTIS CINEREA　灰葡萄孢菌，导致葡萄“贵腐”的病菌。灰葡萄孢菌对酿制甜葡萄酒，比如苏玳，至关重要，因为它能使葡萄糖分浓缩。感染上这种病菌的葡萄被称为贵腐葡萄。

BOUQUET　香，葡萄酒或者其他酒品的气味，能反映出酿酒原料和陈酿或者熟化情况。

BOURBON　波本酒，美国威士忌最重要的风格，由大麦、黑麦和玉米酿制。

BRANDEWIJN　“烧过的葡萄酒”。荷兰古语对蒸馏酒的叫法，“brandy”一词源于此词。

BRANDY　白兰地。由葡萄汁蒸馏而成的酒；有时用于指由其他水果汁蒸馏而成的酒。

BREATHING　呼吸。酒水与空气之间的相互作用，导致释放出香气。

BRUT　法语词，意思是“干”，一般用于像香槟一样的起泡葡萄酒。

BUTTERY　黄油一般。油滑、丰醇、浓厚的悦人味道，通常让人联想起非欧洲产的霞多丽葡萄酒。

CABERNET SAUVIGNON　赤霞珠。酿造红葡萄酒的红葡萄之王；紧致、结构佳、独特。杰出的波尔多的葡萄品种，加州、澳大利亚和智利的上好葡萄酒。

CARBONIC MACERATION　二氧化碳浸泡法。葡萄不经破碎而发酵的一种工艺，酿造出色深、富有果味的葡萄酒；通常在博若莱地区使用。

CASK STRENGYH　原桶强度。未加稀释熟化过程形成的高酒精强度的烈性酒。

CAVA　娇娃。西班牙起泡葡萄酒，酿造工艺与香槟酒相同（传统法）。

CÉPAGE　法语词，意思是“葡萄品种”。复数（cépages），指用于酿造混合特酿的混合葡萄品种。

CHANNEL KNIFE　孔槽刮皮刀。便于刮出柠檬、酸橙或者橙子皮。

CHARDONNAY　霞多丽。葡萄品种，用于酿造出色的水果味、半干的白葡萄酒；源自法国勃艮第，如今，在澳大利亚、加州、加拿大、智利、新西兰和南非用于酿造葡萄酒。

CHARRING　烧焦用于熟化烈酒的木桶内壁；这会为酒液增味和添色，特别是用于酿造朗姆酒和波本威士忌。

CHÂTEAU　法语，字面意思是城堡，不过，用于描述一些法国葡萄酒的原产酒庄。

CIGAR BOX　雪茄盒，用于描绘在木桶中熟化时间比较长的葡萄酒的香气，特别是波尔多红葡萄酒。

CITRUSY　柑橘水果味，用于描绘酒品悦人的酸味和柠檬味的特征。

CLARET　英语词，指波尔多红葡萄酒。此词已不常用。

CLOS　法语词，指有围墙的小葡萄园，或者指比较大的葡萄园里的一小块地方。

CLOSED　用于描绘葡萄酒尚不明显的隐藏品质，随着时间的推移会发展变化。

COFFEY STILL　科菲蒸馏器，蒸馏器的一种，可以连续蒸馏（另见157~158页）。

COMPLEXITY　复杂，用于描绘高质酒品中的多种不同滋味和香气。很令人满足。

CORKED WINE　散发着霉味、潮味的葡萄酒。因为软木塞有霉菌或者化学物质，导致葡萄酒变质。

CÔTE　法语词，指相接的山脊或者山丘，最著名的就是位于勃艮第的科多尔（Côte d' Or）。

CÔTEAUX　法语词，指不相接的斜坡和山丘。

CRIANZA　西班牙语，指在橡木桶中陈酿6个月，在酒瓶中陈酿18个月，然后再面市的葡萄酒。

CRU　法语，指“等级”，用于界定葡萄酒的品质，比如特级（等级最高）和一级。

CRU BOURGEOIS　一种分级，仅适用于产自梅多克的法国葡萄酒。20世纪30年代确立，旨在推广当地知名度较低的品质葡萄酒，不含1855年第一次波尔多分级的葡萄酒。

CUVÉE　法语，意思是葡萄压榨的汁。通常指某一葡萄酒的混合酿造或者特别酿造。

DECANTER　醒酒器。用于侍酒的玻璃容器。

DECANTING　醒酒。侍酒前，把葡萄酒倒入醒酒器，分离出沉淀物。醒酒还使葡萄酒接触空气，释放出香气。

DIGESTIF　餐后酒。用餐后饮用的酒，暖胃、助消化。

DISTILLATION　蒸馏。使液体沸腾，从而形成酒精蒸汽，然后凝结液体酒精。烈性酒和利口酒的酿造基础。

DO　Denominación de Origen的缩写，西班牙葡萄酒的品质标准，类似于法国的AOC级。

DOC　Denominazione di Origine Controllata的缩写，产区控制酒。

DOCG（产区控制保证酒质），Denominazione di Origine Controllata e Garantita的缩写，是意大利葡萄酒的最高等级（另见[illegible]页）。

DOSAGE　香槟酒酿造过程中，最后加糖配量。

DRAM　原为苏格兰语和爱尔兰语，指一小杯烈酒，通常是威士忌。

EAU-DE-VIE　“生命之水”。法语词，指任何用水果原料蒸馏而成的酒。

EISWEIN　德语，指用结冰葡萄酿制的甜葡萄酒，结冰会帮助浓缩葡萄糖分。在德国以外的地区，特别是在加拿大，被称为冰酒。

EN PRIMEUR　灌装前，由酿造商售出的葡萄酒。通常是在收获后6个月购买，18个月后，交货。

EURO OR COBBLER SHAKER　欧式或者考布勒摇酒器，金属的鸡尾酒摇酒器，由一个容器，通常还有一个可以拧紧的盖子组成。

FERMENTATION　发酵。在酵母的作用下，糖分解，形成二氧化碳和乙醇的过程。

FINISH　回味。饮酒后，酒味在口中停留的时间长度。

FIRMNESS　紧致。对酒的结构和酸性的评价，如“单宁紧致”。

FLOR　雪莉酒熟化时，覆盖在酒液上面、阻断酒液与空气接触的酵母。

FORTIFICATION　加强。往葡萄酒，比如波特酒或者雪莉酒中，添加酒精，通常为白兰地酒，目的是提高酒的强劲感和特色。

FRAPPÉ　冰镇的。很凉的酒水，或者在碎冰上侍饮的利口酒。

FRIZZANTE　意大利语，指微微起泡的葡萄酒。

FRUIT LAMBIC　水果朗比克啤酒。比利时啤酒，通过在酿酒过程中加入水果制成。

GRAND CRU　法语，意思是“特级”。这是勃艮第葡萄酒的最高级别，但在法国其他地区，位居一级之后。

GRASSY　青草味。用于描绘清新的香气和味道；混合了新割饲草、柑橘水果和植物的气味，最常用于描绘长相思葡萄酒。

GUEUZE　格兹香槟。一种啤酒风格，原产于比利时，通过野生酵母自然发酵而成。制成的朗比克啤酒通过陈酿、勾兑年轻啤酒酿造出格兹香槟。

HAWTHORN STRAINER　霍索恩过滤器。这种过滤器带有耳蜗状圆环，并有一根弹簧环绕，因此可以附在酒杯顶端。调配鸡尾酒时，特别有帮助。

IPA　印度淡爱尔啤酒，India Pale Ale的缩写。一款更强劲、酒花味更浓的淡爱尔啤酒；最初，专门输送给英国殖民地军队。

JEROBOAM　装有3升葡萄酒（仅限于波尔多葡萄酒）或者4升香槟的大酒瓶。

JIGGER　量酒器。准确计量液体原料的器具，特别用于调配鸡尾酒；有时设计成单头1盎司、或者双头2盎司，像两头都可以用的蛋杯。

KÖLSCH　产自科隆的浅金黄色啤酒；滋味很复杂，与其说它像窖藏啤酒，不如说像爱尔啤酒。

LATE BOTTLED VINTAGE (LBV)　特定年份的波特酒，灌装前，在木桶中熟化4到6年。

LEES　残渣。葡萄酒酿造发酵留下的葡萄籽、酵母和杂质沉淀物。法语称之为lie。在密斯卡得，sur lie是特意与残渣浸泡，增添特质的一种葡萄酒。

LONDON DRY　伦敦干金酒。金酒最重要风格之一；纯净、清新、清淡。

MACERATION　浸泡。把水果、药草和其他原料浸泡在酒液里提取滋味和色泽的过程。

MAGNUM　大酒瓶。容量为1.5升的葡萄酒瓶。

MALT　麦芽。发芽的谷类，通常为大麦；也是麦芽威士忌的简称。

MASH　原料混合物，用于发酵。

MERLOT　美乐。一种红葡萄，在圣达美隆（法国）、加州、新西兰和澳大利亚用于酿制中度红葡萄酒。

MÉTHODE TRADITIONNELLE　传统法。采用酿制香槟酒的生产工艺酿造的起泡葡萄酒（另见129页）。

MEZCAL　梅斯卡尔酒。产自墨西哥南部瓦哈卡州、用龙舌兰植物酿造的烈性酒。类似于特基拉酒，但烟熏味、泥土味更浓。有的在酒瓶里放了虫子。

MICROCLIMATE　微气候。在一小片区域内，特别而又独特的气候条件；比如，山坡向阳的特定区域，或者河谷的庇护之地。

MOLASSES　糖浆。甘蔗加工之后留下的物质，一般为酿制朗姆酒的基础。

MOUTH FEEL　口感。用于描述酒液在口腔内的质感。

MUDDLER　搅拌棒。调配鸡尾酒的工具，很像杵，用于压碎酒杯底部的水果和药草，释放其滋味。

MUSCAT　白麝香。细致、芬香的白葡萄品种，是阿尔萨斯、中欧和加州琼瑶浆葡萄酒的基础。

NAVY RUM　海军朗姆酒。一种深色风格的朗姆酒，最初，分发给英国皇家海军，当时传统的做法是用水稀释制成“掺水的烈性酒”。

NEBUCHADNEZZAR　容量为15升的特大酒瓶。

NOBLE ROT　贵腐。一种由灰葡萄孢菌引起葡萄病害，这种病菌对酿造甜葡萄酒很重要。

NOSE　葡萄酒、烈性酒或者其他酒的香气。

OLD ALE　陈酿爱尔啤酒。充满浓郁的麦芽味，而且一般酒花苦味温和，通常可以窖藏很多年。

OVERPROOF　特烈、未陈酿的朗姆酒，通常为白色。

OXIDIZED　与空气接触过多的葡萄酒或者水果。

PALE ALE　淡爱尔啤酒。通常为瓶装的苦味爱尔啤酒，色泽从浅金黄色到琥珀色，麦芽味和酒花味平衡佳。

PEAT　泥炭。堆积成肥、腐烂的酸性植物性物质。用于在窖中烘干麦芽，赋予麦芽酿制的威士忌一种烟熏味。

PHYLLOXERA　葡萄根瘤蚜。19世纪末席卷欧洲葡萄园的一种虫害，由一种袭击葡萄树根的小虫引起。

PILSNER　比尔森。一种经典的下面发酵、低温熟化的窖藏啤酒。呈浅金色，散发着鲜嫩酒花和饼干香味。源自捷克共和国的比尔森城，是世界最受青睐的啤酒风格。

PIPE　大酒桶。波特酒的标准木桶量器（504升）。

POMACE　果渣。葡萄压榨出果汁后剩下的梗、籽、破碎浆果，通常用于酿造基本的白兰地酒，比如马尔酒、格拉巴酒。

PORTER　波特啤酒。传统的伦敦风格黑啤酒；司陶特啤酒的前身，但色泽没那么深，味没那么干。

premier cru　法语词，意思是“一级”；这是波尔多或者法国有些产区葡萄酒的最高等级；不过，在勃艮第，一级葡萄酒位列特级之下。

PROOF　标准酒精度。在美国，用于表示酒精强度；标准酒精度100，相当于酒精度50%。

QUADRUPEL　四重啤酒。风格丰满、热烈、很强劲的比利时啤酒。

RANCIO　熟透水果香味。陈酿时间很长的白兰地酒和一些加强型葡萄酒所散发出来的富有泥土气息、极为理想的水果干、巧克力和香料的浓浓香味。

REAMER　铰刀。通过挤压果肉，提取柑橘水果果汁的工具。

REHOBOAM　一种容量为3.5升的葡萄酒瓶。

REPOSADO　陈放。西班牙语，意思是“放置”。用于描述陈酿数月到一年的特基拉酒。

RHUM　在以前法属的马提尼克岛和瓜德罗普岛，指AOC朗姆酒。rhum agricole（乡土朗姆酒）由甘蔗酿制，rhum industriel（产业朗姆酒）由蜜糖浆酿制。

RIESLING　雷司令。芬香的白葡萄品种，在德国、中欧、法国的阿尔萨斯、澳大利亚，用于酿造具有矿石特质的水果味葡萄酒。

SAISON　季节啤酒。比利时的季节性爱尔啤酒。呈金黄色，二氧化碳含量很高；水果味和胡椒味融合在一起，通常很强劲。

SALMANAZAR　容量为9升的葡萄酒瓶。

SAUVIGNON BLANC　长相思。白葡萄品种，在法国的卢瓦尔、新西兰、澳大利亚、南非，用于酿造浓郁、丰醇、清爽的葡萄酒。

SCOTCH　产自苏格兰的威士忌；通常误用于指代所有的威士忌。

SEC　法语葡萄酒词汇，意思是干；demi-sec是半干或者中等干。

SEDIMENT　沉淀物。啤酒或者葡萄酒在瓶内发酵过程中产生的死酵母；也指陈酿时间很长的红葡萄酒中的单宁和色素沉着。

SÉMILLON　赛美蓉。白葡萄品种，用于酿制波尔多甜葡萄酒，比如，巴萨克、苏玳，也用于酿制芬香的新世界葡萄酒。

SINGLE MALT　单一纯麦威士忌。在一家蒸馏厂以及只选用大麦芽、没有其他谷物酿制而成的威士忌。

SMOKED BEER　熏制啤酒。巴伐利亚北部特产，以熏制麦芽为基础，因此赋予啤酒特别的烟熏味。

SOLERA SYSTEM　索乐拉方式。用于酿制雪莉酒方式，即，通过木桶的特别排列，比较年轻的葡萄酒逐渐与酒龄比较长的葡萄酒混合。

SOUR MASH　酸麦芽浆汁。在美国肯塔基州，酿造波本酒时使用的术语，即，发酵过程中，往变酸的酵汁中加入其他谷物，比如黑麦。

STOUT　司陶特啤酒。深黑、厚重、奶油般的啤酒；最知名的是爱尔兰风格，以味道很干的健力士啤酒为代表。

SYRAH　西拉。色深、浓郁的葡萄品种，来自于罗纳河谷，酿造出深厚、色深的强烈红葡萄酒；如今，是澳大利亚和加州的重要葡萄品种。也被称为Shiraz。

TANNIN　单宁。红葡萄果皮当中所含的一种物质，在浸泡和发酵过程中可以进入到葡萄酒中，是陈酿的关键。它能赋予一种干味口感，很像绿苹果。

TERROIR　风土。法语，用于描述葡萄园当中的特定区域特征，包括土壤、气候、朝向，有的还包括种植者。

TRIPEL　三麦啤酒。源自比利时的强劲金色啤酒，活泼的水果味和辛辣的酒花味很平衡。

TRIPLE SEC　白橙皮酒。经过三次蒸馏而成的橙味风格的利口酒。

VATTED MALT　大桶纯麦威士忌。由一家以上蒸馏厂的纯麦威士忌混合而成的纯麦威士忌酒。

VDQS　优良地区酒。法国葡萄酒的等级，在法定产区酒之下，地区餐酒之上（另见23页）。

VIEUX　法语，意思是“老”，用于描述陈酿数年的酒。

VIN DE PAYS　地区餐酒。法语，意思是“地区的葡萄酒”；法国葡萄酒的等级，介于最基本的日常餐酒，和品质更高的法定产区酒和优良地区酒之间（另见96页）。

VIN DE TABLE　法语，意思是“日常餐酒”；它是法国葡萄酒的最低等级（另见96页）。

VINIFICATION　把葡萄汁转化成葡萄酒的过程。

VINTAGE　年份。葡萄酒或者烈性酒酿造的年份。描述葡萄酒时，与“年”一词互换使用。

VS　Very Special　的缩写；是干邑最基本的等级。

VSOP　Very Special Old Pale　的缩写。干邑等级中，高于VS。

WASH　酵汁。发酵的液体，用于蒸馏。

WEISSBIER　白啤酒。巴伐利亚的特色啤酒，由至少50%的小麦芽制成；酵母和小麦蛋白质的缘故，酒液浑浊不透明，很清爽。

WEIZENBOCK / DUNKELWEISSE　小麦鲍克啤酒/邓克尔白啤酒。以白啤酒风格为基础变化而成。这种啤酒色泽相当深，而且增添了滋味复杂感。

WITBIER　小麦白啤。清爽的比利时啤酒，由40%左右未发芽的小麦酿制，同时加入了香菜、肉桂添味。

XO　Extra Old的缩写；陈酿干邑的品质等级。

YEAST　酵母。能把糖转化为二氧化碳和酒精的一种微小真菌，用于葡萄酒和啤酒的发酵。

YIELD　产量。某个年份内，一株葡萄树或者一座葡萄园酿造的葡萄酒总量。

致谢

作者致谢

撰写本书是一次激动不已、颇具意义的经历，尽管书中阐述的都是一己之见，但没有众人协助，本书无法完成，所以，我要向他们致以衷心的感谢。

首先，当然要感谢我贤良、美丽的妻子Amy对我的理解，还要感谢我可爱的孩子Emilie和George。我要向Mary和John Fisher表达特别的谢意，没有他们的帮助和支持，本书难以完成。感谢亲爱的妈妈Brigitte多年来的鼓励和无私奉献。感谢在英国和法国所有的家人，尤其是我的兄弟Thierry、Fabrice、Laurent和Ludo，一直以来的支持。

我还要感谢Graeme Souness，这个伟大的足球运动员、管理者、葡萄酒爱好者和商业伙伴，感谢他多年来的帮助、信赖和友情。感谢Robin Huston，让我在Hotel du Vin度过四年美好时光；感谢Nick Jones、Charlie Luxton和Soho House的部门团队；感谢Oxford餐厅的Simon Foderingham；感谢Mike Mason和Andy Gair饶有兴致的品尝，感谢我的客户、朋友，特别是Ashley Levett，他们从一开始就给予了支持。

感谢Cobalt id的出色团队，尤其是Marek、Paul、Kati和Maddy，感谢DK的David Lamb、Deirdre Headon、Simon Tuite和Jo Doran。感谢我的经纪人Luigi Bonomi、摄像师Ian O' Leary和世界上最出色的啤酒专家Michael Jackson和Ian Garrett。

我还要感谢我的老师，Vincent Courseau和Alain Dussetour；我的导师Philippe Bourguignon和Gerard Basset；感谢Brain Julyan和所有的朋友，以及Master Sommelier' s Court的同事们。

感谢你们。

文森特·贾斯尼尔

出版公司致谢

Cobalt id would like to thank the following for their help with this book: Judy Barratt,Bill Evans,Steve Setford,and Gary Werner for invaluable editorial assistance; Christine Heilman for Americanization; Hilary Bird for indexing; Ane Sesma-Galarraga and Judith Cousins for language services. Our thanks to Ian O'Leary,Laura Forrester,Tim Ridley,and Kerry O'Sullivan at Ian O'Leary Studios; and all at IPBartenders,ElectricHouse,and Soho House,London,for generous use of their facilities. Our particular gratitude goes to Derek Clark and all the staff at Beers of Europe Ltd,King's Lynn,Norfolk; to Tim Francis and David Attenborough at TheDrinkShop.com Ltd; Magnus Bergquist at drinkalizer.com; and Louise Bull at Berkmann Wine Cellars. Also many thanks to Tim Byne; Stephen Dye and Mike Edwards; Klara and EricKing for technical help; and Sue Metcalfe-Megginson and Richard Dabb at DK. The publishers also acknowledge the help of Owen Barstow in styling and art-directing the beer photographs reused here that originally appeared in Michael Jackson's *Great Beer Guide*,published by Dorling Kindersley.

We gratefully acknowledge the assistance of the following individuals,organizations,and companies,who provided guidance, resources,images,and products without which this book would not have been possible:

42 BELOW vodka & SOUTH gin; Marco Lustenberger at A.Racke GmbH + Co.; Addison Wines; Laura Sperandio at Alivini Company Limited; Allagash Brewing Company; Allez Vins! UK; Allied Domecq Spirits and Wine (UK) Ltd; Allied Domecq Wines, USA; Amathus; Andrew Chapman Fine Wines (www.surf4wines.co.uk); Angostura Ltd; Angove's; Anthony Byrne Fine Wines Ltd; Antigua Distillery Ltd; Araujo Estate Wines; Australian Wineries LLP; Azienda Agricola Fratelli Berlucchi; Bacardi Brown-Forman Brands (BACARDI and the Bat Device are registered trademarks of Bacardi & Company Limited); Bacardi Martini (UK) Ltd; Bardinet Export; Barrels & Bottles; Bass Brewers; Baton Rouge Wines; Louise Bull,Elizabeth Ferguson,and Belinda Stone at Berkmann Wine Cellars Ltd; Berliner Kindl Brauerei; BFG Communications; Bibendum Wine Ltd; Blavod Drinks Ltd; Blue Mountain Winery; Марна Josй

At Bodegas Lypez de Heredia; Bortбrsasбg; Boutinot Ltd; Boyar International Ltd; Brasserie de Silly; Brauerei Diebels; Brewery Ommegang; Bristol Spirits Limited; Brouwerij 't IJ; Brown Brothers; Buehler Vineyards; C & D Wines Ltd; Cachet Wine; Canadian Iceberg Vodka Corp; Carmel Winery; Cellar Trends Ltd; Chalie,Richards & Co Ltd; Lahcene Boutouba and all at Champagnes & Chateaux Ltd; Charbay Winery & Distillery; Charles Hawkins; Chвteau du Clйray-Sauvion en Eolie; Chвteau du Tariquet; Chвteau La Nerthe; Chвteau Laballe; Chвteau Margaux; Chвteau Moujan; Chвteau Palmer; Jan & Caryl Panman at Chвteau Rives-Blanques; Cisa Asinari dei Marchesi di Grйsy; Codorniu UK Ltd; Coe Vintners; College Cellar; Constellation Europe; Coopers Brewery; Coors Brewers; Craft Distillers; Cruzan Ltd; D'Arenberg; CйdricEspitalier Noлl at D.A.D. (Didier Absil Dйveloppement); Dalmacijav; Decorum Vintners Ltd; Deschutes Brewery; Diageo plc; Distell Group Ltd; Distillerie Stock USA,Ltd; Dogfish Head Brewing; Domaine des Baumard; Domaine Direct; Domaine Laroche; Domaine Zind Humbrecht; DrinkFinder.co.uk (www.drinkfinder.co.uk); Dromana Estate Limited; Durham Brewery; Du Toitskloof Wine Cellar; E. & J. Gallo Winery; Eastwood & Sanders Fine Ales; Teresa at Eaux de Vie Ltd; Eckes & Stock GmbH; Edward Cavendish & Sons Ltd; Emilio Lustau S.A.; Alison Mann at Emma Wellings PR; English Wines Group plc; Enotria Winecellars Ltd; Eurowines; Farnham Hill Ciders; Finlandia Sahti Ky,Claire Wilson at Fior Brands; Paul Evans at First Drinks Brands Ltd; Folly Wines; Forth Wines Ltd; Fratelli Branca Distillerie SRL; Freixenet (DWS) Ltd; Jill Taylor at Freixenet UK; Fuller Smith & Turner; G&J Greenall; Marianna Cosmetatos at Gentilini Winery & Vineyards; George Gale and Co.; Georges Barbier; Goedhuis & Co Ltd; Gonzalez Byass UK; Great Western Wine Co Ltd; Gunson Fine Wines Ltd; Hair of the Dog Brewing Company; H & H Bancroft Wines; Hallgarten Wines; Hardy Wine Company; Harrison Vintners; Harviestoun Brewery; Hatch Mansfield Limited; Hayman Barwell Jones Ltd; Heaven Hill Distilleries,Inc.; Howard Ripley Ltd; HwCg Ltd; Innes & Grieve Ltd; Innis & Gunn; Inspirit Brands; Italian Wines Direct Ltd; Jascots Wine Merchants Ltd; Jean-Claude Raspail; Jefferson Hunt Communication Consultants; Jepson Vineyareds,Ltd; Jeroboams Group; John E Fells & Sons Ltd; Jose Cuervo International; Julian Baker Fine Wines; Justerini & Brooks Ltd; Kendall-Jackson Vineyard Estates; Keo Ltd; Kiona Vineyards and Winery; KWV International; LacrimaVini; Laird & Company; Lane & Tatham Wine Brokers; Lay & Wheeler Group; Le Bon Vin Ltd; Lea and Sandeman Co. Ltd; Lйopold Gourmel; Les Caves de Pyrene; Liberty Wines; Lombard Brands Ltd; Mahrs Brдu; Maison des Futailles; Malcolm Cowen Ltd; Marblehead Brand Development; Marie Brizard & Roger International; Matthew Clark plc; Lindsay Brown and Susy Atkinson at Maxxium UK Ltd; McDowell Valley Vineyards; McWilliam's Wines Pty Ltd; Meantime Brewing Co.; Mentzendorff & Co Ltd; Meridian Wines Ltd; Michael Hall Wines; Milroy's of Soho; Mistral Wines; Moorhouse's Brewery; Morgenrot-Chevaliers PLC; Tom Smith at Morris & Verdin; Myliko Wines; nbpr; Negociants UK Ltd; O W Loeb & Co Ltd; Sarah Winthrop

At Oakes Bacot PR; Paragon Vintners Ltd; Perez Barquero, S.A.; Pernod Ricard UK; Peter Lehmann Wines (Europe) Ltd; Pisco Capel; Pol Roger; Porterhouse Brewery; Portsmouth Brewery; Portugalia Wines; Potocki Spirits (Europe) Ltd; Potocki Spirits America; Potocki Wydka; Quinta da Aveleda; Quinta do Portal; Randalls Vautier Ltd; R&R Teamwork; Richards Walford & Co Ltd; Bridget Bottomley at Richmond Towers; Richmond Wine Agencies; Rogue Brewery; Royal Tokaji Wine Co Ltd; Saintsbury; SazeracCompany,Inc.; Scottish & Newcastle; Selected Estates of Europe; Sierra Nevada Brewing Company; Simon Maye & Fils; Simonsig Estates; Smuttynose Brewing Co.; Southcorp Wines Europe Ltd; St George Spirits; St. Peter's Brewery; Stevens Garnier & FSA; Stieglbrauerei zu Salzburg; Karis Hunt at Storm Communications; T & W Wines Ltd; Tanners Wines Ltd; The California Cider Company; The Drambuie Liqueur Co Ltd; The Drinks Group Ltd; The Vintry; Timothy Taylor & Co.; Tortuga Rum Company Ltd; Tsantali Vineyards and Wineries; Umberto Cavicchioli & Figli; United Brands Ltd; V&S Absolut Spirits; Val d'Orbieu Cordier Wines; Victory Brewing Company; Vintage Roots Ltd; Western Wines; William Grant and sons; Wine Importers Edinburgh Limited; Wine Portfolio Group Ltd; Winefare Agencies/A H Rackham Ltd; Wm Cadenhead's; Yapp Brothers Ltd; Zwack Unicum Rt.

PICTURE CREDITS

The publisher would like to thank the following for their kind permission to reproduce their photographs:

Abbreviations key: t = top; b = bottom; l = left; r = right; c= center. Pictures in columns are numbered top to bottom; pictures in rows are numbered left to right.

Adams Picture Library: Mark Follon & Warren Sharpe 322tl,356bl2, 372bl2,373r4.

Advertising Archives: 324bc.

Alamy: Alain Couillaud 183tl; Alan Picton 129tr,203tr; Andre Jenny 436br; Andrew Wheeler 413b; Archivberlin Fotoagentur GmbH 285bl; Bildagentur Franz Waldhaeusl 238cr,289bl,389; Bill Bachmann 21tr; Bill Varie 336b5; BryceBridges.com 432bl; Cephas Picture Library 18bl,20bc,20br,20tr,21bl,21br,21tl,22bl,23cr,35r4, 45r4,59r4,127r3,129br,177tl,191b,191tr,266bl1,348tc,360tr,368bc, 496b2,502b8; Chris Fredriksson 395tr; Christoph Weiser 234bl 420cr; Craig Lovell/Eagle Visions Photography 20cl; D. Hurst 326tl, 332tl; David Crausby 348tr; David Kamm 403tr6; David Sanger Photography 210bl; eye35.com 23br; F1 Online 25br2,294b2,388tl; FAN & MRoss Travelstock 392br; Food Features 295tr; Foodfolio 27tr4,106tl2,165tr2,165tr4,190cr,240bl,277tr2,312r,329br,405tl4, 408br,415tr; Foods of the World 256b2; Ian Dagnall 440bl; ImageState 27tr5,348br,394br2,445b; Jack Sullivan 155; James Loftus 294b4; Jeff Morgan 25br1; Jiri Rezac195bc; John Birdsall 401b1; John Crum 21cr; Jon Arnold Images 217tr; LifeFile Photos Ltd 211b; Lisa Barber 270tl1; Lisa Battaglene 395br; Marie-Louise Avery 159r2,170bl,289br,336b1,405tl2,446br; Maximilian Weinzierl 246cr; Mediacolor's 261bc,312b4,405tl3; Neil Holmes Freelance Digital 435tl; NicCleave Photography 395cr; Nick Hanna 263br; Numb 89bl; Oote Boe 28tl; Pat Behnke 395bl,401tl; Per Karlsson - BKWine.com 24bl3; Popperfoto 308br,367tr1,375br1,383tr2,390tr; Rob Casey 394bc; Robert Harding Picture Library Ltd 422tr; Roberto Soncin Gerometta 18tr; Rolf Richardson 94bl; Sauce Guides 253tr,322bc,336b4,353tr,360tl,372tr,381bl,497b2,503b5; Sean Malyon 347bl; Sйbastien Baussais 487; Simon Grosset 157c,239tl; Skip Caplan 225tr; Stock Image 19bl; Stockfolio 27tr1,165tr5, 432cr; TH Foto 294b1,294b3; The Anthony Blake Photo Library 3cl, 337tr,403tr1,458cr; TNT Magazine 165tr6,401b2; Tom Kidd 158br; Travelstock44 143bl; Tropicalstock.net 280b3; Viola Joyner Photography 408cr; WinePix 266bl2; Worldwide Picture Library 395tc; WR Publishing 358tl,501b4.

Anthony Blake Photo Library: Amos Schliack 55bl,60bl; Anthony Blake 47tl,53br,79r2,93r2,107r2,116tr; ATW Photography 194bl; Bill Double 350br; David Marsden 14tl; DominicDibbs 154tl,401b3; Eaglemoss Consumer Publications 106br,394tr,429bl; Francis Hammond 37bl; Georgia Glynn Smith 139r3; Gerrit Buntrock 38bl, 281tr; Hilary Moore 336b3; Howard Shooter 29tl,109br; J Lee Studios 110tr; Joff Lee 34br,444b; Joy Skipper 35r5,45r5,59r5,246bl, 256tr,270tl2,383tr1; Martin Brigdale 2cr,276bl1; Maximilian Stock Ltd 307b,336tl,368tl,374bc; Ming Tang-Evans 360br; Norman Hollands 79r3,93r3,107r3; Oceania News and Features 62bl; Patrice de Villiers 154bc; Robert Lawson 127r5,204br,266tc,298tr,332bl, 336b6,342br,362tl,383bl,410bl,504b4,511b5; Roger Stowell 85tr; S Lee Studios 40tr,66t,92bl,270br,277tr1,280b4,403tr2; Sam Stowell 88tr; Sian Irvine 420bl; Steve Lee 52tr,464bl; Steven Morris Photography 38tr,127r2; Sue Atkinson 280cr; Tim Hill 40br; Tim Imrie 161cr,190bl; Tony Robins 37tr,48br; William Shaw 27tr2.

John Millar: 158tl.

Cephas Picture Library: Andy Christodolo 65b,86tr,257tr; Bruce Fleming 133bl; Dario Fusaro 139r2; David Copeman 144bl,145tr; Duncan Johnson 166tl,329c,336b2,378bl; Emma Borg 41tr; Joe Partridge 173br; Joris Luyten 394br1; Keith Phillips 171tr; Kevin Argue 141br; Kevin Judd 17tr,24br,54bl,67bl,89br,123br,141bl, 256b1; Mick Rock 39br,49tr,63bl,71b,73br,81tl,96br,103b,111tr, 112bl,115br,116br,127r4,129bl,131b,140tr,175tl; Neil Phillips 488br, 491br; Nigel Blythe 24bl6,51br,198tc,466tr; R & K Muschenetz 64bl; Stockfood 121br,256b3,264br,274bl,280b2,291t,316tr,357r2,367tr2, 375br2,384bl; Ted Stefanski 186br; TOP/Daniel Czap 256b4.

Corbis: 324tl; Adam Woolfitt 433cr; Bo Zaunders 17tl; Carlos Barria/Reuters 74br; Corbis Sygma/Bernard Bisson 228tr; Corbis Sygma/Pierre Vauthey 272tl,273bl; Corbis Sygma/Yves Forestier 109tr; Danny Lehman 157b,251b; Dave G. Houser 361tr; James Marshall 226tr; Jim Winkley; Eye Ubiquitous 220tr; John Garrett 171b; John Springer Collection 362br; K.M. Westermann 303tl; Kevin Schafer 445tr; Lake County Museum 288b; Leonard de Selva 272br; Michael Busselle 101tr; Michael Freeman 438bl; Owen Franken 139r4; Philip Gould 160br,211tr; Reuters 411bl; Richard Klune 390tl; Robert Holmes 16br; Swim Ink 2,LLC 296bl,304br; Tim Page 214tr; Underwood & Underwood 156br; Wolfgang Kaehler 159r1,283br,450bl.

Digital Vision: 34c,58c,150tr,170cr,280b1,312b1,312b2.

drinkalizer.com: 342bl,342tl,342tr,344bc,344tl,344tr,347br,347tr,349bl, 349tl,349tr,350bl,350tc,352tl,352tr,353tl,358br,360bl,361bl,361br,362tr, 363bl,363tl,365br,366bl,366br,366tl,366tr,367bl,368bl,368br,374bl, 374tl,374tr,375tl,375tr,377tl,377tr,378tl,378tr,380tl,380tr,381br,381tl, 381tr,383br,384br,384tl,384tr,499b2,505b5,506b2,507b1,507b8, 508b3,509b3,510b3,512b1.

Duncan Baird Publishers: 425tr,475bl.

Fernet Branca: 262br.

Getty Images: FoodPix 5b3,167tr,239br,317b,340bl2,341r2,393; Hulton Archive 305bl,305br; Obyn Beck 82bl; Peter Grant 225b; Photographer's Choice 1c,19,30t; Stone 15,163tr; Taxi 454bl; The Image Bank 114bl,393tc; Time Life Pictures 380bl.

Image Source: 219br,247tr,265br,271,276bl3,315tr.

Impact Photos: Mark Henley 391b.

National Association of Cider Makers: 486tl,488tl,489tl.

Picture Arts: John Blais 8tl.

Rob Wilkinson: 324tr,340cr,349br,352bl,356cr,363tr,498b2,500b4.

Still Pictures: Russell Gordon 247bl.

The Art Archive: Dagli Orti 16tl; Private Collection/Dagli Orti 156tl; PublicLibrary New York/Joseph Martin 120tr.

The Kobal Collection: 20th Century Fox 325tl.

zefa: Pierre Desgrieux/Sucrй Salй 3cr.

Michael Jackson/Dorling Kindersley:
192tc,192br,196tc,196bl,196br,197tl,197bl,388cr,390bc,392cl,394c, 395tl,395c,395bc,396l1,396l2,396l3,396r1,396r3,397l6,397r2,397r3, 397r4,397r5,398l1,398l3,398l5,398l6,398r1,398r2,398r3,398r4,398r5, 398r6,399l2,399l3,399l5,399l6,399r1,399r2,399r3,399r4,399r5,401tr, 403br,405tr1,405tr3,415bl,424bl,433bl,433br,433tc,438br,438tl,439br, 440bc,446tl,446tr,446bl,446bc,451br,450tr,451bc,454br,455br,460bc, 461tl,461tr,464tr,466tl,466br,469tl,474bl,475tr,475bl1,476tl,476bc, 477tl,479br,480bl.

The following images © Dorling Kindersley:
6bc,7,8cl,9,10-11,10bl,11cr,12-13,14cr,16cl,18tl,20c,20l,20tr,21cr,21tl, 22r,23tl,23br1,24bl1,24bl2,24bl4,24bl5,24tr,26bc,26bl,26br,26c,26cl, 27bc,27bl,27br,27c2,27cr2,27tr1,28bc,28br,28cr,29bc,29bl,29c,29cl, 29cr,29tr,30bc,30bl,30br,30c,30cr,31cr1,31cr2,31tr1,31tr2,32,33,34tl, 35cr,35tr1,35tr2,36r,40tc,41tc,42,43,45gr,45tr1,45tr2,46r,50bl,50cr, 50tc,51tr,52br,52c,52tc,54cl,54tr,56,57,58br,58tl,59cr,59tr1,59tr2, 60-61,60cl,62br,62tl,62tr,63cr,63tr,64cl,64tc,66c,67tl,68,69,70tl,70tr, 72br,74tr,76,77,78br,78c,79br1,79br2,79tr,80cr,80l,81bl,81br,82cl,82r, 82tr,83br,84br,85br,89tr,90,91,92tl,92tr,93br1,93br2,93tr,94r,95br, 96bl,97r,99c,100cl,100r,101c,103c,104,105,106tl,107br1,107br2,107tr, 108l,109tl,111tc,112tr,113bc,113tl,114cl,114r,116tc,117bc,117tl,117tr, 118tl,120l,121l,124,125,126bl,126tr,127tr,128r,129bc,129tl,131l,131tr, 134cr,135tr,136,137,138br,138c,138tl,139br,139tr,140c,141tc,143cl, 144cl,144r,146tl,146tr,148,149,150bl,150tl,152-153,157tc,159c,160l, 162cl,162r,163br,163tl,164bl,164br,165br,165cr1,165cr2,165l,165tc, 165tr,166bc,166br,166cr,167bc,168,169,170tl,173c,176-177,178tc, 179tc,179tl,179tr,180bl,180r,187br,188,189,190tl,193c,194bc,198bl, 198r,199br,201bl,201br,203tc,204c,205,207tc,208,209,210cr,210tl, 212-213,212bl,216-217,220br,222,223,224bc,224cr,224tl,227bc,228bl, 229bc,234r,235tr,236,237,238bc,238tl,240r,241tr,243br,244,245,246tl, 249c,252tr,253br,254,255,256tl,257bc,258bl,258cl,258tr,259br,260r, 262tl,263cr,263l,266tl,266tr,267,268-269,273r,274br,274cl,275cl, 275cr1,275cr2,275tl,275tr1,275tr2,276br,276tr,277br,277c,277cr1, 277cr2,277l,277tc,277tr1,277tr2,278,279,280tl,281br,282-283,282bc, 283tr,285tr,288r,292,293,294cr,294tl,295br,296r,299br,299c,301r, 302br,302tr,303r,304bl,304tr,305tl,308bl,308tr,310,311,312br,312tl, 313r,314bc,315bc,318bl,318br,318tc,319,320-321,325r,326bc,326bl, 326c,327bl,327br,327tc,327tl,327tr,328bc,328bl,328br,328c,328tc, 329tl1,329tl2,329tr,330c,330tl,331bl1,331bl2,331br1,331br2,331cl1, 331cl2,331cr1,331cr2,331tl,331tr1,331tr2,332bc,332br,332c,332cr, 332cr,333bl,333cl,333tc,333tr1,333tr2,334bc,334br,334cr,334tl,335bl, 335cl,335r,335tr,337bl,337br,337c,338,339,340bl,340tl,341br,341cr, 341tr,343l,344br,345c,346,348bl,351,352bc,353bl,353br,354,355, 356bl,356tl,357br,357cr,357tr,358br1,358br2,359,363br1,363br2, 364-365,365tr1,365tr2,367br,369,370,371,372bl,372tl,373cr1,373cr2, 373tr,376-377,378br,379l,382bl,382c,385,386-387,391c,394l,395tc, 396r4,397l1,397l2,397r1,399r6,399l4,400,402bc,402bl,402br,402c, 402cr,403c,403cr1,403cr2,403l,403tc1,403tc2,403tr,404bc,404bl, 404br,404c,404cr,405bc,405tl,405tr2,405tr4,406,407,408tl,410,412bc, 412tl,414,415bc,415br,418,419,420tl,421r,423l,426br,429r,430,431, 432tl,434-435,434tc,436br,437,442,443,444cr,444tl,445tc,447r,452tr, 453,455bc,455cr,455tl,456,457,458bc,458tl,459r,462cl,462r,465,468bl, 468r,470,471,472bc,472tl,474r,476r,478tr,479r,480-481,482c,484-485, 488cl,489br,489c,490r,490tc,491bl,491tl,491tr,492tr.

For further information see www.dkimages.com